Mathematik

Gymnasiale Oberstufe
Niedersachsen
Qualifikationsphase

Herausgegeben von
Dr. Anton Bigalke   Dr. Norbert Köhler

Erarbeitet von
Dr. Anton Bigalke
Dr. Norbert Köhler
Dr. Horst Kuschnerow
Dr. Gabriele Ledworuski

unter Mitarbeit der Verlagsredaktion

Cornelsen

Multimediales Zusatzangebot

Zu den Stellen des Buches, die durch das CD-Symbol 💿 gekennzeichnet sind, gibt es ein über Mediencode verfügbares multimediales Zusatzangebot auf der dem Buch beiliegenden CD.

1. CD starten
2. Mediencode eingeben, z. B. **013-1**

Bilder aus dem Bundesland Niedersachsen

Umschlag:	Wolfsburg, Autostadt
Seite 11:	Papenburg, Schiff Aida/Meyerwerft
Seite 87:	Wolfenbüttel, Schloss
Seite 141:	Hannover, Neues Rathaus
Seite 163	Braunlage, Wurmbergschanze
Seite 177:	Pilsumer Leuchtturm
Seite 241:	Goslar-Hahnenklee, Stabkirche
Seite 267:	Hermannsdenkmal
Seite 287:	Heidepark Soltau
Seite 315:	Emden, alte Hafenansicht
Seite 339:	Bücken, Stiftskirche
Seite 373:	Lüneburg, Wasserturm
Seite 395:	Rattenfänger von Hameln
Seite 411:	Langeoog, Wasserturm
Seite 445:	Am Steinhuder Meer
Seite 465:	Leer, Mühle Logabirum
Seite 513:	Okerstausee im Harz
Seite 529:	Celle, Altstadt
Seite 553:	Auf der Nordsee
Seite 573:	Schloss Marienburg
Seite 589:	Wolfsburg, Phaeno
Seite 657:	Museumsbahn Langeoog

Redaktion: Dr. Jürgen Wolff
Layoutkonzept: Wolf-Dieter Stark
Layout: Klein und Halm Grafikdesign, Berlin
Herstellung: Hans Herschelmann
Bildrecherche: Peter Hartmann

Grafik: Dr. Anton Bigalke, Waldmichelbach
Illustration: Detlev Schüler †
Umschlaggestaltung: Klein und Halm Grafikdesign, Berlin
Technische Umsetzung: CMS – Cross Media Solutions GmbH, Würzburg

www.cornelsen.de

Die Internetadressen und -dateien, die in diesem Lehrwerk angegeben sind, wurden vor Drucklegung geprüft. Der Verlag übernimmt keine Gewähr für die Aktualität und den Inhalt dieser Adressen und Dateien oder solcher, die mit ihnen verlinkt sind.

1. Auflage, 2. Druck 2013

Alle Drucke dieser Auflage sind inhaltlich unverändert und können im Unterricht nebeneinander verwendet werden.

© 2010 Cornelsen Verlag, Berlin

Das Werk und seine Teile sind urheberrechtlich geschützt.
Jede Nutzung in anderen als den gesetzlich zugelassenen Fällen bedarf der vorherigen schriftlichen Einwilligung des Verlages.
Hinweis zu den §§ 46, 52a UrhG: Weder das Werk noch seine Teile dürfen ohne eine solche Einwilligung eingescannt und in ein Netzwerk eingestellt oder sonst öffentlich zugänglich gemacht werden.
Dies gilt auch für Intranets von Schulen und sonstigen Bildungseinrichtungen.

Druck: Stürtz GmbH, Würzburg

ISBN 978-3-06-005900-3

 Inhalt gedruckt auf säurefreiem Papier aus nachhaltiger Forstwirtschaft.

Inhalt

■ Basis
◪ Basis/Erweiterung
☐ Vertiefung

Vorwort 6

I. Kurvenuntersuchungen

- ■ 1. Extrem- und Wendepunkte ... 12
- ■ 2. Kurvendiskussionen 29
- ◪ 3. Kurvenscharen 55
- ■ 4. Stetigkeit und Differenzierbarkeit 60
- ◪ 5. Rekonstruktion und Trassierung................ 69
- Überblick 84
- Test 86

II. Einführung in die Integralrechnung

- ■ 1. Die Streifenmethode Archimedes 90
- ■ 2. Die Flächeninhaltsfunktion ... 94
- ■ 3. Stammfunktion und unbestimmtes Integral 102
- ■ 4. Das bestimmte Integral 107
- ■ 5. Bestimmte Integrale und Flächeninhalte 113
- ■ 6. Flächen unter Funktionsgraphen 115
- ■ 7. Flächen zwischen Funktionsgraphen 127
- Überblick 138
- Test 140

III. Weiterführung der Integralrechnung

- ◪ 1. Rekonstruktion von Beständen 142
- ◪ 2. Uneigentliche Integrale 149
- ◪ 3. Das Volumen von Rotationskörpern 154
- Überblick 159
- Test 162

IV. Höhere Ableitungsregeln

- ■ 1. Die Produktregel 164
- ■ 2. Die Kettenregel 166
- ■ 3. Die Quotientenregel 169
- Überblick 173
- Test 176

V. Exponentialfunktionen

- ■ 1. Grundlagen 178
- ■ 2. Die natürliche Exponentialfunktion $f(x) = e^x$ 183
- ■ 3. Elementare Funktionsuntersuchungen 189
- ■ 4. Wachstums- und Zerfallsprozesse 198
- ■ 5. Differentiation und Integration von Exponentialfunktionen ... 208
- ■ 6. Kurvendiskussionen 212
- ☐ 7. Exkurs: Kettenlinie und Glockenkurve 224
- ◪ 8. Modellierung mit Exponentialfunktionen 228
- Überblick 239
- Test 240

VI. Exkurs: Untersuchung weiterer Funktionen

- ◪ 1. Einfache gebrochen-rationale Funktionen 242
- Test 248
- ■ 2. Ableitung und Integration von Sinus und Kosinus 249
- ◪ 3. Diskussion trigonometrischer Funktionen 255
- ☐ 4. Exkurs: Extremalprobleme und Rekonstruktionen 259
- Überblick 265
- Test 266

VII. Lineare Gleichungssysteme

- 1. Grundlagen 268
- 2. Das Lösungsverfahren
  von Gauß 273
- 3. Lösbarkeitsuntersuchungen ... 276
- 4. Anwendung:
  Ströme in Netzwerken 281
  Überblick 285
  Test 286

VIII. Vektoren

- 1. Punkte im Koordinatensystem 288
- 2. Vektoren 291
- 3. Rechnen mit Vektoren 298
  Überblick 313
  Test 314

IX. Geraden

- 1. Geraden im Raum 316
- 2. Lagebeziehungen 320
- 3. Exkurs: Spurpunkte 330
  Überblick 337
  Test 338

X. Ebenen

- 1. Ebenengleichungen 340
- 2. Lagebeziehungen 348
  Überblick 371
  Test 372

XI. Skalarprodukt

- 1. Das Skalarprodukt 374
- 2. Winkel- und Flächenberechnungen 378
- 3. Winkel zwischen Geraden ... 384
- 4. Die Normalengleichung
  einer Ebene 388
  Überblick 393
  Test 394

XII. Winkel und Abstände

- 1. Schnittwinkel 396
- 2. Abstandsberechnungen 402
  Überblick 409
  Test 410

XIII. Matrizen

- 1. Rechnen mit Matrizen 412
- 2. Teilebedarfsberechnung 422
- 3. Zustandsänderungen 428
- 4. Populationswachstum 435
- 5. Rechnereinsatz 439
  Überblick 422
  Test 444

XIV. Beschreibende Statistik

- 1. Mittelwerte 446
- 2. Streuungsmaße 452
- 3. Lineare Regression 455
  Überblick 461
  Test 464

XV. Grundbegriffe der Wahrscheinlichkeitsrechnung

- 1. Zufallsversuche und
  Ereignisse 466
- 2. Relative Häufigkeit
  und Wahrscheinlichkeit 470
- 3. Mehrstufige Zufallsversuche/
  Baumdiagramme 477
- 4. Kombinatorische Abzählverfahren 486
- 5. Bedingte Wahrscheinlichkeiten 494
- 6. Vierfeldertafeln 507
  Überblick 510
  Test 512

XVI. Zufallsgrößen

- 1. Zufallsgrößen und Wahrscheinlichkeitsverteilung 514
- 2. Erwartungswert und Zufallsgröße 517
- 3. Varianz und Standardabweichung 521
  Überblick 527
  Test 528

XVII. Die Binomialverteilung

- 1. Bernoulli-Ketten 530
- 2. Eigenschaften der Binomialverteilung 534
- 3. Praxis der Binomialverteilung 539
  Überblick 551
  Test 552

XVIII. Beurteilende Statistik

- 1. σ-Umgebung des Erwartungswertes 554
- 2. $\frac{\sigma}{n}$-Umgebung der Trefferwahrscheinlichkeit 559
- 3. Exkurs: Das Bernoulli'sche Gesetz der großen Zahlen 562
- 4. Konfidenzintervalle 565
  Überblick 571
  Test 572

XIX. Die Normalverteilung

- 1. Die Normalverteilung 574
- 2. Anwendung der Normalverteilung 580
  Überblick 587
  Test 588

XX. Komplexe Aufgaben

1. Analysis 590
2. Analytische Geometrie/ Matrizen 631
3. Stochastik 645

Tabellen zur Stochastik 657
Stichwortverzeichnis 668
Bildnachweis 672

Vorwort

Hinweise zur Arbeit mit diesem Buch

In diesem Buch wird das Kerncurriculum Mathematik für die Qualifikationsphase der gymnasialen Oberstufe an Gymnasien, Gesamtschulen, Fachgymnasien, Abendgymnasien und Kollegs des Landes Niedersachsen konsequent umgesetzt und eine intensive Vorbereitung der Schüler auf das Abitur gewährleistet.

Der modulare **Aufbau des Buches** und auch der einzelnen Kapitel ermöglicht dem Lehrer individuelle Schwerpunktsetzungen und dem Schüler eine problemlose Orientierung bei der Arbeit. Das Buch besitzt ein weitgehend zweispaltiges Druckformat, was die Übersichtlichkeit deutlich erhöht und die Lesbarkeit erleichtert. Lehrtexte und Lösungsstrukturen sind auf der linken Seitenhälfte angeordnet, während Beweisdetails, Rechnungen und Skizzen in der Regel rechts platziert sind.

Wichtige Methoden und Begriffe werden auf der Basis anwendungsnaher, vollständig durchgerechneter **Beispiele** eingeführt, die das Verständnis des klar strukturierten Lehrtextes instruktiv unterstützen. Diese Beispiele können auf vielfältige Weise zur Unterrichtsgestaltung eingesetzt werden. Im Folgenden werden einige Möglichkeiten skizziert:

- Die Aufgabenstellung eines Beispiels wird problemorientiert vorgetragen. Die Lösung wird im Unterrichtsgespräch oder in Stillarbeit entwickelt, wobei die Schülerbücher geschlossen bleiben. Im Anschluss kann die erarbeitete Lösung mit der im Buch dargestellten Lösung verglichen werden.
- Die Schüler lesen ein Beispiel und die zugehörige Lösung. Anschließend bearbeiten sie eine an das Beispiel anschließende Übung in Stillarbeit. Diese Vorgehensweise ist auch für Hausaufgaben gut geeignet.
- Ein Schüler wird beauftragt, ein Beispiel zu Hause durchzuarbeiten und sodann als Kurzreferat zur Einführung eines neuen Begriffs oder Rechenverfahrens im Unterricht vorzutragen.

Im Anschluss an die durchgerechneten Beispiele werden exakt passende **Übungen** angeboten.

- Diese Übungsaufgaben können mit Vorrang in Stillarbeitsphasen eingesetzt werden. Dabei können die Schüler sich am vorangegangenen Unterrichtsgespräch orientieren.
- Eine weitere Möglichkeit: Die Schüler erhalten den Auftrag, eine Übung zu bearbeiten, wobei sie das Lehrbuch einbeziehen sollen, indem sie sich am Lehrtext oder an den Lösungen der Beispiele orientieren, die vor der Übung angeordnet sind.
- Weitere Übungsaufgaben auf zusammenfassenden Übungsseiten finden sich am Ende der meisten Abschnitte. Sie sind besonders für Hausaufgaben, Wiederholungen und Vertiefungen geeignet. Rot markierte Übungen gelten als besonders schwierig.

An jedem Kapitelende (mit Ausnahme des Aufgaben-Kapitels XX) sind in einem **Überblick** die wichtigsten mathematischen Regeln, Formeln und Verfahren, die in dem Kapitel behandelt wurden, in knapper Form zusammengefasst. Dies dient zur Übersicht über den behandelten Stoff und als Formelsammlung zum Nachschlagen für die Schüler. Auf der letzten Kapitelseite findet man jeweils einen **Test**, der Aufgaben zum Standardstoff des jeweiligen Kapitels beinhaltet. Er ist als Kontrolle und Übung für den Schüler, insbesondere zur Klausurvorbereitung, oder auch für Lernkontrollen geeignet. Die Lösungen findet man auf der Buch-CD.

Eingestreut findet man gelegentlich **mathematische Streifzüge** zur Vertiefung. Außerdem gibt es **Knobelaufgaben** zur Motivation leistungsfähiger Schüler. Diese können auch zur Binnendifferenzierung eingesetzt werden.

Neue mit Personalcomputern und ähnlichen Geräten verbundene Technologien wie GTR und CAS-Taschenrechner, Tabellenkalkulationsprogramme, dynamische Geometriesoftware und Funktionenplotter bereichern heute die Palette der Hilfsmittel für den Mathematikunterricht. Im Buch sind einzelne Aufgaben und auch einige Themen mit dem Symbol 🖩 gekennzeichnet. Dort bietet es sich besonders an, einen GTR, einen CAS-Taschenrechner oder auch einen PC mit entsprechender Software bei der Bearbeitung zu verwenden.

Im Folgenden werden Hinweise für die einzelnen Kapitel gegeben.

Kapitel I: Kurvenuntersuchungen
In diesem zentralen Kapitel des Buches werden die klassischen Kriterien der Differentialrechnung zur Untersuchung von Funktionen und von funktional erfassbaren Prozessen behandelt. Anschließend werden die Kriterien bei Kurvenuntersuchungen im Verbund angewandt.
Im Abschnitt 1 werden zunächst die elementaren Zusammenhänge zwischen Ableitung und Monotonie bzw. Krümmung sowie die klassischen Kriterien für Extrema und Wendepunkte behandelt. Anschließend werden im 2. Abschnitt zahlreiche vollständige Diskussionen ganzrationaler Funktionen sowie auch einiger nicht-ganzrationaler Funktionen vorgestellt, im 3. Abschnitt werden Kurvenscharen untersucht. Im Abschnitt 4 über Stetigkeit und Differenzierbarkeit wird der Zusammenhang dieser Begriffe näher beleuchtet. Der Abschnitt 5 bietet mit der Behandlung von Rekonstruktionen von Funktionen und dem Thema Trassierung zahlreiche Anwendungssituationen.

Kapitel II: Einführung in die Integralrechnung
Die Autoren empfehlen, die Theorie intensiv, aber zügig zu behandeln, um genügend Übungszeit für die Anwendungen der Integralrechnung zu erhalten. Die zentrale Idee der Archimedischen Streifenmethode im 1. Abschnitt steht am Anfang. Der Begriff der Flächeninhaltsfunktion zur unteren Grenze 0 wird an einfachen Beispielen im 2. Abschnitt erarbeitet. Im 3. und 4. Abschnitt werden zügig die Begriffe Stammfunktion, unbestimmtes und bestimmtes Integral mit den zugehörigen Schreibweisen und Rechenregeln eingeführt. Der Hauptsatz als Bindeglied von Differential- und Integralrechnung wird für differenzierbare Funktionen entwickelt.
In den folgenden Abschnitten geht es um die praktischen Anwendungen der Integralrechnung bei Flächenberechnungen. Im 5. Abschnitt wird die Interpretation des bestimmten Integrals als Flächenbilanz noch einmal wiederholend aufgegriffen. Der Abschnitt ist überwiegend zum schnellen Nachschlagen gedacht. Im 6. Abschnitt werden die Inhalte von Flächen unter Kurven berechnet. Mit ansteigendem Anspruchsniveau folgen Aufgaben mit Parametern, Rekonstruktionsaufgaben sowie die wichtigen Modellierungsaufgaben. Im 7. Abschnitt werden Flächen zwischen Funktionsgraphen betrachtet. Frühzeitig sollte man die Differenzfunktion einsetzen und Modellierungen durchführen.

Kapitel III: Weiterführung der Integralrechnung
Die Integralrechnung wird fortgeführt und vertieft mit Bestandsrekonstruktionen, wobei der Zusammenhang von Integral- und Differentialrechnung nochmals deutlich wird. Im 2. Abschnitt werden zunächst Integrale über unbeschränkten Intervallen und anschließend Integrale unbeschränkter Funktionen untersucht. Das Kapitel schließt mit einem Abschnitt über die Volumenberechnung von Rotationskörpern.

Kapitel IV: Höhere Ableitungsregeln

In diesem Kapitel werden Produktregel, Kettenregel und Quotientenregel behandelt. Dies geht etwas über den Rahmenplan hinaus, der im Standardbereich nur die Produktregel und die lineare Kettenregel enthält und erst im Erweiterungsbereich auch die allgemeine Kettenregel. Die reine Kenntnis der Quotientenregel gehört aber sicher zur mathematischen Allgemeinbildung, auch wenn sie in der Kursfolge nicht benötigt wird, da die verwendeten rationalen Funktionen so einfach sind, dass Reziprokenregel und lineare Kettenregel zum Differenzieren ausreichen.

Kapitel V: Exponentialfunktionen

Zunächst werden die allgemeine Exponentialfunktion $f(x) = c\,a^x$ und elementare exponentielle Rechentechniken behandelt. Anschließend werden die Eulersche Zahl e, die natürliche Exponentialfunktion $f(x) = e^x$ und ihre Umkehrfunktion $g(x) = \ln x$ eingeführt. Dann folgen elementare Funktionsuntersuchungsprobleme. Im letzten Abschnitt werden Wachstums- und Zerfallsprozesse untersucht (unbegrenztes Wachstum, begrenztes Wachstum, logistisches Wachstum).
Im Weiteren werden Differentiationsregeln für Terme der Form e^x, e^{-x}, e^{ax+b} und $e^{f(x)}$ kurz wiederholend dargestellt, um sie später nachschlagen zu können. Die entsprechenden Integrationsregeln werden nun ebenfalls eingeführt. Dabei wird auch noch einmal der Stammfunktionsnachweis durch Differentiation angesprochen, der für zusammengesetzte Funktionen wie beispielsweise $f(x) = (x-1) \cdot e^x$ von erheblicher Bedeutung ist, da die Methode der partiellen Integration nicht verfügbar ist.
Im Kerncurriculum ist die Diskussion zusammengesetzter Exponentialfunktionen nicht explizit erwähnt. Im Abschnitt 6 wird also dem Lehrer ein zusätzliches Angebot gemacht, denn es ist wahrscheinlich, dass einfache Zusammensetzungen elementarer Funktionen auch im schriftlichen Abitur vorkommen werden, da diese Aufgabenart bisher stets berücksichtigt wurde.
Der Exkurs 7 enthält als Vertiefungsmöglichkeit die Kettenlinie und die Glockenkurve. Sie können natürlich nur angesprochen werden, wenn man an anderer Stelle verzichtet.
Der Abschnitt 8 beinhaltet Modellierungsaufgaben, in welche Exponentialfunktionen involviert sind. Angesprochen werden der Bereich Randkurven und der Bereich Prozesse.

Kapitel VI: Untersuchung weiterer Funktionen

Bei gebrochen-rationalen sowie trigonometrischen Funktionen handelt es sich zwar um weniger abiturrelevante Funktionsklassen, zur Sicherheit sollte man sie jedoch kurz ansprechen.
Im 1. Abschnitt wird vermittelt, dass sich jede gebrochen-rationale Funktion als Summe von ganzrationaler Asymptote und gebrochen-rationalem Restterm auffassen lässt, wobei die Asymptote das Kurvenbild im Großen bestimmt, während der Restterm lokale Störungen verursacht. Im 2. Abschnitt werden die Ableitungsregeln für $\sin x$ und $\cos x$ graphisch entwickelt und daraus sodann die entsprechenden Integrationsregeln gewonnen. Anschließend werden einfache trigonometrische Kurvenuntersuchungen durchgeführt. Der letzte Abschnitt bezieht sich auf trigonometrische Extremalprobleme und Rekonstruktionen.

Kapitel VII: Lineare Gleichungssysteme

Dieses Kapitel behandelt schwerpunktmäßig das Lösungsverfahren von Gauß, das die Schüler befähigen soll auch kompliziertere Gleichungssysteme bearbeiten zu können.

Kapitel VIII: Vektoren

In diesem Kapitel werden die Grundlagen der Vektorrechnung eingeführt. Dabei wird der Schwerpunkt auf den dreidimensionalen Raum gelegt. Das Kapitel sollte trotz seines Grundlagencharakters zügig behandelt werden, um schnell zu klausur- und abiturrelevanten Fragestellungen mit Geraden und Ebenen zu kommen.
Nach einer Betrachtung von Raumkoordinaten und der Abstandsformel für Punkte im Raum wird im 2. Abschnitt der Begriff des Vektors und die Spaltenschreibweise eingeführt. Im 3. Abschnitt werden die Grundlegenden Rechengesetze für Vektoren behandelt und angewendet. Wichtig sind die Begriff Linearkombination, kollinear und komplanar; ein Exkurs behandelt lineare Abhängigkeit und Unabhängigkeit.

Kapitel IX: Geraden,
Kapitel X: Ebenen

In diesen Kapiteln wird die vektorielle Geometrie der Geraden und Ebenen im dreidimensionalen Anschauungsraum behandelt.
Die Kapitel sind besonders abiturrelevant und enthalten den zentralen Lehrstoff des Kurses Analytische Geometrie.
Für diese Kapitel muss man sich daher genügend Zeit reservieren, auch weil die rechnerischen Fertigkeiten der Schüler im Umgang mit Geraden, Ebenen und Lagebeziehungen sich nur durch vielfältige Übungen genügend sichern lassen.
Man muss nicht jede aufgeführte Problemstellung ansprechen. Besser ist es, eine Auswahl zu treffen und diese Fragestellungen gründlich und vertieft zu behandeln. Auch von den zusammengesetzten Aufgaben kann nur eine eng begrenzte Auswahl gerechnet werden.
Die Koordinatengleichung der Ebene, insbesondere die Achsenabschnittsform, sollte behandelt werden, da mit ihrer Hilfe die Lage einer Ebene im Raum besonders anschaulich erfasst werden kann.

Kapitel XI: Das Skalarprodukt

In diesem Hilfskapitel wird die Metrik des Vektorraums eingeführt, d.h. das Messen/Bestimmen von Längen, Winkeln und Flächeninhalten mithilfe des Skalarprodukts. So besteht frühzeitig die Möglichkeit, differenzierte Aufgabenstellungen mit Winkeln und Flächen zu bearbeiten.
In Abschnitt 1 wird das Skalarprodukt in der Winkelform und in der Koordinatenform eingeführt, die mit Spaltenvektoren arbeitet. Wichtig sind die folgenden Anwendungen in den Abschnitten 2 und 3: Kosinusformel, vektorielle Flächeninhaltsformel für das Dreieck bzw. das Parallelogramm, Winkel zwischen Vektoren/Geraden, Orthogonalitätskriterium. Im 4. Abschnitt wird die Normalengleichung einer Ebene eingeführt.

Kapitel XII: Winkel und Abstände

Im 1. Abschnitt werden alle Winkelberechnungen systematisiert und in Anwendungen eingebunden. Basierend auf der grundlegenden Abstandsberechung von Punkt und Ebene mit dem Lotfußpunktverfahren werden im 2. Abschnitt alle Abstandsprobleme mit Anwendungen angeboten.

Kapitel XIII: Matrizen

Nach der Einführung des Matrixbegriffs und den grundlegenden Rechengesetzen für Matrizen werden mehrstufige Prozesse, Grenzmatrizen sowie Fixvektoren behandelt. Anhand von Sachzusammenhängen werden entsprechende Modelle aufgestellt, untersucht und interpretiert. Bei der Durchführung von Berechnungen ist die Anwendung von Grafik-Taschenrechnern (GTR) bzw. CAS-Taschenrechner erforderlich.

Kapitel XIV: Beschreibende Statistik
Nach einer Wiederholung zu Mittelwerten und Streuungsmaßen von Stichproben werden die lineare Regression und der Korrelationskoeffizient kurz behandelt. Auch hier ist ein Rechnereinsatz (GTR, CAS, Tabellenkalkulationsprogramm) zu empfehlen.

Kapitel XV: Grundbegriffe der Wahrscheinlichkeitsrechnung
Auch dieses Kapitel stellt weitgehend ein Wiederholung dar. Es dient in erster Linie zur Auffrischung und zum Nachschlagen.

Kapitel XVI: Zufallsgrößen
In Abschnitt 1 werden die Begriffe der Zufallsgröße und der Wahrscheinlichkeitsverteilung einer Zufallsgröße anhand von Beispielen behandelt. In den Abschnitten 2 und 3 werden die Lage- und Streuungsmaße einer Verteilung definiert und deren anschauliche Bedeutung anhand von Diagrammen verdeutlicht.

Kapitel XVII: Die Binomialverteilung
In Abschnitt 1 werden die Begriffe Bernoulli-Versuch und Bernoulli-Kette in knapper Form behandelt. Weitere Schwerpunkte bilden die Eigenschaften der Binomialverteilung sowie die Formeln für den Erwartungswert μ und die Standardabweichung σ einer binomialverteilten Zufallsgröße. Abschnitt 3 beinhaltet die praktische Arbeit mit den Tabellen zur kumulierten Binomialverteilung.

Kapitel XVIII: Beurteilende Statistik
In diesem Kapitel werden auf der Grundlage der Binomialverteilung erste Test- und Schätzverfahren erklärt und erprobt. Empfehlenswert ist eine Behandlung von σ-Umgebungen des Erwartungswertes, da hier die Begriffe und Methoden besonders anschaulich erfasst werden können. Die Untersuchungen von σ/n-Umgebungen der Trefferwahrscheinlichkeit sollte entsprechend kurz gestaltet werden. Zur Vertiefung wird das Bernoulli'sche Gesetz der großen Zahlen vorgestellt. Für die Praxis wichtig ist der letzte Abschnitt über Konfidenzintervalle, da hier exemplarisch gezeigt werden kann, wie aus empirischen Untersuchungen Schätzungen für unbekannte Wahrscheinlichkeiten gewonnen werden können.

Kapitel IX: Die Normalverteilung
In Abschnitt 1 werden die theoretischen Grundlagen gelegt. Der Standardisierungsprozess, der die Approximation der Binomialverteilung mithilfe der Gauß'schen Glockenkurve und der lokalen Näherungsformel ermöglicht, wird anschaulich behandelt. Hierbei wird auch das Kriterium für die Anwendbarkeit dieser Näherung angegeben, die Laplace-Bedingung. In Unterabschnitt C wird der Begriff der normalverteilten Zufallsgröße eingeführt. Die Gauß'sche Integralfunktion und die globale Näherungsformel werden hergeleitet. In Abschnitt 2 stehen die praktischen Anwendungen der Normalverteilung unter Verwendung der Normalverteilungstabelle im Zentrum der Betrachtungen.

Kapitel XX: Komplexe Aufgaben
Die komplexen Aufgaben dienen der Orientierung, der abschließenden Übung und der Abiturvorbereitung. Es wurde Wert gelegt auf die Erfassung der zentralen Fertigkeiten unter Verzicht allzu exotischer Anteile.

I. Kurvenuntersuchungen

1. Extrem- und Wendepunkte

Viele technische und wirtschaftliche Prozesse können durch Funktionen beschrieben werden. Diese kann man durch Gleichungen und durch Graphen darstellen. Bei der Untersuchung solcher Funktionen spielen diejenigen Punkte des Graphen eine besondere Rolle, in denen eine Eigenschaft der Funktion ihre Ausprägung wechselt.

Beispiele sind die Achsenschnittpunkte (Vorzeichenwechsel), die lokalen Hochpunkte und Tiefpunkte (Wechsel vom Steigen zum Fallen bzw. vom Fallen zum Steigen) und die Wendepunkte (Wechsel von Rechtskrümmung zu Linkskrümmung bzw. umgekehrt).

Kennt man die Lage dieser charakteristischen Punkte, kann man den Verlauf des Graphen und damit die wichtigsten Eigenschaften einer Funktion gut beurteilen.

Mithilfe der Differentialrechnung gelingt die rechnerische Bestimmung der charakteristischen Punkte in den meisten Fällen. Im Folgenden wird eine geeignete Untersuchungssystematik Schritt für Schritt entwickelt.

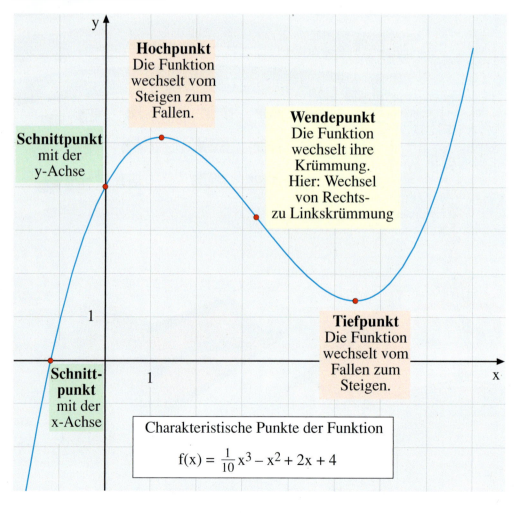

Charakteristische Punkte der Funktion
$$f(x) = \frac{1}{10}x^3 - x^2 + 2x + 4$$

1. Extrem- und Wendepunkte

A. Monotonie und erste Ableitung

Das Steigungsverhalten einer Funktion, in der Fachsprache als *Monotonieverhalten* bezeichnet, prägt den Kurvenverlauf besonders. Man unterscheidet zwei Arten des Steigens und Fallens.

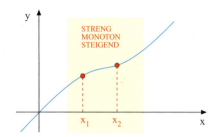
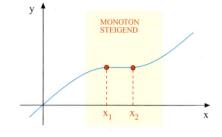

Definition I.1: Strenge Monotonie
Gilt für zwei beliebige Stellen x_1 und x_2 des Intervalls I mit $x_1 < x_2$ stets $f(x_1) < f(x_2)$, so wird die Funktion f als *streng monoton steigend* auf dem Intervall I bezeichnet.

Gilt für zwei beliebige Stellen x_1 und x_2 des Intervalls I mit $x_1 < x_2$ stets $f(x_1) > f(x_2)$, so wird die Funktion f als *streng monoton fallend* auf dem Intervall I bezeichnet.

Definition I.2: Monotonie
Gilt für zwei beliebige Stellen x_1 und x_2 des Intervalls I mit $x_1 < x_2$ stets $f(x_1) \leq f(x_2)$, so wird die Funktion f als *monoton steigend* auf dem Intervall I bezeichnet.

Gilt für zwei beliebige Stellen x_1 und x_2 des Intervalls I mit $x_1 < x_2$ stets $f(x_1) \geq f(x_2)$, so wird die Funktion f als *monoton fallend* auf dem Intervall I bezeichnet.

Mithilfe dieser Definitionen lassen sich Monotonieuntersuchungen nur schwer direkt vornehmen. Man verwendet daher meistens das graphische Verfahren des folgenden Beispiels oder das so genannte Monotoniekriterium, welches auf der folgenden Seite steht.

▶ **Beispiel: Graphische Monotonieuntersuchung**
Untersuchen Sie das Monotonieverhalten von $f(x) = x^2 - 2x$ und $g(x) = x^2(x-2)$.

Lösung:
Wir zeichnen den Graphen (Wertetabelle) und lesen die Monotoniebereiche direkt ab.

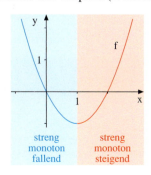
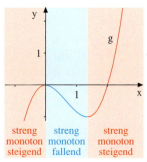

Wesentlich einfacher lassen sich Monotonieuntersuchungen an differenzierbaren Funktionen mithilfe der Ableitung durchführen, wie die folgende Betrachtung zeigt.

Die schon im vorigen Beispiel betrachtete Funktion $f(x) = x^2 - 2x$ besitzt die Ableitung $f'(x) = 2x - 2$. f' hat bei $x = 1$ eine Nullstelle. Dort ist die Steigung von f gleich null.
Links davon, für $x < 1$, gilt $f'(x) < 0$. Dort also ist die Steigung von f negativ. f fällt dort streng monoton.
Rechts davon, für $x > 1$, gilt $f'(x) > 0$. Dort ist die Steigung von f positiv. f steigt dort streng monoton.

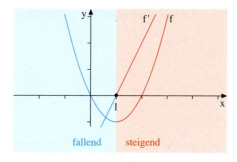

Die genauen Zusammenhänge zwischen Monotonie und Ableitung stellen wir im folgenden anschaulich klaren Monotoniekriterium zusammen. Der Beweis dieses hinreichenden Kriteriums für Monotonie ist allerdings recht theoretisch, sodass wir hier auf ihn verzichten.

Das Monotoniekriterium

Die Funktion f sei auf dem Intervall I differenzierbar. Dann gelten folgende Aussagen:

Ist $f'(x) > 0$ für alle $x \in I$, so ist **f(x) streng monoton steigend** auf I.

Ist $f'(x) < 0$ für alle $x \in I$, so ist **f(x) streng monoton fallend** auf I.

Ist $f'(x) \geq 0$ für alle $x \in I$, so ist **f(x) monoton steigend** auf I.

Ist $f'(x) \leq 0$ für alle $x \in I$, so ist **f(x) monoton fallend** auf I.

▶ **Beispiel:** Untersuchen Sie die Funktion $f(x) = \frac{1}{3}x^3 - x^2 + 4$ mithilfe des Monotoniekriteriums auf strenge Monotonie.

Lösung:
$f(x) = \frac{1}{3}x^3 - x^2 + 4$ besitzt die Ableitung $f'(x) = x^2 - 2x$.
f' hat Nullstellen bei $x = 0$ und $x = 2$.
Für $x < 0$ ist $f'(x) > 0$, also ist f nach dem Monotoniekriterium in diesem Bereich streng monoton steigend.
Für $0 < x < 2$ ist $f'(x) < 0$. f ist dort streng monoton fallend.
Für $x > 2$ ist $f'(x) > 0$. f ist dort also streng
▶ monoton steigend.   🅐 014-1

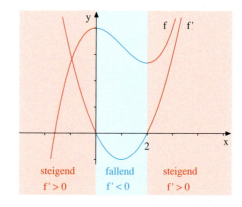

1. Extrem- und Wendepunkte

Übungen

1. Entscheiden Sie für jeden der abgebildeten Graphen, welche der folgenden Monotonieeigenschaften auf dem schattierten, offenen Intervall vorliegt.
A: streng monotones Fallen/Steigen, B: monotones Fallen/Steigen, C: keine Monotonie

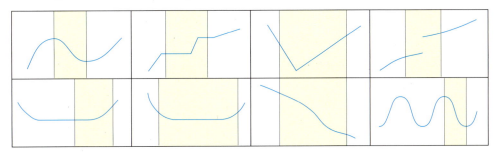

2. Untersuchen Sie zeichnerisch, wo f streng monoton steigt bzw. fällt.
 a) $f(x) = x^2 - 6x + 9$
 b) $f(x) = x^2 - 8x$

3. Bestimmen Sie das Monotonieverhalten der Funktion f mithilfe des Monotoniekriteriums und skizzieren Sie anschließend den Graphen von f.
 a) $f(x) = x^2 - 4x$
 b) $f(x) = \frac{1}{3}x^3 - x$
 c) $f(x) = \frac{1}{3}x^3 + x^2 + x$

4. Die Abbildungen zeigen den Graphen von f' sowie einen Punkt des Graphen von f. Skizzieren Sie, wie der weitere Verlauf des Graphen von f aussehen könnte.

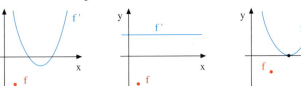

5. Untersuchen Sie die Funktion f auf Monotonie.
 a) $f(x) = x^3 + x$
 b) $f(x) = x^4 + x^2$
 c) $f(x) = x + \frac{1}{x}, x > 0$

6. Gegeben ist die Ableitungsfunktion $f'(x) = (x-2) \cdot (x^2 + 1)$ auf dem Intervall $I = [0;3]$. Bestimmen Sie das Monotonieverhalten der Funktion f auf dem Intervall I.

7. Untersuchen Sie die Funktion f (zeichnerisch oder rechnerisch) auf Monotonie.
 a) $f(x) = x \cdot |x| + x^2$
 b) $f(x) = \frac{1}{x} + \sqrt{x}, x > 0$

EXKURS: Höhere Ableitungen

Differenziert man die Ableitungsfunktion f' (kurz: 1. Ableitung) einer Funktion f, so erhält man die so genannte zweite Ableitungsfunktion (kurz: 2. Ableitung) von f, die man mit f'' (f-zwei-Strich) bezeichnet. Analog ist die dritte Ableitung von f definiert. Man schreibt f'''.
Ab der vierten Ableitung verwendet man an Stelle der hochgestellten Striche hochgestellte, eingeklammerte Indizes: $f^{(4)}$, $f^{(5)}$, ..., $f^{(n)}$.*

Beispiel:

$f(x) = x^6 + 2x^4$
$f'(x) = 6x^5 + 8x^3$ (1. Ableitung)
$f''(x) = 30x^4 + 24x^2$ (2. Ableitung)
$f'''(x) = 120x^3 + 48x$ (3. Ableitung)
$f^{(4)}(x) = 360x^2 + 48$ (4. Ableitung)
$f^{(5)}(x) = 720x$ (5. Ableitung)

> **Beispiel:**
> Berechnen Sie die dritte Ableitung von $f(x) = x^4 - 8x^3 + x$ sowie die zweite Ableitung von $g(x) = \frac{1}{5}x^5 - ax^4$.

Rechnung:

$f(x) = x^4 - 8x^3 + x$
$f'(x) = 4x^3 - 24x^2 + 1$
$f''(x) = 12x^2 - 48x$
$f'''(x) = 24x - 48$

Lösung:
Unter Verwendung der Ableitungsregeln berechnen wir der Reihe nach f', f'' und f'''.
Resultat: $f'''(x) = 24x - 48$.
▶ Analog erhalten wir: $g''(x) = 4x^3 - 12ax^2$.

$g(x) = \frac{1}{5}x^5 - ax^4$
$g'(x) = x^4 - 4ax^3$
$g''(x) = 4x^3 - 12ax^2$

🔸 016-1

Übung 8
Berechnen Sie die jeweils angegebene höhere Ableitung von f.
a) $f(x) = x^8$
 $f'''(x) = ?$
b) $f(x) = 4(x^3 - 3x^2 + 1) - 2$
 $f''(x) = ?$
c) $f(x) = x^n + x^2$ ($n \in \mathbb{N}; n \geq 5$)
 $f^{(5)}(x) = ?$

Übung 9
Geben Sie jeweils zwei Funktionen f an, für die gilt:
a) $f''(x) = x^2$
b) $f'''(x) = 6$
c) $f''(x) = 6ax + 2$
d) $f^{(4)}(x) = 0$

Übung 10
a) Wie lautet die sechste Ableitung von $f(x) = x^3 - 5x^2 + 4x^5$?
b) Wie lautet die zehnte Ableitung von $f(x) = x^{10}$?
c) Wie viele Ableitungen von $f(x) = x^n$ sind verschieden von null?

---

* $f^{(n)}$ heißt n-te Ableitung von f oder Ableitung n-ter Ordnung von f.
Eine Funktion, deren erste n Ableitungen f', f'', ..., $f^{(n)}$ existieren, heißt n-mal differenzierbar.

1. Extrem- und Wendepunkte

B. Krümmung und zweite Ableitung

Ein weiteres wichtiges Merkmal eines Funktionsgraphen ist sein Krümmungsverhalten. Bewegt man sich auf dem unten abgebildeten Graphen in Richtung der positiven x-Achse, so durchfährt man zunächst eine Rechtskurve, dann eine Linkskurve. Denjenigen Punkt, in dem sich die Krümmungsart ändert, nennt man *Wendepunkt*.

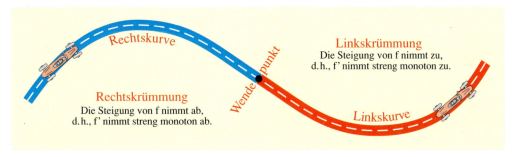

Der Abbildung kann man entnehmen, dass die Steigung von f, also f', im Bereich der Rechtskrümmung abnimmt, beim Wendepunkt minimal ist und im Bereich der Linkskrümmung zunimmt. Diese Beobachtungen bilden die Grundlage der exakten Definition des Krümmungsbegriffs.

Definition I.3: Die Funktion f sei auf dem Intervall I differenzierbar.

| f heißt *rechtsgekrümmt* auf I genau dann, wenn f' auf I streng monoton fällt. | f heißt *linksgekrümmt* auf I genau dann, wenn f' auf I streng monoton steigt. |

▶ **Beispiel:** Untersuchen Sie das Krümmungsverhalten von $f(x) = \frac{1}{3}x^3 - x^2 + 4$. Skizzieren Sie dazu die Graphen von f, f' und f'' in einem gemeinsamen Koordinatensystem. Welcher Zusammenhang besteht zwischen Krümmungsverhalten und zweiter Ableitung?

Lösung:
Man erkennt, dass für $x < 1$ die zweite Ableitung $f''(x) = 2x - 2$ negativ ist.
Daher ist nach dem Monotoniekriterium die erste Ableitung f' in diesem Bereich streng monoton fallend.
Nach Definition I.3 folgt daraus eine Rechtskrümmung von f für $x < 1$.
Analog ergibt sich, dass f für $x > 1$ linksgekrümmt ist.
▶ Die zweite Ableitung bestimmt also das Krümmungsverhalten einer Funktion.

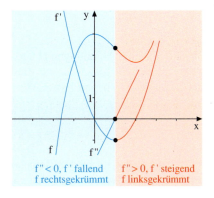

f'' < 0, f' fallend
f rechtsgekrümmt

f'' > 0, f' steigend
f linksgekrümmt

Die auf dem Monotoniekriterium beruhende Überlegung aus dem vorhergehenden Beispiel liefert das folgende hinreichende Kriterium für das Krümmungsverhalten von Funktionen.

Das Krümmungskriterium
Die Funktion f sei auf dem Intervall I zweimal differenzierbar. Dann gilt:

Gilt **f″(x) < 0** für alle x ∈ I, so ist f auf I **rechtsgekrümmt**.

Gilt **f″(x) > 0** für alle x ∈ I, so ist f auf I **linksgekrümmt**.

Die Art der Krümmung einer Funktion f wird also durch das Vorzeichen der zweiten Ableitung f″ bestimmt, allerdings nicht die *Stärke* der Krümmung. Wir zeigen nun, wie man das Kriterium rechnerisch anwendet.

▶ **Beispiel:** Untersuchen Sie das Krümmungsverhalten der Funktion $f(x) = \frac{1}{6}x^3 - \frac{1}{2}x^2 + 3$ rechnerisch. Kontrollieren Sie Ihr Resultat anschließend durch Skizzen von f und f″.

Lösung:
Wir suchen zunächst die Nullstellen der zweiten Ableitung $f''(x) = x - 1$.
Es gibt nur eine einzige, die bei $x = 1$ liegt.
Dort wechselt das Vorzeichen von f″ von Minus nach Plus.
Folglich verläuft der Graph von f für $x < 1$ rechtsgekrümmt und anschließend für $x > 1$ linksgekrümmt.
Im Punkt $P\left(1 \mid 2\frac{2}{3}\right)$ wechselt die Krümmungsart von f. Man spricht von einem Wendepunkt des Graphen von f.
▶ Die Zeichnung bestätigt diese Resultate.

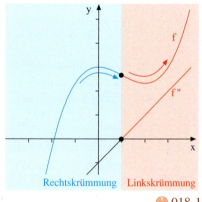

Rechtskrümmung   Linkskrümmung

● 018-1

Übung 11
Bestimmen Sie die Ableitungen f′ und f″ und zeichnen Sie deren Graphen in ein gemeinsames Koordinatensystem. Lesen Sie aus diesen Graphen das Monotonie- sowie das Krümmungsverhalten von f ab. Wo liegen Extremal- und Wendepunkte? Zeichnen Sie nun f.

a) $f(x) = x^2 - 4x$
b) $f(x) = \frac{1}{6}x^3 - 2x$
c) $f(x) = -\frac{1}{6}x^3 + \frac{3}{4}x^2$

Übung 12
Bestimmen Sie wie im letzten Beispiel das Krümmungsverhalten der Funktion f rechnerisch. Geben Sie an, wo Wendepunkte liegen.

a) $f(x) = x^3 + 3x^2 + 2$
b) $f(x) = \frac{1}{2}x^3 - \frac{3}{2}x$
c) $f(x) = 1 - x^2$
d) $f(x) = \frac{1}{8}x^4 - \frac{1}{4}x^3$

B. Extrem- und Wendepunkte

Bei differenzierbaren Funktionen werden die Bereiche monotonen Steigens bzw. Fallens durch lokale Hoch- und Tiefpunkte begrenzt, während links- bzw. rechtsgekrümmte Kurventeile durch die Wendepunkte begrenzt sind.
Kennt man die Lage dieser charakteristischen Punkte eines Graphen, ist es meistens leicht, den Graphen zu zeichnen.
Im Folgenden zeigen wir, wie man Hoch-, Tief- und Wendepunkte berechnen kann.

▶ **Beispiel:** Mit einem Funktionsplotprogramm wurde der Graph einer Funktion erstellt. Durch einen Defekt des Druckers wurde ein wichtiger Teil des Funktionsgraphen nicht dargestellt. Insbesondere ist nicht mehr erkennbar, wo der Hochpunkt der Funktion liegt. Versuchen Sie die exakte Lage des Hochpunktes festzustellen.

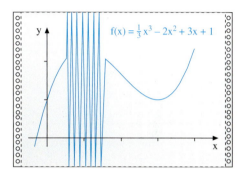

Lösung:
Im Hochpunkt $H(x_E | y_E)$ besitzt der Graph offensichtlich eine waagerechte Tangente. Die Steigung des Funktionsgraphen ist dort also null. Die Ableitung hat dort den Wert null: $f'(x_E) = 0$.
Wegen $f'(x) = x^2 - 4x + 3$ führt dies auf die Gleichung $x^2 - 4x + 3 = 0$, die nach nebenstehender Rechnung die beiden Lösungen $x = 1$ und $x = 3$ besitzt. Das sind die einzigen Stellen mit waagerechten Tangenten. Betrachten wir die verbliebenen Reste des Graphen, so kommen wir zu dem Schluss, dass der verdeckte Hochpunkt bei $x = 1$ liegt: $H\left(1 \mid \frac{7}{3}\right)$.
Die zweite Stelle mit waagerechter Tangente bei $x = 3$ muss dann der x-Wert des in der Zeichnung ebenfalls zu erkennenden Tiefpunkts sein: $T(3|1)$.

Extremalpunkte differenzierbarer Funktionen haben waagerechte Tangenten.

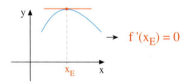

Berechnung der Ableitung:
$$f(x) = \tfrac{1}{3}x^3 - 2x^2 + 3x + 1$$
$$f'(x) = x^2 - 4x + 3$$

Berechnung der Stellen mit $f'(x) = 0$:
$$f'(x) = 0$$
$$x^2 - 4x + 3 = 0$$
$$x = 2 \pm \sqrt{1}$$
$$x_1 = 1 \quad x_2 = 3$$

Das Beispiel zeigt, dass man die Lage der lokalen Hoch- und Tiefpunkte offensichtlich mithilfe der ersten Ableitung berechnen kann. Diese Punkte sind nämlich durch eine *waagerechte Tangente* gekennzeichnet, was wiederum äquivalent ist zum Verschwinden (nullwerden) der ersten Ableitung der Funktion an der betreffenden Stelle ($f'(x) = 0$).

Nach dieser anschaulich geprägten Einführung müssen wir die intuitiv verwendeten Begriffe mathematisch exakt definieren.

> **Definition I.4: Lokale Extremalpunkte**
>
> Ein Graphenpunkt $H(x_H | f(x_H))$ heißt *Hochpunkt* von f, wenn es eine Umgebung U von x_H gibt, sodass für alle $x \in U$ gilt: $f(x) \leq f(x_H)$.
>
> Ein Graphenpunkt $T(x_T | f(x_T))$ heißt *Tiefpunkt* von f, wenn es eine Umgebung U von x_T gibt, sodass für alle $x \in U$ gilt: $f(x) \geq f(x_T)$.
>
>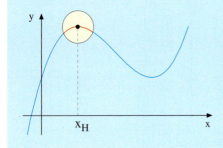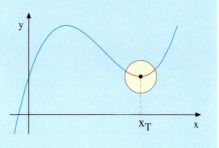

Ein lokaler Hochpunkt ist also ein Graphenpunkt, in dessen unmittelbarer Nachbarschaft es nur tiefer liegende Graphenpunkte gibt. Der Funktionswert im Hochpunkt wird als *lokales Maximum* der Funktion bezeichnet. Analoges gilt für Tiefpunkte.

In einem Hoch- bzw. in einem Tiefpunkt einer *differenzierbaren* Funktion verläuft die Tangente an den Funktionsgraphen waagerecht. Die Steigung der Funktion dort ist daher notwendigerweise null. Diese Tatsache ist so wichtig, dass sie als „Kriterium" formuliert wird.

> **Notwendiges Kriterium für lokale Extrema**
>
> Die Funktion f sei an der Stelle x_E differenzierbar. Dann gilt:
> Wenn bei x_E ein lokales Extremum von f liegt, dann ist $f'(x_E) = 0$.

Die Punkte mit waagerechter Tangente – also mit $f'(x) = 0$ – sind die einzigen Kandidaten für lokale Hoch- und Tiefpunkte. Man bezeichnet sie daher als *potentielle Extremalpunkte*.

Übung 13
Untersuchen Sie, ob die Funktion f Stellen mit waagerechten Tangenten besitzt, d. h. potentielle Extrempunkte. Prüfen Sie durch Zeichnen des Graphen, ob es sich tatsächlich um Extrempunkte handelt.
a) $f(x) = x^2 - 4x + 2$
b) $f(x) = (x-2)^2 + x$
c) $f(x) = x^3 + 3x$

Übung 14
Die Funktion f hat zwei Stellen mit waagerechten Tangenten. Erläutern Sie den Unterschied. Wie verhält sich die Ableitung f' an diesen Stellen?

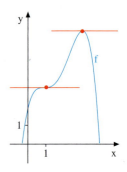

1. Extrem- und Wendepunkte

Man kann anhand der Kurvenkrümmung entscheiden, ob es sich bei einem Punkt mit waagerechter Tangente um einen Hochpunkt, einen Tiefpunkt oder um einen Sattelpunkt handelt. In der folgenden Abbildung sind die verschiedenen Möglichkeiten aufgelistet.
Verläuft der Funktionsgraph in der Umgebung des Punktes mit waagerechter Tangente rechtsgekrümmt, so handelt es sich um einen Hochpunkt. Verläuft der Graph dort linksgekrümmt, so ist es ein Tiefpunkt. Wechselt die Krümmungsart in dem Punkt mit waagerechter Tangente, so liegt ein so genannter *Sattelpunkt* vor.

waagerechte Tangente
UND
Rechtskrümmung
⇓
Hochpunkt

waagerechte Tangente
UND
Linkskrümmung
⇓
Tiefpunkt

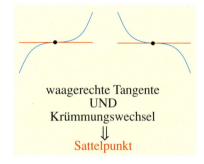

waagerechte Tangente
UND
Krümmungswechsel
⇓
Sattelpunkt

Da man die Krümmungsart mithilfe des Vorzeichens von f'' feststellen kann, erhalten wir folgendes Ergebnis, das sehr oft gebraucht wird.

Hinreichendes Kriterium für lokale Extrema (f''-Kriterium)

Die Funktion f sei in einer Umgebung von x zweimal differenzierbar. Dann gilt:

Gilt $f'(x_E) = 0$ und $f''(x_E) < 0$, so liegt an der Stelle x_E ein **lokales Maximum** von f.
Gilt $f'(x_E) = 0$ und $f''(x_E) > 0$, so liegt an der Stelle x_E ein **lokales Minimum** von f.

Das folgende Beispiel zeigt, wie notwendiges und hinreichendes Kriterium im Verbund zur Berechnung der Extremalpunkte von Funktionen eingesetzt werden können.

▶ **Beispiel:** Untersuchen Sie die Funktion $f(x) = \frac{1}{3}x^3 + \frac{1}{2}x^2$ auf Extrema.

Lösung:
Mithilfe des notwendigen Kriteriums errechnen wir die Stellen mit waagerechten Tangenten bei $x = -1$ und $x = 0$.
Diese Stellen untersuchen wir mithilfe des hinreichenden Kriteriums weiter.
An der Stelle $x = -1$ gilt $f''(-1) = -1 < 0$.
Daher liegt Rechtskrümmung vor, sodass wir hier ein Maximum erhalten. Analog liefert $f''(0) = 1 > 0$ ein Minimum bei $x = 0$.

▶ Hochpunkt $H\left(-1 \Big| \frac{1}{6}\right)$, Tiefpunkt $T(0|0)$.

1. Ableitungen:
$f'(x) = x^2 + x$ $f''(x) = 2x + 1$

2. Stellen mit waagerechten Tangenten:
$f'(x) = 0$ notwendige
$x^2 + x = 0$ Bedingung
$x = -1$ sowie $x = 0$

3. Überprüfung mittels f'':
$f''(-1) = -1 < 0 \Rightarrow$ Maximum bei $x = -1$
$f''(0) \ = \ 1 > 0 \Rightarrow$ Minimum bei $x = 0$

Das hinreichende Kriterium für lokale Extrema ist in seiner Anwendbarkeit begrenzt.

> **Beispiel:** Untersuchen Sie die Funktionen $f(x) = x^3$ und $g(x) = x^4$ auf Extrema.

Lösung:
Die Funktion $f(x) = x^3$ hat nur eine Stelle mit waagerechter Tangente, nämlich $x = 0$. Die Überprüfung mittels f'' nach dem hinreichenden Kriterium bringt keine Entscheidung, da $f''(0)$ weder positiv noch negativ, sondern gleich null ist.

Genau das Gleiche ergibt sich für die Funktion $g(x) = x^4$. Auch hier gilt sowohl $g'(0) = 0$ als auch $g''(0) = 0$, sodass keine Entscheidung möglich ist.

1. **Ableitungen:**
$f'(x) = 3x^2 \qquad f''(x) = 6x$

2. **Stellen mit waagerechten Tangenten:**
$f'(x) = 0 \qquad$ notwendige
$3x^2 = 0 \qquad$ Bedingung
$x = 0$

3. **Überprüfung mittels f'':**
$f''(0) = 0 \qquad$ keine Entscheidung möglich

Skizzieren wir allerdings die Graphen dieser einfachen Funktionen, so sehen wir, dass an der Stelle $x = 0$ im Falle von $f(x) = x^3$ ein Sattelpunkt und im Falle von $g(x) = x^4$ ein Tiefpunkt liegt. Man hätte dies auch am Steigungsverhalten der Funktionen und damit am Vorzeichen der ersten Ableitung erkennen können, was die folgende Bildserie zeigt. Damit erhalten wir ein zweites hinreichendes Kriterium für Extremalpunkte und auch Sattelpunkte, das eingesetzt werden kann, wenn das Kriterium wie im obigen Beispiel versagt.

waagerechte Tangente
UND
Vorzeichenwechsel von f'
von Plus nach Minus
⇓
Hochpunkt

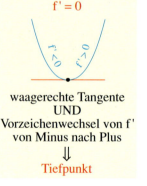

waagerechte Tangente
UND
Vorzeichenwechsel von f'
von Minus nach Plus
⇓
Tiefpunkt

waagerechte Tangente
UND
kein Vorzeichenwechsel
von f'
⇓
Sattelpunkt

Hinreichendes Kriterium für lokale Extrema (Vorzeichenwechsel-Kriterium)

Die Funktion f sei in einer Umgebung von x_E differenzierbar und es sei $f'(x_E) = 0$.

Wenn dann die Ableitung f' an der Stelle x_E
einen **Vorzeichenwechsel** von **+** nach **−** hat, so liegt bei x_E ein **lokales Maximum** von f,
einen **Vorzeichenwechsel** von **−** nach **+** hat, so liegt bei x_E ein **lokales Minimum** von f.

Wenn die Ableitung f' bei x_E **keinen Vorzeichenwechsel** hat, so liegt bei x_E **kein Extremum** von f. Für jede ganzrationale Funktion f liegt in diesem Fall bei x_E ein **Sattelpunkt** von f.

1. Extrem- und Wendepunkte

Wir zeigen nun abschließend, wie die Kriterien im Verbund angewandt werden können.

▶ **Beispiel:** Untersuchen Sie die Funktion $f(x) = x^4 - 4x^3$ auf Extremalpunkte.

Lösung:
Wir berechnen zunächst, wo die Stellen mit waagerechter Tangente ($f' = 0$) liegen. Die nebenstehende Rechnung zeigt, dass bei $x = 0$ und bei $x = 3$ waagerechte Tangenten liegen.

Nun überprüfen wir diese Stellen mithilfe des hinreichenden Kriteriums:
Die Untersuchung der Stelle $x = 3$ gelingt problemlos: Wegen $f''(3) > 0$ liegt dort ein Minimum.
$T(3 \mid -27)$ ist also ein Tiefpunkt.

Die Untersuchung der Stelle $x = 0$ ist problematischer, da wegen $f''(0) = 0$ eine Entscheidung nach f''-Kriterium nicht möglich ist.
Wir wenden daher im Nachgang das Vorzeichenwechsel-Kriterium an und überprüfen das Vorzeichen von f' links und rechts der kritischen Stelle $x = 0$.
An Stelle einer allgemeinen Vorzeichenbetrachtung reicht es aus, das Vorzeichen von f' an jeweils einer Stelle links und rechts von $x = 0$ zu testen. Wir stellen fest, dass f' bei $x = 0$ keinen Vorzeichenwechsel besitzt, also einen Sattelpunkt, der monoton fallend durchlaufen wird.

Berechnen wir nun noch die Nullstellen der Funktion ($x = 0$ und $x = 4$), so ist es ein Leichtes, den ungefähren Verlauf des
▶ Funktionsgraphen zu skizzieren.

1. Ableitungen:
$f'(x) = 4x^3 - 12x^2 \qquad f''(x) = 12x^2 - 24x$

2. Stellen mit waagerechten Tangenten:
$f'(x) = 0$ \qquad notwendige
$4x^3 - 12x^2 = 0$ \qquad Bedingung
$4x^2 \cdot (x - 3) = 0$
$x = 0$ sowie $x = 3$

3. Überprüfung mittels f''-Kriterium:
$f''(3) = 36 > 0 \;\Rightarrow\;$ Minimum
$\Rightarrow\;$ Tiefpunkt $T(3 \mid -27)$

$f''(0) = 0 \;\Rightarrow\;$ keine Entscheidung

4. Überprüfung mittels Vorzeichenwechsel-Kriterium:
Vorzeichen von f' links von $x = 0$:
Teststelle $x = -1$: $f'(-1) = -16 < 0$

Vorzeichen von f' rechts von $x = 0$:
Teststelle $x = 1$: $f'(1) = -8 < 0$

$\Rightarrow$ kein Vorzeichenwechsel von f'
$\Rightarrow$ Sattelpunkt bei $x = 0$: $S(0 \mid 0)$

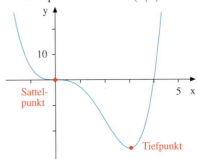

Übung 15
Untersuchen Sie die Funktion f auf lokale Extremalpunkte.
Skizzieren Sie den Graphen von f.
a) $f(x) = 2x^2 + 3x - 5$
b) $f(x) = \frac{1}{3}x^3 + \frac{1}{2}x^2 - 3x$
c) $f(x) = \frac{1}{4}x^3 - 2$

Übung 16
Wie muss der Parameter a gewählt werden, wenn die Funktion $f(x) = ax^3 - 3x^2$ an der Stelle $x = 2$ ein Extremum besitzen soll? Ist es ein Maximum oder ein Minimum?

Wir beschäftigen uns nun mit *Wendepunkten*. Das sind diejenigen Punkte des Graphen einer differenzierbaren Funktion, in denen die Krümmungsart wechselt (vgl. S. 17).
Es gibt zwei Arten von Wendepunkten: *Links-rechts-Wendepunkte* und *Rechts-links-Wendepunkte*. Betrachten wir den Kurvenanstieg in der Umgebung eines Wendepunktes, so können wir Folgendes beobachten:

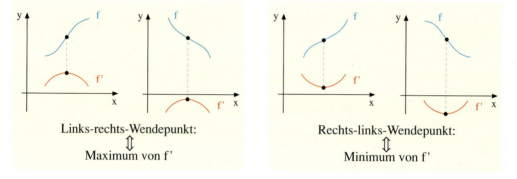

Links-rechts-Wendepunkt:
⇕
Maximum von f'

Rechts-links-Wendepunkt:
⇕
Minimum von f'

Charakteristisches Erkennungszeichen eines Wendepunktes ist also, dass dort die Steigung f' der Kurve relativ zur Umgebung ein Extremum annimmt, nämlich ein Maximum im Links-rechts-Wendepunkt und ein Minimum im Rechts-links-Wendepunkt.

Wendepunkte zu suchen bedeutet also, lokale Extremwerte von f' zu suchen. Wir erhalten daher Wendepunktkriterien für f, indem wir die Extremwertkriterien auf f' anwenden:

Notwendiges Kriterium für Wendepunkte

Die Funktion f sei an der Stelle x_W zweimal differenzierbar. Dann gilt:
Wenn bei x_W ein Wendepunkt von f liegt, dann ist **$f''(x_W) = 0$**.

Die hier auftretende Bedingung $f''(x_W) = 0$ kann man auch folgendermaßen interpretieren: An der Wendestelle ist die Kurvenkrümmung f'' gleich null. Anschaulich ist dies klar: Beim Übergang von einer Links- in eine Rechtskurve muss ein Punkt krümmungsfrei sein.

Hinreichendes Kriterium für Wendepunkte (f'''-Kriterium)

Die Funktion f sei in einer Umgebung von x dreimal differenzierbar.

Gilt **$f''(x_W) = 0$ und $f'''(x_W) \neq 0$**, so liegt an der Stelle x_W ein **Wendepunkt** von f.

Genauer: $f'''(x_W) < 0$ ⇒   Links-rechts-Wendepunkt
           $f'''(x_W) > 0$ ⇒   Rechts-links-Wendepunkt

Dieses Kriterium versagt dann seinen Dienst, wenn an einer potentiellen Wendestelle mit $f''(x_W) = 0$ auch $f'''(x_W) = 0$ ist. Dann aber hilft das folgende allgemeinere Kriterium.

1. Extrem- und Wendepunkte

Hinreichendes Kriterium für Wendepunkte (Vorzeichenwechsel-Kriterium)

f sei in einer Umgebung von x_W zweimal differenzierbar und es sei $f''(x_W) = 0$.
Wenn dann die zweite Ableitung f'' an der Stelle x_W einen **Vorzeichenwechsel** hat, so liegt dort eine Wendestelle von f.

Genauer: **Vorzeichenwechsel** von + nach − ⇒ **Links-rechts-Wendepunkt**
Vorzeichenwechsel von − nach + ⇒ **Rechts-links-Wendepunkt**

🔴 025-1

Nach so viel Theorie rechnen wir zwei Beispiele zur Anwendung der Kriterien.

▶ **Beispiel:** Untersuchen Sie die Funktion $f(x) = \frac{1}{24}x^4 - \frac{1}{6}x^3$ auf Wendepunkte.

Lösung:
Wir berechnen die Nullstellen von f'', denn nur dort können Wendestellen von f liegen.
Resultat: $x = 0$ sowie $x = 2$.
Nun wenden wir das hinreichende Kriterium für Wendepunkte an, indem wir die gefundenen Stellen mittels f''' überprüfen.
In beiden Fällen ist $f'''(x) \neq 0$. Daher handelt es sich um Wendestellen.
Die Art des Wendepunktes können wir am Vorzeichen von f''' erkennen.
Es handelt sich um einen Links-rechts-Wendepunkt $W_1(0|0)$ und um einen Rechts-links-Wendepunkt $W_2\left(2 \mid -\frac{2}{3}\right)$.
Berechnen wir nun noch die Nullstellen und die Extremalpunkte von f, so können wir eine Übersichtsskizze des Graphen der Funktion anfertigen.
Die Nullstellen liegen bei $x = 0$ und $x = 4$.
Des Weiteren finden wir mithilfe des notwendigen und der hinreichenden Kriterien für Extrema einen Sattelpunkt bei $S(0|0)$
▶ und den Tiefpunkt $T\left(3 \mid -\frac{9}{8}\right)$.

1. **Ableitungen f'' und f''':**
$f''(x) = \frac{1}{2}x^2 - x, \quad f'''(x) = x - 1$

2. **Stellen ohne Krümmung:**
$f''(x) = 0$ notwendige
$\frac{1}{2}x^2 - x = 0$ Bedingung
$x = 0$ sowie $x = 2$

3. **Überprüfung mittels f'''-Kriterium:**
$f'''(0) = -1 < 0 \Rightarrow$ Wendestelle (L-R)
$f'''(2) = 1 > 0 \Rightarrow$ Wendestelle (R-L)

4. **Graph:**

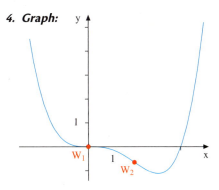

Übung 17
Untersuchen Sie die Funktion f auf Wendepunkte. Skizzieren Sie den Graphen.
a) $f(x) = \frac{1}{2}x^3 - \frac{3}{2}x^2; \; -1{,}5 \leq x \leq 3{,}5$
b) $f(x) = \frac{1}{8}x^5 - 4; \; -2 \leq x \leq 2$

Übung 18
Gegeben sei $f(x) = a^2 x^3 + 2ax^2$.
Wie muss der Parameter a gewählt werden, damit die Funktion f einen Wendepunkt bei $x = 2$ besitzt?
Um welche Art des Wendepunktes handelt es sich?

🔴 025-2

27. Untersuchen Sie die Funktion f auf Hoch-, Tief- und Sattelpunkte.
a) $f(x) = -\frac{1}{2}x^2 - 4x$
b) $f(x) = \frac{1}{50}x^3 - 1{,}5x$
c) $f(x) = 0{,}5x^4 - x^3$
d) $f(x) = x^2(x-2)$
e) $f(x) = x^5 + 2{,}5x^4$
f) $f(x) = \frac{1}{5}x^5 - \frac{2}{3}x^3 + x$

28. Untersuchen Sie die Funktion f auf Wendestellen.
a) $f(x) = x^3 + 6x^2 - 1$
b) $f(x) = 0{,}5x^4 - 12x^2$
c) $f(x) = x^4 + 4x^2$
d) $f(x) = x^5 + 5x^2$
e) $f(x) = 4 - 4x - x^2$
f) $f(x) = \frac{1}{3}x^6 - \frac{1}{8}x^4$

29. Untersuchen Sie die Funktion f auf Nullstellen, Extrema und Wendepunkte. Skizzieren Sie anschließend den Verlauf des Graphen.
a) $f(x) = -\frac{1}{6}x^3 + 2x$
b) $f(x) = x^3 - 3x^2 + 3x$
c) $f(x) = x^4 - 2x^3$

30. Strandbad
Exakt im Zentrum der Flussbiegung liegt das Strandbad. Ein neuer Pflasterweg soll es mit der Straße verbinden. Der Weg soll exakt rechtwinklig vom Fluss weglaufen.
Der Fluss kann durch die Funktion $f(x) = \frac{1}{2}(x^3 - 3x^2 + 4x + 2)$ modelliert werden (1 LE ≙ 100 m).
a) Was kostet der Bau des Weges, wenn pro lfd. Meter 500 Euro kalkuliert werden?
b) Unter welchem Winkel α mündet der Weg in die Straße ein?

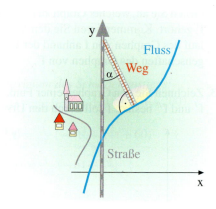

31. Die Verkaufszahlen pro Woche eines neuen LCD-Bildschirms in den ersten Wochen nach der Markteinführung werden durch die Funktion $f(t) = 15t^2 - t^3$ (t in Wochen, f(t) in Mengeneinheiten) modelliert.
a) Wie viele Wochen nach Markteinführung werden die meisten Bildschirme verkauft?
b) In welcher Woche steigen die Verkaufszahlen am stärksten an?

32. Beurteilen Sie, ob die abgebildete Konfiguration aus Funktion f, erster Ableitung f′ und zweiter Ableitung f″ theoretisch möglich ist oder nicht?

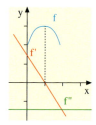 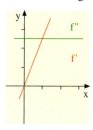 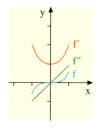 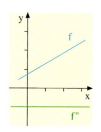

2. Kurvendiskussionen

Bei einer Kurvendiskussion werden charakteristische Eigenschaften der gegebenen Funktion untersucht. In der folgenden Tabelle sind die Standarduntersuchungen aufgelistet.

1. Symmetrie	Der Term $f(-x)$ wird berechnet und mit $f(x)$ bzw. $-f(x)$ verglichen:	
	$f(-x)=+f(x)$ $\Rightarrow$ **Achsensymmetrie zur y-Achse**	
	$f(-x)=-f(x)$ $\Rightarrow$ **Punktsymmetrie zum Ursprung**	

2. Nullstellen 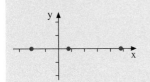	Die Gleichung $f(x)=0$ wird nach x aufgelöst. Ihre Lösungen sind die Nullstellen der Funktion f.
	
	 Lösungsmethoden: p-q-Formel
	                              Faktorisierung
	                              Raten/Polynomdivision
	                              Näherungsverfahren	

3. Lokale Extremalpunkte 	Die notwendige Bedingung $f'(x)=0$ wird nach x aufgelöst. Die Lösungen x_E werden mit hinreichenden Kriterien getestet. *f''-Kriterium* $f''(x_E)<0$ $\Rightarrow$ **Maximum** $f''(x_E)>0$ $\Rightarrow$ **Minimum** $f''(x_E)=0$ $\Rightarrow$ **keine Aussage** *Vorzeichenwechsel-Kriterium* **Vorzeichenwechsel von f' bei x_E: +/−** $\Rightarrow$ **Maximum** **Vorzeichenwechsel von f' bei x_E: −/+** $\Rightarrow$ **Minimum**	
4. Wendepunkte 	Die notwendige Bedingung $f''(x)=0$ wird nach x aufgelöst. Die Lösungen x_W werden mit hinreichenden Kriterien getestet. *f'''-Kriterium* $f'''(x_W)<0$ $\Rightarrow$ **Wendepunkt (L-R)** $f'''(x_W)>0$ $\Rightarrow$ **Wendepunkt (R-L)** $f'''(x_W)=0$ $\Rightarrow$ **keine Aussage** *Vorzeichenwechsel-Kriterium* **Vorzeichenwechsel von f'' bei x_W: +/−** $\Rightarrow$ **L-R-Wp** **Vorzeichenwechsel von f'' bei x_W: −/+** $\Rightarrow$ **R-L-Wp**	
5. Graph 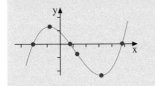	Das Koordinatenkreuz wird gezeichnet und beschriftet. In manchen Fällen erhalten die Achsen unterschiedliche Maßstäbe. Die charakteristischen Punkte aus 2. bis 4. werden eingezeichnet. Falls erforderlich, wird eine zusätzliche Wertetabelle erstellt. Der Graph wird auf dieser Grundlage skizziert.	

029-1

A. Ganzrationale Funktionen

Eine ganzrationale Funktion besitzt die Gestalt $f(x) = a_n x^n + a_{n-1} x^{n-1} + \ldots + a_1 x + a_0$. Dabei ist $n \in \mathbb{N}$ und $a_i \in \mathbb{R}$. Man bezeichnet eine solche Funktion auch als Polynom vom Grad n. Der Funktionsterm setzt sich aus Potenzfunktionen zusammen. Diese haben sehr einfache graphische Eigenschaften. Im Grunde gibt es nur zwei Typen, wie die folgende Darstellung zeigt.

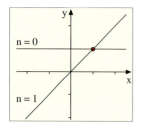

$f(x) = C(n = 0)$
$f(x) = x(n = 1)$

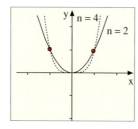

$f(x) = x^2, x^4, x^6, \ldots$
gerade Exponenten

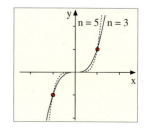

$f(x) = x^3, x^5, x^7, \ldots$
ungerade Exponenten

Bei ganzrationalen Funktionen überlagern sich die Potenzfunktionen additiv. Dadurch entstehen sehr interessante Funktionsverläufe mit Nullstellen, Extremwerten und Wendepunkten.

> **Beispiel: Überlagerung von Potenzfunktionen**
> Führen Sie den Verlauf des Graphen von $f(x) = \frac{1}{2} x^3 + x^2$ auf die Graphen von $u(x) = \frac{1}{2} x^3$ und $v(x) = x^2$ zurück.

Lösung:

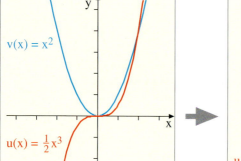
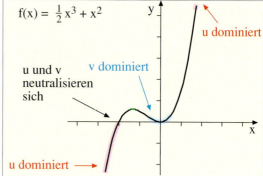

Wir erkennen, dass in der Nähe des Ursprungs, also ca. für $-0{,}5 \leq x \leq 0{,}5$, die Funktion $v(x) = x^2$ dominiert, denn dort verläuft u sehr flach. In den Außenbereichen, d. h. für $x < -2$ bzw. $x > 2$ dominiert dagegen $u(x) = \frac{1}{2} x^3$ aufgrund ihres steileren Verlaufs. Auf diese Weise bildet sich der Graph von f aus mit zwei Nullstellen, zwei Extrema und einem Wendepunkt.

Diese besonderen Punkte einer Funktion werden wir in den Kurvendiskussionen der folgenden Abschnitte berechnen, um den Verlauf des Graphen darstellen und interpretieren zu können.

2. Kurvendiskussionen

Wir führen nun beispielhaft einige einfache Kurvendiskussionen durch.

> **Beispiel:** Diskutieren Sie die Funktion $f(x) = -\frac{1}{2}x^2 + 3x - \frac{5}{2}$ (Untersuchungspunkte: Symmetrie, Nullstellen, Extrema, Wendepunkte). Zeichnen Sie den Graphen für $-1 \leq x \leq 8$.

Lösung:

1. Ableitungen:
Es ist zu empfehlen, zunächst alle benötigten Ableitungen zusammenzustellen. Normalerweise geht man bis zur dritten Ableitung. In unserem Beispiel reichen die ersten beiden Ableitungen aus.

Ableitungen:
$$f(x) = -\frac{1}{2}x^2 + 3x - \frac{5}{2}$$
$$f'(x) = -x + 3$$
$$f''(x) = -1$$

2. Symmetrie:
Wir berechnen $f(-x)$ und vergleichen diesen Term mit $f(x)$ und mit $-f(x)$. In beiden Fällen liegt keine Übereinstimmung vor. Daher ist der Graph von f weder symmetrisch zur y-Achse noch zum Ursprung.

Symmetrie:
$$f(-x) = -\frac{1}{2}(-x)^2 + 3(-x) - \frac{5}{2}$$
$$= -\frac{1}{2}x^2 - 3x - \frac{5}{2}$$
$\Rightarrow$ $f(-x) \neq f(x)$ und $f(-x) \neq -f(x)$
$\Rightarrow$ keine Symmetrie zur y-Achse
keine Symmetrie zum Ursprung

3. Nullstellen:
Die Bestimmungsgleichung $f(x) = 0$ kann mithilfe der p-q-Formel gelöst werden. Nullstellen: $x = 1$ und $x = 5$.

Nullstellen:
$f(x) = 0$
$-\frac{1}{2}x^2 + 3x - \frac{5}{2} = 0$
$x^2 - 6x + 5 = 0$
$x = 3 \pm \sqrt{4}$
$x = 1, \quad x = 5$

4. Extrema:
Die notwendige Bedingung für Extrema lautet $f'(x) = 0$. Die einzige Lösung dieser Gleichung ist $x = 3$. Es handelt sich um ein Maximum, denn der Test mit dem hinreichenden Kriterium ergibt $f''(3) = -1 < 0$. Als y-Wert im Maximum erhalten wir $y = 2$.
Resultat: Hochpunkt $H(3|2)$

Extrema:
$f'(x) = 0$
$-x + 3 = 0$
$x = 3, y = 2$
$f''(3) = -1 < 0 \Rightarrow$ Maximum

f ist streng monoton wachsend für $x < 3$ und streng monoton fallend für $x > 3$.

5. Wendepunkte:
Der Graph von f hat keine Wendepunkte, da die zweite Ableitung konstant negativ ist und daher keine Nullstellen besitzt. Der Graph von f ist rechtsgekrümmt.

Wendepunkte:
$f''(x) = 0$ ist für kein $x \in \mathbb{R}$ erfüllbar.
$\Rightarrow$ Es gibt keine Wendepunkte.

6. Graph:
Der Graph von f ist eine nach unten geöffnete rechtsgekrümmte Parabel mit Nullstellen bei $x = 1$ und $x = 5$, deren Scheitelpunkt der Hochpunkt $H(3|2)$ ist.

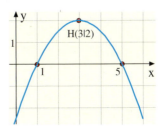

031-1

Das folgende Beispiel bezieht sich auf ein Polynom dritten Grades. Außerdem wird die Kurvendiskussion durch Zusatzuntersuchungen (Symmetrie, Schnittwinkel) erweitert.

> **Beispiel: Polynomfunktion dritten Grades**
> Diskutieren Sie die Funktion $f(x) = \frac{1}{3}x^3 - 3x$ und zeichnen Sie den Graphen von f für $-3{,}5 \leq x \leq 3{,}5$. Ist f achsensymmetrisch zur y-Achse oder punktsymmetrisch zum Ursprung? Unter welchem Winkel schneidet der Graph die x-Achse?

Lösung:

1. Ableitungen
$f(x) = \frac{1}{3}x^3 - 3x$
$f'(x) = x^2 - 3$
$f''(x) = 2x$
$f'''(x) = 2$

2. Nullstellen
$f(x) = 0$
$\frac{1}{3}x^3 - 3x = 0$
$x\left(\frac{1}{3}x^2 - 3\right) = 0$
$x = 0$ bzw. $\frac{1}{3}x^2 - 3 = 0$
$x = 0$ bzw. $x = 3$, $x = -3$

3. Extrema
$f'(x) = 0$
$x^2 - 3 = 0$
$x = \sqrt{3}$, $y = -2\sqrt{3}$
$x = -\sqrt{3}$, $y = 2\sqrt{3}$
$f''(\sqrt{3}) = 2\sqrt{3} > 0 \Rightarrow$ Minimum
$f''(-\sqrt{3}) = -2\sqrt{3} < 0 \Rightarrow$ Maximum
Tiefpunkt $T(\sqrt{3} \mid -2\sqrt{3}) = T(1{,}73 \mid -3{,}46)$
Hochpunkt $H(-\sqrt{3} \mid 2\sqrt{3}) = H(-1{,}73 \mid 3{,}46)$

4. Wendepunkte
$f''(x) = 0$
$2x = 0 \Rightarrow x = 0$, $y = 0$
$f'''(0) = 2 > 0 \Rightarrow \begin{cases} W(0\mid 0) \text{ ist ein Rechts-} \\ \text{Links-Wendepunkt} \end{cases}$

5. Graph

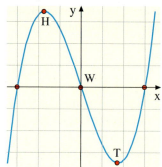

6. Symmetrie
Die Symmetrieuntersuchung besteht aus einem Vergleich von $f(-x)$ mit $f(x)$.
$f(x) = \frac{1}{3}x^3 - 3x$
$f(-x) = \frac{1}{3}(-x)^3 - 3(-x) = -\frac{1}{3}x^3 + 3x$
Man erkennt, dass $f(-x) = -f(x)$ gilt. Dies bedeutet Punktsymmetrie zum Ursprung.

> **Symmetriekriterium**
> Achsensymmetrie zur y-Achse:
> $f(-x) = f(x)$
> Punktsymmetrie zum Ursprung:
> $f(-x) = -f(x)$

7. Schnittwinkel mit der x-Achse
Die x-Achse wird im Ursprung geschnitten. Dort ist die Steigung $f'(0) = -3$.
Also gilt $\tan \alpha = -3$.
Daraus folgt $\alpha \approx -71{,}57°$.

Übung 1

Untersuchen Sie die Funktion $f(x) = \frac{1}{4}x^4 - x^2$. Zeichnen Sie ihren Graphen für $-2{,}5 \leq x \leq 2{,}5$. Unter welchem Winkel schneidet f die Gerade $x = 3$? Ist f symmtrisch zur y-Achse oder zum Ursprung? Wie groß ist die mittlere Steigung von f zwischen linkem Minimum und Hochpunkt?

2. Kurvendiskussionen

Auch Wachstumsprozesse können angenähert durch Polynomfunktionen beschrieben werden. Hierbei werden auch lokale Änderungsraten betrachtet.

▸ **Beispiel: Virusinfektion**
Der Verlauf einer leichten Viruserkrankung wird durch die Funktion $C(t) = \frac{10^6}{8} \cdot (6t^2 - t^3)$ modelliert. Dabei ist t die Zeit seit Infektionsbeginn in Tagen und C die Anzahl der Viren in einem ml Blutflüssigkeit. Untersuchen Sie die Funktion C. Zeichnen Sie die Graphen von C und C' für $0 \leq t \leq 6$. Interpretieren Sie die Ergebnisse unter Bezugnahme auf den realen Prozess.

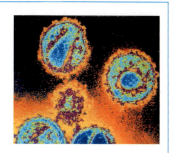

Lösung:

Nullstellen:
$C(t) = \frac{10^6}{8} \cdot (6t^2 - t^3) = 0$
$t^2 \cdot (6 - t) = 0$
$t = 0, t = 6$

Extrema:
$C'(t) = \frac{10^6}{8} \cdot (12t - 3t^2) = 0$
$t \cdot (12 - 3t) = 0$
$t = 0, C = 0$ Minimum
$t = 4, C = 4 \cdot 10^6$ Maximum

Wendepunkte:
$C''(t) = \frac{10^6}{8} \cdot (12 - 6t) = 0$
$12 - 6t = 0$
$t = 2, C = 2 \cdot 10^6$ L-R-Wendepunkt

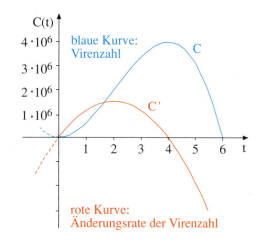

Interpretation:
Die Funktion C gibt die Anzahl der Viren an, die sich in einem ml Blut befinden. Die Ableitung C' gibt die Zunahme/Abnahme der Viruszahl in einem ml pro Tag an.
Die Konzentration der Viren steigt zunächst langsam, dann zunehmend schneller an. Im Wendepunkt, d.h. nach 2 Tagen, ist die momentane Zuwachsrate C' am größten. Nun antwortet das Immunsystem auf die Infektion und bremst die Zuwachsrate. Die Anzahl der Viren wächst langsamer und hat am 4. Tag ihr Maximum erreicht. Danach bricht die Infektion schnell zusammen. Die Änderungsrate C' wird negativ. Nach 6 Tagen sind die Viren vollständig eliminiert. ◂

Übung 2
a) Die Funktion $f(x) = \frac{1}{4}x^2 - \frac{1}{2}x + 2$ soll diskutiert werden.
b) Zeigen Sie, dass der Graph der Funktion $g(x) = -x^2 + 4{,}5x - 3$ den Graphen der Funktion f berührt.
c) Wie lautet die Gleichung der gemeinsamen Tangente im Berührpunkt?

Übung 3
Diskutieren Sie die folgenden Funktionen und zeichnen Sie anschließend den Graphen im angegebenen Bereich.
a) $f(x) = x^3 + x$, $-1 \leq x \leq 3$
b) $f(x) = x^4 - 2x^2$, $-2 \leq x \leq 2$
c) $f(x) = x^4 + x$, $-2 \leq x \leq 1$
d) $f(x) = x^4 - 2x^3$, $-1 \leq x \leq 2{,}5$

Häufig wird die Untersuchung um Tangentenprobleme oder um Normalenprobleme erweitert. Tangenten und Normalen besitzen im Berührpunkt den gleichen Funktionswert wie die Kurve. Die Tangente hat dort die gleiche Steigung, die senkrecht auf Tangente und Kurve stehende Normale hat die negativ reziproke Steigung wie die Funktion. Wir erhalten also:

Tangentenbedingung
Ansatz: $t(x) = mx + n$
I. $m = f'(x_0)$
II. $m x_0 + n = f(x_0)$

Normalenbedingung
Ansatz: $q(x) = mx + n$
I. $m = -\frac{1}{f'(x_0)}$
II. $m x_0 + n = f(x_0)$

Mithilfe dieser Bedingungen werden Tangenten- und Normalengleichungen gewonnen.

> **Beispiel: Tangentengleichung**
> Gegeben ist die Funktion $f(x) = x^2 - 2x + 2$.
> Diskutieren Sie den Funktionsverlauf für $-1 \leq x \leq 5$ und bestimmen Sie die Gleichung der Tangente an der Stelle $x_0 = 2$.

Lösung:

Ableitungen:
$f(x) = x^2 - 2x + 2$
$f'(x) = 2x - 2$
$f''(x) = 2$

Nullstellen:
$f(x) = 0$
$x^2 - 2x + 2 = 0$
$x = -1 \pm \sqrt{-1} \Rightarrow$ keine Nullstellen

Extrema:
$f'(x) = 0$
$2x - 2 = 0 \Rightarrow x = 1, y = 1$
$f''(1) = 2 > 0 \Rightarrow$ Minimum

Gleichung der Tangente:
Für die Tangente wählen wir den Ansatz $t(x) = mx + n$.
Er erfüllt die Bedingungen $m = f'(2) = 2$ und $2m + n = f(2) = 2$.
Daraus errechnet sich als Resultat:
▶ $t(x) = 2x - 2$

Gleichung der Tangente bei $x_0 = 2$:
Ansatz: $t(x) = mx + n$
I. $m = f'(2)$ $\Rightarrow$ I: $m = 2$
II. $m \cdot 2 + n = f(2) \Rightarrow$ II: $2m + n = 2$
II in I: $4 + n = 2 \Rightarrow n = -2$
Resultat: $t(x) = 2x - 2$

Graphische Darstellung:

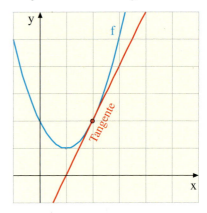

Übung 4
a) Bestimmen Sie die Gleichung der Tangente an den Graphen der Funktion $f(x) = 4x - x^2$ an der Stelle $x_0 = 3$.
b) Gesucht ist die Gleichung der Normalen von $f(x) = x^2 - 2x + 2$ bei $x_0 = 2$.

2. Kurvendiskussionen

▶ **Beispiel: Minigolf**
Bei einer Minigolfbahn verläuft der Rand eines Hindernisses zwischen den Punkten P(−1|f(−1)) und Q wie die Funktion $f(x) = \frac{1}{4}x^3 - \frac{3}{4}x^2 + 5$.
Q ist dabei der Wendepunkt von f (1 LE = 1 m).
Wie müssen der Abschlagspunkt A(a|0) und der Einlochpunkt L(b|0) festgelegt werden, damit die beste Chance besteht, die Bahn zu bewältigen? Wo liegt der Hochpunkt der Bahn?

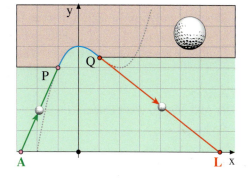

Lösung:

1. Ableitungen
$f(x) = \frac{1}{4}x^3 - \frac{3}{4}x^2 + 5$
$f'(x) = \frac{3}{4}x^2 - \frac{3}{2}x$
$f''(x) = \frac{3}{2}x - \frac{3}{2}$
$f'''(x) = \frac{3}{2}$

2. Extrema und Wendepunkte
Die notwendigen Bedingungen $f'(x) = 0$ bzw. $f''(x) = 0$ führen zusammen mit den hinreichenden Bedingungen auf einen Hochpunkt bei H(0|5) und einen Rechts-Links-Wendepunkt bei Q(1|4,5).

3. Tangenten in P und Q
Die beste Chance, die Bahn zu bewältigen, ergibt sich, wenn der Punkt P(−1|f(−1)) durch den Ball exakt tangential zur Kurve f angesteuert wird.

Die Kurventangente in P hat die Gleichung $t(x) = \frac{9}{4}x + \frac{25}{4}$. Der günstigste Abschlagpunkt ist die Nullstelle der Tangente. Diese liegt im Punkt $A(-\frac{25}{9}|0)$.

Analog errechnet man die Gleichung der Tangente im Wendepunkt Q(1|4,5). Sie lautet $s(x) = -\frac{3}{4}x + \frac{21}{4}$. Ihre Nullstelle liegt im Punkt L(7|0). Das ist der gesuchte
▶ optimale Einlochpunkt.

2a. Extrema
$f'(x) = \frac{3}{4}x^2 - \frac{3}{2}x = 0$
$x \cdot \left(\frac{3}{4}x - \frac{3}{2}\right) = 0$
$x = 0, y = 5$ (Hochpunkt)
$x = 2, y = 4$ (Tiefpunkt)

2b. Wendepunkte
$f''(x) = \frac{3}{2}x - \frac{3}{2} = 0$
$x = 1, y = \frac{9}{2} = 4,5$ (Wendepunkt)

3a. Tangente in P
Ansatz: $t(x) = mx + n$
I: $m = f'(-1) = \frac{9}{4}$
II: $-m + n = f(-1) = 4$
I in II: $-\frac{9}{4} + n = 4 \Rightarrow n = \frac{25}{4}$
$t(x) = \frac{9}{4}x + \frac{25}{4}$
Nullstelle von t: $x = -\frac{25}{9} = -2,78$

3b. Tangente in Q
Ansatz: $s(x) = mx + n$
I: $m = f'(1) = -\frac{3}{4}$
II: $m + n = f(1) = \frac{9}{2}$
I in II: $-\frac{3}{4} + n = \frac{9}{2} \Rightarrow n = \frac{21}{4}$
$s(x) = -\frac{3}{4}x + \frac{21}{4}$
Nullstelle von s: $x = \frac{21}{3} = 7$

Übung 5
Untersuchen Sie die Funktion $f(x) = x^3 - 6x^2 + 9x$. Zeichnen Sie ihren Graphen für $0 \leq x \leq 4$. Bei $x = 0$ und $x = 4$ soll der Graph tangential fortgeführt werden. Zeigen Sie, dass diese Tangenten parallel verlaufen. Welchen Abstand haben sie zueinander?

Beispiel: Polynomfunktion dritten Grades

Gegeben ist $f(x) = \frac{1}{8}x^3 - \frac{3}{4}x^2$. Führen Sie eine Kurvendiskussion durch. Wie lautet die Gleichung der Wendenormalen q von f? Zeichnen Sie den Graphen von f für $-2 \leq x \leq 6{,}5$.

Lösung:
Die Ableitungen von f lauten:
$f(x) = \frac{1}{8}x^3 - \frac{3}{4}x^2$
$f'(x) = \frac{3}{8}x^2 - \frac{3}{2}x$
$f''(x) = \frac{3}{4}x - \frac{3}{2}$
$f'''(x) = \frac{3}{4}$

Nun bestimmen wir die Nullstellen. Wir erhalten eine doppelte Nullstelle bei $x = 0$. Diese stellt zugleich ein Extremum dar. Eine einfache Nullstelle liegt bei $x = 6$.

Die Berechnung der Extremstellen liefert einen Hochpunkt $H(0|0)$ und einen Tiefpunkt $T(4|-4)$.

Die Berechnung der Wendepunkte führt auf einen Rechts-Links-Wendepunkt bei $W(2|-2)$.

Die Bestimmung der Wendenormale ergibt $q(x) = \frac{1}{3}x - \frac{8}{3}$ (vgl. rechts unten).

5. Graph von f:

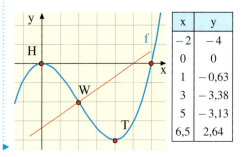

x	y
-2	-4
0	0
1	-0,63
3	-3,38
5	-3,13
6,5	2,64

1. Nullstellen:
$f(x) = 0$
$\frac{1}{8}x^3 - \frac{3}{4}x^2 = 0$
$x^2\left(\frac{1}{8}x - \frac{3}{4}\right) = 0$
$x^2 = 0$ bzw. $\frac{1}{8}x - \frac{3}{4} = 0$
$x = 0 \qquad x = 6$
doppelte   einfache
Nullstelle   Nullstelle

2. Extrema:
$f'(x) = 0$
$\frac{3}{8}x^2 - \frac{3}{2}x = 0$
$x\left(\frac{3}{8}x - \frac{3}{2}\right) = 0$
$x = 0$ bzw. $\frac{3}{8}x - \frac{3}{2} = 0$
$x = 0, y = 0; \quad x = 4, y = 4$
$f''(0) = -\frac{3}{2} < 0 \Rightarrow$ Maximum
$f''(4) = \frac{3}{2} > 0 \Rightarrow$ Minimum

3. Wendepunkte:
$f''(x) = 0, \frac{3}{4}x - \frac{3}{2} = 0$
$x = 2, y = -2$
$f'''(2) = \frac{3}{4} > 0 \Rightarrow$ R-L-Wendepunkt

4. Wendenormale:
Ansatz: $q(x) = mx + n$
I: $m = -\frac{1}{f'(2)} = \frac{2}{3}$
II: $2m + n = f(2) = -2$
I in II: $\frac{2}{3} + n = -2 \Rightarrow n = -\frac{10}{3}$
$q(x) = \frac{2}{3}x - \frac{10}{3}$

Übung 6

Untersuchen Sie die Funktion $f(x) = x^3 - 3x^2 + 2x$. Zeichnen Sie ihren Graphen für $-1 \leq x \leq 3$.
Unter welchem Winkel schneidet die Wendetangente von f die y-Achse? Wie groß ist der Inhalt des Dreiecks, das von Wendetangente, Wendenormale und y-Achse begrenzt wird?

2. Kurvendiskussionen

In den letzten Beispielen wurden Tangenten und Normalen in einem Kurvenpunkt bestimmt. Etwas schwieriger ist es, eine Tangente an die gegebene Kurve zu bestimmen, die von einem Punkt außerhalb der Kurve ausgeht.

▶ **Beispiel: Berührgerade**
Welche Ursprungsgerade t ist Tangente an den Graphen von $f(x) = x^2 + 1$, $x > 0$? Bestimmen Sie zunächst den Berührpunkt B von t und f. Lösen Sie die Aufgabe zeichnerisch und rechnerisch.

Zeichnerische Lösung:
Die zeichnerische Lösung mithilfe eines Lineals oder Geodreiecks ist rechts dargestellt. Das Lineal wird durch den Ursprung geführt und tangential an die Kurve geschwenkt. Die Steigung kann nun angenähert abgelesen werden.

Rechnerische Lösung:
Wir verwenden für die Ursprungsgerade den Ansatz $t(x) = mx$.
Ist x_B der x-Wert des Berührpunktes B, so müssen die folgenden beiden Bedingungen gelten:
I: $t'(x_B) = f'(x_B)$ gleiche Steigungen
II: $t(x_B) = f(x_B)$ gleiche Funktionswerte

Hieraus ergeben sich zwei Gleichungen mit den Variablen x_B und m, die wir auflösen. Wir erhalten $x_B = 1$ und $m = 2$.
▶ Die Tangentengleichung lautet: $t(x) = 2x$.

Berechnung des Berührpunktes:
I: $t'(x_B) = f'(x_B)$ ⇒ I. $m = 2x_B$
II: $t(x_B) = f(x_B)$ ⇒ II. $mx = x_B^2 + 1$

II in I: $2x_B^2 = x_B^2 + 1$
$x_B^2 = 1$
$x_B = 1$ (da $x > 0$)
in I: $m = 2$

Resultate:
Berührpunkt: $B(1|2)$
Tangente: $t(x) = 2x$

Übung 7
Gesucht ist eine Ursprungsgerade, die Tangente an den Graphen von f ist.
a) $f(x) = \frac{1}{x} - 1$, $x > 0$
b) $f(x) = \sqrt{x} - 1$, $x \geq 0$

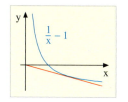
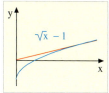

Übung 8
Welche Tangente an den Graphen von $f(x) = \sqrt{x}$ ist parallel zur Sehne durch die Punkte $P(4|2)$ und $Q(0|0)$?

Übung 9
Die Gerade g geht durch den Punkt $P(0|1)$ und schneidet den Graphen von $f(x) = x^2$ im 1. Quadranten senkrecht. Wo liegt der Schnittpunkt S?
Lösen Sie die Aufgabe zeichnerisch und rechnerisch.

Übungen

10. Gegeben ist die Funktion $f(x) = \frac{2}{3}x^3 - \frac{8}{3}x$.
   a) Untersuchen Sie f auf Symmetrie, Nullstellen, Extrema und Wendepunkte.
   Zeichnen Sie den Graphen von f für $-2{,}5 \leq x \leq 2{,}5$.
   b) Zeigen Sie, dass die Tangenten in den äußeren beiden Nullstellen parallel verlaufen.
   c) Wie lautet die Gleichung der Wendetangente? Wie groß ist ihr Steigungswinkel?

11. Gegeben ist die Funktion $f(x) = \frac{1}{4}x^4 - 2x^2$.
   a) Untersuchen Sie f auf Symmetrie, Nullstellen, Extrema und Wendepunkte.
   Zeichnen Sie den Graphen von f für $-3{,}5 \leq x \leq 3{,}5$.
   b) Die drei Extrema von f bilden Sie ein Dreieck. Bestimmen Sie seine Innenwinkel.
   c) Liegen die Wendepunkte von f innerhalb des Dreiecks aus b?

12. Gegeben ist die Funktion $f(x) = x^3 + 3x^2$.
   a) Untersuchen Sie f auf Symmetrie, Nullstellen, Extrema und Wendepunkte.
   Zeichnen Sie den Graphen von f für $-3{,}5 \leq x \leq 1$.
   b) Zeigen Sie, dass die Extrema und der Wendepunkt von f auf einer Geraden liegen.
   c) Welchen Schnittwinkel bildet die Wendetangente mit der Geraden aus b?

13. Gegeben ist die Funktion $f(x) = -\frac{1}{2}x^4 + 2x^2$.
   a) Untersuchen Sie f auf Symmetrie, Nullstellen, Extrema und Wendepunkte.
   Zeichnen Sie den Graphen von f für $-2{,}5 \leq x \leq 2{,}5$.
   b) Unter welchem Winkel schneiden sich die Tangenten der beiden äußeren Nullstellen?
   c) Die Parabel $g(x) = a - bx^2$ (a, b > 0) soll den Graphen von f in den beiden äußeren Nullstellen berühren.
   Bestimmen Sie a und b.

14. Gegeben ist die Funktion $f(x) = \frac{1}{2}x^4 - 2x^2 + 4$.
   a) Untersuchen Sie f auf Symmetrie, Nullstellen, Extrema und Wendepunkte.
   Zeichnen Sie den Graphen von f für $-2 \leq x \leq 2$.
   b) An welchen Stellen stimmen die Funktionswerte von $f(x)$ mit $f(0)$ überein?
   c) Unter welchem Winkel schneidet der Graph von f die Gerade $y = f(0)$?
   d) Eine nach unten geöffnete Parabel, deren Scheitel im Hochpunkt von f liegt, soll durch die beiden Tiefpunkte von f gehen. Bestimmen Sie ihre Gleichung.

15. Geben ist die Funktion $f(x) = \frac{1}{3}x^3 - x^2$.
   a) Untersuchen Sie f auf Symmetrie, Nullstellen, Extrema und Wendepunkte.
   Zeichnen Sie den Graphen von f für $-1 \leq x \leq 4$.
   b) Bestimmen Sie die Gleichung der Tangente g der rechten Nullstelle.
   c) Bestimmen Sie die Gleichung der Wendenormalen q.
   d) Bestimmen Sie den Schnittpunkt der Wendenormalen q aus c mit der Tangente g aus b.
   Bestimmen Sie den Schnittwinkel von q und g.

16. Führen Sie eine Kurvendiskussion von f durch und zeichnen Sie den Graphen über dem angegebenen Intervall.
 a) $f(x) = x^2 - 8x + 15$; $\quad 2 \leq x \leq 6$ $\qquad$ b) $f(x) = x^3 - 3x$; $\qquad -2 \leq x \leq 2$
 c) $f(x) = x^4 - 2x^2$; $\quad -2 \leq x \leq 2$ $\qquad$ d) $f(x) = \frac{1}{3}x^3 + 0{,}5x^2 - 2x$; $\quad -4 \leq x \leq 3$
 e) $f(x) = 4 - x^3$; $\quad -1 \leq x \leq 2$ $\qquad$ f) $f(x) = -x^4 + 5x^2 - 4$; $\quad -2 \leq x \leq 2$
 g) $f(x) = x^3 - x^2 - x - 1$; $\quad -1 \leq x \leq 2$ $\qquad$ h) $f(x) = \frac{1}{8}(3x^4 - 8x^3 + 16)$; $\quad -1 \leq x \leq 3$

17. Gegeben sei die Funktion $f(x) = x^3 - 3x^2 - x + 3$.
 a) Bestimmen Sie die Ableitungsfunktion f', f'' und f'''.
 b) Bestimmen Sie die Achsenschnittpunkte der Funktion.
 c) Untersuchen Sie die Funktion auf Hoch- und Tiefpunkte.
 d) Bestimmen Sie den Wendepunkt der Funktion.
 e) Zeichnen Sie den Graphen der Funktion für $-1{,}5 \leq x \leq 3{,}5$.
 f) Bestimmen Sie die Steigung der Funktion im Schnittpunkt mit der x-Achse bei $x = 3$. Berechnen Sie den zugehörigen Schnittwinkel mit der x-Achse.
 g) Welche Steigung liegt im Wendepunkt vor? Bestimmen Sie die Gleichung der Wendetangente.

18. Gegeben sind der Funktionstyp von f und der Graph von f. Bestimmen Sie die Funktionsgleichung von f sowie die Gleichung der Wendetangente.
 a) Typ: $f(x) = ax^3 + bx + c$ $\qquad\qquad$ b) Typ: $f(x) = ax^3 + bx^2 + c$

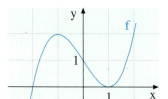
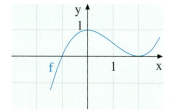

19. Die Flughöhe eines Segelflugzeugs in einer zweistündigen Flugphase wird durch die Funktion $h(t) = \frac{1}{1000}(t^3 - 180t^2 + 6000t) + 400$ modelliert (t in Minuten, h(t) in Metern).
 a) Berechnen Sie die in dieser Flugphase erreichte größte bzw. geringste Höhe.
 b) Zu welchem Zeitpunkt hat das Flugzeug den größten Höhenverlust?

20. Eine Firma stellt einfache Speicher-Sticks her. Die Herstellungskosten betragen 4 Euro pro Stück. Die Firma kalkuliert, dass sie bei einem Verkaufspreis p etwa $N(p) = \frac{250\,000}{p} - 10\,000$ Mengeneinheiten verkaufen wird.

Die Einnahme der Firma ist das Produkt aus dem Verkaufspreis p und der verkauften Menge $N(p)$. Der Gewinn der Firma ist die Differenz aus der Einnahme und den Kosten der Herstellung. Berechnen Sie, bei welchem Verkaufspreis p der Gewinn der Firma am größten sein wird.

B. Nicht-ganzrationale Funktionen

Wir untersuchen nun einige Funktionen, die Wurzelterme oder Bruchterme enthalten.

> **Beispiel: Eine zusammengesetzte Funktion**
> Diskutieren Sie die Funktion $f(x) = x + 5 - 4\sqrt{x}$ (Nullstellen, Extrema, Wendepunkte).
> Zeichnen Sie den Graphen für $0 \leq x \leq 8$.

Lösung:

1. Ableitungen
Die Ableitungen können mit der Wurzelregel oder der allgemeinen Potenzregel gebildet werden, wie rechts dargestellt.

Ableitungen:
$$f(x) = x + 5 - 4\sqrt{x} = x + 5 - 4 \cdot x^{\frac{1}{2}}$$
$$f'(x) = 1 - 2 \cdot x^{-\frac{1}{2}} = 1 - \frac{2}{\sqrt{x}}$$
$$f''(x) = x^{-\frac{3}{2}} = \frac{1}{\sqrt{x^3}}$$

2. Nullstellen
Die Gleichung $f(x) = 0$ enthält eine Wurzel, die durch Umformen isoliert wird und dann durch Quadrieren wegfällt. Es ergibt sich eine quadratische Gleichung, auf welche die p-q-Formel angewandt wird. Es zeigt sich: f hat es keine Nullstellen.

Nullstellen:
$$f(x) = 0$$
$$x + 5 - 4\sqrt{x} = 0$$
$$x + 5 = 4\sqrt{x}$$
$$(x+5)^2 = 16x$$
$$x^2 - 6x + 25 = 0$$
$$x = 3 \pm \sqrt{-16}$$
$\Rightarrow$ Es gibt keine Nullstellen.

4. Extrema
Die notwendige Bedingung für Extrema lautet $f'(x) = 0$. Diese führt auf $x = 4$. Wegen $f''(4) = \frac{1}{8} > 0$ liegt dort ein Tiefpunkt $T(4|1)$.

Extrema:
$$f'(x) = 0$$
$$1 - \frac{2}{\sqrt{x}} = 0$$
$$\sqrt{x} - 2 = 0$$
$$x = 4, \ y = 1$$
$$f''(4) = \frac{1}{8} > 0 \Rightarrow \text{Minimum}$$

5. Wendepunkte
f hat keine Wendepunkte, da die zweite Ableitung konstant positiv ist. Der Graph von f ist also beständig linksgekrümmt.

Wendepunkte:
$$f''(x) = \frac{1}{\sqrt{x^3}} > 0$$
$\Rightarrow$ Es gibt keine Wendepunkte.
  f ist linksgekrümmt.

6. Graph

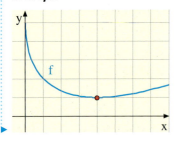

Übung 21 Kurvendiskussionen
Untersuchen Sie die Funktion f auf Nullstellen, Extrema und Wendepunkte. Zeichnen Sie den Graphen von f im angegebenen Bereich.
a) $f(x) = 2\sqrt{x} - x, \ 0 \leq x \leq 9$
b) $f(x) = x + \frac{2}{\sqrt{x}}, \ 0 \leq x \leq 4$

2. Kurvendiskussionen

▶ **Beispiel: Damm im Moor**
Die Skizze zeigt ein Seeufer. Zwischen Ufer und Straße liegt ein Sumpf, der mit einem Knüppeldamm überbrückt werden soll. Er beginnt an der Straße und trifft senkrecht auf die Stelle der Uferlinie, an welcher diese ihre Krümmung wechselt. Wie lang ist dieser Damm?
Die Uferlinie kann durch die Funktion $f(x) = \sqrt{x} + \frac{1}{x}$ erfasst werden (1 LE = 1 km).

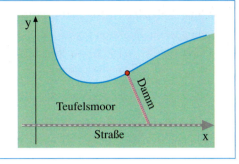

Lösung:
Wir suchen den Wendepunkt der Uferlinie f. Wir benötigen daher f″. Um die Ableitungen vereinfacht bilden zu können, stellen wir die Terme $\sqrt{x}$ und $\frac{1}{x}$ als Potenzen $x^{0,5}$ und x^{-1} dar und wenden die allgemeine Potenzregel $(x^r)' = r \cdot x^{r-1}$ an.

Die notwendige Bedingung $f''(x) = 0$ lässt sich durch Multiplikation mit $4x^3$ stark vereinfachen und anschließend lösen. Wir erhalten einen Wendepunkt bei $W\left(4 \mid \frac{9}{4}\right)$. Auf die Überprüfung mithilfe der zweiten Ableitung verzichten wir.

Als nächstes benötigen wir die Gleichung des Knüppeldamms. Da er senkrecht zur Uferlinie in deren Wendepunkt steht, stellt er die Wendenormale q dar.

Wir nehmen den Ansatz $q(x) = mx + n$. Die beiden Normalenbedingungen I und II führen auf ein Gleichungssystem mit den Variablen m und n.
Die Lösung sind und $m = -\frac{16}{3}$ und $n = \frac{283}{12}$.

Nun berechnen wir den Schnittpunkt von q mit der Straße, d.h. der x-Achse. Er liegt bei $N(4,42 \mid 0)$. Die Länge des Knüppeldamms ist gleich dem Abstand der Punkte W und N, den wir mit der Abstandsformel
▶ berechnen. Er beträgt ca. 2,3 km.

Ableitungen
$f(x) = \sqrt{x} + \frac{1}{x} = x^{0,5} + x^{-1}$
$f'(x) = \frac{1}{2}x^{-0,5} - x^{-2}$
$f''(x) = -\frac{1}{4}x^{-1,5} + 2x^{-3}$
$f'''(x) = \frac{3}{8}x^{-2,5} - 6x^{-4}$

Wendepunkt
$f''(x) = 0$ (notw. Bed.)
$-\frac{1}{4}x^{-1,5} + 2x^{-3} = 0 \mid \cdot 4x^3$
$-x^{1,5} + 8 = 0$
$x^{1,5} = 8 \mid \text{hoch } \frac{2}{3}$
$x = 8^{\frac{2}{3}} = \sqrt[3]{8^2}$
$x = 4, y = f(4) = \frac{9}{4}$

Wendenormale
Ansatz: $q(x) = mx + n$
I: $m = -\frac{1}{f'(4)} \Rightarrow$ I: $m = -\frac{16}{3}$
II: $q(4) = f(4) \Rightarrow$ II: $4m + n = \frac{9}{4}$
I in II: $-\frac{64}{3} + n = \frac{9}{4} \Rightarrow n = \frac{283}{12}$
$\Rightarrow q(x) = -\frac{16}{3}x + \frac{283}{12}$

Nullstelle der Wendenormalen
$q(x) = 0, -\frac{16}{3}x + \frac{283}{12} = 0$
$x = \frac{283}{64} \approx 4,42 \Rightarrow N(4,42 \mid 0)$

Abstand von W und N
$d = d(W; N) = \sqrt{\left(4 - \frac{283}{64}\right)^2 + \left(\frac{9}{4} - 0\right)^2}$
$\approx \sqrt{5,24} \approx 2,29$

Übung 22 Damm im Moor (Erweiterung)
a) Jemand behauptet, dass man durch eine günstigere Verbindung der Uferlinie mit der Straße 20 % des benötigten Materials einsparen könne. Überprüfen Sie diese Behauptung.
b) Zeichnen Sie den Graphen von $f(x) = \sqrt{x} + \frac{1}{x}$ für $0 < x \leq 8$ exakt.

> **Beispiel: Einfache rationale Funktion**
> Gegeben ist die Funktion $f(x) = \frac{1}{4}x^2 + \frac{4}{x}$. Untersuchen Sie die Funktion f und zeichnen Sie den Graphen für $-4 \leq x \leq 4$. Welchen Steigungswinkel hat die Kurvennormale q an der Stelle $x = -2$? Wie lautet ihre Gleichung?

Lösung:
Wir stellen die Lösung aus Platzgründen einmal in einer kurzen, rein formelhaften Weise ohne wesentlichen Begleittext dar. Der Leser sollte den Begleittext zur Übung hinzufügen.

1. Ableitungen:
$f(x) = \frac{1}{4}x^2 + \frac{4}{x}$
$f'(x) = \frac{1}{2}x - \frac{4}{x^2}$
$f''(x) = \frac{1}{2} + \frac{8}{x^3}$
$f'''(x) = -\frac{24}{x^4}$

2. Nullstellen:
$f(x) = 0$
$\frac{1}{4}x^2 + \frac{4}{x} = 0 \quad | \cdot 4x$
$x^3 + 16 = 0$
$x = \sqrt[3]{-16} \approx -2{,}52$

3. Extrema:
$f'(x) = 0$
$\frac{1}{2}x - \frac{4}{x^2} = 0 \quad | \cdot 2x^2$
$x^3 - 8 = 0, \; x = 2, \; y = 3$
$f''(2) = \frac{3}{2} > 0 \Rightarrow$ Minimum
Tiefpunkt $T(2|3)$

4. Wendepunkte:
$f''(x) = 0$
$\frac{1}{2} + \frac{8}{x^3} = 0 \quad | \cdot 2x^3$
$x^3 + 16 = 0$
$x = \sqrt[3]{-16} \approx -2{,}52, \; y = 0$
$f'''(\sqrt[3]{-16}) = -\frac{24}{(\sqrt[3]{-16})^4} < 0 \Rightarrow$ RL-WP

6. Die Kurvennormale bei $x = -2$:
Die Steigung von f an der Stelle $x = -2$ beträgt $f'(-2) = -2$.
Die Normale hat die zur Kurvensteigung negativ reziproke Steigung, d. h. $m = \frac{1}{2}$.
Der zugehörige Steigungswinkel lautet
$\gamma = \arctan\left(\frac{1}{2}\right) \approx 26{,}57°$.
Für die Gleichung der Normale können wir den Ansatz $q(x) = \frac{1}{2}x + n$ wählen.
Da sie durch den Punkt $P(-2|-1)$ geht, folgt $-1 + n = -1$, d. h. $n = 0$. Also gilt
▶ $q(x) = \frac{1}{2}x$.

5. Wertetabelle und Graph:

x	y
−4	3
−3	0,92
−2	−1
−1	−3,75
0	/
1	4,25
2	3
3	3,58
4	5

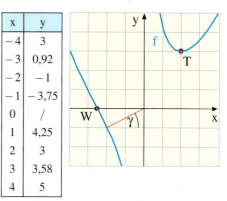

Übung 23
Untersuchen Sie die Funktion $f(x) = x + \frac{4}{x^2}$. Zeichnen Sie den Graphen von f für $-4 \leq x \leq 4$. Wo schneidet die Winkelhalbierende des zweiten und vierten Quadranten $y = -x$ den Graphen von f? Wie groß ist der Schnittwinkel?

Übung 24
Gegeben ist die Funktion $f(x) = x + \frac{1}{x}$. Führen Sie eine Kurvendiskussion durch. Zeichnen Sie den Graphen von f für $-3 \leq x \leq 3$. Zeigen Sie, dass der Graph von f eine Symmetrie aufweist.

Übungen

Hinweis: Verwenden Sie zum Differenzieren ggf. die allgemeine Potenzregel.

25. Gegeben ist die Funktion $f(x) = x + \frac{1}{x}$, $x > 0$.
  a) Untersuchen Sie f auf Extrema.
  b) Zeichnen Sie den Graphen von f für $0 < x \leq 5$.
  c) Bestimmen Sie die Gleichung der Tangente von f, die durch den Punkt $P(0|1)$ geht.
     Kontrollergebnis: $t(x) = \frac{3}{4}x + 1$
  d) Welchen Schnittwinkel hat diese Tangente mit der y-Achse?

26. Gegeben ist die Funktion $f(x) = 2\sqrt{x} - x$.
  a) Bestimmen Sie die Definitionsmenge von f.
  b) Bestimmen Sie die Nullstellen sowie das einzige Extremum von f.
     Zeigen Sie, dass f keine Wendepunkte besitzt.
  c) Welchen Schnittwinkel bildet der Graph von f mit der y-Achse?
  d) Zeichnen Sie den Graphen von f für $0 \leq x \leq 9$.
  e) Legen Sie vom Punkt $P(0|2)$ zeichnerisch eine Tangente an f.
     Bestimmen Sie die Tangentengleichung anschließend rechnerisch.

27. Gegeben ist die Funktion $f(x) = \sqrt{x} + \frac{4}{x}$.
  a) Bestimmen Sie die Definitionsmenge von f.
  b) Begründen Sie, dass f keine Nullstellen besitzt.
  c) Untersuchen Sie f auf Extrema.
  d) Zeichnen Sie den Graphen von f für $0 < x \leq 6$.
  e) Bestimmen Sie die Gleichung der Tangente von f an der Stelle $x = 1$.

28. Gegeben ist die Funktion $f(x) = \frac{1}{x^2} - \frac{2}{x}$.
  a) Bestimmen Sie die Definitionsmenge von f.
  b) Untersuchen Sie f auf Nullstellen, Extrema und Wendepunkte.
  c) Zeichnen Sie den Graphen von f für $0 < x \leq 6$.
  d) Wie lautet die Gleichung der Wendetangente?

29. Gegeben ist die Funktion $f(x) = \sqrt{x}(x-3)$, $x \geq 0$.
  a) Untersuchen Sie f auf Nullstellen und Extrema.
     Zeigen Sie, dass f keine Wendepunkte besitzt.
  b) Zeigen Sie, dass der Graph von f die x-Achse unter genau 60° schneidet.
  c) Zeichnen Sie den Graphen von f für $0 \leq x \leq 4$.
  d) An welcher Stelle hat f die Steigung $m = 4$?
     Hinweis: Substituieren Sie $\sqrt{x} = u$.

30. Olympiafackel

Für die Olympischen Spiele soll eine große metallische Fackel konstruiert werden.
Sie soll 7,5 m hoch sein. Oben beträgt ihre Breite 8 m unten nur 2 m.
Die Profilkurve der symmetrischen Fackel kann durch eine Funktion der Gestalt $f(x) = a - \frac{b}{x^2}$ beschrieben werden.

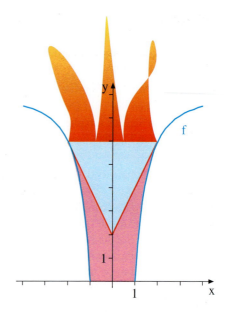

a) Bestimmen Sie die Parameter a und b. Kontrollergebnis: $a = 8$, $b = 8$
b) In welcher Höhe über dem Erdboden beträgt die Neigung der Innenwand exakt 45°?
c) Der Hohlraum im Innern der Fackel ist – wie abgebildet – in seinem unteren Bereich kegelförmig ausgebildet.
Die Mantellinien des Kegels schließen tangential an das äußere Randprofil der Fackel an. Der Kegel ist an seiner Basis 4 m breit.
Wie lauten die Gleichungen der beiden Mantellinien?
Welches Volumen hat der Kegel?
d) Wie steil fällt die Innenwand der Fackel an ihrem äußeren oberen Rand?
Wie groß ist die maximale Steilheit der Innenwand?

31. Erdhügel

Abgebildet ist die Profilkurve $f(x) = a \cdot \sqrt{x}$ eines Erdhanges.
a) Bestimmen Sie a.
b) Wie steil ist der Hügel am oberen Ende?
Wo ist die Steigung des Hügels gleich $\frac{3}{10}$?
c) Eine tangential auf dem Hügel in 9 m Höhe endende Rampe wird geplant. Bestimmen Sie:
(1) die Steigung der Rampe,
(2) die Gleichung der Rampe,
(3) die Länge der Rampe.

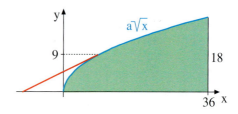

C. Funktionsuntersuchungen bei realen Prozessen

Reale Problemstellungen technischer und wirtschaftlicher Art können in vielen Fällen durch Funktionen erfasst werden. Man spricht dann von einer mathematischen Modellierung. Die Modellfunktion wird dabei mathematisch-theoretisch untersucht, wobei auch die Differentialrechnung eingesetzt wird. Die theoretischen Ergebnisse werden schließlich auf das reale Problem zurücktransformiert, welches auf diese Weise gelöst werden kann.

▶ **Beispiel: Das Entleeren einer Regentonne**
Eine 100 cm hohe und 60 cm breite Regentonne wird durch eine Ablassöffnung entleert. Die Höhe h des Wasserstandes kann durch die Funktion

$h(t) = \frac{1}{16}t^2 - 5t + 100$ modelliert werden (t ist die Zeit in Minuten und h die Höhe in cm).

a) In welchem Bereich ist die Modellierung sinnvoll?
b) Nach welcher Zeit steht das Wasser nur noch 50 cm hoch, wann ist es ganz abgelaufen?

Lösung zu a:
Der Graph von h zeigt, dass die Modellierung nur für den Zeitraum $0 \leq t \leq 40$ sinnvoll ist, denn danach würde der Wasserstand entgegen der Realität wieder steigen.

Lösung zu b:
Man kann dem Graphen ziemlich genau entnehmen, dass die Tonne nach 40 Minuten leergelaufen ist. Nur ungenau ist zu entnehmen, wann der Wasserstand auf 50 cm gesunken ist.

Daher führen wir für diese Fragestellung eine Rechnung durch. Diese ist rechts dargestellt und liefert das Ergebnis: 11,7 Minuten.
Hierbei tritt die Scheinlösung t = 68,3 auf, die aber nicht im sinnvollen Bereich der
▶ Modellfunktion liegt.

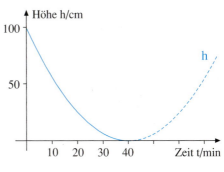

$h(t) = 50$ (Ansatz)

$\frac{1}{16}t^2 - 5t + 100 = 50$

$t^2 - 80t + 800 = 0$

$t = 40 \pm \sqrt{800}$

$t \approx 11{,}72$ min

$t \approx 68{,}28$ min (Scheinlsg.)

Übung 32
a) Wie hoch ist der Wasserstand in der Regentonne aus dem obigen Beispiel 10 Minuten nach Ablaufbeginn?
b) Wie viel Wasser läuft in den ersten 10 Minuten ab, wie viel in den letzten 10 Minuten?
c) Wie lange muss das Wasser bei voller Tonne laufen, um einen 10-Liter-Eimer zu füllen?

Wir führen das Beispiel des Ablaufprozesses einer Regentonne fort, indem wir nun Fragen aufnehmen, welche die Differentialrechnung ansprechen, z. B. Änderungsraten.

> **Beispiel: Änderungsraten beim Entleeren einer Regentonne**
> Untersucht werden soll die Geschwindigkeit, mit der sich der Wasserstand in der Regentonne ändert, d. h. die momentane Änderungsrate der Wasserstandshöhe $h(t) = \frac{1}{16}t^2 - 5t + 100$.
> a) Welche Funktion beschreibt die momentane Änderungsrate der Wasserstandshöhe h? Interpretieren Sie den Funktionsgraphen dieser Funktion.
> b) Wie schnell ändert sich der Wasserstand zur Zeit t = 0 bzw. zur Zeit t = 10?

Lösung zu a:
Die momentane Änderungsrate der Funktion h kann mit der Ableitungsfunktion $h'(t) = \frac{1}{8}t - 5$ berechnet werden. Sie wird in der Einheit cm/min gemessen und gibt die **Geschwindigkeit** wieder, mit welcher sich der Wasserstand ändert.
Die Werte von h' sind im betrachteten Bereich negativ. Das bedeutet: Der Wasserstand h sinkt. Der absolute Zahlenwert von h' wird allerdings mit fortschreitender Zeit kleiner, der Wasserstand sinkt also immer langsamer.

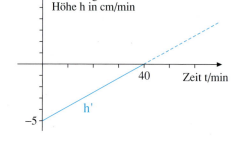

Lösung zu b:
Momentane Änderungsrate zur Zeit t = 0:

$$h'(0) = -5 \text{ cm/min}$$

Ganz zu Beginn des Ablaufprozesses erniedrigt sich der Wasserstand mit einer Geschwindigkeit von 5 cm pro Minute.

Momentane Änderungsrate zur Zeit t = 10:

$$h'(10) = -3{,}75 \text{ cm/min}$$

Der Wasserstand sinkt nun mit einer geringeren Rate, da der Wasserdruck auf die Ablassöffnung schon nachgelassen hat.

Übung 33
Der abgebildete Wasserbehälter wird mit Wasser gefüllt. Der Wasserstand steigt nach der Formel $h(t) = 20 \cdot t^{\frac{1}{3}}$ (t: Zeit in min, h: Wasserstandshöhe in cm; Hilfe: $h'(t) = \frac{20}{3} \cdot t^{-\frac{2}{3}}$).

a) Wie hoch steht das Wasser 10 Minuten nach Füllbeginn?
b) Wann ist der Behälter voll?
c) Wie schnell steigt der Wasserstand 10 Minuten nach Füllbeginn?
d) Wann steigt das Wasser mit einer Geschwindigkeit von 1 cm/min?
e) Wie groß ist die mittlere Steigeschwindigkeit des Wasserstands bezogen auf den gesamten Füllvorgang?

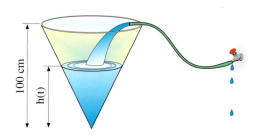

Beispiel: Umsatzfunktion, Kostenfunktion und Gewinnfunktion

Ein Unternehmen produziert Bohrhämmer, die zu einem Stückpreis von 120 € verkauft werden. x sei die Stückzahl der pro Tag hergestellten Maschinen. Der Tagesumsatz wird durch die Funktion $U(x) = 120x$ erfasst. Die täglichen Kosten können durch die Funktion $K(x)$ angenähert beschrieben werden:
$K(x) = 0{,}0001\,x^3 - 0{,}15\,x^2 + 105\,x + 15\,000$ ($0 \leq x \leq 1800$).

a) Skizzieren Sie die Graphen der Kosten-, der Umsatz- und der Gewinnfunktion in einem gemeinsamen Koordinatensystem für $0 \leq x \leq 1800$.

b) In welchem Stückzahlbereich werden Gewinne gemacht? Für welche tägliche Stückzahl x wird der Gewinn maximal? Wie groß ist der maximale Gewinn?

Lösung zu a:
Umsatzfunktion und Kostenfunktion sind gegeben. Der Gewinn ist die Differenz von Umsatz und Kosten. Daher ist die Gewinnfunktion $G(x) = U(x) - K(x)$, d.h.:

$G(x) = -0{,}0001\,x^3 + 0{,}15\,x^2 + 15\,x - 15\,000$

Wir skizzieren die Graphen mit Hilfe einer Wertetabelle mit der Schrittweite 200.

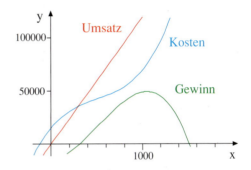

Lösung zu b:

Der Gewinnbereich:
Gewinn wird in dem Bereich gemacht, in welchem die Umsatzfunktion U über der Kostenfunktion K liegt bzw. in welchem die Gewinnfunktion G positiv ist.
Durch Ablesen aus dem Graphen erhalten wir den Gewinnbereich $300 \leq x \leq 1500$.

Der maximale Gewinn:
Der Gewinn wird für ca. 1050 Stück maximal. Er beträgt dann ca. 50 000 €.
Die Rechnung hierzu lautet:
$G'(x) = -0{,}0003\,x^2 + 0{,}3\,x + 15 = 0$
$x^2 - 1000\,x - 50\,000 = 0$
$x \approx 1047{,}72$ (bzw. $x \approx -47{,}72$)

Übung 34

Eine Abteilung produziert Fernseher. Die Kosten können durch die Funktion
$K(x) = 0{,}01\,x^3 - 1{,}8\,x^2 + 165\,x$ beschrieben werden, wobei x die tägliche Stückzahl ist. Die Maximalkapazität beträgt 160 Geräte pro Tag. Verkauft wird das Produkt für 120 € pro Gerät.

a) Gesucht ist die Gleichung der Gewinnfunktion G.
b) Zeichnen Sie mithilfe einer Wertetabelle den Graphen von G ($0 \leq x \leq 160$, Schrittweite 20).
c) Wie viele Geräte müssen produziert werden, um einen Gewinn zu erzielen?
d) Welches Produktionsniveau maximiert den Gewinn?
e) Wie groß müsste der Verkaufspreis sein, damit bei Vollauslastung kein Verlust entsteht?

Übung 35

Der für den Verkauf zuständige Manager eines Unternehmens prognostiziert, dass sich der Umsatz in den folgenden 12 Monaten (August bis Juli des folgenden Jahres) durch die Funktion f mit $f(t) = t^3 - 21t^2 + 120t + 200$ (t in Monaten) beschreiben lässt.

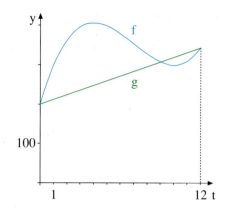

a) Geben Sie den Zeitraum an, in dem nach dieser Prognose der Umsatz steigen bzw. fallen wird.
b) Berechnen Sie den Zeitpunkt innerhalb der 12 Monate, an dem sich der Umsatz am stärksten ändert.
c) Erstellen Sie auf der Grundlage Ihrer Ergebnisse den Graphen der Funktion f.
d) Der Geschäftsführer ist vorsichtiger. Er nimmt an, dass der Umsatz während der betrachteten 12 Monate linear so ansteigt, dass am Anfang und am Ende des Beobachtungszeitraums die Verkaufszahlen beider Prognosen gleich sind. Welche Funktion g beschreibt den Umsatz nach dieser Prognose?
e) Für welchen Zeitpunkt sagen die beiden Prognosen denselben Umsatz voraus? Zu welchem Zeitpunkt ist der Unterschied der prognostizierten Umsatzzahlen am größten?

Übung 36

In einem Vergnügungspark wurde ein künstlicher See angelegt. Im Modell wird er begrenzt von der Koordinatenachsen und dem Graphen der Funktion $f(x) = \frac{1}{10}(-x^3 + 9x^2 - 15x + 56)$.
Die Längeneinheit ist 100 Meter.

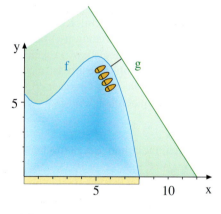

a) Längs der x-Achse verläuft am Ufer die Promenade. Wie lang ist sie?
b) An welchen Stellen der Promenade ist die vertikale Entfernung zum gegenüberliegenden Seeufer am größten bzw. am kleinsten? Geben Sie die maximale und die minimale Entfernung an.
c) Ein Weg verläuft längs des Graphen der Funktion $g(x) = -1{,}5x + 18$. Ein Anlegeplatz für Tretboote soll an der Uferstelle gebaut werden, an der die Entfernung zu diesem Weg am kleinsten ist. Berechnen Sie, wo dieser Anlegeplatz gebaut werden muss.

2. Kurvendiskussionen

Wir untersuchen nun eine physikalische Bewegungsaufgabe. Diese wird durch Weg und Geschwindigkeit beschrieben, die beide von der Zeit abhängig sind. Da die Geschwindigkeit v die zeitliche Änderungsrate des Weges darstellt, ist die Geschwindigkeit-Zeit-Funktion v(t) eines Bewegungsprozesses die Ableitung der Weg-Zeit-Funktion s(t). Für die Lösung von Bewegungsaufgaben benötigt man daher die rechts aufgeführten Formeln: 049-1

Die mittlere Geschwindigkeit im Zeitintervall [a; b]:

$$\bar{v} = \frac{\Delta s}{\Delta x} = \frac{s(b) - s(a)}{b - a}$$

Die Momentangeschwindigkeit zum Zeitpunkt t_0:

$$v(t_0) = s'(t_0) = \lim_{t \to t_0} \frac{s(t) - s(t_0)}{t - t_0}$$

▶ **Beispiel: Der senkrechte Wurf**
Ein Pfeil wird mit einer Anfangsgeschwindigkeit $v_0 = 30 \frac{m}{s}$ senkrecht abgeschossen. Unter dem Einfluss der Schwerkraft lässt sich die Flughöhe des Pfeils durch die Weg-Zeit-Funktion $s(t) = 30t - 5t^2$ beschreiben. Die Körpergröße des Schützen kann vernachlässigt werden.

a) Zeichnen Sie die Weg-Zeit-Funktion s und die Geschwindigkeits-Zeit-Funktion v.
b) Wie hoch ist der Pfeil nach einer Flugzeit von 4 s? Fällt er oder steigt er?
c) Wann hat er seine maximale Flughöhe erreicht? Wie groß ist diese?
d) Nach welcher Zeit und mit welcher Geschwindigkeit schlägt der Pfeil auf dem Boden auf?

Lösung:
a) Die Funktion $s(t) = 30t - 5t^2$ hat die Ableitung $v(t) = s'(t) = 30 - 10t$.
Rechts sind beide Funktionen graphisch dargestellt.
Man erkennt, dass die Flughöhe s zunächst ansteigt, dann ein Maximum erreicht und schließlich auf 0 fällt. Die Geschwindigkeit ist zunächst positiv, fällt dann und wird negativ.
Das Modell ist nur gültig für $0 \leq t \leq 6$.

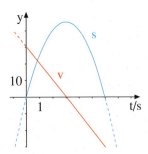

b) Höhe und Geschwindigkeit nach 4 s:
$s(4) = 40 \text{ m}$, $v(4) = -10 \text{ m/s}$
Am negativen Vorzeichen der Geschwindigkeit erkennt man, dass der Pfeil fällt.

c) Maximale Flughöhe:
$v(t) = s'(t) = 0 \Rightarrow 30 - 10t = 0 \Rightarrow t = 3 \text{ s}$
$s(3) = 45 \text{ m}$
Nach 3 s Flugzeit ist die Maximalhöhe von 45 m erreicht.

d) Aufschlag am Boden:
$s(t) = 0 \Rightarrow 30t - 5t^2 = 0$
$\Rightarrow t = 0 \text{ bzw. } t = 6$
Nach 6 s schlägt der Pfeil auf dem Boden auf.

$v(6) = -30 \text{ m/s}$
Die Aufschlaggeschwindigkeit beträgt -30 m/s.

Übungen

37. Mondlander I
Eine Landefähre nähert sich einem Mond in vertikalem Testanflug und zündet 250 km über der Oberfläche die Bremsraketen. Ihre Höhe h über der Oberfläche kann für das Zeitintervall $0 \leq t \leq 50$ angenähert durch die Funktion $h(t) = -0{,}01\,t^3 + 1{,}1\,t^2 - 30\,t + 250$ beschrieben werden. Dabei ist t die Zeit in Sekunden und h die Höhe in km.

a) Skizzieren Sie den Graphen von h ($0 \leq t \leq 50$). Verwenden Sie eine Wertetabelle mit der Schrittweite 10.
b) Bestimmen Sie die Gleichung der Funktion v(t), welche die vertikale Geschwindigkeit der Fähre beschreibt.
c) Welche Geschwindigkeit hat die Fähre zu Beginn des Bremsmanövers? Welche Bedeutung hat das negative Vorzeichen dieser Geschwindigkeit?
d) Welche Höhe und welche Geschwindigkeit hat die Fähre zur Zeit $t = 25\,\text{s}$? Fällt sie noch oder steigt sie schon wieder?
e) Zu welchem Zeitpunkt t hat die Fähre den minimalen Abstand zur Oberfläche erreicht? Wie groß ist dieser minimale Abstand?

38. Fahrradproduktion
Ein Hersteller produziert Fahrräder, welche zu einem Stückpreis von 120 € verkauft werden. Die täglichen Kosten können durch die Funktion $K(x) = 0{,}02\,x^3 - 3\,x^2 + 172\,x + 2400$ beschrieben werden, wobei x die Anzahl der täglich produzierten Fahrräder ist. Pro Tag können maximal 130 Fahrräder hergestellt werden.

a) Die Funktion U(x) beschreibt den täglichen Umsatz, die Funktion G(x) beschreibt den täglichen Gewinn. Stellen Sie die Gleichungen der Umsatz- und Gewinnfunktion auf.
b) Skizzieren Sie den Graphen von G(x) mithilfe einer Wertetabelle für $0 \leq x \leq 140$. Wählen Sie für die Wertetabelle die Schrittweite 20.
c) Lesen Sie aus dem Graphen von G ab, welche Tagesstückzahlen zu Gewinnen führen.
d) Welche Zahl von Fahrrädern würde den Tagesgewinn maximieren?
e) Die volle Produktionskapazität von 130 Fahrrädern soll ausgeschöpft werden. Wie hoch ist der Verkaufspreis nun zu wählen, wenn kein Verlust entstehen soll?

39. Blutspiegel eines Medikaments
Nach der Einnahme einer Schmerztablette steigt die Konzentration c des Wirkstoffs im Blut zunächst auf ein Maximum und wird dann wieder abgebaut. Der Prozess wird durch die Funktion $c(t) = t^3 - 17\,t^2 + 63\,t + 81$ beschrieben (t: Zeit in Stunden seit der Einnahme; c: Konzentration im Blut in µg/ml). Zeichnen Sie den Graphen von c für $0 \leq t \leq 9$. Entnehmen Sie dem Graphen, wie hoch die Konzentration zur Zeit der Einnahme ist und wann das Medikament gänzlich abgebaut ist. Berechnen Sie, wie hoch die Maximalkonzentration ist und wann sie erreicht wird. Über welchem Zeitintervall steigt die Konzentration, wann fällt sie wieder? Zu welchem Zeitpunkt verringert sich die Konzentration c am stärksten?

2. Kurvendiskussionen

Zusammengesetzte Übungen

1. Gegeben ist die Funktion $f(x) = \frac{1}{6} x \cdot (x-6)^2$.
  a) Untersuchen Sie die Funktion f auf Nullstellen, Extrema und Wendepunkte.
  b) Weisen Sie nach, dass die Gerade $g(x) = 6x$ Tangente an den Graphen der Funktion f ist. Welche zu g parallele Gerade ist ebenfalls Tangente an den Graphen von f?
  c) Jede Ursprungsgerade hat mindestens einen Punkt mit dem Graphen von f gemeinsam. Ermitteln Sie die genaue Anzahl der gemeinsamen Punkte einer Ursprungsgerade mit dem Graphen von f in Abhängigkeit von der Geradensteigung.

2. Sei $f_1(x) = x^3 - 9x$, $f_2(x) = x \cdot (x+3)^2$, $f_3(x) = -x^2 \cdot (x+3)$.

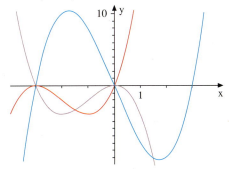

  a) Die Abbildung zeigt die Graphen der drei Funktionen. Ordnen Sie jeder Funktion den entsprechenden Graphen zu. Begründen Sie Ihre Entscheidung.
  b) Sei $g(x) = f_1(x) + f_2(x) + f_3(x)$. Bestimmen Sie die Nullstellen und Extrema von g. Skizzieren Sie den Graphen von g.
  c) Begründen Sie, dass man den Graphen von g aus den vorgegebenen Graphen durch eine geeignete Spiegelung erhalten kann.
  d) Welche Beziehung besteht damit zwischen den drei gegebenen Funktionen?
  e) Welche Winkel bilden die Wendetangente an den Graphen von g und die Tangente an den Graphen von g in der Nullstelle links vom Ursprung miteinander?

3. Sei $f(x) = -\frac{1}{8}(x^3 - 6x^2 + c)$, $c \in \mathbb{R}$.
  a) Wie muss c gewählt werden, damit $x_0 = 4$ eine Nullstelle von f ist? Welche weiteren Nullstellen hat die Funktion f?
  b) Ermitteln Sie die Extrema und Wendepunkte der Funktion f.
  c) Geben Sie alle Parabeln an, welche die gleichen Nullstellen wie die Funktion f haben. Welche dieser Parabeln hat ihren Scheitelpunkt auf der Winkelhalbierenden $y = x$?
  d) Die Punkte S_1, S_2 und S_3 sind die gemeinsamen Punkte des Graphen von f mit den Koordinatenachsen. Welcher Punkt P ist von S_1, S_2 und S_3 gleich weit entfernt?
  e) Der Punkt P bildet mit jeweils zwei der drei Achsenschnittpunkte S_1, S_2 und S_3 ein Dreieck. Welches dieser drei Dreiecke hat den größten Flächeninhalt?

4. Sei $f(x) = -\frac{1}{6}x^3 - x^2 + \frac{16}{3}$.
  a) Skizzieren Sie den Graphen von f mithilfe einer Wertetabelle für $-5 \leq x \leq 1$.
  b) Berechnen Sie die Extrema von f.
  c) Wie lautet die Gleichung der Wendenormalen? In welchen weiteren Punkten schneidet die Wendenormale den Graphen von f?
  d) Für $-5 \leq x \leq 0$ beschreibt der Graph von f modellhaft den Querschnitt einer Senke. Am tiefsten Punkt wird ein Osterfeuer angezündet. Beschreiben Sie, welche Punkte der Senke vom Feuer erleuchtet werden.
  e) Eine Einheit entspricht 10 m im Gelände. Wie hoch muss eine Aussichtsplattform am rechten Rand der Senke mindestens sein, damit eine Person, deren Augenhöhe 1,67 m beträgt, von dort das Feuer beobachten kann?

5. Gegeben sind die Funktionen $f(x) = (x^2 - 1)^2$ und $g(x) = -(x^2 - 1) \cdot (x + 1)$.

a) Untersuchen Sie die Graphen auf Symmetrie und identifizieren Sie welcher Graph zur Funktion f bzw. g gehört.
b) An den Graphen von g wird im Schnittpunkt P mit der y-Achse die Tangente gelegt. Wie lautet die Tangentengleichung?
c) Gibt es einen weiteren Punkt auf dem Graphen von g mit der gleichen Steigung wie im Punkt P?
d) An welchen Stellen hat der Graph von g die Steigung -20?
e) Gibt es Stellen, an denen die Funktionen f und g die gleiche Steigung haben? Wie viele solche Stellen gibt es?

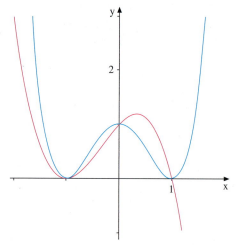

6. Wurf auf den Mond

Auf dem Mond schleudert ein Astronaut einen Stein senkrecht nach oben. Seine Höhe über dem Boden kann durch die Funktion $f(t) = -0{,}8\,t^2 + 30\,t + 2$ beschrieben werden.
(t: Zeit in s; h: Höhe in m)

a) Wie hoch ist der Stein nach 1 s?
b) Nach welcher Zeit ist der Stein 50 m hoch?
c) Welche Gipfelhöhe erreicht der Stein?
d) Wie lang ist die Flugzeit des Steines?
e) Mit welcher Geschwindigkeit schlägt der Stein auf?

7. Wasserstand

Der Wasserstand eines Stausees kann während einer 100-tägigen Trockenperiode durch die quadratische Funktion $h(t) = \frac{1}{120} t^2 - 2t + 120 \ \ (0 \leq t \leq 100)$ beschrieben werden (t in Tagen, h in m).

a) Fertigen Sie eine Skizze an.
b) Mit welcher Geschwindigkeit ändert sich der Wasserstand der Trockenperiode im Tagesmittel?
c) Mit welcher momentanen Geschwindigkeit ändert sich der Wasserstand am Anfang und in der Mitte der Trockenperiode?

d) Wann fällt der Wasserstand nur noch um 1 m/Tag?
e) Wann fällt der Wasserstand unter die kritische Marke von 7,5 m?
f) Wann wäre der See bei anhaltender Trockenheit völlig leer?

2. Kurvendiskussionen

8. Stabhochsprung

Die Höhe eines Stabhochspringers (Körperschwerpunkt) über dem Erdboden kann beim Sprung durch die Funktion $h(t) = -5t^2 + 9t + 1$ beschrieben werden (t in s, h in m, Mattenhöhe 50 cm).

a) Wie lange dauert sein Flug?
b) Die Latte wird gerissen, wenn der Schwerpunkt beim Überqueren weniger als 30 cm über der Latte liegt. Reißt der Springer die Latte in 5 m Höhe?
c) Mit welcher Geschwindigkeit fällt er auf die Matte?

9. Erdöl und Gaspreise

Die Verläufe des Erdöl- und des Erdgaspreises können durch eine quadratische und eine kubische Parabel für einen Zeitraum von 12 Monaten modelliert werden. Erdöl- und Gaspreise werden in $ notiert. Der Erdgaspreis wird durch die Funktion $f(x) = 0{,}01\,x^3 - 0{,}94\,x + 90$ beschrieben.

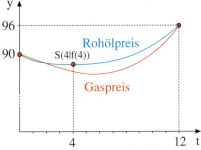

a) Bestimmen Sie die Funktionsterm des Erdölpreises aus den Angaben in der Skizze.
b) In welchem Monat überholt der Öl- den Gaspreis? In welchen Zeitintervallen fallen die Preise, wann steigen sie?
c) Wie hoch waren die minimalen Preise jeweils im Jahresvergleich?
d) Wie hoch war die mittlere jährliche Preissteigerungsrate jeweils?
e) Wann war die momentane Preissteigerungsrate beim Erdgas maximal, wie hoch war sie?
f) Zu welchem Zeitpunkt war die Preisdifferenz Öl/Gas am größten?

10. Mondlander II

Auf dem Mond gilt das Weg-Zeit-Gesetz $s(t) = 0{,}8\,t^2$ (t: Fallzeit in s, s: Fallweg in m).

a) Wir groß ist die mittlere Geschwindigkeit eines frei fallenden Körper in der ersten Sekunde?
b) Welche Momentangeschwindigkeit hat der Körper zu Beginn der zweiten Fallsekunde?
c) Ein Astronaut stürzt von der 7,20 m hohen Einstiegsplattform der Landefähre ab. Er kann einen Aufprall von 20 km/h unbeschadet überstehen. Kommt er glimpflich davon?

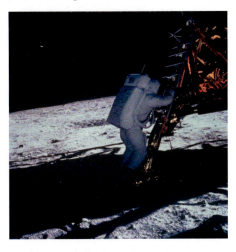

Ein Stauproblem

Auf unseren Autobahnen kommt es regelmäßig, vor allem in der Urlaubszeit, zu kilometerlangen Staus. Diese Staus entstehen teils ohne ersichtlichen Grund, meist jedoch vor Engpässen, wie Baustellen, wenn der Verkehrsfluss von mehreren Fahrspuren auf auf zwei oder nur eine gelenkt werden muss. Um einen Stau zu vermeiden, wird von der Verkehrslenkstelle in manchen Fällen eine Richtgeschwindigkleit festgelegt, bei der möglichst viele Fahrzeuge pro Zeiteinheit die betroffene Stelle passieren können. Bei zu niedriger Richtgeschwindigkeit passieren natürlicherweise nur wenige Fahrzeuge pro Zeiteinheit die Engstelle. Bei zu hoher Richtgeschwindigkeit wird der vorgeschriebene Sicherheitsabstand zwischen den Fahrzeugen so groß, dass hierdurch nur wenige Fahrzeuge pro Zeiteinheit die Engstelle passieren können. Dazwischen liegt offenbar die optimale Geschwindigkeit. Im Folgenden wird diese Geschwindigkeit in einer vereinfachten Modellrechnung ermittelt.

Beispiel

Ein Fahrzeug soll zu einem vorausfahrenden Fahrzeug stets einen Sicherheitsabstand s_a einhalten, der nach der rechts aufgeführten Formel berechnet wird. Außerdem wird angenommen, dass ein Fahrzeug im Mittel a = 5 m lang ist.
t sei die Zeitspanne, die zwischen dem Eintreffen eines Fahrzeugs und des folgenden Fahrzeugs an der Engstelle verstreicht. Wie muss die Richtgeschwindigkeit v gewählt werden, damit t möglichst klein wird?

$$s_a = \left(\frac{v}{10}\right)^2$$

s_a: Sicherheitsabstand in m
v: Tachogeschwindigkeit in km/h

In der Zeit t zurückgelegte Fahrstrecke s:

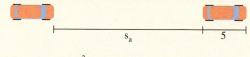

$$s = s_a + 5 = \frac{v^2}{100} + 5 \quad \text{(in m)}$$

$$s = 0{,}001 \cdot \left(\frac{v^2}{100} + 5\right) \quad \text{(in km)}$$

Lösung:
Befindet sich ein Fahrzeug am Beginn der Engstelle, so muss das folgende Fahrzeug noch den Sicherheitsabstand s_a und eine Fahrzeuglänge 5 zurücklegen, bis es an der gleichen Stelle eintrifft, also insgesamt den Weg $s = s_a + 5$. Setzt man dies und die oben angegebene Faustformel für s_a in die physikalische Formel $t = \frac{s}{v}$ ein, so erhält man wie rechts aufgeführt die Zeit t als Funktion von v. Eine einfache Extremaluntersuchung ergibt, dass t für $v = \sqrt{500} \; \frac{km}{h} \approx 22{,}36 \; \frac{km}{h}$ minimal wird.
Dies wäre die optimale Richtgeschwindigkeit, wenn die vorgeschriebenen Sicherheitsabstände eingehalten würden, was aber in der Praxis aus unterschiedlichen Gründen nicht ganz realistisch wäre.

Zeit als Funktion von v:

$$t = \frac{s}{v}$$

$$t(v) = 0{,}001 \cdot \frac{\frac{v^2}{100} + 5}{v} = 0{,}001 \cdot \left(\frac{v}{100} + \frac{5}{v}\right)$$

Berechnung des Minimums von t:

$$t'(v) = 0{,}001 \cdot \left(\frac{1}{100} - \frac{5}{v^2}\right) = 0$$

$$v = \sqrt{500} \; \tfrac{km}{h} \approx 22{,}36 \; km/h$$

3. Kurvenscharen

🔊 055-1

Die Funktionsgleichung $f_a(x) = x^2 - ax$ $(a \in \mathbb{R})$ beschreibt nicht eine einzige Funktion, sondern gleich eine ganze **Kurvenschar**, denn für jeden Wert von a erhält man eine andere Funktion. a heißt **Scharparameter** der Kurvenschar f_a.

> **Beispiel: Parabelschar**
> Führen Sie eine Kurvendiskussion der Kurvenschar $f_a(x) = x^2 - ax$ $(a \in \mathbb{R})$ durch. Berechnen Sie die Lage der Nullstellen und Extrema von f_a in Abhängigkeit vom Scharparameter a. Skizzieren Sie die Graphen der speziellen Scharfunktionen f_1, f_3 und $f_{-1,5}$.

Lösung:

Ableitungen:
$f_a(x) = x^2 - ax$
$f_a'(x) = 2x - a$
$f_a''(x) = 2$

Nullstellen:
$f_a(x) = x^2 - ax = x \cdot (x - a) = 0$
$\Rightarrow x = 0$ und $x = a$

Extrema:
$f_a'(x) = 2x - a = 0 \Rightarrow x = \frac{a}{2}$
$f_a''\left(\frac{a}{2}\right) = 2 > 0 \Rightarrow$ Minimum

▶ Tiefpunkt: $T\left(\frac{a}{2} \mid -\frac{a^2}{4}\right)$

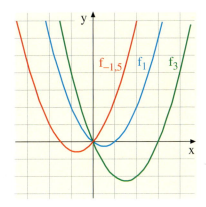

Häufig steht man vor der Aufgabe, aus einer Kurvenschar diejenige Kurve auszusortieren, die eine bestimmte, vorgegebene Eigenschaft hat.

> **Beispiel: Parameter gesucht**
> a) Welche Kurve der Schar $f_a(x) = x^2 - ax$ hat an der Stelle $x = 3$ die Steigung 1?
> b) Gibt es eine Kurve der Schar f_a, die genau eine Nullstelle besitzt?

Lösung zu a:
Eine Kurve der Schar f_a hat an der Stelle $x = 3$ die Steigung 1, wenn $f_a'(3) = 1$ gilt.
Daraus folgt:
$f_a'(3) = 6 - a = 1 \Rightarrow a = 5$.
▶ $f_5(x) = x^2 - 5x$ ist die gesuchte Funktion.

Lösung zu b:
Im obigen Beispiel wurde bereits gezeigt, dass die Nullstellen bei $x = 0$ und $x = a$ liegen. Für $a = 0$ gibt es also nur genau eine Nullstelle. Folglich besitzt die Funktion $f_0(x) = x^2$ genau eine Nullstelle.

Übung 1
Gegeben sei die Kurvenschar $f_a(x) = x^2 - 2ax + 1$ $(a \in \mathbb{R}, a > 0)$.
a) Führen Sie eine Kurvendiskussion von f_a durch.
b) Skizzieren Sie die Graphen für $a = 1$, $a = 1,5$ und $a = 0,5$.
c) Welche Kurve der Schar f_a hat an der Stelle $x = 4$ die Steigung 1?
d) Welche Kurven der Schar f_a haben keine Nullstellen bzw. genau eine Nullstelle?

Beispiel: Schar kubischer Funktionen
Gegeben sei die Kurvenschar $f_a(x) = x^3 - 3ax^2$ ($a \in \mathbb{R}$, $a > 0$).
Führen Sie eine Kurvendiskussion der Kurvenschar f_a durch (Nullstellen, Extrema und Wendepunkte). Skizzieren Sie die Graphen für $a = 1$, $a = 0{,}6$ und $a = 1{,}2$.

Lösung:
Ableitungen:
$f_a(x) = x^3 - 3ax^2 = x^2 \cdot (x - 3a)$
$f_a'(x) = 3x^2 - 6ax = 3x \cdot (x - 2a)$
$f_a''(x) = 6x - 6a = 6 \cdot (x - a)$
$f_a'''(x) = 6$

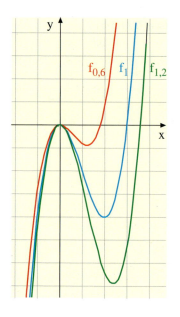

Nullstellen:
$f_a(x) = x^3 - 3ax^2 = x^2 \cdot (x - 3a) = 0$
$\Rightarrow x = 0$ und $x = 3a$

Extrema:
$f_a'(x) = 3x^2 - 6ax = 3x \cdot (x - 2a) = 0$
$\Rightarrow x = 0$ ⎱ Hochpunkt, denn
　$y = 0$ ⎰ $f_a''(0) = -6a < 0$;
$\Rightarrow x = 2a$ ⎱ Tiefpunkt, denn
　$y = -4a^3$ ⎰ $f_a''(2a) = 6a > 0$

Wendepunkte:
$f_a''(x) = 6x - 6a = 6 \cdot (x - a) = 0$
$\Rightarrow x = a$ ⎱ Wendepunkt, denn
　$y = -2a^3$ ⎰ $f_a'''(a) = 6 \neq 0$

Beispiel: Wendetangente
Welche Kurve der Schar $f_a(x) = x^3 - 3ax^2$ ($a \in \mathbb{R}$, $a > 0$) besitzt eine Wendetangente, die durch den Punkt $P(0|8)$ geht?

Lösung:
Im obigen Beispiel wurde bereits gezeigt, dass $W(a| - 2a^3)$ Wendepunkt von f_a ist. Dort liegt die Steigung $f_a'(a) = -3a^2$ vor.
Für die Wendetangente t kann daher der Ansatz $t(x) = -3a^2 x + n$ verwendet werden.
Setzen wir hier die Wendepunktkoordinaten ein, so erhalten wir $-3a^3 + n = -2a^3$, d. h. $n = a^3$.
Die Gleichung der Wendetangente von f_a lautet daher $t(x) = -3a^2 x + a^3$.
▶ Die Forderung $t(0) = 8$ führt auf $a^3 = 8$, d. h. $a = 2$. Also ist $f_2(x) = x^3 - 6x^2$ die gesuchte Kurve.

Übung 2
Führen Sie eine Kurvendiskussion der Kurvenschar f_a durch. Skizzieren Sie die zu den angegebenen Parametern gehörigen Graphen.
a) $f_a(x) = x^3 - ax$, $a > 0$
　　Skizze: $a = 3$, $a = 1$, $a = 6$
b) $f_a(x) = -x^3 + 2ax^2$, $a > 0$
　　$a = 1$, $a = 0$, $a = -1$
c) $f_a(x) = x^4 - ax^2$, $a > 0$
　　$a = 2$, $a = 4$

3. Kurvenscharen

> **Beispiel:** Gegeben sei die Kurvenschar $f_a(x) = x - a^2 x^3$ $(a > 0)$.
> a) Führen Sie eine Kurvendiskussion von f_a durch.
> b) Auf welcher Kurve liegen alle Hochpunkte der Funktionenschar?

Lösung zu a:

Symmetrie:
Da die Variable x nur mit ungeraden Exponenten auftritt, sind alle Scharkurven punktsymmetrisch zum Ursprung.

Ableitungen:
$f_a'(x) = 1 - 3a^2 x^2$
$f_a''(x) = -6a^2 x$
$f_a'''(x) = -6a^2$

Nullstellen:
$f_a(x) = x - a^2 x^3 = 0$
$\Rightarrow x \cdot (1 - a^2 x^2) = 0$
$\Rightarrow x = 0$ oder $a^2 x^2 = 1$
$\Rightarrow x_{N1} = 0, \ x_{N2} = \frac{1}{a}, \ x_{N3} = -\frac{1}{a}$

Wendepunkte:
$f_a''(x) = -6a^2 x = 0 \Rightarrow x = 0$
Wegen $f_a'''(0) = -6a^2 \neq 0$ hat jede Scharkurve bei $x = 0$ einen Wendepunkt.

Extrema:
$f_a'(x) = 1 - 3a^2 x^2 = 0$
$\Rightarrow x^2 = \frac{1}{3a^2}$
$\Rightarrow x = \pm \frac{1}{3a}\sqrt{3}$
$\Rightarrow x_{E1} = \frac{1}{3a}\sqrt{3}, \ x_{E2} = -\frac{1}{3a}\sqrt{3}$

$f_a''(x_{E1}) = -2a\sqrt{3} < 0 \Rightarrow$ Maximum
$f_a'''(x_{E2}) = \ 2a\sqrt{3} > 0 \Rightarrow$ Minimum

$y_{E1} = \ \frac{1}{3a}\sqrt{3}\left(1 - a^2 \frac{3}{9a^2}\right) = \frac{2}{9a}\sqrt{3}$

$y_{E2} = -\frac{1}{3a}\sqrt{3}\left(1 - a^2 \frac{3}{9a^2}\right) = -\frac{2}{9a}\sqrt{3}$

Hochpunkt: $H\left(\frac{1}{3a}\sqrt{3} \mid \frac{2}{9a}\sqrt{3}\right)$

Tiefpunkt: $T\left(-\frac{1}{3a}\sqrt{3} \mid -\frac{2}{9a}\sqrt{3}\right)$

Lösung zu b:
Die Hochpunkte haben für jede positive reelle Zahl a den x-Wert $\frac{1}{3a}\sqrt{3}$ und den y-Wert $\frac{2}{9a}\sqrt{3}$. Löst man die Gleichung für den x-Wert, also die Gleichung $x = \frac{1}{3a}\sqrt{3}$, nach a auf, so erhält man $a = \frac{1}{3x}\sqrt{3}$. Setzt man dieses in die Gleichung $y = \frac{2}{9a}\sqrt{3}$ ein, so erhält man die lineare Funktionsgleichung $y = \frac{2}{3}x$.
Auf der zugehörigen Geraden liegen also die Hochpunkte der Kurvenschar.

> Diese Kurve wird als **Ortskurve (Ortslinie) der Hochpunkte** bezeichnet.

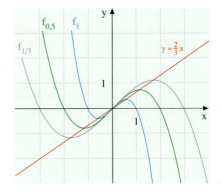

Übung 3
Gegeben ist die Kurvenschar $f_a(x) = \frac{1}{2}x^4 - ax^2$ $(a > 0)$.
a) Diskutieren Sie die Kurvenschar allgemein.
b) Bestimmen Sie die Ortskurve der Tiefpunkte sowie die Ortskurve der Wendepunkte.

Übungen

4. Gegeben ist die Funktionenschar $f_a(x) = \frac{a-1}{3} x^3 - ax$.
   a) Führen Sie für $a > 0$ eine Kurvendiskussion durch und skizzieren Sie f_4 für $-3 \leq x \leq 3$.
   b) Für welche $a \in \mathbb{R}$ gibt es mehr als einen Schnittpunkt mit der x-Achse?

5. Gegeben ist die Funktionenschar $f_a(x) = x^3 - 3a^2 x + 2a^3$.
   a) Untersuchen Sie f_a auf Extrema und Wendepunkte.
   b) Zeigen Sie, dass $x = -2a$ eine Nullstelle von f_a ist.
   c) Zeichnen Sie die Graphen von f_1 und f_{-1}.
   d) Zeigen Sie, dass alle Graphen der Schar die x-Achse berühren.
   e) Zeigen Sie, dass f_a symmetrisch zu f_{-a} ist.

6. Gegeben ist die Funktionenschar $f_a(x) = -ax^2 + 6x$, $a > 0$.
   a) Bestimmen Sie die Nullstellen und das Extremum von f_a.
   b) Zeichnen Sie die Graphen von f_2 und f_3.
   c) Zeigen Sie, dass alle Graphen der Schar einen Punkt P gemeinsam haben.
   d) Zeigen Sie, dass P ein Berührpunkt der Schar ist.

7. a) Der Parameter der Funktionenschar $f_a(x) = \frac{1}{4}(x^4 - ax^2)$ soll so gewählt werden, dass der Graph bei $x = 1$ einen Wendepunkt hat. Wie lauten dann die Koordinaten des zweiten Wendepunktes?
   b) Wo liegen die Wendepunkte von f_a?
   Stellen Sie die Gleichungen der Wendetangenten von f_1 auf.

8. Gegeben sei die Funktionenschar $f_a(x) = -ax^3 + 3x^2$, $a > 0$.
   a) Untersuchen Sie die Schar auf Nullstellen, Extrema und Wendepunkte.
   Zeichnen Sie die Graphen von f_1 und f_2.
   b) Bestimmen Sie die Gleichung der Wendenormalenschar von f_a.

9. Gegeben ist die Funktionenschar $f_a(x) = x - 2a + \frac{a}{x}$.
   a) Für welche $a \in \mathbb{R}$ existieren zwei, eine bzw. keine Nullstellen?
   b) Untersuchen Sie f_a auf Extrema für $a > 0$. Zeigen Sie, dass keine Wendepunkte existieren.
   c) Zeichnen Sie die Graphen von f_1 und f_2.
   d) Unter welchen Winkeln schneidet f_2 die x-Achse?

10. Gegeben ist die Funktionenschar $f_a(x) = -\frac{1}{a}(x-2)^2 \cdot (x+4)$.
   a) Ermitteln Sie die Nullstellen der Funktionen f_a.
   b) Ermitteln Sie die Koordinaten der Extrema in Abhängigkeit vom Parameter a.
   c) Weisen Sie nach: Die Koordinaten des Wendepunktes W_a des Graphen von f_a sind das arithmetische Mittel $\left(\text{arithmetisches Mittel zweier Zahlen a und b: } \frac{a+b}{2}\right)$ der entsprechenden Koordinaten der Extrema. Welche Eigenschaften des Graphen von f_a kann hieraus durch geometrische Interpretation vermutet werden?
   d) Für welchen Wert des Parameters a hat die Wendetangente die Steigung 2?
   e) Können die Wendenormale und die Gerade durch die beiden Extrema einer Funktion der Schar orthogonal zueinander liegen?

3. Kurvenscharen

11. Gegeben sei die Funktionenschar
$f_a(x) = 2ax^3 + (2-4a)x$, $a \in \mathbb{R}$, $a \neq 0$.

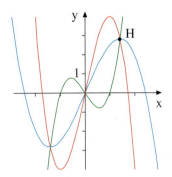

a) Führen Sie für $a = -0{,}25$ eine Kurvendiskussion durch (Nullstellen, Extrema, Wendepunkte) und skizzieren Sie anschließend den Graphen von $f_{-0,25}$ für $-3 \leq x \leq 3$.

b) Zeigen Sie, dass alle Graphen zu f_a durch den Hochpunkt H der Kurve $f_{-0,25}$ gehen (s. Abb.).

c) Für welches a hat f_a im Punkt H die Steigung 6?

d) Für welches $a \in \mathbb{R}$ hat f_a keine lokalen Extrema?

e) Für welches a hat die Wendenormale von f_a die Steigung 0,5?

12. Gegeben sei die Funktionenschar
$f_a(x) = \frac{1}{12a}x^3 - x^2 + 3ax$, $a \in \mathbb{R}$, $a > 0$.

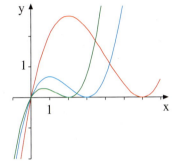

a) Untersuchen Sie die Schar auf Nullstellen und Extrema.

b) Der Punkt $P(z | f_1(z))$ bildet mit dem Ursprung und dem Punkt $Q(z|0)$ ein achsenparalleles Dreieck ($0 \leq z \leq 6$).
Bestimmen Sie die Koordinaten von P so, dass das Dreieck maximalen Inhalt hat.

c) Die Tangente durch $W\left(4a \left| \frac{4}{3}a^2\right.\right)$ schließt mit den Koordinatenachsen ein Dreieck ein. Für welches a hat das Dreieck den Inhalt 384?

13. Gegeben sei die Funktionenschar
$f_a(x) = x^3 + (3-3a)x^2 - 12ax$, $a \in \mathbb{R}$, $a > 0$.

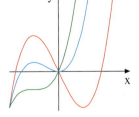

a) Zeigen Sie, dass f_a den Hochpunkt $H(-2 | 4 + 12a)$ besitzt.

b) Zeigen Sie, dass f_a den Wendepunkt $W(a-1 | -2a^3 - 6a^2 + 6a + 2)$ besitzt.

c) Bestimmen Sie die Gleichung der Wendetangente von f_1.

d) Für welches $a \in \mathbb{R}$ besitzt f_a einen Sattelpunkt, d. h. einen Wendepunkt mit waagerechter Tangente? Geben Sie ihn an.

4. Stetigkeit und Differenzierbarkeit

A. Der Begriff der Stetigkeit

Die abgebildete Funktion lässt sich kontinuierlich mit einem Zug an der Stelle x_0 durchzeichnen, ohne dass der Stift abgesetzt werden muss. Man bezeichnet diese Eigenschaft als *Stetigkeit* der Funktion f an der Stelle x_0.
An der Stelle x_1 ist die kontinuierliche Durchzeichenbarkeit nicht gegeben. Die Funktion ist dort unstetig.

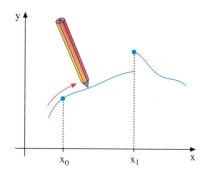

Eine mathematische exakte Stetigkeitsdefinition erfordert die Verwendung von Grenzwerten.

Definition I.5: Stetigkeit an einer Stelle

f heißt *stetig an der Stelle x_0*, wenn folgende Bedingungen erfüllt sind:

(1) $f(x_0)$ existiert,

(2) $\lim_{x \to x_0} f(x)$ existiert,

(3) $\lim_{x \to x_0} f(x) = f(x_0)$.

Definition I.6: Intervallstetigkeit

f heißt *stetig auf dem Intervall [a, b]*, wenn f an jeder inneren Stelle des Intervalls stetig sowie bei a rechtsseitig und bei b linksseitig stetig ist.

Rechtsseitige bzw. linksseitige Stetigkeit an der Stelle x_0 liegt vor, wenn dort Definition I.2 mit dem rechts- bzw. linksseitigen Grenzwert erfüllt ist.

Zwecks besseren Verständnisses betrachten wir zunächst typische Beispiele für Unstetigkeiten.

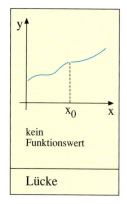

kein Funktionswert

Lücke

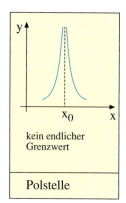

kein endlicher Grenzwert

Polstelle

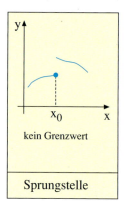

kein Grenzwert

Sprungstelle

Funktionswert nicht gleich Grenzwert

Lücke

4. Stetigkeit und Differenzierbarkeit

Wir zeigen nun, wie exakte Stetigkeitsnachweise oder Unstetigkeitsnachweise geführt werden.

▶ **Beispiel: Stetigkeitsnachweis**
Zeigen Sie, dass die Funktion $f(x) = x^2$ für jedes $x_0 \in \mathbb{R}$ stetig ist.

Lösung:
(1) Der Funktionswert von f an der Stelle x_0 existiert. Er lautet $f(x_0) = x_0^2$.
(2) Der Grenzwert von f für $x \to x_0$ existiert: $\lim\limits_{x \to x_0} f(x) = \lim\limits_{x \to x_0} x^2 = x_0^2$.
▶ (3) Der Grenzwert aus (2) ist gleich dem Funktionswert aus (1).

▶ **Beispiel: Unstetigkeitsnachweis**
Gegeben ist die Funktion $f(x) = \text{sign}\, x + x - 1$, wobei sign x die rechts abschnittsweise dargestellte Vorzeichenfunktion ist.
Untersuchen Sie f auf Stetigkeit.

Signumfunktion

$$\text{sign}\, x = \begin{cases} -1, & x < 0 \\ 0, & x = 0 \\ 1, & x > 0 \end{cases}$$

Lösung:
Wir stellen zunächst f abschnittsweise dar und skizzieren dann den Graphen von f.

$$f(x) = \begin{cases} x - 2, & x < 0 \\ -1, & x = 0 \\ x, & x > 0 \end{cases}$$

Wir erkennen, dass die Funktion mit Ausnahme der Stelle $x_0 = 0$ überall durchzeichenbar bzw. stetig ist.

An der Stelle $x_0 = 0$ ist sie unstetig, denn rechtsseitiger und linksseitiger Grenzwert bei Annäherung an diese Stelle stimmen nicht überein, weshalb der Funk-
▶ tionsgrenzwert für $x \to 0$ nicht existiert.

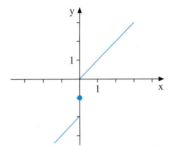

$\lim\limits_{\substack{x \to 0 \\ x < 0}} f(x) = \lim\limits_{\substack{x \to 0 \\ x < 0}} (x - 2) = -2$

$\lim\limits_{\substack{x \to 0 \\ x > 0}} f(x) = \lim\limits_{\substack{x \to 0 \\ x > 0}} x = 0$

$\Rightarrow$ f ist unstetig bei $x = 0$

Übung 1
Begründen Sie folgende Aussagen.

a) $f(x) = x^3 + x$ ist überall stetig.

b) $f(x) = \frac{1}{x}$ ist bei $x_0 = 0$ unstetig.

Übung 2
Untersuchen Sie f auf Stetigkeit an der Stelle $x_0 = 2$.

a) $f(x) = \begin{cases} x^2 - 3, & x \leq 2 \\ 4 - x, & x > 2 \end{cases}$

b) $f(x) = \begin{cases} 0{,}5\,x^2 + 1, & x < 2 \\ 4 - 0{,}25\,x^2, & x \geq 2 \end{cases}$

> **Beispiel: Stetigkeit an einer Knickstelle**
> Zeigen Sie, dass die Funktion $f(x) = |x|$ an der Stelle $x_0 = 0$ stetig ist.

Lösung:
Der Funktionswert existiert und lautet $f(0) = 0$.
Die einseitigen Grenzwerte sind identisch hiermit.

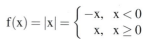

$$\lim_{\substack{x \to 0 \\ x < 0}} f(x) = \lim_{\substack{x \to 0 \\ x < 0}} (-x) = 0$$

$$\lim_{\substack{x \to 0 \\ x > 0}} f(x) = \lim_{\substack{x \to 0 \\ x > 0}} x = 0$$

Die Funktion ist stetig bei $x_0 = 0$. Ein Knick im Funktionsgraphen stört also im Gegensatz zu einem
▶ Sprung die Stetigkeit nicht.

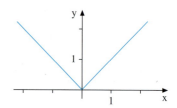

> **Beispiel: Parameterbestimmung**
> Gegeben ist die rechts aufgeführte abschnittweise definierte Funktionenschar f_k.
> Für welchen Wert des Parameters k ist f_k stetig an der Stelle $x_0 = 1$?

$$f_k(x) = \begin{cases} kx^2, & x < 1 \\ |x-2| + 1, & x \geq 1 \end{cases}$$

Lösung:
Der Funktionswert an der Stelle $x_0 = 1$ existiert und lautet $f(1) = |1 - 2| + 1 = 2$. Die einseitigen Grenzwerte lauten:

$$\lim_{\substack{x \to 1 \\ x < 1}} f(x) = \lim_{\substack{x \to 1 \\ x < 1}} (kx^2) = k$$

$$\lim_{\substack{x \to 1 \\ x > 1}} f(x) = \lim_{\substack{x \to 1 \\ x > 1}} (|x-2| + 1) = 2$$

Übereinstimmung und damit Stetigkeit bei $x_0 = 1$
▶ liegt nur für den Wert $k = 2$ vor.

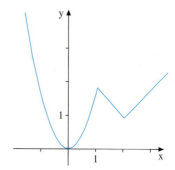

Übung 3
Untersuchen Sie f auf Stetigkeit an der Stelle x_0.

a) $f(x) = \text{sign}(x^2)$, $x_0 = 0$

b) $f(x) = \begin{cases} 1 - \text{sign}(x), & x < 0 \\ x - 2, & x \geq 0 \end{cases}$, $x_0 = 0$

Übung 4
Ist die folgende Funktion stetig bei $x_0 = 0$?

$$f(x) = \begin{cases} \sin \frac{1}{x}, & x \neq 0 \\ 0, & x = 0 \end{cases}$$

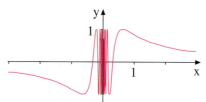

4. Stetigkeit und Differenzierbarkeit

Wir stellen nun einige allgemeine Stetigkeitssätze zusammen, mit deren Hilfe die Stetigkeit von zusammengesetzten Funktionen oft vereinfacht nachgewiesen werden kann.

Satz I.1: Stetigkeit von zusammengesetzten Funktionen
Sind f und g an der Stelle x_0 stetig, so gilt dies auch für die Summe $s = f + g$, die Differenz $d = f - g$ und das Produkt $p = f \cdot g$. Der Quotient $q = \frac{f}{g}$ ist stetig, sofern $g(x_0) \neq 0$ gilt.

Beweis:
Der Funktionswert von s an der Stelle x_0 existiert. Er lautet $s(x_0) = f(x_0) + g(x_0)$.
Der Funktionsgrenzwert von s an der Stelle x_0 existiert ebenfalls und stimmt mit $s(x_0)$ überein, wie die folgende Rechnung zeigt, welche auf den Grenzwertsätzen für Funktionen und der Stetigkeit von f und von g an der Stelle x_0 beruht.

$$\lim_{x \to x_0} s(x) = \lim_{x \to x_0} (f(x) + g(x)) = \lim_{x \to x_0} f(x) + \lim_{x \to x_0} g(x) = f(x_0) + g(x_0)$$

Als direkte Folgerung aus Satz I.1 ergibt sich die universale Stetigkeit der ganzrationalen Funktionen, d.h. der Polynomfunktionen.

Satz I.2: Stetigkeit der ganzrationalen Funktionen
Die ganzrationale Funktion $f(x) = a_n x^n + a_{n-1} x^{n-1} + \ldots + a_0$ ist an jeder Stelle $x_0 \in \mathbb{R}$ stetig.

Beweis:
Anschaulich klar und leicht zu zeigen ist die Tatsache, dass die Funktion $g(x) = x$ an jeder Stelle $x_0 \in \mathbb{R}$ stetig ist. Dann sind aber auch die Terme $x^2 = x \cdot x$, $x^3 = x \cdot x \cdot x$, ..., $x^n = x \cdot x \cdot \ldots \cdot x$ als Produkt stetiger Terme stetig bei x_0. Multiplizieren wir die stetigen Terme $1, x, x^2, \ldots, x^n$ mit den ebenfalls stetigen Konstanten a_i, so sind die entstandenen Produkte $a_i \cdot x^i$ wiederum alle stetig an der Stelle x_0. Addieren wir nun alle diese Terme, so erhalten wir als stetige Summe den ganzrationalen Funktionsterm von f.

Ohne Beweis zitieren wir den folgenden Satz über die Verkettung von stetigen Funktionen.

Satz I.3: Verkettung stetiger Funktionen
Die Funktion g sei an der Stelle x_0 stetig. Die Funktion f sei an der Stelle $g(x_0)$ stetig. Dann ist die Verkettung $f \circ g$ der beiden Funktionen an der Stelle x_0 stetig.

Übung 5
a) Begründen Sie die Stetigkeit von $f(x) = x^3 + 2x + 1$ für alle $x \in \mathbb{R}$.
b) Begründen Sie: $f(x) = (2x + 1)^3$ ist stetig für alle $x \in \mathbb{R}$.

Übung 6
Untersuchen Sie die Funktion auf Stetigkeit an den Stellen $x = 1$ und $x = -1$.

a) $f(x) = \begin{cases} \frac{x+2}{x+1}, & x \neq -1 \\ 2, & x = -1 \end{cases}$
b) $f(x) = \begin{cases} \frac{x^2-1}{x+1}, & x \neq -1 \\ -2, & x = -1 \end{cases}$

Übungen

7. Untersuchen Sie f auf Stetigkeit an der Stelle x_0. Skizzieren Sie den Graphen von f.

a) $f(x) = x^2$, $x_0 = 2$
b) $f(x) = \frac{1}{x^2}$, $x_0 = 2$ bzw. $x_0 = 0$
c) $f(x) = \frac{x^2}{x}$, $x_0 = 0$
d) $f(x) = \sqrt{x}$, $x_0 = 1$ bzw. $x_0 = 0$
e) $f(x) = 4$, x_0 beliebig
f) $f(x) = \frac{x}{x-1}$, $x_0 = 1$ bzw. $x_0 = 0$

8. f ist abschnittsweise definiert. Wie lauten die links- und rechtsseitigen Grenzwerte an der Abschnittsgrenze x_0? Hat die Funktion dort einen Grenzwert? Ist sie dort stetig?

a) $f(x) = \begin{cases} 14 - x^2, & x < 3 \\ 8 - x, & x \geq 3 \end{cases}$
b) $f(x) = \begin{cases} 3x^2 - 4, & x \leq 2 \\ 9 - x, & x > 2 \end{cases}$

c) $f(x) = \begin{cases} -4(x+1), & x \leq -2 \\ 2^{-x}, & x > -2 \end{cases}$
d) $f(x) = \begin{cases} \cos x, & x \leq 0 \\ \frac{x^2 + x}{\sqrt{x}}, & x > 0 \end{cases}$

9. Gegeben sind die abschnittsweise definierten Funktionen f und g.

$f(x) = \begin{cases} \frac{1}{2}k^2 x - 1, & x \leq 2 \\ 2 + kx, & x > 2 \end{cases}$
$g(x) = \begin{cases} a(x-3)^2, & x \leq 2 \\ 2b - x, & x > 2 \end{cases}$

a) Bestimmen Sie k so, dass f an der Abschnittsgrenze x_0 stetig ist.
b) Welche Beziehung zwischen a und b muss gelten, damit g stetig ist bei x_0?
c) Es sei a = 1. Gesucht ist ein b, für das g stetig ist. Skizzieren Sie den Graphen von g.

10. Gegeben ist die Funktion $f(x) = \begin{cases} x, & \text{falls x rational} \\ 3, & \text{falls x irrational} \end{cases}$.

Berechnen Sie $f(2)$, $f(3)$, $f(\sqrt{2})$, $f(\sqrt{3})$. Skizzieren Sie den Graphen von f. Ist f an der Stelle $x_0 = 0$ stetig? Ist f an der Stelle $x_0 = 3$ stetig?

11. Gegeben ist die Funktion $f(x) = \begin{cases} x + 1 + \frac{10^{-50}}{x-1}, & x \neq 1 \\ 2, & x = 1 \end{cases}$.

a) Berechnen Sie $f(-2)$, $f(-1)$, $f(0)$, $f(0,5)$, $f(0,9)$, $f(0,99)$, $f(0,999)$, $f(0,9999)$, $f(0,99999)$.
Berechnen Sie $f(4)$, $f(3)$, $f(2)$, $f(1,5)$, $f(1,1)$, $f(1,01)$, $f(1,001)$, $f(1,0001)$, $f(1,00001)$.
b) Skizzieren Sie den Graphen von f für $-2 \leq x \leq 4$.
c) Welche Grenzwertvermutung erscheint sich durch die Tabelle aus a) zu ergeben?
d) Ist die Funktion f stetig an der Stelle $x_0 = 1$?

4. Stetigkeit und Differenzierbarkeit

B. Der Zwischenwertsatz

Stetige Funktionen besitzen eine besondere Eigenschaft, die ihre Bedeutung ausmacht. Es handelt sich um die Zwischenwerteigenschaft, die im folgenden Satz zum Ausdruck kommt.

> **Satz I.4:   Der Zwischenwertsatz**
> Ist die *reelle* Funktion f *stetig* über dem Intervall [a;b] und liegt die Zahl c zwischen f(a) und f(b), so existiert eine reelle Zahl $x_0 \in$ [a;b] mit $f(x_0) = c$.

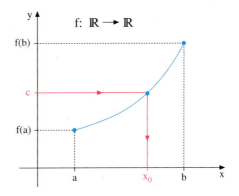

Die Abbildung auf der rechten Seite veranschaulicht den Satz: Vom Zwischenwert c auf der y-Achse geht man nach rechts bis zum Graph von f und sodann nach unten bis zur x-Achse, wo man die Stelle x_0 findet mit $f(x_0) = c$.

Der formale Beweis des Satzes ist schwierig, weshalb wir darauf verzichten. Die Grundideen sind folgende: Weil die Funktion f stetig ist, stößt die vom Zwischenwert c ausgehende horizontale Linie auf den Graphen von f. Weil die reellen Zahlen vollständig sind, d.h. die x-Achse lückenlos füllen, gehört die Auftreffstelle x_0 zur reellen Definitionsmenge der Funktion f.

Ohne die Voraussetzungen, dass f eine *stetige Funktion* ist und dass die Definitionsmenge von f ein *reelles Intervall* ist, ist der Satz nicht haltbar, wie die folgenden Beispiele zeigen.

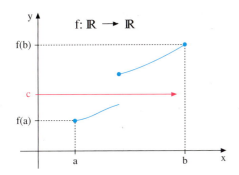

Eine nicht stetige Funktion:

Hier läuft die vom Zwischenwert c ausgehende horizontale Linie ins Leere, da die unstetige Funktion eine Sprungstelle hat. Es gibt kein $x_0 \in$ [a;b] mit $f(x_0) = c$.
Der Zwischenwert ist kein Funktionswert.

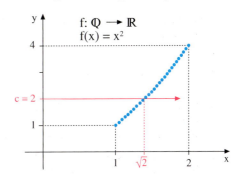

Eine nicht reelle Definitionsmenge:

Hier läuft die vom Zwischenwert c ausgehende horizontale Linie ebenfalls ins Leere, da der Funktionsgraph bei $x_0 = \sqrt{2}$ getroffen würde, wo er aber eine Lücke hat, da die irrationale Zahl $\sqrt{2}$ nicht zur rationalen Definitionsmenge $\mathbb{Q}$ von f gehört.

C. Stetigkeit und Differenzierbarkeit

Zwischen den beiden wichtigen Begriffen Stetigkeit und Differenzierbarkeit gibt es einen starken Zusammenhang, der im Bild rechts sowie im folgenden Satz zum Ausdruck kommt.

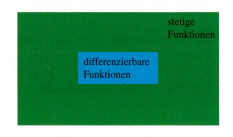

Satz I.7: Stetigkeit und Differenzierbarkeit
(1) Ist die Funktion f an der Stelle x_0 differenzierbar, so ist sie dort auch stetig.
(2) Ist die Funktion f an der Stelle x_0 stetig, so muss sie dort nicht differenzierbar sein.

Lösung zu (1):
Wir sollen zeigen, dass aus Differenzierbarkeit automatisch die Stetigkeit folgt. Wir gehen in der nebenstehenden Herleitung von der Definition der Differenzierbarkeit von f an der Stelle x_0 aus und folgern daraus nach einigen Schritten die Stetigkeit von f an der Stelle x_0.
Dabei wird zur Vereinfachung angenommen, dass x stets sehr nahe bei x_0 liegt.

Aus Differenzierbarkeit folgt also zwangsläufig Stetigkeit. Jede differenzierbare Funktion ist auch stetig.

$f(x)$ ist differenzierbar an der Stelle x_0.

$$\lim_{x \to x_0} \frac{f(x) - f(x_0)}{x - x_0} = f'(x_0)$$

$$\frac{f(x) - f(x_0)}{x - x_0} \approx f'(x_0)$$

$$f(x) - f(x_0) \approx f'(x_0) \cdot (x - x_0)$$

$$f(x) \approx f'(x_0) \cdot (x - x_0) + f(x_0)$$

$$\lim_{x \to x_0} f(x) = \lim_{x \to x_0} (f'(x_0) \cdot (x - x_0) + f(x_0))$$

$$\lim_{x \to x_0} f(x) = (f'(x_0) \cdot 0 + f(x_0))$$

$$\lim_{x \to x_0} f(x) = f(x_0)$$

$f(x)$ ist stetig an der Stelle x_0.

Lösung zu (2)
Aus Stetigkeit folgt nicht unbedingt die Differenzierbarkeit. Dies zeigt schon das Gegenbeispiel $f(x) = |x|$. Diese Funktion ist an der Stelle $x_0 = 0$ stetig, da durchzeichenbar. Sie ist dort aber nicht differenzierbar, da sie bei $x_0 = 0$ einen Knick hat.

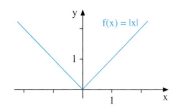

stetig, aber nicht differenzierbar an der Stelle in $x_0 = 0$

Übung 16
Zeichnen Sie den Graphen der Funktion f und geben Sie dann an, an welchen Stellen x_0 die Funktion f keine Ableitung besitzt.

a) $f(x) = |x^2 - 1|$

b) $f(x) = \begin{cases} x^2, & x \leq 1 \\ x, & x > 1 \end{cases}$

c) $f(x) = \begin{cases} x^2, & x \leq 0 \\ 0, & 0 < x \leq 1 \\ x - 1, & x > 1 \end{cases}$

5. Rekonstruktion und Trassierung

In den naturwissenschaftlichen Disziplinen und auch bei ökonomischen Fragestellungen strebt man an, die auftretenden Probleme durch berechenbare Funktionen zu erfassen.

A. Steckbriefaufgaben

Im einfachsten Fall wird eine Funktion gesucht, die durch einige vorgegebene Eigenschaften gekennzeichnet ist. Man spricht dann von einer Rekonstruktionsaufgabe oder von einer Steckbriefaufgabe. Rechts ist ein solcher „Steckbrief" abgebildet.

WANTED

Gesucht wird die Funktion f, ihres Zeichens eine quadratische Parabel, die leicht zu identifizieren ist anhand folgender unverwechselbarer Kennzeichen.

(1) Nullstelle bei $x = 4$
(2) Extremum bei $x = 2$
(3) Geht durch $P(3|-1{,}5)$

▶ **Beispiel: Rekonstruktion**
Bestimmen Sie die Gleichung der Funktion f, die rechts im „Steckbrief" beschrieben wird.

Lösung:
Es ist vorgegeben, dass es sich um eine Polynomfunktion zweiten Grades handelt: Wir verwenden daher die Ansatzgleichungen

$f(x) = ax^2 + bx + c$
$f'(x) = 2ax + b$

Nun übertragen wir die bekannten Eigenschaften von f in die symbolische Funktionsschreibweise.
Wir erhalten ein Gleichungssystem mit drei Variablen, dessen Auflösung $a = \frac{1}{2}$, $b = -2$, $c = 0$ ergibt. Die Funktion lautet also $f(x) = \frac{1}{2}x^2 - 2x$.

Skizze:

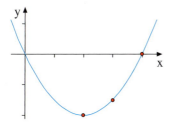

1. Ansatz für die Gleichung von f

$f(x) = ax^2 + bx + c$
$f'(x) = 2ax + b$

2. Eigenschaften von f

(1) Nullstelle bei $x = 4$
(2) Extremum bei $x = 2$
(3) Geht durch $P(3 | -1{,}5)$

3. Aufstellen eines Gleichungssystems

(1) $f(4) = 0 \quad \Rightarrow \text{I} \quad 16a + 4b + c = 0$
(2) $f'(2) = 0 \quad \Rightarrow \text{II} \quad 4a + b = 0$
(3) $f(3) = -1{,}5 \Rightarrow \text{III} \quad 9a + 3b + c = -1{,}5$

4. Lösung des Gleichungssystems
IV = I − III: $7a + b = 1{,}5$
V = II − IV: $-3a = -1{,}5$

aus V: $a = \frac{1}{2}$
in IV: $b = -2$
in I: $c = 0$

5. Resultat:

$f(x) = \frac{1}{2}x^2 - 2x$

Beispiel: Diagramm

Ein wichtiges Diagramm findet sich im Papierkorb wieder. Es ist zwar stark beschädigt, aber glücklicherweise sind charakteristische Teile der dargestellten Funktion noch erhalten. Auch die Funktionsklasse und der Anfangsteil des Funktionsterms sind noch zu erkennen.

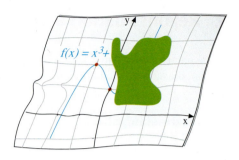

Lösung:
Es ist zu erkennen, dass es sich um eine Polynomfunktion dritten Grades handelt, deren Funktionsterm mit x^3 beginnt.
Wir verwenden daher für die Funktionsgleichung den Ansatz
$f(x) = ax^3 + bx^2 + cx + d$ mit $a = 1$.
Wir bestimmen zusätzlich f' um auch Steigungseigenschaften von f erfassen zu können.

Aus dem Diagramm können wir einige charakteristische Eigenschaften der Funktion f ablesen (vgl. rechts).

Diese Eigenschaften können wir mittels f und f' in Gleichungsform darstellen. So liefert der Graphenpunkt $P(-1|2)$ z. B. die Gleichung $f(-1) = 2$. Setzen wir in die Ansatzgleichung aus (1) ein, so erhalten wir ein lineares Gleichungssystem mit den Variablen b, c und d.

Lösen wir dieses System mit den üblichen Methoden, so erhalten wir
$d = 1$, $c = -1$, $b = 1$.

Durch Einsetzen in den Ansatz folgt das Resultat:
▶ $f(x) = x^3 + x^2 - x + 1$. 070-1

(1) Ansatz für die Funktionsgleichung

$f(x) = x^3 + bx^2 + cx + d$
$f'(x) = 3x^2 + 2bx + c$

(2) Eigenschaften der Funktion f

1. f hat ein Extremum bei $x = -1$.
2. $P(-1|2)$ liegt auf dem Graphen von f.
3. $P(0|1)$ liegt auf dem Graphen von f.

(3) Umsetzen der Eigenschaften in Gleichungen

1. $f'(-1) = 0 \Rightarrow 3 - 2b + c = 0$
2. $f(-1) = 2 \Rightarrow -1 + b - c + d = 2$
3. $f(0) = 1 \Rightarrow d = 1$

(4) Lösen des Gleichungssystems

$$\begin{array}{l} -2b + c = -3 \\ b - c = 2 \\ d = 1 \end{array} \Rightarrow \begin{array}{l} b = 1 \\ c = -1 \\ d = 1 \end{array}$$

(5) Resultat

$f(x) = x^3 + x^2 - x + 1$

Übung 1
a) Gesucht ist eine Polynomfunktion zweiten Grades, welche die y-Achse bei $y = -2{,}5$ schneidet und einen Hochpunkt bei $H(3|2)$ besitzt.
b) Gesucht ist eine ganzrationale Funktion dritten Grades mit dem Wendepunkt $W(-2|6)$, die an der Stelle $x = -4$ ein Maximum hat. Die Steigung der Wendetangente ist gleich -12.

5. Rekonstruktion und Trassierung

Bevor wir weitere Beispiele rechnen, stellen wir oft auftretende Funktionseigenschaften einer „Übersetzungstabelle" zusammen, die beim Lösen von Aufgaben hilft.

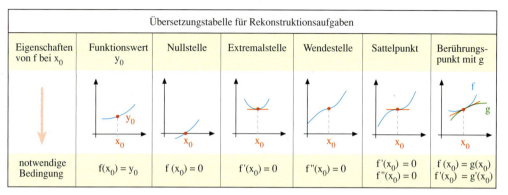

071-1

▶ **Beispiel:** Der Graph einer ganzrationalen Funktion dritten Grades berührt die Winkelhalbierende des ersten Quadranten bei $x = 1$ und ändert sein Krümmungsverhalten in $P(0|0,5)$. Wie lautet die Funktionsgleichung?

Lösung:

(1) Ansatz für die Funktionsgleichung

Wir setzen die ganzrationale Funktion dritten Grades unter Verwendung der Parameter a, b, c und d allgemein an. Außerdem notieren wir die Funktionsterme von f' und f'', da das Krümmungsverhalten mit im Spiel ist.

$f(x) = ax^3 + bx^2 + cx + d$
$f'(x) = 3ax^2 + 2bx + c$
$f''(x) = 6ax + 2b$

(2) Eigenschaften der Funktion f

1. Wendepunkt $W(0|0,5)$
   (Wendestelle $x = 0$, Funktionswert $y = 0,5$)
2. Punkt $P(1|1)$
3. Steigung bei $x = 1$: 1

(3) Umsetzen der Eigenschaften in Gleichungen

1. $f''(0) = 0$ $b = 0$
   $f(0) = 0,5$ $d = 0,5$
2. $f(1) = 1$ $\Rightarrow$ $a + b + c + d = 1$
3. $f'(1) = 1$ $3a + 2b + c = 1$

(4) Lösen des Gleichungssystems

$a + c = 0,5$ $\Rightarrow$ $c = 0,5 - a$ $\Rightarrow$ $3a + 0,5 - a = 1$ $\Rightarrow$ $2a = 0,5$ $\Rightarrow$ $a = 1/4$
$3a + c = 1$ $c = 1/4$

(5) Resultat

$f(x) = \frac{1}{4}x^3 + \frac{1}{4}x + 0,5$ hat die geforderten Eigenschaften, was man leicht überprüfen kann.

Übungen

2. Bestimmen Sie die Gleichung der abgebildeten Profilkurve.

Hinweis: Es handelt sich um eine ganzrationale Funktion dritten Grades.

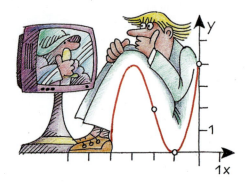

3. Eine ganzrationale Funktion dritten Grades ist symmetrisch zum Ursprung des Koordinatensystems und hat den Tiefpunkt $T(1|-2)$. Wie lautet die Funktionsgleichung?

4. Der Graph einer ganzrationalen Funktion dritten Grades ist punktsymmetrisch zum Ursprung und schneidet den Graphen von $g(x) = \frac{1}{2}(4x^3 + x)$ im Ursprung senkrecht. Ein zweiter Schnittpunkt mit g liegt bei $x = 1$. Wie lautet die Funktionsgleichung?

5. Bestimmen Sie die Gleichung der Funktion f mit den beschriebenen Eigenschaften.
Der zur y-Achse symmetrische Graph einer ganzrationalen Funktion vierten Grades geht durch $P(0|2)$ und hat bei $x = 2$ ein Extremum. Er berührt dort die x-Achse.

6. Der Graph einer ganzrationalen Funktion dritten Grades hat im Ursprung und im Punkt $P(2|4)$ jeweils ein Extremum. Wie lautet die Funktionsgleichung?

7. Bestimmen Sie die ganzrationale Funktion f mit den angegebenen Eigenschaften.
a) Grad 2, Extremum bei $x = 1$, Achsenschnittpunkte bei $P(0|-3)$ und $Q(5|0)$
b) Grad 4, Sattelpunkt im Ursprung, Tiefpunkt $P(-2|-6)$

8. Gegeben ist der Graph einer ganzrationalen Funktion f. Bestimmen Sie eine mögliche Funktionsgleichung.

a)

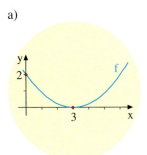

b)

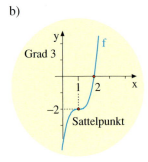

5. Rekonstruktion und Trassierung

B. Modellierungsprobleme

Eine Modellierung liegt vor, wenn man einen realen *Prozess* mathematisch beschreibt, um ihn rechnerisch kontrollieren zu können, oder wenn man die *Form* eines realen Objektes durch eine mathematische Kurve erfasst wie im folgenden Beispiel.

> **Beispiel: Modellierung einer Skaterbahn**
> Aus Beton soll eine Skateboard-Bahn für den Park so gebaut werden, wie es die Abbildung zeigt. Die gebogenen Teile sollen ohne Knick an die geraden Teile anschließen. Ermitteln Sie für die Konstruktion die Gleichung einer Polynomfunktion, deren Graph dem gebogenen Teil nahe kommt. Entnehmen Sie die Maße der Skizze.

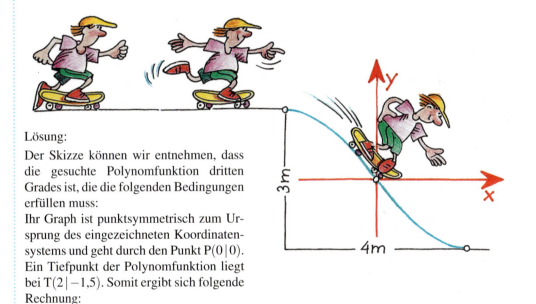

Lösung:
Der Skizze können wir entnehmen, dass die gesuchte Polynomfunktion dritten Grades ist, die die folgenden Bedingungen erfüllen muss:
Ihr Graph ist punktsymmetrisch zum Ursprung des eingezeichneten Koordinatensystems und geht durch den Punkt $P(0|0)$. Ein Tiefpunkt der Polynomfunktion liegt bei $T(2|-1,5)$. Somit ergibt sich folgende Rechnung:

Ansatz für f:	Eigenschaften von f:	Gleichungssystem:	Lösung:
$f(x) = ax^3 + bx^2 + cx + d$	(1) symmetrisch zu O	$b = 0$	$b = 0$
	(2) $f(0) = 0$	$d = 0$	$d = 0$
$f'(x) = 3ax^2 + 2bx + c$	(3) $f'(2) = 0$	$12a + 4b + c = 0$	$a = 3/32$
	(4) $f(2) = -1,5$	$8a + 4b + 2c + d = -1,5$	$c = -9/8$

Resultat:
▶ Das Profil der Skateboard-Bahn wird durch die Funktion $f(x) = \frac{3}{32}x^3 - \frac{9}{8}x$ beschrieben.

Übung 9

a) Gesucht ist eine ganzrationale Funktion dritten Grades mit dem Tiefpunkt $P(1|-2)$, deren Wendepunkt im Koordinatenursprung liegt.

b) Der Graph einer ganzrationalen Funktion dritten Grades hat im Ursprung und im Punkt $P(2|4)$ jeweils ein Extremum.

> **Beispiel: Flugbahn beim Landeanflug**
> Ein Flugzeug nähert sich im horizontalen Flug dem Punkt P(−4|1). Dort beginnt der Pilot mit dem Sinkflug, der auf der Landebahn an den Koordinaten Q(0|0) endet (Angaben in km).
>
>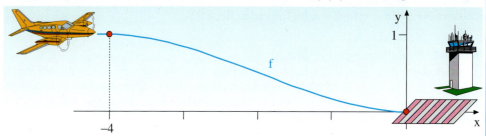
>
> Seine Horizontalgeschwindigkeit beträgt durchgehend konstant 50 m/s.
> a) Modellieren Sie die Sinkflugphase durch ein Polynom dritten Grades.
> b) An welcher Stelle fällt die Flugbahn am steilsten ab? Wie groß ist dort der Abstiegswinkel α? Wie groß ist dort die vertikale Sinkgeschwindigkeit?

Lösung zu a:

1. Ansatz für f
$f(x) = ax^3 + bx^2 + cx + d$,
$f'(x) = 3ax^2 + 2bx + c$,
$f''(x) = 6ax + 2b$

2. Eigenschaften von f
(1) Q(0|0) liegt auf f
(2) Extremum bei $x = 0$
(3) P(−4|1) liegt auf f
(4) Extremum bei $x = -4$

3. Gleichungssystem
(1) $f(0) = 0$ ⇒ I $d = 0$
(2) $f'(0) = 0$ ⇒ II $c = 0$
(3) $f(-4) = 1$ ⇒ III $-64a + 16b = 1$
(4) $f'(-4) = 0$ ⇒ IV $48a - 8b = 0$

4. Lösung des Gleichungssystems und Gleichung von f
$a = \frac{1}{32}$, $b = \frac{6}{32}$, $c = 0$, $d = 0$
$f(x) = \frac{1}{32}(x^3 + 6x^2)$

Lösung zu b:
Die Flugbahn fällt im Wendepunkt von f am steilsten ab. Dieser liegt nach der rechts aufgeführten Rechnung bei W(−2|0,5). Dort beträgt die Steigung $f'(2) = -0{,}375$. Also gilt $\tan\alpha = -0{,}375$, wir erhalten $\alpha = \arctan(-0{,}375) = -20{,}56°$.

Die vertikale Sinkgeschwindigkeit v_y ergibt sich (siehe Abb. unten) aus der Horizontalgeschwindigkeit $v_x = 50$ m/s durch Multiplikation mit der Steigung $f'(-2) = -0{,}375$. v_y beträgt 18,75 m/s.

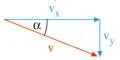

Berechnung des Wendepunktes:
$f''(x) = \frac{1}{32}(6x + 12) = 0$
$x = -2$, $y = 0{,}5$ W(−2|0,5)

Berechnung des Abstiegswinkels:
$f'(x) = \frac{1}{32}(3x^2 + 12x)$
$f'(-2) = \frac{-12}{32} \approx -0{,}375$
$\alpha = \arctan(-0{,}375) \approx -20{,}56°$

Berechnung der Sinkgeschwindigkeit:
$\frac{v_y}{v_x} = \tan\alpha \Rightarrow v_y = v_x \cdot \tan\alpha$
$v_y = 50 \cdot (-0{,}375) = -18{,}75$
Das Minuszeichen gibt die Richtung an.

Übungen

10. Torschuss
Beim Hallenfußball schießt ein Stürmer auf das Tor.
Der Ball landet nach einem Parabelflug genau auf der 50 m entfernten Torlinie. Seine Gipfelhöhe beträgt 12,5 m.

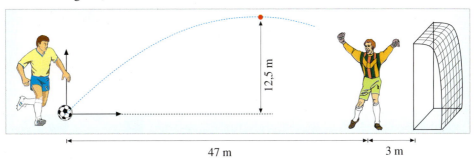

47 m   3 m

a) Wie lautet die Gleichung der Flugparabel?
b) Hat der 3 m vor dem Tor stehende Torwart eine Abwehrchance?
   Er kommt mit der Hand 2,70 m hoch.
c) Unter welchem Winkel α wurde der Ball abgeschossen?
d) Der Abschusswinkel soll vergrößert werden. Welches ist der maximal mögliche Wert für α?
   Der Ball soll wieder auf der Torlinie landen (Hallenhöhe 15 m).

11. Autobahnkurve
Die Autobahn A8 wurde in zwei geraden Teilstücken bei Eichet an den Chiemsee herangeführt. Diese Teile sollen durch eine Kurve glatt miteinander verbunden werden.
Modellieren Sie das neue Teil durch eine kubische Parabel.

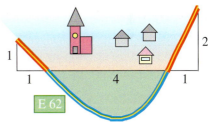

a) Wo liegt der südlichste Kurvenpunkt?
b) Wäre auch die Verwendung einer quadratischen Parabel möglich?

12. Berg- und Talbahn
Eine Berg- und Talbahn hat einen geradlinigen Anstieg von 50 % und einen geradlinigen Abstieg von −100 %. Dazwischen liegt ein parabelförmiges Verbindungsprofil $f(x) = ax^2 + bx + c$.

a) Bestimmen Sie a, b und c so, dass bei A und B glatte Übergänge entstehen.
b) Wie groß ist der Höhenunterschied zwischen A und B.
c) Wo liegt der höchste Punkt der Bahn? Wie hoch liegt er über dem Punkt A?

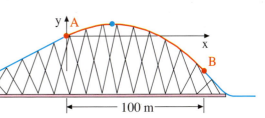

13. Benzinverbrauch

Der Benzinverbrauch B eines Autos hängt von der Fahrgeschwindigkeit v ab. Für ein Testfahrzeug wurden die in der Tabelle dargestellten Messdaten gewonnen.

v = Geschwindigkeit in km/h	10	30	100
B = Benzinverbrauch in Litern/100 km	9,1	7,9	10

a) Bestimmen Sie eine quadratische Funktion $B(v) = av^2 + bv + c$, welche den Benzinverbrauch beschreibt.
b) Für welche Geschwindigkeit ist der Verbrauch minimal?
c) Ab welcher Geschwindigkeit steigt der Verbrauch auf 12,4 Liter an?

Kontrollergebnis: $B(v) = \frac{1}{1000}v^2 - \frac{1}{10}v + 10$

14. Abhänge

200 m über der Talsohle liegen sowohl im Westen als auch im Osten Hochebenen mit den Abhängen f und g. f ist eine kubische Funktion, die ohne Knick horizontal von der Hochebene abfällt und auch horizontal ins Tal ausläuft. g ist eine quadratische Parabel, die ebenfalls horizontal von der Hochebene abfällt.

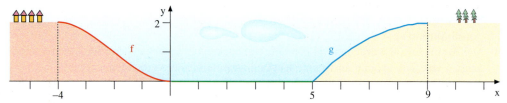

a) Stellen Sie die Gleichungen von f und g auf.
b) Wie steil ist der Abhang f maximal? Wo ist der Hang g am steilsten?

Kontrollergebnis: $f(x) = \frac{1}{16}x^3 + \frac{3}{8}x^2$, $g(x) = -\frac{1}{8}x^2 + \frac{18}{8}x - \frac{65}{8}$

15. Bambus

Das Höhenwachstum einer Bambuspflanze kann durch eine kubische Funktion der Form $h(t) = at^3 + bt^2 + ct + d$ beschrieben werden (t: Zeit in Wochen, h(t): Höhe in Metern). Die Tabelle enthält Messdaten zur Höhe h und zur Wachstumsgeschwindigkeit h'.

t = Zeit in Wochen	0	4
h = Höhe in m	0	2
h' = Wachstumsgeschwindigkeit in m/Woche	0	0,75

a) Wie lautet die Gleichung von h? Skizzieren Sie den Graphen von h für $0 \leq t \leq 8$.
b) Wann erreicht die Pflanze ihre maximale Höhe?
c) Wann ist die Wachstumsgeschwindigkeit maximal?

Kontrollergebnis: $h(t) = \frac{1}{64}(-t^3 + 12t^2)$

16. Konzerthalle

Die dargestellte Konzerthalle soll ein Dach erhalten, dessen Profilkurve durch eine kubische Funktion f und eine quadratische Funktion g modelliert werden kann. Die quadratische Funktion endet an der Dachspitze horizontal.

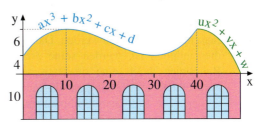

a) Wie lautet die Gleichung der kubischen Funktion?
b) Wie lautet die Gleichung der quadratischen Parabel?
c) Wie hoch ist der tiefste Punkt des Daches im Bereich der kubischen Dachhaut?
d) Wie steil ist das Dach am linken Rand, am rechten Rand und an der Dachspitze?
e) Ein Dach ist nur noch schwer begehbar, wenn der Neigungswinkel 40° oder mehr beträgt. Welche Bereiche des Daches sind schwer begehbar?

17. Brücke

Die Eisenbahnbrücke wird von einem Parabelbogen getragen, der auf Hängen mit 45° Neigung steht.

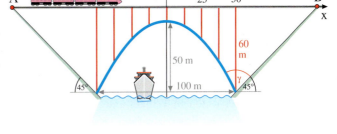

a) Wie lautet die Gleichung der quadratischen Parabel?
b) Wie hoch sind die Brückenpfeiler, welche die Fahrbahn tragen?
c) Wie lang ist die Fahrbahn zwischen A und B?
d) Unter welchem Winkel α trifft der Brückenbogen die Böschungslinien?

18. Kugelstoßen

Einem Kugelstoßer gelang der dargestellte Wurf über 20 m. Der Abstoß erfolgte in 2 m Höhe. Das Maximum der Flugbahn lag bei $x = 9$ m. Die Flugbahn kann durch eine quadratische Parabel beschrieben werden.

a) Wie lautet die Gleichung der Parabel?
b) Wie groß war der Abwurfwinkel? Wie groß war der Aufschlagswinkel?
c) Bei seinem nächsten Versuch wirft der Athlet unter einem Winkel von 45° ab. Die Abwurfhöhe beträgt wieder 2 m, und das Maximum der Flugkurve liegt ebenfalls wieder bei $x = 9$ m. Wie groß ist die Wurfweite nun? Wie groß ist der Aufschlagwinkel? Welche Maximalhöhe erreicht die Kugel?

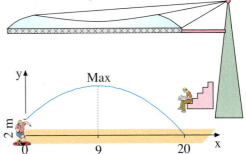

19. Holzbeil

Ein neues Beil zum Holzspalten soll maschinell beschliffen werden. Damit dies möglich ist, werden seine drei Randlinien durch eine quadratische Parabel und zwei Halbparabeln modelliert. Die seitlichen Halbparabeln laufen wie angedeutet horizontal aus. Wie lauten die Parabelgleichungen, bezogen auf das eingezeichnete Koordinatensystem? Unter welchem Winkel stößt die Schneide auf die Seitenkanten des Werkzeugs? Unter welchem Winkel stoßen die Seitenkanten auf den Holzstiel?

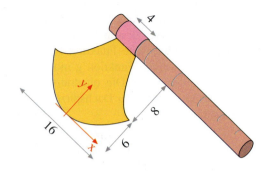

20. Kanal

Vom See geht ein Stichkanal aus, dessen Verlauf für $2 \leq x \leq 8$ durch die Funktion $f(x) = \frac{6}{x}$ beschrieben werden kann. Der Stichkanal soll ohne Knick durch einen Bogen weitergeführt werden, der durch eine zur y-Achse symmetrische quadratische Parabel $g(x) = ax^2 + bx + c$ modelliert werden kann.

a) Wie lautet die Gleichung der Parabel?
b) Unter welchem Winkel unterquert der neue Kanal die von Westen nach Osten verlaufende Straße?
c) Südlich der Straße soll der Kanal geradlinig weitergeführt werden. Wie lautet die Gleichung des Kanals in diesem Bereich (Funktion h)?
d) Trifft die Weiterführung des Kanals auf die Stadt $S(-6|-9)$?

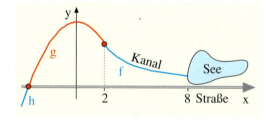

21. Historische Bahnfahrt

Eine historische Eisenbahn befährt eine Kurzstrecke. Dabei übernimmt zur Entlastung des Fahrers ein Computer die Geschwindigkeitssteuerung. Er ist so programmiert, dass der zurückgelegte Weg eine kubische Funktion $s(t) = at^3 + bt^2 + ct + d$ ist. (t: Zeit in min, s: Weg in km).

Ein Fahrgast stellt fest, dass die gesamte Fahrt 8 Minuten dauert. Außerdem beobachtet er, dass nach 4 Minuten Fahrzeit 4 km zurückgelegt werden. Am Anfang und am Ende der Fahrt steht der Zug. Hinweis: Die Geschwindigkeit v ist die Ableitung des Weges s.

a) Wie lautet die Gleichung der Weg-Zeit-Funktion s(t) des Vorgangs?
b) Wie lang ist die gesamte Fahrstrecke?
c) Wie groß ist die Maximalgeschwindigkeit des Zuges?
d) Wann beträgt die Geschwindigkeit genau 67,5 km/h?

22. Kunstflug

Das Bild zeigt die Kondensspur einer Kunstflugstaffel, die das Hotel Atlantis überfliegt. Der Gipfel der Flugbahn liegt bei 120 m Höhe über Grund. Die Tiefpunkte liegen 400 m auseinander. 100 m rechts vom zweiten Tiefpunkt hat das Flugzeug 165 m Höhe erreicht.

a) Modellieren Sie die Bahnkurve des Fluges nach Wahl eines geeigneten Koordinatensystems durch ein Polynom vom Grad 4. Verwenden Sie als Maßstab: 1 LE = 100 m.
b) Wie groß ist die kleinste Flughöhe?
c) An welcher Position über dem Gebäude ist die Bahnkurve am steilsten? Wie groß ist dort der Steigungswinkel?
d) Zeichnen Sie den Graphen von f.

23.
Nach dem Aufstieg eines Heißluftballons wird zur Zeit t (in min) die Höhe h(t) bestimmt (rote Tabellenwerte).

t	0	20	50	70	100	120
h(t)	300	(280)	200	(120)	100	(130)

a) Die Höhenfunktion h(t) lässt sich beschreiben durch eine ganzrationale Funktion der Form $h(t) = at^3 + bt^2 + c$.
Bestimmen Sie aus den roten Tabellenwerten die Funktionsgleichung.
b) Bei den schwarzen Tabellenwerten handelt es sich nur um Schätzwerte. Prüfen Sie, ob diese Schätzwerte mit der Flugkurve vereinbar sind.

24.
Eine Talsenke hat die Form einer quadratischen Parabel.
a) Beschreiben Sie den Verlauf der Senke durch eine geeignete quadratische Funktion. Der Punkt $P_2(0|0)$ liegt nicht im Scheitel.
b) 10 m vom rechten Rand der Senke wird ein 50 m hoher Aussichtsturm gebaut. Bis zu welchem Punkt ist die Senke von oben einsehbar?

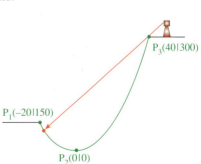

C. Trassierung von Strecken

Die Planung des Verlaufs von Eisenbahnstrecken oder Autobahnen wird als *Trassierung* bezeichnet. Im folgenden wird die Trassierung von Fahrbahnen mit einfachen mathematischen Mitteln modelliert. Zwei parallel verlaufende Trassen sollen durch ein s-förmiges Kurvenstück so verbunden werden, dass ein harmonischer, d. h. ruckfreier Übergang entsteht.

Beispiel: Trassierung eines Gleises

Zwei Gleise h und g verlaufen wie abgebildet im Abstand von 4 LE parallel zueinander. Eine s-förmige Kurve f soll die beiden Gleise auf einer Strecke von 20 LE verbinden. Die Ansatzpunkte sollen möglichst ruckfrei durchfahren werden können. Überprüfen Sie, ob eine Polynomfunktion f dritten Grades hierfür geeignet ist. (1 LE = 10 m)

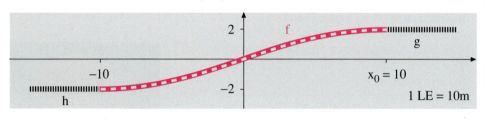

Lösung:
Wir legen das Koordinatensystem zentral in die Mitte der Anordnung. Dann ist die Funktion f punktsymmetrisch zum Ursprung. Sie enthält dann nur Potenzen mit ungeraden Exponenten, sodass der Ansatz lautet. $f(x) = ax^3 + bx$.

Ansatz für die Funktion f:
f ist punktsymm. zum Ursprung:
$f(x) = ax^3 + bx$
$f'(x) = 3ax^2 + b$

Folgende Forderungen muss die Funktion f erfüllen:
An der Anschlussstelle $x_0 = 10$ müssen f und g exakt aneinanderstoßen. Es darf kein gefährlicher Versatz entstehen. Dies führt auf Gleichung I.
An der Anschlussstelle darf auch kein Knick entstehen. Dies führt auf Gleichung II.

Wir erhalten also ein Gleichungssystem mit zwei Gleichungen in zwei Variablen.

Forderungen an f:
Übergang ohne Versatz: $f(x_0) = g(x_0)$
$f(10) = g(10) \Rightarrow$ I: $1000a + 10b = 2$
Übergang ohne Knick: $f'(x_0) = g'(x_0)$
$f'(10) = g'(10) \Rightarrow$ II: $300a + b = 0$

Gleichungssystem:
I: $1000a + 10b = 2$
II: $300a + b = 0$

5. Rekonstruktion und Trassierung

Wir lösen das Gleichungssystem nach dem Additions- oder dem Einsetzungsverfahren und erhalten a = −0,001 und b = 0,3.

Also ist $f(x) = -0{,}001\,x^3 + 0{,}3\,x$ die gesuchte versatz- und knickfreie Trasse.

Lösung des Gleichungssystems:
III = 10 · II − I: $2000\,a = -2 \Rightarrow a = -0{,}001$
in II: $\quad 0{,}3 + b = 0 \Rightarrow b = 0{,}3$

Resultat für die Trasse:
$f(x) = -0{,}001\,x^3 + 0{,}3\,x$

Diese Trasse ist allerdings nicht optimal. Die Funktion f dritten Grades hat bei $x_0 = 10$ ein Maximum. Sie schließt daher zwar versatz- und knickfrei an g an, hat aber dort im Gegensatz zu g eine Krümmung (Bild 1). Stellt man sich einen Radfahrer vor, der die Kurve f befährt, so müsste dieser beim Erreichen der Stelle x_0 den Lenker aus der Kurvenfahrt ruckartig in eine gerade Stellung reißen, um auf die Gerade g einzuschwenken. Man spricht hier von einem *Krümmungsruck*. Mathematisch erkennt man diesen daran, dass $f''(10) = -0{,}6 < 0$ (Rechtskrümmung) gilt, aber $g''(10) = 0$ (keine Krümmung).

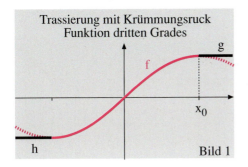

Bild 1 — Trassierung mit Krümmungsruck, Funktion dritten Grades

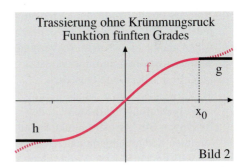

Bild 2 — Trassierung ohne Krümmungsruck, Funktion fünften Grades

Um den Krümmungsruck zu vermeiden, kann man eine Funktion fünften Grades verwenden. Diese kann in der Übergangsstelle $x_0 = 10$ einen Wendepunkt haben, so dass $f''(10) = 0 = g''(10)$ gilt und es nicht zu einem Krümmungsruck kommt (Bild 2, vgl. auch Übung 25).

Man kann zeigen, dass folgendes Kriterium für eine ruckfreie Trassierung gilt:

Trassierungskriterium
Die „ruckfreie" Verbindung zweier Trassen f und g ist möglich, wenn an der Verbindungsstelle x_0 folgende Bedingungen erfüllt sind:

I: $f(x_0) = g(x_0)$ versatzfreier Übergang
II: $f'(x_0) = g'(x_0)$ knickfreier Übergang
III: $f''(x_0) = g''(x_0)$ Übergang ohne Krümmungsruck

Übung 25 Ideale ruckfreie Trassierung

Lösen Sie das Trassierungsproblem aus dem Beispiel oben mit einer Polynomfunktion fünften Grades $f(x) = a\,x^5 + b\,x^3 + c\,x$. Wenden Sie das Trassierungskriterium an.
Kontrollergebnis: $f(x) = 0{,}0000075\,x^5 - 0{,}0025\,x^3 + 0{,}375\,x$

Übungen

26. Radschikane
Für eine Fahrradbahn wird das abgebildete Höhenprofil geplant.
a) Wie könnte die Gleichung der Profilkurve lauten, wenn die Übergangspunkte versatz- und knickfrei sein sollen?
b) Die Bahn soll nirgends steiler als 60° sein. Wird diese Auflage erfüllt?
c) Ist die Funktion $f(x) := \frac{1}{4}x^2 + x - 1$ geeignet, a) und b) zu erfüllen?

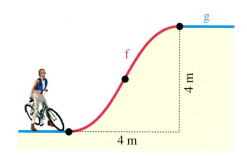

27. Skaterbahn
Die exakt nach Nordosten laufenden geraden Teilstücke g und h der Skaterbahn sollen durch eine Kurve so verbunden werden, dass harmonische versatz- und knickfreie Übergänge entstehen.
a) Verwenden Sie zur Modellierung eine Polynomfunktion dritten Grades.
b) Zeigen Sie, dass die Funktion aus a) einen Krümmungsruck erzeugt.
c) Verwenden Sie zur Vermeidung des Krümmungsrucks eine Funktion fünften Grades.

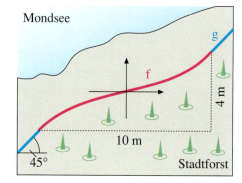

28. Verkehrinsel
Die neue Straße soll über den Punkt P(0|10) um eine kleine Verkehrsinsel herumgeleitet werden. Modellieren Sie den Umleitungsbogen auf drei verschiedenen Arten.
a) mit einer quadratischen Parabel,
b) mit einem Polynom 4. Grades,
c) mit einem Polynom 6. Grades.
Vergleichen Sie die drei Modelle.

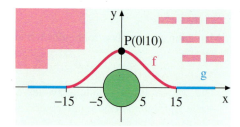

29. Skiloipe
Die beiden geradlinigen Ansatzstücke einer Skiloipe sollen so durch eine Polynomfunktion f verbunden werden, dass das Trassierungskriterium erfüllt ist.
Wo liegen die Wendepunkte der Loipe?
Wie dicht rückt die Loipe an den Fluss heran?

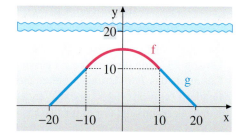

5. Rekonstruktion und Trassierung

30. Radfahrschule
Auf dem Schulhof soll für die Fahrradschulung eine Radspur eingezeichnet werden, die die geraden Zuführungen durch ein quadratisches Polynom verbindet. Die Zuführungen stehen rechtwinklig zueinander.
a) Ist die Kurve versatz- und knickfrei ausführbar?
b) Allgemeine Frage: Kann eine Bahn mit der Gleichung $f(x) = x^2$ an einer geradlinigen Ausfahrt krümmungsruckfrei verlassen werden?

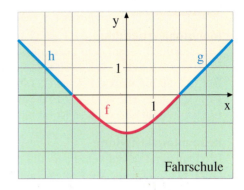

31. Ableitungsfunktionen von Trassen
Zwei parallele Gleise g und h werden durch die Funktionen $f_1(x) := -\frac{1}{2}x^3 + \frac{3}{2}x$ bzw. $f_2(x) := \frac{3}{8}x^5 - \frac{5}{4}x^3 + \frac{15}{8}x$ verbunden.
a) Rechts sind die Trassierung mit f_1 und den geraden Ansatzstücken g und h sowie die zugehörigen Ableitungsfunktionen f_1', g' und h' sowie f_1'', g'' und h'' dargestellt. Interpretieren Sie deren Verlauf mit Bezug auf das Trassierungskriterium.
b) Fertigen Sie entsprechende Zeichnungen für die Trassierung mittels f_2, g und h an und interpretieren Sie diese Bilder analog. Worin liegt der wesentliche Unterschied?

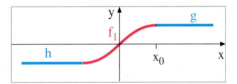
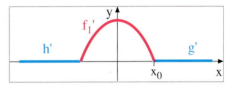
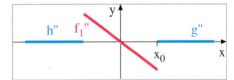

32. Ableitungen bei Trassen
Zwei Normalparabeln werden zur Ausbildung einer Schikane an der neuen Rennstrecke wie abgebildet zusammengeführt.
Elisabeth meint: „Die drei Übergangspunkte sind nicht optimal ausgebildet."
Felix entgegnet: „Das spielt in der Praxis keine Rolle".
Wer hat recht?

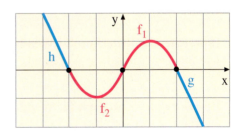

Überblick

Monotoniekriterium:
Die Funktion f sei auf dem Intervall I differenzierbar. Dann gilt:
Ist $f'(x) > 0$ für alle $x \in I$, so ist $f(x)$ streng monoton steigend auf I.
Ist $f'(x) < 0$ für alle $x \in I$, so ist $f(x)$ streng monoton fallend auf I.
Ist $f'(x) \geq 0$ für alle $x \in I$, so ist $f(x)$ monoton steigend auf I.
Ist $f'(x) \leq 0$ für alle $x \in I$, so ist $f(x)$ monoton fallend auf I.

Krümmungskriterium:
Die Funktion f sei auf dem Intervall I zweimal differenzierbar. Dann gilt:
Gilt $f''(x) < 0$ für alle $x \in I$, so ist f auf I rechtsgekrümmt.
Gilt $f''(x) > 0$ für alle $x \in I$, so ist f auf I linksgekrümmt.

Notwendiges Kriterium für lokale Extrema:
Die Funktion f sei an der Stelle x_E differenzierbar. Dann gilt:
Wenn bei x_E ein lokales Extremum von f liegt, dann ist $f'(x_E) = 0$.

Hinreichendes Kriterium für lokale Extrema (f''-Kriterium):
Die Funktion f sei in einer Umgebung von x_E zweimal differenzierbar. Dann gilt:
Gilt $f'(x_E) = 0$ und $f''(x_E) < 0$, so liegt an der Stelle x_E ein lokales Maximum von f.
Gilt $f'(x_E) = 0$ und $f''(x_E) > 0$, so liegt an der Stelle x_E ein lokales Minimum von f.

Hinreichendes Kriterium für lokale Extrema (Vorzeichenwechselkriterium):
Die Funktion f sei in einer Umgebung von x_E differenzierbar und es sei $f'(x_E) = 0$.
Wenn dann die Ableitung f' an der Stelle x_E einen Vorzeichenwechsel von + nach – hat, so liegt an der Stelle x_E ein lokales Maximum von f.
Hat f' an der Stelle x_E einen Vorzeichenwechsel von – nach +, so liegt an der Stelle x_E ein lokales Minimum von f.
Hat f' an der Stelle x_E keinen Vorzeichenwechsel, so liegt an der Stelle x_E ein Sattelpunkt von f.

Notwendiges Kriterium für Wendepunkte:
Die Funktion f sei an der Stelle x_W zweimal differenzierbar. Dann gilt:
Wenn bei x_W ein Wendepunkt von f liegt, dann ist $f''(x_W) = 0$.

Hinreichendes Kriterium für Wendepunkte (f'''-Kriterium):
Die Funktion f sei in einer Umgebung von x_W dreimal differenzierbar. Dann gilt:
Gilt $f''(x_W) = 0$ und $f'''(x_W) \neq 0$, so liegt an der Stelle x_W ein Wendepunkt von f.

Hinreichendes Kriterium für Wendepunkte (Vorzeichenwechselkriterium):
Die Funktion f sei in einer Umgebung von x_W zweimal differenzierbar und es sei $f''(x_W) = 0$.
Wenn dann die zweite Ableitung f'' an der Stelle x_W einen Vorzeichenwechsel hat, so liegt dort eine Wendestelle von f.

Tangente an f in $P(x_0 | f(x_0))$: $\quad t(x) = f'(x_0) \cdot (x - x_0) + f(x_0)$
Normale an f in $P(x_0 | f(x_0))$: $\quad n(x) = -\frac{1}{f'(x_0)} \cdot (x - x_0) + f(x_0)$

I. Kurvenuntersuchungen

Stetigkeit/Differenzierbarkeit

Stetigkeit an einer Stelle:
Die Funktion f heißt stetig an der Stelle x_0, wenn folgende Bedingungen erfüllt sind:
(1) $f(x_0)$ existiert,
(2) $\lim\limits_{x \to x_0} f(x_0)$ existiert,
(3) $\lim\limits_{x \to x_0} f(x_0) = f(x_0)$.

Intervallstetigkeit:
Die Funktion f heißt stetig auf dem Intervall $[a;b]$, wenn f an jeder inneren Stelle des Intervalls stetig sowie bei a rechtsseitig und bei linksseitig stetig ist.
Rechtsseitige bzw. linksseitige Stetigkeit an der Stelle x_0 liegt vor, wenn dort die Stetigkeitsdefinition mit dem rechts- bzw. dem linksseitigen Grenzwert erfüllt ist.

Stetigkeit und Differenzierbarkeit:
(1) Ist die Funktion f an der Stelle x_0 differenzierbar, so ist sie dort auch stetig.
(2) Ist die Funktion f an der Stelle x_0 stetig, so muss sie dort nicht differenzierbar sein.

Rekonstruktion von Funktionen:
Vorgehensweise:

1. Allgemeiner Ansatz:
Für die gesuchte Funktion wird als Ansatz eine allgemeine Funktionsgleichung verwendet, die variierbare Parameter enthält.

2. Eigenschaften der Funktion:
Die in der Problemstellung geforderten Eigenschaften der gesuchten Funktion werden auf die allgemeine Ansatzgleichung angewendet. Auf diese Weise ergibt sich ein Gleichungssystem für die variierbaren Parameter.

3. Lösen des Gleichungssystems:
Das entstandene Gleichungssystem wird gelöst. Die sich ergebenden Parameterwerte werden in die allgemeine Ansatzgleichung eingesetzt. Als Resultat ergibt sich die Gleichung der gesuchten Funktion.

Trassierungskriterium:
Die „ruckfreie" Verbindung zweier Trassen f und g ist möglich, wenn an der Verbindungsstelle x_0 folgende Bedingungen erfüllt sind:

I: $f(x_0) = g(x_0)$ versatzfreier Übergang
II: $f'(x_0) = g'(x_0)$ knickfreier Übergang
III: $f''(x_0) = g''(x_0)$ Übergang ohne Krümmungsruck

Test

Kurvenuntersuchungen

1. Untersuchen Sie anhand einer Zeichnung, in welchen Bereichen die Funktion $f(x) = -x^3 + 3x^2$ streng monoton steigend bzw. fallend ist.

2. Untersuchen Sie, in welchem Bereich die Funktion $f(x) = -x^3 + 3x$ rechtsgekrümmt ist.

3. Nennen Sie ein hinreichendes Kriterium für die Existenz
   a) eines Hochpunktes,
   b) eines Wendepunktes.

4. Diskutieren Sie die Funktion $f(x) = x^3 - 6x^2 + 9x$ (Symmetrie, Nullstellen, Extrema, Wendepunkte) und zeichnen Sie den Graphen in einem geeigneten Intervall.

5. **Durchflussmenge**
   Ein Fluss verändert seine Durchflussmenge (in m³/min) in den ersten 20 Minuten nach dem Anbruch eines Unwetters nach der Formel $D(t) = -\frac{1}{5}t^3 + 5t^2 + 100$ (t in min, D in m³).

   a) Stellen Sie eine Wertetabelle auf.
   b) Skizzieren Sie den Graphen von D ($0 \leq t \leq 20$).
   c) Wann ist die Durchflussmenge am größten, wie groß ist sie dann?
   d) Wann ändert sich die Durchflussmenge am stärksten, wie stark ist sie dann?
   e) Beim Erreichen einer Durchflussmenge von 300 m³/min wird Alarm gegeben. Wann ist das der Fall? Lösen Sie das Problem durch eine Näherung.

6. Eine ganzrationale Funktion dritten Grades hat in P(1|6) eine Tangente, die parallel zur x-Achse verläuft, und in Q(0|4) einen Wendepunkt.
   Bestimmen Sie die Funktionsgleichung.

7. Der Graph einer ganzrationalen Funktion vierten Grades ist achsensymmetrisch zur y-Achse und hat im Wendepunkt $W\left(1 \middle| -\frac{1}{2}\right)$ die Steigung -4.
   Bestimmen Sie die Funktionsgleichung.

Lösungen unter 086-1

II. Einführung in die Integralrechnung

Die Möndchen des Hippokrates

Schon vor über 2000 Jahren versuchten die Mathematiker des Altertums, die Inhalte krummlinig begrenzter Flächen und Körper zu bestimmen.
Dem griechischen Gelehrten und Naturforscher Hippokrates von Chios gelang um 450 v. Chr. die exakte Berechnung der Inhalte verschiedener mondsichelförmiger Figuren.
Eine solche Berechnung werden wir nun nachvollziehen, um uns einen Eindruck vom Stand des damaligen Wissens zu verschaffen, als die Kreiszahl π noch unbekannt war.

Hippokrates lebte auf der griechischen Mittelmeerinsel Chios. Er betrieb seine Studien in Athen und auf zahlreichen Reisen. Er gilt als der bedeutendste Mathematiker seines Jahrhunderts

Hippokrates' Problem war die Berechnung des Flächeninhalts der rechts abgebildeten Mondsichel. Diese Figur wird durch zwei Kreise mit den Mittelpunkten M_1 und M_2 und den Radien $r_1 = a$ und $r_2 = a\sqrt{2}$ begrenzt.
Hippokrates konnte beweisen, dass die gelbe Sichelfläche ebenso groß ist wie die Fläche des gelben Quadrats, d. h. a^2.

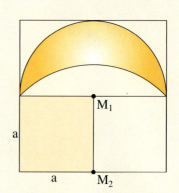

Sein Gedankengang geht aus der zweiten Abbildung hervor:

Die Viertelkreise AM_2B und AM_1C sind ähnliche Figuren. Da ihre Radien sich wie $\sqrt{2}$ zu 1 verhalten, stehen ihre Flächeninhalte im Verhältnis 2 zu 1.
Das gleiche Verhältnis gilt daher für die Flächeninhalte ihrer Segmente Y und X, d. h. $Y = 2X$.
Die Sichelfläche $Z + X + X$ lässt sich also durch $Z + Y$ ausdrücken.
Dies ist aber gerade der Inhalt des Dreiecks ABC, der a^2 beträgt (Grundlinienlänge $2a$, Höhe a).
Damit ist die überzeugende Beweisführung des Hippokrates abgeschlossen.

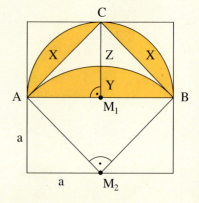

Die Möndchen des Hippokrates

Übungen

Kreisflächen und Möndchenflächen

Übung 1
Berechnen Sie die Flächeninhalte der beiden Figuren innerhalb der Quadrate, die durch Halbkreise bzw. Viertelkreise begrenzt sind.

Übung 2
Ein Quadrat sei von einem blauen Kreis umschrieben. Über den Quadratseiten seien schwarze Halbkreise errichtet. Zeigen Sie: Die gelb markierten Sichelflächen besitzen insgesamt den gleichen Inhalt wie die Quadratfläche.

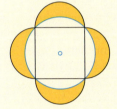

Übung 3
Zeigen Sie, dass die große Sichel A_1 den gleichen Inhalt hat wie die beiden kleinen Sicheln A_2 and A_3 zusammen. Die Begrenzungsbögen der Sicheln seien auch hier jeweils Kreisbögen.

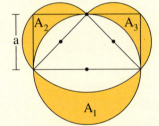

Übung 4
Durch den Thaleskreis zum rechtwinkligen Dreieck ABC und die beiden Halbkreise über den Seiten a und b werden zwei Möndchen begrenzt. Zeigen Sie, dass die beiden Möndchen zusammen den gleichen Inhalt besitzen wie das Dreieck.

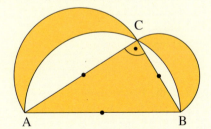

Übung 5
Der Punkt X liege irgendwo auf dem Durchmesser des blauen Halbkreises und teile diesen in a und b. Die blaue Fläche wurde von Archimedes als *Arbelos* bezeichnet. Zeigen Sie, dass sie den gleichen Inhalt wie ein Kreis mit dem Durchmesser c hat.

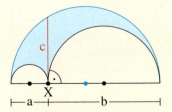

Hinweis: Die Flächenformel für den Kreis, der Satz des Thales und der Höhensatz können verwendet werden.

1. Die Streifenmethode des Archimedes

A. Die Grundidee

Der bedeutendste Mathematiker der Antike war *Archimedes von Syrakus*, der 287 v. Chr. bis 212 v. Chr. lebte. Ihm gelang die exakte Bestimmung des Flächeninhalts eines Parabelsegments. Damit war er seiner Zeit um 2000 Jahre voraus, denn erst um 1630 wurden seine Theorien durch Cavalieri sowie später durch Newton und Leibniz fortgesetzt (um 1670) und weiterentwickelt, sodass Differential- und *Integralrechnung* entstanden, mathematische Grundpfeiler der modernen Naturwissenschaften.

Das Flächenberechnungsverfahren des Archimedes ist auch heute noch von zentraler Bedeutung für das Verständnis der Integralrechnung. Daher versuchen wir nun, die Grundidee des Archimedes nachzuvollziehen, die *Streifenmethode*.

Archimedes – Sohn des Astronomen Pheidias – lebte in Syrakus. Er bestimmte den Kreisumfang und die Kreiszahl Pi, berechnete Volumen und Oberfläche der Kugel, baute Brennspiegel, Wurfmaschinen und die archimedische Schraube und entdeckte die Gesetze des Hebels, des Schwerpunktes, des Auftriebes und der geneigten Ebene.
Im Zweiten Punischen Krieg wurde er von römischen Legionären getötet, die Syrakus eroberten. Seine letzten Worte sollen gelautet haben: „Noli turbare circulos meos!" (Störe meine Kreise nicht!)

> **Beispiel:** Der Flächeninhalt A des abgebildeten Parabelsegments, welches zwischen dem Graphen der Funktion $f(x) = x^2$ und der x-Achse über dem Intervall [0 ; 1] liegt, soll näherungsweise bestimmt werden.

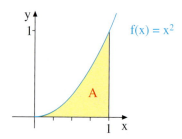

Einschachtelung durch Rechteckstreifen:

Lösung:
Wir unterteilen die Fläche in eine Anzahl von vertikalen Streifen. Die Fläche eines jeden solchen Streifens lässt sich durch zwei Rechtecke einschachteln.

So ergibt sich z. B. bei einer Einteilung in 4 Streifen eine untere Abschätzung von A durch die Inhaltssumme der ganz unter der Kurve liegenden Rechtecke (*Untersumme* U_4) sowie eine obere Abschätzung durch die Summe der Inhalte der über die Kurve hinausragenden Rechtecke (*Obersumme* O_4).   090-1

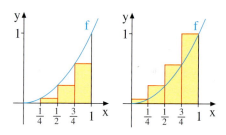

Untersumme $U_4 \leq A \leq$ Obersumme O_4

1. Die Streifenmethode des Archimedes

Alle Rechteckstreifen besitzen die Breite $\frac{1}{4}$, während ihre Höhen Funktionswerte der Funktion $f(x) = x^2$ an den Stellen $0, \frac{1}{4}, \frac{2}{4}, \frac{3}{4}, 1$ sind, also
$0^2, \left(\frac{1}{4}\right)^2, \left(\frac{2}{4}\right)^2, \left(\frac{3}{4}\right)^2$ und 1^2.

$$U_4 = \tfrac{1}{4} \cdot \left[0^2 + \left(\tfrac{1}{4}\right)^2 + \left(\tfrac{2}{4}\right)^2 + \left(\tfrac{3}{4}\right)^2\right] = \tfrac{14}{64}$$

$$O_4 = \tfrac{1}{4} \cdot \left[\left(\tfrac{1}{4}\right)^2 + \left(\tfrac{2}{4}\right)^2 + \left(\tfrac{3}{4}\right)^2 + 1^2\right] = \tfrac{30}{64}$$

Damit kann man U_4 und O_4 wie rechts dargestellt berechnen und erhält eine Einschachtelung des gesuchten Flächeninhalts A, die leider noch nicht sehr genau ist.

$$\tfrac{14}{64} \leq A \leq \tfrac{30}{64}$$

$$0{,}21 \leq A \leq 0{,}47$$

Um eine größere Genauigkeit zu erzielen, kann man die Anzahl der Streifen erhöhen. Geht man z. B. auf 8 Streifen, so erhält man die nebenstehende Figur (Untersumme U_8 kräftig gelb, Obersumme O_8 schwach gelb).

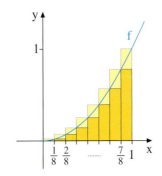

Die Berechnung der Rechtecksummen ergibt für den Flächeninhalt A die Abschätzung $0{,}27 \leq A \leq 0{,}40$, die schon genauer ist.

$$U_8 = \tfrac{1}{8} \cdot \left[0^2 + \left(\tfrac{1}{8}\right)^2 + \left(\tfrac{2}{8}\right)^2 + \ldots + \left(\tfrac{7}{8}\right)^2\right] = \tfrac{35}{128}$$

$$O_8 = \tfrac{1}{8} \cdot \left[\left(\tfrac{1}{8}\right)^2 + \left(\tfrac{2}{8}\right)^2 + \ldots + \left(\tfrac{7}{8}\right)^2 + 1^2\right] = \tfrac{51}{128}$$

$$\tfrac{35}{128} \leq A \leq \tfrac{51}{128}$$

$$0{,}27 \leq A \leq 0{,}40$$

Weitere Rechnungen mit noch kleineren Streifenbreiten führen auf die nebenstehende Tabelle, aus der auch ersichtlich ist, dass die Differenz aus Obersumme und Untersumme mit zunehmender Streifenzahl kleiner wird, sodass der gesuchte Inhalt A immer genauer approximiert wird. Bei 256 Streifen erhält man $A \approx 0{,}33$ auf 2 Nachkommastellen genau. Allerdings ist der Rechenaufwand dann schon extrem hoch, sodass ein Computer eingesetzt werden muss.

Interessant: Das arithmetische Mittel von U_n und O_n liefert schon ab $n = 4$ einen ziemlich guten Schätzwert, nämlich $0{,}345$.

n	U_n	O_n	$O_n - U_n$
4	0,21	0,47	0,25
8	0,27	0,40	0,13
16	0,30	0,37	0,07
32	0,32	0,35	0,03
64	0,325	0,341	0,016
128	0,329	0,337	0,008
256	0,331	0,335	0,004

$$A \approx 0{,}33$$

Übung 1
Rechnen Sie das Tabellenergebnis für die Untersumme U_{16} und für die Obersumme O_{16} mithilfe Ihres Taschenrechners nach.

B. Die exakte Berechnung des Parabelsegmentes

Archimedes gab sich mit der näherungsweisen Berechnung des Inhalts des Parabelsegmentes nicht zufrieden. Ihm gelang die exakte Inhaltsbestimmung. Dazu teilte er das Intervall [0 ; 1] in n Streifen der Breite $\frac{1}{n}$.

Für diese allgemeine Unterteilung berechnete er die Untersumme U_n und die Obersumme O_n. Dies gelang ihm durch Anwendung der Formel für die Summe der ersten m Quadratzahlen: $1^2 + 2^2 + \ldots + m^2 = \frac{1}{6} \cdot m \cdot (m+1) \cdot (2m+1)$. Diese Formel war damals bereits bekannt.

Die Rechnung für U_n und O_n verläuft analog zur Berechnung von U_8 und O_8 auf der vorigen Seite und lautet folgendermaßen:

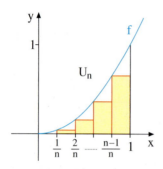

Berechnung von U_n und O_n:

$$U_n = \frac{1}{n} \cdot \left[0^2 + \left(\frac{1}{n}\right)^2 + \left(\frac{2}{n}\right)^2 + \ldots + \left(\frac{n-1}{n}\right)^2 \right]$$

$$= \frac{1}{n} \cdot \left[0^2 + \frac{1^2}{n^2} + \frac{2^2}{n^2} + \ldots + \frac{(n-1)^2}{n^2} \right]$$

$$= \frac{1}{n^3} \cdot \left[0^2 + 1^2 + 2^2 + \ldots + (n-1)^2 \right]$$

$$= \frac{1}{n^3} \cdot \frac{1}{6} \cdot (n-1) \cdot n \cdot (2n-1)$$

$$= \frac{1}{6} \cdot \frac{n-1}{n} \cdot \frac{n}{n} \cdot \frac{2n-1}{n}$$

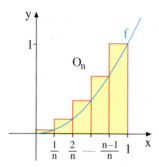

$$O_n = \frac{1}{n} \cdot \left[\left(\frac{1}{n}\right)^2 + \left(\frac{2}{n}\right)^2 + \ldots + \left(\frac{n-1}{n}\right)^2 + 1^2 \right]$$

$$= \frac{1}{n^3} \cdot \left[1^2 + 2^2 + \ldots + (n-1)^2 + n^2 \right]$$

$$= \frac{1}{n^3} \cdot \frac{1}{6} \cdot n \cdot (n+1) \cdot (2n+1)$$

$$= \frac{1}{6} \cdot \frac{n}{n} \cdot \frac{n+1}{n} \cdot \frac{2n+1}{n}$$

Grenzwertbildung:

$$\lim_{n\to\infty} U_n = \lim_{n\to\infty} \left(\frac{1}{6} \cdot \frac{n-1}{n} \cdot \frac{n}{n} \cdot \frac{2n-1}{n} \right)$$

$$= \frac{1}{6} \cdot 1 \cdot 1 \cdot 2 = \frac{1}{3}$$

$$\lim_{n\to\infty} O_n = \lim_{n\to\infty} \left(\frac{1}{6} \cdot \frac{n}{n} \cdot \frac{n+1}{n} \cdot \frac{2n+1}{n} \right)$$

$$= \frac{1}{6} \cdot 1 \cdot 1 \cdot 2 = \frac{1}{3}$$

Nun ließ Archimedes in Gedanken die Anzahl der Streifen immer weiter anwachsen. Er bildete also den Grenzwert für $n \to \infty$ und stellte fest, dass dabei sowohl die Untersumme U_n als auch die Obersumme O_n auf den Grenzwert $\frac{1}{3}$ zustreben.

Da A für jedes n zwischen U_n und O_n liegt, muss $A = \frac{1}{3}$ gelten.

Damit war Archimedes die exakte Bestimmung des Inhaltes A tatsächlich gelungen.

Wegen $U_n \leq A \leq O_n$ $(n \in \mathbb{N})$

gilt $\lim_{n\to\infty} U_n \leq A \leq \lim_{n\to\infty} O_n$.

Also: $\frac{1}{3} \leq A \leq \frac{1}{3}$

Ergebnis: $A = \frac{1}{3}$

Übungen

Archimedische Streifenmethode

2. Gegeben sei der abgebildete Funktionsgraph, der für das Intervall [0 ; 2] definiert ist. Teilen Sie das Intervall in 4 gleiche Teile und zeichnen Sie die zur Untersumme U_4 und zur Obersumme O_4 gehörenden Treppenkurven ein.

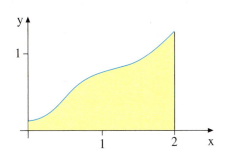

3. Berechnen Sie U_4 und O_4 sowie U_8 und O_8 für die angegebene Funktion f über dem Intervall I.

   a) $f(x) = x + 1$, $\quad I = [0 ; 1]$
   b) $f(x) = 2 - x$, $\quad I = [0 ; 2]$
   c) $f(x) = \frac{1}{2}x^2$, $\quad I = [0 ; 1]$
   d) $f(x) = x^2$, $\qquad I = [1 ; 2]$
   e) $f(x) = 2x^2 + 1$, $\quad I = [0 ; 2]$
   f) $f(x) = x^4$, $\qquad I = [0 ; 2]$

4. Berechnen Sie U_n und O_n für die Funktion f über dem Intervall I. Welcher Grenzwert ergibt sich jeweils für $n \to \infty$?

   a) $f(x) = x + 1$, $\quad I = [0 ; 1]$
   b) $f(x) = 2 - x$, $\quad I = [0 ; 2]$
   c) $f(x) = x^2$, $\qquad I = [0 ; 10]$
   d) $f(x) = 2x^2 + x$, $\quad I = [0 ; 1]$

   Benötigte Summenformeln: $1 + 2 + \ldots + n = \frac{n(n+1)}{2}$, $\quad 1^2 + 2^2 + \ldots + n^2 = \frac{n(n+1)(2n+1)}{6}$

5. Gesucht ist der Inhalt A der Fläche zwischen dem Graphen von $f(x) = x^3$ und der x-Achse über dem Intervall [0 ; 1].
   Gehen Sie analog zum archimedischen Beispiel $f(x) = x^2$ (S. 92) vor.

   Benötigte Summenformel: $1^3 + 2^3 + \ldots + n^3 = \frac{n^2(n+1)^2}{4}$

6. Archimedes verwendete keine Rechteckstreifen, sondern in natürlicher Weise Trapezstreifen (siehe Abb.). Berechnen Sie die Trapezstreifensumme T_4 der Funktion $f(x) = x^2$ über dem Intervall [0 ; 1].
   Wie groß ist die Differenz zwischen dem exakten Inhalt A and T_4?
   Vergleichen Sie mit den Rechtecksummen U_4 und O_4.
   Welchen Nachteil haben Trapezstreifen gegenüber Rechteckstreifen?

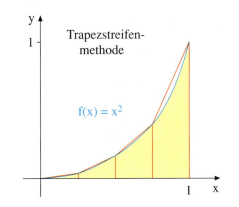

C. Vereinfachte Bestimmung von Flächeninhaltsfunktionen

Stellen wir einige der in den vorhergehenden Beispielen und Übungen betrachteten Funktionen f mit ihren Flächeninhaltsfunktionen A_0 in einer Tabelle zusammen, so ist ein sehr einfacher Zusammenhang zu erkennen:

Randfunktion f	Flächeninhaltsfunktion A_0
$f(x) = \frac{1}{3}x$	$A_0(x) = \frac{1}{6}x^2$
$f(x) = x$	$A_0(x) = \frac{1}{2}x^2$
$f(x) = 2$	$A_0(x) = 2x$
$f(x) = x + 2$	$A_0(x) = \frac{1}{2}x^2 + 2x$
$f(x) = x^2$	$A_0(x) = \frac{1}{3}x^3$

Differenziert man die Flächeninhaltsfunktion A_0 von f, so erhält man als Resultat die Randfunktion f.
Man kann beweisen, dass dies stets der Fall ist. Wir werden dies im Abschnitt D nachholen.

Der gefundene Zusammenhang zwischen A_0 und f vereinfacht die Bestimmung von Flächeninhaltsfunktionen enorm.

$$A_0'(x) = f(x)$$

▶ **Beispiel:** Bestimmen Sie die Flächeninhaltsfunktion zur unteren Grenze 0 von $f(x) = x^3$ und berechnen Sie anschließend den Inhalt der Fläche zwischen dem Graphen von f und der x-Achse über dem Intervall [0 ; 2].

Lösung:
Wegen des oben registrierten Zusammenhangs suchen wir also eine Funktion A_0, deren Ableitung die gegebene Funktion $f(x) = x^3$ ist.
Mit etwas Überlegung erkennt man, dass $A_0(x) = \frac{1}{4}x^4 + C$ gelten muss, wobei C eine Konstante ist. Da die Flächenzählung an der unteren Grenze 0 beginnen soll, muss $A_0(0) = 0$ gelten, woraus $C = 0$ folgt.
Resultat: $A_0(x) = \frac{1}{4}x^4$ ist die Gleichung der gesuchten Flächeninhaltsfunktion von $f(x) = x^3$ zur unteren Grenze 0.
Die Fläche über dem Intervall [0 ; 2] hat
▶ folglich den Inhalt $A_0(2) = 4$.

1. Flächeninhaltsfunktion

$f(x) = x^3$
$A_0'(x) = x^3$
$A_0(x) = \frac{1}{4}x^4 + C$

Bedingung: $A_0(0) = 0 \Rightarrow C = 0$
Resultat: $A_0(x) = \frac{1}{4}x^4$

2. Inhalt der Fläche über [0 ; 2]

$A_0(2) = \frac{1}{4} 2^4 = 4$

Übung 4
Bestimmen Sie die Flächeninhaltsfunktion von f zur unteren Grenze 0.
 a) $f(x) = x + 1$ b) $f(x) = x^2 + 2x + 3$ c) $f(x) = 2x^3 + 4x + 1$ d) $f(x) = ax^2$, $a > 0$

2. Die Flächeninhaltsfunktion

D. Exkurs: Beweis des Hauptsatzes über Flächeninhaltsfunktionen

Wir werden nun den auf der vorhergehenden Seite gefundenen Zusammenhang zwischen einer Funktion f und ihrer Flächeninhaltsfunktion A_0 zur unteren Grenze 0 beweisen.

> **Satz II.1: Hauptsatz über Flächeninhaltsfunktionen**
> f sei eine nicht negative, differenzierbare Funktion. A_0 sei die Flächeninhaltsfunktion von f zur unteren Grenze 0. Dann gilt:
> (I) $A_0'(x) = f(x)$ (II) $A_0(0) = 0$

Beweis:*
Wir berechnen $A_0'(x)$ mithilfe des Differentialquotienten:
$$A_0'(x) = \lim_{h \to 0} \frac{A_0(x+h) - A_0(x)}{h}.$$
Der Term $A_0(x+h) - A_0(x)$ stellt anschaulich gesehen den Inhalt der gelben Fläche unter f über dem Intervall $[x; x+h]$ dar.

Eine differenzierbare Funktion besitzt über einem abgeschlossenen Intervall, also auch über $[x; x+h]$, stets ein absolutes Minimum *min* sowie ein absolutes Maximum *max*.

Die gelbe Fläche lässt sich daher durch zwei rechteckige archimedische Streifen der Breite h und der Höhe *min* bzw. *max* einschachteln, sodass sich für den Zählerterm $A_0(x+h) - A_0(x)$ die Einschachtelung (1) ergibt.

Division durch h liefert daraus eine entsprechende Einschachtelung (2) für den gesamten Differenzenquotienten.

Führen wir nun den Übergang $h \to 0$ durch, so strebt der in der Mitte stehende Differenzenquotient gegen $A_0'(x)$, während die beiden archimedischen Streifen immer dünner werden. Dabei nähern sich ihre Höhen *min* and *max* immer stärker an und fallen schließlich zu einem terminalen Strich der Höhe f(x) zusammen, sodass sich (3) ergibt, woraus dann sofort der Zusammenhang $A_0'(x) = f(x)$ folgt.

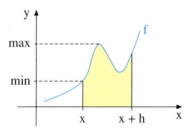

Einschachtelung durch Streifen:

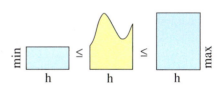

(1) $h \cdot min \leq A_0(x+h) - A_0(x) \leq h \cdot max$

Division durch h > 0:

(2) $min \leq \frac{A_0(x+h) - A_0(x)}{h} \leq max$

Grenzübergang $h \to 0$:

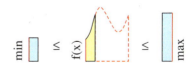

(2) $min \leq \frac{A_0(x+h) - A_0(x)}{h} \leq max$
$\quad\;\downarrow \qquad\qquad \downarrow \qquad\qquad \downarrow$
(3) $f(x) \leq \qquad A_0'(x) \qquad \leq f(x)$

Folgerung: $A_0'(x) = f(x)$

---
* Die Betrachtung erfolgt für h > 0. Der Fall h < 0 verläuft analog.
Aussage (II) ist klar, da die Fläche $A_0(x)$ bei $x = 0$ beginnt, sodass $A_0(0) = 0$ gilt.

E. Einfache Flächenberechnungen

Die folgenden Beispiele sollen als erste Musteraufgaben für die Bestimmung von Flächeninhalten mithilfe der Flächeninhaltsfunktion dienen.

▶ **Beispiel:** Gesucht ist der Inhalt A der rechts abgebildeten Fläche unter dem Graphen von $f(x) = \frac{1}{2}x^2 + 1$ über dem Intervall [0 ; 2].

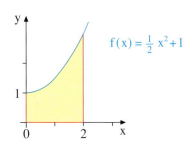

Lösung:
Es handelt sich hier um den Standardaufgabentyp, bei dem die Fläche bei $x = 0$ beginnt. Durch Einsetzen in die Flächeninhaltsfunktion zur unteren Grenze 0 ergibt
▶ sich als Resultat: $A = A_0(2) = 3\frac{1}{3}$.

$A_0(x) = \frac{1}{6}x^3 + x$
$A = A_0(2) = 3\frac{1}{3}$

▶ **Beispiel:** Bestimmen Sie den Inhalt A der dargestellten Fläche zwischen dem Graphen von $f(x) = \frac{1}{2}x^2 - 2x + 3$ und der x-Achse über dem Intervall [1 ; 3].

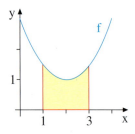

Lösung:
Die Gleichung der Flächeninhaltsfunktion lautet hier $A_0(x) = \frac{1}{6}x^3 - x^2 + 3x$.
Die Fläche beginnt leider nicht bei 0, sodass zunächst die Flächeninhaltsfunktion A_0 zur unteren Grenze 0 nicht verwendet werden kann.

$f(x) = \frac{1}{2}x^2 - 2x + 3$
$A_0(x) = \frac{1}{6}x^3 - x^2 + 3x$

Allerdings hilft uns hier ein kleiner Trick weiter:
Wir können nämlich die Fläche über dem Intervall [1 ; 3] als Differenz zweier Flächen auffassen, die beide bei der unteren Grenze 0 beginnen, und zwar als Differenz der Fläche über dem Intervall [0 ; 3] und der Fläche über dem Intervall [0 ; 1].

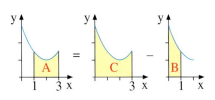

Deren Flächeninhalte B und C können mithilfe von A_0 bestimmt werden.

$C = A_0(3) = \frac{27}{6}$
$B = A_0(1) = \frac{13}{6}$

▶ $A = C - B = A_0(3) - A_0(1) = 2\frac{1}{3}$ ● 098-1

$A = C - B = \frac{14}{6} = 2\frac{1}{3}$

Übungen

5. Flächeninhaltsfunktion einer Geraden
   a) Wie lautet die Gleichung der Geraden f?
   b) Wie lautet die Gleichung der Flächeninhaltsfunktion A_0 der Funktion f zur unteren Grenze 0?

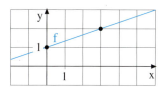

6. Nachweis für Flächeninhaltsfunktionen
Wenn $A_0'(x) = f(x)$ gilt sowie $A_0(0) = 0$, dann ist A_0 Flächeninhaltsfunktion von f zur unteren Grenze 0. Weisen Sie auf diese Weise für die folgenden Fälle nach, dass A_0 Flächeninhaltsfunktion von f ist.
   a) $f(x) = 3$; $A_0(x) = 3x$
   b) $f(x) = 3x$; $A_0(x) = \frac{3}{2}x^2$
   c) $f(x) = 2x + 2$; $A_0(x) = x^2 + 2x$
   d) $f(x) = 4x^3 + x$; $A_0(x) = x^4 + \frac{1}{2}x^2$

7. Bestimmung der Flächeninhaltsfunktion
Bestimmen Sie die Flächeninhaltsfunktion von f zur unteren Grenze 0.
   a) $f(x) = 4$
   b) $f(x) = x$
   c) $f(x) = 3x + 1$
   d) $f(x) = 3x^2$
   e) $f(x) = \frac{1}{2}x^2$
   f) $f(x) = x^3 + 2x$

8. Flächenberechnungen
Gesucht ist der Inhalt der markierten Fläche A. Bestimmen Sie zunächst eine Flächeninhaltsfunktion von f zur unteren Grenze 0.

a)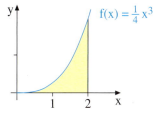

b)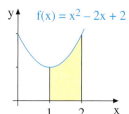

9. Fläche zwischen Kurve und x-Achse
Gesucht ist der Inhalt der Fläche zwischen dem Graphen von f und der x-Achse über dem Intervall I. Fertigen Sie eine Skizze an.
   a) $f(x) = x + 3$, $I = [0; 4]$
   b) $f(x) = 2x^2 + 1$, $I = [1; 2]$
   c) $f(x) = (2 - x)^2$, $I = [1; 3]$

10. Bushaltestelle
Der Rand des Daches hat die Form einer quadratischen Parabel, d. h. $f(x) = ax^2 + bx + c$.
Ermitteln Sie zunächst die Koeffizienten des Dachprofils. Bestimmen Sie dann das Volumen des Häuschens.

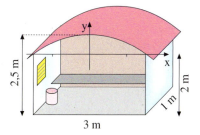

F. Exkurs: Anwendungen

Wir sind nun in der Lage, Anwendungsaufgaben mit Flächenproblematik zu lösen.

> **Beispiel: Stadtmauer**
> Das Tor in der Stadtmauer soll ein Holztor erhalten. Der Torbogen kann durch die quadratische Parabel $f(x) = -x^2 + 4$ modelliert werden. Wie viel Holz wird benötigt?

Lösung:
Zeichnen wir die Torparabel, so erkennen wir, dass jede Torhälfte an der Basis 2 m breit ist.
Wir können also den Inhalt der Fläche unter dem Graphen von f über dem Intervall [0; 2] berechnen und verdoppeln, um den Holzbedarf zu bestimmen.

Dazu bestimmen wir zunächst die Flächeninhaltsfunktion A_0 von f zur unteren Grenze 0. Sie lautet $A_0(x) = -\frac{1}{3}x^3 + 4x$.

Durch Einsetzen von $x = 2$ erhalten wir den Inhalt des halben Tores: $A_0(2) = \frac{16}{3}$.
Der Holzbedarf beträgt das Doppelte, also
▶ ca. 10,67 m².

1. Zeichnung:

2. Flächeninhaltsfunktion:
$f(x) = -x^2 + 4$
$A_0(x) = -\frac{1}{3}x^3 + 4x$

3. Flächenberechnung:
$A_0(2) = -\frac{8}{3} + 8 = \frac{16}{3}$

4. Holzbedarf:
$A = 2 \cdot \frac{16}{3} = \frac{32}{3} \approx 10{,}67 \text{ m}^2$

Übung 11 Zelt
Welches Luftvolumen hat das abgebildete 4 m lange Mannschaftszelt? Sein Querschnittsprofil kann durch die Funktion $f(x) = \frac{1}{8}x^2 - x + 4$ für $0 \leq x \leq 4$ modelliert werden.

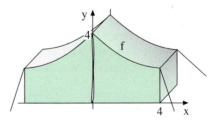

Übung 12 Gewächshaus
Das an den Turm angebrachte Gewächshaus hat ein parabelförmiges Dachprofil $f(x) = ax^2 + b$ ($1 \leq x \leq 3$).
Wie lautet die Gleichung der Parabel f?
Welche Querschnittsfläche hat das Gewächshaus?

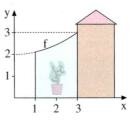

G. Exkurs: Modellierungen

Im folgenden Beispiel muss die Profilkurve im ersten Schritt modelliert werden.

▶ **Beispiel: Bahnhofshalle**
Der Querschnitt der Bahnhofshalle soll berechnet werden.
Die Halle ist an der Basis 40 m breit und in der Mitte 10 m hoch.
Modellieren Sie die Profilkurve der Halle durch eine Parabel.

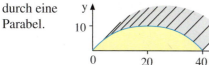

Lösung:
Wir kennen drei Punkte der Parabel:
A(0|0), B(40|0) und C(20|10).
Setzen wir die Punktkoordinaten in den Ansatz $f(x) = ax^2 + bx + c$ ein, so erhalten wir ein lineares Gleichungssystem mit drei Gleichungen und drei Variablen.
Die Lösung des Systems führt auf das Resultat $f(x) = -\frac{1}{40}x^2 + x$ für die gesuchte Profilkurve der Halle.

1. Berechnung der Parabelgleichung
Ansatz: $f(x) = ax^2 + bx + c$
$f(0) = 0 \Rightarrow$ I $\quad c = 0$
$f(40) = 0 \Rightarrow$ II $\quad 1600a + 40b = 0$
$f(20) = 10 \Rightarrow$ III $\quad 400a + 20b = 10$

$4 \cdot$ III $-$ II: $40b = 40 \Rightarrow b = 1$
Einsetzen in II: $1600a + 40 = 0 \Rightarrow a = -\frac{1}{40}$
$f(x) = -\frac{1}{40}x^2 + x$

Nun können wir die Flächeninhaltsfunktion von f zur unteren Grenze 0 bestimmen. Durch Einsetzen der rechten Begrenzung x = 40 erhalten wir die gesuchte Querschnittsfläche.

2. Bestimmung der Querschnittsfläche
$A_0(x) = -\frac{1}{120}x^3 + \frac{1}{2}x^2$

$A_0(40) = \frac{800}{3} \approx 266{,}67 \text{ m}^2$

▶ Resultat: $A = A_0(40) \approx 267 \text{ m}^2$.

Übung 13 Schutzdeich
Am Ufer der Ostsee wird ein 500 m langer Deich gebaut, der das abgebildete Profil erhalten soll.
Er kann durch eine Parabel und 2 Geraden modelliert werden. Die Parabel läuft horizontal aus.
a) Wie lautet die Gleichung der Parabel?
b) Wie groß ist die Querschnittsfläche des Deiches insgesamt?
c) Wie viele Fahrten mit 20-Tonnen-LKWs sind erforderlich, um das Baumaterial heranzuschaffen?
(Materialdichte: 1,8 g/cm³)

3. Stammfunktion und unbestimmtes Integral

A. Der Begriff der Stammfunktion und des unbestimmten Integrals

Eine grundlegende Aufgabe der Differentialrechnung ist es, zu einer gegebenen Funktion f die Ableitungsfunktion f′ zu bestimmen. Beim Aufsuchen von Flächeninhaltsfunktionen stellte sich uns die umgekehrte Aufgabe: Gegeben ist eine Funktion f. Gesucht ist diejenige Funktion F, deren Ableitung die gegebene Funktion f ist. Die *Integralrechnung* beschäftigt sich mit dieser Fragestellung.

▶ **Beispiel:** An der Tafel steht das Ergebnis einer Differentiation. Leider ist die Ausgangsfunktion F, die differenziert wurde, schon abgewischt. Kann man sie rekonstruieren?

Lösung:
Die gegebene Funktion $f(x) = 2x^2 + 1$ ist hier das Ergebnis eines Differentiationsprozesses. Gesucht ist eine so genannte *Stammfunktion* F von f, für die gilt: $F'(x) = f(x)$.

Da beim Differenzieren einer Potenz der Grad um 1 sinkt, vermuten wir, dass F eine Polynomfunktion dritten Grades ist. Wir finden nach kurzem Probieren, dass die Funktion $F(x) = \frac{2}{3}x^3 + x$ die Ableitung $f(x) = 2x^2 + 1$ hat, womit die Aufgabe fast gelöst wäre.

Wir können allerdings noch eine beliebige reelle Konstante C hinzuaddieren, da eine solche beim Differenzieren wegfällt. Die Menge alle Stammfunktionen von $f(x) = 2x^2 + 1$ ist daher die Funktionenschar $F(x) = \frac{2}{3}x^3 + x + C$, $C \in \mathbb{R}$.

Diese Menge aller Stammfunktionen von f wird auch als *unbestimmtes Integral von f* bezeichnet.

Hierfür wird die nebenstehend aufgeführte symbolische Schreibweise unter Verwendung des Integralzeichens ∫ eingeführt. Das Adjektiv „unbestimmt" drückt aus, dass das Ergebnis wegen des Auftretens einer Konstanten C, der sog. *Integrationskonstanten*, nicht eindeutig
▶ bestimmt ist.

Gegebene Funktion f:

$f(x) = 2x^2 + 1$

Eine Stammfunktion F von f:

$F(x) = \frac{2}{3}x^3 + x$

Weitere Stammfunktionen von f:

$F(x) = \frac{2}{3}x^3 + x + 1$

$F(x) = \frac{2}{3}x^3 + x - 2{,}5$

⋮

Menge aller Stammfunktionen von f:

$F(x) = \frac{2}{3}x^3 + x + C$, $C \in \mathbb{R}$

Integralschreibweise:

$$\int (2x^2 + 1)\,dx = \frac{2}{3}x^3 + x + C$$

unbestimmtes Integral — Integrationskonstante

3. Stammfunktion und unbestimmtes Integral

Definition II.1: Stammfunktion
Jede differenzierbare Funktion F, für die $F'(x) = f(x)$ gilt, wird als *Stammfunktion von f* bezeichnet.

| Stammfunktion F |

↑ integrieren

| Funktion f |

↓ differenzieren

| Ableitung f' |

Definition II.2: Unbestimmtes Integral
Die Menge aller Stammfunktionen einer Funktion f heißt *unbestimmtes Integral* von f.

Symbolische Schreibweise: $\int f(x)dx$

Den Vorgang des Bestimmens einer Stammfunktion bezeichnet man als Integrieren. Es handelt sich technisch um die Umkehrung des Differenzierens.

▶ **Beispiel:** Bestimmen Sie die Menge aller Stammfunktionen von f. Gesucht ist also das unbestimmte Integral von f.
a) $f(x) = x^5$ b) $f(x) = 2x^3$ c) $f(x) = 3x^4 - 6x + 8$ d) $f(x) = \frac{1}{x^3}$

Lösung:

a) Beim Differenzieren einer Potenz *verringert* sich der Exponent um 1. Außerdem muss man mit dem *alten* Exponenten *multiplizieren*.
   Beim Integrieren einer Potenz ist es daher genau umgekehrt. Der Exponent *erhöht* sich um 1, und man muss durch den *neuen* Exponenten *dividieren*.

   $f(x) = x^5$ hat also die Stammfunktion
   $F(x) = \frac{1}{6}x^6$. Dazu können wir noch eine
   Konstante C addieren: $F(x) = \frac{1}{6}x^6 + C$.

   $$\int x^5 \, dx = \frac{1}{6}x^6 + C$$

b) Analog zu a) erhalten wir für die Menge aller Stammfunktionen von f:
   $F(x) = \frac{1}{2}x^4 + C$.

   $$\int 2x^3 \, dx = \frac{1}{2}x^4 + C$$

c) Hier kehren wir die Summenregel der Differentiation um und erhalten dann
   $F(x) = \frac{3}{5}x^5 - 3x^2 + 8x + C$.

   $$\int (3x^4 - 6x + 8) \, dx = \frac{3}{5}x^5 - 3x^2 + 8x + C$$

d) $f(x) = \frac{1}{x^3} = x^{-3}$ hat die Stammfunktion
   $F(x) = \frac{x^{-2}}{2} = -\frac{1}{2}x^{-2} = -\frac{1}{2x^2}$.
   Durch Konstantenaddition folgt
▶ $F(x) = \frac{x^{-2}}{2} = -\frac{1}{2}x^{-2} = -\frac{1}{2x^2} + C$.

   $$\int \frac{1}{x^3} \, dx = -\frac{1}{2x^2} + C$$

B. Rechenregeln für unbestimmte Integrale

Aus einigen Differentiationsregeln kann man durch sinngemäße Umkehrung Integrationsregeln gewinnen. Wir führen im Folgenden einige Beispiele in einer Gegenüberstellung auf.

Potenzregel der Differentialrechnung	**Potenzregel der Integralrechnung**
$(x^n)' = n \cdot x^{n-1} \quad (n \in \mathbb{Z}, n \neq 0)$	$\int x^n \, dx = \frac{x^{n+1}}{n+1} + C \quad (n \in \mathbb{Z}, n \neq -1)$
Summenregel der Differentialrechnung Man kann eine Summe gliedweise differenzieren: $(f(x) + g(x))' = f'(x) + g'(x).$	**Summenregel der Integralrechnung** Man kann eine Summe gliedweise integrieren: $\int (f(x) + g(x)) \, dx = \int f(x) \, dx + \int g(x) \, dx$ $= F(x) + G(x)$
Faktorregel der Differentialrechnung Ein konstanter Faktor bleibt beim Differenzieren erhalten: $(a \cdot f(x))' = a \cdot f'(x) \quad (a \in \mathbb{R}).$	**Faktorregel der Integralrechnung** Ein konstanter Faktor bleibt beim Integrieren erhalten: $\int a \cdot f(x) \, dx = a \cdot \int f(x) \, dx \quad (a \in \mathbb{R}).$ $= a \cdot F(x)$
Kettenregel der Differentialrechnung (lineare innere Funktion) Für $a, b \in \mathbb{R}$ gilt: $(f(ax+b))' = f'(ax+b) \cdot a$	**Lineare Substitutionsregel der Integralrechnung** Für $a, b \in \mathbb{R}, a \neq 0$ gilt: $\int f(ax+b) \, dx = \frac{1}{a} \cdot F(ax+b).$

Wir beweisen die Integrationsregeln, indem wir jeweils die auf der rechten Seite stehende Stammfunktion differenzieren und zeigen, dass wir als Ergebnis den Integranden der linken Seite erhalten:

1. $\left(\frac{x^{n+1}}{n+1} + C\right)' = \frac{(n+1) \cdot x^n}{n+1} + 0 = x^n$

2. $(F(x) + G(x))' = F'(x) + G'(x) = f(x) + g(x)$

3. $(a \cdot F(x))' = a \cdot F'(x) = a \cdot f(x)$

4. $\left(\frac{1}{a} \cdot F(ax+b)\right)' = \frac{1}{a} \cdot F'(ax+b) \cdot a = F'(ax+b) = f(ax+b)$

3. Stammfunktion und unbestimmtes Integral

Wir erläutern nun die Regeln an einigen Beispielen.

> **Beispiel:** Berechnen Sie die folgenden unbestimmten Integrale.
> a) $\int\left(4x+\frac{1}{x^2}\right)dx$ b) $\int\sqrt{x}\,dx$ c) $\int(5x+1)^2\,dx$

Lösung:

a) $\int\left(4x+\frac{1}{x^2}\right)dx \underset{\text{Summenregel}}{=} \int(4x)dx + \int\frac{1}{x^2}dx \underset{\text{Faktorregel}}{=} 4\cdot\int x\,dx + \int x^{-2}dx$

$\underset{\text{Potenzregel}}{=} 4\cdot\frac{x^2}{2}+\frac{x^{-1}}{-1}+C = 2x^2-\frac{1}{x}+C$

b) $\int\sqrt{x}\,dx = \int x^{\frac{1}{2}}dx \underset{\text{Potenzregel}}{=} \frac{x^{\frac{3}{2}}}{\frac{3}{2}}+C = \frac{2}{3}\cdot\sqrt{x^3}+C$

c) $\int(5x+1)^2 dx \underset{\text{Substitutionsregel}}{=} \frac{1}{5}\cdot\frac{(5x+1)^3}{3}+C = \frac{1}{15}\cdot(5x+1)^3+C$

C. Das Anfangswertproblem

Oft sucht man nicht alle Stammfunktionen F einer Funktion f, sondern nur eine ganz bestimmte, welche durch einen fest vorgegebenen Punkt $P(x_0|f(x_0))$ geht. Man spricht dann von einem *Anfangswertproblem*. Durch geeignete Wahl der Integrationskonstanten C kann es gelöst werden.

> **Beispiel: Anfangswertproblem**
> Gegeben ist $f(x) = x$. Gesucht ist diejenige Stammfunktion F von f, welche durch den Punkt $P\left(1\big|\frac{3}{2}\right)$ geht.

Lösung:
Wir bestimmen zunächst das unbestimmte Integral von f, also die Funktionenschar

$F_c(x) = \int x\,dx = \frac{1}{2}x^2 + C.$

$F_c(x)$ soll durch $P\left(1\big|\frac{3}{2}\right)$ gehen, d.h.
$F_c(1) = \frac{3}{2}$
$\frac{1}{2}+C = \frac{3}{2}$
$C = 1.$

Damit ist $F_1(x) = \frac{1}{2}x^2+1$ die Stammfunktion, die das Anfangswertproblem löst.

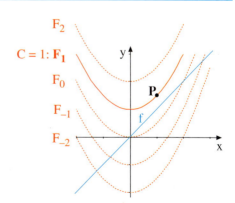

Übung 1 Anfangswertproblem
a) Welche Stammfunktion von $f(x) = x^2$ geht durch den Punkt $P(1|1)$?
b) Welche Stammfunktion von $f(x) = 1-x^2$ schneidet die y-Achse bei $y = 4$?
c) Welche Stammfunktion von $f(x) = 2+x$ hat eine Nullstelle bei $x = 1$?

B. Das bestimmte Integral als Flächenbilanz

Ist f eine nichtnegative Funktion, so kann man sich das bestimmte Integral von f über [a, b] anschaulich als Summe der Flächeninhalte $f(x_i) \cdot \Delta x$ extrem schmaler Rechtecksstreifen vorstellen.
Es stellt also den Inhalt A der Fläche zwischen dem Graphen von f und der x-Achse über dem Intervall [a; b] dar.

Ist f eine negative Funktion, so haben die Terme $f(x_i) \cdot \Delta x$ negative Werte. Es sind die negativen Gegenwerte der Streifeninhalte. Summiert man sie für alle Streifen, so erhält man den mit einem negativen Vorzeichen versehenen Flächeninhalt A der Fläche zwischen Graph und x-Achse.

Besitzt f wechselnde Vorzeichen, so besitzen die Streifenterme $f(x_i) \cdot \Delta x$ sowohl negative als auch positive Werte. Summiert man sie, so erhält man eine Flächenbilanz. Unterhalb der x-Achse liegenden Flächenteile gehen negativ ein, die oberhalb der x-Achse liegenden werden positiv gezählt.

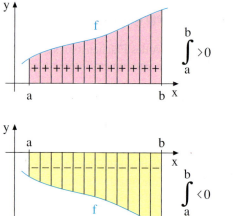

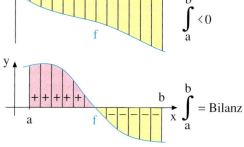

Satz II.2: Das **bestimmte Integral** einer Funktion f über dem Intervall [a, b] hat anschaulich die Bedeutung einer **Flächeninhaltsbilanz**. Die oberhalb der x-Achse liegenden Flächenstücke gehen positiv ein, die unterhalb der x-Achse liegenden Stücke gehen negativ ein.

In der Abbildung rechts ist eine Funktion f mit wechselndem Vorzeichen zu sehen.

Das bestimmte Integral von f von a bis b kann durch die abgebildeten Flächen A_1, A_2 und A_3 wie folgt dargestellt werden:

$$\int_a^b f(x)dx = A_1 - A_2 + A_3$$

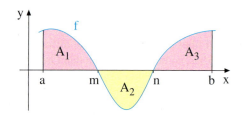

Umgekehrt können die Flächen durch bestimmte Integrale erfasst werden:

$$A_1 = \int_a^m f(x)dx, \quad A_2 = -\int_m^n f(x)dx, \quad A_3 = \int_n^b f(x)dx$$

4. Das bestimmte Integral

C. Der Hauptsatz der Differential- und Integralrechnung

Eine einfache Berechnungsmethode für bestimmte Integrale positiver Funktionen ergibt sich wie folgt:

Wir interpretieren das bestimmte Integral als Inhalt A der Fläche unter f über dem Intervall [a; b]. Diesen Inhalt können wir mit der Flächeninhaltsfunktion $A_0(x)$ berechnen. Er beträgt $A_0(b) - A_0(a)$.

Dies ist dasselbe wie $F(b) - F(a)$, wobei F eine beliebige Stammfunktion von f ist, da eine solche sich von A_0 nur um eine Konstante C unterscheidet, die beim Subtrahieren wegfällt.

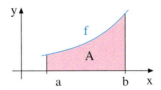

$$\int_a^b f(x)dx = \text{Flächeninhalt A}$$
$$= A_0(b) - A_0(a)$$
$$= (F(b) + C) - (F(a) + C)$$
$$= F(b) - F(a)$$

Dieser Zusammenhang gilt auch für negative Funktionen und solche mit wechselndem Vorzeichen. Er ist so bedeutsam, dass man ihn als **Hauptsatz der Differential- und Integralrechnung** bezeichnet. Er verbindet das bestimmte Integral (Streifensumme, Fläche) mit dem unbestimmten Integral (Stammfunktion) und zeigt, dass das Integrieren die Umkehrung des Differenzierens ist. Außerdem vereinfacht er die Berechnung bestimmter Integrale enorm.

Satz II.3: Der Hauptsatz der Differential und Integralrechnung

Die Funktion f sei eine auf dem Intervall [a; b] differenzierbare* Funktion. F sei eine Stammfunktion von f. Dann lässt sich das bestimmte Integral von f in den Grenzen von a bis b als Differenz $F(b) - F(a)$ berechnen.

$$\int_a^b f(x)dx = F(b) - F(a)$$

🅗 109-1

Beispiel: Bestimmtes Integral einer positiven Funktion

Berechnen und intepretieren Sie das bestimmte Integral $\int_1^3 \frac{1}{4}x^2 \, dx$.

Lösung:

Stammfunktion von f:
$F(x) = \frac{1}{12}x^3$

Bestimmtes Integral:
$$\int_1^3 \frac{1}{4}x^2 \, dx = F(3) - F(1) = \frac{27}{12} - \frac{1}{12} = \frac{13}{6}$$

Interpretation:
▶ Die Fläche A hat den Inhalt $\frac{13}{6} \approx 2{,}17$.

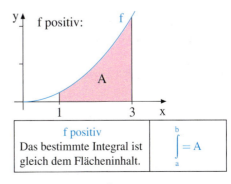

f positiv	
Das bestimmte Integral ist gleich dem Flächeninhalt.	$\int_a^b = A$

---
* Der Satz gilt bereits für stetige Funktionen. Zum Begriff der Stetigkeit siehe 🅗 109-2.

Beispiel: Bestimmtes Integral einer negativen Funktion

Berechnen Sie das bestimmte Integral $\int_0^4 \left(\frac{1}{4}x^2 - 4\right) dx$ und interpretieren Sie das Resultat.

Lösung:
Stammfunktion von f:
$F(x) = \frac{1}{12}x^3 - 4x$

Bestimmtes Integral:
$$\int_0^4 \left(\frac{1}{4}x^2 - 4\right) dx = F(4) - F(0) = -\frac{32}{3} - 0$$

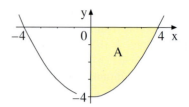

Interpretation:
Die Fläche A zwischen dem Graphen von f und der x-Achse im 4. Quadranten hat den Inhalt $\frac{32}{3} \approx 10{,}67$.

Das bestimmte Integral entspricht dem negativen Wert des Flächeninhalts.	f negativ $\int_a^b = -A$

Beispiel: Bestimmtes Integral einer Funktion mit wechselndem Vorzeichen

Berechnen Sie das bestimmte Integral $\int_2^3 (x^2 - 2x) dx$.

Lösung:
Stammfunktion von f:
$F(x) = \frac{1}{3}x^3 - x^2$

Bestimmtes Integral:
$$\int_1^3 (x^2 - 2x) dx = F(3) - F(1) = 0 - \left(-\frac{2}{3}\right) = \frac{2}{3}$$

Das bestimmte Integral entspricht der Flächenbilanz.	f wechselnd $\int_a^b = \text{Bilanz}$

$$\int_1^2 (x^2 - 2x) dx = F(2) - F(1) = \left(-\frac{4}{3}\right) - \left(-\frac{2}{3}\right)$$
$$= -\frac{2}{3} \Rightarrow A_1 = \frac{2}{3}$$

$$\int_2^3 (x^2 - 2x) dx = F(3) - F(2) = (0) - \left(-\frac{4}{3}\right)$$
$$= \frac{4}{3} \Rightarrow A_2 = \frac{4}{3}$$

$$\Rightarrow A = A_1 + A_2 = 2$$

Interpretation:
Das bestimmte Integral hat den Wert $\frac{2}{3}$.
Dies bedeutet: Das oberhalb der x-Achse gelegene Flächenstück A_2 ist um $\frac{2}{3}$ größer als das unterhalb der x-Achse liegende Stück A_1. A_1 hat den Inhalt $\frac{2}{3}$, A_2 den Inhalt $\frac{4}{3}$. Die Gesamtfläche hat den Inhalt 2.

Übung 1 Bestimmte Integrale / Interpretation

Berechnen Sie die bestimmten Integrale. Interpretieren Sie diese anschließend. Zeichnen Sie dazu die Graphen von f über dem Integrationsintervall.

a) $\int_1^2 (x^2 + 1) dx$
b) $\int_{-1}^2 (x - 2) dx$
c) $\int_0^3 \left(2 - \frac{1}{2}x^2\right) dx$

4. Das bestimmte Integral

Die Klammerschreibweise $[F(x)]_a^b$

Die rechts aufgeführte Klammerschreibweise $[F(x)]_a^b$ für den Term $F(b) - F(a)$ bietet den Vorteil, dass man bei der Berechnung des bestimmten Integrals keine eigene Bezeichnung für die Stammfunktion mehr benötigt.

$$\int_a^b f(x)dx = F(b) - F(a)$$

$$\int_a^b f(x)dx = [F(x)]_a^b$$

▶ **Beispiel:** Berechnen Sie das bestimmte Integral $\int_1^3 (4x^3 - 2x + 1)dx$.

Lösung:

Normale Schreibweise:
$f(x) = 4x^3 - 2x + 1$
$F(x) = x^4 - x^2 + x$
$\int_1^3 (4x^3 - 2x + 1)dx = F(3) - F(1)$
$\qquad\qquad\qquad\qquad = 75 - 1$
$\qquad\qquad\qquad\qquad = 74$

Klammerschreibweise:
$\int_1^3 (4x^3 - 2x + 1)dx = [x^4 - x^2 + x]_1^3$
$\qquad\qquad\qquad\qquad = 75 - 1$
$\qquad\qquad\qquad\qquad = 74$

Die Bedeutung des Differentials dx

Das Symbol dx innerhalb des bestimmten Integrals wird als Differential bezeichnet. Das Differential zeigt an, welche Variable die Integrationsvariable ist. Es ist wichtig, wenn der Integrand mehrere Variablen enthält.

$$\int_a^b f(x)dx \quad \text{\\ Differential}$$

▶ **Beispiel:** Berechnen Sie $\int_1^2 6x^2 t\, dx$ bzw. $\int_1^2 6x^2 t\, dt$.

Lösung:
$\int_1^2 6x^2 t\, dx = [2x^3 t]_1^2 = 16t - 2t = 14t \quad$ bzw. $\quad \int_1^2 6x^2 t\, dt = [3x^2 t^2]_1^2 = 12x^2 - 3x^2 = 9x^2$

Übung 2 Klammerschreibweise
Berechnen Sie die bestimmten Integrale unter Verwendung der Klammerschreibweise.

a) $\int_{-1}^{4} (3x^2 - 4x + 1)dx$
b) $\int_2^5 \frac{1}{x^2} dx$
c) $\int_0^1 (x+1)^2 dx$

Übung 3 Differential dx
Beachten Sie das Differential bei der Berechnung der folgenden Integrale.

a) $\int_0^1 (3x^2 + 2a)dx$
b) $\int_0^1 (3x^2 + 2a)da$
c) $\int_1^2 x^2 dy$

D. Rechenregeln für bestimmte Integrale

Mithilfe des Hauptsatzes lassen sich problemlos einige Regeln für das Rechnen mit bestimmten Integralen ableiten, deren Anwendung oft die Arbeit erleichtern kann. Wir zählen diese Regeln auf und beweisen eine Regel exemplarisch.

> **Satz II.4: Rechenregeln für bestimmte Integrale**
> f und g seien auf dem Intervall [a; b] differenzierbare Funktionen. Dann gilt:
>
> (1) $\int_a^a f(x)dx = 0$ Stimmen obere und untere Grenze überein, so ist das Integral 0.
>
> (2) $\int_a^b f(x)dx + \int_b^c f(x)dx = \int_a^c f(x)dx$ Intervalladditivität
>
> (3) $\int_a^b f(x)dx = -\int_b^a f(x)dx$ Vertauschung der Grenzen ändert das Vorzeichen.
>
> (4) $\int_a^b k \cdot f(x)dx = k \cdot \int_a^b f(x)dx$ Faktorregel
>
> (5) $\int_a^b (f(x)+g(x))dx = \int_a^b f(x)dx + \int_a^b g(x)dx$ Summenregel
>
> 🔴 112-1

Rechnerischer Beweis von Regel (2) mithilfe des Hauptsatzes:

$$\int_a^b f(x)dx + \int_b^c f(x)dx = [F(x)]_a^b + [F(x)]_b^c$$
$$= F(b) - F(a) + F(c) - F(b)$$
$$= F(c) - F(a) = \int_a^c f(x)dx$$

Anschauliche Begründung von Regel (2) mithilfe von Streifensummen:

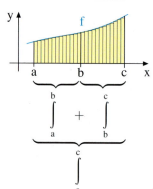

Übung 4
Berechnen Sie möglichst einfach durch Anwendung der Rechenregeln.

a) $\int_{-2}^{3} (4x^2 - 3x + 5)dx + \int_{-2}^{3} (3x - 5)dx$

b) $\int_{-2}^{2} x^2\,dx + \int_{3}^{5} x^2\,dx + \int_{2}^{3} x^2\,dx$

c) $\int_{-1}^{3} 2x^2\,dx + 2\int_{-1}^{0} 3x^2\,dx + \int_{0}^{2} 6x^2\,dx + 6\int_{2}^{3} x^2\,dx$

🔴 112-2

5. Bestimmte Integrale und Flächeninhalte

A. Grundlagen

Im vorigen Abschnitt stellten wir fest, dass zwischen bestimmten Integralen und Flächeninhalten ein enger Zusammenhang besteht, nämlich folgender:

Bestimmtes Integral einer positiven Funktion
Für eine differenzierbare Funktion $f(x) \geq 0$ stellt das bestimmte Integral den Inhalt der Fläche zwischen dem Graphen von f und der x-Achse über dem Integrationsintervall [a; b] dar.

▶ **Beispiel:** Bestimmtes Integral von
$f(x) = 2x^3$ von 0 bis 1.
$$\int_0^1 2x^3 \, dx = \left[\frac{1}{2}x^4\right]_0^1 = \left(\frac{1}{2}\right) - (0) = \frac{1}{2}$$
▶ $f \geq 0$: **Integral = Fläche; $A_1 = \frac{1}{2}$**

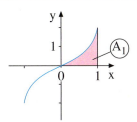

Bestimmtes Integral einer negativen Funktion
Für eine differenzierbare Funktion $f(x) \leq 0$ stellt das bestimmte Integral den mit einem negativen Vorzeichen versehenen Inhalt der Fläche zwischen dem Graphen von f und der x-Achse über dem Integrationsintervall [a; b] dar.

▶ **Beispiel:** Bestimmtes Integral von
$f(x) = 2x^3$ von -1 bis 0.
$$\int_{-1}^0 2x^3 \, dx = \left[\frac{1}{2}x^4\right]_{-1}^0 = (0) - \left(\frac{1}{2}\right) = -\frac{1}{2}$$
▶ $f \leq 0$: **Integral = $-$ Fläche; $A_2 = \frac{1}{2}$**

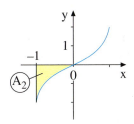

Bestimmtes Integral einer Funktion mit wechselndem Vorzeichen
Für eine differenzierbare Funktion $f(x)$ mit wechselndem Vorzeichen stellt das bestimmte Integral die Flächenbilanz über dem Integrationsintervall [a; b] dar.
Über der x-Achse liegende Flächenteile gehen positiv ein, unter der x-Achse liegende Flächenteile gehen negativ ein.

▶ **Beispiel:** Bestimmtes Integral von
$f(x) = 2x^3$ von -1 bis 1.
$$\int_{-1}^1 2x^3 \, dx = \left[\frac{1}{2}x^4\right]_{-1}^1 = \left(\frac{1}{2}\right) - \left(\frac{1}{2}\right) = 0$$
▶ **Integral = Flächenbilanz**

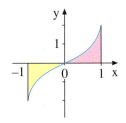

Wir kommen nun zu Flächen, die teilweise oberhalb und teilweise unterhalb der x-Achse liegen. In diesen Fällen muss man beim Integrieren die im Flächenbereich liegenden Nullstellen als Unterteilungsstellen verwenden, ansonsten würde man nur Flächenbilanzen erhalten.

▶ **Beispiel:** Gegeben ist die Funktion $f(x) = \frac{1}{2}x^2 - \frac{5}{2}x + 2$. Gesucht ist der Gesamtinhalt der Fläche zwischen dem Graphen von f und der x-Achse über dem Intervall [0 ; 3].

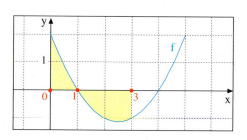

Lösung:
Wir errechnen zunächst die Nullstellen der Funktion, die bei $x = 1$ und $x = 4$ liegen, und skizzieren den Graphen.
Wir erkennen, dass die Fläche über [0 ; 3] aus zwei Teilstücken A_1 über [0 ; 1] und A_2 über [1 ; 3] besteht.

1. Nullstellen

$\frac{1}{2}x^2 - \frac{5}{2}x + 2 = 0$

$x^2 - 5x + 4 = 0$

$x = 2{,}5 \pm \sqrt{2{,}25} \quad \Rightarrow \quad x = 1, \, x = 4$

Die zugehörigen bestimmten Integrale haben die Werte $\frac{11}{12}$ (oberhalb der x-Achse) und $-\frac{5}{3}$ (unterhalb der x-Achse).

2. Bestimmte Integrale

$$\int_0^1 f(x)\,dx = \left[\frac{1}{6}x^3 - \frac{5}{4}x^2 + 2x\right]_0^1 = \frac{11}{12}$$

$$\int_1^3 f(x)\,dx = \left[\frac{1}{6}x^3 - \frac{5}{4}x^2 + 2x\right]_1^3 = -\frac{5}{3}$$

Der Gesamtinhalt von A ist somit gleich der Summe der Beträge dieser Werte:
$A = \frac{31}{12} \approx 2{,}58$.

3. Flächeninhalt

$A = A_1 + A_2 = \frac{11}{12} + \frac{5}{3} = \frac{31}{12} \approx 2{,}58$

▶ Man darf nicht von 0 bis 3 „durchintegrieren", da man dann nur die Flächenbilanz $\frac{11}{12} - \frac{5}{3} = -\frac{3}{4}$ erhalten würde.

Übung 1
Gesucht sind die Inhalte der im Folgenden beschriebenen oder markierten Flächenstücke.

a) $f(x) = x^2 - x + 1$

Fläche über dem Intervall [0 ; 2]

b) $f(x) = \frac{1}{x^2}$

Fläche über dem Intervall [1 ; 3]

c) $f(x) = x^3 - x$

von Kurve und x-Achse im 4. Quadranten eingeschlossene Fläche

d) $f(x) = x^3 - x$

Fläche zwischen Kurve und x-Achse über dem Intervall [0 ; 2]

e)

f)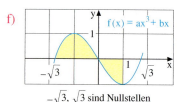

$-\sqrt{3}, \sqrt{3}$ sind Nullstellen

6. Flächen unter Funktionsgraphen

Die folgenden Beispiele betreffen Funktionen mit etwas komplizierteren Funktionstermen. Das Vorgehen bei Flächenbestimmungen ändert sich im Prinzip nicht, lediglich die nötige Bestimmung der Nullstellen der gegebenen Funktion ist aufwendiger.

▶ **Beispiel:** Gegeben ist die Funktion $f(x) = \frac{1}{4}x^3 + \frac{1}{2}x^2 - 2x$. Gesucht ist der Gesamtinhalt der Fläche, die vom Graphen von f und der x-Achse umschlossen wird.

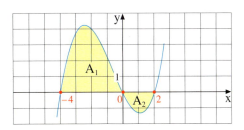

Lösung:
Wir bestimmen zunächst die Nullstellen von f durch Ausklammern von x und mithilfe der p-q-Formel. Diese liegen bei $x = 0$, $x = 2$ und $x = -4$.
Nun lässt sich der von unten links kommende und nach oben rechts gehende Graph von f gut skizzieren, evtl. benötigt man noch einige zusätzliche Funktionswerte.

Die Kurve und die x-Achse umschließen die gelb markierte Fläche. Sie besteht aus den Teilflächen A_1 und A_2. A_1 liegt oberhalb der x-Achse und ihr Inhalt lässt sich als bestimmtes Integral über $[-4; 0]$ darstellen. Ergebnis: $A_1 = \frac{32}{3}$.
Für A_2 liefert das zugehörige bestimmte Integral über $[0; 2]$ den Inhalt $\frac{5}{3}$.

Insgesamt beträgt der Inhalt der gelben
▶ Fläche dann 12,33 FE.

1. Nullstellen

$\frac{1}{4}x^3 + \frac{1}{2}x^2 - 2x = 0$

$x^3 + 2x^2 - 8x = 0$

$x(x^2 + 2x - 8) = 0$

$x = 0$ oder $x^2 + 2x - 8 = 0$

$x = -1 \pm \sqrt{1+8}$

$x = 2, x = -4$

2. Bestimmte Integrale

$\int_{-4}^{0} f(x)\,dx = \left[\frac{1}{16}x^4 + \frac{1}{6}x^3 - x^2\right]_{-4}^{0} = \frac{32}{3}$

$\int_{0}^{2} f(x)\,dx = \left[\frac{1}{16}x^4 + \frac{1}{6}x^3 - x^2\right]_{0}^{2} = -\frac{5}{3}$

3. Flächeninhalt

$A = A_1 + A_2 = \frac{32}{3} + \frac{5}{3} = \frac{37}{3} \approx 12{,}33$

Übung 2

Gesucht ist der Inhalt der Fläche zwischen dem Graphen von f und der x-Achse über dem angegebenen Intervall I. Skizzieren Sie zum besseren Überblick zunächst den Graphen.

a) $f(x) = \frac{1}{6}x^3 - \frac{1}{2}x$; $I = [-1; 2]$

b) $f(x) = x^3 - 4x$; $I = [-3; 2]$

c) $f(x) = x^3 - 3x^2 - x + 3$; $I = [0; 3]$
    Polynomdivision möglich

d) $f(x) = \frac{1}{2}x^4 - \frac{5}{2}x^2 + 2$; $I = [-2; 2]$
    biquadratische Nullstellengleichung

C. Parameteraufgaben

Die folgenden Beispiele erfordern die Verwendung von Parametern, wodurch der Schwierigkeitsgrad erhöht ist. Außerdem dienen die Aufgaben der Wiederholung von Elementen der Kurvenuntersuchung.

▶ **Beispiel: Parameterbestimmung**
Die Parabelschar $f_a(x) = ax^2 + 1$ sei gegeben. Wie muss $a > 0$ gewählt werden, damit die Fläche zwischen dem Graphen von f_a und der x-Achse über dem Intervall $[0 ; 1]$ den Inhalt 2 hat?

Lösung:
Wir berechnen das bestimmte Integral von f_a in den Grenzen von 0 bis 1. Den von a abhängigen Ergebnisterm setzen wir gleich 2. Auflösen der so entstandenen Bestimmungsgleichung liefert den ge-
▶ suchten Parameterwert $a = 3$.

$$\int_0^1 (ax^2 + 1)\,dx = \left[\frac{a}{3}x^3 + x\right]_0^1 = \frac{a}{3} + 1 \stackrel{!}{=} 2$$

$$\Rightarrow a = 3$$

▶ **Beispiel: Flächenteilung**
Gegeben ist die Parabel $f(x) = x^2$. Gesucht ist derjenige Wert des Parameters a, für den die senkrechte Gerade $x = a$ die Fläche unter f über dem Intervall $[0 ; 2]$ halbiert.

Lösung:
Wir errechnen den Inhalt A unter f über $[0 ; 2]$. Er beträgt $\frac{8}{3}$.
Der Inhalt A_1 unter f über dem Intervall $[0 ; a]$ beträgt $\frac{a^3}{3}$.
Der Ansatz $A_1 = \frac{1}{2}A$ liefert daraus den Parameterwert $a = \sqrt[3]{4}$. $x = \sqrt[3]{4}$ ist die
▶ Gleichung der gesuchten Geraden.

$$A = \int_0^2 x^2\,dx = \left[\frac{x^3}{3}\right]_0^2 = \frac{8}{3}$$

$$A_1 = \int_0^a x^2\,dx = \left[\frac{x^3}{3}\right]_0^a = \frac{a^3}{3}$$

$$A_1 = \tfrac{1}{2}A \Rightarrow \tfrac{a^3}{3} = \tfrac{4}{3} \Rightarrow a = \sqrt[3]{4} \approx 1{,}59$$

Übung 4
Gegeben ist $f_a(x) = x^3 - a^2 x$, $a > 0$. Wie muss a gewählt werden, damit die beiden von f_a und der x-Achse eingeschlossenen Flächen jeweils den Inhalt 4 haben?

Übung 5
Die Fläche unter $f(x) = x^2$ über $[0 ; 2]$ soll durch die senkrechte Gerade $x = a$ im Verhältnis $1 : 7$ geteilt werden.
Wie muss a gewählt werden?

6. Flächen unter Funktionsgraphen

D. Rekonstruktionsaufgaben

▶ **Beispiel: Rekonstruktion**

Eine ganzrationale Funktion f dritten Grades hat die aufgeführten Eigenschaften.
Um welche Funktion handelt es sich?

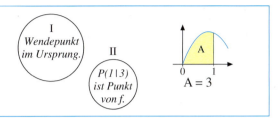

Lösung:
Ausgehend vom allgemeinen Ansatz für eine ganzrationale Funktion dritten Grades $f(x) = ax^3 + bx^2 + cx + d$ errechnen wir zunächst die benötigten Ableitungen f' und f''.

Anschließend stellen wir die Bedingungen für f, f' und f'' auf, die den geforderten Eigenschaften I bis III entsprechen.

Nachdem die Parameter $b = 0$ und $d = 0$ feststehen, ergibt sich ein Gleichungssystem mit den Variablen a und c, das wir mittels Additionsverfahrens lösen.

▶ Das Resultat ist $f(x) = -6x^3 + 9x$.

Ansatz:
$f(x) = ax^3 + bx^2 + cx + d$
$f'(x) = 3ax^2 + 2bx + c$
$f''(x) = 6ax + 2b$

Bedingungen:
I: $f''(0) = 0 \quad \Rightarrow b = 0$
$\ f(0) = 0 \quad \Rightarrow d = 0$

Neuer Ansatz: $f(x) = ax^3 + cx$
II. $f(1) = 3 \quad \Rightarrow a + c = 3$
III. $\int_0^1 f(x)\,dx = 3 \quad \Rightarrow \frac{1}{4}a + \frac{1}{2}c = 3$
$\Rightarrow a = -6, c = 9$

Resultat: $f(x) = -6x^3 + 9x$

Übung 6
Eine quadratische Funktion mit einer Nullstelle bei $x = 1$, deren Hochpunkt auf der y-Achse liegt, schließt mit den Koordinatenachsen im 1. Quadranten eine Fläche mit dem Inhalt 1 ein. Um welche Funktion handelt es sich?

Übung 7
Eine quadratische Parabel schneidet die y-Achse bei -1 und nimmt ihr Minimum bei $x = 4$ an. Im 4. Quadranten liegt unterhalb der x-Achse über dem Intervall $[0\,;1]$ ein Flächenstück zwischen der Parabel und der x-Achse, dessen Inhalt 12 beträgt. Um welche Kurve handelt es sich?

Übung 8
Es handelt sich um eine nicht maßstäbliche Skizze einer Parabel. Bestimmen Sie deren Funktionsgleichung.

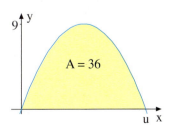

Übungen

9. Gesucht ist der Inhalt A der markierten Fläche.

a)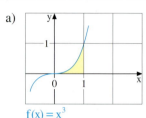
$f(x) = x^3$

b)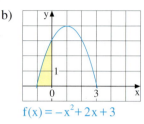
$f(x) = -x^2 + 2x + 3$

c)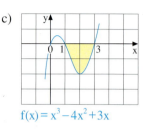
$f(x) = x^3 - 4x^2 + 3x$

10. Skizzieren Sie den Graphen von f. Berechnen Sie sodann den Inhalt der Fläche, die über dem Intervall I zwischen dem Graphen von f und der x-Achse liegt.

a) $f(x) = -\frac{1}{3}x^2 + \frac{4}{3}x + \frac{5}{3}$, $I = [-1; 6]$ b) $f(x) = 0{,}5x^2 - x - 1{,}5$, $I = [-2; 3]$

c) $f(x) = 2x^3 - 8x$, $I = [-1; 2]$ d) $f(x) = \frac{2}{x^2}$, $I = [1; 5]$

e) $f(x) = x^4 - 1$, $I = [0{,}5; 2]$ f) $f(x) = x^3 - 4x$, $I = [-1; 2{,}5]$

11. Wie muss a gewählt werden, damit die markierte Fläche den angegebenen Inhalt hat?

a) $f(x) = 3x^2 + a^2$ b) $f(x) = x^3 + ax$, $a > 0$ c) $f(x) = ax^3 - a^2x$, $a > 0$

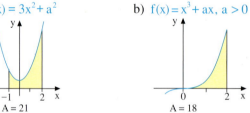

A = 21   A = 18   A = 7

12. Gesucht ist der Gesamtinhalt der Fläche zwischen dem Graphen von f und der x-Achse über dem Intervall I. Bestimmen Sie zunächst die Nullstellen von f.

a) $f(x) = x^4 + x^2 - 2$, $I = [-2; 3]$ b) $f(x) = x^3 + 2x^2 - 3x$, $I = [-2; 2{,}5]$

c) $f(x) = (x+2)(x-1)^2$, $I = [-2; 2]$ d) $f(x) = (x-1)(x+2)(x-3)$, $I = [-1; 2]$

13. Der Graph einer quadratischen Funktion f geht durch die Punkte $A(0|0)$ und $B(4|0)$. Er schließt mit der x-Achse eine Fläche A mit dem Inhalt $\frac{8}{3}$ ein. Sein Extremum liegt im ersten Quadranten. Wie lautet die Funktionsgleichung von f?

E. Modellierungsaufgaben mit Anwendungen

Wir schließen diesen Abschnitt mit zwei typischen Anwendungsbeispielen ab.

▶ **Beispiel: Luftvolumen einer Halle**
Eine Bahnhofshalle wird über zwei Ventilatoren belüftet, deren Leistung jeweils ca. 80 Kubikmeter pro Minute beträgt.
Welche Zeit wird für einen kompletten Luftaustausch benötigt?
Das Dach der Halle ist eine parabelförmige Holzkonstruktion.

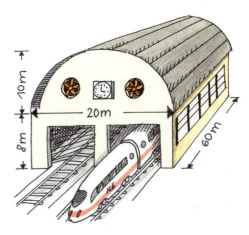

Lösung:
Wir errechnen zunächst die Parabelgleichung aus den gegebenen Bedingungen. In dem festgelegten Koordinatensystem lässt sich nach nebenstehender Rechnung das Dach der Halle durch die Gleichung $f(x) = -\frac{1}{10}x^2 + 10$ beschreiben.

Das Luftvolumen der Halle erhalten wir als Produkt aus dem Inhalt der Hallenquerschnittsfläche und der gegebenen Hallenlänge. Die Querschnittsfläche der Halle setzt sich aus zwei Teilflächen zusammen, einer Rechteckfläche und einer Parabelfläche.

Den Inhalt dieser Fläche zwischen der Parabel und der x-Achse errechnen wir nun durch Integration. Er beträgt $133,\overline{3}$ m². Die Vorderfront der Halle besitzt also einen Flächeninhalt von $293,\overline{3}$ m².

Multiplikation mit der Hallenlänge ergibt das Hallenvolumen von $17\,600$ m³.

Zum Luftaustausch der gesamten Halle benötigen die beiden Ventilatoren dann
▶ eine Stunde und 50 Minuten.

Gleichung der Parabel:

$f(x) = ax^2 + c$
$f(0) = 10$
$f(10) = 0$
$\Rightarrow c = 10,\ a = -\frac{1}{10}$
$f(x) = -\frac{1}{10}x^2 + 10$

Fläche unter der Parabel:

$$A_1 = 2 \cdot \int_0^{10} f(x)\,dx = 2 \cdot \left[-\frac{1}{30}x^3 + 10x\right]_0^{10}$$

$$= 2 \cdot \left(-\frac{1000}{30} + 100\right) = 133,\overline{3}$$

Gesamtfläche:

$A = 8 \cdot 20\ \overline{|160\ m^2|} + 133,3\ m^2 = 293,\overline{3}\ m^2$

Gesamtvolumen:

$V = 293,\overline{3} \cdot 60\ m^3 = 17\,600\ m^3$

Zeit für Luftaustausch:

$t = \frac{V}{160} = \frac{17\,600\ m^3}{160\ m^3/min} = 110\ min$

$= 1\ h\ 50\ min$

▶ **Beispiel: Pflasterfläche**
Am Ufer führt ein Radweg entlang. Dieser soll auf 20 m Länge durch eine neue Trasse ersetzt werden, die einen Brunnen umgeht. Die Übergänge sollen fließend sein.
Welche mathematische Kurve wäre zur Linienführung geeignet?
Wie groß wäre dann die markierte neu zu pflasternde Fläche zwischen dem Ufer und der neuen Trasse?

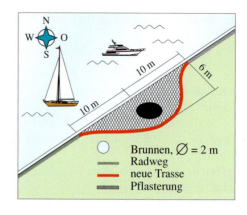

○ Brunnen, $\emptyset = 2$ m
— Radweg
— neue Trasse
▦ Pflasterung

Lösung:
Es handelt sich um eine Konstruktionsaufgabe mit einer zusätzlichen Inhaltsbestimmung.
Zunächst führen wir ein passend liegendes Koordinatensystem ein und überlegen, welche Kurvenart die geforderten Eigenschaften haben könnte. Eine ganzrationale Funktion 4. Grades erscheint prinzipiell geeignet. Sie sollte symmetrisch zur y-Achse sein, woraus sich der Ansatz $f(x) = ax^4 + bx^2 + c$ mit geraden Exponenten ergibt. Ihr Tiefpunkt sollte $T(0|-6)$ sein und ihr rechter Hochpunkt wegen des fließenden Übergangs in die x-Achse bei $H(10|0)$ liegen. Der linke Hochpunkt liegt symmetrisch. Hieraus erhalten wir die Bedingungen I bis IV für f und f', die auf 3 Bestimmungsgleichungen für a, b und c führen. Die Auflösung des Gleichungssystems ergibt das Resultat $f(x) = -0{,}0006 x^4 + 0{,}12 x^2 - 6$.

Zur Inhaltsberechnung der Pflasterfläche verwenden wir das bestimmte Integral von f von 0 bis 10, das uns, abgesehen vom negativen Vorzeichen, den halben Flächeninhalt liefert. Nach Verdopplung erhalten wir die Pflasterfläche, wovon evtl. noch 3,14 m² für den Brunnen abgezogen werden müssen, sodass 60,86 m²
▶ verbleiben.

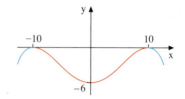

Ansatz für f:
$f(x) = ax^4 + bx^2 + c$
$f'(x) = 4ax^3 + 2bx$

Eigenschaften von f:
Tiefpunkt $\quad T(0|-6)$
Hochpunkt $\quad H(10|0)$
I: $f(0) \quad = -6: c = -6$
II: $f'(0) \quad = \quad 0$: durch Symmetrie erfüllt
III: $f(10) \quad = \quad 0$: $10000a + 100b - 6 = 0$
IV: $f'(10) \quad = \quad 0$: $4000a + 20b = 0$

Auflösung des Gleichungssystems:
$c = -6, a = -0{,}0006, b = 0{,}12$

$f(x) = -0{,}0006 x^4 + 0{,}12 x^2 - 6$

Flächeninhalt:
$$\int_0^{10} f(x)\,dx = \int_0^{10} (-0{,}0006 x^4 + 0{,}12 x^2 - 6)\,dx$$
$$= [-0{,}00012 x^5 + 0{,}04 x^3 - 6x]_0^{10} = -32$$
$\Rightarrow A = 2 \cdot 32 \text{ m}^2 = 64 \text{ m}^2$

Übungen

14. Kanalquerschnitt
Bestimmen Sie den Inhalt des Querschnitts des abgebildeten Kanals (Breite: 20 m). Zwischen A und B verläuft die rechte Begrenzung des Kanalbettes gemäß
$f(x) = \frac{3}{100}\left(-\frac{1}{3}x^3 + 5x^2\right)$.

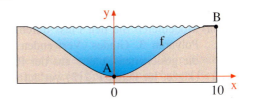

15. Fassadenanstrich
Der alte Stadtmauerturm soll einen neuen Fassadenanstrich erhalten. Für Angebote hat die Stadtverwaltung die nebenstehende Planskizze an die ortsansässigen Maler verteilt.
Malermeister Husch will 25 Euro pro m² kalkulieren. In welcher Höhe wird sein Angebot liegen?

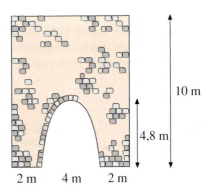

16. Schnittmuster
Eine Konfektionsfirma will Sommerblusen nach nebenstehendem Schnittmuster herstellen. Die Stoffrohlinge werden zunächst in Rechtecksform gefertigt, dann werden parabelförmige Stücke herausgeschnitten.
Welchen Prozentanteil hat hierbei der Verschnitt?

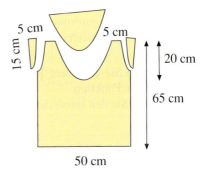

17. Windrad
Der Flügel eines Windrades hat angenähert das abgebildete Querschnittsprofil, welches die Leistung maßgeblich beeinflusst.
a) Zeigen Sie, dass die Randkurve des Flügels durch die Funktion
$f(x) = -\frac{1}{800}(x^3 - 33x^2 + 120x - 400)$
modelliert werden kann.
b) Die Querschnittsfläche A des Flügels soll einen Inhalt von mindestens 50 m² haben. Ist diese Bedingung erfüllt?

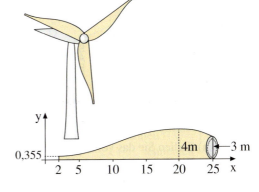

Methode 2: Verwendung der Differenzfunktion

Man denkt sich die Fläche zwischen f und g aus unendlich vielen senkrechten Strecken zusammengesetzt. Die Länge der Strecke an der Stelle x ist die Differenz der Funktionswerte von f(x) und g(x). Senkt man alle Strecken auf die x-Achse ab, so entsteht dort eine neue Fläche mit dem gleichen Inhalt, deren obere Berandung die Differenzfunktion $h(x) = f(x) - g(x)$ ist. Der Inhalt dieser Fläche kann mit dem bestimmten Integral von h berechnet werden.

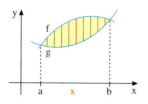 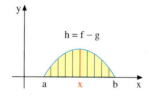

$$A = \int_a^b \left(f(x) - g(x)\right) dx$$

Inhalt der Fläche **zwischen f und g** über dem Intervall [a ; b] = Inhalt der Fläche **unter der Differenzfunktion h = f − g** über dem Intervall [a ; b]

▶ **Beispiel:** Berechnen Sie nun den Inhalt A der Fläche zwischen den Graphen $f(x) = \frac{1}{4}x^2 + 1$ und $g(x) = -\frac{1}{4}x^2 + x$ über dem Intervall [1 ; 2] mithilfe der Differenzfunktion $h = f - g$.

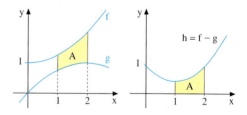

Lösung:
Die Differenzfunktion von f und g ist $h(x) = \frac{1}{2}x^2 - x + 1$. Das bestimmte Integral der Funktion h von 1 bis 2 hat den Wert $\frac{2}{3}$. Die Fläche unter h bzw. zwischen
▶ f und g über [1 ; 2] hat also den Inhalt $\frac{2}{3}$.

$$A = \int_1^2 h(x)\,dx = \int_1^2 \left(\frac{1}{2}x^2 - x + 1\right) dx$$
$$= \left[\frac{1}{6}x^3 - \frac{1}{2}x^2 + x\right]_1^2 = \frac{2}{3}$$

Übung 3
Gesucht ist der Inhalt A der Fläche zwischen den Graphen von $f(x) = 4 - x^2$ und $g(x) = \frac{1}{2}x + 4$ über dem Intervall [1 ; 2].

Übung 4
Die Graphen von $f(x) = -x^2 + 2x$ und $g(x) = x^3$ umschließen im 1. Quadranten eine Fläche vollständig.
Wie groß ist der Inhalt dieser Fläche?

128-1

B. Standardaufgaben

Wir erhöhen nun den Schwierigkeitsgrad der Flächeninhaltsbestimmungsaufgaben.

▶ **Beispiel:** Gesucht ist der Inhalt A der Fläche, die von den Graphen der Funktionen $f(x) = -x^2 + \frac{3}{2}x + 4$ und $g(x) = \frac{1}{2}x^2 + 1$ eingeschlossen wird.

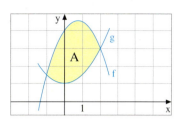

Lösung:
Zunächst fertigen wir eine Planungsskizze an. So können wir die Lage der betrachteten Fläche grob einschätzen.
Außerdem können wir sehen, dass f obere und g untere Randfunktion der Fläche ist.

Die genaue Lage der Flächenbegrenzungen a und b müssen wir allerdings errechnen. Es sind die Schnittstellen von f und g. Wir erhalten $a = -1$ und $b = 2$.

Nun errechnen wir die Differenzfunktion $h(x) = f(x) - g(x)$ wie rechts dargestellt.

Der gesuchte Flächeninhalt ergibt sich dann als Wert des bestimmten Integrals der Funktion h in den Grenzen von -1 bis 2.

▶ Resultat: $A = \frac{27}{4} = 6{,}75$

1. Schnittstellen von f und g
$$f(x) = g(x)$$
$$-x^2 + \tfrac{3}{2}x + 4 = \tfrac{1}{2}x^2 + 1$$
$$-\tfrac{3}{2}x^2 + \tfrac{3}{2}x + 3 = 0$$
$$x^2 - x - 2 = 0 \;\Rightarrow\; x_1 = -1,\; x_2 = 2$$

2. Bestimmung der Differenzfunktion
$$h(x) = f(x) - g(x)$$
$$= \left(-x^2 + \tfrac{3}{2}x + 4\right) - \left(\tfrac{1}{2}x^2 + 1\right)$$
$$= -\tfrac{3}{2}x^2 + \tfrac{3}{2}x + 3$$

3. Flächeninhaltsbestimmung
$$A = \int_{-1}^{2} h(x)\,dx = \int_{-1}^{2}\left(-\tfrac{3}{2}x^2 + \tfrac{3}{2}x + 3\right)dx$$
$$= \left[-\tfrac{1}{2}x^3 + \tfrac{3}{4}x^2 + 3x\right]_{-1}^{2} = \tfrac{27}{4} = 6{,}75$$

Übung 5
Berechnen Sie den Inhalt der von den Graphen der Funktionen f und g begrenzten Fläche.
a) $f(x) = 2x$, $g(x) = x^2$ b) $f(x) = -x^2 + 8$, $g(x) = x^2$ c) $f(x) = \tfrac{1}{4}x^2$, $g(x) = (x-1)^2$

Übung 6
Bestimmen Sie $a > 0$ so, dass die von den Graphen der Funktionen f und g eingeschlossene Fläche den angegebenen Inhalt A hat.
a) $f(x) = -x^2 + 2a^2$
   $g(x) = x^2$
   $A = 72$

b) $f(x) = x^2$
   $g(x) = ax$
   $A = \tfrac{4}{3}$

c) $f(x) = x^2 + 1$
   $g(x) = (a^2 + 1) \cdot x^2$
   $A = \tfrac{4}{3}$

Alle bisher betrachteten Beispiele hatten eines gemeinsam: Die zu betrachtende Fläche A lag oberhalb der x-Achse. Wir untersuchen nun, wie man vorgeht, wenn die Fläche A zwischen den Kurven von der x-Achse in zwei Teilflächen zerschnitten wird, von denen eine oberhalb und die andere unterhalb der x-Achse liegt.

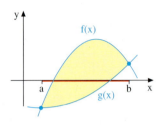
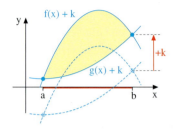

Man kann die Graphen von f und g wie abgebildet so weit nach oben verschieben, dass die Fläche A ganz oberhalb der x-Achse liegt. Nun lässt sich der Inhalt von A nach der Differenzfunktionsmethode berechnen:

$$A = \int_a^b \big((f(x)+k) - (g(x)+k)\big)\,dx = \int_a^b \big(f(x) - g(x)\big)\,dx.$$

Im Integranden fällt dann die Verschiebungsgröße k wieder heraus. Die Verschiebung muss also praktisch gar nicht ausgeführt werden.

Fazit: Der Inhalt der Fläche zwischen zwei Kurven f und g lässt sich – unabhängig von der Lage der Fläche – stets durch Integration der Differenzfunktion f − g bestimmen. Es muss jedoch gesichert sein, dass im Integrationsintervall kein Vorzeichenwechsel von h auftritt.

▶ **Beispiel:** Gesucht ist der Flächeninhalt A zwischen $f(x) = x + 1$ und $g(x) = x^2 + 2x - 1$.

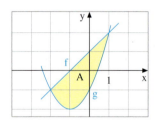

Lösung:
Die Kurven schneiden sich an den Stellen $a = -2$ und $b = 1$. Daher gilt:

▶ $A = \int_{-2}^{1} \big(f(x) - g(x)\big)\,dx = \int_{-2}^{1} (-x^2 - x + 2)\,dx = \left[-\tfrac{1}{3}x^3 - \tfrac{1}{2}x^2 + 2x\right]_{-2}^{1} = \tfrac{9}{2} = 4{,}5$

Übung 7
Gesucht ist der Inhalt A der Fläche, die von den Graphen von $f(x) = -x^3 + 1$ und $g(x) = 6x^2 - 7x + 1$ im ersten und vierten Quadranten umschlossen wird.

Übung 8
Gesucht ist der Inhalt A der rechts abgebildeten Fläche.

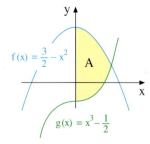

7. Flächen zwischen Funktionsgraphen

Wir betrachten nun den Fall, dass die von zwei Kurven f und g eingeschlossene Fläche in zwei oder mehr Teilflächen zerfällt. Dieser Fall tritt z. B. dann ein, wenn f und g mehr als zwei Schnittpunkte besitzen. Das Lösungsprinzip ist denkbar einfach: Man berechnet die Inhalte der Teilflächen einzeln, z. B. mittels Differenzfunktion.

▶ **Beispiel:** Berechnen Sie den Inhalt A der Fläche, die von den Graphen von $f(x) = \frac{1}{3}x^3 - \frac{4}{3}x$ und $g(x) = \frac{1}{3}x^2 + \frac{2}{3}x$ eingeschlossen wird.

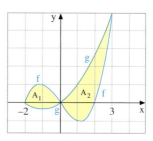

Lösung:
Wir skizzieren zunächst die Graphen von f und g. Diese haben drei Schnittpunkte, wodurch die Fläche in zwei Teilflächen A_1 und A_2 zerfällt, die von Schnittpunkt zu Schnittpunkt reichen.

Die Berechnung der Schnittstellen ergibt $x_1 = 0$, $x_2 = -2$ und $x_3 = 3$.

Des Weiteren errechnen wir die Differenzfunktion $h(x) = f(x) - g(x)$. Gleichwertig wäre $h(x) = g(x) - f(x)$.

Anschließend berechnen wir die bestimmten Integrale der Differenzfunktion von der ersten Schnittstelle -2 bis zur zweiten Schnittstelle 0 sowie von der zweiten Schnittstelle 0 bis zur dritten Schnittstelle 3.

Diese haben die Werte $\frac{16}{9}$ bzw. $-\frac{21}{4}$, woraus sich $A_1 = \frac{16}{9}$ und $A_2 = \frac{21}{4}$ ergeben. Addition ergibt den Inhalt A.

▶ **Resultat:** $A = \frac{253}{36} \approx 7{,}03$.

1. Schnittstellen von f und g

$$f(x) = g(x)$$
$$\frac{1}{3}x^3 - \frac{4}{3}x = \frac{1}{3}x^2 + \frac{2}{3}x$$
$$\frac{1}{3}x^3 - \frac{1}{3}x^2 - 2x = 0$$
$$x \cdot (x^2 - x - 6) = 0$$
$$\Rightarrow x_1 = 0, x_2 = -2, x_3 = 3$$

2. Differenzfunktion

$$h(x) = f(x) - g(x) = \frac{1}{3}x^3 - \frac{1}{3}x^2 - 2x$$

3. Flächeninhaltsberechnung

$$\int_{-2}^{0} h(x)\,dx = \left[\frac{1}{12}x^4 - \frac{1}{9}x^3 - x^2\right]_{-2}^{0} = \frac{16}{9}$$

$$\int_{0}^{3} h(x)\,dx = \left[\frac{1}{12}x^4 - \frac{1}{9}x^3 - x^2\right]_{0}^{3} = -\frac{21}{4}$$

$A_1 = \frac{16}{9}$, $A_2 = \frac{21}{4}$

$A = A_1 + A_2 = \frac{16}{9} + \frac{21}{4} = \frac{253}{36} \approx 7{,}03$

Übung 9
Berechnen Sie den Inhalt der Fläche zwischen den Kurven f und g über dem Intervall I.

a) $f(x) = x^3 + x^2$
$g(x) = x^2 + x$
$I = [-2\,;1]$

b) $f(x) = \frac{1}{2}x^4 - \frac{1}{2}x^2$
$g(x) = x^3 - x$
$I = [-1\,;2]$

Übung 10

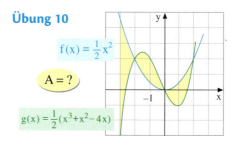

$f(x) = \frac{1}{2}x^2$

$A = ?$

$g(x) = \frac{1}{2}(x^3 + x^2 - 4x)$

Übungen

11. Die Graphen von f und g besitzen zwei Schnittpunkte. Berechnen Sie den Inhalt A der von den Graphen der Funktionen f und g eingeschlossenen Fläche.
   a) $f(x) = 0{,}5x^2 - 2$
   $g(x) = -0{,}5x + 1$
   b) $f(x) = -x^2 + 4x$
   $g(x) = -0{,}5x^2 - 2x$
   c) $f(x) = x^3 + 4x^2$
   $g(x) = 2x^2$
   d) $f(x) = \frac{1}{4}(x^3 + 5x^2)$
   $g(x) = \frac{3}{4}x^2$

12. Gesucht sind die Inhalte der abgebildeten Flächen.

a) 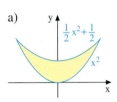   b) 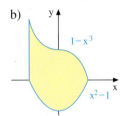   c)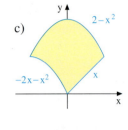

13. Bestimmen Sie, für welchen Wert des Parameters $a > 0$ die von den Graphen der Funktionen f und g eingeschlossene Fläche den Inhalt A hat.
   a) $f(x) = ax^2$
   $g(x) = x$
   $A = \frac{2}{3}$
   b) $f(x) = x^2$
   $g(x) = -ax + 2a^2$
   $A = 4{,}5$
   c) $f(x) = x^2 - 2x + 2$
   $g(x) = ax + 2$
   $A = 36$
   d) $f(x) = x^3$
   $g(x) = a^2 x$
   $A = 4$

14. Gesucht ist der Inhalt A der markierten Fläche.

a) 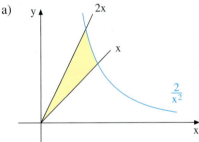   b)

15. Wie muss $a > 0$ gewählt werden, damit die gelbe Fläche den Inhalt $\frac{1}{8}$ hat?

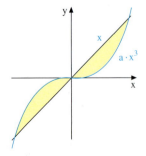

16. Wie muss $a > 0$ gewählt werden, wenn die beiden markierten Flächen gleich groß sein sollen?

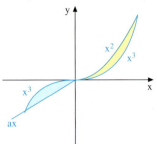

17. Bestimmen Sie die von den Graphen von f und g insgesamt eingeschlossenen Fläche.
   a) $f(x) = x^3 - 4x^2$, $g(x) = x - 4$
   b) $f(x) = x^4 - 4x^2$, $g(x) = x^2 - 4$

7. Flächen zwischen Funktionsgraphen

C. Modellierungsaufgaben

▶ **Beispiel:** Das Dach einer 20 m breiten und 60 m langen Tennishalle soll einen Parabelbogen spannen. Welchen Zuwachs erhält das Luftvolumen der Halle, wenn anstelle der ursprünglich geplanten Bauhöhe von 8 m eine Höhe von 10 m gewählt wird?

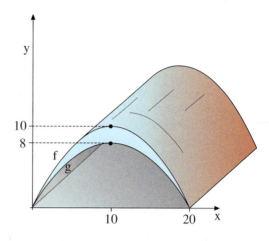

Lösung:
Die Skizze lässt uns erkennen, dass es genügt, den Inhalt A der Fläche zwischen dem aktuellen Dachprofil f und dem ursprünglich geplanten, niedrigeren Dachprofil g zu berechnen. Der Luftzuwachs ergibt sich durch Multiplikation von A mit der gegebenen Länge der Halle.

Zunächst benötigen wir die Funktionsgleichungen der Profilkurven f und g. Diese erhalten wir nach Festlegung eines Koordinatensystems z. B. durch Einsetzen der gegebenen Maße in die Scheitelpunktsform der Parabelgleichung. Man kann auch mithilfe eines Ansatzes der Form $f(x) = ax^2 + bx + c$ arbeiten.

Anschließend bestimmen wir A, indem wir die Differenzfunktion $f - g$ von $a = 0$ bis $b = 20$ integrieren. Wir erhalten so den Flächeninhalt von $A = \frac{80}{3}$ m².

Hierauf ergibt sich ein Volumenzuwachs von 1600 m³ Luft.

Ansatz: $f(x) = ax^2 + bx + c$

$\left.\begin{array}{l} f(0) = 0 \\ f(10) = 10 \\ f(20) = 0 \end{array}\right\} \Rightarrow \begin{array}{r} c = 0 \\ 100a + 10b + c = 10 \\ 400a + 20b + c = 0 \end{array}$

$\Rightarrow a = -\frac{1}{10},\ b = 2,\ c = 0$

Also gilt: $f(x) = -\frac{1}{10}x^2 + 2x$

Analog: $g(x) = -\frac{2}{25}x^2 + \frac{8}{5}x$

$A = \int_0^{20} (f(x) - g(x))\,dx = \int_0^{20} \left(-\frac{1}{50}x^2 + \frac{2}{5}x\right)dx$

$= \left[-\frac{1}{150}x^3 + \frac{1}{5}x^2\right]_0^{20} = \frac{80}{3}$

$V = \frac{80}{3}\,m^2 \cdot 60\,m = 1600\,m^3$

Übung 18
Aus 16 mm dickem Plexiglas wird eine Bikonvexlinse ausgeschnitten. Ihre beiden Brechungsflächen sollen parabelförmiges Profil sowie die in der Zeichnung angegebenen Maße (in mm) besitzen. Wie groß ist der Materialverbrauch (in mm³)?

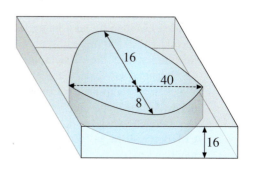

Übungen

19. Gebäudefront
Das Foto zeigt eine Gebäudefront, welche parabelförmig begrenzt ist. Die Front ist 12 m breit und 9 m hoch, wobei 5 m auf die untere und 4 m auf die obere Parabel entfallen.
a) Bestimmen Sie die Gleichungen der beiden Parabeln (Ursprung in der Mitte zwischen den Parabeln).
b) Welchen Querschnitt hat die Front?

20. Grundstücksgröße
Ein Grundstück wird wie abgebildet durch eine Straße f, einen Fluss g und zwei Parallelen durch $x = -10$ und $x = 10$ begrenzt. Der Fluss wird durch $g(x) = 0{,}005\,x^3 - 1{,}5\,x$ erfasst.
a) Bestimmen Sie die Gleichung der Straßengerade.
b) Bestimmen Sie die Größe des Grundstücks.

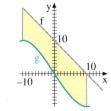

21. Fischlogo
Mac Fish plant als Firmenlogo für die Fenster ein transparentes Symbol. Ein Designer liefert den Entwurf rechts.
a) Bestimmen Sie die Parabelgleichungen f und g.
b) Welchen Inhalt A hat das Logo?
c) Das Logo lässt nur 50 % des Lichtes durch. Wie stark reduziert sich der Lichteinfall des gesamten Fensters?
d) In welchem Bereich ist das Logo mindestens 25 cm hoch?

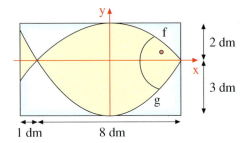

22. Campinganlage
Eine neue Campinganlage wird geplant. Sie soll von der Straße g, dem Küstenabschnitt $f(x) = -\tfrac{1}{4}x^4 + x^2$ sowie den Geraden h und k begrenzt werden (1 LE = 100 m).
a) Bestimmen Sie die Gleichungen der Parabel g sowie der Geraden h.
b) Welchen Flächeninhalt hat die geplante Anlage insgesamt?
c) Der Bereich zwischen der Straße g und der Parabel n durch $A(-3|0{,}5)$, $B(0|2)$ und $C(3|0{,}5)$ soll in je 100 m² große Parzellen geteilt werden. Wie viele Parzellen sind möglich?

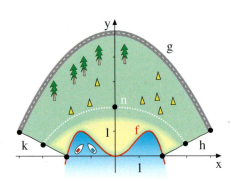

23. Thermalbad

Ein Innenarchitekt plant für ein neues Thermalbad einen Whirlpool.
a) Wie lauten die Gleichungen der Randfunktionen f und g? g läuft bei P(4|2) horizontal aus.
b) Wie viele Liter Wasser fasst das 1,5 m tiefe Becken?
c) Wie groß ist der Winkel α, unter dem die Kurven f und g sich im Punkt P(4|2) treffen?

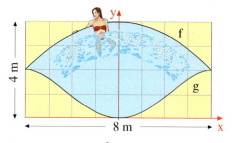

$f(x) = ax^2 + b$

$g(x) = ux^4 + vx^2$

24. Damm

Ein Hang, der 1000 m lang, 100 m breit und 40 m hoch ist, wird durch eine Aufschüttung neu gestaltet, um am oberen Hangende einen horizontalen Übergang zu schaffen.
a) Modellieren Sie die Randkurve f der Aufschüttung durch ein Polynom 2. Grades sowie die Randkurve g des alten Hanges durch eine Gerade.
b) Berechnen Sie das Volumen der Aufschüttung in m³.

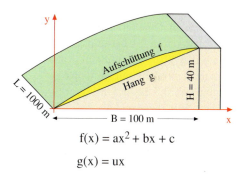

$f(x) = ax^2 + bx + c$

$g(x) = ux$

25. Wippe

Eine Wippe aus Kunststoff hat die abgebildete Form. Obere und untere Berandung können durch Polynome 4. Grades bzw. 2. Grades erfasst werden. Die obere Randkurve läuft *horizontal* aus. Die Breite der Sitzfläche beträgt 30 cm.
a) Wie lauten die Gleichungen der Randkurven f und g?
b) Wie groß ist die Masse der Wippe? (Dichte Kunststoff: 0,2 g/cm³)

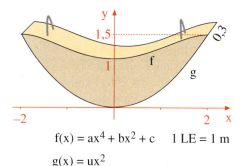

$f(x) = ax^4 + bx^2 + c$ 1 LE = 1 m

$g(x) = ux^2$

26. Vereinslogo

Der Marineclub erhält ein neues 5 m langes Vereinslogo in Form eines stilisierten Walfisches.
Es soll beidseitig mit Zinkfarbe gestrichen werden, um es wetterfest zu machen. Der Anstrich soll mindestens 1 mm dick sein.
Reichen 10 Liter Farbe aus?
Hinweis: Zeigen Sie zunächst, dass die Schwanzflosse des Logos 1 m lang ist.

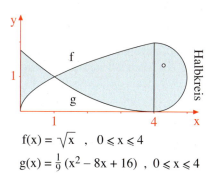

$f(x) = \sqrt{x}$, $0 \leq x \leq 4$

$g(x) = \frac{1}{9}(x^2 - 8x + 16)$, $0 \leq x \leq 4$

Hubarbeit beim Pyramidenbau

Beim Bau der Pyramiden wurden grosse Materialmassen schichtweise in die jeweilige Einbauhöhe gehoben. Die hierbei physikalisch mindestens aufgewandte Hubarbeit soll im Folgenden mithilfe der Integralrechnung abgeschätzt werden.

Die Cheopspyramide bei Gizeh wurde vor fast 5000 Jahren als Grabstätte für den Pharao Cheops erbaut. Die Bauzeit betrug 20 Jahre. Zehntausende von Arbeitern waren gleichzeitig beim Bau des Monuments eingesetzt. Die Hauptarbeit wurde während der jährlichen Überschwemmung der Felder durch den Nil geleistet.
Die Grundfläche der Pyramide maß 230 Meter im Quadrat. Die Höhe betrug 146 Meter. In 210 Gesteinsschichten wurden über 2 Millionen Kalksandsteinblöcke mit Seitenlängen von 0,5 bis 1,5 m verbaut. Wie diese technische Meisterleistung im Einzelnen vollbracht werden konnte, ist bis heute unbekannt. Die Abbildung zeigt die Cheopspyramide mit der Sphinx.

Wir betrachten eine quaderförmige Querschnittsscheibe durch die Pyramide. Diese liege in der Höhe x parallel zur Grundfläche. Ihre Seitenlänge sei a_x und ihre Dicke sei Δx. Für a_x gilt nach dem Strahlensatz die Formel $a_x = \frac{a}{h}(h-x)$.

Die Gewichtskraft der Querschnittsscheibe errechnet sich nach der Formel $F_x = m \cdot g = V_x \cdot \rho \cdot g$. Wir berechnen zunächst das Volumen V_x dieser Scheibe.
Durch Multiplikation des Volumens mit der Dichte ρ des Materials und dem Ortsfaktor g erhalten wir dann die Gewichtskraft F_x der Scheibe.
Der Ortsfaktor g gibt an, welche Gewichtskraft eine Masse von 1 kg auf der planetarischen Oberfläche besitzt.
Auf der Erde hat g den Wert $g = 9{,}81\, \frac{N}{kg}$.

1. Die Seitenlänge der Scheibe

$$\frac{a_x}{h-x} = \frac{a}{h}$$

$$a_x = \frac{a}{h} \cdot (h-x)$$

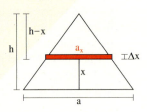

2. Das Volumen der Scheibe

$$V_x = a_x^2 \cdot \Delta x = \frac{a^2}{h^2} \cdot (h-x)^2 \cdot \Delta x$$

3. Die Gewichtskraft der Scheibe

$$F_x = V_x \cdot \rho \cdot g$$

$$F_x = \frac{a^2}{h^2} \cdot \rho \cdot g \cdot (h-x)^2 \cdot \Delta x$$

Nach einer weiteren Multiplikation mit der Hubhöhe x der Scheibe, vom Boden bis in ihre Liegehöhe x gerechnet, erhalten wir die Hubarbeit für den Einbau der Querschnittsscheibe.

Summieren wir nun die Arbeit für den Einbau aller Querschnittsscheiben der Pyramide, so erhalten wir näherungsweise die Hubarbeit für den Bau der gesamten Pyramide. Es handelt sich hierbei um eine Produktsumme der Gestalt $\sum t(x) \cdot \Delta x$.

Lassen wir nun die Anzahl der Scheiben gegen unendlich streben, wobei die Scheibendicke Δx gegen null strebt, so geht die Produktsumme in das bestimmte Integral $\int_0^h t(x)\,dx$ über, das die gesuchte Hubarbeit W exakt angibt.

Die konkrete Berechnung ergibt hierfür den folgenden Wert:

$W = \frac{1}{12} a^2 h^2 \cdot \rho \cdot g$.

4. Die Hubarbeit für die Scheibe

$W_x = F_x \cdot x$

$W_x = \frac{a^2}{h^2} \cdot \rho \cdot g \cdot (h-x)^2 \cdot \Delta x \cdot x$

$W_x = \frac{a^2}{h^2} \cdot \rho \cdot g \cdot (x^3 - 2hx^2 + h^2 x) \cdot \Delta x$

5. Die Hubarbeit für die Pyramide

$W \approx \sum W_x$

$= \sum \frac{a^2}{h^2} \cdot \rho \cdot g \cdot (x^3 - 2hx^2 + h^2 x) \cdot \Delta x$

$W = \int_0^h \frac{a^2}{h^2} \cdot \rho \cdot g \cdot (x^3 - 2hx^2 + h^2 x) \cdot dx$

$= \left[\frac{a^2}{h^2} \cdot \rho \cdot g \cdot \left(\frac{1}{4} x^4 - \frac{2}{3} h x^3 + \frac{h^2}{2} x^2 \right) \right]_0^h$

$= \frac{1}{12} a^2 h^2 \cdot \rho \cdot g$

Für die Cheopspyramide ergibt sich mit den Einsetzungen $a = 230$ m, $h = 146$ m, $\rho = 2500\,\frac{kg}{m^3}$ (Dichte von Sandstein) und $g = 9{,}81\,\frac{N}{kg}$ (Ortsfaktor, Erdbeschleunigung) für die verrichtete Arbeit der Wert W = 2,3 Billionen Joule. Das entspricht 640 157 kWh (Kilowattstunden).

In Wirklichkeit wurde natürlich erheblich mehr Arbeit aufgewandt wegen der in der Praxis auftretenden Reibungsverluste etc.

Übungen

Übung 1
Welche Hubarbeit muss aufgebracht werden, um einen massiven Sandsteinquader schichtenweise aus Steinblöcken aufzutürmen, wenn die Länge 50 m, die Breite 20 m und die Höhe 40 m betragen sollen? Hinweis: (Die Dichte von Sandstein beträgt 2500 kg/m³)

Übung 2
Ein Ameisenhaufen aus sandigem Material (Dichte 1600 kg/m³) hat die Form eines Kegelstumpfes. Der Grundflächenradius beträgt 1 m, die Höhe beträgt ebenfalls 1 m. Der Neigungswinkel der Böschung ist 60°. Welche Hubarbeit verrichteten die Ameisen beim Bau?

Überblick

Stammfunktion: Jede differenzierbare Funktion F, für die $F'(x) = f(x)$ gilt, heißt Stammfunktion von f.

Unbestimmtes Integral: Die Menge aller Stammfunktionen von f wird auch als unbestimmtes Integral bezeichnet.

Es gilt: $\int f(x)\,dx = F(x) + C \quad (C \in \mathbb{R})$

Elementare Integrationsregeln:

Potenzregel: $\int x^n\,dx = \frac{1}{n+1} \cdot x^{n+1} + C \quad (n \in \mathbb{Z}, n \neq -1)$

Summenregel: $\int (f(x) + g(x))\,dx = \int f(x)\,dx + \int g(x)\,dx$

Faktorregel: $\int (a \cdot f(x))\,dx = a \cdot \int f(x)\,dx$

Lineare Substitutionsregel: $\int f(ax + b)\,dx = \frac{1}{a} \cdot F(ax + b) + C$

Das bestimmte Integral: Das bestimmte Integral von f in den Grenzen von a bis b ist der Grenzwert einer Streifensumme. Anschaulich stellt es eine Flächenbilanz dar.

$\int_a^b f(x)\,dx$

Hauptsatz der Differential- und Integralrechnung:
f sei eine differenzierbare (oder stetige) Funktion und F eine Stammfunktion von f. Dann gilt:

$$\int_a^b f(x)\,dx = [F(x)]_a^b = F(b) - F(a)$$

Rechenregeln für bestimmte Integrale:

(1) $\int_a^a f(x)\,dx = 0$

(2) $\int_a^b f(x)\,dx + \int_b^c f(x)\,dx = \int_a^c f(x)\,dx$

(3) $\int_a^b f(x)\,dx = -\int_b^a f(x)\,dx$

(4) $\int_a^b k \cdot f(x)\,dx = k \cdot \int_a^b f(x)\,dx$

(5) $\int_a^b (f(x) + g(x))\,dx = \int_a^b f(x)\,dx + \int_a^b g(x)\,dx$

Flächeninhalte unter Funktionsgraphen
Die Funktion f sei über dem Intervall [a;b] differenzierbar.

f ist nicht negativ auf [a;b]

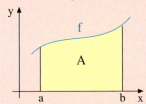

$$A = \int_a^b f(x)\,dx$$

f ist nicht positiv auf [a;b]

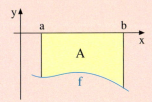

$$A = -\int_a^b f(x)\,dx$$

f wechselt das Vorzeichen auf [a;b]

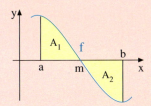

$$A = \int_a^m f(x)\,dx - \int_m^b f(x)\,dx$$

Flächeninhalte zwischen Funktionsgraphen
Die Funktionen f und g seien über dem Intervall [a;b] differenzierbar.

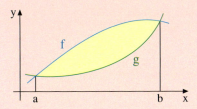

$$A = \int_a^b f(x)\,dx - \int_a^b f(x)\,dx = \int_a^b (f(x) - g(x))\,dx$$

Test

Grundlagen der Integralrechnung

1. Bestimmen Sie eine Stammfunktion von f.
   a) $f(x) = x^4$
   b) $f(x) = \frac{3}{x^2}$
   c) $f(x) = 2x^3 - x + 3$
   d) $f(x) = 8ax^3$
   e) $f(x) = n^2 x^{n-1}$, $n \in \mathbb{N}$

2. Bestimmen Sie diejenige Stammfunktion von $f(x) = 3x^2 - 2x$, deren Graph durch den Punkt $P(2\,|\,-1)$ verläuft. (Hinweis: Integrationskonstante C passend wählen.)

3. Errechnen Sie das unbestimmte bzw. das bestimmte Integral.
   a) $\int (3 - x^2)\,dx$
   b) $\int_{2}^{4} (2x - x^2)\,dx$
   c) $\int_{1}^{2} (3x + 6x^3)\,dx$

4. Berechnen Sie den Inhalt der Fläche unter dem Graphen von f über dem Intervall I. Fertigen Sie zunächst eine Skizze an.
   a) $f(x) = 2x - \frac{1}{2}$
      $I = [0, 4]$
   b) $f(x) = x^3 - 6x^2 + 8x$
      $I = [0, 3]$

5. Das Profil einer Skateboardrampe wird von zwei quadratischen Parabeln f und g gebildet, die über einen senkrechten Absatz verbunden sind.
   a) Wie lauten die Gleichungen für f und g?
   b) Welche Querschnittsfläche hat die Rampe?
   c) Die Rampe hat eine Fahrbahnbreite von 6 m. Wie viel wiegt der Beton für den Bau der Rampe?
      (Dichte Beton: 2,3 g/cm³)

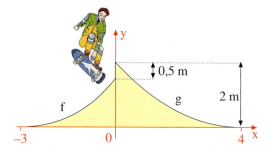

6. Gesucht ist der Inhalt der Fläche, welche von den Graphen der Funktionen $f(x) = x$ und $g(x) = \frac{1}{4}x^2 - \frac{1}{2}x$ eingeschlossen wird.
Fertigen Sie zunächst eine Skizze an.

7. Ein Pavillon besitzt eine Glasfront, die oben von einer sichelförmigen Holzrahmung abgeschlossen wird.
Das Holz ist 20 cm dick.
Was wiegt die Rahmung?
(Dichte Holz: 0,7 g/cm³)

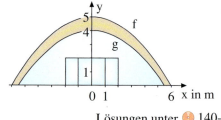

Lösungen unter 140-1

III. Weiterführung der Integralrechnung

▶ **Beispiel: Wasserstand**
Ein zylindrischer Wasserspeicher ist 300 cm hoch und misst im Durchmesser 60 cm.
Er ist bis oben mit Wasser gefüllt, als versehentlich der Abflusshahn geöffnet wird.
Der Wasserstand erniedrigt sich mit der Geschwindigkeit $h'(t) = \frac{1}{54}t - \frac{10}{3}$ (t in min, h' in cm/min).
a) Wie lautet die Gleichung von h?
b) Wie hoch ist der Wasserstand nach $1\frac{1}{2}$ Stunden? Wie viel Wasser geht in dieser Zeit verloren?

Lösung zu a):
Die Funktion h für den Wasserstand kann durch Integration ihrer Änderungsrate h' gewonnen werden:
$h(t) = \frac{1}{108}t^2 - \frac{10}{3}t + C$.
Der Anfangsstand $h(0) = 300$ ist bekannt. Damit kann die Integrationskonstante C ermittelt werden. Wir erhalten $C = 300$.
$h(t) = \frac{1}{108}t^2 - \frac{10}{3}t + 300$

Lösung zu b):
Nach $1\frac{1}{2}$ Stunden, d.h. nach 90 Minuten ist der Wasserstand auf $h(90) = 75$ cm abgesunken.
Der Wasserverlust entspricht einem zylindrischen Volumen mit dem Radius $R = 30$ cm und der Höhe $H = 225$ cm.
▶ Das ergibt ca. 636 Liter.

Bestimmung der Gleichung von h:
$h'(t) = \frac{1}{54}t - \frac{10}{3}$
$h(t) = \int \left(\frac{1}{54}t - \frac{10}{3}\right)dt$
$h(t) = \frac{1}{108}t^2 - \frac{10}{3}t + C$
Aus $h(0) = 300$ folgt $C = 300$.
$h(t) = \frac{1}{108}t^2 - \frac{10}{3}t + 300$

Berechnung des Wasserverlustes:
Wasserstand: $h(90) = 75$ cm
Höhenverlust: 300 cm $- 75$ cm $= 225$ cm
Volumenverlust: $\pi R^2 \cdot H = \pi \cdot 30^2 \cdot 225$ cm^3
$= 636\,173$ cm^3
≈ 636 Liter

Übung 2 Spiralblume
Die Wachstumsgeschwindigkeit v einer Spiralblume (flos helica) wurde in einer Graphik erfasst (t in Tage, v in cm/Tag).
a) Modellieren Sie v durch eine quadratische Funktion.
b) Zu Beginn der 3-tägigen Wachstumsperiode ist die Blume 1 m hoch. Wie hoch ist sie am Ende der Periode?
c) Wann ändert sich die Höhe nur noch um 1 cm/Tag. Wie hoch ist die Blume dann?

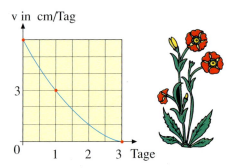

C. Berechnung der Arbeit W aus der Kraft F bzw. aus der Leistung P

Die von einer Maschine produzierte Arbeit W hängt von der Kraft F ab, die von der Maschine längs des Weges s aufgebracht wird. Jeder kennt die Formel Arbeit = Kraft · Weg ($W = F \cdot s$), die man exakter in der Form $F = \frac{\Delta W}{\Delta s}$ angeben kann, was gleichbedeutend ist mit $F = W'$.
Die Kraft ist also die lokale Änderungsrate der Arbeit nach der Zeit. Kennt man den Verlauf der Kraftkurve F(s) längs des Weges s, kann man die Arbeit durch Integration bestimmen.

> **Beispiel: Hubarbeit**
> Ein Bagger hebt eine Ladung Kies aus dem Flussbett auf einen 9 m hohen Lastkahn. Beim Heben fließt das Wasser ab, so dass sich die Last und damit auch die benötigte Kraft kontinuierlich verringert, und zwar nach folgender Formel: $F(s) = 50\,000 - 9000 \cdot \sqrt{s}$.
> (s: Hubweg in m, F: Kraft in N)
> Bestimmen Sie die Gleichung der Funktion W. Welche Arbeit verrichtet der Bagger insgesamt?

Lösung:
Die Kraft F ist die lokale Änderungsrate der Arbeit W bezüglich des Weges s.
Daher kann die Arbeitskurve durch Integration der Kraftkurve gewonnen werden:
$W(s) = -6000\, s^{3/2} + 50\,000\, s$.

Die Integrationskonstante ist 0, da zu Beginn des Prozesses noch keine Arbeit verrichtet wurde: $W(0) = 0$.

Die Gesamtarbeit für das Heben bis in 9 m Höhe beträgt $W(9) = 288\,000$ Joule.

Gleichung der Arbeitsfunktion W:

$$W(s) = \int F(s)\,ds$$
$$= \int \left(50\,000 - 9000 \cdot s^{\frac{1}{2}}\right) ds$$
$$= -6000 \cdot s^{\frac{3}{2}} + 50\,000\, s + C$$
$W(0) = 0$
$W(s) = -6000 \cdot s^{\frac{3}{2}} + 50\,000\, s$

Berechnung der Gesamtarbeit:
$W(9) = 288\,000$ Joule

Übung 3 Bergtour

Bei einer Bergtour wird die Leistung des Fahrers durch $P(t) = -\frac{1}{3240} t^3 + \frac{1}{36} t^2$ erfasst.
(t in min, P in Watt).
Hinweis: Die Leistung P ist die momentane Änderungsrate der Arbeit W nach der Zeit t $\left(P = \frac{\Delta W}{\Delta t},\ P = W'\right)$.
a) Wie lautet die Gleichung der Funktion W?
b) Welche Arbeit wird bei der 90-minütigen Tour insgesamt erbracht?
c) Wann war die Leistung maximal?

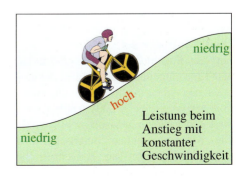

Leistung beim Anstieg mit konstanter Geschwindigkeit

D. Berechnung der Manntage aus der Beschäftigtenzahl

Bei großen Projekten wird der Arbeitsaufwand in Manntagen kalkuliert. Sind 50 Mann an 20 Tagen eingesetzt, kommen 1000 Manntage zustande. Weiß man, wie viel Mann zu jedem Zeitpunkt eingesetzt sind, so kann man den Aufwand an Manntagen durch Integration bestimmen.

▶ **Beispiel: Staudammbau**
Beim Bau eines Staudamms kann die Anzahl der eingesetzten Männer durch die Funktion $m(t) = 800 - 2t$ beschrieben werden (t in Tagen, m in Personen), $0 \leq t \leq 400$. Pro Mann und Stunde entstehen Kosten von 30 Euro.

a) Wie lautet die Gleichung der Funktion M(t), welche die Anzahl der Manntage angibt, die bis zum Zeitpunkt t zustande kamen?
b) Wie viele Manntage erfodert der Dammbau insgesamt?
c) Die tägliche Arbeitszeit beträgt 8 Stunden. Welche Arbeitskosten erfordert das Projekt?

Lösung zu a):
Die Funktion m ist die Änderungsrate der Funktion M: $m = M'$.
Daher kann M durch Integration von m gewonnen werden. Unter Berücksichtigung von $M(0) = 0$ erhalten wir:
$M(t) = -t^2 + 800t$.

Lösung zu b):
Das gesamte Projekt dauert 400 Tage. Daher werden 160 000 Manntage eingesetzt.

Lösung zu c):
Pro Manntag entstehen 240 Euro Kosten. Insgesamt betragen die Arbeitskosten daher 38,4 Millionen Euro. ◂

$\text{Mann} = \frac{\text{Manntage}}{\text{Tage}} \Rightarrow m = \frac{\Delta M}{\Delta t} \Rightarrow m = M'$

Bestimmung der Funktion M:
$M(t) = \int m(t)dt = \int (800 - 2t)dt$
$M(t) = -t^2 + 800t + C$
Aus $M(0) = 0$ folgt $C = 0$
$M(t) = -t^2 + 800t$

Berechnung der gesamten Manntage:
$M(400) = 160\,000$ Manntage

Berechnung der Arbeitskosten:
Kosten = Manntage · Kosten pro Tag
$= 160\,000 \cdot 8 \cdot 30 = 38\,400\,000$

Übung 4 Hochhaus
Für den Bau eines Hochhauses werden 400 Tage eingeplant. Die Anzahl der eingesetzten Arbeiter wird durch die Funktion $a(t) = \frac{1}{450}(-t^2 + 200t + 80000)$ erfasst, t in Tagen, a in Mann.
Die Männer arbeiten durchschnittlich sechs Stunden pro Tag. Berechnen Sie den Aufwand in Manntagen.

Übungen

5. Gezeitenkraftwerk

Der Wasserstand im Staubecken eines Gezeitenkraftwerkes verändert sich im Laufe eines Tages durch ein- und ausströmendes Wasser. Die Änderungsrate kann durch die Funktion $h'(t) = \frac{1}{216}(5t^2 - 120t + 480)$ erfasst werden (t in Stunden, h in m/Std., $0 \leq t \leq 24$). Zur Zeit $t = 0$ beträgt der Wasserstand 5 m.

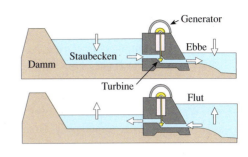

a) Wie lautet die Gleichung von h?
b) Wann war der Wasserstand am höchsten bzw. am niedrigsten?
c) Wann änderte sich der Wasserstand am schnellsten? Wie schnell änderte er sich?

6. Hubschrauberflug

Ein neues Hubschraubermodell wird auf einem Testflug erprobt, der eine Minute dauert. Durch außen angebrachte Staurohre kann die Fluggeschwindigkeit permanent ermittelt werden. Sie kann durch die Funktion $v(t) = -0{,}03t^2 + 1{,}8t$ erfasst werden (t in s, v in m/s).

Welche Flugstrecke legt das Gerät zurück?

7. Besucherzahl

Auf einem Volksfest wird die Änderungsrate der Besucherzahl kontinuierlich festgestellt. Es zeigt sich, dass sie durch $B'(t) = 20t^3 - 300t^2 + 1000t$ erfasst wird. (t in Std., B' in Besucher/Std.)

Nach einer Stunde waren 500 Menschen auf dem Fest.

a) Wie lautet die Gleichung der Funktion B(t) für die Besucheranzahl?
b) Wie viele Besucher sind nach 3 Std. anwesend?
c) Wie groß ist die maximale Besucherzahl?
d) Wann steigt die Besucherzahl am schnellsten?
e) In welchen Zeitgrenzen kann das Modell höchstens gelten?

8. Ballwurf

Ein Ball wird in 35 m Höhe senkrecht nach oben geworfen.
Die Abwurfgeschwindigkeit beträgt 30 m/s.

a) Wie lautet die Gleichung der Funktion h, welche die Höhe des Balles zur Zeit t beschreibt?
Hinweis: Die Geschwindigkeitsfunktion lautet: $v(t) = 30 - 10t$.
Dies ist eine zwangsläufige Folge des Gravitationsgesetzes.
b) Mit welcher Geschwindigkeit trifft der Ball auf dem Boden auf? Wie groß ist die Gipfelhöhe des Balles?

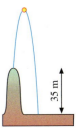

9. Anhalteweg 148-1

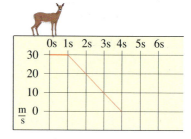

Ein LKW fährt mit einer Geschwindigkeit von 108 km/h, d. h. 30 m/s, als 100 m voraus plötzlich ein Reh auf die Fahrbahn springt. Der Fahrer reagiert eine Sekunde später mit einer Vollbremsung. Von diesem Zeitpunkt an verringert sich seine Geschwindigkeit nach der Formel
$v(t) = 30 - 10t$ (t in s, v in m/s). s sei der Bremsweg.
a) Wie lautet die Gleichung von s?
b) Wie lange dauert die Bremsung?
c) Wie groß ist der Anhalteweg (Bremsweg + Reaktionsweg)? Kommt es zu einem Unfall?

10. Ballonflug

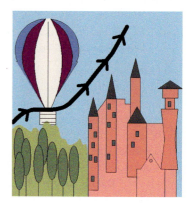

Ein Heißluftballon ändert seine Flughöhe h (über Normalnull) mit der Geschwindigkeit $v(t) = -0{,}12t^2 + 1{,}2t$, er startet zur Zeit t = 0 in einer Höhe von 520 m.
(t in min, v in m/min).
Fünf Minuten nach dem Start befand sich der Ballon in einer Höhe von 530 m.
a) Wie lautet die Gleichung der Höhenfunktion?
b) Welche maximale Höhe erreicht der Ballon?
c) Wann befindet sich der Ballon wieder auf Starthöhe?

11. Pyramidenbau

Für den Bau einer Pyramide wurden 100 Tage veranschlagt.
Die Anzahl der Arbeiter zur Zeit t wird durch $N(t) = 5 + 0{,}5 \cdot \sqrt{t} - 0{,}1\,t$ erfasst, $0 \leq t \leq 100$. Dabei ist t die Zeit in Tagen und N die Zahl der Arbeiter in Tausend.
a) Skizzieren Sie den Graphen von N.
b) Wann war die Zahl der Arbeiter maximal?
c) Wann waren 3600 Arbeiter im Einsatz?
d) Wie viele Manntage waren insgesamt erforderlich?

12. Tomatenpflanze

Ein Tomatensetzling besitzt beim Einpflanzen eine Höhe von 5 cm. Seine Höhe nimmt mit der Geschwindigkeit $v(t) = -0{,}1t^3 + t^2$ zu.
(t in Wochen, v in cm/Woche)
Rekonstruieren Sie die Funktion h, die die Höhe der Pflanze erfasst.
Klären Sie folgende Fragen:
a) Wie lange dauert die Wachstumsphase?
b) Wie hoch wird die Pflanze maximal?
c) Wie hoch wird die Pflanze zum Zeitpunkt des schnellsten Wachstums sein?

2. Uneigentliche Integrale

In diesem Abschnitt werden wir den Inhalt von Flächen untersuchen, die unbegrenzt sind und sich bis ins Unendliche ausdehnen.

Typ 1: Integral über einem unbeschränkten Intervall

▶ **Beispiel:** Der Graph von $f(x) = \frac{1}{x^3}$, die Gerade $x = 1$, die x-Achse und die Gerade $x = k$ mit $k > 1$ schließen eine Fläche ein.
a) Berechnen Sie deren Inhalt A(k) in Abhängigkeit von k.
b) Untersuchen Sie das Grenzwertverhalten des Flächeninhalts A(k) für $k \to \infty$.

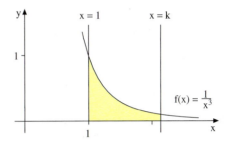

Lösung zu a:
1. Stammfunktion:
Wir bestimmen zunächst eine Stammfunktion von f.

$$f(x) = \frac{1}{x^3}$$
$$F(x) = -\frac{1}{2x^2}$$

2. Flächeninhaltsbestimmung:
Der gesuchte Flächeninhalt kann nun als bestimmen Integral von f über dem Intervall $[1; k]$ $(k > 1)$ berechnet werden.

$$A(k) = \int_1^k \frac{1}{x^3} dx = F(k) - F(1)$$
$$= -\frac{1}{2k^2} + \frac{1}{2 \cdot 1} = \frac{1}{2} - \frac{1}{2k^2}$$

Resultat: $A(k) = \frac{1}{2} - \frac{1}{2k^2}$

zu b: Verhalten von A(k) für $k \to \infty$:
Mit zunehmendem k wandert die Gerade $x = k$ weiter nach rechts, und die Fläche A(k) dehnt sich immer weiter aus. Für $k \to \infty$ erstreckt sich die Fläche bis ins Unendliche. Man könnte vermuten, dass diese unendlich ausgedehnte Fläche einen unendlich großen Flächeninhalt hat. Dass dies nicht so ist, können wir durch Grenzwertbestimmung nachweisen. Der Inhalt der Fläche wächst nicht über alle Grenzen, sondern nähert sich überraschenderweise
▶ immer mehr der Zahl 0,5.

Grenzwertbestimmung:

$$\lim_{k \to \infty} A(k) = \lim_{k \to \infty} \int_1^k \frac{1}{x^3} dx$$
$$= \lim_{k \to \infty} \left(\frac{1}{2} - \frac{1}{2k^2}\right) = \frac{1}{2}$$

Unser Beispiel zeigt, dass auch Flächen, die nicht nach allen Seiten durch Randkurven begrenzt sind, sondern sich bis in alle Unendlichkeit erstrecken, unter bestimmten Umständen durchaus einen (endlichen) Flächeninhalt haben können.

Im obigen Beispiel haben wir die obere Grenze der Fläche A(k), also den Parameter k, weiter nach rechts wandern lassen und den Grenzwert bestimmt. Man bezeichnet diesen Grenzwert auch als *uneigentliches Integral* von f über $[1;\infty[$.

Uneigentliches Integral:

$$\int_1^\infty f(x)\,dx = \int_1^\infty \frac{1}{x^3}\,dx = \lim_{k\to\infty} \int_1^k \frac{1}{x^3}\,dx = \frac{1}{2}$$

Definition III.1: Ist die Funktion f auf einem Intervall $[a;\infty[$ stetig und existiert der Grenzwert $\lim_{k\to\infty} \int_a^k f(x)\,dx$, dann definiert man diesen Grenzwert als **uneigentliches Integral** von f über $[a;\infty[$ und schreibt hierfür $\int_a^\infty f(x)\,dx$.

Existiert der Grenzwert nicht, so sagt man, dass das uneigentliche Integral nicht existiert.

Das uneigentliche Integral $\int_{-\infty}^b f(x)\,dx$ wird in analoger Weise definiert.

Wir erläutern nun die Vorgehensweise zur Bestimmung eines uneigentlichen Integrals.

▶ **Beispiel:** Berechnen Sie, sofern es existiert, das uneigentliche Integral $\int_2^\infty \frac{4}{x^2}\,dx$.

Lösung:
Zunächst schreiben wir das uneigentliche Integral als Grenzwert eines bestimmten Integrals und berechnen dieses für eine beliebige obere Grenze k mit $k > 2$. Anschließend lassen wir die obere Grenze k über alle Grenzen wachsen, d. h., wir bestimmen den Grenzwert des bestimmten Integrals für $k \to \infty$. Dieser Grenzwert ist, sofern er existiert, das gesuchte un-
▶ eigentliche Integral.

$$\int_2^\infty \frac{4}{x^2}\,dx = \lim_{k\to\infty} \int_2^k \frac{4}{x^2}\,dx$$

$$= \lim_{k\to\infty} \left[-\frac{4}{x}\right]_2^k$$

$$= \lim_{k\to\infty} \left(-\frac{4}{k} + 2\right)$$

$$= 2$$

Übung 1

Berechnen Sie, sofern sie existieren, die folgenden uneigentlichen Integrale.

a) $\int_2^\infty 8x^{-5}\,dx$ b) $\int_1^\infty \frac{1}{\sqrt{x}}\,dx$ c) $\int_{-\infty}^0 \frac{1}{(4-x)^3}\,dx$ d) $\int_{-\infty}^{-2} \frac{x+1}{x^4}\,dx$

2. Uneigentliche Integrale

Das folgende Beispiel zeigt die prinzipielle Vorgehensweise bei der Untersuchung des Inhalts von Flächen, die sich bis ins Unendliche ausdehnen.

▶ **Beispiel:** Bestimmen Sie den Inhalt der Fläche A, die sich – begrenzt vom Graphen der Funktion $f(x) = x^2$, vom Graphen der Funktion $g(x) = \frac{1}{x^2}$ und von der x-Achse – längs der positiven x-Achse ins Unendliche erstreckt.

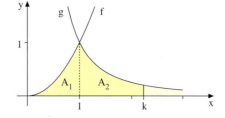

Lösung:

1. Schnittpunktbestimmung:
Wir bestimmen als erstes die Schnittstelle von f und g. Im 1. Quadranten finden wir die Schnittstelle bei $x = 1$. Wir zerlegen die gesuchte Fläche A in zwei Teilflächen A_1 und A_2.

$$f(x) = g(x)$$
$$x^2 = \tfrac{1}{x^2}$$
$$x^4 = 1$$
$$x = 1; \quad x = -1$$

2. Der Inhalt der Fläche A_1:
A_1 ist die Fläche unter $f(x) = x^2$ über dem Intervall $[0\,;1]$, die wir in gewohnter Weise berechnen können.

$$A_1 = \int_0^1 x^2\, dx = \left[\tfrac{1}{3}x^3\right]_0^1 = \tfrac{1}{3}$$

3. Der Inhalt der Fläche $A_2(k)$:
Wir bestimmen nun den Inhalt der Fläche $A_2(k)$ unter dem Graphen von f über einem beliebigen Intervall $[1\,;k]$ ($k > 1$).

$$A_2(k) = \int_1^k \tfrac{1}{x^2}\, dx = \left[-\tfrac{1}{x}\right]_1^k = 1 - \tfrac{1}{k}$$

4. Der Inhalt von $A_2(k)$ für $k \to \infty$:
Lassen wir die obere Grenze der Fläche $A_2(k)$, also den Parameter k, weiter nach rechts wandern, so dehnt sich die Fläche immer weiter aus.
Allerdings wächst der Inhalt nicht über alle Grenzen, sondern er nähert sich immer mehr der Zahl 1: $\lim\limits_{k\to\infty} A_2(k) = 1$.

$$\lim_{k\to\infty} A_2(k) = \lim_{k\to\infty} \int_1^k \tfrac{1}{x^2}\, dx$$
$$= \lim_{k\to\infty}\left(1 - \tfrac{1}{k}\right) = 1$$

5. Der Inhalt von A:
Der Inhalt von A ist die Summe der Inhalte von A_1 und A_2.

$$A = A_1 + \lim_{k\to\infty} A_2(k) = \tfrac{1}{3} + 1 = \tfrac{4}{3}$$

▶ **Resultat:** $A = \tfrac{4}{3} < \infty$

🪙 151-1

Übung 2
Bestimmen Sie den Inhalt der Fläche A, die sich – begrenzt von den Graphen von $f(x) = \tfrac{1}{3}x$ und $g(x) = \tfrac{1}{(x-2)^2}$ und von der x-Achse – längs der positiven x-Achse ins Unendliche erstreckt.

Typ 2: Integral einer unbeschränkten Funktion

Bisher haben wir ins Unendliche ausgedehnte Flächen betrachtet, die als bestimmte Integrale über unbeschränkten Intervallen darstellbar waren. Das folgende Beispiel zeigt, dass ins Unendliche ausgedehnte Flächen bei bestimmten Funktionen auch in anderen Zusammenhängen auftreten können.

▶ **Beispiel:** Berechnen Sie den Inhalt der Fläche A, die vom Graphen der Funktion $f(x) = \frac{1}{\sqrt{x}}$, von der Geraden $x = 2$ und der x-Achse im 1. Quadranten begrenzt wird.

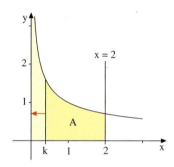

Lösung:
Die Funktion f ist für $x = 0$ nicht definiert.
Es gilt: $\lim\limits_{x \to 0} \frac{1}{\sqrt{x}} = \infty$.

Die Fläche A dehnt sich also „nach oben" bis ins Unendliche aus, da f in der Nähe von 0 unbeschränkt ist. Um deren Flächeninhalt zu untersuchen, gehen wir prinzipiell wie in den obigen Beispielen mittels Grenzwertbestimmung vor. Als erstes berechnen wir den Inhalt der Fläche A(k) unter dem Graphen von f über einem beliebigen Intervall [k; 2] mit $0 < k < 2$.

Lassen wir nun die untere Grenze der Fläche A(k) „nach links wandern", so dehnt sich die Fläche immer weiter aus. Der Inhalt der Fläche A ergibt sich dann als Grenzwert des Flächeninhalts A(k) für $k \to 0$.

▶ **Resultat:** $A = 2\sqrt{2}$

Im obigen Beispiel konnten wir nicht direkt das Integral von 0 bis 1 bilden, da die Funktion f bei $x = 0$ nicht definiert, sondern dort *unbeschränkt* ist. Auch in diesem Fall kann man den errechneten Grenzwert als *uneigentliches Integral* bezeichnen und hierfür die nebenstehende Schreibweise verwenden.

1. Der Inhalt der Fläche A(k):

$$A(k) = \int_k^2 f(x)\,dx = \int_k^2 \frac{1}{\sqrt{x}}\,dx$$

$$= [2\sqrt{x}]_k^2 = 2\sqrt{2} - 2\sqrt{k}$$

2. Der Inhalt der Fläche A(k) für $k \to 0$:

$$\lim_{k \to 0} A(k) = \lim_{k \to 0} \int_k^2 f(x)\,dx$$

$$= \lim_{k \to 0} (2\sqrt{2} - 2\sqrt{k}) = 2\sqrt{2}$$

Uneigentliches Integral:

$$A = \int_0^2 f(x)\,dx = \lim_{k \to 0} \int_k^2 f(x)\,dx$$

$$= \lim_{k \to 0} \int_k^2 \frac{1}{\sqrt{x}}\,dx = 2\sqrt{2}$$

2. Uneigentliche Integrale

Definition III.2: Ist die Funktion f an der Stelle a nicht definiert, aber auf dem Intervall]a; b] stetig und existiert der Grenzwert $\lim_{k \to a} \int_k^b f(x)\,dx$, so definiert man diesen Grenzwert als uneigentliches Integral von f über]a; b] und schreibt $\int_a^b f(x)\,dx$.

Analog definiert man ein uneigentliches Integral, wenn die Funktion f an der oberen Integrationsgrenze nicht definiert ist.

Übungen

3. Berechnen Sie, sofern sie existieren, die folgenden uneigentlichen Integrale.

   a) $\int_2^\infty 4x^{-6}\,dx$
   b) $\int_1^\infty \frac{2}{\sqrt[3]{x}}\,dx$
   c) $\int_{-\infty}^{-2} \frac{1}{(x+1)^2}\,dx$

   d) $\int_{-\infty}^{-1} \left(x^2 + \frac{1}{x^3}\right)dx$
   e) $\int_{-\infty}^{-1} \frac{2x^4 - 5}{x^4}\,dx$
   f) $\int_2^\infty \frac{2}{(4+x)^2}\,dx$

4. Berechnen Sie, sofern existent, die folgenden uneigentlichen Integrale.

   a) $\int_{-3}^{1} \frac{1}{\sqrt{x+3}}\,dx$
   b) $\int_2^4 \frac{1}{(x-4)^2}\,dx$
   c) $\int_0^\infty \frac{1}{x^2}\,dx$

5. a) Bestimmen Sie den Inhalt der Fläche A, die sich – begrenzt vom Graphen der Funktion $f(x) = \frac{1}{8}x^2$, vom Graphen der Funktion $g(x) = \frac{2}{(x-3)^2}$ und von der x-Achse – längs der positiven x-Achse ins Unendliche erstreckt.

   b) Bestimmen Sie den Inhalt der Fläche A, die sich – begrenzt vom Graphen der Funktion $f(x) = 1{,}5x^2$, vom Graphen der Funktion $g(x) = 0{,}5x^2 + 1$ und von der x-Achse – längs der positiven x-Achse ins Unendliche erstreckt.

   c) Berechnen Sie den Inhalt der Fläche A, die rechts von $x = 2$ zwischen den Graphen der Funktionen $f(x) = \frac{1}{x^3}$ und $g(x) = \frac{1}{x^2}$ liegt. Fertigen Sie zunächst eine Skizze an.

6. Überprüfen Sie, ob die folgende Rechnung richtig ist:

$$\int_{-4}^{0} \frac{1}{(x+1)^2}\,dx = \left[-\frac{1}{x+1}\right]_{-4}^{0} = -1 - \frac{1}{3} = -\frac{4}{3}$$

3. Das Volumen von Rotationskörpern

A. Die Rotationsformel

Flaschen, Vasen, Scheinwerfer und Kugeln sind rotationssymmetrische Körper, deren Form durch Rotation einer Randkurve um eine Achse erzeugt werden kann. Mit der Integralrechnung kann das Volumen solcher Körper rechnerisch bestimmt werden.

Die Grundidee stammt von Archimedes. Analog zur Einschachtelung von Flächen durch archimedische Rechteckstreifen kann ein Rotationsvolumen durch Zylinderscheiben eingeschachtelt werden. Die folgende Gegenüberstellung führt so zur Rotationsformel.

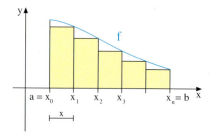 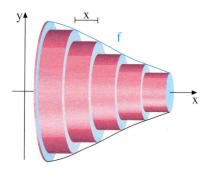

Die *Fläche* A unter dem Graphen von f über dem Intervall [a; b] wird nach Archimedes durch eine *Treppenfläche* aus n rechteckigen Streifen approximiert.

Der Inhalt dieser Treppenfläche ist eine Produktsumme der Gestalt

$$\sum f(x_i) \cdot \Delta x,$$

denn das Rechteck Nr. i besitzt den Inhalt $f(x_i) \cdot \Delta x$.

Lässt man die Anzahl n der Rechteckstreifen gegen unendlich und ihre Breiten Δx gegen null streben, so strebt die Produktsumme gegen das bestimmte Integral von $f(x)$ in den Grenzen von a bis b.

Daher gilt für den Flächeninhalt A:

$$A = \int_a^b f(x)\,dx.$$

Das *Volumen* V des durch Rotation des Graphen von f um die x-Achse über dem Intervall [a; b] entstehenden Körpers wird durch einen *Treppenkörper* aus n zylindrischen Scheiben approximiert.

Das Volumen dieses Treppenkörpers ist eine Produktsumme der Gestalt

$$\sum \pi \cdot f^2(x_i) \cdot \Delta x,$$

denn die Scheibe Nr. i besitzt das Volumen $\pi \cdot f^2(x_i) \cdot \Delta x$.

Lässt man die Anzahl n der Scheiben gegen unendlich und ihre Höhe Δx gegen null streben, so strebt die Produktsumme gegen das bestimmte Integral von $\pi \cdot f^2(x)$ in den Grenzen von a bis b.

Daher gilt für das Rotationsvolumen V:

$$V = \pi \cdot \int_a^b \big(f(x)\big)^2\,dx.$$

3. Das Volumen von Rotationskörpern

Wir erhalten als Resultat folgende Formel zur Berechnung des Volumens von Rotationskörpern. Auf den Beweis verzichten wir. Er ähnelt dem Beweis von Satz II.1 von S. 97.

> **Die Rotationsformel**
>
> f sei eine über dem Intervall [a ; b] differenzierbare und nicht negative Funktion. Rotiert der Graph von f über dem Intervall [a ; b] um die x-Achse, so entsteht ein Rotationskörper mit dem Volumen
>
> $$V = \pi \cdot \int_a^b (f(x))^2 \, dx.$$

B. Grundlegende Beispiele

Mit dieser Formel kann man für konkrete Randfunktionen f Rotationsvolumina ebenso leicht wie ansonsten Flächeninhalte berechnen. Man kann darüber hinaus die uns schon bekannten Volumenformeln für Zylinder, Kegel und Kugel theoretisch herleiten. Wir rechnen im Folgenden einige Beispiele hierzu.

▶ **Beispiel:** Berechnen Sie das Volumen V desjenigen Körpers, der durch Rotation des Graphen von $f(x) = \frac{1}{2}x^2$ über dem Intervall $I = [0 ; 1]$ um die x-Achse entsteht.

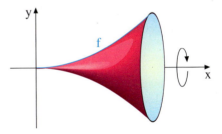

Lösung:
Es entsteht ein Rotationskörper, der die Gestalt eines Spitzhutes hat.

Sein Volumen beträgt nach nebenstehend aufgeführter Rechnung $V = \frac{\pi}{20} \approx 0{,}16$ Vo-
▶ lumeneinheiten (VE).

$$V = \pi \cdot \int_a^b (f(x))^2 \, dx = \pi \cdot \int_0^1 \left(\frac{1}{2}x^2\right)^2 dx$$

$$= \pi \cdot \int_0^1 \frac{1}{4}x^4 \, dx = \pi \cdot \left[\frac{1}{20}x^5\right]_0^1$$

$$= \frac{\pi}{20} \approx 0{,}16 \text{ VE}$$

Übung 1
Ein Behälter zur Herstellung von Eis hat ein parabelförmiges Profil mit den angegebenen Maßen. Stellen Sie zunächst die Gleichung der Profilkurve auf. Verwenden Sie den Ansatz $f(x) = a \cdot \sqrt{x}$. Errechnen Sie sodann das Fassungsvermögen des Behälters.

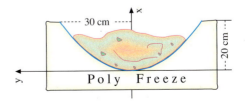

▶ **Beispiel:** Ein Parabolscheinwerfer hat das Randkurvenprofil $f(x) = \frac{3}{2}\sqrt{x}$. Der Scheinwerfer ist 4 cm lang. Wie groß ist sein Luftvolumen?

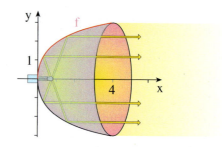

Lösung:
Das Rotationsvolumen berechnet sich folgendermaßen:

▶ $V = \pi \cdot \int_a^b (f(x))^2 \, dx = \pi \cdot \int_0^4 \left(\frac{3}{2}\sqrt{x}\right)^2 dx = \pi \cdot \int_0^4 \frac{9}{4}x \, dx = \pi \cdot \left[\frac{9}{8}x^2\right]_0^4 = \pi \cdot 18 \approx 56{,}55 \text{ cm}^3.$

Auch allgemeingültige Volumenformeln lassen sich mit der Rotationsmethode einfach gewinnen, wie das folgende Beispiel des Kreiskegels zeigt.

▶ **Beispiel:** Die Formel für das Volumen eines geraden Kreiskegels mit dem Radius r und der Höhe h soll durch Anwenden der Volumenformel für Rotationskörper hergeleitet werden.

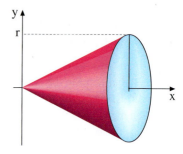

Lösung:
Wir legen einen Querschnitt des Kegels wie abgebildet in ein Koordinatensystem. Die Randkurve f ist dann eine Ursprungsgerade zu $f(x) = m \cdot x$, wobei für deren Steigung gilt: $m = \frac{r}{h}$.

Also gilt: $f(x) = \frac{r}{h} \cdot x$.

Als zugehöriges Rotationsvolumen ergibt sich laut nebenstehender Rechnung die klassische Formel für das Kegelvolumen:

▶ $V = \frac{\pi}{3} r^2 h.$

$V = \pi \cdot \int_a^b (f(x))^2 \, dx = \pi \cdot \int_0^h \left(\frac{r}{h}x\right)^2 dx$

$= \pi \cdot \int_0^h \frac{r^2}{h^2} x^2 \, dx = \pi \cdot \left[\frac{r^2}{h^2} \cdot \frac{1}{3} x^3\right]_0^h$

$= \pi \cdot \frac{r^2}{h^2} \cdot \frac{1}{3} h^3 = \frac{\pi}{3} r^2 h$

Übung 2
Gesucht ist das Volumen des Körpers, welcher durch Rotation der Randkurve $f(x) = x^2 + 1$ über dem Intervall [1 ; 2] entsteht.

Übung 3
Leiten Sie die klassische Formel für das Volumen des geraden Kreiszylinders mit dem Radius r und der Höhe h her.

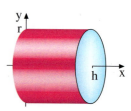

3. Das Volumen von Rotationskörpern

▶ **Beispiel:** Welches Volumen hat das rechts dargestellte Glas? Die Randkurve ist eine quadratische Parabel vom Typ $f(x) = ax^2$.

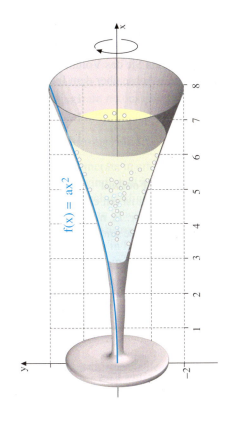

1. Bestimmung der Parabelgleichung

Aus der Zeichnung kann man ablesen, dass der Punkt $P(8|2)$ auf der Parabel liegt. Daher gilt $f(8) = 2$, d. h. $64 \cdot a = 2$. Hieraus folgt $a = \frac{1}{32}$.

Die Gleichung der Parabel lautet also $f(x) = \frac{1}{32}x^2$.

2. Berechnung des Rotationsvolumens

Das Flüssigkeitsvolumen reicht von $x = 3$ bis maximal $x = 8$.
Daher ergibt sich der Inhalt des Glases nach der Rotationsformel.

$$V = \pi \cdot \int_3^8 \left(\frac{1}{32}x^2\right)^2 dx = \pi \cdot \int_3^8 \frac{1}{1024}x^4 dx$$

▶ $$= \pi \cdot \left[\frac{1}{5120}x^5\right]_3^8 \approx 19{,}96 \text{ cm}^3$$

▶ **Beispiel:** Leiten Sie die Formel für das Volumen einer Kugel mit dem Radius r her.

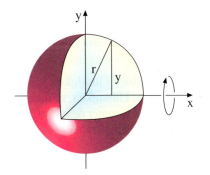

Lösung:
Die Kugel lässt sich durch Rotation eines Halbkreises mit dem Radius r um die x-Achse über dem Intervall $[-r; r]$ gewinnen. Der Halbkreis hat die Funktionsgleichung $f(x) = \sqrt{r^2 - x^2}$.
Daher erhalten wir:

$$V = \pi \cdot \int_{-r}^{r} \left(\sqrt{r^2 - x^2}\right)^2 dx = \pi \cdot \int_{-r}^{r} (r^2 - x^2) dx = \pi \cdot \left[r^2 x - \frac{1}{3}x^3\right]_{-r}^{r}$$

▶ $$= \pi \cdot \left(\frac{2}{3}r^3 - \left(-\frac{2}{3}r^3\right)\right) = \frac{4}{3}\pi r^3.$$

Die Querschnittsformel

Auch der Volumeninhalt von Körpern, die nicht rotationssymmetrisch sind, kann mithilfe der Integralrechnung bestimmt werden.

Wir stellen uns einen Körper, dessen Volumen bestimmt werden soll, so vor, dass er orthogonal zur x-Achse in dünne Scheiben der Dicke Δx zerschnitten ist.

Die Grundfläche der an der Stelle x liegenden Scheibe ist praktisch die Querschnittsfläche $Q(x)$ des Körpers an der Stelle x.
Diese Scheibe hat also näherungsweise das Volumen $V_x = Q(x) \cdot \Delta x$.

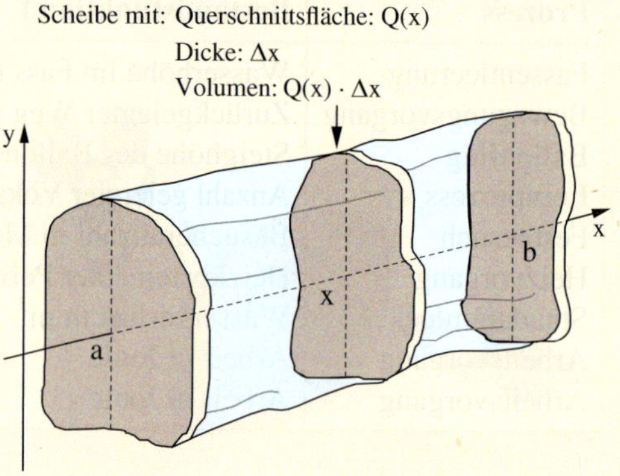

Summieren wir alle Scheibenvolumina, so erhalten wir eine Produktsumme:

$\sum Q(x) \cdot \Delta x$.

Lassen wir nun die Anzahl n der Scheiben gegen unendlich und ihre Dicke Δx gegen null streben, so strebt die Produktsumme gegen das bestimmte Integral von $Q(x)$ in den Grenzen von a bis b.

Wir erhalten daher für das Volumen des Körpers die nachstehend aufgeführte Formel, die als *Querschnittsformel* bezeichnet wird.

Die Querschnittsformel
V sei der Inhalt des über dem Intervall [a ; b] liegenden Volumenanteils eines Körpers. V kann durch Integration der Querschnittsflächenfunktion $Q(x)$ des Körpers bestimmt werden.

$$V = \int_a^b Q(x)\, dx$$

Diese Querschnittsscheibenmthode wurde bereits von dem italienischen Mathematiker und Astronomen *Francesco Bonaventura Cavalieri* (1598–1647) angewandt.

Das Prinzip des Cavalieri: Wenn zwei Körper in gleicher Höhe stets gleich große Querschnittsflächen besitzen, so sind ihre Volumina gleich.

Die Querschnittsformel

Beispiel: Leiten Sie die Volumenformel für eine quadratische Pyramide mit der Grundlinienlänge a und der Höhe h her.

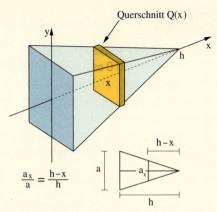

Lösung:
Wir betrachten den Querschnitt $Q(x)$ der Pyramide an der Stelle x.
Es handelt sich um ein Quadrat, dessen Seitenlängen wir mit a_x bezeichnen.
Für a_x gilt nach dem Strahlensatz die Formel
$a_x = \frac{a}{h}(h-x)$.

$\frac{a_x}{a} = \frac{h-x}{h}$

Die Querschnittsfläche hat daher den Inhalt
$Q(x) = \frac{a^2}{h^2}(h-x)^2$.

$$V = \int_a^b Q(x)\,dx = \int_0^h \frac{a^2}{h^2}(h-x)^2\,dx$$

Das Volumen der Pyramide erhalten wir durch Integration dieser Querschnittsfunktion in den Grenzen von 0 bis h.

$$= \int_0^h \frac{a^2}{h^2}(h^2 - 2hx + x^2)\,dx$$

$$= \left[\frac{a^2}{h^2}\left(h^2 x - h x^2 + \tfrac{1}{3}x^3\right)\right]_0^h$$

Als Resultat ergibt sich $V = \frac{1}{3}a^2 \cdot h$, das heißt die schon aus der Mittelstufe bekannte Formel für das Volumen der quadratischen Pyramide.

$$= \frac{a^2}{h^2} \cdot \tfrac{1}{3}h^3 = \tfrac{1}{3}a^2 h$$

Übungen

Übung 1
Gesucht ist das Volumen des abgebildeten Zeltes der Höhe h, dessen rechteckige Grundfläche die Seitenlängen a und b besitzen.

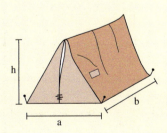

Übung 2
Ein Filter hat oben die Form eines Rechtecks (a = 10, b = 6) mit zwei angesetzten Halbkreisen (r = 3). Nach unten verjüngt sich der Filter wie abgebildet derart, dass die untere Auslassöffnung ein Kreis ist.
Bestimmen Sie den Rauminhalt des Filters.

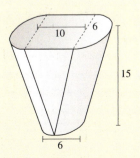

Übung 3
Leiten Sie die Formel für das Volumen eines regelmäßigen Tetraeders mit der Kantenlänge a her.
Errechnen Sie zunächst die Höhe des Tetraeders.

Test

Weiterführung der Integralrechnung

1. Die Wachstumsgeschwindigkeit v einer Ananaspflanze ist im nebenstehenden Graphen erfasst.
   t in Wochen, v in cm/Woche
   a) Modellieren Sie v durch eine quadratische Funktion.
   b) Zu Beginn der 8-wöchigen Wachstumsperiode ist die Pflanze $25\frac{1}{3}$ cm hoch. Wie hoch ist sie am Ende der Periode?
   c) Wann ändert sich die Höhe nur noch um 3 cm/Woche? Wie hoch ist die Pfalze dann?

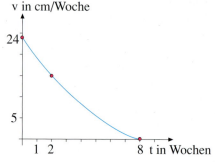

2. Gesucht ist das Volumen des Körpers, der durch Rotation der Randkurve $f(x) = \frac{1}{2}x^3 + 1$ über dem Intervall [0; 2] entsteht?

3. Der Graph von $f(x) = \frac{2}{x^2}$, die Gerade $x = 1$, die x-Achse und die Gerade $x = k$ ($k > 1$) schließen eine Fläche ein.
   a) Berechnen Sie den Inhalt A(k) in Abhängigkeit von k.
   b) Untersuchen Sie das Grenzverhalten des Flächeninhalts A(k) für $k \to \infty$.

4. Berechnen Sie den Inhalt der Fläche A, die vom Graphen der Funktion $f(x) = \frac{1}{\sqrt[3]{x}}$, von der Geraden $x = 1$ und der x-Achse im 1. Quadranten begrenzt wird.

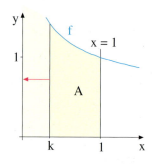

Lösungen unter 162-1

IV. Höhere Ableitungsregeln

2. Die Kettenregel

Das Problem auf der Tafel scheint eine einfache Lösung zu haben. Die Ableitung von $k(x) = (2x+1)^{40}$ dürfte doch nach Potenzregel $k'(x) = 40(2x+1)^{39}$ sein, oder? Darf man die Potenzregel wirklich auf eine Klammer anwenden? Um dies überprüfen zu können, betrachten wir zunächst die einfacheren Funktionen $k(x) = (2x+1)^3$ und $k(x) = (5x+1)^3$

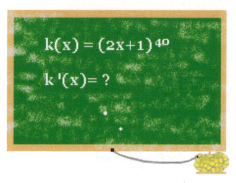

Hier liegen *verkettete Funktionen* vor. Beispielsweise lässt sich die betrachtete Funktion $k(x) = (2x+1)^3$ als Verkettung der beiden einfacheren Funktionen $f(x) = x^3$ und $g(x) = 2x+1$ darstellen.
Mit diesen Bezeichnungen gilt nämlich $k(x) = f(g(x))$. f heißt *äußere* Funktion und g *innere* Funktion der Verkettung k.

Die Verkettung von f und g

$f(x) = x^3$ *äußere Funktion*
$g(x) = 2x+1$ *innere Funktion*

$k(x) = f(g(x))$
$= f(2x+1)$
$= (2x+1)^3$ *Verkettung*

▶ **Beispiel:** Die Funktion $k(x) = (2x+1)^3$ ist die Verkettung von $f(x) = x^3$ und $g(x) = 2x+1$. Gesucht ist die Ableitung von k. Versuchen Sie, k auf zwei unterschiedliche Arten zu differenzieren. Wiederholen Sie anschließend das Vorgehen am Beispiel $k(x) = (5x+1)^3$.

Lösung für $(2x+1)^3$:

Weg 1:
Wir wenden die Potenzregel direkt an, denn der Funktionsterm ist die dritte Potenz einer Klammer.

$$k(x) = (2x+1)^3$$
$$k'(x) = 3 \cdot (2x+1)^2$$

Um den Vergleich zum Resultat von Weg 2 ziehen zu können, lösen wir die Klammern auf.

$$k'(x) = 3 \cdot (4x^2 + 4x + 1)$$
$$k'(x) = 12x^2 + 12x + 3$$

Weg 2:
Wir gehen strikt nach bereits bekannten Regeln vor. Da wir keine Regel für das Differenzieren einer Klammerpotenz kennen, lösen wir zunächst die Klammer auf.

$$k(x) = (2x+1)^3$$
$$= (2x)^3 + 3 \cdot (2x)^2 + 3 \cdot (2x) + 1$$
$$= 8x^3 + 12x^2 + 6x + 1$$

Nun differenzieren wir das Polynom und erhalten

$$k'(x) = 24x^2 + 24x + 6.$$

Lösung für $(5x+1)^3$:

Weg 1:
▶ $k'(x) = 75x^2 + 30x + 3$

Weg 2:
$k'(x) = 375x^2 + 150x + 15$

2. Die Kettenregel

Für $k(x) = (2x+1)^3$ erhalten wir zwei unterschiedliche Ergebnisse. Eines der beiden Ergebnisse muss falsch sein. Da wir uns bei Weg 2 strikt an bekannte Regeln gehalten haben, muss Weg 1 falsch sein. Er ist aber nicht völlig falsch, da das Ergebnis ja nur mit dem Faktor 2 multipliziert werden muss, um das korrekte Resultat zu ergeben.

Wiederholt man das Experiment mit $k(x) = (5x+1)^3$, so fehlt der Faktor 5. Offenbar stellt der fehlende Faktor in beiden Fällen die Ableitung der linearen inneren Funktion g dar.

Die richtigen Ergebnisse liefert also das rechts dargestellte korrigierte Vorgehen:

$$k(x) = (2x+1)^3 \Rightarrow k'(x) = 3 \cdot (2x+1)^2 \cdot 2$$
$$k(x) = (5x+1)^3 \Rightarrow k'(x) = 3 \cdot (5x+1)^2 \cdot 5$$

Wir können also wie vermutet mit der Potenzregel vorgehen, müssen allerdings zusätzlich im Nachgang mit der Ableitung der inneren Funktion multiplizieren. Man bezeichnet das auch als *Nachdifferenzieren*.

Nun können wir auch unser Einstiegsproblem lösen. Ohne die neue Regel – also mithilfe von Weg 2 – wäre dies wahrlich ein mühseliger Prozess geworden, denn wer möchte schon $(2x+1)^{40}$ freiwillig ausmultiplizieren?

$$k(x) = (2x+1)^{40}$$
$$k'(x) = 40 \cdot (2x+1)^{39} \cdot 2$$

Wir fassen nun die gefundene Regel in einem Satz zusammen:

Satz IV.2: Die lineare Kettenregel
Ist f eine differenzierbare Funktion, so hat die Funktion $k(x) = f(ax+b)$ die Ableitung $k'(x) = f'(ax+b) \cdot a$

Lineare Kettenregel

$$[f(ax+b)]' = f'(ax+b) \cdot a$$

🌐 167-1

▶ **Beispiel: Lineare Kettenregel**
Differenzieren Sie die Funktion k. a) $k(x) = \sqrt{3x-6}$ b) $k(x) = \frac{1}{4x+2}$

Lösung zu a):
$k(x) = \sqrt{3x-6}$
▶ $k'(x) = \frac{1}{2\sqrt{3x-6}} \cdot 3$

Lösung zu b):
$k(x) = \frac{1}{4x+2}$
$k'(x) = -\frac{1}{(4x+2)^2} \cdot 4$

Übung 1
Differenzieren Sie die verkettete Funktion k.
a) $k(x) = (1-2x)^4$ b) $k(x) = -\frac{1}{2+3x}$ c) $k(x) = (ax+b)^2$ d) $k(x) = \sqrt{4-2x}$

Die lineare Kettenregel lässt sich verallgemeinern, wenn man für die innere Funktion der Verkettung nicht nur lineare Terme, sondern beliebige Terme zulässt. Auf diese Weise erhält man die *allgemeine Kettenregel*, die in der Mathematik als eine sehr mächtige Regel gilt. Auf den theoretisch exakten Beweis der allgemeinen Kettenregel mithilfe des Differentialquotienten müssen wir hier verzichten. In Übung 18 wird die Beweisidee aber vermittelt.

Satz IV.3: Die Kettenregel
f und g seien differenzierbare Funktionen. Dann ist auch ihre Verkettung $k(x) = f(g(x))$ differenzierbar.
Die Ableitung von k lautet:
$k'(x) = f'(g(x)) \cdot g'(x)$

Kettenregel

$$[f(g(x))]' = f'(g(x)) \cdot g'(x)$$

Ableitung der Verkettung k an der Stelle x	=	Ableitung der äußeren Funktion f an der Stelle g(x)	·	Ableitung der inneren Funktion f an der Stelle x

▶ **Beispiel: Kettenregel**
Differenzieren Sie mit der Kettenregel: a) $k(x) = (x + x^2)^3$ b) $k(x) = (1 + \sqrt{x})^2$

Lösung zu a):
$k(x) = (x + x^2)^3$
$k'(x) = \underbrace{3(x + x^2)^2}_{\text{äußere Ableitung}} \cdot \underbrace{(1 + 2x)}_{\text{innere Ableitung}}$

Lösung zu b):
$k(x) = (1 + \sqrt{x})^2$
$k'(x) = \underbrace{2(1 + \sqrt{x})^1}_{\text{äußere Ableitung}} \cdot \underbrace{\frac{1}{2\sqrt{x}}}_{\text{innere Ableitung}}$

Auf den theoretisch exakten Beweis der Kettenregel mithilfe des Differentialquotienten müssen wir verzichten. Er ist zu schwierig, um hier dargestellt zu werden.

Übung 2   Ableitungsübungen
Bestimmen Sie die Ableitung von k mithilfe der Kettenregel.
a) $k(x) = (1 - x^3)^2$ b) $k(x) = 4(3x^3 - x^2)^2$ c) $k(x) = (ax^2 + bx)^2$ d) $k(x) = \frac{1}{x^2 + 1}$
e) $k(x) = (x + \frac{1}{x})^2$ f) $k(x) = \frac{1}{\sqrt{x}}$ g) $k(x) = \sqrt{x^2 + x}$ h) $k(x) = \sqrt{\frac{1}{x}}$

Übung 3   Innermathematische Anwendungen
a) Welche Steigung hat $f(x) = \frac{1}{2x+1}$ an der Stelle $x = \frac{1}{2}$?
b) Wie lautet die Gleichung der Tangente von $f(x) = \sqrt{3x - 4}$ an der Stelle $x = 1$?
c) Wo liegt das Minimum der Funktion $f(x) = x + \frac{1}{4x - 2}$?

3. Die Quotientenregel

Häufig werden Prozesse durch Funktionen beschrieben, deren Funktionsterm die Gestalt eines Quotienten hat, wie beispielsweise $f(x) = \frac{x^2}{x+1}$.

Für das Differenzieren eines solchen Quotienten gibt es – wie für das Differenzieren einer Summe oder eines Produktes – eine Regel, die *Quotientenregel*. Man kann diese Regel aus der Produktregel herleiten.

Satz IV.4: Die Quotientenregel
Die Funktion f sei der Quotient der beiden differenzierbaren Funktionen u und v:
$$f(x) = \frac{u(x)}{v(x)}.$$
Dann ist auch die Funktion f differenzierbar und für ihre Ableitung f' gilt:
$$f'(x) = \frac{u'(x) \cdot v(x) - u(x) \cdot v'(x)}{v^2(x)}.$$

Quotientenregel
$$\left(\frac{u}{v}\right)' = \frac{u' \cdot v - u \cdot v'}{v^2}$$

Spezialfall:
$$\left(\frac{1}{v}\right)' = -\frac{v'}{v^2}$$

Beweis:
Wir zeigen zunächst, dass der Kehrwert von v, d. h. $\frac{1}{v}$, die Ableitung $\left(\frac{1}{v}\right)' = -\frac{v'}{v^2}$ besitzt.

Anschließend schreiben wir $\frac{u}{v}$ als Produkt $u \cdot \frac{1}{v}$ und wenden hierauf die Produktregel an. Nach einer abschließenden Umformung des Ergebnisses durch Hauptnennerbildung ergibt sich die Quotientenregel.

Spezialfall der Quotientenregel:
$$\left(\frac{1}{v(x)}\right)' = -\frac{1}{v^2(x)} \cdot v'(x) = -\frac{v'(x)}{v^2(x)}$$
↑
Reziprokenregel
Kettenregel

Quotientenregel:
$$\left(\frac{u(x)}{v(x)}\right)' = \left(u(x) \cdot \frac{1}{v(x)}\right)'$$
$$= u'(x) \cdot \frac{1}{v(x)} + u(x) \cdot \left(\frac{1}{v(x)}\right)'$$
$$= u'(x) \cdot \frac{v(x)}{v^2(x)} + u(x) \cdot \left(-\frac{v'(x)}{v^2(x)}\right)$$
$$= \frac{u'(x) \cdot v(x) - u(x) \cdot v'(x)}{v^2(x)}$$

▶ **Beispiel: Quotientenregel**
Gegeben ist die Funktion $f(x) = \frac{x^2}{x+1}, x \neq -1$.
Bestimmen Sie die Ableitungsfunktion f'.

Lösung:
Wir wenden die Quotientenregel an:
▶ $f'(x) = \left(\frac{x^2}{x+1}\right)' = \left(\frac{u}{v}\right)' = \frac{u' \cdot v - u \cdot v'}{v^2} = \frac{2x \cdot (x+1) - x^2 \cdot 1}{(x+1)^2} = \frac{x^2 + 2x}{(x+1)^2}$

Übung 1
Differenzieren Sie die Funktion f:

a) $f(x) = \frac{x+2}{x^2}$ b) $f(x) = \frac{x}{x+1}$ c) $f(x) = \frac{x+1}{\sqrt{x}}$ d) $f(x) = x^2 + \frac{x^2}{x-2}$

16. Wal
a) Wie hoch ragt der Wal aus dem Wasser heraus?
b) Wie lang ist er?
Die Schwanzflosse ist ein gleichseitiges Dreieck von 2 m Seitenlänge.
c) Wie groß ist der Winkel γ zwischen Rücken und Schwanzflosse?

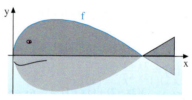

$f(x) = \frac{1}{4}\sqrt{x} \cdot (9-x)$ 1 LE = 1 m

17. Kürzen bei der Quotientenregel
Beim Anwenden der Quotientenregel ist es ratsam, Klammerterme nicht nach der Binomischen Formel auszumultiplizieren, sondern zu kürzen.
Dadurch vereinfachen sich die Ergebnisse z.T. erheblich.
Beispiel: $f(x) = \frac{5x}{(2x-1)^2}$

$$\frac{5 \cdot (2x-1)^2 - 5x \cdot 2 \cdot (2x-1) \cdot 2}{(2x-1)^4} = \frac{5 \cdot (2x-1)^1 - 5x \cdot 2 \cdot 2}{(2x-1)^3} = \frac{-10x-5}{(2x-1)^3}$$
↑ Quotientenregel   ↑ Kürzen von $(2x-1)$

Gehen Sie bei den folgenden Ableitungsaufgaben analog vor.

a) $f(x) = \frac{x}{(x-4)^2}$ b) $f(x) = \frac{x+2}{x^3}$ c) $f(x) = \frac{(x+1)}{(2-x)^3}$ d) $f(x) = \frac{x}{(3x+1)^{10}}$

18. Beweis der Kettenregel
$k(x) = f(g(x))$ sei die Verkettung der äußeren Funktion f mit der inneren Funktion g.
Die Funktion g wird dabei als streng monoton vorausgesetzt.
Dann gilt die Rechnung:
$$\frac{k(x+h)-k(x)}{h} = \frac{f(g(x+h))-f(g(x))}{h} = \frac{f(g(x+h))-f(g(x))}{g(x+h)-g(x)} \cdot \frac{g(x+h)-g(x)}{h}$$
Für $h \to 0$ ergibt sich dann: $k'(x) = f'(g(x)) \cdot g'(x)$.
a) Erläutern Sie den Beweis näher.
b) Aus welcher Stelle wird bei diesem Beweis die Bedingung benötigt, dass die innere Funktion streng monoton ist?

19. Kurvenuntersuchung
Gegeben ist die Funktion $f(x) = x \cdot \sqrt{x+6}$.
a) Wie lautet die maximale Definitionsmenge von f?
b) Wo liegen die Nullstellen?
c) Berechnen Sie die Lage des Extremums von f.
d) Skizzieren Sie den Graphen von f für $-6 \leq x \leq 3$.

20. Kurvenuntersuchung
Gegeben ist die Funktion $f(x) = \frac{2x-2}{x^2}$.
a) Untersuchen Sie f auf Nullstellen.
b) Zeigen Sie, dass f ein Extremum hat.
c) Bei $x = 0$ ist f nicht definiert. Wie verhält sich f in der Nähe dieser Stelle?
d) Skizzieren Sie den Graphen von f für $-3 \leq x \leq 3$.

IV. Höhere Ableitungsregeln

> **Überblick**

Ableitung einer Funktion an der Stelle x_0:

$$f'(x_0) = \lim_{h \to 0} \frac{f(x_0 + h) - f(x_0)}{h}$$

oder

$$f'(x_0) = \lim_{x \to x_0} \frac{f(x) - f(x_0)}{x - x_0}$$

Allgemeine Ableitungsregeln

Name der Regel	Kurzform der Regel
Summenregel	$(u + v)' = u' + v'$
Faktorregel	$(c\,u)' = c\,u'$
Produktregel	$(u\,v)' = u' \cdot v + u \cdot v'$
Quotientenregel	$\left(\frac{u}{v}\right)' = \frac{u' \cdot v - u \cdot v'}{v^2}$
Kettenregel	$(f(g(x))' = f'(g(x)) \cdot g'(x)$
lineare Kettenregel	$(f(ax + b))' = f'(ax + b) \cdot a$

Spezielle Ableitungsregeln

Name der Regel	Kurzform der Regel
Konstantenregel	$(c)' = 0$ (c konstant)
Potenzregel	$(x^n)' = n\,x^{n-1}$ $(n \in \mathbb{N})$
allg. Potenzregel	$(x^r)' = r\,x^{r-1}$ $(r \in \mathbb{Q}, r \neq 0)$
Reziprokenregel	$\left(\frac{1}{x}\right)' = -\frac{1}{x^2}$
Wurzelregel	$(\sqrt{x})' = \frac{1}{2\sqrt{x}}$
allgemeine Wurzelregel	$(\sqrt[n]{x})' = \left(x^{\frac{1}{n}}\right)' = \frac{1}{n} x^{\frac{1}{n} - 1}$

Weitere spezielle Ableitungsregeln   *(Vorgriff auf folgende Kapitel)*

Anwendungsproblem	Kurzform der Regel
Sinusregel	$(\sin x)' = \cos x$
Kosinusregel	$(\cos x)' = -\sin x$
Tangensregel	$(\tan x)' = 1 + \tan^2 x = \frac{1}{\cos^2 x}$
Exponentialregel	$(e^x)' = e^x$
allg. Exponentialregel	$(a^x)' = a^x \cdot \ln a$
Logarithmusregel	$(\ln x)' = \frac{1}{x}$

Die Raketengleichung

Reale Vorgänge in der Natur, der Technik oder der Wirtschaft können oft durch Funktionen modelliert werde. Allerdings kann die gesuchte Funktion in vielen Fällen nicht unmittelbar aufgestellt werden, sondern es ergibt sich aus dem Modell eine Gleichung, die außer dem Funktionsterm auch Ableitungsterme der Funktion enthält.
Man spricht dann von einer **Differentialgleichung**.
Das im Folgenden behandelte Problem eines Raketenstarts führt auf solch eine Differentialgleichung. Die grobe Modellierung der Beschleunigungsphase setzt einige Grundkenntnisse der Mechanik voraus.

Beispiel: Die Raketengleichung
Eine Rakete besitze die Startmasse $m_0 = 20\,000$ kg. Darin enthalten sei der Brennstoffvorrat $b_0 = 13\,000$ kg.
Die Raketenmotoren verarbeiten 125 Kilogramm Brennstoff pro Sekunde, den sie als Treibgas ausstoßen.
Die auf diese Weise erzeugte Schubkraft betrage während der gesamten Brenndauer konstant $F_S = 400\,000$ Newton.
a) Wie groß ist die Raketenmasse m(t) zur Zeit t nach dem Start?
b) Wie groß ist die Gewichtskraft $F_G(t)$ der Rakete zur Zeit t nach dem Start?
c) v(t) sei die Geschwindigkeit der Rakete zur Zeit t. Stellen Sie eine Differentialgleichung für die Geschwindigkeit v auf und lösen Sie diese.
d) Wie lange dauert es bis zum Brennschluss? Wie groß ist die Geschwindigkeit der Rakete bei Brennschluss?

Die Raketengleichung

Lösungen:

a) Die Rakete verliert in jeder Sekunde 125 Kilogramm Masse. Nach t Sekunden beträgt der hierdurch verursachte Masseverlust 125 t Kilogramm.
Die Raketenmasse beträgt nach der Flugzeit t nur noch m(t) = 20 000 − 125 t Kilogramm.

b) Die Gewichtskraft der Rakete verringert sich mit der abnehmenden Masse ebenfalls. Sie beträgt nach t Sekunden Flug nur noch $F_G(t) = m(t) \cdot 9{,}81 = 196\,200 − 1226{,}25\,t$ Newton.*

c) Diejenige Kraft, welche die Rakete nach oben treibt, lässt sich auf zwei Arten darstellen. Einerseits ist sie gleich der Ableitung des Impulses nach der Zeit, also gleich (m(t) · v(t))'. Andererseits ist sie gleich der Differenz aus der Schubkraft F_S und der Gewichtskraft F_G, also gleich 203 800 + 1226,25 t. Durch Gleichsetzen der beiden Terme erhalten wir die Differentialgleichung (m(t) · v(t))' = 203 800 + 1226,25 t.

Die Differentialgleichung kann durch beidseitige Integration nach der Zeit t gelöst werden:

Aus $\int (m(t) \cdot v(t))'\, dt = \int (203\,800 + 1226{,}25\,t)\, dt$ folgt $m(t) \cdot v(t) = 203\,800\,t + 613{,}125\,t^2 + C$.

Durch Einsetzen des Terms für die Masse m(t) = 20 000 − 125 t und Auflösen nach v erhalten wir die Lösungsfunktionenschar

$$v(t) = \frac{203\,800\,t + 613{,}125\,t^2 + C}{20\,000 - 125\,t}.$$

Die Konstante C ist null, da v(0) = 0 gelten soll. Dies führt auf die Lösungsfunktion

$$v(t) = \frac{203\,800\,t + 613{,}125\,t^2}{20\,000 - 125\,t}.$$

d) Brennschluss ist, wenn die Treibstoffmasse aufgebraucht ist, d. h. wenn 125 t = 13 000 gilt.
Dies ist nach t = 104 Sekunden der Fall. Die Rakete hat dann ihre Endgeschwindigkeit erreicht. Diese beträgt v(104) ≈ 3975,25 m/s. Diese Geschwindigkeit von ca. 4 km/s reicht nicht aus, um in eine Erdumlaufbahn zu kommen. Dies ist der Grund dafür, weshalb man Mehrstufenraketen benötigt, die nach Brennschluss der ersten Stufe weiter beschleunigen können, um die für eine Umlaufbahn notwendige Geschwindigkeit von ca. 7,9 km/s zu erreichen.

---

* Der Einfachheit halber wird die Fallbeschleunigung $g = 9{,}81\,\frac{m}{s^2}$ als konstant angenommen.

Test

Höhere Ableitungsregeln

1. Wie lautet die folgende Ableitungsregel in Formelschreibweise?
   a) Summenregel
   b) Faktorregel
   c) Produktregel
   d) lineare Kettenregel
   e) Kettenregel

2. Differenzieren Sie die Funktion f.
   a) $f(x) = x^2 \cdot (1 - x^2)$
   b) $f(x) = (4x - 3)^5$
   c) $f(x) = \sqrt{1 - 2x}$
   d) $f(x) = x \cdot \sqrt{1 + 2x}$
   e) $f(x) = \frac{x^2 + 1}{x}$
   f) $f(x) = \frac{x + 1}{2 - x}$

3. Suchen Sie den Fehler in der Rechnung.
   a) $f(x) = x^2 \cdot \sqrt{2x + 1}$
   $f'(x) = 2x \cdot \sqrt{2x + 1} + x^2 \cdot \frac{1}{2\sqrt{2x+1}}$
   $= \frac{4x(2x+1) + x^2}{2\sqrt{2x+1}}$
   $= \frac{9x^2 + 4x}{2\sqrt{2x+1}}$

   b) $f(x) = (4x + 5)^3$
   $f'(x) = 3 \cdot (4x + 5)^2$
   $= 3 \cdot (16x^2 + 40x + 25)$
   $= 48x^2 + 120x + 75$

4. Gegeben ist die Funktion $f(x) = (x - 6) \cdot \sqrt{x}$, $x \geq 0$.
   a) Berechnen Sie die Nullstellen von f.
   b) Bestimmen Sie die Ableitung f'.
   c) Berechnen Sie Lage und Art des Extremums von f.
      Sie können verwenden $f''(x) = \frac{3x + 6}{4x \cdot \sqrt{x}}$.
   d) Welchen Steigungswinkel hat f an der Stelle $x = 6$.
   e) Skizzieren Sie den Graphen von f für $0 \leq x \leq 7$.

5. Wie lautet die Ableitung von f?
   a) $f(x) = \frac{1}{x}$
   b) $f(x) = \frac{1}{g(x)}$
   c) $f(x) = \sqrt{x}$
   d) $f(x) = \sqrt{g(x)}$

Lösungen unter 🛈 176-1

V. Exponentialfunktionen

Rechnerisches Differenzieren:
Um unsere Vermutung zu bestätigen und eine bessere Näherung zu erhalten, bestimmen wir die Ableitung von f rechnerisch mithilfe des Differentialquotienten.

Hierbei tritt der Grenzwert $\lim\limits_{h \to 0} \frac{2^h - 1}{h}$ auf. Diesen können wir allerdings mit unseren Mitteln nur näherungsweise ermitteln.*
Wir tasten uns an den Grenzwert mithilfe eines Taschenrechners heran, indem wir für h kleine Testwerte einsetzen, die wir an null heranrücken lassen.

$$f'(x) = \lim_{h \to 0} \frac{f(x+h) - f(x)}{h}$$
$$= \lim_{h \to 0} \frac{2^{x+h} - 2^x}{h}$$
$$= \lim_{h \to 0} \left(\frac{2^h - 1}{h} \cdot 2^x\right)$$
$$= \left(\lim_{h \to 0} \frac{2^h - 1}{h}\right) \cdot 2^x$$
$$\approx 0{,}693 \cdot 2^x$$

h	0,1	0,01	0,001	0,0001
$\frac{2^h - 1}{h}$	0,718	0,696	0,6934	0,6932

Resultat:
$$(2^x)' \approx 0{,}693 \cdot 2^x$$

Die nebenstehende Rechnung bestätigt die graphisch gewonnene Vermutung und liefert das Resultat: $(2^x)' \approx 0{,}693 \cdot 2^x$.

Übung 1
Gegeben sei die Funktion $f(x) = 3^x$.
a) Skizzieren Sie den Graphen von f über dem Intervall $[-1; 1]$.
b) Bestimmen Sie die Ableitungsfunktion f' näherungsweise graphisch.
c) Bestimmen Sie die Ableitungsfunktion f' näherungsweise rechnerisch.
d) Berechnen Sie $f'(0{,}5)$ näherungsweise auf 3 Nachkommastellen.
e) Ermitteln Sie näherungsweise die Gleichung der Tangente an den Graphen von f bei $x = 1$.

Übung 2
Gegeben sei die Funktion $f(x) = 1{,}5^x$.
a) Skizzieren Sie den Graphen von f über dem Intervall $[-3; 3]$.
b) Bestimmen Sie die Ableitungsfunktion f' näherungsweise graphisch.
c) Bestimmen Sie die Ableitungsfunktion f' näherungsweise rechnerisch.

Übung 3
Ermitteln Sie den Differentialquotienten der Funktion $f(x) = a^x$ in Abhängigkeit von a. Gehen Sie dabei wie im obigen Beispiel für $f(x) = 2^x$ vor.

---

* Man kann zeigen, dass $\lim\limits_{h \to 0} \frac{2^h - 1}{h} = \ln 2$ gilt ($\ln 2 \approx 0{,}693$).

B. Die natürliche Exponentialfunktion f(x) = e^x

🔶 185-1

Berechnen wir die Ableitung von $f(x) = a^x$ für verschiedene Basen a zwischen 1 und 3 näherungsweise, so lassen die nebenstehend aufgeführten Resultate die Vermutung plausibel erscheinen, dass es eine ganz bestimmte Basis e gibt, für die der Grenzwert $\lim\limits_{h \to 0} \frac{e^h - 1}{h}$ den Wert 1 hat.

$(1{,}5^x)' = \left(\lim\limits_{h \to 0} \frac{1{,}5^h - 1}{h}\right) \cdot 1{,}5^x \approx 0{,}405 \cdot 1{,}5^x$

$(2^x)' = \left(\lim\limits_{h \to 0} \frac{2^h - 1}{h}\right) \cdot 2^x \approx 0{,}693 \cdot 2^x$

$(3^x)' = \left(\lim\limits_{h \to 0} \frac{3^h - 1}{h}\right) \cdot 3^x \approx 1{,}099 \cdot 3^x$

$(e^x)' = \left(\lim\limits_{h \to 0} \frac{e^h - 1}{h}\right) \cdot e^x = 1 \cdot e^x$

Diese Zahl e existiert tatsächlich. Sie liegt offensichtlich zwischen 2 und 3 und man nennt sie die *Euler'sche Zahl*.

Der bedeutende Mathematiker Leonhard EULER (1707–1783) stellte in seinem Werk „Introductio in Analysin Infinitorum", das 1748 in lateinischer Sprache erschien, Exponentialgrößen und Logarithmen durch konvergente unendliche Reihen dar. Ebendort führte er die Abkürzung e für eine der von ihm untersuchten Reihen ein, die gegen den Zahlenwert e konvergiert. 🔶 185-2

Leonhard Euler hat die Bezeichnung e vermutlich nicht aufgrund seines Familiennamens, sondern möglicherweise für den Zusammenhang mit „Exponentialgrößen" gewählt.

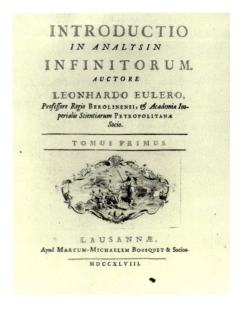

Die Zahl e ist deshalb so interessant, weil die Exponentialfunktion mit der Basis e nach den obigen Überlegungen bemerkenswerterweise zugleich ihre eigene Ableitung darstellt. Sie ist praktisch* die einzige Funktion mit dieser Eigenschaft. Die Exponentialfunktion zur Basis e wird auch *natürliche Exponentialfunktion* genannt.

> **Satz V.1:** Es gibt eine reelle Zahl e, so dass gilt:
> $(e^x)' = e^x.$

Die Zahl e ist definiert durch

$$\lim\limits_{h \to 0} \left(\frac{e^h - 1}{h}\right) = 1.$$

Auf den Nachweis der Existenz dieses Grenzwertes verzichten wir und wenden uns nun der näherungsweisen Berechnung der Euler'schen Zahl e zu.

---

* Nur die Funktionen $f(x) = a \cdot e^x$ mit $a \in \mathbb{R}$ besitzen diese Eigenschaft.

Man kann die Euler'sche Zahl e wie rechts angegeben auch als Folgengrenzwert definieren. Wegen ihrer großen Bedeutung ist die Funktion $f(x) = e^x$ auf jedem Taschenrechner zu finden. Taste $\boxed{e^x}$.

> Die Euler'sche Zahl e ist als Folgengrenzwert darstellbar:
> $$e = \lim_{n \to \infty} \left(1 + \frac{1}{n}\right)^n.$$
> Es gilt: $e = 2{,}718\ldots$

Auf dieser Basis ist es ein Leichtes, den Graphen der Funktion zu zeichnen.

▶ **Beispiel:** Gegeben ist die Funktion $f(x) = e^x$, $x \in \mathbb{R}$.

a) Zeichnen Sie den Graphen der Funktion f für $-2 \leq x \leq 2$ auf der Basis einer Wertetabelle mit der Schrittweite 0,5.
b) Beschreiben Sie das Verhalten der Funktion für $x \to \infty$ bzw. für $x \to -\infty$.
c) Bestimmen Sie die Gleichung der Tangente an den Graphen von f an der Stelle $x = 0$.

Lösung:
a) Mithilfe des Taschenrechners wird eine Wertetabelle erstellt, welche der Skizzierung des Graphen zugrunde liegt.

x	−2	−1,5	−1	−0,5	0	0,5	1	1,5	2
e^x	0,14	0,22	0,37	0,61	1	1,65	2,72	4,48	7,39

b) Mit wachsendem x steigt der Graph immer steiler an. Für $x \to \infty$ wächst der Funktionsterm e^x wegen $e \approx 2{,}718 > 1$ über alle Grenzen.
Für $x \to -\infty$ schmiegt sich der Graph immer dichter an die x-Achse, der Funktionsterm strebt dem Grenzwert 0 zu.

c) Wir wählen $y(x) = mx + n$ als Ansatz für die Tangentengleichung. Aus $f(x) = e^x$ und $f'(x) = e^x$ folgt $n = f(0) = 1$ und $m = f'(0) = 1$. Also ist $y(x) = x + 1$ die Gleichung der Tangente an den Graphen von f an der Stelle $x = 0$.

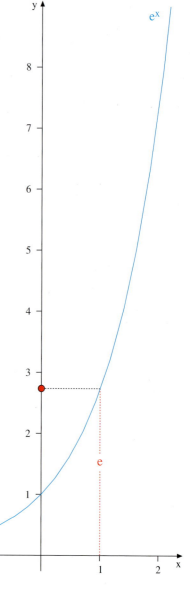

C. Die natürliche Logarithmusfunktion f(x) = ln x

Die Funktion $f(x) = e^x$ ist streng monoton steigend, da $f'(x) = e^x > 0$ für alle $x \in \mathbb{R}$ gilt.

Aus dem Unterricht der Klasse 10 ist uns bekannt, dass die Umkehrfunktion einer Exponentialfunktion die Logarithmusfunktion zur gleichen Basis ist, deren Graphen man durch Spiegelung an der Winkelhalbierenden des 1. Quadranten erhält.

Die Funktion zu $f(x) = e^x$ hat also die Logarithmusfunktion zur Basis e als Umkehrfunktion. Diese wird als *natürliche Logarithmusfunktion* $g(x) = \ln x$ bezeichnet ($\ln x = \log_e x$, **l**ogarithmus **n**aturalis).

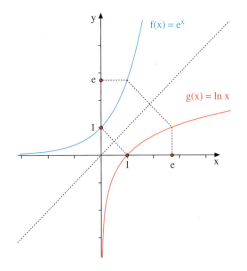

Wir können daher insbesondere die folgenden Rechengesetze verwenden:

$\ln(e^x) = x, \quad e^{\ln x} = x.$ 187-1

Logarithmusfunktionen werden hier nicht näher untersucht. Wir verwenden sie lediglich zur Berechnung von Funktionswerten.*

▶ **Beispiel:** Gegeben sei die Funktion $f(x) = e^x$. Berechnen Sie, für welches x die Funktion f den Funktionswert 1,5 annimmt.

Lösung:
Wir lösen die Exponentialgleichung durch Logarithmieren, wobei wir hier den natürlichen Logarithmus verwenden.
Wenden wir die obigen Rechenregeln an,
▶ erhalten wir als Resultat $x = \ln 1{,}5 \approx 0{,}41$.

Ansatz: $\quad e^x = 1{,}5$
Logarithmieren: $\ln(e^x) = \ln 1{,}5$
Resultat: $\quad x = \ln 1{,}5 \approx 0{,}41$

Übung 4
Gegeben sei die Funktion $f(x) = e^{-x}$.
a) Zeichnen Sie den Graphen von f für $-2 \leq x \leq 2$.
b) Zeichnen Sie den Graphen der Umkehrfunktion g durch Spiegelung des Graphen von f an der Winkelhalbierenden des 1. Quadranten.
c) Berechnen Sie, für welches x die Funktion f den Funktionswert 5 annimmt.

---

* Taschenrechner besitzen eine $\boxed{\text{LN}}$-Taste (oder man muss die Tastenkombination $\boxed{\text{INV}}\boxed{e^x}$ betätigen).

B. Schnittpunkte von Graphen

▶ **Beispiel:** Gegeben seien die Funktionen $f(x) = e^x$ und $g(x) = 3 \cdot e^{-x}$.
In welchem Punkt schneiden sich die Graphen von f und g?

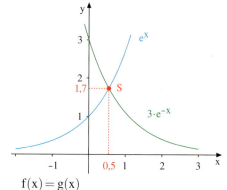

Zeichnerische Lösung:
Wir zeichnen die Funktionsgraphen und lesen den Schnittpunkt S ab. Er liegt etwa bei S(0,5|1,7).

Rechnerische Lösung:
Wir verwenden die Bestimmungsgleichung $f(x) = g(x)$ für die Schnittstelle x.
Durch Umformung und Logarithmieren können wir die Gleichung nach x auflösen.
Die Schnittstelle liegt bei $x \approx 0{,}55$.
▶ Der zugehörige y-Wert beträgt $y \approx 1{,}73$.

$f(x) = g(x)$
$e^x = 3 \cdot e^{-x}$
$e^{2x} = 3$
$2x = \ln 3$
$x = \frac{\ln 3}{2} \approx \frac{1{,}099}{2} \approx 0{,}55$
$y = f(0{,}55) \approx 1{,}73$

▶ **Beispiel:** Die Schnittstelle der Funktionen $f(x) = e^x$ und $g(x) = 4 - x$ lässt sich nur näherungsweise bestimmen. Geben Sie einen Näherungswert an.

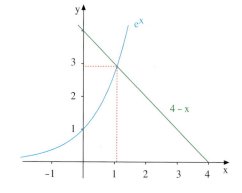

Lösung:
1. Differenzfunktion von f und g:
    $d(x) = f(x) - g(x)$
    $d(x) = e^x + x - 4$

2. Nullstelle der Differenzfunktion:
    Wir schachteln die Nullstelle x_s von d durch Testeinsetzungen schrittweise ein:
    $x = 0$: $d(0) = -3$
    $x = 1$: $d(1) = -0{,}28$
    $x = 2$: $d(2) = 5{,}39$ $\Rightarrow x_s$ liegt im Intervall $[1; 2]$ aber näher an $x = 1$ als 2.
    $x = 1{,}1$: $d(1{,}1) = 0{,}104$ $\Rightarrow x_s$ liegt im Intervall $[1; 1{,}1]$ aber näher an $x = 1{,}1$ als 1.
    $x = 1{,}08$: $d(1{,}08) = 0{,}02$ $\Rightarrow x_s$ liegt im Intervall $[1; 1{,}08]$ aber näher an $x = 1{,}08$ als 1.
    $x = 1{,}07$: $d(1{,}07) = -0{,}01 \Rightarrow x_s$ liegt im Intervall $[1; 1{,}07]$ aber näher an $x = 1{,}07$ als 1.

3. Resultat:
    Die Funktionen schneiden sich angenähert an der Stelle $x_s = 1{,}07$.
    ▶ Die Funktionswerte unterscheiden sich dort um nur noch ca. $-\frac{1}{100}$.

Übung 2
Gesucht ist der Schnittpunkt der Funktionen $f(x) = 2,5 \cdot e^x$ und $g(x) = e^{2x}$.

Übung 3
Bestimmen Sie die kleinste positive Schnittstelle von $f(x) = e^x$ und $g(x) = 2 \cdot x^2$.

C. Steigungen, Tangenten und Normalen

In diesem Abschnitt wird das Monotonieverhalten bzw. das Steigungsverhalten von Exponentialfunktionen betrachtet, das mithilfe der Ableitungsfunktion und durch Tangenten erfasst werden kann.

Rechts sind zur Erinnerung die Gleichungen der Tangente und Normalen einer Funktion im Punkt $P(x_0 | f(x_0))$ dargestellt.

> **Tangente und Normale**
>
> Gleichung der **Tangente** an die Funktion f im Punkt $P(x_0 | f(x_0))$:
> $$t(x) = f'(x_0) \cdot (x - x_0) + f(x_0)$$
>
> **Gleichung der Normalen** an die Funktion f im Punkt $P(x_0 | f(x_0))$:
> $$n(x) = -\frac{1}{f'(x_0)} \cdot (x - x_0) + f(x_0)$$

▶ **Beispiel:** t sei die Tangente und n sei die Normale an den Graphen der Funktion $f(x) = e^{0,5 \cdot x}$ an der Stelle $x = 1$.
a) Skizzieren Sie die Graphen von f, t und n.
b) Wie lauten die Funktionsgleichungen von t und n? Bestimmen Sie außerdem die Nullstelle von t.

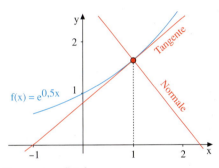

Lösung zu b:
f hat die Ableitung $f'(x) = 0,5 \cdot e^{0,5 \cdot x}$.
Die Steigung der Tangente an der Stelle 1 beträgt $f'(1) = 0,5 \cdot e^{0,5} \approx 0,82$.
Damit ergibt sich die nebenstehend aufgeführte angenäherte Tangentengleichung.
Die Kurvennormale steht senkrecht zur Tangente. Ihre Steigung an der Stelle 1 ist negativ reziprok zur Tangentensteigung und beträgt daher $-1,22$, womit sich die rechts aufgeführte Normalengleichung ergibt.

Berechnung der Nullstellen von t:
▶ Der Ansatz $t(x) = 0$ liefert die Nullstelle der Tangente t an der Stelle $x = -1$.

Tangentengleichung:
$t(x) = f'(1) \cdot (x - 1) + f(1)$
$t(x) = 0,5 \cdot e^{0,5} \cdot (x - 1) + e^{0,5}$
$t(x) = 0,5 \cdot e^{0,5} \cdot x + 0,5 \cdot e^{0,5}$
$t(x) \approx 0,82 x + 0,82$

Normalengleichung:
$n(x) = -\frac{1}{f'(1)} \cdot (x - 1) + f(1)$
$n(x) \approx -1,22 \cdot (x - 1) + 1,65$
$n(x) = -1,22 \cdot x + 2,87$

Nullstelle der Tangente:
$t(x) = 0, \quad 0,5 \cdot e^{0,5} \cdot x + 0,5 \cdot e^{0,5} = 0,$
$x = -1$

Übung 4
Gesucht sind die Tangente und die Normale der Funktion $f(x) = e^{-x}$ an der Stelle $x = 1$.
Wie groß ist der Inhalt des von der Tangente, Normalen und der x-Achse begrenzten Dreiecks?

Übung 5
Gegeben sei die Funktion $f(x) = e^{-2 \cdot x}$. Wie groß ist die Steigung von f an der Stelle $x = 2$? An welcher Stelle besitzt f die Steigung -1? Unter welchem Winkel schneidet der Graph von f die y-Achse?

Übung 6
Gegeben ist die Funktion $f(x) = e^{0,5 \cdot x}$. Gesucht ist die Gleichung derjenigen Kurvennormalen, welche den Graphen von f auf der y-Achse trifft. Wo schneidet die Normale die x-Achse?

▶ **Beispiel:** Welche Ursprungsgerade g ist Tangente an den Graphen von $f(x) = e^{0,5 \cdot x}$?

Lösung:
Eine Graphik gibt uns einen Überblick. Wir verwenden für die Ursprungsgerade den Ansatz $g(x) = m \cdot x$.

Ist x die Berührstelle von f und g, so müssen zwei Gleichungen gelten:

I. $f(x) = g(x)$ gleicher Funktionswert,
II. $f'(x) = g'(x)$ gleiche Steigung.

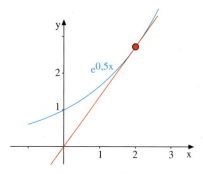

Durch Verwenden des Ansatzes erhalten wir damit die rechts aufgeführten Gleichungen.

I. $m \cdot x = e^{0,5 \cdot x}$
II. $m = 0,5 \cdot e^{0,5 \cdot x}$

Durch Einsetzen von II in I erhalten wir eine Bestimmungsgleichung für die Berührstelle x, deren Auflösen das Ergebnis $x = 2$ liefert.
Damit folgt durch Rückeinsetzung in II, dass $m = 0,5 \cdot e$ gilt. $g(x) = 0,5 e \cdot x$ ist die
▶ gesuchte Ursprungsgerade.

$0,5 \cdot e^{0,5 \cdot x} \cdot x = e^{0,5 \cdot x}$
$0,5 \cdot x = 1$
$x = 2$

$m = 0,5 \cdot e^{0,5 \cdot 2} = 0,5 e$
$g(x) = 0,5 e \cdot x$

Übung 7
Welche Ursprungsgerade g ist Tangente an den Graphen der Funktion $f(x) = e^{-x}$?

Übung 8
Welche Tangente an den Graphen der Funktion $f(x) = e^{-x}$ ist parallel zur Sehne durch die beiden Punkte $P(-1|e)$ und $Q\left(1\left|\frac{1}{e}\right.\right)$ des Graphen von f? Berechnen Sie zunächst die Steigung der Sehne.

Übung 9
Die Graphen von $f(x) = e^x$ und $g(x) = e^{0,5 \cdot x}$ besitzen an einer einzigen Stelle x die gleiche Steigung.
a) Wo liegt diese Stelle?
b) Wie lautet die Gleichung der Normalen von f an dieser Stelle?

3. Elementare Funktionsuntersuchungen

D. Extrema und Wendepunkte

Wir frischen zunächst unsere Kenntnisse ein wenig auf, indem wir notwendige und hinreichende Kriterien für lokale Extrema und Wendepunkte in Kurzdarstellung aufführen.

Lokale Extrema

Notwendiges Kriterium:
Ist x eine lokale Extremalstelle der Funktion f, so gilt **f'(x) = 0**.

Hinreichendes Kriterium:
Gilt **f'(x) = 0 und f''(x) ≠ 0**, so ist x eine lokale Extremalstelle von f.
Es ist ein Maximum, wenn $f''(x) < 0$ gilt.
Es ist ein Minimum, wenn $f''(x) > 0$ gilt.

Wendepunkte

Notwendiges Kriterium:
Ist x eine Wendestelle der Funktion f, so gilt **f''(x) = 0**.

Hinreichendes Kriterium:
Gilt **f''(x) = 0 und f'''(x) ≠ 0**, so ist x eine Wendestelle von f.
Links-rechts-Wendestelle, wenn $f'''(x) < 0$.
Rechts-links-Wendestelle, wenn $f'''(x) > 0$.

▶ **Beispiel:** Skizzieren Sie den Graphen der Funktion $f(x) = e^x - 2x$ und errechnen Sie anschließend die genaue Lage des Extremums der Funktion.

Lösung:
Der mit einer Wertetabelle oder durch Überlagerung von e^x und $-2x$ erstellte Graph zeigt ein Minimum bei $x \approx 0{,}5$.

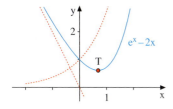

Notwendige Bedingung:
$f'(x) = 0$
$e^x - 2 = 0$
$e^x = 2$
$x = \ln 2 \approx 0{,}69$

Zugehöriger Funktionswert:
$y = e^{\ln 2} - 2 \cdot \ln 2 \approx 0{,}61$

Überprüfung mit f'':
$f''(\ln 2) = e^{\ln 2} = 2 > 0 \Rightarrow$ Minimum

Resultat:
▶ Tiefpunkt bei $T(0{,}69 \,|\, 0{,}61)$

▶ **Beispiel:** Skizzieren Sie den Graphen der Funktion $f(x) = x \cdot e^x$ für $-3 \leq x \leq 1$. Berechnen Sie die genaue Lage des Wendepunktes der Funktion.

Lösung:
Mit einer Wertetabelle erhalten wir den Graphen, der im 3. Quadranten einen Rechts-links-Wendepunkt aufweist.

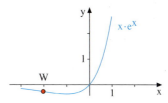

Notwendige Bedingung:
$f''(x) = 0$
$(x+2) \cdot e^x = 0$
$(x+2) = 0$, da $e^x > 0$
$x = -2$

Zugehöriger Funktionswert:
$y = -2 \cdot e^{-2} \approx -0{,}27$

Überprüfung mit f''':
$f'''(-2) = 1 \cdot e^{-2} > 0 \Rightarrow$ Rechts-links-Wp

Resultat:
▶ Wendepunkt bei $W(-2 \,|\, -0{,}27)$

Übung 10
Skizzieren Sie den Graphen von f mittels additiver Überlagerung der Teilterme bzw. Wertetabelle. Untersuchen Sie f sodann auf lokale Extrema.
a) $f(x) = x - 2 + e^{-x}$
b) $f(x) = x^2 \cdot e^{x+1}$

Übung 11
Skizzieren Sie den Graphen von f mittels Überlagerung bzw. Wertetabelle und untersuchen Sie f auf Wendepunkte.

a) $f(x) = 2 \cdot e^x - e^{-x}$
b) $f(x) = (x^2 - 1) \cdot e^{-0{,}5x}$

E. Extremalprobleme

Im Folgenden behandeln wir einige einfache Extremalprobleme im Zusammenhang mit Exponentialfunktionen.

▶ **Beispiel:** Gegeben sind die Funktionen $f(x) = 4 - x$ und $g(x) = 4 \cdot e^{-x}$. An welcher Stelle des Intervalls [0 ; 2] wird die Differenz der Funktionswerte von f und g maximal?

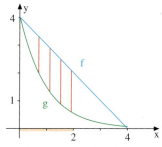

Lösung:
Der Skizze können wir entnehmen, dass die maximale Differenz der Funktionswerte in der Nähe der Stelle x = 1,5 auftritt.

Differenzfunktion von f und g:
$d(x) = f(x) - g(x)$
$\mathbf{d(x) = 4 - x - 4 \cdot e^{-x}}$

Zur exakten Bestimmung dieser Stelle betrachten wir die Differenzfunktion d von f und g. Die Gleichung der Funktion d lautet $d(x) = 4 - x - 4 \cdot e^{-x}$.

Ableitungen der Funktion d:
$d'(x) = -1 + 4 \cdot e^{-x}$
$d''(x) = -4 \cdot e^{-x}$

Mithilfe der Kettenregel berechnen wir die Ableitungsfunktion $d'(x) = -1 + 4 \cdot e^{-x}$.

Deren Nullstelle können wir mithilfe des Logarithmierens errechnen.
Sie liegt bei $x = -\ln 0{,}25 \approx 1{,}39$.

Extremalstelle der Funktion d:
$d'(x) = 0$
$-1 + 4 \cdot e^{-x} = 0$
$e^{-x} = 0{,}25$
$-x = \ln 0{,}25$
$x = -\ln 0{,}25 \approx 1{,}39$

Die zweite Ableitung d'' ist an dieser Stelle negativ, sodass ein Maximum vorliegt.

Überprüfung auf Max/Min mittels d'':
$d''(1{,}39) = -1 < 0 \Rightarrow$ Maximum

▶ Die maximale Differenz beträgt ca. 1,61.

Maximaler Wert von d:
$d_{max} = d(1{,}39) = 4 - 1{,}39 - 4 \cdot e^{-1{,}39} \approx 1{,}61$

Übung 12
Gegeben sind die Funktionen $f(x) = e^{-x}$ und $g(x) = -e^{x-1}$. Für welchen Wert von x wird die Differenz der Funktionswerte von f und g minimal? Fertigen Sie zunächst eine Skizze an.

3. Elementare Funktionsuntersuchungen

Bei geometrischen Fragestellungen treten häufig Extremalprobleme auf. Beispielsweise kann man bei geometrischen Figuren mit vorgegebener Form durch passende Wahl der Maße eine Eigenschaft der Figur, etwa ihre Fläche oder ihren Umfang optimieren.

▶ **Beispiel:** Im ersten Quadranten des Koordinatensystems ist ein achsenparalleles Rechteck so angeordnet, dass eine seiner Ecken im Ursprung und die diagonal gegenüberliegende Ecke P auf dem Graphen der Funktion $f(x) = e^{-x}$ liegt. Wo muss der Punkt P liegen, damit der Inhalt des Rechtecks maximal wird?

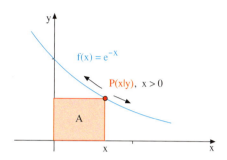

Lösung:

1. Hauptbedingung:
Wir bezeichnen die Seitenlängen des Rechtecks mit x und y. Dann gilt: $A = x \cdot y$.

2. Nebenbedingung:
Der Zusammenhang zwischen den Variablen x und y ist durch $y = f(x) = e^{-x}$ gegeben, da $P(x|y)$ ein Kurvenpunkt ist.

3. Zielfunktion:
Durch Einsetzen der Nebenbedingung in die Hauptbedingung erhalten wir die Zielfunktion $A(x) = x \cdot e^{-x}$.

4. Maximum der Zielfunktion:
Die Ableitung A' der Zielfunktion hat genau eine Nullstelle bei $x = 1$.
Die Überprüfung dieser Stelle mittels A'' zeigt, dass dort ein Maximum von A liegt.

5. Resultat:
Das Rechteck mit dem Eckpunkt $P(1|e^{-1})$
▶ hat den maximalen Inhalt von 0,37 FE.

Flächeninhalt des Rechtecks:
$$A = x \cdot y$$

Zusammenhang zwischen den Variablen x, y:
$$y = e^{-x}$$

Zielfunktion:
$$A(x) = x \cdot e^{-x}$$

Nullstellen der ersten Ableitung A':
$A'(x) = (1-x) \cdot e^{-x}$ (Produktregel)
$A'(x) = 0$
$(1-x) \cdot e^{-x} = 0$
$1 - x = 0$ (weil $e^{-x} > 0$)
$x = 1$

Überprüfung auf Max/Min mittels A'':
$A''(x) = (x-2) \cdot e^{-x}$ (Produktregel)
$A''(1) = -e^{-1} < 0 \Rightarrow$ Maximum

Maximaler Wert von A:
$A_{max} = A(1) = 1 \cdot e^{-1} \approx 0{,}37$

Übung 13
Das wie im obigen Beispiel angeordnete achsenparallele Rechteck unter dem Graphen von $f(x) = e^{-2x}$ soll minimalen Umfang erhalten. Wie ist der auf dem Graphen von f liegende Punkt P zu wählen?

Übung 14
Für welche Lage des Punktes P ist die rechts abgebildete Dreiecksfläche maximal?

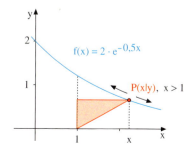

Die Radiokarbonmethode zur radioaktiven Altersbestimmung

Der amerikanische Chemiker Willard Frank Libby (1908–1980) entwickelte 1947 die sogenannte C-14-Methode zur radioaktiven Altersbestimmung prähistorischer organischer Überreste. Hierfür erhielt er 1960 den Nobelpreis für Chemie. Mit der C-14-Methode sind archäologische, anthropologische und geologische Datierungen möglich, die bis zu ca. 50 000 Jahre in die Vergangenheit zurückreichen.

Im Kohlendioxid der Luft und in den Körpern von Organismen kommt Kohlenstoff als *Isotopengemisch* vor. Das Gemisch besteht zu ca. 98,89 % aus dem stabilen Isotop $^{12}_{6}C$, zu 1,11 % aus dem stabilen Isotop $^{13}_{6}C$ und zu ca. $3 \cdot 10^{-11}$ aus dem radioaktiven Isotop $^{14}_{6}C$ (Radiokarbon).
Das ^{14}C entsteht in den oberen Schichten der Atmosphäre ständig neu. Durch Neutronenbeschuss aus der kosmischen Strahlung wird Luftstickstoff ^{14}N in ^{14}C umgewandelt:

$$^{14}_{7}N + ^{1}_{0}n \rightarrow ^{14}_{6}C + ^{1}_{1}p.$$

Das so entstandene ^{14}C verbindet sich mit dem Luftsauerstoff O_2 zu Kohlenstoffdioxid CO_2, welches sich sodann in der Atmosphäre verteilt, in der sich im Laufe der Zeiten durch Neubildung und Zerfall ein stabiles Gleichgewicht der Isotope im oben angegebenen Mischungsverhältnis herausbildete.

Das Kohlendioxid kommt schließlich über die Atmung in die Körper von Pflanzen und über die Nahrung und das Wasser auch in die Körper von Tieren und Menschen.

In den Oranismen kommt Kohlenstoff daher im exakt gleichen Isotopenmischungsverhältnis vor wie in der Atmosphäre bzw. im Meer.

Allerdings gilt dies nur, solange der Organismus lebt. Nach dem Tode des Organismus wird das radioaktiv zerfallende ^{14}C nicht mehr von außen ersetzt, sodass sein Anteil im Laufe der Zeit im Vergleich zu den Anteilen der stabilen Isotope ^{12}C und ^{13}C schrumpft.

Da die Zerfallsrate des ^{14}C bekannt ist (Halbwertszeit 5730 Jahre), ist es möglich, das Alter eines fossilen Organismus aus dem ^{14}C-Anteil, der in seinen Überresten feststellbar ist, zu errechnen.
Diese Art der Altersbestimmung wird als *Radiokarbonmethode* oder als *C-14-Uhr* bezeichnet.

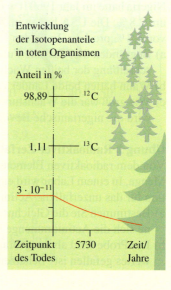

Die Radiokarbonmethode zur radioaktiven Altersbestimmung

Die fehlerfreie Verwendung der Radiokarbonmethode zur Altersbestimmung in der Archäologie und der Paläontologie setzt allerdings voraus, dass sowohl die kosmische Höhenstrahlung als auch der Stickstoffgehalt der hohen atmosphärischen Schichten über extrem lange Zeiträume nahezu gleich geblieben sind. Schwankungen* können die Zuverlässigkeit beeinträchtigen. Da ^{14}C ohnehin recht schnell zerfällt, wächst die Unsicherhiet der Methode mit dem Alter der untersuchten Probe.

Beispiel: Das radioaktive Isotop ^{14}C des Kohlenstoffs zerfällt unter β-Strahlung mit einer Halbwertszeit von ca. 5730 Jahren. Stellen Sie das exponentielle Zerfallsgesetz auf.

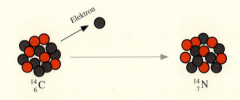

Lösung:
Mit der Formel für die Halbwertszeit bestimmen wir die Zerfallskonstante k. Es ergibt sich $k \approx 0{,}00012$.
Der Ansatz $N(t) = N_0 \cdot e^{-kt}$ liefert dann das nebenstehende Zerfallsgesetz.

$$k = \frac{\ln 2}{T_{1/2}} \approx \frac{0{,}6931}{5730} \approx 0{,}00012.$$

$$N(t) = N_0 \cdot e^{-0{,}00012\,t} \quad \text{(t in Jahren)}$$

Beispiel: Im Moor wird beim Abstich von Torf ein Tierskelett gefunden. Die Überprüfung des Kohlenstoffgehalts ergibt, dass der Anteil des radioaktiven Isotops ^{14}C am Gesamtkohlenstoff im Laufe der Zeit auf $0{,}2 \cdot 10^{-11}\%$ abgesunken ist. Wie alt ist das Fundstück?

Lösung:
Der ^{14}C-Gehalt ist von $3 \cdot 10^{-11}\%$ auf $0{,}2 \cdot 10^{-11}\%$ gesunken, also auf $\frac{1}{15}$ des Ausgangswertes.
Die Berechnung von $T_{1/15}$ ergibt ein Alter von etwa 22 600 Jahren.

$$T_{1/15} = \frac{\ln 15}{k} \approx \frac{2{,}7081}{0{,}00012} \approx 22\,567 \text{ Jahre}$$

Übung

Ein Kunsthändler preist das Bild eines alten Meisters an, der vor 600 Jahren gewirkt hat. Ein Kunde möchte die Echtheit des Gemäldes mit der Radiokarbonmethode prüfen lassen.
Welcher prozentuale ^{14}C-Anteil am Gesamtkohlenstoff müsste sich bei der Untersuchung des in der Leinwand enthaltenen Kohlenstoffes ergeben, wenn das Bild keine Fälschung ist?

---

* Fehlerquellen bei der Radiokarbonmethode: **1.** Schwankungen des Radiokarbonspiegels in früheren Jahrhunderten. Diese sind anhand von Baumringen feststellbar und eichbar. **2.** Seit 1952 ist durch atmosphärische Atomtests der ^{14}C-Gehalt angestiegen. Der Vorgang ist ebenfalls bekannt und eichbar. **3.** Wird ein Skelett von Flüssigkeit durchsickert, so setzt sich Kalziumkarbonat fest, das den schon abgesunkenen ^{14}C-Gehalt wieder erhöht. Solche Prozesse und labortechnische Verunreinigungen stellen das größte Problem dar.

B. Begrenztes Wachstum und begrenzter Zerfall

Die Verbreitung eines Gerüchts

Auf einem großen Empfang, an dem G Personen teilnehmen, wird ein Gerücht verbreitet. N(t) sei die Anzahl der Personen, die das Gerücht zur Zeit t kennen.

Hier liegt *begrenztes Wachstum* vor, denn das Gerücht kann maximal alle G Personen erreichen, aber nicht mehr. G heißt *Grenzbestand*.

Der Kreis der noch nicht erfassten Personen verkleinert sich beständig. Zur Zeit t ist die Größe dieses Reservoirs gleich $G - N(t)$.

Der Zuwachs ΔN an erfassten Personen ist daher proportional zu Δt und zur Reservoirgröße $G - N(t)$.
Diese Proportionalitäten führen auf die folgende Wachstumsgleichung:
$$N'(t) = k \cdot (G - N(t)).$$

Die zugehörige Wachstumsfunktion lautet:
$$N(t) = G - c \cdot e^{-kt}.$$

Modell des begrenzten Wachstums

Die Wachstumsgeschwindigkeit N' ist proportional zur Differenz $G - N(t)$, wobei G die Obergrenze für den Bestand N ist.
Die Wachstumsgleichung lautet:
$$N'(t) = k \cdot (G - N(t)), \quad k > 0$$

Die Wachstumsfunktion lautet:
$$N(t) = G - c \cdot e^{-kt}$$

Der Graph von N hat folgende Gestalt:

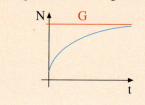

▶ **Beispiel:** In einer Reisegruppe kursiert ein Witz. Anfangs kennen ihn zehn der 100 Teilnehmer. Nach zwei Stunden sind es schon 50 Personen. Wieviele Personen sind es nach sechs Stunden? Legen Sie das Modell des begrenzten Wachstums zugrunde.

Lösung:
N(t) sei die Anzahl der Teilnehmer, welche den Witz zur Zeit t kennen. N kann durch die Funktion $N(t) = G - c \cdot e^{-kt}$ beschrieben werden. Bestimmt werden müssen zunächst G, c und k.

Der Grenzbestand beträgt 100 Personen. Daher gilt G = 100.

Zur Zeit t = 0 kennen 10 Personen den Witz. Aus N(0) = 10 folgt $100 - c = 10$, d. h. es gilt c = 90.

Zur Zeit t = 2 kennen 50 Personen den Witz. Aus der Bedingung N(2) = 50 folgt $100 - 90 e^{-2k} = 50$. Auflösen nach k ergibt k = 0,294.

Nun errechnen wir N(6). Wir erhalten als
▶ Resultat: 85 Personen kennen den Witz.

Ansatz: $N(t) = G - c \cdot e^{-kt}$

Informationen: G = 100
N(0) = 10
N(2) = 50

Funktion: $N(t) = 100 - 90 \cdot e^{-0,294 t}$

Resultat: N(6) = 84,6

4. Wachstums- und Zerfallsprozesse

Beim Lösen von chemischen Substanzen tritt ebenfalls begrenztes Wachstum auf. Die Konzentration steigt zwar an, aber sie kann eine bestimmte Sättigungsgrenze nicht überschreiten.

▶ **Beispiel: Ein chemischer Lösungsvorgang**

In einen Behälter mit Wasser wird Salicylamidpulver geschüttet und unter Rühren gelöst.
Die Sättigungsgrenze beträgt ca. 29 Gramm Pulver pro 100 ml Lösung.
m(t) sei die Masse des zur Zeit t bereits gelösten Pulvers pro 100 ml Lösung. m kann durch die Funktion $m(t) = G - c \cdot e^{-kt}$ beschrieben werden.
Bestimmen Sie G, c und k und skizzieren Sie den Graphen von m. Wann sind 90 % Sättigung erreicht? Mit welcher Geschwindigkeit erhöht sich die gelöste Masse zur Zeit t = 20?

t min	m g
0	0
2	3,3
5	7,4
16	17,7
31	24,3

Szene aus dem pharmazeutischen Praktikum

Lösung:

Bestimmung der Gleichung von m:
Die Sättigungsgrenze beträgt 29 Gramm.
Daher ist der Grenzbestand G = 29.

Zur Zeit t = 0 ist noch kein Pulver gelöst.
Aus m(0) = 0 folgt 29 − c = 0, d. h. c = 29.

Zur Zeit t = 31 sind 24,3 Gramm gelöst.
Aus m(31) = 24,3 folgt
$29 - 29\,e^{-31k} = 24{,}3$.
Auflösen nach k ergibt k = 0,059.

Die Gleichung von m lautet daher:
$m(t) = 29 - 29 \cdot e^{-0,059t}$

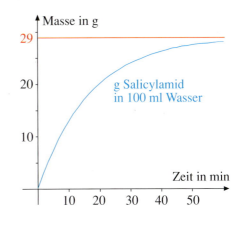

Berechnung der Zeit bis zum Erreichen von 90 % der Sättigungsgrenze:
90 % der Sättigungsgrenze sind 26,1 g. Die Gleichung $29 - 29 \cdot e^{-0,059t} = 26{,}1$ hat die Lösung t ≈ 39 min. Es dauert 39 Minuten, um 90 % der theoretisch möglichen Pulvermenge zu lösen.

Berechnung der Wachstumsgeschwindigkeit der gelösten Masse m:
Wir bestimmen die Ableitung der Funktion $m(t) = 29 - 29 \cdot e^{-0,059t}$. Es ist $m'(t) = 1{,}711 \cdot e^{-0,059t}$. Daher gilt m'(20) = 0,53. Das heißt: Zur Zeit t = 20 werden 0,53 g
▶ Pulver pro Minute gelöst.

Übung 3
Die Masse eines Schimmelpilzes wächst nach der Formel $m(t) = 40 - 25 \cdot e^{-kt}$ (t in Stunden, m in mg), wobei k vom Nährboden abhängt (Nährboden A: k = 0,10; Nährboden B: k = 0,20).
a) Skizzieren Sie beide Graphen in ein gemeinsames Koordinatensystem.
b) Nach welchen Zeiten werden jeweils 30 mg Masse erreicht?
c) Vergleichen Sie die Wachstumsgeschwindigkeiten zu den Zeiten t = 0 und t = 10.

Das Newtonsche Abkühlungsgesetz

Heiße Körper geben Wärme an die kältere Umgebung ab und kühlen so im Laufe der Zeit ab. Der berühmte Mathematiker und Physiker Isaac Newton (1643–1727), der als Schöpfer der modernen Mechanik gilt, stellte auch ein Gesetz auf, das die exponentielle Abnahme der Temperatur bei Abkühlungsvorgängen sehr gut erfasst.

 204-1

$T(t)$ sei die Temperatur eines sich abkühlenden Körpers zur Zeit t. Die Temperatur T kann nicht niedriger werden, als die Umgebungstemperatur T_U. Daher liegt auch hier das Modell des begrenzten Wachstums bzw. Zerfalls vor.

Experimentelle Messungen ergeben, dass die Temperaturabnahme ΔT proportional zur Länge des Zeitintervalls Δt ist (doppelte Zeit, doppelte Temperaturabnahme) sowie zur Temperaturdifferenz zwischen Körper und Umgebung, also zu $T(t) - T_U$.

Dies führt in der schon bekannten Weise auf die rechts notierte *Abkühlungsgleichung*. Die darunter dargestellte *Abkühlungsfunktion* löst die Abkühlungsgleichung, was man durch Differentiation leicht beweisen kann.

Modell des Abkühlungsprozesses

Die Abkühlungsgeschwindigkeit T' ist proportional zur Differenz $T(t) - T_U$, wobei T_U die Umgebungstemperatur ist, die nicht unterschritten wird.

Die Abkühlungsgleichung lautet:

$$T'(t) = -k \cdot (T(t) - T_U), \quad k > 0$$

Die Abkühlungsfunktion lautet:

$$T(t) = T_U + c \cdot e^{-kt}$$

Übung 4 Die Abkühlung von Tee

Eine Tasse Tee wird abgekühlt. Zu Beginn beträgt die Temperatur 90°C. Nach zehn Minuten beträgt die Temperatur nur noch 66°C. Die Umgebungstemperatur beträgt 20°C.
a) Stellen Sie die Abkühlungsfunktion auf. Bestimmen Sie T_U, c und k.
b) Wie heiß ist der Tee nach 20 Minuten?
c) Wann ist der Tee auf 40°C abgekühlt?
d) Wie groß ist die Abkühlungsrate (Grad pro Minute) zur Zeit t = 3 min?

Übung 5 Ein Erwärmungsprozess

Anja entnimmt dem Kühlschrank eine Schale mit Pudding. Im Kühlschrank beträgt die Temperatur 4°C. Die Umgebungstemperatur ist 25°C. Nach zehn Minuten ist die Temperatur auf 6°C gestiegen. Anja möchte den Pudding mit einer Temperatur von 10°C servieren. Wie lange muss sie warten? Wie schnell steigt die Temperatur zu Beginn an (in Grad pro Minute), wie schnell steigt die Temperatur nach zwanzig Minuten an?

Übung 6 Ein wenig Theorie

Zeigen Sie durch Differenzieren und Einsetzen, dass die Abkühlungsfunktion $T(t) = T_U + c \cdot e^{-kt}$ eine Lösung der Abkühlungsgleichung $T'(t) = -k \cdot (T(t) - T_U)$ ist.

Übung 7
Der Bestand einer Population wird durch die Funktion $N(t) = 10 - 8 \cdot e^{-0,2t}$ erfasst. Dabei gibt t die Zeit in Stunden seit Beobachtungsbeginn an und N(t) die Anzahl der Individuen in Tausend.
a) Zeichnen Sie den Graphen von N mithilfe einer Wertetabelle ($0 \leq t \leq 20$, Schrittweite 5).
b) Bestimmen Sie den Anfangsbestand und den Grenzbestand der Population.
c) Welcher Bestand liegt zur Zeit $t = 3$ vor?
d) Nach welcher Zeit hat sich der Anfangsbestand vervierfacht?
e) Wie groß ist die Wachstumsgeschwindigkeit (gemessen in Tausend Individuen pro Stunde) zu Beginn des Wachstumsprozesses bzw. nach 10 Stunden?

Übung 8
Ein neuer natürlicher Stausee wird angelegt. Er wird durch einen konstanten Zufluss gefüllt, verliert aber mit zunehmender Füllung aufgrund des steigenden Wasserdrucks wieder Wasser durch den undichten Seeboden.
Berechnungen ergaben, dass die Erstbefüllung durch die Funkton W erfasst werden kann: $W(t) = 1\,000\,000 \cdot (1 - e^{-0,025t})$
(t: Zeit in Std., W: Wasservolumen in m³)

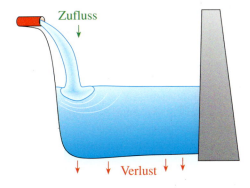

a) Fertigen Sie eine Wertetabelle für die Funktion W an ($0 \leq t \leq 100$, Schrittweite 20). Skizzieren Sie den Graphen von W.
b) Wie groß wird das Wasservolumen nach 50 bzw. nach 200 Stunden sein? Welches Wasservolumen wäre maximal erreichbar?
c) Der See hat ein Leervolumen von 1 200 000 m³. Kann er völlig gefüllt werden? Nach welcher Zeit ist er zur Hälfte gefüllt?
d) Mit welcher Geschwindigkeit (in m³/h) füllt sich der See zur Zeit $t = 20$? Wie stark ist der konstante Zufluss?

Übung 9
Ein Defibrillator kann maximal auf eine Spannung von $U = 400$ V aufgeladen werden. Bei 300 V ist er voll einsatzbereit, bei 200 V eingeschränkt einsatzbereit. Eine Messung ergibt, dass nach 8 Sekunden ca. 189 V erreicht sind.
Der Ladevorgang kann durch die Funktion $U(t) = G \cdot (1 - e^{-kt})$ erfasst werden.

a) Bestimmen Sie G und k. Skizzieren Sie den Graphen von U ($0 \leq t \leq 50$, Schrittweite 10).
b) Nach welcher Zeit ist das Gerät voll bzw. eingeschränkt einsatzbereit?
c) Das Gerät wird bei einem Notfall schon nach 15 Sekunden Ladezeit eingesetzt. Beurteilen Sie die Einsatzbereitschaft.
d) Eine Neuentwicklung stellt die erforderliche Energiedosis schneller bereit. Die Ladeformel lautet nun $U(t) = 400 \cdot (1 - e^{-0,12t})$. Wann wird die volle Einsatzbereitschaft erreicht?

C. Logistisches Wachstum

Kombination der Modelle

Zahlreiche exponentielle Wachstumsprozesse verlaufen zunächst ungebremst, um später in begrenztes Wachstum überzugehen, weil sich die Wachstumsbedingungen allmählich verschlechtern. Die Nahrungsversorgung wird schwieriger, die Transportwege länger, das Raumreservoir wird kleiner.

Man spricht von *logistischem Wachstum*.

Auch bei diesem Modell gibt es einen Grenzbestand G, der nicht überschritten wird.

Der Bestandszuwachs ΔN ist proportional zum Zeitintervall Δt, zum Bestand $N(t)$ und zum Reservoir $G - N(t)$.
Daraus ergibt sich die Wachstumsgleichung
$$N'(t) = k \cdot N(t) \cdot (G - N(t)).$$
Die zugehörige Wachstumsfunktion lautet:
$$N(t) = \frac{a \cdot G}{a + (G-a) \cdot e^{-G \cdot k \cdot t}},$$
wobei a der Anfangsbestand ist.
Der Graph der Funktion besitzt einen typischen s-förmigen Verlauf (siehe Abb.).

> **Modell des logistischen Wachstums**
>
> Die Wachstumsgeschwindigkeit $N'(t)$ ist proportional zum Bestand $N(t)$ und zur Differenz $G - N(t)$, wobei G die Obergrenze für den Bestand N ist.
> Die Wachstumsgleichung lautet:
> $$N'(t) = k \cdot N(t) \cdot (G - N(t)), \quad k > 0$$
> Die Wachstumsfunktion lautet:
> $$N(t) = \frac{a \cdot G}{a + (G-a) \cdot e^{-G \cdot k \cdot t}}$$
> a ist der Anfangsbestand zur Zeit $t = 0$.
> G ist der Grenzbestand.
>
>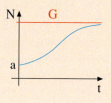

▶ **Beispiel:** Das Wachstum einer Kultur von Hefezellen wir durch die logistische Funktion $V(t) = \frac{80\,000}{100 + 700 \cdot e^{-0,5 \cdot t}}$ beschrieben. Dabei ist t die Zeit in Stunden und $V(t)$ das Kulturvolumen in mm³. Stellen Sie fest, wie groß der Anfangsbestand war und welcher Grenzbestand sich ergibt. Skizzieren Sie den Graphen von V.

Lösung:
Den Anfangsbestand a erhalten wir durch Einsetzen von $t = 0$ in die Wachstumsfunktion:
$$a = V(0) = \frac{80\,000}{100 + 700} = 100 \text{ mm}^3$$

Der Grenzbestand ergibt sich, wenn wir den Grenzwert von $V(t)$ für $t \to \infty$ bilden:
$$G = \lim_{t \to \infty} \frac{80\,000}{100 + 700 \cdot e^{-0,5 \cdot t}} = \frac{80\,000}{100} = 800 \text{ mm}^3$$

▶ Der Graph von V ist rechts dargestellt.

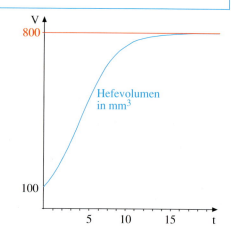

Übungen

10. Logistische Kurvenuntersuchung
Die Funktion $N(t) = \dfrac{24}{2 + 10 \cdot e^{-0,5t}}$ beschreibt einen Wachstumsprozess (t: Tage; N: Individuen).
a) Skizzieren Sie den Graphen von N für $-4 < t \leq 10$, Schrittweite 2.
b) Wie groß ist der Anfangsbestand zu Beobachtungsbeginn? Wie groß ist der Grenzbestand, d.h. die obere Grenze für den Bestand?
c) Bestimmen Sie die Ableitungsfunktion N' und skizzieren Sie deren Graphen. Ermitteln Sie aus der Zeichnung angenähert die maximale Wachstumsgeschwindigkeit.

11. Bevölkerungswachstum
Ein Land hat zu Beobachtungsbeginn 20 Millionen Einwohner. Nach fünf Jahren sind es 23 Millionen. Es wird erwartet, dass die obere Grenze bei 100 Millionen liegt.
a) Stellen Sie die Wachstumsfunktion auf und skizzieren Sie den Graphen für $0 < t \leq 100$. Verwenden Sie den logistischen Ansatz $N(t) = \dfrac{a \cdot G}{a + (G-a) \cdot e^{-G \cdot k \cdot t}}$ (t in Jahren, N in Millionen). Dabei ist a der Anfangsbestand und G der Grenzbestand.
b) Welcher Prozentsatz des Grenzbestandes ist nach 50 Jahren erreicht? Nach welcher Zeit sind 95 % des Grenzbestandes erreicht?

12. Wachstumsvergleich
Zwei Staaten A und B wollen ihre Bevölkerungszahl durch Steuerungsmaßnahmen im Rahmen logistischer Wachstumsmodelle gezielt erhöhen. Staat A geht von der Wachstumsfunktion $N_A = \dfrac{1200}{20 + 40 \cdot e^{-0,048t}}$ aus, Staat B von der Funktion $N_B = \dfrac{600}{10 + 50 \cdot e^{-0,084t}}$ (in Millionen).
a) Skizzieren Sie die Graphen von N_A und N_B für $0 < t \leq 100$.
b) Welche Anfangsbestände und welche Grenzbestände liegen vor?
c) Nach welcher Zeit sind die beiden Populationen gleich stark?

13. Messreihenmodellierung
Das logistische Höhenwachstum einer Indianerlilie wird in einer Messreihe erfasst.

t in Tagen	0	2	4	6	8	10	12	14
H(t) in cm	4,0	8,1	13,0	16,7	18,6	19,5	19,8	19,9

a) Skizzieren Sie den Graphen der Wachstumsfunktion H.
b) Wie groß war die Pflanze zu Beginn des Wachstumsprozesses?
c) Welche Maximalhöhe erreicht die Lilie offensichtlich?
d) Bestimmen Sie die Gleichung der Wachstumsfunktion. Ansatz: $H(t) = \dfrac{a \cdot G}{a + (G-a) \cdot e^{-G \cdot k \cdot t}}$
e) Wie hoch ist die Pflanze nach 5 Tagen? Nach welcher Zeit erreicht die Pflanze die Hälfte der Maximalhöhe?
f) Mit welcher Geschwindigkeit (in cm/Tag) wächst die Lilie zu Beginn des Beobachtungsprozesses bzw. am zehnten Tag nach Beobachtungsbeginn? Wie groß ist die durchschnittliche Wachstumsrate in den ersten 10 Tagen?

5. Differentiation und Integration von Exponentialfunktionen

A. Die Differentiation von Exponentialfunktionen

Die Ableitungsregeln für Exponentialfunktionen sind uns bereits bekannt. Wir stellen sie rechts noch einmal auf. 208-1

Satz V.2: Differentiationsregeln
$(e^x)' = e^x$
$(e^{-x})' = -e^{-x}$
$(e^{ax+b})' = a \cdot e^{ax+b}$
$(e^{f(x)})' = f'(x) \cdot e^{f(x)}$

Übung 1
Bestimmen Sie die 1. Ableitung von f.
a) $f(x) = e^{2x}$
b) $f(x) = 2 \cdot e^{4-3x}$
c) $f(x) = x \cdot e^{-x}$
d) $f(x) = e^{x^2}$

B. Die Integration von Exponentialfunktionen

Jede der Differentiationsregeln entspricht im Prinzip einer analogen Integrationsregel.
Man kann die Integrationsregeln beweisen, indem man die jeweilige rechte Seite ableitet und zeigt, dass man so den Integranden der linken Seite erhält.

Satz V.3: Integrationsregeln
$\int e^x \, dx = e^x + C$
$\int e^{-x} \, dx = -e^{-x} + C$
$\int e^{ax+b} \, dx = \frac{1}{a} e^{ax+b} + C$

Übung 2
Berechnen Sie das Integral.
a) $\int e^{2x} \, dx$
b) $\int e^{4-2x} \, dx$
c) $\int (e^{-x} + 2e^x) \, dx$
d) $\int \frac{1}{e^{x+2}} \, dx$

C. Stammfunktionsnachweis durch Differentiation

Mit den obigen Integrationsregeln kann man nur ganz einfach aufgebaute Exponentialfunktionen integrieren. Schon Funktionen wie $f(x) = 2x \cdot e^{-x}$ kann man mit den uns zur Verfügung stehenden Mitteln nicht mehr integrieren. Man ist dann darauf angewiesen, dass eine Stammfunktion F vorgegeben ist. Der Nachweis, dass es sich wirklich um eine Stammfunktion handelt, kann durch Ableiten erbracht werden. $F' = f$ ist zu zeigen.

> **Beispiel: Stammfunktionsnachweis durch Differenzieren**
> Zeigen Sie, dass $F(x) = 2x \cdot e^{-x}$ eine Stammfunktion von $f(x) = (2-2x) \cdot e^{-x}$ ist.

Lösung:
Wir differenzieren F mit der Produkt- und der Kettenregel und weisen nach: $F'(x) = f(x)$.
$F'(x) = (2x \cdot e^{-x})' = 2 \cdot e^{-x} + 2x \cdot (-e^{-x}) = (2-2x) \cdot e^{-x} = f(x)$
↑ Produktregel Kettenregel   ↑ Ausklammern

Übung 3
Behauptet wird, dass F eine Stammfunktion von f ist. Überprüfen Sie dies.
a) $f(x) = (2x+3) \cdot e^x$
   $F(x) = (2x+1) \cdot e^x$
b) $f(x) = (2-4x) \cdot e^{-2x}$
   $F(x) = 2x \cdot e^{-2x}$
c) $f(x) = (2x^2 - 1) \cdot e^{2x}$
   $F(x) = (x^2 - x) \cdot e^{2x}$

D. Exkurs: Integration mittels Formansatz

Manchmal hat man eine Vermutung, welche Gestalt die Stammfunktion F einer gegebenen Funktion f hat, oder diese Gestalt ist sogar vorgegeben.
Beispielsweise liegt es nahe anzunehmen, dass $f(x) = (4x+8) \cdot e^{2x}$ eine Stammfunktion der Form $F(x) = (ax+b) \cdot e^{2x}$ hat. Man kann dann durch Ableiten von F und Vergleich des Ergebnisses mit der Funktion f die Koeffizienten a und b bestimmen.

▶ **Beispiel: Integration durch Formansatz**
Gesucht ist eine Stammfunktion F von $f(x) = (4x+8) \cdot e^{2x}$.
Verwenden Sie den Formansatz $F(x) = (ax+b) \cdot e^{2x}$.

Lösung:
Wir leiten zunächst die durch den Formansatz gegebene Funktion F ab. Durch Ausklammern von e^{2x} erzeugen wir eine besonders übersichtliche Darstellung des Ergebnisses F'.

Ableitung von F:
$F(x) = (ax+b) \cdot e^{2x}$
$F'(x) = a \cdot e^{2x} + (ax+b) \cdot 2e^{2x}$
$F'(x) = (2ax + a + 2b) \cdot e^{2x}$

Da $F' = f$ gelten muss, erhalten wir die rechts aufgeführte Gleichung, die einen Koeffizientenvergleich ermöglicht.
Es muss gelten: $2a = 4$ und $a + 2b = 8$.

Vergleich von F' mit f:
$F'(x) = f(x)$
$(2ax + a + 2b) \cdot e^{2x} = (4x+8) \cdot e^{2x}$
  ↑   ↑   ↑   ↑
Term   Term   Term   Term
mit x   ohne x   mit x ohne x

Auflösen dieses Gleichungssystems ergibt $a = 2$ und $b = 3$.

$\left.\begin{array}{r} 2a = 4 \\ a + 2b = 8 \end{array}\right\} \Rightarrow a = 2, \ b = 3$

Durch Einsetzen dieser Werte in den Formansatz erhalten wir als Resultat:
▶ $F(x) = (2x+3) \cdot e^{2x}$

Resultat: $F(x) = (2x+3) \cdot e^{2x}$

Übung 4
Bestimmen Sie mithilfe des gegebenen Formansatzes eine Stammfunktion F von f.
a) $f(x) = (x+1) \cdot e^x$
   $F(x) = (ax+b) \cdot e^x$
b) $f(x) = 2x \cdot e^{-x}$
   $F(x) = (ax+b) \cdot e^{-x}$
c) $f(x) = x^2 \cdot e^x$
   $F(x) = (ax^2 + bx + c) \cdot e^x$
d) $f(x) = e^{2x} + e^{-x}$
   $F(x) = ae^{2x} + be^{-x}$
e) $f(x) = -4x \cdot e^{-2x}$
   $F(x) = (ax+b) \cdot e^{-2x}$
f) $f(x) = x \cdot e^{1-2x}$
   $F(x) = (ax+b) \cdot e^{1-2x}$

E. Flächeninhaltsberechnungen bei Exponentialfunktionen

In diesem Abschnitt geht es um die Bestimmung von einfachen Flächeninhalten bei Funktionen, deren Gleichungen Exponentialterme enthalten. Es werden unterschiedliche Fragestellungen behandelt, die wir später im Rahmen von umfassenderen Kurvenuntersuchungen anwenden.

▶ **Beispiel: Fläche unter Graphen**
Gegeben ist die Funktion $f(x) = e^x - 1$.
Wie groß sind die Inhalte der abgebildeten Flächenstücke A_1 und A_2?

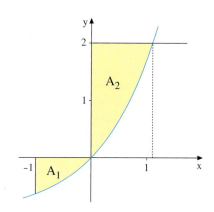

Lösung:
Wir bestimmen zunächst eine Stammfunktion von f: $F(x) = e^x - x$.

Bei A_1 handelt es sich um die einfachste der möglichen Fragestellungen zu Flächeninhalten, nämlich um die Fläche zwischen Funktionsgraph und x-Achse.
Wir errechnen das bestimmte Integral über f in den Grenzen von -1 bis 0 und erhalten:
Die Fläche A_1 hat den Inhalt $A_1 \approx 0{,}37$.

Die Fläche A_2 liegt zwischen dem Graphen von f und der y-Achse und $y = 2$.
Wir errechnen zunächst den zum y-Wert 2 gehörigen x-Wert, indem wir die Gleichung $e^x - 1 = 2$ nach x auflösen.
Wir erhalten $x = \ln 3$.
Nun bestimmen wir den Inhalt der Fläche zwischen dem Graphen von f und der x-Achse über dem Intervall $[0; \ln 3]$.
Dieser beträgt 0,90.
Diesen Wert ziehen wir vom Flächeninhalt des Rechtecks mit der x-Breite $\ln 3$ und der y-Höhe 2 ab, der ca. 2,20 beträgt. Für den Inhalt von A_2 erhalten wir daher
▶ $A_2 \approx 1{,}30$.

Berechnung von A_1:
$$\int_{-1}^{0} (e^x - 1)\,dx = [e^x - x]_{-1}^{0} = -\tfrac{1}{e} \approx -0{,}37$$
$\Rightarrow A_1 \approx 0{,}37$

Berechnung von A_2:
$$\int_{0}^{\ln 3} (e^x - 1)\,dx = [e^x - x]_{0}^{\ln 3} = 2 - \ln 3 \approx 0{,}90$$

$A_2 \approx$ Rechtecksfläche $- 0{,}90$
$A_2 \approx \ln 3 \cdot 2 - 0{,}90 \approx 2{,}20 - 0{,}90$
$A_2 \approx 1{,}30$

Übung 5
Berechnen Sie den Inhalt der dargestellten Fläche A.

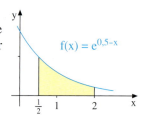

Übung 6
Gegeben sind die Funktionen $f(x) = e^x$ und $g(x) = e^{1-x}$. Diese begrenzen gemeinsam mit der x-Achse und den beiden senkrechten Geraden $x = -1$ und $x = 1$ ein Flächenstück. Skizzieren Sie dieses und berechnen Sie seinen Flächeninhalt.

▶ **Beispiel: Fläche zwischen Graphen**
Berechnen Sie den Inhalt der Fläche A, die von den Graphen der Funktionen $f(x) = 2 \cdot e^{\frac{1}{4}x}$ und $g(x) = e^{\frac{5}{4}x-1}$ sowie der y-Achse begrenzt wird.

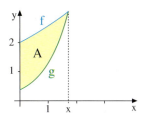

Lösung:
Die Grobskizze zeigt, dass sich die Kurven etwa bei x = 1,7 schneiden, so dass die abgebildete Flächenform entsteht. Wir berechnen also zunächst die Schnittstelle x und anschließend das bestimmte Integral der Differenzfunktion f − g über dem Intervall [0 ; x].

Schnittstellenberechnung:
$$f(x) = g(x)$$
$$2 \cdot e^{\frac{1}{4}x} = e^{\frac{5}{4}x-1} \quad | \cdot e^{-\frac{1}{4}x}$$
$$2 = e^{x-1} \quad | \ln$$
$$\ln 2 = x - 1$$
$$x = \ln 2 + 1$$
$$x \approx 1{,}69$$

Flächenberechnung:
$$A \approx \int_0^{1,69} (f(x) - g(x))\,dx$$
$$= \int_0^{1,69} \left(2 \cdot e^{\frac{1}{4}x} - e^{\frac{5}{4}x-1}\right) dx$$
$$= \left[8 \cdot e^{\frac{1}{4}x} - \frac{4}{5} \cdot e^{\frac{5}{4}x-1}\right]_0^{1,69} \approx 2{,}26$$

▶ **Beispiel: Unbegrenzte Fläche**
Gesucht ist der Inhalt des nach rechts unbegrenzten Flächenstückes A, das im 1. Quadranten zwischen dem Graphen von $f(x) = e^{-x}$ und der x-Achse liegt.

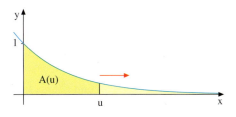

Lösung:
Wir berechnen zunächst den Inhalt der Fläche A(u) zwischen dem Graphen von f und der x-Achse über dem Intervall [0 ; u], u > 0. Der gesuchte Inhalt von A ergibt sich dann als Grenzwert dieses Flächeninhaltes
▶ für u → ∞: $A = \lim_{u \to \infty} A(u) = 1$.

$$A(u) = \int_0^u e^{-x}\,dx = [-e^{-x}]_0^u = 1 - e^{-u}$$

$$A = \lim_{u \to \infty} A(u) = \lim_{u \to \infty}(1 - e^{-u}) = 1$$

Übung 7
Gesucht ist der Inhalt derjenigen Fläche A, die von den Graphen der Funktionen f und g sowie der y-Achse begrenzt wird. Fertigen Sie zunächst eine Grobskizze an.
a) $f(x) = \frac{1}{4}(e^x - 1)$, $g(x) = 2 - e^x$
b) $f(x) = \frac{1}{2}e^{\frac{1}{2}x}$, $g(x) = e^{1-\frac{1}{4}x}$

Übung 8
a) Gesucht ist der Inhalt des im 1. Quadranten liegenden Flächenstückes zwischen den Graphen von $f(x) = e^{-x}$ und $g(x) = e^{-2x}$, das nach rechts unbegrenzt ist.
b) Wie ist a > 0 zu wählen, wenn der Inhalt des im 2. Quadranten zwischen dem Graphen von $f_a(x) = (a+1) \cdot e^{ax}$ und der x-Achse liegenden − nach links unbegrenzten − Flächenstückes A den Wert 2 annehmen soll?

6. Kurvendiskussionen

Im Folgenden werden wieder Kurven untersucht, deren Funktionsgleichungen Exponentialterme enthalten, die aber etwas komplizierter aufgebaut sind als die bisherigen elementaren Beispiele. Zu den Routineuntersuchungspunkten – Ableitungen, Nullstellen, Extrema, Wendepunkte, Verhalten für x → ∞, Graph – werden zusätzlich individuelle Aufgabenstellungen angeboten, deren Lösungen Transferleistungen erfordern.

Das erste Beispiel dient als Musteraufgabe. Daher werden hier besonders zahlreiche Zusatzaufgaben angeboten.

A. Kurvenuntersuchungen

> **Beispiel: Kurvendiskussion**
> Untersuchen Sie die Funktion $f(x) = x \cdot e^{1-x}$ auf Nullstellen, Extrema und Wendepunkte. Wie verhalten sich die Funktionswerte f(x), wenn x gegen $+\infty$ bzw. gegen $-\infty$ strebt? Zeichnen Sie auf der Basis Ihrer Resultate den Graphen von f für $-1 \leq x \leq 3$.

Lösung:

1. Ableitungen:
Wir bestimmen die erste Ableitung f' mit Hilfe der Produkt- und der Kettenregel:

$f'(x) = (x \cdot e^{1-x})' = 1 \cdot e^{1-x} + x \cdot e^{1-x} \cdot (-1)$
$= (1-x) \cdot e^{1-x}$

Analog berechnen wir f'' und f''':
$f''(x) = (x-2) \cdot e^{1-x}$
$f'''(x) = (3-x) \cdot e^{1-x}$

2. Nullstellen:
Der Ansatz lautet $f(x) = x \cdot e^{1-x} = 0$.
Ein Produkt wird null, wenn einer der Faktoren null wird.
Da der Exponentialterm e^{1-x} nicht null werden kann, liefert der Faktor x die einzige Nullstelle von f bei x = 0.

3. Extrema:
Die notwendige Bedingung für Extrema $f'(x) = (1-x) \cdot e^{1-x} = 0$ ist für x = 1 erfüllt. Der zugehörige Funktionswert ist y = 1.

Die Überprüfung der potentiellen Extremalstelle x = 1 mithilfe der zweiten Ableitung liefert $f''(1) = -1 < 0$, sodass es sich um ein Maximum handelt.

▶ Der Punkt H(1|1) ist Hochpunkt von f.

4. Wendepunkte:
Die notwendige Bedingung für Wendestellen $f''(x) = (x-2) \cdot e^{1-x} = 0$ ist für x = 2 erfüllt. Der zugehörige Funktionswert lautet $y = \frac{2}{e}$. Wegen $f'''(2) = e^{-1} > 0$ ist der Punkt $W\left(2 \big| \frac{2}{e}\right)$ ein Rechts-links-Wendepunkt.

5. Verhalten für x → ±∞:
Für x → ∞ strebt f gegen 0.

x	1	5	10	→ ∞
f(x)	1	0,09	0,0012	→ 0

Für x → −∞ strebt f gegen −∞.

x	−1	−5	−10	→ −∞
f(x)	−7	$-2 \cdot 10^3$	$-6 \cdot 10^5$	→ −∞

6. Graph:

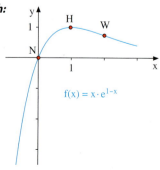

6. Kurvendiskussionen

Zusatzaufgaben zum vorhergehenden Beispiel

Wir untersuchen nun einige Zusatzprobleme zum vorhergehenden Beispiel, die auch bei zukünftigen Aufgabenstellungen von Interesse sind, wie Tangenten, Flächeninhalte etc.

Beispiel: Tangente

Die Funktion $f(x) = x \cdot e^{1-x}$ stellt eine Straße dar. Im Punkt $P\left(2 \left| \frac{2}{e}\right.\right)$ soll tangential eine gerade Ausfahrt abgehen.
Wie lautet die Gleichung der Ausfahrt?
Wo überquert die Ausfahrt den Fluss?

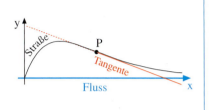

Lösung:
Wir verwenden als Ansatz die allgemeine Gleichung der Tangente von f im Punkt $P(x_0 | f(x_0))$.
Wir kennen $x_0 = 2$ und $f(x_0) = f(2) = \frac{2}{e}$.
Mithilfe der Produkt- und der Kettenregel berechnen wir $f'(x) = (1-x) \cdot e^{1-x}$.
Daher gilt $f'(x_0) = f'(2) = -\frac{1}{e}$.
Durch Einsetzen dieser Daten in die allgemeine Tangentengleichung erhalten wir die Gleichung der Tangente (Ausfahrt).
$t(x) = -\frac{1}{e}x + \frac{4}{e}$.
Sie schneidet die x-Achse, d.h. den Fluss an der Stelle $x = 4$.

Allgemeine Tangentengleichung:
$t(x) = f'(x_0) \cdot (x - x_0) + f(x_0)$

Steigung der Tangente:
$f(x) = x \cdot e^{1-x}$
$f'(x) = (1-x) \cdot e^{1-x}$
$f'(2) = -\frac{1}{e}$

Gleichung der Tangente:
$t(x) = -\frac{1}{e}(x-2) + \frac{2}{e}$
$t(x) = -\frac{1}{e}x + \frac{4}{e}$

Schnittpunkt mit der x-Achse:
$t(x) = -\frac{1}{e}x + \frac{4}{e} = 0$, $x = 4$

Beispiel: Flächeninhalt

Die Funktion $f(x) = x \cdot e^{1-x}$, die x-Achse und die beiden senkrechten Geraden $x = 1$ und $x = 2$ begrenzen ein Grundstück. Wie groß ist dessen Inhalt A? Zeigen Sie zunächst: $F(x) = (-1-x) \cdot e^{1-x}$ ist eine Stammfunktion von f.

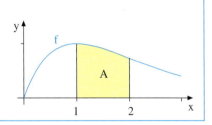

Lösung:
Durch Ableiten von F mithilfe der Produkt- und der Kettenregel zeigen wir, dass F Stammfunktion von f ist.

Anschließend können wir den gesuchten Flächeninhalt mithilfe eines bestimmten Integrals errechnen.
Wir erhalten $A \approx 0{,}90$.

Nachweis, dass F Stammfunktion ist:
$F(x) = (-1-x) \cdot e^{1-x} = u \cdot v$
$F'(x) = u' \cdot v + u \cdot v'$
$\quad = (-1) \cdot e^{1-x} + (-1-x) \cdot (-e^{1-x})$
$\quad = x \cdot e^{1-x} = f(x)$

Flächeninhalt:
$A = \int_1^2 x \cdot e^{1-x} dx = \left[(-1-x) \cdot e^{1-x}\right]_1^2$
$= (-3e^{-1}) - (-2) \approx 0{,}90$

Beispiel: Extremalproblem

Der Punkt P(x|y) mit x > 0 liegt im ersten Quadranten auf dem Graphen von $f(x) = x \cdot e^{1-x}$ und ist die rechte obere Ecke eines achsenparallelen Rechtecks, dessen linke untere Ecke der Ursprung ist. Wie muss die Punktabszisse x gewählt werden, wenn der Flächeninhalt A des Rechtecks maximal werden soll?

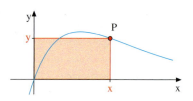

Lösung:

Wir stellen zunächst den Inhalt A als Funktion von x dar: $A(x) = x^2 \cdot e^{1-x}$.
Dann bilden wir die Ableitung A' von A und setzen diese null. Wir erhalten zwei Nullstellen von A' bei x = 0 und x = 2. Die erste kommt nicht in Frage, die zweite ist die gesuchte Maximalstelle, was man durch Überprüfen mittels A'' bestätigen könnte.
Resultat: Der Punkt $P\left(2 \mid \frac{2}{e}\right)$ führt zum Rechteck mit der Maximalfläche $\frac{4}{e} \approx 1{,}48$.

$A = x \cdot y = x \cdot f(x) = x \cdot x e^{1-x} = x^2 \cdot e^{1-x}$
$A'(x) = 2x e^{1-x} + x^2 \cdot (-e^{1-x})$
$\qquad = (2x - x^2) \cdot e^{1-x}$
$A' = 0: \qquad (2x - x^2) \cdot e^{1-x} = 0$
$\qquad\qquad\qquad\qquad 2x - x^2 = 0$
$\qquad\qquad x = 0 \text{ (Min)}, x = 2 \text{ (Max)}$

$y = f(2) = \frac{2}{e} \approx 0{,}74$

$A_{Max} = \frac{4}{e} \approx 1{,}48$

Beispiel: Approximation durch eine Parabel

Der Graph von $f(x) = x \cdot e^{1-x}$ soll im Bereich $0 \leq x \leq 1$ durch eine Parabel der Form $g(x) = ax^2 + bx + c$ approximiert werden. Die Parabel soll durch die Punkte N(0|0) und H(1|1) des Graphen von f sowie durch den Punkt P(2|0) verlaufen.
Wie lautet ihre Gleichung und wie groß ist die Maximalabweichung für $0 \leq x \leq 1$ näherungsweise?

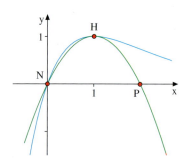

Lösung zur Parabelgleichung:

Ansatz für die Parabel:
$g(x) = ax^2 + bx + c$

Aufstellen eines Gleichungssystems:
N(0|0) auf g: $g(0) = 0 \Rightarrow \qquad\qquad c = 0$
H(1|1) auf g: $g(1) = 1 \Rightarrow \quad a + b + c = 1$
P(2|0) auf g: $g(2) = 0 \Rightarrow 4a + 2b + c = 0$

Auflösen des Gleichungssystems:
$a = -1, b = 2, c = 0$

Resultat:
$g(x) = -x^2 + 2x$

Lösung zur Approximationsgüte:
Die Differenzfunktion von f(x) und g(x) ist
$d(x) = x \cdot e^{1-x} + x^2 - 2x$.

Ihre Ableitungsfunktion ist dann
$d'(x) = (1-x) \cdot e^{1-x} + 2x - 2$.

Setzen wir diese gleich null, so folgt:
$(1-x) \cdot e^{1-x} + 2x - 2 = 0$
$\qquad\qquad e^{1-x} = \frac{2-2x}{1-x} = 2$
$\qquad\qquad 1 - x = \ln 2$
$\qquad\qquad\quad x = 1 - \ln 2$
$\qquad\qquad\quad x \approx 0{,}31$

Resultat:
Für x = 0,31 ist die Abweichung maximal.
Sie beträgt ca. 0,094.

Übungen

1. Kurvendiskussion

Gegeben ist die Funktion $f(x) = (x-1) \cdot e^x$.
a) Bestimmen Sie die Ableitungen f', f'' und f'''.
b) Untersuchen Sie die Funktion f auf Nullstellen.
c) Die Funktion f besitzt ein Extremum und einen Wendepunkt. Wo liegen diese Punkte?
d) Untersuchen Sie das Verhalten von f für $x \to -\infty$ bzw. $x \to \infty$ mit einer Tabelle.
e) Skizzieren Sie den Graphen von $f(-3 \leq x \leq 2)$.

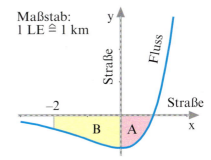

Maßstab: 1 LE $\hat{=}$ 1 km

2. Flächeninhalt

Die Funktion $f(x) = (x-1) \cdot e^x$ (s. Bild oben) beschreibt den Verlauf eines Flusses, der von zwei Straßen überbrückt wird, die längs der Koordinatenachsen laufen.
Die beiden Straßen und der Fluss schließen im 4. Quadranten ein Grundstück A ein, welches für 80 Cent pro m² zum Kauf angeboten wird.
a) Zeigen Sie, dass $F(x) = (x-2) \cdot e^x$ eine Stammfunktion von f ist.
b) Berechnen Sie den Verkaufspreis für das Grundstück A.
c) Wie groß ist das im 3. Quadranten liegende Grundstück B, welches durch die Straßen, den Fluss und den Fußweg bei $x = -2$ begrenzt wird?

3. Tangenten

Gegeben ist die Funktion $f(x) = e^x - x$. Sie beschreibt den Verlauf einer Autobahn.
a) Besitzt f Extrema und Wendepunkte?
b) Schließen Sie aus den Ergebnissen, dass f keine Nullstellen besitzt.
c) Vom Bahnhof $B(0|0)$ führt ein Zubringer zum Punkt $P(1|f(1))$ der Autobahn. Zeigen Sie, dass dieser Zubringer tangential in die Autobahn mündet.
Wie lange benötigt ein 30 km/h schnelles Fahrzeug vom Bahnhof bis zur Autobahn?
d) Wie viel Hektar Fläche hat das Grundstück zwischen Straße, Zubringer und Bahnlinie?
(1 Hektar = 10 000 m²)

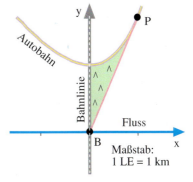

Maßstab: 1 LE = 1 km

4. Kurvenuntersuchung

Gegeben ist die Funktion $f(x) = x \cdot e^{x+1}$.
a) Untersuchen Sie f auf Nullstellen, Extrema und Wendepunkte.
b) Zeichnen Sie den Graphen von f für $-3 \leq x \leq 0{,}5$.
c) Der Ursprung wird mit dem Punkt $P(-1|f(-1))$ durch eine Sekante s verbunden.
Wie groß ist das Flächenstück zwischen Kurve f und Sekante s?
(Hinweis: $F(x) = (x-1) \cdot e^{x+1}$ ist Stammfunktion von f)
Wie lang ist die Sekante s?

Beispiel: Kurvendiskussion Untersuchen Sie die Funktion $f(x) = (x^2 - 2x) \cdot e^{0,5x}$ auf Nullstellen, Extrema und Wendepunkte. Wie verhält sich die Funktion für $x \to \infty$ bzw. $x \to -\infty$? Zeichnen Sie den Graphen von f für $-7 \le x \le 2,5$.

Lösung:

1. Ableitungen:
Die Ableitungen werden mit der Produktregel und der Kettenregel bestimmt.
$f'(x) = [(x^2 - 2x) \cdot e^{0,5x}]'$
$= (2x - 2) \cdot e^{0,5x} + (x^2 - 2x) \cdot (0,5 e^{0,5x})$
$= \left(\frac{1}{2}x^2 + x - 2\right) \cdot e^{0,5x}$

$f''(x) = \left(\frac{1}{4}x^2 + \frac{3}{2}x\right) \cdot e^{0,5x}$

$f'''(x) = \left(\frac{1}{8}x^2 + \frac{5}{4}x + \frac{3}{2}\right) \cdot e^{0,5x}$

6. Graph:

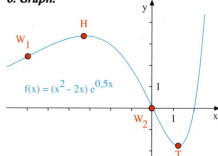

2. Nullstellen:
Die Funktion besitzt zwei Nullstellen, nämlich bei $x = 0$ und $x = 2$.

$f(x) = 0$:
$(x^2 - 2x) \cdot e^{0,5x} = 0$
$x^2 - 2x = 0$
$x(x - 2) = 0$
$\boxed{x = 0\ ;\ x = 2}$

3. Extrema:
Die Ableitung f' hat zwei Nullstellen, bei $x = -1 - \sqrt{5} \approx -3,24$ und $x = -1 + \sqrt{5} \approx 1,24$. Die Überprüfung mittels f'' ergibt ein Maximum im ersten Fall und ein Minimum im zweiten Fall. Nach Berechnung der zugehörigen y-Werte erhalten wir einen Hochpunkt H($-3,24 | 3,36$) sowie einen Tiefpunkt T($1,24 | -1,75$).

$f'(x) = 0$:
$\left(\frac{1}{2}x^2 + x - 2\right) \cdot e^{0,5x} = 0$
$\frac{1}{2}x^2 + x - 2 = 0$
$x^2 + 2x - 4 = 0$
$x = -1 \pm \sqrt{5} \approx -1 \pm 2,24$

$\boxed{x \approx -3,24}$ $\boxed{x \approx 1,24}$
$y \approx 3,36$ $y \approx -1,75$
$f''(-3,24) < 0$ $f''(1,24) > 0$
  Maximum   Minimum

4. Wendepunkte:
Die Nullstellen von f'' liegen bei $x = 0$ und $x = -6$. Nach Überprüfung mithilfe von f''' und nach Berechnung der zugehörigen y-Werte erhalten wir einen Links-rechts-Wendepunkt $W_1(-6 | 2,39)$ und einen Rechts-links-Wendepunkt $W_2(0 | 0)$.

$f''(x) = 0$:
$\left(\frac{1}{4}x^2 + \frac{3}{2}x\right) \cdot e^{0,5x} = 0$
$\frac{1}{4}x^2 + \frac{3}{2}x = 0$
$x\left(\frac{1}{4}x + \frac{3}{2}\right) = 0$

$\boxed{x = 0}$ $\boxed{x = -6}$
$y = 0$ $y \approx 2,39$
$f'''(0) > 0$ $f'''(-6) < 0$
 R–l–WP   L–r–WP

5. Verhalten für $x \to \pm\infty$:
Wir überprüfen das Grenzverhalten von f durch Testeinsetzungen. Ergebnis:
Für $x \to -\infty$ streben die Funktionswerte gegen null. Der Graph von f schmiegt sich von oben an die negative x-Achse.
Für $x \to \infty$ steigt der Graph von f steil an und wächst über alle Grenzen.

x	-1	-5	-10	$\to -\infty$
f(x)	1,82	2,9	0,81	$\to 0$
x	1	5	10	$\to \infty$
f(x)	$-1,65$	182,7	$1,2 \cdot 10^4$	$\to \infty$

Übungen

5. Kurvendiskussionen
Führen Sie eine Kurvendiskussion durch. Überprüfen Sie hierzu f auf Nullstellen, Extrema und Wendepunkte. Untersuchen Sie, wie f sich für $x \to \pm\infty$ verhält. Skizzieren Sie den Graphen von f in einem sinnvollen Bereich.
a) $f(x) = (2x+2) \cdot e^{-0,5x}$
b) $f(x) = (1-x) \cdot e^{2-x}$
c) $f(x) = e^x - 2e^{-x}$

6. Graph und Funktionsterm
Ordnen Sie jedem Funktionsterm den passenden Graphen zu. Begründen Sie.

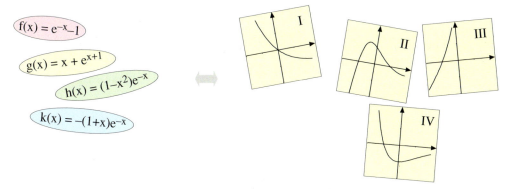

$f(x) = e^{-x} - 1$
$g(x) = x + e^{x+1}$
$h(x) = (1-x^2)e^{-x}$
$k(x) = -(1+x)e^{-x}$

7. Funktion und Stammfunktion
Ordnen Sie jeder Funktion die passende Stammfunktion zu. Führen Sie den Nachweis.

A: $f(x) = x - e^{2x}$
B: $f(x) = x \cdot e^{2x}$
C: $f(x) = (1-2x)e^{-2x}$
D: $f(x) = 1 + 2e^{-2x}$

I: $F(x) = xe^{-2x}$
II: $F(x) = 0,5x^2 - 0,5e^{2x}$
III: $F(x) = (0,5x - 0,25)e^{2x}$
IV: $F(x) = x - e^{-2x}$

8. Kanalprofil
Das Querschnittsprofil eines 400 m langen Kanals kann durch die Funktion $f(x) = 2x\,e^{-0,25x^2}$ modelliert werden. ($0 \leq x \leq 5$, 1 LE = 1 m,)
Hinweis: $(e^{-0,25x^2})' = -0,5x \cdot e^{-0,25x^2}$

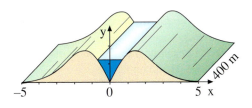

a) Wie hoch ist die Dammkrone? Wie breit ist die Wasserrinne?
b) Zeigen Sie, dass $F(x) = -4e^{-0,25x^2}$ eine Stammfunktion von f ist.
c) Berechnen Sie das maximale Fassungsvermögen des Kanals.
d) Der städtische Rasenmäher hat eine maximale Steigfähigkeit von 40°. Kann der Hang des Dammes damit bis zur Dammkrone befahren werden?

B. Kurvenscharen

> **Beispiel:** Gegeben ist die Kurvenschar $f_a(x) = e^{2x} - a \cdot e^x$, $a > 0$.
> Untersuchen Sie f_a auf Nullstellen, Extrema, Wendepunkte, Verhalten für $x \to \pm\infty$.
> Zeichnen Sie die Graphen f_2 und f_3 für $-3 \le x \le 1{,}2$.

Lösung:

1. Ableitungen:
Die Ableitungen sind mit der Kettenregel relativ einfach zu gewinnen.
Es ist günstig, jeweils den Faktor e^x auszuklammern.

Ableitungen:
$$f_a(x) = e^{2x} - a \cdot e^x = e^x \cdot (e^x - a)$$
$$f_a'(x) = 2e^{2x} - a \cdot e^x = e^x \cdot (2e^x - a)$$
$$f_a''(x) = 4e^{2x} - a \cdot e^x = e^x \cdot (4e^x - a)$$
$$f_a'''(x) = 8e^{2x} - a \cdot e^x = e^x \cdot (8e^x - a)$$

2. Nullstellen:
Die Funktion f_a hat genau eine Nullstelle bei $x = \ln a$.

Nullstellen: $f_a(x) = e^x \cdot (e^x - a) = 0$
$$e^x - a = 0$$
$$x = \ln a$$

3. Extrema:
Bei $x = \ln \frac{a}{2}$ liegt eine Nullstelle von f', d.h. eine Stelle mit waagerechter Tangente.
Der y-Wert beträgt $y = -\frac{a^2}{4}$. Die Überprüfung mittels f_a'' ergibt ein Minimum.
Resultat: Tiefpunkt $T\left(\ln\frac{a}{2} \middle| -\frac{a^2}{4}\right)$

Extrema: $f_a'(x) = e^x \cdot (2e^x - a) = 0$
$$2e^x - a = 0$$
$$x = \ln \frac{a}{2}$$
$$y = f\left(\ln\frac{a}{2}\right) = e^{\ln\frac{a}{2}} \cdot (e^{\ln\frac{a}{2}} - a) = \frac{a}{2}\left(\frac{a}{2} - a\right) = -\frac{a^2}{4}$$
$$f''\left(\ln\frac{a}{2}\right) = \frac{a^2}{2} > 0 \Rightarrow \text{Minimum}$$

4. Wendepunkte:
Mithilfe der notwendigen Bedingung für Wendepunkte $f'' = 0$ errechnen wir einen Wendepunkt mit Rechts-links-Krümmung.
Resultat: $W\left(\ln\frac{a}{4} \middle| -\frac{3}{16}a^2\right)$

Wendepunkte: $f_a''(x) = e^x(4e^x - a) = 0$
$$x = \ln \frac{a}{4}$$
$$y = -\frac{3}{16}a^2$$
$$f_a'''\left(\ln\frac{a}{4}\right) = \frac{a^2}{4} > 0 \Rightarrow \text{R-l-Wendepunkt}$$

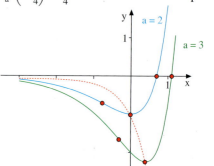

5. Verhalten für $x \to \pm\infty$:
Für $x \to \infty$ überwiegt der Teilterm e^{2x}.
Er strebt gegen unendlich und damit auch der Gesamtterm von f_a.
Für $x \to -\infty$ streben beide Teilterme e^{2x} und e^x gegen null und damit auch die Funktion f_a.
Der Graph von f_a schmiegt sich also für $x \to -\infty$ an die x-Achse.

Übung 9
Bestimmen Sie eine Stammfunktion von $f_a(x) = e^{2x} - a \cdot e^x$ aus dem obigen Beispiel. Errechnen Sie für $a > 1$ den Inhalt der Fläche A_a, die im vierten Quadranten vom Graphen von f_a und den Koordinatenachsen umschlossen wird. Für welchen Wert von a hat die Fläche den Inhalt 2?

6. Kurvendiskussionen

Übung 10
Gegeben ist die Schar $f_a(x) = e^{2x} - a \cdot e^x$ aus dem vorhergehenden Beispiel für $a > 0$.
Verwenden Sie zur Bearbeitung dieser Aufgabe die bereits dort errechneten Resultate.
a) Welche Scharkurve schneidet die y-Achse bei $y = -2$?
b) Welche Scharkurve schneidet die y-Achse unter einem Winkel von $45°$?
c) Welche Scharkurve hat eine Nullstelle bei $x = 1$?
d) Welche Scharkurve hat einen Wendepunkt auf der y-Achse?
e) Welche Scharkurven haben als Wertemenge alle reellen Zahlen größer oder gleich -1?

▶ **Beispiel: Ortskurve der Extrema**
Gegeben ist die Schar $f_a(x) = e^{2x} - a \cdot e^x$ aus dem vorhergehenden Beispiel.
Betrachtet man die Menge aller Extremalpunkte der Schar, so kann man feststellen, dass diese auf ein und derselben Kurve liegen. Diese Kurve nennt man **Ortskurve** oder Ortslinie der Extremalpunkte. Bestimmen Sie die Gleichung dieser Ortskurve.

Lösung:
Der Tiefpunkt von f_a besitzt die Abszisse $x = \ln\frac{a}{2}$ und die Ordinate $y = -\frac{a^2}{4}$.
Gesucht ist der funktionale Zusammenhang zwischen y und x.
Man erhält diesen Zusammenhang, wenn man die Abszissengleichung $x = \ln\frac{a}{2}$ nach a auflöst und das Ergebnis in die Ordinatengleichung $y = -\frac{a^2}{4}$ einsetzt.
Resultat: $y(x) = -e^{2x}$ ist die gesuchte Ortskurve, auf der alle Tiefpunkte liegen.

Abszissengleichung: $\quad x = \ln\frac{a}{2}$

Auflösen nach a: $\quad e^x = \frac{a}{2}$
$\qquad\qquad (*) \quad a = 2e^x$

Ordinatengleichung: $\quad y = -\frac{a^2}{4}$

Einsetzen von (*): $\quad y = -\frac{(2e^x)^2}{4}$
$\qquad\qquad\qquad \mathbf{y = -e^{2x}}$

Diese Ortskurve ist in der Zeichnung auf Seite 218 rot gepunktet eingezeichnet. Sie veranschaulicht, wie sich die Lage des Tiefpunktes ändert, wenn der Parameterwert a geändert wird. So kann man z. B. ohne weitere Rechnung erkennen, dass eine Vergrößerung des Parameters a den
▶ Tiefpunkt von f_a immer weiter nach unten rechts rutschen lässt.

Übung 11 Ortskurve der Wendepunkte
Gegeben ist die Schar $f_a(x) = e^{2x} - a \cdot e^x$. Bestimmen Sie in Analogie zur Herleitung der Ortskurve der Extremalpunkte (Beispiel, oben) nun die Gleichung der Ortskurve der Wendepunkte.

Übung 12
Gegeben ist die Kurvenschar $f_a(x) = e^x - ax \cdot e^x$, $a > 0$.
a) Führen Sie eine Kurvendiskussion von f_a durch (Ableitungen, Nullstellen, Extrema, Wendepunkte, Verhalten für $x \to \pm\infty$).
b) Zeichnen Sie die Graphen von f_1 ($-3 \le x \le 1{,}5$) und von $f_{0{,}5}$ ($-3 \le x \le 2{,}5$) in ein System.
c) Welche Scharfunktion f_a hat einen Wendepunkt an der Stelle $x = 3$?
d) Welche Scharfunktion schneidet die y-Achse unter einem Winkel von $30°$?

Übungen

13. Rechts ist ein Computerausdruck einiger Graphen der Kurvenschar $f_a(x) = a^2 x - e^{ax}, a > 0$, abgebildet. Im Folgenden sollen einige Eigenschaften dieser Schar untersucht werden.

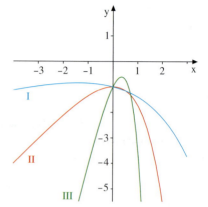

a) Skizzieren Sie den Graphen von $f_1(x) = x - e^x$ durch additive Überlagerung der Graphen der beiden Teilterme $g(x) = x$ und $h(x) = -e^x$. Welcher Graph der abgebildeten Schar ist der Graph von f_1, Graph I oder II oder III?

b) Bestimmen Sie die Ableitungen f'_a und f''_a. Untersuchen Sie anschließend f_a auf Extrema und Wendepunkte.

c) Welche Scharkurve f_a besitzt einen direkt auf der x-Achse liegenden Extremalpunkt?

d) Gesucht ist die allgemeine Stammfunktion F_a von f_a. Welche Stammfunktion von f_1 geht durch den Punkt $P(0|1)$?

e) Berechnen Sie den Inhalt der Fläche A_a, die im 4. Quadranten zwischen dem Graphen von f_a, der Geraden $g_a(x) = a^2 x - e$ und der y-Achse liegt, in Abhängigkeit von a. Skizzieren Sie diese Fläche für $a = 1$. Wie groß ist der Inhalt in diesem Fall?

14. Gegeben ist die Kurvenschar $f_a(x) = ax + e^{-x}, a > 0$.
a) Berechnen Sie f'_a und f''_a.
b) Untersuchen Sie f_a auf Extrema und Wendepunkte.
c) Skizzieren Sie die Graphen von f_1 und f_2 für $-2 \leq x \leq 3$.
d) Wie lautet die Gleichung der Tangente an f_a im Schnittpunkt mit der y-Achse?
e) Bestimmen Sie eine Stammfunktion F_a von f_a.
f) Gesucht ist der Inhalt der Fläche A_a, die im 1. Quadranten zwischen dem Graphen von f_a, dem Graphen von $g_a(x) = a + e^{-x}$ und der y-Achse liegt.
Für welchen Wert von a hat diese Fläche den Inhalt 1?

15. Gegeben ist die Kurvenschar $f_a(x) = x + ae^{-x}, a \neq 0$.
a) Untersuchen Sie die Funktion f_a auf Extrema und Wendepunkte. Begründen Sie, weshalb es nur für positive Werte von a Extremalpunkte gibt.
b) Welche Scharkurve f_a besitzt ein auf der x-Achse liegendes Extremum und welche Scharkurve hat ihr Extremum auf der y-Achse?
c) Alle Extremalpunkte der Schar liegen auf ein und derselben Geraden g. Wie lautet die Gleichung dieser Geraden?
d) Skizzieren Sie die Graphen der Scharkurven f_1, $f_{0,5}$ und f_{-1} für $-2 \leq x \leq 3$.
e) Welche Ursprungsgerade $h_a(x) = mx$ berührt den Graphen von f_a? Berechnen Sie die Berührstelle sowie die Geradengleichung von h_a.

C. Rekonstruktion von Funktionen

In diesem Abschnitt werden Funktionen aus vorgegebenen Eigenschaften konstruiert. In den Aufgabenstellungen sind einfache Exponentialterme enthalten.

▶ **Beispiel:** Gesucht ist eine Exponentialfunktion, deren Funktionsterm die Form $f(x) = a \cdot e^{bx}$ besitzt. Ihr Graph soll den Punkt $P(2 \mid e^{-1})$ enthalten und dort die Steigung 1 besitzen.

Lösung:
Wir errechnen zunächst aus der Ansatzgleichung $f(x) = a \cdot e^{bx}$ mit der Kettenregel die Ableitungsfunktion $f'(x) = a \cdot b \cdot e^{bx}$.

Ansatz:
$$f(x) = a \cdot e^{bx}$$
$$f'(x) = a \cdot b \cdot e^{bx}$$

Durch Einsetzen der Punktkoordinaten in die Funktionsgleichung und der Steigung in die Gleichung der Ableitung erhalten wir ein Gleichungssystem für die Variablen a und b, das wir nach dem Einsetzungsverfahren auflösen können.

Gleichungssystem:
$f(2) = e^{-1} \Rightarrow$ I. $\quad a \cdot e^{2b} = e^{-1}$
$f'(2) = 1 \Rightarrow$ II. $a \cdot b \cdot e^{2b} = 1$

Auflösung des Gleichungssystems:
aus I folgt: $\quad a = e^{-1-2b}$

Als Ergebnisse erhalten wir $a = e^{-1-2e}$ und $b = e$.

in II: $e^{-1-2b} \cdot b \cdot e^{2b} = 1$
$\quad\quad\quad e^{-1} \cdot b = 1$
$\quad\quad\quad\quad\quad b = e$

Hieraus ergibt sich die gesuchte Funktionsgleichung $f(x) = e^{-1-2e} \cdot e^{ex}$.
Diese Gleichung lässt sich noch vereinfachen zu $f(x) = e^{e(x-2)-1}$.

in I: $\quad a = e^{-1-2e}$

Resultat:
$f(x) = e^{-1-2e} \cdot e^{ex}$
$f(x) = e^{e(x-2)-1}$

▶ **Beispiel:** Gesucht ist eine Funktion der Form $f(x) = a \cdot e^x + b \cdot e^{-x}$, die an der Stelle $x = 1$ ein Minimum besitzt. Die Beziehung zwischen a und b (a, b > 0) ist zu bestimmen.

Lösung:
Wir errechnen zunächst die erste Ableitung von f und setzen diese gleich 0. Hieraus ergibt sich eine mögliche Extremalstelle bei $x = \frac{1}{2} \ln \frac{b}{a}$.
Setzen wir den Ausdruck $\frac{1}{2} \ln \frac{b}{a}$ gleich 1, so erhalten wir die Beziehung $b = a \cdot e^2$.

Extremalstelle von f:
$f'(x) = a \cdot e^x - b \cdot e^{-x}$
$a \cdot e^x - b \cdot e^{-x} = 0 \quad | \cdot e^x$
$a \cdot e^{2x} - b = 0$
$e^{2x} = \frac{b}{a}$
$2x = \ln \frac{b}{a}$
$x = \frac{1}{2} \ln \frac{b}{a}$

Hieraus folgt das Resultat
$f(x) = a \cdot e^x + a \cdot e^2 \cdot e^{-x}$, das sich zu
$f(x) = a \cdot (e^x + e^{2-x})$ vereinfachen lässt.

Wegen $f''(1) = a \cdot (e^1 + e^1) > 0$ liegt an der Stelle $x = 1$ tatsächlich ein Minimum
▶ vor.

Beziehung zwischen a und b:
$x = \frac{1}{2} \ln \frac{b}{a} = 1$
$\ln \frac{b}{a} = 2$
$\frac{b}{a} = e^2$
$b = a \cdot e^2$

7. Exkurs: Kettenlinie und Glockenkurve

Eine an zwei Aufhängepunkten befestigte Kette nimmt unter der Last ihres eigenen Gewichts eine ganz bestimmte Form an.
Diese Kurvenform wird als **Kettenlinie** bezeichnet. Kettenlinien können bei geeigneter Wahl eines Koordinatensystems durch eine Funktionsgleichung der Form

$$f_a(x) = \frac{a}{2} \cdot \left(e^{\frac{x}{a}} + e^{-\frac{x}{a}}\right), \quad a > 0,$$

dargestellt werden. Der Parameter a hängt nur von der Lage der Aufhängepunkte und von der Kettenlänge ab.

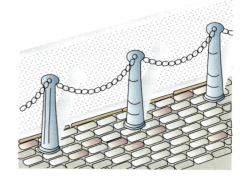

> **Beispiel: Eine Kettenlinie**
> Diskutieren Sie die Kettenlinienfunktion $f(x) = \frac{1}{2} \cdot (e^x + e^{-x})$. Zeichnen Sie den Graphen der Funktion für $-2 \leq x \leq 2$.

Lösung:
Die Funktion f ist achsensymmetrisch zur y-Achse. Sie hat keine Nullstellen, da die Teilterme e^x und e^{-x} beide positiv sind.

Die Ableitungen lauten:
$$f'(x) = \frac{1}{2} \cdot (e^x - e^{-x})$$
$$f''(x) = \frac{1}{2} \cdot (e^x + e^{-x})$$

f' hat eine Nullstelle bei $x = 0$. Dort liegt ein Extremum. Der Punkt $P(0|1)$ ist ein Tiefpunkt. f'' hat keine Nullstellen. Daher gibt es keine Wendepunkte.

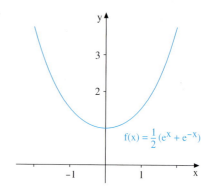

Übung 1
Gegeben sei die Funktion $f(x) = \frac{1}{4} e^x + 2 e^{-x}$.

a) Diskutieren Sie die Funktion (Nullstellen, Extrema, Wendepunkte, Graph für $-0{,}5 \leq x \leq 2{,}5$).
b) Bestimmen Sie eine Stammfunktion von f.
c) Gesucht ist der Inhalt der Fläche A zwischen dem Graphen von f und der x-Achse über dem Intervall [0; 1].
d) Wie muss a gewählt werden, wenn das relative Extremum von $f_a(x) = \frac{1}{4} e^x + a e^{-x}$ an der Stelle $x = 0{,}5$ liegen soll?

7. Exkurs: Kettenlinie und Glockenkurve

▶ **Beispiel: Gleichung einer Kettenlinie**
Eine Kette hat – bezogen auf ein bestimmtes Koordinatensystem – folgende Koordinatenpunkte.

x	−2	−1	0	1	2
y	3,04	1,85	1,5	1,85	3,04

Bestimmen Sie die Gleichung der Kettenlinie.
Verwenden Sie den Ansatz $f_a(x) = \frac{a}{2} \cdot \left(e^{\frac{x}{a}} + e^{-\frac{x}{a}}\right)$.
Überprüfen Sie die Tabellenwerte.

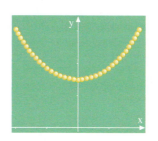

Lösung:
Zur Bestimmung von a verwenden wir den Messwert bei
x = 0, der 1,5 beträgt. Also gilt $f_a(0) = 1,5$.
Daraus folgt a = 1,5, d.h. $f_{1,5}(x) = \frac{3}{4}\left(e^{\frac{x}{1,5}} + e^{-\frac{x}{1,5}}\right)$.

▶ Dann gilt $f_{1,5}(0) = 1,5$, $f_{1,5}(\pm 1) \approx 1,85$, $f_{1,5}(\pm 2) \approx 3,04$

$f_a(0) = 1,5$
$\frac{a}{2} \cdot (e^0 + e^{-0}) = 1,5$
$a = 1,5$
$f_{1,5}(x) = \frac{3}{4} \cdot \left(e^{\frac{x}{1,5}} + e^{-\frac{x}{1,5}}\right)$

Übung 2
Die Einfahrt zu einer Autowaschstraße ist mit einer Spritzschutzschürze aus Kunststoff versehen, die wiederum an einer Kette befestigt ist. Die Kettenlinie sei gegeben durch $f(x) = e^{\frac{x}{2}} + e^{-\frac{x}{2}}$.

a) Wie hoch ist die Türöffnung?
b) Wie groß ist der Durchhang d der Kette?
c) Unter welchem Winkel α gegen die Horizontale hängt die Kette?
d) Welchen Flächeninhalt A hat die Schürze?

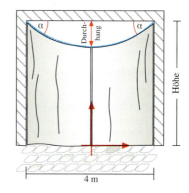

Übung 3
In St. Louis steht der Gateway-Arch. Er hat die Gestalt einer umgekehrten Kettenlinie, die den stabilsten aller Tragebögen darstellt. Die äußere Randkurve ist 180 m hoch und an der Basis 180 m breit. Die innere Randkurve ist 175 m hoch und an der Basis 150 m breit. Die Gleichungen der Randkurven können jeweils in der Form $f(x) = b - \frac{a}{2} \cdot \left(e^{\frac{x}{a}} + e^{-\frac{x}{a}}\right)$ modelliert werden:
Äußere Kurve: a = 36,5 und b = 216,5
Innere Kurve: a = 28,14 und b = 203,14

a) In welcher Höhe beträgt der Abstand der beiden inneren Bogenseiten 100 m?
b) Unter welchem Winkel trifft der äußere Bogen auf den Boden?
c) Der Winddruck auf den Bogen wird durch die Fläche zwischen den Randkurven bestimmt. Wie groß ist der Inhalt dieser Fläche?

V. Exponentialfunktionen

Carl Friedrich Gauß (1777–1855) gilt als einer der größten Mathematiker aller Zeiten. Der in Braunschweig geborene Sohn einfacher Leute entdeckte schon im Alter von 17 Jahren das nach ihm benannte Gauß'sche Fehlergesetz, welches er vier Jahre später mithilfe der Wahrscheinlichkeitsrechnung auch theoretisch absichern konnte. ● 226-1

Die zugehörige *Gauß'sche Glockenkurve* spielt in der Wahrscheinlichkeitsrechnung der Normalverteilung eine entscheidende Rolle. Ihre Gleichung lautet:

$$\varphi(x) = \frac{1}{\sqrt{2\pi}} \cdot e^{-\frac{1}{2}x^2}.$$

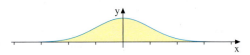

> **Beispiel: Eine Glockenkurve**
> Diskutieren Sie die Glockenfunktion $f(x) = e^{-x^2}$ und zeichnen Sie deren Graphen.

Lösung:

1. Symmetrie:
Der Graph von f ist symmetrisch zur y-Achse, denn es gilt $f(-x) = f(x)$.

2. Ableitungen: *
$f'(x) = -2x \cdot e^{-x^2}$
$f''(x) = (4x^2 - 2) \cdot e^{-x^2}$
$f'''(x) = (-8x^3 + 12x) \cdot e^{-x^2}$

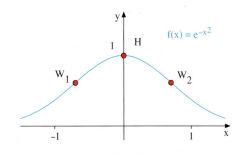

3. Nullstellen:
Die Funktion hat keine Nullstellen.

$f(x) = e^{-x^2} > 0$

4. Extrema:
f hat ein Maximum bei $x = 0$.
Hochpunkt: $H(0|1)$

$f'(x) = -2x \cdot e^{-x^2} = 0 \Rightarrow x = 0, y = 1$
$f''(0) = -2 < 0 \quad \Rightarrow$ Maximum

5. Wendepunkte:
$W_1\left(-\frac{1}{\sqrt{2}} \mid \frac{1}{\sqrt{e}}\right) \approx W_1(-0{,}71 \mid 0{,}61)$
$W_2\left(\frac{1}{\sqrt{2}} \mid \frac{1}{\sqrt{e}}\right) \approx W_2(0{,}71 \mid 0{,}61)$

$f''(x) = (4x^2 - 2) \cdot e^{-x^2} = 0$
$x = \pm\frac{1}{\sqrt{2}}, \quad y = e^{-\frac{1}{2}} = \frac{1}{\sqrt{e}}$
$f'''\left(\pm\frac{1}{\sqrt{2}}\right) = \pm\frac{8}{\sqrt{2}} \cdot e^{-\frac{1}{2}} \neq 0 \Rightarrow$ Wendep.

6. Verhalten für $x \to \infty$ und $x \to -\infty$:
Für $x \to -\infty$ und $x \to \infty$ schmiegt sich der Graph von f an die x-Achse.

x	1	5	10	$\to \infty$
f(x)	0,37	$1{,}4 \cdot 10^{-11}$	$3{,}7 \cdot 10^{-44}$	$\to 0$

---

* Nach der Kettenregel gilt: $\left(e^{f(x)}\right)' = f'(x) \cdot e^{f(x)}$, also z. B.: $\left(e^{-x^2}\right)' = -2x \cdot e^{-x^2}$

7. Exkurs: Kettenlinie und Glockenkurve

Übung 4
Für einen Film soll eine Landschaft digitalisiert werden. Hierbei wird das Profil eines Berges durch eine Glockenkurve der Form $f(x) = a + b \cdot e^{-x^2}$ modelliert.

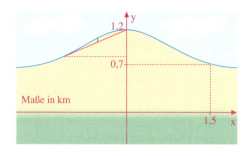

Maße in km

a) Bestimmen Sie mithilfe der Daten aus der Abbildung die Werte von a und b.
b) An welcher Stelle ist der Berg am steilsten? Wie groß ist der Anstieg dort?
c) Auf dem westlichen Bergrücken beginnt in 800 m Höhe ein gerader Tunnel durch den Berg, der bis zur Spitze geht. Wo liegt der Tunneleingang? Wie lang ist der Tunnel?
d) Aus der Mitte des Tunnels soll ein senkrechter Schacht zur Oberfläche des Berges führen. Wie lang wird dieser Schacht?

Übung 5 Tangente und Normale
Betrachtet wird $f(x) = e^{-x^2}$.

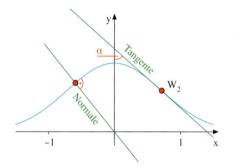

a) Wie lautet die Gleichung der Wendetangente im Wendepunkt W_2 (vgl. Abb.)?
b) Unter welchem Winkel α schneidet die Wendetangente aus a) die y-Achse?
c) Eine Ursprungsgerade $g(x) = m \cdot x$ ($m < 0$) ist Normale an den Graphen von f. Wie lautet die Gleichung von g?

Übung 6 Extremalproblem
Unter dem Graphen von $f(x) = e^{-x^2}$ wird ein achsenparalleles Rechteck mit den Eckpunkten $A(-z;0)$, $B(z;0)$, $C(z;f(z))$, $D(-z;f(-z))$ einbeschrieben.
Wie muss z gewählt werden, wenn der Flächeninhalt des Rechtecks maximal werden soll?

Übung 7 Approximation durch Parabel
Betrachtet wird die Glockenkurve $f(x) = e^{-x^2}$ für $-\frac{1}{\sqrt{2}} \leq x \leq \frac{1}{\sqrt{2}}$.
Diese soll durch eine quadratische Parabel g approximiert werden, deren Graph durch das Maximum und die beiden Wendepunkte von f verläuft.

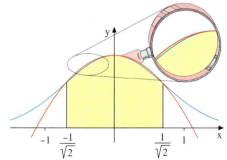

a) Wie lautet die Gleichung der Parabel (Kontrolle: $g(x) = -0{,}79 x^2 + 1$)?
b) Berechnen Sie die maximale Abweichung von g und f im Approximationsintervall.
c) Wie groß ist der Inhalt der markierten Fläche A?

8. Modellierung mit Exponentialfunktionen

A. Randkurven

Die Form eines Grundstücks, der Querschnitt eines Gegenstands, der Verlauf einer Straße und das Höhenprofil eines Berges haben eines gemeinsam: Sie können durch **Randkurven** beschrieben werden. Der Vorteil besteht darin, dass diverse Eigenschaften der so erfassten realen Objekte rechnerisch mit den Methoden der Differential- und Integralrechnung untersucht werden können. Exemplarisch verdeutlichen wir am Beispiel des folgenden Inselproblems, was gemeint ist.

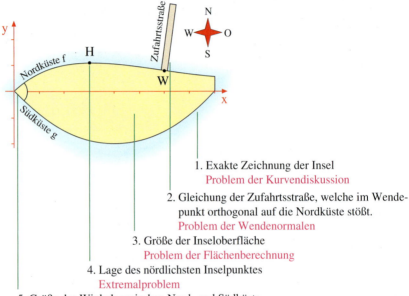

1. Exakte Zeichnung der Insel
   Problem der Kurvendiskussion
2. Gleichung der Zufahrtsstraße, welche im Wendepunkt orthogonal auf die Nordküste stößt.
   Problem der Wendenormalen
3. Größe der Inseloberfläche
   Problem der Flächenberechnung
4. Lage des nördlichsten Inselpunktes
   Extremalproblem
5. Größe des Winkels zwischen Nord- und Südküste
   Schnittwinkelproblem

▶ **Beispiel: Inselproblem**

Wie groß ist die abgebildete Insel, wenn die Nordküste durch die Randkurve $f(x) = x \cdot e^{-\frac{1}{3}x}$ und die Südküste durch die Randkurve $g(x) = \frac{1}{8}x^2 - x$ erfasst wird (1 LE = 1 km)?

Hinweis: Verwenden Sie, dass $F(x) = (-3x - 9) \cdot e^{-\frac{1}{3}x}$ eine Stammfunktion von f ist.

Lösung:
Die Stammfunktion F der Nordküste ist gegeben. Die Südküste $g(x) = \frac{1}{8}x^2 - x$ hat die Stammfunktion $G(x) = \frac{1}{24}x^3 - \frac{1}{2}x^2$.
Nun können wir durch Integration den Inhalt des nördlichen Inselteils und den Inhalt des südlichen Teils bestimmen (6,71 km² bzw. 10,67 km²).
Die Insel hat also eine Gesamtfläche von
▶ A = 17,38 km².

$$\int_0^8 f(x)dx = [F(x)]_0^8 = F(8) - F(0)$$
$$= \left(-33\,e^{-\frac{8}{3}}\right) - (-9) \approx 6{,}71$$

$$\int_0^8 g(x)dx = [G(x)]_0^8 = G(8) - G(0)$$
$$= \left(-\frac{64}{6}\right) - (0) \approx -10{,}67$$

A = 6,71 + 10,67 = 17,38 km²

8. Modellierung mit Exponentialfunktionen

Wir erweitern nun das Inselproblem um einige typische Untersuchungspunkte.

▸ **Beispiel: Inselproblem, Teil 2**

Eine Insel wird nach Norden durch die Randkurve $f(x) = x \cdot e^{-\frac{1}{3}x}$ und nach Süden durch $g(x) = \frac{1}{8}x^2 - x$ begrenzt ($0 \leq x \leq 8$, 1 LE = 1 km).
a) Bestimmen Sie f' und f''.
b) Wo liegt der nördlichste Inselpunkt?
c) Eine vom Festland kommende Zufahrtsbrücke trifft im Wendepunkt W auf die Nordküste. Wie lautet die Geradengleichung der Brücke?

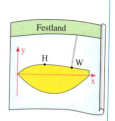

Lösung zu a:
Wir bestimmen f' mit Produkt- und Kettenregel, ausgehend von
$f(x) = u \cdot v = x \cdot e^{-\frac{1}{3}x}$.
$f'(x) = u' \cdot v + u \cdot v' = 1 \cdot e^{-\frac{1}{3}x} + x \cdot \left(-\frac{1}{3} e^{-\frac{1}{3}x}\right)$
$f'(x) = \left(1 - \frac{1}{3}x\right) e^{-\frac{1}{3}x}$

Lösung zu b:
Der nördlichste Inselpunkt ist der Hochpunkt der Randkurve f. Diesen bestimmen wir mithilfe der notwendigen Bedingung $f'(x) = 0$. Er liegt bei $H(3 \mid 1{,}10)$.
Die Überprüfung mit der hinreichenden Bedingung ($f'(x) = 0, f''(x) \neq 0$) ergibt, dass es sich tatsächlich um ein Maximum handelt.

Lösung zu c:
Die Brücke trifft den Wendepunkt von f orthogonal. Also handelt es sich um die Wendenormale von f.
Wir berechnen zunächst den Wendepunkt von f. Er liegt bei $W(6 \mid 0{,}81)$. Als nächstes wird die Steigung von f an der Wendestelle bestimmt: $f'(6) = -e^{-2} \approx -0{,}135$.
Nun werden diese Ergebnisse in die allgemeine Normalengleichung eingesetzt.

▸ **Resultat:** $n(x) \approx 7{,}39x - 43{,}52$

1. Ableitungen:
$f'(x) = \left(1 - \frac{1}{3}x\right) \cdot e^{-\frac{1}{3}x}$
$f''(x) = \left(\frac{1}{9}x - \frac{2}{3}\right) \cdot e^{-\frac{1}{3}x}$

2. Hochpunkt von f:
$f'(x) = 0$
$\left(1 - \frac{1}{3}x\right) \cdot e^{-\frac{1}{3}x} = 0$
$1 - \frac{1}{3}x = 0$
$x = 3, \, y = 3 \cdot e^{-1} \approx 1{,}10$
Hochpunkt $H(3 \mid 1{,}10)$

3. Wendepunkt von f:
$f''(x) = 0$
$\frac{1}{9}x - \frac{2}{3} = 0$
$x = 6, \, y = 6e^{-2} \approx 0{,}81$
Wendepunkt $W(6 \mid 0{,}81)$

4. Wendenormale:
$n(x) = -\frac{1}{f'(x_0)}(x - x_0) + f(x_0)$
$n(x) = e^2(x - 6) + 6e^{-2}$
$n(x) \approx 7{,}39x - 43{,}52$

Übung 1 Zoo

Ein Tiergehege wird durch einen Zaun $f(x) = (4-x) \cdot e^{\frac{x}{2}}$, einen Wassergraben und eine Mauer bei $x = -4$ wie abgebildet begrenzt (1 LE = 100 m).
a) Wie groß ist die maximale Nord-Süd-ausdehnung des Geheges? Wie lang ist die Begrenzungsmauer?
b) Bestimmen Sie den Parameter a so, dass $F(x) = (a - 2x) \cdot e^{\frac{x}{2}}$ eine Stammfunktion von f ist. Welchen Flächeninhalt hat das Gehege?

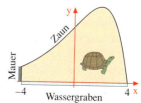

6. Schwimmbad

Ein Wasserbecken im Ferienclub ist im oberen Bereich rechteckig. Der untere Teil, in dem eine Poolbar geplant ist, wird begrenzt durch die Funktion $f(x) = -10x \cdot e^{-x-1}$ (1 LE = 10 m).

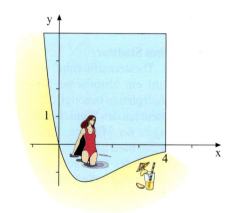

a) Wie lang ist der rechte Beckenrand? Zeigen Sie, dass der obere Beckenrand ca. 46 m lang ist.
b) An welcher Stelle ist die vertikale Ausdehnung des Beckens am größten?
c) Wie viele Quadratmeter Fliesen werden für den Beckenboden benötigt? Zeigen Sie zunächst, dass die Funktion $F(x) = 10(x+1) \cdot e^{-x-1}$ Stammfunktion von f ist.

7. Hochseilartistik

Eine Gruppe von Hochseilartisten spannt ein Stahlseil zwischen zwei senkrechten Masten, die 400 m voneinander entfernt sind. Der Verlauf des Stahlseils wird beschrieben durch die Funktion $f(x) = 5 \cdot (e^{0,01x} + e^{-0,01x})$.

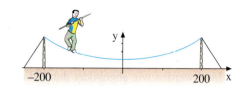

a) Welche Höhe hat das Seil in der Mitte bzw. in den Randpunkten?
b) Welche durchschnittliche Steigung bewältigt ein Artist bei der Fahrt von der Mitte des Seils zu einem der Randpunkte?
c) Das jüngste Mitglied der Artistengruppe soll Steigungen bis zu maximal 20 % bewältigen. Kann er die mittlere Hälfte des Seils befahren?
d) An ihren Spitzen sollen die Maste durch Halteseile gesichert werden, die orthogonal zur Tangente an das Stahlseil an der Mastspitze verankert werden. Berechnen Sie die notwendige Länge der Sicherungsseile.

8. In einer Senke

Der Querschnitt einer tiefen Senke wird begrenzt von der Randfunktion $f(x) = 2,8 \cdot (1 - e^{-x^2})$ für $-2 \leq x \leq 2$. (1 LE = 10 m).

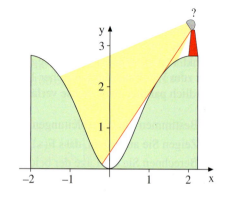

a) Wie tief ist die Senke?
b) An welcher Stelle ist der Hang am steilsten? Berechnen Sie die Gleichung der Tangente an den Graphen von f an dieser Stelle.
c) Am Rand bei $x = 2$ soll ein 15 m hoher Mast mit einem Scheinwerfer an der Spitze aufgestellt werden. Erreicht das Licht des Scheinwerfers den Tiefpunkt der Senke? (Rechnerische Näherungslösung der zeichnerischen Lösung)
Hinweis: Der Term e^{-x^2} besitzt die Ableitung $-2x \cdot e^{-x^2}$ (Kettenregel).

8. Modellierung mit Exponentialfunktionen

B. Beschreibung von Prozessen

Im Folgenden werden Prozesse untersucht, deren zeitlicher Ablauf durch Exponentialfunktionen erfasst werden kann. Beispiele sind das Höhenwachstum einer Pflanze, der Temperaturverlauf bei einem Aufheizvorgang oder auch die Populationsentwicklung einer Tierart. Mithilfe der Differentialrechnung können dann Aussagen über diverse Aspekte des beobachteten Prozesses gewonnen werden. Exemplarisch verdeutlichen wir am Beispiel des folgenden Wildschweinproblems, was gemeint ist.

1. Verhalten von f für $x \to \infty$
   Grenzwertproblem
2. Exakte Zeichnung der Bestandskurve.
   Problem der Kurvendiskussion
3. Zeitpunkt der stärksten Abnahmerate
   Wendepunktproblem
4. Maximalbestand an Wildschweinen
   Extremalproblem
5. Zunahmerate des Bestandes zu Beobachtungsbeginn
   Problem der momentanen Änderungsrate

> **Beispiel: Wildschweinplage**
> Im Stadtgebiet breiten sich die Wildschweine aus. Durch ein Wildpflegeprogramm hofft man, der Plage Herr zu werden. Der Bestand soll sich damit kontrolliert gemäß der Funktion $N(t) = 200 + 200\,t \cdot e^{-0,5t}$ entwickeln (t: Jahre; N(t): Anzahl der Schweine).
> Zu welchem Zeitpunkt nimmt der Bestand am stärksten ab? Wie groß ist die momentane Änderungsrate zu diesem Zeitpunkt?

Lösung:
Im Wendepunkt der Bestandsfunktion ist die Abnahmerate am größten. Wir bestimmen diesen Punkt, indem wir N'' gleich null setzen (notwendige Bedingung). Dies führt auf die Wendestelle $t = 4$.
Die momentane Änderungsrate an dieser Stelle erhalten wir durch Berechnen von $N'(4)$: Sie beträgt $-27{,}07$ Tiere/Jahr, was gleichbedeutend ist mit $-2{,}26$ Tiere/Monat.

Ableitungen von N:
$N'(t) = (200 - 100\,t) \cdot e^{-0,5t}$
$N''(t) = (50\,t - 200) \cdot e^{-0,5t}$

Wendepunkt von N:
$N''(t) = 0$
$(50\,t - 200) \cdot e^{-0,5t} = 0$
$50\,t - 200 = 0$
$t = 4$
$N'(4) = -27{,}07\,\frac{\text{Tiere}}{\text{Jahr}} = -2{,}26\,\frac{\text{Tiere}}{\text{Monat}}$

Beispiel: Wildschweinplage (Teil 2)

Ein Wildschweinbestand entwickelt sich gemäß der Bestandsfunktion $N(t) = 200 + 200\,t \cdot e^{-0,5t}$.
t: Zeit in Jahren; N(t): Bestand in Schweinen

a) Mit welcher Geschwindigkeit wächst der Bestand zu Beobachtungsbeginn? Wie groß ist die mittlere Zuwachsrate in den ersten beiden Jahren?
b) Welcher Maximalbestand wird erreicht?
c) Welchem Grenzbestand nähert sich die Population langfristig?

Lösung zu a:
Die momentane Änderungsrate zur Zeit t = 0 errechnen wir mit der Ableitungsfunktion N'. Resultat: Zu Beginn wächst die Population um ca. 17 Tiere pro Monat.

Momentane Wachstumsrate zur Zeit T = 0:
$N'(t) = (200 - 100\,t) \cdot e^{-0,5t}$
$N'(0) = 200 \frac{\text{Tiere}}{\text{Jahr}} \approx 16{,}67 \frac{\text{Tiere}}{\text{Monat}}$

Die mittlere Zuwachsrate in den ersten zwei Jahren errechnen wir mit dem Differenzenquotienten. Sie beträgt 6 Tiere pro Monat.

Mittlere Wachstumsrate in 2 Jahren:
$\frac{N(2) - N(0)}{2 - 0} \approx \frac{347{,}15 - 200}{2} \approx 73{,}58 \frac{\text{Tiere}}{\text{Jahr}}$
$\approx 6{,}13 \frac{\text{Tiere}}{\text{Monat}}$

Lösung zu b:
Mithilfe der notwendigen Bedingung für Extrema (N'(t) = 0) bestimmen wir die Lage des Maximums von N. Es liegt bei t = 2. Die Anzahl der Schweine beträgt maximal 347.

Maximaler Bestand:
$N'(t) = (200 - 100\,t) \cdot e^{-0,5t}$
$N'(t) = 0$
$200 - 100\,t = 0,\ t = 2$
$N(2) = 347{,}15$ Schweine

Lösung zu c:
Wir erkennen anhand einer Tabelle, dass die Bestandsfunktion N(t) sich mit wachsendem t dem Wert 200 nähert. Dies ist der langfristige Grenzbestand.

Grenzbestand t → ∞:

t	0	1	10	20	→ ∞
N(t)	200	321,3	213,5	200,2	→ 200

$\lim_{t \to \infty} N(t) = 200$

Übung 9

Ein Handwerker hat versehentlich aus einer Flasche mit einer giftigen Flüssigkeit getrunken. Eine erste Untersuchung ergibt eine Konzentration von 2 µg/dl im Blut. Bei einer Kontrolluntersuchung eine Stunde später sind es sogar 3 µg/dl.
Man weiß, dass es ab 6 µg/dl gefährlich wird. Außerdem ist bekannt, dass die Konzentration dem Gesetz $h(t) = (a\,t + b) \cdot e^{-0,1t}$ gehorcht (t in Stunden, h in µg/dl).
a) Bestimmen Sie a und b.
b) Berechnen Sie die Maximalkonzentration. Kommt der Handwerker in die Gefahrenzone?
c) Wann fällt die Konzentration am stärksten ab? (Hinweis: Wendepunkt)
d) Nach welcher Zeit ist die Ausgangskonzentration wieder erreicht? (Näherung)

8. Modellierung mit Exponentialfunktionen

Eine weitere Untersuchungsmöglichkeit besteht darin, zwei ähnliche Prozesse miteinander zu vergleichen, z. B. um herauszufinden, welcher Prozess sich günstiger verhält.

> **Beispiel: Labortemperatur**
> In einem Forschungsinstitut wird der Einfluss der Umgebungstemperatur auf das Wachstum von Pflanzen untersucht.
> In Labor 1 ändert sich die Temperatur gemäß der Funktion $f(t) = 6t \cdot e^{\frac{1}{2}(2-t)}$, in Labor 2 gemäß $g(t) = 12 \cdot e^{\frac{1}{2}(2-t)}$.
> (t: Zeit in Tagen; f(t), g(t): Temp. in °C)
> a) Skizzieren Sie die Graphen von f und g mit Hilfe einer Wertetabelle für $0 \leq t \leq 10$.
> b) Bestimmen Sie, wann die Labore die größte Temperaturdifferenz aufweisen.

Lösung zu a:
Wir skizzieren die Graphen für $0 \leq t \leq 10$. Man erkennt, dass die Temperatur in Labor 1 von 0° C ausgehend bis auf ein Maximum steigt, um dann zunächst recht schnell und später eher langsam abzusinken. In Labor 2 sinkt die Temperatur kontinuierlich und auch zunehmend langsamer ab.

Lösung zu b:
Zu Beginn des Prozesses beträgt die Temperaturdifferenz maximal 32,16° zugunsten von Labor 2.
Für $t \geq 2$ ist es jedoch in Labor 1 wärmer. Die Differenz ist am größten, wenn die Differenzfunktion $d(x) = f(x) - g(x)$ ihr Maximum annimmt. Dies ist für $t = 4$ der Fall. Die Differenz beträgt dann 4,41°.

Maximale Temperaturdifferenz:
Differenzfunktion:
$$d(x) = f(x) - g(x)$$
$$d(x) = (6t - 12) \cdot e^{\frac{1}{2}(2-t)}$$
Relatives Maximum:
$$d'(x) = (-3t + 12) \cdot e^{\frac{1}{2}(2-t)} = 0$$
$$-3t + 12 = 0, \, t = 4$$
Maximale Differenz: $d(4) \approx 4{,}41°$

Übung 10 Höhenwachstum
Eine Großgärtnerei vergleicht das Höhenwachstum zweier Kaiserkronensorten während der Blütezeit. Blume 1 wächst nach dem Gesetz $h_1(t) = 10 \cdot e^{0,1t}$, Blume 2 nach dem Gesetz $h_2(t) = 50 - 40 \cdot e^{-0,1t}$ (t in Tagen, h in cm, $0 \leq t \leq 20$).
a) Skizzieren Sie die Graphen von h_1 und h_2.
b) Wann erreichen die Blumen 20 cm Höhe?
c) Wann wächst Blume 2 mit der Rate 1 cm/Tag?
d) Wann ist die Höhendifferenz während der ersten 10 Tage maximal?
e) Wann sind die Blumen gleich hoch?

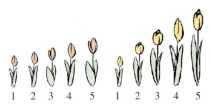

Übungen

11. Bevölkerungsentwicklung
Die Bevölkerung eines Landes entwickelt sich nach der Bestandskurve $N(t) = 10 \cdot e^{0,024\,t}$.
(t: Jahre; N(t): Einwohner in Millionen)

a) Wie viele Einwohner hat das Land zu Beginn der Beobachtung?
b) Wie groß ist die jährliche Wachstumsrate zu Beginn?
c) Nach welcher Zeit hat sich die Einwohnerzahl verdoppelt?
d) Zu welchem Zeitpunkt wächst die Bevölkerung mit einer Rate von 1 Million/Jahr?

12. Vokabellernen
Max und Moritz lernen in 60 Minuten Finnisch.
Am Anfang kennen Sie nur 10 Wörter. Max lernt schnell, aber er vergisst auch wieder. Seine Lernkurve ist $a(t) = 150 - 140 \cdot e^{-0,05\,t}$ (t: Minuten; a(t): gelernte Vokabeln). Moritz tut sich am Anfang schwer, wird aber zunehmend routinierter. Seine Lernkurve ist $b(t) = 10 \cdot e^{0,05\,t}$.

a) Skizzieren Sie die Graphen von a und b für $0 \leq t \leq 60$, Schrittweite 10.
b) Wie groß ist die Lernrate (in Vokabeln/min) von Max zu Beginn?
   Wann hat Moritz die gleiche Lernrate erreicht?
c) Wann ist der Unterschied der beiden Lernkurven am größten?

13. Kapitalanlage
Franz hat sein gesamtes Sparguthaben bei der Sparkasse abgehoben und in einige Hasen investiert, die nun bei ihm zuhause leben. Die Hasen vermehren sich schnell, aber es kommt auch zunehmend zu Fluchtvorgängen. Insgesamt verändert sich die Population nach der Formel $h(t) = (240 + 20\,t) \cdot e^{-0,05\,t}$ (t: Monate; h(t): Anzahl der Hasen zur Zeit t).

a) Wie viele Hasen hat Franz gekauft? Wie viele sind es nach einem Jahr?
b) Mit welcher Rate wächst die Hasenpopulation zu Beginn (in Hasen/Monat)?
c) Wann erreicht die Population ihr Maximum?
d) Zu welchem Zeitpunkt verringert sich die Population am stärksten?
e) Franz verkauft nach 6 Monaten alle Hasen. Hat sich seine Investition gelohnt?

14. Schwert
Ein japanischer Schmied fertigt ein Samuraischwert. Er erhitzt es über dem Feuer. Die Temperatur folgt der Formel $T(t) = 1200 - 800 \cdot e^{-0,01\,t}$ (t: Sekunden; T(t): °C).

a) Skizzieren Sie den Graphen von T für $0 \leq t \leq 240$.
b) Welche Anfangstemperatur hatte das Schmiedestück?
c) Wie groß ist die mittlere Temperaturerhöhung in der ersten Minute?
d) Das Schmiedestück soll mindestens 1000 °C heiß sein, um weiterbehandelt werden zu können. Wie lange muss der Schmied warten?
e) Welche Grenztemperatur erreicht das Schmiedestück bei langfristiger Erhitzung?
f) Die Temperatur soll stets mindestens um 1 °C/s steigen.
   Wie lange darf der Erhitzungsprozess maximal dauern?

8. Modellierung mit Exponentialfunktionen

C. Rekonstruktion von Beständen

Bei manchen Prozessen kennt man die Bestandsfunktion f des Prozesses nicht unmittelbar, wohl aber deren Änderungsrate bzw. Ableitung f'.
In solchen Fällen kann man die Bestandsfunktion f jedoch durch Integration von f' rekonstruieren, wenn man einen Funktionswert von f kennt, den sogenannten Anfangswert.
Beispielsweise ist bei einem fahrenden Schiff der zurückgelegte Weg s nicht so leicht zu ermitteln wie dessen Änderungsrate v, die Momentangeschwindigkeit.

▶ **Beispiel: Großtanker**
Ein großes Öltankschiff führt eine Bremsung durch. Die Geschwindigkeit v wird dabei gemäß der Formel $v(t) = 8 \cdot e^{-0,005t} - 1$ bis zum Stillstand erniedrigt (t in s, v in m/s).
a) Wie lange dauert der Bremsvorgang?
b) Wie lautet die Weg-Zeit-Funktion des Schiffes?
c) Wie groß ist der Bremsweg?

Lösung zu a:
Das Schiff steht, wenn die Geschwindigkeit auf 0 gesunken ist. Der Ansatz $v(t) = 0$ führt auf die Bremszeit $t = 415,89$ s.
Der Bremsvorgang dauert ca. 7 Minuten.

1. Bremszeit:
$v(t) = 0$
$8 \cdot e^{-0,005t} - 1 = 0$
$e^{-0,005t} = 0,125$
$t \approx 415,89$

Lösung zu b:
Durch Integration der Geschwindigkeit-Zeit-Funktion v erhalten wir die Weg-Zeit-Funktion s.
Sie lautet hier
$s(t) = -1600 e^{-0,005t} - t + C$.
C ist zunächst unbekannt. Da aber $s(0) = 0$ gilt (Anfangswert), folgt $C = 1600$.

2. Weg-Zeit-Funktion:
$s(t) = \int v(t) dt = \int (8 \cdot e^{-0,005t} - 1) dt$
$= -1600 e^{-0,005t} - t + C$
$s(0) = 0 \Rightarrow -1600 + C = 0 \Rightarrow C = 1600$
$s(t) = -1600 e^{-0,005t} - t + 1600$

Lösung zu c:
▶ Die Länge des Bremsweges des Schiffes beträgt $s(415,89) = 984,11$ d.h. ca. 1 km.

3. Bremsweg:
$s(415,89) \approx 984,11\,m \approx 1\,km$

Übung 15 Schnellstart
Ein Sportwagen erhöht seine Geschwindigkeit bei einem Test aus dem Stand nach der Formel $v(t) = 20\,t \cdot e^{-0,1t}$ ($0 \leq t \leq 30$, t in s, v in m/s).
a) Wie groß ist seine Maximalgeschwindigkeit?
b) Zeigen Sie:
$s(t) = (-200\,t - 2000) \cdot e^{-0,1t} + 2000$
ist die Weg-Zeit-Funktion des Fahrzeugs.
c) Welche Strecke legt das Auto in den ersten 30 Sekunden zurück?

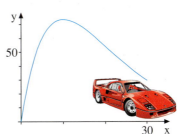

Übungen

16. Ölförderung

Ein Erdölproduzent besitzt eine Ölquelle, die langsam versiegt. Die Fördergeschwindigkeit lässt sich durch die Funktion $m'(t) = 1 + 10 \cdot e^{-0,01t}$ beschreiben (t: Tage, m'(t): Tonnen/Tag). Gesucht ist die Funktion m(t), welche die Ölmenge beschreibt, die bis zum Zeitpunkt t gefördert wird, beginnend zur Zeit t = 0.

a) Bestimmen Sie m(t) als Stammfunktion von m'(t) mit m(0) = 0.
b) Die Ölquelle wird stillgelegt, wenn die Fördergeschwindigkeit auf 3 Tonnen/Tag absinkt. Wann ist dies der Fall? Wie viel Öl wird bis zu diesem Zeitpunkt gefördert?

17. Keine Geldsorgen

In Dagoberts Geldspeicher (30 m hoch) liegen die Taler 20 m hoch. Die Zuwachsrate der Höhenfunktion h beträgt $h'(t) = e^{-0,05t}$ (t: Tage, h'(t): m/Tag).

a) Wie lautet die Gleichung der Höhenfunktion?
b) Wann läuft Dagoberts Geldspeicher über?

18. Gletscherlänge

Ein Gletscher, der zur Zeit 30 km lang ist, verkürzt sich mit der Zeit. Die Änderungsrate seiner Länge L ist $L'(t) = -0,4 \cdot e^{-0,02t}$.
(t: Jahre, L'(t): km/Jahr)

a) Wie lautet die Funktion L(t), welche die Länge des Gletschers beschreibt?
b) Wann ist der Gletscher nur noch 15 km lang?

19. Bevölkerungsentwicklung

Die Einwohnerzahl eines Landes beträgt 20 Millionen Einwohner. Sie wächst mit der Geschwindigkeit $N'(t) = 0,24 \cdot e^{0,024t}$.
(t: Jahre, N'(t): Mio./Jahr)

a) Wie lautet die Bestandsfunktion N(t) der Population?
b) Wie viele Einwohner hat das Land nach 20 Jahren?
c) Wann hat das Land seine Einwohnerzahl verdoppelt?

V. Exponentialfunktionen

Überblick

Exponentialfunktion: Man bezeichnet die Funktion $f(x) = c \cdot a^x$ ($c, a \in \mathbb{R}$ mit $a > 0$) als Exponentialfunktion zur Basis a.

Euler'sche Zahl e: Es gilt $\lim\limits_{h \to 0}\left(\frac{e^h - 1}{h}\right) = 1$ und $e = \lim\limits_{n \to \infty}\left(1 + \frac{1}{n}\right)^n \approx 2{,}718\ldots$

Natürliche Logarithmusfunktion: Die Umkehrfunktion zu $f(x) = e^x$ lautet $g(x) = \ln x$ und heißt natürliche Logarithmusfunktion.

Es gelten daher folgende Rechengesetze:
$$\ln(e^x) = x \quad \text{und} \quad e^{\ln x} = x$$

Ableitungsregeln:
$(e^x)' = e^x$
$(a^x)' = \ln a \cdot a^x$
Bew.: $(a^x)' = (e^{\ln a^x})' = (e^{x \cdot \ln a})' = \ln a \cdot e^{x \cdot \ln a} = \ln a \cdot a^x$

Integrationsregeln:

$\int e^x \, dx = e^x + C$

$\int e^{-x} \, dx = -e^{-x} + C$

$\int e^{ax+b} \, dx = \frac{1}{a} \cdot e^{ax+b} + C \quad (a \neq 0)$

$\int a^x \, dx = \frac{1}{\ln a} \cdot a^x + C \quad (a > 0)$

Unbegrenztes Wachstum: $N(t) = N_0 \, e^{kt}$ ($k > 0$)
t: Seit Beobachtungsbeginn ($t = 0$) verstrichene Zeit
N: Größe des Bestands zur Zeit t
k: Charakteristischer Wachstumskoeffizient
Verdoppelungszeit: $T_2 = \frac{\ln 2}{k}$

Ungestörter Zerfall: $N(t) = N_0 \, e^{-kt}$ ($k > 0$)
Halbwertszeit: $T_{1/2} = \frac{\ln 2}{k}$

Begrenztes Wachstum: $N(t) = G - c \, e^{-kt}$ ($k > 0$)
G: Obergrenze für den Bestand
c: $c = G - a =$ Grenzbestand − Anfangsbestand

Logistisches Wachstum: $N(t) = \frac{a \cdot G}{a + (G - a) \cdot e^{-G \cdot k \cdot t}}$ ($k > 0$)
G: Obergrenze für den Bestand
a: Anfangsbestand zur Zeit $t = 0$

Test

Exponentialfunktion

1. Ableitungen
Bestimmen Sie die Ableitungsfunktion von f.
a) $f(x) = e^{-2x}$
b) $f(x) = (1-x) \cdot e^x$
c) $f(x) = x^2 \cdot e^{-4x}$

2. Funktionsuntersuchung
Gegeben ist die Funktion $f(x) = 2x \cdot e^{-x}$.
a) Untersuchen Sie die Funktion auf Nullstellen, Extrema und Wendepunkte.
b) Wie verhält sich die Funktion für $x \to \infty$ und für $x \to -\infty$?
c) Zeichnen Sie den Graphen von f für $-0.5 \leq x \leq 3$.
d) Bestimmen Sie die Gleichung der Kurventangente im Ursprung.

3. Lineares und exponentielles Wachstum
Zu Beobachtungsbeginn ist ein Kaktus 90 cm hoch, ein Jahr später hat er eine Höhe von 150 cm erreicht.
Die Zeiteinheit sei 1 Monat.
a) Angenommen, es liegt lineares Wachstum vor. Wie lautet das Wachstumsgesetz?
b) Angenommen, es liegt unbegrenztes exponentielles Wachstum vor. Wie lautet das Wachstumsgesetz?
c) Wann im Verlauf des Jahres ist der Höhenunterschied zwischen den Modellen am größten?

4. Unbegrenzte Wachstumsprozesse
Eine Salmonellenkultur A wächst bei 20°C nach der Formel $N_A(t) = 300\,e^{0,22t}$.
Eine zweite Kultur B befindet sich im Kühlschrank. Sie vermehrt sich nach der Formel $N_B(t) = 900\,e^{0,15t}$. (t in Stunden, N in mg)
a) Wie lauten die Verdoppelungszeiten der beiden Kulturen?
b) Skizzieren Sie die Graphen der beiden Funktionen ($0 \leq t \leq 20$, Schrittweite 5)
c) Wann haben die Kulturen einen Bestand von 2000 mg erreicht?
d) Wann sind beide Kulturen gleich groß?
e) Welche Wachstumsgeschwindigkeiten hat Kultur B zur Zeit $t=0$ (in mg/Stunde)? Wann erreicht Kultur A diese Wachstumsgeschwindigkeit?

5. Wachstumsprozesse
Bei einer Tropfinfusion kann die zur Zeit t im Blut vorhandene Wirkstoffmenge durch die Funktion $N(t) = 50 - 50\,e^{-0,04t}$ beschrieben werden (t in Minuten, N(t) in mg).
a) Wie groß ist die Wirkstoffmenge nach 10 Minuten? Nach welcher Zeit wird eine Wirkstoffmenge von 30 mg erreicht? Welche Wirkstoffmenge kann maximal erreicht werden?
b) Mit welcher Geschwindigkeit wächst die Wirkstoffmenge zum Zeitpunkt $t=0$? Wann beträgt die Wachstumsgeschwindigkeit 1 mg pro Minute?
c) Nach einer Stunde wird die Infusion abgebrochen. Nun kann die Wirkstoffmenge durch $N(t) = N_1 e^{-0,04t}$ neu erfasst werden. Wie groß ist N_1? Wie lange dauert es, bis die Wirkstoffmenge auf 5 mg abgesunken ist?

Lösungen unter 240-1

VI. Exkurs: Untersuchung weiterer Funktionen

Ein Extremalproblem

Eine punktförmige Licht- oder Wäremequelle strahlt ihre Energie kugelförmig ab. Die Strahlungsenergie, die einen Quadratzentimeter trifft, wird mit zunehmender Entfernung von der Lichtquelle immer geringer.
Verdoppelt man die Entfernung, so fällt die Energie pro cm^2 auf den vierten Teil ab, weil die Kugeloberfläche sich vervierfacht. Verdreifacht man die Entfernung, so fällt die Energie pro cm^2 auf den neunten Teil ab, weil die Kugeloberfläche sich verneunfacht.

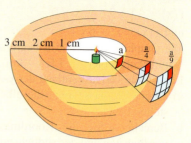

Energie pro Sekunde und cm^2
in 1 cm Entfernung: a Joule

a sei die Energie (in Joule), die pro Sekunde auf eine 1 cm^2 große Probefläche fällt, die 1 cm von der Quelle entfernt ist.

Energie pro Sekunde und cm^2
in x cm Entfernung: $\frac{a}{x^2}$ Joule

Dann ist $\frac{a}{x^2}$ die Energie, die pro Sekunde auf eine ebenfalls 1 cm^2 große Probefläche in x cm Entfernung von der Quelle trifft.

Beispiel: Ein Jäger hat zum Schutz gegen Raubtiere zwei Lagerfeuer entzündet, die in 10 m Entfernung voneinander brennen. Das linke Feuer entfaltet auf eine 1 cm^2 großen Fläche, die 1 m vom Feuer entfernt ist, pro Sekunde eine Wärmemenge von 1 Joule. Das rechte Feuer erzeugt auf einer gleich großen Fläche in 1 m Entfernung pro Sekunde sogar 8 Joule. Bald wird es dem Jäger zu warm. An welcher Stelle zwischen den Feuern sollte er daher sein Lager aufschlagen?

Lösung:
Wir idealisieren die Feuer als punktförmige Wärmequellen, die in den Punkten P(0|0) und Q(10|0) eines Koordinatensystems platziert sind. Fuzzi befindet sich im Punkt T(x|0).

Ein Strahlenbündel, das von P ausgeht und in 1 m Entfernung eine Fläche von 1 cm^2 bestrahlt, hat sich bis zum Punkt T, also nach x Metern so aufgeweitet, dass es dort eine Fläche von x^2 cm^2 bestrahlt. Entsprechend entfällt dort auf einen cm^2 nur eine Wärmemenge von $\frac{1}{x^2}$ Joule.

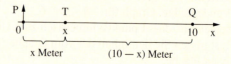

Von P abgestrahlte Wärme pro Sekunde

in 1 m Entfernung von P: $\frac{1 \text{ Joule}}{1 \text{ cm}^2}$

in x m Entfernung von P: $\frac{1 \text{ Joule}}{x^2 \text{ cm}^2}$

Ein Extremalproblem

Das von Q kommende Strahlenbündel muss bis zum Punkt T eine Entfernung von 10 − x Metern zurücklegen. Dabei wird eine 1-cm²-Fläche, die 1 m von Q entfernt ist, auf $(10-x)^2$ cm² aufgeweitet.
Entsprechend geht die Wärmestrahlung pro cm² von 8 Joule auf $\frac{8}{(10-x)^2}$ Joule zurück.

Insgesamt gilt für die Wärmestrahlung am Punkt T (x|0) pro cm² in der Sekunde die nebenstehende Formel.
Die Funktion W gibt die Verteilung der Wärmeeinstrahlung pro Quadratzentimeter und Sekunde in Abhängigkeit vom Abstand x zur linken Wärmequelle P wieder. Ihr Graph ist rechts dargestellt.

Die Funktion hat – wie wir erkennen können – ein zwischen den Feuerstellen liegendes Minimum.

Die genaue Extremalberechnung ergibt, dass dieses im Punkt Mi$\left(\frac{10}{3}\big|\frac{27}{100}\right)$ liegt.

Der Jäger sollte also in 3,33 Meter Abstand zur linken Feuerstelle lagern. Dort ist die Wärmeeinstrahlung mit einem Wert von 0,27 Joule/cm² am geringsten.

Von Q abgestrahlte Wärme pro Sekunde

in 1 m Entfernung von Q: $\quad \frac{8\text{ Joule}}{1\text{ cm}^2}$

in (10 − x) m Entfernung von P: $\quad \frac{8\text{ Joule}}{(10-x)^2\text{ cm}^2}$

Gesamtwärmeeinstrahlung bei T pro Sekunde:

$$W(x) = \frac{1}{x^2} + \frac{8}{(10-x)^2} \quad \begin{array}{l}\text{x in m}\\\text{W in Joule/cm}^2\end{array}$$

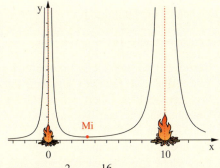

$$W'(x) = -\frac{2}{x^3} + \frac{16}{(10-x)^3} = 0$$

$$2(10-x)^3 = 16x^3$$
$$10-x = 2x$$
$$x = \frac{10}{3} \approx 3{,}33\text{ m}$$
$$W_{min} = \frac{27}{100} = 0{,}27\,\frac{\text{Joule}}{\text{cm}^2}$$

Übung

An einem Weg stehen drei Laternen A, B und C. In 1 m Abstand strahlt A mit 27 BE pro cm², während es bei B 16 BE und bei C 3 BE (Beleuchtungseinheiten) sind.
B steht in 6 m Entfernung von A, während C um weitere 2 m entfernt steht. Zwischen A und C gibt es eine Stelle, an der es am dunkelsten ist.
In welchem Abstand von A befindet sich diese Stelle? Verwenden Sie bei der Lösung ein CAS bzw. ein numerisches Näherungsverfahren zur Lösung von Gleichungen.

Test

Gebrochen-rationale Funktionen

1. Gegeben ist die Funktion $f(x) = \frac{x^3+4}{4x^2}$, $x \in \mathbb{R}\setminus\{0\}$.
   a) Bestimmen Sie die Gleichungen der Tangenten an f bei $x = -1$ und $x = 1$.
   b) Bestimmen Sie den Inhalt des Dreiecks, das von den Tangenten aus a) und der x-Achse gebildet wird.
   c) Bestimmen Sie die Gleichung der Kurvennormalen von f bei $x = 1$.
   d) Bestimmen Sie den Inhalt der Fläche unter dem Graphen von f für $1 \leq x \leq 4$.

2. Gegeben ist die Funktion $f(x) = \frac{x^2+4}{4x}$.
   a) Zeigen Sie, dass $f(x) = \frac{1}{4}x + \frac{1}{x}$ gilt.

   Bestimmen Sie den Definitionsbereich von f.
   Wie verhält sich f in der Umgebung der nicht definierten Stelle x_0?
   Welcher Geraden nähert sich der Graph von f für $x \to \pm\infty$?
   b) Untersuchen Sie f auf Extrema und Wendepunkte.
   Untersuchen Sie f auf Nullstellen.
   c) Zeichnen Sie den Graphen von f für $-3 \leq x \leq 3$.
   d) Für welche x-Werte unterscheiden sich die Funktionswerte von f und $g(x) = \frac{1}{4}x$ um weniger als 0,1?
   e) Zwischen $x = 0{,}5$ und $x = 2{,}5$ beschreibt f den Kurvenverlauf einer Straße. Er soll ohne Knick an die geradlinig weiterführenden Straßen anschließen.
   Bestimmen Sie deren Funktionsgleichungen.

Lösungen unter 248-1

2. Ableitung und Integration von Sinus und Kosinus

A. Die Ableitung von Sinus und Kosinus

Viele periodische Vorgänge können mithilfe trigonometrischer Funktionen modelliert werden. Im Folgenden untersuchen wir auf graphischem Weg, welche Ableitungen die Funktionen $f(x) = \sin x$ und $g(x) = \cos x$ besitzen.

> **Beispiel:** Zeichnen Sie den Graphen von $f(x) = \sin x$ für $0 \leq x \leq 2\pi$. Tragen Sie einige Tangenten ein und ermitteln Sie deren Steigung aus der Graphik. Skizzieren Sie mit den so gewonnenen Daten die Ableitungsfunktion f'. Welche Vermutung ergibt sich?

Lösung:
An den Stellen $x = \frac{1}{2}\pi$ und $x = \frac{3}{2}\pi$ beträgt die Steigung der Sinusfunktion 0, da dort Extremalpunkte liegen.
Die Stellen $x = 0$ und $x = 2\pi$ durchläuft die Sinusfunktion mit einem Winkel von 45°, sodass dort die Steigung 1 ist. Bei $x = \pi$ beträgt sie -1.
Bei $x = \frac{1}{4}\pi$ sowie $x = \frac{7}{4}\pi$ können wir näherungsweise eine Steigung von ca. 0,7 ablesen. Bei $x = \frac{3}{4}\pi$ sowie $x = \frac{5}{4}\pi$ beträgt die Steigung ca. $-0,7$.

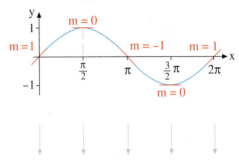

Die Funktion $f(x) = \sin x$:

Tragen wir diese Steigungen über den entsprechenden x-Werten in einem zweiten Koordinatensystem auf, so ergibt sich grob der Graph der Ableitungsfunktion f' der Sinusfunktion.

Wir erkennen, dass es sich um den Graphen der Kosinusfunktion handelt.

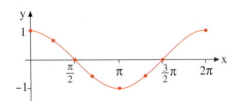

Die Ableitung von $f(x) = \sin x$:

Diese Vermutung kann man auch rechnerisch herleiten, allerdings verzichten wir an dieser Stelle auf den nicht ganz leichten Beweis.

> **Satz VI.1: Sinusregel und Kosinusregel**
>
> Die Ableitung der Sinusfunktion ist die Kosinusfunktion.
>
> $$(\sin x)' = \cos x$$
>
> Die Ableitung der Kosinusfunktion ist die negierte Sinusfunktion.
>
> $$(\cos x)' = -\sin x$$

Übung 1
Zeichnen Sie $f(x) = \cos x$ ($0 \leq x \leq 2\pi$) und konstruieren Sie die Ableitung f' zeichnerisch.

Die beiden Ableitungsregeln für Sinus und Kosinus gestatten im Verein mit der Kettenregel und der Produktregel die Differentiation zahlreicher trigonometrischer Funktionen.
Wir führen zur Vertiefung des Arbeitens mit diesen Regeln einige Ableitungsübungen durch.

▶ **Beispiel:** Gesucht sind die Ableitungen von $h(x) = \sin 5x$ und $h(x) = x^2 \cdot \cos x$.

Lösung:
$h(x) = \sin 5x$ differenzieren wir nach der Kettenregel.
Die äußere Ableitung ist $\cos 5x$, die innere Ableitung ist 5.
▶ Also ergibt sich $h'(x) = 5 \cdot \cos 5x$

$h(x) = x^2 \cdot \cos x = u \cdot v$ differenzieren wir nach der Produktregel.
Wir erhalten:
$$h'(x) = u' \cdot v + v' \cdot u$$
$$= 2x \cdot \cos x + (-\sin x) \cdot x^2$$

🪙 250-1

Übungen

2. Differenzieren Sie die Funktionen, deren Terme unten gegeben sind.
   Wenden Sie Kettenregel und Produktregel an.

   a) $\cos 4x$ b) $\sin(x^2)$ c) $\sin^2 x$, d. h. $(\sin x)^2$

   d) $\sin(ax+b)$ e) $\sin x \cdot \cos x$ f) $\sin^2 x \cdot \cos x$

   g) $\cos(x+x^2)$ h) $\sin 5x \cdot \cos 2x$ i) $x \cdot \cos x$

   j) $x^2 \cdot \sin x$ k) $\sin(\cos x)$ l) $4 \cdot \cos(5x - 1)$

   m) $4 \cdot \sin(2x+3)$ n) $\frac{1}{\sin x}$ o) $\sqrt{\sin x}$

3. Diese Aufgaben sind etwas schwieriger: Sie müssen – um den Term zu differenzieren – Produktregel oder Kettenregel mehrfach bzw. geschachtelt anwenden.

   a) $x \cdot \sin x \cdot \cos x$ b) $\sin(\sin(x^2))$ c) $\sin x \cdot \sin 2x \cdot \cos x$

   d) $\sin(ax+b) \cdot \cos(ax)$ e) $\sin(\cos(\sin x))$ f) $(1 - \sin^2 x) \cdot \cos x$

4. ***Die Ableitung der Tangensfunktion:*** Gesucht ist die Ableitung von $f(x) = \tan x = \frac{\sin x}{\cos x}$.
   Bestimmen Sie zunächst die Ableitung von $g(x) = \frac{1}{\cos x}$ nach der Kettenregel.
   Stellen Sie sodann den Tangens in der Form $f(x) = \sin x \cdot \frac{1}{\cos x}$ dar und wenden Sie die Produktregel an. Vereinfachen Sie das so erzielte Resultat weitestmöglich.

5. $f(x) = \sin 2x$ lässt sich auch in der Form $f(x) = 2 \cdot \sin x \cdot \cos x$ darstellen.
   Berechnen Sie $f'(x)$ für beide Darstellungen. Weisen Sie mithilfe trigonometrischer Formeln nach, dass die Resultate trotz optischer Verschiedenheit übereinstimmen.

6. Das Additionstheorem für den Sinus lautet: $\sin(x+y) = \sin x \cdot \cos y + \cos x \cdot \sin y$.
   „Differenzieren" Sie das Theorem. Betrachten Sie dabei x als Variable und y als Konstante.
   Was erhalten Sie als Resultat?

2. Ableitung und Integration von Sinus und Kosinus

B. Die Integration von Sinus und Kosinus

Aus den beiden Ableitungsregeln für Sinus und Kosinus ergeben sich auch die Integrationsregeln für die beiden Funktionen. Der Nachweis erfolgt unmittelbar durch Differentiation.

$$\int \sin x \, dx = -\cos x + C \qquad \int \cos x \, dx = \sin x + C$$

Man kann diese Integrationsregeln noch etwas verallgemeinern, wenn man die lineare Substitutionsregel der Integration (s. Seite 104) anwendet.

▶ **Beispiel:** Gesucht ist eine Stammfunktion von $f(x) = \sin 3x$.

Lösung:
Man könnte die Vermutung aufstellen, dass $F(x) = -\cos 3x + C$ die gesuchte Stammfunktion ist.
Aber Differenzieren des Terms F nach der Kettenregel ergibt das dreifach zu große Resultat $F'(x) = 3 \cdot \sin 3x$.
Daher korrigieren wir unsere Vermutung
▶ zu $F(x) = -\frac{1}{3}\cos 3x + C$.

$$\int \sin 3x \, dx = -\frac{1}{3}\cos 3x + C$$

Nachweis:
$$\left(-\frac{1}{3}\cos 3x + C\right)' = -\frac{1}{3}(\cos 3x)' + C'$$
$$= -\frac{1}{3}(-3\sin 3x) + 0$$
$$= \sin 3x$$

Diese auf der Kettenregel beruhende lineare Substitutionsregel funktioniert allerdings nur dann, wenn das Argument des zu integrierenden Sinus oder Kosinus eine lineare Funktion der Integrationsvariablen ist.

$$\int \sin(ax+b) \, dx = -\frac{1}{a}\cos(ax+b) + C \qquad \int \cos(ax+b) \, dx = \frac{1}{a}\sin(ax+b) + C$$

Übung 7
Berechnen Sie die folgenden Integrale. Interpretieren Sie die bestimmten Integrale.

a) $\int \sin \pi x \, dx$

b) $\int (1 - \cos(-\pi x)) \, dx$

c) $\int (\sin(2x+1) - \cos x + 1) \, dx$

d) $\int_0^{2\pi} \sin(0{,}5x) \, dx$

e) $\int_0^{2\pi} (x + \sin(x)) \, dx$

f) $\int_0^{\pi} \cos(2x) \, dx$

C. Einfache Differentiations- und Integrationsaufgaben

Wir üben nun an einfachen, isolierten Problemen der Differential- und Integralrechnung der trigonometrischen Funktionen. Später werden ähnliche Aufgabenstellungen im Rahmen von umfassenderen Kurvenuntersuchungen als Teilaufgaben wieder vorkommen.
Außerdem konzentrieren wir uns hier auf die Grundfunktionen Sinus und Kosinus.

> **Beispiel:** Unter welchem Winkel α schneidet der Graph von $f(x) = \sin x$ die x-Achse bei $x = \pi$?

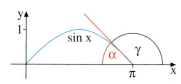

Lösung:
Die Steigung bei $x = \pi$ beträgt -1.
Daher ist der Steigungswinkel $\gamma = -45°$ bzw. $\gamma = 135°$. Der Schnittwinkel mit der x-Achse ist dann $\alpha = 45°$.

$f(x) = \sin x \quad f'(\pi) = \cos \pi = -1$
$f'(x) = \cos x \quad \tan \gamma = -1$
$ \gamma = -45° = 135°$
$ \alpha = 45°$

> **Beispiel:** Wie groß ist der y-Achsenabschnitt der Tangente an den Graphen von $f(x) = \sin x$ bei $x = \frac{\pi}{4}$?

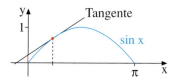

Lösung:
Wir wählen für die Tangentengleichung den Punktrichtungsansatz, d. h.:

$$y_T(x) = m(x - x_0) + y_0.$$

Hier müssen

$$x_0 = \tfrac{\pi}{4}, \quad y_0 = f(x_0) \quad \text{und} \quad m = f'(x_0)$$

gesetzt werden.
Dann ergibt sich als Resultat für den y-Achsenabschnitt der Tangente ca. $0{,}1517$.

$y_T(x) = m(x - x_0) + y_0$
$x_0 = \tfrac{\pi}{4}$
$y_0 = f(x_0) = \sin\left(\tfrac{\pi}{4}\right) \approx 0{,}7071$
$m = f'(x_0) = \cos\left(\tfrac{\pi}{4}\right) \approx 0{,}7071$
$y_T(x) \approx 0{,}7071\left(x - \tfrac{\pi}{4}\right) + 0{,}7071$
$y_T(x) \approx 0{,}7071x + 0{,}1517$

> **Beispiel:** Welchen Inhalt A hat die Fläche eines Bogens des Graphen der Sinusfunktion?

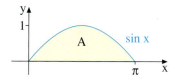

Lösung:
Die nebenstehende Rechnung liefert auf einfache Weise das überraschende Resultat $A = 2$.
Ein so rundes Ergebnis hätte man sicher nicht erwartet.

$A = \int_0^\pi \sin x \, dx = [-\cos x]_0^\pi$
$ = (-\cos \pi) - (-\cos 0)$
$ = 1 - (-1) = 2$

2. Ableitung und Integration von Sinus und Kosinus

▶ **Beispiel:** An welcher Stelle x und unter welchem Winkel γ schneiden sich die Graphen der Sinusfunktion und der Kosinusfunktion im Intervall $[0;\pi]$?

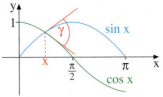

Lösung:
Die Schnittstelle x erhalten wir durch Gleichsetzen der Funktionsterme und Auflösen nach x, wobei wir rechnerisch über den Tangens gehen.
Ergebnis: $x = \frac{\pi}{4}$.
Die Steigungswinkel α und β der beiden Kurven bei $x = \frac{\pi}{4}$ errechnen wir aus den Steigungen der Kurven an dieser Stelle. Sie betragen 35,26° bzw. –35,26°. Damit
▶ ergibt sich der Schnittwinkel $\gamma \approx 70{,}52°$.

Schnittstelle:
$f(x) = g(x)$, $\sin x = \cos x$, $\frac{\sin x}{\cos x} = 1$

$\tan x = 1$, $x = \arctan 1$, $x = \frac{\pi}{4}$

Schnittwinkel: $f'\left(\frac{\pi}{4}\right) = \cos\frac{\pi}{4} = 0{,}7071$

$\tan \alpha = 0{,}7071$, $\alpha = 35{,}26°$

$g'\left(\frac{\pi}{4}\right) = -\sin\frac{\pi}{4} = -0{,}7071$

$\tan \beta = -0{,}7071$, $\beta = -35{,}26°$

$\Rightarrow \gamma = |\alpha| + |\beta| \approx 70{,}52°$

▶ **Beispiel:** Gesucht ist der Inhalt der abgebildeten Fläche zwischen den Graphen der Sinusfunktion, der Kosinusfunktion und der x-Achse.

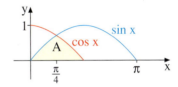

Lösung:
Die Schnittstelle der beiden Kurven liegt bei $x = \frac{\pi}{4}$ (Rechnung im vorigen Beispiel). Wir integrieren daher in zwei Schritten: zunächst $f(x) = \sin x$ über dem Intervall $\left[0; \frac{\pi}{4}\right]$ und dann $g(x) = \cos x$ über dem Intervall $\left[\frac{\pi}{4}; \frac{\pi}{2}\right]$. Die Teilergebnisse werden addiert.
▶ Resultat: $A \approx 0{,}59$

$A = \int_0^{\frac{\pi}{4}} \sin x \, dx + \int_{\frac{\pi}{4}}^{\frac{\pi}{2}} \cos x \, dx$

$= [-\cos x]_0^{\frac{\pi}{4}} + [\sin x]_{\frac{\pi}{4}}^{\frac{\pi}{2}}$

$= 0{,}2929 + 0{,}2929$

$\approx 0{,}59$

▶ **Beispiel:** Gesucht ist der Inhalt der Fläche A, die vom Bogen der Sinusfunktion durch die horizontale Gerade $y = 0{,}5$ abgeschnitten wird $(0 \leq x \leq \pi)$.

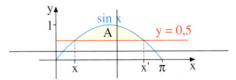

Lösung:
Wir errechnen zunächst die Schnittstellen durch Gleichsetzen der Funktionsterme und integrieren sodann die Differenzfunktion $d(x) = \sin x - \frac{1}{2}$ in den berechneten Grenzen.
▶ Resultat: $A \approx 0{,}68$

Schnittstellen:
$\sin x = \frac{1}{2}$, $x = 0{,}5236$, $x' = 2{,}6180$

$A = \int_{0{,}5236}^{2{,}6180} \left(\sin x - \frac{1}{2}\right) dx$

$= \left[-\cos x - \frac{1}{2}x\right]_{0{,}5236}^{2{,}6180} \approx 0{,}68$

Übungen

8. Welchen Steigungswinkel besitzt der Graph von $f(x) = \sin\left(\frac{\pi}{4} x\right)$ bei $x = 0$?

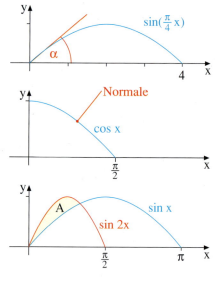

9. An welcher Stelle des Intervalls $\left[0; \frac{\pi}{2}\right]$ besitzt die Kosinusfunktion eine Normale mit der Steigung 2?

10. Die Funktionen $f(x) = \sin x$ und $g(x) = \sin 2x$ schließen die abgebildete Fläche A ein.
Berechnen Sie zunächst den rechten Schnittpunkt der Kurven und sodann den Inhalt der Fläche A.

11. Gesucht ist die ungefähr bei $x = 1$ liegende Stelle, an welcher die Differenz der Funktionswerte von

$f(x) = \sin x$ und $g(x) = \sin\frac{x}{2}$

ein lokales Maximum annimmt.

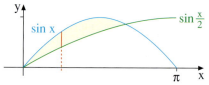

12. Berechnen Sie den Inhalt der abgebildeten Fläche A zwischen dem Graphen der Kosinusfunktion, dem Graphen von $g(x) = x - x^2$ und der x-Achse.

13. Wie groß ist der Inhalt der abgebildeten Fläche A?
A wird von den Graphen der drei Funktionen $f(x) = \sin x$, $g(x) = 2\sin x$, $h(x) = 4x - x^2$ sowie von der x-Achse begrenzt.

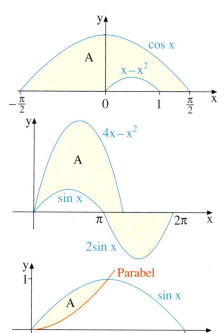

14. Eine zur y-Achse achsensymmetrische Parabel läuft durch den ersten Höhepunkt der Sinusfunktion rechts des Ursprungs. Sie umschließt mit dieser eine Fläche A.
Welchen Inhalt besitzt A?

3. Diskussion trigonometrischer Funktionen

Die Skizzierung des Graphen einer trigonometrischen Funktion gelingt in den meisten Fällen, wenn man dem Funktionsterm entnehmen kann, durch welche x- bzw. y-Verschiebung und durch welche Streckung in y-Richtung bzw. durch welche Periodenänderung er aus dem Term der reinen Sinus- bzw. Kosinusfunktion hervorgegangen ist. Die Differentialrechnung sollte man dann einsetzen, wenn die exakte Bestimmung der Lage von Extrem- und Wendepunkten gefragt ist. Im Folgenden werden hierzu einige typische Beispiele leichten bis mittleren Schwierigkeitsgrades betrachtet.

> **Beispiel:** Gegeben ist die Funktion $f(x) = 3\sin(2x - 2) + 1$ im Intervall $I = [1; \pi + 1]$. Skizzieren Sie den Graphen und bestimmen Sie die Lage der Extrempunkte rechnerisch.

1. Graph
Nach Umformung des Funktionsterms von $f(x) = 3\sin(2 \cdot (x - 1)) + 1$ können wir ablesen, dass f aus dem Graphen der Sinusfunktion folgendermaßen entsteht: Verschiebung um 1 in x-Richtung und um 1 in y-Richtung, Periodenhalbierung auf π, Amplitudenverdreifachung.
Das reicht für eine grobe Skizze aus.

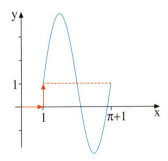

2. Ableitungen
Wir benötigen die Ableitungen bis zur zweiten Ordnung, die mithilfe der Kettenregel bestimmt werden können.

Ableitungen:
$f(x) = 3\sin(2x - 2) + 1$
$f'(x) = 6\cos(2x - 2)$
$f''(x) = -12\sin(2x - 2)$

3. Extrema
Zunächst werden die Stellen mit waagerechten Tangenten durch Berechnung der Nullstellen von f' ermittelt. Die Bestimmungsgleichung $6\cos(2x - 2) = 0$ ist im gegebenen Intervall nur für $x = \frac{\pi}{4} + 1$ und $x' = \frac{3}{4}\pi + 1$ erfüllt.

Nullstellen von $f'(x)$ in I:
$6\cos(2x - 2) = 0$
$\cos(2x - 2) = 0$

$2x - 2 = \frac{\pi}{2} + 2k\pi \quad 2x' - 2 = -\frac{\pi}{2} + 2k\pi$
$x = \frac{\pi}{4} + 1 + k\pi \quad x' = -\frac{\pi}{4} + 1 + k\pi$
$x = \frac{\pi}{4} + 1 \; (k=0) \quad x' = \frac{3}{4}\pi + 1 \; (k=1)$

Mithilfe der 2. Ableitung wird nun überprüft, ob tatsächlich Extrema vorliegen.

Überprüfung mittels f'':
$f''\left(\frac{\pi}{4} + 1\right) = -12 < 0 \Rightarrow$ Maximum
$f''\left(\frac{3}{4}\pi + 1\right) = 12 > 0 \Rightarrow$ Minimum

> Resultat: $H\left(\frac{\pi}{4} + 1 \,|\, 4\right)$, $T\left(\frac{3}{4}\pi + 1 \,|\, -2\right)$

Übung 1
Gegeben ist die Funktion $f(x) = 3\sin(2x - 2) + 1$ für $1 < x < \pi + 1$ aus obigem Beispiel. Bestimmen Sie die Lage des Wendepunktes von f im betrachteten Intervall rechnerisch.

Wir führen nun das letzte Beispiel mit einer zusätzlichen Integrationsaufgabe fort.

> **Beispiel:** Gegeben ist die Funktion $f(x) = 3\sin(2x-2)+1$ im Intervall $I = [0; 2\pi]$.
> Wie groß ist der Inhalt der Fläche A des ersten oberhalb der x-Achse liegenden und durch diese nach unten begrenzten Kurvenbogens?

Lösung:
Eine erste Schätzung aufgrund der Skizze ergibt für die Fläche A einen Inhalt von ca. 4 Flächeneinheiten, vielleicht sogar etwas mehr.
Aber nun die Rechnung:

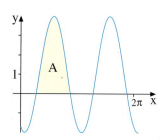

1. Integrationsgrenzen
Die Integrationsgrenzen sind die ersten beiden im Intervall I liegenden Nullstellen a und b von f.
Aus der Skizze des Graphen ist ersichtlich, dass diese knapp unter $x = 1$ und knapp unter $x = \pi$ liegen.
Die rechnerische Bestimmung liefert die Werte $a \approx 0{,}83$ und $b \approx 2{,}74$.

Integrationsgrenzen:
$f(x) = 0$:
$3\sin(2x-2)+1 = 0, \quad \sin(2x-2) = -\frac{1}{3}$
$2x-2 \approx -0{,}34 + 2k\pi, \quad 2x'-2 \approx 3{,}48 + 2k\pi$
$x \approx 0{,}83 + k\pi, \quad x' \approx 2{,}74 + k\pi$
$a \approx 0{,}83 \qquad\qquad b \approx 2{,}74$

2. Stammfunktion
Mithilfe der linearen Substitutionsregel erhalten wir $F(x) = -\frac{3}{2}\cos(2x+2) + x$ als eine Stammfunktion von f.

3. Flächeninhalt
Die Berechnung des bestimmten Integrals ergibt $A \approx 4{,}73$. Dieser Wert liegt in Übereinstimmung mit unserer Schätzung.

Bestimmtes Integral:
$$\int_{0,83}^{2,74} (3\sin(2x-2)+1)\,dx$$
$$= \left[-\frac{3}{2}\cos(2x-2)+x\right]_{0,83}^{2,74}$$
$\approx (4{,}15) - (-0{,}58)$
$= 4{,}73$

Übung 2

Gegeben ist die Funktion f durch die Skizze ihres Graphen (Abb. rechts). Es ist eine modifizierte Kosinusfunktion.
a) Wie könnte die Funktionsgleichung lauten?
b) Wo liegt die erste Nullstelle rechts des Ursprungs?
c) Welchen Inhalt hat die gelbe Fläche?
d) Wo liegt der erste Wendepunkt?
e) Wie lautet die Gleichung der eingezeichneten Wendenormalen?

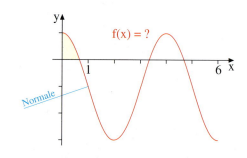

3. Diskussion trigonometrischer Funktionen

Das folgende Beispiel ist etwas schwieriger, weil die Funktionsgleichung nun zwei trigonometrische Terme enthält.

▶ **Beispiel:** Gegeben ist die Funktion $f(x) = 2\sin x + \cos x$ im Intervall $I = [0; 2\pi]$.
Skizzieren Sie den Graphen von f, und bestimmen Sie anschließend die genaue Lage der beiden Extremalstellen.

Lösung:
Wir skizzieren die Graphen der Summanden $g(x) = 2\sin x$ sowie $h(x) = \cos x$ in einem gemeinsamen Koordinatensystem. Hiervon ausgehend, gewinnen wir den Graphen von f durch Ordinatenaddition, indem wir die Ordinaten des Kosinusterms auf die Ordinaten des Sinusterms aufaddieren.
Natürlich überlegen wir uns vorher, welche Graphenpunkte von f wir besonders leicht gewinnen können. Das sind z. B. die Punkte von g, die über den Nullstellen von h liegen, und umgekehrt. Auch die Nullstellen der Funktion f können wir ungefähr eintragen, denn die liegen dort, wo g und h betragsgleiche Funktionswerte mit unterschiedlichem Vorzeichen haben.
Nun erst setzen wir die Differentialrechnung ein, um die genaue Lage der Extremalpunkte von f zu bestimmen.
Wir erhalten Extremalstellen bei $x \approx 1{,}11$ und $x \approx 4{,}25$.
Eine Überprüfung mithilfe der zweiten Ableitung ist nicht erforderlich, da schon aus der Skizze klar ist, dass der erste Wert eine Maximalstelle und der zweite Wert
▶ eine Minimalstelle darstellt.

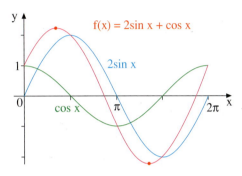

Berechnung der Extremalstellen:

$f(x) = 2\sin x + \cos x$
$f'(x) = 2\cos x - \sin x$

$f'(x) = 0$
$2\cos x - \sin x = 0$
$\frac{\sin x}{\cos x} = 2$
$\tan x = 2$
$x = \arctan 2 + k\pi$
$x \approx 1{,}11 + k\pi$
$k = 0: \quad x \approx 1{,}11$
$k = 1: \quad x \approx 1{,}11 + 3{,}14 \approx 4{,}25$

Bei $x \approx 1{,}11$ liegt ein Maximum.
Bei $x \approx 4{,}25$ liegt ein Minimum.

Übung 3
Gegeben sei die im obigen Beispiel betrachtete Funktion $f(x) = 2\sin x + \cos x$.
a) Gesucht sind die Lage des Wendepunktes sowie die Gleichung der Wendetangente von f.
b) Nun wird es schwieriger:
Der Inhalt A der gelb hinterlegten Fläche ist gesucht.

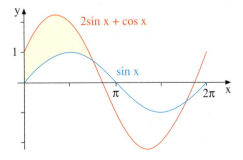

Übungen

4. Gegeben ist die Funktion $f(x) = 2 \cdot \sin\left(x - \frac{\pi}{3}\right) - 1$ für $0 \leq x \leq 2\pi$.
   a) Skizzieren Sie den Graphen von f.
   b) Berechnen Sie die Lage der Nullstellen, Extrema und Wendepunkte von f.
   c) Gesucht ist der Inhalt der im 1. Quadranten zwischen dem Graphen von f und der x-Achse liegenden Fläche A.
   d) In welchem Winkel trifft der Graph von f auf die y-Achse?

5. Diskutieren sie die Funktion f (Periode, Nullstellen, Extrema, Wendepunkte, Graph).
   a) $f(x) = 3 \cdot \cos\left(2x - \frac{\pi}{2}\right) - 1$ b) $f(x) = -\cos(\pi - 2x)$ c) $f(x) = 3 \cdot \sin(\pi x) - 1$

6. Die abgebildeten Kurven sind Graphen von modifizierten Sinus- oder Kosinusfunktionen.
   a) Wie lautet die Funktionsgleichung von f bzw. von g?
   b) Wie groß ist der Inhalt A der gelben Fläche?

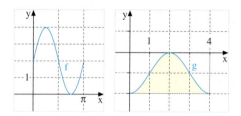

7. Untersuchen Sie die Funktion $f(x) = \sin x + 2 \cdot \cos x$, $0 \leq x \leq 2\pi$.
   a) Graph, Nullstellen, Extrema, Wendepunkte
   b) Inhalt der Fläche zwischen Graph und der x-Achse, unterhalb der x-Achse liegend.
   c) Fläche zwischen dem Graphen von f, dem Graphen von $g(x) = \sin x$ und der y-Achse.

8. Diskutieren Sie die Funktion $f(x) = 2 \cdot \sin x - \cos x$, $0 \leq x \leq 2\pi$.
(Nullstellen, Extrema, Wendepunkte, Graph)

9. Ordnen Sie jeder der aufgeführten Funktionsgleichungen den passenden Graphen zu.
$f(x) = 2\cos(2x) + 1$, $g(x) = 2\cos x - \sin x$, $h(x) = \cos x - 2x \sin x$, $k(x) = \sin(2x) + 2 \cdot \cos x$

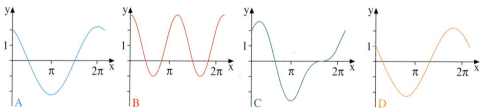

10. Diskutieren Sie die Funktion $f(x) = 3 \cdot \sin(x + \pi) + \cos x$, $0 \leq x \leq 2\pi$.
   a) Skizzieren Sie den Graphen mittels Ordinatenaddition.
   b) Berechnen Sie Nullstellen, Extrema und Wendepunkte.
   c) Berechnen Sie den Inhalt der Fläche zwischen dem Graphen von f und den beiden Koordinatenachsen.
   d) Unter welchem Winkel trifft der Graph von f auf die y-Achse?
   Hinweis: Vereinfachen Sie zunächst den Term $\sin(x + \pi)$.

4. Exkurs: Extremalprobleme und Rekonstruktionen

A. Trigonometrische Extremalprobleme

▶ **Beispiel: Sektschale**
Die Seitenkanten einer Sektschale sind 1 dm lang. Wie muss der Öffnungswinkel α gewählt werden, damit der Inhalt der Schale möglichst groß wird?

Lösung:
Das Glas hat Kegelform. Die Volumenformel des Kegels enthält die beiden Variablen r und h, die wir durch den Sinus und den Kosinus des halben Öffnungswinkels β ausdrücken können. So erhalten wir eine nur von β abhängige Zielfunktion V für das Volumen (β im Bogenmaß).

Die Extremalberechnung mithilfe der ersten Ableitung von V führt auf ein Extremum für β = 0,9553 bzw. β = 54,74°, so dass der optimale Öffnungswinkel 109,5° beträgt.

Es handelt sich also um eine relativ flache Sektschale.

Eine Alternativlösung erhält man ohne trigonometrische Funktionen, wenn man die Nebenbedingung $r^2 + h^2 = 1$ und die Zielfunktion $V(h) = \frac{\pi}{3}(h - h^3)$ verwendet.

Hauptbedingung:

$V = \frac{\pi}{3} r^2 \cdot h$

Nebenbedingung:

$r = 1 \cdot \sin\beta$
$h = 1 \cdot \cos\beta$

Zielfunktion:

$\begin{aligned} V(\beta) &= \frac{\pi}{3} \cdot \sin^2\beta \cdot \cos\beta \\ &= \frac{\pi}{3}(1 - \cos^2\beta) \cdot \cos\beta \\ &= \frac{\pi}{3}(\cos\beta - \cos^3\beta) \end{aligned}$

Extremalberechnung:

$V'(\beta) = \frac{\pi}{3}(-\sin\beta + 3\cos^2\beta \cdot \sin\beta) \stackrel{!}{=} 0$

$\sin\beta \cdot \underbrace{(3\cos^2\beta - 1)}_{} = 0$

$\cos^2\beta = \frac{1}{3}$

$\cos\beta = \frac{1}{\sqrt{3}}, \quad \beta = 0{,}9553 \; \widehat{=} \; 54{,}74°$

Übung 1
Wie muss die Stelle x gewählt werden, wenn der Umfang des eingezeichneten Rechtecks maximal werden soll?

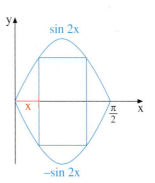

Übungen

2. Der Flächeninhalt eines gleichschenkligen Dreiecks soll maximal werden.
Wie groß muss der Winkel zwischen den beiden Schenkeln gewählt werden?

3. Wie muss x gewählt werden, wenn der Umfang des abgebildeten Rechtecks möglichst groß werden soll?

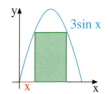

4. Ein Rundzelt hat die Form eines Zylinders mit aufgesetztem Kegel. Der Zylinder ist 5 m hoch. Die Mantellinie des Kegels ist 9 m lang.
Wie groß muss der Öffnungswinkel des Kegels gewählt werden, wenn das Luftvolumen des Zeltes maximal werden soll?
Wie groß ist das maximale Volumen?

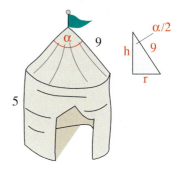

5. Wie muss x gewählt werden, wenn die Ordinatendifferenz h der beiden eingezeichneten Funktionen maximal werden soll?

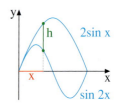

6. Die sechs Seitenkanten einer sechsseitigen Wabe haben die feste Länge 1.
Variable ist der Winkel α.
Wie muss α gewählt werden, wenn die Fläche A der Wabe einen maximalen Inhalt annehmen soll?
Welche Form besitzt die optimale Wabe?

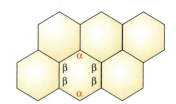

7. Ein Brett der Länge L soll durch die Ecke von einem Gang in den nächsten Gang getragen werden. Es wird stets horizontal gehalten.
Wie lang darf das Brett maximal sein?
Hinweis: Stellen Sie L als Funktion von α dar.

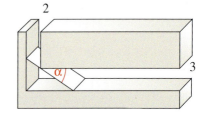

4. Exkurs: Extremalprobleme und Rekonstruktionen

B. Rekonstruktionsaufgaben

Während bei einer Kurvendiskussion aus dem Funktionsterm wichtige Eigenschaften der Funktion wie Nullstellen, Extrema und Wendepunkte abgeleitet werden, liegt bei der Rekonstruktion/Konstruktion von Funktionen die umgekehrte Aufgabenstellung vor. Charakteristische Eigenschaften der Funktion – z. B. auch graphischer Art – sind gegeben. Ein passender Funktionsterm ist hieraus zu konstruieren.

▶ **Beispiel:** Eine modifizierte Sinusfunktion vom Typ $f(x) = a \cdot \sin(bx)$ besitzt die der nicht maßstäblichen Skizze zu entnehmende Eigenschaft. Wie lautet der konkrete Funktionsterm von f?

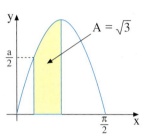

Lösung:
Der Skizze kann man entnehmen, dass die Periodenlänge der Funktion π beträgt. Daher muss der Faktor b im Ansatz $f(x) = a \cdot \sin(bx)$ den Wert 2 haben, so dass $f(x) = a \cdot \sin(2x)$ gilt.
Um a zu bestimmen, müssen wir die in der Skizze enthaltene Flächeninhaltsinformation $A = \sqrt{3}$ ausnutzen, was durch Integration geschieht.
Zunächst stellen wir die Integrationsgrenzen fest. Während die obere Grenze $x = \frac{\pi}{4}$ aus der Skizze direkt ablesbar ist, ist die untere Grenze x durch Angabe des zugehörigen Funktionswertes charakterisiert, der $f(x) = \frac{a}{2}$ beträgt. Die Bestimmungsgleichung $a \cdot \sin(2x) = \frac{a}{2}$ führt auf die untere Grenze $x = \frac{\pi}{12}$.
Nun können wir durch Integrationsrechnung wie dargestellt a berechnen. Wir erhalten $a = 4$.
Die gesuchte Funktion ist also
$$f(x) = 4 \cdot \sin(2x).$$

Ansatz:
Typ: $f(x) = a \cdot \sin(bx)$

Bestimmung von b:
Periodenlänge: $\pi \Rightarrow b = 2$

Bestimmung von a:
obere Integrationsgrenze: $x = \frac{\pi}{4}$
untere Integrationsgrenze:
$$f(x) = \frac{a}{2}$$
$$a \cdot \sin(2x) = \frac{a}{2}$$
$$\sin(2x) = \frac{1}{2}$$
$$2x = \frac{\pi}{6}, \ x = \frac{\pi}{12}$$

Flächenberechnung:
$$A = \int_{\frac{\pi}{12}}^{\frac{\pi}{4}} a \cdot \sin(2x)\,dx$$
$$\sqrt{3} = \left[-\frac{a}{2}\cos(2x)\right]_{\frac{\pi}{12}}^{\frac{\pi}{4}}$$
$$\sqrt{3} = \frac{a}{2}\cos\frac{\pi}{6} = \frac{a}{2} \cdot \frac{\sqrt{3}}{2} = a \cdot \frac{\sqrt{3}}{4}$$
$$a = 4$$

Übung 8
Gesucht ist die modifizierte Kosinusfunktion $f(x) = a \cdot \cos(bx + c)$ mit den an der nicht maßstäblichen Skizze ablesbaren Eigenschaften.

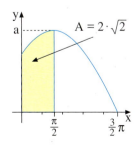

Wanted

Gesucht wird die flüchtige Isolde f. Sie gehört zum Clan der trigonometrischen Funktionen und soll sich in der Gestalt von $f(x) = a \cdot \sin(bx+c)$ tarnen.
Nach Zeugenaussagen sollen die Nullstellen von Isolde f bei $x = \frac{\pi}{2}$ und $x = \frac{5\pi}{2}$ liegen.
Die Flüchtige befindet sich in Begleitung ihrer Kumpanen namens x-Achse und y-Achse. In Tatgemeinschaft mit diesen beiden Elementen soll sie Anna A als Geisel genommen haben.
Im Besitz der Anna A befinden sich $2 - \sqrt{2}$ Flächeneinheiten.
Für die Identifikation und Festsetzung der f wird eine hohe Belohnung ausgesetzt.

Lösung des Falles:
Die beiden kleinsten Nullstellen der gesuchten Isolde f liegen bei $x = \frac{\pi}{2}$ und bei $x = \frac{5\pi}{2}$.
Daher muss ihr Argument $bx + c$ bei der Einsetzung dieser Zahlen die Werte 0 und π annehmen, die zu den kleinsten positiven Nullstellen des Sinus führen.

Hieraus kann scharfsinnig auf $b = \frac{1}{2}$ geschlossen werden, wobei ein Subtraktionsverfahren eingesetzt wurde.
Die vorläufige Gestalt der Flüchtigen ergab sich damit zu $f(x) = a \cdot \sin\left(\frac{1}{2}x - \frac{\pi}{4}\right)$, woraus das rechts ausgehängte Phantombild entstand.

Mit dem großen Integrator konnte das noch fehlende Glied a zu $a = 1$ bestimmt werden.

Isolde f war damit identifiziert und wurde
▶ festgesetzt: $f(x) = \sin\left(\frac{1}{2}x - \frac{\pi}{4}\right)$.

$$\left.\begin{array}{l} b \cdot \frac{\pi}{2} + c = 0 \\ b \cdot \frac{5\pi}{2} + c = \pi \end{array}\right\} \Rightarrow b = \frac{1}{2}, \quad c = -\frac{\pi}{4}$$

$$\Rightarrow f(x) = a \cdot \sin\left(\frac{1}{2}x - \frac{\pi}{4}\right)$$

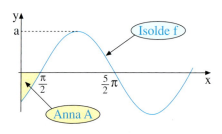

$$\Rightarrow \int_0^{\frac{\pi}{2}} a \cdot \sin\left(\frac{1}{2}x - \frac{\pi}{4}\right) dx \stackrel{!}{=} -(2 - \sqrt{2})$$

$$\left[-2a \cdot \cos\left(\frac{1}{2}x - \frac{\pi}{4}\right)\right]_0^{\frac{\pi}{2}} = -2 + \sqrt{2}$$

$$-2a + a \cdot \sqrt{2} = -2 + \sqrt{2}$$

$$a = 1$$

4. Exkurs: Extremalprobleme und Rekonstruktionen

Übungen

9. Die Parabel $f(x) = ax^2$ und die Sinuskurve $g(x) = 2 \cdot \sin x$, $0 \leq x \leq \pi$, schneiden sich im Hochpunkt der Sinuskurve.
Wie groß ist die von beiden Kurven eingeschlossene Fläche A?

10. Die Parabel $f(x) = ax^2$ und die Sinuskurve $g(x) = b \cdot \sin x$, $0 \leq x \leq \pi$, schneiden sich im Hochpunkt der Sinuskurve.
Die von beiden Kurven umschlossene Fläche hat den Inhalt $6 - \pi$.
Wie lauten die Funktionsgleichungen der Kurven?

11. Die beiden kleinsten positiven Nullstellen der sinusartigen Funktion $f(x) = a \cdot \sin(b(x-c))$ liegen bei $x = \frac{\pi}{4}$ und $x = \frac{7}{4}\pi$.

    Der Graph der Funktion und die Verbindungsstrecke dieser beiden Nullstellen umschließen eine Fläche A oberhalb der x-Achse, deren Inhalt 3 beträgt. Bestimmen Sie f(x).

12. Eine modifizierte Sinusfunktion des Typs $f(x) = a \cdot \sin(bx + c) + d$ ist symmetrisch zum Ursprung und schneidet dort die x-Achse unter einem Winkel von 60°. Die Periodenlänge der Funktion beträgt π. Wie heißt die Funktion?

13. Wie lautet die Gleichung der abgebildeten sinusartigen Kurve, bezogen auf das eingezeichnete Koordinatensystem?

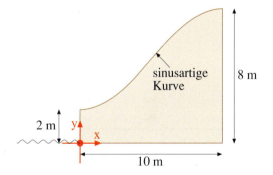

14. Wie lauten die Gleichungen der beiden abgebildeten Kurven, die nicht maßstäblich dargestellt sind?

    $f(x) = a \cdot \cos(bx)$

    $g(x) = a \cdot (x^2 - 1)$

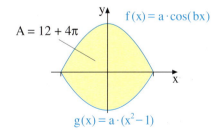

15. Gegeben ist die Funktion $f(x) = a \cdot \sin(bx) + c$.
Sie ist punktsymmetrisch zum Ursprung und besitzt die Periodenlänge 4.
Zwischen dem Graphen von f und der Geraden $y = x$ liegt über dem Intervall $[0;1]$ die Fläche A mit dem Inhalt 1.
Wie lautet die Funktionsgleichung?

16. Gegeben sind die abgebildeten Graphen der modifizierten Kosinusfunktion $f(x) = a \cdot \cos(bx) + c$ und der Parabel $g(x) = ux^2 + vx + w$.
a) Gesucht sind die Funktionsgleichungen von f und g.
b) Wie groß ist der Inhalt der Fläche zwischen den beiden Graphen?
c) Unter welchem Winkel treffen sich die Graphen bei $x = 4$?

17. Wie lautet der Funktionsterm der abgebildeten Kurve? Die Skizze ist nicht maßstäblich.

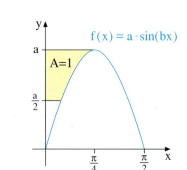

18. Wie lautet die Gleichung der Polynomfunktion g, deren Graph durch die drei markierten Punkte der Kosinusfunktion $f(x) = \cos x$ geht?
Wie groß ist der Inhalt der Fläche A zwischen den Graphen von f und g über dem Intervall $\left[-\frac{\pi}{2}; \frac{\pi}{2}\right]$?
Errechnen Sie näherungsweise auf zwei Nachkommastellen genau, an welcher Stelle $x > 0$ die Differenz der Funktionswerte von g und f maximal wird.

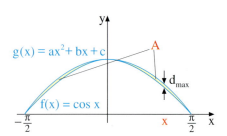

VI. Untersuchung weiterer Funktionen

Überblick

Gradmaß und Bogenmaß
Winkel können im Gradmaß α (0° bis 360°) oder im Bogenmaß x (Bogenlänge am Einheitskreis 0 bis 2π) gemessen werden.

Umrechnungsformel

$$\frac{x}{2\pi} = \frac{\alpha°}{360°}$$

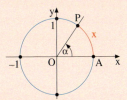

Trigonometrische Standardfunktionen

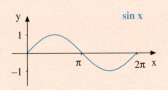

sin x

cos x

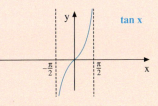

tan x

Definitionsmenge: $\mathbb{R}$
Wertemenge: $[-1;1]$
Periodenlänge: 2π
Punktsymmetrie zum Ursprung
Nullstellen: $x = k\pi, k \in \mathbb{Z}$

Definitionsmenge: $\mathbb{R}$
Wertemenge: $[-1;1]$
Periodenlänge: 2π
Achsensymmetrie zur y-Achse
Nullstellen: $x = \frac{\pi}{2} + k\pi, k \in \mathbb{Z}$

Def.menge: $\mathbb{R} \setminus \{\frac{\pi}{2} + k\pi : k \in \mathbb{Z}\}$
Wertemenge: $\mathbb{R}$
Periodenlänge: π
Punktsymmetrie zum Ursprung
Nullstellen: $x = k\pi, k \in \mathbb{Z}$

Modifikationen der Sinusfunktion
Durch Einfügen von Parametern kann der Graph der Sinusfunktion $f(x) = \sin x$ modifiziert werden. Die Wirkung der einzelnen Parameter ist folgendermaßen:

$f(x) = A \cdot \sin x$: Veränderung der Amplitude auf den Wert A.
$f(x) = \sin(B \cdot x)$: Veränderung der Periodenlänge auf den Wert $\frac{2\pi}{B}$
$f(x) = \sin(x - C)$: Verschiebung des Graphen um $+C$ in Richtung der positiven x-Achse
$f(x) = \sin x + D$: Verschiebung des Graphen um $+D$ in Richtung der positiven y-Achse

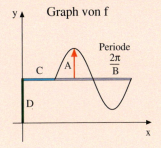

Graph von f

Ableitungsregeln
$(\sin x)' = \cos x$ \qquad\qquad $(\cos x)' = -\sin x$

Integrationsregeln
$\int \sin x \, dx = -\cos x + C$ \qquad $\int \cos x \, dx = \sin x + C$

$\int \sin(ax+b) \, dx = -\frac{1}{a}\cos(ax+b) + C$ \qquad $\int \cos(ax+b) \, dx = \frac{1}{a}\sin(ax+b) + C$

Test

Trigonometrische Funktionen

1. Gegeben ist die Funktion $f(x) = \cos\left(\frac{\pi}{2}x - \frac{\pi}{4}\right) + 1$ für $0 \leq x \leq 4$.

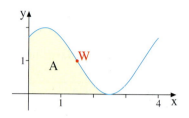

  a) Die abgebildete Kurve ist der Graph von f. Begründen Sie dies.
  b) Wie lautet die Gleichung der Wendetangente im eingezeichneten Wendepunkt W?
  c) Der Graph von f umschließt mit den beiden Koordinatenachsen die markierte Fläche A. Wie groß ist deren Inhalt?

2. Betrachten Sie die Funktionen $f(x) = \cos x$ und $g(x) = -\sin x$, $0 \leq x \leq 2\pi$.
  a) Fertigen Sie in einem gemeinsamen Koordinatensystem eine Skizze der Graphen von f und g an.
  b) Berechnen Sie die Lage der beiden Schnittpunkte von f und g.
  c) Wie groß ist der Schnittwinkel der Graphen im linken Schnittpunkt?
  d) Wie groß ist der Inhalt der Fläche A, die von den beiden Graphen umschlossen wird?

3. Die abgebildeten Kurven sind die Graphen modifizierter Sinus- und Kosinusfunktionen der Gestalt $f(x) = a \cdot \sin(bx + c) + d$ bzw. $g(x) = a \cdot \cos(bx + c) + d$. Um welche Funktionen handelt es? Die Parameter a bis d sind jeweils zu bestimmen.

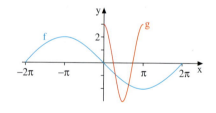

4. Gegeben sind für $t > 0$ die Funktionen $f_t(x) = t \cdot \sin x$ und $g_t(x) = t \cdot \cos x$, $0 \leq x \leq \frac{\pi}{2}$.
  a) An welcher Stelle schneiden sich f_t und g_t?
  b) Wie groß ist der Inhalt der Fläche A, die von f_2, g_2 und der x-Achse umschlossen wird?
  c) Wie groß muss t gewählt werden, wenn der Schnittwinkel γ der Kurven f_t und g_t 90° betragen soll?

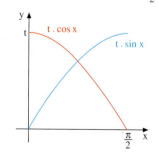

Lösungen unter 266-1

VII. Lineare Gleichungssysteme

1. Grundlagen

A. Der Begriff des linearen Gleichungssystems

Die Bedeutung *linearer Gleichungssysteme* als Hilfsmittel bei der Lösung komplexer naturwissenschaftlicher, technischer und vor allem auch wirtschaftlicher Problemstellungen hat rasant zugenommen. Die Entwicklung hat sich weiter verstärkt, seit es leistungsfähige Computer gibt. Inzwischen sind bereits auf speziellen Taschenrechnern *Computer-Algebra-Systeme (CAS)* verfügbar, die mehrere Möglichkeiten zur automatischen Umformung und Lösung linearer Gleichungssysteme gestatten.

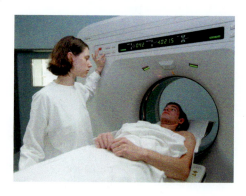

Die Computertomographie ist nur mithilfe der Mathematik möglich. Denn die dabei erzeugten Schnittbilder des menschlichen Körpers entstehen nicht optisch, sondern werden aus Messergebnissen mithilfe der Computerlösung großer linearer Gleichungssysteme erzeugt.

In diesem ersten Abschnitt wiederholen wir einige einfache Grundlagen, die beim Lösen linearer Gleichungssysteme eine Rolle spielen. In der Regel beschränken wir uns zunächst auf Gleichungssysteme mit nur zwei Variablen.

Ein lineares Gleichungssystem (*LGS*) besteht aus einer Anzahl linearer Gleichungen. Nebenstehend ist ein lineares Gleichungssystem mit vier Gleichungen und drei Variablen (x, y, z) dargestellt. Man spricht hier von einem (4, 3)-LGS.
Die Darstellung ist in der so genannten *Normalform* gegeben: Die variablen Terme stehen auf der linken Seite, die konstanten Terme bilden die rechte Seite.

Ein (4, 3)-LGS in Normalform:

$$\begin{array}{rcrcrcr} 3x & + & 2y & - & 2z & = & 9 \\ 2x & + & 3y & + & 2z & = & 6 \\ 4x & - & 2y & + & 3z & = & -3 \\ 5x & + & 4y & + & 4z & = & 9 \\ \uparrow & & \uparrow & & \uparrow & & \uparrow \end{array}$$

Koeffizienten des LGS   rechte Seite des LGS

Die allgemeine Form eines (m, n)-LGS ist nebenstehend abgebildet.
Die n Variablen heißen $x_1, x_2, \ldots, x_n$.
Die konstanten Terme, welche die rechten Seiten der m linearen Gleichungen bilden, sind mit $b_1, b_2, \ldots, b_m$ bezeichnet. a_{ij} bezeichnet denjenigen Koeffizienten des LGS, der in der i-ten Gleichung steht und zur Variablen x_j gehört.
Eine Lösung des LGS gibt man als *n-Tupel* $(x_1; x_2; \ldots; x_n)$ an.

(m, n)-LGS:

$$a_{11}x_1 + a_{12}x_2 + \ldots + a_{1n}x_n = b_1$$
$$a_{21}x_1 + a_{22}x_2 + \ldots + a_{2n}x_n = b_2$$
$$\vdots \qquad \vdots \qquad \quad \vdots$$
$$a_{m1}x_1 + a_{m2}x_2 + \ldots + a_{mn}x_n = b_m$$

1. Grundlagen

B. Das Additionsverfahren bei Gleichungssystemen mit zwei Variablen

Zunächst bringen wir uns ein elementares Verfahren zur Lösung linearer Gleichungssysteme anhand eines einfachen Beispiels (2 Gleichungen, 2 Variable) in Erinnerung.

▶ **Beispiel:** Lösen Sie das nebenstehende lineare Gleichungssystem.

$$\text{I} \quad 2x - 4y = 2$$
$$\text{II} \quad 5x + 3y = 18$$

Lösung:
Wir verwenden das sogenannte Additionsverfahren. Zunächst multiplizieren wir Gleichung I mit -5 und Gleichung II mit 2, sodass die Koeffizienten der Variablen x den gleichen Betrag, aber verschiedene Vorzeichen erhalten.

$$\text{I} \quad 2x - 4y = 2 \quad \to (-5) \cdot \text{I}$$
$$\text{II} \quad 5x + 3y = 18 \quad \to 2 \cdot \text{II}$$

So entsteht ein neues Gleichungssystem. Es ist zum Ursprungssystem äquivalent, d.h. lösungsgleich.

$$\text{I} \quad -10x + 20y = -10$$
$$\text{II} \quad 10x + 6y = 36 \to \text{I} + \text{II}$$

Nun addieren wir Gleichung I zu Gleichung II. Bei diesem Additionsvorgang wird die Variable x eliminiert. Das entstehende Gleichungssystem ist wiederum äquivalent zum vorhergehenden.

$$\text{I} \quad -10x + 20y = -10$$
$$\text{II} \quad 26y = 26$$

Gleichung II enthält nun nur noch eine Variable, nämlich y. Auflösen der Gleichung nach y liefert $y = 1$ als Lösungswert.

Aus II folgt $y = 1$.

Setzen wir dieses Teilresultat in Gleichung
▶ I ein, so folgt $x = 3$.

Einsetzen in I liefert: $x = 3$.
Lösungsmenge: $L = \{(3; 1)\}$.

Die Lösungsverfahren für lineare Gleichungssysteme beruhen darauf, dass die Anzahl der Variablen pro Gleichung durch Umformungen schrittweise reduziert wird, bis nur noch eine Variable übrig bleibt, nach der sodann aufgelöst werden kann.
Die verwendeten Umformungen dürfen die Lösungsmenge des Gleichungssystems nicht verändern. Umformungen mit dieser Eigenschaft werden als *Äquivalenzumformungen* bezeichnet.
Die drei wesentlichen Äquivalenzumformungen sind nebenstehend aufgeführt.

> **Äquivalenzumformungen eines Gleichungssystems**
>
> Die Lösungsmenge eines linearen Gleichungssystems ändert sich nicht, wenn
>
> (1) 2 Gleichungen vertauscht werden,
>
> (2) eine Gleichung mit einer reellen Zahl $k \neq 0$ multipliziert wird,
>
> (3) eine Gleichung zu einer anderen Gleichung addiert wird.

Zur Pfeilschreibweise: $A \to B$ bedeutet: A wird durch B ersetzt.

Übung 1
Lösen Sie die linearen Gleichungssysteme rechnerisch. Prüfen Sie Ihre Lösung gegebenenfalls mit CAS.

a) $2x - 3y = 5$
$3x + 4y = 16$

b) $6x - 4y = -2$
$4x + 3y = 10$

c) $\frac{1}{2}x - 2y = 1$
$3x + 4y = 14$

d) $5x = y - 3$
$2y = 7 + 9x$

Übung 2
Lösen Sie die linearen Gleichungssysteme zeichnerisch.

a) $3x + 2y = 12$
$4x - 2y = 2$

b) $2x - 3y = -9$
$4x + 6y = -6$

C. Die Anzahl der Lösungen eines Gleichungssystems mit zwei Variablen

Die Gesamtheit der Lösungen (x; y) jeder einzelnen Gleichung eines (2, 2)-LGS bildet eine Gerade im $\mathbb{R}^2$. Damit kann die Frage nach der Anzahl der Lösungen eines (2, 2)-LGS in sehr anschaulicher Weise beantwortet werden.

Die Lösungen eines solchen Gleichungssystems sind die Koordinaten der gemeinsamen Punkte der den Gleichungen zugeordneten Geraden. Geraden haben entweder keine gemeinsamen Punkte oder sie haben genau einen gemeinsamen Punkt oder sie haben unendlich viele gemeinsame Punkte. Entsprechend ist ein lineares Gleichungssystem entweder *unlösbar* oder es ist *eindeutig lösbar* oder es hat *unendlich viele Lösungen*, ist also *nicht eindeutig lösbar*.

Dies gilt nicht nur für Gleichungssysteme mit zwei Variablen, sondern für alle lineare Gleichungssysteme.

I $2x - 2y = -2$ II $-3x + 3y = 6$	I $2x - y = 2$ II $3x + 3y = 12$	I $8x + 4y = 16$ II $-6x - 3y = -12$
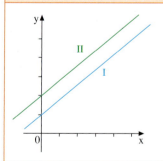	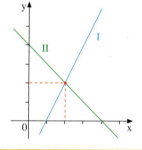	
Die Geraden sind parallel. Sie haben keine gemeinsamen Punkte.	Die Geraden schneiden sich in einem Punkt.	Die Geraden sind identisch. Sie haben unendlich viele gemeinsame Punkte.
Das Gleichungssystem ist unlösbar.	**Das Gleichungssystem hat genau eine Lösung.**	**Das Gleichungssystem hat unendlich viele Lösungen.**

1. Grundlagen

Auch mithilfe des Additionsverfahrens kann man erkennen, welcher der drei bezüglich der Lösbarkeit möglichen Fälle vorliegt. Den Fall der eindeutigen Lösbarkeit haben wir bereits geübt (vgl. Seite 269). Die restlichen Fälle behandeln wir nun exemplarisch.

▶ **Beispiel:** Untersuchen Sie die Gleichungssysteme mithilfe des Additionsverfahrens auf Lösbarkeit.

a) $2x - 2y = -3$
   $-3x + 3y = 9$

b) $8x + 4y = 16$
   $-6x - 3y = -12$

Lösung zu a:

I $\quad 2x - 2y = -3 \quad \to 3 \cdot I$
II $\; -3x + 3y = \;\;9 \quad \to 2 \cdot II$

I $\quad 6x - 6y = -9$
II $\; -6x + 6y = 18 \quad \to I + II$

I $\quad 6x - 6y = -9$
II $\quad 0x + 0y = \;\;9$

Die Äquivalenzumformungen führen auf ein Gleichungssystem, dessen Gleichung II für kein Paar x, y lösbar ist, da sie $0 = 9$ lautet.
Sie stellt einen Widerspruch in sich dar.

Da eine Gleichung des Systems keine Lösung besitzt, hat das Gleichungssystem als Ganzes erst recht keine Lösungen.
Man spricht von einem unlösbaren Gleichungssystem. Die Lösungsmenge des Systems ist die leere Menge:
$L = \{\ \}$.
◀

Lösung zu b:

I $\quad 8x + 4y = \;\;16 \to 3 \cdot I$
II $\; -6x - 3y = -12 \to 4 \cdot II$

I $\quad 24x + 12y = \;\;48$
II $\; -24x - 12y = -48 \to I + II$

I $\quad 24x + 12y = 48$
II $\quad 0x + 0y = \;\;0$

Die Umformungen führen auf ein äquivalentes System, dessen Gleichung II für alle Paare x, y trivialerweise erfüllt ist, da sie $0 = 0$ lautet. Sie kann also auch weggelassen werden.

In der verbleibenden Gleichung I kann eine der Variablen frei gewählt werden. Sei etwa $x = c$ ($c \in \mathbb{R}$).
Dann folgt $y = -2c + 4$. Für jeden Wert des Parameters c ergibt sich eine Lösung. Man spricht von einer einparametrigen unendlichen Lösungsmenge:
$L = \{(c;\ -2c + 4);\ c \in \mathbb{R}\}$.

Übung 3
Untersuchen Sie das Gleichungssystem auf Lösbarkeit. Geben Sie die Lösungsmenge an. Prüfen Sie Ihre Lösung gegebenenfalls mit CAS.

a) $8x - 3y = 11$
   $5x + 2y = 34$

b) $3x + 2y = 13$
   $2x - 5y = -4$

c) $8x - 6y = 2$
   $2x + 3y = 2$

d) $-4x + 14y = 6$
   $6x - 21y = 8$

e) $12x + 16y = 28$
   $15x + 20y = 35$

f) $3x - 4y = 14$
   $2x + 3y = -2$
   $x + 10y = -18$

g) $4x - 2y = 8$
   $3x + y = 11$
   $6x - 8y = 1$

h) $3x - 6y = 9$
   $-2x + 4y = -6$
   $x - 2y = 3$

Übung 4
Für welche Werte des Parameters $a \in \mathbb{R}$ liegt eindeutige Lösbarkeit vor?

a) $2x - 5y = 9$
   $4x + ay = 5$

b) $3x + 4y = 7$
   $2x - 6y = a + 12$

c) $ax + 2y = 5$
   $8x + ay = 10$

d) $ax - 2y = a$
   $2x - ay = 2$

Übungen

5. Lösen Sie das lineare Gleichungssystem mithilfe des Additionsverfahrens.
a) $2x - 3y = 5$
   $3x + 2y = 1$
b) $-3x + 4y = -1$
   $4x - 2y = 8$
c) $1{,}2x - 0{,}5y = 5$
   $3{,}4x - 1{,}5y = 14$
d) $\frac{1}{4}x - \frac{5}{4}y = 3$
   $-\frac{3}{4}x + 2y = -\frac{11}{2}$

e) $2 - 2x = 2y - 4$
   $6x - 4 = 6y + 2$
f) $y - 3x - 3 = 2y$
   $4 - 4x + y = 8 - 3y$
g) $13 - x + 4y = 0$
   $24 - 2(x - y) = 10$
h) $12x - 4y = x + 2y + 36$
   $33 - (y - x) = 8y - x$

6. Untersuchen Sie das LGS auf Lösbarkeit. Bestimmen Sie die Lösungsmenge.
a) $x - \frac{1}{3}y = 3$
   $x + 2y = -4$
b) $2x + 4y = -4$
   $-0{,}5x - y = 1$
c) $-6x + 3y = 3$
   $4x - 2y = 2$
d) $x + y = -3$
   $\frac{1}{6}x - \frac{1}{2}y = \frac{1}{2}$

e) $-2x + 6y = -2$
   $x - 3y = 1$
f) $3x - 3y = 0$
   $6x + 3y = 18$
   $-2x + 4y = 4$
g) $-2x + y = -1$
   $4x + 2y = -10$
   $-6x + 3y = -2$
h) $2x - 2y = 14$
   $3x + 6y = 3$
   $4x - 12y = 44$

7. Für welche Werte des Parameters $a \in \mathbb{R}$ liegt eindeutige Lösbarkeit vor?
a) $3x - 5y = 4$
   $ax + 10y = 5$
b) $4x - 2y = a$
   $3x + 4y = 7$
c) $ax + 3y = 8$
   $3x + ay = 4$
d) $5x - ay = a$
   $ax - 5y = 5$

8. Eine zweistellige Zahl ist siebenmal so groß wie ihre Quersumme. Vertauscht man die beiden Ziffern, so erhält man eine um 27 kleinere Zahl. Wie heißt diese zweistellige Zahl?

9. Aus 6 Liter blauer Farbe und 10 Liter gelber Farbe sollen zwei grüne Farbmischungen hergestellt werden. Die Mischung „Hellgrün" besteht zu 30% aus blauer und zu 70% aus gelber Farbe, während die Mischung „Dunkelgrün" zu 60% aus blauer und zu 40% aus gelber Farbe besteht. Wie groß sind die Mengen hellgrüner bzw. dunkelgrüner Farbe, die sich aufgrund dieser Mischungsverhältnisse ergeben?

10. Wie alt sind Max und Moritz jetzt?

2. Das Lösungsverfahren von Gauß

Carl Friedrich Gauß (1777–1855) war ein deutscher Mathematiker und Astronom, der sich bereits in frühester Jugend durch überragende Intelligenz auszeichnete. Fast 50 Jahre lang war er als Mathematikprofessor an der Uni Göttingen tätig. Neben der Mathematik beschäftigte er sich vor allem mit der Astronomie. Durch eine neue Berechnung der Umlaufbahnen von Himmelskörpern konnte der 1801 entdeckte und gleich wieder aus dem Blick verlorene Planet Ceres wieder aufgefunden werden. Hierbei entwickelte er auch das nach ihm benannte Lösungsverfahren für Gleichungssysteme, das er 1809 in seinem Buch „Theoria motus corporum caelestium" (Theorie der Bewegung der Himmelskörper) veröffentlichte.
🌐 273-1

A. Dreieckssysteme

▶ **Beispiel:** Das gegebene Gleichungssystem hat eine besondere Gestalt, denn die von null verschiedenen Koeffizienten sind in Gestalt eines Dreiecks angeordnet.
Lösen Sie dieses Dreieckssystem.

Ein Dreieckssystem

$$\begin{array}{rl} \text{I} & 3x - 2y + 4z = 11 \\ \text{II} & 4y + 2z = 14 \\ \text{III} & 5z = 15 \end{array}$$

Lösung:
Dreieckssysteme sind wegen ihrer besonderen Gestalt sehr einfach zu lösen:

Lösen eines Dreieckssystems durch *Rückeinsetzung*:

1. Wir lösen Gleichung III nach z auf und erhalten $z = 3$.

   Auflösen von III nach z: $\quad 5z = 15$
   $\quad z = 3$

2. Dieses Ergebnis setzen wir in Gleichung II ein, die sodann nach y aufgelöst werden kann. Wir erhalten $y = 2$.

   Einsetzen in II: $\quad 4y + 2z = 14$
   Auflösen nach y: $\quad 4y + 6 = 14$
   $\quad 4y = 8$
   $\quad y = 2$

3. Nun setzen wir $z = 3$ und $y = 2$ in Gleichung I ein, die anschließend nach x aufgelöst werden kann: $x = 1$.

   Einsetzen in I: $\quad 3x - 2y + 4z = 11$
   Auflösen $\quad 3x - 4 + 12 = 11$
   nach x: $\quad 3x = 3$
   $\quad x = 1$

Resultat: Das gegebene Dreieckssystem ist *eindeutig lösbar*.
▶ Die Lösung ist (1; 2; 3).

Lösungsmenge: $L = \{(1; 2; 3)\}$

B. Der Gauß'sche Algorithmus

Im Folgenden zeigen wir das besonders systematische Verfahren zur Lösung linearer Gleichungssysteme von Gauß, das als Gauß'scher Algorithmus oder als Gauß'sches Eliminationsverfahren bezeichnet wird. Wegen seiner algorithmischen Struktur ist es hervorragend für die numerische Bearbeitung mittels Computer geeignet.

Die Grundidee von Gauß war sehr einfach: Mithilfe von Äquivalenzumformungen (vgl. S. 269) wird das lineare Gleichungssystem in ein Dreieckssystem umgewandelt. Dieses wird anschließend durch „Rückeinsetzung" gelöst.

▶ **Beispiel:** Formen Sie das lineare Gleichungssystem (LGS) in ein Dreieckssystem um und lösen Sie dieses.

$$\begin{aligned} \text{I} \quad & 3x + 3y + 2z = 5 \\ \text{II} \quad & 2x + 4y + 3z = 4 \\ \text{III} \quad & -5x + 2y + 4z = -9 \end{aligned}$$

Lösung:
Die außerhalb des blauen Dreiecks stehenden Terme stören auf dem Weg zum Dreieckssystem. Sie sollen durch Äquivalenzumformungen schrittweise eliminiert werden.
Als Darstellungsmittel verwenden wir den Umformungspfeil, der angibt, wodurch die Gleichung ersetzt wird, von welcher dieser Pfeil ausgeht.

1. Wir eliminieren die Variable x aus den Gleichungen II und III.
   Wir erreichen dies, indem wir zu geeigneten Vielfachen dieser Gleichung geeignete Vielfache von Gleichung I addieren oder subtrahieren.

2. Wir eliminieren die Variable y aus der Gleichung II des neu entstandenen Systems in entsprechender Weise.

3. Es ist nun wieder ein Dreieckssystem entstanden, das wir leicht durch „Rückeinsetzung" lösen können.

▶ Resultat: $L = \{(1; 2; -2)\}$

Umformen des LGS:

$$\begin{aligned} \text{I} \quad & 3x + 3y + 2z = 5 \\ \text{II} \quad & 2x + 4y + 3z = 4 \quad \rightarrow 3 \cdot \text{II} - 2 \cdot \text{I} \\ \text{III} \quad & -5x + 2y + 4z = -9 \quad \rightarrow 3 \cdot \text{III} + 5 \cdot \text{I} \end{aligned}$$

1. Elimination von x

$$\begin{aligned} \text{I} \quad & 3x + 3y + 2z = 5 \\ \text{II} \quad & \phantom{3x + {}} 6y + 5z = 2 \\ \text{III} \quad & \phantom{3x + {}} 21y + 22z = -2 \quad \rightarrow 2 \cdot \text{III} - 7 \cdot \text{II} \end{aligned}$$

2. Elimination von y

$$\begin{aligned} \text{I} \quad & 3x + 3y + 2z = 5 \\ \text{II} \quad & \phantom{3x + {}} 6y + 5z = 2 \\ \text{III} \quad & \phantom{3x + 3y + {}} 9z = -18 \end{aligned}$$

Dreieckssystem

Auflösen von III nach z:
$$9z = -18$$
$$z = -2$$

3. Lösen durch Rückeinsetzung

Einsetzen in II, Auflösen nach y:
$$6y + 5z = 2$$
$$6y - 10 = 2$$
$$y = 2$$

Einsetzen in I, Auflösen nach x:
$$3x + 3y + 2z = 5$$
$$3x + 6 - 4 = 5$$
$$x = 1$$

🄗 274-1

In entsprechender Weise lassen sich auch lineare Gleichungssysteme mit größerer Anzahl von Gleichungen und Variablen lösen. Es kommt darauf an, die störenden Terme in systematischer Weise, z. B. spaltenweise, zu eliminieren, sodass eine *Dreiecksform* bzw. *Stufenform* entsteht.

2. Das Lösungsverfahren von Gauß

Übungen

1. Lösen Sie das LGS. Formen Sie das LGS ggf. zunächst in ein Dreieckssystem um.

a) $\begin{aligned} 2x+4y-z &= -13 \\ 2y-2z &= -12 \\ 3z &= 9 \end{aligned}$
b) $\begin{aligned} 2x+4y-3z &= 3 \\ -6y+5z &= 7 \\ 2z &= 4 \end{aligned}$
c) $\begin{aligned} 3x-2y+2z &= 6 \\ 2x \quad -z &= 2 \\ -3x \quad\quad &= -6 \end{aligned}$

d) $\begin{aligned} x-3y+5z &= -2 \\ y+2z &= 8 \\ y+z &= 6 \end{aligned}$
e) $\begin{aligned} x+y+4z &= 10 \\ 2y-5z &= -14 \\ y+3z &= 4 \end{aligned}$
f) $\begin{aligned} 2x+2y-z &= 8 \\ -2x+y+2z &= 3 \\ 4z &= 8 \end{aligned}$

2. Lösen Sie das LGS mithilfe des Gauß'schen Algorithmus.

a) $\begin{aligned} 4x-2y+2z &= 2 \\ -2x+3y-2z &= 0 \\ 3x-5y+z &= -7 \end{aligned}$
b) $\begin{aligned} x+2y-2z &= -4 \\ 2x+y+z &= 3 \\ 3x+2y+z &= 4 \end{aligned}$
c) $\begin{aligned} 2x+2y-3z &= -7 \\ -x-2y-2z &= 3 \\ 4x+y-2z &= -1 \end{aligned}$

d) $\begin{aligned} 2x+y-z &= 6 \\ 5x-5y+2z &= 6 \\ 3x+2y-3z &= 0 \end{aligned}$
e) $\begin{aligned} x-2y+z &= 0 \\ 3y+z &= 9 \\ 2x+y &= 4 \end{aligned}$
f) $\begin{aligned} 2x+2y+3z &= -2 \\ x+z &= -1 \\ y+2z &= -3 \end{aligned}$

3. Lösen Sie das LGS mithilfe des Gauß'schen Algorithmus.

a) $\begin{aligned} x-2y+z+2t &= 8 \\ 2x+3y-2z+3t &= 14 \\ 4x-y+3z-t &= 7 \\ 3x+2y-4z+5t &= 15 \end{aligned}$
b) $\begin{aligned} x+2y-z+t &= -2 \\ 2x+y+2z-2t &= -2 \\ 3x+3y+3z+2t &= 14 \\ x+y+2z+t &= 9 \end{aligned}$
c) $\begin{aligned} 2x+2y-3z+4t &= 13 \\ 4x-3y+z+3t &= 9 \\ 6x+4y+2z+2t &= 8 \\ 2x-5y+3z+t &= 1 \end{aligned}$

4. Lösen Sie das LGS mithilfe des Gauß'schen Algorithmus. Bringen Sie das LGS zunächst auf Normalform. (Erzeugen Sie zweckmäßigerweise auch ganzzahlige Koeffizienten.)

a) $\begin{aligned} 2y &= 4-z \\ 3z &= x-10 \\ 9+z &= x+y \end{aligned}$
b) $\begin{aligned} 2y-5 &= z+2x \\ -2z &= x-2y \\ 4x &= y-10 \end{aligned}$
c) $\begin{aligned} 3z &= 2y+7 \\ x-4 &= y+z \\ 2x+2y &= x-1 \end{aligned}$

d) $\begin{aligned} \tfrac{1}{4}x-\tfrac{1}{2}y+\tfrac{3}{4}z &= 4 \\ \tfrac{3}{2}x-\tfrac{2}{3}y-\tfrac{1}{2}z &= -2 \\ y-\tfrac{1}{2}z &= 2 \end{aligned}$
e) $\begin{aligned} -0{,}2x+1{,}5y+0{,}4z &= -9 \\ 1{,}1x+2{,}2z &= 8{,}8 \\ 0{,}8x-0{,}2y &= 4{,}4 \end{aligned}$
f) $\begin{aligned} \tfrac{1}{2}x+\tfrac{1}{5}y+\tfrac{2}{3}z &= 7 \\ \tfrac{3}{8}x+\tfrac{1}{10}y+\tfrac{1}{12}z &= \tfrac{5}{2} \\ 4{,}5x-0{,}5y+\tfrac{1}{3}z &= 17{,}5 \end{aligned}$

5. Eine dreistellige natürliche Zahl hat die Quersumme 14. Liest man die Zahl von hinten nach vorn und subtrahiert 22, so erhält man eine doppelt so große Zahl. Die mittlere Ziffer ist die Summe der beiden äußeren Ziffern. Wie heißt die Zahl?

6. Eine Parabel zweiten Grades besitzt bei $x = 1$ eine Nullstelle und im Punkt $P(2|6)$ die Steigung 8. Bestimmen Sie die Gleichung der Parabel.

3. Lösbarkeitsuntersuchungen

A. Unlösbare und nicht eindeutig lösbare LGS 🔴 276-1

Wir haben festgestellt, dass sich die Lösung eines eindeutig lösbaren LGS mithilfe des Gauß'schen Algorithmus berechnen lässt. Wir wollen nun untersuchen, welches Resultat der Gauß'sche Algorithmus liefert, wenn ein LGS unlösbar ist oder wenn es unendlich viele Lösungen hat.

▶ **Beispiel:** Untersuchen Sie das LGS mithilfe des Gauß'schen Algorithmus auf Lösbarkeit.

a) $\quad x + 2y - z = 3$
$\quad\;\, 2x - y + 2z = 8$
$\quad\;\, 3x + 11y - 7z = 6$

b) $2x + y - 4z = 1$
$\;\;\, 3x + 2y - 7z = 1$
$\;\;\, 4x - 3y + 2z = 7$

Lösung zu a:

I	$x + 2y - z = 3$	
II	$2x - y + 2z = 8$	$\to$ II $- 2 \cdot$ I
III	$3x + 11y - 7z = 6$	$\to$ III $- 3 \cdot$ I

I	$x + 2y - z = 3$	
II	$-5y + 4z = 2$	
III	$5y - 4z = -3$	$\to$ III $+$ II

I	$x + 2y - z = 3$
II	$5y - 4z = -2$
III	$\boxed{0 = -1}$
	↑ Widerspruchszeile

Gleichung III des Dreieckssystems wird als *Widerspruchszeile* bezeichnet. Sie ist unlösbar ($0x + 0y + 0z = -1$ ist für **kein** Tripel x, y, z erfüllt).

Damit ist das Dreieckssystem als Ganzes unlösbar.
Es folgt: Das ursprüngliche LGS ist ebenfalls *unlösbar,* die Lösungsmenge ist daher leer: $L = \{\;\}$.

Die Unlösbarkeit eines LGS wird nach Anwendung des Gauß'schen Algorithmus stets auf diese Weise offenbar:

▶ Wenigstens in einer Gleichung des resultierenden Dreieckssystems tritt ein offensichtlicher Widerspruch auf.

Lösung zu b:

I	$2x + y - 4z = 1$	
II	$3x + 2y - 7z = 1$	$\to$ $2 \cdot$ II $- 3 \cdot$ I
III	$4x - 3y + 2z = 7$	$\to$ III $- 2 \cdot$ I

I	$2x + y - 4z = 1$	
II	$y - 2z = -1$	
III	$-5y + 10z = 5$	$\to$ III $+ 5 \cdot$ II

I	$2x + y - 4z = 1$
II	$y - 2z = -1$
III	$\boxed{0 = 0}$
	↑ Nullzeile

Gleichung III des Gleichungssystems wird als *Nullzeile* bezeichnet. Sie ist für jedes Tripel x, y, z erfüllt, stellt keine Einschränkung dar und könnte daher auch weggelassen werden.

Es verbleiben 2 Gleichungen mit 3 Variablen, von denen daher eine Variable frei wählbar ist. Wir setzen für diese „überzählige" Variable einen Parameter ein.

Wählen wir $\quad z = c \quad (c \in \mathbb{R})$,
so folgt aus II $\quad y = 2c - 1$
und dann aus I $\quad x = c + 1$.

Wir erhalten für jeden Wert des freien Parameters c genau ein Lösungstripel x, y, z. Das Gleichungssystem hat eine *einparametrige unendliche Lösungsmenge*:
$L = \{(c+1;\, 2c-1;\, c);\, c \in \mathbb{R}\}$.

Übung 1
Untersuchen Sie das LGS auf Lösbarkeit. Bestimmen Sie die Lösungsmenge.

a) $2x + 2y + 2z = 6$
   $2x + y - z = 2$
   $4x + 3y + z = 8$

b) $3x + 5y - 2z = 10$
   $2x + 8y - 5z = 6$
   $4x + 2y + z = 8$

c) $4x - 3y - 5z = 9$
   $2x + 5y - 9z = 11$
   $6x - 11y - z = 7$

d) $2x - y + 3z + 2t = 7$
   $x + 4z + 3t = 13$
   $x + 2y + 2z - t = 3$
   $2x - 3y + 5z + 6t = 17$

B. Unter- und überbestimmte LGS

Alle bisher durchgeführten Überlegungen zur Lösbarkeit bezogen sich auf den Sonderfall, dass die Anzahl der Gleichungen mit der Anzahl der Variablen übereinstimmt. Im Folgenden zeigen wir exemplarisch, dass sie jedoch sinngemäß für jedes beliebige LGS gelten.

Enthält ein LGS weniger Gleichungen als Variablen, so reichen die Informationen für eine eindeutige Lösung nicht aus, d.h., es ist *unterbestimmt*. Enthält ein LGS hingegen mehr Gleichungen als Variablen, so würden für eine eindeutige Lösung bereits weniger Gleichungen genügen. In diesem Fall ist das LGS *überbestimmt*. Wir zeigen die Vorgehensweisen bei derartigen LGS an zwei Beispielen.

> **Beispiel:** Untersuchen Sie das LGS auf Lösbarkeit.
>
> a) $x + y = 1$
> $2x - y = 8$
> $x - 2y = 5$
>
> b) $x - 2y + z + t = 1$
> $-2x + 5y - 4z + 2t = -2$

Lösung zu a:

I $x + y = 1$
II $2x - y = 8$ $\rightarrow (-2) \cdot I + II$
III $x - 2y = 5$ $\rightarrow I - II$
_____
I $x + y = 1$
II $-3y = 6$
III $3y = -4$ $\rightarrow II + III$
_____
I $x + y = 1$
II $-3y = 6$
III $0 = 2$ **Widerspruch**
_____

Wendet man den Gauß'schen Algorithmus an, erhält man die obige *Stufenform*. Da die Gleichung III einen Widerspruch enthält, ist das gesamte LGS unlösbar, obwohl das Teilsystem aus den ersten beiden Gleichungen eine eindeutige Lösung ($x = 3$, $y = -2$) besitzt. Diese erfüllt jedoch die Gleichung III nicht. Somit erhalten wir als Resultat: $L = \{\ \}$.

Lösung zu b:

I $x - 2y + z + t = 1$
II $-2x + 5y - 4z + 2t = -2$ $\rightarrow 2 \cdot I + II$
_____
I $x - 2y + z + t = 1$
II $y - 2z + 4t = 0$
_____

Das LGS ist *unterbestimmt*. Da die Anwendung des Gauß'schen Algorithmus auf keinen Widerspruch führt, besitzt das LGS unendlich viele Lösungen. Da das LGS in *Stufenform* nur 2 Gleichungen, aber 4 Variablen enthält, ersetzen wir die „überzähligen" Variablen durch Parameter. Hier können sogar 2 Variablen frei gewählt werden.

Wählen wir $z = c$ und $t = d$ ($c, d \in \mathbb{R}$), so folgt aus II $y = 2c - 4d$ und dann aus I $x = 1 + 3c - 9d$.

Das Gleichungssystem hat eine *zweiparametrige unendliche Lösungsmenge*:
$L = \{(1 + 3c - 9d;\ 2c - 4d;\ c;\ d);\ c, d \in \mathbb{R}\}$.

Übung 2
Untersuchen Sie das LGS auf Lösbarkeit. Bestimmen Sie die Lösungsmenge.

a) $\begin{aligned} 3x - 3y &= 0 \\ 6x + 3y &= 18 \\ -2x + 4y &= 4 \end{aligned}$

b) $\begin{aligned} -2x + y &= -1 \\ 4x + 2y &= -10 \\ -6x + 3y &= -2 \end{aligned}$

c) $\begin{aligned} 2x - 2y &= 14 \\ 3x + 6y &= 3 \\ 4x - 12y &= 44 \end{aligned}$

d) $\begin{aligned} 3x - 4y + z &= 5 \\ 2x - y - z &= 0 \\ 4x - 2y - z &= 12 \\ x - y + z &= 10 \end{aligned}$

e) $\begin{aligned} x + z &= -1 \\ y + z &= 4 \\ x + y &= 5 \\ x + y + z &= 4 \end{aligned}$

f) $\begin{aligned} 4x + y - 2z + t &= 1 \\ 2x + y + 3z - 2t &= 3 \end{aligned}$

g) $\begin{aligned} 3x + 2y + z &= 5 \\ -6x - 4y - 2z &= 8 \end{aligned}$

h) $\begin{aligned} 2x + 3z + 2t &= 4 \\ y + 3z + 2t &= 4 \end{aligned}$

i) $\begin{aligned} 2x - 4y + 2z &= 6 \\ 4x - 8y + 4z &= 12 \\ -x + 2y - z &= -3 \end{aligned}$

Die Lösbarkeitsuntersuchungen haben gezeigt, dass Nullzeilen (triviale Zeilen) noch nichts über die Lösbarkeit des gesamten LGS aussagen, während aus einer Widerspruchszeile sofort die Unlösbarkeit des gesamten LGS folgt. Wir können zusammenfassend folgendes Lösungsschema zum Gauß'schen Algorithmus angeben:

1.	LGS in die **Normalform** überführen, **ganzzahlige** Koeffizienten erzeugen, sofern möglich.
2.	**Gauß'schen Algorithmus** auf das LGS anwenden. Es entsteht eine **Dreiecks-** bzw. **Stufenform**.
3.	Prüfen, welche der folgenden Eigenschaften das aus 2. resultierende LGS besitzt.

	Widerspruch	Es existiert **kein Widerspruch**.	
	Wenigstens eine Gleichung stellt einen offensichtlichen **Widerspruch** dar.	Die **Anzahl der Variablen** ist gleich der Anzahl der nichttrivialen Zeilen.	Es gibt **mehr Variable als nichttriviale Zeilen**.
4.	⬇	⬇	⬇
	Das LGS ist **unlösbar**.	Das LGS ist **eindeutig lösbar**.	Das LGS hat **unendlich viele Lösungen**.
		Die einzige Lösung wird durch **„Rückeinsetzung"** aus dem Stufenform-LGS bestimmt.	Die freien Parameter werden festgelegt. Die Parameterdarstellung

Übungen

3. Lösen Sie das LGS. Geben Sie die Lösungsmenge an.

a) $2x - y + 6z = 5$
   $2y - 3z = 10$
   $4z = 8$

b) $3x + y + 7z = 2$
   $y + 2z = 1$
   $3y + 5z = 4$

c) $3x - y + z = 3$
   $2y - 2z = 0$
   $-5x + z = -2$

d) $x + 2y - z = -3$
   $2x + 4y - 2z = -1$
   $3x + y + 5z = 6$

e) $-2x + 2y - 4z = -2$
   $x + 3z = 0$
   $x - y + 2z = 1$

f) $x + y + z = 5$
   $x - y + z = 1$
   $-2x - 3z = -3$

4. Untersuchen Sie das LGS auf Lösbarkeit. Bestimmen Sie die Lösungsmenge.

a) $3x - 8y - 5z = 0$
   $2x - 2y + z = -1$
   $x + 4y + 7z = 2$

b) $2x - 2y - 3z = -1$
   $-2y + z = -3$
   $-x + y - 3z = -4$

c) $4x - y + 2z = 6$
   $x + 2y - z = 6$
   $6x + 3y = 18$

d) $2x - 3y - 8z = 8$
   $6y + 4z = -8$
   $6x + 8y - 8z = 6$

e) $3x - y + 2z = 4$
   $4x - 6y + 4z = 10$
   $-x - 2y = 1$

f) $3x - 4y + z = 5$
   $2x - y - z = 0$
   $4x - 2y - 2z = 12$

g) $z - 2 = y - 2x$
   $2 - 2y = -x$
   $3y - 6 = -z$

h) $\frac{3}{2}x - 1 = y - \frac{1}{2}z$
   $5 - y = \frac{1}{4}x - z$
   $\frac{1}{2}x + z = 4$

i) $4x + 2y = 2(2 + y) - z$
   $2(4 - x) = z - 3y$
   $4x - 3y = 3(x + y + 1) - (z - 1)$

5. Untersuchen Sie das LGS auf Lösbarkeit. Bestimmen Sie die Lösungsmenge.

a) $2x + 3z + 2t = 4$
   $y + 3z + 2t = 4$
   $4x - 2y + z = 0$
   $2x + 2z - 2t = 0$

b) $4x - y - 2z = 1$
   $2x + 3y - 3t = -6$
   $x + y - 3t = -8$
   $x + y + z + t = 3$

c) $2x - y + 3z = 10$
   $x - 2z + t = -4$
   $2y + z + t = 6$
   $3x - 3y = 3$

d) $2x + 2y - z = 2$
   $x + y + 2t = 2$
   $4y + 2z + t = 6$
   $3x + 7y + z + 3t = 10$

e) $2x - 2y - t = 0$
   $4y - 2z + 3t = 10$
   $x + y - z = -5$
   $3x + z - 5t = 0$

f) $3x - 2y + 4z = -2$
   $3y - z + 2t = 5$
   $2x - y + 2z = -1$
   $5x + 5z + 2t = 2$

6. Untersuchen Sie das LGS auf Lösbarkeit. Bestimmen Sie die Lösungsmenge.

a) $x_1 + x_4 = 2$
   $x_2 + x_3 = -3$
   $x_4 - x_1 = x_3$
   $x_4 - x_2 = 1$

b) $x_1 + x_3 = 1$
   $x_2 - x_3 = 0$
   $x_1 + x_2 + x_3 - x_4 = 1$
   $x_2 - x_4 = 0$

c) $x_1 + x_3 = x_2$
   $x_2 + x_5 = x_4$
   $x_5 - x_3 = 0$
   $x_4 - x_2 = x_3$
   $x_4 - x_1 = x_3 + x_5$

7. Untersuchen Sie das LGS auf Lösbarkeit. Bestimmen Sie die Lösungsmenge.

a) $2x + 3y = 10$
$4x + 5y = 18$
$3x - y = 4$

b) $4x - 2y = 12$
$-x + 0{,}5y = -3$
$2x - y = 5$

c) $4x - 2y + z = -8$
$9x - 3y = 0$
$2x + z = 12$
$-3x + y + 3z = 6$

d) $2x - y + 2z = 3$
$x + y + z = 0$
$x - 2y + z = 3$
$4x - 2y + 4z = 6$

e) $2x + 1 = y$
$4 - y = 4x$
$2y = 7 - 6x$
$x - 3y = -5$

f) $4x - 6y + z = 4$
$2x - 6y + 2z = -4$
$x - y = 2$
$3x - 5y + z = 2$

g) $3x - 5y + 3z = -2$
$x - 5y + z = 1$

h) $3x + 4y - 2z - 2t = 0$
$x + y + z + t = 0$

i) $4x - 2y + 2z = 6$
$-2x + y - z = 6$

j) $4x - 2y + 2z + 6t = -8$
$-2x + y - z - 3t = 4$

k) $3x + 2y + 5z + t = 14$
$2z + 3t = 9$
$x + y + 2z = 3$

l) $4x - 2y + t = -1$
$4y + 4z + 2t = -9$
$2x + z + t = -4$

8. Robert, Alfons und Edel finden einen Sack voller Münzen. Es sind 3 große, 16 mittlere und 40 kleine Münzen im Gesamtwert von 30 €. Die Münzen werden gerecht aufgeteilt. Robert erhält 2 große und 30 kleine Münzen, Alfons erhält 8 mittlere und 10 kleine Münzen. Den Rest erhält Edel. Wie groß sind die einzelnen Münzwerte?

9. An einer Kinokasse werden Karten in drei Preislagen verkauft: I. Rang 5 €, II. Rang 4 €, III. Rang 3 €. Bei einer Vorführung wurden 60 Karten zu insgesamt 230 € verkauft. Für den zweiten Rang wurden ebenso viele Karten wie für die beiden anderen Ränge zusammen verkauft. Wie verteilen sich die 60 Karten auf die einzelnen Ränge?

10. Im Garten sitzen Schnecken, Raben und Katzen. Großvater zählt die Köpfe und die Füße der Tiere. Er kommt auf insgesamt 39 Köpfe und 57 Füße. Die Raben haben zusammen 6 Füße mehr als die Katzen. Wie viele Katzen sind es?

Knobelaufgabe

Auf dem Geflügelmarkt werden an einem Stand Gänse für 5 Taler, Enten für 3 Taler und Küken zu je dreien für einen Taler angeboten. Der Standbetreiber hat insgesamt 100 Tiere und hat sich 100 Taler als Gesamteinnahme errechnet, wenn er alle Tiere verkaufen kann.
Wie viele Gänse, Enten und Küken hatte er zunächst?

4. Anwendung: Ströme in Netzwerken

Die Auslastung von Transport- und Straßennetzen sowie der Stromfluss in elektrischen Netzwerken können mit mathematischen Hilfsmitteln berechnet werden. In einfachen Fällen können LGS zur modellhaften Erfassung derartiger Prozesse herangezogen werden.

▶ **Beispiel:** Der abgebildete Ausschnitt aus einem Straßennetz zeigt ein System von Einbahnstraßen (Pfeile).
Die Zahlenangaben beziffern die stündlichen Durchflussmengen (in 1000 KFZ pro h), durch Verkehrszählung ermittelt.
Der zentrale Straßenring soll erneuert werden. Wie groß sind die Kapazitäten x, y, z und t wenigstens zu wählen, wenn es nicht zwangsläufig zu einem Stau kommen soll?

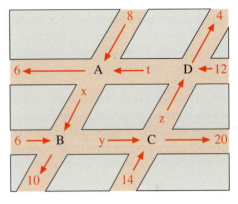

Lösung:
Für jede der vier Kreuzungen muss gelten, dass die Anzahl der pro Stunde einfahrenden Fahrzeuge gleich der Anzahl der pro Stunde ausfahrenden Fahrzeuge ist; andernfalls kommt es zu einem Stau.
Für Kreuzung A z. B. gilt aus diesem Grund:
$$t + 8 = x + 6.$$
Analog erhält man zu jeder Kreuzung eine lineare Gleichung; insgesamt ergibt sich ein (4, 4)-LGS. Dieses LGS hat – wie sich nach Anwendung des Gauß'schen Algorithmus herausstellt – unendlich viele Lösungen. Wählen wir t als freien Parameter, so ergeben sich die restlichen Kapazitäten in Abhängigkeit von t:
$$x = t + 2, \, y = t - 2, \, z = t - 8.$$
Da alle Kapazitäten nicht negativ sind, darf t nicht kleiner als 8 sein.
▶ Für t = 8 ergeben sich die gesuchten Minimalkapazitäten: x = 10, y = 6, z = 0, t = 8.

	Ein	Aus	
A:	t + 8	= x + 6	LGS
B:	x + 6	= y + 10	Kreuzungs-
C:	y + 14	= z + 20	bilanzen
D:	z + 12	= t + 4	

$$\begin{aligned} x \quad\quad\quad\quad - t &= 2 \\ x - y \quad\quad\quad &= 4 \\ y - z \quad &= 6 \\ z - t &= -8 \end{aligned}$$ Normalform

$$\begin{aligned} x \quad\quad\quad\quad - t &= 2 \\ -y \quad\quad + t &= 2 \\ -z + t &= 8 \\ 0 &= 0 \end{aligned}$$ Dreieckssystem

$$\begin{aligned} z &= t - 8 \\ y &= t - 2 \\ x &= t + 2 \end{aligned}$$ Parameterdarstellung der Lösung

Wegen $z \geq 0$ folgt $t \geq 8$.   Minimal-
Für $t = 8$ gilt: $z = 0, y = 6, x = 10$ lösung

Übung 1
a) Wegen einer Spurneuerung wird die Kapazität des Straßenstücks DA auf 5000 KFZ pro h begrenzt. Ersatzweise wird eine Behelfsfahrbahn von D nach B gelegt. Welche Kapazität muss diese Fahrbahn mindestens erhalten, damit kein Stau auftritt?
b) Die Kapazität der bei C aus dem Ring herausführenden Straße wird auf 10 000 KFZ pro h gesenkt; gleichzeitig werden die Kapazitäten der bei B bzw. D herausführenden Straßen auf 15 000 bzw. 9000 KFZ pro h erhöht. Berechnen Sie die Minimalkapazitäten der Ringstraßen.

Chemische Reaktionsgleichungen

Dem italienischen Chemiker Sobrero gelang im Jahre 1846 die Herstellung der hochexplosiven Flüssigkeit *Nitroglycerin* ($C_3H_5N_3O_9$). Schon durch kleine mechanische Erschütterungen wurde die Explosion ausgelöst, was die praktische Anwendbarkeit als Sprengstoff stark einschränkte.

Alfred Nobel (1833–1896) hatte die Idee, dieses Sprengöl in porösem Kieselgut aufzusaugen, sodass ein erschütterungsfester, transportabler, kontrolliert zündbarer Sprengstoff entstand, der den Namen *Dynamit* erhielt.

$$H_2C\!-\!O\!-\!NO_2$$
$$|$$
$$HC\!-\!O\!-\!NO_2$$
$$|$$
$$H_2C\!-\!O\!-\!NO_2$$

Nitroglycerin

Chemische Reaktionen lassen sich durch **Reaktionsgleichungen** beschreiben. Dabei muss berücksichtigt werden, dass bei allen chemischen Reaktionen die Gesamtmasse aller Stoffe unverändert bleibt. Vor und nach der Reaktion müssen also gleich viele Atome desselben Elements vorhanden sein. Beim Aufstellen chemischer Reaktionsgleichungen müssen die Koeffizienten vor den an der Reaktion beteiligten Stoffen (Molekülen) bestimmt werden. Wir zeigen dies im folgenden Beispiel.

Bestimmung einer chemischen Reaktionsgleichung

Bei der Explosion von *Nitroglycerin* ($C_3H_5N_3O_9$) entstehen unter Hitzeentwicklung die Gase Kohlendioxid (CO_2), Wasserdampf (H_2O), Stickstoff (N_2) und Sauerstoff (O_2). Bestimmen Sie die chemische Reaktionsgleichung für den Explosionsvorgang.

Lösung:
Wir verwenden den nebenstehenden Ansatz für die Reaktionsgleichung. Die Koeffizienten $x_1, \ldots, x_5$ geben die Anzahl der Moleküle an. Man verwendet in der chemischen Reaktionsgleichung möglichst kleine natürlichen Zahlen $x_1, \ldots, x_5$, für die die chemische Reaktion möglich ist.
Da vor und nach der Reaktion von jedem Element gleich viele Atome vorhanden sein müssen, erhalten wir für jedes Element eine Gleichung.

Ansatz:

$$x_1 \cdot C_3H_5N_3O_9 \rightarrow$$
$$x_2 \cdot CO_2 + x_3 \cdot H_2O + x_4 \cdot N_2 + x_5 \cdot O_2$$

Für C: $\quad 3x_1 = x_2$

Für H: $\quad 5x_1 = 2x_3$

Für N: $\quad 3x_1 = 2x_4$

Für O: $\quad 9x_1 = 2x_2 + x_3 + 2x_5$

Chemische Reaktionsgleichungen

Somit ergibt sich ein LGS aus 4 Gleichungen mit 5 Variablen, das wir zunächst in Normalform umstellen und dann mithilfe des Gauß'schen Algorithmus auf Stufenform bringen.

$$\begin{array}{rl}
\text{I} & 3x_1 - x_2 = 0 \\
\text{II} & 5x_1 - 2x_3 = 0 \\
\text{III} & 3x_1 - 2x_4 = 0 \\
\text{IV} & 9x_1 - 2x_2 - 2x_3 - 2x_5 = 0 \\
\hline
\text{I} & 3x_1 - x_2 = 0 \\
\text{II} & 5x_2 - 6x_3 = 0 \\
\text{III} & -6x_3 + 10x_4 = 0 \\
\text{IV} & -2x_4 + 12x_5 = 0
\end{array}$$

Das LGS besitzt unendlich viele Lösungen, eine Variable ist frei wählbar.
Wir wählen $x_5 = c \in \mathbb{R}$.
Nun bestimmen wir durch Rückeinsetzung die Lösungsmenge.

$$L = \{(4c;\ 12c;\ 10c;\ 6c;\ c);\ c \in \mathbb{R}\}$$

Für die chemische Reaktionsgleichung ist nun die kleinste positive Zahl c gesucht, für die sich eine Lösung ergibt, die nur aus natürlichen Zahlen besteht. Diese erhalten wir in diesem Fall für c = 1.

Für c = 1: (4; 12; 10; 6; 1)

Reaktionsgleichung:
$$4\,C_3H_5N_3O_9 \rightarrow 12\,CO_2 + 10\,H_2O + 6\,N_2 + O_2$$

Übungen

Übung 1
Ermitteln Sie für die folgenden chemischen Reaktionen die Koeffizienten.

a) $x_1 CuO + x_2 C \rightarrow x_3 Cu + x_4 CO_2$ (Gewinnung von Kupfer aus Kupferoxid)

b) $x_1 FeS_2 + x_2 O_2 \rightarrow x_3 SO_2 + x_4 Fe_2O_3$ (Entstehung von Schwefeldioxid aus Pyrit)

c) $x_1 P_4O_{10} + x_2 H_2O \rightarrow x_3 H_3PO_4$ (Entstehung von Phosphorsäure)

d) $x_1 C_6H_{12}O_6 \rightarrow x_2 C_2H_5OH + x_3 CO_2$ (alkoholische Gärung)

e) $x_1 KMnO_4 + x_2 HCl \rightarrow x_3 MnCl_2 + x_4 Cl_2 + x_5 H_2O + x_6 KCl$ (Herstellung von Chlorgas)

Übung 2
Die Bildung von *Tropfsteinhöhlen* lässt sich im Wesentlichen auf folgende chemische Reaktionen zurückführen:
Wasser (H_2O) und Kohlendioxid (CO_2) haben im Verlaufe von Jahrtausenden den Kalkstein ($CaCO_3$ Calciumcarbonat) gelöst. Bei der chemischen Reaktion entstehen zunächst Ca- und HCO_3-Ionen, die sich dann zu wasserlöslichem Calciumhydrogencarbonat ($Ca(HCO_3)_2$) verbinden. Die Rückreaktion (Entzug von CO_2) führt wieder zu unlöslichem $CaCO_3$ und damit zur Tropfsteinbildung.
Bestimmen Sie die Reaktionsgleichung für die Anfangsreaktion.

Übungen

2. Eine dreistellige natürliche Zahl hat die Quersumme 16. Die Summe der ersten beiden Ziffern ist um 2 größer als die letzte Ziffer. Addiert man zum Doppelten der mittleren Ziffer die erste Ziffer, so erhält man das Doppelte der letzten Ziffer. Wie heißt die Zahl?

3. Ein pharmazeutischer Betrieb verwendet als Basis für Knoblauchpräparate Ölauszüge aus drei Knoblauchsorten A, B und C, die die Hauptwirkstoffe K und G des Knoblauchs in unterschiedlichen Konzentrationen enthalten:
A: 3% K, 9% G,
B: 5% K, 10% G,
C: 13% K, 4% G.
Welche Mengen von jeder Sorte benötigt man für die Herstellung von 100 g eines Präparates, das 5 g von K und 9 g von G enthalten soll?

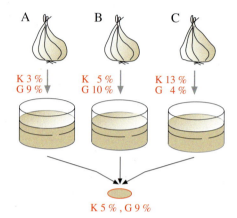

4. a) Wie heißt die ganzrationale Funktion zweiten Grades, deren Graph durch die Punkte $A(1|-1)$, $B(2|3)$, $C(-2|23)$ geht?
b) Der Graph einer ganzrationalen Funktion dritten Grades geht durch die Punkte $A(1|5)$, $B(2|16)$ und hat im Punkt $P(-1|1)$ die Steigung $m = 8$. Wie lautet die Funktionsgleichung?
c) Der Graph einer ganzrationalen Funktion dritten Grades hat bei $x = 2$ eine Nullstelle, ein Minimum im Punkt $T(1|-3)$ und eine Wendestelle bei $x = \frac{1}{3}$. Wie heißt die Funktionsgleichung?

5. Ermitteln Sie für die folgenden chemischen Reaktionen die Koeffizienten.

a) $x_1 H_2SO_4 + x_2 Cu \rightarrow x_3 CuSO_4 + x_4 SO_2 + x_5 H_2O$ (Oxidation von Kupfer durch Schwefelsäure)

b) $x_1 CuO + x_2 NH_3 \rightarrow x_3 Cu + x_4 N_2 + x_5 H_2O$ (Reduktion von Kupferoxid durch Ammoniak)

c) $x_1 HNO_3 + x_2 H_2SO_4 \rightarrow x_3 H_3O + x_4 NO_2 + x_5 HSO_4$ (Nitrierung von Benzol)

6. Für das abgebildete Einbahnstraßennetz sind die Verkehrsflüsse der einfahrenden und ausfahrenden Autos pro Stunde in der Grafik gegeben. Wie groß sind die Kapazitäten der Ringstraßen mindestens zu wählen, damit es nicht zwangsläufig zum Stau kommt?

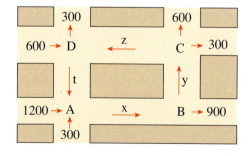

VII. Lineare Gleichungssysteme

Überblick

Lösungen eines linearen Gleichungssystems:
Eine Lösung eines (m, n)-LGS gibt man als n-Tupel $(x_1; x_2; \ldots; x_n)$ an.

Äquivalenzumformungen eines lin. Gleichungssystems:
Die Lösungsmenge eines LGS ändert sich nicht, wenn
(1) 2 Gleichungen vertauscht werden,
(2) eine Gleichung mit einer reellen Zahl $k \neq 0$ multipliziert wird,
(3) eine Gleichung zu einer anderen Gleichung addiert wird.

Anzahl der Lösungen eines lin. Gleichungssystems:
Es können drei Fälle eintreten:
Fall 1: Das LGS ist unlösbar.
Fall 2: Das LGS hat genau eine Lösung.
Fall 3: Das LGS hat unendlich viele Lösungen.

Der Gauß'sche Algorithmus:
Man bringt das LGS mithilfe des Additionsverfahrens in ein Dreieckssystem. Anschließend bestimmt man die Lösungsmenge.
Fall 1: Wenigstens eine Gleichung stellt einen Widerspruch dar.
Dann ist das LGS unlösbar.
Fall 2: Die Anzahl der Variablen ist gleich der Anzahl der nichttrivialen Zeilen.
Dann ist das LGS eindeutig lösbar.
Fall 3: Es gibt mehr Variable als nichttriviale Zeilen.
Dann hat das LGS unendlich viele Lösungen.
Es werden die freien Parameter festgelegt. Die Lösungsmenge wird mithilfe dieser Parameter dargestellt.

Unterbestimmtes LGS:
Das LGS hat mehr Variable als Gleichungen.
Wenn der Gauß'sche Algorithmus zu keinem Widerspruch führt, hat das LGS unendlich viele Lösungen.

Überbestimmtes LGS:
Das LGS hat mehr Gleichungen als Variable.
Ergibt sich ein Widerspruch, so ist das LGS unlösbar.
Gibt es genau eine Lösung, so muss diese für *alle* Gleichungen gelten.
Gibt es keinen Widerspruch und hat das LGS mehr Variable als nicht-triviale Gleichungen, so hat das LGS unendlich viele Lösungen.

> **Test**

Lineare Gleichungssysteme

1. Lösen Sie die linearen Gleichungssysteme.

a) $4x - 5y = -4$
$5x + 3y = 32$

b) $-2x - 6y = -7$
$4x + 4y = 2$

2. Lösen Sie die Gleichungssysteme mit dem Gauß'schen Algorithmus.

a) $2x + y - z = 2$
$3x - 2y + 2z = 3$
$4x - 4y + 6z = 2$

b) $\frac{1}{2}x - \frac{3}{2}y + z = -3$
$\frac{1}{2}x + \frac{1}{3}y - 4z = -7$
$\frac{1}{3}x - y + z = -1$

3. Untersuchen Sie das Gleichungssystem auf Lösbarkeit und bestimmen Sie gegebenenfalls die Lösung.

a) $3x - y + 2z = 1$
$-x + 2y - 3z = -7$
$2x - 3y + 4z = 7$

b) $x + y + 2z = 5$
$3x - 2y + z = 0$
$x + 6y + 7z = 18$

c) $x + y + 2z = 5$
$2x - y + 3z = 3$
$4x + y + 7z = 13$

4. Eine dreistellige natürliche Zahl hat die Quersumme 16. Die Summe der ersten beiden Ziffern ist um 2 größer als die letzte Ziffer. Addiert man zum Doppelten der mittleren Ziffer die erste Ziffer, so erhält man das Doppelte der letzten Ziffer.
Wie heißt die Zahl?

5. Für welche Werte des Parameters a liegt eine eindeutige Lösung vor?

a) $3x - 6y = 4$
$4x - ay = a - 1$

b) $\frac{1}{2}x - \frac{3}{5}y = 16$
$ax + (1-a)y = 5$

Lösungen unter 286-1

VIII. Vektoren

1. Punkte im Koordinatensystem

Im Folgenden wird das räumliche kartesische Koordinatensystem eingeführt. Dabei wird analog zum bereits bekannten ebenen kartesischen Koordinatensystem vorgegangen.

A. Koordinaten im Raum

Punkte und geometrische Figuren im dreidimensionalen Anschauungsraum werden im *kartesischen Koordinatensystem*[1] dargestellt. Ein solches System wird in der Regel als *Schrägbild* gezeichnet.
y-Achse und z-Achse werden auf dem Zeichenblatt rechtwinklig zueinander dargestellt, während die x-Achse in einem Winkel von 135° zu diesen beiden Achsen gezeichnet wird, um einen räumlichen Eindruck zu erzeugen, der durch die Verkürzung der Einheit auf der x-Achse mit dem Faktor $\frac{1}{\sqrt{2}}$ noch realistischer wird.

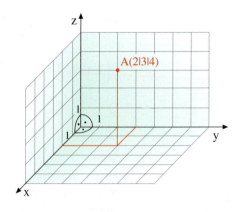

Solche Koordinatensysteme lassen sich auf Karopapier besonders gut darstellen. Die Lage von Punkten wird durch Koordinaten angegeben. Beispielsweise bezeichnet A(2|3|4) einen Punkt mit dem Namen A, dessen x-Koordinate 2 beträgt, während die y-Koordinate den Wert 3 und die z-Koordinate den Wert 4 hat.

288-1

B. Abstand von Punkten im Raum

Der *Abstand von zwei Punkten* im Raum $A(a_1|a_2|a_3)$ und $B(b_1|b_2|b_3)$ wird mit dem Symbol $d(A;B)$ bezeichnet. Man kann ihn mithilfe der folgenden Formel bestimmen, die auf zweifacher Anwendung des Satzes von Pythagoras beruht.

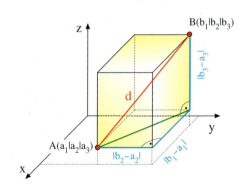

Die Abstandsformel im Raum
Die Punkte $A(a_1|a_2|a_3)$ und $B(b_1|b_2|b_3)$ haben den Abstand

$$d(A;B) = \sqrt{(b_1 - a_1)^2 + (b_2 - a_2)^2 + (b_3 - a_3)^2}.$$

288-2

---

[1] Das kartesische Koordinatensystem wurde nach dem französischen Mathematiker René Descartes (lat. Cartesius) benannt, dem Begründer der analytischen Geometrie.

1. Punkte im Koordinatensystem

C. Punkte in der Ebene (Wiederholung)

Analog zum Vorgehen im Raum kann man auch Punkte in der Ebene durch Koordinaten in einem zweidimensionalen kartesischen Koordinatensystem darstellen.

Der Abstand $d(A;B) = |AB|$ der Punkte $A(a_1|a_2)$ und $B(b_1|b_2)$ wird auch hier mithilfe des Satzes von Pythagoras errechnet.

Die Abstandsformel in der Ebene
Die Punkte $A(a_1|a_2)$ und $B(b_1|b_2)$ besitzen den Abstand
$$d(A;B) = \sqrt{(b_1 - a_1)^2 + (b_2 - a_2)^2}.$$

$$d(A;B) = \sqrt{(b_1 - a_1)^2 + (b_2 - a_2)^2}$$
$$= \sqrt{(6-2)^2 + (4-1)^2}$$
$$= \sqrt{4^2 + 3^2}$$
$$= \sqrt{25}$$
$$= 5$$

▶ **Beispiel: Koordinaten im Raum**
Die Graphik zeigt die die Planskizze eines Gebäudes. Der Ursprung des Koordinatensystems liegt wie eingezeichnet in der Hausecke unten links. Das Haus ist 9 m hoch.
Bestimmen Sie die Koordinaten der Punkte A, B, C, D, E und F.

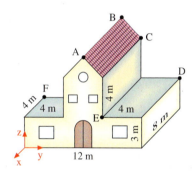

Lösung:
$A(0|6|9)$, $B(-8|6|9)$, $C(-8|8|7)$,
▶ $D(-8|12|3)$, $E(0|8|3)$, $F(-4|0|3)$

▶ **Beispiel: Gleichschenkligkeit**
Gegeben ist ein Dreieck ABC im Raum mit den Ecken $A(1|-1|-2)$, $B(5|7|6)$ und $C(3|1|4)$.
Ist das Dreieck gleichschenklig?
Welchen Umfang hat das Dreieck?

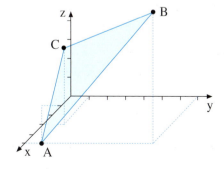

Lösung:
Wir errechnen die Abstände (Seitenlängen) mithilfe der Abstandsformel für Punkte im Raum.

$d(A;B) = \sqrt{(5-1)^2 + (7-(-1))^2 + (6-(-2))^2} = \sqrt{16 + 64 + 64} = \sqrt{144} = 12$
Analog erhalten wir $d(A;C) = \sqrt{4+16+36} = \sqrt{44} \approx 6{,}63$ und $d(B;C) = \sqrt{4+36+4} = \sqrt{44} \approx 6{,}63$.
▶ Das Dreieck ist also gleichschenklig. Sein Umfang beträgt ungefähr 25,26.

Übungen

1. Gegeben ist ein Dreieck ABC mit den Eckpunkten A(1|3|2), B(3|2|4) und C(−1|1|3).
   a) Zeichnen Sie ein räumliches kartesisches Koordinatensystem. Tragen Sie die Punkte A, B und C ein und zeichnen Sie das Schrägbild des Dreiecks ABC.
   b) Weisen Sie rechnerisch nach, dass das Dreieck ABC gleichschenklig ist.

2. Ein Würfel besitzt als Grundfläche das Quadrat ABCD und als Deckfläche das Quadrat EFGH.
   Dabei gelte: A(3|2|1), B(3|6|1), G(−1|6|5).
   a) Zeichnen Sie in ein räumliches Koordinatensystem ein Schrägbild des Würfels.
   b) Bestimmen Sie die Koordinaten von C, D, E, F und H.
   c) Wie lauten die Koordinaten des Mittelpunktes der Seitenfläche BCGF?
   d) Wie lauten die Koordinaten des Würfelmittelpunktes?
   e) Wie lang ist eine Raumdiagonale des Würfels?

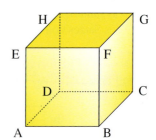

3. Gegeben sind die Punkte A(5|6|1), B(2|6|1), C(0|2|1), D(3|2|1) und S(2|4|5). Das Viereck ABCD ist die Grundfläche einer Pyramide mit der Spitze S.
   a) Zeichnen Sie die Pyramide in ein kartesisches räumliches Koordinatensystem ein (Schrägbild).
   b) Welche Länge besitzt die Seitenkante AS?
   c) Welcher Punkt F ist der Höhenfußpunkt der Pyramide? Wie hoch ist die Pyramide?

4. Ein Würfel ABCDEFGH hat die Eckpunkte A(2|3|5) und G(x|7|13).
   Wie muss x gewählt werden, wenn die Diagonale AG die Länge 12 besitzen soll?

5. Der Punkt A(3|0|1) wird an einem Punkt P gespiegelt.
   A′(3|6|3) ist der Spiegelpunkt von A.
   a) Wie lauten die Koordinaten von P?
   b) Spiegeln Sie den Punkt B(0|0|4) ebenfalls an P und stellen Sie beide Spiegelungen im Schrägbild dar.

6. Gegeben ist das abgebildete Schrägbild eines Hauses.
   a) Bestimmen Sie die Koordinaten der Punkte B, C, D, E, F, H und I.
   b) Das Dach soll eingedeckt werden. Welchen Inhalt hat die Dachfläche?
   c) Das Haus soll verputzt werden. Wie groß ist die zu verputzende Außenfläche des Hauses?
   d) Welches Volumen hat das Haus?
   e) Zwischen welchen der eingetragenen Punkte des Hauses liegt die längste Strecke? Wie lang ist diese Strecke?

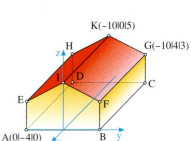

2. Vektoren

A. Vektoren als Pfeilklassen

Bei Ornamenten und Parkettierungen entsteht die Regelmäßigkeit oft durch *Parallelverschiebungen* einer Figur wie auch bei dem abgebildeten Muster des berühmten Malers *Maurits Cornelis ESCHER* (1898–1972). 🔴 291-1

Eine Parallelverschiebung kann man durch einen Verschiebungspfeil oder durch einen beliebigen Punkt A_1 und dessen Bildpunkt A_2 kennzeichnen.

Bei einer Seglerflotte, die innerhalb eines gewissen Zeitraumes unter dem Einfluss des Windes abtreibt, werden alle Schiffe in gleicher Weise verschoben.
Die Verschiebung wird schon durch jeden einzelnen der gleich gerichteten und gleich langen Pfeile $\overrightarrow{A_1A_2}$, $\overrightarrow{B_1B_2}$, $\overrightarrow{C_1C_2}$ eindeutig festgelegt.

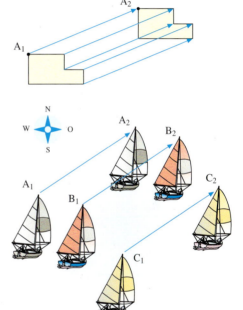

> Wir fassen daher alle Pfeile der Ebene (des Raumes), die gleiche Länge und gleiche Richtung haben, zu einer Klasse zusammen. Eine solche Pfeilklasse bezeichnen wir als einen *Vektor* in der Ebene (im Raum).

Vektoren stellen wir symbolisch durch Kleinbuchstaben dar, die mit einem Pfeil versehen sind: $\vec{a}, \vec{b}, \vec{c}, \ldots$.
Jeder Vektor ist schon durch einen einzigen seiner Pfeile festgelegt.
Daher bezeichnen wir beispielsweise den Vektor $\vec{a}$ aus nebenstehendem Bild auch als Vektor $\overrightarrow{P_1P_2}$. Eine vektorielle Größe ist also durch eine Richtung und eine Länge gekennzeichnet im Gegensatz zu einer reellen Zahl, einer sog. skalaren Größe.

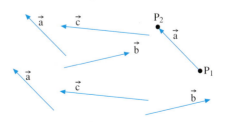

Übung 1
Welche der auf dem Quader eingezeichneten Pfeile gehören zum Vektor $\vec{a}$?

a) $\vec{a} = \overrightarrow{AB}$ b) $\vec{a} = \overrightarrow{EH}$ c) $\vec{a} = \overrightarrow{DH}$
d) $\vec{a} = \overrightarrow{CD}$ e) $\vec{a} = \overrightarrow{HG}$ f) $\vec{a} = \overrightarrow{AH}$

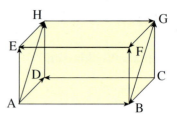

B. Spaltenvektoren / Koordinaten eines Vektors

Im Koordinatensystem können Vektoren besonders einfach dargestellt werden, indem man ihre Verschiebungsanteile in Richtung der Koordinatenachsen erfasst. Man verwendet dazu sogenannte *Spaltenvektoren*.

Rechts ist ein Vektor $\vec{v}$ dargestellt, der eine Verschiebung um $+4$ in Richtung der positiven x-Achse und eine Verschiebung um $+2$ in Richtung der positiven y-Achse bewirkt.

Man schreibt $\vec{v} = \begin{pmatrix} 4 \\ 2 \end{pmatrix}$ und bezeichnet $\vec{v}$ als einen *Spaltenvektor* mit den Koordinaten 4 und 2.

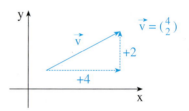

Spaltenvektoren in der Ebene	Spaltenvektoren im Raum
$\vec{v} = \begin{pmatrix} v_1 \\ v_2 \end{pmatrix}$	$\vec{v} = \begin{pmatrix} v_1 \\ v_2 \\ v_3 \end{pmatrix}$

v_1, v_2 bzw. v_1, v_2 und v_3 heißen Koordinaten von $\vec{v}$. Sie stellen die Verschiebungsanteile des Vektors $\vec{v}$ in Richtung der Koordinatenachsen dar.   🔴 292-1

Übung 2
Der in der Übung 1 dargestellte Quader habe die Maße $6 \times 4 \times 3$. Der Koordinatenursprung liege im Punkt D. Die Koordinatenachsen seien parallel zu den Quaderkanten.
Stellen Sie die folgenden Vektoren als Spaltenvektoren dar.

a) $\overrightarrow{CB}$ b) $\overrightarrow{BC}$ c) $\overrightarrow{AE}$
d) $\overrightarrow{AH}$ e) $\overrightarrow{BH}$ f) $\overrightarrow{BG}$
g) $\overrightarrow{DG}$ h) $\overrightarrow{DC}$ i) $\overrightarrow{AC}$

Übung 3
Dargestellt ist eine regelmäßige Pyramide mit der Höhe 6. Stellen Sie die eingezeichneten Vektoren in Spaltenform dar.

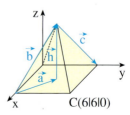

C. Der Vektor $\overrightarrow{PQ}$

Sind von einem Vektor $\vec{v}$ Anfangspunkt P und Endpunkt Q eines seiner Pfeile bekannt, so lässt sich $\vec{v}$ besonders leicht als Spaltenvektor darstellen.

Man errechnet dann einfach die *Koordinatendifferenzen* von Endpunkt und Anfangspunkt, um die Koordinaten des Spaltenvektors zu bestimmen. Im Beispiel rechts gilt also:

$$\vec{v} = \overrightarrow{PQ} = \binom{7-2}{1-4} = \binom{5}{-3}$$

Analog kann man im Raum vorgehen, um den Vektor $\overrightarrow{PQ}$ zu bestimmen, wenn P und Q bekannt sind.

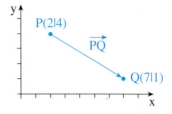

$\overrightarrow{PQ} = \binom{7-2}{1-4} = \binom{5}{-3}$

Der Vektor $\overrightarrow{PQ}$

Ebene: $P(p_1|p_2)$, $Q(q_1|q_2)$

$$\overrightarrow{PQ} = \binom{q_1 - p_1}{q_2 - p_2}$$

Raum: $P(p_1|p_2|p_3)$, $Q(q_1|q_2|q_3)$

$$\overrightarrow{PQ} = \begin{pmatrix} q_1 - p_1 \\ q_2 - p_2 \\ q_3 - p_3 \end{pmatrix}$$

🟠 293-1

Übung 4
Bestimmen Sie die Koordinaten von $\overrightarrow{PQ}$.

a) P(2|1)
   Q(6|4)

b) P(2|−3)
   Q(−2|1)

c) P(1|2|−3)
   Q(5|6|1)

d) P(−4|−3|5)
   Q(2|3|−1)

e) P(3|4|7)
   Q(2|6|2)

f) P(1|4|a)
   Q(a|−3|2a+1)

Übung 5
Eine dreiseitige Pyramide hat die Grundfläche ABC mit $A(1|-1|-2)$, $B(5|3|-2)$, $C(-1|6|-2)$ und die Spitze $S(2|3|4)$.
a) Zeichnen Sie die Pyramide.
b) Bestimmen Sie die Spaltenvektoren der Seitenkanten $\overrightarrow{AB}$, $\overrightarrow{AC}$ und $\overrightarrow{AS}$.
c) M sei der Mittelpunkt der Kante $\overline{AB}$. Wie lautet der Vektor $\overrightarrow{AM}$?

D. Der Ortsvektor $\overrightarrow{OP}$ eines Punktes

Auch die Lage von Punkten im Koordinatensystem lässt sich vektoriell erfassen. Dazu verwendet man den Pfeil $\overrightarrow{OP}$, der vom Ursprung O des Koordinatensystems auf den gewünschten Punkt P zeigt. Dieser Vektor heißt *Ortsvektor* von P. Seine Koordinaten entsprechen exakt den Koordinaten des Punktes P. Man geht in der Ebene und im Raum analog vor.

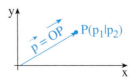

$$\vec{p} = \overrightarrow{OP} = \binom{p_1}{p_2} \quad \text{bzw.} \quad \vec{p} = \overrightarrow{OP} = \begin{pmatrix} p_1 \\ p_2 \\ p_3 \end{pmatrix}$$

E. Der Betrag eines Vektors

Jeder Pfeil in einem ebenen Koordinatensystem hat eine Länge, die sich mithilfe des Satzes von Pythagoras errechnen lässt.

Alle Pfeile eines Vektors $\vec{a}$ haben die gleiche Länge. Man bezeichnet diese Länge als *Betrag des Vektors* und verwendet die Schreibweise $|\vec{a}|$.

Länge eines Pfeils in der Ebene:

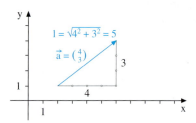

Betrag eines Vektors in der Ebene:
$$\left|\begin{pmatrix}4\\3\end{pmatrix}\right| = \sqrt{4^2 + 3^2} = \sqrt{25} = 5$$

Betrag eines Vektors im Raum:
$$\left|\begin{pmatrix}1\\2\\5\end{pmatrix}\right| = \sqrt{1^2 + 2^2 + 5^2} = \sqrt{30} \approx 5{,}48$$

Definition VIII.1: Der Betrag eines Vektors
Der Betrag $|\vec{a}|$ eines Vektors ist die Länge eines seiner Pfeile.

Betrag eines Spaltenvektors in der Ebene:
$$\vec{a} = \begin{pmatrix}a_1\\a_2\end{pmatrix} \Rightarrow |\vec{a}| = \sqrt{a_1^2 + a_2^2}$$

Betrag eines Spaltenvektors im Raum:
$$\vec{a} = \begin{pmatrix}a_1\\a_2\\a_3\end{pmatrix} \Rightarrow |\vec{a}| = \sqrt{a_1^2 + a_2^2 + a_3^2}$$

🔴 294-1

▶ **Beispiel: Betrag eines Vektors**
Bestimmen Sie $|\vec{a}|$.

a) $\vec{a} = \begin{pmatrix}2\\4\end{pmatrix}$ b) $\vec{a} = \begin{pmatrix}a\\-3\end{pmatrix}$

c) $\vec{a} = \begin{pmatrix}2\\3\\6\end{pmatrix}$ d) $\vec{a} = \begin{pmatrix}-3\\0\\4\end{pmatrix}$

Lösung:

a) $|\vec{a}| = \sqrt{2^2 + 4^2} = \sqrt{20} \approx 4{,}48$

b) $|\vec{a}| = \sqrt{a^2 + (-3)^2} = \sqrt{a^2 + 9}$

c) $|\vec{a}| = \sqrt{2^2 + 3^2 + 6^2} = \sqrt{49} = 7$

d) $|\vec{a}| = \sqrt{(-3)^2 + 0^2 + 4^2} = \sqrt{25} = 5$

Übung 6
Bestimmen Sie den Betrag des gegebenen Vektors.

a) $\begin{pmatrix}1\\a\end{pmatrix}$ b) $\begin{pmatrix}5\\12\end{pmatrix}$ c) $\begin{pmatrix}-3\\-5\end{pmatrix}$ d) $\begin{pmatrix}5\\-2\\12\end{pmatrix}$ e) $\begin{pmatrix}4\\6\\12\end{pmatrix}$ f) $\begin{pmatrix}3a\\0\\4a\end{pmatrix}$

Übung 7
Stellen Sie fest, für welche $t \in \mathbb{R}$ die folgenden Bedingungen gelten.

a) $\vec{a} = \begin{pmatrix}t\\2t\end{pmatrix}$, $|\vec{a}| = 1$ b) $\vec{a} = \begin{pmatrix}2\\t\end{pmatrix}$, $|\vec{a}| = t + 1$ c) $\vec{a} = \begin{pmatrix}-2t\\t\\2t\end{pmatrix}$, $|\vec{a}| = 5$

F. Exkurs: Geometrische Anwendungen

Mithilfe von Vektoren kann man geometrische Objekte erfassen, z. B. Seitenkanten und Diagonalen von Körpern. Man kann geometrische Operationen durchführen, beispielsweise Spiegelungen. Wir behandeln hierzu exemplarisch zwei Aufgaben.

▶ **Beispiel: Diagonalen in einem Körper**
Stellen Sie die Vektoren $\overrightarrow{AK}$, $\overrightarrow{BL}$ und $\overrightarrow{CM}$ als Spaltenvektoren dar.
Bestimmen Sie außerdem die Länge der Diagonalen $\overline{CM}$.

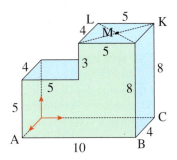

Lösung:
Wir verwenden ein Koordinatensystem, dessen Achsen parallel zu den Kanten des Körpers verlaufen.
Dann können wir die achsenparallelen Verschiebungsanteile der gesuchten Vektoren aus der Figur direkt ablesen. Damit erhal-
▶ ten wir die rechts aufgeführten Resultate.

$$\overrightarrow{AK} = \begin{pmatrix} -4 \\ 10 \\ 8 \end{pmatrix}, \overrightarrow{BL} = \begin{pmatrix} -4 \\ -5 \\ 8 \end{pmatrix}, \overrightarrow{CM} = \begin{pmatrix} 2 \\ -2{,}5 \\ 8 \end{pmatrix}$$

$$|\overrightarrow{CM}| = \sqrt{2^2 + (-2{,}5)^2 + 8^2} \approx 8{,}62$$

▶ **Beispiel: Spiegelung eines Punktes**
Der Punkt A(4|3|3) wird am Punkt P(5|7|2) gespiegelt. Auf diese Weise entsteht der Spiegelpunkt A'. Bestimmen Sie die Koordinaten von A'.

Lösung:
Wir bestimmen den Vektor $\overrightarrow{AP}$, der den Punkt A in den Punkt P verschiebt.
Er lautet $\overrightarrow{AP} = \begin{pmatrix} 5-4 \\ 7-3 \\ 2-3 \end{pmatrix} = \begin{pmatrix} 1 \\ 4 \\ -1 \end{pmatrix}$.
Diesen Vektor können wir verwenden, um den Punkt P nach A' zu verschieben.
Daher gilt für den Punkt A':
▶ A'(5+1|7+4|2−1) = A'(6|11|1).

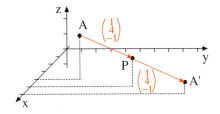

Übung 8
Im kartesischen Koordinatensystem ist ein Quader ABCDEFGH durch die Angabe der drei Punkte B(2|4|0), C(−2|4|0), H(−2|0|3) gegeben. Bestimmen Sie die restlichen Punkte, zeichnen Sie ein Schrägbild des Quaders, und berechnen Sie die Länge der Raumdiagonalen $\overline{BH}$ des Quaders.

Übung 9
Gegeben ist das Raumdreieck ABC mit A(4|−2|2), B(0|2|2) und C(2|−1|4). Stellen Sie die Seitenkanten des Dreiecks als Spaltenvektoren dar. Berechnen Sie den Umfang des Dreiecks. Spiegeln Sie das Dreieck ABC am Punkt P(4|4|3). Fertigen Sie ein Schrägbild des Dreiecks ABC und des Bilddreiecks A'B'C' an.

Mithilfe von Vektoren kann man Nachweise führen, die sonst schwierig wären, vor allem bei geometrischen Figuren im dreidimensionalen Raum.

▶ **Beispiel: Dreieck / Parallelogramm**
Gegeben ist das Dreieck ABC mit den Eckpunkten A(6|2|1), B(4|8|−2) und C(0|5|3) (siehe Abb.).
a) Zeigen Sie, dass das Dreieck gleichschenklig ist, aber nicht gleichseitig.
b) Der Punkt D ergänzt das Dreieck zu einem Parallelogramm. Bestimmen Sie die Koordinaten von D.

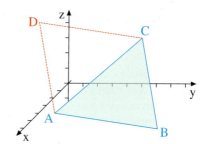

Lösung zu a:
Wir bestimmen die Beträge der drei Seitenvektoren und vergleichen diese.
Das Dreieck ist gleichschenklig, da die Vektoren $\vec{AB}$ und $\vec{AC}$ gleichlang sind. Es ist nicht gleichseitig, da $\vec{BC}$ länger ist. Ein direktes Abmessen im Schrägbild ist wegen der Verzerrung nicht sinnvoll und führt zu falschen Ergebnissen.

$\vec{AB} = \begin{pmatrix} 4-6 \\ 8-2 \\ -2-1 \end{pmatrix} = \begin{pmatrix} -2 \\ 6 \\ -3 \end{pmatrix} \Rightarrow |\vec{AB}| = 7$

$\vec{AC} = \begin{pmatrix} 0-6 \\ 5-2 \\ 3-1 \end{pmatrix} = \begin{pmatrix} -6 \\ 3 \\ 2 \end{pmatrix} \Rightarrow |\vec{AC}| = 7$

$\vec{BC} = \begin{pmatrix} 0-4 \\ 5-8 \\ 3+2 \end{pmatrix} = \begin{pmatrix} -4 \\ -3 \\ 5 \end{pmatrix} \Rightarrow |\vec{BC}| \approx 7{,}1$

Lösung zu b:
Die Koordinaten des Punktes D erhalten wir durch eine Parallelverschiebung des Punktes A mit dem Vektor $\vec{BC}$.
▶ Resultat: D(2|−1|6)

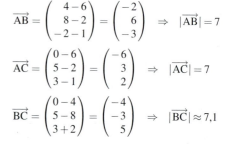

Übung 10
Ein Viereck ABCD ist genau dann ein Parallelogramm, wenn die Vektorgleichungen $\vec{AB} = \vec{DC}$ und $\vec{AD} = \vec{BC}$ gelten. Begründen Sie diese Aussage anschaulich anhand einer Skizze. Prüfen Sie, ob die folgenden Vierecke Parallelogramme sind. Fertigen Sie jeweils eine Zeichnung an und rechnen Sie anschließend.

a) A(−2|1)
   B(4|−1)
   C(7|2)
   D(1|4)

b) A(2|1)
   B(5|2)
   C(5|5)
   D(2|4)

c) A(0|0|3)
   B(7|6|5)
   C(11|7|5)
   D(4|4|3)

d) A(10|10|5)
   B(6|17|7)
   C(1|10|9)
   D(5|3|7)

Übung 11
Das Viereck ABCD ist ein Parallelogramm. Es gilt A(0|3|1), B(6|5|7) und C(4|1|3). Bestimmen Sie die Koordinaten von D. Handelt es sich um eine Raute?

2. Vektoren

Übungen

12. Der abgebildete Körper setzt sich aus drei gleich großen Würfeln zusammen.
   a) Welche der eingezeichneten Pfeile gehören zum gleichen Vektor?
   b) Begründen Sie, weshalb die Pfeile $\overrightarrow{JH}$, $\overrightarrow{KL}$ und $\overrightarrow{GL}$ nicht zu dem gleichen Vektor gehören, obwohl sie parallel zueinander sind.

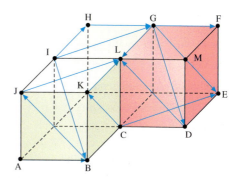

13. Die Pfeile $\overrightarrow{AB}$ und $\overrightarrow{CD}$ sollen zum gleichen Vektor gehören. Bestimmen Sie die Koordinaten des jeweils fehlenden Punktes.
   a) A(−3|4), B(5|−7), D(8|11)
   b) A(3|2), C(8|−7), D(11|15)
   c) B(3|8), C(3|−2), D(8|5)
   d) A(3|a), B(2|b), C(4|3)
   e) A(−3|5|−2), C(1|−4|2), D(3|3|3)
   f) A(3|3|4), B(−1|4|0), D(2|1|8)
   g) A(1|8|−7), B(0|0|0), D(3|3|7)
   h) A(a|a|a), B(a+1|a+2|3), D(a|2|a−1)

14. Bestimmen Sie die Koordinatendarstellung des Vektors $\vec{a} = \overrightarrow{PQ}$.
   a) P(2|4) Q(3|8)
   b) P(−3|5) Q(7|−2)
   c) P(1|a) Q(3|2a+1)
   d) P(4|4|−2) Q(1|5|5)
   e) P(1|−3|7) Q(4|0|−3)

15. Der Vektor $\vec{a} = \begin{pmatrix} -1 \\ 2 \\ -3 \end{pmatrix}$ verschiebt den Punkt P in den Punkt Q. Bestimmen Sie P bzw. Q.
   a) P(3|2|1)
   b) Q(0|0|0)
   c) P(3|−2|4)
   d) Q(1|0|2)
   e) P(4|−3|0)
   f) P(0|0|0)
   g) P(1|a|1)
   h) Q(a|3|0)
   i) Q(q_1|q_2|q_3)
   j) P(p_1|p_2|p_3)

16. Der abgebildete Quader habe die Maße $4 \times 2 \times 2$. Bestimmen Sie die Koordinatendarstellung zu allen angegebenen Vektoren sowie ihre Beträge.

$\overrightarrow{AB}$, $\overrightarrow{AD}$, $\overrightarrow{AE}$, $\overrightarrow{AF}$, $\overrightarrow{AG}$, $\overrightarrow{AH}$, $\overrightarrow{BC}$,
$\overrightarrow{BH}$, $\overrightarrow{CD}$, $\overrightarrow{CH}$, $\overrightarrow{DA}$, $\overrightarrow{DB}$, $\overrightarrow{DC}$, $\overrightarrow{EB}$,
$\overrightarrow{EC}$, $\overrightarrow{ED}$, $\overrightarrow{EG}$, $\overrightarrow{FD}$, $\overrightarrow{FG}$, $\overrightarrow{FH}$, $\overrightarrow{HG}$.

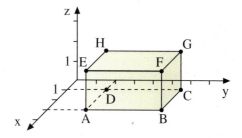

17. a) Bestimmen Sie die Beträge der Vektoren $\begin{pmatrix} 4 \\ 1 \\ 8 \end{pmatrix}$, $\begin{pmatrix} 32 \\ 8 \\ 1 \end{pmatrix}$, $\begin{pmatrix} 2 \\ -6 \\ 5 \end{pmatrix}$, $\begin{pmatrix} 0 \\ -15 \\ -20 \end{pmatrix}$.

b) Für welchen Wert von a hat der Vektor $\begin{pmatrix} 2a \\ 2 \\ 5 \end{pmatrix}$ den Betrag 15?

3. Rechnen mit Vektoren

A. Addition und Subtraktion von Vektoren

Der Punkt P(1|1) wird zunächst mithilfe des Vektors $\vec{a} = \binom{4}{1}$ in den Punkt Q(5|2) verschoben. Anschließend wird der Punkt Q(5|2) mithilfe des Vektors $\vec{b} = \binom{2}{3}$ in den Punkt R(7|5) verschoben.

Offensichtlich kann man mithilfe des Vektors $\vec{c} = \binom{6}{4}$ eine direkte Verschiebung des Punktes P in den Punkt R erzielen.

In diesem Sinne kann der Vektor $\vec{c}$ als Summe der Vektoren $\vec{a}$ und $\vec{b}$ betrachtet werden.

$$\binom{4}{1} + \binom{2}{3} = \binom{6}{4}$$

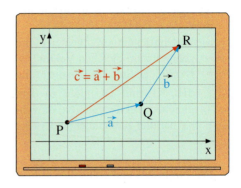

Addition von Vektoren:

$$P(1|1) \xrightarrow{\binom{4}{1}} Q(5|2) \xrightarrow{\binom{2}{3}} R(7|5)$$

$$\binom{6}{4}$$

Definition VIII.2: Unter der *Summe* zweier Vektoren $\vec{a}$, $\vec{b}$ versteht man den Vektor, der entsteht, wenn man die einander entsprechenden Koordinaten von $\vec{a}$ und $\vec{b}$ addiert:

Addition in der Ebene:

$$\vec{a} + \vec{b} = \binom{a_1}{a_2} + \binom{b_1}{b_2} = \binom{a_1 + b_1}{a_2 + b_2}$$

Addition im Raum:

$$\vec{a} + \vec{b} = \begin{pmatrix} a_1 \\ a_2 \\ a_3 \end{pmatrix} + \begin{pmatrix} b_1 \\ b_2 \\ b_3 \end{pmatrix} = \begin{pmatrix} a_1 + b_1 \\ a_2 + b_2 \\ a_3 + b_3 \end{pmatrix}$$

● 298-1

Geometrisch lässt sich die Addition zweier Vektoren mithilfe von Pfeilrepräsentanten nach der folgenden Dreiecksregel ausführen.

Dreiecksregel (Addition durch Aneinanderlegen): Ist $\overrightarrow{PQ}$ ein Repräsentant von $\vec{a}$ und $\overrightarrow{QR}$ der in Q beginnende Repräsentant von $\vec{b}$, so ist $\overrightarrow{PR}$ ein Repräsentant der Summe $\vec{a} + \vec{b}$.

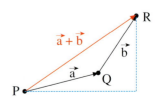

3. Rechnen mit Vektoren

Offensichtlich spielt die Reihenfolge bei der Hintereinanderausführung von Parallelverschiebungen keine Rolle, da die resultierende Verschiebung in x-, y- bzw. z-Richtung gleich bleibt. Die Addition von Vektoren ist also **kommutativ**. Hieraus ergibt sich eine weitere geometrische Deutung des Summenvektors, die sog. *Parallelogrammregel*.

Parallelogrammregel:
Der Summenvektor $\vec{a} + \vec{b}$ lässt sich als Diagonalenvektor in dem durch $\vec{a}$ und $\vec{b}$ aufgespannten Parallelogramm darstellen.

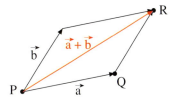

Übung 1
Berechnen Sie die Summe der beiden Vektoren, sofern dies möglich ist.

a) $\begin{pmatrix}2\\3\end{pmatrix}, \begin{pmatrix}3\\-4\end{pmatrix}$
b) $\begin{pmatrix}2\\1\\3\end{pmatrix}, \begin{pmatrix}3\\-4\\1\end{pmatrix}$
c) $\begin{pmatrix}3\\-3\\2\end{pmatrix}, \begin{pmatrix}-3\\3\\-2\end{pmatrix}$
d) $\begin{pmatrix}4\\0\\2\end{pmatrix}, \begin{pmatrix}0\\0\\0\end{pmatrix}$
e) $\begin{pmatrix}2\\3\\1\end{pmatrix}, \begin{pmatrix}3\\-4\end{pmatrix}$

Übung 2
Bestimmen Sie zeichnerisch und rechnerisch die angegebene Summe.
a) $\vec{u} + \vec{v}$ b) $\vec{u} + \vec{w}$ c) $\vec{v} + \vec{w}$
d) $(\vec{u} + \vec{v}) + \vec{w}$ e) $\vec{v} + \vec{u}$
f) $\vec{u} + (\vec{v} + \vec{w})$ g) $\vec{u} + \vec{u}$

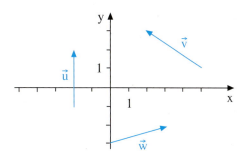

Übung 3
Was fällt Ihnen auf, wenn Sie die Resultate von Übung 2a) und 2e) bzw. von 2d) und 2f) vergleichen?

Neben dem Kommutativgesetz gelten bei der Addition von Vektoren auch noch einige weitere Rechengesetze, die Rechnungen erheblich erleichtern können, wie das Assoziativgesetz.

Satz VIII.1: $\vec{a}, \vec{b}$ und $\vec{c}$ seien Vektoren in der Ebene bzw. im Raum. Dann gilt:
$$\vec{a} + \vec{b} = \vec{b} + \vec{a} \qquad \text{Kommutativgesetz}$$
$$(\vec{a} + \vec{b}) + \vec{c} = \vec{a} + (\vec{b} + \vec{c}) \qquad \text{Assoziativgesetz}$$

Die folgenden, mithilfe von Definition VIII.2 trivial zu beweisenden Sätze führen auf die wichtigen Begriffe „Nullvektor" und „Gegenvektor".

Satz VIII.2: Es gibt sowohl in der Ebene als auch im Raum genau einen Vektor $\vec{0}$, für den gilt: $\vec{a} + \vec{0} = \vec{a}$ für alle Vektoren $\vec{a}$. Er heißt *Nullvektor*.

Nullvektor in der Ebene $\qquad \vec{0} = \begin{pmatrix}0\\0\end{pmatrix} \qquad$ Nullvektor in Raum $\qquad \vec{0} = \begin{pmatrix}0\\0\\0\end{pmatrix}$

Satz VIII.3: Zu jedem Vektor $\vec{a}$ der Ebene bzw. des Raumes gibt es genau einen Vektor $-\vec{a}$, sodass gilt:
$\vec{a} + (-\vec{a}) = \vec{0}$.
$-\vec{a}$ heißt *Gegenvektor* zu $\vec{a}$.

$\begin{pmatrix} a_1 \\ a_2 \end{pmatrix} + \begin{pmatrix} -a_1 \\ -a_2 \end{pmatrix} = \begin{pmatrix} 0 \\ 0 \end{pmatrix}$ $\begin{pmatrix} a_1 \\ a_2 \\ a_3 \end{pmatrix} + \begin{pmatrix} -a_1 \\ -a_2 \\ -a_3 \end{pmatrix} = \begin{pmatrix} 0 \\ 0 \\ 0 \end{pmatrix}$
Vektor Gegenvektor   Vektor Gegenvektor

Vektor   Gegenvektor

$\vec{a} = \begin{pmatrix} 4 \\ 3 \end{pmatrix}$ $-\vec{a} = \begin{pmatrix} -4 \\ -3 \end{pmatrix}$

Geometrisch bedeutet der Gegenvektor $(-\vec{a})$ diejenige Parallelverschiebung, die eine Verschiebung mittels $\vec{a}$ bei der Hintereinanderausführung wieder rückgängig macht.
Mithilfe des Gegenvektors lässt sich die Subtraktion von Vektoren definieren.

Definition VIII.3: Die Differenz $\vec{a} - \vec{b}$ zweier Vektoren $\vec{a}$ und $\vec{b}$ sei gegeben durch:

$\vec{a} - \vec{b} = \vec{a} + (-\vec{b})$. ● 300-1

Beispiel:
$\begin{pmatrix} 1 \\ 4 \\ 5 \end{pmatrix} - \begin{pmatrix} 3 \\ 1 \\ 3 \end{pmatrix} = \begin{pmatrix} 1 \\ 4 \\ 5 \end{pmatrix} + \begin{pmatrix} -3 \\ -1 \\ -3 \end{pmatrix} = \begin{pmatrix} -2 \\ 3 \\ 2 \end{pmatrix}$

Geometrisch kann man die Differenz der Vektoren $\vec{a}$ und $\vec{b}$ ähnlich wie deren Summe als Diagonalenvektor in dem von $\vec{a}$ und $\vec{b}$ aufgespannten Parallelogramm interpretieren.
Wegen $\vec{a} - \vec{b} = \vec{a} + (-\vec{b})$ wird diese Differenz durch den Pfeil repräsentiert, der von der Pfeilspitze eines Repräsentanten des Vektors $\vec{b}$ zur Pfeilspitze des Repräsentanten von $\vec{a}$ geht, der den gleichen Anfangspunkt wie der Repräsentant von $\vec{b}$ hat.

Parallelogrammregel für die Subtraktion

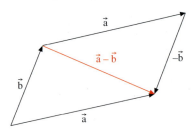

Übung 4
Gegeben sind die Vektoren $\vec{a} = \begin{pmatrix} 2 \\ 1 \\ 3 \end{pmatrix}, \vec{b} = \begin{pmatrix} -1 \\ 4 \\ 2 \end{pmatrix}, \vec{c} = \begin{pmatrix} 3 \\ 1 \\ 5 \end{pmatrix}, \vec{d} = \begin{pmatrix} 0 \\ 0 \\ 1 \end{pmatrix}, \vec{e} = \begin{pmatrix} 2 \\ 4 \end{pmatrix}, \vec{f} = \begin{pmatrix} 1 \\ -5 \end{pmatrix}$.
Berechnen Sie den angegebenen Vektorterm, sofern dies möglich ist.

a) $\vec{a} - \vec{b}$ b) $\vec{c} - \vec{d}$ c) $\vec{e} - \vec{f}$ d) $\vec{a} - \vec{b} - \vec{c}$ e) $\vec{a} - \vec{e}$
f) $\vec{a} + \vec{c} - \vec{d}$ g) $\vec{d} + \vec{d} - \vec{b} + \vec{a} - \vec{c} - \vec{b}$ h) $\vec{0} - \vec{a}$ i) $\vec{a} - \vec{a}$

Übung 5
Bestimmen Sie den Vektor $\vec{x}$.

a) $\begin{pmatrix} 5 \\ 3 \end{pmatrix} + \vec{x} = \begin{pmatrix} 8 \\ 7 \end{pmatrix}$ b) $\begin{pmatrix} 2 \\ 5 \end{pmatrix} + \begin{pmatrix} 1 \\ 4 \end{pmatrix} - \begin{pmatrix} 3 \\ 1 \end{pmatrix} = \begin{pmatrix} 2 \\ 4 \end{pmatrix} - \begin{pmatrix} 8 \\ 2 \end{pmatrix} + \vec{x}$ c) $\begin{pmatrix} 3 \\ 5 \end{pmatrix} + \begin{pmatrix} 2 \\ 1 \end{pmatrix} - \begin{pmatrix} 3 \\ 5 \end{pmatrix} = \begin{pmatrix} 1 \\ 4 \end{pmatrix} + \vec{x} - \begin{pmatrix} 2 \\ 5 \end{pmatrix}$

d) $\begin{pmatrix} 3 \\ 3 \\ 2 \end{pmatrix} + \vec{x} = \begin{pmatrix} 1 \\ 4 \\ 1 \end{pmatrix}$ e) $\begin{pmatrix} 3 \\ 2 \\ 1 \end{pmatrix} + \vec{x} - \begin{pmatrix} 1 \\ 1 \\ 3 \end{pmatrix} + \begin{pmatrix} 2 \\ 4 \\ 1 \end{pmatrix} = \begin{pmatrix} 2 \\ 3 \\ 5 \end{pmatrix}$ f) $\begin{pmatrix} 1 \\ 4 \\ -1 \end{pmatrix} + \begin{pmatrix} -8 \\ -5 \\ -2 \end{pmatrix} = \begin{pmatrix} 2 \\ 1 \\ 3 \end{pmatrix} + \begin{pmatrix} 0{,}5 \\ 1 \\ 2 \end{pmatrix} + \vec{x} - \begin{pmatrix} 3 \\ 4 \\ -1 \end{pmatrix}$

B. Skalar-Multiplikation (S-Multiplikation)

Die nebenstehend durchgeführte zeichnerische Konstruktion (Addition durch Aneinanderlegen) legt es nahe, die Summe $\vec{a} + \vec{a} + \vec{a}$ als **Vielfaches** von $\vec{a}$ aufzufassen. Man schreibt daher:

$$3 \cdot \vec{a} = \vec{a} + \vec{a} + \vec{a}.$$

Rechnerisch ergibt sich mithilfe koordinatenweiser Addition für $\vec{a} = \begin{pmatrix} a_1 \\ a_2 \end{pmatrix}$:

$$3 \cdot \begin{pmatrix} a_1 \\ a_2 \end{pmatrix} = \begin{pmatrix} a_1 \\ a_2 \end{pmatrix} + \begin{pmatrix} a_1 \\ a_2 \end{pmatrix} + \begin{pmatrix} a_1 \\ a_2 \end{pmatrix} = \begin{pmatrix} 3a_1 \\ 3a_2 \end{pmatrix}.$$

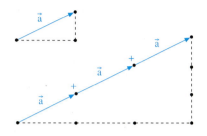

Diese koordinatenweise Vervielfachung eines Vektors lässt sich sogar auf beliebige reelle Vervielfältigungsfaktoren ausdehnen,

z. B. $2{,}5 \cdot \begin{pmatrix} a_1 \\ a_2 \end{pmatrix} = \begin{pmatrix} 2{,}5\,a_1 \\ 2{,}5\,a_2 \end{pmatrix}.$

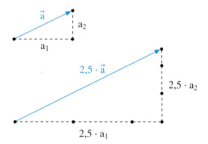

Definition VIII.4: Ein Vektor wird mit einer reellen Zahl s (einem sog. Skalar) multipliziert, indem jede seiner Koordinaten mit s multipliziert wird.

In der Ebene: $s \cdot \begin{pmatrix} a_1 \\ a_2 \end{pmatrix} = \begin{pmatrix} s \cdot a_1 \\ s \cdot a_2 \end{pmatrix}$ | **Im Raum:** $s \cdot \begin{pmatrix} a_1 \\ a_2 \\ a_3 \end{pmatrix} = \begin{pmatrix} s \cdot a_1 \\ s \cdot a_2 \\ s \cdot a_3 \end{pmatrix}$ 🔴 301-1

Für die S-Multiplikation gelten folgende Rechengesetze:

Satz VIII.4: r und s seien reelle Zahlen, $\vec{a}$ und $\vec{b}$ Vektoren. Dann gelten folgende Regeln:

(I) $r \cdot (\vec{a} + \vec{b}) = r \cdot \vec{a} + r \cdot \vec{b}$ (II) $(r + s) \cdot \vec{a} = r \cdot \vec{a} + s \cdot \vec{a}$ (III) $(r \cdot s)\vec{a} = r \cdot (s \cdot \vec{a})$

     Distributivgesetz   Distributivgesetz

Wir beschränken uns auf den Beweis zu (I) für Vektoren im Raum.

$$r\left(\begin{pmatrix} a_1 \\ a_2 \\ a_3 \end{pmatrix} + \begin{pmatrix} b_1 \\ b_2 \\ b_3 \end{pmatrix}\right) = r\begin{pmatrix} a_1+b_1 \\ a_2+b_2 \\ a_3+b_3 \end{pmatrix} = \begin{pmatrix} r(a_1+b_1) \\ r(a_2+b_2) \\ r(a_3+b_3) \end{pmatrix} = \begin{pmatrix} ra_1+rb_1 \\ ra_2+rb_2 \\ ra_3+rb_3 \end{pmatrix} = \begin{pmatrix} ra_1 \\ ra_2 \\ ra_3 \end{pmatrix} + \begin{pmatrix} rb_1 \\ rb_2 \\ rb_3 \end{pmatrix} = r\begin{pmatrix} a_1 \\ a_2 \\ a_3 \end{pmatrix} + r\begin{pmatrix} b_1 \\ b_2 \\ b_3 \end{pmatrix}$$

                              ↑   ↑   ↑   ↑   ↑

                          Def. VIII.2   Def. VIII.4   Distributiv-   Def. VIII.2   Def. VIII.4

                                                gesetz in ℝ

Übung 6
Beweisen Sie Satz VIII.4 (II) sowohl für Vektoren in der Ebene als auch für Vektoren im Raum.

🔴 301-2

Übungen

7. Vereinfachen Sie den Term zu einem einzigen Vektor.

a) $5 \cdot \begin{pmatrix} 1{,}2 \\ 0{,}6 \\ 3{,}4 \end{pmatrix}$
b) $5 \cdot \begin{pmatrix} 3 \\ 2 \\ 1 \end{pmatrix} + 3 \cdot \begin{pmatrix} -1 \\ 0 \\ 2 \end{pmatrix}$
c) $3 \cdot \begin{pmatrix} 8 \\ -1 \\ 0 \end{pmatrix} + 2 \cdot \begin{pmatrix} -10 \\ 1 \\ 2 \end{pmatrix} - 2 \cdot \begin{pmatrix} 2 \\ 0{,}5 \\ 2 \end{pmatrix}$

8. Stellen Sie den gegebenen Vektor in der Form $r\vec{a}$ dar, wobei $\vec{a}$ nur ganzzahlige Koordinaten besitzen soll und r eine reelle Zahl ist.

a) $\begin{pmatrix} 0{,}5 \\ 1{,}5 \\ -1{,}5 \end{pmatrix}$
b) $\begin{pmatrix} 3{,}5 \\ 1 \\ 2{,}5 \end{pmatrix}$
c) $\begin{pmatrix} 0{,}25 \\ 0{,}5 \\ -2 \end{pmatrix}$
d) $\begin{pmatrix} 1 \\ 0{,}4 \\ 0{,}6 \end{pmatrix}$
e) $\begin{pmatrix} 0{,}5 \\ -0{,}25 \\ 0{,}125 \end{pmatrix}$
f) $\begin{pmatrix} 1{,}5 \\ 3 \\ 0{,}75 \end{pmatrix}$

9. Bestimmen Sie das Ergebnis des gegebenen Rechenausdrucks als Spaltenvektor.

a) $-\vec{a} + \vec{e}$
b) $\vec{d} - \vec{b}$
c) $3\vec{a} + 2\vec{c} + \vec{d}$
d) $2(\vec{a} + \vec{b}) - (\vec{a} - \vec{c}) - 2\vec{b}$
e) $\frac{1}{2}\vec{c} + \frac{1}{4}\vec{b} - \vec{a}$
f) $\vec{a} + \vec{b} + \vec{c} - \vec{d} + 3\vec{f}$

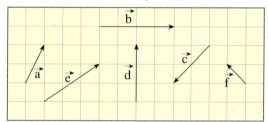

10. Vereinfachen Sie den Term so weit wie möglich.

a) $3\vec{a} + 5\vec{a} - 7\vec{a} - (-2\vec{a}) - \vec{a}$
b) $\vec{a} - 4(\vec{b} - \vec{a}) - 2\vec{c} + 2(\vec{b} + \vec{c})$
c) $2(\vec{a} + 4(\vec{b} - \vec{a})) + 2(\vec{c} + \vec{a}) - 6\vec{b}$
d) $2(\vec{a} - \vec{c}) + 0{,}5(\vec{c} - \vec{b}) + 1{,}5(\vec{b} + \vec{c}) - \vec{a}$
e) $-(\vec{a} - 2\vec{b} - (7\vec{a} - (-2) \cdot (-\vec{a}))) - (\vec{a} - (-\vec{b}))$
f) $\vec{c} - (\vec{a} - 2\vec{b} + (7\vec{c} - (4\vec{b} - 2\vec{c})) - 2\vec{c}$
g) $(4\vec{b} - \vec{a} - (-2\vec{b})) \cdot 3 - 3(-4\vec{a} - (\vec{b} - \vec{a}) \cdot (-1))$
h) $5\vec{b} - (\vec{a} - 4\vec{b} + 3(\vec{a} - 7\vec{b})) \cdot (-2) - 5(-9\vec{b} + 1{,}6\vec{a})$

11. Berechnen Sie den Wert der Variablen x, sofern eine Lösung existiert.

a) $x \cdot \begin{pmatrix} 3 \\ 5 \\ 1 \end{pmatrix} = \begin{pmatrix} 1 \\ 2 \\ 1 \end{pmatrix} - \begin{pmatrix} 7 \\ 12 \\ -1 \end{pmatrix}$

b) $\begin{pmatrix} 20 \\ 4 \\ -14 \end{pmatrix} = x \cdot \begin{pmatrix} 12 \\ 4 \\ 4 \end{pmatrix} - 2x \cdot \begin{pmatrix} 1 \\ 1 \\ 3 \end{pmatrix}$

c) $\begin{pmatrix} 4 \\ x \\ 2 \end{pmatrix} + 2 \begin{pmatrix} 1 \\ 2 \\ 3 \end{pmatrix} = \begin{pmatrix} x \\ 10 \\ x+2 \end{pmatrix}$

d) $x \cdot \begin{pmatrix} x+1 \\ 5 \\ -1 \end{pmatrix} = x \cdot \begin{pmatrix} 1 \\ 2 \\ -2 \end{pmatrix} - 3 \begin{pmatrix} 3 \\ 3 \\ 1 \end{pmatrix} + \begin{pmatrix} 6x \\ 18 \\ 2x \end{pmatrix}$

12. Prüfen Sie, ob die angegebene Gleichung richtig ist.

a) $\vec{a} + 2\vec{b} = 3\vec{d} - 2\vec{c}$
b) $\vec{a} - \vec{c} = \vec{d} - 3\vec{c}$
c) $\vec{a} - \vec{b} = -\frac{1}{2}\vec{c}$
d) $2\vec{d} - (\vec{c} - \vec{a}) = \vec{0}$
e) $\vec{a} + 2\vec{d} = 2\vec{b} + \vec{d}$

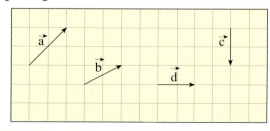

3. Rechnen mit Vektoren

C. Exkurs: Kombination von Rechenoperationen / Vektorzüge

Die Addition bzw. Subtraktion und Skalarmultiplikation von mehr als zwei Vektoren kann mithilfe von sogenannten Vektorzügen vereinfacht und sehr effizient durchgeführt werden.

▶ **Beispiel: Addition durch Vektorzug**
Gegeben sind die rechts dargestellten Vektoren $\vec{a}$, $\vec{b}$ und $\vec{c}$.
Konstruieren Sie zeichnerisch den Vektor $\vec{x} = \vec{a} + 2\vec{b} + 1{,}5\vec{c}$. Führen Sie eine rechnerische Ergebniskontrolle durch.

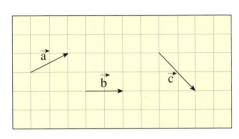

Lösung:
Wir setzen die Vektoren $\vec{a}$, $2\vec{b}$ und $1{,}5\vec{c}$ wie abgebildet aneinander.

Es entsteht ein *Vektorzug*.

Der gesuchte Vektor führt vom Anfang zum Ende des Vektorzugs. Er bewirkt die gleiche Verschiebung wie die drei Einzelterme insgesamt, ist also deren Summe.

▶ Rechnerisch erhalten wir das gleiche Resultat, indem wir $\vec{a}$, $\vec{b}$ und $\vec{c}$ mithilfe von Spaltenvektoren darstellen.

Zeichnerische Lösung:

Rechnerische Lösung:
$$\vec{x} = \vec{a} + 2\vec{b} + 1{,}5\vec{c}$$
$$= \binom{2}{1} + 2\binom{2}{0} + 1{,}5\binom{2}{-2} = \binom{9}{-2}$$

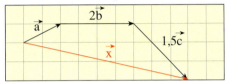

▶ **Beispiel: Drittelung einer Strecke**
Gegeben ist die Strecke $\overline{AB}$ mit den Endpunkten $A(2|4)$ und $B(8|1)$. Punkt C teilt die Strecke im Verhältnis $2:1$. Bestimmen Sie die Koordinaten von C.

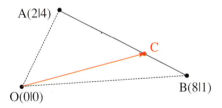

Lösung:
Der Ortsvektor $\overrightarrow{OC}$ des gesuchten Punktes C lässt sich durch den Vektorzug $\overrightarrow{OA} + \frac{2}{3}\overrightarrow{AB}$ darstellen, wie dies aus der Skizze zu erkennen ist.
Die rechts aufgeführte Rechnung führt auf
▶ das Resultat $C(6|6)$.

Berechnung des Ortsvektors von C:
$$\overrightarrow{OC} = \overrightarrow{OA} + \overrightarrow{AC}$$
$$= \overrightarrow{OA} + \frac{2}{3}\overrightarrow{AB}$$
$$= \binom{2}{4} + \frac{2}{3}\binom{6}{-3} = \binom{6}{2}$$

Übung 13 Vektoraddition
Bestimmen Sie durch Zeichnung und Rechnung die Vektoren $\vec{x} = \vec{a} + 2\vec{b}$, $\vec{y} = \vec{a} + \vec{b} - \vec{c}$ und $\vec{z} = \vec{a} - 0{,}5\vec{b} + 2\vec{c}$.

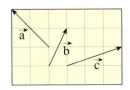

Geometrische Figuren können oft durch einige wenige Basisvektoren festgelegt bzw. aufgespannt werden. Weitere in den Figuren auftretende Vektoren können dann mithilfe dieser Basisvektoren als Vektorzug dargestellt werden.

▶ **Beispiel: Vektoren im Trapez**
Ein achsensymmetrisches Trapez wird durch die Vektoren $\vec{a}$ und $\vec{b}$ aufgespannt. Die Decklinie des Trapezes ist halb so lang wie die Grundlinie.
Stellen Sie die Vektoren $\overrightarrow{AC}$ und $\overrightarrow{BC}$ mithilfe der Vektoren $\vec{a}$ und $\vec{b}$ dar.

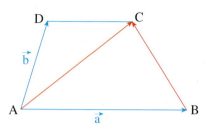

Lösung:
Wir arbeiten zur Darstellung mit Vektorzügen, die $\vec{a}$ und $\vec{b}$ enthalten. Dabei beachten wir, dass $\overrightarrow{DC} = \frac{1}{2}\vec{a}$ gilt, denn $\overrightarrow{DC}$ ist parallel zu $\vec{a}$ und halb so lang.
Die Rechenwege und Resultate sind rechts
▶ aufgeführt.

$$\overrightarrow{AC} = \overrightarrow{AD} + \overrightarrow{DC}$$
$$= \vec{b} + \frac{1}{2}\vec{a}$$

$$\overrightarrow{BC} = \overrightarrow{BA} + \overrightarrow{AD} + \overrightarrow{DC} = -\vec{a} + \vec{b} + \frac{1}{2}\vec{a}$$
$$= \vec{b} - \frac{1}{2}\vec{a}$$

Übung 14 Vektoren im Quader
Der abgebildete Quader wird durch die Vektoren $\vec{a}, \vec{b}$ und $\vec{c}$ aufgespannt. Der Vektor $\vec{x}$ verbindet die Mittelpunkte M und N zweier Quaderkanten.
Stellen Sie den Vektor $\vec{x}$ mithilfe der aufspannenden Vektoren $\vec{a}, \vec{b}$ und $\vec{c}$ dar.

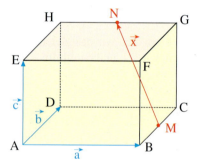

Übung 15 Vektoren im Sechseck
Die Vektoren $\vec{a}, \vec{b}$ und $\vec{c}$ definieren ein Sechseck. Stellen Sie die Transversalenvektoren $\overrightarrow{AE}, \overrightarrow{DA}$ und $\overrightarrow{CF}$ mithilfe von $\vec{a}, \vec{b}$ und $\vec{c}$ dar.

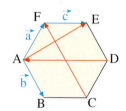

Übung 16 Vektoren in einer Pyramide
Eine gerade Pyramide hat eine quadratische Grundfläche ABCD und die Spitze S. Sie wird von den Vektoren $\vec{a}, \vec{b}$ und $\vec{h}$ wie abgebildet aufgespannt. Stellen Sie die Seitenkantenvektoren $\overrightarrow{AS}, \overrightarrow{BS}, \overrightarrow{CS}$ und $\overrightarrow{DS}$ mithilfe von $\vec{a}, \vec{b}$ und $\vec{h}$ dar.

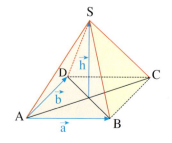

3. Rechnen mit Vektoren

D. Linearkombination von Vektoren

Sind zwei Vektoren $\vec{a}$ und $\vec{b}$ gegeben, lassen sich weitere Vektoren $\vec{x}$ der Form $r \cdot \vec{a} + s \cdot \vec{b}$ aus den gegebenen Vektoren $\vec{a}$ und $\vec{b}$ erzeugen. Eine solche Summe nennt man *Linearkombination* von $\vec{a}$ und $\vec{b}$. Man kann den Begriff folgendermaßen verallgemeinern.

> Eine Summe der Form $r_1 \cdot \vec{a}_1 + r_2 \cdot \vec{a}_2 + \cdots + r_n \cdot \vec{a}_n$ ($r_i \in \mathbb{R}$) nennt man *Linearkombination* der Vektoren $\vec{a}_1, \vec{a}_2, \ldots, \vec{a}_n$.

▶ **Beispiel: Darstellung eines Vektors als Linearkombination (LK)**
Gegeben sind die Vektoren $\vec{a} = \begin{pmatrix} 2 \\ 1 \\ 1 \end{pmatrix}$, $\vec{b} = \begin{pmatrix} 1 \\ 1 \\ 2 \end{pmatrix}$ sowie $\vec{c} = \begin{pmatrix} 3 \\ 1 \\ 0 \end{pmatrix}$ und $\vec{d} = \begin{pmatrix} 3 \\ 1 \\ 2 \end{pmatrix}$.
a) Zeigen Sie, dass $\vec{c}$ als LK von $\vec{a}$ und $\vec{b}$ dargestellt werden kann.
b) Zeigen Sie, dass $\vec{d}$ **nicht** als LK von $\vec{a}$ und $\vec{b}$ dargestellt werden kann.

Wir versuchen, die Vektoren $\vec{c}$ bzw. $\vec{d}$ als Linearkombination von $\vec{a}$ und $\vec{b}$ darzustellen. Dies führt jeweils auf ein lineares Gleichungssystem mit 3 Gleichungen und 2 Variablen. Wenn es lösbar ist, ist die gesuchte Darstellung gefunden, andernfalls ist sie nicht möglich.

Lösung zu a:

Ansatz: $\begin{pmatrix} 3 \\ 1 \\ 0 \end{pmatrix} = r \cdot \begin{pmatrix} 2 \\ 1 \\ 1 \end{pmatrix} + s \cdot \begin{pmatrix} 1 \\ 1 \\ 2 \end{pmatrix}$

Gl.-system: I $2r + s = 3$
              II $r + s = 1$
              III $r + 2s = 0$

Lösungs-   IV   I − II: $r = 2$
versuch: V   IV in I: $s = -1$

Überprüfung: IV, V in III: $0 = 0$ ist wahr

Ergebnis:

$r = 2$, $s = -1$

$\vec{c}$ ist als Linearkombination von $\vec{a}$ und $\vec{b}$
▶ darstellbar: $\vec{c} = 2\vec{a} - \vec{b}$.

Lösung zu b:

Ansatz: $\begin{pmatrix} 3 \\ 1 \\ 2 \end{pmatrix} = r \cdot \begin{pmatrix} 2 \\ 1 \\ 1 \end{pmatrix} + s \cdot \begin{pmatrix} 1 \\ 1 \\ 2 \end{pmatrix}$

Gl.-system: I $2r + s = 3$
              II $r + s = 1$
              III $r + 2s = 2$

Lösungs-   IV   I − II: $r = 2$
versuch: V   IV in I: $s = -1$

Überprüfung: IV, V in III: $0 = 2$ ist falsch

Ergebnis:

Das Gleichungssystem ist unlösbar.

$\vec{d}$ ist **nicht** als Linearkombination von $\vec{a}$ und $\vec{b}$ darstellbar.

Übung 17
Überprüfen Sie, ob die Vektoren $\vec{c} = \begin{pmatrix} 6 \\ 4 \\ 1 \end{pmatrix}$ bzw. $\vec{d} = \begin{pmatrix} 2 \\ 3 \\ 4 \end{pmatrix}$ als Linearkombination der Vektoren $\vec{a} = \begin{pmatrix} 2 \\ 1 \\ -1 \end{pmatrix}$ und $\vec{b} = \begin{pmatrix} 2 \\ 2 \\ 3 \end{pmatrix}$ dargestellt werden können.

E. Kollineare und komplanare Vektoren

Zwei Vektoren, deren Pfeile parallel verlaufen, bezeichnet man als *kollinear*. Sie verlaufen parallel, können aber eine unterschiedliche Orientierung und Länge haben. Ein Vektor lässt sich dann als Vielfaches des anderen Vektors darstellen.

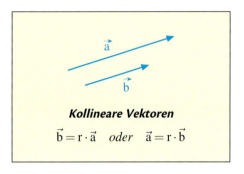
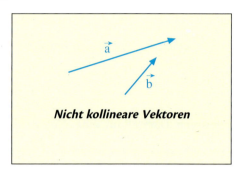

Übung 18 Kollinearitätsprüfung
Prüfen Sie, ob die gegebenen Vektoren kollinear sind.

a) $\begin{pmatrix} 3 \\ 5 \end{pmatrix}, \begin{pmatrix} -6 \\ -10 \end{pmatrix}$ b) $\begin{pmatrix} -12 \\ 3 \\ 8 \end{pmatrix}, \begin{pmatrix} 4 \\ -1 \\ 3 \end{pmatrix}$ c) $\begin{pmatrix} 4 \\ -2 \\ 8 \end{pmatrix}, \begin{pmatrix} 6 \\ -3 \\ 12 \end{pmatrix}$ d) $\begin{pmatrix} 2 \\ -3 \\ 4 \end{pmatrix}, \begin{pmatrix} 4 \\ -9 \\ 8 \end{pmatrix}$

Übung 19 Trapeznachweis
Gegeben sind im räumlichen Koordinatensystem die Punkte A(3|2|−2), B(0|8|1), C(−1|3|3) und D(1|−1|1). Zeigen Sie, dass ABCD ein Trapez ist. Fertigen Sie ein Schrägbild an.
Hinweis: Ein Trapez ABCD ist dadurch gekennzeichnet, dass mindestens ein Paar gegenüberliegender Seiten Parallelität aufweist.

Drei Vektoren, deren Pfeile sich in ein- und derselben Ebene darstellen lassen, bezeichnet man als *komplanar*. Dies bedeutet, dass mindestens einer der beteiligten Vektoren als Linearkombination der anderen beiden Vektoren darstellbar ist.

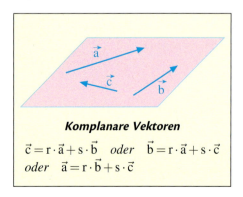
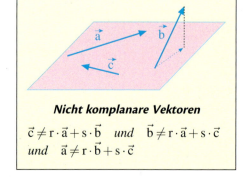

3. Rechnen mit Vektoren

Übung 20
Prüfen Sie, ob die gegebenen Vektoren komplanar sind.

a) $\begin{pmatrix}1\\7\\2\end{pmatrix}, \begin{pmatrix}1\\2\\1\end{pmatrix}, \begin{pmatrix}2\\-1\\1\end{pmatrix}$
b) $\begin{pmatrix}1\\0\\1\end{pmatrix}, \begin{pmatrix}0\\1\\0\end{pmatrix}, \begin{pmatrix}2\\1\\2\end{pmatrix}$
c) $\begin{pmatrix}2\\2\\4\end{pmatrix}, \begin{pmatrix}4\\6\\5\end{pmatrix}, \begin{pmatrix}1\\2\\2\end{pmatrix}$

Übung 21
Begründen Sie die folgenden Aussagen.
a) Ist einer von drei Vektoren $\vec{a}, \vec{b}, \vec{c}$ der Nullvektor, so sind die drei Vektoren komplanar.
b) Zwei Vektoren sind stets komplanar.

F. Exkurs: Lineare Abhängigkeit und Unabhängigkeit

Kollineare Vektoren und komplanare Vektoren bezeichnet man auch als *linear abhängig*, da jeweils einer der beteiligten Vektoren sich als Linearkombination der restlichen Vektoren darstellen lässt. Ist dies nicht möglich, so bezeichnet man die Vektoren als *linear unabhängig*.

● 307-1

Zwei linear unabhängige Vektoren $\vec{a}$ und $\vec{b}$ des zweidimensionalen Anschauungsraumes $\mathbb{R}^2$ bezeichnet man als eine *Basis* des zweidimensionalen Raumes, da sich jeder andere Vektor des zweidimensionalen Raumes als Linearkombination von $\vec{a}$ und $\vec{b}$ darstellen lässt.

Analog bilden drei linear unabhängige Vektoren $\vec{a}, \vec{b}$ und $\vec{c}$ des dreidimensionalen Anschauungsraumes $\mathbb{R}^3$ eine Basis des dreidimensionalen Raumes. Jeder andere Vektor des dreidimensionalen Raumes lässt sich dann als Linearkombination von $\vec{a}, \vec{b}$ und $\vec{c}$ darstellen.

▶ **Beispiel: Basis**
In dem abgebildeten Haus haben alle Kanten die gleiche Länge. Begründen Sie, dass die Vektoren $\vec{a}, \vec{b}$ und $\vec{c}$ eine Basis bilden. Stellen Sie die folgenden Vektoren als Linearkombination der Basisvektoren dar.:
$\overrightarrow{AC}, \overrightarrow{AG}, \overrightarrow{CE}, \overrightarrow{ED}, \overrightarrow{TH}, \overrightarrow{ES}, \overrightarrow{BS}$

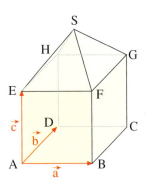

Lösung:
$\vec{a}, \vec{b}$ und $\vec{c}$ liegen nicht in einer Ebene und sind daher linear unabhängig. Folglich bilden Sie eine Basis des dreidimensionalen Raumes. Jeder Vektor kann als Linearkombination der Basisvektoren dargestellt werden, insbesondere auch alle innerhalb des Hauses realisierbaren Vektoren.

$\overrightarrow{AC} = \vec{a}+\vec{b},\qquad \overrightarrow{AG} = \vec{a}+\vec{b}+\vec{c}$
$\overrightarrow{CE} = -\vec{a}-\vec{b}-\vec{c},\quad \overrightarrow{ED} = \vec{b}-\vec{c}$
$\overrightarrow{TH} = -\vec{a}+0{,}5\vec{b}+\vec{c}$
$\overrightarrow{ES} = 0{,}5\vec{a}+0{,}5\vec{b}+\frac{\sqrt{2}}{2}\vec{c}$
$\overrightarrow{BS} = -0{,}5\vec{a}+0{,}5\vec{b}\left(1+\frac{\sqrt{2}}{2}\right)\vec{c}$

22. Stellen Sie den angegebenen Vektor als Linearkombination der Vektoren $\vec{a}$, $\vec{b}$ und $\vec{c}$ dar.
$\vec{a} = \overrightarrow{AB}, \vec{b} = \overrightarrow{AD}, \vec{c} = \overrightarrow{MS}$
a) $\overrightarrow{AS}$ b) $\overrightarrow{BS}$
c) $\overrightarrow{SC}$ d) $\overrightarrow{BD}$

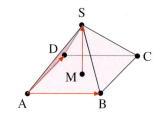

23. Stellen Sie den angegebenen Vektor als Linearkombination von $\vec{a}$, $\vec{b}$ und $\vec{c}$ dar.
$\vec{a} = \overrightarrow{AB}, \vec{b} = \overrightarrow{AD}, \vec{c} = \overrightarrow{AE}$
a) $\overrightarrow{AM}$ b) $\overrightarrow{BM}$
c) $\overrightarrow{GN}$ d) $\overrightarrow{FD}$ bzw. $\overrightarrow{EC}$

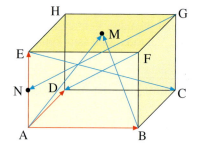

24. Stellen Sie den angegebenen Vektor als Linearkombination von $\vec{a}$, $\vec{b}$ und $\vec{c}$ dar.
$\vec{a} = \overrightarrow{AB}, \vec{b} = \overrightarrow{AD}, \vec{c} = \overrightarrow{AH}$
a) $\overrightarrow{AE}$ b) $\overrightarrow{AF}$
c) $\overrightarrow{HS}$ d) $\overrightarrow{TG}$
F und G sind Seitenmitten.

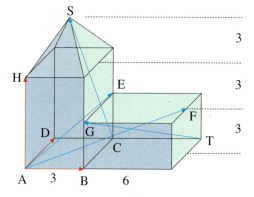

25. Rechts in ein regemäßiges zweidimensionales Sechseck abgebildet.
   a) Stellen Sie die Vektoren $\vec{c}$, $\vec{d}$ und $\vec{e}$ als Linearkombination der Vektoren $\vec{a}$ und $\vec{b}$ dar.
   b) Stellen Sie den Vektor $\overrightarrow{PQ}$ als Linearkombination von $\vec{a}$ und $\vec{b}$ dar.

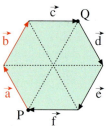

26. Gegeben sind die Vektoren 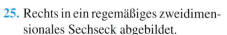 sowie $\vec{d} = \begin{pmatrix} 2 \\ 1 \\ 4 \end{pmatrix}$ und $\vec{e} = \begin{pmatrix} -2 \\ 0 \\ -3 \end{pmatrix}$.
   a) Zeigen Sie, dass die Vektoren $\vec{a}$, $\vec{b}$, $\vec{c}$ nicht komplanar sind.
   b) Stellen Sie die Vektoren $\vec{d}$ und $\vec{e}$ als Linearkombination der Vektoren $\vec{a}$, $\vec{b}$ und $\vec{c}$ dar.

G. Exkurs: Anwendungen des Rechnens mit Vektoren

Das Rechnen mit Vektoren hat praktische Anwendungsbezüge. Vektoren sind gut geeignet, gerichtete Größen wie Kräfte und Geschwindigkeiten zu modellieren. Wir behandeln exemplarisch zwei einfache Beispiele.

▶ **Beispiel: Die resultierende Kraft**
Ein Lastkahn K wird von zwei Schleppern auf See wie abgebildet gezogen. Schlepper A zieht mit einer Kraft von 10 kN in Richtung N60°O. Schlepper B zieht mit 15 kN in Richtung S80°O. Wie groß ist die resultierende Zugkraft? In welche Richtung bewegt sich die Formation insgesamt?

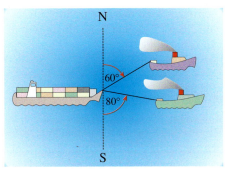

Lösung:
Wir zeichnen die beiden Zugkräfte $\vec{F}_1$ und $\vec{F}_2$ maßstäblich (z. B.: 1 kN = 1 cm), bilden ihre vektorielle Summe $\vec{F}$ (Resultierende) und messen deren Betrag und Richtung. Wir erhalten eine Kraft von $|\vec{F}| = 23{,}5$ kN
▶ in Richtung N84°O.

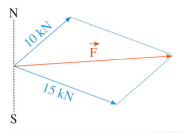

▶ **Beispiel: Die wahre Geschwindigkeit**
Ein Hubschrauber X bewegt sich mit einer Geschwindigkeit von 300 km/h relativ zur Luft. Der Pilot hat Kurs N50°O eingestellt, als Wind mit 100 km/h in Richtung N20°W aufkommt. Bestimmen Sie den wahren Kurs und die wahre Geschwindigkeit des Hubschraubers.

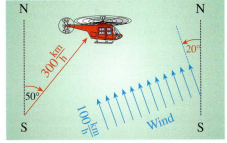

Lösung:
Wir addieren die beiden Geschwindigkeiten $\vec{v}_X$ und $\vec{v}_W$ mithilfe einer maßstäblichen Zeichnung (z. B. 100 km/h = 2 cm) und erhalten als Resultat, dass sich das Flugzeug mit einer Geschwindigkeit von ca. 350 km/h relativ zum Boden in Richtung N34°O bewegt. Der Wind erhöht also
▶ die Geschwindigkeit und verändert den Kurs.

Übung 27
Drei Pferde ziehen wie abgebildet nach rechts, zwei Stiere ziehen nach links. Ein Stier ist doppelt so stark wie ein Pferd. Wer gewinnt den Kampf?

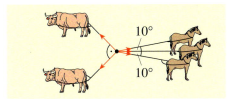

Die Angabe N60°O bedeutet: Das Objekt bewegt sich nach Norden mit einer Abweichung von 60° nach Osten.

Im Folgenden ist im Gegensatz zu den vorhergehenden Beispielen die resultierende Kraft gegeben. Gesucht sind nun Komponenten dieser Kraft in bestimmte vorgegebene Richtungen.

▶ **Beispiel: Antriebskraft am Hang**
Welche Antriebskraft muss ein 1200 kg schweres Auto mindestens aufbringen, um einen 15° steilen Hang hinauffahren zu können?

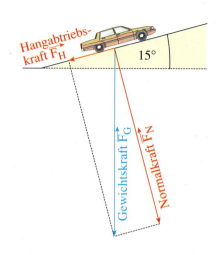

Lösung:
Wir fertigen eine Zeichnung an. Die Gewichtskraft des Autos beträgt ca. 12 000 N. Sie zeigt senkrecht nach unten. Wir zerlegen Sie additiv in eine zum Hang senkrechte Normalkraft $\vec{F}_N$ und eine zum Hang parallele Hangabtriebskraft $\vec{F}_H$.
Maßstäbliches Ausmessen ergibt die Beträge $|\vec{F}_N| = 11\,600$ N und $|\vec{F}_H| = 3100$ N. Die Antriebskraft des Autos muss nur den Hangabtrieb ausgleichen, d.h. sie muss
▶ mindestens 3100 N betragen.

▶ **Beispiel: Seilkräfte**
Zwei Kräne heben ein 10 000 kg schweres Bauteil mithilfe von Drahtseilen. Wie groß sind die Seilkräfte?

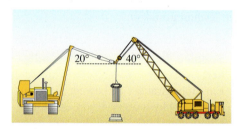

Lösung:
Die Gewichtskraft beträgt ca. 100 000 N. Sie muss durch eine gleichgroße, nach oben gerichtete Gegenkraft ausgeglichen werden. Mithilfe eines Parallelogramms konstruieren wir zwei längs der Seile wirkende Kräfte, deren resultierende Summe genau diese Gegenkraft ergibt.
Durch maßstäbliches Zeichnen und Ablesen erhalten wir $|\vec{F}_1| = 108\,500$ N und
▶ $|\vec{F}_2| = 88\,500$ N.

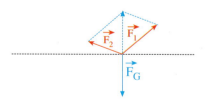

Übung 28
Ein Gärtner schiebt einen Rasenmäher wie abgebildet auf einer ebenen Wiese. Er muss eine Schubkraft von 200 N in Richtung der Schubstange aufbringen. Welche Antriebskraft müsste ein gleichschwerer motorisierter Rasenmäher besitzen, um die gleiche Wirkung zu erzielen?

Übungen

29. Abstand von Punkten
a) Bestimmen Sie den Abstand der Punkte A und B.
  A(3|1) und B(6|5), A(1|2|3) und B(3|5|9), A(−1|2|0) und B(1|6|4)
b) Wie muss a gewählt werden, damit A(2|1|2) und B(3|a|10) den Abstand 9 besitzen?

30. Schrägbild und Volumen einer Pyramide
Gegeben sind die Punkte A(0|4|2), B(6|4|2), C(10|8|2), D(4|8|2) und S(5|6|8). Sie bilden eine Pyramide mit der Grundfläche ABCD und der Spitze S.
a) Zeichnen Sie ein Schrägbild der Pyramide. Bestimmen Sie den Fußpunkt F der Höhe.
b) Zeigen Sie, dass ABCD ein Parallelogramm ist. Bestimmen Sie das Pyramidenvolumen.

31. Spaltenvektoren
Das abgebildete Objekt besteht aus Quadern der Größe 8×4×4 und 4×2×2. Stellen Sie die folgenden Vektoren als Spaltenvektoren dar.
$\overrightarrow{AB}, \overrightarrow{AC}, \overrightarrow{BC}, \overrightarrow{CJ}, \overrightarrow{IJ}, \overrightarrow{AE}, \overrightarrow{JM}, \overrightarrow{ED}$,
$\overrightarrow{LM}, \overrightarrow{GM}, \overrightarrow{AG}, \overrightarrow{HB}, \overrightarrow{AM}, \overrightarrow{GJ}, \overrightarrow{GI}$

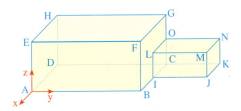

32. Addition und Subtraktion von Vektoren, der Betrag eines Vektors
a) Gegeben sind die Spaltenvektoren $\vec{a} = \begin{pmatrix} 4 \\ 4 \\ 3 \end{pmatrix}$, $\vec{b} = \begin{pmatrix} 0 \\ 1 \\ 4 \end{pmatrix}$ und $\vec{c} = \begin{pmatrix} 6 \\ 0 \\ 5 \end{pmatrix}$.
Bestimmen Sie den Betrag von $\vec{x}$.
$\vec{x} = \vec{a}, \quad \vec{x} = \vec{b} - \vec{c}, \quad \vec{x} = \vec{a} + 2\vec{b}, \quad \vec{x} = \vec{b} - 2\vec{a} + \vec{c}, \quad \vec{x} = \vec{a} + \vec{b} + \vec{c}, \quad \vec{x} = 2\vec{a} - \vec{b} - 2\vec{c}$

b) Gegeben sind die Punkte P(2|2|1), Q(5|10|15), R(3|a|0), S(4|6|5). Wie muss a gewählt werden, wenn die Differenz der Vektoren $\overrightarrow{PQ}$ und $\overrightarrow{RS}$ den Betrag 11 besitzen soll?

33. Vektoren im Viereck
Das abgebildete Viereck wird von den Vektoren $\vec{a}$, $\vec{b}$ und $\vec{c}$ aufgespannt.
a) Stellen Sie die folgenden Vektoren mithilfe von $\vec{a}$, $\vec{b}$ und $\vec{c}$ dar.
$\overrightarrow{DA}, \overrightarrow{DB}, \overrightarrow{AC}, \overrightarrow{DC}, \overrightarrow{CB}, \overrightarrow{BD}$
b) Es sei A(4|0|0), B(2|4|2), C(0|2|3) und D(4|−6|−1). Bestimmen Sie den Umfang des Vierecks und begründen Sie, dass es ein Trapez ist.

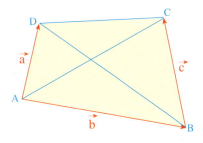

34. Parallelogramme
Ein Dreieck ABC kann durch Hinzunahme eines weiteren Punktes D zu einem Parallelogramm ergänzt werden. Es gibt stets drei Möglichkeiten für die Konstruktion eines solchen Punktes D. Bestimmen Sie diese Möglichkeiten für folgende Dreiecke:

a) A(2|4), B(8|3), C(4|6)
Lösen Sie die Aufgabe im Koordinatensystem zeichnerisch.

b) A(4|6|3), B(2|8|5), C(0|0|4)
Lösen Sie die Aufgabe rechnerisch mithilfe von Spaltenvektoren.

35. Linearkombination von Vektoren, komplanare Vektoren

a) Stellen Sie den Vektor $\vec{x}$ als Linearkombination der Vektoren $\begin{pmatrix} 2 \\ 0 \\ 1 \end{pmatrix}$, $\begin{pmatrix} 1 \\ 1 \\ 1 \end{pmatrix}$ und $\begin{pmatrix} 0 \\ 1 \\ -1 \end{pmatrix}$ dar.

$\vec{x} = \begin{pmatrix} 5 \\ 0 \\ 4 \end{pmatrix}$, $\vec{x} = \begin{pmatrix} 1 \\ 2 \\ 0 \end{pmatrix}$, $\vec{x} = \begin{pmatrix} 0 \\ 0 \\ 0 \end{pmatrix}$

b) Untersuchen Sie, ob $\vec{x} = \begin{pmatrix} 1 \\ 0 \\ 1 \end{pmatrix}$ als Linearkombination der Vektoren $\begin{pmatrix} 0 \\ 1 \\ 1 \end{pmatrix}$, $\begin{pmatrix} 2 \\ 3 \\ 3 \end{pmatrix}$ und $\begin{pmatrix} 1 \\ 1 \\ 1 \end{pmatrix}$ darstellbar ist.

c) Sind die Vektoren $\begin{pmatrix} 1 \\ 2 \\ -1 \end{pmatrix}$, $\begin{pmatrix} 1 \\ 0 \\ 3 \end{pmatrix}$, $\begin{pmatrix} 3 \\ 2 \\ 5 \end{pmatrix}$ bzw. $\begin{pmatrix} 1 \\ 2 \\ -1 \end{pmatrix}$, $\begin{pmatrix} 1 \\ 0 \\ 1 \end{pmatrix}$, $\begin{pmatrix} 2 \\ 4 \\ 1 \end{pmatrix}$, komplanar?

36. Kräfte am Fesselballon

Ein Gasballon mit einem Gewicht von 5000 N ist wie abgebildet an einem Seil befestigt. Das Gas erzeugt eine Auftriebskraft von 10 000 N. Durch Seitenwind wird der Ballon um 15° aus der Vertikalen gedrängt. Mit welcher Kraft wirkt der Wind auf den Ballon? Wie groß ist die Kraft im Halteseil? Zeichnen Sie zur Lösung der Aufgabe ein Kräftediagramm.

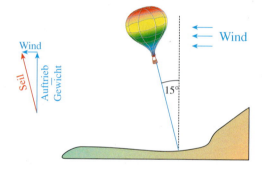

37. Seilkräfte

Abgebildet ist der Erfinder der Vektorrechnung Hermann Günther Grassmann (1809–1877), ein Gymnasiallehrer aus Stettin. Das Bild hat eine Masse von 5 kg. Welche Zugkräfte wirken in den beiden Schnüren, an denen das Bild hängt? 312-1

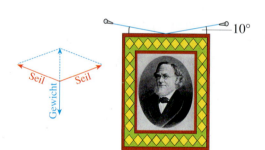

38. Bootsfahrt

Ein Fluss hat eine Strömungsgeschwindigkeit von 15 km/h. Ein Motorboot hat in stehendem Wasser eine Höchstgeschwindigkeit von 40 km/h. Der Steuermann überquert den Fluss, indem er sein Boot wie abgebildet auf 45° nach Norden stellt.
Durch die Strömung werden Geschwindigkeit und Richtung verändert. Ermitteln Sie zeichnerisch die wahre Geschwindigkeit und die wahre Richtung des Bootes.

VIII. Vektoren

Überblick

Der Abstand von zwei Punkten
Ebene: Abstand von $A(a_1|a_2)$ und $B(b_1|b_2)$: $\quad d(A;B)=\sqrt{(b_1-a_1)^2+(b_2-a_2)^2}$

Raum: Abstand von $A(a_1|a_2|a_3)$ und $B(b_1|b_2|b_3)$: $d(A;B)=\sqrt{(b_1-a_1)^2+(b_2-a_2)^2+(b_3-a_3)^2}$

Der Betrag eines Vektors
Der Betrag eines Vektors ist die Länge eines seiner Pfeile.

Ebene: $\vec{a}=\begin{pmatrix}a_1\\a_2\end{pmatrix} \Rightarrow |\vec{a}|=\sqrt{a_1^2+a_2^2}$ $\qquad$ **Raum:** $\vec{a}=\begin{pmatrix}a_1\\a_2\\a_3\end{pmatrix} \Rightarrow |\vec{a}|=\sqrt{a_1^2+a_2^2+a_3^2}$

Die Summe zweier Vektoren
Die Summe zweier Vektoren $\vec{a}$ und $\vec{b}$: Man legt die Pfeile wie abgebildet aneinander. Der Summenvektor führt vom Pfeilanfang von $\vec{a}$ zum Pfeilende von $\vec{b}$.

Die Differenz zweier Vektoren
Die Differenz zweier Vektoren $\vec{a}$ und $\vec{b}$: Man legt die Pfeile wie abgebildet aneinander. Der Differenzvektor führt vom Pfeilende von $\vec{b}$ zum Pfeilende von $\vec{a}$.

Die Skalarmultiplikation eines Vektors mit einer reellen Zahl
Der Vektor $\vec{a}$ wird mit der Zahl k multipliziert, indem seine Länge mit dem Faktor $|k|$ multipliziert wird. Ist k negativ, so kehrt sich zusätzlich die Pfeilorientierung um.

Linearkombination von Vektoren
Eine Summe der Form $r_1 \cdot \vec{a}_1 + r_2 \cdot \vec{a}_2 + \cdots + r_n \cdot \vec{a}_n$ ($r_i \in \mathbb{R}$) wird als Linearkombination der Vektoren $\vec{a}_1, \vec{a}_2, \ldots, \vec{a}_n$ bezeichnet.

Kollineare Vektoren
$\vec{a}$ und $\vec{b}$ heißen kollinear, wenn einer der beiden Vektoren ein Vielfaches des anderen Vektors ist:

$\vec{a} = r \cdot \vec{b}$ oder $\vec{b} = r \cdot \vec{a}$

Kollineare Vektoren sind parallel.

Komplanare Vektoren
$\vec{a}$, $\vec{b}$ und $\vec{c}$ und heißen komplanar, wenn einer der drei Vektoren als Linearkombination der beiden anderen Vektoren darstellbar ist:

$$\vec{a} = r \cdot \vec{b} + s \cdot \vec{c} \text{ oder } \vec{b} = r \cdot \vec{a} + s \cdot \vec{c}$$
$$\text{oder } \vec{c} = r \cdot \vec{a} + s \cdot \vec{b}$$

Komplanare Vektoren liegen in einer Ebene.

Test

Vektoren

1. Gegeben ist der Quader ABCDEFGH.
a) Bestimmen Sie die Koordinaten der Punkte B, C, D, E, F, H und M.
b) Bestimmen Sie die Länge der Strecken $\overline{AF}$ und $\overline{DM}$.

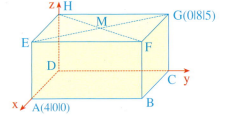

2. Bilden Sie die Summe der drei dargestellten Vektoren
a) durch zeichnerische Konstruktion,
b) durch Rechnung mit Spaltenvektoren.

3. Stellen Sie die abgebildeten Vektoren als Spaltenvektoren in Koordinatenform dar. Bestimmen Sie anschließend das Ergebnis der folgenden Rechenausdrücke.
a) $\vec{a} + \vec{b} + \vec{d}$
b) $\frac{1}{2}\vec{a} - 2(\vec{b} - 2\vec{d})$
c) $\vec{a} + 2\vec{b} - 4\vec{c} + \vec{d}$

4. a) Stellen Sie den Vektor $\begin{pmatrix} 6 \\ -2 \\ -1 \end{pmatrix}$ als Linearkombination von $\begin{pmatrix} 3 \\ 1 \\ 2 \end{pmatrix}$ und $\begin{pmatrix} 2 \\ 2 \\ 3 \end{pmatrix}$ dar.

b) Untersuchen Sie, ob die Vektoren $\begin{pmatrix} 2 \\ 1 \\ -3 \end{pmatrix}$, $\begin{pmatrix} 1 \\ 2 \\ 4 \end{pmatrix}$ und $\begin{pmatrix} 5 \\ 4 \\ 1 \end{pmatrix}$ komplanar sind.

5. Gegeben ist das Dreieck ABC mit A(6|7|9), B(4|4|3) und C(2|10|6).
a) Zeigen Sie, dass das Dreieck gleichschenklig ist. Ist es sogar gleichseitig?
b) Fertigen Sie ein Schrägbild des Dreiecks an.
c) Gesucht ist ein weiterer Punkt D, so dass das Viereck ABCD ein Parallelogramm ist.

6. Auf der schwarzen Linie liegt eine Eisenkugel, an der vier Zugseile befestigt sind. Anton und Alfons bilden das α-Team, Benno und Bruno das β-Team. Gewonnen hat dasjenige Team, welches die Kugel über die Linie zieht. Die Zugkräfte sind maßstäblich eingezeichnet. Welches Team wird gewinnen?

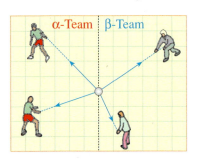

Lösungen unter 314-1

IX. Geraden

1. Geraden im Raum

Im dreidimensionalen Anschauungsraum können Geraden besonders einfach mithilfe von Vektoren dargestellt werden. Diese Darstellung ist auch in der zweidimensionalen Zeichenebene möglich.

A. Ortsvektoren

Die Lage eines beliebigen Punktes in einem ebenen oder räumlichen Koordinatensystem kann eindeutig durch denjenigen Pfeil $\overrightarrow{OP}$ erfasst werden, der im Ursprung O des Koordinatensystems beginnt und im Punkt P endet.

Der Pfeil $\overrightarrow{OP}$ heißt *Ortspfeil* von P und der zugehörige Vektor $\vec{p} = \overrightarrow{OP}$ wird als der *Ortsvektor* von P bezeichnet.

Der Punkt $P(p_1 | p_2 | p_3)$ besitzt den Ortsvektor $\vec{p} = \overrightarrow{OP} = \begin{pmatrix} p_1 \\ p_2 \\ p_3 \end{pmatrix}$.

Entsprechendes gilt für Punkte in einem ebenen Koordinatensystem.

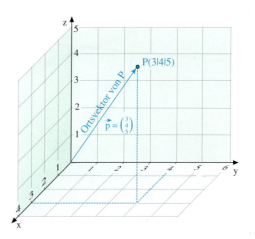

B. Die vektorielle Parametergleichung einer Geraden

Die Lage einer Geraden in der zweidimensionalen Zeichenebene oder im dreidimensionalen Anschauungsraum kann durch die Angabe eines Geradenpunktes A sowie der Richtung der Geraden eindeutig erfasst werden.

Die Lage des Punktes A kann durch seinen Ortsvektor $\vec{a} = \overrightarrow{OA}$ festgelegt werden, den man als *Stützvektor* der Geraden bezeichnet.

Die Richtung der Geraden lässt sich durch einen zur Geraden parallelen Vektor $\vec{m}$ erfassen, den man als *Richtungsvektor* der Geraden bezeichnet.

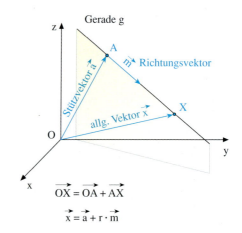

1. Geraden im Raum

Jeder beliebige Geradenpunkt X lässt sich mithilfe des Stützvektors $\vec{a}$ und des Richtungsvektors $\vec{m}$ erfassen.

Für den Ortsvektor $\vec{x}$ von X gilt nämlich:

$$\vec{x} = \overrightarrow{OX}$$
$$= \overrightarrow{OA} + \overrightarrow{AX}$$
$$= \vec{a} + r \cdot \vec{m} \quad (r \in \mathbb{R}),$$

denn $\overrightarrow{AX}$ ist ein reelles Vielfaches von $\vec{m}$. Jedem Geradenpunkt X entspricht eindeutig ein Parameterwert r.

> **Die vektorielle Parametergleichung einer Geraden**
>
> Eine Gerade mit dem Stützvektor $\vec{a}$ und dem Richtungsvektor $\vec{m} \neq \vec{0}$ hat die Gleichung
>
> $$g: \vec{x} = \vec{a} + r \cdot \vec{m} \quad (r \in \mathbb{R}).$$
>
> r heißt *Geradenparameter*.   ● 317-1

Mithilfe der Parametergleichung einer Geraden kann man zahlreiche Problemstellungen relativ einfach lösen.

▶ **Beispiel:** Gegeben ist die Gerade $g: \vec{x} = \begin{pmatrix} 1 \\ 2 \\ 3 \end{pmatrix} + r \begin{pmatrix} 2 \\ 3 \\ -1 \end{pmatrix}$.

Zeichnen Sie die Gerade als Schrägbild. Stellen Sie fest, welche Geradenpunkte den Parameterwerten $r = 0$, $r = -0{,}5$ und $r = 1$ entsprechen.

Lösung:
Wir zeichnen den Stützpunkt $A(1|2|3)$ oder den Stützvektor $\vec{a}$ ein. Im Stützpunkt legen wir den Richtungsvektor $\vec{m}$ an.

Für $r = 0$ erhalten wir den Stützpunkt $A(1|2|3)$. Für $r = -0{,}5$ erhalten wir den Geradenpunkt $B(0|0{,}5|3{,}5)$, der „vor" dem Stützpunkt liegt. Für $r = 1$ erhalten wir den Punkt $C(3|5|2)$, der am Ende ▶ des eingezeichneten Richtungspfeils liegt.

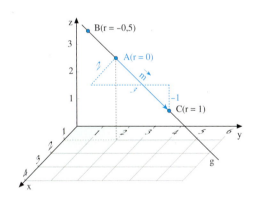

▶ **Beispiel:** Gegeben ist die Gerade $g: \vec{x} = \begin{pmatrix} 1 \\ 2 \\ 3 \end{pmatrix} + r \begin{pmatrix} 2 \\ 3 \\ -1 \end{pmatrix}$.

a) Welche Werte des Parameters r gehören zu den Geradenpunkten $P(2|3{,}5|2{,}5)$ und $Q(5|8|1)$?

b) Begründen Sie, weshalb der Punkt $R(3|5|1)$ nicht auf der Geraden liegt.

Lösung zu a:
Für $r = 0{,}5$ ergibt sich der Geradenpunkt $P(2|3{,}5|2{,}5)$.
Für $r = 2$ ergibt sich der Geradenpunkt
▶ $Q(5|8|1)$.

Lösung zu b:
Die x-Koordinate des Punktes R erfordert $r = 1$, ebenso die y-Koordinate.
Die z-Koordinate erfordert $r = 2$. Beides ist nicht vereinbar. Der Punkt R liegt nicht auf der Geraden g.

Übung 1
Zeichnen Sie die Gerade g: $\vec{x} = \begin{pmatrix} -2 \\ 3 \\ 1 \end{pmatrix} + r \begin{pmatrix} 3 \\ 3 \\ 1 \end{pmatrix}$ im Schrägbild.

Überprüfen Sie, ob die Punkte P(4|9|3), Q(1|6|4) und R(−5|0|0) auf der Geraden g liegen. Beschreiben Sie ggf. ihre Lage auf der Geraden anschaulich.

Übung 2
Zeichnen und beschreiben Sie die Lage der Geraden.

a) $g_1: \vec{x} = \begin{pmatrix} 1 \\ 1 \\ 2 \end{pmatrix} + r \begin{pmatrix} 0 \\ 1 \\ 0 \end{pmatrix}$
b) $g_2: \vec{x} = \begin{pmatrix} 0 \\ 2 \\ 0 \end{pmatrix} + r \begin{pmatrix} 0 \\ 0 \\ 1 \end{pmatrix}$
c) $g_3: \vec{x} = \begin{pmatrix} 0 \\ 0 \\ 0 \end{pmatrix} + r \begin{pmatrix} 1 \\ 1 \\ 1 \end{pmatrix}$
d) $g_4: \vec{x} = \begin{pmatrix} 3 \\ 2 \\ 0 \end{pmatrix} + r \begin{pmatrix} -1 \\ 2 \\ 0 \end{pmatrix}$

C. Die Zweipunktegleichung einer Geraden

In der Praxis ist eine Gerade in den meisten Fällen durch zwei feste Punkte A (mit dem Ortsvektor $\vec{a}$) und B (mit dem Ortsvektor $\vec{b}$) gegeben.

In diesem Fall kann man die vektorielle Geradengleichung besonders leicht aufstellen. Als Stützvektor verwendet man den Ortsvektor eines der beiden Punkte, also z. B. $\vec{a}$. Als Richtungsvektor verwendet man einen Verbindungsvektor der beiden Punkte, also z. B. $\vec{m} = \overrightarrow{AB}$.

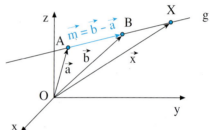

Da $\overrightarrow{AB}$ sich als Differenz $\vec{b} - \vec{a}$ der beiden Ortsvektoren von A und B darstellen lässt, erhält man die nebenstehende vektorielle *Zweipunktegleichung* der Geraden.

> **Die Zweipunktegleichung**
> Die Gerade g durch die Punkte A und B mit den Ortsvektoren $\vec{a}$ und $\vec{b}$ hat die Gleichung
> $$g: \vec{x} = \vec{a} + r \cdot (\vec{b} - \vec{a}) \quad (r \in \mathbb{R}).$$

Beispielsweise hat die Gerade g durch die Punkte A(1|2|1) und B(3|4|3) die Zweipunktegleichung g: $\vec{x} = \begin{pmatrix} 1 \\ 2 \\ 1 \end{pmatrix} + r \left(\begin{pmatrix} 3 \\ 4 \\ 3 \end{pmatrix} - \begin{pmatrix} 1 \\ 2 \\ 1 \end{pmatrix} \right)$, die zur Parametergleichung g: $\vec{x} = \begin{pmatrix} 1 \\ 2 \\ 1 \end{pmatrix} + r \begin{pmatrix} 2 \\ 2 \\ 2 \end{pmatrix}$ vereinfacht werden kann.

Übung 3
Bestimmen Sie die Gleichung der Geraden g durch die Punkte A und B.
a) A(3|3), B(2|1)   b) A(−3|1|0), B(4|0|2)   c) A(−3|2|1), B(4|1|7)

Übung 4
a) Bestimmen Sie die Gleichung der Parallelen zur y-Achse durch den Punkt P(3|2|0).
b) Bestimmen Sie die Gleichung der Ursprungsgerade durch den Punkt P(a|2a|−a).

1. Geraden im Raum

Übungen

5. Zeichnen Sie die Gerade g durch den Punkt A(2|6|4) mit dem Richtungsvektor $\vec{m} = \begin{pmatrix} 3 \\ -2 \\ 2 \end{pmatrix}$ in einem räumlichen Koordinatensystem ein.

6. Gesucht ist eine vektorielle Gleichung der Geraden durch die Punkte A und B.
  a) A(1|2)   B(3|−4)
  b) A(−3|2|1)   B(3|1|2)
  c) A(3|3|−4)   B(2|1|3)
  d) A(a_1|a_2|a_3)   B(b_1|b_2|b_3)

7. Untersuchen Sie, ob der Punkt P auf der Geraden liegt, die durch A und B geht.
  a) A(3|2)   B(−1|4)   P(1|3)
  b) A(2|7)   B(5|4)   P(8|3)
  c) A(1|4|3)   B(3|2|4)   P(7|−2|6)
  d) A(1|1|1)   B(3|4|1)   P(0|0|0)

8. Ordnen Sie den abgebildeten Geraden die zugehörigen vektoriellen Gleichungen zu.

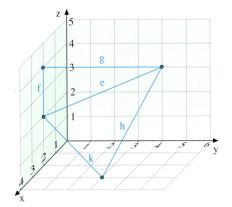
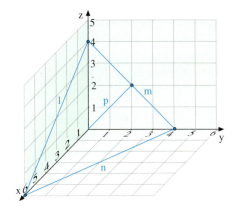

I: $\vec{x} = \begin{pmatrix} 0 \\ 0 \\ 4 \end{pmatrix} + r \begin{pmatrix} 6 \\ 0 \\ -4 \end{pmatrix}$
II: $\vec{x} = \begin{pmatrix} 2 \\ 0 \\ 2 \end{pmatrix} + r \begin{pmatrix} 1 \\ 3 \\ -2 \end{pmatrix}$
III: $\vec{x} = \begin{pmatrix} 6 \\ 0 \\ 0 \end{pmatrix} + r \begin{pmatrix} -6 \\ 4 \\ 0 \end{pmatrix}$

IV: $\vec{x} = \begin{pmatrix} 2 \\ 0 \\ 4 \end{pmatrix} + r \begin{pmatrix} -2 \\ 4 \\ -1 \end{pmatrix}$
V: $\vec{x} = \begin{pmatrix} 0 \\ 0 \\ 0 \end{pmatrix} + r \begin{pmatrix} 0 \\ 1 \\ 1 \end{pmatrix}$
VI: $\vec{x} = \begin{pmatrix} 3 \\ 3 \\ 0 \end{pmatrix} + r \begin{pmatrix} -3 \\ 1 \\ 3 \end{pmatrix}$

VII: $\vec{x} = \begin{pmatrix} 2 \\ 0 \\ 2 \end{pmatrix} + r \begin{pmatrix} 0 \\ 0 \\ 2 \end{pmatrix}$
VIII: $\vec{x} = \begin{pmatrix} 2 \\ 0 \\ 2 \end{pmatrix} + r \begin{pmatrix} -2 \\ 4 \\ 1 \end{pmatrix}$
IX: $\vec{x} = \begin{pmatrix} 0 \\ 4 \\ 0 \end{pmatrix} + r \begin{pmatrix} 0 \\ -4 \\ 4 \end{pmatrix}$

9. a) Gesucht ist die Gleichung einer zur y-Achse parallelen Geraden g, die durch den Punkt A(3|2|0) geht.
  b) Gesucht ist die Gleichung einer Ursprungsgeraden durch den Punkt P(2|4|−2).
  c) Gesucht ist die vektorielle Gleichung der Winkelhalbierenden der x-z-Ebene.

2. Lagebeziehungen

A. Gegenseitige Lage Punkt / Gerade und Punkt / Strecke

Mithilfe der Parametergleichung einer Geraden lässt sich einfach überprüfen, ob ein gegebener Punkt auf der Geraden liegt und an welcher Stelle der Geraden er gegebenenfalls liegt.

▶ **Beispiel:** Gegeben sei die Gerade g durch A(3|2|3) und B(1|6|5). Weisen Sie nach, dass der Punkt P(2|4|4) auf der Geraden g liegt.

Prüfen Sie außerdem, ob der Punkt P auf der Strecke $\overline{AB}$ liegt.

Lösung:
Mit der Zweipunkteform erhalten wir die Parametergleichung von g.

Parametergleichung von g:

$$g: \vec{x} = \begin{pmatrix} 3 \\ 2 \\ 3 \end{pmatrix} + r \begin{pmatrix} -2 \\ 4 \\ 2 \end{pmatrix}, r \in \mathbb{R}$$

Wir führen die Punktprobe für den Punkt P durch, indem wir seinen Ortsvektor in die Geradengleichung einsetzen.
Sie ist erfüllt für den Parameterwert r = 0,5. Also liegt der Punkt P auf der Geraden g.

Punktprobe für P:

$$\begin{pmatrix} 2 \\ 4 \\ 4 \end{pmatrix} = \begin{pmatrix} 3 \\ 2 \\ 3 \end{pmatrix} + r \begin{pmatrix} -2 \\ 4 \\ 2 \end{pmatrix} \text{ gilt für } r = 0,5$$

⇒ P liegt auf g.

Nun führen wir einen Parametervergleich durch. Die Streckenendpunkte A und B besitzen die Parameterwerte r = 0 und r = 1. Der Parameterwert von P (r = 0,5) liegt zwischen diesen Werten. Also liegt der Punkt P auf der Strecke $\overline{AB}$, und zwar genau auf der Mitte der Strecke.

Parametervergleich:
A: r = 0
B: r = 1
P: r = 0,5

⇒ P liegt auf $\overline{AB}$.

Rechts sind die Ergebnisse zeichnerisch dargestellt.
Das Bild macht deutlich, dass durch den Geradenparameter auf der Geraden ein *internes Koordinatensystem* festgelegt wird, anhand dessen man sich orientieren kann.

🔸 320-1

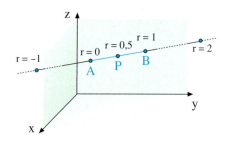

Übung 1

a) Prüfen Sie, ob die Punkte P(0|0|6), Q(3|3|3), R(3|4|3) auf der Geraden g durch A(2|2|4) und B(4|4|2) oder sogar auf der Strecke $\overline{AB}$ liegen.
b) Für welchen Wert von t liegt P(4 + t|5t|t) auf der Geraden g durch A(2|2|4) und B(4|4|2)?

B. Gegenseitige Lage von zwei Geraden im Raum

Zwischen zwei Geraden im Raum sind drei charakteristische Lagebeziehungen möglich. Sie können parallel sein (im Sonderfall sogar identisch), sie können sich in einem Punkt schneiden oder sie sind windschief. Als *windschief* bezeichnet man zwei Geraden, die weder parallel sind noch sich schneiden.

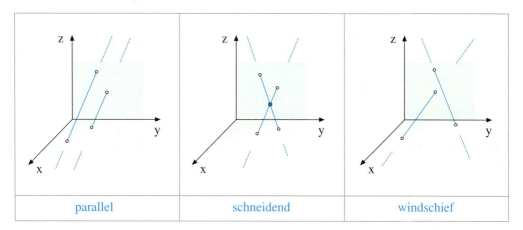

| parallel | schneidend | windschief |

Zeichnerisch lässt sich die gegenseitige Lage von zwei Geraden manchmal nur schwer einschätzen, aber mithilfe der Geradengleichungen ist die rechnerische Überprüfung möglich.

> **Beispiel:** Weisen Sie für die Geraden g, h und k die folgenden Aussagen nach:
>
> a) g und h sind parallel, aber nicht identisch.
> b) g und k schneiden sich in einem Punkt S.
> c) h und k sind windschief.
>
> $$g: \vec{x} = \begin{pmatrix} 1 \\ 0 \\ 1 \end{pmatrix} + r \begin{pmatrix} 1 \\ 1 \\ -2 \end{pmatrix}, \quad h: \vec{x} = \begin{pmatrix} 2 \\ 0 \\ 0 \end{pmatrix} + s \begin{pmatrix} -2 \\ -2 \\ 4 \end{pmatrix}, \quad k: \vec{x} = \begin{pmatrix} 1 \\ 0 \\ 0 \end{pmatrix} + t \begin{pmatrix} 2 \\ 2 \\ -3 \end{pmatrix}$$

Lösung zu a:
Parallele Geraden sind durch kollineare Richtungsvektoren gekennzeichnet.

Hier erkennt man schon durch bloßes Hinschauen, dass der Richtungsvektor von h ein Vielfaches des Richtungsvektors von g ist, nämlich das (-2)fache.

$$\begin{pmatrix} -2 \\ -2 \\ 4 \end{pmatrix} = -2 \cdot \begin{pmatrix} 1 \\ 1 \\ -2 \end{pmatrix} \Rightarrow \text{g und h sind parallel}$$

↑ Richtungsvektor von h ↑ Richtungsvektor von g

g und h sind aber nicht identisch, da der Stützpunkt $P(2|0|0)$ von h die Geradengleichung von g nicht erfüllt und folglich nicht auf g liegt.

$$\begin{pmatrix} 2 \\ 0 \\ 0 \end{pmatrix} = \begin{pmatrix} 1 \\ 0 \\ 1 \end{pmatrix} + r \begin{pmatrix} 1 \\ 1 \\ -2 \end{pmatrix} \Rightarrow \text{g und h sind nicht identisch}$$

ist für kein $r \in \mathbb{R}$ erfüllt

🟠 321-1

Lösung zu b:

Zunächst überprüfen wir g und k auf Parallelität. Da die beiden Richtungsvektoren ganz offensichtlich nicht kollinear sind, schneiden sich g und k oder sie sind windschief.

$$\begin{pmatrix} 2 \\ 2 \\ -3 \end{pmatrix} \neq r \cdot \begin{pmatrix} 1 \\ 1 \\ -2 \end{pmatrix} \text{ für alle } r \in \mathbb{R}$$

$\uparrow$ Richtungsvektor von k $\quad$ $\uparrow$ Richtungsvektor von g

$\Rightarrow$ g und k sind nicht parallel

Nun nehmen wir versuchsweise an, dass g und k sich in einem Punkt S schneiden. Der Ortsvektor $\vec{s}$ des Punktes S muss dann beide Geradengleichungen erfüllen. Durch Gleichsetzen ergibt sich die nebenstehende Vektorgleichung.

Ansatz:

$$\begin{pmatrix} 1 \\ 0 \\ 1 \end{pmatrix} + r \cdot \begin{pmatrix} 1 \\ 1 \\ -2 \end{pmatrix} = \vec{s} = \begin{pmatrix} 1 \\ 0 \\ 0 \end{pmatrix} + t \cdot \begin{pmatrix} 2 \\ 2 \\ -3 \end{pmatrix}$$

Aus der Vektorgleichung ergibt sich ein äquivalentes Gleichungssystem mit drei Gleichungen für die beiden Parameter r und t. Aus II und III folgt t = 1 und r = 2. Durch Rückeinsetzung zeigt sich, dass auch I für diese Parameterwerte erfüllt ist.

Äquivalentes Gleichungssystem

I $\quad 1 + r = 1 + 2t$
II $\quad\quad\quad r = \quad\;\; 2t$
III $\quad 1 - 2r = \;\; -3t$

Die Geraden g und k schneiden sich. Den Ortsvektor $\vec{s}$ des Schnittpunktes S erhalten wir durch Einsetzung von t = 1 in die Gleichung der Geraden k.

Lösung: r = 2, t = 1

Ortsvektor $\vec{s} = \begin{pmatrix} 1 \\ 0 \\ 0 \end{pmatrix} + 1 \cdot \begin{pmatrix} 2 \\ 2 \\ -3 \end{pmatrix} = \begin{pmatrix} 3 \\ 2 \\ -3 \end{pmatrix}$
von S

Schnittpunkt: $S(3 | 2 | -3)$

$\Rightarrow$ g und k schneiden sich im Punkt S

Lösung zu c:

h und k sind nicht parallel, da ihre Richtungsvektoren nicht kollinear sind. Auch hier nehmen wir versuchsweise die Existenz eines Schnittpunktes an.

Ansatz:

$$\begin{pmatrix} 2 \\ 0 \\ 0 \end{pmatrix} + s \cdot \begin{pmatrix} -2 \\ -2 \\ 4 \end{pmatrix} = \vec{s} = \begin{pmatrix} 1 \\ 0 \\ 0 \end{pmatrix} + t \cdot \begin{pmatrix} 2 \\ 2 \\ -3 \end{pmatrix}$$

Allerdings erweist sich nunmehr das Gleichungssystem als unlösbar, denn schon die Gleichungen I und II führen auf einen Widerspruch.

Gleichungssystem

I $\quad 2 - 2s = 1 + 2t$
II $\quad\quad -2s = \quad\;\; 2t$
III $\quad\quad\;\; 4s = \quad -3t$

Die Geraden h und k schneiden sich nicht und sind folglich windschief.

I − II: $2 = 1$ Widerspruch!

$\Rightarrow$ h und k sind windschief.

Übung 2

Untersuchen Sie die gegenseitige Lage der Geraden g durch $A(6|0|6)$ und $B(3|6|0)$, der Geraden h durch $C(0|0|6)$ und $D(6|6|0)$ und der Geraden k durch $E(0|0|3)$ und $F(3|3|0)$. Fertigen Sie ein Schrägbild an.

2. Lagebeziehungen

Mithilfe der Lagebeziehungsuntersuchung für Geraden im Raum können einfache Anwendungsprobleme modellhaft gelöst werden, z. B. Flugbahnprobleme.

> **Beispiel: Flugbahnen**
> Der Rettungshubschrauber Alpha startet um 10:00 Uhr vom Stützpunkt Adlerhorst A(10|6|0). Er fliegt geradlinig mit einer Geschwindigkeit von 300 km/h zum Gipfel des Mount Devil D(4|−3|3), wo sich der Unfall ereignet hat. Die Koordinaten sind in Kilometern angegeben. Zeitgleich hebt der Hubschrauber Beta von der Spitze des Tempelbergs T(7|−8|3) ab, um Touristen nach Bochum-Nord B(4|16|0) zurückzubringen. Seine Geschwindigkeit beträgt 350 km/h.
>
>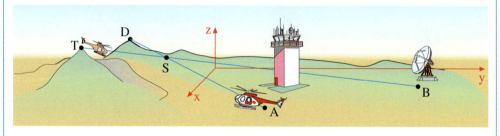
>
> a) Zeigen Sie, dass die beiden Hubschrauber sich auf Kollisionskurs befinden.
> b) Untersuchen Sie, ob die Hubschrauber tatsächlich kollidieren.

Lösung zu a:
Wir stellen die Flugbahngleichungen mithilfe der Zweipunkteform auf.
Anschließend untersuchen wir, ob die beiden Bahnen sich schneiden.
Wir erhalten einen Schnittpunkt S(6|0|2). Die Hubschrauber befinden sich also auf Kollisionskurs.

Gleichungen der Flugbahnen:

$$\alpha: \vec{x} = \begin{pmatrix} 10 \\ 6 \\ 0 \end{pmatrix} + r \begin{pmatrix} -6 \\ -9 \\ 3 \end{pmatrix}$$

$$\beta: \vec{x} = \begin{pmatrix} 7 \\ -8 \\ 3 \end{pmatrix} + s \begin{pmatrix} -3 \\ 24 \\ -3 \end{pmatrix}$$

Lösung zu b:
Wir errechnen zunächst die Länge der Flugstrecken der Hubschrauber bis zum Schnittpunkt, d. h. die Beträge der beiden Vektoren $\overrightarrow{AS}$ und $\overrightarrow{TS}$.
Dividieren wir diese Strecken durch die zugehörigen Hubschraubergeschwindigkeiten, so erhalten wir die Flugzeiten bis zum Schnittpunkt in Stunden, die wir in Minuten umrechnen.
Hubschrauber Alpha ist 0,11 Minuten später am möglichen Kollisionspunkt als Hubschrauber Beta. Dieser ist dann schon ca. 640 m weitergeflogen. Es kommt daher nicht zu einer Kollision.

Schnittpunkt der Flugbahnen:
Für $r = \frac{2}{3}$ und $s = \frac{1}{3}$ ergibt sich der Schnittpunkt S(6|0|2).

Flugstrecken bis zum Schnittpunkt:

$$|\overrightarrow{AS}| = \left| \begin{pmatrix} -4 \\ -6 \\ 2 \end{pmatrix} \right| \text{km} = \sqrt{56} \text{ km} \approx 7{,}48 \text{ km}$$

$$|\overrightarrow{TS}| = \left| \begin{pmatrix} -1 \\ 8 \\ -1 \end{pmatrix} \right| \text{km} = \sqrt{66} \text{ km} \approx 8{,}12 \text{ km}$$

Flugzeiten bis zum Schnittpunkt:

$t_{Alpha} = \frac{7{,}48}{300} \text{ h} \approx 0{,}025 \text{ h} \approx 1{,}50 \text{ min}$

$t_{Beta} = \frac{8{,}12}{350} \text{ h} \approx 0{,}023 \text{ h} \approx 1{,}39 \text{ min}$

C. Exkurs: Geradenschar/Geradengleichungen mit Variablen

Enthält eine Geradengleichung innerhalb des Stützvektors oder innerhalb des Richtungsvektors eine Variable, so stellt sie nicht nur eine Gerade dar, sondern eine ganze Schar von Geraden, die allerdings Gemeinsamkeiten haben.

Beispiel: Parallele Geraden

Die Gleichung g_a: $\vec{x} = \begin{pmatrix} 2 \\ a \\ 0 \end{pmatrix} + r \begin{pmatrix} -1 \\ 0 \\ 2 \end{pmatrix}$ beschreibt eine Schar paralleler Geraden, denn alle Geraden g_a haben den gleichen Richtungsvektor. Sie unterscheiden sich nur in der y-Koordinate ihres Stützpunktes, der mit dem Parameter a variiert.

Beispiel: Gemeinsamer Stützpunkt

Die Gleichung g_a: $\vec{x} = \begin{pmatrix} 2 \\ 4 \\ 3 \end{pmatrix} + r \begin{pmatrix} -1 \\ 1 \\ 2+a \end{pmatrix}$ beschreibt eine Schar von Geraden, die alle den gleichen Stützpunkt $P(2|4|3)$ haben. Sie unterscheiden sich nur in der z-Koordinate ihres Richtungsvektors und liegen in einer Ebene.

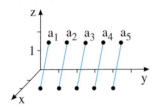
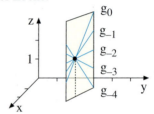

Häufig sind für eine Geradenschar Probleme der folgenden Art zu lösen:
Geht eine Gerade der Schar durch einen gegebenen Punkt?
Schneidet eine Gerade der Schar eine gegebene Gerade oder ist sie hierzu parallel?
Verläuft eine Gerade der Schar horizontal oder vertikal?

▶ **Beispiel: Kollisionskurs**
Die Flugbahnen einer Formation von Sportflugzeugen können durch die Gerade g_a: $\vec{x} = \begin{pmatrix} 9 \\ 2+a \\ 6 \end{pmatrix} + r \begin{pmatrix} -1 \\ 1 \\ 1 \end{pmatrix}$ (a = 1, 2, ..., 8) beschrieben werden. Ist eines der Flugzeuge auf direktem Kollisionskurs zum Segelflugzeug mit dem Kurs h: $\vec{x} = \begin{pmatrix} 1 \\ 3 \\ 11 \end{pmatrix} + r \begin{pmatrix} 2 \\ 1 \\ -1 \end{pmatrix}$?

Lösung:
Wir führen eine Schnittuntersuchung durch. Dazu setzen wir die Koordinaten von g_a und h gleich. Wir erhalten ein Gleichungssystem (drei Gleichungen, drei Variablen). Die Lösung lautet: r = 2, s = 3, a = 2. Das bedeutet: Der Flieger auf g_2 droht mit dem Flieger auf h im Punkt
▶ S(4|6|7) zu kollidieren.

Schnittuntersuchung:
I $9 - r = 1 + 2s$
II $2 + a + r = 3 + s$
III $6 + r = 11 - s$
aus I und III: r = 2, s = 3
aus II: a = 2
$\Rightarrow g_2$ schneidet h in $S(4|6|7)$.

Übungen

3. Gerade mit Parameter
Gegeben sind die Gearaden und $g_a: \vec{x} = \begin{pmatrix} 1 \\ 3 \\ 2 \end{pmatrix} + r \begin{pmatrix} -a \\ a \\ 2 \end{pmatrix}$ und $h: \vec{x} = \begin{pmatrix} 0 \\ 10 \\ 6 \end{pmatrix} + s \begin{pmatrix} 1 \\ 2 \\ -1 \end{pmatrix}$, $a \in \mathbb{R}$.

a) Für welchen Wert von a liegt der Punkt $P(-1|5|4)$ auf g_a? Liegt $Q(11|-6|4)$ auf g_a?
b) Für welchen Wert von a schneiden sich g_a und h? Wo liegt der Schnittpunkt?
c) Für welchen Wert von a liegt g_a parallel zur z-Achse?
d) Für welchen Wert von a schneidet g_a die x-Achse? Wo liegt der Schnittpunkt?

4. Schar paralleler Geraden
Dargestellt ist die Schar paralleler Geraden.
a) Wie lauten die Gleichungen von g_0 und g_1?
b) Wie lautet die allgemeine Gleichung von g_a?
c) Welche Gerade g_a schneidet

$h: \vec{x} = \begin{pmatrix} 0 \\ 6 \\ 4 \end{pmatrix} + r \begin{pmatrix} 1 \\ 6 \\ -3 \end{pmatrix}$?

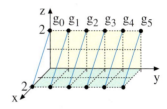

5. Rettungstunnel
Bei einem Grubenunglück wird versucht, die im Schacht AB und den Hohlräumen H_1 und H_2 verschütteten Bergleute durch sechs vom Turm $T(4|6|0)$ ausgehenden Rettungsbohrungen g_a zu erreichen.
Daten: $A(8|2|-2)$; $B(15|16|-9)$
$H_1(22|6|-14)$; $H_2(12|16|-4)$

$g_a: \vec{x} = \begin{pmatrix} 4 \\ 6 \\ 0 \end{pmatrix} + r \begin{pmatrix} 13-a \\ a-4 \\ a-11 \end{pmatrix}$

$a = 0, 2, 4, 6, 8, 10$

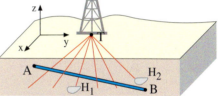

a) Wird der Schacht AB von einer der Bohrungen getroffen? Wenn ja, wo?
b) Werden die Hohlräume H_1 und H_2 gefunden?
c) Führt eine der Bohrungen senkrecht nach unten?

6. Scheinwerfer
Die Pyramide ABCDS hat die Koordinaten $A(20|4|0)$, $B(20|20|0)$, $C(4|20|0)$, $D(4|4|0)$ und $S(12|12|16)$. Ihr Eingang liegt bei $E(11|14|12)$. Eine Treppe führt von $P(13|20|0)$ nach $Q(7|17|6)$. Von der Turmspitze $T(20|40|2)$ werden fünf Scheinwerfer auf die Pyramide gerichtet. Die Lichtstrahlen werden durch $g_a: \vec{x} = \begin{pmatrix} 20 \\ 40 \\ 2 \end{pmatrix} + r \begin{pmatrix} a-12 \\ -2a-20 \\ 4a-2 \end{pmatrix}$ beschrieben, $(a = 0, 1, 2, 3, 4)$.

a) Trifft einer der Lichtstrahlen den Eingang E?
b) Trifft einer der Lichtstrahlen die Treppe?
c) Ist einer der Strahlen parallel zur Seitenkante $\overline{BS}$ der Pyramide?

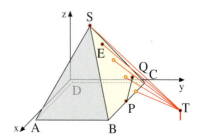

7. Prüfen Sie, ob die Punkte P und Q auf der Geraden g durch A und B liegen.
   a) A(0|0|5) P(3|6|2)
      B(1|2|4) Q(4|8|0)
   b) A(6|3|0) P(2|5|4)
      B(0|6|6) Q(4|2|4)

8. Das Schrägbild zeigt eine Gerade g durch die Punkte A and B sowie zwei weitere Punkte P und Q, die auf g zu liegen scheinen. Ist dies tatsächlich der Fall? Kommentieren Sie Ihr Resultat sowie das Schrägbild.

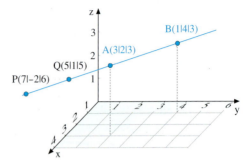

9. Untersuchen Sie, ob der Punkt P auf der Strecke $\overline{AB}$ liegt.
   a) A(2|1|4)   b) A(−2|4|5)   c) A(3|0|7)   d) A(2|1|3)
      B(5|7|1)   B(2|8|9)   B(4|1|6)   B(6|7|1)
      P(3|3|3)   P(0|6|7)   P(7|4|3)   P(4|3|1)

10. Gegeben sei ein Dreieck ABC mit den Eckpunkten A(0|6|6), B(0|6|3) und C(3|3|0) sowie die Punkte P(2|2|2), Q(2|4|1) und R(2|5,5|4,5).
    Fertigen Sie ein Schrägbild an und überprüfen Sie, welche der Punkte P, Q und R auf den Seiten des Dreiecks liegen.

11. Gegeben sind die folgenden sechs Geraden.
    Welche Geraden sind parallel zueinander, welche sind hiervon sogar identisch?

    g: $\vec{x} = \begin{pmatrix} 1 \\ 2 \\ -4 \end{pmatrix} + r \begin{pmatrix} 8 \\ -4 \\ 2 \end{pmatrix}$ h: $\vec{x} = \begin{pmatrix} 1 \\ 2 \\ -4 \end{pmatrix} + r \begin{pmatrix} 2 \\ -1 \\ 1 \end{pmatrix}$ k: $\vec{x} = \begin{pmatrix} 5 \\ 0 \\ -5 \end{pmatrix} + r \begin{pmatrix} 4 \\ -2 \\ 1 \end{pmatrix}$

    u: Gerade durch A(1|2|−6)   v: $\vec{x} = \begin{pmatrix} -3 \\ 4 \\ -5 \end{pmatrix} + r \begin{pmatrix} -2 \\ 1 \\ -0,5 \end{pmatrix}$ w: Gerade durch A(6|−1|−1)
       und B(9|−2|−4)   und B(2|1|−3)

12. Gegeben sind die Gerade g durch A und B sowie die Gerade h durch C und D.
    Zeigen Sie, dass die Geraden sich schneiden, und berechnen Sie den Schnittpunkt S.
    a) A(3|1|2), B(5|3|4)   b) A(1|0|0), B(1|1|1)   c) A(4|1|5), B(6|0|6)
       C(2|1|1), D(3|3|2)   C(2|4|5), D(3|6|8)   C(1|2|3), D(−2|5|3)

13. Zeigen Sie, dass die Geraden g und h windschief sind.

    a) g: $\vec{x} = \begin{pmatrix} 1 \\ 0 \\ 1 \end{pmatrix} + r \begin{pmatrix} 1 \\ -1 \\ 0 \end{pmatrix}$ b) g: $\vec{x} = \begin{pmatrix} 1 \\ 1 \\ -1 \end{pmatrix} + r \begin{pmatrix} 1 \\ 2 \\ 1 \end{pmatrix}$ c) g: $\vec{x} = \begin{pmatrix} 1 \\ -1 \\ 2 \end{pmatrix} + r \begin{pmatrix} 2 \\ 2 \\ 1 \end{pmatrix}$

    h: $\vec{x} = \begin{pmatrix} 0 \\ 1 \\ 0 \end{pmatrix} + s \begin{pmatrix} 0 \\ 1 \\ 1 \end{pmatrix}$ h: $\vec{x} = \begin{pmatrix} 0 \\ 1 \\ 1 \end{pmatrix} + s \begin{pmatrix} 1 \\ 1 \\ 1 \end{pmatrix}$ h: $\vec{x} = \begin{pmatrix} 3 \\ -3 \\ 0 \end{pmatrix} + s \begin{pmatrix} 0 \\ 3 \\ 1 \end{pmatrix}$

2. Lagebeziehungen

14. Die Geraden g, h und k schneiden sich in den Eckpunkten eines Dreiecks ABC. Bestimmen Sie die Eckpunkte A, B und C.

g: $\vec{x} = \begin{pmatrix} 0 \\ -3 \\ 3 \end{pmatrix} + r \begin{pmatrix} 1 \\ 3 \\ -1 \end{pmatrix}$ h: $\vec{x} = \begin{pmatrix} -1 \\ 6 \\ 10 \end{pmatrix} + s \begin{pmatrix} -1 \\ 3 \\ 4 \end{pmatrix}$ k: $\vec{x} = \begin{pmatrix} 3 \\ 6 \\ 0 \end{pmatrix} + t \begin{pmatrix} 1 \\ 1 \\ -2 \end{pmatrix}$

15. Untersuchen Sie, welche Lagebeziehung zwischen der Geraden g durch A und B und der Geraden h durch C und D besteht. Berechnen Sie gegebenenfalls den Schnittpunkt.

a) A(−1|1|1), B(1|1|−1)
   C(1|1|1), D(0|1|2)

b) A(4|2|1), B(0|4|3)
   C(1|2|1), D(3|4|3)

c) A(2|0|4), B(4|2|3)
   C(6|4|2), D(10|8|0)

d) A(0|0|6), B(3|3|0)
   C(0|0|0), D(6|6|6)

e) A(1|−2|4), B(3|4|2)
   C(3|0|0), D(1|2|4)

f) A(1|−2|0), B(−1|2|8)
   C(−2|−2|5), D(4|4|2)

16. a) Bestimmen Sie eine Parametergleichung der Geraden g durch die Punkte A(7|3) und B(18|−2).
b) Bestimmen Sie eine Koordinatengleichung der Geraden h, die durch die Punkte A(2|−4) und B(3|−5) geht.
c) Untersuchen Sie die gegenseitige Lage der Geraden g und h.

17. a) Bestimmen Sie eine Koordinatengleichung der Geraden g: $\vec{x} = \begin{pmatrix} 3 \\ 5 \end{pmatrix} + r \begin{pmatrix} 5 \\ -4 \end{pmatrix}$.
b) Geben Sie eine Parametergleichung der Geraden h: $2x + y = 5$ an.
c) Untersuchen Sie, welche gegenseitige Lage die Geraden g und h einnehmen.
d) Für welches $a \in \mathbb{R}$ liegt P(a|9) auf g?
e) Geben Sie die Gerade k an, die die Gerade h in S(2|1) senkrecht schneidet.

18. Untersuchen Sie die Lagebeziehung der Geraden g und h.

a) g: $y = -\frac{1}{4}x + \frac{7}{2}$,   h: $\vec{x} = \begin{pmatrix} 6 \\ 2 \end{pmatrix} + r \begin{pmatrix} -8 \\ 2 \end{pmatrix}$

b) g: $-4x + 2y = 10$,   h: $\vec{x} = \begin{pmatrix} 1 \\ 5 \end{pmatrix} + r \begin{pmatrix} 5 \\ 10 \end{pmatrix}$

19. Überprüfen Sie, ob die eingezeichneten Geraden sich schneiden, und berechnen Sie gegebenenfalls den Schnittpunkt.

a)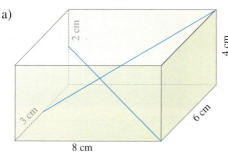

b)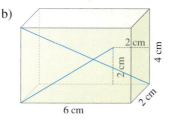

20. Seitenhalbierende im Dreieck

Bekanntlich schneiden sich die Seitenhalbierenden eines Dreiecks in einem Punkt S.

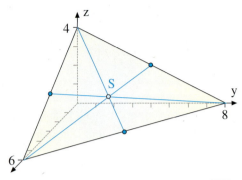

a) Berechnen Sie den Punkt S für das abgebildete Dreieck.

b) Weisen Sie nach, dass alle Seitenhalbierenden des Dreiecks durch diesen Punkt verlaufen.

21. Gegeben sei das Dreieck ABC mit A(4|0|2), B(0|4|1) und C(0|0|6). g sei eine zu $\overline{AC}$ parallele Gerade durch B, h sei eine zu $\overline{BC}$ parallele Gerade durch A.
Prüfen Sie, ob g und h sich schneiden, und bestimmen Sie gegebenenfalls den Schnittpunkt. Fertigen Sie ein Schrägbild an.

22. Ebene Vierecke

Ein Raumviereck ABCD kann eben sein oder aus zwei gegeneinander geneigten Dreiecken bestehen. In einem ebenen Viereck schneiden sich die Diagonalen.
Überprüfen Sie, ob die gegebenen Vierecke eben sind. Fertigen Sie jeweils eine Zeichnung an.

ebenes Viereck nicht-ebenes Viereck

a) A(3|1|2), B(6|2|2), C(5|9|4), D(1|4|3)
b) A(4|0|0), B(4|3|1), C(0|3|4), D(4|0|3)
c) A(5|2|0), B(1|2|6), C(1|6|0), D(6|7|−2)

23. Gegeben ist eine 6 m hohe quadratische Pyramide, deren Grundflächenseiten 6 m lang sind.
Der Punkt M liegt in der Mitte der Seite SC. Die Strecke $\overline{SA}$ ist dreimal so lang wie die Strecke $\overline{SN}$.
Wo schneiden sich die eingezeichneten Geraden?

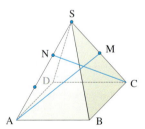

24. In den Geradengleichungen wurden einige Koordinaten gelöscht und durch Variablen ersetzt.
Setzen Sie neue Koordinaten ein, sodass die Geraden folgende Lagen einnehmen:

a) echt parallel
b) identisch
c) schneidend
d) windschief

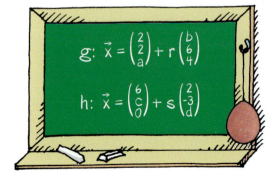

$g: \vec{x} = \begin{pmatrix} 2 \\ 2 \\ a \end{pmatrix} + r \begin{pmatrix} b \\ 6 \\ 4 \end{pmatrix}$

$h: \vec{x} = \begin{pmatrix} 6 \\ c \\ 0 \end{pmatrix} + s \begin{pmatrix} 2 \\ -3 \\ d \end{pmatrix}$

Geraden in der Ebene

Analog zu der Vorgehensweise in Abschnitt B untersucht man auch die gegenseitige Lage von zwei Geraden in der Ebene. Zwei Geraden in der Ebene können nur parallel sein (im Sonderfall sogar identisch) oder sich schneiden.

Gegenseitige Lage von zwei Geraden in der Ebene

Untersuchen Sie die gegenseitige Lage der beiden Geraden g: $\vec{x} = \begin{pmatrix} 2 \\ 0 \end{pmatrix} + r \begin{pmatrix} -1 \\ 5 \end{pmatrix}$ und h: $\vec{x} = \begin{pmatrix} 7 \\ 3 \end{pmatrix} + s \begin{pmatrix} 3 \\ -1 \end{pmatrix}$.

Lösung:

Die Geraden g und h müssen sich in einem Punkt schneiden, da ihre Richtungsvektoren nicht kollinear sind.

1. Überprüfung auf Kollinearität:

$\begin{pmatrix} -1 \\ 5 \end{pmatrix} \neq r \begin{pmatrix} 3 \\ -1 \end{pmatrix}$ für alle $r \in \mathbb{R}$

Um den Schnittpunkt zu ermitteln, setzen wir die rechten Seiten beider Geradengleichungen gleich und lösen das dabei entstehende lineare Gleichungssystem.

2. Schnittpunktberechnung:

$\begin{pmatrix} 2 \\ 0 \end{pmatrix} + r \begin{pmatrix} -1 \\ 5 \end{pmatrix} = \begin{pmatrix} 7 \\ 3 \end{pmatrix} + s \begin{pmatrix} 3 \\ -1 \end{pmatrix}$

Um die Koordinaten des Schnittpunktes zu berechnen, setzt man einen der ermittelten Parameterwerte in die zugehörige Geradengleichung ein.
Wir erhalten den Schnittpunkt S(1|5).

Gleichungssystem:

I $\quad 2 - r = 7 + 3s$
II $\quad 5r = 3 - s$
───────────────────────────
I + 3 II $\quad 2 + 14r = 16 \Rightarrow r = 1, s = -2$

Übungen

Übung 1
Untersuchen Sie die gegenseitige Lage der Geraden g und h.

a) g: $\vec{x} = \begin{pmatrix} 1 \\ 5 \end{pmatrix} + r \begin{pmatrix} -1 \\ 2 \end{pmatrix}$, h: $\vec{x} = \begin{pmatrix} 3 \\ -2 \end{pmatrix} + s \begin{pmatrix} 2 \\ -4 \end{pmatrix}$

b) g: $\vec{x} = \begin{pmatrix} 11 \\ 4 \end{pmatrix} + r \begin{pmatrix} -6 \\ 7 \end{pmatrix}$, h: $\vec{x} = \begin{pmatrix} -1 \\ 2 \end{pmatrix} + s \begin{pmatrix} -2 \\ 1 \end{pmatrix}$

c) g geht durch A(1|1) und B(7|3), h geht durch C(4|2) und D(13|5)

d) g: y = 2x + 4; h: y = 3x − 4

Übung 2
Gegeben ist die Gerade g durch die Punkte A(2|−5) und B(−2|1).

a) Bestimmen Sie eine Parametergleichung von g.

b) Prüfen Sie, ob die Punkte P(1|−3,5) und Q(0|−3) auf der Geraden g liegen.

c) Untersuchen Sie die gegenseitige Lage der Geraden g und h: $\vec{x} = \begin{pmatrix} 4 \\ 0 \end{pmatrix} + s \begin{pmatrix} -2 \\ 1 \end{pmatrix}$

d) Geben Sie die Gleichung einer Geraden k an, die zu g parallel verläuft und durch den Punkt R(1|1) geht.

3. Exkurs: Spurpunkte mit Anwendungen

In diesem Abschnitt werden als exemplarische Anwendungsbeispiele für Geraden Spurpunktprobleme behandelt.

Die Schnittpunkte einer Geraden mit den Koordinatenebenen bezeichnet man als *Spurpunkte* der Geraden.

> **Beispiel: Spurpunkte**
>
> Gegeben sei g: $\vec{x} = \begin{pmatrix} 2 \\ 4 \\ 2 \end{pmatrix} + r \begin{pmatrix} 1 \\ 1 \\ -1 \end{pmatrix}$.
>
> Bestimmen Sie die Spurpunkte der Geraden und fertigen Sie eine Skizze an.

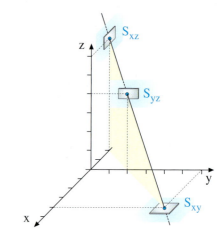

Lösung:
Der Schnittpunkt der Geraden mit der x-y-Ebene wird als Spurpunkt S_{xy} bezeichnet. Er hat die z-Koordinate $z = 0$.
Die z-Koordinate des allgemeinen Geradenpunktes beträgt $z = 2 - r$.
Setzen wir diese 0, so erhalten wir $r = 2$, was auf den Spurpunkt $S_{xy}(4|6|0)$ führt.

$z = 0: \Leftrightarrow 2 - r = 0 \Leftrightarrow r = 2$

$\vec{x} = \begin{pmatrix} 2 \\ 4 \\ 2 \end{pmatrix} + 2 \cdot \begin{pmatrix} 1 \\ 1 \\ -1 \end{pmatrix} = \begin{pmatrix} 4 \\ 6 \\ 0 \end{pmatrix}$

$S_{xy}(4|6|0)$

Analog errechnen wir die weiteren Spurpunkte, indem wir die x-Koordinate bzw. die y-Koordinate des allgemeinen Geradenpunktes null setzen.
▶ Ergebnisse: $S_{yz}(0|2|4)$, $S_{xz}(-2|0|6)$

Übung 1
Berechnen Sie die Spurpunkte der Geraden g durch A und B. Fertigen Sie eine Skizze an.
a) $A(10|6|-1)$, $B(4|2|1)$
b) $A(-2|4|9)$, $B(4|-2|3)$
c) $A(4|1|1)$, $B(-2|1|7)$
d) $A(2|4|-2)$, $B(-1|-2|4)$

Übung 2
Geben Sie die Gleichung einer Geraden g an, die nur zwei Spurpunkte bzw. nur einen Spurpunkt besitzt.

Übung 3
In welchen Punkten durchdringen die Kanten der skizzierten Pyramide den 2 m hohen Wasserspiegel?

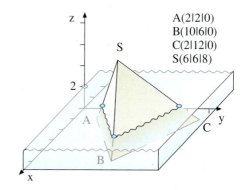

A(2|2|0)
B(10|6|0)
C(2|12|0)
S(6|6|8)

3. Exkurs: Spurpunkte mit Anwendungen

Im Folgenden werden Spurpunktberechnungen zur Lösung von Anwendungsaufgaben zur Lichtreflexion und zum Schattenwurf eingesetzt.

> **Beispiel: Lichtreflexion**
> Der Verlauf eines Lichtstrahls soll verfolgt werden. Der Strahl geht vom Punkt $A(0|6|6)$ aus und läuft in Richtung des Vektors $\begin{pmatrix} 1 \\ -1 \\ -2 \end{pmatrix}$ auf die x-y-Ebene zu, an der er reflektiert wird. Wo trifft der Strahl auf die x-y-Ebene? Wie lautet die Geradengleichung des dort reflektierten Strahles und wo trifft dieser auf die x-z-Ebene?

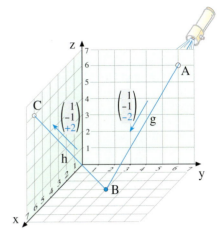

Lösung:
Wir bestimmen zunächst die Geradengleichung des von A ausgehenden Strahls g. Dessen Schnittpunkt B mit der x-y-Ebene erhalten wir durch Nullsetzen der z-Koordinate des allgemeinen Geradenpunktes von g.
Der reflektierte Strahl h geht von diesem Punkt $B(3|3|0)$ aus. Bei der Reflexion ändert sich nur diejenige Koordinate des Richtungsvektors, die senkrecht auf der Reflexionsebene steht. Diese Koordinate wechselt ihr Vorzeichen, hier also die z-Koordinate. Der Richtungsvektor von h ist daher $\begin{pmatrix} 1 \\ -1 \\ +2 \end{pmatrix}$. Nun können wird die Geradengleichung des reflektierten Strahls h aufstellen und dessen Schnittpunkt mit der x-z-Ebene berechnen. Es ist der Punkt
▶ $C(6|0|6)$.

Gleichung des Strahls g:

$$g: \vec{x} = \begin{pmatrix} 0 \\ 6 \\ 6 \end{pmatrix} + r \begin{pmatrix} 1 \\ -1 \\ -2 \end{pmatrix}$$

Schnittpunkt mit der x-y-Ebene:

$z=0 \Leftrightarrow 6-2r=0 \Leftrightarrow r=3 \Rightarrow B(3|3|0)$

Gleichung des reflektierten Strahls h:

$$h: \vec{x} = \begin{pmatrix} 3 \\ 3 \\ 0 \end{pmatrix} + s \begin{pmatrix} 1 \\ -1 \\ +2 \end{pmatrix}$$

Schnittpunkt mit der x-z-Ebene:

$y=0 \Leftrightarrow 3-s=0 \Leftrightarrow s=3 \Rightarrow C(6|0|6)$

🟠 331-1

Übung 4 Billard

Auch beim Billardspiel kommt es zu Reflexionen der Kugel an der Bande. Auf dem abgebildeten Tisch liegt die Kugel in der Position $P(6|4)$. Sie wird geradlinig in Richtung des Vektors $\begin{pmatrix} 2 \\ 3 \end{pmatrix}$ gestoßen.
Trifft sie das Loch bei $L(14|0)$?
Lösen Sie die Aufgabe zeichnerisch und rechnerisch.

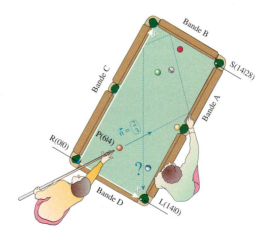

Spurpunktberechnungen können auch zur Konstruktion der Schattenbilder von Gegenständen im Raum auf die Koordinatenebenen verwendet werden.

▶ **Beispiel: Schattenwurf**
Im 1. Oktanden des Koordinatensystems steht die senkrechte Strecke $\overline{PQ}$ mit $P(4|3|0)$ und $Q(4|3|6)$.
In Richtung des Vektors $\begin{pmatrix} -2 \\ 1 \\ -2 \end{pmatrix}$ fällt paralleles Licht auf die Strecke. Konstruieren Sie rechnerisch ein Schattenbild der Strecke auf den Randflächen des 1. Oktanden.

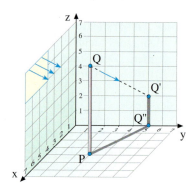

Lösung:
Das Ergebnis ist rechts abgebildet, ein abknickender Schatten. Es wurde durch Verfolgung desjenigen Lichtstrahls g konstruiert, der durch den Punkt Q führt.

Nach dem Aufstellen der Geradengleichung von g errechnen wir den Spurpunkt Q' von g in der y-z-Ebene, denn wir vermuten, dass der Strahl g diese Ebene zuerst trifft.

Gleichung des Strahls g durch Q:

$$g: \vec{x} = \begin{pmatrix} 4 \\ 3 \\ 6 \end{pmatrix} + r \begin{pmatrix} -2 \\ 1 \\ -2 \end{pmatrix}$$

Durch Nullsetzen der x-Koordinate des allgemeinen Geradenpunktes erhalten wir $r = 2$, d.h. $Q'(0|5|2)$.

Schnittpunkt von g mit der y-z-Ebene:

$x = 0 \Leftrightarrow 4 - 2r = 0 \Leftrightarrow r = 2 \Rightarrow Q'(0|5|2)$

Der Fußpunkt des senkrechten Lotes von Q' auf die y-Achse ist $Q''(0|5|0)$.

Fußpunkt des Lotes von Q' auf die y-Achse:
$Q''(0|5|0)$

Der Schatten der Strecke $\overline{PQ}$ ist der Streckenzug PQ''Q', wie oben eingezeichnet. Es handelt sich
▶ um einen abknickenden Schatten.

Übung 5 Schatten
Im mathematischen Klassenraum steht ein Schrank für die Aufbewahrung von Punkten, Strecken und Flächen. Er hat die Höhe 4 und die Breite 2. Für seine Tiefe reicht bekanntlich 0 aus.
In Richtung des Vektors $\begin{pmatrix} -1 \\ 1 \\ -1 \end{pmatrix}$ fällt paralleles Licht auf den Schrank.
Konstruieren Sie das Schattenbild des Schrankes auf dem Boden und den Wänden rechnerisch und zeichnen Sie es auf.

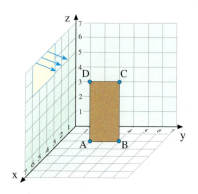

Übungen

6. Gegeben sind die Geraden g durch A(1|3|6) und B(2|4|3) sowie h: $\vec{x} = \begin{pmatrix} -1 \\ 4 \\ 6 \end{pmatrix} + s \begin{pmatrix} 2 \\ -2 \\ -2 \end{pmatrix}$.

Bestimmen Sie die Spurpunkte der Geraden und zeichnen Sie ein Schrägbild.

7. Geraden können 1, 2, 3 oder unendlich viele unterschiedliche Spurpunkte besitzen. Erläutern Sie diese Tatsache und überprüfen Sie, welcher Fall bei den folgenden Geraden jeweils eintritt.

a) $g: \vec{x} = \begin{pmatrix} 3 \\ 2 \\ 2 \end{pmatrix} + r \begin{pmatrix} -1 \\ 0 \\ 2 \end{pmatrix}$
b) $g: \vec{x} = \begin{pmatrix} 1 \\ 1 \\ 4 \end{pmatrix} + r \begin{pmatrix} -1 \\ 1 \\ 2 \end{pmatrix}$
c) $g: \vec{x} = \begin{pmatrix} -3 \\ -2 \\ 2 \end{pmatrix} + r \begin{pmatrix} 1 \\ 2 \\ -2 \end{pmatrix}$

d) $g: \vec{x} = \begin{pmatrix} 2 \\ 0 \\ 1 \end{pmatrix} + r \begin{pmatrix} 1 \\ 0 \\ 2 \end{pmatrix}$
e) $g: \vec{x} = \begin{pmatrix} 2 \\ 2 \\ 3 \end{pmatrix} + r \begin{pmatrix} 0 \\ 0 \\ 2 \end{pmatrix}$
f) $g: \vec{x} = r \begin{pmatrix} 2 \\ 2 \\ 3 \end{pmatrix}$

8. In welchem Punkt trifft die vom Punkt P(2|4) in Richtung des Vektors $\begin{pmatrix} 3 \\ -1 \end{pmatrix}$ geradlinig gestoßene Billardkugel die Bande C erstmals?

Lösen Sie zeichnerisch und rechnerisch.

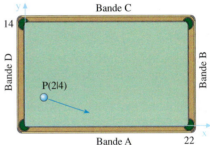

9. In Richtung des Vektors $\begin{pmatrix} -1 \\ -3 \\ 1 \end{pmatrix}$ fällt paralleles Licht.

a) Im 1. Oktanden des Koordinatensystems steht die senkrechte Strecke $\overline{PQ}$ mit P(4|6|0) und Q(4|6|3). Konstruieren Sie das Schattenbild der Strecke (zeichnerisch und rechnerisch).

b) Gegeben ist ein Rechteck ABCD mit A(4|3|0), B(2|3|0), C(2|3|3), D(4|3|3). Konstruieren Sie das Schattenbild des Rechtecks auf dem Boden und den Randflächen des 1. Oktanden (zeichnerisch und rechnerisch).

10. Im Koordinatenraum steht ein schräg nach oben geneigtes Dreieck ABC mit A(3|2|0), B(3|6|0), C(2|3|4). In Richtung des Vektors $\begin{pmatrix} -1 \\ -3 \\ -1 \end{pmatrix}$ fällt paralleles Licht auf dieses Dreieck. Zeichnen Sie das Schattenbild des Dreiecks, wobei Sie sich an der (nicht maßstäblichen) Skizze orientieren. Berechnen Sie dann die Eckpunkte des Dreiecksschattens auf dem Boden und den Wänden des Raums.

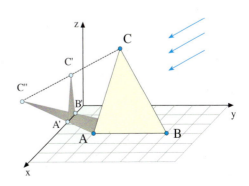

11. Flugbahnen

Flugzeug Alpha fliegt geradlinig durch die Punkte $A(-8|3|2)$ und $B(-4|-1|4)$. Eine Einheit im Koordinatensystem entspricht einem Kilometer. Der Flughafen F befindet sich in der x-y-Ebene.

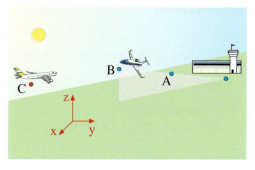

a) In welchem Punkt F ist das Flugzeug gestartet? In welchem Punkt T erreicht es seine Reiseflughöhe von 10 000 m?

b) Flugzeug Beta steuert Punkt $C(10|-10|5)$ aus Richtung $\vec{v} = \begin{pmatrix} -2 \\ 2 \\ -1 \end{pmatrix}$ an. Zeigen Sie, dass die beiden Flugzeuge keinesfalls kollidieren können.

c) In dem Moment, in dem Flugzeug Alpha den Punkt B passiert, erreicht Flugzeug Beta den Punkt C. Wie groß ist die Entfernung der Flugzeuge zu diesem Zeitpunkt?

d) Beim Passieren von Punkt C wird Flugzeug Beta vom Tower aufgefordert, in Richtung $\vec{v}_1 = \begin{pmatrix} -5 \\ 4 \\ -1 \end{pmatrix}$ weiterzufliegen. In 1000 m Höhe soll eine weitere Kursänderung erfolgen, die Flugzeug Beta zum Flughafen F bringt. In welche Richtung muss diese letzte Korrektur das Flugzeug führen?

12. Flugbahn und Fluggeschwindigkeit

Ein Sportflugzeug Gamma passiert um 10 Uhr den Punkt $A(10|1|0,8)$ und 2 Minuten später den Punkt $B(15|7|1)$. Eine Einheit im Koordinatensystem entspricht einem Kilometer. Das Flugzeug fliegt mit konstanter Geschwindigkeit.

a) Stellen Sie die Gleichung der Geraden g auf, auf der das Flugzeug Gamma fliegt. Erläutern Sie für Ihre Geradengleichung den Zusammenhang zwischen dem Geradenparameter und dem zugehörigen Zeitintervall.

b) Wo befindet sich das Flugzeug Gamma um 10:10 Uhr? Mit welcher Geschwindigkeit fliegt es? Wann erreicht das Flugzeug die Höhe von 4000 m?

c) Ein zweites Flugzeug Delta passiert um 10 Uhr den Punkt $P(100|130|3,7)$ und eine Minute später den Punkt $Q(95|121|3,6)$. Prüfen Sie, ob sich die beiden Flugbahnen schneiden und untersuchen Sie, ob tatsächlich die Gefahr einer Kollision besteht.

13. Bergwerksstollen

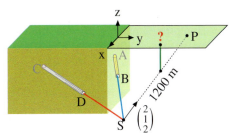

Vom Punkt A($-7|-3|-8$) ausgehend soll durch den Punkt B($-2|0|-9$) ein geradliniger Stollen namens Kuckucksloch in einen Berg getrieben werden. Ebenso soll ein Stollen namens Morgenstern von Punkt C($4|-6|-6$) ausgehend über den Punkt D($7|-1|-8$) geradlinig gebaut werden. Eine Einheit entspricht 100 m. Die Erdoberfläche liegt in der x-y-Ebene.

a) Prüfen Sie, ob die Ingenieure richtig gerechnet haben und die Stollen sich wie geplant in einem Punkt S treffen.

b) Im Stollen Kuckucksloch kann die Bohrung um 5 m pro Tag vorangetrieben werden. Wie hoch muss die Bohrleistung im Stollen Morgenstern durch C und D sein, damit beide Stollen am selben Tag den Vereinigungspunkt S erreichen?

c) Von Punkt S aus wird der Stollen Kuckucksloch weiter in Richtung $\begin{pmatrix}2\\1\\2\end{pmatrix}$ fortgesetzt. In welchem Punkt P erreicht der Stollen die Erdoberfläche?

d) In 1200 m Entfernung von Punkt P auf der Strecke $\overline{SP}$ soll ein senkrechter Notausstieg gebohrt werden. An welchem Punkt der Erdoberfläche muss die Bohrung beginnen? Wie tief wird die Bohrung sein?

14. Pyramide

Gegeben sei eine quadratische Pyramide, die 100 m breit und 50 m hoch ist.

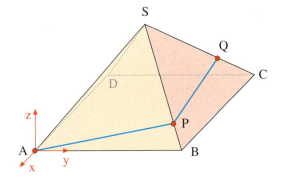

I. Geraden

a) Bestimmen Sie die Gleichungen der Geraden in denen die vier Pyramidenkanten verlaufen.

b) Forscher vermuten, dass das Baumaterial über riesige Rampen, die sich längs der eingezeichneten blauen Strecken an die Pyramide lehnten, transportiert wurde.
Die erste Rampe hat im Punkt P 10 m Höhenunterschied erreicht. Bestimmen Sie P.

c) Die anschließende Rampe soll den gleichen Steigungswinkel besitzen.
Bestimmen Sie die Gleichung der entsprechenden Geraden.
In welchem Punkt Q endet diese Rampe?
In welchem Punkt erreicht die Rampe die Höhe von 15 m?

d) In welchen Punkten durchstoßen die Pyramidenkanten eine Höhe von 20 m?
In welcher Höhe beträgt der horizontale Querschnitt der Pyramide 25 m²?

II. Geradenschar

Vom Punkt T($50|-50|100$) fällt Licht in Richtung $\begin{pmatrix}-1-a\\3-a\\a-2\end{pmatrix}$.

a) Zeigen Sie, dass vom Punkt T je ein Lichtstrahl auf die Punkte B und S fällt.

b) Zeigen Sie: Jeder Punkt der Kante $\overline{BS}$ wird angestrahlt.

c) Bestimmen Sie den Schattenwurf der Kante $\overline{BS}$ in der x-y-Ebene.

15. Kletterturm

Ein Kletterturm ist in der Form eines Pyramidenstumpfes geplant. Hierbei bilden die Ecken A(0|0|0), B(4|6|0), C(0|12|0) und D(−8|0|0) das Grundflächenviereck, während E(2|0|12), F(4|3|12), G(2|6|12) und H(−2|0|12) das Deckflächenviereck bilden.

a) Zeichnen Sie ein Schrägbild des Pyramidenstumpfes.
b) Zeichnen Sie die Grundfläche in der x-y-Ebene. Tragen Sie hierin auch die Projektion der Oberfläche ein. Klassifizieren Sie nun die vier Kletterflächen nach ihrem Schwierigkeitsgrad.
c) Zeigen Sie, dass es sich tatsächlich um eine Pyrymide handelt. Überprüfen Sie hierzu die Pyramidenspitze S. Treffen sich die vier Kanten in S?
d) Bestimmen Sie zunächst das Volumen der Pyramide und dann das des Stumpfes.
e) Welche Koordinaten hat das Querschnittsviereck in halber Höhe des Stumpfes?
f) Zeigen Sie: Die Geradenschar durch S in Richtung $\begin{pmatrix} -2-2a \\ 3a \\ 12 \end{pmatrix}$ enthält die Geraden durch die Kanten $\overline{BF}$ und $\overline{CG}$.
g) Begründen Sie, dass die Richtungsvektoren der Schar aus f komplanar sind.

16. Pyramidenzelt

Ein Zelt hat die Form einer quadratischen Pyramide mit 8 m Breite und 3 m Höhe. Den Eingang bildet das Trapez EFGH mit |EF| = 4 m und G bzw. H als Mitten der Strecken $\overline{ES}$ bzw. $\overline{FS}$.

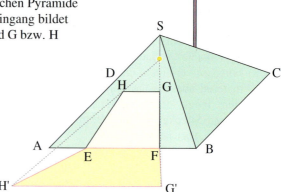

a) Wie groß ist der Eingang EFGH?
b) Ein Meter unter der Zeltspitze S befindet sich eine Lichtquelle. Durch den Eingang fällt Licht nach außen und begrenzt so eine beleuchtete Fläche. Wie groß ist sie?
c) In der Mitte der hinteren Zeltkante $\overline{CD}$ ist auf einer senkrechten Stange eine Kamera angebracht. In welcher Höhe muss sie sich befinden, wenn sie die gesamte beleuchtete Fläche überwachen soll?
d) Wie ändert sich die beleuchtete Fläche, wenn die Lichtquelle weiter nach oben bzw. weiter nach unten gebracht wird?
Welche Grenzflächen ergeben sich wenn sich die Lichtquelle in S bzw. in 1,5 m Höhe befindet?

IX. Geraden

Überblick

Parametergleichung einer Geraden:

g: $\vec{x} = \vec{a} + r \cdot \vec{m}$ $(r \in \mathbb{R})$

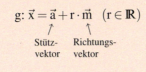
Stütz- Richtungs-
vektor vektor

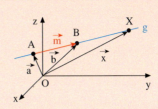

Zweipunktegleichung:

g: $\vec{x} = \vec{a} + r \cdot (\vec{b} - \vec{a})$ $(r \in \mathbb{R})$
$\vec{a}$ und $\vec{b}$ sind die Ortsvektoren zweier Geradenpunkte A und B.

Koordinatengleichung der Geraden in der Ebene:

$ax + by = c$ bzw. $y = mx + n$ $(a, b, c, m, n \in \mathbb{R}, b \neq 0)$

Lagebeziehung von zwei Geraden im Raum:

Die Geraden sind entweder parallel (oder sogar identisch) oder sie schneiden sich in genau einem Punkt oder sie sind windschief.

1. Fall: parallel (im Sonderfall: identisch)
Die Richtungsvektoren beider Geraden sind kollinear.
Liegt der Stützpunkt einer Geraden auch auf der anderen Geraden, sind die Geraden sogar identisch.

2. Fall: schneidend
Die Richtungsvektoren der Geraden sind nicht kollinear.
Man setzt die rechten Seiten der Parametergleichungen gleich und löst das entstehende eindeutig lösbare LGS.
Die Geraden schneiden sich in genau einem Punkt.

3. Fall: windschief
Die Richtungsvektoren der Geraden sind nicht kollinear.
Man setzt die rechten Seiten der Parametergleichungen gleich.
Das entstehende LGS ist unlösbar.

Lagebeziehung von zwei Geraden in der Ebene:

Die Geraden sind entweder parallel (oder sogar identisch) oder sie schneiden sich in genau einem Punkt. (vgl. Fall 1 und 2)

Test

Geraden

1. Gegeben sind die Punkte P(1|4|3), A(3|0|1) und B(0|6|4).
   a) Stellen Sie eine Parametergleichung der Geraden g durch A und B auf.
   b) Überprüfen Sie, ob der Punkt P auf der Strecke $\overline{AB}$ liegt.

2. Gegeben ist die Gerade g: $y = \frac{2}{5}x + \frac{3}{5}$.

   a) Bestimmen Sie eine Parametergleichung von g.
   b) Prüfen Sie, ob die Punkte P(−4|−2) und Q(−1,5|0) auf g liegen.
   c) Untersuchen Sie, welche gegenseitige Lage g und h: $\vec{x} = \begin{pmatrix} 6 \\ 3 \end{pmatrix} + s \begin{pmatrix} -10 \\ -4 \end{pmatrix}$ einnehmen.
   d) Geben Sie eine Gerade k an, die parallel zu g verläuft und durch A(1|3) geht.

3. Gegeben sind die Geraden g: $\vec{x} = \begin{pmatrix} 2 \\ 2 \\ 3 \end{pmatrix} + r \begin{pmatrix} 3 \\ 6 \\ 3 \end{pmatrix}$ und h: $\vec{x} = \begin{pmatrix} 1 \\ 2 \\ 6 \end{pmatrix} + s \begin{pmatrix} -1 \\ -1 \\ 1 \end{pmatrix}$.

   a) Bestimmen Sie den Schnittpunkt der Geraden g und h.
   b) Bestimmen Sie die Spurpunkte der Geraden g.

4. Wie lauten die Gleichungen der fünf abgebildeten Geraden im Quader, bezogen auf das eingezeichnete Koordinatensystem?

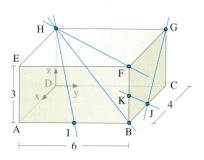

5. Geben Sie Werte für die Variablen a, b, c und d an, sodass die Geraden

g: $\vec{x} = \begin{pmatrix} -5 \\ 7 \\ a \end{pmatrix} + r \begin{pmatrix} b \\ -6 \\ 2 \end{pmatrix}$ und h: $\vec{x} = \begin{pmatrix} 1 \\ c \\ 3 \end{pmatrix} + s \begin{pmatrix} -3 \\ 3 \\ d \end{pmatrix}$

   a) identisch sind,   b) sich schneiden.

Lösungen unter 338-1

X. Ebenen

1. Ebenengleichungen

A. Die vektorielle Parametergleichung einer Ebene

Ähnlich wie Geraden lassen sich auch Ebenen im Raum durch Vektoren rechnerisch erfassen und bearbeiten. Eine Ebene wird durch einen Punkt und zwei nicht parallele Vektoren eindeutig festgelegt.

Ist A ein bekannter Punkt der Ebene, ein sogenannter *Stützpunkt*, und sind $\vec{u}$ und $\vec{v}$ zwei nicht parallele, in der Ebene verlaufende Vektoren, sogenannte *Richtungsvektoren*, so lässt sich der Ortsvektor $\vec{x} = \overrightarrow{OX}$ eines beliebigen Ebenenpunktes als Summe aus dem Stützvektor $\vec{a} = \overrightarrow{OA}$ und einer Linearkombination der beiden Richtungsvektoren darstellen:

$$\vec{x} = \vec{a} + r \cdot \vec{u} + s \cdot \vec{v}.$$

In der Abbildung wird dies für die durch den Rechteckausschnitt angedeutete Ebene veranschaulicht.

Man bezeichnet diese Gleichung als *Punktrichtungsgleichung* der Ebene (1 Punkt, 2 Richtungsvektoren) oder als *vektorielle Parametergleichung* der Ebene und verwendet eine zu vektoriellen Geradengleichungen analoge Schreibweise.

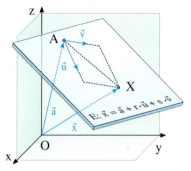

$$\overrightarrow{OX} = \overrightarrow{OA} + \overrightarrow{AX}$$
$$\vec{x} = \vec{a} + r \cdot \vec{u} + s \cdot \vec{v}$$

Vektorielle Parametergleichung einer Ebene

E: $\vec{x} = \vec{a} + r \cdot \vec{u} + s \cdot \vec{v}$ ($r, s \in \mathbb{R}$)
$\vec{x}$: allgemeiner Ebenenvektor
$\vec{a}$: Stützvektor
$\vec{u}, \vec{v}$: Richtungsvektoren
r, s: Ebenenparameter   🔴 340-1

Beispiel: Für die rechts ausschnittsweise dargestellte Ebene E können wir den Punkt $A(3|6|1)$ als Stützpunkt und $\vec{u} = \begin{pmatrix} 0 \\ -4 \\ 0 \end{pmatrix}$ sowie $\vec{v} = \begin{pmatrix} -3 \\ 0 \\ 5 \end{pmatrix}$ als Richtungsvektoren wählen. Eine Parametergleichung der Ebene lautet dann:

$$E: \vec{x} = \begin{pmatrix} 3 \\ 6 \\ 1 \end{pmatrix} + r \cdot \begin{pmatrix} 0 \\ -4 \\ 0 \end{pmatrix} + s \cdot \begin{pmatrix} -3 \\ 0 \\ 5 \end{pmatrix}.$$

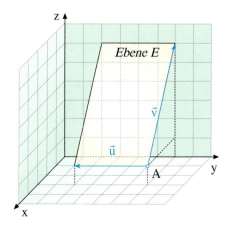

B. Die Dreipunktegleichung einer Ebene

Besonders einfach lässt sich eine Ebenengleichung aufstellen, wenn die Ebene durch drei Punkte gegeben ist, die natürlich nicht auf einer Geraden liegen dürfen.

Beispiel: Zeichnen Sie einen Ausschnitt derjenigen Ebene E, welche die drei Punkte $A(2|0|3)$, $B(3|4|0)$ und $C(0|3|3)$ enthält. Stellen Sie außerdem eine vektorielle Parametergleichung dieser Ebene auf.

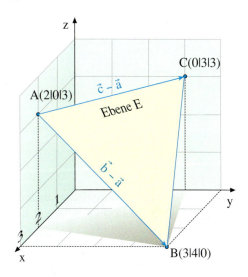

Lösung:
Der dreieckige Ebenenausschnitt ist rechts als Schrägbild dargestellt. Als Stützvektor verwenden wir den Ebenenpunkt $A(2|0|3)$.
Als Richtungsvektoren verwenden wir die Differenzvektoren $\vec{b} - \vec{a}$ und $\vec{c} - \vec{a}$. Damit ergibt sich die Gleichung

$$E: \vec{x} = \vec{a} + r \cdot (\vec{b} - \vec{a}) + s \cdot (\vec{c} - \vec{a}),$$

die man als *Dreipunktegleichung* der Ebene bezeichnet.

In unserem Beispiel ergibt sich hiermit als zugehörige Parametergleichung:

$$E: \vec{x} = \begin{pmatrix} 2 \\ 0 \\ 3 \end{pmatrix} + r \cdot \begin{pmatrix} 3-2 \\ 4-0 \\ 0-3 \end{pmatrix} + s \cdot \begin{pmatrix} 0-2 \\ 3-0 \\ 3-3 \end{pmatrix},$$

▶ $E: \vec{x} = \begin{pmatrix} 2 \\ 0 \\ 3 \end{pmatrix} + r \cdot \begin{pmatrix} 1 \\ 4 \\ -3 \end{pmatrix} + s \cdot \begin{pmatrix} -2 \\ 3 \\ 0 \end{pmatrix}$

> **Dreipunktegleichung der Ebene**
>
> A, B, C seien drei nicht auf einer Geraden liegende Punkte mit den Ortsvektoren $\vec{a}$, $\vec{b}$ und $\vec{c}$.
> Dann hat die A, B und C enthaltende Ebene die Gleichung:
>
> $$E: \vec{x} = \vec{a} + r \cdot (\vec{b} - \vec{a}) + s \cdot (\vec{c} - \vec{a}).$$

Übung 1
Wie lautet die Gleichung der Ebene E, welche die Punkte A, B und C enthält?
Fertigen Sie ein Schrägbild der Ebene an.

a) $A(3|0|0)$
   $B(0|4|0)$
   $C(0|0|2)$

b) $A(2|0|1)$
   $B(3|2|0)$
   $C(0|3|2)$

c) $A(4|2|1)$
   $B(3|5|1)$
   $C(0|0|4)$

Übung 2
Eine Pyramide hat als Grundfläche ein Dreieck ABC mit den Eckpunkten $A(1|1|0)$, $B(6|6|1)$ und $C(3|6|1)$. Ihre Spitze ist $S(2|4|4)$.
Zeichnen Sie ein Schrägbild der Pyramide und stellen Sie die Gleichungen der Ebenen E_1, E_2, E_3 auf, welche jeweils eine der drei Seitenflächen der Pyramide enthalten.

Übungen

3. Gesucht ist eine vektorielle Parametergleichung der abgebildeten Ebene.

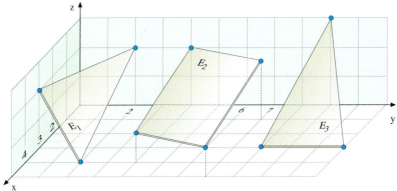

4. Geben Sie eine vektorielle Parametergleichung folgender Ebenen im Raum an.
  a) E_1 ist die x-y-Ebene, E_2 die y-z-Ebene und E_3 die x-z-Ebene.
  b) E_4 enthält den Punkt $P(2|3|0)$ und verläuft parallel zur x-z-Ebene.
  c) E_5 enthält den Punkt $P(-1|0|-1)$ und verläuft parallel zur x-y-Ebene.
  d) E_6 enthält die Ursprungsgerade durch $B(3|1|0)$ und steht senkrecht auf der x-y-Ebene.
  e) E_7 enthält die Winkelhalbierende des 1. Quadranten der y-z-Ebene und steht senkrecht zur y-z-Ebene.
  f) E_8 enthält die Gerade g: $\vec{x} = \begin{pmatrix} 1 \\ -1 \\ 1 \end{pmatrix} + r \cdot \begin{pmatrix} 3 \\ 2 \\ 1 \end{pmatrix}$ sowie die Gerade h durch die Punkte $A(3|2|2)$ und $B(4|1|2)$.

5. Wie lautet eine Parametergleichung einer Ebene E, die die Punkte A, B und C enthält?
  a) $A(1|0|1)$
     $B(2|-1|2)$
     $C(1|1|1)$
  b) $A(1|0|0)$
     $B(0|1|0)$
     $C(0|0|1)$
  c) $A(0|0|0)$
     $B(3|2|1)$
     $C(1|2|1)$
  d) $A(2|-1|4)$
     $B(6|5|12)$
     $C(8|8|16)$

6. Gegeben ist ein Würfel mit der Kantenlänge 5 in einem kartesischen Koordinatensystem.
  a) Jede Seitenfläche des Würfels liegt in einer Ebene. Geben Sie für jede dieser Ebenen eine Parametergleichung an.
  b) Die Ecken D, B, G, E bilden ein Tetraeder, dessen Seitendreiecke Ebenen aufspannen. Geben Sie für jede dieser Ebenen eine Parametergleichung an.

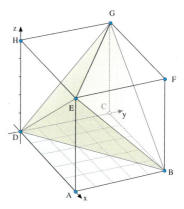

7. Durch die Punkte A, B und C sei eine Ebene mit E: $\vec{x} = \vec{a} + r(\vec{b} - \vec{a}) + s(\vec{c} - \vec{a})$ gegeben. Beschreiben Sie mithilfe einer Skizze die Lage der Punkte der Ebene E, für die
  a) $0 \leq r \leq 1$ und $0 \leq s \leq 1$,
  b) $r + s = 1, r \geq 0, s \geq 0$
  c) $r - s = 0$ gilt.

1. Ebenengleichungen

C. Die Koordinatengleichung einer Ebene

Eine Ebene im dreidimensionalen Anschauungsraum lässt sich stets durch eine lineare Gleichung der Form $ax + by + cz = d$ darstellen, die man als *Koordinatengleichung* bezeichnet. Diese Darstellung hat einige Vorteile, was wir im Verlauf des Kurses sehen werden.
Wir zeigen zunächst, wie man von der vektoriellen Parametergleichung zu der parameterfreien Koordinatengleichung kommt.

> **Beispiel: Von der Parametergleichung zur Koordinatengleichung**
>
> Gesucht ist eine Koordinatengleichung der Ebene E: $\vec{x} = \begin{pmatrix} 2 \\ 2 \\ 0 \end{pmatrix} + r \cdot \begin{pmatrix} 1 \\ 1 \\ -1 \end{pmatrix} + s \cdot \begin{pmatrix} 5 \\ -1 \\ -1 \end{pmatrix}$.

Lösung:

Wir schreiben die vektorielle Parametergleichung koordinatenweise auf und erhalten so die parametrisierten Gleichungen I, II und III.

Parametergleichung:
$$\begin{pmatrix} x \\ y \\ z \end{pmatrix} = \begin{pmatrix} 2 \\ 2 \\ 0 \end{pmatrix} + r \cdot \begin{pmatrix} 1 \\ 1 \\ -1 \end{pmatrix} + s \cdot \begin{pmatrix} 5 \\ -1 \\ -1 \end{pmatrix}$$

Durch Kombination von I und II bzw. von I und III eliminieren wir den Parameter r. Wir erhalten zwei Gleichungen IV und V, die nur noch den Parameter s enthalten.

Koordinatengleichungssystem:
I $\quad x = 2 + r + 5s$
II $\quad y = 2 + r - s$
III $\quad z = -r - s$

Durch eine nochmalige Kombination – nun von IV und V – eliminieren wir auch noch den Parameter s.

Elimination von r:
IV $= $ I $-$ II: $\quad x - y = 6s$
V $= $ I $+$ III: $\quad x + z = 2 + 4s$

Elimination von s:
VI $= 2 \cdot $ IV $- 3 \cdot $ V: $\quad -x - 2y - 3z = -6$

Wir erhalten so die parameterfreie Koordinatengleichung VI, die wir durch Multiplikation mit (-1) noch etwas verschönern.

Koordinatengleichung:
E: $x + 2y + 3z = 6$

Übung 8

Bestimmen Sie eine Koordinatengleichung der Ebene E.

a) E: $\vec{x} = \begin{pmatrix} -2 \\ 4 \\ 4 \end{pmatrix} + r \cdot \begin{pmatrix} 1 \\ -2 \\ 0 \end{pmatrix} + s \cdot \begin{pmatrix} 2 \\ 0 \\ -4 \end{pmatrix}$
b) E: $\vec{x} = \begin{pmatrix} 1 \\ 0 \\ 1 \end{pmatrix} + r \cdot \begin{pmatrix} 1 \\ 2 \\ 1 \end{pmatrix} + s \cdot \begin{pmatrix} 0 \\ 1 \\ 1 \end{pmatrix}$

Übung 9

Gegeben sind die drei Punkte A, B und C. Bestimmen Sie eine vektorielle Parametergleichung sowie eine Koordinatengleichung der Ebene E durch die Punkte A, B und C.
a) A(0|0|-1), B(1|1|0), C(3|1|1)
b) A(3|1|2), B(6|2|0), C(0|1|4)

Ein erster Vorteil der Koordinatenform besteht darin, dass sich die **Achsenabschnittspunkte** der Ebene aus der Koordinatenform einfacher bestimmen lassen, was wiederum die zeichnerische Darstellung der Ebene erheblich erleichtert.

> **Beispiel: Achsenabschnitte und Schrägbild**
> Gegeben sei die Ebene E mit der Koordinatengleichung E: $3x + 6y + 4z = 12$.
> Bestimmen Sie diejenigen Punkte, in welchen die Koordinatenachsen die Ebene durchstoßen, und zeichnen Sie mithilfe dieser Punkte ein Schrägbild der Ebene.

Lösung:
Der Achsenabschnittspunkt auf der x-Achse hat die Gestalt $A(x|0|0)$.
Setzen wir in der Koordinatengleichung $y = 0$ und $z = 0$, so erhalten wir $3x = 12$, d. h. $x = 4$. Also ist $A(4|0|0)$ der gesuchte Achsenabschnittspunkt auf der x-Achse.

Analog erhalten wir die beiden weiteren Achsenabschnittspunkte $B(0|2|0)$ und $C(0|0|3)$.

Tragen wir diese drei Punkte in ein Koordinatensystem ein, so können wir einen dreieckigen Ebenenausschnitt darstellen.

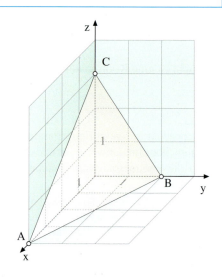

Übung 10
a) Bestimmen Sie die Achsenabschnitte der Ebene E: $4x + 6y + 6z = 24$ und zeichnen Sie ein Schrägbild der Ebene.
b) Zeichnen Sie ein Schrägbild der Ebene E: $2x + 5y + 4z = 10$.
c) Welche Achsenabschnitte besitzt die Ebene E: $2x + 4z = 8$?
   Beschreiben Sie die Lage dieser Ebene im Koordinatensystem.

Bemerkung: Fehlen in der Koordinatengleichung einer Ebene eine oder mehrere Variable, so nimmt die Ebene im Koordinatensystem eine besondere Lage ein.

Beispiel: Die Ebene $E_1: 2x + 3y = 6$ hat die Achsenabschnitte $x = 3$ ($y = 0$, $z = 0$) und $y = 2$ ($x = 0$, $z = 0$).
Sie hat keinen z-Achsenabschnitt, denn sie ist parallel zur z-Achse.

Beispiel: Die Ebene $E_2: 2y = 6$ hat den y-Achsenabschnitt $y = 3$.
Sie hat keinen x-Achsenabschnitt und keinen z-Achsenabschnitt; sie ist nämlich parallel zur x-Achse und zur z-Achse, also zur x-z-Ebene.

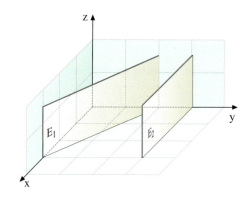

1. Ebenengleichungen

Man kann die Koordinatengleichung einer Ebene in der Regel so umformen, dass die Achsenabschnitte der Ebene direkt abgelesen werden können.

Die Achsenabschnittsgleichung

Die rechts dargestellte Koordinatengleichung wird als Achsenabschnittsgleichung bezeichnet.
A ist der x-Achsenabschnitt,
B der y-Achsenabschnitt und
C der z-Achsenabschnitt von E.

$$E: \frac{x}{A} + \frac{y}{B} + \frac{z}{C} = 1$$

Beispiel: Achsenabschnitte
Wie lauten die Achsenabschnitte der Ebene E: $3x + 2y = 12$?

Lösung:
E: $3x + 2y = 12 \quad |:12$
E: $\frac{x}{4} + \frac{y}{6} = 1$
x-Achsenabschnitt: $A = 4$
y-Achsenabschnitt: $B = 6$
z-Achsenabschnitt: Nicht vorhanden, da
E parallel zur z-Achse

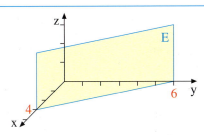

Übung 11
Bestimmen Sie eine Koordinatengleichung der abgebildeten Ebene E.

a)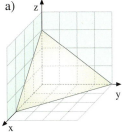

b)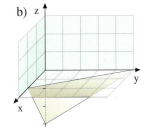

c)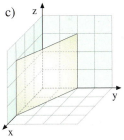

d)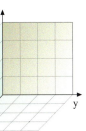

e)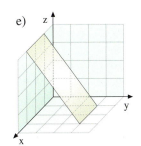

f)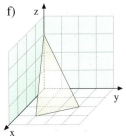

Übung 12
Bestimmen Sie die Achsenabschnitte der Ebene E und zeichnen Sie ein Schrägbild der Ebene.
a) E: $2x + 4y + z = 4$
b) E: $-3x + 4y + 8z = 12$
c) E: $-2x + y - 2z = 4$
d) E: $2y + 3z = 6$
e) E: $4x = 8$
f) E: $z = 2$

Übung 13
Welche der folgenden Koordinatengleichungen gehören zu der abgebildeten Ebene E?
a) E: $-4x - 2y - 4z = -4$
b) E: $x + 2y + z - 2 = 0$
c) E: $2x + y + 2z = 2$
d) E: $x + \frac{1}{2}y + z - 1 = 0$

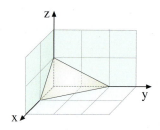

Abschließend behandeln wir der Vollständigkeit halber eine eher selten auftretende Aufgabenstellung, nämlich die Umwandlung einer Koordinatengleichung in eine Parametergleichung und umgekehrt.

▶ **Beispiel: Koordinatengleichung → Parametergleichung**
Bestimmen Sie eine vektorielle Parametergleichung der Ebene E: $2x + y - z = 3$.

Hierfür gibt es *zwei Lösungswege*, die wir im Vergleich behandeln.

Lösung:
*Lösungsweg 1: **Dreipunktegleichung***
Wir entnehmen der Koordinatengleichung durch Einsetzen drei Punkte, z.B. die Achsenabschnittspunkte.
Mithilfe der Dreipunkteform bestimmen wir sodann eine Parametergleichung.

$2 \cdot 1{,}5 + 0 - 0 = 3$: $A(1{,}5|0|0)$
$2 \cdot 0 + 3 - 0 = 3$: $B(0|3|0)$
$2 \cdot 0 + 0 - (-3) = 3$: $C(0|0|-3)$

$$E: \vec{x} = \begin{pmatrix} 1{,}5 \\ 0 \\ 0 \end{pmatrix} + r \cdot \begin{pmatrix} -1{,}5 \\ 3 \\ 0 \end{pmatrix} + s \cdot \begin{pmatrix} -1{,}5 \\ 0 \\ -3 \end{pmatrix}$$

*Lösungsweg 2: **Direkte Parametrisierung***
Wir ersetzen zunächst zwei der drei Variablen, also z. B. x und y, durch Parameter r und s.
Anschließend lösen wir die Koordinatengleichung nach z auf und ersetzen ebenfalls x durch r und y durch s.
Insgesamt liegen nun drei parametrisierte Koordinatengleichungen vor, die wir zu einer vektoriellen Parametergleichung zu
▶ sammenfassen.

$x = r$
$y = s$
$z = -3 + 2x + y = -3 + 2r + s$

$$E: \begin{pmatrix} x \\ y \\ z \end{pmatrix} = \begin{pmatrix} 0 + r \cdot 1 + s \cdot 0 \\ 0 + r \cdot 0 + s \cdot 1 \\ -3 + r \cdot 2 + s \cdot 1 \end{pmatrix}$$

$$E: \vec{x} = \begin{pmatrix} 0 \\ 0 \\ -3 \end{pmatrix} + r \cdot \begin{pmatrix} 1 \\ 0 \\ 2 \end{pmatrix} + s \cdot \begin{pmatrix} 0 \\ 1 \\ 1 \end{pmatrix}$$

Übung 14
Bestimmen Sie jeweils eine vektorielle Parametergleichung der Ebene E.
a) E: $3x - 2y + z = 6$
b) E: $6x + 3y + z = 3$
c) E: $2x - y = 4$
d) E: $3z = 6$

1. Ebenengleichungen

Übungen

15. Gesucht ist eine Koordinatengleichung der Ebene E.

a) $E: \vec{x} = \begin{pmatrix} 1 \\ 2 \\ 1 \end{pmatrix} + r \cdot \begin{pmatrix} 3 \\ -1 \\ -1 \end{pmatrix} + s \cdot \begin{pmatrix} 1 \\ -1 \\ -3 \end{pmatrix}$
b) $E: \vec{x} = \begin{pmatrix} 2 \\ 2 \\ -1 \end{pmatrix} + r \cdot \begin{pmatrix} -2 \\ 6 \\ 1 \end{pmatrix} + s \cdot \begin{pmatrix} 1 \\ 2 \\ 2 \end{pmatrix}$

16. Bestimmen Sie eine Koordinatengleichung der Ebene E, die A, B und C enthält.

a) $A(2|3|0), B(1|1|2), C(0|-2|2)$
b) $A(1|-2|-1), B(2|0|0), C(0|-3|-3)$
c) $A(2|0|2), B(4|0|0), C(1|3|3)$
d) $A(1|1|1), B(1|3|-1), C(1|-1|2)$

17. Bestimmen Sie eine Parametergleichung der Ebene E.

a) $E: 4x + 2y + z = 8$
b) $E: 3x - y + 2z = 6$
c) $E: 2x - z = 5$
d) $E: 4x - z = 8 + y$
e) $E: x + y + z = 3$
f) $E: 3y = 9$

18. a) Bestimmen Sie die Achsenabschnittspunkte der Ebene E: $3x + 6y - 3z = 12$ und skizzieren Sie einen Ebenenausschnitt im Koordinatensystem.
b) Welche Achsenabschnitte hat die Ebene E: $2x + 5y = 10$?
Beschreiben Sie die Lage der Ebene im Koordinatensystem verbal und fertigen Sie anschließend ein Schrägbild an.
c) Beschreiben Sie die Lage der Ebene E: $2z = 8$ im Koordinatensystem (mit Schrägbild).

19. Gesucht ist eine Koordinatengleichung der beschriebenen oder dargestellten Ebenen.
a) Es handelt sich um die x-y-Ebene.
b) Die Ebene hat die Achsenabschnitte $x = 4, y = 2, z = 6$.
c) Die Ebene enthält den Punkt $P(2|1|3)$ und ist zur y-z-Ebene parallel.
d) Die Ebene geht durch den Punkt $P(4|4|0)$ und ist parallel zur z-Achse. Ihr y-Achsenabschnitt beträgt $y = 12$.
e) Die Ebene enthält die Punkte $A(2|-1|5)$, $B(-1|-3|9)$ und ist parallel zur z-Achse.

f)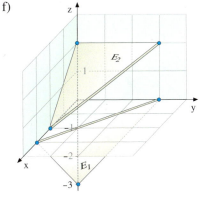

20. Beschreiben Sie die besondere Lage der Ebene E im Koordinatensystem und stellen Sie ihre Koordinatengleichung möglichst ohne weitere Rechnung auf.

a) $E: \vec{x} = \begin{pmatrix} 2 \\ 2 \\ 2 \end{pmatrix} + r \cdot \begin{pmatrix} 0 \\ 1 \\ 0 \end{pmatrix} + s \cdot \begin{pmatrix} 0 \\ 0 \\ 1 \end{pmatrix}$
b) $E: \vec{x} = \begin{pmatrix} 1 \\ 1 \\ 0 \end{pmatrix} + r \cdot \begin{pmatrix} 1 \\ 1 \\ 0 \end{pmatrix} + s \cdot \begin{pmatrix} 0 \\ 0 \\ 1 \end{pmatrix}$

21. Eine Ebene E hat drei positive Achsenabschnitte, wobei der y-Abschnitt doppelt und der z-Abschnitt dreimal so groß wie der x-Abschnitt sind.
a) Bestimmen Sie eine Koordinatengleichung der Ebene E, wenn die x-Achse bei $x = 1$ geschnitten wird.
b) Bestimmen Sie eine Koordinatengleichung der Ebene E allgemein.
c) Welches Volumen hat die durch die Achsenabschnitte und den Ursprung gebildete Pyramide für a) bzw. für b)?

2. Lagebeziehungen

A. Die Lage von Punkt und Ebene

Die Lagebeziehung eines Punktes P zu einer Ebene E wird wie die Lagebeziehung von Punkt und Gerade durch Einsetzen des Ortsvektors $\vec{p}$ des Punktes in die Ebenengleichung geklärt.

> **Beispiel: Punktprobe mit der Parameterform**
> Liegen P(2|−2|−1) oder Q(2|1|1) in der Ebene E: $\vec{x} = \begin{pmatrix} 1 \\ 0 \\ -1 \end{pmatrix} + r \cdot \begin{pmatrix} 2 \\ -1 \\ 1 \end{pmatrix} + s \cdot \begin{pmatrix} 1 \\ 1 \\ 1 \end{pmatrix}$?

Lösung:
Der Ortsvektor des Punktes wird in die Ebenengleichung eingesetzt:

$$\begin{pmatrix} 2 \\ -2 \\ -1 \end{pmatrix} = \begin{pmatrix} 1 \\ 0 \\ -1 \end{pmatrix} + r \cdot \begin{pmatrix} 2 \\ -1 \\ 1 \end{pmatrix} + s \cdot \begin{pmatrix} 1 \\ 1 \\ 1 \end{pmatrix} \quad \Big| \quad \begin{pmatrix} 2 \\ 1 \\ 1 \end{pmatrix} = \begin{pmatrix} 1 \\ 0 \\ -1 \end{pmatrix} + r \cdot \begin{pmatrix} 2 \\ -1 \\ 1 \end{pmatrix} + s \cdot \begin{pmatrix} 1 \\ 1 \\ 1 \end{pmatrix}$$

Durch Aufspalten der Vektorgleichung in drei Koordinaten erhalten wir ein Gleichungssystem:

I	$2r+s = 1$			I	$2r+s = 1$	
II	$-r+s = -2$			II	$-r+s = 1$	
III	$r+s = 0$			III	$r+s = 2$	

Das Gleichungssystem mit 3 Gleichungen in 2 Variablen wird auf Lösbarkeit untersucht.

I + 2·II: $3s = -3 \Rightarrow s = -1$
in I: $2r - 1 = 1 \Rightarrow r = 1$
Probe in III:
  $1 + (-1) = 0$ wahr $\Rightarrow$ lösbar
▶ Folgerung: P(2|−2|−1) liegt in E.

I + 2·II: $3s = 3 \Rightarrow s = 1$
in I: $2r + 1 = 1 \Rightarrow r = 0$
Probe in III:
  $0 + 1 = 2$ falsch $\Rightarrow$ unlösbar
Folgerung: Q(2|1|1) liegt nicht in E.

Noch einfacher geht die Punktprobe mit der Koordinatenform oder mit der Normalenform.

> **Beispiel: Punktprobe mit der Koordinatenform**
> Liegen P(2|−2|−1) oder Q(2|1|1) in E: $2x + y - 3z = 5$?

Lösung:
Der Punkt P(2|−2|−1) liegt in E, da Einsetzen von $x = 2$, $y = -2$ und $z = -1$ in die Koordinatengleichung auf eine wahre Aussage führt:
▶ $2 \cdot 2 + (-2) - 3 \cdot (-1) = 5$, d.h. $5 = 5$.

Der Punkt Q(2|1|1) liegt nicht in E, da Einsetzen der Koordinaten $x = 2$, $y = 1$ und $z = 1$ auf eine falsche Aussage führt, nämlich auf:
$2 \cdot 2 + 1 - 3 \cdot 1 = 5$, d.h. $2 = 5$.

2. Lagebeziehungen

Übung 1 Punktproben
Untersuchen Sie, ob die Punkte in der gegebenen Ebene liegen.

a) $E_1: \vec{x} = \begin{pmatrix} 1 \\ 3 \\ -2 \end{pmatrix} + r \cdot \begin{pmatrix} -1 \\ 2 \\ 4 \end{pmatrix} + s \cdot \begin{pmatrix} 1 \\ -3 \\ -1 \end{pmatrix}$; $P(-2|10|7), Q(1|1|1)$

b) $E_2: 2x - y + z = 4$; $P(2|1|1), Q(1|0|1)$

Man kann mit der Punktprobe auch anspruchsvollere Aufgabenstellungen lösen, z. B. die Frage, ob ein Punkt in einem Teilbereich einer Ebene liegt. Dies geht mit der Parametergleichung.

▶ **Beispiel: Lage von Punkt und Dreieck**
Die Punkte $A(4|4|1)$, $B(1|4|1)$ und $C(0|0|5)$ bilden ein Dreieck im Raum.
Untersuchen Sie, ob der Punkt $P(1|2|3)$ im Dreieck ABC liegt oder nicht.

Lösung:
Wir stellen zunächst eine Gleichung der Ebene E auf, in der das Dreieck ABC liegt. Nun prüfen wir mit der Punktprobe, ob der Punkt P in der Ebene E liegt, denn das ist notwendige Voraussetzung dafür, dass der Punkt im Dreieck ABC liegt.
Der Punkt liegt in der Ebene, da das Gleichungssystem lösbar ist mit den Parameterwerten $r = \frac{1}{3}$ und $s = \frac{1}{2}$.

▶ Diese Zahlen zeigen auch, dass der Punkt P tatsächlich im Dreieck ABC liegt.

Gleichung der Trägerebene E:
$E: \vec{x} = \vec{OA} + r \cdot \vec{AB} + s \cdot \vec{AC}$
$E: \vec{x} = \begin{pmatrix} 4 \\ 4 \\ 1 \end{pmatrix} + r \cdot \begin{pmatrix} -3 \\ 0 \\ 0 \end{pmatrix} + s \cdot \begin{pmatrix} -4 \\ -4 \\ 4 \end{pmatrix}$

Punktprobe:
$1 = 4 - 3r - 4s$
$2 = 4 - 4s$
$3 = 1 + 4s$

Lösung:
$s = \frac{1}{2}, \quad r = \frac{1}{3}$

Interpretation:

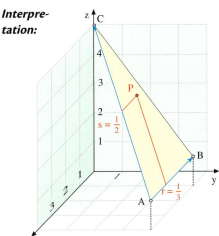

Lage Punkt / Dreieck
Ein Punkt P der Ebene
$E: \vec{x} = \vec{OA} + r \cdot \vec{AB} + s \cdot \vec{AC}$
liegt genau dann in dem durch die Vektoren $\vec{AB}$ und $\vec{AC}$ aufgespannten Dreieck, wenn die folgenden Bedingungen erfüllt sind:
(1) $0 \leq r \leq 1$,
(2) $0 \leq s \leq 1$,
(3) $0 \leq r + s \leq 1$.

Die Zeichnung verdeutlicht diese Interpretation der Parameterwerte.

Übung 2 Lage Punkt/Dreieck
Gegeben sind die Punkte $A(6|3|1)$, $B(6|9|1)$, $C(0|3|3)$.
Prüfen Sie, ob die Punkte $P(3|5|2)$, $Q(3|7|2)$, $R(4|5|1)$ im Dreieck ABC liegen.

B. Die Lage von Gerade und Ebene

Es gibt drei unterschiedliche gegenseitige Lagebeziehungen zwischen einer Geraden und einer Ebene:

(A) g und E schneiden sich im Punkt S,
(B) g verläuft echt parallel zu E,
(C) g liegt ganz in E.

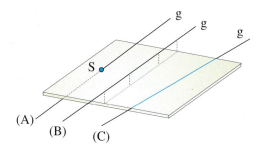

Die Überprüfung, welche Lagebeziehung im konkreten Fall vorliegt, gelingt am einfachsten, wenn man eine Parametergleichung der Geraden und eine Koordinatengleichung der Ebene verwendet.

▶ **Beispiel: Gerade und Ebene schneiden sich**

Gegeben sind die Gerade g: $\vec{x} = \begin{pmatrix} 2 \\ 4 \\ 2 \end{pmatrix} + r \cdot \begin{pmatrix} 0 \\ 2 \\ 1 \end{pmatrix}$ und die Ebene E: $x + 2y + 3z = 9$.

Zeigen Sie, dass g und E sich schneiden. Bestimmen Sie den Schnittpunkt S. Stellen Sie anschließend Ihre Ergebnisse in einem Schrägbild dar.

Lösung:
Der allgemeine Geradenvektor hat die Koordinaten $x = 2$, $y = 4 + 2r$, $z = 2 + r$. Durch Einsetzen dieser Terme in die Koordinatengleichung der Ebene erhalten wir eine Bestimmungsgleichung für den Geradenparameter r, deren Auflösung den Wert $r = -1$ liefert.

1. Lageuntersuchung:

$$\begin{aligned} x + 2y + 3z &= 9 \\ 2 + 2(4+2r) + 3(2+r) &= 9 \\ 7r + 16 &= 9 \\ 7r &= -7 \\ r &= -1 \end{aligned}$$

$\Rightarrow$ g schneidet E für $r = -1$.

Durch Rückeinsetzung von $r = -1$ in die Parametergleichung der Geraden g erhalten wir den Ortsvektor des Schnittpunktes $S(2|2|1)$.

2. Schnittpunktberechnung:

$$\vec{x} = \begin{pmatrix} 2 \\ 4 \\ 2 \end{pmatrix} + (-1) \cdot \begin{pmatrix} 0 \\ 2 \\ 1 \end{pmatrix} = \begin{pmatrix} 2 \\ 2 \\ 1 \end{pmatrix}$$

$\Rightarrow$ Schnittpunkt $S(2|2|1)$

Um die Ergebnisse graphisch darzustellen, errechnen wir zunächst die drei Achsenabschnitte der Ebene aus der Koordinatengleichung von E. Wir erhalten dann $x = 9$, $y = 4{,}5$ und $z = 3$.

Die Gerade g legen wir durch zwei ihrer Punkte fest. Hierfür bieten sich der Stützpunkt $A(2|4|2)$ (Parameterwert $r = 0$) und der Schnittpunkt $S(2|2|1)$ (Parameterwert $r = -1$) an.

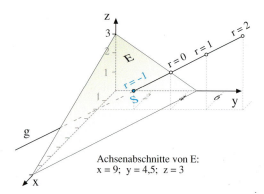

Achsenabschnitte von E:
$x = 9$; $y = 4{,}5$; $z = 3$

2. Lagebeziehungen

▶ **Beispiel: Gerade parallel zur Ebene / Gerade in der Ebene**
Gegeben sind die Geraden g_1: $\vec{x} = \begin{pmatrix} 2 \\ 3 \\ 1 \end{pmatrix} + r \cdot \begin{pmatrix} 1 \\ 1 \\ -1 \end{pmatrix}$, g_2: $\vec{x} = \begin{pmatrix} 2 \\ 2 \\ 1 \end{pmatrix} + r \cdot \begin{pmatrix} 1 \\ 1 \\ -1 \end{pmatrix}$ sowie die
Ebene E: $x + 2y + 3z = 9$. Untersuchen Sie die gegenseitige Lage von g_1 und g_2 zu E.

Lösung:
1. *Lage von g_1 zu E:*
   Koordinaten von g_1:
   $x = 2 + r$
   $y = 3 + r$
   $z = 1 - r$
   Einsetzen in die Gleichung von E:
   $\quad x \;+\; 2y \;+\; 3z \;=\; 9$
   $(2+r) + 2(3+r) + 3(1-r) = 9$
   $\qquad\qquad\qquad\qquad 11 = 9$
2. *Interpretation:*
   Es gibt keinen Geradenpunkt, der die Punktprobe mit der Ebenengleichung erfüllt. g und E sind *echt parallel*.

1. *Lage von g_2 zu E:*
   Koordinaten von g_2:
   $x = 2 + r$
   $y = 2 + r$
   $z = 1 - r$
   Einsetzen in die Gleichung von E:
   $\quad x \;+\; 2y \;+\; 3z \;=\; 9$
   $(2+r) + 2(2+r) + 3(1-r) = 9$
   $\qquad\qquad\qquad\qquad 9 = 9$
2. *Interpretation:*
   Jeder Geradenpunkt erfüllt die Punktprobe mit der Ebenengleichung.
   g liegt *ganz in E*.

🔴 351-1

Übung 3 Lagebeziehung Gerade/Ebene
Die Gerade g durch die Punkte A und B schneidet die Ebene E.
Bestimmen Sie den Schnittpunkt S. Zeichnen Sie ein Schrägbild.
a) $A(5|4|3)$, $B(7|7|5)$ b) $A(0|0|0)$, $B(4|6|4)$ c) $A(2|0|2)$, $B(6|4|0)$
E: $2x + 3y + 3z = 12$ E: $6x + 4y = 24$ E: $\vec{x} = \begin{pmatrix} 12 \\ 0 \\ 0 \end{pmatrix} + r \cdot \begin{pmatrix} -12 \\ 0 \\ 3 \end{pmatrix} + s \cdot \begin{pmatrix} -12 \\ 6 \\ 0 \end{pmatrix}$

Übung 4 Lagebeziehung Gerade/Ebene (Ebene in KF)
Untersuchen Sie die gegenseitige Lage der Geraden g und der Ebene E.
a) $g: \vec{x} = \begin{pmatrix} -1 \\ 0 \\ 0 \end{pmatrix} + r \cdot \begin{pmatrix} 2 \\ 6 \\ 2 \end{pmatrix}$ b) $g: \vec{x} = \begin{pmatrix} 0 \\ 3 \\ 2 \end{pmatrix} + r \cdot \begin{pmatrix} 1 \\ -2 \\ 2 \end{pmatrix}$ c) $g: \vec{x} = \begin{pmatrix} 1 \\ 2 \\ 0 \end{pmatrix} + r \cdot \begin{pmatrix} 2 \\ 1 \\ -2 \end{pmatrix}$
E: $2x + y + z = 4$ E: $4x + 4y + 2z = 8$ E: $2x + 2y + 3z = 6$

Übung 5 Lagebeziehungen im Würfel
Ein Würfel mit der Kantenlänge 6 liegt wie abgebildet im Koordinatensystem.
a) Wie lauten die Koordinaten der Punkte A bis H?
b) Bestimmen Sie eine Parametergleichung der Ebene E_1 durch die Punkte B, G und E.
c) Wo schneidet die Gerade g durch F und D das Dreieck EBG?
d) Schneidet die Gerade h durch C und H die Ebene E_1?

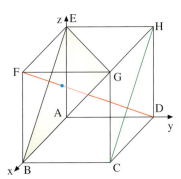

C. Untersuchung von Lagebeziehungen mithilfe von Parametergleichungen

Man kann die gegenseitige Lage einer Geraden g und einer Ebene E auch unter ausschließlicher Verwendung von Parametergleichungen untersuchen.

> **Beispiel:**
> Welche gegenseitige Lage besitzen g: $\vec{x} = \begin{pmatrix} 0 \\ 4 \\ 4 \end{pmatrix} + r \cdot \begin{pmatrix} 1 \\ -2 \\ -1 \end{pmatrix}$ und E: $\vec{x} = \begin{pmatrix} 1 \\ 0 \\ 2 \end{pmatrix} + s \cdot \begin{pmatrix} 1 \\ 0 \\ -1 \end{pmatrix} + t \cdot \begin{pmatrix} 1 \\ 2 \\ 0 \end{pmatrix}$?

Lösung:
Wir gehen hypothetisch von der Existenz eines Schnittpunktes S von der Geraden g und der Ebene E aus. Sein Ortsvektor $\vec{s}$ muss sowohl die Geradengleichung als auch die Ebenengleichung erfüllen.

Ansatz:
$$\begin{pmatrix} 0 \\ 4 \\ 4 \end{pmatrix} + r \cdot \begin{pmatrix} 1 \\ -2 \\ -1 \end{pmatrix} = \vec{s} = \begin{pmatrix} 1 \\ 0 \\ 2 \end{pmatrix} + s \cdot \begin{pmatrix} 1 \\ 0 \\ -1 \end{pmatrix} + t \cdot \begin{pmatrix} 1 \\ 2 \\ 0 \end{pmatrix}$$

Koordinatenweises Gleichsetzen führt dann auf ein lineares Gleichungssystem. Dieses System erweist sich als eindeutig lösbar, was bedeutet, dass g und E sich in genau einem Punkt S schneiden. (Analog folgt aus der Unlösbarkeit eines Systems, dass g und E echt parallel liegen, bzw. bei mehrdeutiger Lösbarkeit, dass g in E liegt.)

Gleichungssystem:
I $\quad r - s - t = 1$
II $\quad -2r \quad\quad - 2t = -4$
III $\quad -r + s \quad\quad = -2$

Lösung des Systems:
$r = 1, s = -1, t = 1$
$\Rightarrow$ g und E schneiden sich.

Die Koordinaten von S erhalten wir durch Rückeinsetzung des errechneten Parameterwertes r=1 in die Geradengleichung.

Schnittpunktbestimmung:
$$\vec{s} = \begin{pmatrix} 0 \\ 4 \\ 4 \end{pmatrix} + 1 \cdot \begin{pmatrix} 1 \\ -2 \\ -1 \end{pmatrix} = \begin{pmatrix} 1 \\ 2 \\ 3 \end{pmatrix} \Rightarrow S(1|2|3)$$

Der entscheidende Vorteil der Parametergleichung einer Ebene liegt darin, dass durch die Ebenenparameter s und t auf der Ebene ein „internes" Koordinatensystem festgelegt wird. Dieses ermöglicht uns z. B. die Lage des Schnittpunktes S (s = −1, t=1) in Bezug auf die gegebenen Richtungsvektoren und den Stützpunkt genau zu beschreiben.

Übung 6

Untersuchen Sie die gegenseitige Lage der Geraden g und der Ebene E: $\vec{x} = \begin{pmatrix} 1 \\ 1 \\ 0 \end{pmatrix} + s \cdot \begin{pmatrix} 1 \\ -1 \\ 2 \end{pmatrix} + t \cdot \begin{pmatrix} 2 \\ -1 \\ 1 \end{pmatrix}$.

a) g: $\vec{x} = \begin{pmatrix} 1 \\ 0 \\ 1 \end{pmatrix} + r \cdot \begin{pmatrix} 3 \\ -2 \\ 3 \end{pmatrix}$

b) g: $\vec{x} = \begin{pmatrix} 1 \\ 2 \\ 3 \end{pmatrix} + r \cdot \begin{pmatrix} 1 \\ -3 \\ 2 \end{pmatrix}$

c) g: $\vec{x} = \begin{pmatrix} 2 \\ 0 \\ 2 \end{pmatrix} + r \cdot \begin{pmatrix} 1 \\ 0 \\ -1 \end{pmatrix}$

Übungen

7. Lage von Punkt und Ebene
Prüfen Sie, ob die Punkte P und Q auf der Ebene E liegen.
a) E: $\vec{x} = \begin{pmatrix} 1 \\ 1 \\ 2 \end{pmatrix} + r \begin{pmatrix} 1 \\ 1 \\ -1 \end{pmatrix} + s \begin{pmatrix} 2 \\ -1 \\ 1 \end{pmatrix}$; $P(1|4|-1)$, $Q(8|-1|4)$
b) E: $-4x + 2y + 2z = 8$; $P(2|1|5)$, $Q(-1|1|1)$
c) E: Ebene parallel zur z-Achse durch die Punkte $A(3|3|0)$ und $B(0|6|2)$; $P(4|2|4)$, $Q(0|7|3)$
d) 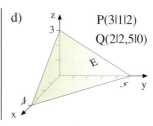 $P(3|1|2)$ $Q(2|2,5|0)$

8. Lage von Punkt und Ebene, Dreieck
Gegeben sind die Punkte $A(1|1|-1)$, $B(3|5|1)$, $C(5|5|7)$ und $D(-1|0|-6)$.
a) Stellen Sie eine Gleichung der Ebene E durch die Punkte A, B und C auf.
b) Zeigen Sie, dass der Punkt D in der Ebene E liegt.
c) Untersuchen Sie, ob der Punkt $F(5|6|6)$ im Dreieck ABC liegt.

9. Lage von Gerade und Ebene
Untersuchen Sie die gegenseitige Lage von g und E.
a) g: $\vec{x} = \begin{pmatrix} 10 \\ 4 \\ 8 \end{pmatrix} + r \begin{pmatrix} 3 \\ 2 \\ -1 \end{pmatrix}$
E: $5x - 2y + z = 10$
b) g: $\vec{x} = \begin{pmatrix} -1 \\ 2 \\ -6 \end{pmatrix} + r \begin{pmatrix} 2 \\ 2 \\ 3 \end{pmatrix}$
E: $A(1|0|1)$, $B(3|1|1)$, $C(3|-1|3)$
c) g enthält $P(1|1|1)$ und $Q(5|3|-1)$, E geht durch $A(3|3|3)$, $B(3|0|-6)$, $C(0|-3|-6)$.
d) g ist parallel zur z-Achse und enthält $P(3|4|0)$, E hat die Achsenabschnitte $x = 3$, $y = 3$, $z = 9$.
e) g: $\vec{x} = \begin{pmatrix} 4 \\ 1 \\ 1 \end{pmatrix} + r \begin{pmatrix} 2 \\ 1 \\ -2 \end{pmatrix}$
E: $2x - 2y + z = 8$
f) g: $\vec{x} = \begin{pmatrix} 0 \\ -1 \\ 8 \end{pmatrix} + r \begin{pmatrix} 1 \\ 2 \\ -2 \end{pmatrix}$
E: $3x + 2z = 12$
g) g: $\vec{x} = \begin{pmatrix} -2 \\ 0 \\ 6 \end{pmatrix} + r \begin{pmatrix} -1 \\ 1 \\ 3 \end{pmatrix}$
E: $3x - 3y + 2z = 6$
h) g: $\vec{x} = \begin{pmatrix} 10 \\ 5 \\ 14 \end{pmatrix} + r \begin{pmatrix} 2 \\ 1 \\ 3 \end{pmatrix}$
E: $y = 2$
i) g: $\vec{x} = \begin{pmatrix} 1 \\ 3 \\ 1 \end{pmatrix} + r \begin{pmatrix} 2 \\ 2 \\ -1 \end{pmatrix}$
E: $x + 2z = -3$
j) g: $\vec{x} = r \begin{pmatrix} 1 \\ -1 \\ 0 \end{pmatrix}$
E: $5x - 3y - 4z = 4$

10. Projektion im Raum
Vier Sterne α, β, γ, δ begrenzen einen pyramidenförmigen Raumsektor. Sie haben die Koordinaten $α(4|4|8)$, $β(0|20|0)$, $γ(-16|16|4)$ und $δ(-8|12|12)$.
a) Liegen die Sterne $P(-4|16|6)$, $Q(-3|12|8)$, $R(-8|12|6)$ im Dreieck αβγ?
b) Ein Komet fliegt nahezu geradlinig durch die Punkte $A(10|3|1)$ und $B(4|7|3)$. Wo dringt er in den Raumsektor ein? Wo verlässt er ihn?

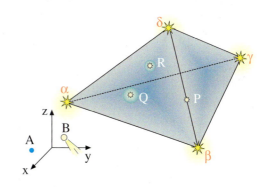

11. Gerade und Parallelogramm
Prüfen Sie, ob die Gerade g das Parallelogramm ABCD schneidet.

a) $g: \vec{x} = \begin{pmatrix} 2 \\ 0 \\ 5 \end{pmatrix} + r \begin{pmatrix} 1 \\ 8 \\ -1 \end{pmatrix}$

$A(0|0|0), B(6|0|0), C(6|4|2), D(0|4|2)$

b) $g: \vec{x} = \begin{pmatrix} 1 \\ 1 \\ -1 \end{pmatrix} + r \begin{pmatrix} 2 \\ 1 \\ 1 \end{pmatrix}$

$A(3|3|3), B(8|5|2), C(6|3|0), D(1|1|1)$

12. Lagebeziehungen im Würfel
Gegeben ist der Würfel ABCDEFGH mit der Seitenlänge 6. M sei der Mittelpunkt des Vierecks BCGF.

a) In welchem Punkt S schneidet die Gerade g durch A und M das Dreieck BCE?
b) In welchem Punkt T trifft die Parallele p zur Kante $\overline{AB}$ durch M das Dreieck BCE?
c) Schneidet die Gerade h durch M und D das Dreieck?
d) In welchem Verhältnis teilt S die Strecke $\overline{MA}$?

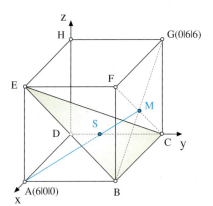

13. Lage von Pyramide und Gerade
Gegeben ist die Pyramide mit den Ecken $A(12|-3|-3)$, $B(9|9|0)$, $C(9|0|9)$ und der Spitze $S(15|3|3)$.

a) Bestimmen Sie die Kantenlängen.
b) Zeigen Sie, dass sich die Kanten in der Spitze senkrecht treffen.
c) Untersuchen Sie die Lage der Geraden g durch $P(8|7|7)$ und $Q(4|14|11)$ zur Pyramide. Welche Länge schneidet die Pyramide aus der Geraden g heraus?

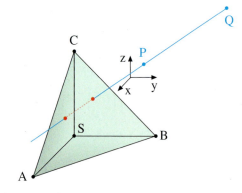

14. Punkte und Geraden im Spat
Gegeben ist das Polyeder ABCDEFGH mit den Ecken $A(0|0|0)$, $B(2|4|6)$, $C(5|7|12)$, $D(3|3|6)$, $E(4|4|4)$, $F(6|8|10)$, $G(9|11|16)$, $H(7|7|10)$.

a) Zeigen Sie, dass das Polyeder ABCDEFGH ein Spat[1] ist.
b) Liegen die Punkte $P(6|7|10)$ und $Q(4|3|6)$ im Spat?
c) Bestimmen Sie den Schnittpunkt der Geraden durch A und G mit der Ebene durch B, F und H.

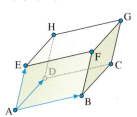

---

[1] Ein Spat ist ein von drei Vektoren aufgespanntes Polyeder. Alle Seiten sind zu den drei aufspannenden Vektoren parallel.

15. Flugbahn (Lage von Gerade und Pyramide)

Ein Flugzeug steuert auf die Cheops-Pyramide zu. Auf dem Radarschirm im Kontrollpunkt ist die Flugbahn durch die abgebildeten Punkte $F_1(56|-44|15)$ und $F_2(48|-36|14)$ erkennbar. Die Eckpunkte der Cheops-Pyramide sind ebenfalls auf dem Radarbild zu sehen. Kollidiert das Flugzeug bei gleichbleibendem Kurs mit der Cheops-Pyramide?
(Maßstab: 1 Einheit $\hat{=}$ 10 m)

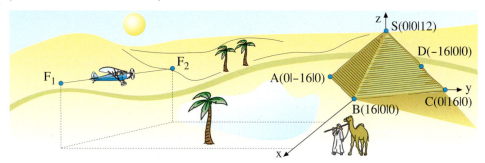

16. Sichtlinie (Lage von Gerade und Pyramide)

Ist die Bergspitze S von der Insel I bzw. vom Boot H aus zu sehen oder behindert die Pyramide die Sicht?
a) Fertigen Sie zunächst einen Grundriss an (Aufsicht auf die x-y-Ebene).
b) Entscheiden Sie anhand des Grundrisses, welche Pyramidenflächen die Sichtlinien unterbrechen könnten.
c) Berechnen Sie, ob die Sichtlinien durch diese Fläche tatsächlich unterbrochen werden.

$A(100|-100|20)$, $B(20|140|20)$,
$C(-60|-20|-20)$, $D(0|0|80)$
$S(-70|-210|100)$, $H(210|-10|0)$, $I(130|230|0)$

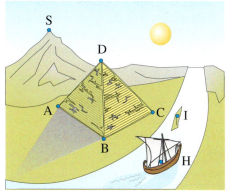

17. Schattenwurf

Gegeben ist das rechts abgebildete Haus (Maße in m).
Eine Antenne auf dem Haus hat die Eckpunkte $A(-2|2|5)$ und $B(-2|2|6)$.
Fällt paralleles Licht in Richtung des Vektors $\vec{v} = \begin{pmatrix} 2 \\ 8 \\ -3 \end{pmatrix}$ auf die Antenne,
so wirft diese einen Schatten auf die Dachfläche EFGH. Berechnen Sie den Schattenpunkt der Antennenspitze auf der Dachfläche EFGH sowie die Länge des Antennenschattens auf dem Dach.

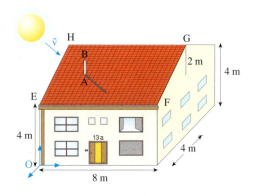

D. Die Lage von zwei Ebenen

Zwei Ebenen E und F können folgende Lagen zueinander einnehmen: Sie können sich in einer Geraden g schneiden, echt parallel zueinander verlaufen oder identisch sein.

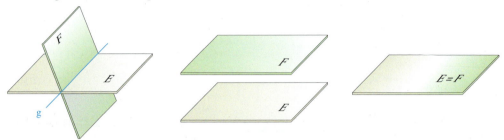

Besonders einfach lässt sich die gegenseitige Lage von Ebenen untersuchen, wenn eine der Ebenengleichungen in Koordinatenform und die andere in Parameterform vorliegt.

▶ **Beispiel: Koordinatenform / Parameterform**
Untersuchen Sie die gegenseitige Lage der Ebenen E und F. Bestimmen Sie ggf. eine Gleichung der Schnittgeraden.

$$E: 4x + 3y + 6z = 36$$

$$F: \vec{x} = \begin{pmatrix} 0 \\ 0 \\ 3 \end{pmatrix} + r \begin{pmatrix} 3 \\ 2 \\ -1 \end{pmatrix} + s \begin{pmatrix} 3 \\ 0 \\ -1 \end{pmatrix}$$

Lösung:
Wir setzen die Koordinaten der durch ihre Parametergleichung gegebenen Ebene F in die Koordinatengleichung der Ebene E ein.

Koordinaten von F:
$x = 3r + 3s$
$y = 2r$
$z = 3 - r - s$

Wir erhalten eine Gleichung mit den Parametern r und s. Diese Gleichung lösen wir nach einem Parameter auf, z. B. nach s.

Einsetzen in die Koordinatengleichung:
$4 \cdot (3r + 3s) + 3 \cdot 2r + 6 \cdot (3 - r - s) = 36$
$12r + 12s + 6r + 18 - 6r - 6s = 36$
$6s = 18 - 12r$
$s = 3 - 2r$

Das Ergebnis $s = 3 - 2r$ setzen wir in die Parameterform von F ein, die dann nur noch den Parameter r enthält.
Durch Ausmultiplizieren und Zusammenfassen ergibt sich eine Geradengleichung. Es handelt sich um die Gleichung der
▶ Schnittgeraden g der Ebenen E und F.

Bestimmung der Schnittgeraden g:

$$g: \vec{x} = \begin{pmatrix} 0 \\ 0 \\ 3 \end{pmatrix} + r \begin{pmatrix} 3 \\ 2 \\ -1 \end{pmatrix} + (3 - 2r) \begin{pmatrix} 3 \\ 0 \\ -1 \end{pmatrix}$$

$$= \begin{pmatrix} 9 \\ 0 \\ 0 \end{pmatrix} + r \begin{pmatrix} -3 \\ 2 \\ 1 \end{pmatrix}$$

Übung 18
Die Ebenen E und F schneiden sich. Bestimmen Sie eine Gleichung der Schnittgeraden g. Stellen Sie eine der Ebenen erforderlichenfalls in Parameterform dar. Zeichnen Sie ein Schrägbild.

a) $E: \vec{x} = \begin{pmatrix} 2 \\ 0 \\ 0 \end{pmatrix} + r \begin{pmatrix} -1 \\ 0 \\ 3 \end{pmatrix} + s \cdot \begin{pmatrix} -1 \\ 4 \\ 0 \end{pmatrix}$
$F: 2x + y + 2z = 8$

b) E durch $A(0|0|0)$, $B(1|2|2)$, $C(-1|0|6)$
$F: x + y + z = 5$

c) $E: x + 2y + z = 4$
$F: x + y + z = 2$

2. Lagebeziehungen

Echt parallele oder identische Ebenen erkennt man mit dem Berechnungsverfahren aus dem vorhergehenden Beispiel ebenfalls leicht.

> **Beispiel: Parallele und identische Ebenen**
> Untersuchen Sie die gegenseitige Lage der Ebene E: $2x+2y+z=6$ mit den Ebenen
> $$F: \vec{x} = \begin{pmatrix}1\\1\\8\end{pmatrix} + r\begin{pmatrix}-3\\1\\4\end{pmatrix} + s\cdot\begin{pmatrix}1\\1\\-4\end{pmatrix} \quad \text{bzw.} \quad G: \vec{x} = \begin{pmatrix}2\\4\\-6\end{pmatrix} + r\begin{pmatrix}-3\\2\\2\end{pmatrix} + s\cdot\begin{pmatrix}-1\\-2\\6\end{pmatrix}.$$

Lösung:
Wir nehmen zunächst an, dass sich die Ebenen schneiden, und versuchen, die Schnittgerade zu bestimmen.

Lage von E und F:
Wir setzen wieder die Koordinaten von F in die Gleichung von E ein:

$2(1-3r+s)+2(1+r+s)+(8+4r-4s)=6$
$2-6r+2s+2+2r+2s+8+4r-4s=6$
$12=6 \quad \text{Widerspruch}$

Nach entsprechender Vereinfachung durch Klammerauflösung und Zusammenfassung ergibt sich ein Widerspruch. Kein Punkt von F erfüllt die Gleichung von E.
▶ Die Ebenen E und F sind echt **parallel**.

Lage von E und G:
Wir setzen auch hier die Koordinaten von G in die Gleichung von E ein:

$2(2-3r-s)+2(4+2r-2s)+(-6+2r+6s)=6$
$4-6r-2s+8+4r-4s-6+2r+6s=6$
$6=6 \quad \text{wahre Aussage}$

Auch hier fallen alle Parameter nach Vereinfachung heraus, und übrig bleibt eine wahre Aussage. Alle Punkte von G erfüllen die Gleichung von F.
Die Ebenen E und G sind daher **identisch**.
357-1

Übung 19
Untersuchen Sie die gegenseitige Lage der Ebenen E: $3x+6y+4z=36$ und F.

a) $F: \vec{x} = \begin{pmatrix}2\\0\\3\end{pmatrix} + r\begin{pmatrix}0\\2\\-3\end{pmatrix} + s\cdot\begin{pmatrix}-2\\3\\-3\end{pmatrix}$

b) $F: \vec{x} = \begin{pmatrix}8\\0\\3\end{pmatrix} + r\begin{pmatrix}-2\\3\\-3\end{pmatrix} + s\cdot\begin{pmatrix}8\\-2\\-3\end{pmatrix}$

c) F geht durch A(4|4|0), B(0|4|3) und C(0|0|0).

d) F: $6x+12y+8z=36$

e) F hat die Achsenabschnitte $x=6$, $y=12$ und $z=9$.

Übung 20
Welche der Ebenen F, G und H sind echt parallel bzw. identisch zur Ebene E?

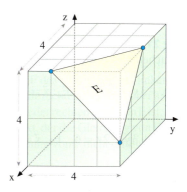

F: $\quad 2x-6y+5z=0$
G: $-1{,}5x-y-z=-11$
H: $\quad 3x+2y+2z=6$

E. Spurgeraden von Ebenen

Schneidet eine Ebene E im dreidimensionalen Anschauungsraum eine der Koordinatenebenen, so bezeichnet man die Schnittgerade als *Spurgerade* von E.

Die in der Abbildung dargestellte Ebene hat drei Spurgeraden: g_{xy}, g_{xz}, g_{yz}.

Die Indizierung gibt jeweils an, in welcher Koordinatenebene die Spurgerade liegt.

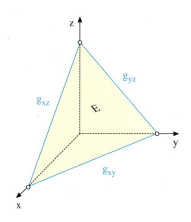

▶ **Beispiel:** Gegeben ist die Ebene E durch $A(5|-4|3)$, $B(10|8|-9)$ und $C(-5|12|-3)$.
Bestimmen Sie die Gleichung der Spurgeraden g_{xy}.

Lösung:
Wir bestimmen zunächst die Gleichung der Ebene E.

Die Spurgerade g_{xy} besteht aus denjenigen Punkten von E, deren z-Komponente gleich Null ist. Daher setzen wir in der Ebenengleichung $z = 0$.

Dies führt auf die Bedingung $s = \frac{1}{2} - 2r$.

Setzen wir diesen Zusammenhang in die Gleichung von E ein, so erhalten wir die einparametrige Geradengleichung der
▶ Spurgeraden g_{xy}.

1. Gleichung der Ebene E:

$$E: \begin{pmatrix} x \\ y \\ z \end{pmatrix} = \begin{pmatrix} 5 \\ -4 \\ 3 \end{pmatrix} + r \cdot \begin{pmatrix} 5 \\ 12 \\ -12 \end{pmatrix} + s \cdot \begin{pmatrix} -10 \\ 16 \\ -6 \end{pmatrix}$$

2. Ansatz für g_{xy}: $z = 0$

$0 = 3 - 12r - 6s$
$s = \frac{1}{2} - 2r$

3. Einsetzen in die Gleichung von E:

$$g_{xy}: \vec{x} = \begin{pmatrix} 5 \\ -4 \\ 3 \end{pmatrix} + r \begin{pmatrix} 5 \\ 12 \\ -12 \end{pmatrix} + \left(\frac{1}{2} - 2r\right) \begin{pmatrix} -10 \\ 16 \\ -6 \end{pmatrix}$$

$$g_{xy}: \vec{x} = \begin{pmatrix} 5 \\ -4 \\ 3 \end{pmatrix} + r \begin{pmatrix} 5 \\ 12 \\ -12 \end{pmatrix} + \begin{pmatrix} -5 \\ 8 \\ -3 \end{pmatrix} + r \begin{pmatrix} 20 \\ -32 \\ 12 \end{pmatrix}$$

$$g_{xy}: \vec{x} = \begin{pmatrix} 0 \\ 4 \\ 0 \end{pmatrix} + r \begin{pmatrix} 25 \\ -20 \\ 0 \end{pmatrix}$$

● 360-1

Übung 23
a) Bestimmen Sie die Spurgeraden g_{xz} und g_{yz} der Ebene E aus dem obigen Beispiel.
b) Bestimmen Sie alle Spurgeraden von E_1 und E_2.

$$E_1: \vec{x} = \begin{pmatrix} 1 \\ 2 \\ 1 \end{pmatrix} + r \cdot \begin{pmatrix} 2 \\ -1 \\ 1 \end{pmatrix} + s \cdot \begin{pmatrix} 1 \\ 1 \\ -2 \end{pmatrix}, \quad E_2: 2x - y + 3z = 0$$

c) Eine Ebene E besitze die Spurgeraden $g_{xy}: \vec{x} = \begin{pmatrix} 1 \\ 1 \\ 0 \end{pmatrix} + r \cdot \begin{pmatrix} 1 \\ 0 \\ 0 \end{pmatrix}$ und $g_{yz}: \vec{x} = \begin{pmatrix} 0 \\ 1 \\ -1 \end{pmatrix} + s \cdot \begin{pmatrix} 0 \\ 0 \\ 3 \end{pmatrix}$.

Wie lautet die Gleichung von E? Zeigen Sie, dass E keine Spurgerade g_{xz} besitzt.

Übungen

24. Bestimmen Sie die Schnittgerade g der Ebenen E_1 und E_2.

a) $E_1: \vec{x} = \begin{pmatrix} 1 \\ 2 \\ 0 \end{pmatrix} + r \begin{pmatrix} 1 \\ 2 \\ -3 \end{pmatrix} + s \begin{pmatrix} 0 \\ -4 \\ 3 \end{pmatrix}$

$E_2: -6x + 4y + 3z = -12$

b) $E_1: \vec{x} = \begin{pmatrix} 0 \\ 1 \\ 2 \end{pmatrix} + r \begin{pmatrix} -1 \\ 1 \\ 2 \end{pmatrix} + s \begin{pmatrix} 1 \\ 2 \\ -2 \end{pmatrix}$

$E_2: 3x + y + z = 3$

c) $E_1: \vec{x} = \begin{pmatrix} 3 \\ 3 \\ 0 \end{pmatrix} + r \begin{pmatrix} 1 \\ -3 \\ 1 \end{pmatrix} + s \begin{pmatrix} -3 \\ -1 \\ 3 \end{pmatrix}$

$E_2: x + 2y = 4$

d) $E_1: \vec{x} = \begin{pmatrix} 3 \\ 0 \\ 0 \end{pmatrix} + r \begin{pmatrix} -3 \\ 0 \\ 3 \end{pmatrix} + s \begin{pmatrix} -3 \\ 6 \\ 0 \end{pmatrix}$

$E_2: 2y + z = 6$

25. Gesucht ist die Schnittgerade g von E_1 und E_2.

a) $E_1: 2x + 6y + 3z = 12$
   $E_2: 2x + 2y + 2z = 8$

b) $E_1: x + 2y + 4z = 8$
   $E_2: 3x - 2y = 0$

c) $E_1: \vec{x} = \begin{pmatrix} 1 \\ 2 \\ 2 \end{pmatrix} + r \begin{pmatrix} 1 \\ -1 \\ 0 \end{pmatrix} + s \begin{pmatrix} 1 \\ 0 \\ -1 \end{pmatrix}$

$E_2: \vec{x} = \begin{pmatrix} 3 \\ 4 \\ -3 \end{pmatrix} + u \begin{pmatrix} 0 \\ -1 \\ 0 \end{pmatrix} + v \begin{pmatrix} -2 \\ -3 \\ 3 \end{pmatrix}$

d) $E_1: \vec{x} = \begin{pmatrix} 4 \\ 0 \\ 0 \end{pmatrix} + r \begin{pmatrix} 0 \\ 4 \\ 0 \end{pmatrix} + s \begin{pmatrix} -4 \\ 0 \\ 3 \end{pmatrix}$

$E_2: \vec{x} = \begin{pmatrix} 0 \\ 0 \\ 0 \end{pmatrix} + u \begin{pmatrix} 4 \\ 4 \\ 0 \end{pmatrix} + v \begin{pmatrix} 0 \\ 0 \\ 3 \end{pmatrix}$

26. Auf dem abgebildeten Würfel sind zwei Ebenenausschnitte dargestellt. Zeigen Sie, dass die zugehörigen Ebenen sich schneiden. Geben Sie eine Gleichung der Schnittgeraden g an.

a)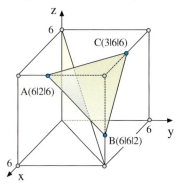

b)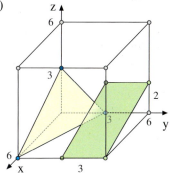

27. E_1 enthält die Geraden $g_1: \vec{x} = \begin{pmatrix} 2 \\ 0 \\ 3 \end{pmatrix} + r \begin{pmatrix} 1 \\ -1 \\ 3 \end{pmatrix}$ und $g_2: \vec{x} = \begin{pmatrix} 0 \\ 2 \\ 3 \end{pmatrix} + s \begin{pmatrix} -1 \\ 1 \\ 3 \end{pmatrix}$, die sich schneiden.

E_2 geht durch die Punkte $A(2|2|0)$, $B(0|4|6)$ und $C(-3|7|0)$.

E_3 hat die Achsenabschnitte $x = 4$, $y = 4$ und $z = 6$.

a) Untersuchen Sie die gegenseitige Lage von E_1 und E_2 bzw. von E_1 und E_3.

b) Zeichnen Sie ein Schrägbild der drei Ebenen sowie der Schnittgeraden.

28. Untersuchen Sie, welche gegenseitige Lage die Ebenen E_1 und E_2 einnehmen.

a) $E_1: 2x+y+z=6$ $E_2: \vec{x} = \begin{pmatrix} -2 \\ -2 \\ 3 \end{pmatrix} + r \begin{pmatrix} 1 \\ 1 \\ 0 \end{pmatrix} + s \begin{pmatrix} 2 \\ 0 \\ -3 \end{pmatrix}$

b) $E_1: x-y+z=2$ $E_2: \vec{x} = \begin{pmatrix} 7 \\ 1 \\ -4 \end{pmatrix} + r \begin{pmatrix} 1 \\ 1 \\ 0 \end{pmatrix} + s \begin{pmatrix} 1 \\ 0 \\ -1 \end{pmatrix}$

c) $E_1: 2x-5y-5z=8$ $E_2: \vec{x} = \begin{pmatrix} 0 \\ -1 \\ -1 \end{pmatrix} + r \begin{pmatrix} 5 \\ 1 \\ 1 \end{pmatrix} + s \begin{pmatrix} 5 \\ 2 \\ 0 \end{pmatrix}$

d) $E_1: 4y+z=4$
   $E_2: 3y+2z=6$

e) $E_1: x+2y+3z=12$
   $E_2: 2x+4y+6z=16$

f) $E_1: x-y-2z=-2$
   $E_2: 2x-2y-4z=-4$

29. Bestimmen Sie die Gleichungen der Spurgeraden der Ebene E.

a) $E: \vec{x} = \begin{pmatrix} 3 \\ 0 \\ 2 \end{pmatrix} + r \cdot \begin{pmatrix} 3 \\ 4 \\ 2 \end{pmatrix} + s \cdot \begin{pmatrix} -3 \\ 0 \\ 1 \end{pmatrix}$

b) $E: \vec{x} = \begin{pmatrix} 4 \\ 3 \\ 2 \end{pmatrix} + r \cdot \begin{pmatrix} 2 \\ -1 \\ 1 \end{pmatrix} + s \cdot \begin{pmatrix} 1 \\ 2 \\ 2 \end{pmatrix}$

c) $E: -3x+5y-z=15$

d) $E: 3y-2z=12$

30. Eine Ebene E besitzt die Spurgeraden $g_1: \vec{x} = \begin{pmatrix} 1 \\ 1 \\ 0 \end{pmatrix} + r \cdot \begin{pmatrix} 2 \\ 1 \\ 0 \end{pmatrix}$ und $g_2: \vec{x} = \begin{pmatrix} 2 \\ 0 \\ 1 \end{pmatrix} + s \cdot \begin{pmatrix} 3 \\ 0 \\ 1 \end{pmatrix}$.

Bestimmen Sie eine Koordinatengleichung von E sowie die Gleichung der dritten Spurgeraden.

31. Die Abbildung zeigt Ausschnitte aus zwei Ebenen E_1 und E_2.
Bestimmen Sie die Gleichung der Schnittgeraden g.
Übertragen Sie die Abbildung in Ihr Heft und zeichnen Sie diejenige Teilstrecke der Schnittgeraden g in das Schrägbild ein, die auf dem abgebildeten Ausschnitt von E_1 liegt.

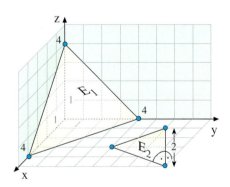

32. a) Welche gegenseitige Lagen können drei Ebenen zueinander einnehmen? Skizzieren Sie mindestens vier prinzipiell verschiedene Fälle.

b) Die drei Ebenen E_1, E_2, E_3 schneiden sich in einer Geraden g bzw. in einem Punkt S. Bestimmen Sie g bzw. S.

(1) $E_1: \vec{x} = \begin{pmatrix} 3 \\ 3 \\ 1 \end{pmatrix} + r \begin{pmatrix} -3 \\ -1 \\ 1 \end{pmatrix} + s \begin{pmatrix} 3 \\ 0 \\ -1 \end{pmatrix}$, $E_2: \vec{x} = \begin{pmatrix} 6 \\ 0 \\ 0 \end{pmatrix} + u \begin{pmatrix} 0 \\ 6 \\ 1 \end{pmatrix} + v \begin{pmatrix} 6 \\ 0 \\ -1 \end{pmatrix}$, $E_3: y-3z=0$

(2) $E_1: x+y+z=4$, $E_2: 3x+y+3z=6$, $E_3: \vec{x} = \begin{pmatrix} 0 \\ 0 \\ 0 \end{pmatrix} + r \begin{pmatrix} 3 \\ 1 \\ 0 \end{pmatrix} + s \begin{pmatrix} 0 \\ 1 \\ 1 \end{pmatrix}$

F. Ebenenscharen

Abschließend untersuchen wir *Ebenenscharen*. Hierbei kommt in der Ebenengleichung außer den Ebenenparametern noch mindestens eine weitere Variable vor. Zu jedem Variablenwert gehört dann eine Ebene der Schar. Im Folgenden betrachten wir nur einfache Ebenenscharen mit linearen Variablen.

> ▶ **Beispiel: Ebenenbüschel**
> Gegeben ist die Ebenenschar E_a: $x + (1-a)y + (a-3)z = 3$, $a \in \mathbb{R}$.
> a) Untersuchen Sie, ob die Ebene F: $2x - 6y + 2z = 6$ zur Ebenenschar E_a gehört.
> b) Zeigen Sie, dass sich E_0 und E_1 schneiden. Bestimmen Sie die Gleichung der Schnittgeraden und zeigen Sie, dass diese Schnittgerade in allen Ebenen der Schar E_a liegt.

Lösung zu a):
Die Ebene F gehört zur Ebenenschar E_a, wenn die beiden Koordinatengleichungen für einen speziellen Wert von a äquivalent sind. Das ist der Fall, wenn die Gleichung von F ein Vielfaches der Gleichung von E_a ist oder umgekehrt. Dies führt auf den nebenstehenden Ansatz.
Durch Koeffizientenvergleich der beiden Darstellungen von F erhalten wir ein Gleichungssystem, das die Lösungen $a = 4$ und $b = 2$ besitzt. Folglich gehört F zur Ebenenschar E_a und ist mit der Ebene E_4 identisch.

Ansatz: $F = b \cdot E_a$ $(a, b \in \mathbb{R})$
F: $bx + b(1-a)y + b(a-3)z = 3b$
F: $2x - 6y + 2z = 6$

Koeffizientenvergleich:
I $b = 2$ $\Rightarrow b = 2$
II $b(1-a) = -6$ $\Rightarrow a = 4$
III $b(a-3) = 2$ $\Rightarrow a = 4$
IV $3b = 6$ $\Rightarrow b = 2$

Lösung zu b):
Wir untersuchen die Lagebeziehung der Ebenen E_0 und E_1 wie im Abschnitt D und formen E_0 zunächst um. Durch Einsetzen erkennen wir, dass sich die Ebenen E_0 und E_1 in einer Geraden g schneiden, deren Gleichung rechts angegeben ist.

E_0: $x + y - 3z = 3$ $(a = 0)$ bzw.
E_0: $\vec{x} = \begin{pmatrix} 3 \\ 0 \\ 0 \end{pmatrix} + t \begin{pmatrix} -3 \\ 3 \\ 0 \end{pmatrix} + s \begin{pmatrix} -3 \\ 0 \\ 1 \end{pmatrix}$
E_1: $x - 2z = 3$ $(a = 1)$
I–II: $3 - 3t - 3s + 2s = 3$ bzw. $-3t = s$

Schnittgerade: g: $\vec{x} = \begin{pmatrix} 3 \\ 0 \\ 0 \end{pmatrix} + r \begin{pmatrix} 2 \\ 1 \\ 1 \end{pmatrix}$

Nun muss noch nachgewiesen werden, dass diese Schnittgerade g in allen Ebenen der Schar E_a (also unabhängig von a) enthalten ist. Hierzu setzen wir die Koordinaten von g in die Ebenengleichung von E_a ein. Nach nebenstehender Rechnung erhalten wir eine wahre Aussage, unabhängig von a. Also liegt die Gerade g für alle reellen Werte von a in E_a.

Nachweis, dass g in E_a liegt:
Koordinaten von g: $x = 3 + 2r$
$y = r$
$z = r$

Einsetzen in die Gleichung von E_a:
$3 + 2r + (1-a)r + (a-3)r = 3$
$3 + 2r + r - ar + ar - 3r = 3$
$3 = 3$

Da die Ebenen der Schar aus dem vorigen Beispiel eine gemeinsame Schnittgerade g haben, die man ihre *Trägergerade* nennt, handelt es sich um ein sog. *Ebenenbüschel*.

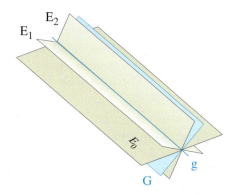

Alle g enthaltenden Ebenen gehören zum Büschel mit einer Ausnahme:
Lösen wir die Klammern in der gegebenen Ebenenschargleichung auf und klammern a aus, erhalten wir die äquivalente Gleichung E: $x + y - 3z - 3 + a(-y + z) = 0$.

Diese Gleichung enthält die linke Seite der Ebenengleichung E_0: $x + y - 3z - 3 = 0$. Der Term $-y + z$ kann ebenfalls als linker Teil einer Gleichung der Ebene G: $-y + z = 0$ gedeutet werden. Die Ebene G enthält ebenfalls die Trägergerade g, gehört aber nicht zur Ebenenschar E_a, wie sich leicht nachweisen lässt.

> **Beispiel:** Gegeben ist das Ebenenbüschel E_a: $x + (1 - a)y + (a - 3)z = 3$, $a \in \mathbb{R}$.
> a) Zeigen Sie, dass die Ebene G: $-y + z = 0$ nicht zur Ebenenschar E_a gehört.
> b) Zeigen Sie, dass die Ebene G: $-y + z = 0$ die Trägergerade g: $\vec{x} = \begin{pmatrix} 3 \\ 0 \\ 0 \end{pmatrix} + r \begin{pmatrix} 2 \\ 1 \\ 1 \end{pmatrix}$ enthält.

Lösung zu a):
Wir verwenden wie im vorigen Beispiel den nebenstehenden Ansatz. Das zugehörige Gleichungssystem führt aber auf einen Widerspruch und ist daher unlösbar. Folglich gehört die Ebene G nicht zur Ebenenschar E_a.

Ansatz: $G = b \cdot E_a$ $(a, b \in \mathbb{R})$
G: $bx + b(1-a)y + b(a-3)z = 3b$
G: $-y +$ $z = 0$

Koeffizientenvergleich:
I $b = 0$ $\Rightarrow b = 0$ in II und III
II $b(1-a) = -1 \Rightarrow 0 = -1$ *Widerspr.*
III $b(a-3) = 1$ $\Rightarrow 0 = 1$ *Widerspr.*
IV $3b = 0$ $\Rightarrow b = 0$

Lösung zu b):
Setzen wir die Koordinaten von g in die Ebenengleichung von G ein, erhalten wir
> eine wahre Aussage.

Koordinaten von g: $x = 3 + 2r$, $y = r$, $z = r$
Einsetzen in die Gleichung von G:
$-r + r = 0$ bzw. $0 = 0 \Rightarrow$ g liegt in G.

Übung 33
Zeigen Sie, dass die folgenden Ebenenscharen E_a ($a \in \mathbb{R}$) Ebenenbüschel bilden, d. h., dass alle Ebenen der Schar sich in einer Geraden schneiden. Bestimmen Sie auch eine Gleichung dieser gemeinsamen Trägergeraden. Geben Sie jeweils eine Ebene an, die ebenfalls die Trägergerade enthält, aber nicht nur Ebenenschar gehört.
a) E_a: $2ax + (4-a)y - 2z = 6$
b) E_a: $x + ay + (5-2a)z = 0$
c) E_a: $2ax + 2y + (2-a)z = 5a + 2$
d) E_a: $(3-2a)y + (a-2)z = a - 1$

Beispiel: Schar paralleler Ebenen
Gegeben ist die Ebenenschar E_a: $(1-2a)x + (2a-1)y + (1-2a)z = 1$, $a \in \mathbb{R}$.
a) Untersuchen Sie die Lagebeziehung der Ebenen E_0 und E_1 zueinander.
b) Zeigen Sie, dass alle Ebenen der Schar parallel zueinander verlaufen.

Lösung zu a):
Der nebenstehende Ansatz führt auf ein unlösbares Gleichungssystem. Die Ebenen E_0 und E_1 sind also parallel zueinander.

E_0: $x - y + z = 1$
E_1: $-x + y - z = 1$
I + II $0 = 2$ Widerspr. $\Rightarrow E_0 \parallel E_1$

Lösung zu b):
Analog untersuchen wir jetzt die Lagebeziehung zweier beliebiger verschiedener Ebenen E_a und E_b der gegebenen Schar (mit $a \neq b$). Auch hier führt das zugehörige Gleichungssystem auf einen Widerspruch, da wir von verschiedenen Ebenen der Schar ausgegangen sind. Somit liegen alle Scharebenen parallel zueinander.

E_a: $(1-2a)x + (2a-1)y + (1-2a)z = 1$
E_b: $(1-2b)x + (2b-1)y + (1-2b)z = 1$
$(a \neq b)$

Lösen des Gleichungssystems:
III = I · $(1-2b)$ – II · $(1-2a)$:
$0 = 1 - 2b - (1-2a)$
$0 = -2b + 2a \Rightarrow a = b$
Widerspruch zur Voraussetzung $a \neq b$
$\Rightarrow E_a \parallel E_b$

Alle zu E_0 parallelen Ebenen gehören zu dieser Schar (aus dem vorigen Beispiel) mit einer Ausnahme:
Lösen wir wie oben auch hier die Klammern in der gegebenen Ebenenschargleichung auf und klammern dann a aus, erhalten wir die Gleichung
E_a: $x - y + z - 1 + a(-2x + 2y - 2z) = 0$.

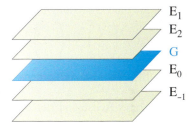

Die Ebenen E_0: $x - y + z = 1$ und G: $-2x + 2y - 2z = 0$ verlaufen offensichtlich ebenfalls echt parallel zueinander, da die linke Seite der Gleichung von G zwar das (-2)fache der linken Seite der Gleichung von E_0 ist, dies aber nicht für die rechten Gleichungsseiten gilt, sodass sich ein Widerspruch ergibt. Daher muss G auch zu allen anderen Ebenen der Schar E_a parallel sein. Auch in diesem Fall gehört G aber nicht zur Ebenenschar E_a, wie man leicht zeigen kann, weil sich ein Widerspruch ergibt, wenn man G als Vielfaches von E_a ansetzt. Diese Überlegungen gelten jedoch nur für Ebenenscharen, die lediglich eine lineare Variable a enthalten.

Übung 34
Zeigen Sie, dass alle Ebenen der Schar E_a: $(2-a)x + (a-2)y + (4-2a)z = 1$ ($a \in \mathbb{R}$) parallel verlaufen. Geben Sie eine Gleichung einer Ebene an, die zu allen Ebenen der Schar parallel verläuft, aber nicht zur Ebenenschar E_a gehört.

Übung 35
Geben Sie eine Gleichung derjenigen Ebenenschar an, welche genau die Ebenen enthält, die echt parallel zur Ebene F: $2x - 3y + 4z = 6$ verlaufen.

Übungen

36. Gegeben ist die Ebenenschar E_a: $x + ay - (2a - 1)z = 4$ $(a \in \mathbb{R})$.
  a) Gehört die Ebene F: $-2x + 2y - 6z = -8$ zur Ebenenschar E_a?
  b) Geben Sie eine Gleichung einer Ebene an, die nicht zur Schar E_a gehört.
  c) Welche Ebene der Schar enthält den Punkt $P(-2|1|1)$?
  d) Welche Ebene der Schar E_a ist parallel zur z-Achse?
  e) Begründen Sie, dass die Ebenenschar E_a keine Ursprungsgerade enthält.
  f) Zeigen Sie, dass alle Ebenen der Schar E_a eine gemeinsame Gerade besitzen, und geben Sie deren Gleichung an.
  g) Zeigen Sie, dass die Ebene G: $y - 2z = 0$ die Trägergerade aus f) enthält, aber nicht zur Ebenenschar E_a gehört.

37. Gegeben ist die Ebenenschar E_a: $(a + 2)x + (2 - a)z = a + 1$ $(a \in \mathbb{R})$.
  a) Welche Ursprungsebene ist in der Schar E_a enthalten?
  b) Welche Ebene der Schar E_a schneidet die z-Achse bei $z = 5$?
  c) Welche Ebene der Schar E_a enthält die Gerade g: $\vec{x} = \begin{pmatrix} -1 \\ 2 \\ 2 \end{pmatrix} + r \begin{pmatrix} 0 \\ 1 \\ 0 \end{pmatrix}$?
  d) Untersuchen Sie die Lage der Ebenen der Schar E_a zueinander.
  e) Gehört die Ebene F: $x - z - 1 = 0$ zur Ebenenschar E_a?

38. Geben Sie eine Gleichung einer Ebenenschar an, deren Ebenen sich alle in der Trägergeraden g: $\vec{x} = \begin{pmatrix} 1 \\ -1 \\ 4 \end{pmatrix} + r \begin{pmatrix} 2 \\ -2 \\ 1 \end{pmatrix}$ schneiden.

39. Geben Sie eine Gleichung derjenigen Ebenenschar an, die alle Ebenen enthält, die echt parallel zur x-Achse und zur Geraden g: $\vec{x} = \begin{pmatrix} 1 \\ -2 \\ 4 \end{pmatrix} + r \begin{pmatrix} 2 \\ -1 \\ 2 \end{pmatrix}$ verlaufen.

40. Gegeben sind die Ebenenschar $E_{a,b}$: $x + (1 - 2a)y + bz = 2$ $(a, b \in \mathbb{R})$.
  a) Bestimmen Sie die Lagebeziehung von $E_{0,1}$ und $E_{1,0}$.
  b) Zeigen Sie, dass alle Ebenen $E_{a,b}$ einen gemeinsamen Punkt besitzen, und geben Sie diesen an.
  c) Gehört die Ebene F: $2x + 4y - 3z = 4$ zur Ebenenschar $E_{a,b}$?
  d) Für welche Werte von a und b liegt die Ebene $E_{a,b}$ parallel zur z-Achse?
  e) Für welche Werte von a und b liegt die Gerade g: $\vec{x} = \begin{pmatrix} 1 \\ 0 \\ 1 \end{pmatrix} + r \begin{pmatrix} 1 \\ 2 \\ -1 \end{pmatrix}$ in der Ebene $E_{a,b}$?

41. Gegeben sind die Ebenenschar $E_{a,b}$: $2x + ay + 6z = 8 + 2a + 6b$ $(a, b \in \mathbb{R})$ sowie die Ebene F: $x + 2y + 3z = 9$.
  a) Gehört die Ebene F zur Ebenenschar $E_{a,b}$?
  b) Für welche Werte von a und b schneiden sich die Ebenen $E_{a,b}$ und F?
  c) Für welche Werte von a und b sind die Ebenen $E_{a,b}$ und F echt parallel?
  d) Welche Bedingungen müssen für a und b gelten, damit g: $\vec{x} = \begin{pmatrix} 1 \\ 4 \\ 0 \end{pmatrix} + r \begin{pmatrix} 6 \\ 0 \\ -2 \end{pmatrix}$ die Schnittgerade von $E_{a,b}$ und F ist?

F. Zusammengesetzte Aufgaben

Die Übungen dienten bisher überwiegend der Festigung einzelner Techniken der Vektorgeometrie. Die Lösung der folgenden zusammengesetzten Aufgaben dagegen erfordert stets die Verwendung mehrerer Verfahren. Die Aufgabenstruktur ähnelt Prüfungsaufgaben.

1. Gegeben sind die Gerade g: $\vec{x} = \begin{pmatrix} 14 \\ -1 \\ -1 \end{pmatrix} + r \begin{pmatrix} -8 \\ 2 \\ 1 \end{pmatrix}$ und die Ebene E durch die Punkte A($-2|5|2$), B($2|3|0$) und C($2|-1|2$).
   a) Stellen Sie eine Parametergleichung und eine Koordinatengleichung der Ebene E auf.
   b) Prüfen Sie, ob der Punkt P($-2|3|1$) auf der Geraden g oder auf der Ebene E liegt.
   c) Untersuchen Sie die gegenseitige Lage von g und E. Bestimmen Sie ggf. den Schnittpunkt S.
   d) Bestimmen Sie die Schnittpunkte Q und R der Geraden g mit der x-y-Ebene bzw. der y-z-Ebene.
   e) In welchen Punkten schneiden die Koordinatenachsen die Ebene E?
   f) Zeichnen Sie anhand der Ergebnisse aus c), d) und e) ein Schrägbild von g und E.

2. Gegeben seien die Punkte A($0|0|0$), B($8|0|0$), C($8|8|0$), D($0|8|0$) und S($4|4|8$), die Eckpunkte einer quadratischen Pyramide mit der Grundfläche ABCD und der Spitze S sind.
   a) Zeichnen Sie in einem kartesischen Koordinatensystem ein Schrägbild der Pyramide.
   b) Eine Gerade g schneidet die z-Achse bei $z = 12$ und geht durch die Spitze S der Pyramide. Wo schneidet diese Gerade g die x-y-Ebene?
   c) Gegeben sei weiter die Ebene E: $2y + 5z = 24$.
      Welche besondere Lage bezüglich der Koordinatenachsen hat diese Ebene E?
      Wo schneiden die Seitenkanten $\overline{AS}$, $\overline{BS}$, $\overline{CS}$ und $\overline{DS}$ der Pyramide die Ebene E?
      Zeichnen Sie die Schnittfläche der Ebene E mit der Pyramide in das Schrägbild ein und zeigen Sie, dass diese Schnittfläche ein Trapez ist.
   d) In welchem Punkt T durchdringt die Höhe h der Pyramide die Schnittfläche aus c)?
      Zeichnen Sie auch h und T in das Schrägbild ein.

3. Gegeben ist der abgebildete Würfel mit der Seitenlänge 4.
   a) In welchem Punkt S schneidet die Gerade g durch D und F die Ebene E durch die Punkte P, Q und R?
   b) Die Punkte P, Q, R und F bilden die Ecken einer Pyramide. Bestimmen Sie deren Volumen.
   c) In welchen Punkten durchstößt die Gerade h durch Q und R die Koordinatenebenen?
   d) Bestimmen Sie die Gleichung der Schnittgeraden k der Ebene E und der Ebene F durch B, D und H.
   e) Wo durchstößt die Gerade durch B und H die Ebene E?

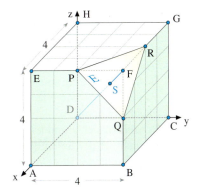

4. Gegeben sind die Geraden g: $\vec{x} = \begin{pmatrix} 1 \\ 2 \\ 3 \end{pmatrix} + r \begin{pmatrix} -1 \\ 0 \\ 2 \end{pmatrix}$ und h: $\vec{x} = \begin{pmatrix} 0 \\ 4 \\ 4 \end{pmatrix} + s \begin{pmatrix} 0 \\ -2 \\ 1 \end{pmatrix}$.

   a) Zeigen Sie, dass g und h sich schneiden. Bestimmen Sie den Schnittpunkt S.
   b) E sei diejenige Ebene, welche die Geraden g und h enthält.
      Stellen Sie eine Parametergleichung von E auf.
   c) Bestimmen Sie eine Koordinatengleichung von E sowie die Achsenabschnittspunkte.
   d) Eine Gerade k geht durch die Punkte P(4|0|3) und Q(0|3|a). Wie muss die Variable a gewählt werden, damit k echt parallel zu E verläuft?
   e) Der Ursprung des Koordinatensystems und die drei Achsenabschnittspunkte der Ebene E sind Eckpunkte einer Pyramide. Bestimmen Sie das Volumen der Pyramide.
   f) Fertigen Sie mithilfe der Achsenabschnitte von E eine Schrägbild der Pyramide aus e) an. Zeichnen Sie den Punkt P(1|2|2) ein. Liegt er im Innern der Pyramide?

5. Gegeben ist der abgebildete Würfel mit der Seitenlänge 4 in einem kartesischen Koordinatensystem. Das Dreieck BRP stellt einen Ausschnitt einer Ebene E dar. Das Dreieck MCR stellt einen Ausschnitt einer Ebene F dar.
   a) Bestimmen Sie eine Parameter- und eine Koordinatengleichung von E.
   b) Gesucht ist der Schnittpunkt S der Geraden g durch die Punkte D und Q mit der Ebene E.
      Welches Teilstück der Strecke $\overline{DQ}$ ist länger, $\overline{DS}$ oder $\overline{SQ}$?
   c) Bestimmen Sie eine Gleichung der Schnittgeraden der Ebenen E und F.
   d) Von U(0|0|6) geht ein Strahl aus, der auf V(1,5|6|0) zielt. Trifft der Strahl den Würfel? Trifft der Strahl das Dreieck BRP?

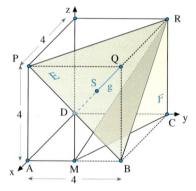

6. Die Gerade g und die Ebene E seien durch die Abbildung gegeben.
   a) Bestimmen Sie Parametergleichungen von g und E sowie eine Koordinatengleichung von E.
   b) Schneiden sich g und E?
   c) Gesucht ist der Schnittpunkt der Seitenhalbierenden des Dreiecks ABC.
   d) Wie lang ist die Strecke, die von der x-y-Ebene und der x-z-Ebene aus der Geraden g „herausgeschnitten" wird?
   e) Welcher Punkt D der Geraden h durch A und B liegt dem Koordinatenursprung am nächsten?

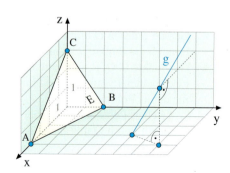

2. Lagebeziehungen

7. Die Ebenen E_1, E_2 und E_3 schneiden sich paarweise.
  a) Stellen Sie Parametergleichungen der Ebenen E_2 und E_3 auf.
  b) Stellen Sie Koordinatengleichungen der Ebenen E_1, E_2 und E_3 auf.
  c) Bestimmen Sie jeweils eine Gleichung der Schnittgeraden g von E_1 und E_2, h von E_1 und E_3 und k von E_2 und E_3.
  d) Übertragen Sie die nebenstehende Abbildung in Ihren Hefter und zeichnen Sie die Teilstrecken der Geraden g und h auf dem abgebildeten Ausschnitt von E_1 ein. Wie lang sind diese Teilstrecken?
  e) Gibt es eine Gerade, die auf allen drei Ebenen liegt?

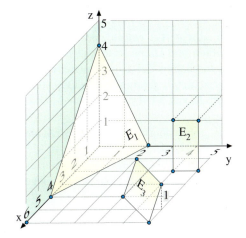

8. Gegeben sind die Punkte $A(2|-2|0)$, $B(2|4|0)$, $C(-4|4|0)$, $D(-4|-2|0)$ und $S(-1|1|6)$.
Betrachtet wird die Pyramide mit der Grundfläche ABCD und der Spitze S.
E sei die Ebene, die die Punkte $P(-1|3|2)$, $Q(2|0|4)$ und $R(3|3|2)$ enthält.
  a) Stellen Sie eine Parametergleichung und eine Koordinatengleichung von E auf.
  b) Zeichnen Sie ein Schrägbild der Pyramide im kartesischen Koordinatensystem.
  c) Die Ebene E schneidet die Pyramidenkanten $\overline{SA}$, $\overline{SB}$, $\overline{SC}$ und $\overline{SD}$ in den Punkten A', B', C' und D'. Bestimmen Sie die Koordinaten dieser Punkte.
  d) Zeigen Sie, dass das Viereck A'B'C'D' ein Trapez ist.
  e) In welchem Punkt L durchdringt die Pyramidenhöhe das Trapez?
  f) Zeichnen Sie das Trapez, die Pyramidenhöhe und L in das Schrägbild aus b) ein.

9. Gegeben seien die Punkte $A(2|-2|0)$, $B(2|4|0)$, $C(-4|4|0)$, $D(-4|-2|0)$ und $S(-1|1|6)$, die die Eckpunkte einer quadratischen Pyramide mit der Spitze S bilden.
g sei eine Gerade, die durch die Punkte $U(-3|6|0)$ und $V(0|-3|6)$ geht.
  a) Stellen Sie eine Parametergleichung von g auf.
  b) Die Gerade g durchdringt die Pyramide. Wie lang ist die in der Pyramide verlaufende Teilstrecke $\overline{ST}$ von g?
  c) Trifft die Gerade g die Höhe h der Pyramide?
  d) Kann man vom Punkt $X(4|0|0)$ den Punkt $Z(-5|3|6)$ erblicken oder steht die Pyramide im Weg?
  e) Fertigen Sie ein Schrägbild an, das die Pyramide, die Strecke $\overline{ST}$ aus b) sowie das Ergebnis aus d) enthält.

3-D-Darstellung

Im Abschnitt 2 wurde zunächst die Lage von Punkt und Ebene, anschließend die Lage von Gerade und Ebene und schließlich die Lage von zwei Ebenen untersucht. Aus den Lösungseigenschaften der dabei entstehende Gleichungssysteme kann man die Lagebeziehung der betrachteten geometrischen Objekte beurteilen. Eine anschauliche Vorstellung gewinnt man mithilfe von 3-D-Darstellungen durch Computerprogramme.

Das folgende Bild zeigt die 3-D-Darstellung zweier sich schneidender Ebenen mit einem Computerprogramm, das man als Medienelement unter 🔵 370-3 auf der Buch-CD findet. Zwei Ebenen können in Parameterform eingegeben werden. Das Tool zeigt beide Ebenen und gibt ihre Lagebeziehung aus. Gegebenenfalls werden Abstand, Schnittgerade und Schnittwinkel angegeben.

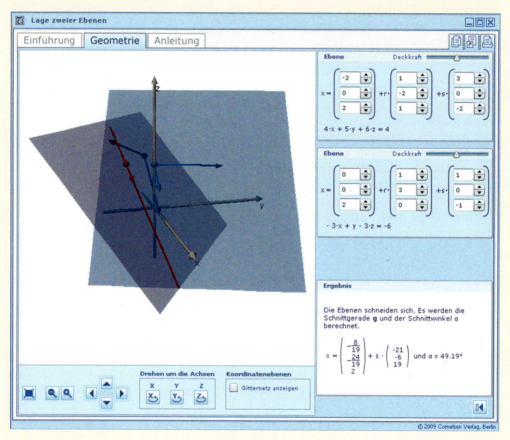

Übungen

a) Bearbeiten Sie das erste Beispiel von Seite 348 mit dem Medienelement 🔵 370-1.
b) Bearbeiten Sie das Beispiel und die Übung von Seite 352 mit dem Medienelement 🔵 370-2.
c) Bearbeiten Sie ausgewählte Beispiele und Übungen von Seite 356 ff. mit dem Medienelement 🔵 370-3. Formen Sie vorher alle Ebenengleichungen in Parameterform um.

X. Ebenen

Überblick

Parametergleichung einer Ebene:

E: $\vec{x} = \vec{a} + r \cdot \vec{u} + s \cdot \vec{v}$

$\vec{a}$: Stützvektor der Ebene
$\vec{u}, \vec{v}$: Richtungsvektoren der Ebene
r, s: Ebenenparameter

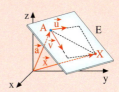

Dreipunktegleichung einer Ebene:

E: $\vec{x} = \vec{a} + r \cdot (\vec{b} - \vec{a}) + s \cdot (\vec{c} - \vec{a})$

$\vec{a}, \vec{b}, \vec{c}$: Ortsvektoren von drei Ebenenpunkten A, B und C

Koordinatengleichung einer Ebene:

E: $ax + by + cz = d$ $(a, b, c, d \in \mathbb{R})$

$\begin{pmatrix} a \\ b \\ c \end{pmatrix}$ ist ein Normalenvektor von E.

Achsenabschnittsgleichung einer Ebene:

E: $\frac{x}{A} + \frac{y}{B} + \frac{z}{C} = 1$

A, B und C sind die Achsenabschnitte von E.

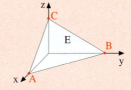

Relative Lage von Punkt und Ebene:

Ein Punkt P im Raum kann auf einer Ebene E liegen oder außerhalb der Ebene.
Zur Überprüfung verwendet man die **Punktprobe**, d. h., man setzt den Ortsvektor des Punktes oder seine Koordinaten in die Ebenengleichung ein.
Je nach verwendeter Ebenendarstellung ergibt sich eine Gleichung oder ein Gleichungssystem.
Lässt sich die Gleichung bzw. das Gleichungssystem lösen, so liegt der Punkt auf der Ebene, andernfalls nicht.

Relative Lage von Gerade und Ebene:

Ein Gerade g im Raum kann parallel zu einer Ebene E verlaufen, in der Ebene liegen oder sie in genau einem Punkt schneiden.

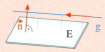 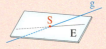

Relative Lage von zwei Ebenen:

Zwei Ebenen E_1 und E_2 können echt parallel oder sogar identisch sein oder sich in einer Schnittgeraden g schneiden.

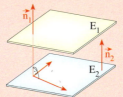 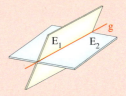

Test

Ebenen

1. Gegeben sind die Punkte A(0|2|3), B(4|2|0) und C(2|3|0) der Ebene E.
  a) Stellen Sie eine Parameter- und eine Koordinatengleichung der Ebene E auf.
  b) Liegt der Punkt P(1|2|2,5) auf der Ebene E?
  c) Bestimmen Sie die Achsenabschnittspunkte der Ebene E und fertigen Sie eine Skizze der Ebene im Koordinatensystem an.

2. Gegeben sind die Ebene E: $\vec{x} = \begin{pmatrix} 3 \\ 2 \\ 0 \end{pmatrix} + r \begin{pmatrix} 0 \\ -2 \\ 2 \end{pmatrix} + s \begin{pmatrix} -3 \\ 0 \\ 2 \end{pmatrix}$ sowie die

Gerade g: $\vec{x} = \begin{pmatrix} 3 \\ 2 \\ 1 \end{pmatrix} + t \begin{pmatrix} -3 \\ 2 \\ 0 \end{pmatrix}$.

  a) Stellen Sie eine Koordinatengleichung der Ebene E auf.
  b) Untersuchen Sie die relative Lage von E und g.
  c) In welchem Punkt schneidet die Gerade g die x-z-Ebene?

3. Gegeben sind die Ebenen E_1: $\vec{x} = \begin{pmatrix} 1 \\ 1 \\ 2 \end{pmatrix} + r \begin{pmatrix} -4 \\ 1 \\ 3 \end{pmatrix} + s \begin{pmatrix} 4 \\ 2 \\ -3 \end{pmatrix}$ und E_2: $x - 2y + z = 4$.

  a) Zeigen Sie, dass die Ebenen sich schneiden. Bestimmen Sie die Gleichung der Schnittgeraden g.
  b) Die Ebene E_1 schneidet die x-z-Ebene in einer Geraden h. Bestimmen Sie eine Gleichung von h.

4. Gegeben ist der abgebildete Körper mit den Ecken A bis H.
P, Q und R sind jeweils Seitenmitten.
  a) In welchem Punkt S schneidet die Gerade durch D und F das Dreieck PQR?
  b) Wie lautet die Gleichung der Schnittgeraden der Ebene E_1 durch die Punkte P, Q, R und der Ebene E_2 durch die Punkte H, C und G?

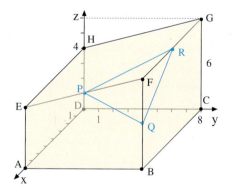

5. Für welchen Wert des Parameters a sind die Ebenen
E_1: $x + 2y + z = 4$ und E_2: $\vec{x} = \begin{pmatrix} 2 \\ 0 \\ 3 \end{pmatrix} + r \begin{pmatrix} 1 \\ 0 \\ -1 \end{pmatrix} + s \begin{pmatrix} a \\ -2 \\ 0 \end{pmatrix}$ parallel?

Lösungen unter 🪙 372-1

XI. Skalarprodukt

3. Der Winkel zwischen Geraden

Schneiden sich zwei Geraden in der Ebene oder im Raum in einem Punkt S, so bilden sie dort zwei Paare von Scheitelwinkeln. Einer der beiden Winkel überschreitet 90° nicht. Diesen Winkel bezeichnet man als *Schnittwinkel der Geraden*. Man kann ihn mithilfe der Kosinusformel (s. S. 70) berechnen.

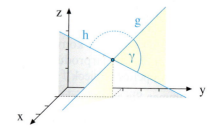

Schnittwinkel von Geraden

g und h seien zwei Geraden mit den Richtungsvektoren $\vec{m}_1$ und $\vec{m}_2$. Dann gilt für ihren Schnittwinkel γ:

$$\cos \gamma = \frac{|\vec{m}_1 \cdot \vec{m}_2|}{|\vec{m}_1| \cdot |\vec{m}_2|}.$$ 384-1

▶ **Beispiel:** Die Geraden g: $\vec{x} = \begin{pmatrix} -2 \\ 7 \\ 6 \end{pmatrix} + r \begin{pmatrix} -3 \\ 4 \\ 4 \end{pmatrix}$ und h: $\vec{x} = \begin{pmatrix} 1 \\ -4 \\ 5 \end{pmatrix} + s \begin{pmatrix} 0 \\ -7 \\ 3 \end{pmatrix}$ schneiden sich im Punkt S(1|3|2). Bestimmen Sie den Schnittwinkel γ der Geraden.

Lösung:
Wir orientieren uns am obigen Bild. Denken wir uns die Richtungsvektoren der beiden Geraden im Schnittpunkt S angesetzt, so schließen sie entweder den Schnittwinkel γ der Geraden oder dessen Ergänzungswinkel $\gamma' = 180° - \gamma$ ein.

Es reicht also zunächst aus, den Winkel δ zwischen den Richtungsvektoren $\vec{m}_1$ und $\vec{m}_2$ zu berechnen. Wir erhalten für den Winkel $\delta \approx 109{,}15°$. Dies bedeutet, dass wir γ' bestimmt haben. γ hat daher die Größe
▶ 70,85°.

1. Winkel zwischen $\vec{m}_1$ und $\vec{m}_2$:

$$\vec{m}_1 = \begin{pmatrix} -3 \\ 4 \\ 4 \end{pmatrix}, \vec{m}_2 = \begin{pmatrix} 0 \\ -7 \\ 3 \end{pmatrix}$$

$$\cos \delta = \frac{\vec{m}_1 \cdot \vec{m}_2}{|\vec{m}_1| \cdot |\vec{m}_2|} = \frac{-16}{\sqrt{41} \cdot \sqrt{58}} \approx -0{,}3281$$

$\delta \approx 109{,}15°$

2. Schnittwinkel von g und h:

$\gamma \approx 180° - 109{,}15° = 70{,}85°$

Noch einfacher ist es, die Kosinusformel leicht zu verändern durch Betragsbildung im Zähler, wie oben im roten Kasten geschehen. Dann erhält man sofort den Schnittwinkel γ. (Begründen Sie dies!)

Übung 1
Bestimmen Sie den Schnittpunkt und den Schnittwinkel der Geraden g und h.

a) g: $\vec{x} = \begin{pmatrix} 0 \\ 2 \\ 1 \end{pmatrix} + r \cdot \begin{pmatrix} 1 \\ 1 \\ 2 \end{pmatrix}$, h: $\vec{x} = \begin{pmatrix} 0 \\ 1 \\ -4 \end{pmatrix} + s \cdot \begin{pmatrix} 2 \\ 1 \\ -1 \end{pmatrix}$ b) g: $\vec{x} = \begin{pmatrix} 1 \\ -2 \end{pmatrix} + r \cdot \begin{pmatrix} 1 \\ 2 \end{pmatrix}$, h: $\vec{x} = \begin{pmatrix} 0 \\ 4 \end{pmatrix} + s \cdot \begin{pmatrix} -1 \\ 2 \end{pmatrix}$

3. Der Winkel zwischen Geraden

Stehen zwei Geraden orthogonal zueinander, so lässt sich dieses sofort anhand der Orthogonalität der Richtungsvektoren feststellen. Es gilt folgende *Orthogonalitätsbedingung*:

Orthogonalitätsbedingung
Zwei Geraden, die sich schneiden, stehen senkrecht aufeinander, wenn ihre Richtungsvektoren orthogonal sind (d. h., wenn das Skalarprodukt der Richtungsvektoren null ergibt.)

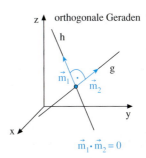

Übung 2
Überprüfen Sie, ob g und h senkrecht stehen oder ob sie für einen Wert von a senkrecht stehen können.

a) $g: \vec{x} = \begin{pmatrix} 2 \\ 3 \end{pmatrix} + r \begin{pmatrix} 1 \\ 1 \end{pmatrix}$, $h: \vec{x} = \begin{pmatrix} 2 \\ 9 \end{pmatrix} + s \begin{pmatrix} 2 \\ 1 \end{pmatrix}$
b) $g: \vec{x} = \begin{pmatrix} 1 \\ 1 \\ 2 \end{pmatrix} + r \begin{pmatrix} 3 \\ -2 \\ 1 \end{pmatrix}$, $h: \vec{x} = \begin{pmatrix} 4 \\ -1 \\ 2 \end{pmatrix} + s \begin{pmatrix} 2 \\ 1 \\ -4 \end{pmatrix}$

c) $g: \vec{x} = \begin{pmatrix} 3 \\ 3 \end{pmatrix} + r \begin{pmatrix} 3 \\ -1 \end{pmatrix}$, $h: \vec{x} = \begin{pmatrix} 4 \\ 6 \end{pmatrix} + s \begin{pmatrix} -1 \\ a \end{pmatrix}$
d) $g: \vec{x} = \begin{pmatrix} 3 \\ 0 \\ 1 \end{pmatrix} + r \begin{pmatrix} 2 \\ 1 \\ -4 \end{pmatrix}$, $h: \vec{x} = \begin{pmatrix} 1 \\ 2 \\ -3 \end{pmatrix} + s \begin{pmatrix} a \\ 2 \\ -1 \end{pmatrix}$

Übung 3
Bestimmen Sie den Schnittpunkt und den Schnittwinkel der Geraden g und h.

a) $g: \vec{x} = \begin{pmatrix} 1 \\ 2 \end{pmatrix} + r \begin{pmatrix} 3 \\ 1 \end{pmatrix}$, $h: \vec{x} = \begin{pmatrix} 4 \\ 1 \end{pmatrix} + s \begin{pmatrix} 1 \\ 1 \end{pmatrix}$
b) $g: \vec{x} = \begin{pmatrix} 3 \\ 1 \\ 4 \end{pmatrix} + r \begin{pmatrix} 2 \\ 2 \\ -2 \end{pmatrix}$, $h: \vec{x} = \begin{pmatrix} 2 \\ 3 \\ -1 \end{pmatrix} + s \begin{pmatrix} 1 \\ 2 \\ -3 \end{pmatrix}$

c) g durch A(3|1) und B(3|2),
   h durch C(2|7) und D(4|5)

d) g durch A(3|2|5) und B(5|6|3),
   h durch C(4|3|7) und D(−2|−6|4)

Übung 4
Unter welchen Winkeln schneidet die Ursprungsgerade $g: \vec{x} = r \begin{pmatrix} 1 \\ 2 \\ 4 \end{pmatrix}$ die Koordinatenachsen?

Übung 5
Bestimmen Sie t so, dass die Gerade durch P(6|4|t) die x-Achse bei x = 3 unter 60° schneidet.

Übung 6
Gegeben ist ein Dreieck ABC mit A(1|2), B(9|0) und C(5|6).
a) Stellen Sie Parametergleichungen der Mittelsenkrechten g_{AB} und g_{AC} auf.
b) Berechnen Sie den Schnittpunkt der Mittelsenkrechten g_{AB} und g_{AC}.
c) Stellen Sie das Dreieck ABC sowie die Mittelsenkrechten g_{AB} und g_{AC} zeichnerisch dar.

Elementargeometrische Beweise mit dem Skalarprodukt

Das Skalarprodukt wird häufig für Winkelberechnungen verwendet. Aber es kann auch zum Nachweis elementargeometrischer Eigenschaften und Sätze eingesetzt werden, die mit Orthogonalität zu tun haben, was im Folgenden angesprochen wird.

Beweis des Höhensatzes

Gegeben sei ein rechtwinkliges Dreieck ABC mit der Höhe h und den Hypotenusenabschnitten p und q.

Beweisen Sie: $h^2 = p \cdot q$.

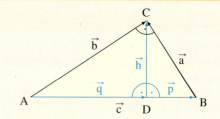

Lösung:
Wir belegen zunächst die Seiten, Höhe und die Hypotenusenabschnitte mit Vektoren, wie abgebildet. Dann nehmen wir alle Voraussetzungen in eine Sammlung auf zum Zweck des späteren Gebrauchs. Schließlich weisen wir durch eine Kettenrechnung $h^2 = p \cdot q$ nach.

Beweis:

$$\begin{aligned}
h^2 &= |\vec{h}|^2 = \vec{h} \cdot \vec{h} && \text{Rechengesetz} \\
&= (\vec{b} - \vec{q}) \cdot \vec{h} && \text{nach (3)} \\
&= \vec{b} \cdot \vec{h} - \vec{q} \cdot \vec{h} && \text{Rechengesetz} \\
&= \vec{b} \cdot \vec{h} && \text{nach (8)} \\
&= \vec{b} \cdot (\vec{a} + \vec{p}) && \text{nach (4)} \\
&= \vec{b} \cdot \vec{a} + \vec{b} \cdot \vec{p} && \text{Rechengesetz} \\
&= \vec{b} \cdot \vec{p} && \text{nach (5)} \\
&= (\vec{q} + \vec{h}) \cdot \vec{p} && \text{nach (3)} \\
&= \vec{q} \cdot \vec{p} + \vec{h} \cdot \vec{p} && \text{Rechengesetz} \\
&= \vec{q} \cdot \vec{p} && \text{nach (7)} \\
&= |\vec{q}| \cdot |\vec{p}| \cdot \cos 0° && \text{Definition des SP} \\
&= |\vec{q}| \cdot |\vec{p}| && \text{da } \cos 0° = 1 \text{ ist} \\
&= p \cdot q
\end{aligned}$$

Vektorbelegungen:

$\vec{a} = \overrightarrow{BC}$, $\vec{b} = \overrightarrow{AC}$, $\vec{c} = \overrightarrow{AB}$, $\vec{h} = \overrightarrow{DC}$,
$\vec{q} = \overrightarrow{AD}$, $\vec{p} = \overrightarrow{DB}$

Sammlung der Voraussetzungen:

(1) $\vec{c} = \vec{q} + \vec{p}$
(2) $\vec{c} = \vec{b} - \vec{a}$
(3) $\vec{h} = \vec{b} - \vec{q}$
(4) $\vec{h} = \vec{a} + \vec{p}$
(5) $\vec{a} \perp \vec{b}$, d.h. $\vec{a} \cdot \vec{b} = 0$
(6) $\vec{h} \perp \vec{c}$, d.h. $\vec{h} \cdot \vec{c} = 0$
(7) $\vec{h} \perp \vec{p}$, d.h. $\vec{h} \cdot \vec{p} = 0$
(8) $\vec{h} \perp \vec{q}$, d.h. $\vec{h} \cdot \vec{q} = 0$

Übungen

1. Kathetensatz
Im rechtwinkligen Dreieck gelten die Beziehungen $a^2 = p \cdot c$ und $b^2 = q \cdot c$. Beweisen Sie diese mithilfe des Skalarproduktes. Gehen Sie ähnlich vor wie im obigen Beispiel.

2. Alternativer Beweis des Höhensatzes
Erläutern Sie den folgenden Kurzbeweis des Höhensatzes schrittweise (siehe Zeichnung oben):
$0 = \vec{a} \cdot \vec{b} = (\vec{h} - \vec{p}) \cdot (\vec{q} + \vec{h}) = \vec{h} \cdot \vec{q} + \vec{h} \cdot \vec{h} - \vec{p} \cdot \vec{q} - \vec{p} \cdot \vec{h} = \vec{h} \cdot \vec{h} - \vec{p} \cdot \vec{q} = h^2 - pq$

3. Diagonalen einer Raute
Zeigen Sie mithilfe des Skalarproduktes, dass die Diagonalen einer Raute senkrecht aufeinander stehen.

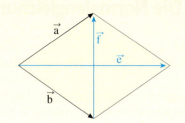

4.
Beweisen Sie die Umkehrung der Aussage aus Übung 3:
Stehen in einem Parallelogramm die Diagonalen senkrecht aufeinander, ist es eine Raute.

5.
Beweisen Sie:
Ein Rechteck ist genau dann ein Quadrat, wenn seine Diagonalen senkrecht aufeinander stehen.

6. Satz des Pythagoras
Beweisen Sie:
a) In einem rechtwinkligen Dreieck mit der Hypotenuse c und den Katheten a und b gilt: $a^2 + b^2 = c^2$.
b) Gilt in einem Dreieck mit den Seiten a, b und c die Gleichung $a^2 + b^2 = c^2$, so ist das Dreieck rechtwinklig.

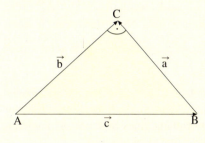

7. Senkrechte Strecken im Quader
Zeigen Sie, dass in einem Quader mit quadratischer Grundfläche die Grundflächendiagonale e und die Raumdiagonale f senkrecht zueinander stehen.

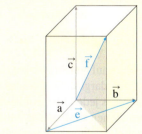

8. Quadrate im Parallelogramm
Beweisen Sie: In einem Parallelogramm ist die Summe der Diagonalenquadrate ebenso groß wie die Summe der Seitenquadrate (siehe Abbildung).

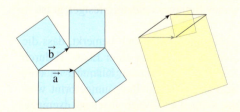

9. Satz des Thales
Der Satz des Thales besagt: Liegt ein Punkt C auf dem Kreis mit dem Durchmesser $\overline{AB}$, so hat das Dreieck ABC bei C einen rechten Winkel.
Beweisen Sie diese Aussage. Verwenden Sie die abgebildete Beweisfigur. Berechnen Sie dazu $\vec{a} \cdot \vec{b}$.

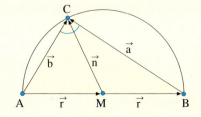

Man kann zur Untersuchung der Lagebeziehung einer Geraden und einer Ebene auch eine Normalengleichung der Ebene statt der Koordinatengleichung verwenden. Wir zeigen dies exemplarisch.

> **Beispiel: Lagebeziehung Gerade / Ebene (Ebene in Normalenform)**
> Welche gegenseitige Lage besitzen g: $\vec{x} = \begin{pmatrix} 1 \\ 2 \\ 2 \end{pmatrix} + r \begin{pmatrix} 2 \\ -1 \\ 1 \end{pmatrix}$ und E: $\left[\vec{x} - \begin{pmatrix} 2 \\ 3 \\ -2 \end{pmatrix}\right] \cdot \begin{pmatrix} 1 \\ -2 \\ 1 \end{pmatrix} = 0$?

Lösung:
g ist nicht parallel zu E, da der Richtungsvektor von g und der Normalenvektor von E ein von null verschiedenes Skalarprodukt besitzen.

1. Untersuchung auf Parallelität:

$\begin{pmatrix} 2 \\ -1 \\ 1 \end{pmatrix} \cdot \begin{pmatrix} 1 \\ -2 \\ 1 \end{pmatrix} = 5 \neq 0 \Rightarrow g \not\parallel E$

Den Schnittpunkt von g und E bestimmen wir durch Einsetzen des allgemeinen Ortsvektors der Geraden g (rot markiert) in die Normalengleichung von E. Durch Ausrechnen des Skalarproduktes erhalten wir eine Bestimmungsgleichung für den Geradenparameter r, welche die Lösung r = −1 hat.
Einsetzen dieses Parameterwertes in die Geradengleichung liefert den Schnittpunkt von g und E: S(−1 | 3 | 1).

2. Berechnung des Schnittpunktes:

$\left[\begin{pmatrix} 1 \\ 2 \\ 2 \end{pmatrix} + r \cdot \begin{pmatrix} 2 \\ -1 \\ 1 \end{pmatrix} - \begin{pmatrix} 2 \\ 3 \\ -2 \end{pmatrix}\right] \cdot \begin{pmatrix} 1 \\ -2 \\ 1 \end{pmatrix} = 0$

$\Rightarrow \begin{pmatrix} 2r-1 \\ -r-1 \\ r+4 \end{pmatrix} \cdot \begin{pmatrix} 1 \\ -2 \\ 1 \end{pmatrix} = 0 \Rightarrow 5r + 5 = 0, r = -1$

$\vec{x} = \begin{pmatrix} 1 \\ 2 \\ 2 \end{pmatrix} + (-1) \cdot \begin{pmatrix} 2 \\ -1 \\ 1 \end{pmatrix} = \begin{pmatrix} -1 \\ 3 \\ 1 \end{pmatrix}$, S(−1 | 3 | 1)

Übung 5 Lagebeziehung Gerade/Ebene (Ebene in NF)
Welche gegenseitige Lage besitzen g und E_1 bzw. g und E_2?

g: $\vec{x} = \begin{pmatrix} 1 \\ 2 \\ 2 \end{pmatrix} + r \begin{pmatrix} 2 \\ -1 \\ 1 \end{pmatrix}$, E_1: $\left[\vec{x} - \begin{pmatrix} 2 \\ 2 \\ 3 \end{pmatrix}\right] \cdot \begin{pmatrix} -1 \\ -1 \\ 1 \end{pmatrix} = 0$, E_2: $\left[\vec{x} - \begin{pmatrix} 2 \\ -3 \\ 2 \end{pmatrix}\right] \cdot \begin{pmatrix} 2 \\ 2 \\ -2 \end{pmatrix} = 0$

Übung 6 Laserbohrung
Ein Edelstahlblock hat die Form eines quadratischen Pyramidenstumpfes. Die Seitenlänge der Grundfläche beträgt 8 cm, diejenige der Deckfläche beträgt 4 cm, die Höhe beträgt 8 cm.

Mit einem Laserstrahl, der auf der Strecke $\overline{PQ}$ mit P(−3,5 | 9,5 | 6) und Q(−6 | 16 | 8) erzeugt wird, durchbohrt man das Werkstück. Der Koordinatenursprung liegt im Mittelpunkt der Grundfläche.
a) Wo liegen Ein- und Austrittspunkt?
b) Wie lang ist der Bohrkanal?
c) Wo wird der Block getroffen, wenn der Laser längs der Strecke $\overline{PQ}$ mit P(1 | 9 | 5) und Q(−1 | 15 | 6) erzeugt wird?

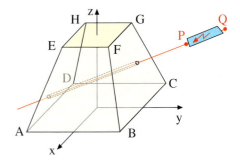

XI. Skalarprodukt

Überblick

Skalarprodukt: **Kosinusform:** $\vec{a} \cdot \vec{b} = |\vec{a}| \cdot |\vec{b}| \cdot \cos \gamma$ $(0° \leq \gamma \leq 180°)$

Koordinatenform: $\vec{a} \cdot \vec{b} = \begin{pmatrix} a_1 \\ a_2 \end{pmatrix} \cdot \begin{pmatrix} b_1 \\ b_2 \end{pmatrix} = a_1 b_1 + a_2 b_2$

$\vec{a} \cdot \vec{b} = \begin{pmatrix} a_1 \\ a_2 \\ a_3 \end{pmatrix} \cdot \begin{pmatrix} b_1 \\ b_2 \\ b_3 \end{pmatrix} = a_1 b_1 + a_2 b_2 + a_3 b_3$

Rechenregeln für das Skalarprodukt:

$\vec{a} \cdot \vec{b} = \vec{b} \cdot \vec{a}$

$(r \cdot \vec{a}) \cdot \vec{b} = r \cdot (\vec{a} \cdot \vec{b}), \quad r \in \mathbb{R}$

$(\vec{a} + \vec{b}) \cdot \vec{c} = \vec{a} \cdot \vec{c} + \vec{b} \cdot \vec{c}$

Betrag eines Vektors: $|\vec{a}| = \sqrt{\vec{a}^2} = \sqrt{\vec{a} \cdot \vec{a}}$

Winkel zwischen Vektoren: **Kosinusformel:** $\cos \gamma = \dfrac{\vec{a} \cdot \vec{b}}{|\vec{a}| \cdot |\vec{b}|}$

Orthogonale Vektoren: $\vec{a} \perp \vec{b} \Leftrightarrow \vec{a} \cdot \vec{b} = 0$

Winkel zwischen Geraden: Für den **Schnittwinkel** γ von zwei Geraden gilt: $0° \leq \gamma \leq 90°$. Man bestimmt γ mithilfe der Kosinusformel, die auf die Richtungsvektoren der Geraden angewandt wird.

Normalenvektor: Ein Normalenvektor $\vec{n}$ steht senkrecht auf zwei gegebenen Vektoren $\vec{a}, \vec{b}$.
Man errechnet seine Koordinaten x, y und z als Lösungen des linearen Gleichungssystems
I $a_1 x + a_2 y + a_3 z = 0$,
II $b_1 x + b_2 y + b_3 z = 0$.

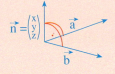

Flächeninhalt eines Dreiecks: Das von $\vec{a}$ und $\vec{b}$ aufgespannte Dreieck hat den Flächeninhalt

$A = \dfrac{1}{2} \sqrt{\vec{a}^2 \cdot \vec{b}^2 - (\vec{a} \cdot \vec{b})^2}$

Test

Skalarprodukt

1. Berechnen Sie das Skalarprodukt von $\vec{a}$ und $\vec{b}$.

   a)

   b) $\vec{a} = \begin{pmatrix} 1 \\ 2 \\ -2 \end{pmatrix}; \vec{b} = \begin{pmatrix} 3 \\ 3 \\ 4 \end{pmatrix}$

   c) $\vec{a} = \begin{pmatrix} 1 \\ a \\ 2 \end{pmatrix}; \vec{b} = \begin{pmatrix} 2a \\ -3 \\ a \end{pmatrix}$

2. Wie groß ist der Winkel zwischen den Vektoren $\vec{a} = \begin{pmatrix} 3 \\ 2 \\ 4 \end{pmatrix}$ und $\vec{b} = \begin{pmatrix} 1 \\ 4 \\ 3 \end{pmatrix}$?

3. Gegeben sind die Geraden $g: \vec{x} = \begin{pmatrix} 2 \\ 0 \\ 4 \end{pmatrix} + r \begin{pmatrix} -1 \\ 2 \\ -1 \end{pmatrix}$ und $h: \vec{x} = \begin{pmatrix} 2 \\ 1 \\ 1 \end{pmatrix} + s \begin{pmatrix} 1 \\ -1 \\ -2 \end{pmatrix}$.

   a) Berechnen Sie den Schnittpunkt und den Schnittwinkel von g und h.
   b) Fertigen Sie eine Skizze an.

4. Vom abgebildeten Quader (Länge 8, Breite 4, Höhe 4) wurde ein Eckteil abgetrennt.
   a) Gesucht sind die Innenwinkel und der Flächeninhalt der Schnittfläche ABC.
   b) Welches Volumen hat das abgetrennte Eckstück?

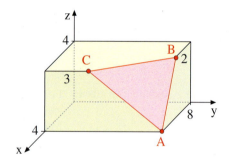

5. Bestimmen Sie einen Vektor $\vec{n}$, der zu den Vektoren $\vec{a} = \begin{pmatrix} 4 \\ 6 \\ 2 \end{pmatrix}, \vec{b} = \begin{pmatrix} 1 \\ 4 \\ 2 \end{pmatrix}$ orthogonal ist.

6. Prüfen Sie, ob das Dreieck ABC mit A(3|0|0), B(5|4|1) und C(0|6|3) rechtwinklig ist.

7. a) Welchen Winkel bildet die Ursprungsgerade $g: \vec{x} = r \begin{pmatrix} 3 \\ 4 \\ 3 \end{pmatrix}$ mit der x-Achse, mit der y-Achse und mit der z-Achse?
   b) Wie groß muss $t > 0$ gewählt werden, damit die Ursprungsgerade $g: \vec{x} = r \begin{pmatrix} 3 \\ 4 \\ t \end{pmatrix}$ mit der z-Achse einen Winkel von 45° bildet?

Lösungen unter 394-1

XII. Winkel und Abstände

1. Schnittwinkel

Im Anschluss an die Einführung des Skalarprodukts wurde die Kosinusformel zur Bestimmung des Winkels zwischen zwei Vektoren hergeleitet (s. S. 378).
Hiervon ausgehend lassen sich vergleichbare Formeln für den Schnittwinkel zweier Geraden bzw. einer Geraden und einer Ebene bzw. zweier Ebenen entwickeln.

A. Der Schnittwinkel von zwei Geraden

Der Schnittwinkel γ von Geraden wurde bereits behandelt (s. S. 384), wird aber hier zur Vervollständigung noch einmal kurz angesprochen. Er wird mit der rechts dargestellten Formel errechnet. Das Betragszeichen im Zähler sichert, dass der Winkel stets zwischen 0° und 90° liegt.

> **Schnittwinkel Gerade/Gerade**
>
> Schneiden sich zwei Geraden g und h mit den Richtungsvektoren $\vec{m}_1$ und $\vec{m}_2$, dann gilt für ihren Schnittwinkel γ:
> $$\cos \gamma = \frac{|\vec{m}_1 \cdot \vec{m}_2|}{|\vec{m}_1| \cdot |\vec{m}_2|}.$$
> 396-1

Übung 1
Errechnen Sie den Schnittpunkt und den Schnittwinkel der Geraden g und h.

$$g: \vec{x} = \begin{pmatrix} 0 \\ 0 \\ 1 \end{pmatrix} + r \begin{pmatrix} 1 \\ 2 \\ 2 \end{pmatrix}, \quad h: \vec{x} = \begin{pmatrix} 2 \\ 0 \\ 2 \end{pmatrix} + s \begin{pmatrix} -1 \\ 2 \\ 1 \end{pmatrix}$$

Übung 2
Bestimmen Sie den Schnittwinkel γ der rechts dargestellten Geraden g und h.

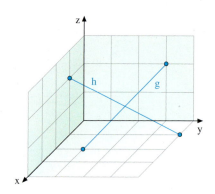

B. Der Schnittwinkel von Gerade und Ebene

Unter dem Schnittwinkel γ einer Geraden g und einer Ebene E versteht man den Winkel zwischen der Geraden g und der Geraden s, welche durch senkrechte Projektion der Geraden g auf die Ebene E entsteht. Er liegt zwischen 0° und 90°.

Winkel zwischen g und E

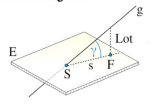

Man kann den Winkel γ bestimmen, indem man zunächst die Gleichung der Projektionsgeraden s ermittelt und anschließend den Winkel zwischen g und s errechnet. Es geht aber noch einfacher, wenn man einen Normalenvektor der Ebene verwendet, wie im Folgenden dargestellt.

1. Schnittwinkel

Wir denken uns wie rechts abgebildet eine Hilfsebene H errichtet, die g enthält und senkrecht auf E steht. Sie schneidet E in der Geraden s.
Der Schnittwinkel γ von g und E ist der Winkel zwischen g und s.
Der Winkel $90° - \gamma$ lässt sich mit der Kosinusformel als Winkel zwischen dem Richtungsvektor $\vec{m}$ von g und dem Normalenvektor $\vec{n}$ von E errechnen, da beide Vektoren ebenfalls in der Hilfsebene liegen und $\vec{n}$ senkrecht auf s steht:

$$\cos(90° - \gamma) = \frac{|\vec{m} \cdot \vec{n}|}{|\vec{m}| \cdot |\vec{n}|}.$$

Da $\cos(90° - \gamma) = \sin \gamma$ gilt, erhalten wir die rechts dargestellte Formel für den Schnittwinkel von Gerade und Ebene.

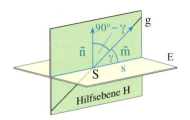

Schnittwinkel Gerade/Ebene

Die Gerade g: $\vec{x} = \vec{a} + r \cdot \vec{m}$ schneidet die Ebene E: $(\vec{x} - \vec{a}) \cdot \vec{n} = 0$.
Dann gilt für den Schnittwinkel γ von g und E die Formel

$$\sin \gamma = \frac{|\vec{m} \cdot \vec{n}|}{|\vec{m}| \cdot |\vec{n}|}.$$
🅘 397-1

▶ **Beispiel: Schnittwinkel Gerade/Ebene**

Die Gerade g durch A(2|1|3) und B(4|2|1) schneidet die Ebene E: $\left[\vec{x} - \begin{pmatrix} 3 \\ 5 \\ 1 \end{pmatrix}\right] \cdot \begin{pmatrix} 3 \\ 1 \\ 2 \end{pmatrix} = 0$.

Bestimmen Sie den Schnittpunkt S und den Schnittwinkel γ von g und E.

Lösung:
Wir bestimmen zunächst eine Parametergleichung von g und berechnen den Schnittpunkt S von g und E durch Einsetzung des allgemeinen Vektors von g in die Gleichung von E.
Resultat: S(4|2|1)

Parametergleichung von g:

g: $\vec{x} = \begin{pmatrix} 2 \\ 1 \\ 3 \end{pmatrix} + r \cdot \begin{pmatrix} 2 \\ 1 \\ -2 \end{pmatrix}$

Schnittpunkt von g und E: S(4|2|1)

Anschließend setzen wir den Richtungsvektor $\vec{m}$ von g und den Normalenvektor $\vec{n}$ von E in die Sinusformel für den Winkel zwischen Gerade und Ebene ein.
Wir erhalten $\sin \gamma \approx 0{,}2673$, woraus wir
▶ mithilfe des Taschenrechners das Resultat $\gamma \approx 15{,}50°$ erhalten.

Schnittwinkel von g und E:

$$\sin \gamma = \frac{|\vec{m} \cdot \vec{n}|}{|\vec{m}| \cdot |\vec{n}|} = \frac{\left|\begin{pmatrix} 2 \\ 1 \\ -2 \end{pmatrix} \cdot \begin{pmatrix} 3 \\ 1 \\ 2 \end{pmatrix}\right|}{\left|\begin{pmatrix} 2 \\ 1 \\ -2 \end{pmatrix}\right| \cdot \left|\begin{pmatrix} 3 \\ 1 \\ 2 \end{pmatrix}\right|} = \frac{3}{\sqrt{9} \cdot \sqrt{14}}$$

$\sin \gamma \approx 0{,}2673 \Rightarrow \gamma \approx 15{,}50°$

Übung 3
Bestimmen Sie den Schnittwinkel der Geraden g durch die Punkte A(1|0|−2) und B(−2|3|1) mit der Ebene E.

a) E: $\left[\vec{x} - \begin{pmatrix} 1 \\ 0 \\ 1 \end{pmatrix}\right] \cdot \begin{pmatrix} 3 \\ -2 \\ 2 \end{pmatrix} = 0$
b) E: $\vec{x} = \begin{pmatrix} 1 \\ 2 \\ 1 \end{pmatrix} + r \cdot \begin{pmatrix} 1 \\ -1 \\ 2 \end{pmatrix} + s \cdot \begin{pmatrix} -7 \\ 5 \\ 1 \end{pmatrix}$
c) E: x-y-Ebene

C. Der Schnittwinkel von zwei Ebenen

Wir untersuchen zwei Ebenen E_1 und E_2, die sich in einer Geraden s schneiden.

Dann bilden zwei Geraden g_1 und g_2, die senkrecht auf s stehen und sich wie abgebildet schneiden, den Winkel $\gamma \leq 90°$.

Man bezeichnet diesen Winkel als *Schnittwinkel der Ebenen* E_1 und E_2.

Die Normalenvektoren $\vec{n}_1$ und $\vec{n}_2$ der Ebenen E_1 und E_2 bilden miteinander exakt den gleichen Winkel, denn sie stehen jeweils senkrecht auf den Geraden g_1 und g_2, so dass sich der Winkel γ überträgt.

Daher lässt sich der Schnittwinkel γ zweier Ebenen nach der rechts aufgeführten Kosinusformel mithilfe der Normalenvektoren der beiden Ebenen berechnen.

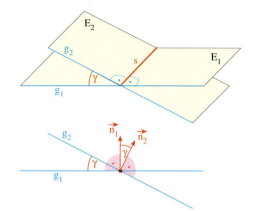

Schnittwinkel Ebene/Ebene

Schneiden sich zwei Ebenen E_1 und E_2 mit den Normalenvektoren $\vec{n}_1$ und $\vec{n}_2$, so gilt für ihren Schnittwinkel γ:

$$\cos \gamma = \frac{|\vec{n}_1 \cdot \vec{n}_2|}{|\vec{n}_1| \cdot |\vec{n}_2|}.$$ ◉ 398-1

▶ **Beispiel: Schnittwinkel Ebene/Ebene**
Die Ebenen E_1: $4x + 3y + 2z = 12$ und E_2: $\left[\vec{x} - \begin{pmatrix} 0 \\ 0 \\ 6 \end{pmatrix}\right] \cdot \begin{pmatrix} 0 \\ 3 \\ 2 \end{pmatrix} = 0$ schneiden sich.
Berechnen Sie den Schnittwinkel γ.

Lösung:
Wir bestimmen zunächst Normalenvektoren von E_1 und E_2.
Die Koeffizienten in der Koordinatengleichung von E_1 (4, 3 und 2) sind die Koordinaten eines Normalenvektors von E_1. Ein Normalenvektor von E_2 kann aus der gegebenen Normalenform ebenfalls direkt entnommen werden.

Mithilfe der Schnittwinkelformel erhalten
▶ wir $\cos \gamma \approx 0{,}6695$ und daher $\gamma \approx 47{,}97°$.

Normalenvektoren:

$$\vec{n}_1 = \begin{pmatrix} 4 \\ 3 \\ 2 \end{pmatrix}, \vec{n}_2 = \begin{pmatrix} 0 \\ 3 \\ 2 \end{pmatrix}$$

Schnittwinkel:

$$\cos \gamma = \frac{|\vec{n}_1 \cdot \vec{n}_2|}{|\vec{n}_1| \cdot |\vec{n}_2|} = \frac{\left| \begin{pmatrix} 4 \\ 3 \\ 2 \end{pmatrix} \cdot \begin{pmatrix} 0 \\ 3 \\ 2 \end{pmatrix} \right|}{\left| \begin{pmatrix} 4 \\ 3 \\ 2 \end{pmatrix} \right| \cdot \left| \begin{pmatrix} 0 \\ 3 \\ 2 \end{pmatrix} \right|} = \frac{13}{\sqrt{29} \cdot \sqrt{13}}$$

$\cos \gamma \approx 0{,}6695 \Rightarrow \gamma \approx 47{,}97°$

Übung 4
Gesucht sind die Schnittgerade und der Schnittwinkel der Ebenen E_1: $x + 2y + 2z = 6$ und E_2: $x - y = 0$.

Übungen

5. Schnittwinkel von Vektoren
Gegeben ist eine Pyramide mit der Grundfläche ABC, der Spitze S und der Höhe 3.
a) Berechnen Sie den Winkel zwischen den Seitenkanten AB und AS sowie zwischen den Seitenkanten AS und CS.
b) Welche der drei aufsteigenden Pyramidenkanten ist am steilsten?
c) Wie groß ist der Winkel zwischen der Höhe und der Seitenkante AS?

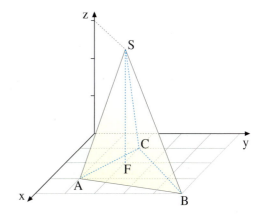

6. Schnittwinkel Gerade/Gerade
Zeigen Sie, dass die Raumgeraden g und h sich schneiden, und berechnen Sie den Schnittpunkt S und den Schnittwinkel γ.

a) g: $\vec{x} = \begin{pmatrix} 2 \\ 2 \\ 2 \end{pmatrix} + r \cdot \begin{pmatrix} 1 \\ 1 \\ -1 \end{pmatrix}$, h: $\vec{x} = \begin{pmatrix} 3 \\ 1 \\ 2 \end{pmatrix} + s \cdot \begin{pmatrix} 2 \\ 0 \\ -1 \end{pmatrix}$
b) g: $\vec{x} = \begin{pmatrix} 2 \\ 2 \\ 2 \end{pmatrix} + r \cdot \begin{pmatrix} 1 \\ 1 \\ 1 \end{pmatrix}$, h: $\vec{x} = \begin{pmatrix} 2 \\ 5 \\ 2 \end{pmatrix} + s \cdot \begin{pmatrix} 2 \\ -1 \\ 2 \end{pmatrix}$

c) g: $\vec{x} = \begin{pmatrix} 4 \\ 4 \\ 1 \end{pmatrix} + r \cdot \begin{pmatrix} 2 \\ 2 \\ -1 \end{pmatrix}$, h: $\vec{x} = \begin{pmatrix} 10 \\ 10 \\ 2 \end{pmatrix} + s \cdot \begin{pmatrix} 2 \\ 2 \\ 1 \end{pmatrix}$
d) g durch A(0|6|0), B(0|0|3)
h durch C(4|2|0), D(2|2|1)

7. Schnittwinkel Gerade/Ebene
Die Gerade g schneidet die Ebene E. Berechnen Sie den Schnittpunkt S und den Schnittwinkel γ.

a) g: $\vec{x} = \begin{pmatrix} 0 \\ 0 \\ 2 \end{pmatrix} + r \cdot \begin{pmatrix} 1 \\ 1 \\ 1 \end{pmatrix}$, E: $\left[\vec{x} - \begin{pmatrix} 2 \\ 0 \\ 3 \end{pmatrix}\right] \cdot \begin{pmatrix} 3 \\ 3 \\ 2 \end{pmatrix} = 0$

b) g: $\vec{x} = \begin{pmatrix} 0 \\ 2 \\ 4 \end{pmatrix} + r \cdot \begin{pmatrix} 1 \\ 1 \\ 2 \end{pmatrix}$, E: $-x + y + 2z = 6$

c) g: $\vec{x} = \begin{pmatrix} 2 \\ 2 \\ 1 \end{pmatrix} + r \begin{pmatrix} 1 \\ 1 \\ 1 \end{pmatrix}$, E: $\vec{x} = \begin{pmatrix} 1 \\ 0 \\ 2 \end{pmatrix} + s \begin{pmatrix} 2 \\ 0 \\ -4 \end{pmatrix} + t \begin{pmatrix} 0 \\ -1 \\ 2 \end{pmatrix}$

8. Schnittwinkel Gerade/Koordinatenebene
In welchen Punkten und unter welchen Winkeln durchdringt die Gerade g die angegebenen Koordinatenebenen? Fertigen Sie ein Schrägbild an.

a) g: $\vec{x} = \begin{pmatrix} 4 \\ 1 \\ 2 \end{pmatrix} + r \cdot \begin{pmatrix} 0 \\ 1 \\ -1 \end{pmatrix}$
E: x-y-Ebene
F: x-z-Ebene

b) g: $\vec{x} = \begin{pmatrix} 2 \\ 3 \\ 2 \end{pmatrix} + r \cdot \begin{pmatrix} -2 \\ 1 \\ 2 \end{pmatrix}$
E: x-y-Ebene
F: y-z-Ebene

c) g: $\vec{x} = \begin{pmatrix} 2 \\ 2 \\ 3 \end{pmatrix} + r \cdot \begin{pmatrix} -2 \\ 1 \\ -1 \end{pmatrix}$
E: x-z-Ebene
F: y-z-Ebene

9. Schnittwinkel Gerade/Ebene und Vektoren

Exakt in der Mitte der rechten Dachfläche der abgebildeten Halle tritt eine 12 m hohe Antenne aus, die durch einen Stahlstab fixiert wird, der 4 m unterhalb der Antennenspitze sowie in der Mitte am Dachfirst verschraubt ist.

a) Welchen Winkel bildet die Antenne mit der Dachfläche?
b) Welchen Winkel bildet der Stahlstab mit der Antenne bzw. mit der Dachfläche?

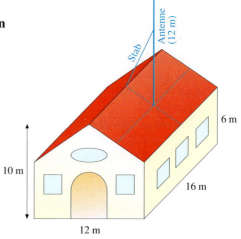

10. Schnittwinkel Ebene/Koordinatenachsen

Unter welchen Winkeln schneiden die Koordinatenachsen die Ebene E?

a) $E: \left[\vec{x} - \begin{pmatrix} 0 \\ 3 \\ 0 \end{pmatrix}\right] \cdot \begin{pmatrix} 3 \\ 2 \\ 2 \end{pmatrix} = 0$
b) $E: 2x + y + 2z = 4$
c) $E: \vec{x} = \begin{pmatrix} 2 \\ 3 \\ 0 \end{pmatrix} + r \begin{pmatrix} 1 \\ 3 \\ -4 \end{pmatrix} + s \begin{pmatrix} 2 \\ -6 \\ 8 \end{pmatrix}$

11. Schnittwinkel Ebene/Ebene

Die Ebenen E_1 und E_2 schneiden sich. Bestimmen Sie den Schnittwinkel γ.

a) $E_1: \left[\vec{x} - \begin{pmatrix} 1 \\ 0 \\ 2 \end{pmatrix}\right] \cdot \begin{pmatrix} 2 \\ -3 \\ 2 \end{pmatrix} = 0$
  $E_2: \left[\vec{x} - \begin{pmatrix} 0 \\ -2 \\ 0 \end{pmatrix}\right] \cdot \begin{pmatrix} -2 \\ 1 \\ 0 \end{pmatrix} = 0$

b) $E_1: 5x + y + z = 5$
   $E_2: -x + y + z = 5$

c) $E_1: 2x - y + 3z = 6$
   $E_2: x - y - z = 3$

d) $E_1: 2x + z = 1$
   $E_2: x - z = 0$

e) $E_1: x + y = 3$
   $E_2: y = 1$

12. Schnittwinkel Ebene/Ebene

Berechnen Sie den Schnittwinkel γ der Ebenen E_1 und E_2. Bestimmen Sie zunächst Normalenvektoren beider Ebenen.

a) $E_1: \left[\vec{x} - \begin{pmatrix} 0 \\ 0 \\ 0 \end{pmatrix}\right] \cdot \begin{pmatrix} -2 \\ 3 \\ 6 \end{pmatrix} = 0, \quad E_2: \vec{x} = \begin{pmatrix} 2 \\ 0 \\ 1 \end{pmatrix} + r \begin{pmatrix} 4 \\ 0 \\ -2 \end{pmatrix} + s \begin{pmatrix} 0 \\ -2 \\ 2 \end{pmatrix}$

b) $E_1: 2x - 3y + 6z = 12, \quad E_2: \vec{x} = \begin{pmatrix} 0 \\ -1 \\ 7 \end{pmatrix} + r \begin{pmatrix} -2 \\ -1 \\ 4 \end{pmatrix} + s \begin{pmatrix} 0 \\ -1 \\ 3 \end{pmatrix}$

c) E_1: Ebene durch $A(4|2|0)$, $B(8|0|0)$, $C(4|0|0,5)$, E_2: y-z-Koordinatenebene

13. Schnittwinkel Ebene/Ebene und Koordinatenachse/Ebenenschar

Gegeben ist die Ebenenschar $E_a: \left[\vec{x} - \begin{pmatrix} 2a-1 \\ 0 \\ 0 \end{pmatrix}\right] \cdot \begin{pmatrix} 1 \\ a-1 \\ a+1 \end{pmatrix} = 0$ mit $a \in \mathbb{R}$.

a) Zeigen Sie, dass sich die Ebenen E_0 und E_1 der gegebenen Schar schneiden. Bestimmen Sie die Schnittgerade g und den Schnittwinkel γ.
b) Welche Ebene der Schar E_a wird von der y-Achse unter einem Winkel von 45° geschnitten?

1. Schnittwinkel

14. Winkel am Hausdach

Das Dach eines Doppelhauses hat vier Ebenen: E_1 (Hauptdach, sichtbar), E_2 (Hauptdach, nicht sichtbar), E_3 (Gaubendach, sichtbar), E_4 (Gaubendach, nicht sichtbar).

a) Ordnen Sie zunächst allen auf der Zeichnung erkennbaren Haus- und Dachecken Punkte zu und bestimmen Sie Parameter- und Normalengleichungen der Ebenen E_1 bis E_3.
b) Welchen Winkel bildet die Dachfläche E_1 mit dem Dachboden?
c) Welches Dach ist steiler, das Hauptdach oder das Gaubendach?
d) Welchen Winkel bilden E_1 und E_2 am First? Welchen Winkel bilden E_1 und E_3 in der Dachkehle?
e) Wie lautet die Gleichung der Kehlgeraden g von E_1 und E_3? Wie lang ist die Kehlstrecke? Unter welchem Winkel mündet die Kehlstrecke in die Regenrinne?
f) Sonnenlicht in Richtung des Vektors $\vec{v} = \begin{pmatrix} -1 \\ 1 \\ -2 \end{pmatrix}$ erzeugt einen Schatten des 1 m hohen Lüftungsrohres mit der Spitze $S(-2|6|8,8)$, dessen Abstand zum Dachfirst 1 m und zum Ortgang 2 m beträgt. Welchen Winkel bildet das Lüftungsrohr mit seinem Schatten?

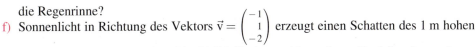

15. Lichtzerlegung am Prisma

Ein Prisma hat die Form einer geraden quadratischen Pyramide (Grundkantenlänge 10 cm, Höhe 20 cm). Der Höhenfußpunkt ist Koordinatenursprung. Im Punkt $L(0|-15|8)$ wird ein Strahl w weißen Lichtes erzeugt, der das Prisma im Punkt $U(0|-2,5|10)$ trifft. Das Licht wird dort in seine Spektralfarben aufgefächert. Der grüne Teilstrahl g wird in U gebrochen, verlässt das Prisma im Punkt $V(0|3|8)$, wird dort wieder gebrochen und trifft den Boden im Punkt $W(0|13|0)$.

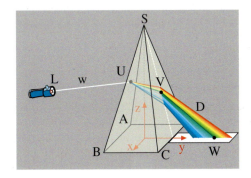

a) Unter welchem Winkel trifft der weiße Lichtstrahl w die Ebene ABS des Prismas?
b) Um welchen Winkel verändert der weiße Strahl w beim Übergang in den grünen Strahl g die Richtung? Welche weitere Richtungsveränderung erfährt der grüne Strahl beim Austritt aus dem Prisma?
c) Unter welchem Winkel schneidet der grüne Spektralstrahl g die Höhe der Pyramide?
d) In welchem Winkel zueinander stehen die Pyramidenseiten BCS und CDS?

16. Parameteraufgabe

Gegeben sind die Ebene E: $2x + y + 2z = 6$ und die Geradenschar g_a: $\vec{x} = \begin{pmatrix} 1 \\ 2 \\ 1 \end{pmatrix} + r \begin{pmatrix} 1 \\ -1 \\ a \end{pmatrix}$.

a) Unter welchem Winkel schneiden sich E und g_2?
b) Wie muss a gewählt werden, damit E und g_a sich unter einem Winkel von 45° schneiden?
c) Für welchen Wert von a sind E und g_a parallel bzw. orthogonal zueinander?

2. Abstandsberechnungen

Im Folgenden werden Verfahren zur Bestimmung von Abständen behandelt. Es geht dabei um den Abstand von Punkten, Ebenen und Geraden.

A. Der Abstand Punkt/Ebene (Lotfußpunktverfahren)   🔴 402-1

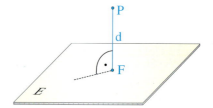

Unter dem Abstand eines Punktes P von einer Ebene E versteht man die Länge d der Lotstrecke $\overline{PF}$, die senkrecht auf der Ebene steht.
Der Punkt F heißt *Lotfußpunkt*.

Zur Abstandsberechnung kann man das sogenannte *Lotfußpunktverfahren* verwenden. Dabei stellt man eine Lotgerade g auf, die senkrecht zur Ebene E steht und den Punkt P enthält. Man errechnet ihren Schnittpunkt F mit der Ebene E, den sogenannten Lotfußpunkt F. Der gesuchte Abstand d von Punkt und Ebene ergibt sich dann als Abstand der beiden Punkte P und F.

▶ **Beispiel: Lotfußpunktverfahren**
Gesucht ist der Abstand d des Punktes P(4|4|5) von der Ebene E: $x + y + 2z = 6$.

Lösung:
Wir bestimmen zunächst die Gleichung der Lotgeraden g. Als Stützpunkt verwenden wir den Punkt P und als Richtungsvektor dient der Normalenvektor von E, denn die Gerade g soll senkrecht zu E verlaufen. Die Koordinaten $x = 1, y = 1, z = 2$ des Normalenvektors können hier direkt aus der Koordinatenform von E abgelesen werden.

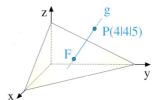

1. Lotgerade g: g: $\vec{x} = \begin{pmatrix} 4 \\ 4 \\ 5 \end{pmatrix} + r \begin{pmatrix} 1 \\ 1 \\ 2 \end{pmatrix}$

Nun wird durch Einsetzen der Koordinaten von g in die Gleichung von E der Schnittpunkt F berechnet.
Resultat: F(2|2|1)

2. Schnittpunkt von g und E:
$(4 + r) + (4 + r) + 2(5 + 2r) = 6$
$18 + 6r = 6$
$r = -2$, F(2|2|1)

Schließlich errechnen wir den Abstand der beiden Punkte P und F nach der wohlbekannten Abstandsformel.
Resultat: Der Punkt P und die Ebene E
▶ haben den Abstand d = $\sqrt{24} \approx 4{,}90$.

3. Abstand von P und F:
$d = |\overline{PF}| = \sqrt{(2-4)^2 + (2-4)^2 + (1-5)^2}$
$d = \sqrt{24} \approx 4{,}90$

Übung 1
Bestimmen Sie den Abstand des Punktes P von der Ebene E.
a) E: $4x - 4y + 2z = 16$, P(5|−5|6)
b) E: $-4x + 5y + z = 10$, P(−3|7|5)

Übung 2
Bestimmen Sie den Abstand des Punktes P zur Ebene E mithilfe des Lotfußpunktverfahrens.
a) E: $x + 2y + 2z = 10$, P(4|6|6)
b) E: $3x + 4y = 2$, P(9|0|2)
c) E: $2x - 3y - 6z = -4$, P(6|-1|-5)
d) E: $\vec{x} = \begin{pmatrix} 0 \\ 6 \\ 6 \end{pmatrix} + r \begin{pmatrix} 1 \\ 3 \\ 2 \end{pmatrix} + s \begin{pmatrix} 0 \\ 6 \\ 4 \end{pmatrix}$, P(2|7|-2)

Übung 3
Gegeben ist die abgebildete Pyramide mit der Grundfläche ABCD und der Spitze S.
a) Welche Höhe hat die Pyramide?
b) Welches Volumen hat die Pyramide?
c) Bestimmen Sie den Fußpunkt F der Pyramidenhöhe.

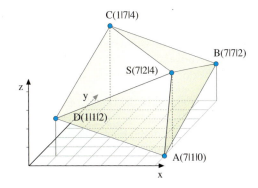

Übung 4
Ein Helikopter fliegt bei schlechter Sicht auf ein eben ansteigendes Bergmassiv zu, welches durch die Punkte P(0|5|0), Q(5|10|2), R(10|10|2) beschrieben wird. Der Helikopter durchfliegt die Punkte A(1|6|1) und B(2|7|1) (Angaben in km).

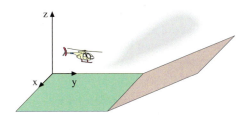

a) Erstellen Sie eine Ebenengleichung des Berghangs.
b) Bestimmen Sie den Abstand des Helikopters in A bzw. B zur Bergebene.

B. Der Abstand Punkt/Gerade

Der Abstand eines Punktes P von einer Geraden g ist die Länge der Lotstrecke $\overline{PF}$, die vom Punkt P auf die Gerade führt und senkrecht auf ihr steht. Man verwendet folgende Strategien, um den Abstand zu bestimmen.

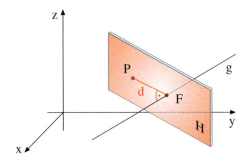

1. Man bestimmt zunächst eine Normalengleichung derjenigen Hilfsebene H, die orthogonal auf g steht und den Punkt P enthält.
2. Man berechnet den Lotfußpunkt F als Schnittpunkt der Geraden g mit der Hilfsebene H.
3. Man bestimmt den gesuchten Abstand d als Länge des Lotvektors $\overrightarrow{PF}$.   403-1

Beispiel: Abstand Punkt/Gerade
Gesucht ist der Abstand des Punktes $P(-1|4|5)$ von der Geraden $g: \vec{x} = \begin{pmatrix} 1 \\ 2 \\ 2 \end{pmatrix} + r \begin{pmatrix} -1 \\ 3 \\ 2 \end{pmatrix}$.

Lösung:

Wir bestimmen zunächst eine Normalengleichung der Hilfsebene H, die senkrecht zu g ist und P enthält. Als Normalenvektor von H können wir den Richtungsvektor von g verwenden und als Stützvektor den Ortsvektor von P.

1. Hilfsebene H: $(H \perp g, P \in H)$

$$H: \left[\vec{x} - \begin{pmatrix} -1 \\ 4 \\ 5 \end{pmatrix} \right] \cdot \begin{pmatrix} -1 \\ 3 \\ 2 \end{pmatrix} = 0$$

Der Lotfußpunkt F des Lotes von P auf g ist der Schnittpunkt von g und H. Diesen errechnen wir durch Einsetzen der rechten Seite der Geradengleichung für den allgemeinen Ortsvektor $\vec{x}$ in der Ebenengleichung.
Resultat: $F(0|5|4)$

2. Lotfußpunkt F:
Schnittpunkt von g und H:

$$\left[\begin{pmatrix} 1 \\ 2 \\ 2 \end{pmatrix} + r \begin{pmatrix} -1 \\ 3 \\ 2 \end{pmatrix} - \begin{pmatrix} -1 \\ 4 \\ 5 \end{pmatrix} \right] \cdot \begin{pmatrix} -1 \\ 3 \\ 2 \end{pmatrix} = 0$$

$-14 + 14r = 0$
$r = 1$
$\Rightarrow F(0|5|4)$

Abschließend bestimmen wir den gesuchten Abstand d von P und g, indem wir die Länge der Lotstrecke $\overline{PF}$ bzw. des Lotvektors $\overrightarrow{PF}$ errechnen.

▶ Resultat: $d = |\overrightarrow{PF}| = \sqrt{3} \approx 1,73$

3. Abstand von P und F:

$$d = |\overrightarrow{PF}| = \left| \begin{pmatrix} 0 \\ 5 \\ 4 \end{pmatrix} - \begin{pmatrix} -1 \\ 4 \\ 5 \end{pmatrix} \right| = \left| \begin{pmatrix} 1 \\ 1 \\ -1 \end{pmatrix} \right| = \sqrt{3}$$

Übung 5
Gesucht ist der Abstand des Punktes P von der Geraden g.

a) $g: \vec{x} = \begin{pmatrix} 4 \\ 0 \\ 1 \end{pmatrix} + r \begin{pmatrix} -1 \\ 1 \\ 1 \end{pmatrix}$ $\qquad P(4|6|-2)$ $\sqrt{42}$

b) g geht durch $A(4|2|1)$ und $B(0|6|3)$. $\qquad P(2|1|8)$
c) g geht durch $A(4|8|7)$ und $B(9|3|7)$. $\qquad P(0|0|0)$

Übung 6
Betrachtet wird ein Würfel mit der Seitenlänge 9. Berechnen Sie den Abstand der Punkte E, H und C von der Geraden g.

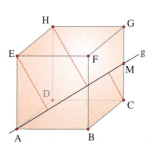

F. Der Abstand paralleler Geraden

Die Aufgabe, den Abstand paralleler Geraden zu bestimmen, kann auf die vorherige Problematik des Abstands von Punkt und Gerade zurückgeführt werden.

Alle Punkte der Geraden h haben von der parallelen Gerade g den gleichen Abstand. Dieser Abstand kann berechnet werden, indem man den Abstand eines beliebigen Punktes der Geraden h – beispielsweise den Abstand ihres Stützpunktes P – von der Geraden g berechnet. 🔵 405-1

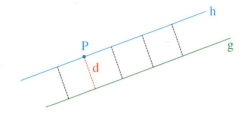

> **Beispiel: Abstand paralleler Geraden**
> Kurz nach dem Start befindet sich Flugzeug Alpha in einem geradlinigen Steigflug durch die Punkte $A(-8|5|1)$ und $B(2|-1|2)$. Gleichzeitig befindet sich Flugzeug Beta im Landeanflug durch die Punkte $C(13|-5|5)$ und $D(-7|7|3)$. (Angaben in km)
> Weisen Sie nach, dass die Flugbahnen beider Flugzeuge parallel verlaufen, und berechnen Sie den Abstand der Flugbahnen.

Lösung:
Die nebenstehende Gerade g beschreibt die Flugbahn von Flugzeug A, die Gerade h beschreibt die Flugbahn von Flugzeug B. Die Geraden g und h sind parallel, da die Richtungsvektoren kollinear sind. Wie man leicht sieht, ist der Kollinearitätsfaktor -2.

Gerade g: $\vec{x} = \begin{pmatrix} -8 \\ 5 \\ 1 \end{pmatrix} + r \cdot \begin{pmatrix} 10 \\ -6 \\ 1 \end{pmatrix}$

Gerade h: $\vec{x} = \begin{pmatrix} 13 \\ -5 \\ 5 \end{pmatrix} + s \cdot \begin{pmatrix} -20 \\ 12 \\ -2 \end{pmatrix}$

Zur Abstandsberechnung der beiden Geraden wird der Abstand des Punktes C von der Geraden g berechnet.

Hilfsebene H: $\left[\vec{x} - \begin{pmatrix} 13 \\ -5 \\ 5 \end{pmatrix} \right] \cdot \begin{pmatrix} 10 \\ -6 \\ 1 \end{pmatrix} = 0$

H: $10x - 6y + z = 165$

Die Hilfsebene H enthält den Punkt C und ist orthogonal zur Gerade g. Der Schnittpunkt F von g und H ist der Fußpunkt des Lotes von Punkt C auf die Gerade g. Der Abstand der Punkte C und F ist damit gleich dem Abstand der Geraden g und h.
▶ Er beträgt 3 km.

Schnittpunkt von g und H:
$10(-8 + 10r) - 6(5 - 6r) + 1 + r = 165$
$137r - 109 = 165$
$r = 2$

Schnittpunkt: $F(12|-7|3)$
Abstand: $d = |\overrightarrow{CF}| = \sqrt{1 + 4 + 4} = 3$

Übung 7

a) Zeigen Sie, dass die Gerade durch A und B parallel ist zur Geraden durch C und D.
   I: $A(-1|6|4), B(5|-2|4), C(3|9|4), D(9|1|4)$
   II: $A(0|0|6), B(2|4|2), C(3|-6|6), D(7|2|-2)$
b) Zeigen Sie, dass das Viereck ABCD mit $A(5|0|0), B(9|6|1), C(7|7|3), D(3|1|2)$ ein Parallelogramm ist, und berechnen Sie seinen Flächeninhalt.

D. Der Abstand windschiefer Geraden

● 406-1

Der Abstand windschiefer Geraden g und h ist die kürzeste Entfernung, die zwischen einem Punkt von g und einem Punkt von h existiert.

> **Beispiel: Abstandsberechnung windschiefer Geraden mit dem Lotfußpunktverfahren**
> Gesucht ist der Abstand der Geraden g: $\vec{x} = \begin{pmatrix} 2 \\ 3 \\ 0 \end{pmatrix} + r \begin{pmatrix} 1 \\ 2 \\ -2 \end{pmatrix}$ und h: $\vec{x} = \begin{pmatrix} 1 \\ 6 \\ 4 \end{pmatrix} + s \begin{pmatrix} -1 \\ 2 \\ 0 \end{pmatrix}$.

Lösung:
Es ist einzusehen, dass eine kürzeste Strecke zwischen den windschiefen Geraden g und h sowohl auf g als auch auf h senkrecht stehen muss. Zur Abstandsbestimmung windschiefer Geraden lässt sich deshalb das *Lotfußpunktverfahren* anwenden. Mit diesem Verfahren werden auf g und h die Lotfußpunkte F_g und F_h des gemeinsamen Lotes bestimmt.

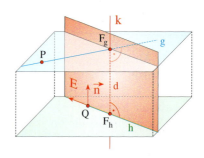

Wir ermitteln zunächst einen „Normalenvektor" $\vec{n}$, der auf den Richtungsvektoren $\vec{m}_g$ und $\vec{m}_h$ der beiden Geraden senkrecht steht. Sein Skalarprodukt mit den Richtungsvektoren ist also gleich null.

1. Normalenvektor der Richtungsvektoren:
$\vec{n} \cdot \vec{m}_g = 0 \Rightarrow x \cdot 1 + y \cdot 2 + z \cdot (-2) = 0$
$\vec{n} \cdot \vec{m}_h = 0 \Rightarrow x \cdot (-1) + y \cdot 2 + z \cdot 0 = 0$
Wir wählen $x = 2$; damit: $y = 1$, $z = 2$,
also: $\vec{n} = \begin{pmatrix} 2 \\ 1 \\ 2 \end{pmatrix}$.

Wir verwenden eine Hilfsebene E, die die Gerade h enthält. Als weiteren Richtungsvektor nutzen wir den oben bestimmten Normalenvektor $\vec{n}$, der kollinear zum Vektor $\overrightarrow{F_g F_h}$ ist. Die Parametergleichung von E wird in eine Normalenform umgeformt.

2. Hilfsebene E:
$E: \vec{x} = \begin{pmatrix} 1 \\ 6 \\ 4 \end{pmatrix} + s \begin{pmatrix} -1 \\ 2 \\ 0 \end{pmatrix} + t \begin{pmatrix} 2 \\ 1 \\ 2 \end{pmatrix}$ bzw.

$E: \left[\vec{x} - \begin{pmatrix} 1 \\ 6 \\ 4 \end{pmatrix} \right] \cdot \begin{pmatrix} 4 \\ 2 \\ -5 \end{pmatrix} = 0$

Die Gerade g schneidet die Hilfsebene E in F_g. Wir erhalten also den gesuchten Lotfußpunkt $F_g(1|1|2)$ als Schnittpunkt von g und E.

3. Schnittpunkt von g und E:
$\left[\begin{pmatrix} 2 \\ 3 \\ 0 \end{pmatrix} + r \begin{pmatrix} 1 \\ 2 \\ -2 \end{pmatrix} - \begin{pmatrix} 1 \\ 6 \\ 4 \end{pmatrix} \right] \cdot \begin{pmatrix} 4 \\ 2 \\ -5 \end{pmatrix} = 0$
$\Leftrightarrow 18 + 18r = 0 \Rightarrow r = -1 \Rightarrow F_g(1|1|2)$

Mithilfe des berechneten Lotfußpunktes F_g bestimmen wir nun eine Gleichung der Lotgeraden k, die F_g enthält und senkrecht zu g und h ist.

4. Lotgerade k:
$k: \vec{x} = \begin{pmatrix} 1 \\ 1 \\ 2 \end{pmatrix} + t \begin{pmatrix} 2 \\ 1 \\ 2 \end{pmatrix}$

Den Fußpunkt $F_h(3|2|4)$ erhalten wir als Schnittpunkt von k und h.

5. Schnittpunkt von k und h:
$\begin{pmatrix} 1 \\ 1 \\ 2 \end{pmatrix} + t \begin{pmatrix} 2 \\ 1 \\ 2 \end{pmatrix} = \begin{pmatrix} 1 \\ 6 \\ 4 \end{pmatrix} + s \begin{pmatrix} -1 \\ 2 \\ 0 \end{pmatrix}$
$\Rightarrow t = 1, s = -2 \Rightarrow F_h(3|2|4)$

Der Abstand der Geraden g und h ist die Länge des gemeinsamen Lotes. Wir berechnen also den Abstand der beiden Lotfußpunkte F_g und F_h und erhalten $d = 3$.

6. Abstand der Lotfußpunkte:
$d = |\overrightarrow{F_g F_h}| = \left| \begin{pmatrix} 3 \\ 2 \\ 4 \end{pmatrix} - \begin{pmatrix} 1 \\ 1 \\ 2 \end{pmatrix} \right| = \left| \begin{pmatrix} 2 \\ 1 \\ 2 \end{pmatrix} \right| = 3$

2. Abstandsberechnungen

Übung 8
Gegeben sind die Geraden g: $\vec{x} = \begin{pmatrix} -4 \\ 6 \\ 2 \end{pmatrix} + r \begin{pmatrix} -4 \\ 1 \\ 0 \end{pmatrix}$ und h: $\vec{x} = \begin{pmatrix} 5 \\ 8 \\ 10 \end{pmatrix} + s \begin{pmatrix} 0 \\ -2 \\ 1 \end{pmatrix}$.

a) Zeigen Sie, dass g und h windschief sind.
b) Berechnen Sie die Fußpunkte auf g und h des gemeinsamen Lotes.
   Ermitteln Sie den Abstand dieser Lotfußpunkte voneinander.

Übung 9
Bestimmen Sie den Abstand der Geraden g: $\vec{x} = \begin{pmatrix} 9 \\ 3 \\ 8 \end{pmatrix} + r \begin{pmatrix} -6 \\ 2 \\ 1 \end{pmatrix}$ und h: $\vec{x} = \begin{pmatrix} 4 \\ 2 \\ 1 \end{pmatrix} + s \begin{pmatrix} 4 \\ 1 \\ -3 \end{pmatrix}$.

Übungen

10. Einparkhilfe
Bei der Entwicklung der KFZ-Einparkhilfe haben Bionikforscher das Ortungssystem der Fledermaus kopiert und entsprechende Sensoren in die hintere Stoßstange integriert. Die Sensoren sind so eingestellt, dass sie eine Abstandsunterschreitung von 0,3 m anzeigen.
Ein Autofahrer fährt geradlinig rückwärts auf eine schräge Ebene zu, die durch $\left[\vec{x} - \begin{pmatrix} 10 \\ 0 \\ 10 \end{pmatrix}\right] \cdot \begin{pmatrix} 5 \\ 5 \\ 1 \end{pmatrix} = 0$ beschrieben wird.

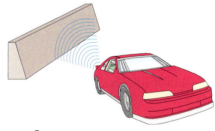

a) Der der Ebene nächste Sensor befindet sich zunächst im Punkt P(6,2|6,2|0,3). Zeigen Sie, dass der Sensor noch keinen Alarm gegeben hat. Wenig später ist der Sensor im Punkt Q(6,1|6,1|0,3) angelangt. Ist inzwischen ein Alarm erfolgt?
b) An welchem Punkt R zwischen P und Q muss der Sensor Alarm geben?

11. Echolot (Tiefenmessung)
Ein Motorboot bewegt sich in einem Gewässer mit ebenem, aber leicht ansteigendem Grund. P(0|0|−20), Q(50|50|−15) und R(0|50|−15) sind Punkte der Grundebene. Das Boot besitzt einen Echolotsensor in Höhe der Wasseroberfläche.

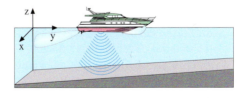

a) Erstellen Sie eine Normalengleichung der Grundebene.
b) Welcher Abstand zur Grundebene wird gemessen, wenn der Sensor sich im Punkt A(50|50|0) befindet? Etwas später sind Boot und Sensor im Punkt B(75|75|0) angelangt. Wie groß ist der Abstand hier? Wie tief ist das Wasser senkrecht unter dem Sensor?
c) Das Echolot berechnet aus den gespeicherten Daten den Abstand zum Grund voraus. Wo wird bei gleichbleibendem Kurs ein Abstand von nur noch 2 m erreicht, der aus Sicherheitsgründen mindestens erforderlich ist?

12. Wetterfronten

Ein Wettersatellit hat eine Kaltfront polarer Luft sowie eine Warmfront tropischer Luft ausgemacht, die sich aufeinander zu bewegen, so dass mit Tiefdruck und Regen zu rechnen ist. Die Kaltfront ist bei $A(250|-230|3)$, während sich zur gleichen Zeit die Warmfront bei $B(-95|410|4)$ befindet (Angaben in km). Ihre Bewegungsrichtungen werden durch $\vec{n}_A = \begin{pmatrix} -1 \\ 2 \\ 0 \end{pmatrix}$ bzw. $\vec{n}_B = \begin{pmatrix} 1 \\ -2 \\ 0 \end{pmatrix}$ beschrieben.

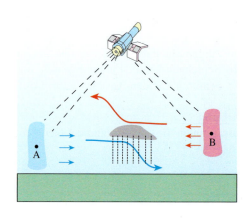

a) Welchen Abstand haben die Wetterfronten momentan?
b) Nach einer Stunde meldet der Satellit neue Standorte: $A'(230|-190|3)$, $B'(-65|350|4)$. Mit welcher Geschwindigkeit bewegen sich die Fronten? Welchen Abstand haben die Fronten nun voneinander? Wann werden sie voraussichtlich aufeinandertreffen?

13. Fluglärm

Zur Einschätzung einer zu erwartenden Fluglärmbelästigung für eine Siedlung in der Nähe einer geplanten Landebahn soll der Abstand der Anflugroute zur Siedlung bestimmt werden.
Die Anflugroute soll durch $A(2|0|2)$, $B(6|10|0)$ gehen, der Siedlungsmittelpunkt ist $S(0|3{,}5|0{,}5)$ (Angaben in km). Bestimmen Sie den Abstand von S zur geplanten Anflugroute.

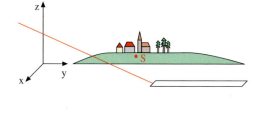

14. Parallelflugbahnen

Kunstflugmanöver müssen genau geplant und exakt ausgeführt werden, da die Flieger bei hohen Geschwindigkeiten stets auf „Tuchfühlung" fliegen.
Zwei Flieger befinden sich auf Parallelflug und durchfliegen die Strecken $\overline{AA'}$ und $\overline{BB'}$ mit (Angabe in m):

$A(1220|2450|150)$, $A'(1620|3050|100)$ bzw. $B(1405|2760|125)$, $B'(1605|3060|100)$.
a) Zeigen Sie, dass es sich tatsächlich um einen Parallelflug handelt.
b) Bestimmen Sie den Abstand der Flugbahnen.
c) Die Spannweite beträgt jeweils 14 m. Welchen Abstand haben die Flügelspitzen?
d) Die Spitze des Flugkontrollturms hat die Koordinaten $S(3|638|20)$. Wie nah kommt das erste Flugzeug, welches die Punkte A und A' passierte, dem Kontrollturm?

XII. Winkel und Abstände

Überblick

Schnittwinkel zweier Geraden: Schneiden sich die beiden Geraden mit den Richtungsvektoren $\vec{m}_1$ und $\vec{m}_2$, so gilt für den Schnittwinkel γ der Geraden:

$$\cos\gamma = \frac{|\vec{m}_1 \cdot \vec{m}_2|}{|\vec{m}_1| \cdot |\vec{m}_2|}$$

Schnittwinkel von Gerade und Ebene: Schneidet die Gerade mit dem Richtungsvektor $\vec{m}$ die Ebene mit dem Normalenvektor $\vec{n}$, so gilt für Schnittwinkel γ von Gerade und Ebene:

$$\sin\gamma = \frac{|\vec{m} \cdot \vec{n}|}{|\vec{m}| \cdot |\vec{n}|} \quad \text{bzw.} \quad \cos(90° - \gamma) = \frac{|\vec{m} \cdot \vec{n}|}{|\vec{m}| \cdot |\vec{n}|}$$

Schnittwinkel zweier Ebenen: Schneiden sich die beiden Ebenen mit den Normalenvektoren $\vec{n}_1$ und $\vec{n}_2$, so gilt für den Schnittwinkel γ der Ebenen:

$$\cos\gamma = \frac{|\vec{n}_1 \cdot \vec{n}_2|}{|\vec{n}_1| \cdot |\vec{n}_2|}$$

Abstand Punkt-Ebene: Der Abstand eines Punktes P zu einer Ebene E wird mit dem **Lotfußpunktverfahren** berechnet:
1. Man stellt eine Lotgerade g auf, die senkrecht auf der Ebene E steht und den Punkt P enthält.
2. Man errechnet den Schnittpunkt F der Geraden g mit der Ebene E, den sogenannten Lotfußpunkt.
3. Der gesuchte Abstand des Punktes P zur Ebene E ergibt sich als Abstand der Punkte P und F.

Abstand Punkt-Gerade: Der Abstand eines Punktes P zu einer Geraden $g: \vec{x} = \vec{a} + r \cdot \vec{m}$ wird mit einem operativen Lotfußpunktverfahren berechnet:
1. Man stellt die Gleichung einer Hilfsebene H auf, die orthogonal zu g ist und den Punkt P als Stützpunkt enthält: H: $(\vec{x} - \vec{p}) \cdot \vec{m} = 0$.
2. Man berechnet den Schnittpunkt F von g und H.
3. Man berechnet den gesuchten Abstand als Abstand von P und F.

Abstand Gerade-Ebene und Ebene-Ebene: Der Abstand einer Geraden g zu einer parallelen Ebene E ist gleich dem Abstand eines Punktes P der Geraden g (z. B. des Stützpunktes) zu der Ebene E. Er kann daher mit dem Lotfußpunktverfahren berechnet werden.

Der Abstand einer Ebene E_1 zu einer parallelen Ebene E_2 ist gleich dem Abstand eines Punktes P der Ebene E_1 (z. B. des Stützpunktes) zu der Ebene E_2. Er kann daher mit dem Lotfußpunktverfahren berechnet werden.

Test

Winkel und Abstände

1. a) Die Gerade g geht durch den Punkt A(4|1|−3), Gerade h geht durch den Punkt B(2|1|1). Die Geraden g und h haben den Schnittpunkt S(1|−1|3). Bestimmen Sie ihren Schnittwinkel.

b) Weiter sei die Ebene E: $2x+3y-z=6$ gegeben. Bestimmen Sie den Schnittwinkel der Geraden g mit der Ebene E.

c) Gegeben ist eine weitere Ebene F: $\left[\vec{x}-\begin{pmatrix}1\\-1\\3\end{pmatrix}\right]\cdot\begin{pmatrix}2\\0\\1\end{pmatrix}=0$.

Bestimmen Sie den Schnittwinkel der Ebenen E und F.

2. a) Zu welcher der Ebenen E_1, E_2 hat der Punkt P(5|5|7) den kleineren Abstand?

$E_1: 3x+2y-4z=12$, $\quad E_2: \vec{x}=\begin{pmatrix}1\\3\\-2\end{pmatrix}+r\cdot\begin{pmatrix}2\\1\\-2\end{pmatrix}+s\cdot\begin{pmatrix}3\\4\\1\end{pmatrix}$

b) Für welchen Wert von a hat der Punkt $P_a(a|3|1)$ den Abstand 6 von der Ebene

E: $\left[\vec{x}-\begin{pmatrix}2\\1\\0\end{pmatrix}\right]\cdot\begin{pmatrix}2\\-1\\2\end{pmatrix}=0$?

3. a) Zeigen Sie, dass die Ebenen E_1 und E_2 parallel sind.

$E_1: 2x-3y+4z=24$, $\quad E_2: \vec{x}=\begin{pmatrix}3\\1\\-2\end{pmatrix}+r\cdot\begin{pmatrix}-1\\2\\2\end{pmatrix}+s\cdot\begin{pmatrix}2\\8\\5\end{pmatrix}$

Bestimmen Sie dann ihren Abstand.

b) Welche Ebene E_3 hat von E_2 den gleichen Abstand wie die Ebene E_1?

4. a) Welchen Abstand hat der Punkt P(9|4|13) zur Geraden g: $\vec{x}=\begin{pmatrix}1\\-3\\4\end{pmatrix}+r\cdot\begin{pmatrix}2\\-1\\2\end{pmatrix}$?

b) Zeigen Sie, dass die Geraden $g_1: \vec{x}=\begin{pmatrix}3\\4\\4\end{pmatrix}+r\cdot\begin{pmatrix}2\\4\\-1\end{pmatrix}$ und die Gerade g_2 durch die Punkte A(7|7|3) und B(3|−1|5) parallel verlaufen. Berechnen Sie dann ihren Abstand.

Lösungen unter 410-1

XIII. Matrizen

1. Rechnen mit Matrizen

A. Der Begriff der Matrix

Wirtschaftliche und technische Prozesse lassen sich oft durch rechteckige Tabellen erfassen, die man in der Mathematik als Matrizen bezeichnet.

Wir verdeutlichen den Begriff zunächst an einigen Beispielen. Später behandeln wir die Matrizenrechnung, d.h. das Rechnen mit Tabellen, das viele Vorteile bringt.

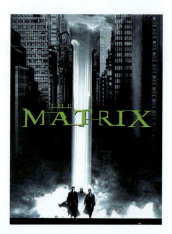

> **Beispiel: Entfernungsmatrix**
> Die rechts dargestellte Entfernungstabelle enthält in übersichtlicher Weise die Entfernungsinformationen zu vier großen Städten. Verzichtet man auf die Angabe der Start- und Zielstädte, so vereinfacht sich die Tabelle auf ein rechteckiges Zahlenschema A, das man als *Matrix* bezeichnet.

VON / NACH	Berlin	Hamburg	Hannover	München
Berlin	0	292	282	586
Hamburg	292	0	164	776
Hannover	282	164	0	638
München	586	776	638	0

Die Matrix A besteht in diesem Beispiel aus vier Zeilen (horizontal) und vier Spalten (vertikal) mit insgesamt sechzehn Elementen (Zellen). Man spricht hier von einer quadratischen 4×4-Matrix.

Die einzelnen Elemente der Matrix A werden mit a_{ij} bezeichnet. Der erste Index i gibt die Zeile an, in der das Element steht, der zweite Index j gibt die Spalte an.

$$A = \begin{pmatrix} 0 & 292 & 282 & 586 \\ 292 & 0 & 164 & 776 \\ 282 & 164 & 0 & 638 \\ 586 & 776 & 638 & 0 \end{pmatrix}$$

a_{ij} : Element in Zeile i, Spalte j

Im Beispiel: $a_{23} = 164$

In diesem Beispiel dient die Matrix nur als besonders übersichtliches und auf das Wesentliche reduziertes Darstellungselement. Gerechnet wird damit noch nicht.

> **Definition XIII.1: Begriff der Matrix**
> Eine rechteckige Zahlentabelle der rechts dargestellten Form wird als Matrix A mit m Zeilen und n Spalten bezeichnet. Man spricht dann auch von einer mxn-Matrix.
> Kurzschreibweise:
> $A = (a_{ij})$ mit $i = 1, ..., m$ und $j = 1, ..., n$.
> Ist $m = n$, so bezeichnet man A als quadratische Matrix.
>
> $$A = \begin{pmatrix} a_{11} & a_{12} & ... & a_{1n} \\ a_{21} & a_{22} & ... & a_{2n} \\ \vdots & \vdots & \vdots & \vdots \\ a_{m1} & a_{m2} & ... & a_{mn} \end{pmatrix}$$
>
> (a_{ij}): Kurzschreibweise für A
>
> a_{ij}: Element in Zeile i und Spalte j

1. Rechnen mit Matrizen

B. Die Addition von Matrizen

▶ **Beispiel: Absatzmatrix**
Ein Unternehmen stellt an zwei Fabrikationsorten U und V Bagger her. Es liefert die Maschinen nach Frankreich (F), Italien (I) und Holland (H).
Die monatlichen Absatzzahlen können als Tabellen bzw. Matrizen dargestellt werden.
In diesem Beispiel kann man im Gegensatz zum ersten Beispiel mit den Matrizen rechnen. So erhält man z. B. durch elementeweise Addition der Matrizen für Januar und Februar den Gesamtabsatz für die beiden Monate.

Januar

	F	H	I
U	6	3	2
V	8	2	4

Februar

	F	H	I
U	5	3	4
V	7	5	2

$$A = \begin{pmatrix} 6 & 3 & 2 \\ 8 & 2 & 4 \end{pmatrix} \qquad B = \begin{pmatrix} 5 & 3 & 4 \\ 7 & 5 & 2 \end{pmatrix}$$

$$A + B = \begin{pmatrix} 6 & 3 & 2 \\ 8 & 2 & 4 \end{pmatrix} + \begin{pmatrix} 5 & 3 & 4 \\ 7 & 5 & 2 \end{pmatrix} = \begin{pmatrix} 11 & 6 & 6 \\ 15 & 7 & 6 \end{pmatrix}$$

▶ **Definition XIII.2: Addition von Matrizen**
Man kann Matrizen addieren, wenn sie vom gleichen Typ sind, d. h. wenn sowohl ihre Zeilenzahl als auch ihre Spaltenzahl übereinstimmen. Man addiert zwei Matrizen A und B elementeweise.

$A = (a_{ij})$ und $B = (b_{ij})$ seien $m \times n$-Matrizen. Dann gilt für ihre Summe:

$$A + B = (a_{ij} + b_{ij})$$

Matrizen gleichen Typs (gleiche Spalten- und Zeilenzahl) kann man auch subtrahieren.

Subtraktion:

$$\begin{pmatrix} 8 & 5 & 4 \\ 5 & 4 & 7 \end{pmatrix} - \begin{pmatrix} 2 & 2 & 5 \\ 3 & 4 & 2 \end{pmatrix} = \begin{pmatrix} 6 & 3 & -1 \\ 2 & 0 & 5 \end{pmatrix}$$

Die *Nullmatrix* entsteht, wenn man eine Matrix von sich selbst subtrahiert. Sie enthält nur Nullen.

Nullmatrix:

$$0 = \begin{pmatrix} 0 & 0 & 0 \\ 0 & 0 & 0 \end{pmatrix}$$

Addiert man die gleiche Matrix mehrfach, so kommt es zu einer *Vervielfachung* der Matrix. Man spricht auch von der Multiplikation der Matrix mit einem **Skalar**.

Vervielfachung:

$$A = \begin{pmatrix} 6 & 3 & 2 \\ 8 & 2 & 4 \end{pmatrix} \Rightarrow 3 \cdot A = \begin{pmatrix} 18 & 9 & 6 \\ 24 & 6 & 12 \end{pmatrix}$$

Übung 1
Gegeben sind die Matrizen A und B. Berechnen Sie die Matrix X, welche die gegebene Gleichung erfüllt:
a) $X = 3A + B$
b) $2X - 4A = -2B$
c) $X + 0{,}5A = B - 3X$
d) $A - X = 3(B - X)$

(I) $A = \begin{pmatrix} -2 & 4 & 2 \\ 8 & 2 & 4 \end{pmatrix} \qquad B = \begin{pmatrix} 6 & 2 & -2 \\ 8 & 4 & 0 \end{pmatrix}$

(II) $A = \begin{pmatrix} 4 & 2 & 0 \\ -2 & 6 & 0 \\ 2 & 4 & 2 \end{pmatrix} \qquad B = \begin{pmatrix} -4 & 2 & 0 \\ 2 & -1 & 0 \\ 1 & -2 & 1 \end{pmatrix}$

C. Die Multiplikation von Matrizen

▶ **Beispiel: Berechnung des Umsatzes**
Ein Computerhändler führt drei Modelle eines bekannten Herstellers, einen Desktop, einen Tower und einen Laptop. Die Stückzahlen, die er in den Monaten Januar bis März absetzt, können der abgebildeten Tabelle entnommen werden die auch als Absatzmatrix A interpretiert werden kann.
Die Verkaufspreise lauten:
Desktop: 600 €
Tower: 950 €
Laptop: 1750 €

Man kann die Umsätze des Händlers für das erste Quartal berechnen, indem man die abgesetzten Stückzahlen mit den zugehörigen Preisen multipliziert und aufaddiert.

Interpretieren wir die monatlichen Absätze als Zeilenvektoren der Absatzmatrix A und fassen die Verkaufspreise in einem Preisvektor zusammen, so läßt sich der Umsatz im Januar als das Skalarprodukt des Umsatzvektors für Januar mit dem Preisvektor interpretieren und berechnen.

Der Februarumsatz ergibt sich analog durch Multiplikation des Zeilenvektors der zweiten Zeile der Absatzmatrix mit dem Preisvektor. Der Märzumsatz ist das Skalarprodukt des Zeilenvektors der dritten Zeile der Absatzmatrix mit dem Preisvektor.

Insgesamt kann man feststellen: Wenn man die Matrix A zeilenweise mit dem Preisvektor multipliziert, so erhält man den Umsatzvektor des ersten Quartals.

Verallgemeinerung: Eine Matrix lässt sich zeilenweise mit einem Spaltenvektor multiplizieren, dessen Zeilenzahl der Spaltenzahl der Matrix A entspricht. Das Ergebnis der Multiplikation ist wieder ein Spaltenvektor. ▶

Berechnung der Umsätze:

Jan: $6 \cdot 600 + 8 \cdot 950 + 4 \cdot 1750 = 18200$
Feb: $5 \cdot 600 + 9 \cdot 950 + 5 \cdot 1750 = 20300$
Mrz: $3 \cdot 600 + 12 \cdot 950 + 6 \cdot 1750 = 23700$

Absatzvektoren: **Preisvektor:**

$$\vec{j} = \begin{pmatrix} 6 & 8 & 4 \end{pmatrix}$$
$$\vec{f} = \begin{pmatrix} 5 & 9 & 5 \end{pmatrix} \quad \vec{p} = \begin{pmatrix} 600 \\ 950 \\ 1750 \end{pmatrix}$$
$$\vec{m} = \begin{pmatrix} 3 & 12 & 6 \end{pmatrix}$$

Umsatz für Januar:

$$\vec{j} \cdot \vec{p} = \begin{pmatrix} 6 & 8 & 4 \end{pmatrix} \cdot \begin{pmatrix} 600 \\ 950 \\ 1750 \end{pmatrix}$$
$$= 6 \cdot 600 + 8 \cdot 950 + 4 \cdot 1750$$
$$= 18200$$

Umsätze im ersten Quartal:

$$A \cdot \vec{p} = \begin{pmatrix} 6 & 8 & 4 \\ 5 & 9 & 5 \\ 3 & 12 & 6 \end{pmatrix} \cdot \begin{pmatrix} 600 \\ 950 \\ 1750 \end{pmatrix}$$
$$= \begin{pmatrix} 6 \cdot 600 + 8 \cdot 950 + 4 \cdot 1750 \\ 5 \cdot 600 + 9 \cdot 950 + 5 \cdot 1750 \\ 3 \cdot 600 + 12 \cdot 950 + 6 \cdot 1750 \end{pmatrix}$$
$$= \begin{pmatrix} 18200 \\ 20300 \\ 23700 \end{pmatrix}$$

1. Rechnen mit Matrizen

Nun ist es nur noch ein kleiner Schritt, der zur Multiplikation zweier vollständiger Matrizen führt. Die Zeilen der Matrix A lassen sich mit den Spalten einer Matrix B multiplizieren, wenn die Zeilen von A die gleiche Länge haben wie die Spalten von B. Die Spaltenzahl der Matrix A muss also gleich der Zeilenzahl der Matrix B sein.

Definition XIII.3: Multiplikation von Matrizen
Man kann zwei Matrizen A und B nur dann multiplizieren, wenn gilt:
Spaltenzahl von A = Zeilenzahl von B
Das Produkt der m × n-Matrix A mit der n × k-Matrix B ist eine mxk-Matrix C. Das Element c_{ij} der Matrix C ist das Skalarprodukt des i-ten Zeilenvektors der Matrix A mit dem j-ten Spaltenvektor von B (siehe Merkschema rechts).

A sei eine m × n-Matrix.
B sei eine n×k-Matrix.

Es sei C = A · B.
Dann gilt:

$$c_{ij} = (a_{i1} \ldots a_{in}) \begin{pmatrix} b_{1j} \\ \vdots \\ b_{nj} \end{pmatrix} = a_{i1} b_{1j} + \ldots + a_{in} b_{nj}$$

▶ **Beispiel:**
Gegeben sind die Matrizen A und B.
Berechnen Sie das Produkt C = A · B.

$$A = \begin{pmatrix} 2 & 4 & 3 \\ 1 & 2 & 5 \end{pmatrix} \quad B = \begin{pmatrix} 2 & -1 \\ 3 & 2 \\ -2 & 4 \end{pmatrix}$$

Lösung:
Die Spaltenzahl von A ist gleich der Zeilenzahl von B. Daher ist die Multiplikation durchführbar. Die Multiplikation der 3 × 2-Matrix A mit der 2 × 3-Matrix B führt auf eine 2 × 2-Matrix C.
c_{11} erhält man durch das Skalarprodukt der ersten Reihe von A mit der ersten Spalte von B. c_{12} ergibt sich durch Multiplikation der erste Reihe von A mit der zweiten Spalte von B.
Analog ergeben sich c_{21} und c_{22} durch Multiplikation der zweiten Zeile von A mit der ersten bzw. der zweiten Spalte
▶ von B.

$c_{11} = a_{11} \cdot b_{11} + a_{12} \cdot b_{21} + a_{13} \cdot b_{31}$
$= 2 \cdot 2 + 4 \cdot 3 + 3 \cdot (-2) = 10$

$c_{12} = a_{11} \cdot b_{12} + a_{12} \cdot b_{22} + a_{13} \cdot b_{32}$
$= 2 \cdot (-1) + 4 \cdot 2 + 3 \cdot (4) = 18$

$c_{21} = a_{21} \cdot b_{11} + a_{22} \cdot b_{21} + a_{23} \cdot b_{31}$
$= 1 \cdot 2 + 2 \cdot 3 + 5 \cdot (-2) = -2$

$c_{22} = a_{21} \cdot b_{12} + a_{22} \cdot b_{22} + a_{23} \cdot b_{32}$
$= 1 \cdot (-1) + 2 \cdot 2 + 5 \cdot (4) = 23$

$$C = A \cdot B = \begin{pmatrix} 10 & 18 \\ -2 & 23 \end{pmatrix}$$

Übung 2
Gegeben seien die Matrizen A und B.
a) Berechnen Sie C = A · B.
b) Welche Zeile von A und welche Spalte von B muss man multiplizieren, um das Element c_{23} zu erhalten?
c) Berechnen Sie D = B · A, falls möglich.

(I) $A = \begin{pmatrix} 2 & 3 & -1 \\ 4 & -2 & 1 \end{pmatrix} \quad B = \begin{pmatrix} 1 & 2 & -2 & 3 \\ -1 & 3 & 2 & 0 \\ 2 & 0 & 4 & 1 \end{pmatrix}$

(II) $A = \begin{pmatrix} 1 & 2 & 0 \\ 2 & 3 & 0 \\ 3 & 4 & 1 \end{pmatrix} \quad B = \begin{pmatrix} -3 & 2 & 0 \\ 2 & -1 & 0 \\ 1 & -2 & 1 \end{pmatrix}$

D. Rechengesetze für Matrizen

Für die Addition und Multiplikation von Matrizen gelten einige Rechengesetze, die in der Regel auf den entsprechenden Rechengesetzen für reelle Zahlen beruhen.

Für die Addition, die nur für Matrizen gleichen Typs möglich ist, gelten die üblichen Rechengesetze Assoziätivität und Kommutativität uneingeschränkt. Es gibt ein neutrales Element der Addition (die Nullmatrix 0) sowie zu jeder Matrix A ein additives Inverses $-A$.

Für die Multiplikation und die Verbindung von Multiplikation und Addition gelten die folgende eingeschränkten Gesetze.

> **Satz XIII.1: Rechengesetze für Matrizen**
> (1) $(A \cdot B) \cdot C = A \cdot (B \cdot C)$ Assozativgesetz
> (2) $(rA)(sB) = rs(A \cdot B)$ Assozativgesetz
> (3) $(A+B) \cdot C = A \cdot C + B \cdot C$ Distributivgesetz
> (4) $A \cdot (B+C) = A \cdot B + A \cdot C$ Distributivgesetz
> (5) Im allg. gilt: $A \cdot B \neq B \cdot A$ Kommutativgesetz gilt nicht!

Operationen wie das Quadrieren oder das Potenzieren einer Matrix A erfordern die Multiplikation der Matrix A mit sich selbst. Das ist nur dann möglich, wenn die Zeilenzahl von A mit der Spaltenzahl übereinstimmt. Eine Matrix, die dies erfüllt, heißt *quadratische Matrix*. Quadratische Matrizen haben viele Anwendungen und sind daher besonders wichtig.

> ▶ **Beispiel: Potenzierung einer Matrix**
> Berechnen Sie für die gegebene Matrix A die Potenz A^3. $A = \begin{pmatrix} 1 & 2 \\ -1 & 3 \end{pmatrix}$

Lösung:
Wir berechnen zunächst $A^2 = A \cdot A$.

Berechnung von A^2:
$$A^2 = A \cdot A = \begin{pmatrix} 1 & 2 \\ -1 & 3 \end{pmatrix} \cdot \begin{pmatrix} 1 & 2 \\ -1 & 3 \end{pmatrix} = \begin{pmatrix} -1 & 8 \\ -4 & 7 \end{pmatrix}$$

Anschließend multiplizieren wir das Ergebnis noch einmal von rechts mit A, um A^3 zu erhalten.

Berechnung von A^3:
$$A^3 = A^2 \cdot A = \begin{pmatrix} -1 & 8 \\ -4 & 7 \end{pmatrix} \cdot \begin{pmatrix} 1 & 2 \\ -1 & 3 \end{pmatrix} = \begin{pmatrix} -9 & 22 \\ -11 & 13 \end{pmatrix}$$

Erfolgt die Multiplikation mit A von der linken Seite aus, so erhalten wir zum ▶ Glück das gleiche Ergebnis.

$$A^3 = A \cdot A^2 = \begin{pmatrix} 1 & 2 \\ -1 & 3 \end{pmatrix} \cdot \begin{pmatrix} -1 & 8 \\ -4 & 7 \end{pmatrix} = \begin{pmatrix} -9 & 22 \\ -11 & 13 \end{pmatrix}$$

Übung 3
a) Zeigen Sie anhand mehrerer Beispiele, dass die Multiplikation von Matrizen nicht kommutativ ist.
b) Berechnen Sie A^2, B^3 sowie B^2A.
c) Berechnen Sie C^2, C^3 und C^n.

$$A = \begin{pmatrix} 2 & -1 \\ 1 & 2 \end{pmatrix} \quad B = \begin{pmatrix} 1 & 2 \\ 1 & 1 \end{pmatrix} \quad C = \begin{pmatrix} a & 1 \\ 0 & a \end{pmatrix}$$

1. Rechnen mit Matrizen

Übungen

4. Addition und Vervielfachung
Gegeben sind die Matrizen A, B und C.
Berechnen Sie folgende Terme
a) $A + B$ b) $A - B$ c) $A - 2 \cdot C$
d) $0{,}5 \cdot A + B - 4 \cdot C$
e) $2 \cdot A - 4 \cdot (C - B)$

$$A = \begin{pmatrix} 2 & -6 & 4 \\ 6 & -2 & 2 \\ 4 & 8 & 2 \end{pmatrix} \quad B = \begin{pmatrix} -1 & -9 & 6 \\ 9 & 1 & 3 \\ -2 & 4 & 3 \end{pmatrix}$$

$$C = \begin{pmatrix} 0 & -3 & 2 \\ 3 & 0 & 1 \\ -2 & 4 & 1 \end{pmatrix}$$

5. Multiplikation und Potenzierung
Berechnen Sie die Terme, sofern dies möglich ist.
a) $A \cdot B$ b) $B \cdot A$ c) $A \cdot C$
d) $C \cdot E$ e) $D \cdot E$ f) $C \cdot D$
g) $A \cdot A$ h) $E \cdot E$ i) $C \cdot C \cdot C$
j) F^6

$$A = \begin{pmatrix} 2 & -6 & 4 \\ 4 & 8 & 2 \end{pmatrix} \quad B = \begin{pmatrix} 1 & 2 \\ 3 & -1 \\ 2 & 4 \end{pmatrix}$$

$$C = \begin{pmatrix} 1 & 1 & 1 \\ 2 & 1 & 2 \\ 1 & 2 & 2 \end{pmatrix} \quad D = \begin{pmatrix} 2 & 0 & -1 \\ 2 & -1 & 0 \\ -3 & 1 & 1 \end{pmatrix}$$

$$E = \begin{pmatrix} 1 & 0 & 0 \\ 0 & 1 & 0 \\ 0 & 0 & 1 \end{pmatrix} \quad F = \begin{pmatrix} 1 & 0 & 0 \\ 0 & 1 & 0 \\ 1 & 0 & 0 \end{pmatrix}$$

6. Besondere Multiplikation
Wie wirkt sich die Multiplikation der Matrix C mit der Matrix A bzw. mit der Matrix B aus?

$$A = \begin{pmatrix} 1 & 0 & 0 \\ 0 & 1 & 0 \\ 0 & 0 & 1 \end{pmatrix} \quad B = \begin{pmatrix} 0 & 1 & 0 \\ 0 & 0 & 1 \\ 1 & 0 & 0 \end{pmatrix}$$

$$C = \begin{pmatrix} 1 & 3 & 4 & 1 \\ 2 & 6 & 3 & 5 \\ 4 & 9 & 2 & 6 \end{pmatrix}$$

7. Gewinnberechnung
Eine Drogeriekette hat einen größeren Posten Pfegeprodukte eingekauft: Lippenstift (L), Eyeshadow (E), Nagellack (N) sowie Rouge (R).
Vier Filialen ordern die angebotenen Produkte wöchentlich gemäß der Tabelle.
Die Lieferpreise bzw. die Verkaufspreise pro Stück sind:
L: 2€/5€ E: 3€/8€
N: 5€/9€ R: 6€/9€

Berechnen Sie den wöchentlichen Gewinn der einzelnen Filialen.

Produkt Filiale	L	E	N	R
1	100	150	80	40
2	150	90	110	60
3	70	20	20	30
4	220	120	150	50

8. Richtig oder falsch?
a) Die Multiplikation von Matrizen ist eine kommutative Operation.
b) Die Multiplikation von quadratischen Matrizen ist kommutativ.
c) Kürzen erlaubt:
Aus $A \cdot C = B \cdot C$ folgt $A = B$.
d) Man kann nur Matrizen gleicher Ordnung multiplizieren.

E. Die inverse Matrix

Quadratische Matrizen lassen sich addieren, multiplizieren und potenzieren

Es gibt ein neutrales Element der Addition, die **Nullmatrix** **O**, sowie zu jeder Matrix A ein additives Inverses −A, für das gilt $A + (-A) = O$.

Quadratische Matrizen

$$A = \begin{pmatrix} a_{11} & \cdots & a_{1n} \\ \vdots & & \vdots \\ a_{n1} & \cdots & a_{nn} \end{pmatrix} \quad O = \begin{pmatrix} 0 & \cdots & 0 \\ \vdots & & \vdots \\ 0 & \cdots & 0 \end{pmatrix}$$

nxn-Matrix   Nullmatrix

Es gibt auch ein neutrales Element der Multiplikation, die **Einheitsmatrix E**, die in der Hauptdiagonalen mit Einsen und sonst nur mit Nullen besetzt ist. In manchen Fällen existiert zur Matrix A auch ein inverses Elerment A^{-1} der Multiplikation

$$-A = \begin{pmatrix} -a_{11} & \cdots & -a_{1n} \\ \vdots & & \vdots \\ -a_{n1} & \cdots & -a_{nn} \end{pmatrix} \quad E = \begin{pmatrix} 1 & \cdots & 0 \\ \vdots & 1 & \vdots \\ 0 & \cdots & 1 \end{pmatrix}$$

additive Inverse −A   Einheitsmatrix

> **Definition XIII.4: Inverse Matrix A^{-1}**
> Die zu A bezüglich der Multiplikation inverse Matrix wird mit A^{-1} bezeichnet. Es gilt $A \cdot A^{-1} = E$ und $A^{-1} \cdot A = E$

$$A \cdot A^{-1} = E$$

Matrix · inverse Matrix = Einheitsmatrix

Elementare Berechnung der inversen Matrix A^{-1}

> ▶ **Beispiel: Inverse Matrix A^{-1}**
> Gegeben ist die Matrix A. Gesucht ist die inverse Matrix A^{-1} von A.
>
> $$A = \begin{pmatrix} 2 & 3 \\ 1 & 1 \end{pmatrix}$$

Lösung:
Wir verwenden für die inverse Matrix A^{-1} einen Ansatz mit den vier Variablen a, b, c und d als Elementen.

Ansatz:

$$\begin{pmatrix} 2 & 3 \\ 1 & 1 \end{pmatrix} \cdot \begin{pmatrix} a & b \\ c & d \end{pmatrix} = \begin{pmatrix} 1 & 0 \\ 0 & 1 \end{pmatrix}$$

$$A \quad \cdot \quad A^{-1} \quad = \quad E$$

Die Gleichung $A \cdot A^{-1} = E$ führt nach Durchführung der Multiplikation auf ein lineares 4 × 4-Gleichungssystem.

Lineares 4 × 4-Gleichungssystem:
I: $2a + 3c = 1$
II: $2b + 3d = 0$
III: $a + c = 0$
IV: $b + d = 1$

Dieses lässt sich in zwei 2 × 2-Systeme aufspalten, die getrennt gelöst werden können, simultan sozusagen.

Aufspalten in zwei 2 × 2-Systeme:

I: $2a + 3c = 1$	II: $2b + 3d = 0$
III: $a + c = 0$	IV: $b + d = 1$
$a = -1, c = 1$	$b = 3, d = -2$

Die Lösungen lauten $a = -1$, $b = 3$, $c = 1$ und $d = 2$.

Die zu A inverse Matrix lautet also:

$$A^{-1} = \begin{pmatrix} -1 & 3 \\ 1 & -2 \end{pmatrix}$$

Bestimmung der inversen Matrix analog zum Gaußschen Algorithmus

Im obigen Beispiel wurde die inverse Matrix einer 2×2-Matrix A mit einem sehr elementaren Ansatz bestimmt. Dabei wurde ein 4×4-Gleichungssystem gelöst, das sich in zwei einfachere 2×2-Systeme zerlegen ließ. Wir können diese beiden Systeme auch simultan lösen und auf diese Weise die inverse Matrix A^{-1} effizienter bestimmen. Wir gehen dabei schrittweise vor, wobei das Verfahren dem Gaußschen Algorithmus ähnelt und aus Zeilenoperationen besteht.

Schritt 1: Erweiterung der Matrix A
Wir erweitern die Matrix A um die Einheitsmatrix E, die wir rechts neben A schreiben, getrennt durch einen vertikalen Strich.

Schritt 2: Zeilenoperationen
Nun wenden wir mehrfach Zeilenoperationen an, deren Ziel es ist, auf der linken Seite die Einheitsmatrix E zu erzeugen. Hierzu müssen zunächst die nicht in der Hauptdiagonalen stehenden Elemente auf null gebracht werden. Anschließend werden die Hauptdiagonalelemente auf eins gebracht.

Schritt 3: Inverse A^{-1}
Nun steht links die Einheitsmatrix E. Rechts ist automatisch die Inverse A^{-1} entstanden, die wir nur noch abzulesen brauchen.

Bestimmung von A^{-1}

I. $\begin{pmatrix} 2 & 9 \\ 1 & 4 \end{pmatrix} \begin{pmatrix} 1 & 0 \\ 0 & 1 \end{pmatrix}$ $\quad \to I - 2 \cdot II$
II.
$\qquad$ A $\qquad$ E

I. $\begin{pmatrix} 2 & 9 \\ 0 & 1 \end{pmatrix} \begin{pmatrix} 1 & 0 \\ 1 & -2 \end{pmatrix}$ $\quad \to I - 9 \cdot II$
II.

I. $\begin{pmatrix} 2 & 0 \\ 0 & 1 \end{pmatrix} \begin{pmatrix} -8 & 18 \\ 1 & -2 \end{pmatrix}$ $\quad \to I : 2$
II.

I. $\begin{pmatrix} 1 & 0 \\ 0 & 1 \end{pmatrix} \begin{pmatrix} -4 & 9 \\ 1 & -2 \end{pmatrix}$
II.
$\qquad$ E $\qquad$ A^{-1}

Übung 9   Inverse Matrix
Bestimmen Sie die zu A inverse Matrix A^{-1} wie oben mit der Gaußschen Vorgehensweise.

a) $A = \begin{pmatrix} 3 & 8 \\ 1 & 3 \end{pmatrix}$
b) $A = \begin{pmatrix} 1 & -2 & 0 \\ -2 & 3 & -1 \\ 1 & 3 & 6 \end{pmatrix}$
c) $A = \begin{pmatrix} 1 & 0 & 8 \\ 1 & 2 & 8 \\ 1 & 4 & 4 \end{pmatrix}$
d) $A = \begin{pmatrix} 1 & 0 & 1 \\ 1 & 1 & 0 \\ 0 & 1 & 0 \end{pmatrix}$

Bestimmung der inversen Matrix mit dem Rechner

Besonders einfach kann die inverse Matrix mit dem GTR, mit einem CAS oder mit einem der zahlreichen Programme zur Matrizenrechnung im Internet bestimmt werden, sofern sie existiert.

▶ **Beispiel: Inversenberechnung mit CAS bzw. GTR**
Gesucht ist die Inverse der Matrix A. $\qquad A = \begin{pmatrix} 1 & 2 & 1 \\ 2 & 3 & 2 \\ 2 & 1 & 1 \end{pmatrix}$

Lösung: Bei einem CAS verwendet man den Operator $\wedge - 1$, beim GTR die Taste X^{-1}.

B. Teilebedarfsermittlung mit der Direktbedarfsmatrix

Im vorhergehenden Abschnitt waren die Stufen eines Produktionsprozesses streng voneinander getrennt und konnten jeweils durch eine zugehörige Teilebedarfsmatrix erfasst werden. Kommt es auch innerhalb einer Stufe zu Materialverflechtungen oder überspringen diese eine Stufe, so werden alle Verflechtungen in der sogenannten Direktbedarfsmatrix festgehalten.

▶ **Beispiel: Direktbedarfsmatrix**
Der Materialverflechtungsgraph beschreibt einen zweistufigen Produktionsprozess.
a) Stellen Sie die Direktbedarfsmatrix D auf.
b) Berechnen Sie den Rohstoffbedarf für je einStück Z_1, Z_2, E_1, E_2.
c) Welchen Rohstoffaufwand erfordert ein Auftrag über 20 E_1 und 10 E_2 sowie die Ersatzteile 4 Z_1 und 2Z_2?

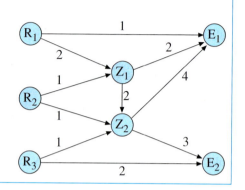

Lösung zu a)
Der Materialverflechtungsgraph – auch als *Gozintograph* bezeichnet – enthält nun auch Querverbidungen und stufenüberspringende Verbindungen. Wir können ihn nur noch in einer Tabelle bzw. Matrix erfassen, die alle Produkte sowohl als Eingänge als auch als Ausgänge enthält. Dies ist die sog. *Direktbedarfsmatrix* D.

Lösung zu b)
Diese Aufgabe lösen wir ganz elementar auf die folgende etwas umständliche, aber leicht zu verstehende Weise.
Wir gehen von den unteren Produktionsstufen aus und arbeiten uns dann hoch.

Wir entnehmen aus Spalte 3, woraus Z_1 gebaut wird, nämlich aus zwei Teilen R_1 und einem Teil R_2. Also $Z_1 = 2R_1 + R_2$

Analog folgt aus Spalte 4, dass zunächst $Z_2 = 2Z_1 + R_2 + R_3$ gilt: Setzen wir hier $Z_1 = 2R_1 + R_2$ ein, so erhalten wir als Resultat $Z_2 = 4R_1 + 3R_2 + R_3$.

Ebenso ergeben sich die Resultate für den Rohstoffbedarf für jeweils einTeil von E_1 bzw. E_2.

Direktbedarfsmatrix D

VON \ NACH	E_1	E_2	Z_1	Z_2	R_1	R_2	R_3
E_1	0	0	0	0	0	0	0
E_2	0	0	0	0	0	0	0
Z_1	2	0	0	2	0	0	0
Z_2	4	3	0	0	0	0	0
R_1	1	0	2	0	0	0	0
R_2	0	0	1	1	0	0	0
R_3	0	2	0	1	0	0	0

Rohstoffbedarf für Z_1, Z_2, E_1 und E_2
$Z_1 = 2R_1 + R_2$ (Spalte 3)
$Z_2 = 2Z_1 + R_2 + R_3$ (Spalte 4)
$\quad = 2(2R_1 + R_2) + R_2 + R_3$
$\quad = 4R_1 + 3R_2 + R_3$

$E_1 = 2Z_1 + 4Z_2 + R_1$ (Spalte 1)
$\quad = 2(2R_1 + R_2) + 4(4R_1 + 3R_2 + R_3) + R_1$
$\quad = 21R_1 + 14R_2 + 4R_3$

$E_2 = 3Z_2 + 2R_3$ (Spalte 2)
$\quad = 3(4R_1 + 3R_2 + R_3) + 2R_3$
$\quad = 12R_1 + 9R_2 + 5R_3$.

2. Teilebedarfsrechnung

Lösung zu c:
Der Rohstoffbedarf für den gesamten Auftrag ist nun leicht zu kalkulieren, indem wir die Rohstoffmengen für jeweils ein Bestellteil mit der zugehörigen Bestellmenge multiplizieren.
▶ Resultat: $556 R_1$, $380 R_2$ und $132 R_3$

Rohstoffbedarf für den Auftrag

$20 \cdot E_1 = 20 \cdot (21 R_1 + 14 R_2 + 4 R_3)$
$10 \cdot E_2 = 10 \cdot (12 R_1 + 9 R_2 + 5 R_3)$
$4 \cdot Z_1 = 4 \cdot (2 R_1 + 1 R_2)$
$2 \cdot Z_2 = 2 \cdot (4 R_1 + 3 R_2 + 1 R_3)$

Auftrag: $556 R_1 + 380 R_2 + 132 R_3$

Möchte man Teil c der vorhergehenden Aufgabe mithilfe der Matrizenrechnung lösen, so benötigt man folgenden Satz, den wir hier ohne Beweis zitieren und anwenden*.

Satz XIII.2: Bedarfsermittlung mithilfe der Gesamtbedarfsmatrix
D sei die **Direktbedarfsmatrix** eines Produktionsprozesses. a sei der **Auftragsvektor**. Dann bezeichnet man die Matrix $(E - D)^{-1}$ als *Gesamtbedarfsmatrix* des Prozesses. Der sog. *Produktionsvektor* $\vec{p}$ lässt sich dann nach folgender Formel berechnen:

$$\vec{p} = (E - D)^{-1} \cdot \vec{a}$$

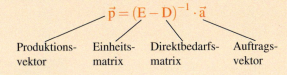

Produktions- Einheits- Direktbedarfs- Auftragsvektor   matrix   matrix   vektor

---

Im obigen Beispiel erhalten wir Folgendes:

$$D = \begin{pmatrix} 0 & 0 & 0 & 0 & 0 & 0 & 0 \\ 0 & 0 & 0 & 0 & 0 & 0 & 0 \\ 2 & 0 & 0 & 2 & 0 & 0 & 0 \\ 4 & 3 & 0 & 0 & 0 & 0 & 0 \\ 1 & 0 & 2 & 0 & 0 & 0 & 0 \\ 0 & 0 & 1 & 1 & 0 & 0 & 0 \\ 0 & 2 & 0 & 1 & 0 & 0 & 0 \end{pmatrix} \underset{\text{Satz XIII.2}}{\Rightarrow} \vec{p} = (E-D)^{-1} \cdot \vec{a} = \begin{pmatrix} 1 & 0 & 0 & 0 & 0 & 0 & 0 \\ 0 & 1 & 0 & 0 & 0 & 0 & 0 \\ 10 & 6 & 1 & 2 & 0 & 0 & 0 \\ 4 & 3 & 0 & 1 & 0 & 0 & 0 \\ 21 & 12 & 2 & 4 & 1 & 0 & 0 \\ 14 & 9 & 1 & 3 & 0 & 1 & 0 \\ 4 & 5 & 0 & 1 & 0 & 0 & 1 \end{pmatrix} \cdot \begin{pmatrix} 20 \\ 10 \\ 4 \\ 2 \\ 0 \\ 0 \\ 0 \end{pmatrix} = \begin{pmatrix} 20 \\ 10 \\ 268 \\ 112 \\ 556 \\ 380 \\ 132 \end{pmatrix}$$

Dies bedeutet: Bei einem Auftrag von $20 E_1$, $10 E_2$, $4 Z_1$ und $2 Z_2$ entstehen im Produktionsverlauf $268 Z_1$ und $112 Z_2$ als Zwischenprodukte aus den Rohstoffen $556 R_1$, $380 R_2$, $132 R_3$.

Übung 2
Der abgebildete Graph beschreibt einen zweistufigen Produktionsprozess.
a) Wie lautet die Direktbedarfsmatrix D?
b) Berechnen Sie den Rohstoffbedarf für jeweils eine Einheit der Zwischen- und der Endprodukte.
c) Ein Auftrag lautet über 20 Einheiten E_1 und 15 Einheiten E_2. Welcher Rohstoffbedarf besteht?
d) Lösen Sie c) mithilfe der Gesamtbedarfsmatrix nach Satz XIII.2.

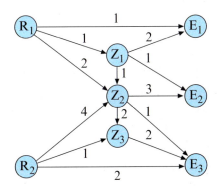

---
* Hier ist der Einsatz eines Rechners angemessen, da eine große Matrix invertiert wird.

Übungen

3. Zweistufiger Produktionsprozess

Der abgebildete Graph mit seinen schwarzen Pfeilen gehört zu einen Produktionsprozess mit zwei Stufen.

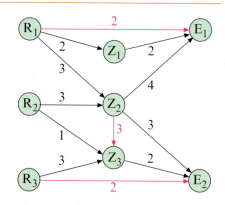

a) Bestimmen Sie die Bedarfsmatrizen A und B der beiden Stufen. Berechnen Sie das Produkt C = AB. Welche Bedeutung hat C?

b) Welche Rohstoffe benötigt man für einen Auftrag über 20 Einheiten von E_1 und 30 Einheiten von E_2?

c) Direktbedarfsmatrix: Ein verbessertes Produkt erfordert zusätzlich für eine Einheit E_1 zwei Einheiten R_1, für eine Einheit E_2 zwei Einheiten R_3 und für eine Einheit Z_3 drei Einheiten Z_2 (rote Pfeile im Graphen). Lösen Sie nun Aufgabe b). Stellen Sie die Direktbedarfsmatrix D auf und wenden Sie Satz XIII.2 an (Gesamtbedarfsmatrix: $(E - D)^{-1}$).

4. Rasenmischung

Ein Hersteller von Rasensamen verwendet die Rasensorten Maxima (M), Borneo (B) und Greystone (G). Durch Mischung stellt er die Rasensorten Tiergarten, Stadion und Steppe her, jeweils in 1-kg-Packungen verpackt. Den aufgedruckten Mischungstabellen kann man entnehmen, dass die Tiergartenmischung zu je 30 % aus den Sorten Maxima und Borneo sowie zu 40 % aus der Sorte Greystone (R3) besteht, während Stadion und Steppe die gleichen Sorten im Verhältnis 20 : 30 : 50 bzw. 25 : 15 : 60 enthalten. Für die Auslieferung an die Großhändler werden jeweils 20 Packungen gebündelt verpackt. Es gibt drei Bündelungen I, II und III. Sie enthalten: I: 20-mal Tiergarten, II: 20-mal Stadion, III: jeweils 10-mal Stadion und 10-mal Steppe.

a) Zeichnen Sie den Graphen für diesen zweistufigen Produktionsprozess.
b) Ein Gartenmarkt bestellt 40 Einheiten I, 20 Einheiten II und 20 Einheiten III. Welche Mengen der Grundsorten muss der Hersteller hierfür bereitstellen?
c) Der Hersteller bezieht die Grundsorten zu 2 Euro (Maxima), 3 Euro (Borneo) bzw. 4 Euro (Greystone). Welche Rohstoffkosten hat er dür die Bestellung aus b)?
d) Ein Großhändler rechnet für die kommende Saison mit einer Nachfrage von ca. 80-mal Tiergarten, 60-mal Schattenrasen und 20-mal Stadion. Wie muss seine Bestellliste für die Einheiten I, II und III aussehen?

2. Teilebedarfsrechnung

5. Pralinenstrauß

Ein Produzent stellt aus vier Rohstoffen (R_1: Schokolade, R_2: Nüsse, R_3: Marzipan, R_4: Zucker) fünf Pralinensorten $P_1, \ldots, P_5$ her, die er in zwei Pralinensträußen A und B anbietet.

Die Rezepturen der fünf Sorten sind rechts unten angegeben (R_1 bis R_5: Rohstoffe in g pro Praline).

Die beiden Pralinensträuße enthalten:

Strauß A: P_1: 2, P_2: 5, P_3: –, P_4: –, P_5: 3
Strauß B: P_1: 5, P_2: 2, P_3: 3, P_4: 6, P_5: 4.

a) Berechnen Sie den Rohstoffbedarf der einzelnen Sträuße.

b) Drei Kunden bestellen zum Valentinstag:
   Kunde 1:   A: 400, B: 300
   Kunde 2:   A: 600, B: 800
   Kunde 3:   A: 200, B: 550
   Berechnen Sie den Rohstoffbedarf für jede der drei Lieferungen.

Erste Produktionsstufe
P_1: R_1: 3, R_2: 2, R_3: 5, R_4: 2
P_2: R_1: 7, R_2: 6, R_3: 0, R_4: 3
P_3: R_1: 2, R_2: 0, R_3: 8, R_4: 1
P_4: R_1: 5, R_2: 4, R_3: 0, R_4: 0
P_5: R_1: 9, R_2: 0, R_3: 0, R_4: 4

Zweite Produktionsstufe
E_1: P_1: 2, P_2: 5, P_3: 0, P_4: 0, P_5: 3
E_2: P_1: 5, P_2: 2, P_3: 3, P_4: 6, P_5: 4

c) Aus den Pralinensträußen werden Paletten für Supermärkte zusammengestellt. Palettenart T_1 enthält 60 A und 40 B. Palette T_2 besteht aus 30 A und 70 B. Ein Größhändler bestellt 50 Paletten T_1 und 80 Palleten T_2. Welche Rohstoffmengen müssen für den Auftrag bereitgestellt werden?

6. Regenbogenfisch

Der abgebildete Graph beschreibt einen zweistufigen Produktionsprozess zur Herstellung eines Regenbogenfisches (E_1) und eines Stachelfisches (E_2). Die Rohstoffe sind Chemikalien, die Zwischenprodukte daraus hergestellte Kunststoffe.

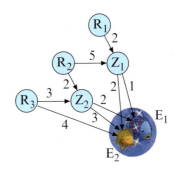

a) Welcher Rohstoffbedarf besteht für die Produktion jeweils eines der beiden Fische bzw. für einen Auftrag über 100 Regenbogenfische und 50 Stachelfische?

b) Die Rohstoffe sind kurzfristig ausgegangen. Der Hersteller kauft daher die Zwischenprodukte vorübergehend bei einem Konkurrenten ein. Dabei hat er Zusatzkosten von 0,1 € pro verbrauchter Rohstoffeinheit. Welche Kosten verursacht eine Lieferung von 2000 Einheiten von Z_1 und 3000 Einheiten von Z_2?

c) In welchem Verhältnis zueinander müssen die Einheiten von Z_2 und Z_1 stehen, wenn daraus jeweils eine Einheit der Endprodukte E_1 und E_2 hergestellt werden soll? (Kontrollergebnis: $Z_2 : Z_1 = 5 : 3$)

d) Die Rohstoffe sind chemisch sehr instabil. 1000 Einheiten von R_1, 4000 Einheiten von R_2 und 2500 Einheiten von R_3 lagern schon länger und sollen schnell zu den Zwischenprodukten Z_1 und Z_2 verarbeitet werden. Wieviele Einheiten von Z_1 und Z_2 lassen sich aus dem Rohstoffvorrat produzieren? Welcher nicht verbrauchte Restbestand an Rohstoffen verbleibt?

3. Zustandsänderungen

A. Die Übergangsmatrix

Das Übergangsverhalten von Käufern, die einem Produkt treu bleiben, zur Konkurrenz wechseln oder zu Nichtkäufern werden, ist Gegenstand der Wissbegier der Marktforschungsinstitute, die hierzu allerlei Umfragen vornehmen. Man hofft, mithilfe des erfragten und hoffentlich relativ konstanten Übergangsverhaltens die Marktentwicklung prognostizieren zu können.

> **Beispiel: Marktübergangsmatrix**
> Zwei monatlich erscheinende Magazine S und F konkurrieren um die Gunst der Leser und der Nichtleser N. Im Januar lauten die Markanteile:
> S: 60 %   F: 20 %   N: 20 %
>
> Das Übergangsverhalten der Verbraucher geht aus der Graphik hervor. Welche Marktanteile werden voraussichtlich in drei Monaten vorliegen?

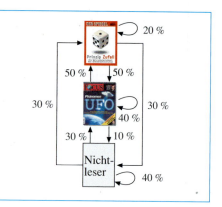

Lösung:
Die Daten des *Übergangsgraphen* übertragen wir in eine übersichtliche Tabelle. Durch das Weglassen der Tabelleneingänge erhalten wir die *Übergangsmatrix* M.

Die Anfangsmarktanteile zu Beginn des Monats Januar halten wir in dem Anfangs- oder *Startvektor* $\vec{a}$ mit den Koordinaten 60, 20, 20 fest.

Die Marktanteile nach einem Monat sind:
S = 0,2 · 60 + 0,5 · 20 + 0,3 · 20 = 28
F = 0,5 · 60 + 0,4 · 20 + 0,3 · 20 = 44
N = 0,3 · 60 + 0,1 · 20 + 0,4 · 20 = 28

Dieser neue Zustand wird also durch den *Zustandsvektor* $\vec{x}$ mit den Koordinaten 28, 44, 28 erfasst.

Man erkennt, dass jeder neue Zustandsvektor durch Multiplikation des aktuellen Zustandsvektors mit der Übergangsmatrix M zustandekommt. Nach drei Monaten gilt:
▶ S: 34,4 %   F: 41,2 %   N: 24,4 %

Übergangsmatrix*:

von nach	S	F	N
S	0,2	0,5	0,3
F	0,5	0,4	0,3
N	0,3	0,1	0,4

$$M = \begin{pmatrix} 0{,}2 & 0{,}5 & 0{,}3 \\ 0{,}5 & 0{,}4 & 0{,}3 \\ 0{,}3 & 0{,}1 & 0{,}4 \end{pmatrix}$$

Marktanteile im Januar: (Startvektor)
$$\vec{a} = \begin{pmatrix} 60 \\ 20 \\ 20 \end{pmatrix}$$

Marktanteile im Februar:
$$\begin{pmatrix} 0{,}2 & 0{,}5 & 0{,}3 \\ 0{,}5 & 0{,}4 & 0{,}3 \\ 0{,}3 & 0{,}1 & 0{,}4 \end{pmatrix} \cdot \begin{pmatrix} 60 \\ 20 \\ 20 \end{pmatrix} = \begin{pmatrix} 28 \\ 44 \\ 28 \end{pmatrix}$$

Marktanteile im März:
$$\begin{pmatrix} 0{,}2 & 0{,}5 & 0{,}3 \\ 0{,}5 & 0{,}4 & 0{,}3 \\ 0{,}3 & 0{,}1 & 0{,}4 \end{pmatrix} \cdot \begin{pmatrix} 28 \\ 44 \\ 28 \end{pmatrix} = \begin{pmatrix} 36 \\ 40 \\ 24 \end{pmatrix}$$

Marktanteile im April:
$$\begin{pmatrix} 0{,}2 & 0{,}5 & 0{,}3 \\ 0{,}5 & 0{,}4 & 0{,}3 \\ 0{,}3 & 0{,}1 & 0{,}4 \end{pmatrix} \cdot \begin{pmatrix} 36 \\ 40 \\ 24 \end{pmatrix} = \begin{pmatrix} 34{,}4 \\ 41{,}2 \\ 24{,}4 \end{pmatrix}$$

Resultat:
S: 34,4 %   F: 41,2 %   N: 24,4 %

---

* Die Spalteneingänge der Übergangsmatrix enthalten die Ausgangslage (von), die Zeileneingänge die Endlage (nach).

3. Zustandsänderungen

Interpretation: Das Magazin F gewinnt zunächst Marktanteile, das Magazin S verliert Anteile.

Allerdings pendelt sich der Markt bei gleichbleibendem Übergangsverhalten langfristig auf einen *stationären Gleichgewichtszustand* mit stabilen Marktanteilen ein. Diese fixen Marktanteile kann man näherungsweise berechnen, indem man das Verfahren aus dem Beispiel mehrfach anwendet (Verwendung von GTR oder CAS oder Tabellenkalkulation ist zu empfehlen). Aber es gibt auch ein theoretisches Verfahren zur Berechnung der stabilen Marktanteile.

▶ **Beispiel: Stabile Markanteile**
Die Marktanteile der Magazine aus dem vorhergehenden Beispiel pendeln sich langfristig auf feste, fixierte Werte ein. Berechnen Sie diese Anteile.

MARKT IM GLEICHGEWICHT

Lösung:
Der Vektor mit den Koordinaten x, y, z sei der noch unbekannte Zustandsvektor der stabilen Marktanteile. Dann muß offenbar gelten: $A \cdot \vec{x} = \vec{x}$.

Bedingung für stabile Marktanteile
$$\begin{pmatrix} 0{,}2 & 0{,}5 & 0{,}3 \\ 0{,}5 & 0{,}4 & 0{,}3 \\ 0{,}3 & 0{,}1 & 0{,}4 \end{pmatrix} \cdot \begin{pmatrix} x \\ y \\ z \end{pmatrix} = \begin{pmatrix} x \\ y \\ z \end{pmatrix}$$

Diese Bedingung führt auf ein lineares Gleichungssystem mit den Gleichungen I, II und III. Versucht man, es zu lösen, erkennt man, dass es unterbestimmt ist.

Lineares Gleichungssystem
I: $0{,}2\,x + 0{,}5\,y + 0{,}3\,z = x$
II: $0{,}5\,x + 0{,}4\,y + 0{,}3\,z = y$
III:$0{,}3\,x + 0{,}1\,y + 0{,}4\,z = z$
IV: $\phantom{0{,}3\,}x + \phantom{0{,}1\,}y + \phantom{0{,}4\,}z = 1$

Aber es gibt noch eine weitere, versteckte Gleichung IV: Die Summe der drei Marktanteile x, y und z ist 100 %. Diese füllt die Informationslücke.

Vereinfachtes Gleichungssystem
$10 \cdot I: \ -8\,x + 5\,y + 3\,z = 0$
$10 \cdot II:\ 5\,x - 6\,y + 3\,z = 0$
$IV: \ x + y + z = 1$

Wir ersetzen nun Gleichung III, deren Information offensichtlich in den Informationen der Gleichungen I und II schon enthalten ist, durch Gleichung IV.

Lösung des Gleichungssystems
$x = 34{,}7\%$, $y = 41{,}1\%$, $z = 24{,}2\%$

Das neue Gleichungssytem ist lösbar. Die Lösung liefert die stabilen Marktanteile $x = 34{,}7\%$, $y = 41{,}1\%$ und $z = 24{,}2\%$, ▶ die einen stationären Zustand darstellen.

Marktgleichgewicht/stabile Anteile
Magazin S: 34,7 %
Magazin F: 41,1 %
Nichtleser: 24,2 %

Übung 1
DieTabelle zeigt das Übergangsverhalten der Käufer von Mineralwasser.
a) Berechnen Sie die Markanteile nach vier Monaten.
b) Welche stabilen Markanteile bilden sich langfristig aus?

von\nach	M	L	B
M	0,3	0,4	0,2
L	0,4	0,2	0,5
B	0,3	0,4	0,3

Marktanteile zu Beginn:
Minerva: 50 %
Lullus: 20 %
Bonifatius: 30 %

B. Fixvektoren und Grenzmatrizen

Im vorhergehenden Abschnitt wurde ein Übergangsprozess untersucht. Der Anfangszustand wurde durch einen Anfangsvektor $\vec{a}$ erfasst. Der Übergang wurde durch die Übergangsmatrix M beschrieben und führte zu einem Folgezustand $\vec{b}$. Bei vielfacher Wiederholung des Übergangs strebten die Folgezustände gegen einen stabilen stationären Zustand, den Grenzzustand. Wir verallgemeinern diese Beobachtungen:

Verlauf eines Übergangsprozesses

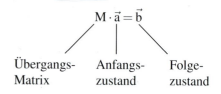

Grenzzustand
$M^n \cdot \vec{a} \to \vec{g}$ für $n \to \infty$

Definition XIII.5: Fixvektor
Ein Zustandsvektor heißt Fixvektor der Übergangsmatrix M, wenn gilt. Der Vektor wird also durch Multiplikation mit M nicht verändert.

Fixvektor $\vec{x}$:
$M \cdot \vec{x} = \vec{x}$

Bei einer Übergangsmatrix M sind die Elemente Zahlen zwischen 0 und 1, und die Summe der Zahlen in einer Spalte ist jeweils 1, da es sich um relative Häufigkeiten bzw. Wahrscheinlichkeiten handelt. Eine solche Matrix bezeichnet man als eine *stochastische Matrix*. Für stochastische Matrizen gilt ein wichtiger Satz:

Stochastische 3 × 3-Matrix

VON

NACH $\begin{pmatrix} a_{11} & a_{12} & a_{13} \\ a_{21} & a_{22} & a_{23} \\ a_{31} & a_{32} & a_{33} \end{pmatrix}$ $\quad 0 \leq a_{ij} \leq 1$
$\quad\quad\quad\;\; \overline{1} \;\; \overline{1} \;\; \overline{1} \quad$ Spaltensummen jeweils gleich 1

Satz XIII.3: Grenzmatrix
Sei $M = (a_{ij})$ eine stochastische Matrix. Gilt $a_{ij} > 0$ für alle Elemente von M, oder gilt dies für eine beliebige ihrer Potenzen M^k, dann folgt:
1. Es gibt genau einen Fixvektor $\vec{x}$ von M.
2. Die Matrixpotenzen $M, M^2, M^3, \ldots$ streben mit wachsendem Exponenten gegen die sog. *Grenzmatrix* M^∞. Jede Spalte der Grenzmatrix M^∞ ist mit dem Fixvektor $\vec{x}$ identisch.
3. Die Folgezustände $M \cdot \vec{a}, M^2 \cdot \vec{a}, M^3 \cdot \vec{a}, \ldots$ streben für jeden Startzustand $\vec{a}$ mit anwachsendem Exponenten gegen den Fixvektor $\vec{x}$. Es gilt also $M^\infty \cdot \vec{a} = \vec{x}$.

▶ **Beispiel**
Die Abbildung zeigt den Übergangsgraphen eines Prozesses.
a) Bestimmen Sie die Übergangsmatrix M.
b) Wie lautet der Fixvektor $\vec{x}$ von M?
c) Berechnen Sie die Matrixpotenzen M^2, M^3 und M^4.
d) Wie lautet die Grenzmatrix M^∞?
e) Nennen Sie eine Interpretation für den Prozess.

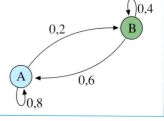

3. Zustandsänderungen

Lösung zu a):
Die Daten des *Übergangsgraphen* übertragen wir zunächst in eine Tabelle. Durch das Weglassen der Tabelleneingänge erhalten wir die Übergangsmatrix M.

Übergangsmatrix:

von\nach	A	B
A	0,8	0,6
B	0,2	0,4

$M = \begin{pmatrix} 0,8 & 0,6 \\ 0,2 & 0,4 \end{pmatrix}$

Lösung zu b):
Der Fixvektor $\vec{x}$ erfüllt die Matrixgleichung $M \cdot \vec{x} = \vec{x}$. Daraus ergeben sich die Gleichungen I und II, die aber zur eindeutigen Lösung nicht ausreichen, wie wir schon wissen. Erst die Hinzunahme der Zusatzinformation, dass die Summe der Marktanteile stets 1 ergibt, liefert Gleichung III. Nun können wir Gleichung II weglassen und das System aus I und III lösen.
Resultat: Der Fixvektor $\vec{x}$ hat die Koordinaten $x = 0,75$ und $y = 0,25$.

Fixvektor:
$M \cdot \vec{x} = \vec{x}$

$\begin{pmatrix} 0,8 & 0,6 \\ 0,2 & 0,4 \end{pmatrix} \cdot \begin{pmatrix} x \\ y \end{pmatrix} = \begin{pmatrix} x \\ y \end{pmatrix}$

I : $0,8 x + 0,6 y = x$
II : $0,2 x + 0,4 y = y$
III: $x + y = 1$

Lösung: $x = 0,75, y = 0,25$ $\vec{x} = \begin{pmatrix} 0,75 \\ 0,25 \end{pmatrix}$

Lösung zu c):
Durch Matrizenmultiplikation erhalten wir die gesuchten Potenzen.
Für die Berechnung noch wesentlich höherer Potenzen wäre ein Rechner (GTR, CAS) oder ein Programm hilfreich.

Matrixpotenzen:
$M^2 = \begin{pmatrix} 0,76 & 0,72 \\ 0,24 & 0,28 \end{pmatrix}$ $M^3 = \begin{pmatrix} 0,752 & 0,744 \\ 0,248 & 0,256 \end{pmatrix}$

$M^4 = \begin{pmatrix} 0,7504 & 0,7488 \\ 0,2496 & 0,2512 \end{pmatrix}$

Lösung zu d):
Die Grenzmatrix können wir näherungsweise durch die Berechnung weiterer noch höherer Potenzen von M bestimmen (GTR, CAS). Aber einfacher geht es nach Satz XIII.3. Die Spalten der Grenzmatrix entsprechen alle dem Fixvektor.

Grenzmatrix:
$\vec{x} = \begin{pmatrix} 0,75 \\ 0,25 \end{pmatrix} \Rightarrow M^\infty = \lim_{n \to \infty} M^n = \begin{pmatrix} 0,75 & 0,75 \\ 0,25 & 0,25 \end{pmatrix}$

Lösung zu e):
Es könnte sich um das Übergangsverhalten der Käufer zweier konkurrierender marktbeherrschender Produkte A und B handeln. Unabhängig von den anfänglichen Marktanteilen würden sich die Marktanteile bei konstantem Übergangsverhalten auf 75 % für A und 25 % für B einpendeln.

▶

Übung 2
Die Abbildung zeigt den Übergangsgraphen eines Prozesses.
a) Bestimmen Sie die Übergangsmatrix M.
b) Wie lautet der Fixvektor $\vec{x}$ von M?
c) Berechnen Sie die Matrixpotenzen M^2, M^3 und M^4.
d) Wie lautet die Grenzmatrix M^∞?

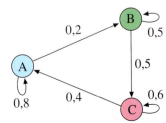

Übungen

3. Idyll

In einem Naturschutzgebiet gibt es Teile, die mit Wiese, Gestrüpp und Sumpf bedeckt sind. Jährlich geht ein Teil des Wiesenlandes in Gestrüpp über, Sumpf wird zu Wiese usw. Die Tabelle zeigt die jährlichen Übergangswahrscheinlichkeiten.

a) Begründen Sie: Die Übergangsmatrix M ist eine stochastische Matrix.

b) Die Startanteile lauten:
W: 60 %, G: 30 %, S: 10 %
Welche Anteile findet man nach einem Jahr, nach zwei Jahren, nach fünf Jahren?

von\nach	W	G	S
W	0,7	0,2	0,2
G	0,2	0,8	0,0
S	0,1	0,0	0,8

c) Welche Anteile sind langfristig zu erwarten, wenn die Übergänge konstant bleiben?

d) Durch Mähen der Wiesen wird der Übergang zu Gestrüpp auf 10 % verringert. Durch Bewässerungsmaßnahmen wird das Umwandeln des Sumpfes in Wiese ebenfalls auf 10 % verringert. Wie entwickelt sich das Gebiet nun nach 5 Jahren bzw. nach 10 Jahren bzw. langfristig? Interpretieren Sie das Ergebnis anschaulich.

4. Banken

Drei Bankhäuser konkurrieren um ihre Kunden. Der Übergangsgraph zeigt die jährlichen Kundenströme.

a) Stellen Sie die Übergangstabelle und die Übergangsmatrix M auf.

b) Die aktuellen Marktanteile lauten:
DD: 43 %, DB: 22 %, BE: 35 %
Wie lauten die Anteile in einem Jahr, in drei Jahren, in 5 Jahren? Welche Vermutung liegt nahe?

c) Wie lauten die stabilen Anteile, auf die sich der Markt langfristig einpegelt?

d) Wie würde sich das Ergebnis von c) ändern, wenn es der BE durch Sofortmaßnahmen gelänge, ihre Kundenabgänge jeweils zu halbieren?

e) Wie lauteten die Anteile vor einem Jahr?
Hinweis: Berechnen Sie hierzu die Inverse M^{-1} der Übergangsmatrix M.

f) Die BE geht pleite. Dadurch steigen die Marktanteile von DD und DB auf 60 % bzw 40 %. Die Markentreue der Kunden von DD und DB bleibt unverändert. Lösen Sie die Fragestellungen a) bis c) nun für die neue Konstellation.

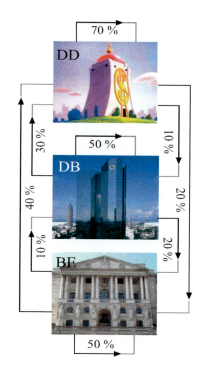

3. Zustandsänderungen

5. Restaurant

Das Restaurant LaFille verliert monatlich 30% der Stammkunden an das Restaurant McHunger. 70% der Kunden bleiben. Umgekehrt verliert McHunger 20% an Lafille, 80% bleiben.

a) Lafille hat aktuell 60 Stammgäste, McHunger 40. Wie lauten die Gästeanteile im Folgemonat? Welche Aufteilung ergibt sich langfristig?

b) Sechs Monater später eröffnet das Restaurant PizAria in der Nähe. Es nimmt den Alteingesessenen jeweils 10 Prozentpunkte ihrer Stammgäste aus deren Bleiberquote. PizAria hält 60% seiner Gäste, verliert aber 10% an LaFille und 30% an McHunger. Welche Verteilung ergibt sich nun langfristig? Wer ist von der Neueröffnung stärker betroffen?

6. Farbwechsel

In der Landwirtschaftlichen Versuchsanstalt Eichhof werden auf einem Feld rote, gelbe und blaue Blumen gezüchtet (R, G, B), die eine erstaunliche Eigenschaft haben. Sie können bei jedem Generationenwechsel ihre Farbe wechseln. Eine Auszählung ergibt, dass der Farbwechsel nach der abgebildeten Tabelle erfolgt.

von nach	R	G	B
R	0,5	0,2	0,3
G	0,2	0,6	0,3
B	0,3	0,2	0,4

a) Erläutern Sie das Übergangsverhalten. Stellen Sie die Übergangsmatrix M auf. Welche Eigenschaften hat eine stochastische Matrix? Begründen Sie, dass M eine solche Matrix ist.

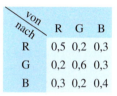

b) Anfangs lag folgende Verteilung vor: R: 50%, G: 30%, B: 20%
Berechnen Sie die Verteilung in den beiden Folgegenerationen.

c) Welche Verteilung der Farben R, G, B stellt sich langfristig ein? (Hinweis: Berechnen Sie den Fixvektor von M)

d) In einer Generation gilt: Rot: 35%, Gelb: 35%, Blau: 30%. Welche Verteilung lag in der vorherigen Generation vor? (Hinweis: Berechnen Sie die inverse Matrix M^{-1}).

e) Nach einiger Zeit ändern die gelben Blumen plötzlich ihr Übergangsverhalten. Sie behalten beim Generationenwechsel ihre Farbe nur noch in 20% der Fälle. Zur roten Farbe wechseln sie überhaupt nicht mehr. Stellen Sie die neue Übergangsmatrix N auf. Ist die Befürchtung gerechtfertigt, dass die gelben Blumen ganz vom Feld verschwinden könnten?

7. Umfüllen

In einem Behälter C befindet sich 1 Liter Cola, in einem zweiten Behälter E 1 Liter Eiswasser. Aus C werden 30 % des Inhalts in Glas I gegossen. Aus E werden 50 % des Inhalts in Glas II gefüllt. Anschließend wird Glas I in die Eiswasserflasche und Glas II in die Colaflasche gegossen. Dann wird der Prozess wiederholt.

a) Zeichnen Sie den Übergangsgraphen für die Volumina von C und E. Wie lautet die Übergangsmatrix A?
b) Welche Füllmenge hat Behälter C nach der ersten, der zweiten und der dritten Wiederholung?
c) Welcher Füllmenge nähert sich Behälter C langfristig?
d) Wie hoch ist die Colamenge in Behälter C nach der ersten bzw. nach der zweiten Wiederholung? Welche Colamenge stellt sich langfristig in Behälter C ein?

8. Robinsons Insel

Robinson Crusoe – der legendäre Schiffbrüchige – soll auf der Insel Tierra gestrandet sein. Dort gibt es nur zwei Wetterlagen, entweder Sonnenschein (S) oder Regen (R).
Es gibt auch nur zwei Wetterregeln. Ist es an einem Tag sonnig, so ist es mit 70 % Wahrscheinlichkeit auch am nächsten Tag sonnig. Ist es aber an einem Tag regnerisch, so ist es mit 60 % Wahrscheinlichkeit auch am nächsten Tag regnerisch.

a) Zeichnen Sie den Übergangsgraphen für das Wetter auf Tierra. Stellen Sie die Übergangsmatrix A auf.
   Begründen sie, dass A eine stochastische Matrix ist.
b) Es ist heute schön. Mit welcher Wahrscheinlichkeit ist es dann auch übermorgen schön? Mit welcher Wahrscheinlichkeit ist es exakt eine Woche später schön?
c) Wie verteilen sich die Sonnentage und die Regentage langfristig? Berechnen Sie hierzu den Fixvektor von A.
d) Wie lautet die Grenzmatrix von A?

e) Auf einer anderen Insel gelten folgende Regeln: (I) Der Übergang von schönem auf schlechtes Wetter sei genauso wahrscheinlich wie der Übergang von schlechtem auf schönes Wetter. (II) Ist es heute schön, so ist es in zwei Tagen mit einer Wahrscheinlichkeit von 68 % wieder schön. Wie groß sind die Übergangswahrscheinlichkeiten auf dieser Insel?

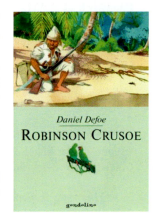

Hinweis: Verwenden Sie als Zustandsvektor für das Wetter den Vektor $\vec{v} = \begin{pmatrix} s \\ r \end{pmatrix}$, wobei s die Wahrscheinlichkeit für schönes Wetter an diesem Tag und r die Wahrscheinlichkeit für schlechtes Wetter ist.

4. Populationswachstum

A. Zyklische Prozesse

Die Entwicklung von Populationen, die mehrere Entwicklungsstadien aufweisen, kann im Modell ebenfalls mit Übergangsmatrizen erfasst werden. Allerdings handelt es sich wegen der zusätzlich einfließenden Reproduktionsvorgänge nicht mehr um stochastische Matrizen mit Fixvektoren. Anstelle eines stabilen Gleichgewichtes kommt es zu zyklischen Schwankungen.

▶ **Beispiel: Wüstenspringmaus**
Bei einer Untersuchung der Wüstenspringmaus werden junge (J), erwachsene (E) und alte Tiere (A) unterschieden.
Am Ende einer Entwicklungsperiode werden 50% der Jungtiere zu erwachsenen Tieren, 50% sterben. Erwachsene Tiere werden zu 80% zu alten Tieren, 20% sterben. Alle Alttiere sterben. Die erwachsenen Tiere haben eine Reproduktionsrate von 200%, die für neue Jungtiere sorgt.

a) Zeichnen Sie den Übergangsgraphen, stellen Sie die Übergangsmatrix M auf. Begründen Sie, dass M keine stochastische Matrix ist.
b) Wie entwickelt sich der Bestand im Laufe von drei Jahren, wenn der Anfangsbestand gegeben ist durch den Startvektor mit den Koordinaten Junge = 40, Erwachsene = 100, Alte = 20? Welche Beobachtung ergibt sich insgesamt?

Lösung zu a:
Die Übergangsmatrix ist *keine stochastische Matrix*, weil die Spaltensummen nicht gleich 1 sind. Dies liegt einerseits daran, daß die Gruppe der nicht mehr lebenden Tiere fehlt, andererseits an der Reproduktionsrate, die mit 2 beim Übergang von E zu J erscheint.

Übergangsmatrix und Startvektor:

von/nach	J	E	A
J	0	2	0
E	0,5	0	0
A	0	0,8	0

$$M = \begin{pmatrix} 0 & 2 & 0 \\ 0,5 & 0 & 0 \\ 0 & 0,8 & 0 \end{pmatrix}$$

$$\vec{a} = \begin{pmatrix} 40 \\ 100 \\ 20 \end{pmatrix}$$

Lösung zu b:
Wir wenden die Matrizen M, M^2 und M^3 der Reihe nach auf den Startvektor $\vec{a}$ des Bestandes an, der die Koordinaten 40, 100, 20 hat. Da $M^3 = M$ gilt, kommt es zur Wiederholung von Zuständen.
Es ist ein *zyklischer Prozess* entstanden. Nach einer, drei, fünf Perioden bzw. nach zwei, vier, sechs Peroden liegt jeweils der gleiche Zustand vor.

Bestandsentwicklung:

$$M^2 = \begin{pmatrix} 1 & 0 & 0 \\ 0 & 1 & 0 \\ 0,4 & 0 & 0 \end{pmatrix}, \quad M^3 = \begin{pmatrix} 0 & 2 & 0 \\ 0,5 & 0 & 0 \\ 0 & 0,8 & 0 \end{pmatrix}$$

$$M \cdot \vec{a} = \begin{pmatrix} 200 \\ 20 \\ 80 \end{pmatrix} \quad M^2 \cdot \vec{a} = \begin{pmatrix} 40 \\ 100 \\ 16 \end{pmatrix} \quad M^3 \cdot \vec{a} = \begin{pmatrix} 200 \\ 20 \\ 80 \end{pmatrix}$$

Zyklischer Prozess der Länge 2 (Es gilt: $M = M^3 = M^5 = \ldots$ sowie $M^2 = M^4 = M^6 = \ldots$)

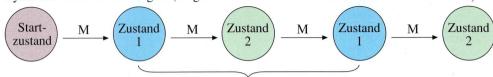

Zyklus der Länge 2

Unter welchen Bedingungen wird ein Prozess eigentlich zyklisch? Wir klären diese Frage exemplarisch an der Matrix des vorhergehenden Beispiels.

▶ **Beispiel: Bedingung für einen Zyklus**
Die Matrix M stellt eine Verallgemeinerung der Übergangsmatrix aus dem vorhergehenden Beispiel dar. Welche Bedingung müssen a, b und c erfüllen, damit M einen Zyklus der Länge 2 besitzt?

$$M = \begin{pmatrix} 0 & a & 0 \\ b & 0 & 0 \\ 0 & c & 0 \end{pmatrix}$$

Lösung:
Für einen Zyklus der Länge 2 muss gelten: $M^3 = M$. Dies führt auf die Gleichungen $a^2 b = a$, $ab^2 = b$ und $abc = c$.

Alle drei Gleichungen führen auf $a \cdot b = 1$. Dies ist die Bedingung für einen Zyklus der Länge 2. Im vorigen Beispiel war die
▶ Bedingung mit $a = 2$ und $b = 0{,}5$ erfüllt.

Potenzen von M

$$M^2 = \begin{pmatrix} ab & 0 & 0 \\ 0 & ab & 0 \\ bc & 0 & 0 \end{pmatrix} \qquad M^3 = \begin{pmatrix} 0 & a^2b & 0 \\ ab^2 & 0 & 0 \\ 0 & abc & 0 \end{pmatrix}$$

Bedingung für den Zyklus

$$\begin{pmatrix} 0 & a^2b & 0 \\ ab^2 & 0 & 0 \\ 0 & abc & 0 \end{pmatrix} = \begin{pmatrix} 0 & a & 0 \\ b & 0 & 0 \\ 0 & c & 0 \end{pmatrix} \Rightarrow \begin{matrix} a^2b = a \\ ab^2 = b \\ abc = c \end{matrix} \Rightarrow ab = 1$$

B. Prozesse ohne stabilen Zyklus

Was geschehen kann, wenn die Bedingungen für einen stabilen zyklischen Prozess nicht vorliegen, zeigen die folgenden Zusatzaufgaben zu unserem Musterbeispiel.

▶ **Beispiel: Instabile Entwicklung**
Die Wüstenspringmäuse aus dem obigen Beispiel werden in einem Tierpark gehalten. Aufgrund des Fehlens natürlicher Feinde erreichen alle erwachsenen Tiere das Alttierstadium und 60 % der Jungtiere das Erwachsenenstadium. Allerdings sinkt die Reproduktionsquote der erwachsenen Tiere aufgrund der künstlichen, stressbeladenen Umgebung auf 150 %. Wie verläuft die Populationsentwicklung nun? Wie würde sie verlaufen, wenn man die Überlebensrate der Jungtiere auf 80 % erhöhen könnte?

Lösung:
Hier gilt mit Bezug auf die oben betrachtete allgemeinere Übergangsmatrix $a = 1{,}5$, $b = 0{,}6$ und $c = 1$. Die Bedingung für einen zyklischen Prozess wird unterschrit-
▼ ten. Es gilt $a \cdot b = 0{,}9 < 1$.

Übergangsmatrix

$$M = \begin{pmatrix} 0 & 1{,}5 & 0 \\ 0{,}6 & 0 & 0 \\ 0 & 1 & 0 \end{pmatrix}$$

4. Populationswachstum

Bilden wir die Potenzen von M, so erkennen wir, dass die Elemente von M mit steigendem Exponenten unter zyklischen instabilen Schwankungen kleiner werden.

Potenzen von M

$$M^2 = \begin{pmatrix} 0{,}9 & 0 & 0 \\ 0 & 0{,}9 & 0 \\ 0{,}6 & 0 & 0 \end{pmatrix} \quad M^3 = \begin{pmatrix} 0 & 1{,}35 & 0 \\ 0{,}54 & 0 & 0 \\ 0 & 0{,}9 & 0 \end{pmatrix}$$

$$M^4 = \begin{pmatrix} 0{,}81 & 0 & 0 \\ 0 & 0{,}81 & 0 \\ 0{,}54 & 0 & 0 \end{pmatrix} \quad M^5 = \begin{pmatrix} 0 & 1{,}215 & 0 \\ 0{,}486 & 0 & 0 \\ 0 & 0{,}81 & 0 \end{pmatrix}$$

Für die Population bedeutet dies, dass der Bestand langsam schrumpft und die Kolonie schließlich sogar ausstirbt.

Populationsentwicklung: a = 1,5, b = 0,6

$$\begin{pmatrix} 40 \\ 100 \\ 20 \end{pmatrix} \to \begin{pmatrix} 150 \\ 24 \\ 100 \end{pmatrix} \to \begin{pmatrix} 36 \\ 90 \\ 24 \end{pmatrix} \to \begin{pmatrix} 135 \\ 21{,}6 \\ 90 \end{pmatrix} \to \begin{pmatrix} 32{,}4 \\ 81 \\ 21{,}6 \end{pmatrix}$$

$$\overline{160} \quad \overline{274} \quad \overline{150} \quad \overline{247} \quad \overline{135}$$

Durch eine verbesserte Gesundheitspflege für die Jungtiere könnte man die Steuergröße wieder auf den für stabiles zyklisches Wachstum nötigen Wert von 1 anheben. Ein Wert von b = 0,8 führt sogar darüber hinaus und verursacht eine unter instabilen zyklischen Schwankungen ablaufende Bevölkerungserhöhung.

Populationsentwicklung: a = 1,5, b = 0,8

$$\begin{pmatrix} 40 \\ 100 \\ 20 \end{pmatrix} \to \begin{pmatrix} 150 \\ 32 \\ 100 \end{pmatrix} \to \begin{pmatrix} 48 \\ 120 \\ 32 \end{pmatrix} \to \begin{pmatrix} 180 \\ 38{,}4 \\ 120 \end{pmatrix} \to \begin{pmatrix} 57{,}6 \\ 144 \\ 38{,}4 \end{pmatrix}$$

$$\overline{160} \quad \overline{282} \quad \overline{200} \quad \overline{338} \quad \overline{240}$$

Nun soll noch die Frage geklärt werden, wie man überschießendes Wachstum in den Griff bekommt. Hierzu muss die Population regelmäßig verringert werden.

Beispiel: Korrektur eines instabilen Prozesses

Das Populationswachstum der Wüstenspringmäuse aus den obigen Bespielen droht aufgrund der guten Pflege außer Kontrolle zu geraten. Es wird durch die Matrix M beschrieben. Wie kann man das Wachstum dennoch in Grenzen halten?

$$M = \begin{pmatrix} 0 & 1{,}5 & 0 \\ 0{,}8 & 0 & 0 \\ 0 & 1 & 0 \end{pmatrix}$$

Lösung:
Aus der vorhergehenden Aufgabe ist schon bekannt, daß die Übergangsmatrix M zu steigenden Populationszahlen führt. Die Zooleitung beschließt, pro Entwicklungsperiode einen bestimmten Anteil der Population an Tierfreunde zu verkaufen.
Von jeder der drei Teilpopulationen werden 10 % verkauft, 90 % bleiben erhalten. Nun wird die Populationsentwicklung beschrieben durch die Matrix N = 0,9 M. Für diese gilt a · b < 1, so dass schwach fallendes Wachstum entsteht. Dies kann dadurch korrigiert werden, dass gelegentlich der Verkauf reduziert wird.

Revidierte Übergangsmatrix

$$N = M \cdot 0{,}9 = \begin{pmatrix} 0 & 1{,}35 & 0 \\ 0{,}72 & 0 & 0 \\ 0 & 0{,}9 & 0 \end{pmatrix}$$

$a \cdot b = 1{,}35 \cdot 0{,}72 = 0{,}972 < 1$

Populationsentwicklung:

$$\begin{pmatrix} 40 \\ 100 \\ 20 \end{pmatrix} \to \begin{pmatrix} 135 \\ 28{,}8 \\ 90 \end{pmatrix} \to \begin{pmatrix} 38{,}9 \\ 97{,}2 \\ 25{,}9 \end{pmatrix} \to \begin{pmatrix} 131 \\ 28 \\ 87{,}5 \end{pmatrix} \to \begin{pmatrix} 37{,}8 \\ 94{,}5 \\ 25{,}2 \end{pmatrix}$$

Beurteilung:
Es liegt eine schwach fallende, nahezu zyklische Entwicklung vor. Zykluslänge: 2

1. Zyklische Matrizen
Prüfen Sie, ob die Matrix M einen stabilen zyklischen Prozess darstellt.

a) $M = \begin{pmatrix} 0 & 0{,}5 & 0 \\ 2 & 0 & 0 \\ 0 & 0 & 1 \end{pmatrix}$ b) $M = \begin{pmatrix} 0 & 0{,}1 & 0 \\ 0 & 0 & 0 \\ 5 & 0 & 2 \end{pmatrix}$ c) $M = \begin{pmatrix} 0 & 4 & 0 & 0 \\ 0{,}25 & 0 & 0 & 0 \\ 0 & 0 & c & 0 \\ 0 & 0 & 0 & 0 \end{pmatrix}$ d) $M = \begin{pmatrix} 0 & 0{,}5 & 0 & 0 \\ 2 & 0 & 0 & 0 \\ 0 & 0 & 2 & 0 \\ 0 & 0 & 0 & 0 \end{pmatrix}$

2. Zyklische Matrizen
Untersuchen Sie, welche Bedingungen a, b, c und d erfüllen müssen, damit die Matrix M einen stabilen zyklischen Prozess der Länge 2 darstellt.

a) $M = \begin{pmatrix} 0 & a & 0 \\ b & 0 & 0 \\ 0 & 0 & c \end{pmatrix}$ b) $M = \begin{pmatrix} 0 & 0 & a \\ b & 0 & 0 \\ 0 & c & 0 \end{pmatrix}$ c) $M = \begin{pmatrix} a & 0 & 0 & 0 \\ 0 & 0 & b & 0 \\ 0 & c & 0 & 0 \\ 0 & 0 & 0 & d \end{pmatrix}$ d) $M = \begin{pmatrix} 0 & a & 0 & 0 \\ b & 0 & 0 & 0 \\ 0 & 0 & 0 & c \\ 0 & 0 & d & 0 \end{pmatrix}$

3. Schmetterlinge
Die Entwicklung einer Schmetterlingsart: Aus den gelegten Eiern entwickeln sich zunächst Raupen, die nach Verpuppung zu Schmetterlingen werden, die wiederum Eier legen.
Innerhalb eines Monats entwickeln sich 10 % der Eier zu Raupen, welche sich wiederum im Folgemonat zu 25 % zu Schmetterlingen entwickeln (die anderen Anteile sterben oder werden gefressen). Ein Schmetterling legt ca. 60 Eier.

a) Stellen Sie Übergangsgraphen und Übergangsmatrix dar.
b) Zu Beginn sind 160 Eier, 80 Raupen und 10 Schmetterlinge vorhanden. Untersuchen Sie die Entwicklung der Population für die nächsten vier Monate.
c) Untersuchen Sie, ob bei einer anderen Anzahl von Eiern, die ein Schmetterling ablegt, ein stabiler Zyklus entstehen kann, der sich regelmäßig wiederholt. Verwenden Sie das Matrixmodell aus Übung 2b.

4. Fröschlein
Ein Froschweibchen legt durchschnittlich 2500 Eier und stirbt danach. Hieraus entwickeln sich zu 2 % Kaulquappen der 1. Art. Diese entwickeln sich zu 20 % weiter zu Kaulquappen der 2. Art, indem ihnen Extremitäten wachsen und sie sich auf das Leben außerhalb des Wassers vorbereiten. Aus ihnen entwickeln sich zu 10 % wieder Froschweibchen.

a) Stellen Sie das Entwicklungsverhalten der Weibchenpopulation durch einen Graphen, eine Tabelle und eine Matrix dar.
b) Berechnen Sie die Entwicklung über zwei Zeitperioden, wenn zu Beobachtungsbeginn 20 Froschweibchen, 5000 Eier, 1000 Kaulquappen der 1. Art und 250 Kaulquappen der 2. Art vorhanden sind.
c) Zeigen Sie, dass ein zyklischer Prozess der Länge 4 vorliegt.
d) Wie verändert sich der Prozess, wenn nur 2000 Eier gelegt werden?
e) Wir verallgemeinern nun: Ein Froschweibchen legt a Eier. Die Variablen b, c und d sind die drei Übergangswahrscheinlichkeiten Ei → Kaulquappe 1. Art → Kaulquappe 2. Art → Weibchen.
Welche Bedingung müssen die vier Variablen erfüllen, damit ein zyklischer Prozess der Länge 4 entsteht?

5. Rechnereinsatz

Computer-Algebra-Systeme (CAS), die inzwischen auch auf einigen Taschenrechnern verfügbar sind, und Grafik-Taschenrechner (GTR) sind in der Lage, die wichtigsten Rechenoperationen für Matrizen auszuführen. Um die Programme und Geräte logisch fehlerfrei anwenden zu können, muß man die Prizipien der Matrizenrechnung gut verstanden haben. Wir führen einige Rechnungen exemplarisch durch.

Beispiel: Multiplikation von Matrizen

Man gibt die Matrizen A und B ein und multipliziert sie, indem man den Term A*B bildet. Ist die Multiplikation nicht möglich, weil die hierfür notwendige Bedingung „Spaltenzahl von A = Zeilenzahl von B" nicht erfüllt ist, wird ein Fehler angezeigt.
Analog erfolgt die **Potenzierung** einer Matrix.

Beispiel: Beispiel Berechnung der inversen Matrix

Man gibt die Matrix A direkt ein. Dann gibt man den Term A^{-1} ein und drückt die Eingabetaste des Rechners, worauf das Ergebnis angezeigt wird, falls die Invertierung überhaupt möglich ist.
Analog geht man bei Verwendung von Computer-CAS-Systemen vor. Anstelle der Eingabetaste klickt man dort auf das Vereinfachungssymbol.

Beispiel: Lösung einer Matrizengleichung

Die Matrizengleichung $A \cdot \vec{v} = \vec{b}$ mit $A = \begin{pmatrix} 2 & 3 \\ 3 & 2 \end{pmatrix}$, $\vec{v} = \begin{pmatrix} x \\ y \end{pmatrix}$ und $\vec{b} = \begin{pmatrix} 1 \\ 4 \end{pmatrix}$ soll gelöst werden. Wir geben A und $\vec{b}$ ein und berechnen $\vec{v} = A^{-1} \cdot \vec{b}$.
Das Ergebnis ist: $x = 2$, $y = -1$, d.h. $\vec{v} = \begin{pmatrix} 2 \\ -1 \end{pmatrix}$.

Beispiel: Berechnung eines Fixvektors

Hier muß die Matrizengleichung $A \cdot \vec{v} = \vec{v}$ gelten, die auf zwei lineare Gleichungen führt. Außerdem muß die dritte lineare Gleichung $x + y = 1$ gelten, da $\vec{v}$ ein Zustandsvektor sein soll.

$A = \begin{pmatrix} 0{,}4 & 0{,}2 \\ 0{,}6 & 0{,}8 \end{pmatrix}$

$\vec{v} := \begin{pmatrix} x \\ y \end{pmatrix}$

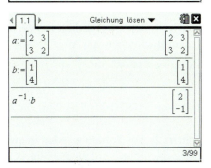

Wir lösen ein Gleichungssystem mit drei Gleichungen und zwei Unbekannten.
Resultat: $x = 0{,}25$, $y = 0{,}75$, d.h. $\vec{v} = \begin{pmatrix} 0{,}25 \\ 0{,}75 \end{pmatrix}$

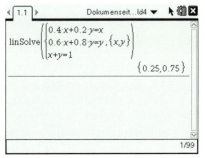

Chiffrieren

1. Der Caesar-Code

Schon im alten Rom wurden wichtige Nachrichten verschlüsselt. Die Cäsaren-Verschlüsselung ordnet jedem Buchstabe des Alphabets eindeutig einen anderen Buchstaben zu, beispielsweise so:

A B C D E F G H I … S T U V W X Y Z
U V W X Y Z A B C … M N O P Q R S T

Das Wort MATHEMATIK wird so zu GUNBYCUNCE.
Sicher ist dieses Verfahren nicht, da zwei verschiedene Buchstaben nicht den gleichen Chiffre haben können. Aufgrund der Tatsache, dass die Häufigkeit des Vorkommens der einzelnen Buchstaben in deutschen Texten bekannt ist, kann ein so verschlüsselter Text leicht entziffert werden.

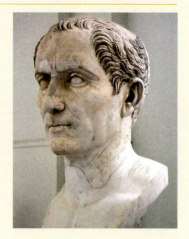

2. Verschlüsseln mit Matrizen

Mithilfe der Matrizenmultiplikation kann man Texte so verschlüsseln, dass verschiedene Buchstaben den gleichen Chiffre oder gleiche Buchstaben verschiedene Chiffren haben können, sodass die unerwünschte Entschlüsselung über die Häufigkeit der Buchstaben nicht mehr funktioniert. Dechiffriert wird bei diesem Verfahren mithilfe der inversen Matrix.

Wir beschreiben nun, wie man das Wort MATHEMATIK chiffriert und wieder dechiffriert.

Schritt 1: Die Buchstaben werden in Zahlen umgewandelt
Jedem Buchstaben von A bis Z wird eine Zahl von 1 bis 26 zugeordnet, dem Leerzeichen 27.

A B C D E F G H I J K L M N O P Q R S T U V W X Y Z leer
1 2 3 4 5 6 7 8 9 10 11 12 13 14 15 16 17 18 19 20 21 22 23 24 25 26 27

Das Wort MATHEMATIK wird zur Zahlenfolge 13-1-20-8-5-13-1-20-9-11.

Schritt 2: Die Zahlen werden in einer Matrix A abgelegt
Die Zahlenfolge wird in eine Matrix A mit mindestens zwei Zeilen übertragen. Die zehn Zahlen des Beispiels passen z. B. in eine 2 × 5-Matrix.

$$A = \begin{pmatrix} 13 & 1 & 20 & 8 & 5 \\ 13 & 1 & 20 & 9 & 11 \end{pmatrix}$$

Schritt 3: Die Matrix A wird durch Multiplikation mit einer Matrix C chiffriert
A wird durch linksseitige Multiplikation mit einer quadratischen Matrix C in eine Matrix B chiffriert: C · A = B. C muss eine quadratische 2 × 2-Matrix mit ganzzahligen Elementen sein, die eine Inverse mit ebenfalls ganzzahligen Elementen besitzt. Wir verwenden z. B.

$$C = \begin{pmatrix} 1 & 1 \\ 3 & 2 \end{pmatrix}.$$

Chiffrieren

$$\begin{pmatrix} 1 & 1 \\ 3 & 2 \end{pmatrix} \cdot \begin{pmatrix} 13 & 1 & 20 & 8 & 5 \\ 13 & 1 & 20 & 9 & 11 \end{pmatrix} = \begin{pmatrix} 26 & 2 & 40 & 17 & 16 \\ 65 & 5 & 100 & 42 & 37 \end{pmatrix}$$
$$\quad C \quad \cdot \quad\quad\quad A \quad\quad\quad = \quad\quad\quad B$$

Chiffrierungs- zu verschlüsselnde verschlüsselte
matrix C   Matrix A   Matrix B

Schritt 4: Dechiffrierung der Matrix B
Nun übermittelt der Absender die Matrix B an den Empfänger. Der Empfänger muss außerdem im Besitz der Chiffrierungsmatrix C sein. Er berechnet ihre Inverse C^{-1} und multipliziert damit den Chiffre B. Er erhält die Matrix A zurück und wandelt die Zahlen wieder in Buchstaben.

$$\begin{pmatrix} -2 & 1 \\ 3 & -1 \end{pmatrix} \cdot \begin{pmatrix} 26 & 2 & 40 & 17 & 16 \\ 65 & 5 & 100 & 42 & 37 \end{pmatrix} = \begin{pmatrix} 13 & 1 & 20 & 8 & 5 \\ 13 & 1 & 20 & 9 & 11 \end{pmatrix}$$
$$\quad C^{-1} \quad \cdot \quad\quad\quad A \quad\quad\quad = \quad\quad\quad B$$

13-1-20-8-5-13-1-20-9-11 = M A T H E M A T I K

Übungen

Übung 1 Chiffrieren
Die Nachricht MICHAEL JACKSON LEBT soll mit der Matrix C chiffriert und wieder dechiffriert werden. Führen Sie den Auftrag schrittweise durch.

$C = \begin{pmatrix} 5 & 2 \\ 3 & 1 \end{pmatrix}$

Übung 2 Augenblick
Bei einer Verschlüsselung wird das Alphabet wie oben in Zahlen umgewandelt *(A = 1, B = 2, C = 3 usw.) und die Matrix C zum Chiffrieren verwendet.
a) Chiffrieren Sie das Wort AUGENBLICK.
b) Bestimmen Sie die Matrix C^{-1}.
c) Welche Bedeutung hat die Nachricht
   92-98-99-98-74-47-63-28-31-26-26-23-13-18
d) Sind die Matrizen D bzw. E ebenfalls geeignet?

$C = \begin{pmatrix} 4 & 3 \\ 1 & 1 \end{pmatrix} \quad D = \begin{pmatrix} 4 & 2 \\ 6 & 3 \end{pmatrix} \quad E = \begin{pmatrix} 1 & 1 \\ 1 & -1 \end{pmatrix}$

Übung 3 Rätsel
Der englische Geheimdienst MI6 sendete den unten aufgeführten Zahlencode. Es ist bekannt, dass zum Verschlüsseln Matrix C oder Matrix D verwendet wurde.

$C = \begin{pmatrix} 2 & 3 \\ 3 & 5 \end{pmatrix} \quad D = \begin{pmatrix} 6 & 2 \\ 3 & 1 \end{pmatrix}$

Welche Matrix wurde verwendet?
Wie lautete die Nachricht? Was bedeutet sie?
Welcher Zusammenhang besteht zu der Abbildung?

44-27-11-61-100-57-78-45-49-53-25-
73-41-18-97-160-88-124-72-77-86-38

*) Übungen 1–3: A = 1, B = 2, ..., Z = 26, Leerzeichen = 27.

Überblick

Begriff der Matrix
Eine m × n-Matrix $A = (a_{ij})$ ist ein rechteckiges Zahlenschema mit m Zeilen und n Spalten.

Ihre Elemente werden mit a_{ij} bezeichnet. Dabei gibt i die Zeile und j die Spalte an, in der das Element steht.

$$\text{Spalte } j \downarrow$$

$$A = (a_{ij}) = \begin{pmatrix} a_{11} & \cdot & a_{1j} & \cdot & a_{1n} \\ \cdot & \cdot & \cdot & & \\ a_{i1} & \cdot & a_{ij} & \cdot & a_{in} \\ \cdot & & \cdot & & \\ a_{m1} & \cdot & a_{mj} & \cdot & a_{mn} \end{pmatrix} \leftarrow \text{Zeile } i$$

Besondere Matrizen sind die Nullmatrix O und die quadratische Einheitsmatrix E_n der Ordnung n, die auch kurz mit E bezeichnet wird.

$$O = \begin{pmatrix} 0 & \cdots & 0 \\ \vdots & & \vdots \\ 0 & \cdots & 0 \end{pmatrix} \qquad E = E_n = \begin{pmatrix} 1 & \cdots & 0 \\ \vdots & \ddots & \vdots \\ 0 & \cdots & 1 \end{pmatrix}$$

Rechnen mit Matrizen
Matrizen gleicher Ordnung (übereinstimmende Zeilenzahlen und Spaltenzahlen) kann man addieren und subtrahieren. Dies geschieht elementeweise.

Addition
$$\begin{pmatrix} 1 & 1 & 2 \\ 2 & 2 & 3 \end{pmatrix} + \begin{pmatrix} 2 & 2 & 5 \\ 4 & 4 & 6 \end{pmatrix} = \begin{pmatrix} 3 & 3 & 7 \\ 6 & 6 & 9 \end{pmatrix}$$

Man kann eine Matrix mit einer Zahl multiplizieren. Dies geschieht elementeweise.

Vervielfältigung
$$3 \cdot \begin{pmatrix} 1 & 1 & 2 \\ 2 & 2 & 3 \end{pmatrix} = \begin{pmatrix} 3 & 3 & 6 \\ 6 & 6 & 9 \end{pmatrix}$$

Matrizen kann man multiplizieren, wenn die Spaltenzahl der ersten Matrix mit der Zeilenzahl der zweiten Matrix übereinstimmt.
Sei $C = A \cdot B$. Dann gilt: Das Element c_{ij} des Produktes C ist das Skalarprodukt der Zeile i von A und der Spalte j von B.

Multiplikation
$$\begin{pmatrix} 1 & 1 & 2 \\ 2 & 2 & 3 \end{pmatrix} \cdot \begin{pmatrix} 4 & 6 & 4 & 5 \\ 4 & 6 & 7 & 5 \\ 5 & 7 & 8 & 6 \end{pmatrix} = \begin{pmatrix} 18 & 26 & 27 & 22 \\ 31 & 45 & 46 & 38 \end{pmatrix}$$
$$(2 \times 3) \cdot (3 \times 4) = (2 \times 4)$$

Die inverse Matrix A^{-1}
Ist A eine quadratische Matrix, so bezeichnet man die Matrix A^{-1} als Inverse von A, wenn gilt: $A \cdot A^{-1} = E$ und $A^{-1} \cdot A = E$

$$\begin{pmatrix} a & b & | & 1 & 0 \\ c & d & | & 0 & 1 \end{pmatrix} \xrightarrow{\text{Zeilen-operationen}} \begin{pmatrix} 1 & 0 & | & u & v \\ 0 & 1 & | & w & x \end{pmatrix}$$
$$\quad A \quad E \qquad\qquad\qquad\qquad E \quad A^{-1}$$

Verfahren zur Berechnung der Inversen:
Die inverse Matrix berechnet man, sofern sie existiert, mit folgendem, rechts oben symbolisierten Verfahren: Man erweitert die Matrix A rechtsseitig um die Einheitsmatrix E. Dann formt man das entstandene Erweiterungsgebilde nur mit erlaubten Gaußschen Zeilenoperationen so um, dass Schritt für Schritt linksseitig die Einheitsmatrix E entsteht. Ist dies gelungen, kann man rechtsseitig die Inverse A^{-1} ablesen.

Lineares Gleichungssystem und Matrizen
Ein quadratisches lineares Gleichungssystem kann vektoriell dargestellt und gelöst werden, falls seine Koeffizientenmatrix A eine Inverse besitzt.

Lineares Gleichungssystem
in Matrix-Vektor-Form: $\qquad A \cdot \vec{x} = \vec{b}$

Lösungsvektor: $\qquad \vec{x} = A^{-1} \cdot \vec{b}$

4. Lineare Regression

Teilebedarfsrechnung

Mehrstufiger Produktionsprozess mit streng getrennten Produktionsstufen:
Jedes Produkt einer Stufe wird ausschließlich aus Produkten der unmittelbar vorhergehenden Stufe zusammengesetzt.
Der Produktionsvektor kann durch Multiplikation des Auftragsvektors $\vec{a}$ mit den Bedarfsmatrizen der einzelnen Stufen gewonnen werden.

Zweistufiger Produktionsprozess

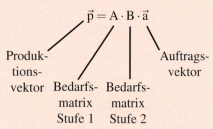

Mehrstufiger Produktionsprozess mit komplex verflochtenen Produktionsstufen:
Sind die Produktionsstufen nicht streng getrennt, so stellt man alle Materialverflechtungen in der **Direktbedarfsmatrix** D zusammen. Der Produktionsvektor $\vec{p}$ wird durch Multiplikation $\vec{a}$ des Auftragsvektors mit der sog. **Gesamtbedarfsmatrix** $(E-D)^{-1}$ errechnet.

Direktbedarfsmatrix/Gesamtbedarfsmatrix

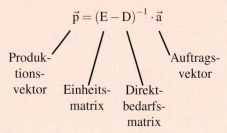

Übergangsmatrizen

Die **Übergangsmatrix M** gibt an, mit welcher Wahrscheinlichkeit von einem Zustand in einen anderen Zustand gewechselt wird.
Sie ist eine **stochastische Matrix**, d. h.:
Ihre Elemente sind Zahlen zwischen 0 und 1.
Ihre Spaltensummen sind 1.

Übergangsmatrix/Zustandsvektor

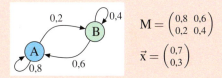

Multipliziert man den Vektor $\vec{v}_0$ des aktuellen Zustands mit der Übergangsmatrix M, so erhält man den Vektor $\vec{v}$ des Folgezustands.

Zustand und Folgezustand
$M \cdot \vec{v}_0 = \vec{v}$

Ein Zustandsvektor $\vec{x}$ heißt **Fixvektor** der Übergangsmatrix M, wenn Multiplikation mit M ihn nicht verändert.

Fixvektor von M
$M \cdot \vec{x} = \vec{x}$
Die Koordinaten von $\vec{x}$ sind nicht negativ.
Koordinatensumme von $\vec{x}$ ist 1.

Die Matrixpotenzen M, M^2, M^3 ... einer stochastischen Matrix streben mit wachsendem Exponenten gegen die **Grenzmatrix** M^∞. Deren Spalten sind alle gleich, sie sind mit dem Fixvektor identisch.

Grenzmatrix:
$$\lim_{n \to \infty} M^n = M^\infty$$

Zyklische Prozesse

Bei zyklischen Prozessen ist die Übergangsmatrix M in der Regel keine stochastische Matrix. Bei einem zyklischen Prozess der Länge 2 gilt z. B. $M^3 = M$. Näheres: S. 436 f.

Test

Matrizen

1. Matrizenrechnung
Führen Sie für die Matrizen A, B und C die angegebene Rechenoperationen aus bzw. bestimmen Sie X.

$$A = \begin{pmatrix} 2 & 1 & 3 \\ 1 & -4 & 2 \end{pmatrix} \quad B = \begin{pmatrix} 1 & 2 \\ 3 & -1 \\ 2 & 4 \end{pmatrix} \quad C = \begin{pmatrix} 1 & -2 & 3 \\ 3 & 2 & 5 \end{pmatrix}$$

a) $A + C$
b) $A + 2(C - A)$
c) $A \cdot B$
d) $-C + 2X = X - 3A$

2. Matrizenrechnung
a) Welche Bedingung muss erfüllt sein, damit man das Produkt $A \cdot B$ zweier Matrizen A und B bilden kann?
b) Wie ist die Inverse A^{-1} einer quadratischen Matrix A definiert?
c) Welche beiden Bedingungen muss eine stochastische Matrix erfüllen?
d) Was versteht man unter einem Fixvektor der Matrix A?
e) Richtig oder falsch: Eine quadratische Matrix kann man potenzieren.
f) Richtig oder falsch: Matrizen kann man nur dann multiplizieren, wenn die Anzahl ihrer Zeilen und Spalten übereinstimmt.

3. Inverse Matrix
Berechnen Sie die Inverse A^{-1} der Matrix A. a) $A = \begin{pmatrix} 1 & 2 \\ 2 & 5 \end{pmatrix}$ b) $A = \begin{pmatrix} 4 & 3 & 1 \\ 1 & 1 & 0 \\ 3 & 2 & 0 \end{pmatrix}$

4. Übergangsverhalten
Eine Bank gründet in Deutschland, Frankreich und Italien jeweils eine Niederlassung. Zum Gründungszeitpunkt werden in den Niederlassungen nur Angehörige der jeweiligen Nationalität eingestellt. Danach kommt es zu Personalwanderungen zwischen den Niederlassungen, die durch den Übergangsgraphen beschrieben werden.

a) Stellen Sie die Übergangstabelle und die Übergangsmatrix M auf.
b) Zum Gründungszeitpunkt stellen die deutsche Niederlassung 40 %, die französische Niederlassung 40 % und die italienische Niederlassung 20 % der Beschäftigten.
   Welche Veränderungen treten in den beiden ersten Jahren auf?
   Stabilisieren sich die Beschäftigtenanteile langfristig (Hinweis: Fixvektor)?
c) In einem Jahr liegen folgende Beschäftigtenzahlen vor: Deutschland: 2392, Frankreich: 1336, Italien: 1272. Wie lauteten die Zahlen im Vorjahr?
   Hinweis: Zeigen Sie zunächst, daß die rechts aufgeführte Matrix M^{-1} die Inverse von M ist.

$$M^{-1} = \frac{1}{12} \begin{pmatrix} 16 & -4 & -4 \\ -2 & 23 & -7 \\ -2 & -7 & 23 \end{pmatrix}$$

d) Wie viele Deutsche arbeiten nach einem Jahr bzw. nach zwei Jahren in der italienischen Niederlassung, wenn es beim Start 2000 waren? Wie viele werden es langfristig sein?

Lösungen unter 444-1

XIV. Beschreibende Statistik

Bisher wurde das arithmetische Mittel anhand der Urliste bestimmt. Liegen jedoch bereits klassierte Daten vor, und stehen die Einzeldaten nicht mehr zur Verfügung, so kann man das arithmetische Mittel nur angenähert bestimmen. Man geht dann einfach davon aus, dass alle Daten einer Klasse den Wert der *Klassenmitte* annehmen.

▶ **Beispiel: Das arithmetische Mittel bei klassierten Daten**
Ein Optiker benötigt zur Herstellung von Brillen den Augenmittenabstand seiner Kunden, um die optimalen Durchblickpunkte festzustellen.
Mit dem Video-Infral-System von Zeiss kann der Augenabstand auf Zehntelmillimeter genau vermessen werden. Die Kundendaten eines Jahres liefern die aufgeführte klassierte Statistik.
a) Berechnen Sie näherungsweise das arithmetische Mittel.
b) Schätzen Sie den maximalen Fehler ab, der bei der Mittelwertbildung auftreten kann.

Augenabstand in mm:	55–60	60–65	65–70	70–75	75–80	80–85
Relative Häufigkeit:	12%	15%	33%	21%	15%	4%

Lösung zu a):
Da wir nicht wissen, wo die Einzeldaten liegen, nehmen wir an ihrer Stelle die *Klassenmitten* bei 57,5, 62,5, ..., 82,5. Damit erhalten wir als Näherungswert für das arithmetische Mittel:
$\bar{x} \approx 57{,}5 \cdot 0{,}12 + 62{,}5 \cdot 0{,}15 + 67{,}5 \cdot 0{,}33 + 72{,}5 \cdot 0{,}21 + 77{,}5 \cdot 0{,}15 + 82{,}5 \cdot 0{,}04 \approx 68{,}7$ mm

Lösung zu b):
Es könnte sein, dass in jeder Klasse die realen Messwerte genau am Rand lagen, also 2,5 mm von der Klassenmitte entfernt. Im ungünstigsten Fall tritt dies für jede Klasse am gleichen Rand ein, also beispielsweise stets am linken Rand. Der Maximalfehler beträgt also 2,5 mm.
Das mit Klassenmitten berechnete arithmetische Mittel würde hiervon um 2,5 mm abweichen,
▶ d. h. um etwa 4 %. In der Praxis gleichen sich die Abweichungen aber weitgehend aus.

Übung 2
Ein Legebetrieb liefert Eier zur Hühneraufzucht. Das Grammgewicht der Eier wird regelmäßig durch Stichproben kontrolliert. Eine solche Stichprobe wird ausgewertet.

a) Berechnen Sie das arithmetische Mittel des Merkmals „Eigewicht".
b) Klassieren Sie die Messwerte in 8 Klassen, beginnend mit der Klasse 52– unter 53.
   Welches arithmetische Mittel besitzen die klassierten Daten angenähert?
c) Welches Ergebnis erhält man bei nur 2 Klassen?

55,4 52,6
57,3 59,0
55,8 56,5
54,6 56,8
54,6 59,1
56,2 55,3
55,3 57,2
54,7 57,3
55,4 57,2
58,4 58,1
54,9 57,8

1. Mittelwerte

B. Median und Modus

Das arithmetische Mittel soll typisch sein für die beobachtete Gesamtheit. Das funktioniert aber nicht in jedem Fall, da so genannte *Ausreißer* es verfälschen können.

> **Beispiel: Ausreißer verfälschen das arithmetische Mittel**
>
> In einer Baustelle ist die Geschwindigkeit auf 60 km/h begrenzt. Bei einer Testmessung wurden 19 Motorradfahrer erfasst, welche die rechts aufgeführten Messwerte lieferten (in km/h).
>
> a) Berechnen Sie das arithmetische Mittel, und beurteilen Sie seine Aussagekraft.
>
> b) Berechnen Sie das bereinigte arithmetische Mittel, d. h.: Die Ausreißer werden nicht gezählt.
>
> 59 55 60
> 53 58 55
> 63 58 52
> 59 98 52
> 170 58 56
> 52 55 59
> 60
>
>

Lösung zu a):
Das arithmetische Mittel beträgt $\bar{x} = \frac{1232}{19} \approx 64{,}8$ km/h. Seine alleinige Nennung würde den Eindruck erwecken, dass die Motorradfahrer notorische Geschwindigkeitsüberschreiter sind. Das trifft aber hier gar nicht zu, da nur drei der 19 Fahrer 60 km/h überschritten. Für diese Verfälschung sind die beiden Ausreißer 170 km/h und 98 km/h verantwortlich.

Lösung zu b):
Streicht man die beiden Ausreißer, und berechnet mit dem Rest der Daten ein so genanntes *bereinigtes arithmetisches Mittel*, so gewinnt dieses seine Aussagekraft zurück.
Es beträgt $\bar{x} = \frac{964}{17} \approx 56{,}7$ km/h und beschreibt den Datensatz recht gut. Allerdings ist die
▶ Methode sehr subjektiv, da nicht klar definiert ist, was ein Ausreißer ist.

Es gibt einen Mittelwert, der von Ausreißern weniger beeinflusst wird als das arithmetische Mittel. Es handelt sich um den sog. *Median* $\tilde{x}$. Um diesen zu bestimmen, sortiert man die Daten nach der Größe und sucht im sortierten Datensatz den *in der Mitte* stehenden Wert.

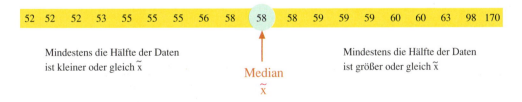

Im obigen Beispiel ergibt sich mit $\tilde{x} = 58$ km/h ein Wert, der die Geschwindigkeitsmessung recht gut charakterisiert. Die beiden Ausreißer haben praktisch keinen Einfluss.
Die Aussage des Median lautet: 50 % der Fahrer fuhren langsamer als 58 km/h oder fuhren genau 58 km/h, 50 % fuhren schneller als 58 km/h oder genau 58 km/h.

Im vorhergehenden Beispiel war die Anzahl der Daten ungerade. Dann ist der Median exakt das mittlere Element. Ist die Anzahl der Daten gerade, gibt es zwei mittlere Elemente. Als Median verwendet man dann das arithmetische Mittel dieser beiden Elemente.

Median bei gerader Datenzahl

Gegeben sind 8 Daten. Es gibt nun zwei mittlere Daten im sortierten Datensatz. Dies sind 17 und 23.
Der Median ist der Mittelwert dieser beiden Daten, also $\tilde{x} = 20$.

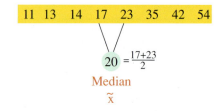

Bei klassierten Daten kann man das mittlere Datum nicht direkt auffinden. Es ist aber möglich, die Klasse zu nennen, in der das mittlere Datum liegt. Der Median kann dann grob durch die Klassenmitte angenähert werden oder – was schwieriger ist – interpoliert werden.

Median bei klassierten Daten

Gegeben sind 7 Klassen und ihre absoluten Häufigkeiten. Addiert man die absoluten Häufigkeiten, so erhält man die Anzahl der Daten, hier also 29.
Das mittlere Datum hat daher die Position 15 im sortierten Datenfeld. Da die dritte Klasse die Positionen 11 bis 18 enthält, muss der Median in dieser Klasse liegen. Es kann daher durch die Klassenmitte ganz grob angenähert werden: $\tilde{x} \approx 5{,}5$.

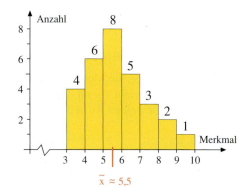

Bei quantitativen Daten kann man sowohl das arithmetische Mittel als auch den Median bilden. Bei ordinalen Daten (Zensuren: 1 – 2 – 3 – 4 – 5 – 6, Erkrankungsgrad: I – II – III – IV, Güteurteil: sehr gut, gut, zufriedenstellend, ausreichend, mangelhaft) kann man kein arithmetisches Mittel bilden, aber den Median. Bei rein nominalen Daten (Farbe: rot – orange – gelb – grün – blau – violett) ist auch dies nicht möglich. Hier verwendet man den sog. *Modus* $\hat{x}$. Dies ist die *Merkmalsausprägung mit der größten Häufigkeit*.

Modus bei nominalen Daten

In Klasse 11c wurde eine Umfrage zur Lieblingsfarbe durchgeführt: Es ergab sich folgende Urliste:

ro	gr	or	bl	ge	ro	bl	gr
vi	ge	ro	or	bl	gr	gr	bl
bl	ro	bl	ge	bl	gr	bl	

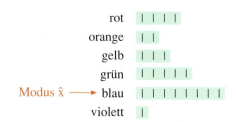

Am häufigsten kommt blau vor. Also ist der Modus $\hat{x} = $ blau.

1. Mittelwerte

Übungen

3. Arithmetisches Mittel, Median und Modus
Bestimmen Sie das arithmetische Mittel, den Median und den Modus folgender Datensätze, soweit dies möglich ist.
a) Anzahl von Telefongesprächen: 12, 16, 16, 13, 15, 19, 12, 15, 15, 17
b) Wasserstand in cm: 143, 145, 151, 156, 157, 155, 156, 144, 156, 156, 154, 146, 148, 146, 152
c) Wahlentscheidung: SPD, CSU, FDP, CSU, GRÜNE, SPD, PDS, SPD, CSU, CSU, SPD, CSU, GRÜNE

4. Mittelwerte von Preisen
Ein Kauftest in mehreren Geschäften ergibt folgende Preise für MP3-Player (in €).

Sony	125	126	120	118	119	123	125	118	121	118	123	126	119	118
Philipps	288	189	193	190	189	195	220	192	188	288	288	185		
Apple	289	285	311	285	285	285	399	285	285	285	309	285		

a) Berechnen Sie für alle drei Fabrikate Median, arithmetisches Mittel und Modus.
b) Geben Sie zu jedem Fabrikat an, welcher Mittelwert geeignet ist und welcher nicht.
c) Weshalb ist es sinnlos, einen gemeinsamen Mittelwert aller Preise anzugeben?

5. Mittelwert aus einem Diagramm
Bestimmen Sie das arithmetische Mittel für jede der beiden Verteilungen.

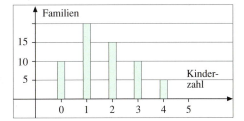 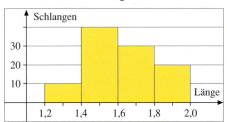

6. Ein Rückschluss
Der durchschnittliche monatliche Erdgasverbrauch einer Wohnanlage betrug 1380 m³. Die monatlichen Verbrauchszahlen lauteten folgendermaßen:

Jan	3140	Feb	***	Mar	1510	Apr	980	Mai	790	Jun	190
Jul	170	Aug	180	Sep	660	Okt	1060	Nov	1750	Dez	3310

Die Angabe für Februar ist abhanden gekommen. Wie groß war der Februarverbrauch?

7. Knobelaufgabe
Donalds Lieblingspizzerias (B, C, D) bei seinen Berlinaufenthalten liegen alle am Kudamm. Außerdem besucht er gern das KaDeWe (A). Er ist vier Tage zu Gast und geht jeden Tag von seinem Hotel zu genau einer der Stätten A, B, C und D. Die Graphik enthält die Entfernungen zum KaDeWe. In welcher Entfernung vom KaDeWe muss Donalds Hotel liegen, damit sein Gesamtweg möglichst kurz wird?

A — B —————— C —————————————— D
km 0.0 km 0.1   km 0.6   km 1.7

2. Streuungsmaße

Der Mittelwert ist eine wichtige Kennzahl einer Verteilung. Allerdings können zwei Verteilungen den gleichen Mittelwert besitzen und dennoch ganz anders strukturiert sein, weil die Daten in unterschiedlicher Weise um den Mittelwert streuen. Daher versucht man, die jeweils typische Streuung der Daten durch eine weitere Kennzahl zu erfassen.
Wir erläutern dies am Beispiel der Punktergebnisse bei Klausuren.

A. Die empirische Standardabweichung

▶ **Beispiel: Streuung der Punkte bei Klausuren**
Die Klausurergebnisse zweier Gruppen sollen miteinander verglichen werden. Bekannt sind die erreichten Punktzahlen. Vergleichen Sie die beiden Punktverteilungen.
a) Berechnen Sie für beide Gruppen das arithmetische Mittel.
b) Zeichnen Sie für beide Gruppen ein Säulendiagramm.

Gruppe 1: 4 8 4 6 7 5 4 6 5 7 5 2 1 4 6 5 4 3 5 2 3 3
Gruppe 2: 5 6 5 3 7 2 6 3 1 8 7 2 0 4 7 4 8 3

Lösung zu a)
Wir errechnen für beide Punktverteilungen das arithmetische Mittel. Wir erhalten die Werte $\bar{x} = \frac{99}{22} = 4{,}5$ bzw. $\bar{x} = \frac{81}{18} = 4{,}5$, also keinen Unterschied.

Lösung zu b)
Zeichnen wir die Diagramme, so erleben wir eine Überraschung. In Gruppe 1 konzentrieren sich die Häufigkeiten auf Ausprägungen, die nahe am Mittelwert liegen, während die Häufigkeiten in Gruppe 2 sich über die ganze Breite des Spektrums mehr oder weniger gleichmäßig verteilen. Sie streuen viel stärker. Gruppe 2 ist leistungsinhomogener.

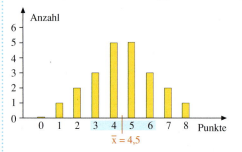
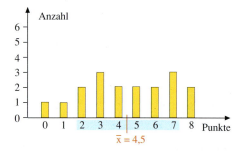

▶ Der blaue Streifen zeigt die Umgebung des Mittelwertes an, in welcher ca. 75% der Daten liegen. Dieser Bereich ist für Gruppe 1 viel schmaler als für Gruppe 2.

2. Streuungsmaße

Das Streuverhalten einer Verteilung um ihren Mittelwert kann durch eine Kennzahl erfasst werden, die so genannte *Standardabweichung* $\bar{s}$. Sie ist folgendermaßen definiert.

Definition: Die empirische Standardabweichung einer Verteilung

Die empirische Standardabweichung $\bar{s}$ einer Verteilung ist die Wurzel aus der mittleren quadratischen Abweichung der Daten vom arithmetischen Mittel der Verteilung.
Es gibt zwei Berechnungsmöglichkeiten:

$$\bar{s} = \sqrt{\frac{(x_1-\bar{x})^2 \cdot a_1 + (x_2-\bar{x})^2 \cdot a_2 + \ldots + (x_k-\bar{x})^2 \cdot a_k}{n}} \quad \text{d.h.,} \quad \bar{s} = \sqrt{\frac{1}{n} \cdot \sum_{i=1}^{k}(x_i-\bar{x})^2 \cdot a_i} \quad \text{absolute Häufigkeiten}$$

$$\bar{s} = \sqrt{(x_1-\bar{x})^2 \cdot h_1 + (x_2-\bar{x})^2 \cdot h_2 + \ldots + (x_k-\bar{x})^2 \cdot h_k} \quad \text{d.h.,} \quad \bar{s} = \sqrt{\sum_{i=1}^{k}(x_i-\bar{x})^2 \cdot h_i} \quad \text{relative Häufigkeiten}$$

Dabei sind $x_1, x_2, \ldots, x_k$ die verschiedenen Ausprägungen des beobachteten Merkmals. $a_1, a_2, \ldots, a_k$ sind die absoluten und $h_1, h_2, \ldots, h_k$ die relativen Häufigkeiten der Merkmalsausprägungen. n ist die Gesamtzahl der Daten.

▶ Beispiel: Standardabweichung der Punkteverteilung bei einer Klausur

Berechnen Sie die Standardabweichung der Punkteverteilung der beiden Klausurgruppen aus dem vorhergehenden Beispiel.

Lösung:
Wir stellen zunächst für Gruppe 1 eine Häufigkeitstabelle auf.
In weiteren Spalten errechnen wir die Abweichungen der einzelnen Ausprägungen x_i vom Mittelwert $\bar{x} = 4,5$ sowie die mit der Häufigkeit ihres Auftretens multiplizierten Abweichungsquadrate.
Die mittlere quadratische Abweichung erhält man, indem man die letzte Spalte aufsummiert und durch n = 22 dividiert.
Die Standardabweichung ergibt sich durch anschließendes Wurzelziehen. Sie beträgt $\bar{s} = 1,73$.
Analog gehen wir für Gruppe 2 vor. Hier beträgt die Standardabweichung $\bar{s} = 2,36$.
Die größere Streuung der zweiten Verteilung wird also deutlich erfasst.

x_i	a_i	$x_i - \bar{x}$	$(x_i - \bar{x})^2 \cdot a_i$
0	0	0 – 4,5	$(0-4,5)^2 \cdot 0$
1	1	1 – 4,5	$(1-4,5)^2 \cdot 1$
2	2	2 – 4,5	$(2-4,5)^2 \cdot 2$
3	3	3 – 4,5	$(3-4,5)^2 \cdot 3$
4	5	4 – 4,5	$(4-4,5)^2 \cdot 5$
5	5	5 – 4,5	$(5-4,5)^2 \cdot 5$
6	3	6 – 4,5	$(6-4,5)^2 \cdot 3$
7	2	7 – 4,5	$(7-4,5)^2 \cdot 2$
8	1	8 – 4,5	$(8-4,5)^2 \cdot 1$
		Summe:	65,5
	Mittlere quadr. Abweichung:		2,98
	Standardabweichung:		1,73

Bemerkung:

Die direkten Abweichungen $x_i - \bar{x}$ können sowohl negativ als auch positiv sein. Sie würden sich beim Summieren teilweise gegenseitig aufheben. Daher quadriert man sie. Aus der mittleren quadratischen Abweichung wird die Wurzel gezogen, um wieder in den ursprünglichen Größenbereich zurückzukommen. Das Quadrieren hat einen willkommenen Nebeneffekt: Große Abweichungen werden höher gewichtet. Sie gehen verstärkt in das Streuungsmaß ein.

Übungen

1. Bestimmung der Standardabweichung aus einem Datensatz
Bestimmen Sie das arithmetische Mittel und die Standardabweichung des Datensatzes.
a) Anzahl von emails pro Tag: 8   12   5   6   10   6   7   5   4   4
b) Tankmengen in Litern: 52.5   51.3   55.4   49.4   50.0   53.4   46.9   20.0   52.8   54.2   48.9   53.2
c)

Punkte im Test	1	2	3	4	5	6
Relative Häufigkeit	0,11	0,25	0,35	0,18	0,08	0,03

2. Bestimmung der Standardabweichung aus einem Diagramm
Die Spieler der Jugendgruppen zweier Schachvereine erreichten bei einem Turnier folgende Punktergebnisse.

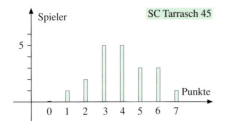
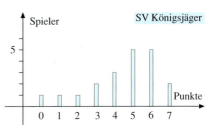

a) Bestimmen Sie jeweils arithmetisches Mittel, Median und Standardabweichung.
b) Diskutieren Sie Diagramme und Kennzahlen in Bezug auf die Spielstärke der Gruppen.
c) Berechnen Sie angenähert, welcher Prozentanteil der Daten in demjenigen Intervall liegt, welches vom Mittelwert jeweils eine Standardabweichung weit nach links und nach rechts reicht, also von $\bar{x} - \bar{s}$ bis $\bar{x} + \bar{s}$.

3. Vergleich zweier Weitsprungserien
Olympische Spiele 2000 in Sydney: Heike Drechsler gewinnt mit 6,99 m im Weitsprung die Goldmedaille vor Fiona May und Marion Jones (6,93 m). Werten Sie die Trainingsserien aus.

| Heike | 6,82 m | 6,79 m | 6,85 m | 6,83 m | 6,88 m | 6,75 m |
| Marion | 6,32 m | 6,74 m | 6,97 m | – | 6,88 m | 6,54 m |

a) Bestimmen Sie die durchschnittlichen Sprungweiten.
b) Berechnen Sie die Standardabweichungen.
c) Vergleichen Sie die beiden Sportlerinnen anhand der Daten.

4. Die Präzision von Maschinen
Beide Abfüllanlagen eines Fruchtsaftproduzenten sind auf einen Sollwert von 1000 ml eingestellt. Vergleichen Sie die Maschinen auf der Basis von zwei Stichproben.

Anlage A: 1003   992   990   988   1006   994   1005   999   990   994   1001   1023   1002   989
           1006   1005   993   1007   1001   997   1004   1001   1006   997   1007

Anlage B: 997   998   1001   996   1002   997   1000   1001   995   996   998   996   992   1002
           998   995   1002   1001   997   996   998   995   999   997   1001

3. Lineare Regression

Besteht zwischen zwei Größen ein linearer Zusammenhang, der durch die Darstellung von Messwertpaaren im Koordinatensystem veranschaulicht werden kann, so liegen die entsprechenden Punkte im Allgemeinen nicht genau auf einer Geraden, „sie streuen als *Punktwolke* um eine Gerade". Man sucht eine Gerade, die den vorliegenden Zusammenhang möglichst gut beschreibt.

A. Die optimale Gerade bei einer proportionaler Zuordnung

> Gegeben sind drei Messpunkte $P_1(x_1|y_1))$, $P_2(x_2|y_2))$, $P_3(x_3|y_3))$, die zu einer proportionalen Zuordnung gehören. Man bestimme eine *optimale Gerade* g mit der Gleichung $g(x) = mx$ so, dass die drei gegebenen Punkte „möglichst nahe" an g liegen.

Die obige Problemstellung lässt offen, in welchem Sinn die gesuchte Gerade optimal sein soll. Es liegt nahe, dass die Summe der Abstände der Punkte P_i von der Geraden g, also die Summe der Länge der Lote der Punkte P_i auf g minimiert werden soll. Einfacher ist die Forderung zu erfüllen, dass die Summe d der Beträge der Differenzen $g(x_i) - y_i$, also

$$d = |g(x_1) - y_1| + |g(x_2) - y_2| + |g(x_3) - y_3| = |mx_1 - y_1| + |mx_2 - y_2| + |mx_3 - y_3|$$

minimal wird. Aber bei der Lösung dieser Optimierungsaufgabe mithilfe der Differentialrechnung macht die Betragsfunktion bekanntlich Schwierigkeiten; man minimiert deshalb besser die Summe q der Quadrate der Differenzen $g(x_i) - y_i$:

$$q = (g(x_1) - y_1)^2 + (g(x_2) - y_2)^2 + (g(x_3) - y_3)^2 = (mx_1 - y_1)^2 + (mx_2 - y_2)^2 + (mx_3 - y_3)^2.$$

Die Summe q ist eine Funktion der Geradensteigung m, und q(m) ist differenzierbar; es gilt:

$$q'(m) = 2(mx_1 - y_1)x_1 + 2(mx_2 - y_2)x_2 + 2(mx_3 - y_3)x_3 = 0 \Leftrightarrow m = \frac{x_1y_1 + x_2y_2 + x_3y_3}{x_1^2 + x_2^2 + x_3^2}.$$

Nun gilt $q''(m) = 2x_1^2 + 2x_2^2 + 2x_3^2 > 0$, folglich liegt in der Tat ein Minimum der Quadratsumme q(m) bei dem errechneten Wert von m vor. Die im gewählten Sinne optimale Gerade g für einen proportionalen Zusammenhang hat damit die Gleichung

$$g(x) = \frac{x_1y_1 + x_2y_2 + x_3y_3}{x_1^2 + x_2^2 + x_3^2} \cdot x.$$

Wenn nicht nur drei, sondern n Messpunkte vorliegen, wird sich offensichtlich die Gerade zu   455-1

$$g(x) = \frac{x_1y_1 + x_2y_2 + \cdots + x_ny_n}{x_1^2 + x_2^2 + \cdots + x_n^2} \cdot x$$

ergeben. Das nebenstehende Bild veranschaulicht den obigen Ansatz zu Minimierung der Quadrate der y-Abstände der Punkte von der gesuchten Geraden. Diese sog. *Methode der kleinsten Quadrate* geht auf Carl Friedrich Gauss zurück.

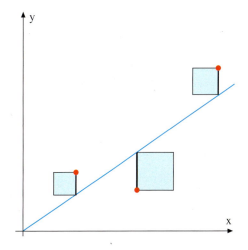

Der Physiker Georg Simon Ohm (1789–1854) entdeckte die Gesetzmäßigkeit, dass elektrische Spannung U und Stromstärke I proportionale Größen sind, Messwertpaare (U | I) also auf einer Gerade durch den Koordinatenursprung liegen. In einem Beispiel wird diese Gerade bestimmt.

▶ **Beispiel: Ohm'sches Gesetz**
Bei einem Schülerexperiment wurde an einen Kostantandraht eine elektrische Spannung U von zunächst 1 V angelegt, schrittweise um 1 V erhöht und jeweils die Stromstärke I gemessen.

U (in V)	1	2	3	4
I (in A)	0,22	0,42	0,64	0,86

Lösung:
Bei 4 Messwertpaaren gilt die Formel
$$m = \frac{x_1 y_1 + x_2 y_2 + x_3 y_3 + x_4 y_4}{x_1^2 + x_2^2 + x_3^2 + x_4^2}.$$

Man berechnet also die Summe der Produkte U · I zugeordneter Messwerte und dividiert sie durch die Summe der Quadrate der Spannungen U.

Berechnung der Steigung:
$$m = \frac{1 \cdot 0{,}22 + 2 \cdot 0{,}42 + 3 \cdot 0{,}64 + 4 \cdot 0{,}86}{1^2 + 1^2 + 3^2 + 4^2}$$
$$= \frac{6{,}39}{30} = 0{,}213$$

Gleichung der optimalen Geraden:
$g(x) = 0{,}213 \cdot x$

Übung 1 Hooke'sches Gesetz
Nach dem Hooke'schen Gesetz (Sir Robert Hooke, 1635–1703) ist die Verlängerung einer Spiralfeder proportional zur wirkenden Gewichtskraft. In einem Experiment wurden folgende Wertepaare gemessen:

Gewichtskraft G (in N)	0,5	1	1,5	2	2,5	3
Verlängerung d (in cm)	2,3	4,5	6,8	9,1	11,4	13,7

a) Veranschaulichen Sie die Wertepaare in einem Koordinatensystem.
b) Ermitteln Sie die Gleichung der optimalen Geraden, die den proportionalen Zusammenhang beschreibt.

B. Die Regressionsgerade

Bei den bisherigen Beispielen handelte es sich um proportionale Zusammenhänge, wodurch von vornherein die Modellierung direkt auf eine Ursprungsgerade $g(x) = mx$ führt, also ein Optimierungsproblem mit nur einem Parameter m zu lösen ist. In diesem Spezialfall ist praktisch vorgegeben, dass die gesuchte Gerade durch den Ursprung (0 | 0) verläuft.

Im allgemeinen Fall ist eine optimale Gerade, die sogenannte *Regressionsgerade* $g(x) = mx + c$, gesucht, also ein Optimierungsproblem mit zwei voneinander unabhängigen Parametern m und c zu lösen. Dafür wurde im bisherigen Mathematikunterricht kein Verfahren entwickelt.

Man kann aber dieses Problem umgehen, indem man auch im allgemeinen Fall einen Punkt vorgibt, der für die ganze gegebene Punktwolke charakteristisch ist. Es liegt nahe, dass der sogenannte *Schwerpunkt* $S(\bar{x} | \bar{y})$, dessen Koordinaten die arithmetischen Mittelwerte der x- bzw. y-Werte sind, auf der Regressionsgeraden liegt.

3. Lineare Regression

Damit ergibt sich wieder ein Optimierungsproblem mit einem einzigen Parameter. Das Optimierungsproblem wird der Übersichtlichkeit halber ebenfalls zunächst für den speziellen Fall von 3 gegebene Punkten formuliert und gelöst und dann im Anschluss verallgemeinert.

> Gegeben sind die drei Messpunkte $P_1(x_1|y_1)$, $P_2(x_2|y_2)$, $P_3(x_3|y_3)$.
> Der Schwerpunkt $S(\overline{x}|\overline{y})$ der gegebenen Punkte hat die Koordinaten
> $\overline{x} = \frac{x_1 + x_2 + x_3}{3}$ und $\overline{y} = \frac{y_1 + y_2 + y_3}{3}$.
> Man bestimme eine Gerade g mit der Gleichung $g(x) = m(x - \overline{x}) + \overline{y}$ so, dass die drei gegebenen Punkte „möglichst nahe" an g liegen.

Zur Lösung dieses Optimierungsproblems wird wieder die Summe q der Quadrate der Differenzen $g(x_i) - y_i$ gebildet:

$$q = (g(x_1) - y_1)^2 + (g(x_2) - y_2)^2 + (g(x_3) - y_3)^2$$
$$= (m(x_1 - \overline{x}) + \overline{y} - y_1)^2 + (m(x_2 - \overline{x}) + \overline{y} - y_2)^2 + (m(x_3 - \overline{x}) + \overline{y} - y_3)^2$$
$$= (m(x_1 - \overline{x}) - (y_1 - \overline{y}))^2 + (m(x_2 - \overline{x}) - (y_2 - \overline{y}))^2 + (m(x_3 - \overline{x}) - (y_3 - \overline{y}))^2$$

Die Summe q ist eine Funktion der Geradensteigung m, und q(m) ist differenzierbar; es gilt:

$$q'(m) = 2(m(x_1 - \overline{x}) - (y_1 - \overline{y}))(x_1 - \overline{x}) + 2(m(x_2 - \overline{x}) - (y_2 - \overline{y}))(x_2 - \overline{x})$$
$$+ 2(m(x_3 - \overline{x}) - (y_3 - \overline{y}))(x_3 - \overline{x}).$$

Es gilt: $q'(m) = 0 \Leftrightarrow m = \frac{(x_1 - \overline{x})(y_1 - \overline{y}) + (x_2 - \overline{x})(y_2 - \overline{y}) + (x_3 - \overline{x})(y_3 - \overline{y})}{(x_1 - \overline{x})^2 + (x_2 - \overline{x})^2 + (x_3 - \overline{x})^2}$.

Nun ist $q''(m) = 2(x_1 - \overline{x})^2 + 2(x_2 - \overline{x})^2 + 2(x_3 - \overline{x})^2 > 0$, denn der Fall „$= 0$" ist praktisch ausgeschlossen. Folglich liegt ein Minimum der Quadratsumme q(m) bei dem obigen Wert von m vor. Mit diesem m beschreibt $g(x) = m(x - \overline{x}) + \overline{y} = mx + (\overline{y} - m\overline{x})$ die gesuchte optimale Gerade zu den 3 gegebenen Punkten.

Man sieht unmittelbar, dass das Ergebnis auf n gegebene Punkte verallgemeinert werden kann.

> **Regressionsgerade**
> Gegeben sind n Messwertpaare $(x_1|y_1), (x_2|y_2), \ldots, (x_n|y_n)$ mit den arithmetischen Mittelwerten $\overline{x} = \frac{x_1 + x_2 + \cdots + x_n}{n}$ und $\overline{y} = \frac{y_1 + y_2 + \cdots + y_n}{n}$.
> Unter der Voraussetzung $(x_1 - \overline{x})^2 + (x_2 - \overline{x})^2 + \cdots + (x_n - \overline{x})^2 > 0$ gilt für die Steigung m der Regressionsgeraden $g(x) = m(x - \overline{x}) + \overline{y} = mx + (\overline{y} - m\overline{x})$:
> $$m = \frac{(x_1 - \overline{x})(y_1 - \overline{y}) + (x_2 - \overline{x})(y_2 - \overline{y}) + \cdots + (x_n - \overline{x})(y_n - \overline{y})}{(x_1 - \overline{x})^2 + (x_2 - \overline{x})^2 + \cdots + (x_n - \overline{x})^2}.$$

Hinweis zur praktischen Berechnung: Bereits bei wenigen Paaren $(x_i|y_i)$ ist der Aufwand zur Berechnung des sogenannten *Regressionskoeffizienten* m ganz erheblich und mit einem einfachen Taschenrechner kaum zu leisten. Aber alle *Tabellenkalkulationsprogramme* und auch *CAS-Taschenrechner* bieten die lineare Regression an. Steht keine Tabellenkalkulation zur Verfügung, so findet man unter dem Mediencode 457-1 auf der Buch-CD eine Alternative.

Übungen

Hinweis: Verwenden Sie für die Berechnung ein Tabellenkalkulationsprogramm, eine Computer-Algebra-System bzw. eine CAS-Taschenrechner oder das Medienelement 460-1.

4. Gegeben sind 5 Wertepaare:

x	5	9	13	15	21
y	5	6	6	8	10

a) Ermitteln Sie die Regressionsgerade.
b) Zeichnen Sie das Streudiagramm und die Regressionsgerade in ein Koordinatensystem.
c) Beurteilen Sie die Stärke des linearen Zusammenhangs.

5. In einer Messwerttabelle sind 4 Messwertpaare gegeben:

x	1	2	3	4
y	4	6	8	7

a) Bestimmen Sie die Gleichung der Regressionsgeraden und den Korrelationskoeffizienten.
b) Zeichnen Sie das Streudiagramm und die Regressionsgerade in ein Koordinatensystem.
c) Nun wird für x = 5 eine weitere Messung durchgeführt mit dem Ergebnis y = 1. Ermitteln Sie nun für die 5 Wertepaare die die Gleichung der neuen Regressionsgeraden sowie den zugehörigen Korrelationskoeffizienten.
d) Fügen Sie in das Koordinatensystem von Aufgabe b) den zusätzlichen Messpunkt ein. Stellen Sie auch die zweite Regressiongerade dar. Werten Sie den Sachverhalt.

6. Die Untersuchung der Entwicklung der Storchpopulation in einer Region in 7 aufeinanderfolgenden Jahren ergab die folgende Zahlenreihe:

132	142	166	188	240	250	252

In einer Ortschaft dieser Region wurden in denselben Jahren folgende Bevölkerungszahlen ermittelt:

554	554	650	677	698	723	760

Ein Lokalredakteur vermutet einen Zusammenhang und will für einen Zeitungsartikel den Korrelationskoeffizienten bestimmen. Er bittet um Ihre Hilfe und bietet dafür einen Praktikumsplatz.

XIV. Beschreibende Statistik

> **Überblick**

Mittelwerte und Streuungsmaße

Mittelwerte:
Es gibt drei Mittelwerte: Arithmetisches Mittel $\bar{x}$, Median $\tilde{x}$ und Modus $\hat{x}$.

Arithmetisches Mittel: $\bar{x} = \frac{\text{Summe aller Daten}}{\text{Anzahl aller Daten}}$ weitere Formeln für $\bar{x}$: Seite 21

Das arithmetische Mittel wird für quantitative Daten verwendet.

Median $\tilde{x}$: Der Median ist ein Wert, der den sortierten Datensatz in zwei gleich große Teile trennt. Bei ungerader Anzahl von Daten ist der Median das Datum, welches exakt in der Mitte des Datensatzes liegt. Bei gerader Anzahl von Daten gibt es zwei in der Mitte liegende Daten. Der Median ist dann deren arithmetisches Mittel. Der Median kann für quantitative und für qualitativ-ordinale Daten verwendet werden.

Modus $\hat{x}$: Der Modus ist das Datum des Datensatzes mit der größten Häufigkeit. Er wird für qualitativ-nominale Daten verwendet.

Streuungsmaß:
Die empirische Standardabweichung $\bar{s}$ ist ein Maß dafür, wie stark die Daten eines Datensatzes um das arithmetische Mittel streuen. Sie ist die Wurzel aus der mittleren quadratischen Abweichung der Einzeldaten vom arithmetischen Mittel.

Standardabweichung: $\bar{s} = \sqrt{\dfrac{(x_1 - \bar{x})^2 \cdot a_1 + (x_2 - \bar{x})^2 \cdot a_2 + \ldots + (x_k - \bar{x})^2 \cdot a_k}{n}}$

x_i: Merkmalsausprägung; a_i: Absolute Häufigkeit von x_i n: Anzahl der Daten

Lineare Regression

Gegeben sind n Messwertpaare $(x_1 | y_1)$, $(x_2 | y_2)$, ..., $(x_n | y_n)$ mit den aritmetischen Mittelwerten $\bar{x} = \frac{x_1 + x_2 + \cdots + x_n}{n}$ und $\bar{y} = \frac{y_1 + y_2 + \cdots + y_n}{n}$.

Unter der Voraussetzung $(x_1 - \bar{x})^2 + (x_2 - \bar{x})^2 + \cdots + (x_n - \bar{x})^2 > 0$ gilt für die Steigung m der **Regressionsgeraden** $g(x) = m(x - \bar{x}) + \bar{y} = mx + (\bar{y} - m\bar{x})$:

$$m = \frac{(x_1 - \bar{x})(y_1 - \bar{y}) + (x_2 - \bar{x})(y_2 - \bar{y}) + \cdots + (x_n - \bar{x})(y_n - \bar{y})}{(x_1 - \bar{x})^2 + (x_2 - \bar{x})^2 + \cdots + (x_n - \bar{x})^2}.$$

Korrelationskoeffizient: $r_{xy} = \dfrac{(x_1 - \bar{x})(y_1 - \bar{y}) + \cdots + (x_n - \bar{x})(y_n - \bar{y})}{\sqrt{(x_1 - \bar{x})^2 + \cdots + (x_n - \bar{x})^2} \cdot \sqrt{(y_1 - \bar{y})^2 + \cdots + (y_n - \bar{y})^2}}$.

Der Korrelationskoeffizient ist liegt zwischen -1 und 1 und ist ein Maß für die Stärke des linearen Zusammenhangs zwischen den Messreihen. Ist $|r_{xy}|$ nahe 1, so besteht ein starker Zusammenhang. Ist $|r_{xy}| \approx 0$, dann ist der Zusammenhang schwach.

Spezialfall: Optimale Gerade bei proportionaler Zuordnung: $g(x) = \dfrac{x_1 y_1 + x_2 y_2 + \cdots + x_n y_n}{x_1^2 + x_2^2 + \cdots + x_n^2} \cdot x$

Die Manipulation von Statistiken

Statistiken sollen Sachverhalte verdeutlichen. Leider werden sie häufig in anderer Absicht eingesetzt. Sie werden manipuliert, um sachlich nicht gerechtfertigte Positionen von Interessengruppen zu untermauern.

Manipulationen bei der Erhebung von Daten

60 Prozent für Winterferien!
Die geplante Einführung von Winterferien hat bei den Eltern große Zustimmung gefunden. Bei einer Umfrage konnten sie sich für oder gegen Winterferien entscheiden. 60 % waren für Winterferien. Nur 40 % entschieden sich für die Beibehaltung der alten Regelung, die keine Winterferien vorsieht. Schon im nächsten Jahr können die Eltern einen Skiurlaub planen.

Elternbefragung Winterferien
Kreuzen Sie bitte Ihre Wahl an

- Winterferien in der zweiten Januarwoche ☐
- Winterferien in der ersten Februarwoche ☐
- Winterferien in der zweiten Februarwoche ☐
- Weiterhin keine Winterferien ☐
- Winterferien nach den Weihnachtsferien ☐

Hier wird schon bei der Fragestellung bewusst oder unbewusst manipuliert. Man möchte den Eltern die Entscheidung für oder gegen Winterferien gar nicht überlassen. Sonst hätte der Fragebogen nur folgende beide Alternativen in gleichberechtigter Formulierung enthalten dürfen:

Ich bin für Winterferien ☐   Ich bin gegen Winterferien ☐

Aber genau das wird vermieden. Vielmehr wird ein alter, aber sehr wirksamer Trick verwendet. Es werden vier Alternativen für Winterferien formuliert, unter denen die eine Alternative gegen Winterferien gut versteckt werden kann. Dies führt dazu, dass diese Alternative zumindest von Unentschlossenen gar nicht mehr gleichberechtigt wahrgenommen wird. Außerdem wird sie nun subjektiv als Extremposition eingestuft, und viele Menschen versuchen bekanntlich, Extrempositionen zu vermeiden. In dem Zeitungsartikel ist von dieser psychologischen Manipulation natürlich nichts mehr zu erkennen.

Manipulationen und Fehler bei der Darstellung von Daten

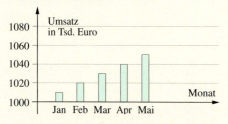

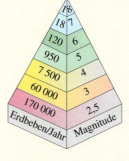

Im rechten Diagramm liegt keine Manipulation vor, sondern nur ein Verstoß gegen die Proportionalität. Die rote Schicht hat nur etwa das vierfache Volumen wie die hellgrüne Schicht, obwohl sie für fast die 200fache Anzahl von Erdbeben steht. Hier hat die Schönheit über die Vernunft gesiegt. Generell sollten dreidimensionale Graphiken vermieden werden, da sie selten genaue Ablesungen gestatten.

Im linken Diagramm wird dynamisches Wachstum vorgetäuscht. Der Maibalken ist fünfmal so hoch wie der Januarbalken. In Wirklichkeit stieg der Umsatz nur um 5%. Erreicht wurde diese Täuschung durch Verlagerung der Nulllinie auf die Zahl 1000.

Manipulationen bei der Interpretation von Daten

Gesundheitssystem marode!

Bei einer Vergleichsstudie der Gesundheitssysteme von A-Land und B-Land schnitt unser Land alarmierend schlecht ab. Während bei uns nur 36 % aller Personen bei bester Gesundheit sind, sind in unserem Nachbarland B-Land 41,5 % aller Einwohner völlig gesund. Und das, obwohl unser Gesundheitssystem viel teurer ist. Nun ist geplant, unser Gesundheitssystem nach dem Vorbild von B-Land abzuändern. Davon erhofft man sich sowohl eine Verbesserung des Gesundheitszustandes der Bevölkerung als auch eine Kostenersparnis. Inzwischen wurden bereits erste Maßnahmen ergriffen.

So oder ähnlich könnte durchaus eine Schlagzeile lauten. Stellen wir uns einmal vor, dass in den beiden Ländern – also in A-Land und in B-Land – eine vergleichende Studie durchgeführt wurde, bei der zwei Gruppen getestet wurden, die Gruppe der Jüngeren (bis 45 Jahre) und die Gruppe der Älteren (über 45 Jahre). Dazu wurden 1000 Personen zufällig ausgewählt und überprüft. Die Resultate lauteten:

LAND A	Anzahl der Personen	Anzahl Gesunder	Anteil Gesunder
Ältere	400	60	15 %
Jüngere	600	300	50 %

LAND B	Anzahl der Personen	Anzahl Gesunder	Anteil Gesunder
Ältere	100	10	10 %
Jüngere	900	405	45 %

Man sieht ganz klar: In beiden Gruppen – sowohl bei den Jüngeren als auch bei den Älteren – hat zweifellos Land A die Nase vorn. Die Anteile der Gesunden sind in beiden Fällen höher.
Und nun kommt die Überraschung! Vereinigt man in jedem Land das Ergebnis der Jüngeren mit dem Ergebnis der Älteren, so ergibt sich folgendes Bild:

LAND A	Anzahl der Personen	Anzahl Gesunder	Anteil Gesunder
Alle	1000	360	36 %

LAND B	Anzahl der Personen	Anzahl Gesunder	Anteil Gesunder
Alle	1000	415	41,5 %

Thomas Simpson
1710 –1761

Nun hat auf einmal erstaunlicherweise Land B die Nase vorn. Dieser Effekt wird als das Simpson-Paradoxon bezeichnet nach dem englischen Mathematiker Thomas Simpson (1710 –1761).
Der Effekt kann zur Manipulation verwendet werden. Ein Kritiker des Gesundheitssystems von Land B könnte die oberen Tabellen als Argument für die Umgestaltung des Gesundheitssystems nach dem Vorbild von Land A verwenden. Ein Kritiker des Gesundheitssystems von Land A könnte sich auf die unteren Tabellen berufen, um das Umgekehrte zu fordern.
Wer hat nun recht? Die unteren Tabellen, die durch Vereinigung entstanden, verfälschen die Daten. Land A ist in beiden Einzelgruppen besser. Es besitzt jedoch einen viel höheren Anteil alter Menschen, der bei der Vereinigung der Daten den Schnitt verdirbt. Die Ursache des schlechten Abschneidens ist also nicht ein schlechteres Gesundheitssystem, sondern nur die ungünstigere Altersstruktur des Landes.

Test

Einige Begriffe der beschreibenden Statistik

1. In einem Stadtteil wurde eine Befragung zur Anzahl der Haustiere pro Haushalt durchgeführt. Die Ergebnisse wurden graphisch dargestellt.
   a) Wie viele Haushalte waren beteiligt?
   b) Wie viele Haushalte hielten mehr als 2 Tiere bzw. weniger als 4 Tiere?
   c) Wie groß ist die durchschnittliche Anzahl von Tieren pro Haushalt?
   d) Berechnen Sie die Standardabweichung.
   e) Wie lautet der Median der Verteilung?

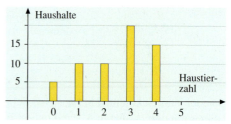

2. Die Anwohner der Parkstraße wurden zur Anzahl der Elektrogeräte pro Haushalt befragt.

   Elektrogeräte pro Haushalt 9 15 12 16 8 14 12 50 17 16 82 14 19 12 16 19 21 8

   a) Bestimmen Sie das arithmetische Mittel und den Median des Datensatzes.
   b) Welche der beiden Kennzahlen aus a) ist zur Beschreibung des Datensatzes besser geeignet? Begründen Sie.
   c) Ein Jahr später hat sich die durchschnittliche Gerätezahl pro Haushalt um 3 erhöht. Wie viele zusätzliche Geräte wurden in der Parkstraße inzwischen angeschafft?

3. Die Graphik zeigt den Wasserverbrauch im Monat Mai der 60 Mieter eines Wohnhauses. Die Daten sind klassiert mit Klassen von 0 bis unter 5, von 5 bis unter 10, etc.
   a) Wie viele Mieter verbrauchten 10 oder mehr m^3?
   b) Wie hoch ist der durchschnittliche Verbrauch pro Mieter angenähert?
   c) Weshalb kann man den Gesamtverbrauch aller Mieter nicht exakt errechnen? Wie hoch war er maximal?

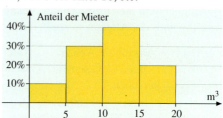

4. Ein regionaler Anbieter von Dienstleistungen, der in 3 Orten tätig ist, fragt nach dem Zusammenhang der Einwohnerzahl und der Anzahl seiner Kunden.

Ort	1	2	3
Einwohnerzahl (in Tausend)	13	17	8
Anzahl der Kunden (in Tausend)	2	3	2

Ermitteln Sie die Gleichung der Regressionsgeraden und berechnen Sie den Korrelationskoeffizienten.

Lösungen unter 464-1

XV. Grundbegriffe der Wahrscheinlichkeitsrechnung

1. Zufallsversuche und Ereignisse

Glücksspiele haben die Menschen seit jeher fasziniert. Schon Richard de Fournival (1201–1260) beschäftigte sich in seinem Gedicht „De Vetula" mit der Häufigkeit der Augensummen beim Werfen von drei Würfeln. Doch erst Galileo Galilei (1564–1642) gelang die Lösung dieses Problems. Die systematische Mathematik des Zufalls – die Wahrscheinlichkeitsrechnung – entwickelte sich im 17. Jahrhundert. Antoine Gombaud (1607–1684) – auch Chevalier de Méré genannt – traktierte den berühmten Mathematiker Blaise Pascal (1623–1662) mit Würfelproblemen. Schließlich trat Pascal in einen Briefwechsel mit Pierre de Fermat (1601–1665) ein, in dem beide mehrere Probleme lösten und systematische Methoden zur Kalkulation des Zufalls fanden.

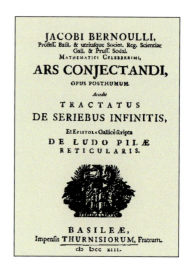

Das Grundgesetz der Wahrscheinlichkeitstheorie – das Gesetz der großen Zahl – entdeckte 1688 der Mathematiker Jakob Bernoulli (1654–1705). Seine legendäre Abhandlung, die „Ars conjectandi", wurde 1713 veröffentlicht, acht Jahre nach Bernoullis Tod. Ars conjectandi steht hier für die Kunst des vorausschauenden Vermutens. Heute ist diese Kunst ein Teilgebiet der Mathematik, das als *Stochastik* bezeichnet wird und in die *Wahrscheinlichkeitsrechnung* und die *Statistik* unterteilt ist. Die Stochastik befasst sich mit dem Beurteilen von zufälligen Prozessen und mit Prognosen für den Ausgang solcher Prozesse.

Zunächst muss man festlegen, was unter einem *Zufallsprozess*, einem *Zufallsversuch* bzw. unter einem *Zufallsexperiment* zu verstehen ist.

Es ist ein Vorgang, dessen Ausgang ungewiss ist, auch im Falle der Wiederholung. Dabei ist es völlig unerheblich, aus welchem Grund der Ausgang des Experimentes nicht vorhersagbar ist. Es spielt keine Rolle, ob der Ausgang des Experiments prinzipiell nicht vorhersagbar ist oder nur deshalb nicht, weil es dem Experimentator an Wissen über den Zufallsprozess mangelt.

Typische Beispiele für Zufallsprozesse sind der Münzwurf, der Würfelwurf, das Werfen eines Reißnagels, aber auch die Abgabe eines Lottotipps, die Durchführung einer Wahl, das Testen eines neuen Medikamentes.   466-1

Übung 1 Spiel

Hans und Peter werfen jeweils einen Würfel. Hans erhält einen Punkt, wenn er die höhere Augenzahl hat. Peter erhält einen Punkt, wenn seine Augenzahl Teiler der Augenzahl von Hans ist. Stellen Sie durch 50 Spiele mit Ihrem Nachbarn fest, wer von beiden die bessere Chance hat. Werten Sie die Ergebnisse der gesamten Klasse aus.

1. Zufallsversuche und Ereignisse

A. Ergebnisse und Ereignisse

Das Resultat eines Zufallsversuchs – d. h. sein Ausgang – wird als *Ergebnis* bezeichnet. Die Menge aller möglichen Ergebnisse bildet den *Ergebnisraum* Ω eines Zufallsexperiments. Nebenstehend werden diese Begriffe am Beispiel des Würfelns mit einem Würfel verdeutlicht. Hierbei sind die Ergebnisse so festzulegen, dass beim Durchführen des Experiments genau ein Ergebnis auftritt.

Ein wichtiger wahrscheinlichkeitstheoretischer Begriff ist der des Ereignisses. Ein *Ereignis* kann als Zusammenfassung einer Anzahl möglicher Ergebnisse zu einem Ganzen aufgefasst werden.

> Mathematisch gesehen ist ein *Ereignis* E also nichts anderes als eine Teilmenge des Ergebnisraumes Ω: $\mathbf{E} \subseteq \mathbf{\Omega}$.

Bei der Durchführung eines Zufallsexperimentes tritt ein Ereignis E genau dann ein, wenn eines seiner Ergebnisse eintritt. Besondere Ereignisse sind das *unmögliche Ereignis* $\mathbf{E} = \emptyset$, das nicht eintreten kann, da es keine Ergebnisse enthält, sowie das *sichere Ereignis* $\mathbf{E} = \mathbf{\Omega}$, das stets eintritt, da es alle Ergebnisse enthält.
Außerdem werden die einelementigen Ereignisse als *Elementarereignisse* bezeichnet.

Erläuterungen am Beispiel „Würfeln"

Zufallsexperiment: Würfelwurf

Beobachtetes Merkmal: Augenzahl

Mögliche Ergebnisse: Augenzahlen 1, 2, 3, 4, 5, 6

Ergebnisraum: $\Omega = \{1, 2, 3, 4, 5, 6\}$

Beim Würfelwurf lässt sich das Ereignis E: „Es fällt eine gerade Zahl" durch die Ergebnismenge $E = \{2, 4, 6\} \subseteq \Omega$ darstellen.

E: „gerade Zahl" $\Leftrightarrow$ $E = \{2, 4, 6\}$

Das Ereignis „gerade Zahl" tritt genau dann ein, wenn eine der Zahlen 2, 4 oder 6 als Ergebnis kommt.

Die Elementarereignisse beim Würfeln mit einem Würfel sind die einelementigen Ereignisse $\{1\}, \{2\}, \{3\}, \{4\}, \{5\}$ und $\{6\}$.

Sie entsprechen den Ergebnissen, sind allerdings im Gegensatz dazu Mengen.

Übung 2

Ein Glücksrad mit 10 gleich großen Sektoren $0, \ldots, 9$ wird einmal gedreht.
a) Aus welchen Gründen ist dies ein Zufallsexperiment?
b) Geben Sie einen geeigneten Ergebnisraum an.
c) Stellen Sie das Ereignis E: „Es kommt eine gerade Zahl" als Ergebnismenge dar.
d) Beschreiben Sie die Ereignisse
$E_1 = \{1, 3, 5, 7, 9\}$, $E_2 = \{0, 3, 6, 9\}$ und $E_3 = \{2, 3, 5, 7\}$ verbal.

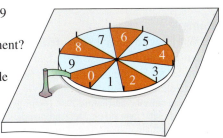

B. Vereinigung und Schnitt von Ereignissen

▶ **Beispiel:** Max und Moritz bilden im Spielkasino beim Roulette ein Team. Max setzt auf die Zahl 23, Moritz setzt auf „douze premier" (das 1. Dutzend).[1] Rechts ist das Spielbrett des Roulettes abgebildet.
a) Geben Sie einen geeigneten Ergebnisraum an.
b) Stellen Sie die Ereignisse E_1: „Max gewinnt", E_2: „Moritz gewinnt" und E_3: „Das Team Max & Moritz gewinnt" als Ergebnismengen dar.

Lösung zu a:
Beim Roulette fällt eine Kugel in eines der Fächer einer drehbaren Scheibe, die von 0 bis 36 nummeriert sind. Folglich enthält der Ergebnisraum Ω die Zahlen 0 bis 36.

Lösung zu b:
Das Ereignis E_1: „Max gewinnt" tritt ein, wenn die Kugel in das Fach mit der Nummer 23 fällt. Das Ereignis E_2: „Moritz gewinnt" tritt ein, wenn die Kugel in ein Fach mit den Nummern 1–12 fällt. Das Ereignis E_3 tritt ein, wenn wenigstens einer der beiden Spieler gewinnt, wenn also die Zahl 23 **oder** eine Zahl des 1. Dutzends kommt, wenn also E_1 **oder** E_2 eintritt. Es lässt sich als *Vereinigungsmenge* $E_1 \cup E_2$ von E_1
▶ und E_2 auffassen.

$\Omega = \{0, 1, 2, 3, 4, 5, \ldots, 36\}$

$E_1 = \{23\}$

$E_2 = \{1, 2, 3, 4, 5, 6, 7, 8, 9, 10, 11, 12\}$

$E_3 = E_1 \cup E_2 = \{23\} \cup \{1, 2, 3, \ldots, 12\}$

$ = \{1, 2, 3, 4, \ldots, 12, 23\}$

Übung 3
Max und Moritz bilden im Spielkasino beim Roulette ein Team. Max setzt auf „manque" (die 1. Hälfte), Moritz setzt auf „noir" (alle schwarzen Zahlen). Stellen Sie die Ereignisse E_1: „Max gewinnt", E_2: „Moritz gewinnt" und E_3: „Das Team Max & Moritz gewinnt" als Ergebnismengen dar.

Übung 4
Ein Würfel wird einmal geworfen.
Stellen Sie die Ereignisse E_1: „Die Augenzahl ist kleiner als 3" und E_2: „Die Augenzahl ist ungerade" als Ergebnismengen dar. Bestimmen Sie die Ergebnismenge des Ereignisses $E_1 \cup E_2$.

---

[1] Setzt man auf eine bestimmte Zahl (*plein* genannt), so erhält man im Gewinnfall das 36fache des Einsatzes ausgezahlt, setzt man auf ein Dutzend, so erhält man das 3fache des Einsatzes. Bei *pair* (gerade Zahlen außer 0), *impair* (ungerade Zahlen), *rouge* (rote Zahlen), *noir* (schwarze Zahlen), *manque* (die 1. Hälfte), *passe* (die 2. Hälfte) erhält man jeweils das Doppelte des Einsatzes. Es gibt noch weitere Setzmöglichkeiten beim Roulette.

1. Zufallsversuche und Ereignisse

▶ **Beispiel:** Aus einer Urne[1] mit 100 gleichartigen Kugeln, die die Nummern 1 bis 100 tragen, wird zufällig eine Kugel gezogen.
Stellen Sie die Ereignisse E_1: „Die Nummer ist durch 8 teilbar" und E_2: „Die Nummer ist durch 20 teilbar" sowie $E_1 \cap E_2$ als Ergebnismengen dar.

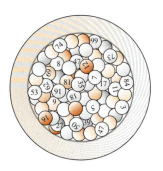

Lösung:
Mögliche Ergebnisse sind die Nummern 1 bis 100.

$\Omega = \{1, 2, \ldots, 100\}$

Für die Ereignisse E_1 bzw. E_2 erhalten wir die nebenstehenden Ergebnismengen.

$E_1 = \{8, 16, 24, 32, 40, 48, 56, 64, 72, 80, 88, 96\}$

$E_2 = \{20, 40, 60, 80, 100\}$

Der Schnitt beider Ereignisse $E_1 \cap E_2$ tritt genau dann ein, wenn die Nummer der gezogenen Kugel sowohl durch 8 als auch durch 20 teilbar ist, d.h. wenn also E_1 **und** E_2 eintreten. Hierfür gibt es zwei Ergebnisse, die Nummern 40 und 80.

$E_1 \cap E_2 = \{40, 80\}$

Das dargestellte Mengenbild veranschaulicht die *Schnittmenge*. Das Ereignis $E_1 \cap E_2$ tritt genau dann ein, wenn sowohl das Ereignis E_1 als auch das Ereignis E_2 eintritt, d.h. wenn beide Ereignisse eintreten. ▶

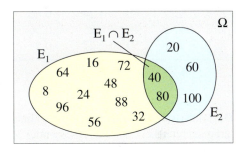

Übung 5
Aus einer Urne mit 50 gleichartigen Kugeln, die die Nummern 1 bis 50 tragen, wird zufällig eine Kugel gezogen. Stellen Sie die folgenden Ereignisse als Ergebnismengen dar:
E_1: „Die Nummer ist durch 9 teilbar."
E_2: „Die Nummer ist durch 12 teilbar."
E_3: „Die Nummer ist durch 23 teilbar."
Bestimmen Sie die Ergebnismengen der Ereignisse $E_1 \cap E_2$, $E_1 \cup E_2$, $E_2 \cap E_3$ und $E_1 \cup E_2 \cup E_3$.
Stellen Sie $E_1 \cup E_2 \cup E_3$ in einem Mengenbild dar.

Übung 6
Stellen Sie die folgenden Ereignisse beim Roulette als Ergebnismengen dar:
E_1: „rouge" (alle roten Zahlen),
E_2: „pair" (alle geraden Zahlen außer 0) und
E_3: „douze dernier" (das letzte Dutzend).
Bestimmen Sie die Ergebnismengen der Ereignisse $E_1 \cap E_2$, $E_1 \cup E_2$, $E_2 \cap E_3$, $E_2 \cup E_3$ sowie $E_1 \cap E_2 \cap E_3$ und $E_1 \cup E_2 \cup E_3$.

---

[1] In der Wahrscheinlichkeitsrechnung ist es üblich, ein Gefäß, in dem sich Kugeln o. ä. befinden, als *Urne* zu bezeichnen. Diesen Begriff prägte *Jakob Bernoulli* (1654–1705).

2. Relative Häufigkeit und Wahrscheinlichkeit

A. Das empirische Gesetz der großen Zahlen

Die Tabelle zeigt die Ergebnisse (Kopf K oder Zahl Z) einer Serie von Münzwürfen. Dabei bedeutet n die Anzahl der Würfe, $a_n(K)$ die *absolute Häufigkeit* und $h_n(K) = \frac{a_n(K)}{n}$ die *relative Häufigkeit* des Ergebnisses Kopf in n Versuchen. Der Graph zeigt das *Häufigkeitsdiagramm*.

Urliste	n	$a_n(K)$	$h_n(K)$
K Z Z Z K	5	2	0,40
K K K K K	10	7	0,70
K Z K Z K	15	10	0,67
K Z K K K	20	14	0,70
Z Z Z Z Z	25	14	0,56
K K K K K	30	19	0,63
K K K Z K	35	23	0,66
Z K Z Z Z	40	24	0,60
K Z Z Z Z	45	25	0,56
Z K Z Z K	50	27	0,54

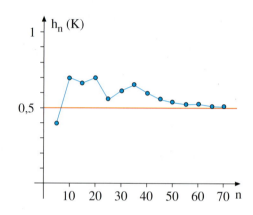

Die relative Häufigkeit $h_n(K)$ des Ergebnisses Kopf stabilisiert sich nach anfänglichen Schwankungen und nähert sich mit wachsender Versuchszahl n dem Wert 0,5.
Die Stabilisierung der relativen Häufigkeit mit wachsender Versuchszahl bezeichnet man als das *empirische Gesetz der großen Zahlen*. Es wurde von Jakob Bernoulli 1688 entdeckt.
Den *Stabilisierungswert* der relativen Häufigkeiten eines Ereignisses bezeichnet man als *Wahrscheinlichkeit* des Ereignisses.

Definition XV.1:
Gegeben sei ein Zufallsexperiment mit dem Ergebnisraum $\Omega = \{e_1; \ldots; e_m\}$.
Eine Zuordnung P, die jedem Elementarereignis $\{e_i\}$ genau eine reelle Zahl $P(e_i)$ zuordnet, heißt **Wahrscheinlichkeitsverteilung**, wenn folgende Bedingungen gelten:

I. $P(e_i) \geq 0$ für $1 \leq i \leq m$
II. $P(e_1) + \ldots + P(e_m) = 1$

Die Zahl $P(e_i)$ heißt dann **Wahrscheinlichkeit** des Elementarereignisses $\{e_i\}$.

Beispiel: Wurf eines fairen Würfels
Setzen wir $\Omega = \{1, 2, \ldots, 6\}$ und $P(i) = \frac{1}{6}$ für $i = 1, \ldots, 6$, so erhalten wir eine zulässige Häufigkeitsverteilung, denn es gilt:
I. $P(1) = P(2) = \ldots = P(6) = \frac{1}{6} \geq 0$ II. $P(1) + P(2) + \ldots + P(6) = 1$.

2. Relative Häufigkeit und Wahrscheinlichkeit

B. Rechenregeln für Wahrscheinlichkeiten

Wir übertragen nun den Begriff der Wahrscheinlichkeit auf beliebige Ereignisse.
Es liegt nahe, als Wahrscheinlichkeit eines Ereignisses E die Summe der Wahrscheinlichkeiten der Elementarereignisse zu nehmen, aus denen sich E zusammensetzt.

> **Satz XV.1: Summenregel**
> Gegeben sei ein Zufallsexperiment mit dem Ergebnisraum Ω. $E = \{e_1, e_2, ..., e_k\}$ sei ein beliebiges Ereignis. Dann gilt für die Wahrscheinlichkeit von E:
>
> $$P(E) = P(e_1) + P(e_2) + ... + P(e_k).$$
>
> Sonderfall: $\quad P(E) = 0$, falls $E = \emptyset$ (das unmögliche Ereignis) ist.
> $\qquad\qquad\quad P(E) = 1$, falls $E = \Omega$ (das sichere Ereignis) ist.

Zu zwei beliebigen Ereignissen E_1 und E_2 sind oft auch die *Vereinigung* $E_1 \cup E_2$ bzw. der *Schnitt* $E_1 \cap E_2$ zu betrachten. Ebenfalls wird neben einem Ereignis E auch das *Gegenereignis* $\overline{E}$ untersucht, das genau dann eintritt, wenn E nicht eintritt.

Die Erläuterungen dieser Ereignisse sind in der folgenden Tabelle zusammenfassend dargestellt.

Symbol	Beschreibung	Mengenbild
$E_1 \cup E_2$	tritt ein, wenn wenigstens eines der beiden Ereignisse E_1 **oder** E_2 eintritt	
$E_1 \cap E_2$	tritt ein, wenn sowohl E_1 als auch E_2 eintritt (E_1 **und** E_2)	
$\overline{E} = \Omega \setminus E$	tritt ein, wenn E **nicht** eintritt	

Zwischen der Wahrscheinlichkeit eines Ereignisses E und der Wahrscheinlichkeit des Gegenereignisses $\overline{E}$ ($P(\overline{E})$ bezeichnet man auch als *Gegenwahrscheinlichkeit*) besteht ein wichtiger Zusammenhang.

> **Satz XV.2: Gegenwahrscheinlichkeit**
> Die Summe der Wahrscheinlichkeit eines Ereignisses $\qquad P(E) + P(\overline{E}) = 1$
> E und der des Gegenereignisses $\overline{E}$ ist gleich 1.

Betrachtet man beispielsweise beim einfachen Würfelwurf mit $\Omega = \{1, 2, 3, 4, 5, 6\}$ das Ereignis E: „Es fällt eine Primzahl", also $E = \{2, 3, 5\}$, dann ist $\overline{E} = \Omega \setminus E = \{1, 4, 6\}$ das Gegenereignis „Es fällt keine Primzahl". Damit gilt:

$P(E) = \frac{1}{2}, \ P(\overline{E}) = \frac{1}{2}, \ $ also $\ P(E) + P(\overline{E}) = 1.$

Satz XV.3: Der Additionssatz
Für zwei beliebige Ereignisse $E_1, E_2 \subset \Omega$ gilt:

$P(E_1 \cup E_2) = P(E_1) + P(E_2) - P(E_1 \cap E_2).$

Sind die Ereignisse unvereinbar, d. h. ist $E_1 \cap E_2 = \emptyset$, dann gilt sogar vereinfacht:

$P(E_1 \cup E_2) = P(E_1) + P(E_2)$

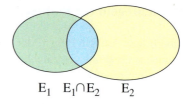

$E_1 \quad E_1 \cap E_2 \quad E_2$

Der Satz ist anschaulich klar. Man erkennt aus der Abbildung, dass in der Summe $P(E_1) + P(E_2)$ die Elementarereignisse aus der Schnittmenge $E_1 \cap E_2$ doppelt gezählt werden, weshalb sie einmal wieder abgezogen werden müssen. Mit dem Additionssatz kann die Wahrscheinlichkeit eines ODER-Ereignisses $E_1 \cup E_2$ errechnet werden.

Übung 1
Aus jeder der beiden Urnen wird eine Kugel gezogen. Als Gewinn zählt, wenn die Augensumme 7 ist (Ereignis E_1) *oder* wenn beide Kugeln Nummern unter 4 tragen (Ereignis E_2). Verwenden Sie als Ergebnismenge $\Omega = \{(1,1), \ldots, (8,6)\}$. Der Einsatz ist 1 €. Im Gewinnfall erhält man 2 €.

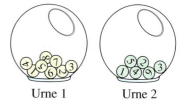

Urne 1   Urne 2

a) Stellen Sie E_1 und E_2 als Teilmengen von Ω dar.
b) Bestimmen Sie $E_1 \cap E_2$.
c) Wie groß ist die Gewinnwahrscheinlichkeit? Wenden Sie den Additionssatz an.
d) Beurteilen Sie, ob das Spiel für den Spieler günstig ist.

Übung 2
Aus den ersten 200 natürlichen Zahlen wird eine Zahl gezogen. Mit welcher Wahrscheinlichkeit ist die gezogene Zahl durch 7 *oder* durch 9 teilbar?

Übung 3
Bei einem Glücksspiel werden zwei Würfel zugleich geworfen. Man verliert, wenn die Augensumme ungerade ist (Ereignis E_1) *oder* wenn beide Würfel die gleiche Augenzahl zeigen (Ereignis E_2).

a) Geben Sie Ω an. Stellen Sie E_1 und E_2 als Teilmengen von Ω dar.
b) Begründen Sie: E_1 und E_2 sind unvereinbar.
c) Wie groß ist die Verlustwahrscheinlichkeit?
d) Der Betreiber des Glücksspiels zahlt im Falle des Gewinns 3 € an den Spieler aus. Welchen Einsatz muss er nehmen, um die durch die Auszahlung entstehenden Kosten zu decken?

C. Laplace-Wahrscheinlichkeiten

> **Beispiel:** Bei einem Würfelspiel werden zwei Würfel gleichzeitig einmal geworfen. Ist die Augensumme 6 oder die Augensumme 7 wahrscheinlicher?
>
> 473-1

Lösung:
Beide Würfel können die Augenzahlen 1 bis 6 zeigen.
Die Augensumme 6 ergibt sich aus den Augenzahlen als $1+5$, $2+4$ und $3+3$.
Die Augensumme 7 ergibt sich aus den Augenzahlen als $1+6$, $2+5$ und $3+4$.
Da es jeweils 3 Kombinationen gibt, könnte man vermuten, dass die Augensummen 6 und 7 beide mit der gleichen Wahrscheinlichkeit eintreten.
Aber die einzelnen Kombinationen sind nicht gleich wahrscheinlich. Wir denken uns die beiden Würfel farbig (z. B. rot und schwarz) und damit unterscheidbar und notieren die möglichen Augensummen tabellarisch, wie rechts dargestellt. Jeder der 36 möglichen Ausgänge in der Tabelle ist nun gleich wahrscheinlich. Anhand der Tabelle erkennen wir, dass sich die Augensumme 6 in 5 von 36 möglichen Ausgängen ergibt, die Augensumme 7 aber in 6 von 36 möglichen Ausgängen.
Somit tritt die Augensumme 6 mit der Wahrscheinlichkeit $P(\text{„Summe 6"}) = \frac{5}{36}$ ein, die Augensumme 7 mit der Wahrscheinlichkeit $P(\text{„Summe 7"}) = \frac{6}{36}$.
Die Augensumme 7 ist also wahrscheinlicher.

Summe 6: $1+5$, $2+4$, $3+3$

Summe 7: $1+6$, $2+5$, $3+4$

W_1\W_2	1	2	3	4	5	6
1	2	3	4	5	6	7
2	3	4	5	6	7	8
3	4	5	6	7	8	9
4	5	6	7	8	9	10
5	6	7	8	9	10	11
6	7	8	9	10	11	12

$P(\text{„Summe 6"}) = \frac{5}{36}$

$P(\text{„Summe 7"}) = \frac{6}{36}$

Resultat:
Die Augensumme 7 ist wahrscheinlicher.

Die Ergebnisse dieses Zufallsexperimentes sind Zahlenpaare. Eine „1" auf dem ersten Würfel und eine „5" auf dem zweiten Würfel können als (1 ; 5) dargestellt werden.
Dann besteht der Ergebnisraum Ω aus 36 gleich wahrscheinlichen Ergebnissen:
$\Omega = \{(1\,;1), (1\,;2), …, (2\,;1), (2\,;2), …, (6\,;6)\}$. Die für die Augensumme 6 in Frage kommenden, sog. günstigen Ergebnisse sind die Ausgänge (1 ; 5), (2 ; 4), (3 ; 3), (4 ; 2) und (5 ; 1), also 5 von 36 möglichen Ergebnissen. Hierbei tritt z. B. die Kombination $1+5$ in zwei Fällen ein, nämlich bei (1 ; 5) und (5 ; 1), während $3+3$ nur in einem Fall eintritt. Die für die Augensumme 7 günstige Ergebnisse sind die Ausgänge (1 ; 6), (2 ; 5), (3 ; 4), (4 ; 3), (5 ; 2) und (6 ; 1), also 6 von 36 möglichen Ergebnissen. Diese Überlegungen bestätigen unsere obigen Wahrscheinlichkeiten.

Die Festlegung der möglichen Ergebnisse eines Zufallsexperimentes bereitete den Mathematikern im 17. und 18. Jahrhundert manchmal erhebliche Schwierigkeiten. Beispielsweise unterschied man beim Wurf mit 2 Würfeln Ausgänge wie (1 ; 5) und (5 ; 1) nicht, was zu Problemen führte. Wie das obige Beispiel zeigt, lassen sich Zufallsexperimente leichter handhaben, wenn alle möglichen Ausgänge gleich wahrscheinlich sind.

Derartige Zufallsexperimente, bei denen Elementarereignisse gleich wahrscheinlich sind, werden zu Ehren des französischen Mathematikers *Pierre Simon de Laplace* (1749–1827) auch als sogenannte *Laplace-Experimente* bezeichnet.

Bei Laplace-Experimenten liegt als Wahrscheinlichkeitsverteilung eine sogenannte *Gleichverteilung* zugrunde, die jedem Elementarereignis exakt die gleiche Wahrscheinlichkeit zuordnet.

474-1

Besteht also bei einem Laplace-Experiment der Ergebnisraum $\Omega = \{e_1, \ldots, e_m\}$ aus m Ergebnissen, so besitzt jedes einzelne Elementarereignis die Wahrscheinlichkeit $P(e_i) = \frac{1}{m}$. Für ein zusammengesetztes Ereignis $E = \{e_1, \ldots, e_k\}$ gilt dann $P(E) = k \cdot \frac{1}{m}$.

Satz XV.4: Bei einem Laplace-Experiment sei $\Omega = \{e_1, \ldots, e_m\}$ der Ergebnisraum und $E = \{e_1, \ldots, e_k\}$ ein beliebiges Ereignis. Dann gilt für die Wahrscheinlichkeit dieses Ereignisses:

$$P(E) = \frac{|E|}{|\Omega|} = \frac{k}{m} \qquad P(E) = \frac{\text{Anzahl der für E günstigen Ergebnisse}}{\text{Anzahl aller möglichen Ergebnisse}}$$

▶ **Beispiel:** Aus einer Urne mit elf Kugeln, die mit 1 bis 11 nummeriert sind, wird eine Kugel gezogen. Mit welcher Wahrscheinlichkeit hat sie eine Primzahlnummer?

Lösung:
Es liegt ein Laplace-Experiment vor, da jede Kugel die gleiche Chance hat, gezogen zu werden. Jedes Ergebnis, also jede der Nummern 1 bis 11, hat die gleiche Wahrscheinlichkeit $\frac{1}{11}$. Für das Ereignis E: „Primzahl", d.h. $E = \{2, 3, 5, 7, 11\}$, sind fünf der elf möglichen Ergebnisse günstig. Daher gilt $P(E) = \frac{5}{11} \approx 0{,}45$. Also ist in ca. 45% aller Ziehungen mit einer
▶ Primzahlnummer zu rechnen.

2. Relative Häufigkeit und Wahrscheinlichkeit

Viele Glücksautomaten bestehen aus Glücksrädern, die in mehrere gleich große Sektoren mit verschiedenen Symbolen, Zahlen oder Farben unterteilt sind. Kennt man diese Belegung, so kann man sich leicht die Gewinnchancen ausrechnen (vorausgesetzt, die Räder werden zufällig angehalten).

▶ **Beispiel:** Ein Glücksrad enthält 8 gleich große Sektoren. Vier der Sektoren sind rot, drei sind weiß und einer ist schwarz.
Laut Auszahlungsplan erhält man für
 Rot : 0,00 €,
 Weiß : 0,50 €,
 Schwarz : 2,00 €.
Der Einsatz für ein Spiel beträgt 0,50 €.
Ist hier langfristig mit einem Gewinn für den Automatenbetreiber oder für den Spieler zu rechnen?

Lösung:
4 der 8 Felder sind günstig für „rot", 3 Felder sind günstig für „weiß" und 1 Feld ist günstig für „schwarz". Wir erhalten daher folgende Wahrscheinlichkeiten:

$P(\text{„rot"}) = \frac{4}{8}$, $P(\text{„weiß"}) = \frac{3}{8}$, $P(\text{„schwarz"}) = \frac{1}{8}$.

Spielt man 8-mal, so ist im Durchschnitt mit 4-mal „rot" mit einer Auszahlung von $4 \cdot 0\,€ = 0\,€$, 3-mal „weiß" mit einer Auszahlung von $3 \cdot 0,5\,€ = 1,50\,€$ und 1-mal „schwarz" mit einer Auszahlung von $1 \cdot 2\,€ = 2\,€$ zu rechnen. Insgesamt kann man bei 8 Spielen eine Auszahlung von 3,50 € erwarten; das ergibt pro Spiel eine durchschnittliche Auszahlung von 0,44 €. Dem steht der Einsatz von 0,50 € gegenüber.
Bilanz: Langfristig sind pro Spiel 6 Cent Verlust zu erwarten.
Man kann die pro Spiel zu erwartende Auszahlung auch folgendermaßen berechnen:
Erwarteter Wert für die Auszahlung pro Spiel: $0\,€ \cdot \frac{4}{8} + 0,50\,€ \cdot \frac{3}{8} + 2\,€ \cdot \frac{1}{8} = 0,44\,€$. Zieht man
▶ davon den Spieleinsatz von 0,50 € ab, so kommt man ebenfalls auf 6 Cent Verlust.

Übung 4
Ein Glücksrad besteht aus neun gleich großen Sektoren. Fünf der Sektoren sind mit einer „1", drei mit einer „2" und einer mit einer „3" gekennzeichnet. Laut Spielplan erhält man bei einer „3" 5,00 € und bei einer „2" 2,00 € ausgezahlt. Der Einsatz für ein Spiel beträgt 1 €. Lohnt sich das Spiel langfristig für den Spieler?

Übung 5
Ein Glücksrad besteht aus sechs gleich großen Sektoren. Drei der Sektoren sind mit einer „1", zwei mit einer „2" und einer mit einer „3" gekennzeichnet.
Laut Spielplan erhält man bei einer „3" 1,00 € und bei einer „2" 0,50 € ausgezahlt.
Wie hoch muss der Einsatz mindestens sein, damit der Automatenbetreiber die besseren Chancen hat?

Übungen

6. Ein Wurf mit zwei Würfeln kostet 1 € Einsatz. Ist das Produkt der beiden Augenzahlen größer als 20, werden 3 € ausbezahlt. Ist das Spiel fair? Wie müsste der Einsatz geändert werden, wenn das Spiel fair sein soll?

7. Ein Holzwürfel mit roter Oberfläche wird durch 6 senkrechte Schnitte in 27 gleich große Würfel zerschnitten. Diese werden dann in eine Urne gelegt. Anschließend wird aus der Urne ein Würfel gezogen.
Berechnen Sie die Wahrscheinlichkeiten folgender Ereignisse:
E_1: „Der gezogene Würfel hat keine rote Seite."
E_2: „Der gezogene Würfel hat zwei rote Seiten."
E_3: „Der gezogene Würfel hat mindestens zwei rote Seiten."
E_4: „Der gezogene Würfel hat höchstens zwei rote Seiten."

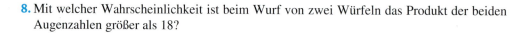

8. Mit welcher Wahrscheinlichkeit ist beim Wurf von zwei Würfeln das Produkt der beiden Augenzahlen größer als 18?

9.  Auf einem Schachbrett stehen lediglich ein einsamer schwarzer König auf d7 und ein schwarzer Bauer auf d5. Nun wird zufällig eine weiße Dame auf eines der verbleibenden 62 Felder postiert. Mit welcher Wahrscheinlichkeit bietet sie dem schwarzen König Schach?

10. In einer Urne liegen zwei blaue (B1, B2) und drei rote Kugeln (R1, R2, R3). Mit einem Griff werden drei der Kugeln gezogen.
Stellen Sie mithilfe von Tripeln eine Ergebnismenge Ω auf.
Bestimmen Sie die Wahrscheinlichkeiten folgender Ereignisse:
E_1: „Es werden mindestens 2 blaue Kugeln gezogen."
E_2: „Alle gezogenen Kugeln sind rot."
E_3: „Es werden mehr rote als blaue Kugeln gezogen."

11. Zwei Würfel mit den abgebildeten Netzen werden gleichzeitig geworfen.
a) Welche Augensumme ist am wahrscheinlichsten?
b) Mit welcher Wahrscheinlichkeit ist die Augensumme kleiner als 5?
c) Wie wahrscheinlich ist ein Pasch?

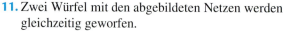

3. Mehrstufige Zufallsversuche / Baumdiagramme

A. Baumdiagramme und Pfadregeln

Im Folgenden betrachten wir *mehrstufige Zufallsversuche*.
Ein solcher Versuch setzt sich aus mehreren hintereinander ausgeführten einstufigen Versuchen zusammen (mehrmaliges Werfen mit einem oder mehreren Würfeln, mehrmaliges Ziehen einer oder mehrerer Kugeln etc.).

Der Ablauf eines mehrstufigen Zufallsversuchs lässt sich mit *Baumdiagrammen* besonders übersichtlich darstellen.

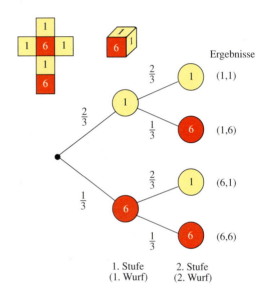

> **Beispiel: Zweifacher Würfelwurf**
> Rechts ist ein zweistufiges Experiment abgebildet, nämlich das zweimalige Werfen eines Würfels, der 4 Einsen und 2 Sechsen trägt. Gesucht ist die Wahrscheinlichkeit dafür, dass sich eine gerade Augensumme ergibt.

Lösung:
Der Baum besteht aus zwei Stufen. Er besitzt insgesamt vier *Pfade* der Länge 2. Jeder Pfad repräsentiert das an seinem Ende vermerkte Ergebnis des zweistufigen Experiments.
Für das Ereignis „Augensumme gerade" sind zwei Pfade günstig, der Pfad (1,1), dessen Wahrscheinlichkeit $\frac{2}{3} \cdot \frac{2}{3} = \frac{4}{9}$ beträgt, und der Pfad (6,6) mit der Wahrscheinlichkeit $\frac{1}{3} \cdot \frac{1}{3} = \frac{1}{9}$. Insgesamt ergibt sich damit die Wahrscheinlichkeit P(„Augensumme gerade")$= \frac{4}{9} + \frac{1}{9} = \frac{5}{9} \approx 0{,}56$.

Die Pfadregeln für Baumdiagramme

Mehrstufige Zufallsexperimente können durch Baumdiagramme dargestellt werden. Dabei stellt jeder Pfad ein Ergebnis des Zufallsexperimentes dar.

I. Die **Wahrscheinlichkeit eines Ergebnisses** ist gleich dem Produkt aller Zweigwahrscheinlichkeiten längs des zugehörigen Pfades (Pfadwahrscheinlichkeit).

II. Die **Wahrscheinlichkeit eines Ereignisses** ist gleich der Summe der zugehörigen Pfadwahrscheinlichkeiten.

B. Mehrstufige Zufallsversuche

▶ **Beispiel:** In einer Urne liegen drei rote und zwei schwarze Kugeln. Es werden zwei Kugeln gezogen. Zeichnen Sie den zugehörigen Wahrscheinlichkeitsbaum und bestimmen Sie die Wahrscheinlichkeit für das Ereignis E: „Beide gezogenen Kugeln sind gleichfarbig" mit und ohne Zurücklegen der jeweils gezogenen Kugel.

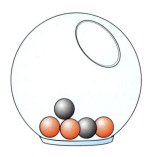

Lösung:

Ziehen mit Zurücklegen

Die erste Kugel wird gezogen und vor dem Ziehen der zweiten Kugel wieder in die Urne zurückgelegt.

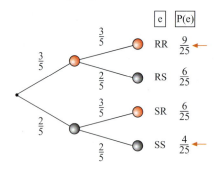

▶ $P(E) = P(RR) + P(SS) = \frac{9}{25} + \frac{4}{25} = \frac{13}{25} = 0{,}52$

Ziehen ohne Zurücklegen

Die zweite Kugel wird gezogen, ohne dass die bereits gezogene erste Kugel zurückgelegt wird.

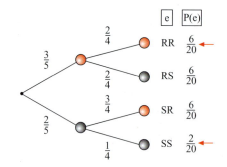

$P(E) = P(RR) + P(SS) = \frac{6}{20} + \frac{2}{20} = \frac{8}{20} = 0{,}40$

Übung 1

Ein Glücksrad hat zwei Sektoren. Der weiße Sektor ist dreimal so groß wie der rote Sektor. Das Rad wird dreimal gedreht. Zeichnen Sie den zugehörigen Wahrscheinlichkeitsbaum und bestimmen Sie die Wahrscheinlichkeiten folgender Ereignisse:

E_1: „Es kommt dreimal Rot",

E_2: „Es kommt stets die gleiche Farbe",

E_3: „Es kommt die Folge Rot/Weiß/ Rot",

E_4: „Es kommt insgesamt zweimal Weiß und einmal Rot",

E_5: „Es kommt mindestens zweimal Rot".

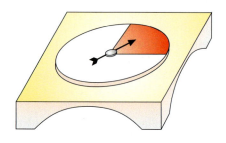

In vielen Fällen ist es nicht notwendig, den gesamten Wahrscheinlichkeitsbaum eines Zufallsexperimentes darzustellen. Man kann sich in der Regel auf die zu dem betrachteten Ereignis gehörenden Pfade beschränken und spricht dann von einem *reduzierten Baumdiagramm*. Dies ist insbesondere dann wichtig, wenn viele Stufen vorliegen oder die einzelnen Stufen viele Ausfälle zulassen, sodass ein vollständiges Baumdiagramm ausufernd groß wäre.

Beispiel: Mit welcher Wahrscheinlichkeit erhält man beim dreimaligen Würfeln eine Augensumme, die nicht größer als 4 ist?

Reduzierter Baum:

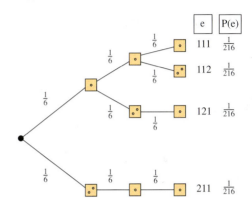

Lösung:
Bei dreimaligem Würfeln können nur die Augenzahlen 1 und 2 einen Beitrag zum betrachteten Ereignis E: „Die Augensumme ist höchstens 4" liefern.
Von den insgesamt $6^3 = 216$ Pfaden des Baumes gehören nur 4 zum Ereignis E.
Jeder hat die Wahrscheinlichkeit $\left(\frac{1}{6}\right)^3$, sodass $P(E) = \frac{4}{216} \approx 0{,}0185$ gilt. Es handelt sich also um ein 2%-Ereignis.

$P(E) = 4 \cdot \frac{1}{216} \approx 0{,}0185 \approx 2\%$

Übung 2
Die beiden Räder eines Glücksautomaten sind jeweils in 6 gleich große Sektoren eingeteilt und drehen sich unabhängig voneinander (Abbildung).
a) Mit welcher Wahrscheinlichkeit erhält man eine Auszahlung von 5 € bzw. von 2 € (siehe Gewinnplan)?
b) Der Einsatz beträgt 0,50 € pro Spiel. Lohnt sich das Spiel auf lange Sicht?

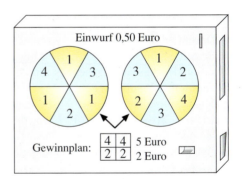

Übung 3
Ein Würfel mit dem abgebildeten Netz wird dreimal geworfen.
a) Wie groß ist die Wahrscheinlichkeit, dass alle Zahlen unterschiedlich sind?
b) Mit welcher Wahrscheinlichkeit ist die Augensumme der 3 Würfe größer als 6?
c) Mit welcher Wahrscheinlichkeit ist die Augensumme beim viermaligen Würfeln kleiner als 6?

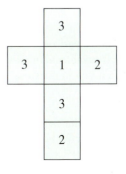

▶ **Beispiel:** Ein Glücksrad hat einen roten Sektor mit dem Winkel α und einen weißen Sektor mit dem Winkel $360° - α$. Es wird zweimal gedreht. Gewonnen hat man, wenn in beiden Fällen der gleiche Sektor kommt.
a) Wie groß ist die Gewinnwahrscheinlichkeit?
b) Der Spieleinsatz betrage 5 €, die Auszahlung 8 €. Wie muss der Winkel α des roten Sektors gewählt werden, damit das Spiel fair wird?

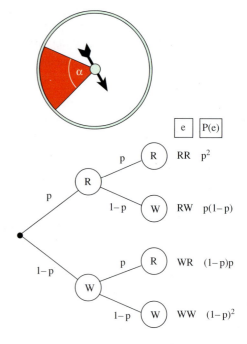

Lösung:
a) Die Wahrscheinlichkeit, dass der Zeiger des Glücksrades auf dem roten Sektor stehen bleibt, beträgt $p = \frac{α}{360°}$.
Auf dem weißen Sektor kommt er mit der Gegenwahrscheinlichkeit $1 - p$ zur Ruhe. Nur die beiden äußeren Pfade des Baumdiagramms sind günstig für einen Gewinn.

Die Gewinnwahrscheinlichkeit beträgt daher: $P(\text{Gewinn}) = 2p^2 - 2p + 1$.

b) Die durchschnittlich pro Spiel zu erwartende Auszahlung erhält man durch Multiplikation des Auszahlungsbetrags mit der Gewinnwahrscheinlichkeit.
Es ist also pro Spiel mit einer Auszahlung von $(2p^2 - 2p + 1) \cdot 8$ € zu rechnen, die gleich dem Einsatz von 5 € sein muss. Es ergibt sich eine quadratische Gleichung für p mit den Lösungen $p = \frac{3}{4}$ und $p = \frac{1}{4}$. Zu-
▶ gehörige Winkel: $α = 270°$ bzw. $α = 90°$.

$P(\text{Gewinn}) = P(RR) + P(WW)$
$= p^2 + (1-p)^2$
$= 2p^2 - 2p + 1$

Durchschn. Auszahlung $\stackrel{\text{fair}}{=}$ Einsatz

$8\,€ \cdot (2p^2 - 2p + 1) = 5\,€$
$2p^2 - 2p + 1 = \frac{5}{8}$
$p^2 - p + \frac{3}{16} = 0$
$p = \frac{1}{2} \pm \sqrt{\frac{1}{4} - \frac{3}{16}} = \frac{1}{2} \pm \frac{1}{4}$

$p = \frac{3}{4} \Rightarrow α = 360° \cdot p = 270°$
$p = \frac{1}{4} \Rightarrow α = 360° \cdot p = 90°$

Übung 4
Ein Sportschütze darf zwei Schüsse abgeben, um ein bestimmtes Ziel zu treffen. Wie hoch muss er seine Trefferwahrscheinlichkeit p pro Schuss mindestens trainieren, damit er mit einer Wahrscheinlichkeit von mindestens 25 % mindestens einmal das Ziel trifft?

Übung 5
Peter und Paul schießen gleichzeitig auf einen Hasen. Paul hat die doppelte Treffersicherheit wie Peter. Mit welcher Wahrscheinlichkeit darf Peter höchstens treffen, damit der Hase eine Chance von mindestens 50 % hat, nicht getroffen zu werden?

3. Mehrstufige Zufallsversuche / Baumdiagramme

▶ **Beispiel:** Wie oft muss das abgebildete Glücksrad mindestens gedreht werden, damit die Wahrscheinlichkeit, mindestens eine Sechs zu drehen, wenigstens 90 % beträgt?

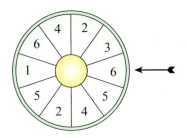

Lösung:
n sei die gesuchte Anzahl von Drehungen. Die Wahrscheinlichkeit, dass bei einer Drehung keine Sechs auftritt, beträgt $\frac{8}{10} = 0{,}8$ bei einer Drehung, d.h. $0{,}8^n$ bei n Drehungen. Die Wahrscheinlichkeit für „mindestens eine Sechs bei n Drehungen" ist daher $1 - 0{,}8^n$. Diese Wahrscheinlichkeit soll wenigstens 90 % betragen. Also muss gelten: $1 - 0{,}8^n \geq 0{,}90$.
Diese Ungleichung lösen wir nun durch Äquivalenzumformungen und durch Logarithmieren nach n auf.
Hierbei ist zu beachten, dass sich das Ordnungszeichen in einer Ungleichung umkehrt, wenn die Ungleichung mit einer negativen Zahl multipliziert bzw. durch eine negative Zahl dividiert wird. Wir erhalten als Resultat: Das Rad muss mindestens
▶ elfmal gedreht werden.

P(„mindestens eine 6 bei n Drehungen")
$= 1 - P(\text{„keine 6 bei n Drehungen"})$
$= 1 - 0{,}8^n$

Ungleichung:
$1 - 0{,}8^n \geq 0{,}9 \qquad |-1$
$-0{,}8^n \geq -0{,}1 \qquad |:(-1)$
$0{,}8^n \leq 0{,}1 \qquad |\log$
$\log(0{,}8^n) \leq \log 0{,}1 \qquad |\text{Rechenregel}$
$n \cdot \log 0{,}8 \leq \log 0{,}1 \qquad |:\log 0{,}8 (<0)$
$n \geq \frac{\log 0{,}1}{\log 0{,}8} \approx 10{,}32$
$n \geq 11$

Übung 6
Ein Glücksrad hat 5 gleich große Sektoren, von denen 3 weiß und 2 rot sind.
a) Das Glücksrad wird zweimal gedreht. Wie groß ist die Wahrscheinlichkeit dafür, dass in beiden Fällen Rot erscheint?
b) Das Glücksrad wird zweimal gedreht. Erscheint in beiden Fällen Rot, so erhält man 5 € ausgezahlt, erscheint in beiden Fällen Weiß, so erhält man 2 €. Ansonsten erfolgt keine Auszahlung. Bei welchem Einsatz ist das Spiel fair?
c) Wie oft muss das Rad mindestens gedreht werden, damit die Wahrscheinlichkeit, mindestens einmal Rot zu drehen, wenigstens 95 % beträgt?

Übung 7
Eine Urne enthält 4 weiße Kugeln, 3 blaue Kugeln und 1 rote Kugel.
a) Wie groß ist die Wahrscheinlichkeit dafür, dass man beim dreimaligen Ziehen einer Kugel mit Zurücklegen drei verschiedenfarbige Kugeln zieht?
b) Wie groß ist die Wahrscheinlichkeit dafür, dass man beim dreimaligen Ziehen einer Kugel ohne Zurücklegen drei verschiedenfarbige Kugeln zieht?
c) Wie oft muss man aus der Urne eine Kugel mit Zurücklegen ziehen, damit die Wahrscheinlichkeit, mindestens eine blaue Kugel ziehen, mindestens 80 % beträgt?

Übungen

Einfache Aufgaben zu Baumdiagrammen

8. In einer Urne liegen 12 Kugeln, 4 gelbe, 3 grüne und 5 blaue Kugeln. 3 Kugeln werden ohne Zurücklegen entnommen.
   a) Mit welcher Wahrscheinlichkeit sind alle Kugeln grün?
   b) Mit welcher Wahrscheinlichkeit sind alle Kugeln gleichfarbig?
   c) Mit welcher Wahrscheinlichkeit kommen genau zwei Farben vor?

9. In einer Schublade liegen fünf Sicherungen, von denen zwei defekt sind. Wie groß ist die Wahrscheinlichkeit, dass bei zufälliger Entnahme von zwei Sicherungen aus der Schublade mindestens eine defekte Sicherung entnommen wird?

10. Aus dem Wort ANANAS werden zufällig zwei Buchstaben herausgenommen.
    a) Mit welcher Wahrscheinlichkeit sind beide Buchstaben Konsonanten?
    b) Mit welcher Wahrscheinlichkeit sind beide Buchstaben gleich?

11. Das abgebildete Glücksrad (mit drei gleich großen Sektoren) wird zweimal gedreht.
    Mit welcher Wahrscheinlichkeit
    a) erscheint in beiden Fällen Rot,
    b) erscheint mindestens einmal Rot?

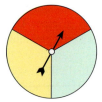

12. Sie werfen eine Münze wiederholt, bis zweimal hintereinander Kopf kommt. Mit welcher Wahrscheinlichkeit stoppen Sie exakt nach vier Würfen?

13. In einer Urne liegen 7 Buchstaben, viermal das O und dreimal das T. Es werden vier Buchstaben der Reihe nach mit Zurücklegen gezogen.
    Mit welcher Wahrscheinlichkeit
    a) entsteht so das Wort OTTO,
    b) lässt sich mit den gezogenen Buchstaben das Wort OTTO bilden?

14. Alfred zieht aus einer Urne, die zwei Kugeln mit den Ziffern 1 und 2 enthält, eine Kugel. Er legt die gezogene Kugel wieder in die Urne zurück und legt zusätzlich eine Kugel mit der Ziffer 3 in die Urne. Nun zieht Billy eine Kugel aus der Urne. Auch er legt sie wieder zurück und fügt eine mit der Ziffer 4 gekennzeichnete Kugel in die Urne. Schließlich zieht Cleo eine Kugel aus der Urne.
    a) Mit welcher Wahrscheinlichkeit werden drei Kugeln mit der gleichen Nummer gezogen?
    b) Mit welcher Wahrscheinlichkeit wird mindestens zweimal die 1 gezogen?
    c) Mit welcher Wahrscheinlichkeit werden genau zwei Kugeln mit der gleichen Nummer gezogen?

15. Robinson hat festgestellt, dass auf seiner Insel folgende Wetterregeln gelten:
(1) Ist es heute schön, ist es morgen mit 80 % Wahrscheinlichkeit ebenfalls schön.
(2) Ist heute schlechtes Wetter, so ist morgen mit 75 % Wahrscheinlichkeit ebenfalls schlechtes Wetter.
a) Heute (Montag) scheint die Sonne. Mit welcher Wahrscheinlichkeit kann Robinson am Mittwoch mit schönem Wetter rechnen?
b) Heute ist Dienstag und es ist schön. Mit welcher Wahrscheinlichkeit regnet es am Freitag?

16. In einer Lostrommel sind 7 Nieten und 1 Gewinnlos. Jede der 8 Personen auf der Silvester-Party darf einmal ziehen. Hat die Person, die als zweite (als dritte usw. als letzte) zieht, eine größere Gewinnchance als die Person, die als erste zieht?

17. In einer Schublade liegen 4 rote, 8 weiße, 2 blaue und 6 grüne Socken. Im Dunkeln nimmt Franz zwei Socken gleichzeitig aus der Schublade.
Mit welcher Wahrscheinlichkeit entnimmt er
a) eine weiße und eine blaue Socke,
b) zwei gleichfarbige Socken,
c) keine rote Socke?

18. Die drei Räder eines Glücksautomaten sind jeweils in 5 gleich große Sektoren eingeteilt und drehen sich unabhängig voneinander (Abbildung).
a) Mit welcher Wahrscheinlichkeit gewinnt man 7 € bzw. 2 €?
b) Lohnt sich das Spiel auf lange Sicht?

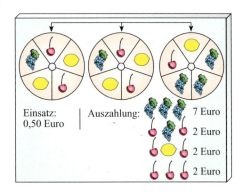

19. Eine Tontaube wird von fünf Jägern gleichzeitig ins Visier genommen. Zum Glück treffen diese nur mit den Wahrscheinlichkeiten 5 %, 5 %, 10 %, 10 % und 20 %.
a) Mit welcher Wahrscheinlichkeit überlebt die Tontaube?
b) Mit welcher Wahrscheinlichkeit wird die Tontaube mindestens zweimal getroffen?

20. Ein Würfel mit den Maßen 4×4×4, dessen Oberfläche rot gefärbt ist, wird durch Schnitte parallel zu den Seitenflächen in 64 Würfel mit den Maßen 1×1×1 zerlegt. Aus diesen 64 Würfeln wird ein Würfel zufällig ausgewählt und dann geworfen.
Mit welcher Wahrscheinlichkeit ist keine seiner 5 sichtbaren Seiten rot?

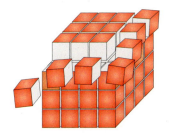

Zusammengesetzte Aufgaben

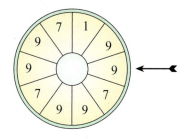

21. Bei dem abgebildeten Glücksrad tritt jedes der 10 Felder mit der gleichen Wahrscheinlichkeit ein. Das Glücksrad wird zweimal gedreht.
    a) Stellen Sie eine geeignete Ergebnismenge für dieses Zufallsexperiment auf und geben Sie die Wahrscheinlichkeiten aller Elementarereignisse mithilfe eines Baumdiagramms an.
    b) Berechnen Sie die Wahrscheinlichkeiten der folgenden Ereignisse:
       A: „Es tritt höchstens einmal die 1 auf."
       B: „Es tritt genau einmal die 7 auf."
       C: „Es tritt keine 9 auf."
       $D = B \cap C$
    c) Wie oft müsste das Glücksrad mindestens gedreht werden, damit die Ziffer 7 mit einer Wahrscheinlichkeit von wenigstens 95 % mindestens einmal erscheint?

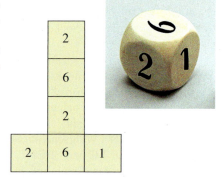

22. Im Folgenden wird mit einem Würfel geworfen, der das rechts abgebildete Netz mit den Ziffern 1, 2 und 6 besitzt.
    a) Der Würfel wird dreimal geworfen. Berechnen Sie die Wahrscheinlichkeiten der folgenden Ereignisse:
       A: „Die Sechs fällt genau zweimal."
       B: „Die Sechs fällt höchstens einmal."
       C: „Die Sechs fällt mindestens einmal."
       $D = \overline{A}$
       $E = B \cap C$
       $F = A \cup B$
    b) Moritz darf den Würfel für einen Einsatz von 1 € zweimal werfen. Er hat gewonnen, wenn die Augensumme 3 beträgt oder wenn zwei Sechsen fallen. Er erhält dann 3 € Auszahlung. Ist das Spiel für Moritz günstig?
    c) Heino darf für einen Einsatz von 6 € dreimal würfeln. Bei jeder Zwei, die dabei fällt, erhält er eine Sofortauszahlung von a €. Für welchen Wert von a ist dieses Spiel fair?

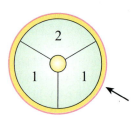

23. Ein Glücksrad hat drei gleich große 120°-Sektoren, von denen zwei Sektoren die Ziffer 1, ein Sektor die Ziffer 2 trägt.
    a) Das Glücksrad wird dreimal gedreht. Berechnen Sie die Wahrscheinlichkeiten der Ereignisse
       A: „Die Ziffer 2 tritt mindestens zweimal auf",
       B: „Die Summe der gedrehten Ziffern ist 4".
    b) Nun drehen zwei Spieler A und B das Glücksrad je einmal. Sind die beiden gedrehten Ziffern gleich, so gewinnt Spieler A und erhält 2 € von Spieler B. Andernfalls gewinnt Spieler B und erhält die Ziffernsumme in € von Spieler A. Welcher Spieler ist im Vorteil?

24. In einer Urne befinden sich 10 blaue (B), 8 grüne (G) und 2 (R) rote Kugeln.

a) Aus der Urne wird dreimal eine Kugel ohne Zurücklegen gezogen. Bestimmen Sie die Wahrscheinlichkeiten der folgenden Ereignisse:
   A: „Es kommt die Zugfolge RBG."
   B: „Jede Farbe tritt genau einmal auf."
   C: „Alle gezogenen Kugeln sind gleichfarbig."
   D: „Mindestens zwei der Kugeln sind blau."

b) Aus der Urne wird viermal eine Kugel mit Zurücklegen gezogen.
   Mit welcher Wahrscheinlichkeit sind genau 3 blaue Kugeln dabei?

c) Wie viele Kugeln müssen der Urne mit Zurücklegen entnommen werden, damit unter den gezogenen Kugeln mit wenigstens 90%iger Wahrscheinlichkeit mindestens eine rote Kugel ist? Hinweis: Betrachten Sie das Gegenereignis „keine rote Kugel".

d) In einer weiteren Urne U_2 befinden sich 8 blaue, 8 grüne und 4 rote Kugeln. Es wird folgendes Spiel angeboten: Man muss mit verbundenen Augen eine der beiden Urnen auswählen und 1 Kugel ziehen. Ist die gezogene Kugel rot, so erhält man 20 € ausbezahlt. Wie groß ist die Gewinnwahrscheinlichkeit? Bei welchem Einsatz ist das Spiel fair?

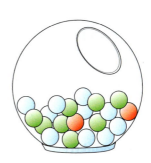

25. Ein Oktaeder hat auf den acht Seiten die Ziffern 1, 1, 1, 2, 2, 2, 3, 3. Ein Tetraeder hat auf den vier Seiten die Ziffern 1, 1, 2, 3. Das Oktaeder und das Tetraeder werden zusammen je einmal geworfen. Es gilt die Zahl auf der Standfläche.

a) Berechnen Sie die Wahrscheinlichkeiten für folgende Ereignisse:
   A: „Es werden zwei gleiche Zahlen geworfen."
   B: „Es wird mindestens eine Drei geworfen."
   C: „Die Augensumme beträgt 4."
   D = A ∩ B

b) Es wird folgendes Spiel angeboten: Das Oktaeder und das Tetraeder werden einmal geworfen. Bei zwei gleichen Ziffern gewinnt man. Bei zwei Dreien erhält man 10 € ausbezahlt, bei zwei Zweien 5 € und bei zwei Einsen 3 €. Der Einsatz pro Spiel beträgt 2 €. Berechnen Sie den durchschnittlichen Gewinn bzw. Verlust des Spielers pro Spiel.

c) Max vermutet, dass das Tetraeder mit einem gefälschten Tetraeder ausgetauscht wurde, weil bei den letzten 4 Würfen des Tetraeders dreimal eine Drei gekommen ist. Bei dem gefälschten Tetraeder ist die Wahrscheinlichkeit für eine Drei auf $\frac{3}{4}$ erhöht.
Mit welcher Wahrscheinlichkeit hat Max recht?
Mit welcher Wahrscheinlichkeit irrt sich Max?

Der Beweis der vorhergehenden Regel ergibt sich aus dem Produktsatz: Bei jeder Ziehung gibt es wegen des Zurücklegens stets wieder n mögliche Ergebnisse, insgesamt also n^k Anordnungen. Zieht man allerdings ohne Zurücklegen, so gibt es bei der ersten Ziehung n Ergebnisse, bei der zweiten Ziehung nur noch n − 1 Ergebnisse usw. In diesem Fall gibt es daher nach der Produktregel insgesamt n · (n − 1) · ... · (n − k + 1) Anordnungen.

Ziehen ohne Zurücklegen unter Beachtung der Reihenfolge (geordnete Stichprobe)

Aus einer Urne mit n unterscheidbaren Kugeln werden nacheinander k Kugeln **ohne Zurücklegen** gezogen. Die Ergebnisse werden in der Reihenfolge des Ziehens notiert. Dann gilt für die Anzahl N der möglichen Anordnungen (k-Tupel) die Formel

N = n · (n − 1) · ... · (n − k + 1)

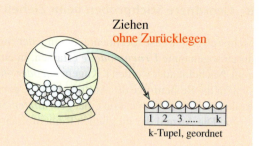

Wichtiger Sonderfall: k = n. Aus der Urne wird so lange gezogen, bis sie leer ist. Es gibt dann N = n · (n − 1) · ... · 3 · 2 · 1 = n! (n-Fakultät) mögliche Anordnungen.

▶ **Beispiel: Pferderennen**
Bei einem Pferderennen mit 12 Pferden gibt ein völlig ahnungsloser Zuschauer einen Tipp ab für die Plätze 1, 2 und 3.
Wie groß sind seine Chancen, die richtige Einlaufreihenfolge richtig vorherzusagen?

Lösung:
Man modelliert den Vorgang durch eine Urne, welche 12 Kugeln enthält, für jedes Pferd eine Kugel. Man zieht eine Kugel und notiert das Ergebnis. Das entsprechende Pferd soll also Platz 1 erreichen. Dann wiederholt man das Ganze zweimal, um die Plätze 2 und 3 zu belegen. Dabei wird nicht zurückgelegt.
Nach obiger Formel gibt es insgesamt N = 12 · 11 · 10 verschiedene Anordnungen (3-Tupel) für den Zieleinlauf, d. h. 1320 Möglichkeiten. Die Chance für den sachunkundigen Zuschauer be‐
▶ trägt also weniger als 1 Promille.

Übung 2
Ein Zahlenschloss besitzt fünf Ringe, die jeweils die Ziffer 0, ..., 9 tragen. Wie viele verschiedene fünfstellige Zahlencodes sind möglich? Wie ändert sich die Anzahl der möglichen Zahlencodes, wenn in dem Zahlencode jede Ziffer nur einmal vorkommen darf, d. h. der Zahlencode aus fünf verschiedenen Ziffern bestehen soll? Wie ändert sich die Anzahl, wenn der Zahlencode nur aus gleichen Ziffern bestehen soll?

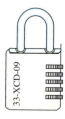

C. Ungeordnete Stichproben beim Ziehen aus einer Urne

> **Beispiel: Minilotto „3 aus 7"**
> In einer Lottotrommel befinden sich 7 Kugeln. Bei einer Ziehung werden 3 Kugeln gezogen. Mit welcher Wahrscheinlichkeit wird man mit einem Tipp Lottokönig?

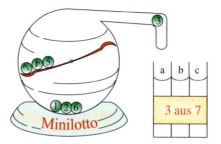

Lösung:
Das Ankreuzen der 3 Minilottozahlen ist ein Ziehen ohne Zurücklegen. Würde es dabei auf die Reihenfolge der Zahlen ankommen, so gäbe es $7 \cdot 6 \cdot 5$ unterschiedliche 3-Tupel als mögliche geordnete Tipps.

Aus einer Menge von 7 Zahlen lassen sich $7 \cdot 6 \cdot 5$ verschiedene 3-Tupel bilden.

Da es beim Lotto jedoch nicht auf die Reihenfolge der Zahlen ankommt, fallen all diejenigen 3-Tupel zu einem ungeordneten Tipp zusammen, die sich nur in der Anordnung ihrer Elemente unterscheiden.

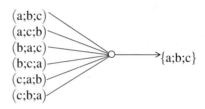

Da man aus 3 Zahlen insgesamt 3! 3-Tupel bilden kann, fallen jeweils 3! dieser geordneten 3-Tupel zu einem Lottotipp, d. h. zu einer 3-elementigen Menge zusammen.
Es gibt also $\frac{7 \cdot 6 \cdot 5}{3!} = 35$ Lottotipps.
Die Chancen, mit einem Tipp Lottokönig zu werden, stehen daher 1 zu 35.

Einer 3-elementigen Menge entsprechen jeweils 3! verschiedene 3-Tupel.

Eine Menge von 7 Zahlen besitzt genau $\frac{7 \cdot 6 \cdot 5}{3!}$ 3-elementige Teilmengen.

Beim Minilotto werden aus einer 7-elementigen Menge ungeordnete Stichproben vom Umfang 3 ohne Zurücklegen entnommen. Eine solche Stichprobe stellt eine 3-elementige Teilmenge der 7-elementigen Menge dar.
Es gibt insgesamt genau $\frac{7 \cdot 6 \cdot 5}{3!} = \frac{7 \cdot 6 \cdot 5 \cdot 4 \cdot 3 \cdot 2 \cdot 1}{3! \cdot 4 \cdot 3 \cdot 2 \cdot 1} = \frac{7!}{3! \cdot 4!} = \binom{7}{3}$ solche Teilmengen.

Verallgemeinerung:
Aus einer n-elementigen Menge kann man $\binom{n}{k} = \frac{n!}{k! \cdot (n-k)!}$ k-elementige Teilmengen (ungeordnete Stichproben vom Umfang k) bilden.
Der Term $\binom{n}{k}$, gelesen „n über k", heißt *Binomialkoeffizient*. Im Tabellenanhang (S. 172) befindet sich eine Tabelle der Binomialkoeffizienten. Auf Taschenrechnern existiert eine spezielle Berechnungstaste, die nCr-Taste (engl.: n choose r; dt.: n über r), das CAS verfügt über eine entsprechende Funktion.

Unsere Überlegungen lassen sich folgendermaßen als Abzählprinzip zusammenfassen:

Ziehen ohne Zurücklegen ohne Beachtung der Reihenfolge (ungeordnete Stichprobe)

Wird aus einer Urne mit n unterscheidbaren Kugeln eine ungeordnete Teilmenge von k Kugeln entnommen, so ist die Anzahl der Möglichkeiten hierfür durch folgende Formeln gegeben:*

$$\binom{n}{k} = \frac{n!}{k! \cdot (n-k)!} = \frac{n \cdot (n-1) \cdot \ldots \cdot (n-k+1)}{k!}.$$

▶ **Beispiel:** Wie viele verschiedene Tipps müsste man abgeben, um im Zahlenlotto „6 aus 49" mit Sicherheit „6 Richtige" zu erzielen?

Lösung:
Beim Lotto wird aus der Menge von 49 Zahlen eine ungeordnete Stichprobe vom Umfang 6, d. h. eine Menge mit 6 Elementen, ohne Zurücklegen entnommen.

Eine 49-elementige Menge hat $\binom{49}{6} = \frac{49!}{6! \cdot 43!} = \frac{49 \cdot 48 \cdot 47 \cdot 46 \cdot 45 \cdot 44}{6 \cdot 5 \cdot 4 \cdot 3 \cdot 2 \cdot 1} = 13983816$ verschiedene
▶ 6-elementige Teilmengen. So viele Tipps sind möglich und nur einer trifft ins Schwarze.

Übung 3
a) Berechnen Sie die Binomialkoeffizienten $\binom{5}{3}$, $\binom{7}{6}$, $\binom{4}{4}$, $\binom{5}{0}$, $\binom{8}{3}$, $\binom{9}{2}$, $\binom{22}{11}$, $\binom{100}{20}$.
b) Wie viele 5-elementige Teilmengen hat eine 12-elementige Menge?
c) Wie viele Teilmengen mit mehr als 4 Elementen hat eine 9-elementige Menge?
d) Wie viele Teilmengen hat eine 10-elementige Menge insgesamt?

Übung 4
a) An einem Fußballturnier nehmen 8 Mannschaften teil. Wie viele Endspielkombinationen sind möglich?
b) In einer Stadt gibt es 5000 Telefonanschlüsse. Wie viele Gesprächspaarungen gibt es?
c) Aus einer Klasse mit 25 Schülern sollen drei Schüler abgeordnet werden. Wie viele Gruppenzusammenstellungen sind möglich?

Übung 5
a) Aus einem Skatspiel werden vier Karten gezogen. Mit welcher Wahrscheinlichkeit handelt es sich um vier Asse?
b) Aus den 26 Buchstaben des Alphabets werden 5 zufällig ausgewählt. Wie groß ist die Wahrscheinlichkeit, dass kein Konsonant dabei ist?

---

* Hinweise: $\binom{n}{k}$ ist nur für $0 \leq k \leq n$ definiert. Wegen $0! = 1$ gilt $\binom{n}{0} = 1$ und $\binom{n}{n} = 1$.

D. Das Lottomodell

Die Bestimmung von Tippwahrscheinlichkeiten beim Lottospiel kann als Modell für zahlreiche weitere Zufallsprozesse verwendet werden. Wir betrachten eine Musteraufgabe.

> **Beispiel:** Wie groß ist die Wahrscheinlichkeit, dass man beim Lotto „6 aus 49" mit einem abgegebenen Tipp genau vier Richtige erzielt?

Lösung:
Insgesamt sind $\binom{49}{6} = 13\,983\,816$ Tipps möglich. Um festzustellen, wie viele dieser Tipps günstig für das Ereignis E: „Vier Richtige" sind, verwenden wir folgende Grundidee:
Wir denken uns den Inhalt der Lottourne in zwei Gruppen von Zahlen unterteilt: in eine Gruppe von 6 roten Gewinnkugeln und ein Gruppe von 43 weißen Nieten.

Ein für E günstiger Tipp besteht aus vier roten und zwei weißen Kugeln.

Es gibt $\binom{6}{4} = 15$ Möglichkeiten, aus der Gruppe der 6 roten Kugeln 4 Kugeln auszuwählen.

Analog gibt es $\binom{43}{2} = 903$ Möglichkeiten, aus der Gruppe der 43 weißen Kugeln 2 Kugeln auszuwählen.

Folglich gibt es $\binom{6}{4} \cdot \binom{43}{2}$ Möglichkeiten, vier rote Kugeln mit zwei weißen Kugeln zu einem für E günstigen Tipp zu kombinieren.

Dividieren wir diese Zahl durch die Anzahl aller Tipps, d. h. durch $\binom{49}{6}$, so erhalten wir die gesuchte Wahrscheinlichkeit.
▶ Sie beträgt ca. 0,001.

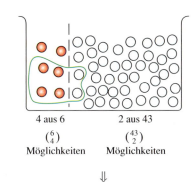

$$P(\text{„4 Richtige"}) = \frac{\binom{6}{4} \cdot \binom{43}{2}}{\binom{49}{6}}$$

$$= \frac{15 \cdot 903}{13\,983\,816} \approx 0{,}001$$

Übung 6
a) Berechnen Sie die Wahrscheinlichkeit für genau drei Richtige im Lotto 6 aus 49.
b) Mit welcher Wahrscheinlichkeit erzielt man mindestens fünf Richtige?

Übung 7
Eine Zehnerpackung Glühlampen enthält vier Lampen mit verminderter Leistung. Jemand kauft fünf Lampen. Mit welcher Wahrscheinlichkeit sind darunter
a) genau zwei defekte Lampen,
b) mindestens zwei defekte Lampen,
c) höchstens zwei defekte Lampen?

Übungen

8. In einer Halle gibt es acht Leuchten, die einzeln ein- und ausgeschaltet werden können. Wie viele unterschiedliche Beleuchtungsmöglichkeiten gibt es?

9. Ein Zahlenschloss hat drei Einstellringe für die Ziffern 0 bis 9.
 a) Wie viele Zahlenkombinationen gibt es insgesamt?
 b) Wie viele Kombinationen gibt es, die höchstens eine ungerade Ziffer enthalten?

10. Ein Passwort soll mit zwei Buchstaben beginnen, gefolgt von einer Zahl mit drei oder vier Ziffern. Wie viele verschiedene Passwörter dieser Art gibt es?

11. Tim besitzt vier Kriminalromane, fünf Abenteuerbücher und drei Mathematikbücher.
 a) Wie viele Möglichkeiten der Anordnung in seinem Buchregal hat Tim insgesamt?
 b) Wie viele Anordnungsmöglichkeiten gibt es, wenn die Bücher thematisch nicht vermischt werden dürfen?

12. Trapper Fuzzi ist auf dem Weg nach Alaska. Er muss drei Flüsse überqueren. Am ersten Fluss gibt es sieben Furten, wovon sechs passierbar sind. Am zweiten Fluss sind es fünf Furten, wovon vier passierbar sind. Am dritten Fluss sind zwei der drei Furten passierbar. Fuzzi entscheidet sich stets zufällig für eine der Furten. Sollte man darauf wetten, dass er durchkommt?

13. Ein Computer soll alle unterschiedlichen Anordnungen der 26 Buchstaben des Alphabets in einer Liste abspeichern. Wie lange würde dieser Vorgang dauern, wenn die Maschine in einer Millisekunde eine Million Anordnungen erzeugen könnte?

14. Wie viele Möglichkeiten gibt es, die elf Spieler einer Fußballmannschaft für ein Foto in einer Reihe aufzustellen?

15. An einem Fußballturnier nehmen 12 Mannschaften teil. Wie viele Endspielpaarungen sind theoretisch möglich und wie viele Halbfinalpaarungen sind theoretisch möglich?

16. Acht Schachspieler sollen zwei Mannschaften zu je vier Spielern bilden. Wie viele Möglichkeiten gibt es?

17. Eine Klasse besteht aus 24 Schülern, 16 Mädchen und 8 Jungen. Es soll eine Abordnung von 5 Schülern gebildet werden. Wie viele Möglichkeiten gibt es, wenn die Abordnung
 a) aus 3 Mädchen und 2 Jungen bestehen soll,
 b) nicht nur aus Mädchen bestehen soll?

18. Am Ende eines Fußballspiels kommt es zum Elfmeterschießen. Dazu werden vom Trainer fünf der elf Spieler ausgewählt.
 a) Wie viele Auswahlmöglichkeiten hat der Trainer?
 b) Wie viele Auswahlmöglichkeiten gibt es, wenn der Trainer auch noch festlegt, in welcher Reihenfolge die fünf Spieler schießen sollen?

19. Aus einem Kartenspiel mit den üblichen 32 Karten werden vier Karten entnommen.
   a) Wie viele Möglichkeiten der Entnahme gibt es insgesamt?
   b) Wie viele Möglichkeiten gibt es, wenn zusätzlich gefordert wird, dass unter den vier Karten genau zwei Asse sein sollen?

20. Aus einer Urne mit 15 weißen und 5 roten Kugeln werden 8 Kugeln ohne Zurücklegen gezogen. Mit welcher Wahrscheinlichkeit sind unter den gezogenen Kugeln genau 3 rote Kugeln? Mit welcher Wahrscheinlichkeit sind mindestens 4 rote Kugeln dabei?

21. In einer Lieferung von 100 Transistoren sind 10 defekt. Mit welcher Wahrscheinlichkeit werden bei Entnahme einer Stichprobe von 5 Transistoren genau 2 (mindestens 3) defekte Transistoren entdeckt?

22. In einer Sendung von 80 Batterien befinden sich 10 defekte. Mit welcher Wahrscheinlichkeit enthält eine Stichprobe von 5 Batterien genau eine (genau 3, höchstens 4, mindestens eine) defekte Batterie?

23. Auf einem Rummelplatz wird ein Minilotto „4 aus 16" angeboten. Der Spieleinsatz beträgt pro Tipp 1 €. Die Auszahlungsquoten lauten 10 € bei 3 Richtigen und 1000 € bei 4 Richtigen. Mit welchem mittleren Gewinn kann der Veranstalter pro Tipp rechnen?

24. In einer Urne befinden sich 5 rote, 3 weiße und 6 schwarze Kugeln. 3 Kugeln werden ohne Zurücklegen gezogen. Mit welcher Wahrscheinlichkeit sind sie alle verschiedenfarbig (alle rot, alle gleichfarbig)?

25. Ein Hobbygärtner kauft eine Packung mit 50 Tulpenzwiebeln. Laut Aufschrift handelt es sich um 10 rote und 40 weiße Tulpen. Er pflanzt 5 zufällig entnommene Zwiebeln. Wie groß ist die Wahrscheinlichkeit, dass hiervon
   a) genau 2 Tulpen rot sind?
   b) mindestens 3 Tulpen weiß sind?

26. In einer Lostrommel liegen 10 Lose, von denen 4 Gewinnlose sind. Drei Lose werden gezogen. Mit welcher Wahrscheinlichkeit sind darunter mindestens zwei Gewinnlose?

27. Unter den 100 Losen einer Lotterie befinden sich 2 Hauptgewinne, 8 einfache Gewinne und 20 Trostpreise.
   a) Mit welcher Wahrscheinlichkeit befinden sich unter 5 gezogenen Losen genau ein Hauptgewinn und sonst nur Nieten (überhaupt kein Gewinn)?
   b) Mit welcher Wahrscheinlichkeit befinden sich unter 10 gezogenen Losen genau 2 einfache Gewinne, 3 Trostpreise und sonst nur Nieten (1 Hauptgewinn, 2 einfache Gewinne und sonst nur Nieten)?
   Anleitung: Teilen Sie die Lose in vier Gruppen ein.

5. Bedingte Wahrscheinlichkeiten

A. Der Begriff der bedingten Wahrscheinlichkeit

Die Wahrscheinlichkeit eines Ereignisses ist eine relative Größe. Sie kann durch Informationen beeinflusst werden. Wir betrachten als Beispiel einen Würfelwurf.

> **Beispiel:** Ein Würfel mit dem abgebildeten Netz wurde verdeckt geworfen. Betrachtet wird die Wahrscheinlichkeit für die Augenzahl 5. Wie groß ist diese Wahrscheinlichkeit? Wie hoch würde jemand die Wahrscheinlichkeit taxieren, der von einem direkten Beobachter die Information erhielt, dass eine grüne Fläche oben lag.

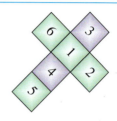

Lösung:
Die Wahrscheinlichkeit für die Augenzahl Fünf beträgt im Prinzip $\frac{1}{6}$, da es sechs gleichwahrscheinliche Ergebnisse 1, 2, 3, 4, 5, 6 gibt.
Hat man jedoch die Vorinformation, dass eine grüne Fläche gefallen ist, so kommen nur noch die Ergebnisse 1, 2, 5 und 6 in Frage, und man wird unter dieser Bedingung die Wahrscheinlichkeit für die Augenzahl Fünf auf $\frac{1}{4}$ taxieren.

Man spricht in diesem Zusammenhang von einer *bedingten Wahrscheinlichkeit*.

Man verwendet hierfür die symbolische Schreibweise $\mathbf{P_B(A)}$.
(gelesen: Die Wahrscheinlichkeit von A unter der Bedingung B).

Bedingte Wahrscheinlichkeiten können durch zweistufige Baumdiagramme veranschaulicht werden. Rechts ist der Zusammenhang dargestellt. In der zweiten Stufe des Baumdiagramms treten vier bedingte Wahrscheinlichkeiten auf.

Bedingte Wahrscheinlichkeiten beim Würfelwurf

A: „Es fällt eine Fünf"
B: „Es fällt eine grüne Fläche"

$P(A) = \frac{1}{6}$ $P_B(A) = \frac{1}{4}$

Bedingte Wahrscheinlichkeiten im Baumdiagramm

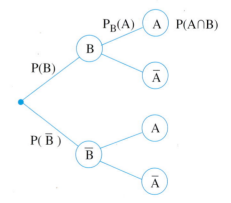

Beispielsweise gibt es für das Eintreten von A zwei bedingte Wahrscheinlichkeiten:
$P_B(A)$: Wahrscheinlichkeit, dass A eintritt, unter der Bedingung, dass B eingetreten ist.
$P_{\overline{B}}(A)$: Wahrscheinlichkeit, dass A eintritt, unter der Bedingung, dass $\overline{B}$ eingetreten ist.

5. Bedingte Wahrscheinlichkeiten

Der Begriff der bedingten Wahrscheinlichkeit kann durch eine Formel definiert werden:

Definition XV.2: Bedingte Wahrscheinlichkeit

$$P_B(A) = \frac{P(A \cap B)}{P(B)}, P(B) > 0$$

Satz XV.5: Multiplikationssatz

Für zwei Ereignisse A und B mit $P(B) > 0$ gilt die Formel

$$P(A \cap B) = P(B) \cdot P_B(A).$$

Zur Lösung von Aufgaben wird meistens der Multiplikationssatz herangezogen, weil er die Schnittwahrscheinlichkeit $P(A \cap B)$ auf die einfacher zu bestimmenden Wahrscheinlichkeiten $P(B)$ und $P_B(A)$ zurückführt.

▶ **Beispiel:** Aus einem Kartenspiel werden zwei Karten nacheinander gezogen. Wie groß ist die Wahrscheinlichkeit dafür, dass
a) beide Karten Buben sind,
b) beide Karten keine Buben sind?

Lösung:
Gesucht sind die Schnittwahrscheinlichkeiten $P(B_1 \cap B_2)$ und $P(\overline{B}_1 \cap \overline{B}_2)$, wobei B_1 und B_2 rechts aufgeführt sind.

4 der 32 Karten sind Buben. Daher gilt $P(B_1) = \frac{4}{32}$ und $P(\overline{B}_1) = \frac{28}{32}$.
Auch die bedingten Wahrscheinlichkeiten $P_{B_1}(B_2) = \frac{3}{31}$ und $P_{\overline{B}_1}(B_2) = \frac{4}{31}$ sind leicht zu bestimmen. Hieraus ergeben sich auch noch die bedingten Wahrscheinlichkeiten $P_{B_1}(\overline{B}_2) = \frac{28}{31}$ und $P_{\overline{B}_1}(\overline{B}_2) = \frac{27}{31}$ als Gegenwahrscheinlichkeit.

Nun wird der Multiplikationssatz angewendet.

▶ Alternativ kann man die Aufgabe mithilfe des abgebildeten Baumdiagramms lösen.

B_1: „Die 1. Karte ist ein Bube"
B_2: „Die 2. Karte ist ein Bube"

Anwendung des Multiplikationssatzes:
$$P(B_1 \cap B_2) = P(B_1) \cdot P_{B_1}(B_2) = \frac{4}{32} \cdot \frac{3}{31}$$
$$\approx 0{,}012 = 1{,}2\,\%$$

$$P(\overline{B}_1 \cap \overline{B}_2) = P(\overline{B}_1) \cdot P_{\overline{B}_1}(\overline{B}_2) = \frac{28}{32} \cdot \frac{27}{31}$$
$$\approx 0{,}762 = 76{,}2\,\%$$

Alternativ: Lösung mit Baumdiagramm:

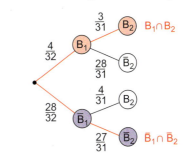

Übung 1
Otto hat fünf Schlüssel in seiner Hosentasche. Er zieht blindlings einen nach dem anderen, um in seine Wohnung zu gelangen. Wie groß ist die Wahrscheinlichkeit dafür, dass er den richtigen Schlüssel beim zweiten Griff (beim dritten Griff) zieht?

Übungen

2. 40% der Mitarbeiter einer Firma sind Raucher, 30% der Raucher treiben Sport. Unter den Nichtrauchern beträgt der Anteil der Sportler 45%.
Wie groß ist die Wahrscheinlichkeit dafür, dass ein beliebiger Mitarbeiter
a) besonders gesund lebt, d. h. Sport treibt und Nichtraucher ist,
b) sich besonders unvernünftig verhält, d. h. keinen Sport treibt und Raucher ist?

3. Eine Urne enthält 5 rote und 4 schwarze Kugeln. Es werden zwei Kugeln nacheinander ohne Zurücklegen gezogen. Wie groß ist die Wahrscheinlichkeit dafür,
a) dass die zweite gezogene Kugel rot ist, wenn die erste Kugel bereits rot war,
b) dass die zweite gezogene Kugel rot ist, wenn die erste Kugel schwarz war,
c) dass beide gezogenen Kugeln rot sind?

4. Die sensible Fußballmannschaft Berta BSC muss in 4 von 10 Fällen zuerst ein Gegentor hinnehmen. Tritt dieser Fall ein, wird das Spiel mit 80% Wahrscheinlichkeit verloren. Im anderen Fall werden 7 von 10 Spielen gewonnen. Es fällt mindestens ein Tor.
a) Max setzt vor dem Spiel 40 € darauf, dass Berta BSC das erste Tor schießt und das Spiel gewinnt. Moritz setzt 50 € dagegen.
b) Max setzt vor dem Spiel 10 € darauf, dass Berta BSC weder das erste Tor schießt noch gewinnt. Moritz setzt 30 € dagegen.
Wer hat die bessere Gewinnerwartung?

5. Bei einem Skatspiel erhält jeder der drei Spieler 10 Karten, während die restlichen beiden Karten in den Skat gelegt werden.
a) Felix hat genau 2 Buben und 8 weitere Karten auf der Hand und hofft, dass genau ein weiterer Bube im Skat liegt. Welche Wahrscheinlichkeit besteht hierfür?
b) Felix' Buben sind Herz- und Karo-Bube. Mit welcher Wahrscheinlichkeit liegt
b_1) genau 1 Bube, $\qquad$ b_2) nur der Kreuz-Bube im Skat?

6. Eine Urne enthält schwarze und rote Kugeln. Nachdem eine Kugel aus der Urne gezogen und ihre Farbe festgestellt wurde, wird sie in die Urne zurückgelegt. Danach werden die Kugeln der anderen Farbe verdoppelt und es wird erneut eine Kugel gezogen.
a) Mit welcher Wahrscheinlichkeit ist die erste Kugel rot und die zweite Kugel schwarz?
Unter welcher Bedingung ist diese Wahrscheinlichkeit gleich $\frac{1}{3}$?
b) Mit welcher Wahrscheinlichkeit sind beide Kugeln rot?
Unter welcher Bedingung ist diese Wahrscheinlichkeit gleich 0,1?

7. An einem Tanzwettbewerb nehmen genau 5 Paare teil. Die Paare werden durch Auslosung neu zusammengewürfelt. Wie groß ist die Wahrscheinlichkeit dafür, dass
a) alle 5 Paare wieder zusammengeführt werden,
b) genau 1 Paar, genau 2 Paare, genau 3 Paare, genau 4 Paare zusammengeführt werden,
c) kein Paar zusammengeführt wird?

5. Bedingte Wahrscheinlichkeiten

8. Auf einem Straßenfest wird folgendes Kartenspiel angeboten: Der Spielleiter präsentiert 3 Karten, beidseitig gefärbt, die erste Karte auf beiden Seiten schwarz, die zweite Karte auf beiden Seiten rot, die dritte Karte auf der einen Seite rot und auf der anderen Seite schwarz. Diese Karten werden in eine leere Kiste gelegt und man darf blindlings eine Karte daraus ziehen, von der alle jedoch nur die Oberseite sehen. Sie zeigt Rot.

Der Spielleiter wettet nun 10 € darauf, dass die unsichtbare Unterseite dieselbe Farbe wie die Oberseite hat. Sollte man bei dieser Wette 10 € dagegen halten?

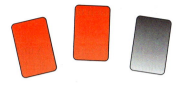

9. Eine Schachtel enthält 15 Pralinen, davon 3 mit Marzipanfüllung. Peter nimmt zwei Pralinen. Mit welcher Wahrscheinlichkeit erwischt er zwei Marzipanpralinen?

10. Eine Packung mit 50 elektrischen Sicherungen wird vom Käufer einem Test unterzogen. Er entnimmt der Packung zufällig nacheinander ohne Zurücklegen zwei Sicherungen und prüft sie auf ihre Funktionsfähigkeit. Sind beide einwandfrei, so wird die Packung angenommen, ansonsten wird sie zurückgewiesen.
Mit welcher Wahrscheinlichkeit wird eine Packung angenommen, obwohl sie 10 defekte Sicherungen enthält?

11. Eine Urne enthält 3 rote und 3 schwarze Kugeln. Eine Kugel wird aus der Urne genommen und die Farbe festgestellt. Die Kugel wird zurückgelegt und die Anzahl der Kugeln der gezogenen Farbe ver-n-facht. Anschließend wird wieder eine Kugel gezogen.
Für welches n ist die Wahrscheinlichkeit für
a) 2 verschiedenfarbige Kugeln größer als 25 %,
b) 2 gleichfarbige Kugeln größer als 90 %?

Knobelaufgabe

Bei einem Würfelspiel erhält der Spieler 5 identische sechsflächige Würfel. Beim ersten Wurf würfelt er mit allen fünf Würfeln, beim zweiten mit vier, beim dritten mit drei und beim vierten mit zwei Würfeln.
Zeigen bei einem Wurf zwei der Würfel die gleiche Augenzahl, hat der Spieler verloren. Sind alle Augenzahlen jedoch verschieden, wird daraus die Summe gebildet. Der Spieler gewinnt, wenn er jeweils die gleiche Summe würfelt.

Über die Würfel ist Folgendes bekannt:
1. Alle sechs Augenzahlen sind positive ganze Zahlen.
2. Alle sechs Augenzahlen sind verschieden.
3. Die höchste Augenzahl ist 10.
4. Die Augenzahlsumme eines Würfels ist gerade.
5. Es ist möglich zu gewinnen.
Wie lauten die 6 Augenzahlen der identischen Würfel?

Übungen

14. Prüfen Sie beim zweimaligen Würfelwurf die Ereignisse A und B auf stochastische Unabhängigkeit.
 a) A: Im ersten Wurf kommt eine Sechs.   B: Im zweiten Wurf kommt keine 6.
 b) A: Im ersten Wurf kommt Eins.   B: Die Augensumme der Würfe ist gerade.
 c) A: Gerade Augenzahl im ersten Wurf.   B: In beiden Würfen gleiche Augenzahl.

15. Ein Würfel wird einmal geworfen. Betrachtet werden die beiden folgenden Ereignisse:
 A: Die Augenzahl ist gerade   B: Die Augenzahl ist durch 3 teilbar
 Sind die beiden Ereignisse stochastisch unabhängig?

16. Die 10 Kugeln in einer Urne sind mit den Nummern 1, …, 10 versehen. Es werden nacheinander zwei Kugeln mit Zurücklegen gezogen. Untersuchen Sie jeweils zwei der Ereignisse A: „Es kommen zwei gleiche Nummern", B: „Im ersten Zug kommt die Nummer 10", C: „Die Nummernsumme ist kleiner als 8" auf stochastische Unabhängigkeit.

17. Bei einem Test lösten 360 Personen zwei Aufgaben. Betrachtet wurden die folgenden Ereignisse:
 A: „Aufgabe 1 wird richtig gelöst"
 B: „Aufgabe 2 wird richtig gelöst".
 Die Testergebnisse wurden in einer Vierfeldertafel erfasst. Prüfen Sie, ob A und B unabhängig sind.

	B	$\overline{B}$
A	80	40
$\overline{A}$	160	80

18. Der englische Naturforscher Sir Francis Galton (1822–1911) untersuchte den Zusammenhang zwischen der Augenfarbe von 1000 Vätern und je einem ihrer Söhne. Die Ergebnisse sind in einer Vierfeldertafel dargestellt. Dabei sei V das Ereignis „Vater ist helläugig", S das Ereignis „Sohn ist helläugig". Untersuchen Sie V und S auf Unabhängigkeit.

	S	$\overline{S}$
V	471	151
$\overline{V}$	148	230

19. In einer empirischen Untersuchung wird geprüft, ob ein Zusammenhang zwischen blonden Haaren und blauen Augen bzw. blonden Haaren und dem Geschlecht besteht. Von 842 untersuchten Personen hatten 314 blonde Haare. Unter den 268 Blauäugigen waren 121 Blonde. 116 von 310 Mädchen waren blond. Überprüfen Sie die untersuchten Zusammenhänge rechnerisch.

C. Die totale Wahrscheinlichkeit

Die erste Pfadregel für Baumdiagramme ist äquivalent zum Multiplikationssatz für Schnittereignisse. In entsprechender Weise gibt es ein Äquivalent zur zweiten Pfadregel für Baumdiagramme, nämlich die folgende Formel von der totalen Wahrscheinlichkeit:

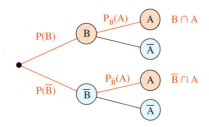

Satz von der totalen Wahrscheinlichkeit

A und B seien beliebige Ereignisse mit $P(B) \neq 0$, $P(\overline{B}) \neq 0$. Dann gilt:

$$P(A) = P(B) \cdot P_B(A) + P(\overline{B}) \cdot P_{\overline{B}}(A).$$

Der Satz führt die „totale Wahrscheinlichkeit" $P(A)$ des Ereignisses A auf die „bedingten Wahrscheinlichkeiten" $P_B(A)$ und $P_{\overline{B}}(A)$ des Ereignisses A zurück.

▶ **Beispiel:** Die Belegschaft eines großen Betriebes besteht zu 41% aus Angestellten und zu 59% aus Arbeitern. Die gesamte Belegschaft soll per Abstimmung entscheiden, ob für einige Abteilungen die gleitende Arbeitszeit eingeführt werden soll. Interne Umfragen ergaben, dass 80% der Angestellten, aber nur 25% der Arbeiter für die gleitende Arbeitszeit sind. Wie wird die Abstimmung wohl ausgehen?

Lösung:
Gesucht ist die Wahrscheinlichkeit, dass sich ein zufällig ausgewähltes Belegschaftsmitglied für die gleitende Arbeitszeit entscheidet. Diese Wahrscheinlichkeit lässt sich mithilfe der Formel für die totale Wahrscheinlichkeit nach nebenstehender Rechnung bestimmen. Da sie weniger als 50% beträgt, wird die Abstimmung vermutlich zuungunsten der gleitenden Arbeitszeit ausgehen.

Bezeichnungen:
G: „Entscheidung für gleitende Arbeitszeit"
R: „Die abstimmende Person ist Arbeiter"
$\overline{R}$: „Die abstimmende Person ist Angestellter"

Rechnung:
$$P(G) = P(R) \cdot P_R(G) + P(\overline{R}) \cdot P_{\overline{R}}(G)$$
$$= 0{,}59 \cdot 0{,}25 + 0{,}41 \cdot 0{,}80$$
$$= 0{,}4755$$

Übung 20
In einem Entwicklungsland leiden ca. 0,1% der Menschen an einer bestimmten Infektionskrankheit. Ein Test zeigt die Krankheit bei 98% der Kranken korrekt an, während er bei 5% der Gesunden irrtümlich die Krankheit anzeigt. Mit welcher Wahrscheinlichkeit zeigt der Test bei einer zufällig ausgewählten Person ein positives Resultat? (Lösen Sie mithilfe eines Baumdiagramms *und* des Satzes von der totalen Wahrscheinlichkeit.)

Übung 21
Ein Kandidat für den Posten des Schulsprechers wird von 63% der 528 weiblichen Schüler favorisiert. Von den Jungen wollen 41% für ihn stimmen. Insgesamt sind 1200 Schüler auf der Schule. Mit welchem Stimmanteil kann er rechnen?

> **Beispiel:** Im Schlippental ist das Wetter an 70 von 100 Tagen schön und an 30 von 100 Tagen schlecht.
> Der königliche Hofmeteorologe simuliert das Wetter daher mithilfe einer Urne, die 7 rote und 3 schwarze Kugeln enthält. Zieht er eine rote Kugel, so prognostiziert er für den folgenden Tag schönes Wetter, andernfalls schlechtes Wetter.
> Radio Schlippental hat einen einheimischen Breitmaulfrosch unter Vertrag, der schöne Tage mit 90% und schlechte Tage mit 60% Sicherheit vorhersagen kann.
> Wessen Prognosen sind treffsicherer?

Lösung:
Wir verwenden folgende Bezeichnungen:
S: „Es tritt schönes Wetter ein"
M: „Die Prognose des Meteorologen ist richtig"
F: „Die Froschprognose ist richtig"

Nun bestimmen wir die totale Wahrscheinlichkeit der Ereignisse M und F, deren bedingte Wahrscheinlichkeiten $P_S(M) = 0{,}7$, $P_{\bar{S}}(M) = 0{,}3$, $P_S(F) = 0{,}9$ und $P_{\bar{S}}(F) = 0{,}6$ wir der Aufgabenstellung entnehmen können.

Mithilfe der abgebildeten Baumdiagramme bzw. mit der Formel von der totalen Wahrscheinlichkeit erhalten wir
$P(M) = 58\%$ und $P(F) = 81\%$.

▶ Der Frosch ist also besser.

Treffsicherheit des Meteorologen:

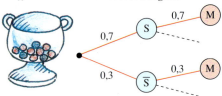

$P(M) = 0{,}7 \cdot 0{,}7 + 0{,}3 \cdot 0{,}3 = 0{,}58 = 58\%$

Treffsicherheit des Frosches:

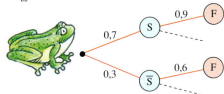

$P(F) = 0{,}7 \cdot 0{,}9 + 0{,}3 \cdot 0{,}6 = 0{,}81 = 81\%$

Übung 22
In unserem obigen Beispiel tritt nun ein Optimist hinzu, der stets schönes Wetter prognostiziert. Wie groß ist die Treffersicherheit des Optimisten?

Übung 23
Die vom beliebten Showmaster moderierte Fernsehsendung wird von sogenannten Vielsehern (Fernsehzuschauer, die täglich mehr als 3 Stunden fernsehen, 18% der Zuschauer) zu 75% gesehen. In der Gruppe der restlichen Fernsehteilnehmer beträgt die Einschaltquote 40%. Wie groß ist die Einschaltquote?

5. Bedingte Wahrscheinlichkeiten

Übungen

24. Die Urne U_1 enthält 10 rote und 5 grüne Kugeln, die Urne U_2 enthält 3 rote und 7 grüne Kugeln. Jemand wählt blindlings (d.h. mit verbundenen Augen) eine der beiden Urnen aus und zieht eine Kugel.
a) Mit welcher Wahrscheinlichkeit ist diese rot?
b) Mit welcher Wahrscheinlichkeit ist diese grün?

25. 3% der Bevölkerung sind zuckerkrank. Ein Test zeigt bei 96% der Kranken die Krankheit an. Bei den Gesunden ergibt der Test bei 6% irrtümlich ein positives Ergebnis.
Welcher Prozentsatz der Durchschnittsbevölkerung wird bei einem Massenscreening ein positives Testergebnis erhalten?

26. Auf zwei Urnen werden 5 weiße und 5 rote Kugeln beliebig verteilt. Anschließend wird eine Urne ausgewählt und aus ihr eine Kugel gezogen. Bei welcher Verteilung ist die Wahrscheinlichkeit für das Ziehen einer roten Kugel besonders groß (klein)?

27. Ein Hersteller von elektrischen Widerständen produziert diese auf drei Maschinen M_1, M_2, und M_3. 20% der Widerstände werden auf M_1, 30% auf M_2 und 50% auf M_3 produziert. Die Ausschussraten betragen 4% für M_1, 3% für M_2 und 2% für M_3.
Welche Ausschussrate ergibt sich für die Gesamtproduktion?

28. Formulieren Sie den Satz von der totalen Wahrscheinlichkeit für den Fall einer Zerlegung des Ergebnisraumes Ω in 3 paarweise disjunkte (d.h. je zwei Mengen haben eine leere Schnittmenge) Teilmengen B_1, B_2, B_3.

29. Der Physiklehrer heißt bei allen Schülern Katastrophen-Willi, denn in der Mechanik misslingen 15%, in der Optik 26% und in der Elektrostatik 85% seiner Versuche. Wie groß ist der Anteil der misslungenen Experimente, wenn Katastrophen-Willi in Mechanik eine Klasse, in Optik 2 und in Elektrostatik 3 Klassen unterrichtet und pro Unterrichtsstunde genau ein Experiment durchführt?

30. In drei Urnen sind jeweils 50 Kugeln. In Urne i ($1 \leq i \leq 3$) befinden sich $10i+5$ rote Kugeln. Es wird eine Urne gewählt und aus dieser werden zwei Kugeln mit einem Griff gezogen. Mit welcher Wahrscheinlichkeit sind beide Kugeln rot?

31. Vier Kontrolleure führen zu gleichen Teilen die Endkontrolle durch. Dabei werden von ihnen 90%, 85%, 95%, 50% des Ausschusses entdeckt.
Mit welcher Wahrscheinlichkeit wird ein defektes Teil erkannt und aussortiert?

32. Doc Holliday und Billy The Cid tragen ein Pistolenduell aus. Doc Holliday trifft mit der Wahrscheinlichkeit 0,9, sein Gegner mit der Wahrscheinlichkeit 0,95. Es wird abwechselnd geschossen, wobei Doc Holiday den ersten Schuss hat.
Berechnen Sie die Wahrscheinlichkeit folgender Ereignisse:
a) Doc Holliday siegt mit seinem zweiten Schuss.
b) Billy The Cid siegt mit seinem zweiten Schuss.
c) Doc Holliday siegt spätestens nach insgesamt fünf Schüssen.
d) Billy The Cid siegt irgendwann im Laufe des Duells.

D. Der Satz von Bayes

504-1

Wir entwickeln im Folgenden eine Formel, die einen Gleichungszusammenhang zwischen den bedingten Wahrscheinlichkeiten $P_B(A)$ und $P_A(B)$ herstellt. Man spricht daher auch vom sogenannten Umkehrproblem für bedingte Wahrscheinlichkeiten. Die Formel lässt sich leicht gewinnen, wenn man den zu den Ereignissen B und A gehörigen zweistufigen Wahrscheinlichkeitsbaum mit dem dazu „inversen" Baumdiagramm vergleicht.

Baumdiagramm: Inverses Baumdiagramm:

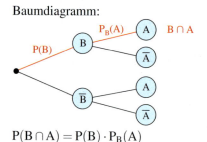 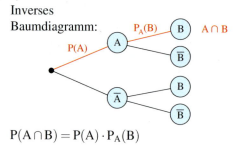

$P(B \cap A) = P(B) \cdot P_B(A)$ $P(A \cap B) = P(A) \cdot P_A(B)$

Die Ereignisse $B \cap A$ und $A \cap B$ sind identisch, also sind dies auch ihre Wahrscheinlichkeiten: $P(B) \cdot P_B(A) = P(A) \cdot P_A(B)$. Lösen wir diese Gleichung nach $P_B(A)$ auf, so ergibt sich die sogenannte Formel von Bayes*:

Der Satz von Bayes
Sind A und B Ereignisse mit $P(A) \neq 0$ und $P(B) \neq 0$, so gelten folgende Formeln:

$$P_B(A) = \frac{P(A) \cdot P_A(B)}{P(B)} \qquad P_B(A) = \frac{P(A) \cdot P_A(B)}{P(A) \cdot P_A(B) + P(\overline{A}) \cdot P_{\overline{A}}(B)}$$

Die zweite Formel folgt aus der ersten durch Anwendung des Satzes von der totalen Wahrscheinlichkeit auf den Nennerterm $P(B)$.

▶ **Beispiel: Die Aussagekraft medizinisch-diagnostischer Tests**
Eine von zehntausend Personen leidet an einer bestimmten Stoffwechselerkrankung. Für diese Erkrankung gibt es einen einfachen diagnostischen Test, der bei Kranken mit einer Wahrscheinlichkeit von 90% und bei Gesunden mit einer Wahrscheinlichkeit von 98% die korrekte Diagnose liefert. Eine Person, die sich dem Test unterzieht, erhält ein positives, d. h. für das Vorliegen der Erkrankung sprechendes Testergebnis. Wie wahrscheinlich ist es, dass dieser Patient tatsächlich erkrankt ist?

▼ Lösung:
Gesucht ist die bedingte Wahrscheinlichkeit $P_T(K)$, dass jemand tatsächlich erkrankt ist, wenn der Test ein positives Resultat ergibt.

Bezeichnungen:
K: „Die getestete Person ist krank"
T: „Der Test zeigt ein positives Resultat"

---
* Thomas Bayes (1702–1761), engl. Geistlicher und Mathematiker

5. Bedingte Wahrscheinlichkeiten

Gegeben sind die Wahrscheinlichkeiten:
$P(K) = 0{,}0001$, $P_K(T) = 0{,}9$, $P_{\overline{K}}(\overline{T}) = 0{,}98$.
Als Gegenwahrscheinlichkeiten ergeben sich hieraus die Wahrscheinlichkeiten:
$P(\overline{K}) = 0{,}9999$, $P_K(\overline{T}) = 0{,}1$,
$P_{\overline{K}}(T) = 0{,}02$.

Baumdiagramm:

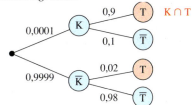

1. Möglichkeit:
Wir lösen die Aufgabe zunächst ohne Verwendung der Formeln nur mithilfe des zu den Ereignissen K und T gehörigen zweistufigen Baumdiagramms sowie des dazu inversen Baumdiagramms.*
Nach nebenstehend aufgeführter Rechnung erhalten wir dann $P_T(K) \approx 0{,}45\%$.

$P(T) = 0{,}0001 \cdot 0{,}9 + 0{,}9999 \cdot 0{,}02$
$ = 0{,}020088$

Inverses Baumdiagramm:

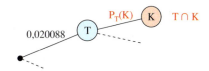

$P(T) \cdot P_T(K) = P(T \cap K) = P(K \cap T)$
$0{,}020088 \cdot P_T(K) = 0{,}0001 \cdot 0{,}9$
$\phantom{0{,}020088 \cdot {}} P_T(K) = 0{,}00448 \approx 0{,}45\%$

2. Möglichkeit:
Die Anwendung der Formeln liefert ebenfalls das gesuchte Ergebnis. Hierzu berechnen wir zunächst die Wahrscheinlichkeit P(T) mithilfe der Formel von der totalen Wahrscheinlichkeit.

Totale Wahrscheinlichkeit:
$P(T) = P(K) \cdot P_K(T) + P(\overline{K}) \cdot P_{\overline{K}}(T)$
$ = 0{,}0001 \cdot 0{,}9 + 0{,}9999 \cdot 0{,}02$
$ = 0{,}020088$

Nun können wir die gesuchte Wahrscheinlichkeit $P_T(K)$ mithilfe des Satzes von Bayes bestimmen.
Wir erhalten als Resultat $P_T(K) \approx 0{,}45\%$.

Anwendung der Formel von Bayes:
$P_T(K) = \dfrac{P(K) \cdot P_K(T)}{P(T)} = \dfrac{0{,}0001 \cdot 0{,}90}{0{,}020088}$
$ = 0{,}00448 \approx 0{,}45\%$

Die getestete Person muss sich also trotz des positiven Testergebnisses keine übertriebenen Sorgen machen. Die aus Sicherheitsgründen folgenden Nachuntersuchungen werden mit großer Wahrscheinlichkeit zum Ergebnis haben, dass die Testperson nicht an der Stoffwechselkrankheit leidet. Bei einer seltenen Krankheit ist die Wahrscheinlichkeit einer Fehldiagnose oft hoch.

Übung 33
a) Der im obigen Beispiel beschriebene diagnostische Test fällt bei einem bestimmten Patienten negativ aus. Mit welcher Wahrscheinlichkeit liegt die Krankheit dennoch vor?
b) Im obigen Beispiel wurde die Diagnostik einer relativ seltenen Erkrankung untersucht. Betrachten Sie nun den Fall, dass eine relativ häufig auftretende Krankheit vorliegt, die bei einer von zwanzig Personen auftritt. Mit welchen Wahrscheinlichkeiten liefert der Test bei sonst gleichen Daten falsche Ergebnisse? Bestimmen Sie $P_{\overline{T}}(K)$ und $P_T(\overline{K})$.

---

* Bemerkung: Die Bestimmung von totalen Wahrscheinlichkeiten und die Lösung von Bayes-Aufgaben erfordern in der Regel keine Formeln. Man kommt mit Baumdiagrammen und inversen Baumdiagrammen aus.

Übungen

34. Mit einem Lügendetektor werden des Diebstahls verdächtige Personen überprüft. Der Detektor schlägt durch ein rotes Lichtsignal an oder entwarnt durch ein grünes Signal. Er ist zu 90% zuverlässig, wenn die überprüfte Person tatsächlich schuldig ist, und er ist zu 99% zuverlässig, wenn die Person unschuldig ist. Aus einer Gruppe von Personen, von denen 5% einen Diebstahl begangen haben, wird eine Person überprüft. Der Detektor gibt ein rotes Signal. Mit welcher Wahrscheinlichkeit ist die Person dennoch unschuldig?
a) Lösen Sie die Aufgabe mithilfe von Baumdiagrammen.
b) Lösen Sie die Aufgabe durch Anwendung der Formeln.

35. Eine noble Villa ist durch eine Alarmanlage gesichert. Diese gibt im Falle eines Einbruchs mit einer Wahrscheinlichkeit von 99% Alarm. Jedoch muss mit einer Wahrscheinlichkeit von 1% ein Fehlalarm einkalkuliert werden, wenn kein Einbruch stattfindet. Die Wahrscheinlichkeit für einen Einbruch liegt pro Nacht bei etwa 1:1000. Wie groß ist die Wahrscheinlichkeit, dass im Falle eines Alarms tatsächlich ein Einbruch begangen wird?

36. Der abgebildete Glücksspielautomat schüttet einen Gewinn aus, wenn die Augensumme größer als 11 ist.
a) Wie groß ist die Gewinnchance eines Spielers?
b) Ein Spieler hat gewonnen. Mit welcher Wahrscheinlichkeit zeigte das erste Rad „6"?

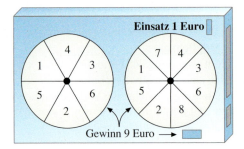

37. Urne U_1 enthält 3 weiße und 5 schwarze Kugeln. Urne U_2 enthält 7 weiße und 4 schwarze Kugeln. Jemand wählt blindlings eine Urne und zieht gleichzeitig drei Kugeln. Alle Kugeln sind schwarz (weiß). Mit welcher Wahrscheinlichkeit stammen sie aus U_2?

38. Über eine bestimmte Stoffwechselkrankheit ist bekannt, dass sie ca. eine von 150 Personen befällt. Ein recht zuverlässiger Test fällt bei tatsächlich erkrankten Personen mit einer Wahrscheinlichkeit von 97% positiv aus. Bei Personen, die nicht krank sind, fällt er mit 95% Wahrscheinlichkeit negativ aus.
a) Jemand lässt sich testen und erhält ein positives Resultat. Mit welcher Wahrscheinlichkeit ist er tatsächlich erkrankt?
b) Wie groß ist die Wahrscheinlichkeit, dass man bei einem negativen Ergebnis tatsächlich nicht erkrankt ist?
c) Welche Ergebnisse würde man bei a) erhalten, wenn die Krankheit nur eine von 1500 Personen befällt?

39. In Egons Hosentasche befinden sich 10 Münzen, 9 echte mit Kopf (K) und Zahl (Z) und eine falsche, die beidseitig Zahl aufweist. Egon zieht zufällig eine dieser Münzen und wirft sie mehrfach. Es erscheint die Folge ZZZK. Bestimmen Sie für jede der Teilfolgen, also für Z, ZZ, ZZZ und ZZZK die Wahrscheinlichkeit, dass es sich um eine echte Münze handelt.

6. Vierfeldertafeln

In der statistischen Praxis werden häufig sog. Vierfeldertafeln anstelle von Baumdiagrammen eingesetzt. Sie sind übersichtlicher in der Darstellung und einfach in der Handhabung.

Eine Vierfeldertafel ist eine zusammenfassende Darstellung zweier Merkmale mit jeweils zwei Ausprägungen (A, $\overline{A}$, B, $\overline{B}$).

In die Tafel werden in der Regel die absoluten Häufigkeiten oder die Wahrscheinlichkeiten der vier möglichen Kombinationsereignisse $A \cap B$, $A \cap \overline{B}$, $\overline{A} \cap B$ und $\overline{A} \cap \overline{B}$, eingetragen.

In die fünf Randfelder werden die Zeilen- und Spaltensummen eingetragen, d. h. $|A|$, $|\overline{A}|$, $|B|$, $|\overline{B}|$, und die Gesamtsumme.
Mit Hilfe dieser Eintragungen können gesuchte Wahrscheinlichkeiten bestimmt werden, z. B. die Randwahrscheinlichkeit $P(A)$ oder $P_B(A)$, d. h. die Wahrscheinlichkeit für A, wenn B bereits eingetreten ist.

	B	$\overline{B}$	
A	$\|A \cap B\|$	$\|A \cap \overline{B}\|$	$\|A\|$
$\overline{A}$	$\|\overline{A} \cap B\|$	$\|\overline{A} \cap \overline{B}\|$	$\|\overline{A}\|$
	$\|B\|$	$\|\overline{B}\|$	Summe

Berechnung einer Randwahrscheinlichkeit:

$$P(A) = \frac{|A|}{\text{Summe}}$$

Berechnung einer bedingten Wahrscheinlichkeit:

$$P_B(A) = \frac{|A \cap B|}{|B|}$$

▶ **Beispiel: Oktoberfest**
Im Festzelt feiern 140 Touristen, die eine Lederhose tragen, sowie 60 Touristen in normaler Kleidung. Hinzu kommen 10 Münchner mit Lederhose und 40 Münchner in Alltagskleidung.
Durch die Hitze wird eine Person ohnmächtig. Sie trägt eine Lederhose. Mit welcher Wahrscheinlichkeit ist es ein Tourist?

Lösung:
Wir tragen die vier bekannten absoluten Häufigkeiten in die Vierfeldertafel ein (rote Felder).
Dann bilden wir die Zeilensummen, die Spaltensummen und schließlich die Gesamtsumme (gelbe Felder).

Gesucht ist die bedingte Wahrscheinlichkeit $P_L(T)$. Diese erhalten wir, indem wir die Anzahl der Personen im Schnittereignis $T \cap L$ durch die Anzahl aller Lederhosenträger teilen.
Resultat: Die ohnmächtige Person ist zu
▶ 93,33 % ein Tourist.

Bezeichnungen:
T: Tourist $\overline{T}$: Münchner
L: Lederhose $\overline{L}$: keine Lederhose

Vierfeldertafel:

	L	$\overline{L}$	
T	140	60	200
$\overline{T}$	10	40	50
	150	100	250

Berechnung der Wahrscheinlichkeit $P_L(T)$:

$$P_L(T) = \frac{|T \cap L|}{|L|} = \frac{140}{150} \approx 93{,}33\,\%$$

Beispiel: Alarmanlage

In einer gefährlichen Stadt werden 500 Häuser mit dem neuen Modell einer Alarmanlage ausgerüstet. In der ersten Nacht ergibt sich die rechts dargestellte Statistik.

A: Alarm, $\bar{A}$: kein Alarm
E: Einbruch, $\bar{E}$: kein Einbruch

	E	$\bar{E}$	
A	3	9	12
$\bar{A}$	1	487	488
	4	496	500

a) Mit welcher Wahrscheinlichkeit gibt die Anlage bei einem Einbruch Alarm?
b) Mit welcher Wahrscheinlichkeit wird ein Fehlalarm ausgelöst?
c) Mit welcher Zahl von Einbruchsversuchen muss ein Hausbesitzer im Jahr rechnen?

Lösung zu a):
Gesucht ist die bedingte Wahrscheinlichkeit $P_E(A)$.
Da es bei 4 Einbrüchen 3-mal Alarm gab, beträgt diese Wahrscheinlichkeit 75%.

Korrekter Alarm:
$$P_E(A) = \frac{|A \cap E|}{|E|} = \frac{3}{4} \approx 75\%$$

Lösung zu b):
Nun ist die bedingte Wahrscheinlichkeit $P_{\bar{E}}(A)$ gesucht.
Da in 496 Häusern kein Einbruch stattfand, aber dennoch 9-mal Alarm geschlagen wurde, beträgt das Risiko für einen Fehlalarm knapp 2%.

Fehlalarm:
$$P_{\bar{E}}(A) = \frac{|A \cap \bar{E}|}{|\bar{E}|} = \frac{9}{496} \approx 1{,}81\%$$

Lösung zu c):
Die Wahrscheinlichkeit eines Einbruchs liegt für ein einzelnes Haus bei 0,8% pro Nacht. Im Jahr muss also mit ca. 3 Einbruchsversuchen gerechnet werden, eine wahrlich gefährliche Gegend.

Einbruchswahrscheinlichkeit pro Nacht:
$$P(E) = \frac{4}{500} = 0{,}8\%$$

Erwartete Einbrüche pro Jahr und Haus:
$$n = 365 \cdot 0{,}008 = 2{,}92 \text{ Einbrüche}$$

Übung 1   Lügendetektor

Ein neuer Lügendetektor wird einer gründlichen Testserie unterzogen.
Die Vierfeldertafel zeigt die Ergebnisse von 1200 Testläufen.
A: Detektor schlägt an
L: Person hat gelogen

	L	$\bar{L}$	
A	300	400	700
$\bar{A}$	150	350	500
	450	750	1200

a) Mit welcher Wahrscheinlichkeit bewertet der Detektor eine Lüge richtig?
b) Mit welcher Wahrscheinlichkeit wird eine wahre Antwort korrekt eingestuft?
c) Wie wahrscheinlich sind falsch-positive bzw. falsch-negative Ergebnisse?
d) Wie viele Fehler sind bei einer Person zu erwarten, der 50 Fragen gestellt werden, von denen sie 20 wahrheitsgemäß und 30 falsch beantwortet?

Übungen

2. Interventionsstudie
Ein neues Medikament gegen Akne wird an einer Gruppe von 200 Personen ausprobiert. Eine Vergleichsgruppe von 80 Personen erhält ein Placebo.
Bei 50 Personen der Interventionsgruppe wirkt das Medikament. In der Placebogruppe heilt die Krankheit bei 10 Personen ab.
(M: Medikament, P: Placebo, H: Heilung, $\bar{H}$: keine Heilung)

	H	$\bar{H}$	
M	50		200
P	10		80

a) Vervollständigen Sie die Vierfeldertafel.
b) Vergleichen Sie die Erfolgswahrscheinlichkeit der Interventionsgruppe mit der Erfolgswahrscheinlichkeit der Placebogruppe.
c) Bei Jakob heilt die Krankheit ab. Mit welcher Wahrscheinlichkeit hat er dennoch nur das Scheinmedikament erhalten?

3. Französisch
In einer Reisegruppe mit 30 Personen sprechen 16 Französisch.
60 % der Teilnehmer sind weiblich. 6 Mädchen sprechen Französisch.
a) Stellen Sie eine Vierfeldertafel auf.
b) Wie viele Jungen sprechen Französisch?
c) Eines der Mädchen wird zur Sprecherin der Gruppe gewählt. Mit welcher Wahrscheinlichkeit spricht sie Französisch?

4. Safari
An einer Safari nehmen 200 Personen teil. 60 % der Teilnehmer sind Touristen, der Rest besteht aus Einheimischen. 10 Einheimische haben keine Wasservorräte, 30 Touristen haben einen Wasservorrat.
a) Stellen Sie eine Vierfeldertafel auf.
b) Einer der Touristen verirrt sich in der Wüste. Mit welcher Wahrscheinlichkeit hat er keinen Wasservorrat und muss verdursten?
c) Eine Person bekommt kurz nach dem Aufbruch Angst. In einem Dorf kauft sie sich doch noch Wasser. Mit welcher Wahrscheinlichkeit handelt es sich um einen Einheimischen?

5. Großfamilie
Eine Großfamilie besteht aus Erwachsenen und Kindern. 200 Erwachsene und 100 Kinder spielen ein Instrument. Insgesamt 80 Kinder spielen kein Instrument. Die Wahrscheinlichkeit, dass ein zufällig ausgewählter Erwachsener ein Instrument spielt, beträgt 20 %.
a) Aus wie vielen Personen besteht die Familie? Wie viele Kinder und wie viele Erwachsene gehören zur Familie?
b) Auf dem Fest spielt ein zufällig ausgewähltes Familienmitglied die Eröffnungsmelodie. Mit welcher Wahrscheinlichkeit handelt es sich um ein Kind?

6. Farbenblindheit
Von 1000 zufällig ausgewählten Personen einer Bevölkerung sind 420 männlich und 580 weiblich. 60 der ausgesuchten Personen sind farbenblind, darunter 40 männliche.
a) Mit welcher Wahrscheinlichkeit ist eine weibliche Person farbenblind?
b) Eine Person ist nicht farbenblind. Mit welcher Wahrscheinlichkeit ist sie männlich?

Überblick

Zufallsversuch:
Der Ausgang eines Zufallsversuches lässt sich nicht vorhersagen, auch nicht im Wiederholungsfalle.

Ergebnismenge:
Die Menge alle möglichen Ergebnisse bildet den Ergebnisraum Ω eines Zufallsversuches.

Ereignis:
Ein Ereignis ist eine Teilmenge der Ergebnismenge eines Zufallsversuches.

Elementarereignis:
Die einelementigen Ereignisse eines Zufallsversuches heißen auch Elementarereignisse.

Das empirische Gesetz der großen Zahlen:
Die relative Häufigkeit eines Ereignisses stabilisiert sich mit steigender Anzahl an Versuchen um einen festen Wert.

Wahrscheinlichkeit:
Gegeben sei ein Zufallsexperiment mit dem Ergebnisraum $\Omega = \{e_1, \ldots, e_m\}$.
Eine Zuordnung P, die jedem Elementarereignis $\{e_i\}$ genau eine reelle Zahl $P(e_i)$ zuordnet, heißt Wahrscheinlichkeitsverteilung, wenn die beiden folgenden Bedingungen gelten:

$$\text{I.} \quad P(e_i) \geq 0 \text{ für } 1 \leq i \leq m$$
$$\text{II.} \quad P(e_1) + \ldots + P(e_m) = 1$$

Die Zahl $P(e_i)$ heißt dann Wahrscheinlichkeit des Elementarereignisses $\{e_i\}$.

Laplace-Experiment:
Ein Zufallsexperiment, bei dem alle Elementarereignisse gleich wahrscheinlich sind, heißt auch Laplace-Experiment.

Laplace-Regel:
Bei einem Laplace-Experiment sei $\Omega = \{e_1, \ldots, e_m\}$ der Ergebnisraum und $E = \{e_1, \ldots, e_k\}$ ein beliebiges Ereignis. Dann gilt für die Wahrscheinlichkeit dieses Ereignisses:

$$P(E) = \frac{|E|}{|\Omega|} = \frac{k}{m} \qquad P(E) = \frac{\text{Anzahl der für E günstigen Ergebnisse}}{\text{Anzahl aller möglichen Ergebnisse}}$$

Mehrstufiger Zufallsversuch:
Ein mehrstufiger Zufallsversuch setzt sich aus mehreren, hintereinander ausgeführten, einstufigen Versuchen zusammen.

Pfadregeln für Baumdiagramme:
I. Die Wahrscheinlichkeit eines Ergebnisses ist gleich dem Produkt aller Zweigwahrscheinlichkeiten längs des zugehörigen Pfades (Pfadwahrscheinlichkeit).
II. Die Wahrscheinlichkeit eines Ereignisses ist gleich der Summe der zugehörigen Pfadwahrscheinlichkeiten.

XII. Grundbegriffe der Wahrscheinlichkeitsrechnung

Kombinatorische Abzählprinzipien:
Anzahl der Möglichkeiten bei k Ziehungen aus n Elementen (z. B. Kugeln)
Ziehen mit Zurücklegen unter Berücksichtigung der Reihenfolge: n^k
Ziehen ohne Zurücklegen unter Berücksichtigung der Reihenfolge: $n \cdot (n-1) \cdot \ldots \cdot (n-k+1)$
(Sonderfall: $k = n$, d.h. alle Elemente werden gezogen: $n!$)
Ziehen ohne Zurücklegen ohne Berücksichtigung der Reihenfolge: $\binom{n}{k}$

Produktregel: Ein Zufallsversuch werde in k Stufen durchgeführt. In der ersten Stufe gebe es n_1, in der zweiten Stufe n_2 ... und in der k-ten Stufe n_k mögliche Ergebnisse. Dann hat der Zufallsversuch insgesamt $n_1 \cdot n_2 \cdot \ldots n_k$ mögliche Ergebnisse.

Bedingte Wahrscheinlichkeit: Für die Wahrscheinlichkeit, dass das Ereignis A eintritt unter der Bedingung, dass das Ereignis B bereits eingetreten ist, gilt: $P_B(A) = \frac{P(A \cap B)}{P(B)}$, $P(B) > 0$

Multiplikationssatz: $P(A \cap B) = P(B) \cdot P_B(A)$, $P(B) > 0$

Unabhängige Ereignisse: Die Ereignisse A und B heißen stochastisch unabhängig voneinander, wenn $P_B(A) = P(A)$ bzw. $P_A(B) = P(B)$ gilt.

Satz von der totalen Wahrscheinlichkeit: A und B seien beliebige Ereignisse mit $P(B) \neq 0$, $P(\overline{B}) \neq 0$. Dann gilt: $P(A) = P(B) \cdot P_B(A) + P(\overline{B}) \cdot P_{\overline{B}}(A)$
Diese Formel gewinnt man direkt aus den Pfadregeln für das zu B und A gehörige Baumdiagramm.

Satz von Bayes: Sind A und B Ereignisse mit $P(A) \neq 0$ und $P(B) \neq 0$, so gilt folgende Formel:

$$P_B(A) = \frac{P(A) \cdot P_A(B)}{P(B)} = \frac{P(A) \cdot P_A(B)}{P(A) \cdot P_A(B) + P(\overline{A}) \cdot P_{\overline{A}}(B)}$$

Diese Formel ergibt sich, wenn man das zu den Ereignissen B und A zugehörige inverse Baumdiagramm zeichnet.

Test

Grundbegriffe der Wahrscheinlichkeitsrechnung

1. Drei Würfel werden geworfen. Beträgt die Augensumme 17 oder 18, so gewinnt man einen Preis.
   a) Geben Sie die Ergebnismenge an.
   b) Wie groß ist die Wahrscheinlichkeit, dass man bei dem Spiel nicht gewinnt?

2. Ein Spieler wirft eine Münze. Bei einem Kopfwurf dreht er anschließend einmal Rad A, bei Zahl wird Rad B einmal gedreht. Der Einsatz pro Spiel beträgt 2 €. Die gedrehte Zahl auf dem Rad gibt die Auszahlung an.

   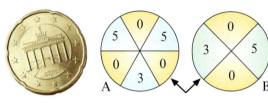

   a) Wie groß ist die Wahrscheinlichkeit, 5 € als Auszahlung zu erhalten?
   b) Mit welchem durchschnittlichen Gewinn/Verlust pro Spiel hat der Spieler zu rechnen?
   c) Wie oft müsste man mindestens spielen, damit mit mindestens 99 % Wahrscheinlichkeit mindestens einmal 5 € ausgezahlt werden?

3. Bei einem Schulfest soll ein Fußballspiel Schüler gegen Lehrer veranstaltet werden. Für die Schülermannschaft stehen 4 Schüler aus Klasse 10, 6 Schüler aus Klasse 11 und 5 Schüler aus Klasse 12 zur Verfügung.
   a) Wie viele Möglichkeiten gibt es, aus diesen Schülern 11 Spieler auszuwählen?
   b) Unter den aufgestellten Schülern sind 2 Torhüter, 8 Spieler für Mittelfeld und Verteidigung sowie 5 Stürmer. Die Schülerelf will das Spiel mit 3 Stürmern beginnen. Wie viele Möglichkeiten für die Auswahl der Startelf gibt es nun?
   c) Zum Einlaufen stellen sich die Schüler der ausgewählten Startmannschaft in einer Reihe auf. Wie üblich steht an der Spitze der Mannschaftskapitän und an zweiter Stelle der Torwart. Wie viele Möglichkeiten zur Aufstellung haben die restlichen Spieler?

4. Neun Karten liegen verdeckt auf dem Tisch. Drei der Karten sind auf der nicht sichtbaren Seite mit der Aufschrift „100 € Gewinn" versehen, die restlichen sechs Karten tragen keine Aufschrift.
   a) Wie viele verschiedene Verteilungen der drei Gewinnkarten auf die 9 Plätze sind möglich?
   b) Ein Kandidat darf zwei Karten umdrehen. Mit welcher Wahrscheinlichkeit gewinnt er 100 € bzw. sogar 200 €?
   c) Berechnen Sie, wie viele Karten ein Kandidat umdrehen muss, damit seine Gewinnchance über 80 % liegt.

   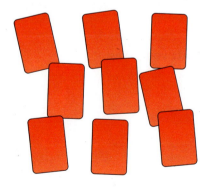

Lösungen unter 512-1

XVI. Zufallsgrößen

1. Zufallsgrößen und Wahrscheinlichkeitsverteilung

Ein Glücksspieler interessiert sich nicht nur für die Gewinnwahrscheinlichkeiten, sondern auch für die den einzelnen Ereignissen zugeordneten „Wertigkeiten", die den Gewinn und Verlust zahlenmäßig beschreiben.
Der Spieler wird eine geringere Gewinnchance nur dann in Kauf nehmen, wenn er im Gewinnfall einen großen Geldbetrag erwarten kann.

Es kann also sinnvoll sein, jedem Ergebnis eines Zufallsversuchs eine Zahl zuzuordnen, die den „Wert" dieses Ergebnisses unter einem bestimmten Gesichtspunkt darstellt.

> **Beispiel: Das Würfelspiel „Einserwurf"**
> Ein Spieler wirft gleichzeitig zwei Würfel. Fällt keine Eins, muss er 1 € zahlen. Ansonsten erhält er für jede Eins genau 1 €.
> a) Ordnen Sie jedem möglichen Ergebnis den entsprechenden Gewinn/Verlust in € zu.
> b) Fassen Sie diejenigen Ergebnisse, die zum gleichen Gewinn/Verlust führen, zu jeweils einem Ereignis zusammen.
> c) Bestimmen Sie die Wahrscheinlichkeiten der Ereignisse aus Aufgabenteil b.

Lösung zu a:
In Abhängigkeit von der Anzahl der gewürfelten Einsen wird jedem der 36 möglichen Ergebnisse der entsprechende Gewinn X zugeordnet.

Es hängt vom Zufall ab, welchen der drei möglichen Zahlenwerte $x_1 = -1$, $x_2 = 1$ und $x_3 = 2$ die Größe X bei der Durchführung des Zufallsversuchs annimmt.
Man bezeichnet eine solche Größe daher als *Zufallsgröße* oder *Zufallsvariable*.

Ergebnisse: *Zugeordneter Gewinn:*

⚀ ⚀ → +2
⚀ ⚁ → +1
⋮
⚁ ⚀ → +1
⋮
⚁ ⚁ → −1
⋮
⚅ ⚅ → −1

Lösung zu b:
Man kann alle Ergebnisse des Zufallsexperimentes „Einserwurf", deren Eintreten zum gleichen Zahlenwert x_i für die Zufallsgröße X (Gewinn) führt, zu einem Ereignis zusammenfassen, das man durch die Gleichung $X = x_i$ beschreiben kann.

Zusammenfassung zu Ereignissen:

$X = -1$: $\{(2;2), (2;3), \ldots, (6;6)\}$

$X = 1$: $\{(1;2), (1;3), \ldots, (2;1), \ldots, (6;1)\}$

$X = 2$: $\{(1;1)\}$

Man erhält auf diese Weise eine sinnvolle Zusammenfassung der 36 Ergebnisse zu 3 Ereignissen.

1. Zufallsgrößen und Wahrscheinlichkeitsverteilung

Lösung zu c:
Mithilfe des abgebildeten Baumdiagramms kann man die Wahrscheinlichkeiten der drei Ereignisse ermitteln.

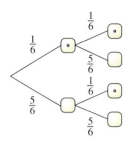

Beispielsweise ist die Wahrscheinlichkeit dafür, dass genau eine Eins fällt, gleich $\frac{10}{36}$. Man kann dies auch folgendermaßen ausdrücken: Die Zufallsgröße X (Gewinn) nimmt den Wert 1 mit der Wahrscheinlichkeit $\frac{10}{36}$ an.

$$P(X = -1) = \left(\frac{5}{6}\right)^2 = \frac{25}{36}$$

$$P(X = 1) = 2 \cdot \frac{1}{6} \cdot \frac{5}{6} = \frac{10}{36}$$

Hierfür schreibt man kurz: $P(X = 1) = \frac{10}{36}$.

$$P(X = 2) = \left(\frac{1}{6}\right)^2 = \frac{1}{36}$$

Auf diese Weise kann man jedem der drei Werte der Zufallsgröße X die Wahrscheinlichkeit zuordnen, mit der dieser Wert angenommen wird.

Wahrscheinlichkeitsverteilung von X:

Die nebenstehende Tabelle zeigt zusammenfassend, wie sich diese Wahrscheinlichkeiten auf die verschiedenen Werte der Zufallsgröße X verteilen.

x_i	-1	1	2
$P(X = x_i)$	$\frac{25}{36}$	$\frac{10}{36}$	$\frac{1}{36}$

Graphische Darstellung:

Man bezeichnet die so definierte funktionale Zuordnung daher auch als *Wahrscheinlichkeitsverteilung* der Zufallsgröße X.

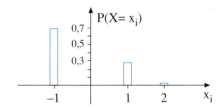

Wir fassen die im Beispiel erarbeiteten Begriffe allgemein zusammen:

Definition XVI.1: Zufallsgröße und Wahrscheinlichkeitsverteilung

1. Eine Zuordnung $X: \Omega \to \mathbb{R}$, die jedem Ergebnis eines Zufallsversuchs eine reelle Zahl zuordnet, heißt *Zufallsgröße* oder *Zufallsvariable*.
2. Mit $X = x_i$ wird das Ereignis bezeichnet, zu dem alle Ergebnisse des Zufallsversuchs gehören, deren Eintritt dazu führt, dass die Zufallsgröße X den Wert x_i annimmt.
3. Ordnet man jedem möglichen Wert x_i, den die Zufallsgröße X annehmen kann, die Wahrscheinlichkeit $P(X = x_i)$ zu, mit der sie diesen Wert annimmt, so erhält man die *Wahrscheinlichkeitsverteilung* der Zufallsgröße X.

Übungen

1. Aus der abgebildeten Urne wird dreimal mit Zurücklegen gezogen.
   X sei die Anzahl der insgesamt gezogenen roten Kugeln. Welche Werte kann X annehmen? Geben Sie die Wahrscheinlichkeitsverteilung von X an.

2. Die beiden Glücksräder drehen sich unabhängig voneinander.
   Stellen Sie die Wahrscheinlichkeitsverteilung der Zufallsgröße X (Gewinn/Verlust) auf.

   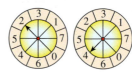

   Einsatz: 1 Euro
   Auszahlung:
   0 0: 10 Euro
   x x: 5 Euro
   x 0: 1 Euro

   x = Ziffer außer 0

3. In einem Karton sind 8 Lose, davon sind 4 Gewinne und 4 Nieten. Es wird ohne Zurücklegen gezogen. Jemand zieht drei Lose. X sei die Anzahl der dabei gezogenen Gewinne.
   a) Legen Sie ein Baumdiagramm an.
   b) Stellen Sie die Wahrscheinlichkeitsverteilung der Zufallsgröße X auf.

4. Ein Glücksrad wird zweimal gedreht. Gespielt wird nach nebenstehendem Gewinnplan. X sei der Gewinn.
   a) Welche Werte kann X annehmen?
   b) Stellen Sie die Wahrscheinlichkeitsverteilung von X auf.

5. Otto und Egon vereinbaren folgendes Spiel: Otto wirft eine Münze so lange, bis Kopf fällt, jedoch höchstens dreimal. Für jeden Wurf muss er Egon 1 € zahlen. Wenn Kopf fällt, erhält Otto von Egon 3 €.
   Die Zufallsgröße X ordnet jedem möglichen Spielergebnis den Gewinn/Verlust von Otto zu. Untersuchen Sie, welche Werte X annehmen kann, und stellen Sie die Wahrscheinlichkeitsverteilung von X tabellarisch und graphisch dar.

6. Die Wahrscheinlichkeit für eine Knabengeburt beträgt ca. 0,51. Betrachtet werden die Familien mit exakt zwei Kindern. X sei die Anzahl der Mädchen der Familie.
   a) Welche Werte kann die Zufallsgröße X annehmen? Mit welchen Wahrscheinlichkeiten werden diese Werte angenommen.
   b) Lösen Sie die Fragestellung aus a) für Familien mit drei Kindern.

7. Ein Würfel wird dreimal hintereinander geworfen. X sei die Anzahl aufeinanderfolgender Sechsen in dieser Wurfserie. Welche Werte kann X annehmen? Wie lautet die Wahrscheinlichkeitsverteilung von X?

2. Der Erwartungswert einer Zufallsgröße

Führt man ein Zufallsexperiment mehrfach durch, so nimmt eine für dieses Experiment definierte Zufallsgröße X mit bestimmten Wahrscheinlichkeiten Werte aus ihrer Wertemenge an. Bei sehr häufiger Durchführung des Experimentes kann es sinnvoll sein den Durchschnitt aller von X angenommenen Werte unter Berücksichtigung der Häufigkeit ihres Auftretens zu bestimmen.

▶ **Beispiel:** Auf einem Jahrmarkt wird der Wurf mit zwei Würfeln als Glücksspiel angeboten, wobei der nebenstehend aufgeführte Gewinnplan gelte. Welche langfristige Gewinnerwartung ergibt sich bei den offenbar günstigen Gewinnmöglichkeiten?

Einsatz 1 €	
Augensumme	Auszahlung
2–9	0 €
10	2 €
11	5 €
12	15 €

Lösung:
Die Zufallsgröße X = Gewinn pro Spiel hat die rechts dargestellte Wahrscheinlichkeitsverteilung.
Diese kann man folgendermaßen interpretieren: In 36 Spielen nimmt X im Durchschnitt 30-mal den Wert -1, dreimal den Wert 1, zweimal den Wert 4 und einmal den Wert 14 an.

Die Gewinn-/Verlusterwartung für 36 Spiele erhält man, indem man jeden der vier möglichen Werte von X durch Multiplikation mit der Häufigkeit seines Auftretens gewichtet und sodann die Summe der gewichteten Werte bildet.

Wir erhalten eine Verlusterwartung von durchschnittlich 5 € in 36 Spielen. Division durch 36 ergibt ca. 0,14 € Verlust pro Spiel. Das Spiel lohnt nicht.

Zum gleichen Resultat gelangt man, wenn man die vier möglichen Werte von X mit ihren Wahrscheinlichkeiten als Gewicht multipliziert und die Produkte summiert. Diese Größe wird als **Erwartungswert** der Zufallsgröße X bezeichnet. Man be-
▶ nutzt die Schreibweise $E(X) \approx -0{,}14$.

Zufallsgröße:

X = Gewinn/Verlust pro Spiel

Wahrscheinlichkeitsverteilung von X:

x_i	-1	1	4	14
$P(X = x_i)$	$\frac{30}{36}$	$\frac{3}{36}$	$\frac{2}{36}$	$\frac{1}{36}$

Gewinn-/Verlust-Rechnung für 36 Spiele:

$$\begin{aligned}(-1\,€) \cdot 30 &= -30\,€ \\ (1\,€) \cdot 3 &= 3\,€ \\ (4\,€) \cdot 2 &= 8\,€ \\ (14\,€) \cdot 1 &= 14\,€ \\ \hline \text{Summe} &= -5\,€\end{aligned}$$

Gewinn/Verlust pro Spiel:

$$\tfrac{-5}{36} \approx -0{,}14\,€$$

Erwartungswert von X:

$$\begin{aligned}E(X) &= (-1) \cdot \tfrac{30}{36} + 1 \cdot \tfrac{3}{36} + 4 \cdot \tfrac{2}{36} + 14 \cdot \tfrac{1}{36} \\ &= -\tfrac{5}{36} \approx -0{,}14\,€\end{aligned}$$

Definition XVI.2: X sei eine Zufallsgröße mit der Wertemenge $x_1, \ldots, x_m$. Dann heißt die Zahl

$$\mu = E(X) = \sum_{i=1}^{m} x_i \cdot P(X = x_i)$$

Erwartungswert der Zufallsgröße X.

Der Erwartungswert von X ist das gewichtete arithmetische Mittel der Elemente der Wertemenge von X.

Als Gewichte dienen die den Elementen x_i der Wertemenge zugeordneten Wahrscheinlichkeiten $P(X = x_i)$.

▶ **Beispiel:** Der Betreiber eines Spielautomaten möchte höchstens 80% der Einsätze als Spielgewinn wieder ausschütten. Wie hoch muss der Einsatz sein, damit diese Forderung erfüllt wird?

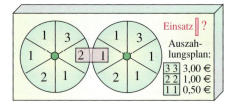

Lösung:
X sei die Ausschüttung pro Spiel in €. Die Wahrscheinlichkeitsverteilung von X bestimmen wir mithilfe eines reduzierten Baumdiagramms.

Die Berechnung des Erwartungswertes von X ergibt $E(X) = \frac{11}{36} \approx 0{,}31$.

Werden a € als Einsatz festgelegt, muss zur Erfüllung der Forderung die Ungleichung $\frac{11}{36} \leq 0{,}8\,a$ gelten.

Diese führt auf $a \geq \frac{55}{144} \approx 0{,}38$. Also muss der Einsatz pro Spiel mindestens
▶ 0,38 € betragen.

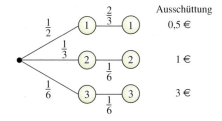

Wahrscheinlichkeitsverteilung von X:

x_i	0	0,5	1	3
$P(X = x_i)$	$\frac{21}{36}$	$\frac{12}{36}$	$\frac{2}{36}$	$\frac{1}{36}$

Erwartungswert von X:

$E(X) = 0{,}5 \cdot \frac{12}{36} + 1 \cdot \frac{2}{36} + 3 \cdot \frac{1}{36} = \frac{11}{36}$
$\approx 0{,}31$

Übung 1
Otto und Egon vereinbaren folgendes Spiel. Otto zahlt 1 € Einsatz an Egon. Dann wirft er zweimal ein Tetraeder, dessen vier Flächen die Ziffern 1 bis 4 tragen. Als Augenzahl wird die Ziffer auf der Standfläche betrachtet. Fällt bei keinem der beiden Würfe die 1, erhält Otto von Egon 6 €. Fällt mindestens einmal die 1, zahlt Otto weitere 6 € an Egon.
Wer wird auf lange Sicht gewinnen?
Berechnen Sie den Erwartungswert des Gewinns von Otto pro Spiel.

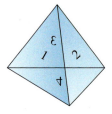

Übungen

2. Gegeben ist die tabellarische Wahrscheinlichkeitsverteilung einer Zufallsgröße X. Bestimmen Sie den Erwartungswert von X.

x_i	−5	0	11	50	100
$P(X = x_i)$	$\frac{1}{8}$	$\frac{3}{8}$	$\frac{5}{16}$	$\frac{1}{6}$	$\frac{1}{48}$

3. a) Wie groß ist der Erwartungswert für die Augenzahl beim Werfen eines Würfels?
b) Es werden zwei Würfel geworfen. Berechnen Sie den Erwartungswert für Zufallsgröße X = „Anzahl der geworfenen Sechsen".

4. Eine Münze wird fünfmal geworfen. Die Zufallsgröße X ist die Anzahl der Kopfwürfe.
a) Stellen Sie die Wahrscheinlichkeitsverteilung von X auf.
b) Bestimmen Sie den Erwartungswert von X.

5. Ein Spiel geht folgendermaßen. Man wirft einen Würfel. Wirft man eine Primzahl, erhält man die doppelte Augenzahl ausgezahlt. Andernfalls muss man einen Betrag in Höhe der Augenzahl an die Bank zahlen.
a) Ist das Spiel für die Bank profitabel?
b) Welchen Einsatz pro Spiel müsste die Bank verlangen, um das Spiel fair zu gestalten?

6. Für einen Einsatz von 8 € darf man an folgendem Spiel teilnehmen.
Eine Urne enthält 6 rote und 4 schwarze Kugeln. Es werden drei Kugeln mit einem Griff gezogen. Sind unter den gezogenen Kugeln mindestens zwei rote Kugeln, so erhält man 10 € ausgezahlt. Es soll geprüft werden, ob das Spiel fair ist.
a) X sei die Anzahl der gezogenen roten Kugeln. Stellen Sie die Wahrscheinlichkeitsverteilung der Zufallsgröße X auf.
b) Y sei der Gewinn pro Spiel (Auszahlung − Einsatz). Stellen Sie die Wahrscheinlichkeitsverteilung von Y auf und berechnen Sie den Erwartungswert von Y.
c) Wie muss der Einsatz verändert werden, damit ein faires Spiel entsteht?

7. Otto schlägt folgendes Spiel vor: Gegen einen von Egon zu leistenden Einsatz e stellt er drei Geldstücke (1 Cent, 2 Cent, 5 Cent) zur Verfügung, die Egon gleichzeitig werfen darf. Alle Zahl zeigenden Münzen fallen an Egon. Den Einsatz erhält in jedem Fall Otto.
Von welchem Einsatz an ist das Spiel für Otto günstig?

8. Ein Tontaubenschütze schießt solange, bis er eine Tontaube getroffen hat, maximal jedoch sechsmal. Er trifft pro Schuss mit einer Wahrscheinlichkeit von 50 %. Die Zufallsgröße X beschreibt die Anzahl seiner Schüsse.
a) Stellen Sie die Wahrscheinlichkeitsverteilung von X auf.
b) Wie groß ist der Erwartungswert von X?
c) Wie groß ist der Erwartungswert von X, wenn die Treffersicherheit des Schützen nur 25 % beträgt?

9. In einer Urne liegen drei Kugeln mit den Ziffern 1, 2, 3. Der Spieler darf 1 bis 3 Kugeln ohne Zurücklegen ziehen. Er muss aber vor dem Ziehen der ersten Kugel festlegen, wie viele Kugeln er ziehen will. Für jede gezogene Kugel ist der Einsatz e zu zahlen. Ausgezahlt wird die Augensumme der gezogenen Kugeln. Zeigen Sie, dass es einen Einsatz e gibt, für den das Spiel fair ist, unabhängig davon, wie viele Kugeln der Spieler zieht.

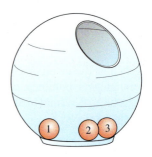

10. Ein Schütze schießt auf eine Scheibe, bis er das Zentrum trifft oder 5 Schüsse abgegeben hat. Die Zufallsgröße X beschreibe die Anzahl der abgegebenen Schüsse.
    a) Der Schütze trifft mit der Wahrscheinlichkeit 75% bei jedem Schuss. Bestimmen Sie den Erwartungswert von X.
    b) Der Schütze trifft beim 1. Schuss mit der Wahrscheinlichkeit 0,9 das Zentrum der Scheibe. Mit jedem Fehlschuss wächst seine Nervosität und die Trefferwahrscheinlichkeit reduziert sich um 0,1 pro Schuss. Bestimmen Sie den Erwartungswert von X.

11. In einer Urne liegen 4 Kugeln mit den Ziffern 1, 2, 3, 4. Der Spieler darf 1 bis 4 Kugeln ohne Zurücklegen ziehen. Er muss aber vor dem Ziehen der ersten Kugel festlegen, wie viele Kugeln er ziehen will. Für jede gezogene Kugel ist der Einsatz e zu zahlen. Ausgezahlt wird die Augensumme der gezogenen Kugeln. Zeigen Sie, dass es einen Einsatz e gibt, für den das Spiel fair ist, unabhängig davon, wie viele Kugeln der Spieler zieht.

12. Bei vier Würfeln sind jeweils 5 Seitenflächen ohne Kennzeichnung (blind), auf der sechsten Seitenfläche hat der erste Würfel eine Eins, der zweite Würfel eine Zwei, der dritte Würfel eine Drei und der vierte Würfel eine Vier. Bei einem Einsatz von 1 € werden die Würfel einmal geworfen. Ausgezahlt wird nach folgendem Plan:

Augensumme	0	1–5	6–7	8–9	10
Auszahlung in €	0	1	5	10	100

Ist das Spiel für den Spieler günstig?

13. Aus der abgebildeten Urne werden 2 Kugeln mit einem Griff gezogen. Bei zwei Dreien erhält man 10 €, bei einer Drei 5 €. Bei welchem Einsatz ist das Spiel fair?

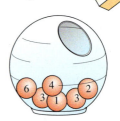

14. (CHUCK A LUCK) Der Einsatz bei diesem amerikanischen Glücksspiel beträgt 1 $. Der Spieler setzt zunächst auf eine der Zahlen 1, ..., 6. Anschließend werden drei Würfel geworfen. Fällt die gesetzte Zahl nicht, so ist der Einsatz verloren. Fällt die Zahl einmal, zweimal bzw. dreimal, so erhält der Spieler das Einfache, Zweifache bzw. Dreifache des Einsatzes ausgezahlt und zusätzlich seinen Einsatz zurück.
    a) Ist das Spiel fair?
    b) Wenn die gesetzte Zahl dreimal fällt, soll das a-fache des Einsatzes ausgezahlt werden. Wie muss a gewählt werden, damit das Spiel fair ist?

3. Varianz und Standardabweichung

Die Werte x_i, die eine Zufallsgröße X bei der Durchführung eines Zufallsversuchs tatsächlich annimmt, streuen im Allgemeinen mehr oder weniger stark um den Erwartungswert $\mu = E(X)$ der Zufallsgröße.
Die folgende Grafik zeigt die Wahrscheinlichkeitsverteilungen zweier Zufallsgrößen X und Y mit dem gleichen Erwartungswert, aber unterschiedlicher Streuung.

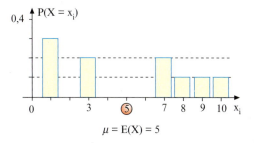
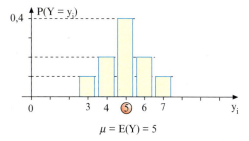

Während die Werte x_i stark vom Erwartungswert abweichen, liegen die Werte y_i in der näheren Umgebung des Erwartungswertes E(Y).
Charakteristisch für das Streuungsverhalten einer Zufallsgröße X mit dem Erwartungswert $\mu = E(X)$ sind offenbar die Abweichungen $|x_1 - \mu|, |x_2 - \mu|, \ldots, |x_n - \mu|$. An Stelle der Abweichungen $|x_i - \mu|$ verwendet man in der Praxis deren Quadrate $(x_1 - \mu)^2, (x_2 - \mu)^2, \ldots, (x_n - \mu)^2$.

Dabei ist jede einzelne quadratische Abweichung $(x_i - \mu)^2$ mit der Wahrscheinlichkeit ihres Eintretens – d.h. mit $P(X = x_i)$ – zu wichten. Die Summe dieser „gewichteten quadratischen Abweichungen" stellt das gesuchte Streuungsmaß dar. Es wird als *Varianz* bezeichnet. Die Wurzel aus der Varianz, die sogenannte *Standardabweichung*, ist ebenfalls ein gebräuchliches Streuungsmaß.

Definition XVI.3: X sei eine Zufallsgröße mit der Wertemenge $x_1, x_2, \ldots, x_n$ und dem Erwartungswert $\mu = E(X)$. Dann wird die folgende Größe als *Varianz* der Zufallsgröße X bezeichnet:

$$V(X) = \sum_{i=1}^{n}(x_i - \mu)^2 \cdot P(X = x_i) = (x_1 - \mu)^2 \cdot P(X = x_1) + \ldots + (x_n - \mu)^2 \cdot P(X = x_n).$$

Die Wurzel aus der Varianz V(X) heißt *Standardabweichung* der Zufallsgröße X:

$$\sigma(X) = \sqrt{V(X)}.$$

Für die Zufallsgrößen X und Y aus der oben dargestellten Graphik erhalten wir die Varianzen
$V(X) = (1-5)^2 \cdot 0{,}3 + (3-5)^2 \cdot 0{,}2 + (7-5)^2 \cdot 0{,}2 + (8-5)^2 \cdot 0{,}1 + (9-5)^2 \cdot 0{,}1 + (10-5)^2 \cdot 0{,}1 = 11{,}4$
und $V(Y) = (3-5)^2 \cdot 0{,}1 + (4-5)^2 \cdot 0{,}2 + (5-5)^2 \cdot 0{,}4 + (6-5)^2 \cdot 0{,}2 + (7-5)^2 \cdot 0{,}1 = 1{,}2$.
Der anschauliche Eindruck wird bestätigt: X streut erheblich stärker als Y.

▶ **Beispiel:** Vergleichen Sie die beiden folgenden Strategien beim Roulette. Berechnen Sie dazu den Erwartungswert der Zufallsgröße „Gewinn/Verlust pro Spiel" sowie die Varianz dieser Zufallsgröße und interpretieren Sie die Ergebnisse.

Strategie 1: Spieler A setzt stets 10 € auf seine Lieblingsfarbe ROT.

Strategie 2: Spieler B setzt stets 10 € auf seine Glückszahl 22.

Lösung:
X bzw. Y seien der Gewinn/Verlust pro Spiel unter Strategie 1 bzw. unter Strategie 2.

Kommt die gesetzte Farbe – die Wahrscheinlichkeit für dieses Ereignis ist $\frac{18}{37}$ (da es 18 rote, 18 schwarze Felder und die Null gibt) –, so wird der doppelte Einsatz ausgezahlt. Daher hat X die folgende Verteilung:

x_i	-10	10
$P(X = x_i)$	$\frac{19}{37}$	$\frac{18}{37}$

X besitzt also den Erwartungswert:
$E(X) = -\frac{10}{37} \approx -0{,}27$.

Für die Varianz von X ergibt sich:
$$V(X) = \left(-10 - \left(-\frac{10}{37}\right)\right)^2 \cdot \frac{19}{37}$$
$$+ \left(10 - \left(-\frac{10}{37}\right)\right)^2 \cdot \frac{18}{37} \approx 99{,}93.$$

Kommt die gesetzte Zahl – die Wahrscheinlichkeit hierfür ist $\frac{1}{37}$ –, so wird das 36fache ausgezahlt.

Hieraus folgt für die Verteilung von Y:

y_i	-10	350
$P(Y = y_i)$	$\frac{36}{37}$	$\frac{1}{37}$

Der Erwartungswert von Y ist daher:
$E(Y) = -\frac{10}{37} \approx -0{,}27$.

Die Varianz von Y errechnet sich zu:
$$V(Y) = \left(-10 - \left(-\frac{10}{37}\right)\right)^2 \cdot \frac{36}{37}$$
$$+ \left(350 - \left(-\frac{10}{37}\right)\right)^2 \cdot \frac{1}{37} \approx 3408{,}04.$$

Beide Strategien haben also den gleichen Gewinnerwartungswert. Dennoch unterscheiden sie sich erheblich. Spieler B spielt deutlich risikofreudiger als der eher vorsichtige Spieler A. Letzterer hat die Chance auf einen großen Gewinn, aber auch auf einen schnellen Ruin. Der Grund ist die Streuung der Werte der Zufallsgröße Y um ihren Erwartungswert, erkennbar an der sehr viel größeren Varianz von Y.

▶ Auch die Standardabweichungen $\sigma(X) \approx 9{,}996$ und $\sigma(Y) \approx 58{,}38$ zeigen dies an.

Übung 1
Ein weiterer Roulettespieler setzt stets auf das dritte Dutzend (die Zahlen 25 bis 36). Fällt eine Zahl aus dem dritten Dutzend, so erhält der Spieler das Dreifache seines Einsatzes ausgezahlt. Auch dieser Spieler setzt stets 10 €.
Berechnen Sie Erwartungswert und Varianz der Zufallsgröße „Gewinn/Verlust pro Spiel" und vergleichen Sie anhand der Ergebnisse die Strategie dieses Spielers mit den Roulettestrategien aus obigem Beispiel.

3. Varianz und Standardabweichung

Übungen

2. X sei die Augenzahl beim Werfen eines Würfels. Berechnen Sie Varianz und Standardabweichung von X.

3. X sei die Augensumme beim Werfen zweier Würfel. Berechnen Sie Erwartungswert, Varianz und Standardabweichung von X.

4. Ein Roulettspieler setzt seinen Einsatz von 10 € auf eine waagerechte Reihe von drei Zahlen. Fällt die Kugel auf eine dieser Zahlen, so wird der 12fache Einsatz ausgezahlt. Berechnen Sie den Erwartungswert, die Varianz und die Standardabweichung der Zufallsgröße „Gewinn".

5. Eine Urne enthält 4 rote und 3 weiße Kugeln. 2 Kugeln werden nacheinander ohne Zurücklegen gezogen. X sei die Anzahl der roten Kugeln unter den gezogenen Kugeln.
Stellen Sie die Verteilung von X auf und berechnen Sie E(X), V(X) und σ(X).

6. Ein Fabrikant lässt zwei Abfüllautomaten M_1 und M_2 überprüfen, die möglichst genau Kunststoffflaschen mit 1000 ml physiologischer Kochsalzlösung füllen sollen. Die empirische Überprüfung ergibt die unten dargestellte Verteilung für die tatsächliche Füllmenge X. Welche Maschine streut beim Füllen weniger?

Füllmenge in ml	996	997	998	999	1000	1001	1002	1003	1004
Automat M_1	1 %	2 %	8 %	18 %	45 %	16 %	4 %	4 %	2 %
Automat M_2	2 %	4 %	4 %	16 %	49 %	14 %	6 %	2 %	3 %

7. Drei Kandidaten bewerben sich um den letzten freien Platz in der Olympiamannschaft der Sportschützen. Die Schießleistungen in Serien von 50 Schüssen sind das entscheidende Auswahlkriterium (maximale Punktzahl der Serie: 500).
Entscheiden Sie sich für den am besten geeigneten Kandidaten. Das ist derjenige Kandidat, der die größte Trefferquote bei den geringsten Schwankungen in der Leistung erreicht.

Punkte	492	493	494	495	496	497	498	499	500
Kandidat X	5 %	7 %	12 %	23 %	31 %	12 %	5 %	3 %	2 %
Kandidat Y	4 %	9 %	13 %	19 %	27 %	20 %	6 %	1 %	1 %
Kandidat Z	3 %	8 %	11 %	26 %	32 %	13 %	3 %	2 %	2 %

Knobelaufgabe

Lösen Sie das folgende Kryptogramm:

Jeder Buchstabe muss durch eine Ziffer ersetzt werden. Wie viele Lösungen finden Sie?

```
  E I N S
+ E I N S
  Z W E I
```

Zusammengesetzte Übungen

1. Für den Wurf von 3 Würfeln wird an der Würfelbude der nebenstehende Gewinnplan verwendet. Die Zufallsgröße X gibt die Auszahlung pro Wurf an.

Wurf	Auszahlung
1-mal 6	3 €
2-mal 6	11 €
3-mal 6	a €

   a) Der Betreiber der Würfelbude plant, im Durchschnitt 2 € pro Spiel auszuzahlen. Welche Auszahlung a muss er für einen Wurf von 3 Sechsen festlegen? Wie groß sind dann die Varianz und die Standardabweichung von X?
   b) Der Betreiber möchte das Spiel mit 2 € Einsatz pro Spiel anbieten. Mindestens 30% des Einsatzes soll als Gewinn verbucht werden. Stellen Sie mit diesen Vorgaben einen Gewinnplan für das Spiel auf. Berechnen Sie für Ihren Vorschlag den Erwartungswert und die Standardabweichung.

2. Aus der Urne werden 2 Kugeln ohne Zurücklegen gezogen. Ausgezahlt wird die Augensumme der gezogenen Kugeln (Zufallsgröße X = Auszahlung).

   a) Geben Sie den Erwartungswert von X an.
   b) Die Kugel mit der Aufschrift 10 wird durch eine zweite Kugel mit der Aufschrift 5 ersetzt. Prüfen Sie, ob der Erwartungswert von X immer noch über 5 liegt.
   c) Geben Sie für die zweite Variante die Standardabweichung von X an.

3. Von der rechts dargestellten Wahrscheinlichkeitsverteilung X ist der Erwartungswert E(X) = 3 bekannt.

x_i	−10	0	10	20
$P(X = x_i)$	0,2	a	b	0,1

   a) Bestimmen Sie die Werte a und b der Wahrscheinlichkeitsverteilung.
   b) Berechnen Sie die Varianz und die Standardabweichung.

4. Peter schlägt vor, auf dem anstehenden Wohltätigkeitsfest das nebenstehende Glücksrad zu verwenden. Pro Spiel wird das Rad dreimal gedreht. Die Augensumme wird in € ausgezahlt. Die Zufallsgröße X gibt die Auszahlung pro Spiel an.

   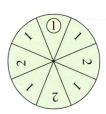

   a) Geben Sie die Wahrscheinlichkeitsverteilung und den Erwartungswert von X an.
   b) Berechnen Sie die Standardabweichung von X.
   c) Thomas hat einen Verbesserungsvorschlag: „Wir ändern das Glücksrad so ab, dass ein Feld mit 1 und ein Feld mit 2 nunmehr mit einer 0 beschriftet wird. Das senkt den Auszahlungsbetrag pro Spiel um mindestens einen € und wir machen mit 4 € Einsatz mehr Gewinn." Hat Thomas Recht?

3. Varianz und Standardabweichung

5. Die Seitenfläche zweier Würfel sind entsprechend den angegebenen „Würfelnetzen" mit Ziffern versehen. Beide Würfel werden gleichzeitig geworfen. Die Zufallsgröße X gibt die Augensumme der Würfel an.
   a) Bestimmen Sie die Wahrscheinlichkeitsverteilung von X.
   b) Geben Sie den Erwartungswert, die Varianz und die Standardabweichung von X an.
   c) Entwerfen Sie ein eigenes Würfelnetz und lösen Sie die Aufgabenteile a und b.

6. Für das Winterfest des Schützenvereins wird eine Tombola vorbereitet. Unter den 2000 Losen sind 1600 Nieten, 200 Lose mit 5 € Gewinn, 150 Lose mit 10 € Gewinn und 50 Lose mit 20 € Gewinn. Der Lospreis beträgt 2 €. Die Zufallsgröße X beschreibt den Gewinn bzw. Verlust eines Loskäufers.
   a) Geben Sie die Wahrscheinlichkeitsverteilung von X an.
   b) Bestimmen Sie für die Zufallsgröße X den Erwartungswert und die Varianz.
   c) Der Vorsitzende des Festausschusses schlägt eine vereinfachte Variante vor: Es soll 1500 Nieten und 500 Gewinne mit a € Auszahlung geben. Welche Auszahlung a muss für ein Gewinnlos festgelegt werden, wenn der zu erwartende Reingewinn der Tombola so hoch sein soll wie bei der ersten Spielvariante?

7. Der Hersteller von Windkraftanlagen plant die Ausgabe neuer Aktien an der Börse. Das neue Papier ist sehr gefragt, es werden wesentlich mehr Aktien geordert als ausgegeben werden sollen. Deshalb wird beschlossen: Nur Anleger, die mindestens 200 Aktien geordert haben, werden berücksichtigt. Unter diesen Anlegern werden Aktienpakete zu 50 und zu 100 Aktien ausgelost. Die Zufallsgröße X gibt an, wie viele Aktien ein Käufer dieser Gruppe erhält.

   a) Die Firma erwägt, nach dem nebenstehenden Plan die Aktien zu verteilen. Wie groß ist der Erwartungswert von X, wie groß ist die Standardabweichung?

x_i	0	50	100
$P(X = x_i)$	0,3	0,5	0,2

   b) Der Vorstand berät als Alternative, den Anteil der Anleger, die mindestens 200 Aktien geordert haben und keine Aktien in der Verlosung erhalten, auf 20 % zu senken. Da die Gesamtzahl der auszugebenden Aktien unverändert bleiben soll, müssen die Zuteilungskontingente für 50 und 100 Aktien geändert werden. Machen Sie einen Vorschlag.

8. Das Albert-Einstein-Gymnasium bestellt für alle 81 Schüler und die 3 Mathematiklehrer der 7. Klassen neue Taschenrechner. Durch eine Störung in der Produktion sind ein Drittel der Taschenrechner ohne Batterien geliefert worden. Die Zufallsgröße X gibt an, wie viele Taschenrechner ohne Batterien an Lehrer gegeben wurden.
   a) Geben Sie die Wahrscheinlichkeitsverteilung der Zufallsgröße X an.
   b) Berechnen Sie den Erwartungswert und die Standardabweichung der Zufallsgröße X.

9. Björn ist Sportschütze mit der Schnellfeuerpistole. Er ist noch in der Ausbildung und trifft mit einer Wahrscheinlichkeit von $p = 0,8$ bei einem Schuss.

   a) Eine Serie besteht aus 3 Schüssen. Bestimmen Sie die Wahrscheinlichkeitsverteilung der Zufallsgröße X: „Anzahl der Treffer in einer Serie".
   b) Wie viele Treffer von Björn sind bei 20 Serien zu jeweils 3 Schuss zu erwarten?
   c) Wie groß ist die Standardabweichung der Zufallsgröße X?

10. Bei dem abgebildeten Spielautomaten drehen sich die drei Räder unabhängig voneinander und bleiben zufällig stehen. Der Einsatz beträgt 1 € pro Spiel.

    a) Bei drei Einsen werden 50 € ausgezahlt, bei 2 Einsen 15 €, bei einer Eins 2 €. Die Zufallsgröße X gibt den Gewinn des Betreibers an. Welchen Erwartungswert hat X?
    b) Der Betreiber möchte mehr einnehmen: Er veranschlagt 20 % für Unkosten, dazu sollen 7,5 % des Umsatzes als Gewinn bleiben. Auf welchen Betrag muss die Auszahlung für das Ereignis „2 Einsen" gesenkt werden, um diese Vorgaben zu erfüllen? Wie groß ist nun die Standardabweichung?

11. In den Schafherden einer Region ist eine neue Infektionskrankheit aufgetreten, die nur durch aufwändige Bluttests nachgewiesen werden kann. Dazu wird allen Schafen eine Blutprobe entnommen. Anschließend werden die Proben von jeweils 50 Schafen gemischt und das Gemisch wird getestet. Angenommen in einer Herde von 100 Schafen befinden sich im Mittel ein infiziertes Tier.

    a) Mit welcher Wahrscheinlichkeit enthält eine der gemischten Proben den Erreger?
    b) Die Zufallsgröße X gibt die Anzahl der Gruppen an, in denen bei Untersuchung der Blutgemische der Erreger gefunden wurde. Geben Sie die Wahrscheinlichkeitsverteilung von X an.
    c) Berechnen Sie den Erwartungswert sowie die Standardabweichung der Zufallsgröße X.

XVI. Zufallsgrößen

Überblick

Zufallsgröße: Eine Zuordnung X, die jedem Ergebnis eines Zufallsversuchs eine reelle Zahl zuordnet, heißt *Zufallsgröße*.

Ereignis $X = x_i$: Mit $X = x_i$ wird das Ereignis bezeichnet, zu dem alle Ergebnisse des Zufallsversuchs gehören, deren Eintritt dazu führt, dass die Zufallsgröße X den Wert x_i annimmt.

Wahrscheinlichkeitsverteilung der Zufallsgröße X: Ordnet man jedem möglichen Wert x_i, den die Zufallsgröße X annehmen kann, die Wahrscheinlichkeit $P(X = x_i)$ zu, mit der sie diesen Wert annimmt, so erhält man die *Wahrscheinlichkeitsverteilung* der Zufallsgröße X.

Erwartungswert von X: X sei eine Zufallsgröße mit der Wertemenge $x_i, \ldots, x_m$. Dann heißt die Zahl $\mu = E(X) = x_1 \cdot P(X = x_1) + \ldots + x_m \cdot P(X = x_m)$ *Erwartungswert* der Zufallsgröße X.

Varianz von X: X sei eine Zufallsgröße mit der Wertemenge $x_i, \ldots, x_m$ und dem Erwartungswert $\mu = E(X)$. Dann heißt die Zahl
$$V(X) = (x_1 - \mu)^2 \cdot P(X = x_1) + \ldots + (x_m - \mu)^2 \cdot P(X = x_m)$$
die *Varianz* der Zufallsgröße X.

Standardabweichung von X: Die Größe $\sigma(X) = \sqrt{V(X)}$ heißt *Standardabweichung* der Zufallsgröße X.

Test

Zufallsgrößen, Erwartungswert, Varianz

1. a) Aus der abgebildeten Urne wird eine Kugel gezogen. Die Zufallsgröße X gibt die Zahl auf der gezogenen Kugel an. Bestimmen Sie den Erwartungswert und die Standardabweichung von X.

   b) Es werden ohne Zurücklegen zwei Kugeln aus der Urne gezogen. Die Zufallsgröße Y ist die Augensumme der Zahlen auf den gezogenen Kugeln. Bestimmen Sie den Erwartungswert und die Standardabweichung von Y.

   c) Es werden mit einem Griff Kugeln aus der Urne gezogen, wobei nur die Farbe der Kugeln eine Rolle spielt. Für eine gezogene gelbe Kugel erhält der Spieler 2 €, für eine gezogene rote Kugel sind von ihm 5 € zu zahlen. Vor Beginn der Ziehung muss der Spieler festlegen, wie viele Kugeln er ziehen wird. Die Zufallsgröße Z beschreibt den Gewinn bzw. Verlust des Spielers.
   Peter ist vorsichtig. Er entscheidet sich, nur eine Kugel zu ziehen. Berechnen Sie den Erwartungswert von Z bei dieser Strategie.
   Sven ist der Meinung, dass seine Chancen besser sind, wenn er 3 Kugeln zieht. Beurteilen Sie seine Strategie.

2. Peter würfelt gegen die Bank. Bei einem beliebigen Einsatz bekommt er den 2-fachen Einsatz ausbezahlt, wenn die gewürfelte Zahl gerade ist, und er geht leer aus, wenn die gewürfelte Zahl ungerade ist. Peter möchte sein Glück erzwingen und spielt nach folgender Verdoppelungsstrategie:
   Er setzt 1 € und will im Gewinnfall aufhören. Gewinnt er beim ersten Spiel noch nicht, so will er im zweiten Spiel den Einsatz auf 2 € verdoppeln und dann wieder im Gewinnfall aufhören und im Verlustfall bei wiederum verdoppeltem Einsatz (4 €) abermals sein Glück versuchen. Da irgendwann eine gerade Zahl gewürfelt wird, glaubt Peter, so einen Gewinn erzwingen zu können.
   a) Peter hat 63 €. Wie oft kann er maximal spielen?
   b) Bestimmen Sie seinen Gewinn bzw. Verlust, wenn er im ersten, erst im zweiten, erst im dritten, ..., in keinem Spiel gewinnt.
   c) Bestimmen Sie den Erwartungswert für Peters Gewinn/Verlust.

3. Felix besitzt 4 € und spielt folgendes Spiel: Er wirft zweimal eine Laplace-Münze. Jedes Mal, wenn Kopf fällt, wird sein Guthaben halbiert; fällt Zahl, so wird sein Guthaben verdoppelt.
   a) Bestimmen Sie Erwartungswert und Varianz für sein Guthaben am Spielende.
   b) Das Spiel soll fair bleiben. Daher wird für Zahl das Guthaben nicht verdoppelt, sondern es wird um den Faktor a vervielfacht. Bestimmen Sie a.

Lösungen unter 528-1

XVII. Die Binomialverteilung

1. Bernoulli-Ketten

Die Formel von Bernoulli

Ein Zufallsversuch wird als *Bernoulli-Versuch* bezeichnet, wenn es nur zwei Ausgänge E und $\overline{E}$ gibt. E wird als Treffer (Erfolg) und $\overline{E}$ als Niete (Misserfolg) bezeichnet. Die Wahrscheinlichkeit p für das Eintreten von E wird als Trefferwahrscheinlichkeit bezeichnet.

Beispiele:
Beim Werfen einer Münze: „Kopf" oder „Zahl"
Beim Werfen eines Würfels: „Sechs" oder „keine Sechs"
Beim Werfen eines Reißnagels: „Kopflage" oder „Schräglage"
Beim Ziehen aus einer Urne: „rote Kugel" oder „keine rote Kugel"
Beim Überprüfen eines Bauteils: „defekt" oder „nicht defekt"

Wiederholt man einen Bernoulli-Versuch n-mal in exakt gleicher Weise, so spricht man von einer *Bernoulli-Kette* der Länge n mit der Trefferwahrscheinlichkeit p.

> **Beispiel: Bernoulli-Kette der Länge n = 4**
> Ein Würfel wird viermal geworfen. X sei die Anzahl der dabei geworfenen Sechsen. Wie groß ist die Wahrscheinlichkeit für das Ereignis X = 2, d. h. für genau zwei Sechsen.

Lösung:
Es ist eine Bernoulli-Kette der Länge $n = 4$ mit der Trefferwahrscheinlichkeit $p = \frac{1}{6}$.
Das Diagramm veranschaulicht die Kette als mehrstufigen Zufallsversuch.

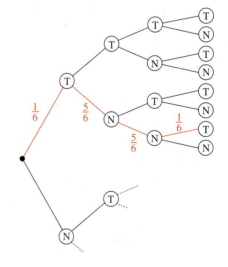

Die Wahrscheinlichkeit eines Weges mit genau zwei Treffern und zwei Nieten beträgt nach der Produktregel $\left(\frac{1}{6}\right)^2 \cdot \left(\frac{5}{6}\right)^2$.

Es gibt $\binom{4}{2}$ solcher Pfade, da man $\binom{4}{2}$ Möglichkeiten hat, die beiden Treffer auf die vier Plätze eines Pfades zu verteilen.
Die gesuchte Wahrscheinlichkeit lautet:
▶ $P(X = 2) = \binom{4}{2} \cdot \left(\frac{1}{6}\right)^2 \cdot \left(\frac{5}{6}\right)^2 \approx 0{,}1157$

Übung 1
In einer Urne befinden sich zwei rote und eine weiße Kugel. Aus der Urne wird sechsmal eine Kugel mit Zurücklegen gezogen. Mit welcher Wahrscheinlichkeit kommt genau viermal eine rote Kugel?

1. Bernoulli-Ketten

Verallgemeinert man die Rechnung aus dem vorhergehenden Beispiel, so erhält man die folgende Formel zur Bestimmung von Wahrscheinlichkeiten bei Bernoulli-Ketten.

> **Satz XVII.1: Die Formel von Bernoulli**
> Liegt eine Bernoulli-Kette der Länge n mit der Trefferwahrscheinlichkeit p vor, so wird die Wahrscheinlichkeit für genau k Treffer mit B(n;p;k) bezeichnet.
> Sie kann mit der rechts dargestellten Formel berechnet werden.
>
> $$P(X=k) = B(n; p; k) = \binom{n}{k} \cdot p^k \cdot (1-p)^{n-k}$$
>
> 531-1

Begründung:
$p^k \cdot (1-p)^{n-k}$ ist die Wahrscheinlichkeit eines Pfades der Länge n mit k Treffern und n − k Nieten. $\binom{n}{k}$ ist die Anzahl der Pfade dieser Art.

▶ **Beispiel: Multiple-Choice-Test**
Ein Test enthält vier Fragen mit jeweils drei Antwortmöglichkeiten. Er gilt als bestanden, wenn mindestens zwei Fragen richtig beantwortet werden.
Ein ganz und gar ahnungsloser Zeitgenosse versucht den Test durch zufälliges Ankreuzen zu bestehen. Wie groß sind seine Chancen?

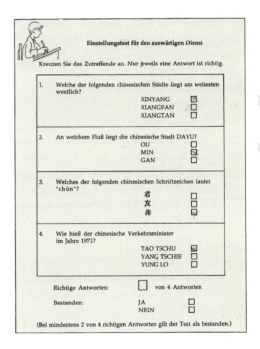

Lösung:
Der Test kann als Bernoulli-Kette der Länge n = 4 betrachtet werden. Das korrekte Beantworten einer Frage zählt als Treffer. Die Trefferwahrscheinlichkeit ist $p = \frac{1}{3}$.
X sei die Anzahl der Treffer. Dann gilt:

$P(X=2) = \binom{4}{2} \cdot \left(\frac{1}{3}\right)^2 \cdot \left(\frac{2}{3}\right)^2 = \frac{24}{81} \approx 0{,}2963$

$P(X=3) = \binom{4}{3} \cdot \left(\frac{1}{3}\right)^3 \cdot \left(\frac{2}{3}\right)^1 = \frac{8}{81} \approx 0{,}0988$

$P(X=4) = \binom{4}{4} \cdot \left(\frac{1}{3}\right)^4 \cdot \left(\frac{2}{3}\right)^0 = \frac{1}{81} \approx 0{,}0123$

Addiert man diese Einzelwahrscheinlichkeiten, so erhält man die gesuchte Ratewahrscheinlichkeit für das Bestehen des Tests. Sie beträgt $P(X \geq 2) = 0{,}4074 \approx 40\%$.

Übung 2
Ein Spieler kreuzt einen Totoschein der 13-er-Wette (vgl. S. 487) rein zufällig an. Wie groß ist seine Chance, mindestens 10 Richtige zu erzielen?

Es folgen zwei weitere typische Problemstellungen, die oft als Teilaufgabe auftreten.

▶ **Beispiel: Stichproben aus einer großen Gesamtheit**
Blumenzwiebeln werden in Großpackungen von 1000 Stück an Gärtnereien geliefert. Im Durchschnitt gehen 20 % der Zwiebeln nicht an. Ein Gärtner verkauft zehn Zwiebeln. Mit welcher Wahrscheinlichkeit wird hiervon höchstens eine Zwiebel nicht angehen?

Lösung:
Hier wird eine Stichprobe vom Umfang n = 10 entnommen. Diese kann als zehnmaliges Ziehen ohne Zurücklegen interpretiert werden.
Die Trefferwahrscheinlichkeit ändert sich wegen der großen Zahl von Zwiebeln in der Packung von Zug zu Zug nur geringfügig, so dass *angenähert* eine Bernoulli-Kette mit den Kenngrößen n = 10 und p = 0,2 angenommen werden kann.
Die Rechnung rechts liefert das Näherungsresultat $P(X \leq 1) \approx 37,58\%$. Das
▶ exakte Resultat wäre 37,46 %.

X: Anzahl der unbrauchbaren Zwiebeln in der Stichprobe

$$P(X \leq 1) \approx P(X = 0) + P(X = 1)$$
$$= B(10; 0,2; 0) + B(10; 0,2; 1)$$
$$= \binom{10}{0} \cdot 0,2^0 \cdot 0,8^{10} + \binom{10}{1} \cdot 0,2^1 \cdot 0,8^9$$
$$= 0,1074 + 0,2684$$
$$= 0,3758$$

▶ **Beispiel: Bestimmung der Länge einer Bernoulli-Kette**
Ein Glücksrad hat vier gleich große Sektoren, drei weiße und einen roten. Wie oft muss man das Glücksrad *mindestens* drehen, wenn mit einer Wahrscheinlichkeit von *mindestens* 95 % *mindestens* einmal ROT auftreten soll?

Lösung:
Es handelt sich um die beliebte *mindestens – mindestens – mindestens – Aufgabe*, die auch im Zusammenhang mit komplexen Problemstellungen häufig auftritt.

Da die Wahrscheinlichkeit für das Auftreten mindestens eines Treffers 0,95 oder größer sein soll, verwenden wir den Ansatz $P(X \geq 1) \geq 0,95$.
Hiervon ausgehend, berechnen wir nach nebenstehender Rechnung, wie lang die Bernoulli-Kette mindestens sein muss, um die Ansatzungleichung zu erfüllen.
Das Resultat lautet: Die Kette muss wenigstens die Länge n = 11 haben. So oft muss
▶ also das Glücksrad gedreht werden.

n: Anzahl der Wiederholungen
X: Häufigkeit des Auftretens von ROT bei n Wiederholungen

Ansatz: $P(X \geq 1) \geq 0,95$
$$1 - P(X = 0) \geq 0,95$$
$$P(X = 0) \leq 0,05$$
$$B(n; 0,25; 0) \leq 0,05$$
$$\binom{n}{0} \cdot 0,25^0 \cdot 0,75^n \leq 0,05$$
$$0,75^n \leq 0,05$$
$$n \cdot \log(0,75) \leq \log(0,05)$$
$$n \geq 10,41$$

1. Bernoulli-Ketten

Übungen

3. Bestimmung einer Punktwahrscheinlichkeit: P(X = k)
51,4 % aller Neugeborenen sind Knaben. Eine Familie hat sechs Kinder. Wie groß ist die Wahrscheinlichkeit, dass es genau drei Knaben und drei Mädchen sind?

4. Bestimmung einer linksseitigen Intervallwahrscheinlichkeit: P(X ≤ k)
Ein Tetraederwürfel trägt die Zahlen 1 bis 4. Wird er geworfen, so zählt die unten liegende Zahl. Wie groß ist die Wahrscheinlichkeit, beim fünffachen Werfen des Würfels höchstens zweimal die Zahl 2 zu werfen?

5. Bestimmung einer rechtsseitigen Intervallwahrscheinlichkeit: P(X ≥ k)
Ein Biathlet trifft die Scheibe mit einer Wahrscheinlichkeit von 80 %. Er gibt insgesamt zehn Schüsse ab. Mit welcher Wahrscheinlichkeit trifft er mindestens achtmal?

6. Bestimmung einer Intervallwahrscheinlichkeit: P(k ≤ X ≤ m)
Aus einer Urne mit zehn roten und fünf weißen Kugeln werden acht Kugeln mit Zurücklegen entnommen. Mit welcher Wahrscheinlichkeit zieht man vier bis sechs rote Kugeln?

7. Anwendung der Formel für das Gegenereignis: P(X > k) = 1 − P(X ≤ k)
Wirft man einen Reißnagel, so kommt er in 60 % der Fälle in Kopflage und in 40 % der Fälle in Seitenlage zur Ruhe. Jemand wirft zehn dieser Reißnägel. Mit welcher Wahrscheinlichkeit erzielt er mehr als dreimal die Seitenlage?

8. Bestimmung einer Mindestanzahl von Versuchen
Wie oft muss ein Würfel mindestens geworfen werden, wenn mit einer Wahrscheinlichkeit von mindestens 90 % mindestens eine Sechs fallen soll?

9. Nach Angaben der Post erreichen 90 % aller Inlandbriefe den Empfänger am nächsten Tag. Johanna verschickt acht Einladungen zu ihrem Geburtstag. Mit welcher Wahrscheinlichkeit
a) sind alle Briefe am nächsten Tag zugestellt?
b) sind mindestens sechs Briefe am nächsten Tag zugestellt?

10. Max gewinnt mit der Wahrscheinlichkeit $p = \frac{2}{3}$ beim Squash gegen Karl.
a) Mit welcher Wahrscheinlichkeit gewinnt Max genau sechs von zehn Spielen?
b) Mit welcher Wahrscheinlichkeit gewinnt er mindestens sechs von zehn Spielen?
c) Wie viele Spiele sind mindestens erforderlich, wenn die Wahrscheinlichkeit dafür, dass Karl mindestens ein Spiel gewinnt, mindestens 99 % betragen soll?

2. Eigenschaften von Binomialverteilungen

Im Folgenden sei X die Trefferanzahl bei einer Bernoulli-Kette der Länge n mit der Trefferwahrscheinlichkeit p. Die Wahrscheinlichkeitsverteilung von X bezeichnet man als *Binomialverteilung mit den Parametern n und p*.
Die wesentlichen Eigenschaften von Binomialverteilungen lassen sich relativ problemlos aus der graphischen Darstellung der Verteilung ablesen. Säulendiagramme sind eine für diesen Zweck geeignete Darstellungsform.

🌐 534-1

Die Wahrscheinlichkeit für genau k Treffer $P(X=k) = B(n; p; k)$ wird in Abhängigkeit von k durch eine Säule mit der Breite 1 und der Höhe $P(X=k)$ dargestellt.

Das Flächenmaß dieser Säule ist gleich der Wahrscheinlichkeit $P(X=k)$ für k Treffer. Die Summe der Flächenmaße aller Säulen ist gleich 1, da die Summe aller Wahrscheinlichkeiten 1 beträgt. In der zeichnerischen Darstellung verwendet man allerdings häufig unterschiedliche Achsenmaßstäbe.

Die Binomialverteilung mit den Parametern n = 4 und p = 0,3:

Tabelle:

k	P(X = k)
0	0,2401
1	0,4116
2	0,2646
3	0,0756
4	0,0081

Graph:

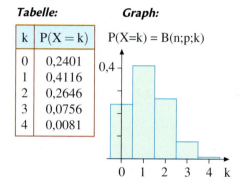

A. Eigenschaften von Binomialverteilungen in Abhängigkeit von p (n fest)

> **Beispiel:** Stellen Sie die Binomialverteilung mit den Parametern n und p für die Fälle
> a) n = 5, p = 0,1,   b) n = 5, p = 0,35,   c) n = 5, p = 0,5,   d) n = 5, p = 0,65
> graphisch dar und schildern Sie den Einfluss des Parameters p auf das Verteilungsbild.

Lösung:
Wir errechnen mithilfe der Bernoulli-Formel die Werte $P(X=k) = B(5; p; k)$ für die möglichen Trefferzahlen k = 0 bis k = 5 und zeichnen die zugehörigen Säulendiagramme.

a)   b)   c)   d)

P(X=k) = B(5;0,1;k)   P(X=k) = B(5;0,35;k)   P(X=k) = B(5;0,5;k)   P(X=k) = B(5;0,65;k)

2. Eigenschaften von Binomialverteilungen

Wir können Folgendes erkennen:

(1) Je größer p ist, umso weiter rechts liegt das Maximum der Verteilung.
(2) Für p = 0,5 ist die Verteilung symmetrisch: B(n; p; k) = B(n; p; n − k).
(3) Es gilt die Symmetriebeziehung: B(n; p; k) = B(n; 1 − p; n − k).

Übung 1
a) Stellen Sie die Binomialverteilung tabellarisch und graphisch dar für n = 5, p = 0,9 bzw. für n = 8, p = 0,2 bzw. für n = 8, p = 0,8.
b) Prüfen Sie die Eigenschaft (3) aus der obigen Zusammenstellung für n = 7, p = 0,3.

B. Eigenschaften von Binomialverteilungen in Abhängigkeit von n (p fest)

Beispiel: Vergleichen Sie die Binomialverteilungen mit den Parametern n und p für
a) n = 3, p = 0,4   b) n = 6, p = 0,4   c) n = 10, p = 0,4.

Lösung:
Die Tabellenwerte B(n; p; k) errechnen wir mithilfe der Formel von Bernoulli. Wir können sie auch dem Tabellenwerk zur Binomialverteilung (s. S. 658 f.) entnehmen.
Eine Darstellung der Tabelle für die Parameter n = 10, p = 0,4 findet sich als Beispiel rechts. Den folgenden Säulendiagrammen entnehmen wir die unten aufgeführten Eigenschaften der Binomialverteilung.

Verteilungstabelle für n = 10, p = 0,4:

k	P(X=k)	k	P(X=k)
0	0,006047	6	0,111477
1	0,040311	7	0,042467
2	0,120932	8	0,010617
3	0,214991	9	0,001573
4	0,250823	10	0,000105
5	0,200658		

P(X=k) = B(3;0,4;k)   P(X=k) = B(6;0,4;k)   P(X=k) = B(10;0,4;k)

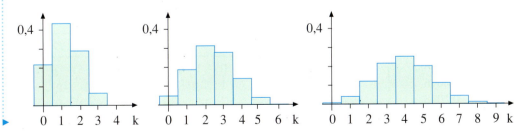

(4) Mit wachsendem n werden die Verteilungen flacher.
(5) Mit wachsendem n werden die Verteilungen symmetrischer.

C. Erwartungswert und Standardabweichung bei Bernoulli-Ketten

Ist X die Zufallsgröße, die die Trefferzahl in einer Bernoulli-Kette der Länge n angibt, so hängen ihr Erwartungswert E(X) – die durchschnittlich zu erwartende Trefferzahl – und die Standardabweichung σ(X) – die Stärke der Streuung um den Erwartungswert – von den Parametern n und p der Bernoulli-Kette ab. Dieses zeigte sich an den graphischen Darstellungen des letzten Abschnitts.

Der Erwartungswert:

Der Erwartungswert einer Zufallsgröße X ist gegeben durch die Definitionsformel:

$$E(X) = \sum_{k=0}^{n} k \cdot P(X=k).$$

Im Falle einer binomialverteilten Zufallsvariablen kann man
$P(X=k) = \binom{n}{k} \cdot p^k \cdot (1-p)^{n-k}$ einsetzen und erhält nach diversen Umformungen, die wir hier nicht nachvollziehen, folgendes Resultat:

> X sei die Anzahl der Treffer in einer Bernoulli-Kette der Länge n und der Trefferwahrscheinlichkeit p. Dann gilt:
>
> $$\mu = E(X) = n \cdot p.$$

Die Standardabweichung:

Die Standardabweichung einer Zufallsgröße X ist gegeben durch die Definitionsformel:

$$\sigma(X) = \sqrt{\sum_{k=0}^{n} (k-\mu)^2 \cdot P(X=k)}.$$

Im Falle einer binomialverteilten Zufallsgröße können wir $\mu = E(X) = n \cdot p$ und $P(X=k) = \binom{n}{k} \cdot p^k \cdot (1-p)^{n-k}$ einsetzen. Nach längeren Umformungen, auf die wir hier verzichten, erhalten wir schließlich folgendes Resultat:

> X sei die Anzahl der Treffer in einer Bernoulli-Kette der Länge n und der Trefferwahrscheinlichkeit p. Dann gilt:
>
> $$\sigma(X) = \sqrt{n \cdot p \cdot (1-p)}.$$

Exemplarische Bestätigung der Formel für den Fall n = 5, p = 0,2:

Intuitiv ist klar, dass wegen p = 0,2 in 5 Versuchen 1 Treffer zu erwarten ist. Rechnerisch bestätigt sich dies:

k	P(X=k)	k · P(X=k)
0	0,32768	0
1	0,4096	0,4096
2	0,2048	0,4096
3	0,0512	0,1536
4	0,0064	0,0256
5	0,00032	0,0016
	E(X) = 5 · 0,2 = 1	

Exemplarische Bestätigung der Formel für den Fall n = 2, p beliebig:

Mit $P(X=k) = \binom{2}{k} \cdot p^k \cdot (1-p)^{2-k}$ und $\mu = 2 \cdot p$ erhalten wir:

k	P(X=k)	$(k-\mu)^2 \cdot P(X=k)$
0	$(1-p)^2$	$(2p)^2 \cdot (1-p)^2$
1	$2p \cdot (1-p)$	$(1-2p)^2 \cdot 2p \cdot (1-p)$
2	p^2	$(2-2p)^2 \cdot p^2$

$\sigma(X)$
$= \sqrt{4p^2 \cdot (1-p)^2 + (1-2p)^2 \cdot 2p \cdot (1-p) + 4p^2 \cdot (1-p)^2}$
$= \sqrt{2p \cdot (1-p) \cdot [2p \cdot (1-p) + (1-2p)^2 + 2p \cdot (1-p)]}$
$= \sqrt{2p \cdot (1-p)}$

2. Eigenschaften von Binomialverteilungen

Mithilfe der Standardabweichung lässt sich die Wahrscheinlichkeit abschätzen, mit welcher die Trefferanzahl einer Bernoulli-Kette innerhalb einer sogenannten σ-Umgebung liegt.

> **Satz XVII.2: Regeln für σ-Intervalle**
> Für eine binomialverteilte Zufallsgröße X mit der Standardabweichung
> $\sigma(X) = \sqrt{n \cdot p \cdot (1-p)}$ gelten die folgenden Regeln. Die Regeln sind umso genauer, je größer die Versuchszahl n ist. Sie dürfen angewandt werden, wenn die **Laplace-Bedingung** $\sigma > 3$ erfüllt ist.
> **1σ-Regel:** $P(\mu - \sigma \leq X \leq \mu + \sigma) \approx 0{,}680$
> **2σ-Regel:** $P(\mu - 2\sigma \leq X \leq \mu + 2\sigma) \approx 0{,}955$
> **3σ-Regel:** $P(\mu - 3\sigma \leq X \leq \mu + 3\sigma) \approx 0{,}997$

▶ **Beispiel: Münzwurf**
Eine Münze wird 100-mal geworfen. X sei die Anzahl der Kopfwürfe.
a) Bestimmen Sie den Erwartungswert und die Standardabweichung von X.
b) Wenden Sie außerdem die σ-Regeln an.
c) Hans behauptet, dass er den Versuch viermal durchgeführt und dabei folgende Trefferzahlen erzielt habe: $X = 57$, $X = 59$, $X = 58$, $X = 60$. Beurteilen Sie diese Behauptung anhand des Ergebnisses von b).

Lösung zu a):
Der Erwartungswert ist $\mu = 50$. Die Standardabweichung ist $\sigma = 5$.

Lösung zu b):
Die Laplacebedingung $\sigma \geq 3$ ist erfüllt. Daher können die σ-Regeln angewendet werden.
1σ-Regel: $P(50 - 5 \leq X \leq 50 + 5) \geq 0{,}680$, d.h. mit einer Wahrscheinlichkeit von ca. 68 % werden 45 bis 55 Kopfwürfe erzielt.
2σ-Regel: Mit einer Wahrscheinlichkeit von ca. 95,5 % werden 40 bis 60 Kopfwürfe erzielt.
3σ-Regel: Mit einer Wahrscheinlichkeit von ca. 99,7 % werden 35 bis 65 Kopfwürfe erzielt.

Lösung zu c):
Aus der 1σ-Regel folgt, dass ca. 68,0 % aller Ergebnisse im Bereich von 45 bis 55. Daher liegen nur 32 % aller Ergebnisse außerhalb dieses Intervalls. Der von Hans angegebene Ausfall hat also nur die Wahrscheinlichkeit $0{,}32^4 \approx 0{,}01 = 1\%$. Die Behauptung von Hans wird also mit großer Wahrscheinlichkeit falsch sein. ◀

Übung 2
Ein Geldautomat nimmt aufgrund eines Defektes, der am Freitagabend eintritt, nur 70 % der eingeschobenen Kreditkarten an. Ein Techniker kann erst am Montagmorgen kommen. Im Laufe des Wochenendes versuchen 200 Personen Geld abzuheben. X sei die Anzahl der Personen, die im Verlaufe des Wochenendes kein Geld erhalten werden.
a) Wie viele Benutzer erhalten während des Wochenendes kein Geld?
b) Wie groß ist die Standardabweichung von X?
c) Schätzen sie mit einer Wahrscheinlichkeit von ca. 95 % ab, wie viele Personen während des Wochenendes nicht an ihr Geld kommen werden.

Übungen

3. Berechnen Sie Erwartungswert, Varianz und Standardabweichung der Trefferzahl X in einer Bernoullikette mit den Parametern n und p.
  a) n = 12, p = 0,4,
  b) n = 125, p = 0,2,
  c) n = 37400, p = 0,95.

4. Pollen können Heuschnupfen auslösen. Ein Nasenspray wirkt in 70 % aller Anwendungsfälle lindernd.
  a) 20 Patienten nehmen das Mittel gegen ihre Beschwerden ein. Bei wie vielen Patienten ist eine Linderung zu erwarten?
  b) Wie groß ist die Wahrscheinlichkeit, dass exakt bei dieser erwarteten Anzahl unter den 20 Patienten das Mittel hilft?

5. Von einer binomialverteilten Zufallsgröße sind der Erwartungswert μ und die Standardabweichung σ bekannt. Berechnen Sie die Parameter n und p der Verteilung.
  a) μ = 5, σ = 2
  b) μ = 225, σ = 7,5
  c) μ = 7,2, σ = 1,2 · $\sqrt{2}$

6. Ein Autohersteller bestellt Scheinwerferlampen für sein Standardmodell, das schon länger hergestellt wird. Erfahrungsgemäß sind 4 % der Lampen fehlerhaft.
  a) Wie viele fehlerhafte Lampen sind in einer Lieferung von 5000 Lampen zu erwarten? Geben Sie die Standardabweichung an.
  b) Der Autohersteller benötigt im Mittel mindestens 6000 fehlerfreie Lampen. Wie viele Lampen soll er bestellen?

7. In einer Urne befinden sich 4 rote, 6 gelbe und 10 blaue Kugeln. Es werden n Kugeln mit Zurücklegen gezogen. Die Zufallsgröße X beschreibt die Anzahl der roten Kugeln und die Zufallsgröße Y die Anzahl der gelben Kugeln unter den gezogenen Kugeln.

  a) Sei n = 8.
  Skizzieren Sie die zugehörige Binomialverteilung der Zufallsgröße X.
  Berechnen Sie den Erwartungswert und die Standardabweichung von X.
  Mit welcher Wahrscheinlichkeit überschreitet der tatsächliche Wert von X den Erwartungswert E(X)?
  b) Wie viele Kugeln müssen mindestens gezogen werden, damit der Erwartungswert der Zufallsgröße Y größer als 5 ist? Wie groß ist in diesem Fall die Varianz von Y?
  c) Wie viele Kugeln müssen mindestens gezogen werden, damit der Erwartungswert von X mindestens gleich 1 ist?
  d) Wie viele Kugeln müssen mindestens gezogen werden, wenn mit mindestens 90 % Wahrscheinlichkeit mindestens eine rote Kugel gezogen werden soll?

3. Praxis der Binomialverteilung

Die Bestimmung von Trefferwahrscheinlichkeiten wird umso rechenaufwändiger, je länger die zugrunde liegende Bernoulli-Kette ist. Mithilfe von Tabellen zur Binomialverteilung – wie sie auf S. 658 f. abgedruckt sind – kann man den Rechenaufwand erheblich verringern.

A. Die Tabelle zur Binomialverteilung: B(n; p; k)   🔴 539-1

> **Beispiel:** Wie groß ist die Wahrscheinlichkeit, beim 10-maligen Werfen eines fairen Würfels genau 4-mal das Ergebnis „Sechs" zu erzielen?

Lösung ohne Tabelle:
X sei die Anzahl der Sechsen beim 10-maligen Würfelwurf.
Gesucht ist $P(X=4) = B\left(10; \frac{1}{6}; 4\right)$.
Mithilfe der nebenstehenden Rechnung erhalten wir $B\left(10; \frac{1}{6}; 4\right) \approx 5{,}43\,\%$.

$$B\left(10; \frac{1}{6}; 4\right) = \binom{10}{4} \cdot \left(\frac{1}{6}\right)^4 \cdot \left(\frac{5}{6}\right)^6$$
$$\approx 210 \cdot 0{,}000772 \cdot 0{,}334898$$
$$\approx 0{,}0543 = 5{,}43\,\%$$

(Bernoulli-Formel)

Lösung mit Tabelle:
Effizienter ist die Anwendung der Tabelle 3 zur Binomialverteilung, die auf den Seiten 658 und 659 abgedruckt ist. Wir bestimmen $B(n; p; k) = B\left(10; \frac{1}{6}; 4\right)$ folgendermaßen:

(1) Wir suchen zunächst in der am linken Seitenrand dargestellten Eingangsspalte für den Parameter n den Tabellenblock für n = 10. Es ist der erste Block auf Seite 659.

$B\left(10; \frac{1}{6}; 4\right)$

n	k	0,02	0,03	0,04	0,05	0,10	1/6	0,20	0,25	0,30	1/3	0,40	0,50		n
	0	0,8171	7374	6648	5987	3487	1615	1074	0563	0282	0173	0060	0010	10	
	1	1667	2281	2770	3151	3874	3230	2684	1877	1211	0867	0403	0098	9	
	2	0153	0317	0519	0746	1937	2907	3020	2816	2335	1951	1209	0439	8	
	3	0008	0026	0058	0105	0574	1550	2013	2503	2668	2601	2150	1172	7	
	4		0001	0004	0010	0112	0543	0881	1460	2001	2276	2508	2051	6	
10	5				0001	0015	0130	0264	0584	1029	1366	2007	2461	5	10
	6					0001	0022	0055	0162	0368	0569	1115	2051	4	
	7						0002	0008	0031	0090	0163	0425	1172	3	
	8							0001	0004	0014	0030	0106	0439	2	
	9									0001	0003	0016	0098	1	
	10											0001	0010	0	

(2) Sodann suchen wir innerhalb dieses Blocks diejenige Zelle aus, welche zur Spalte $p = \frac{1}{6}$ und Zeile k = 4 gehört. In dieser Zelle steht der Eintrag 0543, der die ersten vier Nachkommastellen angibt und daher als 0,0543 zu interpretieren ist.

▶ (3) Die gesuchte Wahrscheinlichkeit ist also gleich $B(10; \frac{1}{6}; 4) \approx 0{,}0543 = 5{,}43\,\%$.

Soll Tabelle 1 zur Bestimmung der Wahrscheinlichkeit $P(X = k) = B(n; p; k)$ in Bernoulli-Ketten mit der Trefferwahrscheinlichkeit $p > 0{,}5$ verwendet werden, so muss man an Stelle der am oberen und am linken Tabellenrand positionierten Eingänge für die Parameter p und k die am unteren und rechten Tabellenrand angeordneten und zusätzlich blau unterlegten Eingänge für diese Parameter benutzen.

Das funktioniert, weil die Beziehung $B(n; p; k) = B(n; 1 - p; n - k)$ gilt.

▶ **Beispiel:** Durch 9-maliges Drehen des abgebildeten Glücksrades wird eine neunstellige Zahl erzeugt. Mit welcher Wahrscheinlichkeit sind genau 7 Ziffern dieser Zahl Primzahlen?

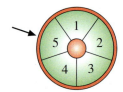

Lösung:
Die Trefferwahrscheinlichkeit in unserer Bernoulli-Kette der Länge $n = 9$ beträgt $p = 0{,}6$. Die Wahrscheinlichkeit für $k = 7$ Treffer (Primzahlen) ist daher gleich $B(9; 0{,}6; 7)$. Wir suchen in Tabelle 1 den Block $n = 9$ auf und innerhalb dieses Blocks diejenige Zelle, die zu den Parametern $p = 0{,}6$ und $k = 7$ gehört, wobei wir wegen $p > 0{,}5$ die blau unterlegten Eingänge verwenden. In der betreffenden Zelle steht der Eintrag 1612. Daher ist die gesuchte Wahrscheinlichkeit
▶ gleich $0{,}1612 = 16{,}12\,\%$.

Übung 1
15 Personen warten auf den Bus. Wie groß ist die Wahrscheinlichkeit dafür, dass unter den Wartenden genau doppelt so viele Männer wie Frauen sind, wenn man annimmt, dass im statistischen Durchschnitt der Frauenanteil an Haltestellen 50 % (40 %) beträgt?

Übung 2
Ein Betrieb produziert elektronische Bauelemente. Erfahrungsgemäß sind 10 % der produzierten Bauteile defekt. Der laufenden Produktion werden 9 Bauteile entnommen.
a) Wie groß ist die Wahrscheinlichkeit dafür, dass genau zwei der 9 Bauteile defekt sind?
b) Mit welcher Wahrscheinlichkeit ist höchstens eines der 9 Bauteile defekt?

Übung 3
Eine medizinische Therapie schlägt im Mittel in 70 % aller Anwendungsfälle an. Eine Klinik behandelt 20 Patienten. Es ist also statistisch zu erwarten, dass die Therapie in genau 14 Fällen wirkt. Wie wahrscheinlich ist es, dass dieser Ausgang tatsächlich eintritt?

Übung 4
Ein Multiple-Choice-Test enthält 8 Fragen. Zu jeder Frage existieren genau 3 Antwortmöglichkeiten, von denen jeweils genau eine richtig ist.
a) Wie groß ist die Wahrscheinlichkeit, dass ein wenig kenntnisreicher Kandidat, der lediglich auf gut Glück ankreuzt, mindestens 7 der Fragen richtig beantwortet?
b) Wie groß ist die Ratewahrscheinlichkeit aus Aufgabenteil a, wenn der Test 10 Fragen enthält und wenn zu jeder Frage 4 Antwortmöglichkeiten existieren, von denen stets genau zwei richtig sind?

B. Die Tabelle zur kumulierten Binomialverteilung: F(n; p; k)

In den oben besprochenen Beispielen wurde nach der Wahrscheinlichkeit dafür gefragt, dass die Trefferzahl in einer Bernoulli-Kette einen fest vorgegebenen Einzelwert annimmt: P(X=k). Besonders umfangreiche Rechnungen fallen an, wenn man die Wahrscheinlichkeit dafür sucht, dass die Trefferzahl einen fest vorgegebenen Wert nicht übersteigt: $P(X \leq k)$.
Bei dieser Aufgabenstellung lässt sich mithilfe einer Tabelle besonders viel Arbeit sparen. Man verwendet die Tabellen für die sogenannte kumulierte Binomialverteilung*, die man auf den Seiten 660 bis 666 findet. Noch einfacher ist die Berechnung mithilfe des CAS.

> **Beispiel:** Ein Betrieb produziert Autoreifen. Im Durchschnitt weisen ca. 10% der Reifen eine leichte Unwucht auf, die bei der Montage ausgeglichen werden muss. Ein Montagebetrieb erhält eine Lieferung von 50 Reifen. Mit welcher Wahrscheinlichkeit enthält die Lieferung nicht mehr als 6 Reifen mit der produktionsbedingten Unwucht?

Lösung:
X sei die Anzahl der unwuchtigen Reifen in der Lieferung vom Umfang n = 50.
Gesucht ist die Wahrscheinlichkeit dafür, dass X einen der Werte 0, 1, 2, 3, 4, 5 oder 6 annimmt, d.h. die Wahrscheinlichkeit $P(X \leq 6)$.
Diese Wahrscheinlichkeit lässt sich als Summe von sieben Wahrscheinlichkeiten darstellen:
$P(X \leq 6) = P(X=0) + P(X=1) + P(X=2) + P(X=3) + P(X=4) + P(X=5) + P(X=6)$.

Da die Zufallsgröße X binomialverteilt ist mit den Parametern n = 50 und p = 0,1, erhalten wir:
$P(X \leq 6) = B(50; 0,1; 0) + B(50; 0,1; 1) + B(50; 0,1; 2) + B(50; 0,1; 3) +$
$\qquad B(50; 0,1; 4) + B(50; 0,1; 5) + B(50; 0,1; 6)$.

Nun würde uns einige Rechenarbeit bevorstehen, wenn wir auf die oben schon angekündigte Tabelle zur kumulierten Binomialverteilung verzichten müssten, in der die Werte solcher Summen von Binomialwahrscheinlichkeiten tabelliert sind.

Die gesuchte Summe kann dort unter der Bezeichnung $P(X \leq 6) = F(50; 0,1; 6)$ abgelesen werden: Man sucht in der Tabelle zur kumulierten Binomialverteilung den Block für den Parameter n = 50 auf und sodann sucht man innerhalb dieses Blocks diejenige Zelle, die zur Spalte p = 0,1 und zur Zeile k = 6 gehört. Dort steht der Eintrag 7702, der die Nachkommastellen der gesuchten Wahrscheinlichkeit darstellt. Daher gilt:

$$P(X \leq 6) = F(50; 0,1; 6) \approx 0,7702 = 77,02\%.$$

Übung 5
Ein Multiple-Choice-Test enthält 20 Fragen. Zu jeder Frage gibt es drei Antwortmöglichkeiten, von denen jeweils genau eine richtig ist. Der Test gilt als nicht bestanden, wenn nicht mehr als 10 Fragen richtig beantwortet werden. Mit welcher Wahrscheinlichkeit fällt man durch, wenn man alle Fragen auf gut Glück durch zufälliges Ankreuzen beantwortet?

---
* Das Wort „kumuliert" bedeutet hier: durch fortlaufendes Summieren entstanden.

Die Tabelle zur kumulierten Binomialverteilung kann auch dann angewendet werden, wenn für die zu Grunde liegende Trefferwahrscheinlichkeit die Ungleichung p > 0,5 gilt. Man kann sich dann der blau unterlegten Tabelleneingänge bedienen. Allerdings liefern diese Eingänge nicht die gesuchte Wahrscheinlichkeit, sondern die Gegenwahrscheinlichkeit.

> **Beispiel:** Eine Gärtnerei in Alaska verkauft Ananassamen. Die Keimfähigkeit wird mit 80 % beziffert. Ein Liebhaber kauft 18 Samen. Mit welcher Wahrscheinlichkeit entwickeln sich nur 10 oder weniger Samen zu einem Ananasbaum?

Lösung:
X sei die Anzahl der keimfähigen unter den 18 gekauften Samen.
Gesucht ist die Wahrscheinlichkeit P(X $\leq$ 10) = F(18; 0,8; 10).

Wegen p > 0,5 verwenden wir in der Tabelle zur kumulierten Binomialverteilung die blau unterlegten Eingänge.
Die den „blauen Parametern" n = 18, p = 0,8 und k = 10 zugeordnete Zelle enthält den Eintrag 9837.
Also ist 0,9837 die Gegenwahrscheinlichkeit der gesuchten Wahrscheinlichkeit.
Daher gilt:
F(18; 0,8; 10) $\approx$ 1 $-$ 0,9837 = 0,0163.
Die Wahrscheinlichkeit, dass sich höchstens 10 Samen entwickeln, beträgt nur ca. 1,63 %.

Gesuchte Wahrscheinlichkeit:
F(18; 0,8; 10)

Blaue Eingänge verwenden (wegen p > 0,5)!
n = 18; p = 0,8; k = 10

Abgelesener Tabellenwert:
0,9837

Resultat:
F(18; 0,8; 10) $\approx$ 1 $-$ 0,9837 = 0,0163

Begründen kann man dieses Verfahren folgendermaßen: Gesucht sei F(n; p; k) mit p > 0,5. Gehört eine Zelle zu den „blauen Eingangsparametern" n, p und k, so gehört sie, wovon man sich durch einen Blick überzeugen kann, zu den „weißen Eingangsparametern" n, 1 $-$ p, n $-$ k $-$ 1. Daher steht in dieser Zelle die Wahrscheinlichkeit F(n; 1 $-$ p; n $-$ k $-$ 1). Nun aber gilt:
F(n; p; k) = P(Trefferzahl $\leq$ k) = 1 $-$ P(Trefferzahl $\geq$ k + 1) = 1 $-$ P(Nietenzahl $\leq$ n $-$ (k + 1))
= 1 $-$ F(n; 1 $-$ p; n $-$ k $-$ 1).

Also stellt der aus der Zelle entnommene Wahrscheinlichkeitswert gerade die Gegenwahrscheinlichkeit der gesuchten Wahrscheinlichkeit dar.

Übung 6
Eine Münze ist derart gefälscht, dass die Wahrscheinlichkeit für Kopf auf 70 % erhöht ist.
a) Wie groß ist die Wahrscheinlichkeit, dass bei 20 Würfen dennoch höchstens 10-mal Kopf kommt?
b) Einem Spieler wird angeboten, bei einem Einsatz von 2 € die Münze 50-mal zu werfen. 20 € werden ausgezahlt, wenn es ihm gelingt, nicht mehr als 30-mal Kopf zu werfen. Ist das Spiel günstig für diesen Spieler?
c) Das Spiel aus Teilaufgabe b soll fair werden. Wie muss die Höhe des Einsatzes festgelegt werden?

3. Praxis der Binomialverteilung

In den vorhergehenden Beispielen dieses Abschnitts wurden stets Wahrscheinlichkeiten der Form $P(X \leq k)$ bestimmt. Dieser Fall ist in der Tabelle zur kumulierten Binomialverteilung erfasst. Diverse anders strukturierte Fälle lassen sich ohne Schwierigkeiten auf diesen einen tabellierten Fall zurückführen. Wir zeigen dies anhand eines Beispiels.

> **Beispiel:** Ein Multiple-Choice-Test besteht aus 20 Fragen mit jeweils 5 Antwortmöglichkeiten, von denen stets genau eine richtig ist. Der Kandidat absolviert den Test, indem er zu jeder Frage auf gut Glück eine der Antwortmöglichkeiten ankreuzt.
> Mit welcher Wahrscheinlichkeit erzielt er
> 1. höchstens 8 richtige Antworten,
> 2. genau 4 richtige Antworten,
> 3. mindestens 6 richtige Antworten,
> 4. 3 bis 8 richtige Antworten?

Lösung:
X sei die Anzahl der Fragen, die der Kandidat richtig beantwortet. Die Trefferwahrscheinlichkeit beträgt $p = 0{,}2$.

1. Gesucht ist die Wahrscheinlichkeit $P(X \leq 8)$ für ein **linksseitiges Intervall**. Dies ist der Standardfall. Wir können die gesuchte Wahrscheinlichkeit unmittelbar aus Tabelle 4 zur kumulierten Binomialverteilung entnehmen.

$$P(X \leq 8) = F(20;\ 0{,}2;\ 8)$$
$$\approx 0{,}9900$$
$$= 99\%$$

2. Gesucht ist die **Punktwahrscheinlichkeit** $P(X=4)$. Wir können diese unmittelbar aus Tabelle 3 zur Binomialverteilung als $B(20;\ 0{,}2;\ 4)$ ablesen.
Wir können sie aber auch als Differenz zweier aufeinander folgender kumulierter Wahrscheinlichkeiten aus Tabelle 4 bestimmen.

$$P(X = 4) = B(20;\ 0{,}2;\ 4)$$
$$\approx 0{,}2182 = 21{,}82\%$$

oder

$$P(X = 4) = F(20;\ 0{,}2;\ 4) - F(20;\ 0{,}2;\ 3)$$
$$\approx 0{,}6296 - 0{,}4114$$
$$= 0{,}2182 = 21{,}82\%$$

3. Gesucht ist die Wahrscheinlichkeit $P(X \geq 6)$ für ein **rechtsseitiges Intervall**. Wir können diese Wahrscheinlichkeit als Gegenwahrscheinlichkeit von $P(X \leq 5)$ bestimmen.

$$P(X \geq 6) = 1 - P(X \leq 5)$$
$$= 1 - F(20;\ 0{,}2;\ 5)$$
$$\approx 1 - 0{,}8042$$
$$= 0{,}1958 = 19{,}58\%$$

4. Gesucht ist die Intervallwahrscheinlichkeit $P(3 \leq X \leq 8)$. Wir können diese Wahrscheinlichkeit wiederum als Differenz zweier kumulierter Wahrscheinlichkeiten aus Tabelle 4 bestimmen.

$$P(3 \leq X \leq 8) = P(X \leq 8) - P(X \leq 2)$$
$$= F(20;\ 0{,}2;\ 8) - F(20;\ 0{,}2;\ 2)$$
$$\approx 0{,}9900 - 0{,}2061$$
$$= 0{,}7839 = 78{,}39\%$$

Übung 7
Beim 18-maligen Werfen eines fairen Würfels erwartet man im Mittel dreimal die Sechs.
a) Wie wahrscheinlich ist es, dass dieser Erwartungswert tatsächlich eintritt bzw. dass er nicht eintritt bzw. dass er überschritten wird?
b) Wie wahrscheinlich ist es, dass die Anzahl der Sechsen den Erwartungswert um höchstens 1 unterschreitet (um höchstens 1 überschreitet)?
c) Wie wahrscheinlich ist eine Unterschreitung um mindestens 2 (eine Überschreitung um mindestens 2)?
d) Lösen Sie die Fragen a bis c für den Fall, dass der Würfel 12-mal geworfen wird.
e) Lösen Sie die Fragen a bis c für den Fall, dass der Würfel 50-mal geworfen wird.

Übung 8
Ein medizinisches Haarwaschmittel enthält Selen-(IV)-Sulfid. Dieser Inhaltsstoff führt bei ca. 3 % der Patienten zu einer nicht erwünschten Nebenwirkung in Form einer lokalen allergischen Reaktion. Ein Arzt behandelt pro Jahr durchschnittlich 10 Patienten mit diesem Mittel.
a) Wie groß ist die Wahrscheinlichkeit, dass der Arzt innerhalb eines Jahres wenigstens einen Patienten sieht, der allergisch reagiert?
b) Der Arzt glaubt, sich erinnern zu können, die besagte Allergie innerhalb der letzten 8 Jahre bei insgesamt 80 Anwendungsfällen ca. 4-mal bis 7-mal beobachtet zu haben. Ist es wahrscheinlich, dass diese Angaben den tatsächlichen Gegebenheiten entsprechen?

Übung 9
Das Spiel Superhirn – auch Mastermind genannt – ist ein interessantes Denk- und Taktikspiel für zwei Personen. Mit vier Farben wird vom ersten Spieler mithilfe von Plastikknöpfen ein vierstelliger Farbcode gebildet, wobei die Reihenfolge eine Rolle spielt. Es ist erlaubt, ein- und dieselbe Farbe mehrfach zu verwenden. Der zweite Spieler muss den Code herausfinden (die richtigen Farben an den richtigen Positionen). Dazu macht er in der ersten Runde einen simplen Rateversuch.

a) Wie groß ist die Wahrscheinlichkeit, dass er bei diesem Rateversuch die richtige Kombination auf Anhieb errät?
b) Welche Anzahl von richtig erratenen Stellen ist am wahrscheinlichsten?
c) Wie wahrscheinlich ist es, dass der zweite Spieler zwei bis drei Stellen richtig rät?

Übung 10
Otto und Egon werfen 20-mal zwei Münzen mit einem Wurf. Otto wettet 10 €, dass das Ergebnis „doppelter Kopfwurf" dreimal bis viermal kommt. Egon setzt 20 € dagegen.
a) Wessen Gewinnerwartung ist günstiger?
b) Wie lautet das Resultat, wenn beide Münzen 50-mal geworfen werden?

3. Praxis der Binomialverteilung

Übungen

11. Porzellanmanufaktur
Eine Porzellanmanufaktur stellt so hohe Qualitätsanforderungen an ihre neue Vasenkollektion, dass nur 30 % der Ware als 1. Wahl eingestuft wird. Weitere 60 % werden als 2. Wahl verbilligt angeboten, die restliche Produktion wird als Ausschuss aussortiert.
a) Wie groß ist die Wahrscheinlichkeit, dass
  I. von 10 Vasen genau 3 Vasen 1. Wahl sind,
  II. unter 20 Vasen höchstens 3 Vasen Ausschuss sind,
  III. von 50 Vasen mehr als 20 Vasen 1. Wahl sind?
b) Aus einer großen Lieferung wird ein Karton mit 100 Vasen entnommen und überprüft. Wie viele Vasen 1. Wahl können unter den 100 Vasen im Mittel erwartet werden? Wie groß ist die Wahrscheinlichkeit dafür, dass die Anzahl der Vasen 1. Wahl mehr als 25 und weniger als 35 beträgt? Mit welcher Wahrscheinlichkeit werden mehr als 40 oder weniger als 20 Vasen 1. Wahl gefunden?

12. Basketball
Nikolai ist ein guter Basketballspieler. Seine Trefferquote beim Freiwurf beträgt 90 %.
a) Wie wahrscheinlich ist es, dass Nikolai bei mindestens 8 von 10 Freiwürfen punktet?
b) Wie wahrscheinlich ist es, dass sein 8. Freiwurf der erste ist, der nicht trifft? Welcher Zusammenhang besteht zum Ereignis A mit $P(A) = 8 \cdot 0{,}9^7 \cdot 0{,}1$?
c) Wie viele erfolgreiche Freiwürfe kann sein Trainer bei 50 Versuchen erwarten? Wie groß ist die Wahrscheinlichkeit, dass bei diesen 50 Versuchen die Trefferausbeute höher als 80 % ist?
d) Nikolai wirft 100-mal. Wie wahrscheinlich ist es, dass seine Trefferzahl mindestens 90 beträgt? Welche Trefferzahl kann er seinem Trainer mit mindestens 95 % Sicherheit garantieren?

13. Internet
Intensivnutzer sind Personen, die mehr als 40 Stunden pro Monat das Internet nutzen.
a) Im Grundkurs Mathematik sind 10 von 24 Schülern Intensivnutzer.
  Wie groß ist die Wahrscheinlichkeit, dass
  I. von zwei befragten Schülern genau einer Intensivnutzer ist (Baumdiagramm),
  II. von vier befragten Schülern höchstens einer Intensivnutzer ist?
b) Laut Angaben eines Providers liegt sein Anteil von Intensivnutzern bei $p = 20\,\%$.
  Wie groß ist die Wahrscheinlichkeit, dass unter 8 der befragten Kunden
  I. kein Intensivnutzer ist,
  II. genau drei Intensivnutzer,
  III. höchstens zwei Intensivnutzer sind?
c) Es werden nun 100 Kunden des Providers aus b) befragt.
  I. Wie viele Intensivnutzer werden unter ihnen im Mittel zu finden sein?
  II. Wie groß ist die Wahrscheinlichkeit, dass es mehr als 10 und weniger als 30 sind?
d) Von einem zweiten Provider ist der Anteil der Intensivnutzer nicht bekannt. Es wird angenommen, dass die Wahrscheinlichkeit, unter 10 seiner Kunden mindestens einen Nutzer zu finden, mindestens 90 % beträgt. Ermitteln Sie hieraus den Anteil der Intensivnutzer dieses Providers.

Das Galton-Brett

Sir Francis Galton wurde am 16. Februar 1822 in Birmingham geboren. Er war ein Cousin des berühmten Vererbungsforschers Charles Darwin (1809 bis 1882). Er unternahm Forschungsreisen auf den Balkan, nach Ägypten und Afrika. 1857 ließ Galton sich in London nieder. 1883 gründete er dort das Galton-Laboratorium, das mit Mathematik, Biologie, Physik und Chemie befasst war. Hier entwickelte Galton für die Auswertung von Statistiken das **Galton-Brett**, mit dem man Binomialverteilungen mechanisch erzeugen kann.

Das Galton-Brett besteht – wie unten abgebildet – aus einem geneigten Brett mit Nagelreihen, die so angeordnet sind, dass aus einem Trichter senkrecht auf den ersten Nagel fallende Kugeln jeweils mit der Wahrscheinlichkeit 0,5 nach links oder nach rechts abgelenkt werden. Bei günstiger Anordnung der Nägel trifft die Kugel wieder senkrecht auf einen Nagel der nächsten Reihe. Die Kugeln fallen schließlich in Fächer. Nummeriert man die Fächer mit 0 bis n, wobei n die Anzahl der Nagelreihen ist, so gibt die Nummer die Anzahl der Rechtsablenkungen der Kugeln an, die hier landen. Lässt man viele Kugeln durch das Brett laufen, entsteht in den Fächern angenähert die Binomialverteilung. Der Zusammenhang zwischen den Pfaden der Bernoulli-Kette im Baumdiagramm und dem Galtonbrett ergibt sich durch folgende Gegenüberstellung.

Bernoullikette: n = 4, p = 0,5

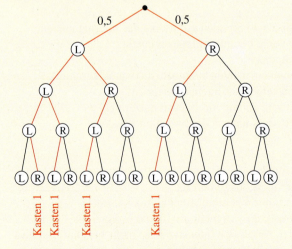

Galton-Brett: n = 4, p = 0,5

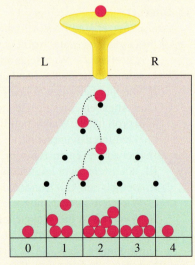

Der Baum besteht aus insgesamt 16 Pfaden. Die vier rot gezeichneten Pfade enthalten jeweils genau einen Treffer (hier: R). Sie führen auf dem Galton-Brett alle in den Kasten Nr. 1.

Alle Pfade mit genau einem Treffer (Rechtsablenkung R) werden in Kasten Nr. 1 gelenkt.

Übungen

Übung 1 Galton-Brett mit drei Stufen, Lauf einer Kugel
Das abgebildete Galton-Brett hat n = 3 Stufen. Die Wahrscheinlichkeit für eine Rechtsablenkung betrage p = 0,5. Eine einzelne Kugel durchläuft das Brett.
a) Wie viele Pfade gibt es insgesamt?
b) Wie viele Pfade führen zum Kasten Nr. 2?
c) Bestimmen Sie die Wahrscheinlichkeiten, mit welchen die Kugel im Kasten Nr. 0 bzw. Nr. 1 bzw. Nr. 2 bzw. Nr. 3 landet.
d) Mit welcher Wahrscheinlichkeit landet eine Kugel nicht in den beiden mittleren Kästen?
e) Durch Neigung des Brettes nach rechts wird die Wahrscheinlichkeit für eine Rechtsablenkung auf p = 0,6 gesteigert. Lösen Sie c) und d) für diesen Fall.

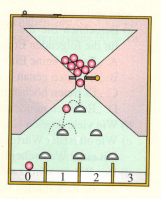

Übung 2 Galton-Brett mit drei Stufen, Lauf mehrerer Kugeln
Betrachtet wird wieder das oben abgebildete Galton-Brett mit n = 3 und p = $\frac{1}{2}$. Allerdings werden nun der Reihe nach m = 10 Kugeln über das Brett geschickt.
a) Mit welcher Wahrscheinlichkeit landet eine einzelne Kugel im Kasten Nr. 2?
b) Mit welcher Wahrscheinlichkeit landen genau 4 der 10 Kugeln im Kasten Nr. 2?
c) Mit welcher Wahrscheinlichkeit landen höchstens drei Kugeln im Kasten Nr. 2?
d) Wie wahrscheinlich sind die folgenden Ereignisse?
    A: „Genau 2 Kugeln landen im Kasten Nr. 0"
    B: „Alle Kugeln landen in den Kästen 1, 2 oder 3"

Übung 3 Arme Maus
Eine Maus irrt zu Versuchszwecken durch das abgebildete Labyrinth. Sie hat einen leichten Rechtsdrall und entscheidet an Abzweigungen mit einer Wahrscheinlichkeit von $\frac{2}{3}$ für rechts.

Teil I: Lauf einer Maus
a) Wie viele mögliche Wege existieren?
b) Mit welcher Wahrscheinlichkeit erreicht die Maus die Karotte bzw. die Walnuss?
c) Mit welcher Wahrscheinlichkeit wird die Erdbeere erreicht? Mit welcher Wahrscheinlichkeit findet die Maus überhaupt Futter?

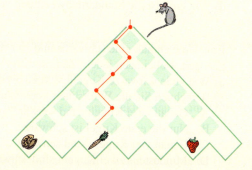

Teil II: Lauf mehrerer Mäuse
a) 10 Mäuse passieren nun das Labyrinth.
    Mit welcher Wahrscheinlichkeit finden mindestens 5 Mäuse die Erdbeere?
b) Wie viele Mäuse muss man mindestens durch das Labyrinth schicken, wenn mit mindestens 99% Wahrscheinlichkeit sichergestellt werden soll, dass mindestens eine Maus die Erdbeere erreicht?

Test

Binomialverteilung

1. Beim abgebildeten Glücksrad mit fünf gleich großen Sektoren wird nach dem Drehen im Stillstand durch einen Pfeil angezeigt, ob man einen Treffer (1) oder eine Niete (0) erzielt hat. Das Glücksrad wird zehnmal gedreht.

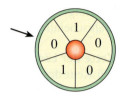

a) Mit welcher Wahrscheinlichkeit erreicht man genau 5 Treffer?
b) Mit welcher Wahrscheinlichkeit ergeben sich höchstens 2 Treffer?
c) Mit welcher Wahrscheinlichkeit erreicht man mehr Treffer als Nieten?
d) Mit welcher Wahrscheinlichkeit erhält man beim 10. Versuch den ersten Treffer?

2. Ein Führerschein-Test besteht aus 6 Fragen mit je 3 Antwortmöglichkeiten, von denen jeweils genau eine richtig ist.
X sei die Zufallsgröße, die die Anzahl der richtig beantworteten Fragen beschreibt.
a) Stellen Sie die Wahrscheinlichkeitsverteilung tabellarisch und graphisch dar.
b) Berechnen Sie den Erwartungswert und die Varianz der Verteilung.
c) Mit welcher Wahrscheinlichkeit besteht ein Kandidat den Test, wenn er auf gut Glück jeweils eine Antwort ankreuzt? Der Test gilt als bestanden, wenn mindestens 4 Fragen richtig beantwortet sind.

3. Ein Spieler rückt auf dem abgebildeten Spielfeld vom Startpunkt ausgehend nach rechts vor, wenn er mit einer Münze Kopf wirft. Wirft er Zahl, rückt er nach links vor. Nach vier Münzwürfen kommt er in einer der Positionen A bis E an, womit das Spiel endet.

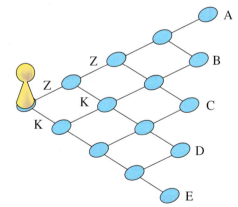

a) Welche Wurfserien führen zur Position A, welche Wurfserien führen zur Position C?
b) Berechnen Sie die Wahrscheinlichkeiten der folgenden Ereignisse:
E_1: „Der Spieler erreicht A"
E_2: „Der Spieler erreicht C"
E_3: „Der Spieler erreicht C oder D."
c) Ein Spieler führt 10 Spiele durch. Mit welcher Wahrscheinlichkeit erreicht er genau dreimal Position C?
d) Wie viele Spiele muss der Spieler mindestens machen, wenn mit einer Wahrscheinlichkeit von mindestens 90 % mindestens einmal Position A erreicht werden soll?

Lösungen unter 552-1

XVIII. Beurteilende Statistik

1. σ-Umgebung des Erwartungswertes

Die Standardabweichung σ ist ein Maß dafür, wie stark die Werte einer Zufallsgröße X um ihren Erwartungswert μ streuen. Für binomialverteilte Zufallsgrößen besitzt die Standardabweichung eine ganz besonders anschauliche und leicht fassbare Bedeutung, die wir nun herausarbeiten werden.

> **Beispiel:** Eine Münze werde 50-mal geworfen. X sei die Anzahl der Kopfwürfe. Bestimmen Sie, wie wahrscheinlich es ist, dass X einen Wert annimmt, der höchstens um σ bzw. um 2σ bzw. um 3σ vom Erwartungswert μ abweicht.

Lösung:
Die Anzahl der Kopfwürfe X beim 50-maligen Münzwurf besitzt den Erwartungswert $\mu = 25$ und die Standardabweichung $\sigma \approx 3{,}54$, was man leicht nachrechnen kann ($\mu = n \cdot p$, $\sigma = \sqrt{n \cdot p \cdot (1-p)}$). Gesucht ist zunächst die Wahrscheinlichkeit dafür, dass X vom Erwartungswert $\mu = 25$ um höchstens $\sigma \approx 3{,}54$ nach oben oder nach unten abweicht. Wir bestimmen die Wahrscheinlichkeit mithilfe der Tabelle zur kumulierten Binomialverteilung:

$P(|X - \mu| \leq \sigma)$
$= P(|X - 25| \leq 3{,}54)$
$= P(22 \leq X \leq 28)$
$= F(50; 0{,}5; 28) - F(50; 0{,}5; 21)$
$\approx 0{,}8389 - 0{,}1611$
$= 0{,}6778$
$\approx 68\%$

Analoge Rechnungen liefern:

$P(|X - \mu| \leq 2\sigma) = P(|X - \mu| \leq 7{,}08)$
$\approx 0{,}9672.$
$P(|X - \mu| \leq 3\sigma) = P(|X - \mu| \leq 10{,}62)$
$\approx 0{,}9974.$

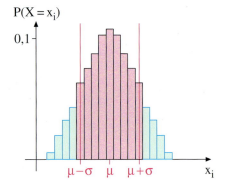

X fällt mit ca. 68 % Wahrscheinlichkeit in eine σ-Umgebung von μ.

Anschaulich heißt dies, dass die Zufallsgröße „X = Anzahl der Kopfwürfe" mit einer Wahrscheinlichkeit von ca. 68 % in ein Intervall mit dem Radius σ um den Erwartungswert μ fällt. Man bezeichnet dieses Intervall als σ-*Umgebung des Erwartungswertes* μ.
Mit einer Wahrscheinlichkeit von ca. 96 % fällt sie in eine 2σ-Umgebung von μ und mit einer Wahrscheinlichkeit von ca. 99,7 % in eine 3σ-Umgebung von μ.

Übung 1
Bestimmen Sie die Wahrscheinlichkeit, mit welcher die Zufallsgröße „X=Anzahl der Sechsen beim 50-maligen Werfen eines Würfels" in eine σ-Umgebung des Erwartungswertes μ fällt. Berechnen Sie ebenfalls die Wahrscheinlichkeiten für die 2σ-Umgebung und die 3σ-Umgebung des Erwartungswertes. Vergleichen Sie mit den Resultaten aus obigem Beispiel.

1. σ-Umgebung des Erwartungswertes

> **Beispiel:** X sei die Anzahl der Kopfwürfe beim n-maligen Münzwurf. Berechnen Sie die Wahrscheinlichkeit, dass X in eine σ-Umgebung des Erwartungswertes μ fällt, für n = 50, 80 und 100. Lösen Sie die gleiche Aufgabenstellung auch für 2σ- und 3σ-Umgebungen. Stellen Sie Ihre Ergebnisse in einer Tabelle zusammen.
> Legen Sie eine entsprechende Tabelle auch für den Fall an, dass X die Anzahl der Sechsen beim n-maligen Würfelwurf ist.

Lösung:
Die einzelnen Rechnungen führen wir analog zur Rechnung im vorhergehenden Beispiel durch. Wir erhalten folgende tabellarisch zusammengestellten Ergebnisse:

Münzwurf

n	$P(|X-\mu|\leq\sigma)$	$P(|X-\mu|\leq 2\sigma)$	$P(|X-\mu|\leq 3\sigma)$
50	67,78%	96,72%	99,74%
80	68,57%	94,33%	99,76%
100	72,87%	96,48%	99,82%

1000	67,8%	95,4%	99,7%

Würfelwurf

n	$P(|X-\mu|\leq\sigma)$	$P(|X-\mu|\leq 2\sigma)$	$P(|X-\mu|\leq 3\sigma)$
50	65,98%	94,54%	99,77%
80	70,79%	96,61%	99,74%
100	71,84%	95,70%	99,65%

1000	69,2%	95,4%	99,7%

Wir stellen etwas Interessantes fest:
Die Wahrscheinlichkeit, dass eine binomialverteilte Zufallsgröße X in eine σ-Umgebung ihres Erwartungswertes μ fällt, ist fast unabhängig von der Länge n und der Trefferwahrscheinlichkeit p der Bernoulli-Kette.
Sie beträgt rund 68%. Entsprechendes gilt für die Wahrscheinlichkeit der 2σ-Umgebung, die etwa bei 95,5% liegt, sowie für die Wahrscheinlichkeit der 3σ-Umgebung, die 99,7% beträgt.

Je länger die Kette ist, umso genauer gilt diese Aussage (vgl. Faustregel rechts).

Formal beweisen können wir diese wichtigen Resultate hier leider nicht.

> **Wahrscheinlichkeiten von σ-Umgebungen**
>
> X sei die Anzahl der Treffer in einer Bernoulli-Kette der Länge n. μ sei der Erwartungswert und σ die Standardabweichung von X.
>
> Dann fallen die Werte von X zu etwa
>
> **68%** ins Intervall **[μ−σ ; μ+σ]**,
> **95,5%** ins Intervall **[μ−2σ ; μ+2σ]**,
> **99,7%** ins Intervall **[μ−3σ ; μ+3σ]**,
>
> wenn die sogenannte Laplace-Bedingung
>
> $$\sigma = \sqrt{n \cdot p \cdot (1-p)} > 3$$
>
> erfüllt ist (Faustregel).

Übung 2

a) Geben Sie an, wie groß n sein muss, damit die Laplace-Bedingung $\sigma = \sqrt{n \cdot p \cdot (1-p)} > 3$ für den n-maligen Münzwurf bzw. für den n-maligen Würfelwurf erfüllt ist.

b) Wie lang muss eine Bernoulli-Kette mit einer Trefferwahrscheinlichkeit p zwischen 0,1 und 0,9 mindestens sein, damit die Laplace-Bedingung auf jeden Fall erfüllt ist?

Übungen

3. Eine Münze wird 5000-mal geworfen. Geben Sie ein Intervall an, in dem die absolute Häufigkeit für „Zahl" mit einer Wahrscheinlichkeit von mindestens 68 % liegt.

4. Ein Würfel wird 6000-mal geworfen. Es erscheint nur 952-mal eine Sechs. Kann mit wenigstens 95,5 % Sicherheit behauptet werden, dass der Würfel gefälscht ist?

5. Eine Losbude wirbt mit dem Versprechen: **Jedes dritte Los gewinnt!** Zur Überprüfung der Aussage werden von einem misstrauischen Konkurrenten 100 Lose gekauft, unter ihnen sind nur 20 Gewinne.
Beurteilen Sie das Ergebnis des Testkaufs durch Untersuchung der $k \cdot \sigma$-Umgebungen ($k = 1$, 2, 3) des Erwartungswertes.

6. Angaben des statistischen Bundesamtes (Zahlenkompass 1986) zur Bevölkerung Deutschlands:

Alter	unter 6	6 bis unter 15	15 bis unter 65	65 und mehr
1960	9 %	12 %	68 %	11 %
1984	6 %	9 %	70 %	15 %

Männer	ledig	verheiratet	verwitwet und geschieden
1960	45 %	52 %	4 %
1984	44 %	50 %	6 %

Frauen	ledig	verheiratet	verwitwet und geschieden
1960	39 %	46 %	15 %
1984	35 %	47 %	18 %

Geben Sie eine Intervallabschätzung für die Anzahl der Personen, die in einer repräsentativen Kleinstadt mit 10 000 Einwohnern leben und der jeweiligen Gruppe angehören. (Sicherheitswahrscheinlichkeit 95,5 %)

7. Bei einer Meinungsumfrage zur Beliebtheit von Politikern wird eine repräsentative Stichprobe der Bevölkerung befragt. Da die Mitwirkung der Betroffenen freiwillig ist, wird angenommen, dass nur 65 % der Befragten antworten werden.
Es werden 3000 Personen zur Befragung vorgesehen. Mit wie vielen Antworten kann gerechnet werden (Sicherheitswahrscheinlichkeit 68 %)?

8. Tulpenzwiebeln einer bestimmten Sorte lassen sich zu 80 % erfolgreich anpflanzen.
   a) Eine Gärtnerei bezieht 10 000 Stück. Wie viele Tulpen stehen zum Verkauf zur Verfügung (99,7 % Sicherheitswahrscheinlichkeit)?
   b) An Privatpersonen werden die Tulpenzwiebeln in Packungen zu 100 Stück abgegeben. Welche Mindestgarantie kann auf 68 % Sicherheitsniveau gegeben werden?

2. $\frac{\sigma}{n}$-Umgebungen der Trefferwahrscheinlichkeit

Im vorhergehenden Abschnitt wurden absolute Häufigkeiten geschätzt. Es wurden Abweichungen der absoluten Trefferzahl X in einer Bernoulli-Kette der Länge n vom Erwartungswert µ untersucht.

Nun wollen wir uns mit der Schätzung von relativen Häufigkeiten beschäftigen. Es geht also um Abweichungen der relativen Trefferhäufigkeit $\frac{X}{n}$ in einer Bernoulli-Kette der Länge n von der Trefferwahrscheinlichkeit p.

Die nebenstehende Äquivalenzbetrachtung zeigt, dass bei Bernoulli-Ketten die relative Trefferhäufigkeit genau dann in einer $\frac{\sigma}{n}$-Umgebung der Trefferwahrscheinlichkeit p liegt, wenn die absolute Trefferzahl X in einer σ-Umgebung des Erwartungswertes µ liegt.

X liegt in einer σ-Umgebung von µ
$\Leftrightarrow |X - \mu| \leq \sigma$
$\Leftrightarrow |X - n \cdot p| \leq \sigma$
$\Leftrightarrow \left|\frac{X}{n} - p\right| \leq \frac{\sigma}{n}$
$\Leftrightarrow \frac{X}{n}$ liegt in einer $\frac{\sigma}{n}$-Umgebung von p

Die entsprechenden Wahrscheinlichkeiten sind also gleich.

Daher ergeben sich aus den im vorigen Abschnitt entwickelten Wahrscheinlichkeitsregeln für σ-Umgebungen von µ die nebenstehend aufgeführten Wahrscheinlichkeitsregeln für $\frac{\sigma}{n}$-Umgebungen von p. Natürlich muss auch hier die Laplace-Bedingung $\sigma = \sqrt{n \cdot p \cdot (1-p)} > 3$ erfüllt sein.

Wahrscheinlichkeiten von $\frac{\sigma}{n}$-Umgebungen

Die Werte von $\frac{X}{n}$ fallen zu etwa

68% ins Intervall $\left[p - \frac{\sigma}{n}; p + \frac{\sigma}{n}\right]$,

95,5% ins Intervall $\left[p - 2\frac{\sigma}{n}; p + 2\frac{\sigma}{n}\right]$,

99,7% ins Intervall $\left[p - 3\frac{\sigma}{n}; p + 3\frac{\sigma}{n}\right]$.

▶ **Beispiel:** Eine Münze wird 1000-mal geworfen. Prognostizieren Sie mit einer Sicherheitswahrscheinlichkeit von 95,5 %, in welches Intervall um den erwarteten Wert p = 0,5 die relative Häufigkeit für „Kopf" fallen wird.

Lösung:
X sei die Anzahl der Kopfwürfe bei 1000 Münzwürfen. Die Standardabweichung von X beträgt $\sigma = \sqrt{1000 \cdot 0,5 \cdot 0,5} \approx 15,8$. Die Laplace-Bedingung $\sigma > 3$ ist erfüllt.
Die relative Häufigkeit $\frac{X}{n}$ für „Kopf" fällt mit einer Wahrscheinlichkeit von 95,5 % in eine Umgebung mit dem Radius $\frac{2\sigma}{n} \approx \frac{31,6}{1000} = 0,0316$ um die Trefferwahrscheinlichkeit p = 0,5,
◀ d. h. in das Intervall [0,4684 ; 0,5316].

▶ **Beispiel:** Zwei Würfel besitzen jeweils 10 Flächen, welche die Zahlen 1 bis 10 tragen. Die Würfel werden gleichzeitig geworfen. Man gewinnt, wenn die Augensumme größer als 17 ist.
a) Geben Sie eine Intervallschätzung für die relative Gewinnhäufigkeit nach 2000 Spielen (Sicherheitswahrscheinlichkeit: 99,7 %) an.
b) Wie viele Spiele sind erforderlich, wenn bei gleicher Sicherheitswahrscheinlichkeit die relative Gewinnhäufigkeit von der theoretischen Gewinnwahrscheinlichkeit p höchstens um 0,01 abweichen soll?

Lösung zu a:
Wir berechnen zunächst die Gewinnwahrscheinlichkeit p nach Laplace, indem wir jeden Ausgang als Zahlenpaar darstellen. Wir erhalten $p = 0{,}06$.

Mögliche Ergebnisse sind die 100 Augenzahlpaare $(1;1), (1;2),\ldots,(10;10)$. Zum Gewinn führen 6 Paare $(8;10)$, $(9;9), (9;10), (10;8), (10;9), (10;10)$.

X sei die Anzahl der Gewinnspiele bei $n = 2000$ Spiele.
X hat die Standardabweichung $\sigma \approx 10{,}62$.

$X =$ Anzahl der Gewinnspiele bei 2000 Spielen
$\sigma = \sigma(X) = \sqrt{2000 \cdot 0{,}06 \cdot 0{,}94} \approx 10{,}62$

Die relative Häufigkeit für die Anzahl der Gewinnspiele bei $n = 2000$ Spielen liegt mit einer Wahrscheinlichkeit von 99,7 % in einer $3\frac{\sigma}{n}$-Umgebung der Gewinnwahrscheinlichkeit p, also in dem Intervall $[0{,}044 ; 0{,}076]$.

$3\frac{\sigma}{n} \approx \frac{31{,}86}{2000} = 0{,}0159$

$\left[p - 3\frac{\sigma}{n} ; p + 3\frac{\sigma}{n}\right]$
$\approx [0{,}06 - 0{,}0159 ; 0{,}06 + 0{,}159]$
$\approx [0{,}044 ; 0{,}076]$

Lösung zu b:
Wir verwenden wiederum eine $3\frac{\sigma}{n}$-Umgebung der Gewinnwahrscheinlichkeit $p = 0{,}06$. Nur müssen wir diesmal dafür sorgen, dass $3\frac{\sigma}{n} \leq 0{,}01$ gilt.
▶ Dies ist für $n \geq 5076$ der Fall.

$3\frac{\sigma}{n} \leq 0{,}01$
$3\frac{\sqrt{n \cdot 0{,}06 \cdot 0{,}94}}{n} \leq 0{,}01$
$\frac{0{,}5076 \cdot n}{n^2} \leq 0{,}0001$
$n \geq 5076$

▶ **Beispiel:** Bei der maschinellen Fertigung von einfachen Gummidichtungen beträgt die auch vom Auftraggeber tolerierte Ausschussquote 10 %. In bestimmten Abständen werden der Produktion Stichproben vom Umfang $n = 1000$ entnommen. Bestimmen Sie mit einer Sicherheitswahrscheinlichkeit von ca. 95 %, in welchem Bereich der Ausschussanteil in der Stichprobe variieren kann, ohne dass ein Grund zur Beunruhigung vorliegt.

Lösung:
Die Zufallsgröße „X = Anzahl der Ausschussstücke in der Stichprobe" hat die Standardabweichung $\sigma \approx 9{,}5$. Mit einer Wahrscheinlichkeit von rund 95,5 % findet man in der Stichprobe einen Anteil ausschüssiger Dichtungen zwischen $0{,}1 - 2\frac{\sigma}{n} \approx 0{,}081$ und $0{,}1 + 2\frac{\sigma}{n} \approx 0{,}119$, also etwa zwischen 8,1 % und 11,9 %. Ausschussanteile innerhalb dieses Bereiches können daher toleriert
▶ werden.

2. $\frac{\sigma}{n}$-Umgebungen der Trefferwahrscheinlichkeit

Übungen

1. In der Endkontrolle eines Motorenherstellers waren von 8350 Motoren einer Wochenproduktion 7348 in Ordnung, bei den übrigen war zusätzliche Einstellarbeit notwendig. Eine Aufschüsselung nach Wochentagen ergab folgendes Bild:

Tag	Mo	Di	Mi	Do	Fr
Anzahl	1800	1640	1880	1720	1310
ohne Beanstandung	1556	1440	1645	1513	1194

Untersuchen Sie, ob es auf 95,5 % Sicherheitsniveau an einigen Wochentagen signifikante Abweichungen der relativen Häufigkeiten der einwandfreien Motoren gab.

2. a) Nach einer Meinungsumfrage unter n = 1450 Personen kann die Partei DMP mit 5,5 % der Stimmen rechnen. Ist der Einzug ins Parlament mit einer Sicherheitswahrscheinlichkeit von wenigstens 68 % gewährleistet?
   b) Bei welchem Stichprobenumfang n (bei sonst gleichen Voraussetzungen) könnte mit einer Sicherheitswahrscheinlichkeit von 95,5 % mit einem Einzug ins Parlament gerechnet werden?

3. Die Aussagekraft der Ergebnisse statistischer Untersuchungen hängt vom Stichprobenumfang ab. Das zu untersuchende Merkmal besitze die Eintrittswahrscheinlichkeit p ($0 \leq p \leq 1$). X sei die Anzahl der Treffer in der Stichprobe vom Umfang n. Wie groß muss n gewählt werden, damit $P\left(\left|\frac{X}{n} - p\right| < 0{,}01\right) > 0{,}997$ gilt? Beantworten Sie die Frage für
   a) p = 0,2,   b) p = 0,5,   c) p = 0,95.

4. Eine Maschine produziert seit längerer Zeit mit einem Ausschussanteil von 9 %. Zur Kontrolle werden wöchentlich in einer Stichprobe n = 250 Teile entnommen. Der prozentuale Ausschussanteil p_1 in der Stichprobe wird festgestellt. Welche Abweichungen von p lassen sich mit einer Sicherheitswahrscheinlichkeit von 68 % als rein zufällig erklären?

5. 38 % aller Erwerbstätigen besitzen mindestens eine Kunden- oder Kreditkarte. Eine Befragung ergibt:

Gruppe	Anzahl der Befragten	Anzahl der Karteninhaber
Flugreisende	413	193
Hotelgäste	39	23
Discobesucher	105	35

Gibt es in den einzelnen Gruppen Abweichungen von 38 %-Anteil, deren Wahrscheinlichkeit geringer als 0,3 % beträgt, d. h. hochsignifikante Abweichungen?

6. Der Hersteller beliefert seine Kunden mit Kartons, in denen jeweils 400 Teile aus einer Produktion abgepackt sind. Welche Garantie kann er geben, wenn er mit 5 % Ausschuss produziert und Reklamationen wegen zu vieler unbrauchbarer Teile praktisch ausschließen möchte (99,7 % Sicherheitswahrscheinlichkeit)?

3. EXKURS: Das Bernoulli'sche Gesetz der großen Zahlen

Bei nahezu allen Zufallsexperimenten kann man beobachten, dass die relative Häufigkeit eines Ergebnisses sich bei einer sehr großen Zahl von Versuchsdurchführungen weitgehend stabilisiert. Man nennt diesen Erfahrungssatz das *empirische Gesetz der großen Zahlen*.

Wir sind nun in der Lage, dieses Gesetz für Bernoulli-Experimente auch theoretisch zu begründen. Dazu verwenden wir die soeben formulierte Regel, dass die relative Häufigkeit der Trefferzahl $\frac{X}{n}$ in einer Bernoulli-Kette der Länge n mit einer Wahrscheinlichkeit von rund 99,7 % in eine $3\frac{\sigma}{n}$-Umgebung der Trefferwahrscheinlichkeit p fällt.

Für Bernoulli-Ketten der Länge n gilt:

$$3\frac{\sigma}{n} = 3\frac{\sqrt{n \cdot p \cdot (1-p)}}{n} = 3 \cdot \sqrt{\frac{p \cdot (1-p)}{n}}.$$

Dieser Wert, der Umgebungsradius, und damit die Bandbreite der Schwankungen der relativen Häufigkeit, strebt mit wachsendem n gegen Null, und zwar bei einer gleich bleibenden Sicherheitswahrscheinlichkeit von 99,7 %.

> **Präzisierung des empirischen Gesetzes der großen Zahlen für Bernoulli-Ketten**
>
> Der Radius des Intervalls, in das die relativen Häufigkeiten für die Trefferzahl mit einer vorgegebenen Sicherheitswahrscheinlichkeit fallen, strebt mit wachsender Kettenlänge n gegen Null.

▶ **Beispiel:** Gegeben sei eine Bernoulli-Kette der Länge n mit der Trefferwahrscheinlichkeit von p = 0,5, also etwa der n-malige Münzwurf.
Bestimmen Sie den Radius der Umgebung von p, in die die relative Häufigkeit für die Trefferzahl mit einer Sicherheitswahrscheinlichkeit von rund 99,7 % fällt.
Listen Sie die zugehörigen Umgebungen für n = 100, 500, 1000, 2000, 3000 und 4000 in einer Tabelle auf.

Lösung:
Der Radius der mit einer Sicherheitswahrscheinlichkeit von 99,7 % ausgestatteten $3\frac{\sigma}{n}$-Umgebung von p = 0,5 ist, wie oben schon errechnet, gegeben durch

$$3 \cdot \sqrt{\frac{p \cdot (1-p)}{n}} = \frac{3}{2 \cdot \sqrt{n}}.$$

▶ Damit lassen sich die in der Tabelle dargestellten Umgebungsgrenzen errechnen.

n	$p - 3\frac{\sigma}{n}$	$p + 3\frac{\sigma}{n}$
100	0,350	0,650
500	0,433	0,567
1000	0,453	0,547
2000	0,466	0,534
3000	0,473	0,527
4000	0,476	0,524

3. EXKURS: Das Bernoulli'sche Gesetz der großen Zahlen

Trägt man die $3\frac{\sigma}{n}$-Umgebungen in einem Koordinatensystem über n auf, so ergibt sich der abgebildete Trichter, der mit wachsendem n immer schmaler wird.

Die anschauliche Bedeutung des Trichters kann man folgendermaßen beschreiben: Für jedes feste n enden rund 99,7 % aller Versuchsreihen der Länge n im Trichter. Mit weiter wachsendem n können einige dieser Versuchsreihen durchaus wieder aus dem Trichter austreten, während andere in den Trichter laufen.

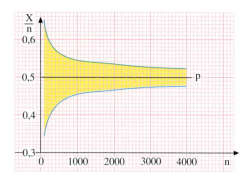

Übung 1
Bestimmen Sie für den n-maligen Würfelwurf $\left(p=\frac{1}{6}\right)$ den Radius der Umgebung von p, in die die relative Häufigkeit für die Trefferzahl mit einer Sicherheitswahrscheinlichkeit von rund 95,5 % fällt.
Listen Sie die Umgebungen für n = 300, 600, 1200, 3000 in einer Tabelle auf.
Tragen Sie die $2\frac{\sigma}{n}$-Umgebungen für p in einem Koordinatensystem über n auf.

Verwendet man an Stelle von $3\frac{\sigma}{n}$-Umgebungen – wie oben dargestellt – nun $4\frac{\sigma}{n}$-Umgebungen, $5\frac{\sigma}{n}$-Umgebungen usw., so erhält man Trichter mit gegen 100 % wachsenden Sicherheitswahrscheinlichkeiten. Damit ist folgender Sachverhalt anschaulich begründet:

Legt man um die Wahrscheinlichkeit p einen Umgebungsstreifen mit dem Radius ε, und sei er auch noch so schmal, so steigt mit wachsendem n die Wahrscheinlichkeit, dass die relative Trefferhäufigkeit von Versuchsreihen der Länge n in diesen ε-Streifen fällt. Für n → ∞ strebt diese Wahrscheinlichkeit gegen Eins. Dies ist das Bernoulli'sche Gesetz der großen Zahlen.

Hiermit hat sich ein Kreis geschlossen: Das Grundphänomen der Stabilisierung einer relativen Häufigkeit bei einer großen Zahl von Versuchsdurchführungen hat – zumindest für Bernoulli-Experimente – eine eindrucksvolle theoretische Bestätigung erfahren.
Für den Beweis des Bernoulli'schen Gesetzes der großen Zahlen wird die sogenannte Tschebyschewsche Ungleichung
$$P(|X-\mu| \geq c) \leq \frac{\sigma^2}{c^2}$$
für den Spezialfall einer binomialverteilten Zufallsgröße verwendet.

> **Bernoulli-Gesetz der großen Zahlen**
>
> X sei die Anzahl der Treffer in einer Bernoulli-Kette der Länge n.
> Dann gilt für jedes ε > 0:
> $$\lim_{n\to\infty} P\left(\left|\frac{X}{n}-p\right|<\varepsilon\right)=1$$

Tschebyschew'sche Ungleichung für Bernoulli-Ketten

Die Wahrscheinlichkeit, dass die relative Trefferhäufigkeit $\frac{X}{n}$ einen Wert annimmt, der von der Trefferwahrscheinlichkeit p wenigstens um ε abweicht, kann abgeschätzt werden durch

$$P\left(\left|\frac{X}{n} - p\right| \geq \varepsilon\right) \leq \frac{1}{4n\varepsilon^2}.$$

n = Länge der Bernoulli-Kette
p = Trefferwahrscheinlichkeit
X = Anzahl der Treffer in der Kette

Zur Herleitung der Formel werden folgende bekannte Fakten verwendet:

1. Für Bernoulli-Ketten gilt:
$\mu = n \cdot p$, $\sigma^2 = n \cdot p \cdot (1-p)$.

2. $P(|X - n \cdot p| \geq c) = P\left(\left|\frac{X}{n} - p\right| \geq \frac{c}{n}\right)$,
denn (siehe Seite 171)
$|X - \mu| \geq c \Leftrightarrow \left|\frac{X}{n} - p\right| \geq \frac{c}{n}$

3. $p \cdot (1-p) \leq \frac{1}{4}$ für $p \in [0; 1]$

Hiermit wird die Tschebyschew'sche Ungleichung $P(|X - \mu| \geq c) \leq \frac{\sigma^2}{c^2}$ umgeformt zu:

$$P\left(\left|\frac{X}{n} - p\right| \geq \frac{c}{n}\right) \leq \frac{n \cdot p \cdot (1-p)}{c^2} \leq \frac{n}{4c^2}.$$

Sind nun ε > 0 und die Länge n der Bernoulli-Kette vorgegeben, so betrachten wir speziell $c = n \cdot \varepsilon$.
Die letzte Ungleichung lautet jetzt:

$$P\left(\left|\frac{X}{n} - p\right| \geq \varepsilon\right) \leq \frac{1}{4n\varepsilon^2}.$$

Das ist exakt die Tschebyschew'sche Ungleichung für Bernoulli-Ketten.

Aus dieser Ungleichung ergibt sich für n → ∞ die Aussage:
$$\lim_{n \to \infty} P\left(\left|\frac{X}{n} - p\right| \geq \varepsilon\right) = 0.$$
Das ist eine zum Bernoulli-Gesetz der großen Zahlen äquivalente Aussage.

Die Tschebyschew-Ungleichung für Bernoulli-Ketten ermöglicht einfache, aber interessante Abschätzungen für Bernoulli-Ketten, wie die folgenden Beispiele und Übungen zeigen.

▶ **Beispiel:** Schätzen Sie die Wahrscheinlichkeit dafür ab, dass bei einer Serie von n = 1000 Münzwürfen die relative Häufigkeit $\frac{X}{n}$ für „Kopf" von der theoretischen Wahrscheinlichkeit p = 0,5 um weniger als ε = 0,05 abweicht.

Lösung:
Durch Anwendung der Tschebyschew-Ungleichung für Bernoulli-Ketten mit n = 1000, p = 0,5 und ε = 0,05 erhalten wir nach nebenstehend dargestellter Rechnung, dass die gesuchte Wahrscheinlichkeit mindestens 90 % beträgt. Der genaue
▶ Wert ist übrigens etwa gleich 99,8 %.

$$P\left(\left|\frac{X}{n} - p\right| < \varepsilon\right) = 1 - P\left(\left|\frac{X}{n} - p\right| \geq \varepsilon\right)$$
$$\geq 1 - \frac{1}{4n\varepsilon^2}$$
$$= 1 - \frac{1}{4 \cdot 1000 \cdot 0,05^2}$$
$$= 0,9 = 90\%$$

Übung 2
Lösen Sie die Aufgabenstellung des Beispiels für einen Würfel mit der Trefferwahrscheinlichkeit $p = \frac{1}{6}$ bei einer Serie von n = 2400 Würfen (ε = 0,05).

4. Konfidenzintervalle

In der statistischen Praxis wird man oft mit der Tatsache konfrontiert, dass die Trefferwahrscheinlichkeit p für das Eintreten eines bestimmten Ereignisses völlig unbekannt ist. Um einen Schätzwert für p zu erhalten, wird der zu Grunde liegenden Gesamtheit eine Stichprobe vom Umfang n entnommen und die relative Trefferhäufigkeit h_n in der Stichprobe bestimmt. Sie stellt nach dem empirischen Gesetz der großen Zahlen einen mehr oder weniger guten Schätzwert für p dar, wobei kleinere Abweichungen mit hoher Wahrscheinlichkeit auftreten, große Abweichungen aber nicht ausgeschlossen sind.

A. Bestimmung von Konfidenzintervallen

> **Beispiel:** Von einem Würfel ist nicht bekannt, ob er gefälscht ist. Die Wahrscheinlichkeit für das Fallen der Sechs soll mit einer Sicherheitswahrscheinlichkeit von 99,7 % abgeschätzt werden. Dazu wird der Würfel 5000-mal geworfen, wobei genau 800-mal die Sechs fällt. Beurteilen Sie das Resultat in Bezug auf die Möglichkeit der Fälschung des Würfels.

Lösung:
Die Testwürfe ergeben eine Bernoulli-Kette der Länge n = 5000.

Im 3. Abschnitt dieses Kapitels (Seite 189) wurden zu der Sicherheitswahrscheinlichkeit 99,7 % Abweichungen zwischen der in einer Stichprobe zu erwartenden relativen Häufigkeit und der bekannten Wahrscheinlichkeit p abgeschätzt:

Es galt $\left|\frac{X}{n} - p\right| \leq 3\frac{\sigma}{n}$.

Nun ist die Situation entsprechend: Mit einer Sicherheit von 99,7 % soll die Abweichung zwischen der bekannten relativen Häufigkeit – sie beträgt in unserer Stichprobe $\frac{X}{n} = \frac{800}{5000} = 0{,}16$ – und einer jetzt unbekannten Wahrscheinlichkeit p abgeschätzt werden.
Wieder gilt $\left|\frac{X}{n} - p\right| \leq 3\frac{\sigma}{n}$,
mit anderen Worten, es ist zu erwarten, dass p in einer $3\frac{\sigma}{n}$-Umgebung der relativen Häufigkeit $\frac{X}{n} = 0{,}16$ liegt.

Ein solches Schätzintervall für p nennt man **Konfidenzintervall** oder **Vertrauensintervall** für p.

Bezeichnungen:
n : Länge der Bernoulli-Kette
X : Anzahl der Sechsen in der Stichprobe
h_n: relative Häufigkeit der Sechs
p : unbekannte Wahrscheinlichkeit für Sechs

$3\frac{\sigma}{n}$-Umgebung von p: **p ist bekannt**

Für $h_n = \frac{X}{n}$ wird ein Vertrauensintervall gesucht. Das Intervall, in dem h_n mit 99,7 % Sicherheit liegt, lautet:

$\frac{X}{n} \in \left[p - 3\frac{\sigma}{n}; p + 3\frac{\sigma}{n}\right]$.

Konfidenzintervall: $h_n = \frac{X}{n}$ **ist bekannt**

Für die unbekannte Wahrscheinlichkeit p wird ein Vertrauensintervall gesucht. Das Intervall, in dem p mit 99,7 % Wahrscheinlichkeit liegt, lautet:

$p \in \left[\frac{X}{n} - 3\frac{\sigma}{n}; \frac{X}{n} + 3\frac{\sigma}{n}\right]$.

Aus der Ungleichung
$|0{,}16 - p| \leq 3\frac{\sigma}{n} = 3 \cdot \frac{\sqrt{5000 \cdot p \cdot (1-p)}}{5000}$
erhalten wir durch Quadrieren eine quadratische Ungleichung für p, deren Randwerte wir mithilfe der p-q-Formel bestimmen.
Wir erhalten mit nebenstehender Rechnung das Intervall [0,1450; 0,1762] als Vertrauensintervall für p mit 99,7 % Sicherheit.
Da die Wahrscheinlichkeit $\frac{1}{6}$ für Sechs eines Laplace-Würfels im Konfidenzintervall für p liegt, kann die Annahme, dass der untersuchte Würfel echt ist, nicht abgelehnt werden.

Berechnung der Intervallgrenzen:

$\left|\frac{X}{n} - p\right| \leq 3\frac{\sigma}{n}$

$|0{,}16 - p| \leq 3 \cdot \frac{\sqrt{5000 \cdot p \cdot (1-p)}}{5000}$

$(0{,}16 - p)^2 \leq 9 \cdot \frac{p \cdot (1-p)}{5000}$

$128 - 1600p + 5000p^2 \leq 9p - 9p^2$

$p^2 - \frac{1609}{5009} p + \frac{128}{5009} \leq 0$

$|p - 0{,}1606| \leq 0{,}0156$

Randwerte der Ungleichung:
$p_1 \approx 0{,}1450$, $p_2 \approx 0{,}1762$

Konfidenzintervall für p:
$0{,}1450 \leq p \leq 0{,}1762$

▶ **Beispiel:** Der Prozentsatz p der Fernsehzuschauer, die eine beliebte Show regelmäßig sehen, soll mit einer Sicherheitswahrscheinlichkeit von 95,5 % abgeschätzt werden. Zu diesem Zweck wird eine Stichprobe von 1200 Zuschauern befragt. 840 Befragte sehen die Show regelmäßig.

Lösung:
In Anbetracht der riesigen Zahl von Zuschauern kann die Entnahme der Stichprobe als Bernoulli-Kette der Länge n = 1200 gedeutet werden.
Wegen der geforderten Sicherheitswahrscheinlichkeit von 95,5 % verwenden wir eine $2\frac{\sigma}{n}$-Umgebung von p.
Die Stichprobe liefert die relative Trefferhäufigkeit $h_n = \frac{X}{n} = \frac{840}{1200} = 0{,}7$.

Mit einer Wahrscheinlichkeit von 95,5 % gilt: $\left|\frac{X}{n} - p\right| \leq 2\frac{\sigma}{n}$,
d. h. $|0{,}7 - p| \leq 2 \cdot \frac{\sqrt{1200 \cdot p \cdot (1-p)}}{1200}$.

Mit einer dem vorhergehenden Beispiel entsprechenden Rechnung erhalten wir das Intervall [0,673; 0,726] als Konfidenzintervall für p.

Ergebnis:
Mit einer Sicherheitswahrscheinlichkeit von 95,5 % liegt der Prozentsatz der Zuschauer, welche die Show regelmäßig sehen, zwischen 67,3 % und 72,6 %.

Intervallgrenzen:

$\left|\frac{X}{n} - p\right| \leq 2\frac{\sigma}{n}$

$|0{,}7 - p| \leq 2 \cdot \frac{\sqrt{1200 \cdot p \cdot (1-p)}}{1200}$

$(0{,}7 - p)^2 \leq 4 \cdot \frac{p \cdot (1-p)}{1200}$

$301p^2 - 421p + 147 \leq 0$

$p^2 - \frac{421}{301} p + \frac{147}{301} \leq 0$

Randwerte der Ungleichung:
$p_1 \approx 0{,}673$, $p_2 \approx 0{,}726$

Konfidenzintervall für p:
$0{,}673 \leq p \leq 0{,}726$

4. Konfidenzintervalle

Übung 1
Von einem Würfel sei nicht bekannt, ob er gefälscht ist. Zur Probe wird er 8000-mal geworfen, wobei 1700-mal die Sechs fällt. Bestimmen Sie ein 99,7%-Konfidenzintervall für die Wahrscheinlichkeit der Sechs.

Übung 2
Eine Münze wird 3500-mal geworfen, wobei 1710-mal „Kopf" erscheint. Entscheiden Sie mit einer Sicherheitswahrscheinlichkeit von 95,5%, ob die Münze echt ist.

Übung 3
Der Marktanteil p eines Waschmittels soll festgestellt werden. Von 500 zufällig ausgewählten Haushalten verwenden 168 Haushalte das Waschmittel.
Bestimmen Sie ein 68%-Konfidenzintervall für p.

▶ **Beispiel:** Eine Meinungsumfrage unter 1800 Personen dient der Untersuchung der Beliebtheit von lokalen Radiosendern. Als ihren bevorzugten Sender bezeichnen 720 Personen Sender 1 und 756 Personen Sender 2.
Daraufhin nimmt Sender 2 für sich den Titel des beliebtesten Senders im Stadtgebiet in Anspruch. Prüfen Sie diesen Anspruch auf einem Sicherheitsniveau von 95,5%.

Lösung:
Auf den ersten Blick erscheint der Anspruch von Sender 2 völlig plausibel zu sein. Sicherer allerdings ist es, für jede der Wahrscheinlichkeiten p_1 und p_2, dass Sender 1 bzw. Sender 2 der beliebteste Sender ist, ein 95,5%-Konfidenzintervall zu berechnen. Wir gehen dabei technisch wie in den vorhergehenden Beispielen vor.

Sender 1

$$h_n = \frac{X}{n} = \frac{720}{1800} = 0{,}40$$

$$|0{,}4 - p_1| \leq 2 \cdot \frac{\sqrt{1800 \cdot p_1 \cdot (1 - p_1)}}{1800}$$

$$(0{,}4 - p_1)^2 \leq 4 \cdot \frac{p_1 \cdot (1 - p_1)}{1800}$$

$$0{,}16 - 0{,}80\,p_1 + p_1^2 \leq 4 \cdot \frac{p_1 \cdot (1 - p_1)}{1800}$$

$$451p_1^2 - 361p_1 + 72 \leq 0$$

$$p_1^2 - \tfrac{361}{451} p_1 + \tfrac{72}{451} \leq 0$$

Resultat: $0{,}377 \leq p_1 \leq 0{,}423$

p_1 liegt mit einer Wahrscheinlichkeit von ca. 95,5% im Intervall [0,377 ; 0,423].

Sender 2

$$h_n = \frac{X}{n} = \frac{756}{1800} = 0{,}42$$

$$|0{,}42 - p_2| \leq 2 \cdot \frac{\sqrt{1800 \cdot p_2 \cdot (1 - p_2)}}{1800}$$

$$(0{,}42 - p_2)^2 \leq 4 \cdot \frac{p_2 \cdot (1 - p_2)}{1800}$$

$$0{,}1764 - 0{,}84\,p_2 + p_2^2 \leq 4 \cdot \frac{p_2 \cdot (1 - p_2)}{1800}$$

$$451p_2^2 - 379\,p_2 + 79{,}38 \leq 0$$

$$p_2^2 - \tfrac{379}{451} p_2 + \tfrac{79{,}38}{451} \leq 0$$

Resultat: $0{,}397 \leq p_2 \leq 0{,}443$

p_2 liegt mit einer Wahrscheinlichkeit von ca. 95,5% im Intervall [0,397 ; 0,443].

▶ Die beiden Konfidenzintervalle überschneiden sich. Dies bedeutet, dass sich der Anspruch von Sender 2 auf dem hohen Sicherheitsniveau von 95,5% nicht aufrechterhalten lässt.

B. Ein Näherungsverfahren zur Bestimmung von Konfidenzintervallen

Die rechnerische Bestimmung eines Konfidenzintervalls für eine unbekannte Wahrscheinlichkeit p ist wesentlich einfacher, wenn man mit einer Näherungslösung zufrieden ist.

> **Beispiel:** Bei einer Befragung von 2400 Personen geben 1080 Personen an, regelmäßige Leser einer bekannten Illustrierten zu sein. Mit welchem Marktanteil kann der Verlag rechnen, wenn eine Sicherheitswahrscheinlichkeit von 95,5 % zu Grunde gelegt wird?

Näherungslösung:

In Zeile 2 der nebenstehenden exakten Lösung ersetzen wir unter der Wurzel p durch die ermittelte relative Häufigkeit $h_n = \frac{X}{n} = 0{,}45$:

$$\left|\frac{X}{n} - p\right| \leq 2\frac{\sigma}{n}$$

$$|0{,}45 - p| \leq 2 \cdot \frac{\sqrt{2400 \cdot h_n \cdot (1 - h_n)}}{2400}$$

$$|0{,}45 - p| \leq 2 \cdot \frac{\sqrt{2400 \cdot 0{,}45 \cdot 0{,}55}}{2400}$$

$$|0{,}45 - p| \leq 0{,}0203$$

Konfidenzintervall für p (Näherung):
$0{,}4297 \leq p \leq 0{,}4703$

Exakte Lösung:

$$\left|\frac{X}{n} - p\right| \leq 2\frac{\sigma}{n}$$

$$|0{,}45 - p| \leq 2 \cdot \frac{\sqrt{2400 \cdot p \cdot (1-p)}}{2400}$$

$$601p^2 - 541p + 121{,}5 \leq 0$$

$$p^2 - \frac{541}{601}p + \frac{121{,}5}{601} \leq 0$$

Randwerte der Ungleichung:
$p_1 \approx 0{,}4298$, $p_2 \approx 0{,}4704$

Konfidenzintervall für p (exakt):
$0{,}4298 \leq p \leq 0{,}4704$

> Das Näherungsverfahren liefert fast das gleiche Konfidenzintervall wie die exakte Lösung.

Wir untersuchen nun, unter welchen Bedingungen die Anwendung des Näherungsverfahrens erlaubt und sinnvoll ist.
Beim Näherungsverfahren wird im Prinzip nur der Term $f(p) = \sqrt{p \cdot (1-p)}$ abgeändert.
Da der Graph dieses Terms zwischen $p = 0{,}3$ und $p = 0{,}7$ sehr flach verläuft, führen kleine Abänderungen des Arguments p (das Ersetzen von p durch h_n) zu praktisch vernachlässigbar kleinen Änderungen des Wertes des Terms f(p).

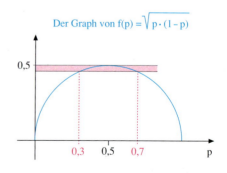

Der Graph von $f(p) = \sqrt{p \cdot (1-p)}$

Man kann also folgende **Faustregel** formulieren: Liegt die relative Trefferhäufigkeit $h_n = \frac{X}{n}$ in einer Stichprobe vom Umfang n zwischen 0,3 und 0,7, so kann das Näherungsverfahren zur Bestimmung eines Konfidenzintervalls für die unbekannte Trefferwahrscheinlichkeit p in der Regel ohne Bedenken angewandt werden.

4. Konfidenzintervalle

Übung 4
Vor einer Wahl möchte ein hoffnungsvoller Kandidat seine Wahlchancen testen. Von 2500 befragten Personen wollen 1400 für ihn stimmen. Kann er auf einem Sicherheitsniveau von 99,7 % mit der absoluten Stimmenmehrheit rechnen?
Bestimmen Sie das Konfidenzintervall für seinen Stimmenanteil p
a) mit exakter Rechnung,
b) näherungsweise.

Abschließend betrachten wir eine interessante Anwendung und Variation des Arbeitens mit Konfidenzintervallen, deren praktische Bedeutung offensichtlich ist.

> **Beispiel:** Steinböcke gehören zu den gefährdeten Wildarten. Um den Bestand in einer bestimmten Alpenregion abschätzen zu können, wurden dort 180 Tiere eingefangen, mit einer Markierung versehen und wieder freigelassen. Nach einiger Zeit wurden 150 Tiere in freier Wildbahn beobachtet. 30 Tiere waren markiert.
> Geben Sie ein 95,5 %-Vertrauensintervall für den unbekannten Tierbestand N an.

Lösung:

Die relative Häufigkeit für das Auftreten einer Markierung in der Gruppe der beobachteten Tiere beträgt 0,2.

$X =$ Anzahl der markierten Tiere unter den $n = 150$ beobachteten Tieren
$p =$ Wahrscheinlichkeit, dass ein beobachtetes Tier markiert ist

Damit erhalten wir für die Markierungswahrscheinlichkeit p das 95,5 %-Vertrauensintervall $0{,}1579 \leq p \leq 0{,}25$.

Konfidenzintervall für p:

$$h_n = \frac{X}{n} = \frac{30}{150} = 0{,}2$$

$$|0{,}2 - p| \leq 2 \cdot \frac{\sqrt{150 \cdot p \cdot (1-p)}}{150}$$

$$77 p^2 - 32 p + 3 \leq 0$$

$$p^2 - \frac{32}{77} p + \frac{3}{77} \leq 0$$

$$0{,}1428 \leq p \leq 0{,}2728$$

Da der Erwartungswert $\mu = N \cdot p$ der Anzahl der markierten Tiere im Gesamtbestand N von vornherein bekannt ist, nämlich gleich 180, gilt die Formel:

$$N = \frac{180}{p}.$$

Setzen wir hier die Randwerte für p ein, so erhalten wir ein 95,5 %-Vertrauensintervall für N:

Der Bestand an Steinböcken liegt mit einer Wahrscheinlichkeit von 95,5 % zwischen
▶ $N = 660$ und $N = 1260$ Tieren.

Konfidenzintervall für N:

$$\mu = N \cdot p, \quad 180 = N \cdot p, \quad N = \frac{180}{p}$$

$$\frac{180}{0{,}2728} \leq N \leq \frac{180}{0{,}1428}$$

$$660 \leq N \leq 1260$$

Übungen

5. Zur Abschätzung, welche unmittelbaren Auswirkungen aktuelle politische Ereignisse auf das Ansehen der politischen Parteien haben, stellen Meinungsforscher die sogenannte „Sonntagsfrage":

> Wenn am nächsten Sonntag Wahl wäre, welcher Partei würden Sie Ihre Stimme geben?

Der Vergleich des Umfrageergebnisses mit den letzten Wahlergebnissen zeigt die aktuellen Veränderungen. Es werden 3650 Personen befragt.
  a) 1533 der Befragten entscheiden sich für Partei A. Ist die Abweichung vom letzten Wahlergebnis (44,1 %) hochsignifikant (Sicherheitswahrscheinlichkeit 99,7 %)?
  b) 219 Personen stimmen für Partei B. Kann sich die Partei sicher sein, dass ihr momentanes Wählerpotential noch über 5 % liegt (Sicherheitsniveau 99,7 %)?
  c) Für Partei C votieren 1679 Personen. Kann sich die Partei sicher sein, dass sie momentan in der Wählergunst vor den anderen Parteien liegt (Näherungslösung, Sicherheitswahrscheinlichkeit 95,5 %)?

6. Der Erfolg einer Werbekampagne wird getestet. Das Ergebnis einer Umfrage soll darüber entscheiden, ob eine Zusatzprämie gezahlt wird (Sicherheitsniveau 95,5%).
  a) Der Vertrag sieht vor, dass die Prämie gezahlt wird, wenn „garantiert" über 70 % der Bevölkerung das Produkt kennen. 1780 von 2500 Befragten kannten das Produkt.
  b) Die Prämie wird gezahlt, wenn möglicherweise 70 % der Bevölkerung das Produkt kennen. Muss die Prämie bei diesen Bedingungen gezahlt werden, wenn nur 1644 von 2400 Befragten das Produkt kennen?

7. Der Hersteller garantiert seinen Kunden, dass höchstens 10 % seiner Artikel Mängel aufweisen. Bei einer vom Kunden durchgeführten Stichprobe zeigen tatsächlich nur 8 % der Ware Mängel. Kann der Kunde bei 95,5 % Sicherheitswahrscheinlichkeit davon ausgehen, dass die Behauptung des Herstellers zutrifft, wenn der Umfang der Stichprobe
  a) n = 50,   b) n = 200,   c) n = 2000   betrug?

8. Durch Geldmangel in der Gemeindekasse muss die ursprüngliche Planung für ein kombiniertes Hallen-/Freibad abgeändert werden.

> **Meinungsumfrage**
> Ich bin dafür, dass ein
> **Freibad** ☐
> **Hallenbad** ☐
> gebaut wird!

Auf 2236 von 4416 abgegebenen Stimmzetteln ist die Option Freibad angekreuzt. Kann sich der Gemeinderat (bei 68 % Sicherheitswahrscheinlichkeit) sicher sein, dass die Mehrheit der Bevölkerung ein Freibad wünscht?
Lösen Sie diese Aufgabe sowohl exakt als auch mithilfe des Näherungsverfahrens.

9. Der Anglerverein „Petri Heil" möchte den Fischbestand schätzen. Es werden 600 markierte Forellen ausgesetzt. Beim Wettangeln werden 98 markierte und 252 unmarkierte Fische gefangen. Schätzen Sie den Gesamtbestand mit einer Sicherheitswahrscheinlichkeit von 95,5 %.

XVIII. Beurteilende Statistik

Überblick

Wahrscheinlichkeiten von σ-Umgebungen
X sei die Anzahl der Treffer in einer Bernoulli-Kette der Länge n. μ sei der Erwartungswert und σ die Standardabweichung von X.
Dann fallen die Werte von X zu etwa
  68% ins Intervall $[\mu-\sigma\,;\,\mu+\sigma]$,
  95,5% ins Intervall $[\mu-2\sigma\,;\,\mu+2\sigma]$,
  99,7% ins Intervall $[\mu-3\sigma\,;\,\mu+3\sigma]$,
wenn die sogenannte Laplace-Bedingung $\boldsymbol{\sigma = \sqrt{n \cdot p \cdot (1-p)} > 3}$ erfüllt ist (Faustregel).

Wahrscheinlichkeiten von $\frac{\sigma}{n}$-Umgebungen
Die Werte von $\frac{X}{n}$ fallen zu etwa
  68% ins Intervall $\left[p - \frac{\sigma}{n}\,;\, p + \frac{\sigma}{n}\right]$,
  95,5% ins Intervall $\left[p - 2\frac{\sigma}{n}\,;\, p + 2\frac{\sigma}{n}\right]$,
  99,7% ins Intervall $\left[p - 3\frac{\sigma}{n}\,;\, p + 3\frac{\sigma}{n}\right]$.

Präzisierung des empirischen Gesetzes der großen Zahlen für Bernoulli-Ketten
Der Radius des Intervalls, in das die relativen Häufigkeiten für die Trefferzahl mit einer vorgegebenen Sicherheitswahrscheinlichkeit fallen, strebt mit wachsender Kettenlänge n gegen Null.

Bernoulli-Gesetz der großen Zahlen
X sei die Anzahl der Treffer in einer Bernoulli-Kette der Länge n.
Dann gilt für jedes $\varepsilon > 0$:
$$\lim_{n\to\infty} P\left(\left|\tfrac{X}{n} - p\right| < \varepsilon\right) = 1$$

Tschebyschew'sche Ungleichung für Bernoulli-Ketten
Die Wahrscheinlichkeit, dass die relative Trefferhäufigkeit $\frac{X}{n}$ einen Wert annimmt, der von der Trefferwahrscheinlichkeit p wenigstens um ε abweicht, kann abgeschätzt werden durch
$$P\left(\left|\tfrac{X}{n} - p\right| \geq \varepsilon\right) \leq \tfrac{1}{4n\varepsilon^2}.$$
n = Länge der Bernoulli-Kette
p = Trefferwahrscheinlichkeit
X = Anzahl der Treffer in der Kette

Konfidenzintervall für eine unbekannte Wahrscheinlichkeit p
Die relative Häufigkeit $h_n = \frac{X}{n}$ als Schätzwert für eine unbekannte Wahrscheinlichkeit p sei gegeben. Dann liegt p

– mit 68 % Sicherheit im Vertrauensintervall $\left[h_n - \frac{\sigma}{n}\,;\, h_n + \frac{\sigma}{n}\right]$,

– mit 95,5 % Sicherheit im Vertrauensintervall $\left[h_n - 2 \cdot \frac{\sigma}{n}\,;\, h_n + 2 \cdot \frac{\sigma}{n}\right]$,

– mit 99,7 % Sicherheit im Vertrauensintervall $\left[h_n - 3 \cdot \frac{\sigma}{n}\,;\, h_n + 3 \cdot \frac{\sigma}{n}\right]$.

Test

Beurteilende Statistik

1. a) Formulieren Sie die Wahrscheinlichkeitsregeln für die $k \cdot \sigma$-Umgebungen ($k = 1, 2, 3$) des Erwartungswertes μ.
b) Beurteilen Sie mit diesen Regeln die folgenden Aussagen:
  i) 500 Würfe mit einem Laplace-Würfel ergaben 101 Sechsen.
  ii) 23 % der Produktion sind 1. Wahl. Von 200 getesteten Stücken werden 50 als 1. Wahl eingestuft.

2. Ein Glücksspielautomat hat eine Gewinnwahrscheinlichkeit von $p = 0{,}35$.
a) Geben Sie ein Intervall an, in dem mit 95,5 % Sicherheitswahrscheinlichkeit die relative Gewinnhäufigkeit bei 200 Spielen liegen wird.
b) Wie viele Spiele sind notwendig, wenn mit 99,7 % Sicherheitswahrscheinlichkeit die relative Gewinnhäufigkeit von der theoretischen Gewinnwahrscheinlichkeit (35 %) höchstens um 1 % abweichen soll?
c) Die Gewinnwahrscheinlichkeit des Automaten wird verringert. Sind jetzt zur Beantwortung des in Aufgabenteil b gestellten Problems mehr oder weniger Spiele notwendig, als dort berechnet? Begründen Sie die Antwort.

3. a) Die Sehbeteiligung der täglich von einem bekannten Fernsehsender ausgestrahlten Serie „Wir über uns" soll ermittelt werden. In der Umfrage geben 1152 von 3200 befragten Personen zu, dass sie die Serie regelmäßig sehen.
Ermitteln Sie zur Sicherheitswahrscheinlichkeit von 95,5 % das Konfidenzintervall für die unbekannte Sehbeteiligung.
b) Es wird überlegt, ob weitere Folgen der Serie gedreht werden sollen. Es wird entschieden: Neue Folgen werden gedreht, wenn sich bei einer erneuten Umfrage herausstellt, dass zur Sicherheitswahrscheinlichkeit von 99,7 % alle Werte des Konfidenzintervalls – und daher mit der geforderten Sicherheit auch die unbekannte Sehbeteiligung – über 40 % liegen.
Die Umfrage ergibt: 1204 von 2800 befragten Personen sind Zuschauer der Serie.
Wie lautet die Entscheidung?
Arbeiten Sie mit einer Näherungslösung.

Lösungen unter 572-1

XIX. Die Normalverteilung

1. Die Normalverteilung

Die zur Auswertung von Bernoulli-Ketten verwendeten Tafelwerke zu Binomialverteilungen können nur eine kleine Auswahl von Kettenlängen abdecken. In diesem Buch sind Tabellen für Bernoulli-Ketten der Längen n = 1 bis n = 20 sowie n = 50, n = 80 und n = 100 dargestellt. In der Praxis kommen natürlich auch Bernoulli-Ketten vor, die durch diese Tabellen nicht erfasst werden, z. B. sehr lange Bernoulli-Ketten.

Soll beispielsweise die Wahrscheinlichkeit dafür bestimmt werden, dass beim 500-maligen Werfen einer fairen Münze höchstens 260-mal Kopf kommt, so ist der Wert F(500; 0,5; 260) der kumulierten Binomialverteilung zu berechnen. Eine Tabelle für die Kettenlänge n = 500 steht uns nicht zur Verfügung. Die direkte Berechnung des Wertes F(500; 0,5; 260) ist so zeitaufwändig, dass wir einen Computer einsetzen müssen. Aber auch unser CAS-Taschenrechner benötigt für diese Berechnung bereits ca. 3 Minuten. Bei entsprechend langen Ketten ist schließlich auch ein CAS ohne Chance.

Dennoch müssen wir nicht passen, denn es gibt die Möglichkeit, die Werte aller kumulierten Binomialverteilungen bei genügend großem Stichprobenumfang näherungsweise durch Funktionswerte einer einzigen relativ einfachen Funktion Φ darzustellen. Im Folgenden wird der nicht ganz einfache Prozess dargestellt, der schließlich zu dieser Funktion führt.

A. Die Standardisierung der Binomialverteilung

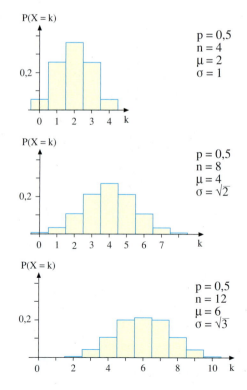

Die Gestalt des Histogramms zu einer binomialverteilen Zufallsgröße X hängt nur von den Parameters n und p ab. Diese bestimmen die Anzahl und die Höhe der Säulen sowie die Position der höchsten Säule, während die Säulenbreite stets 1 ist, sodass die Fläche der Säule Nr. k gleich B(n; p; k) ist.

Halten wir die Grundwahrscheinlichkeit p fest, so ist Folgendes zu beobachten:

1. Mit wachsendem n rückt die höchste Säule des Histogramms weiter nach rechts.
   Der Erwartungswert $\mu = E(X) = n \cdot p$ wächst mit n an.

2. Mit wachsendem n wächst die Anzahl der Säulen des Histogramms an, das Histogramm wird breiter und flacher. Die Streuung, d. h. die Standardabweichung $\sigma(X) = \sqrt{n \cdot p \cdot (1-p)}$ wird mit n größer.

1. Die Normalverteilung

Wird der Stichprobenumfang n für eine feste Grundwahrscheinlichkeit p weiter vergrößert, so nähert sich die Form des Histogramms im Grenzfall einer „Glockenkurve" an.
Es ergeben sich dabei je nach Wert von p unterschiedliche Glockenkurven.

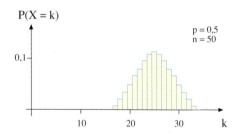

Allerdings kann man eine sogenannte Standardisierung durchführen. Dabei wird durch eine geeignete Transformation allen Histogrammen eine relativ einheitliche Form und Lage verpasst. Noch wichtiger ist, dass die transformierten Histogramme sich mit wachsendem n allesamt unabhängig von p ein und derselben „Glockenkurve" anpassen.

Der Standardisierungsprozess

Schritt 1: Durch einen ersten Übergang von der Zufallsgröße X zur Zufallsgröße $Y = X - \mu$ wird der Erwartungswert nach 0 verschoben. Das mit wachsendem n zu beobachtende Auswandern des Histogramms nach rechts wird vermieden.

Schritt 2: Anschließend sorgt ein weiterer Übergang zu $Z = \frac{X-\mu}{\sigma}$ dafür, dass die Standardabweichung auf 1 normiert wird. Der wesentliche Teil des Histogramms bleibt dann unabhängig von n stets etwa gleich breit.
Die Streifenbreiten verändern sich allerdings von 1 auf $\frac{1}{\sigma(X)}$.
Der Erwartungswert wird nicht weiter beeinflusst. Er bleibt bei 0.

Schritt 3: Zum Ausgleich der Streifenbreitenänderung werden die Streifenhöhen mit σ(X) multipliziert.
Dadurch erreicht man, dass die Streifenflächeninhalte gleich bleiben, sodass Streifen Nr. k auch in der standardisierten Form den Flächeninhalt B(n; p; k) besitzt.

Die rechts dargestellte Bildfolge verdeutlicht das Verhalten einer standardisierten Zufallsvariablen für wachsendes n.

Die unten dargestellten Histogramme sind die standardisierten Formen der auf der vorherigen Seite abgebildeten Histogramme. Beachten Sie die mit wachsendem n eintretende Annäherung an die eingezeichnete Glockenkurve.

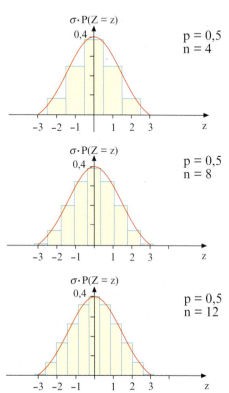

B. Die Näherungsformel von Laplace und de Moivre

Jede binomialverteilte Zufallsgröße X kann in der beschriebenen Weise standardisiert werden. Das Histogramm der zugehörigen standardisierten Zufallsgröße Z kann in jedem Fall durch ein und dieselbe Glockenkurve approximiert (angenähert) werden. Es handelt sich um die sogenannte *Gauß'sche Glockenkurve*.

Sie ist nach dem Mathematiker und Astronomen *Carl Friedrich Gauß* (1777–1855) benannt, der sie im Zusammenhang mit der Fehlerrechnung entdeckte.

Ihr Graph ist rechts abgebildet. Ihre Funktionsgleichung lautet:

> **Gauß'sche Glockenkurve**
>
> $$\varphi(t) = \frac{1}{\sqrt{2\pi}} e^{-\frac{1}{2}t^2}$$

Mithilfe der Funktion φ kann das Histogramm einer binomialverteilten Zufallsvariablen mit hoher Genauigkeit angenähert werden, wenn die sogenannte *Laplace-Bedingung* erfüllt ist:

> **Laplace-Bedingung**
>
> $$\sigma = \sqrt{n \cdot p \cdot (1-p)} > 3$$

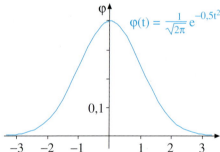

> **Satz XIX.1: Die lokale Näherungsformel von Laplace und De Moivre**
> Die binomialverteilte Zufallsgröße X erfülle die Laplace-Bedingung $\sigma = \sqrt{n \cdot p \cdot (1-p)} > 3$.
> Dann gilt die folgende Näherungsformel für $B(n; p; k)$, wobei $\mu = n \cdot p$ der Erwartungswert und $\sigma = \sqrt{n \cdot p \cdot (1-p)}$ die Standardabweichung von X sind:
>
> $$P(X = k) = B(n; p; k) \approx \frac{1}{\sigma \cdot \sqrt{2\pi}} e^{-\frac{1}{2}z^2} = \frac{1}{\sigma} \cdot \varphi(z) \text{ mit } z = \frac{k - \mu}{\sigma}$$
>
> 576-1

Übung 1
Definieren sie auf dem CAS die Funktion φ durch e^(–t^2/2)/√(2∗π) [STO▶] phi(t) und verwenden Sie phi(t) zur Darstellung des Graphen. Wie kann phi(t) für Berechnungen mit der lokalen Näherungsformel genutzt werden?

1. Die Normalverteilung

> **Beispiel:** Geben Sie die Tabellenwerte und die Näherungswerte der Gauß'schen Glockenkurve für die folgenden Ereignisse an:
> a) Bei 100 Würfen einer Laplace-Münze erscheint genau 50-mal Wappen.
> b) 100 Würfe mit einem Laplace-Würfel ergeben exakt 20 Sechsen.

Lösung:
Die Werte $B(n;p;k)$ der Binomialverteilung erhalten wir aus den Tabellen zur kumulierten Binomialverteilung, indem wir die dort notierten Wahrscheinlichkeiten der Ereignisse $X \leq k$ und $X \leq k-1$ voneinander subtrahieren:
$P(X = k) = P(X \leq k) - P(X \leq k-1)$.

Für die Näherungslösung der Gauß'schen Glockenkurve berechnen wir zunächst den Wert, den die Hilfsgröße $z = \frac{k-\mu}{\sigma}$ annimmt. Dann setzen wir in die Näherungsformel ein.

Im ersten Fall erhalten wir fast völlige Übereinstimmung der Näherungslösung mit der exakten Lösung.

> Im 2. Fall beträgt die Abweichung ca. 6%. Das liegt daran, dass hier die Laplace-Bedingung nur knapp erfüllt ist.

zu a: $n = 100$; $p = 0{,}5$; $k = 50$
$\mu = 50$; $\sigma = 5$

Tabelle:
$B(100; 0{,}5; 50)$
$= F(100; 0{,}5; 50) - F(100; 0{,}5; 49)$
$\approx 0{,}0796$

Gauß'sche Glockenkurve:
$z = \frac{k-\mu}{\sigma} = \frac{50-50}{5} = 0$
$B(100; 0{,}5; 50)$
$\approx \frac{1}{\sigma} \cdot \varphi(0) = \frac{1}{5 \cdot \sqrt{2\pi}} \approx = 0{,}0798$

zu b: $n = 100$; $p = \frac{1}{6}$; $k = 20$
$\mu \approx 16{,}67$; $\sigma \approx 3{,}7268$

Tabelle:
$B(100; \frac{1}{6}; 20) \approx 0{,}0678$

Gauß'sche Glockenkurve:
$z = \frac{k-\mu}{\sigma} \approx \frac{20-16{,}67}{3{,}7268} \approx 0{,}8935$
$B(100; \frac{1}{6}; 20) \approx \frac{1}{\sigma} \varphi(0{,}8935) \approx 0{,}0718$

Übung 2
a) 3% der elektronischen Bauteile entsprechen nicht der Norm. Mit welcher Wahrscheinlichkeit sind in einer Charge von 500 Teilen genau 12 defekt?
b) Wie groß ist die Wahrscheinlichkeit, dass bei 1000 Roulette-Spielen genau 500-mal die Kugel auf einem schwarzen Feld liegen bleibt?
c) Mit welcher Wahrscheinlichkeit haben genau 2 der 968 Schüler der Schule am 24. Dezember Geburtstag? Ermitteln Sie den exakten Wert sowie die Näherungslösung mithilfe der Gauß'schen Glockenkurve.

Übung 3
X sei eine binomialverteilte Zufallsgröße mit den Parametern $n = 10$ und $p = 0{,}4$.
Z sei die zugehörige standardisierte Zufallsgröße.
a) Zeichnen Sie das Histogramm der Verteilung der Zufallsgröße X.
b) Bestimmen Sie Erwartungswert und Standardabweichung von X.
c) Welche Werte kann die standardisierte Zufallsgröße Z annehmen?
d) Stellen Sie das Histogramm der Verteilung der standardisierten Zufallsgröße Z und die Gauß'sche Glockenkurve in einem Diagramm dar.

C. Die globale Näherungsformel von Laplace und de Moivre

Eine Zufallsgröße, deren Wahrscheinlichkeitsverteilung die Gauß'sche Glockenkurve ist, wird als *normalverteilte Zufallsgröße* bezeichnet. Binomialverteilte Zufallsgrößen sind für großes n annähernd normalverteilt.

Im Folgenden betrachten wir die kumulierte Binomialverteilung.
F(n;p;k) kann wegen
F(n;p;k) = B(n;p;0) +…+ B(n;p;k)
als Summe der Flächeninhalte der Säulen Nr. 0 bis Nr. k der Binomialverteilung gedeutet werden.

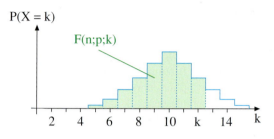

Man kann aber auch die entsprechenden Säulen der zugehörigen standardisierten Form verwenden, da diese inhaltsgleich sind (siehe auch Seite 575).

Diese Fläche wiederum kann durch diejenige Fläche unter der Gauß'schen Glockenkurve approximiert werden, die sich von $t = -\infty$ bis $t = z$ erstreckt, wobei $z = \frac{k-\mu+0{,}5}{\sigma}$ der rechte Randwert der standardisierten Säule Nr. k ist.

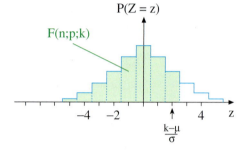

Der angegebene Wert der Hilfsgröße z ergibt sich, wenn zur Mitte der k-ten Säule – also zu $\frac{k-\mu}{\sigma}$ – die halbe Säulenbreite $\frac{1}{2\sigma}$ addiert wird. Diese Stetigkeitskorrektur ist notwendig, um die Fläche der k-ten Säule vollständig zu berücksichtigen.

Den Flächeninhalt kann man als Integral von φ berechnen. Für das entsprechende Integral von $-\infty$ bis z verwendet man abkürzend die Bezeichnung Φ(z).
Die Funktion Φ heißt *Gauß'sche Integralfunktion*. 🌰 578-1

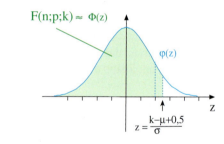

Gauß'sche Integralfunktion

$$\Phi(z) = \frac{1}{\sqrt{2\pi}} \int_{-\infty}^{z} e^{-\frac{1}{2}t^2}\, dt$$

Weil man Φ nicht durch elementare Funktionen ausdrücken kann, sind die Werte dieser wichtigen Funktion im Tabellenteil auf Seite 373 als „Normalverteilung" tabelliert. Das CAS ermittelt solche Integralwerte durch numerische Integration. In der folgenden Übung soll die Integralfunktion auf CAS definiert werden. Da der Flächeninhalt unter der Glockenkurve insgesamt gleich 1 ist, folgt Φ(0) = 0,5. Diese Eigenschaft nutzen wir bei der neuen CAS-Funktion iphi(z).

Übung 4
Definieren Sie auf dem CAS die Funktion Φ durch 0.5+∫phi((t),t,0,z) [STO▶] iphi(z).

1. Die Normalverteilung

Möchte man für eine binomialverteilte Zufallsgröße X mit den Parametern n und p die kumulierte Wahrscheinlichkeit $P(X \leq k) = F(n; p; k)$ näherungsweise berechnen, so geht man in der Praxis nach folgendem Rezept vor, das als Näherungsformel von Laplace bekannt ist.

> **Satz XIX.2: Die globale Näherungsformel von Laplace und de Moivre für Binomialverteilungen**
>
> 1. Prüfe, ob die Laplace-Bedingung $\sigma = \sqrt{n \cdot p(1-p)} > 3$ grob erfüllt ist.
> 2. Bestimme die obere Integrationsgrenze $z = \dfrac{k - \mu + 0{,}5}{\sigma} = \dfrac{k - n \cdot p + 0{,}5}{\sqrt{n \cdot p \cdot (1-p)}}$.
> 3. Lies aus der Tabelle der „Normalverteilung" den Funktionswert $\Phi(z)$ ab.
>
> Dann gilt die Näherung: $\quad \mathbf{P(X \leq k) = F(n; p; k) \approx \Phi(z)}$
>
> 579-1

Anhand eines typischen Beispiels erkennt man, wie die Laplace'sche Näherungsformel unter Verwendung der Tabelle zur Gauß'schen Integralfunktion praktisch eingesetzt wird.

> ▶ **Beispiel: Einführendes Beispiel zur Näherungsformel von Laplace**
> Berechnen Sie, mit welcher Wahrscheinlichkeit bei 100 Würfeln mit einer fairen Münze höchstens 52-mal Kopf kommt. Verwenden Sie die Näherungsformel von Laplace.

Lösung:
X sei die Anzahl der Kopfwürfe beim 100-maligen Münzwurf.
X ist binomialverteilt mit den Parametern n = 100 (Länge der Bernoulli-Kette) und p = 0,5 (Wahrscheinlichkeit für Kopf bei einmaligem Münzwurf).
Gesucht ist $P(X \leq 52) = F(100; 0{,}5; 52)$.
Die Näherungsformel von Laplace und de Moivre ist anwendbar, da die Bedingung $\sigma > 3$ erfüllt ist.

Also ist die gesuchte Wahrscheinlichkeit annähernd gleich $\Phi(z)$, wobei der Wert des Arguments z mithilfe der angegebenen Formel errechnet werden muss.
Wir erhalten $z = 0{,}50$.
Nun lesen wir aus der Tabelle zur Normalverteilung (Seite 667) den Funktionswert $\Phi(0{,}50)$ ab und erhalten folgendes Endresultat:
$P(X \leq 52) \approx \Phi(0{,}50) \approx 0{,}6915 = 69{,}15\,\%$.

▶ Das Ergebnis stimmt fast mit dem Tabellenwert $F(100; 0{,}5; 52) = 0{,}6914$ überein.

Gesuchte Wahrscheinlichkeit:

X = Anzahl der Kopfwürfe bei 100 Münzwürfen

$P(X \leq 52) = F(100; 0{,}5; 52)$

Anwendbarkeit der Näherungsformel:

$\sigma = \sqrt{n \cdot p \cdot (1-p)} = \sqrt{100 \cdot 0{,}5 \cdot 0{,}5}$
$\quad = \sqrt{25} > 3$

Bestimmung der Hilfsgröße z:

$z = \dfrac{k - \mu + 0{,}5}{\sigma} = \dfrac{52 - 50 + 0{,}5}{5}$

$\quad = \dfrac{2{,}5}{5} = 0{,}50$

Bestimmung von $\Phi(z)$ mittels Tabelle:

$\Phi(0{,}50) \approx 0{,}6915$

Vergleich mit der Tabelle zur kumulierten Binomialverteilung:

$F(100; 0{,}5; 52) = 0{,}6914$

2. Anwendung der Normalverteilung

A. Bestimmung von P(X ≤ k) = F(n; p; k) für großes n

Anhand eines typischen Beispiels kann man am besten erkennen, wie die globale Näherungsformel von Laplace und de Moivre für Binomialverteilungen unter Verwendung der Tabelle zur Gauß'schen Integralfunktion oder des CAS praktisch eingesetzt wird.

> **Beispiel:** Ein fairer Würfel wird 1200-mal geworfen. Mit welcher Wahrscheinlichkeit fallen
> a) höchstens 10 % mehr Sechsen als die zu erwartende Anzahl,
> b) mindestens 5 % weniger Sechsen als die zu erwartende Anzahl?

Lösung:
Theoretisch sind 200 Sechsen zu erwarten.
Gesucht ist also
a) $P(X \leq 220)$,   b) $P(X \leq 190)$,
wobei X die Anzahl der in den 1200 Würfeln fallenden Sechsen sei.

Die Näherungsformel ist anwendbar, denn es gilt:
$\sigma = \sqrt{n \cdot p \cdot (1-p)} > \sqrt{166} > 3$.
Nebenstehende Rechnung liefert:
a) $P(X \leq 220) \approx \Phi(1{,}59)$,
b) $P(X \leq 190) \approx \Phi(-0{,}74)$.

Tritt ein negatives Argument auf, ist die Funktionalgleichung $\Phi(-z) = 1 - \Phi(z)$ hilfreich, so dass auch bei b) die Tabelle zur Normalverteilung (Seite 667) verwendet werden kann. Wir erhalten als Resultate:
a) $P(X \leq 220) \approx 94{,}41 \%$,
b) $P(X \leq 190) \approx 22{,}97 \%$.

Die genauen Werte betragen übrigens
▸ a) 94,24 %   und   b) 23,21 %.

Gesuchte Wahrscheinlichkeiten:

$P(X \leq 220) = F\left(1200; \frac{1}{6}; 220\right)$

$P(X \leq 190) = F\left(1200; \frac{1}{6}; 190\right)$

Bestimmung der Hilfsgröße z:

a) $z = \dfrac{220 - 200 + 0{,}5}{\sqrt{1200 \cdot \frac{1}{6} \cdot \frac{5}{6}}} \approx 1{,}59$

b) $z = \dfrac{190 - 200 + 0{,}5}{\sqrt{1200 \cdot \frac{1}{6} \cdot \frac{5}{6}}} \approx -0{,}74$

Anwendung der Näherungsformel:

a) $P(X \leq 220) \approx \Phi(1{,}59) = 94{,}41 \%$

b) $P(X \leq 190) \approx \Phi(-0{,}74)$
$= 1 - \Phi(0{,}74)$
$\approx 1 - 0{,}7703$
$= 0{,}2297 \ = 22{,}97 \%$

Übung 1
Mit welcher Wahrscheinlichkeit fällt bei 500 Münzwürfen höchstens 260-mal Kopf?

Übung 2
Eine Maschine produziert Knöpfe mit einem Ausschussanteil von 3 %. Ein Abnehmer macht eine Stichprobe, indem er 1000 Knöpfe prüft. Mit welcher Wahrscheinlichkeit findet er
a) nicht mehr als 42 ausschüssige Knöpfe,   b) höchstens 25 ausschüssige Knöpfe?

2. Anwendung der Normalverteilung

Übung 3
In einem Spiel wird eine Münze 80-mal geworfen. Erzielt man höchstens 40-mal Kopf, so hat man gewonnen. Berechnen Sie zunächst die Gewinnwahrscheinlichkeit mithilfe der Formel von Laplace näherungsweise. Wie groß ist der exakte Wert?
a) Die Münze ist fair. b) Die Münze ist gefälscht mit P(Kopf) = 0,6.

Die inhaltlichen Konsequenzen des folgenden Beispiels sind von großer Praxisrelevanz. Es zeigt, in welchem Maße eine entschlossene Minderheit Entscheidungsfindungen in ihrem Sinn beeinflussen kann.

▶ **Beispiel: Die Dominanz einer Minderheit über eine Mehrheit**
Die 200 Mitglieder des Tennis-Clubs möchten einen Pressesprecher wählen. Es melden sich nur zwei Bewerber, Hein und Johann. Es handelt sich um einfache Mehrheitswahl ohne die Möglichkeit der Enthaltung. Die beiden Kandidaten haben bisher kein Profil erworben, sodass die Wahlchancen ausgeglichen erscheinen.
Kurz vor der Wahl gewinnt Hein die Clubmeisterschaft. Das beeindruckt 20 Clubmitglieder so sehr, dass diese spontan beschließen, ihre Stimmen geschlossen für Hein abzugeben. Wie verändern sich dadurch die Wahlchancen der beiden Kandidaten?

Lösung:
Hein wird gewählt, wenn er insgesamt 101 Stimmen auf sich vereint. Da ihm 20 Stimmen ohnehin sicher sind, reichen ihm 81 Stimmen der verbleibenden 180 Stimmberechtigten. Die Wahrscheinlichkeit, dass er diese Stimmen erhält oder übertrifft, ist gegeben durch

$P(X \geq 81) = 1 - P(X \leq 80)$
$= 1 - F(180; 0,5; 80)$
$\approx 1 - \Phi(-1,42)$
$= \Phi(1,42) \approx 0,9222.$

X: Anzahl der Stimmen für Hein aus dem Kreis der Unentschlossenen

Binomialverteilung: n = 180; p = 0,5

Berechnung der Hilfsgröße z:

$z = \dfrac{k - \mu + 0,5}{\sigma} = \dfrac{80 - 90 + 0,5}{\sqrt{180 \cdot \frac{1}{2} \cdot \frac{1}{2}}} \approx -1,42$

Tabellenwert: $\Phi(1,42) = 0,9222$

Johann hat nur noch eine Restchance von 7,78 % (exakte Rechnung: 7,83 %).

▶ Der kleinen 10%-Minderheit von 20 Personen ist es also gelungen, die zunächst ausgeglichenen Wahlchancen auf ca. 12:1 zu Gunsten von Hein zu steigern.

Übung 4
Eine Volksabstimmung soll mit einfacher Mehrheit über eine Gesetzesänderung entscheiden, der die rund 4 Millionen Stimmberechtigten recht gleichgültig gegenüberstehen. Allerdings ist eine relativ kleine Interessengruppe von ca. 3000 Personen wild entschlossen, gegen die Gesetzesänderung zu stimmen. Mit welcher Wahrscheinlichkeit setzt die Minderheit ihren Willen durch?

B. Bestimmung von $P(k_1 \leq X \leq k_2)$ für großes n

In der statistischen Praxis sind häufig Wahrscheinlichkeiten der Form $P(k_1 \leq X \leq k_2)$ zu berechnen. Auch in diesen Fällen kann die Näherungsformel von Laplace für binomialverteilte Zufallsgrößen angewandt werden, sofern die Laplace-Bedingung erfüllt ist.

In solchen Fällen wendet man die Laplace-Formel zweimal an:

$$P(k_1 \leq X \leq k_2) = F(n; p; k_2) - F(n; p; k_1 - 1) \approx \Phi(z_2) - \Phi(z_1)$$

mit den Hilfsgrößen $z_2 = \dfrac{k_2 - \mu + 0{,}5}{\sigma}$ und $z_1 = \dfrac{k_1 - 1 - \mu + 0{,}5}{\sigma} = \dfrac{k_1 - \mu - 0{,}5}{\sigma}$.

> **Beispiel:** Im Automobilwerk sind 300 Mitarbeiter in der Produktion beschäftigt. Der Krankenstand liegt bei 5 %.
> a) Wie groß ist die Wahrscheinlichkeit, dass mindestens 12 und höchstens 20 Personen erkrankt sind?
> b) Die Produktion verläuft nur reibungslos, wenn an allen 300 Plätzen gearbeitet wird. Um die krankheitsbedingten Ausfälle zu kompensieren, gibt es eine „Springergruppe", deren Mitglieder bei Bedarf einspringen. Wie viele Personen müssen bereitstehen, um mit mindestens 99 % Sicherheit eine reibungslose Produktion sicherzustellen?

Lösung:

a) Gesucht ist die Wahrscheinlichkeit $P(12 \leq X \leq 20)$, wobei X die Anzahl der erkrankten Mitarbeiter ist. Wegen $\sigma = \sqrt{14{,}25} > 3$ ist die Anwendung der Näherungsformel berechtigt. Die nebenstehende Rechnung liefert:
$$P(12 \leq X \leq 20) \approx \Phi(1{,}46) - \Phi(-0{,}93)$$
$$= \Phi(1{,}46) - (1 - \Phi(0{,}93))$$
$$= 0{,}9279 - (1 - 0{,}8238)$$
$$\approx 0{,}7517 = 75{,}17\,\%.$$

b) Die Tabelle zur Normalverteilung zeigt, dass $\Phi(z) \approx 0{,}99$ für $z \approx 2{,}33$ gilt.
Dieses erlaubt den Rückschluss, welche Werte k für die Zufallsgröße X nun erlaubt sind.
Ergebnis: Stehen mindestens 24 Personen in Reserve, so ist die Produktion zu 99 % sichergestellt.

$P(12 \leq X \leq 20) = P(X \leq 20) - P(X \leq 11)$
$= F(300; 0{,}05; 20) - F(300; 0{,}05; 11)$

Hilfsgrößen:

$\mu = 15$

$\sigma = \sqrt{14{,}25}$

$z_2 = \dfrac{20 - 15 + 0{,}5}{\sqrt{14{,}25}} \approx 1{,}46$

$z_1 = \dfrac{12 - 15 - 0{,}5}{\sqrt{14{,}25}} \approx -0{,}93$

Ansatz: $P(X \leq k) \approx \Phi(z) \geq 0{,}99$

$\Rightarrow \quad z \geq 2{,}33$ (Tabelle)

$\Rightarrow \quad \dfrac{k - 15 + 0{,}5}{\sqrt{14{,}25}} \geq 2{,}33$

$\Rightarrow \quad k \geq 23{,}29$

Übung 5

Die Wahrscheinlichkeit einer Jungengeburt beträgt bekanntlich 51,4 %.
In einem Bundesland werden jährlich ca. 50 000 Kinder geboren.
Mit welcher Wahrscheinlichkeit werden zwischen 25 500 und 26 000 Jungen geboren?

Übungen

Approximation der Binomialverteilung durch die Normalverteilung

6. Eine Reißnagelsorte fällt mit Wahrscheinlichkeiten von $\frac{2}{3}$ in Kopflage und von $\frac{1}{3}$ in Seitenlage. Es werden 100 Reißnägel geworfen.
   a) Mit welcher Wahrscheinlichkeit wird genau 66-mal die Kopflage erreicht?
   b) Mit welcher Wahrscheinlichkeit wird die Kopflage genau 50-mal erreicht?

Approximation der kumulierten Binomialverteilung durch die Normalverteilung

7. Wie groß ist die Wahrscheinlichkeit dafür, dass bei 6000 Würfelwürfen höchstens 950-mal die Augenzahl Sechs fällt?

8. Eine Maschine produziert Schrauben. Die Ausschussquote beträgt 5 %.
   a) Wie groß muss eine Stichprobe sein, damit die Normalverteilung anwendbar ist?
   b) Mit welcher Wahrscheinlichkeit befinden sich in einer Stichprobe von 500 Schrauben mindestens 30 defekte Schrauben?
   c) Mit welcher Wahrscheinlichkeit sind weniger als 20 defekte Schrauben in der Probe?

9. Die Wahrscheinlichkeit einer Knabengeburt beträgt ca. 51,4 %. Mit welcher Wahrscheinlichkeit befinden sich unter 500 Neugeborenen mehr Mädchen als Knaben?

10. Bei einem gefälschten Würfel ist die Wahrscheinlichkeit für eine Sechs auf 12 % reduziert. Wie groß ist die Wahrscheinlichkeit, dass dieser Würfel bis 150 Wurfversuchen dennoch mehr Sechsen zeigt als bei einem fairen Würfel zu erwarten wären?

11. Eine Münze wird 1000-mal geworfen.
   a) Wie groß sind Erwartungswert und Standardabweichung der Anzahl X der Kopfwürfe?
   b) Wie groß ist die Wahrscheinlichkeit dafür, dass die Abweichung der Kopfzahl X vom Erwartungswert nach oben/unten höchstens die einfache Standardabweichung beträgt?

12. Ein Multiple-Choice-Test enthält 100 Fragen mit jeweils drei Antwortmöglichkeiten, wovon stets genau eine richtig ist. Befriedigend wird bei mindestens 50 richtigen Antworten vergeben. Ausreichend wird bei mindestens 40 richtigen Antworten vergeben.
Ein Proband rät nur. Mit welcher Wahrscheinlichkeit besteht er den Test mit Befriedigend bzw. besteht er nicht bzw. erzielt er 28 bis 38 richtige Antworten?

13. Ein Reifenfabrikant garantiert, dass 95 % seiner Reifen keine Unwucht aufweisen. Ein Großhändler nimmt 500 Reifen ab.
   a) Wie groß sind Erwartungswert und Standardabweichung für die Anzahl X der unwuchtigen Reifen?
   b) Mit welcher Wahrscheinlichkeit weisen höchstens zehn der Reifen eine Unwucht auf? Mit welcher Wahrscheinlichkeit beträgt die Anzahl der unwuchtigen Reifen 20–30?

C. Exkurs: Normalverteilung bei stetigen Zufallsgrößen

Eine Zufallsgröße, die nur *ganz bestimmte isolierte Zahlenwerte* annehmen kann, bezeichnet man als *diskrete Zufallsgröße*. Ein Beispiel ist die Augenzahl beim Würfeln. Sie kann als Werte nur die diskreten Zahlen 1 bis 6 annehmen. Im Unterschied hierzu spricht man von einer *stetigen Zufallsgröße*, wenn diese innerhalb eines bestimmten Intervalls *jeden beliebigen reellen Zahlenwert* annehmen kann. Beispiele hierfür sind die Körpergröße eines Tieres, die Länge einer Schraube oder das Gewicht einer Kirsche.

Stetige Zufallsgrößen sind oft von Natur aus normalverteilt. Man stellt dies durch empirische Messreihen fest. Aus den Messwerten kann man dann auch den Erwartungswert µ und die Standardabweichung bestimmen. Anschließend kann man mithilfe der Normalverteilungstabelle diverse Problemstellungen lösen. Dabei wendet man den folgenden Satz an.

> **Satz XIX.3: Normalverteilte stetige Zufallsgrößen**
> X sei eine normalverteilte stetige Zufallsgröße mit dem Erwartungswert µ und der Standardabweichung σ.
> Dann gilt für jedes reelle r die Formel
> $P(X \leq r) = \Phi(z)$ mit $z = \frac{r - \mu}{\sigma}$.

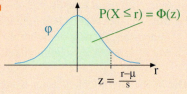

Beispiel: Die Körpergröße
Die Körpergröße X von erwachsenen männlichen Grizzlys ist eine normalverteilte Zufallsgröße.
Aus empirischen Untersuchungen sind Mittelwert und Standardabweichung bekannt.
µ = 240 cm, σ = 10 cm.
Für einen zoologischen Garten wird ein Jungtier gefangen. Mit welcher Wahrscheinlichkeit wird seine Körpergröße maximal 230 cm erreichen?

Ursus Arctus Horribilis

Lösung:
Wir möchten $P(X \leq 230)$ berechnen. Aus r = 230, µ = 240 und σ = 10 erhalten wir den Wert der Hilfsgröße z. Er ist z = −1.

Nun können wir die gesuchte Wahrscheinlichkeit $P(X \leq 230)$ mithilfe der Normalverteilungstabelle bestimmen (vgl. rechts).

Resultat: Der Grizzly wird mit einer Wahrscheinlichkeit von ca 16 % relativ klein bleiben, d. h. 230 cm nicht überschreiten.

Berechnung der Hilfsgröße z:
$z = \frac{r - \mu}{\sigma} = \frac{230 - 240}{10} = -1$

Berechnung von $P(X \leq 230)$:
$P(X \leq 230) = \Phi(z) = \Phi(-1)$
$= 1 - \Phi(1)$
$= 1 - 0{,}8413$
$= 0{,}1587$

Übung 14
Eine Maschine produziert Schrauben mit einer durchschnittlichen Länge von $\mu = 80$ mm und einer Standardabweichung von $\sigma = 2$ mm.
a) Wie groß ist der Prozentsatz aller produzierten Schrauben, die länger sind als 78 mm?
b) Wie groß ist der Prozentsatz der Schrauben, deren Längen zwischen 78 und 82 mm liegen?
c) Nach längerer Laufleistung steigt die Standardabweichung auf $\sigma = 4$ mm. Welcher Prozentsatz der Schrauben liegt nun innerhalb des Toleranzbereichs von 78 mm bis 82 mm?

Abschließende Bemerkungen

Bei einer *diskreten Zufallsgröße* X gibt es zu jedem Wert k, den X annehmen kann, eine Säule im Verteilungsdiagramm, deren Fläche die Wahrscheinlichkeit $P(X = k)$ darstellt. Als Beispiel hierfür kann eine binomialverteilte Zufallsgröße gelten.

Bei einer *stetigen Zufallsgröße* X hat jeder Einzelwert r die Wahrscheinlichkeit Null, denn ihm entspricht im Verteilungsdiagramm keine Säule, sondern nur noch ein Strich. Man betrachtet daher für stetige Zufallsgrößen keine Punktwahrscheinlichkeiten, sondern nur Intervallwahrscheinlichkeiten $P(X \leq r)$, $P(X > r)$ bzw. $P(a \leq X \leq b)$.

Hieraus ergibt sich: Die Formel aus Satz XIX.3 benötigt *keine Stetigkeitskorrektur* im Gegensatz zu der Formel aus Satz XIX.2 für eine binomialverteilte Zufallsgröße.

Übungen

15. Ein Intelligenztest liefert im Bevölkerungsdurchschnitt einen Mittelwert von $\mu = 120$ Punkten bei einer Standardabweichung von $\sigma = 10$ Punkten.
    a) Eine zufällig ausgewählte Person wird getestet. Mit welcher Wahrscheinlichkeit erreicht sie weniger als 100 Punkte?
    b) 20 Personen werden getestet. Mit welcher Wahrscheinlichkeit erreicht davon mindestens eine Person 130 oder mehr Punkte?

16. Eine Maschine produziert Stahlplatten mit einer durchschnittlichen Stärke von 20 mm. Die Standardabweichung beträgt $\sigma = 0{,}8$ mm. Die Platten können nicht verwendet werden, wenn sie unter 19 bzw. über 22 mm stark sind.
    a) Berechnen Sie, mit welcher Wahrscheinlichkeit eine Platte verwendet werden kann.
    b) Ein Abnehmer kauft 500 Platten. Wie viele kann er voraussichtlich verwenden?
    c) Die Maschine wird neu justiert. Ihre Standardabweichung beträgt nun nur noch 0,6 mm. Wie viele brauchbare Platten enthält nun der Abnehmer von 500 Platten?

17. Die EG-Richtlinie für Abfüllmaschinen besagt: *Die tatsächliche Füllmenge darf im Mittel nicht niedriger sein als die Nennfüllmenge*. Bei Literflaschen beträgt die Nennfüllmenge 1000 ml. Ein Abfüllbetrieb hat seine Maschinen auf den Mittelwert $\mu = 1005$ ml eingestellt. Die unvermeidliche Streuung beträgt $\sigma = 3$ ml.
    a) Berechnen Sie, mit welcher Wahrscheinlichkeit ein Kunde eine unterfüllte Flasche erhält, d. h. mit weniger als 1000 ml tatsächlicher Füllmenge.
    b) Eine neue Maschine hat eine Streuung von nur $\sigma = 1$ ml. Wie muss der Mittelwert eingestellt werden, wenn die Wahrscheinlichkeit für eine Unterfüllung gleich bleiben soll?

18. Die mittlere Windgeschwindigkeit an der westlichen Ostsee beträgt 18 km/h. Die Standardabweichung beträgt 6 km/h. Zur Vorbereitung von Segelregatten werden Messungen vorgenommen bzw. Wahrscheinlichkeiten berechnet.
  a) Mit welcher Wahrscheinlichkeit wird bei einer Messung eine Windgeschwindigkeit über 25 km/h gemessen?
  b) Wie wahrscheinlich ist es, dass beim Start der Regatta der Wind mit einer Geschwindigkeit von über 15 km/h bläst?
  c) Es werden fünf zufällige Messungen vorgenommen. Mit welcher Wahrscheinlichkeit liegen alle Messwerte über 15 km/h?
  d) Mit welcher Wahrscheinlichkeit wird die Windgeschwindigkeit bei mindestens drei der zehn geplanten Regatten über 15 km/h liegen?

Die Kieler Woche: Das größte Segelsport-Ereignis der Welt

19. Das Durchschnittsgewicht eines Erwachsenen beträgt 70 kg mit einer Standardabweichung von 10 kg.
  a) Mit welcher Wahrscheinlichkeit wiegt eine zufällig ausgewählte Person mehr als 85 kg?
  b) Acht Personen besteigen einen Aufzug, der eine Tragfähigkeit von 650 kg besitzt. Mit welcher Wahrscheinlichkeit wiegt keine der Personen mehr als 80 kg, so dass die Tragfähigkeit in jedem Fall gewährleistet ist?
  c) Für einen Test werden zwanzig Personen mit einem Gewicht zwischen 65 kg und 75 kg benötigt. Wie viele Personen muss man überprüfen, um die zwanzig Testkandidaten zu finden?

20. Die Strandstraße ist eine 30-km-Zone. Die Fahrgeschwindigkeit wurde durch Radarmessungen statistisch in der Hauptverkehrszeit zwischen 15 und 17 Uhr erfasst. Es ergab sich eine angenäherte Normalverteilung mit $\mu = 32$ km/h und $\sigma = 7$ km/h.
  a) Welcher Prozentsatz der Fahrzeuge überschreitet das Geschwindigkeitslimit?
  b) Welcher Prozentsatz der Fahrer erhält ein Bußgeld, wenn dies ab 35 km/h verhängt wird?
  c) Die Geschwindigkeitsbegrenzung wird versuchsweise auf 50 km/h angehoben. Danach ergibt eine Messung, dass nur noch 30 % der Fahrer das Limit überschreiten. Welche Durchschnittsgeschwindigkeit wird nun gefahren, wenn die Standardabweichung 10 km/h ist?

XIX. Die Normalverteilung

Überblick

Die Gauß'sche Glockenkurve

$$\varphi(t) = \frac{1}{\sqrt{2\pi}} e^{-\frac{1}{2}t^2}$$

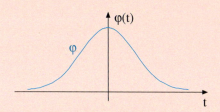

Die Gauß'sche Integralfunktion

$$\Phi(z) = \frac{1}{\sqrt{2\pi}} \int_{-\infty}^{z} e^{-\frac{1}{2}t^2}$$

Tabelle Seite 667

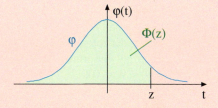

Die lokale Näherungsformel
Approximation der Binomialverteilung mithilfe der Gauß'schen Glockenkurve

X sei eine binomialverteilte Zufallsgröße. Dann kann $P(X = k) = B(n; p; k)$ mit der rechts aufgeführten Formel angenähert berechnet werden, wenn die sog. Laplace Bedingung $\sigma = \sqrt{n \cdot p \cdot (1-p)} > 3$ erfüllt ist.

$$P(X = k) = B(n; p; k) \approx \frac{1}{\sigma \cdot \sqrt{2\pi}} e^{-\frac{1}{2}z^2}$$

mit

$$z = \frac{k - \mu}{\sigma}, \mu = n \cdot p, \sigma = \sqrt{n \cdot p \cdot (1-p)}$$

Die globale Näherungsformel
Approximation der kumulierten Binomialverteilung mithilfe der Gauß'schen Integralfunktion

X sei eine binomialverteile Zufallsgröße. Dann kann $P(X \leq k) = F(n; p; k)$ mit der rechts aufgeführten Formel angenähert berechnet werden, wenn die sog. Laplace Bedingung $\sigma = \sqrt{n \cdot p \cdot (1-p)} > 3$ erfüllt ist. Φ ist die Gauß'sche Integralfunktion.

$$P(X \leq k) = F(n; p; k) \approx \Phi(z)$$

mit

$$z = \frac{k - \mu + 0{,}5}{\sigma}, \mu = n \cdot p, \sigma = \sqrt{n \cdot p \cdot (1-p)}$$

Normalverteilung einer stetigen Zufallsgröße

X sei eine normalverteilte stetige Zufallsgröße mit dem Erwartungswert µ und der Standardabweichung σ.
Dann gilt für jedes reelle r die rechts aufgeführte Formel.

$$P(X \leq r) = \Phi(z)$$

mit

$$z = \frac{r - \mu}{\sigma}$$

Test

Normalverteilung

1. Das abgebildete Glücksrad wird 200-mal gedreht. X sei die Anzahl der dabei insgesamt erzielten roten Sterne.
   a) Berechnen Sie den Erwartungswert µ und die Standardabweichung σ von X.
   b) Wie groß ist die Wahrscheinlichkeit für folgende Ergeignisse?
      A: Es kommt genau 80-mal ein roter Stern.
      B: Die Anzahl der roten Sterne ist nicht größer als die Anzahl der grünen Scheiben.
      C: Es gilt $60 \leq X \leq 100$.

2. a) Welche Bedingung muss erfüllt sein, damit die Binomialverteilung mit den Parametern n und p durch die Normalverteilung approximiert werden darf?
   b) Eine Maschine produziert mit einem Ausschussanteil von 5%. Die Zufallsgröße X beschreibt die Anzahl der fehlerhaften Teile in einer Stichprobe. Welchen Umfang muss die Stichprobe mindestens haben, damit die Binomialverteilung von X durch die Normalverteilung approximiert werden darf?

3. Eine Maschine befüllt Flaschen. In 2% der Fälle wird die Normfüllmenge unterschritten. Ein Großkunde führt eine Stichprobe durch, indem er 1000 Flaschen prüft.
   a) Welche Anzahl von unterfüllten Flaschen wird bei einer solchen Stichprobe im Durchschnitt erwartet? Wie groß ist die Standardabweichung?
   b) Ist die Stichprobe hinreichend groß, um die Normalverteilung anwenden zu können?
   c) Mit welcher Wahrscheinlichkeit findet der Kunde höchstens zwanzig unterfüllte Flaschen? Mit welcher Wahrscheinlichkeit findet er dreißig oder mehr unterfüllte Flaschen?
   d) Mit welcher Wahrscheinlichkeit findet der Kunde 20 bis 30 unterfüllte Flaschen?

4. In der Schatztruhe des sagenhaft reichen Königs befinden sich zahllose Golddukaten und Silberlinge. Der Anteil der Golddukaten liegt bei 60%.

   a) Der König lässt sich von seinem Schatzkanzler 50 zufällig aus der Truhe gegriffene Geldstücke bringen. Wie viele Golddukaten kann er erwarten? Wie groß ist die Wahrscheinlichkeit dafür, dass er genau 30 Golddukaten erhält?

   b) Für ein großes Festbankett werden der Schatztruhe zufällig 400 Geldstücke entnommen. Bestimmen Sie die Wahrscheinlichkeit folgender Ereignisse.
      A: Unter den entnommenen Geldstücken sind mindestens 250 Golddukaten.
      B: Unter den Geldstücken sind mindestens 230 und höchstens 245 Golddukaten.

Lösungen unter 588-1

XX. Komplexe Aufgaben

1. Analysis

A. Ganzrationale Funktionen

Hier werden ganzrationale Funktionen untersucht. Dabei werden auch weitergehende Fragestellungen und Parameterprobleme einbezogen.

> **Beispiel:** Gegeben sei die Funktion $f(x) = x^3 - 3x^2$.
> a) Führen Sie eine Kurvendiskussion durch (Nullstellen, Extrema, Wendepunkte, Graph).
> b) Der Graph von f und die x-Achse schließen eine Fläche ein. Bestimmen Sie deren Inhalt.
> c) Bestimmen Sie die Gleichung der Wendenormalen von f.
> d) Vom Ursprung des Koordinatensystems geht eine Gerade g aus, die den Graphen von f in einem Punkt $P(x_0|f(x_0))$ des 4. Quadranten tangential trifft. Bestimmen Sie x_0 ($x_0 \neq 0$).

Lösung zu a:
Nullstellen:
$0 = x^2 \cdot (x-3)$, $x_1 = 0$, $x_2 = 3$

Extrema:
$f'(x) = 3x^2 - 6x$, $f''(x) = 6x - 6$, $f'''(x) = 6$
$f'(x) = 3x^2 - 6x = 0$
$x = 0$ bzw. $x = 2$
$x = 0$: $f''(0) = -6 < 0 \Rightarrow H(0|0)$
$x = 2$: $f''(2) = 6 > 0 \Rightarrow T(2|-4)$

Wendepunkte:
$f''(x) = 6x - 6 = 0$
$x = 1$
$f'''(1) = 6 > 0 \Rightarrow$ RL-WP $W(1|-2)$

Graph:

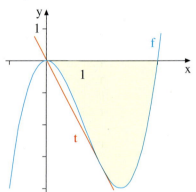

Lösung zu b:
Durch Integration von f und Einsetzen der Grenzen erhalten wir als Flächeninhalt den Wert $A = 6{,}75$.
Hier muss der Betrag des bestimmten Integrals genommen werden, da A unterhalb der x-Achse liegt.

Flächeninhalt:
$$\int_0^3 (x^3 - 3x^2)\,dx = \left[\tfrac{1}{4}x^4 - x^3\right]_0^3 = -6{,}75$$
$\Rightarrow A = 6{,}75$

Lösung zu c:
Da die Wendenormale senkrecht auf der Tangente durch W steht, erhalten wir als Normalensteigung den Wert $m = \tfrac{1}{3}$.
Setzen wir dies zusammen mit den Koordinaten von W in den Ansatz von n ein, erhalten wir $b = -\tfrac{7}{3}$.
▼ Resultat: $n(x) = \tfrac{1}{3}x - \tfrac{7}{3}$.

Wendenormale:
Ansatz: $n(x) = mx + b$
1. $m = -\dfrac{1}{f'(1)} = -\dfrac{1}{-3} = \dfrac{1}{3}$
2. $W(1|-2)$: $\tfrac{1}{3} \cdot 1 + b = -2 \Rightarrow b = -\tfrac{7}{3}$

Resultat: $n(x) = \tfrac{1}{3}x - \tfrac{7}{3}$

Lösung zu d:
Für die Ursprungsgerade verwenden wir den Ansatz $g(x) = m \cdot x$.
An der Berührstelle x_0 stimmen f und g sowohl im Funktionswert als auch in der Steigung überein, d.h. es gilt $f(x_0) = g(x_0)$ sowie $f'(x_0) = g'(x_0)$.
Dies führt auf die Gleichungen I und II. Durch Einsetzen von II in I ergibt sich eine Gleichung dritten Grades, deren Lösungen $x_0 = 0$ und $x_0 = 1{,}5$ sind. Die gesuchte
▸ Tangente berührt f also bei $x_0 = 1{,}5$.

Berührpunkt von g und f:
Ansatz: $g(x) = m \cdot x$

$g(x_0) = f(x_0) \Rightarrow$ I: $m x_0 = x_0^3 - 3 x_0^2$
$g'(x_0) = f'(x_0) \Rightarrow$ II: $m = 3 x_0^2 - 6 x_0$

II in I:
$$3 x_0^3 - 6 x_0^2 = x_0^3 - 3 x_0^2$$
$$2 x_0^3 - 3 x_0^2 = 0$$
$$x_0^2 \cdot (2 x_0 - 3) = 0$$
$$x_0 = 0,\ x_0 = 1{,}5$$

1. Kanal

Gegeben sei die Funktion $f(x) = \frac{1}{18}x^3 - \frac{1}{2}x^2$.

a) Bestimmen Sie die Nullstellen von f.
b) Bestimmen Sie die Extrema und Wendepunkte von f.
c) Zeichnen Sie den Graphen von f für $-2 \leq x \leq 10$.
d) Für $0 \leq x \leq 9$ beschreibt der Graph von f das Grundprofil eines Kanals.
   Welche Querschnittsfläche kann die Wassermenge maximal besitzen?

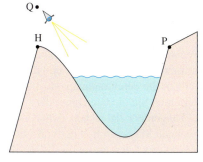

e) Ab welcher Höhe h senkrecht über dem Punkt $H(0|0)$ ist das gesamte Grundprofil des Kanals bei Leerstand lückenlos einsehbar?
f) Zeigen Sie, dass die Wendenormale von f oberhalb des Punktes P verläuft. P liegt auf gleicher Höhe wie H.

2. Brücke mit Durchfahrt

Abgebildet ist der Querschnitt einer Brücke (Längenangaben in m). Die Durchfahrt wird durch eine Parabel $f(x) = b - ax^4$ beschrieben. Die Böschungskurven werden durch Parabeln 2. Grades beschrieben:
$h_{1/2}(x) = a(x - x_s)^2 + y_s$

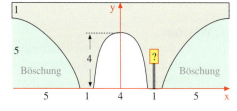

a) Bestimmen Sie die Gleichungen von f, h_1 und h_2.
b) Vor der Durchfahrt soll ein Hinweisschild für die maximal zulässige Durchfahrtshöhe aufgestellt werden. Es soll sich auf schmale Fahrzeuge bis 2 m Breite beziehen. In der Höhe sollen 50 cm Sicherheitsabstand berücksichtigt werden.
   Welche Höhenangabe muss auf das Schild?
c) Der Fahrer eines 3 m breiten und 2,7 m hohen Trucks plant eine Durchfahrt.
   Könnte sie gelingen?
d) Die Brücke ist 4 m breit. Bestimmen Sie das Volumen.
e) An welchen Stellen haben die Böschungsfundamente 45° Steigung?

3. Biquadratische Funktion

Gegeben sei die Funktion $f(x) = 0{,}5x^4 - 2x^2 + 1{,}5$.

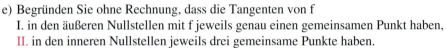

a) Bestimmen Sie die Nullstellen von f.
b) Bestimmen Sie die Extrema und Wendepunkte von f.
c) Zeichnen Sie den Graphen von f für $-2{,}5 \leq x \leq 2{,}5$.
d) Bestimmen Sie den Inhalt der markierten Fläche.
e) Begründen Sie ohne Rechnung, dass die Tangenten von f
   I. in den äußeren Nullstellen mit f jeweils genau einen gemeinsamen Punkt haben,
   II. in den inneren Nullstellen jeweils drei gemeinsame Punkte haben.
f) Unter welchem Winkel schneiden sich die Tangenten der beiden inneren Nullstellen?

4. Berg mit Turm

Gegeben ist die Funktion $f(x) = \frac{1}{6}x(x-3)^2$.

a) Berechnen Sie die Nullstellen der Funktion.
b) Bestimmen Sie die Extrema und die Wendepunkte von f.
c) Zeichnen Sie den Graphen von f für $-1 \leq x \leq 6$.
d) Bestimmen Sie die Gleichung der Ursprungstangente t von f.
e) Die Tangente t hat neben dem Ursprung noch den Punkt $P(6|f(6))$ mit f gemeinsam. Berechnen Sie den Inhalt der von f und t eingeschlossenen Fläche A.
f) Die Funktion f beschreibt für $0 \leq x \leq 3$ einen Berg (1 LE = 100 m). Wie groß ist das maximale Gefälle des Berges rechts des Gipfels?
Wie hoch müsste ein Turm auf dem Gipfel sein, um die gesamte östliche Bergflanke überblicken zu können?

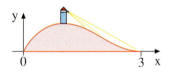

5. Weinfass

Die Abbildung zeigt den Querschnitt eines Fasses. Die Begrenzungen f und g werden durch die Parabeln $f(x) = 3 - \frac{1}{16}x^2$ bzw. $g(x) = -3 + \frac{1}{16}x^2$ für $-4 \leq x \leq 4$ beschrieben (1LE = 1dm).

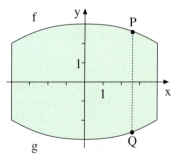

a) Berechnen Sie den Durchmesser des Fassbodens.
b) In welchem Abstand vom Fassboden hat die Strecke PQ 5 dm?
c) Welchen Steigungswinkel hat f im Punkt $T(\sqrt{8}|2{,}5)$?
d) Bestimmen Sie das Fassvolumen durch Rotation des oberen Bogens f um die x-Achse.
e) Bestimmen Sie das Fassvolumen angenähert.

Einfache Kurvenscharen

Die Funktionsgleichung $f_a(x) = x^2 - ax$ $(a \in \mathbb{R})$ beschreibt nicht eine einzige Funktion, sondern gleich eine ganze *Kurvenschar*, denn für jeden Wert von a erhält man eine andere Funktion. a heißt *Scharparameter* der Kurvenschar f_a.

▶ **Beispiel:** Führen Sie eine Kurvendiskussion der Kurvenschar $f_a(x) = x^2 - ax$ $(a \in \mathbb{R})$ durch. Berechnen Sie die Lage der Nullstellen und Extrema von f_a in Abhängigkeit vom Scharparameter a. Skizzieren Sie anschließend die Graphen der speziellen Scharfunktionen f_1, f_3 und $f_{-1,5}$.

Lösung:
Ableitungen:
$f_a(x) = x^2 - ax$
$f_a'(x) = 2x - a$
$f_a''(x) = 2$

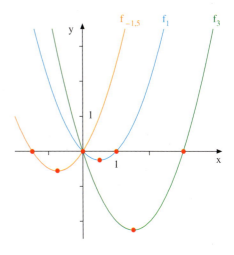

Nullstellen:
$f_a(x) = x^2 - ax = x \cdot (x - a) = 0$
$\Rightarrow x = 0$ und $x = a$

Extrema:
$f_a'(x) = 2x - a = 0 \Rightarrow x = \frac{a}{2}$
$f_a''\left(\frac{a}{2}\right) = 2 > 0 \quad \Rightarrow$ Minimum
▶ Tiefpunkt: $T\left(\frac{a}{2} \mid -\frac{a^2}{4}\right)$

Häufig steht man vor der Aufgabe, aus einer Kurvenschar diejenige Kurve auszusortieren, die eine bestimmte, vorgegebene Eigenschaft hat.

🔴 593-1

▶ **Beispiel:**
a) Welche Kurve der Schar $f_a(x) = x^2 - ax$ hat an der Stelle $x = 3$ die Steigung 1?
b) Gibt es eine Kurve der Schar f_a, die genau eine Nullstelle besitzt?

Lösung zu a:
Eine Kurve der Schar f_a hat an der Stelle $x = 3$ die Steigung 1, wenn $f_a'(3) = 1$ gilt.
Daraus folgt:
$f_a'(3) = 6 - a = 1 \quad \Rightarrow \quad a = 5$.
Also ist $f_5(x) = x^2 - 5x$ die gesuchte
▶ Funktion.

Lösung zu b:
Im obigen Beispiel wurde bereits gezeigt, dass die Nullstellen bei $x = 0$ und $x = a$ liegen. Für $a = 0$ gibt es also nur genau eine Nullstelle. Folglich besitzt die Funktion $f_0(x) = x^2$ genau eine Nullstelle.

Lösung zu c):
Der Tiefpunkt von f liegt über der x-Achse (s. Graph). Daher kann f keine Nullstellen besitzen.

Lösung zu d):
Zum Nachweis, dass $F(x) = 2xe^{0,5x} + 2x$ eine Stammfunktion der gegebenen Funktion $f(x) = (x+2) \cdot e^{0,5x} + 2$ ist, wird die Ableitung von F(x) gebildet.
Mit der Produktregel und der Kettenregel ergibt sich $F'(x) = f(x)$. Also ist F eine Stammfunktion von f.

Nachweis einer Stammfunktion:
$F'(x) = 2e^{0,5x} + 2xe^{0,5x} \cdot 0,5 + 2$
$= 2e^{0,5x} + xe^{0,5x} + 2$
$= (x+2) \cdot e^{0,5x} + 2$
$= f(x)$

Lösung zu e):
Die Gleichung der Tangente von f im Kurvenpunkt $P(x_0 | f(x_0))$ lautet allgemein:
$t(x) = f'(x_0)(x - x_0) + f(x_0)$
Für den Wendepunkt $W(-6 | 1,8)$ erhalten wir daher – wie rechts ausgeführt – angenähert die Wendetangente $t(x) = -0,05x + 1,5$.

Bestimmung der Wendetangente:
$m = f'(-6) = -e^{-3} \approx -0,05$

$t(x) = -0,05(x+6) + 1,8$
$= -0,05x + 1,5$

Aus der Skizze auf der vorherigen Seite kann man entnehmen, dass sich das zu untersuchende Flächenstück als bestimmtes Integral der Differenzfunktion $f(x) - t(x)$ über dem Intervall $[-6; 0]$ bestimmen lässt.

▶ Resultat: $A \approx 2,7$.

Flächenberechnung:
$A = \int_{-6}^{0} (f(x) - t(x))dx$
$= [2x \cdot e^{0,5x} + 0,025x^2 + 0,5x]_{-6}^{0}$
$\approx 2,7$

1. Gegeben ist die Funktion $f(x) = 4(x-1)e^{-0,5x}$.
   a) Bestimmen Sie die Nullstelle der Funktion f.
   b) Die Funktion f beschreibt den Blutalkoholgehalt einer Person nach dem Konsum eines Liters Wein (x: Zeit in Stunden, f(x): Alkoholgehalt in Promille). Wann ist der Blutalkoholgehalt am größten? Wie groß ist er dann? Skizzieren Sie den Graphen von f für $0 \leq x \leq 7$.
   c) Zeigen Sie, dass $F(x) = -8(x+1) \cdot e^{-0,5x}$ eine Stammfunktion von f ist.
   d) Welches achsenparallele Rechteck, dessen eine Ecke im Koordinatenursprung und dessen gegenüberliegende Ecke $P(x | f(x))$ mit $x > 1$ auf dem Graphen von f liegt, hat maximalen Inhalt?

2. Gegeben ist die Funktion $f(x) = e \cdot x + e^{-x}$.
   a) Untersuchen Sie f auf Extremal- und Wendepunkte. Zeichnen Sie den Graphen für $-2,5 \leq x \leq 2$.
   b) Begründen Sie: Der Graph von f(x) nähert sich der Geraden $y = e \cdot x$ für $x \to \infty$.
   c) $g(x) = ax^2 + bx + c$ sei eine ganzrationale Funktion 2. Gerades, die an den Stellen $x = 0$ und $x = -1$ die gleichen Werte wie f annimmt und an der Stelle $x = -1$ die gleiche Steigung wie f besitzt. Bestimmen Sie die Funktionsgleichung von g.
   d) Der Graph von f und die Koordinatenachsen schließen im 2. Quadranten eine Fläche ein. Um wie viel Prozent verändert sich der Flächeninhalt, wenn anstelle des Graphen von f der Graph von g zur Flächenberechnung verwendet wird?

1. Analysis | Exponentialfunktionen

▶ **Beispiel: Bergziegen**

Gegeben ist die Funktion $f(x) = 4 + 5e^{-2x} - 4e^{-0,5x}$. Die Funktion beschreibt den Bestand von Bergziegen in einer Alpenregion. x: Zeit in Jahren, f(x): Ziegenbestand in Tausend.

a) Wie groß ist der Anfangsbestand und wie entwickelt er sich? Erstellen Sie eine Wertetabelle, und zeichnen Sie den Graphen der Funktion.
b) Berechnen Sie den Extremalpunkt und den Wendepunkt von f. Erläutern Sie die Bedeutung dieser Werte für den Tierbestand.
c) Welchen Inhalt hat die Fläche A unter dem Graphen von f über dem Intervall I = [0; 10]? Welche Bedeutung hat der Term $\frac{1}{10}\int_0^{10} f(x)dx$?

Lösung zu a):
Wir erstellen eine Wertetabelle und zeichnen den Graphen der Funktion.
Wir sehen, dass der Graph ausgehend von P(0|5) zunächst fällt, bis ein Minimum erreicht ist. Dann steigen die Funktionswerte wieder an, werden aber nie größer als 4.
Der Anfangsbestand der Tiere lag bei 5000. Er nahm innerhalb eines Jahres auf fast 2200 Tiere ab, steigt jedoch langfristig wieder auf einen Bestand von ca. 4000.

Lösung zu b):
Die Ableitungen werden mit Hilfe der Kettenregel bestimmt.

Mithilfe der ersten Ableitung bestimmen wir den Extremalpunkt von f.
T(1,07|2,25) ist der Tiefpunkt des Graphen. Seine Bedeutung für das Anwendungsproblem lautet: Nach gut einem Jahr ist der Bestand auf einen Tiefststand von ca. 2250 Tieren gefallen.

Mithilfe der zweiten Ableitung bestimmen wir den Wendepunkt von f.
Der Wendepunkt des Graphen liegt bei W(2,00|2,62). Es handelt sich um einen Links-Rechts-Wendepunkt.
Die Bedeutung des Wendepunktes für das Anwendungsproblem lautet: Nach ca. 2 Jahren ist die Anstiegsrate der Population am stärksten. Sie beträgt dann ca. $f'(2) \approx 0,55$.
Das heißt: Die Anstiegsrate beträgt dann 550 Tiere/Jahr bzw. 46 Tiere/Monat.

Wertetabelle:

x	0	1	2	3	6	10
f(x)	5	2,25	2,62	3,12	3,80	3,97

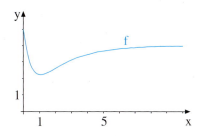

Ableitungen:
$f'(x) = -10e^{-2x} + 2e^{-0,5x}$
$f''(x) = 20e^{-2x} - e^{-0,5x}$
$f'''(x) = -40e^{-2x} + 0,5e^{-0,5x}$

Extrema:
$f'(x) = -10 \cdot e^{-2x} + 2e^{-0,5x} = 0$
$e^{1,5x} = 5$
$x = \frac{\ln 5}{1,5} \approx 1,07$
$y \approx 2,25$
$f''(1,07) \approx 1,75 > 0 \Rightarrow$ Minimum

Wendepunkt:
$f''(x) = -20 \cdot e^{-2x} - e^{-0,5x} = 0$
$e^{1,5x} = 20$
$x = \frac{\ln 20}{1,5} \approx 2,00$
$y \approx 2,62$
$f'''(2) \approx -0,55 < 0 \Rightarrow L-R-WP$

Lösung zu c):
Zunächst ist eine Stammfunktion von f zu bestimmen.
Den gesuchten Flächeninhalt A erhalten wir als bestimmtes Integral von f in den Grenzen von 0 bis 10.
Die Fläche A hat den Inhalt 34,55.

Stammfunktion und Flächeninhalt:
$$F(x) = 4x - \frac{5}{2}e^{-2x} + 8e^{-0,5x}$$
$$A = \int_0^{10} f(x)dx = F(10) - F(0)$$
$$= 40,05 - 5,5 = 34,55$$

Der Term $\frac{1}{10}\int_0^{10} f(x)dx$ gibt den durchschnittlichen Funktionswert der Funktion f in den betrachteten 10 Jahren an. Es beträgt 3,455. Damit beträgt die durchschnittliche Populationsgröße während der ersten 10 Jahre ca. 3455 Tieren.

Bedeutung des Terms $\frac{1}{10}\int_0^{10} f(x)dx$:

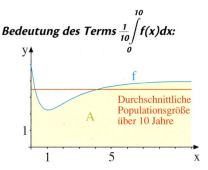

3. Kurvenschar

Gegeben sei die Funktionenschar $f_a(x) = \frac{1}{2}x + ae^{-x}$, $a > 0$.

a) Untersuchen Sie f_a auf Extrema und Wendepunkte in Abhängigkeit vom Parameter a.
b) Für welchen Wert von a liegt das Minimum auf der x-Achse? Für welchen Wert von a liegt das Minimum auf der horizontalen Geraden $y(x) = \frac{1}{2}$?
c) Zeichnen Sie den Graphen von f_a für $a = \frac{1}{2}$ und $a = 2$.
d) In welchem von a abhängigen Punkt P_a schneidet der Graph von f_a die y-Achse?
e) t_a sei die Tangente an den Graphen von f_a im Schnittpunkt P_a mit der y-Achse. Bestimmen Sie die Gleichung von t_a. Weisen Sie nach, dass alle Geraden der Schar t_a einen gemeinsamen Punkt Q besitzen. Bestimmen Sie Q.

4. Kurve zum grippalen Infekt

Gegeben ist die Funktion $f(x) = xe^{-0,5x}$.

a) Untersuchen Sie die Funktion f auf Nullstellen, Extrema und Wendepunkte, sowie das Verhalten für $x \to \pm\infty$. Zeichnen Sie den Graphen von f.
b) Zeigen Sie, dass $F(x) = (-2x - 4) \cdot e^{-0,5x}$ eine Stammfunktion von f ist.
c) Berechnen Sie den Inhalt der Fläche A unter dem Graphen von f über dem Intervall $I = [0; 7]$.
d) Anja liegt mit einem schweren grippalen Infekt im Bett. Die Funktion $T(x) = 4f(x) + 36,6$ beschreibt ihre Körpertemperatur zur Zeit x nach Auftreten des Infekts (x in Tagen, T(x) in °C). Welche Durchschnittstemperatur hat Anja in der ersten Woche des Infekts?
Der Volksmund behauptet: Eine Grippe dauert ca. 10 Tage. Trifft diese Aussage für Anjas Infekt ebenfalls zu?

5. Designer-Logo

Betrachtet werden die beiden Funktionen
$f(x) = e^{0,5x-1}$ und $g(x) = e^{0,25-0,75x}$.

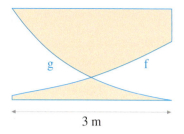

a) Erstellen Sie eine Wertetabelle und zeichnen Sie die Funktionen im Bereich $-1 \leq x \leq 4$.
b) Berechnen Sie die Koordinaten des Schnittpunktes der Funktionen.
c) Ein Designer entwickelt aus den beiden Funktionen das schematisch dargestellte Logo der Breite 3 cm, wobei der Schnittpunkt der Graphen genau in der Mitte liegt. Welche Höhe und welchen Flächeninhalt hat das Logo?

6. Fläche eines Waldes

Gegeben ist die Funktion $f(x) = (3-x)e^x$.

a) Untersuchen Sie die Funktion aus Nullstellen, Extrema und Wendepunkte. Zeichnen Sie den Graphen von f im Bereich $[-1; 3]$.
b) Für $0 \leq x \leq 3$ wandert der Punkt $P(x|f(x))$ auf dem Graphen von f. Der Punkt P bildet mit dem Koordinatenursprung O und dem Punkt $Q(x|0)$ ein rechtwinkliges Dreieck OQP. Wie muss der Punkt P gewählt werden, damit das Dreieck maximalen Flächeninhalt hat?
c) Zeigen Sie, dass $F(x) = (4-x) \cdot e^x$ eine Stammfunktion von f ist.
d) Ein Waldstück wird begrenzt vom Graphen der Funktion f und den Koordinatenachsen. Die Längeneinheit entspricht 100 m. Das dreieckige Teilstück, das von den Koordinatenachsen und der Geraden durch die Achsenschnittpunkte von f begrenzt wird, soll abgeholzt werden. Welcher Anteil der Waldfläche bleibt erhalten?

7. Bakterienkultur

Gegeben ist die Funktion $f(x) = e^{2x-0,5x^2}$.

a) Weisen Sie die Gültigkeit der Beziehung $f(2+x) = f(2-x)$ für die Funktion f nach. Erläutern Sie die Bedeutung dieser Gleichung.
b) Die Funktion f ist von der Form $f(x) = e^{g(x)}$. An welcher Stelle nimmt die Funktion g ihr Maximum an? Begründen Sie, dass die Funktion f an derselben Stelle ein Maximum hat.
c) Die Funktion $h(x) = 10^6 \cdot f(x)$ beschreibt das Wachstum einer Bakterienkultur (x: Zeit in Wochen seit Beginn, h(x): Anzahl der Bakterien zur Zeit x).
Geben Sie den Anfangsbestand sowie die durchschnittliche Zuwachsrate (in Bakt./Tag) der ersten beiden Wochen an.

8. Grundstück mit maximaler Halle

Gegeben ist die Funktion $f(x) = (4 - 2x) \cdot e^x$.

Teil I

a) Ermitteln Sie die Koordinaten der Schnittpunkte von f mit den Koordinatenachsen und geben Sie das Verhalten der Funktionswerte für $x \to \infty$ und $x \to -\infty$ an.

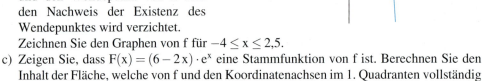

b) Bestimmen Sie den Extrempunkt und den Wendepunkt von f. Auf den Nachweis der Existenz des Wendepunktes wird verzichtet.
Zeichnen Sie den Graphen von f für $-4 \leq x \leq 2{,}5$.

c) Zeigen Sie, dass $F(x) = (6 - 2x) \cdot e^x$ eine Stammfunktion von f ist. Berechnen Sie den Inhalt der Fläche, welche von f und den Koordinatenachsen im 1. Quadranten vollständig begrenzt wird.

d) Allgemeiner sei $f_a(x) = (4 - ax)e^x$. Überprüfen Sie, ob die Tangenten an den Graphen von f_a an der Stelle $x_0 = -1$ parallel zueinander verlaufen.

Teil II

e) Die Koordinatenachsen und f begrenzen für $-4 \leq x \leq 0$ im Modell ein Grundstück. Die Einheit sei 100 Meter.
Auf dem Grundstück soll eine rechteckige Halle mit den Eckpunkten $O(0|0)$, $A(0|f(u))$, $B(u|f(u))$ und $C(u|0)$ ($u < 0$) und mit möglichst großer Grundfläche errichtet werden. Bestimmen Sie die maximal mögliche Grundfläche der Halle.

f) Laut Bebauungsplan dürfen maximal 60 % der Fläche bebaut werden.
Wird dieses Kriterium von der maximalen Hallenversion eingehalten?

9. Küstenstraße

Gegeben ist die Funktion $f(x) = \frac{2}{x} \cdot e^{-x+1}$.

Teil I

a) Weisen Sie nach, dass der Graph von f die Koordinatenachsen nicht schneidet.

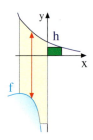

b) Bestimmen Sie den Punkt P, in dem die Tangente an f waagerecht verläuft.

c) Sei $h(x) = x \cdot f(x)$. Zeichnen Sie den Graphen von h für $-1 \leq x \leq 4$.

d) Wie muss $u > 0$ gewählt werden, damit das Rechteck $O(0|0)$, $A(u|0)$, $B(u|h(u))$ und $C(0|h(u))$ möglichst geringen Umfang hat?

Teil II

e) Der Graph von f beschreibt für $x < 0$ modellhaft einen Küstenabschnitt, h den Verlauf der Küstenstraße. Bestimmen Sie den Punkt Q, in dem der vertikale Abstand der Straße zur Küste am kleinsten ist.

f) An welcher Stelle verläuft die Küstenstraße parallel zur Küste?
Welchen Schnittwinkel haben beide Kurventangenten dann mit der x-Achse?

10. Erholungsgebiet

Gegeben ist die Funktion $f(x) = x \cdot e^{2-x}$.

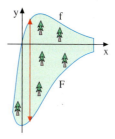

Teil I

a) Untersuchen Sie das Verhalten der Funktionswerte für $x \to \infty$ und $x \to -\infty$. Ermitteln Sie die Nullstelle, den Extrempunkt und den Wendepunkt von f.

Bestimmen Sie die Gleichung der Tangente an den Graphen von f im Wendepunkt.

b) Zeigen Sie, dass $F(x) = -(x+1) \cdot e^{2-x}$ eine Stammfunktion von f ist.
Bestimmen Sie den Inhalt der Fläche, welche von f, der x-Achse und der senkrechten Geraden $x = 4$ begrenzt wird.

c) Bestimmen Sie $u > 0$ so, dass das Dreieck mit den Eckpunkten $O(0|0)$, $B(2u|0)$ und $C(u|f(u))$ einen möglichst großen Flächeninhalt hat.

Teil II

d) Die Graphen von f und F begrenzen zusammen mit der Geraden $x = 4$ ein Erholungsgebiet.
Wie lang ist die längste in Nord-Süd-Richtung liegende Strecke im Erholungsgebiet?

11. Waldschonung

Gegeben sind die Funktionen

$f(x) = (2x+1) \cdot e^{\frac{x}{2}}$ und $g(x) = (2x-4) \cdot e^{\frac{x}{2}}$.

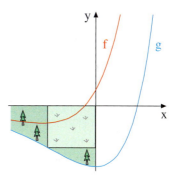

Teil I

a) Ermitteln Sie die Schnittpunkte von f mit den Koordinatenachsen, sowie Art und Lage des Extrempunktes und die Koordinaten des Wendepunktes von f.

b) Zeichnen Sie den Graphen von f. Bestimmen Sie Gleichung der Tangente an den Graphen von f im Schnittpunkt mit der y-Achse. Für welche x-Werte unterscheiden sich die Funktionswerte von f und g um weniger als 0,1?

c) Ermitteln Sie im Bereich $-2 \leq x \leq 0$ den Inhalt der Fläche, die zwischen den Graphen von f und g liegt.

d) Sei $k(x) = e^{\frac{5}{4}} \cdot f(x)$. Weisen Sie nach, dass der Graph von k durch eine geeignete Verschiebung längs der x-Achse aus dem Graphen von g entsteht.

Teil II

e) Die Koordinatenachsen und der Graph von g begrenzen für $-4 \leq x \leq 0$ im 3. Quadranten ein Flächenstück, das im Modell ein Waldgebiet beschreibt. Die Einheit sei 100 Meter. In diesem Gebiet soll ein möglichst großes achsenparalleles rechteckiges Areal als Schonung eingezäunt werden. Berechnen Sie die Maße der Schonung.

f) Zeigen Sie, dass $G(x) = 4(x-4) \cdot e^{0,5x}$ eine Stammfunktion von g ist, und ermitteln Sie den Flächeninhalt des Waldgebietes.

Kurvenuntersuchungen

12. Gegeben ist die Funktion $f(x) = 2x\,e^x + 3$.
    a) Erstellen Sie eine Wertetabelle und zeichnen Sie den Graphen von f für $-4 \leq x \leq 1$.
    b) Bestimmen Sie die Extremalpunkte und Wendepunkte von f und untersuchen Sie durch Testwerte das Verhalten von f für $x \to \pm\infty$.
    c) Zeigen Sie, dass $F(x) = 2(x-1) \cdot e^x + 3x$ eine Stammfunktion von f ist. Berechnen Sie den Inhalt der Fläche A zwischen dem Graphen von f und der x-Achse über $[0;1]$.
    d) Die Fläche A wird durch die Gerade $y(x) = 5x$ zweigeteilt. Zeigen Sie, dass die beiden Teilflächen gleich groß sind.
    e) Unter welchem Winkel schneidet der Graph von f die y-Achse?

13. Gegeben sind die Funktionen $f(x) = 6 - \frac{3}{e^x+1}$ und $g(x) = \ln(e^x+1)$.
    a) Untersuchen Sie die Funktion f auf Achsenschnittpunkte und bestimmen Sie das Verhalten von f für $x \to \pm\infty$. Zeichnen Sie den Graphen von f für $-6 \leq x \leq 6$.
    b) Weisen Sie nach: $f(x) = 3 + \frac{3e^x}{e^x+1}$.
    c) Nun wird die Funktion g betrachtet. Geben Sie den Definitionsbereich von g an. Untersuchen Sie das Verhalten der Funktion für $x \to -\infty$. Weisen Sie nach: Die Funktion g nimmt nur Steigungswerte zwischen 0 und 1 an.
    d) Zeigen Sie, dass $F(x) = 3x + 3\ln(e^x+1)$ eine Stammfunktion von f ist, und berechnen Sie die Fläche A zwischen dem Graphen von f und der horizontalen Geraden $y(x) = 6$ über dem Intervall $I = [0;5]$.

14. Gegeben ist die Funktion $f(x) = (2 + 2x^2) \cdot e^{-x}$.
    a) Untersuchen Sie f auf Nullstellen, Extrema und Wendepunkte.
    b) Zeichnen Sie den Graphen von f für $0 \leq x \leq 10$.
    c) Zeigen Sie, dass $F(x) = -2(x^2 + 2x + 3) \cdot e^{-x}$ eine Stammfunktion von f ist. Bestimmen Sie den Inhalt der Fläche A zwischen dem Graphen von f und der x-Achse über dem Intervall $[0;10]$.
    d) Bestimmen Sie die Gleichung der rechten Wendetangente g im zweiten, rechts liegenden Wendepunkt. Tragen Sie den Graphen von g in Ihre Zeichnung ein.
    e) Zeigen Sie, dass der unter c) berechnete Inhalt der Fläche A ungefähr mit dem Inhalt der von g und den Koordinatenachsen eingeschlossenen Fläche B übereinstimmt. Erklären Sie dies anhand des Graphen.
    f) An welcher Stelle des Intervalls $[0;6]$ ist der Graph von f am steilsten?

15. Gegeben ist die Funktion $f(x) = (x-2) \cdot e^x$.

a) Untersuchen Sie die Funktion f auf Nullstellen, Extrema und Wendepunkte.
b) Zeichnen Sie den Graphen von f für $-3 \leq x \leq 2{,}5$.
c) Wo schneidet die Wendenormale die x-Achse?
d) Zeigen Sie, dass $F(x) = (x-3) \cdot e^x$ eine Stammfunktion von f ist.
e) Bestimmen Sie den Inhalt der Fläche A, die vom Graphen von f und den Koordinatenachsen im 4. Quadranten umschlossen wird.
f) Die Punkte $A(z|0)$, $B(z|f(z))$ und $C(2|0)$ bilden für $z < 2$ ein Dreieck, das um die x-Achse rotiert. Für welchen Wert von z ist das Volumen des so entstehenden Kegels maximal?

16. Gegeben ist die Funktion $f(x) = (x+3) \cdot e^{-0{,}5x}$.

a) Untersuchen Sie die Funktion f auf Nullstellen, Extrema und Wendepunkte.
b) Zeichnen Sie den Graphen von f für $-3{,}5 \leq x \leq 6$.
c) Wie verhält sich die Funktion f für $x \to \infty$ und $x \to -\infty$?
d) Zeigen Sie, dass $F(x) = -2(x+5) \cdot e^{-0{,}5x}$ eine Stammfunktion von f ist.
e) Bestimmen Sie den Inhalt der Fläche A, die vom Graphen von f und den Koordinatenachsen und der Geraden $x = 3$ vollständig begrenzt wird.
f) Berechnen Sie die Koordinaten des Schnittpunktes der Graphen der Funktionen f und $g(x) = e^{-0{,}5x}$. Unter welchem Winkel schneiden sich diese beiden Kurven?
g) Vom Punkt $P(5|0)$ sollen Tangenten an den Graphen von f gelegt werden. Bestimmen Sie die Berührpunkte und die Tangentengleichungen.

17. Gegeben ist die Funktion $f(x) = (e^x - 2)^2$.

a) Untersuchen Sie die Funktion f auf Nullstellen, Extrema und Wendepunkte.
b) Zeichnen Sie den Graphen von f für $-1{,}5 \leq x \leq 1{,}5$.
c) Wie verhält sich die Funktion f für $x \to \infty$ und $x \to -\infty$?
d) Bilden Sie eine Stammfunktion F von f.
   (Hinweis: Zunächst die Klammer im Funktionsterm von f auflösen.)
e) Bestimmen Sie den Inhalt der Fläche A, die vom Graphen von f und den Koordinatenachsen im 1. Quadranten eingeschlossen wird.
f) Wo schneidet die Wendenormale die x-Achse?
g) Bestimmen Sie die Schnittstellen von f und $g(x) = e^x$.
   Für welchen Wert von x zwischen diesen Schnittstellen ist der Abstand von f und g (d.h. die Differenz der Funktionswerte von f und g) am größten?

18. Gegeben sei die Funktion $f(x) = (x-1)e^{2-x}$.
- a) Bestimmen Sie die Schnittpunkte mit den Koordinatenachsen, die lokalen Extrema sowie die Wendepunkte.
- b) Zeichnen Sie auf der Grundlage der Ergebnisse von Teil a) den Graphen von f.
- c) Bestimmen Sie den betragsmäßig größten Steigungswinkel des Graphen von f für $x > 2$.
- d) Zeigen Sie, dass $F(x) = -x \cdot e^{2-x}$ eine Stammfunktion von f ist.
  Der Graph von f schließt mit der Geraden $x = 4$ sowie der x-Achse eine Fläche ein. Bestimmen Sie deren Inhalt.
- e) Der Ursprung und ein Punkt des Graphen von f im ersten Quadranten sind gegenüberliegende Eckpunkte eines achsenparallelen Rechtecks. Bestimmen Sie den maximalen Inhalt eines solchen Rechtecks.
- f) Bestimmen Sie die Gleichung der Tangente an den Graphen von f im Punkt $Q(1|0)$.

19. Gegeben sei die Funktion $f(x) = x \cdot e^{-\frac{1}{2}x+1}$.
- a) Bestimmen Sie die Schnittpunkte mit den Koordinatenachsen, die Extrema und Wendepunkte von f.
- b) Zeichnen Sie den Graphen von f.
- c) Wo schneidet die Wendetangente die Koordinatenachsen?
- d) Zeigen Sie, dass $F(x) = -2(x+2) \cdot e^{-0,5x+1}$ eine Stammfunktion von f ist.
  Bestimmen Sie den Inhalt der Fläche, die vom Graphen von f, der x-Achse und der Geraden $x = 4$ eingeschlossen wird.
- e) Die Punkte $A(4|0)$, $B(x|0)$ und $C(x|f(x))$ bilden für $0 < x < 4$ ein Dreieck. Für welchen x-Wert hat dieses Dreieck maximalen Inhalt?

20. Gegeben ist die Funktion $f(x) = (1-x^2) \cdot e^{-x}$.
- a) Untersuchen Sie die Funktion f auf Nullstellen, Extrema und Wendepunkte.
- b) Zeichnen Sie den Graphen von f für $-1,5 \leq x \leq 5$.
- c) Zeigen Sie, dass $F(x) = (x^2 + 2x + 1) \cdot e^{-x}$ eine Stammfunktion von f ist.
- d) Bestimmen Sie den Inhalt der Fläche A, die vom Graphen von f und den Koordinatenachsen im 2. Quadranten umschlossen wird.
- e) Untersuchen Sie, ob die rechtsseitig nicht begrenzte Fläche B, die zwischen der x-Achse und dem Graphen von f im 4. Quadranten liegt, einen endlichen Inhalt hat, und geben Sie diesen gegebenenfalls an.

21. Gegeben ist die Funktionenschar $f_a(x) = (x+a) \cdot e^{-x}$, $a > 0$.
- a) Untersuchen Sie die Funktionenschar f auf Nullstellen, Extrema und Wendepunkte.
- b) Zeichnen Sie den Graphen von f_2 für $-2 \leq x \leq 3$.
- c) Untersuchen Sie das Verhalten von f_2 für $x \to -\infty$ und $x \to \infty$.
- d) Bestimmen Sie die Gleichung der Ortskurve der Extrema der Schar f_a.
- e) Zeigen Sie, dass $F_a(x) = -(x+a+1) \cdot e^{-x}$ eine Stammfunktion von f_a ist.
- f) Untersuchen Sie, ob die Fläche, die sich zwischen der x-Achse und dem Graphen von f_2 nach rechts ins Unendliche ausdehnt, einen endlichen Inhalt hat, und geben Sie diesen gegebenenfalls an.
- g) Bestimmen Sie die Gleichung der Wendetangente von f_a. Diese begrenzt im 1. Quadranten mit den Koordinatenachsen eine Dreiecksfläche. Für welchen Wert von a ist der Inhalt der Dreiecksfläche maximal?

C. Wurzelfunktionen

Wurzelfunktionen der Form $g(x) = \sqrt[n]{x}$ ($n \in \mathbb{N}$, $n \geq 2$) sind die Umkehrfunktionen der Potenzfunktionen $f(x) = x^n$. Sie sind nicht negativ, streng monoton wachsend und für $x > 0$ differenzierbar. Ihre Ableitung erhält man mithilfe der verallgemeinerten Potenzregel. Im Folgenden werden wir uns mit etwas komplexeren Funktionen beschäftigen, deren Gleichungen Wurzelterme enthalten. Derartige Funktionen treten oft bei Praxisproblemen auf.

▶ **Beispiel:**
Gegeben ist die Funktion $f(x) = \sqrt{3x - 0{,}5x^2}$.
a) Bestimmen Sie die Definitionsmenge von f.
b) Wo liegen die Nullstellen von f?
c) Bestimmen Sie das Extremum von f.
d) Zeichnen Sie den Graphen von f.
   Zeichnen Sie auch den Graphen des Radikanden $r(x) = 3x - 0{,}5x^2$.
e) Offenbar ist der Abstand der Graphen von f und r bei $x = 3$ maximal. Bestätigen Sie dies rechnerisch.
f) Wo in der Nähe der Definitionsränder wird der Abstand der Graphen lokal nochmals maximal?
g) Durch Rotation des Graphen von f um die x-Achse entsteht ein eiförmiges Gebilde. Bestimmen Sie dessen Volumen.

Lösung zu a:
Eine Wurzel ist nur für nichtnegative Radikanden definiert. Der Radikand stellt hier eine nach unten geöffnete Parabel mit Nullstellen bei $x = 0$ und $x = 6$ dar. Daher ist der Radikand für alle x mit $0 \leq x \leq 6$ nicht negativ.
Wir erhalten also für die Definitionsmenge $D_f = \{x \in \mathbb{R}; 0 \leq x \leq 6\} = [0; 6]$.

Lösung zu b:
Die Nullstellen liegen hier an den Stellen, an denen der Radikand null wird, also bei $x = 0$ und $x = 6$.

Lösung zu c:
Eine waagerechte Tangente liegt bei $x = 3$. Auf den Nachweis mittels f'' verzichten wir, da der Radikand bei $x = 3$ ebenfalls sein Maximum besitzt. Wegen der Monotonie der Wurzelfunktion muss dort also ein Maximum liegen: $H(3|\sqrt{4{,}5})$.

Nullstelle des Radikanden:
$3x - 0{,}5x^2 = 0$
$x(3 - 0{,}5x) = 0 \Rightarrow x = 0, x = 6$

Definitionsmenge von f:
$3x - 0{,}5x^2 \geq 0 \Leftrightarrow 0 \leq x \leq 6$

Nullstellen von f:
$N(0|0)$, $N(6|0)$

Scheitelpunktsform von r:
$r(x) = -0{,}5(x-3)^2 + 4{,}5$, $S(3|4{,}5)$
Ableitung von f: $f'(x) = \dfrac{3 - x}{2\sqrt{3x - 0{,}5x^2}}$

Extremum von f:
$f'(x) = 0$ für $x = 3$
f steigt streng monoton bis $x = 3$ und fällt dann streng monoton. $H(3|\sqrt{4{,}5})$

Lösung zu e:
Den Abstand der Graphen von f und r beschreibt die Differenzfunktion d(x). Zur Bestimmung der Extrema bilden wir d'. x = 3 ist eine Nullstelle von d'(x). Der Zeichnung entnehmen wir, dass es sich um ein lokales Maximum handeln muss.

Extremum bei x = 3:
Differenzfunktion:
$$d(x) = r(x) - f(x)$$
$$= 3x - 0,5x^2 - \sqrt{3x - 0,5x^2}$$
Ableitung von d:
$$d'(x) = 3 - x - \frac{3-x}{2\sqrt{3x - 0,5x^2}}$$

Lösung zu f:
Im Folgenden sei $x \neq 3$.
Wir setzen d'(x) = 0 und kürzen mit x − 3. Durch Quadrieren und einigen Rechenoperationen erhalten wir eine quadratische Gleichung mit den Lösungen $x \approx 5,92$ und $x \approx 0,08$.
Der Zeichnung entnehmen wir, dass diese Stellen jeweils zwischen zwei Schnittstellen der Graphen liegen, es sich also um lokale Maxima handeln muss.

Weitere Extrema:
Nullstellen von d':
$$3 - x - \frac{3-x}{2\sqrt{3x - 0,5x^2}} = 0,\ x \neq 3$$
$$1 = \frac{1}{2\sqrt{3x - 0,5x^2}},\ 2\sqrt{3x - 0,5x^2} = 1$$
$$x^2 - 6x + \tfrac{1}{2} = 0,\ x = 3 \pm \sqrt{8,5}$$

Lösung zu g:
Das Eivolumen berechnen wir mit der Formel für das Rotationsvolumen. Das Quadrieren eliminiert die Wurzel, so dass die Potenzregel zum Integrieren ausreicht.
▶ Resultat: ca. 56,55 VE

Rotationsvolumen:
$$V = \pi \int_0^6 (f(x))^2 dx = \pi \int_0^6 (3x - 0,5x^2)dx$$
$$= \pi \left[\tfrac{3}{2}x^2 - \tfrac{1}{6}x^3\right]_0^6 = 18\pi \approx 56,55$$

▶ **Beispiel:** Gegeben ist wieder $f(x) = \sqrt{3x - 0,5x^2}$.
Zeigen Sie, dass das durch Rotation gebildete Ei an den Rotationsrändern „glatt" verläuft.

Lösung:
Der Verlauf ist dort glatt, wenn die Tangente an den Graphen von f dort senkrecht verläuft, d.h. die Steigung bei Annäherung an diese Stellen gegen unendlich geht.

Ableitung von f:
$$f'(x) = \frac{3-x}{2\sqrt{3x - 0,5x^2}}$$

Wir untersuchen das Steigungsverhalten durch (einseitige) Grenzwertbildung von f' für $x \to 0$ bzw. $x \to 6$ und stellen fest, dass der Graph von f an diesen Stellen keine endliche Steigung besitzt. Das bedeutet, das der Graph dort tatsächlich
▶ senkrechte Tangenten besitzt.

Steigungsverhalten für $x \to 0$ und $x \to 6$:
$$\lim_{\substack{x \to 0 \\ x > 0}} f'(x) = \lim_{\substack{x \to 0 \\ x > 0}} \frac{3-x}{\sqrt{3x - 0,5x^2}} = \infty$$

$$\lim_{\substack{x \to 0 \\ x < 6}} f'(x) = \lim_{\substack{x \to 0 \\ x < 6}} \frac{3-x}{\sqrt{3x - 0,5x^2}} = -\infty$$

1. Analysis | Wurzelfunktionen

▶ **Beispiel: Flügelprofil**

Gegeben ist die Funktion $f(x) = \left(x - \frac{9}{4}\right) \cdot \sqrt{2x}$.

a) Untersuchen Sie f auf Definitionsmenge, Nullstellen und Extrema.
   Auf die notwendige Bedingung kann verzichtet werden.
b) Zeichnen Sie den Graphen von f.
c) Die obere Begrenzung g wird durch $g(x) = 9\sqrt{ax}$ beschrieben. Bestimmen Sie a.
d) Bestimmen Sie den abgebildeten Querschnittsinhalt des Flügels.
e) Welchen Querschnittswinkel hat das Flügelende?

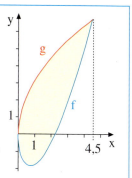

Lösung zu a:
Offensichtlich gilt $D_f = \{x \in \mathbb{R}; x \geq 0\}$.
Die Nullstellen sind die der einzelnen Terme, also $x = 0$ und $x = \frac{9}{4}$.
Zur Extremwertbestimmung bilden wir zunächst mit der Produktregel $f'(x)$:
Es gilt $f'(x) = \frac{3x - 2{,}25}{\sqrt{2x}}$.
$f'(x)$ wird null, wenn der Zähler null wird, also für $x = 0{,}75$
Resultat: $T(0{,}75 \mid -1{,}5\sqrt{1{,}5})$

Lösung zu c:
Die Graphen von f und g schneiden sich bei $x = 4{,}5$. Wegen $f(4{,}5) = 6{,}75$ muss auch $g(4{,}5) = 6{,}75$ gelten. Dies gilt für $a = \frac{1}{8}$.

Lösung zu d:
Der Querschnittsinhalt ergibt sich als Fläche zwischen den Graphen von g und f über $[0; 4{,}5]$.
Wir vereinfachen die Differenzfunktion und verwenden statt Wurzeln Potenzen. Dann können wir mithilfe der Potenzregel integrieren.
Resultat:
▼ Der Querschnittsinhalt beträgt 16,2 FE.

Definitionsbereich:
Radikand $2x \geq 0$ gilt für $x \geq 0$.
$D_f = \{x \in \mathbb{R}; x \geq 0\}$

Nullstellen:
$x - \frac{9}{4} = 0 \Leftrightarrow x = \frac{9}{4}$, $\sqrt{2x} = 0 \Leftrightarrow x = 0$

Extremum:
$f'(x) = 1 \cdot \sqrt{2x} + \left(x - \frac{9}{4}\right) \cdot \frac{2}{2\sqrt{2x}} = \frac{3x - 2{,}25}{\sqrt{2x}}$
$f'(x) = 0: 3x - 2{,}25 = 0 \Leftrightarrow x = 0{,}75$
$f(0{,}75) = -1{,}5\sqrt{1{,}5} \approx -1{,}84$

Bestimmung von a:
$f(4{,}5) = 6{,}75$
$9\sqrt{4{,}5a} = 6{,}75 \Leftrightarrow 4{,}5a = \frac{6{,}75^2}{81} \Leftrightarrow a = \frac{1}{8}$
$g(x) = 9\sqrt{\frac{1}{8}x}$

Querschnittsinhalt:
$$A = \int_0^{4,5} (g(x) - f(x))\,dx$$
$$= \int_0^{4,5} \left(9\sqrt{\frac{1}{8}x} - \left(x - \frac{9}{4}\right)\sqrt{2x}\right)dx$$
$$= \int_0^{4,5} \left(\frac{9}{\sqrt{8}}x^{\frac{1}{2}} - \sqrt{2}\cdot x^{\frac{3}{2}} + \frac{9}{2\sqrt{2}}\cdot x^{\frac{1}{2}}\right)dx$$
$$= \left[\frac{6}{\sqrt{8}}x^{\frac{3}{2}} - \sqrt{2}\cdot\frac{2}{5}x^{\frac{5}{2}} + \frac{3}{\sqrt{2}}\cdot x^{\frac{3}{2}}\right]_0^{4,5} = 16{,}2$$

Lösung zu e:
Mithilfe der Steigungen von f und g bei $x = 4{,}5$ bestimmen wir zunächst deren Steigungswinkel an dieser Stelle und erhalten schließlich als Differenz dieser Winkel den Schnittwinkel.
▶ Resultat: Er beträgt ca. 38,2°.

Schnittwinkel von f und g:

$f'(4{,}5) = 3{,}75 \quad \Leftrightarrow \alpha \approx 75{,}1°$

$g'(x) = \dfrac{9}{\sqrt{8}} \cdot \dfrac{1}{2\sqrt{x}}$

$g'(4{,}5) = 0{,}75 \quad \Leftrightarrow \beta \approx 36{,}9°$

$\gamma = \alpha - \beta = 38{,}2°$

Übung 1
a) Wie groß ist der maximale senkrechte Abstand der beiden Begrenzungskurven g und f des letzten Beispiels?
b) Zeigen Sie, dass die Kurventangenten von f und g an dieser Stelle parallel verlaufen.

Übung 2
Gegeben ist die Funktion $f(x) = (4-x)\sqrt{x}$.
a) Untersuchen Sie f auf Definitionsmenge, Nullstellen und Extrema. Auf die Überprüfung mit f'' kann verzichtet werden.
b) Zeichnen Sie den Graphen von f für $0 \leq x \leq 6$.
c) Bestimmen Sie die Gleichung der rechten Nullstellentangente.
d) Welches Steigungsverhalten hat der Graph von f für $x \to 0$?
e) An welcher Stelle hat f die Steigung -2?
f) Bestimmen Sie den Inhalt der vom Graphen von f und der x-Achse eingeschlossenen Fläche.
g) Bestimmen Sie das Volumen des Körpers, der durch Rotation dieses Flächenstücks um die x-Achse entsteht.

Übung 3
Gegeben ist die Funktion $f(x) = x\sqrt{6-x}$.
a) Untersuchen Sie f auf Definitionsmenge, Nullstellen und Extrema. Auf die Überprüfung mit f'' kann verzichtet werden.
b) Zeichnen Sie den Graphen von f für $-3 \leq x \leq 6$.
c) Zeigen Sie, dass $F(x) = -\tfrac{2}{3}x(6-x)^{\frac{3}{2}} - \tfrac{4}{15}(6-x)^{\frac{5}{2}}$ eine Stammfunktion von F ist, und bestimmen Sie den Inhalt der vom Graphen von f und der x-Achse eingeschlossenen Fläche.
d) Bestimmen Sie das Volumen des Körpers, der durch Rotation der Fläche aus c) um die x-Achse entsteht.
e) Bestimmen Sie den maximlen Inhalt eines Dreiecks mit den Ecken $O(0|0)$, $P(u|0)$ und $Q(u|f(u))$.

Übung 4
Gegeben ist die Funktion $f(x) = x \cdot \sqrt{x} \cdot (2-x)$.
a) Geben Sie die Definitionsmenge sowie die Nullstellen von f an.
b) An welchen Stellen hat f waagerechte Tangenten?
c) Zeichnen Sie den Graphen von f für $0 \leq x \leq 3$.
d) Welches achsenparallele Rechteck im 1. Quadranten mit einer Ecke im Ursprung und der gegenüberliegenden Ecke $Q(u|f(u))$ hat maximalen Flächeninhalt?

1. Analysis | Wurzelfunktionen

5. Fahrradweg
Gegeben ist die Funktion $f(x) = \sqrt{4x^2 - x^4}$.
a) Untersuchen Sie f auf Definitionsbereich, Symmetrie und Nullstellen.
b) Zeigen Sie, dass $f'(x) = \frac{4x - 2x^3}{|x|\sqrt{4-x^2}}$ gilt.

Erklären Sie die Bedeutung der Betragsstriche in Nenner.
Bestimmen Sie die Extrema von f.
c) Zeichnen Sie den Graphen von f für D_f.
d) Untersuchen Sie f an der Stelle $x_0 = 0$ auf Stetigkeit bzw. Differenzierbarkeit.
e) Die Polizei hat für Grundschüler einen Fahrradübungskurs aufgebaut, wobei der obere Teil durch die Funktion f beschrieben wird. Welche Funktion beschreibt den unteren Teil?
f) Der Kurs soll in der Reihenfolge A, B, C, D durchfahren werden. Zeigen Sie, dass die Übergänge vom unteren zum oberen Teil glatt verlaufen.
g) Zeigen Sie, dass $F(x) = -\frac{1}{3}(4 - x^2)^{\frac{3}{2}}$ eine Stammfunktion von f ist, und berechnen Sie die eingeschlossene Fläche?
h) Wie groß ist das Rotationsvolumen von f um die x-Achse?

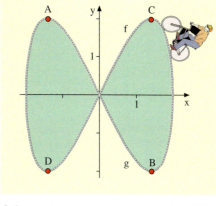

6. Birnenvolumen
Gegeben ist die Funktion $f(x) = 4 \cdot \sqrt{x} \cdot e^{-0,5x}$.
a) Bestimmen Sie die Definitionsmenge von f sowie die Nullstellen.
b) Zeigen Sie, dass f die Ableitung $f'(x) = 2\left(\frac{1}{\sqrt{x}} - \sqrt{x}\right) \cdot e^{-0,5x}$ besitzt.

Bestimmen Sie das einzige Extremum von f.
c) Bestimmen Sie den einzigen Wendepunkt von f. Die notwendige Bedingung genügt hier.
d) Untersuchen Sie f für $x \to \infty$ und zeichnen Sie den Graphen von f für $0 \leq x \leq 8$.
e) Ein achsenparalleles Rechteck mit einer Ecke im Ursprung und der gegenüberliegenden auf dem Graphen von f soll maximalen Inhalt haben. Ermitteln Sie seine Maße.
f) In der Abbildung wird der oberhalb der x-Achse liegende Teil eines Birnenprofils durch die Graphen der Funktionen f und g beschrieben, die im Punkt P glatt ineinander übergehen. Die Funktion g ist von der Bauart $g(x) = \sqrt{ax + b}$. Bestimmen Sie a und b.
g) Zeigen Sie, dass $F(x) = -16(x+1) \cdot e^{-x}$ eine Stammfunktion von f^2 ist. Berechnen Sie das Birnenvolumen (1 LE = 1 cm). Benutzen Sie hierzu $g(x) = \frac{4}{e^2}\sqrt{16 - 3x}$.

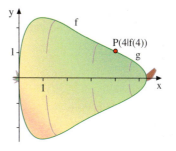

▶ **Beispiel: *Kurvendiskussion***
Die Funktion $f(x) = \sqrt{6x - x^2}$ soll diskutiert werden (Definitionsmenge, Nullstellen, Ableitungen, Extrema, Wendepunkte, Graph).

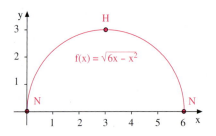

Lösung:

1. Definitionsmenge:

f ist definiert, wenn der Radikand positiv oder null ist. Der Term $6x - x^2$ stellt eine nach unten geöffnete Parabel mit Nullstellen bei $x = 0$ und $x = 6$ dar. Der Wurzelterm ist also für $0 \leq x \leq 6$ nicht negativ. Somit erhalten wir $D_f = [0; 6]$.

Definitionsmenge:
$6x - x^2 \geq 0 \Leftrightarrow x \cdot (6 - x) \geq 0$
1. Fall $\Leftrightarrow x \geq 0$ und $6 - x \geq 0$
$\Leftrightarrow x \geq 0$ und $6 \geq x$
2. Fall $\Leftrightarrow x \leq 0$ und $6 - x \leq 0$
$\Rightarrow$ tritt nicht ein
$D_f = [0; 6]$

2. Nullstellen:

Die Funktion f hat zwei Nullstellen bei $x = 0$ und bei $x = 6$.

Nullstellen: $x = 0$ und $x = 6$

3. Ableitungen:

Wir bilden f' mit Hilfe der Kettenregel und f'' mit Hilfe der Quotientenregel.

Ableitungen:
$$f'(x) = \frac{6 - 2x}{2\sqrt{6x - x^2}} = \frac{3 - x}{\sqrt{6x - x^2}}, \; 0 < x < 6$$

$$f''(x) = \frac{-\sqrt{6x - x^2} - (3 - x) \cdot \frac{6 - 2x}{2\sqrt{6x - x^2}}}{6x - x^2}$$

$$= -\frac{1}{\sqrt{6x - x^2}} - \frac{(3 - x)^2}{\sqrt{(6x - x^2)^3}}, \; 0 < x < 6$$

4. Extrema:

f' hat eine Nullstelle bei $x = 3$, da dort der Zähler von f' null ist. Die Überprüfung mittels f'' ergibt, dass es sich um einen Hochpunkt handelt.
Resultat: $H(3 \mid 3)$

Extrema:
$f'(x) = 0 \Leftrightarrow x = 3, \; y = 3$
$f''(3) = -\frac{1}{3} < 0 \Rightarrow$ Maximum

5. Wendepunkte:

Die Ansatzgleichung $f''(x) = 0$ führt auf einen Widerspruch, sodass keine Wendepunkte existieren.

Wendepunkte:
$f''(x) = 0 \Leftrightarrow -\sqrt{6x - x^2} = \frac{(3 - x)^2}{\sqrt{6x - x^2}}$
$\Leftrightarrow x^2 - 6x = 9 - 6x + x^2 \Leftrightarrow 0 = 9$
Widerspruch

Übung 7

Gegeben ist die Funktion $f(x) = \sqrt{6x - x^2}$.

a) Untersuchen Sie das Verhalten von f' für $x \to 0$ und $x \to 6$.
b) Ermitteln Sie die Gleichung der Tangente an den Graphen von f im Punkt $S(2 \mid f(2))$.
c) Bestimmen Sie die absoluten Extremwerte von f.
d) Der Graph von f schließt mit der x-Achse ein Flächenstück ein, das um die x-Achse rotiert. Berechnen Sie das Volumen des dabei entstehenden Körpers.
e) Die Punkte O, $P(x \mid 0)$ und $Q(x \mid f(x))$ sind Eckpunkte eines Dreiecks, $0 \leq x \leq 6$. Wie müssen P und Q gewählt werden, damit der Flächeninhalt dieses Dreiecks maximal ist?

1. Analysis | Wurzelfunktionen

Kurvenscharen

Abschließend diskutieren wir exemplarisch eine Kurvenschar.

> **Beispiel:** Diskutieren Sie die Kurvenschar $f_a(x) = a\sqrt{x} - x$, $a > 0$ (Definitionsmenge, Nullstellen, Extrema, Ortskurve der Hochpunkte, Wendepunkte, Graphen von f_2 und f_3).

Lösung:

1. Definitionsmenge/Nullstellen:
Da der Term $\sqrt{x}$ für alle $x \geq 0$ definiert ist, ergibt sich die rechts angegebene Definitionsmenge für die Kurvenschar.
Die Funktionen der Schar haben nach nebenstehender Rechnung genau zwei Nullstellen bei $x = 0$ und $x = a^2$.

Definitionsmenge: $D_{f_a} = \mathbb{R}_0^+$

Nullstellen:
$$f_a(x) = a\sqrt{x} - x = 0$$
$$a\sqrt{x} = x$$
$$a^2 \cdot x = x^2 \;\Rightarrow\; x = 0,\; x = a^2$$

2. Ableitungen:
Die Ableitungen lassen sich mit Hilfe der verallgemeinerten Potenzregel sehr einfach gewinnen. Sie existieren für $x > 0$.

Ableitungen:
$$f_a'(x) = \tfrac{a}{2}x^{-\frac{1}{2}} - 1 = \tfrac{a}{2\sqrt{x}} - 1,\; x > 0$$
$$f_a''(x) = -\tfrac{a}{4}x^{-\frac{3}{2}} = -\tfrac{a}{4\cdot\sqrt{x^3}},\; x > 0$$

3. Extrema:
Die notwendige Bedingung für Extrema $f_a'(x) = 0$ ist für $x = \tfrac{a^2}{4}$ erfüllt. Der dazugehörige Funktionswert lautet ebenfalls $f_a\!\left(\tfrac{a^2}{4}\right) = \tfrac{a^2}{4}$. Die Überprüfung mittels f_a'' ergibt ein Maximum: $H\!\left(\tfrac{a^2}{4}\,\big|\,\tfrac{a^2}{4}\right)$.

Extrema:
$$f_a'(x) = \tfrac{a}{2\sqrt{x}} - 1 = 0 \;\Rightarrow\; a = 2\sqrt{x}$$
$$\Rightarrow\; x = \tfrac{a^2}{4},\; y = \tfrac{a^2}{4}$$
$$f_a''\!\left(\tfrac{a^2}{4}\right) = -\tfrac{a}{4}\!\left(\tfrac{a^2}{4}\right)^{-\frac{3}{2}} = -\tfrac{2}{a^2} < 0 \;\Rightarrow\; \text{Max.}$$

4. Ortskurve der Hochpunkte:
Die Gleichung der Ortskurve der Hochpunkte lautet $y = x$ (rot eingezeichnet).

5. Wendepunkte:
Die Kurvenschar f_a besitzt keine Wendepunkte, da die notwendige Bedingung $f_a''(x) = -\tfrac{a}{4\sqrt{x^3}} = 0$ für keine Stelle x erfüllt ist.

6. Graphen:

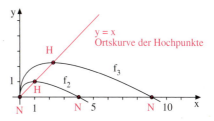

Übung 8
Gegeben ist die Kurvenschar $f_a(x) = a\sqrt{x} - x$, $a > 0$.
a) Bestimmen Sie die Gleichung der Tangente an den Graphen von f_a in der positiven Nullstelle. Für welchen Wert von a schneidet diese Tangente die y-Achse im Punkt $P(0\,|\,3)$?
b) Der Graph von f_a schließt mit der x-Achse im 1. Quadranten ein Flächenstück ein. Berechnen Sie dessen Inhalt. Für welchen Wert von a beträgt dieser Inhalt 216 FE?

9. Gegeben ist die Kurvenschar $f_a(x) = x \cdot (a - \sqrt{x})$, $a > 0$.
   a) Geben Sie die maximale Definitionsmenge an und bestimmen Sie die Nullstellen der Funktionenschar f_a.
   b) Bilden Sie die Ableitungsfunktionen f_a' und f_a''.
   c) Untersuchen Sie f_a auf Extrema und Wendepunkte.
   d) Geben Sie die Gleichung der Ortskurve der Extremalpunkte von f_a an.
   e) Zeichnen Sie die Graphen von f_2 und f_3.
   f) Bestimmen Sie die Gleichungen der Tangenten an den Graphen von f_a in den Nullstellen N_1 und N_2.
   g) Die Nullstellentangenten aus f) schneiden sich im Punkt S. Die Punkte N_1, N_2 und S sind Eckpunkte eines Dreiecks. Geben Sie den Flächeninhalt des Dreiecks $N_1 N_2 S$ an.
   In welchem Verhältnis teilt der Graph von f_a die Fläche des Dreiecks $N_1 N_2 S$?
   Zeigen Sie, dass dieses Verhältnis von dem Parameter a unabhängig ist, d.h. für alle Scharkurven gleich ist.

10. Gegeben ist die Kurvenschar $f_a(x) = a\sqrt{x - a^2}$, $a > 0$.
    a) Geben Sie die maximale Definitionsmenge an und untersuchen Sie f_a auf Nullstellen und Extrema.
    b) Wie verhält sich f_a' für $x \to a^2$?
    c) Zeichnen Sie die Graphen von f_1 und f_2 für $x \leq 8$ (1 LE = 1 cm).
    d) Welche Ursprungsgerade g ist Tangente an den Graphen von f_1?
    Geben Sie auch die Koordinaten des Berührpunktes an.
    e) Die Graphen von f_1 und f_2 schließen mit der x-Achse ein Flächenstück ein.
    Berechnen Sie dessen Inhalt.
    f) Die Punkte der Graphen aller Funktionen der Funktionenschar f_a nehmen im 1. Quadranten ein Gebiet ein, das nach oben durch eine Kurve begrenzt wird, die sogenannte Hüllkurve der Schar f_a. Bestimmen Sie die Funktionsgleichung dieser Hüllkurve.

11. Gegeben ist die Kurvenschar $f_a(x) = \frac{x}{a}\sqrt{a - x}$, $a > 0$.
    a) Geben Sie die maximale Definitionsmenge an und bestimmen Sie die Nullstellen der Funktionenschar f_a.
    b) Bilden Sie die Ableitungsfunktionen f_a' und f_a''.
    c) Untersuchen Sie f_a auf Extrema und Wendepunkte.
    d) Geben Sie die Gleichung der Ortskurve der Extremalpunkte von f_a an.
    e) Zeichnen Sie die Graphen von f_3 und f_4 (1 LE = 2 cm).
    f) Zeigen Sie, dass $F_a(x) = \frac{1}{a}\left(\frac{2}{5}\sqrt{(a-x)^5} - \frac{2a}{3}\sqrt{(a-x)^3}\right)$ eine Stammfunktion von f_a ist.
    Der Graph von f_a schließt mit der x-Achse im 1. Quadranten ein Flächenstück ein.
    Berechnen Sie dessen Inhalt.
    Für welchen Wert von a beträgt dieser Flächeninhalt 7,2 FE?

D. Gebrochen-rationale Funktionen

📀 618-1

> **Beispiel: Gebrochen-rationale Funktion mit Extremalproblem**
> Gegeben ist die Funktion $f(x) = \frac{x^2 + 6x + 8}{2x}$.
> a) Bestimmen Sie die Nullstellen, die Polstelle und die Asymptote von f. Skizzieren Sie mit diesen Informationen den ungefähren Verlauf des Graphen der Funktion.
> b) Geben Sie die Gleichung der Tangente t_1 an den Graphen von f in der Nullstelle an, die am dichtesten am Koordinatenursprung liegt.
> c) Eine zweite Tangente t_2 an den Graphen von f ist parallel zu t_1. Bestimmen Sie $t_2(x)$ und berechnen Sie den Berührpunkt von t_2 mit dem Graphen von f.
> d) Ein Arbeitsraum in einem Gewächshaus soll mit zwei gleichartigen Tischen von jeweils 6 m² Fläche ausgestattet werden. Der Abstand zu den Seitenwänden und zwischen den Tischen soll jeweils 1 m betragen. Gesucht ist die optimale Abmessung der Tische, wenn die Grundfläche des Arbeitsraumes möglichst klein sein soll.
> Anleitung: Weisen Sie nach, dass die Funktion $A(x) = 6f(x)$ die Fläche des Arbeitsraumes in Abhängigkeit von der Länge x des Tisches angibt. Berechnen Sie die Lage des Minimums von A.

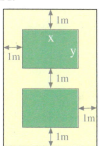

Lösung zu a):
Die Nullstellen von f sind $N_1(-4|0)$ und $N_2(-2|0)$.

Nullstellen von f:
$f(x) = 0 \Leftrightarrow x^2 + 6x + 8 = 0$
$\Leftrightarrow x = -4, x = -2$

Die Funktion f hat eine Polstelle bei $x = 0$, an der das Vorzeichen von Minus nach Plus wechselt.

Polstelle: x = 0
$\lim_{\substack{x \to 0 \\ x < 0}} f(x) = -\infty \quad \lim_{\substack{x \to 0 \\ x > 0}} f(x) = \infty$

Die Asymptote von f bestimmt man, indem man jeden Summanden des Zählers durch den Nenner teilt. Die Asymptote ist der ganzrationale Anteil des Ergebnisses (Polynomdivision).

Asymptote:
$f(x) = \frac{x}{2} + 3 + \frac{4}{x}$ $\qquad A(x) = \frac{x}{2} + 3$

Der Graph fällt für $x > 0$ monoton bis zu einem Tiefpunkt. Danach steigt der Graph wieder und schmiegt sich an die lineare Asymptote an.

Für $x < 0$ steigt der Graph zunächst und geht dabei durch die Nullstelle N_1. Anschließend fällt der Graph durch die Nullstelle N_2 und schmiegt sich im weiteren Verlauf an die y-Achse an.

Graph:

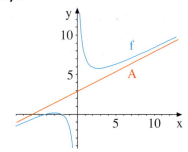

Lösung zu b):
Wir verwenden die allgemeine Gleichung der Tangente an f im Punkt $P(x_0 | f(x_0))$. In unserem Fall wird die Tangente im Punkt $P(-2|0)$ angelegt, d.h. in der ursprungsnächsten Nullstelle.
Ihre Steigung ist $f'(-2) = -\frac{1}{2}$, so dass wir folgende Tangentengleichung erhalten:
Resultat: $t_1(x) = -\frac{1}{2}x - 1$

Lösung zu c):
Gesucht ist ein weiterer Punkt Q des Graphen von f, in welchem die Tangente ebenfalls die Steigung $-0{,}5$ hat.
Die Bestimmungsgleichung $f'(x) = -0{,}5$ hat neben $x = -2$ die zweite Lösung $x = 2$.
Die Tangente t_2 mit der gleichen Steigung wie t_1 berührt den Graphen von f daher im Punkt $Q(2|6)$. Ihre Gleichung lautet also:
Resultat: $t_2(x) = -0{,}5x + 7$.

Lösung zu d):
Durch die vorgegebenen Abstände zu den Wänden und zwischen den Arbeitstischen muss der Raum die Breite $x + 2$ und die Länge $2y + 3$ haben, wenn x und y Breite und Länge des Tisches sind. Daher ist der Flächeninhalt des Raumes durch den Term $A = (x + 2) \cdot (2y + 3)$ gegeben.
Die Nebenbedingung ergibt sich aus der Fläche des Tisches: $x \cdot y = 6$.
Das Einsetzen der Nebenbedingung in die Hauptbedingung ergibt die Zielfunktion $A(x) = 3x + 18 + \frac{24}{x} = 6 \cdot f(x)$.
Nun bestimmen wir das Extremum von A. Wir erhalten ein Minimum für $x = 2{,}83$ und $y = 2{,}12$. Die minimale Grundfläche
▶ des Raumes beträgt ca. 35 m².

Ableitung von f:
$f'(x) = \frac{1}{2} - \frac{4}{x^2}$

Gleichung der Tangente t_1:
$$t_1(x) = f'(x_0) \cdot (x - x_0) + f(x_0)$$
$$= f'(-2) \cdot (x + 2) + f(-2)$$
$$= -\frac{1}{2} \cdot (x + 2) = -\frac{1}{2}x - 1$$

Gleichung der Tangente t_2:
Bestimmung der Berührstelle:
Ansatz: $f'(x) = \frac{1}{2} - \frac{4}{x^2} = -\frac{1}{2}$
$\frac{4}{x^2} = 1 \Rightarrow x = \pm 2$

Berührpunkt von f und t_2:
$f(2) = 6 \Rightarrow P(2|6)$

Gleichung von t_2:
$t_2(x) = -0{,}5(x - 2) + 6 = -0{,}5x + 7$

Minimaler Flächeninhalt des Raumes:
Hauptbedingung:
$A = (x + 2) \cdot (2y + 3)$

Nebenbedingung:
$x \cdot y = 6 \Leftrightarrow y = \frac{6}{x}$

Zielfunktion:
$A(x) = (x + 2)\left(2\frac{6}{x} + 3\right) = 3x + 18 + \frac{24}{x}$

Bestimmung des Extremums:
$A'(x) = 3 - \frac{24}{x^2} = 0$
$x^2 = 8 \Rightarrow x \approx 2{,}83$
$A''(x) = \frac{48}{x^3}$; $A''(2{,}83) = 2{,}12 > 0 \Rightarrow$ Min.
Minimale Fläche $A(2{,}83) = 34{,}97$

1. Gebrochen-rationale Funktion mit Flächenberechnung

Gegeben ist die Funktion $f(x) = x - \frac{4}{x}$.

a) Bestimmen Sie die Nullstellen und die Asymptote der Funktion f.
b) Sei $g(x) = 7 - x$. Bestimmen Sie die Schnittpunkte von f und g.
c) Die Koordinatenachsen und die Graphen von f und g begrenzen im 1. Quadranten eine Gewerbefläche (1 LE = 100 m). Skizzieren Sie den Park und berechnen Sie seinen Flächeninhalt.
d) Begründen Sie, dass keine Parallele zu g eine Normale des Graphen von f sein kann.

1. Analysis | Gebrochen-rationale Funktionen

▶ **Beispiel: Profil eines Flussbettes**

Gegeben ist die Funktion $f(x) = 4 - \frac{48}{x^2+12}$.

a) Untersuchen Sie die Funktion auf Definitionsbereich, Nullstellen, Symmetrie, Asymptote. Zeichnen Sie den Graphen der Funktion.
b) Der Graph von f beschreibt das Profil eines Flussbettes. Die Einheit sei 1m. Im Normalfall liegt die Wasserhöhe in der Flussmitte bei 2 m. Wie breit ist dann der Fluss?
c) Zur Bestimmung der Wassermenge soll die Funktion f auf dem Intervall $I = [-2; 2]$ durch die Funktion $g(x) = ax^4 + bx^2$ approximiert werden. Dabei sollen beide Funktionen an den Intervallgrenzen im Funktionswert und in der Steigung übereinstimmen. Bestimmen Sie die Funktionsgleichung von g. Zeichnen Sie den Graphen von g.
d) Berechnen Sie näherungsweise unter Verwendung der Funktion g die Wassermenge im Fluss pro Kilometer Länge für eine Flussbreite von 6 m.

Lösung zu a):
Der Nennerterm $x^2 + 12$ ist immer positiv. Daher ist f auf ganz $\mathbb{R}$ definiert. $D = \mathbb{R}$.

Definitionsbereich:
$D = \mathbb{R}$

Nach der Umformung der Funktionsgleichung von f zu $f(x) = \frac{4x^2}{x^2+12}$ lässt sich die Nullstelle bei $x = 0$ direkt ablesen.

Nullstellen:
$f(x) = 0$
$4 - \frac{48}{x^2+12} = \frac{4x^2}{x^2+12} = 0 \Rightarrow x = 0$

Die Funktion f ist symmetrisch zur y-Achse, denn es gilt $f(-x) = f(x)$.

Symmetrie:
$f(-x) = 4 - \frac{48}{(-x)^2+12} = 4 - \frac{48}{x^2+12} = f(x)$

Die Asymptote von f ist die Parallele zur x-Achse mit der Gleichung $y(x) = 4$.

Asymptote:
$A(x) = 4$

Wertetabelle und Graph von f:

x	0	±1	±2	±3	±4
f(x)	0	0,31	1	1,71	2,29

Der Graph von f ist in der Graphik rechts blau eingezeichnet.

Graph:

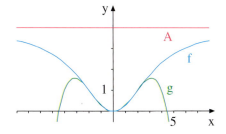

Lösung zu b):
Da der Grund in der Flussmitte die Höhe 0 hat, müssen wir diejenigen Stellen des Flussprofils bestimmen, für die $f(x) = 2$ gilt. Die Gleichung $f(x) = 2$ hat die Lösungen $x = \pm\sqrt{12} \approx \pm 3{,}46$.
Damit ist die Flussbreite gleich dem Abstand dieser Stellen, d.h. ca. 6,93 m.

Flussbreite:
$f(x) = 4 - \frac{48}{x^2+12} = 2$
$\frac{48}{x^2+12} = 2$
$x = \pm\sqrt{12} \approx \pm 3{,}46$
Flussbreite $= 2x \approx 6{,}93$

Lösung zu c):
Zuerst werden die Ableitungen von f und g berechnet.

Aus den beiden Forderungen $f(2) = g(2)$ und $f'(2) = g'(2)$ erhalten wir ein lineares Gleichungssystem mit den Unbekannten a und b.

Das Gleichungssystem wird wie rechts dargestellt gelöst.
Resultat: $g(x) = -\frac{1}{64} x^4 + \frac{5}{16} x^2$.

Der Graph von g ist im Intervall I mit dem Graphen von f fast identisch.

Lösung zu d):
Bei einer Flussbreite von 6 m ist die Wasserhöhe in der Flussmitte $f(3) = \frac{12}{7}$.

Die Querschnittsfläche des Wassers ist somit angenähert gleich der Fläche unter dem Graphen der Funktion h mit der Gleichung $h(x) = \frac{12}{7} - g(x)$ über dem Intervall $[-3; 3]$.

Die Multiplikation der berechneten Querschnittsfläche A mit der Länge 1000 m ergibt eine Wassermenge von ca. 6180 m³ pro Kilometer Flusslänge.

Bestimmung der Gleichung von g:
Ableitungen:
$f'(x) = \frac{96x}{(x^2+12)^2}$ $g'(x) = 4ax^3 + 2bx$

Gleichungssystem:
I: $f(2) = g(2)$ $1 = 16a + 4b$
II: $f'(2) = g'(2)$ $\frac{3}{4} = 32a + 4b$

Lösung des Gleichungssystems:
III $= 2 \cdot$ I $-$ II: $\frac{5}{4} = 4b$ $\Rightarrow b = \frac{5}{16}$
III in I: $1 = 16a + \frac{5}{4} \Rightarrow a = -\frac{1}{64}$

Bestimmung der Wassermenge:
Wassertiefe bei 6 m Flussbreite:
$f(3) = \frac{12}{7}$

Querschnittsfläche des Wassers:
$A = \int_{-3}^{3} \left(\frac{12}{7} - g(x)\right) dx$
$= \left[\frac{17}{12} x + \frac{1}{320} x^5 - \frac{5}{48} x^3\right]_{-3}^{3} \approx 6{,}18 \text{ m}^3$

Volumen des Wassers:
$V = A \cdot 1000 \approx 6{,}18 \text{ m}^2 \cdot 1000 \text{ m} = 6180 \text{ m}^3$

Übung 2 Skater
Gegeben ist die Funktion $f(x) = \frac{4x}{x^2+1}$.
a) Bestimmen Sie Nullstelle und Asymptote.
b) Wie groß ist die durchschnittliche Steigung von f im Intervall $I = [0; 1]$?
c) Ein Skater fährt eine Rampe hinunter und anschließend auf ebener Strecke weiter. Die Funktion f beschreibt seine Geschwindigkeit (in m/s) nach x Sekunden. Zu welchem Zeitpunkt erreicht der Skater seine höchste Geschwindigkeit und wie hoch ist diese?

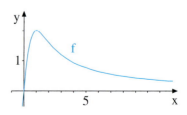

3. Kühlturm

Gegeben sei die Funktionenschar
$$f_a(x) = \frac{a}{0{,}025\,x - 0{,}075} - 10.$$

Die innere Querschnittslinie des abgebildeten 200 m hohen Kühlturms kann so für $a = 1$ beschrieben werden. (1 LE = 10 m)

a) Bestimmen Sie Definitionsbereich von f_a. Wie verhält sich f_a in der Umgebung der nicht definierten Stelle? Durch welche Funktion kann f_a für $x \to \pm\infty$ beschrieben werden?
b) Bestimmen Sie die Nullstellen von f_a.
c) Bestimmen Sie eine Gleichung der Nullstellentangente.
d) Wie groß sind Basis- und Mündungsdurchmesser?
e) Wie groß sind die Steigungswinkel von f_1 am Boden und an der Mündung?
f) Die Nullstellentangente schließt mit den Koordinatenachsen eine Fläche ein. Für welches a bildet sie ein Extremum, welche Art liegt vor?
g) Welche Betonmenge wurde verbaut (Hautdicke ca. 22 cm)?

4. Autobahnauffahrt

Gegeben ist die Funktion $f(x) = 1 - \frac{6}{x} + \frac{5}{x^2} = \frac{x^2 - 6x + 5}{x^2}$.

a) Bestimmen Sie die Nullstellen der Funktion und untersuchen Sie das Verhalten für $x \to 0$.
b) Bestimmen Sie die Extrema und Wendepunkte von f. Wie lautet die Asymptote von f? Zeichnen Sie den Graphen der Funktion für $-6 \leq x \leq 6$.
c) Wie groß ist der Inhalt der Fläche A, die vom Graphen von f und der x-Achse umschlossen wird?
d) Für $x > 0$ beschreibt der Graph von f den Verlauf eines Autobahnabschnitts. Weiterhin sei $g_a(x) = \frac{a}{x^2}$. Es ist eine neue Autobahnzufahrt geplant, die entlang eines der Graphen von g_a verlaufen soll. Deshalb ist herauszufinden, welcher der zu g_a gehörenden Graphen für $x > 0$ den Graphen von f berührt und in welchem Punkt die Berührung erfolgt.

5. Verkehrswege

Gegeben ist die Funktion $f(x) = \frac{x^2 - 3x}{x + 1}$.

a) Bestimmen Sie die Nullstellen, den Definitionsbereich und die Polstelle von f. Untersuchen Sie das Verhalten von f an der Polstelle.
b) Bestimmen Sie die Asymptote von f.
c) Bestimmen Sie die Extrema von f und zeichnen Sie den Graphen von f für $-4 \leq x \leq 6$.
d) Die beiden Zweige des Funktionsgraphen repräsentieren eine Eisenbahnlinie (linker Zweig) und einen Kanal (rechter Zweig). Ein Investor möchte ein rechteckiges, achsenparalleles Areal kaufen, das im Ursprung einen Zugang zum Kanal hat und in einem geeigneten Punkt im 3. Quadranten an die Eisenbahnlinie grenzt. Er möchte zunächst eine möglichst kleine Fläche erwerben. Welche Abmessungen sollte das Areal haben (Einheit: 1 km)?

6. Gegeben sei die Funktion $f(x) = \frac{1}{2}x + \frac{2}{x-2}$.
  a) Für welche x-Werte ist die Funktion nicht definiert? Wie verhält sie sich bei Annäherung an diese x-Werte?
  Durch welche Funktion kann f für große x-Werte näherungsweise beschrieben werden?
  b) Untersuchen Sie f auf Extrema und Wendepunkte.
  c) Zeichnen Sie den Graphen von f für $-3 \leq x \leq 6$.
  d) Bestimmen Sie die Gleichung der Tangente t vom Punkt $P(0|8)$ an den oberen Zweig des Graphen von f.
  e) Welchen Abstand hat der Punkt $Q(1|0)$ zur Tangente t?
  f) Nun sei $f_e(x) = \frac{1}{2}x + \frac{2}{x-e}$, e: Eulersche Zahl.
  Begründen Sie, dass die Näherungsgeraden von f und f_e übereinstimmen.
  Bestimmen Sie den Inhalt der von f_e und ihrer Näherungsgerade eingeschlossenen Fläche über $[e+1; 2e]$.

7. Gegeben sei die Funktion f mit $f(x) = \frac{2x-1}{x^2} = \frac{2}{x} - \frac{1}{x^2}$.
  a) Für welche x-Werte ist die Funktion nicht definiert? Wie verhält sie sich bei Annäherung an diese x-Werte?
  Durch welche Gerade kann f für große x-Werte näherungsweise beschrieben werden?
  b) Zeigen Sie, dass $f'(x) = \frac{2-2x}{x^3}$ die Ableitungsfunktion von f ist. Bestimmen Sie Lage und Art des Extrempunktes von f. Berechnen Sie den Wendepunkt von f.
  Auf den Nachweis der Existenz des Wendepunktes wird verzichtet.
  c) Der Graph von f beschreibt im Modell den Verlauf einer Straße für $x > 0$. Die Einheit sei 1 Kilometer. Vom Koordinatenursprung soll ein Zubringer gebaut werden, der ohne Knick in f einmündet. Wie hoch sind die Kosten für den Bau des Zubringers, wenn pro Meter mit 500 € Kosten gerechnet wird?

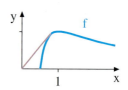

  d) Allgemeiner sei $f_a(x) = \frac{2x-a}{x^2}$. Weisen Sie nach, dass die Graphen von f_a und f_b für $a \neq b$ keine gemeinsamen Punkte besitzen.
  e) Die Fläche zwischen f_a und f_b über dem Intervall $[1; 2]$ soll gleich 2 sein. Leiten Sie hieraus eine Beziehung her, die von a und b erfüllt werden muss.

8. Gegeben sei die Funktion $f(x) = \frac{2-x^3}{x}$.
  a) Zeigen Sie, dass $f(x) = \frac{2}{x} - x^2$ gilt.
  Für welche x-Werte ist die Funktion nicht definiert? Wie verhält sie sich bei Annäherung an diese x-Werte?
  Durch welche Funktion kann f für große x-Werte näherungsweise beschrieben werden?
  b) Bestimmen Sie Extrema und Wendepunkte von f.
  c) Bestimmen Sie den Inhalt A_1 der vom Graphen von f und g mit $g(x) = \frac{2}{x}$ eingeschlossenen Fläche über $[\sqrt[3]{2}; 3]$.
  Bestimmen Sie den Inhalt A_2 der vom Graphen von f und h mit $h(x) = -x^2$ eingeschlossenen Fläche über $[\sqrt[3]{2}; 3]$.
  Interpretieren Sie den Wert der Summe $A_1 + A_2$.
  d) Bestimmen Sie eine Gleichung der Tangente vom Punkt $P(0|2)$ an den Punkt $Q(u|f(u))$ des Graphen von f im 3. Quadranten. (Hinweis: u ist ganzzahlig.)

Kurvenuntersuchungen

9. Gegeben ist die Funktion $f(x) = \frac{1}{2}x + \frac{1}{2x}$, $x \in \mathbb{R} \setminus \{0\}$.
   a) Zeigen Sie, dass die Funktion f symmetrisch ist.
   b) Bestimmen Sie die Ableitungsfunktionen f' und f''.
   c) Untersuchen Sie f auf Nullstellen und auf Polstellen.
   d) Zeigen Sie, dass die Gerade $g(x) = \frac{1}{2}x$ Asymptote von f ist.
   e) Bestimmen Sie die Extremalpunkte von f. Zeigen Sie außerdem, dass f keine Wendepunkte besitzt.
   f) Zeichnen Sie die Graphen von f und g für $-4 \leq x \leq 4$ in ein gemeinsames Koordinatensystem.
   g) Bestimmen Sie eine Stammfunktion F von f.
   h) Bestimmen Sie den Inhalt der Fläche, die durch den Graphen von f, seine Asymptote und die Geraden $x = 1$ und $x = 4$ begrenzt wird.
   i) Bestimmen Sie das Volumen des Körpers, der durch Rotation des Funktionsgraphen von f um die x-Achse über dem Intervall $[1; 4]$ entsteht.

10. Gegeben sei die Funktion $f(x) = \frac{4}{x} + \frac{2}{x^2}$, $x \in \mathbb{R} \setminus \{0\}$.
   a) Untersuchen Sie die Funktion f auf Nullstellen und Polstellen.
   b) Wie verhält sich die Funktion für $x \to \infty$ bzw. $x \to -\infty$?
   c) Bestimmen Sie die Extremal- und Wendepunkte von f.
   d) Zeichnen Sie den Graphen von f für $-4 \leq x \leq 5$.
   e) Bestimmen Sie eine Stammfunktion F von f.
   f) Bestimmen Sie den Inhalt der Fläche, die vom Graphen von f, der x-Achse und der Geraden $x = -4$ eingeschlossen wird.
   g) Bestimmen Sie das Volumen des Körpers, der durch Rotation des Funktionsgraphen von f um die x-Achse über dem Intervall $[1; 4]$ entsteht.
   h) Die Tangente t an den Graphen von f im Punkt $P(2|f(2))$ schließt mit den Koordinatenachsen ein dreieckiges Flächenstück B ein. Bestimmen Sie den Inhalt von B.

11. Gegeben sei die Funktion $f(x) = \frac{x^3+1}{x^2}$, $x \in \mathbb{R} \setminus \{0\}$.
   a) Untersuchen Sie f auf Nullstellen und Polstellen.
   b) Untersuchen Sie f auf Extremal- und Wendepunkte.
   c) Zeigen Sie, dass die Funktion $g(x) = x$ die Asymptote der Funktion f ist.
      Zeichnen Sie die Graphen von f und g für $-3 \leq x \leq 5$ in ein gemeinsames System.
   d) Für welche x-Werte ist die Differenz der Funktionswerte von f und g kleiner als $\frac{1}{100}$?
   e) Bestimmen Sie eine Stammfunktion F von f.
   f) Die Graphen f und g sowie die Geraden $x = 1$ und $x = c$ ($c > 1$) begrenzen ein Flächenstück A. Bestimmen Sie den Inhalt dieser Fläche in Abhängigkeit von c.
      Bestimmen Sie c so, dass diese Fläche den Inhalt 0,9 hat.
      Welcher Flächeninhalt ergibt sich für A, wenn $c \to \infty$ strebt?
   g) Der Ursprungspunkt und ein im 1. Quadranten liegender Punkt $P(x|f(x))$ des Graphen von f seien diagonal gegenüberliegende Ecken eines achsenparallelen Rechtecks R. Für welchen Wert von x ist der Inhalt des Rechtecks R minimal?

12. Gegeben ist die Funktion $f(x) = \frac{4x-4}{x^3}$.
    a) Untersuchen Sie f auf Nullstellen und Polstellen.
    b) Untersuchen Sie das Verhalten von f für $x \to \infty$ und $x \to -\infty$.
    c) Untersuchen Sie f auf Extrema und Wendepunkte.
    d) Zeichnen Sie den Graphen von f für $-3 \leq x \leq 3$.
    e) Bestimmen Sie eine Stammfunktion von f.
       (*Hinweis:* Zerlegen Sie hierzu den Funktionsterm von f in Teilbrüche.)
    f) Berechnen Sie, für welchen Wert von a der Graph von f, die x-Achse und die Gerade $x = a$ im ersten Quadranten ein Flächenstück A mit dem Inhalt 0,5 einschließen.
    g) Weiter sei die Funktion $p(x) = \frac{1}{x^2}$ gegeben.
       Die Graphen von f und p schneiden sich an der Stelle x_s. Berechnen Sie x_s.
       An welcher rechts von x_s gelegenen Stelle x nimmt die Differenz der Funktionswerte von f und p einen Maximalwert an?
    h) Welche Ursprungsgerade h berührt den Graphen von f im ersten Quadranten als Tangente?

13. Gegeben sei die Funktion $f(x) = \frac{x}{2x-6}$.
    a) Untersuchen Sie die Funktion f auf Nullstellen und Polstellen.
    b) Wie lautet die Gleichung der Asymptote von f?
    c) Zeigen Sie, dass f weder Extremalpunkte noch Wendepunkte besitzt.
    d) Zeichnen Sie den Graphen von f für $-2 \leq x \leq 8$.
    e) Für welche x-Werte ist der Abstand des Graphen zur Asymptote kleiner als $\frac{1}{1000}$?
    f) t_1 und t_2 sind diejenigen Tangenten an den Graphen von f, welche die Steigung $-1{,}5$ besitzen. Bestimmen Sie die Gleichungen von t_1 und t_2.
    g) Ein achsenparalleles Rechteck besitzt die Eckpunkte $A(0|0)$, $B(x|0)$, $C(x|f(x))$ und $D(0|f(x))$, wobei $x > 3$ gelte. Für welchen Wert von x ist der Flächeninhalt des Rechtecks minimal? Für welchen Wert von x ist der Umfang des Rechtecks minimal?
    h) Bestimmen Sie eine Stammfunktion F von f.
       Zerlegen Sie den Term von f zunächst in Asymptote und Restterm.

14. Gegeben ist die Funktion $f(x) = \frac{32(x+2)}{x^3}$.
    a) Bestimmen Sie den Definitionsbereich von f und untersuchen Sie f auf Polstellen.
    b) Bestimmen Sie die Nullstellen, Extrema und Wendepunkte von f.
    c) Bestimmen Sie $f(-1)$, $f(1)$, $f(-10)$, $f(10)$ und zeichnen Sie den Graphen von f.
    d) Bestimmen Sie eine Stammfunktion von f. Berechnen Sie anschließend den Inhalt der Fläche A, die im ersten Quadranten vom Graphen der Funktion f, der x-Achse sowie den senkrechten Geraden $x = 1$ und $x = k > 1$ begrenzt wird.
       (Hinweis: Zerlegen Sie den Term von f in Teilbrüche.)
       Welcher Flächeninhalt ergibt sich, wenn $k \to \infty$ strebt?
    e) Bestimmen Sie die Gleichung der Parabel, die den Graphen von f bei $x = -2$ berührt und durch den Ursprung geht.
    f) Bestimmen Sie die Gleichung der Nullstellentangente.

E. Trigonometrische Funktionen

Beispiel: Tageslänge in Berlin

Gegeben ist die Funktion $f(x) = 2 \cdot \sin\left(\frac{\pi}{6}x\right)$, $0 \leq x \leq 12$.

a) Geben Sie die Nullstellen, Extrema, Wendepunkte und die Periode von f an. Zeichnen Sie den Graphen von f.
b) Die Koordinatenachsen und die Parallelen zu den Koordinatenachsen durch einen Kurvenpunkt $P(x\,|\,f(x))$ ($0 \leq x \leq 6$) begrenzen ein Rechteck. Wie muss der Punkt P gewählt werden, damit der Umfang des Rechtecks möglichst groß ist?
c) Im Laufe des Jahres ändert sich die Tageslänge. In Berlin schwankt sie zwischen 17 Stunden am 21. Juni und 7 Stunden 6 Monate später. Die Tageslänge soll in Abhängigkeit von der Zeit t (t = 0 am 21. März, t in Monaten) durch $g(t) = d + a \cdot \sin\left(\frac{\pi}{6}t\right)$ beschrieben werden. Bestimmen Sie die Koeffizienten a und d.
d) Welche Tageslänge ergibt sich für den 21. August? Wann ändert sich die Tageslänge am schnellsten?

Lösung zu a):
Die Funktion f geht aus der Sinusfunktion hervor durch eine Amplitudenänderung von 1 auf 2 und eine Änderung der Periode. Eine Funktion der Form $\sin(bx)$ hat die Periode $p = \frac{2\pi}{b}$, daher hat die Funktion f die Periode 12.

Aus der Lage der Nullstellen, der Extrema und der Wendepunkte der Sinusfunktion können damit die oben rechts aufgeführten markanten Punkte der Funktion f gefolgert werden, und wir sind in der Lage den Graphen von f zu zeichnen.

Kurvenuntersuchung:
Periode: $p = \frac{2\pi}{\pi/6} = 12$
Amplitude: $a = 2$
Nullstellen: $N_1(0\,|\,0)$, $N_2(6\,|\,0)$, $N_3(12\,|\,0)$
Extrema: $H(3\,|\,2)$, $T(9\,|\,-2)$
Wendepunkte: $W_1(0\,|\,0)$, $W_2(6\,|\,0)$, $W_3(12\,|\,0)$

Graph:

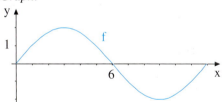

Lösung zu b):
Zunächst stellen wir den Umfang des Rechtecks als Funktion $U(x, y)$ der beiden Variablen x und y dar.

Dann ersetzen wir y durch $f(x)$ und erhalten so die Zielfunktion $U(x)$.

Mit Hilfe der Ableitung U' bestimmen wir das Extremum von U. Es ist ein Maximum und liegt an der Stelle $x \approx 5{,}42$.

Der maximale Umfang des Rechtecks beträgt ca. 12,04 LE.

Bestimmung des maximalen Umfangs:
Hauptbedingung: $U = 2x + 2y$
Nebenbedingung: $y = f(x)$
Zielfunktion: $U(x) = 2x + 4\sin\left(\frac{\pi}{6}x\right)$
Extremalrechnung:

$U'(x) = 2 + \frac{2\pi}{3}\cos\left(\frac{\pi}{6}x\right) = 0$

$\cos\left(\frac{\pi}{6}x\right) = -\frac{3}{\pi}$

$\frac{\pi}{6}x \approx 2{,}84$

$x \approx 5{,}42$, $\quad y \approx 0{,}59$, $\quad U_{max} \approx 12{,}04$

Der Inhalt der rechten Teilfläche A_2 ist gleich dem Integral von $300 - g(x)$ über dem Intervall $[0; 150]$.
Sie beträgt ca. $28\,648$ m².

Inhalt der linken Teilfläche A_2:
$$A_2 = \int_0^{150} (300 - g(x))\,dx$$
$$= \left[300 \cdot \tfrac{300}{\pi} \cos\left(\tfrac{\pi}{300}(x+150)\right)\right]_0^{150}$$
$$= \tfrac{90\,000}{\pi} \approx 28\,648 \text{ m}^2$$

Der Flächeninhalt der Gesamtquerschnittsfläche ist gleich der Summe der berechneten Flächeninhalte. Er beträgt daher ca. $118\,648$ m².

Inhalt der Querschnittsfläche A:
$A = A_1 + A_2 \approx 118\,648$ m²

Lösung zu c):
Bei einer Wassertiefe von nur 150 m ist der Stausee nicht vollständig gefüllt. Nun sind die Integrationsgrenzen neu zu wählen.
Links der y-Achse gilt:
Die linke Integrationsgrenze erhält man als Lösung der Gleichung $f(x) = 150$ oder direkt aus der Skizze, sie liegt bei -300.
Die rechte Integrationsgrenze liegt im Ursprung.
Rechts der y-Achse gilt:
An der rechten Integrationsgrenze muss $g(x) = 150$ gelten. Diese Gleichung hat die Lösung $x = 100$.
Nun sind die Terme $150 - f(x)$ über dem Intervall $[-300; 0]$ und $150 - g(x)$ über dem Intervall $[0; 100]$ zu integrieren.
Die Querschnittsfläche B ist ca. $38\,458$ m² groß.

Inhalt der linken Teilfläche B_1:
$$B_1 = \int_{-300}^{0} (150 - f(x))\,dx \approx 28\,000 \text{ m}^3$$
$$= \left[150 \cdot 300\left(\pi \cos\left(\tfrac{\pi}{600}(x+900)\right)\right)\right]_{-300}^{0}$$
$$\approx 28\,648$$

Inhalt der rechten Teilfläche B_2:
$$B_2 = \int_0^{100} (100 - g(x))\,dx$$
$$= \left[-150x + 300 \cdot \tfrac{300}{\pi} \cos\left(\tfrac{\pi}{300}(x-150)\right)\right]_0^{100}$$
$$\approx 9810 \text{ m}^2$$

Inhalt der Querschnittsfläche B:
$B = B_1 + B_2 \approx 38\,458$ m²

3. Rutschbahn

Eine Rutschbahn im Adventure-Park wird im Querschnitt dargestellt von zwei sinusförmigen Teilen, jeweils auf der Länge einer halben Periode.

a) Entwickeln Sie zwei trigonometrische Funktionen f
(für $-10 \leq x \leq 0$) und
g (für $0 \leq x \leq 8$), die zusammen das Profil der Rutsche beschreiben.

b) Bestimmen Sie das maximale Gefälle auf der Rutsche und das durchschnittliche Gefälle sowie die zugehörigen Neigungswinkel.

c) Eine Firma möchte eine Werbefläche von mindestens 60 m² mieten. Würde eine seitliche Verkleidung der Rutsche dieser Anforderung genügen?

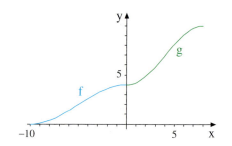

4. Logo

Gegeben sind $f(x) = 2 \cdot \sin\left(\frac{\pi}{2}x\right) + 3$ und $g(x) = -4 \cdot \sin\left(\frac{\pi}{4}x\right) + 3$, $0 \leq x \leq 4$.

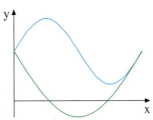

a) Welche Perioden besitzen f und g? Bestimmen Sie die Nullstellen von g. Bestimmen Sie die Extrema von f. Zeichnen Sie die Graphen von f und g.
b) Welchen Steigungswinkel hat der Graph von f im Schnittpunkt mit der y-Achse? Wann fällt der Steigungswinkel des Graphen von f erstmals auf 45°?
c) Der von den Graphen von f und g umschlossene Bereich soll als Vorlage für ein Firmenlogo verwendet werden. Bestimmen Sie die Fläche des Logos (Längeneinheit: 1 cm).
d) Jemand behauptet: Die Gerade durch den Hochpunkt des Graphen von f und den Tiefpunkt des Graphen von g halbiert die Fläche des Logos. Untersuchen Sie, ob dies stimmt.

5. Spiegelung und Flächenberechnung

a) Rechts dargestellt ist der Graph einer Funktion $f(x) = a + \cos(bx)$. Geben Sie mögliche Werte für die Parameter an.
b) Wie groß ist die maximale Steigung, wie groß die durchschnittliche Steigung im Intervall $[-3; 0]$?

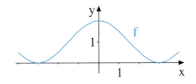

c) Welche Fläche bildet der Graph von f mit der x-Achse über $[-3; 3]$?
d) Der Graph von f wird an der Parallelen zur x-Achse durch $y = 3$ gespiegelt, wodurch der Graph einer Funktion g entsteht. Zeichnen Sie den Graphen von g und geben Sie die Funktionsgleichung an.
e) Ein Biologe hat einen exotischen Schmetterling vergeblich gejagt. Angenähert wird der Schmetterling mit ausgebreiteten Flügeln durch die Funktionen f und g für $-3 \leq x \leq 3$ dargestellt. Wie groß ist angenähert die Flügelfläche des Schmetterlings?

6.
Gegeben ist die Funktion $f(x) = x + 2\cos x$ für $-4 \leq x \leq 4$.
a) Untersuchen Sie die Funktion auf Extrema und Wendepunkte im angegebenen Intervall.
b) Erstellen Sie eine geeignete Wertetabelle und zeichnen Sie den Graphen für $-4 \leq x \leq 4$.
c) Bestimmen Sie die Gleichung der Tangente t an den Graphen von f an der Stelle $x = \frac{\pi}{2}$.
d) Die Koordinatenachsen, der Graph von f und die in c) bestimmte Tangente t begrenzen ein Flächenstück A. Berechnen Sie den Inhalt von A.
e) Die Geschwindigkeit eines Schwimmers im Training wird beschrieben durch die Funktion $v(t) = 1 - \frac{1}{4}\sin\left(\frac{\pi}{30}t\right)$, (t in s, v(t) in m/s). Welche Strecke legt er in 2 Minuten zurück?
f) Sei allgemein $f_a(x) = x + a\cos x$. Für welche Werte des Parameters a gibt es waagerechte Tangenten an den Graphen von f_a?

7. Straßenplanung

Die Landstraße verläuft geradlinig durch A($-4|1$) zum Punkt B($-2|0$). Zwischen B und C($2|0$) soll die Straße erneuert werden. Danach verläuft sie wieder geradlinig von C durch Punkt D($4|1$).

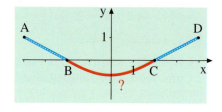

Der neue Straßenabschnitt zwischen B und C soll im Punkt C „ohne Knick" in den Abschnitt CD übergehen.

a) Zur Modellierung des Abschnitts BC werden folgende Funktionstypen betrachtet:
$$f(x) = ax^2 + b, \qquad g(x) = ae^{-x^2} + b.$$
Bestimmen Sie für jeden Funktionstyp die Parameter a und b so, dass die Funktion den Straßenverlauf zwischen den Punkten B und C beschreibt.

b) Begründen Sie, dass Ihre Lösungen auch im Punkt B „ohne Knick" die Straßenstücke verbinden.

c) Zeichnen Sie den Straßenverlauf mit Ihren Lösungen und leiten Sie aus der Zeichnung eine begründete Entscheidung über den besten Straßenverlauf zwischen B und C ab.

8. Strandpromenade

Der Aufgang der Strandpromenade zu einem 8 m hohen Deich soll in der Waagerechten 20 m lang sein. Das Planungsbüro erwägt mehrere Varianten.

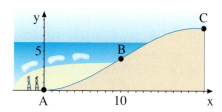

a) **Variante 1:**
Die Trassenführung wird durch eine trigonometrische Funktion durch die Punkte A und C realisiert. Dabei soll die Funktion in den Anschlusspunkten A und C die Steigung null haben. Geben Sie die Funktionsgleichung für diese Variante an.

Zur Kontrolle: $f(x) = 4 \cdot \sin\left(\frac{\pi}{20}(x-10)\right) + 4$

b) **Variante 2:**
Die Trassenführung wird durch eine ganzrationale Funktion realisiert, die in den Anschlusspunkten A und C die Steigung null hat. Bestimmen Sie die Funktionslgeichung.

c) Berechnen Sie für beide Lösungen den stärksten Anstieg.

d) Der Aufgang soll 2 m breit sein. Bei welcher Trasse wird weniger Sand als Untergrund benötigt?

e) **Variante 3:**
Diese Variante sieht vor, die Punkte A und B durch eine Funktion $h_1(x) = e^{ax} - b$ und die Punkte B und C durch eine Funktion $h_2(x) = 10 - ce^{-dx}$ zu verbinden. Stellen Sie die Funktionsgleichung auf.

f) Variante 3 soll nur dann vorgeschlagen werden, wenn in den Übergangspunkten A, B und C der Winkel zwischen den beiden Trassenteilen bzw. zwischen jeweils einem Trassenteil und der unteren bzw. oberen Ebene kleiner als 10° ist. Prüfen Sie, ob diese Bedingung erfüllt ist.

2. Analytische Geometrie/Matrizen

1. Gegeben sind die Ebene E: $\vec{x} = \begin{pmatrix} 4 \\ -1 \\ 6 \end{pmatrix} + r \cdot \begin{pmatrix} -2 \\ 1 \\ 2 \end{pmatrix} + s \cdot \begin{pmatrix} 1 \\ -1 \\ 0 \end{pmatrix}$ und die Gerade

g: $\vec{x} = \begin{pmatrix} 5 \\ -4{,}5 \\ 2 \end{pmatrix} + t \begin{pmatrix} 7 \\ 0 \\ 4 \end{pmatrix}$.

a) Geben Sie eine Normalengleichung der Ebene E an.
b) Prüfen Sie, ob die Punkte P(3; 0; 2) und Q(5; −1; 4) in E liegen.
c) Welchen Winkel schließen die beiden Richtungsvektoren der Ebene E ein?
d) Bestimmen Sie die Punkte X, Y und Z, in denen die Ebene E von den Koordinatenachsen durchstoßen wird. Diese bilden mit dem Koordinatenursprung eine Pyramide. Berechnen Sie das Volumen dieser Pyramide. Zeichnen Sie ein Schrägbild.
e) Zeigen Sie, dass sich E und g schneiden. Berechnen Sie den Schnittpunkt. Liegt der Schnittpunkt im Dreieck XYZ aus d)? Berechnen Sie den Schnittwinkel von g und E.
f) Bestimmen Sie die Gleichung der Spurgeraden von E in der x-y-Ebene.

2. Gegeben seien die Ebene E: $\vec{x} = \begin{pmatrix} 1 \\ 0 \\ 1 \end{pmatrix} + r \cdot \begin{pmatrix} 4 \\ 3 \\ -1 \end{pmatrix} + s \cdot \begin{pmatrix} 2 \\ 0 \\ -1 \end{pmatrix}$ und die Geraden

g: $\vec{x} = \begin{pmatrix} 4 \\ -3 \\ 2 \end{pmatrix} + t \begin{pmatrix} 0 \\ 3 \\ 1 \end{pmatrix}$ und h: $\vec{x} = \begin{pmatrix} 1 \\ 0 \\ 1 \end{pmatrix} + u \begin{pmatrix} 1 \\ 1 \\ 1 \end{pmatrix}$.

a) Geben Sie eine Normalengleichung der Ebene E an.
b) Zeigen Sie, dass die Gerade g parallel zur Ebene E verläuft, und bestimmen Sie den Abstand von g zu E.
c) Bestimmen Sie die Lage von E und h zueinander (ohne Rechnung).
d) Bestimmen Sie die relative Lage der Geraden g zu der Geraden h.
e) Bestimmen Sie den Schnittwinkel der Geraden g und h.

3. Gegeben sind die Ebene E: $\vec{x} = \begin{pmatrix} 1 \\ 1 \\ 0 \end{pmatrix} + r \cdot \begin{pmatrix} -1 \\ 1 \\ 1 \end{pmatrix} + s \cdot \begin{pmatrix} 0 \\ 1 \\ 2 \end{pmatrix}$ sowie der Geradenschar

$(a \in \mathbb{R})$ g_a: $\vec{x} = \begin{pmatrix} -1 \\ 2 \\ 6 \end{pmatrix} + t \cdot \begin{pmatrix} a \\ 1-a \\ -a \end{pmatrix}$ und die Gerade h: $\vec{x} = \begin{pmatrix} -1 \\ 2 \\ 6 \end{pmatrix} + k \begin{pmatrix} 1 \\ 1 \\ 3 \end{pmatrix}$.

a) Geben Sie eine Normalengleichung der Ebene E an.
b) Welchen Abstand hat der Ursprung zur Ebene E?
c) Bestimmen Sie den Schnittpunkt und den Schnittwinkel von g_1 und E.
d) Für welchen Wert von a steht die Gerade g_a senkrecht auf der Ebene E?
e) Zeigen Sie, dass keine Gerade der Schar g_a parallel zur Ebene E verläuft.
f) Zeigen Sie, dass die Gerade h parallel zur Ebene E verläuft, und berechnen Sie den Abstand von h und E.
g) Die Gerade g_1 wird senkrecht zur Ebene E auf diese projiziert. Wie lautet die Gleichung der Projektionsgeraden g_1'?

4. Gegeben sind die Ebenen $E_1: \vec{x} = \begin{pmatrix} 1 \\ 0 \\ 1 \end{pmatrix} + r \cdot \begin{pmatrix} -1 \\ 2 \\ 1 \end{pmatrix} + s \cdot \begin{pmatrix} 0 \\ -1 \\ 1 \end{pmatrix}$ und

$E_2: \left[\vec{x} - \begin{pmatrix} 2 \\ -1 \\ -1 \end{pmatrix} \right] \cdot \begin{pmatrix} 1 \\ -1 \\ 1 \end{pmatrix} = 0$.

a) Stellen Sie die Ebene E_1 durch eine Normalengleichung und die Ebene E_2 durch eine Parametergleichung dar.
b) Zeigen Sie, dass sich die Ebenen E_1 und E_2 schneiden. Bestimmen Sie eine Gleichung der Schnittgeraden sowie den Schnittwinkel.
c) Die Schnittpunkte von E_1 mit den Koordinatenachsen bilden ein Dreieck. Bestimmen Sie den Umfang dieses Dreiecks.
d) Überprüfen Sie, ob der Punkt $P(-2; 4; 6)$ in der Ebene E_1 oder in E_2 liegt.
e) Die Ebene E_2 schneidet die x-Achse im Punkt X und die y-Achse im Punkt Y. Bestimmen Sie den Flächeninhalt des Dreiecks XYP mit $P(-2; 4; 6)$.
f) Bestimmen Sie eine Gleichung einer Ebene E^*, die die Schnittgerade aus b) enthält und senkrecht auf E_2 steht.

5. Gegeben sind die Ebenen E_1 durch die Punkte $A(2; 1; 1)$, $B(5; 5; 3)$ und $C(4; 3; 2)$ und E_2 durch den Punkt $P(3; 5; 3)$ und dem Normalenvektor $\vec{n} = \begin{pmatrix} 1 \\ -1 \\ 1 \end{pmatrix}$.

a) Stellen Sie eine Koordinatengleichung von E_1 sowie eine Normalengleichung von E_2 auf.
b) Zeigen Sie, dass sich die Ebenen E_1 und E_2 schneiden. Bestimmen Sie eine Gleichung der Schnittgeraden sowie den Schnittwinkel.
c) Bestimmen Sie die Spurgeraden g_{xy} und h_{xy} der Ebenen E_1 und E_2.
Unter welchem Winkel schneiden sich diese Spurgeraden?
d) Bestimmen Sie eine Gleichung einer Geraden h, die durch $Q(2; 3; 3)$ geht und zu den Ebenen E_1 und E_2 parallel verläuft.
e) Die Ebene E_2 wird am Ursprung gespiegelt. Wie lautet die Gleichung des Spiegelbildes E_2'?

6. Gegeben sind die Ebenen $E_1: \vec{x} = \begin{pmatrix} 10 \\ 10 \\ -2 \end{pmatrix} + r \cdot \begin{pmatrix} 1 \\ -1 \\ 0 \end{pmatrix} + s \cdot \begin{pmatrix} 0 \\ 1 \\ -2 \end{pmatrix}$ und
$E_2: 4x + 4y + 2z = 16$.
a) Bestimmen Sie eine Normalengleichung von E_2.
b) Unter welchem Winkel schneidet die Ebene E_2 die x-y-Koordinatenebene?
c) Bestimmen Sie die relative Lage der Ebenen E_1 und E_2 zueinander.
d) Bestimmen Sie die Spurgerade g_{xy} der Ebene E_2.
e) Bestimmen Sie eine Normalengleichung einer Ebene H, die die Ebene E_2 in deren Spurgerade g_{xy} senkrecht schneidet.

2. Analytische Geometrie/Matrizen

7. Die Punkte A(0; 0; 0), B(8; 6; 0), C(2; 8; 0) bilden die dreieckige Grundfläche einer Pyramide P mit der Spitze S(4; 6; 6).
  a) Zeichnen Sie ein Schrägbild der Pyramide P.
  b) Bestimmen Sie das Volumen der Pyramide P.
  c) Gesucht sind eine Koordinatengleichung sowie die Achsenabschnittspunkte der Ebene E durch die Punkte B, C und S.
  d) Die Ebene F: $\vec{x} = \begin{pmatrix} 1 \\ 5 \\ 2 \end{pmatrix} + r \begin{pmatrix} 2 \\ 2 \\ 1 \end{pmatrix} + s \begin{pmatrix} 3 \\ 7 \\ 3 \end{pmatrix}$ schneidet die Pyramide P.
  Welche Form und welchen Umfang hat die Schnittfläche?
  e) Trifft ein von P(9; 13; 5) ausgehender Lichtstrahl, der auf einen in der Höhe z = 1 auf der z-Achse liegenden Punkt gerichtet ist, die Pyramide P?

8. In einem kartesischen Koordinatensystem sind der abgebildete Würfel ABCDEFGH mit der Seitenlänge 4 sowie die Ebene ε: $y + 2z = 10$ gegeben.

  a) Geben Sie die Koordinaten der Würfeleckpunkte an.
  b) Die Ebene ε schneidet den Würfel ABCDEFGH. Berechnen Sie die Eckpunkte der viereckigen Schnittfläche und untersuchen Sie, um welches spezielle Viereck es sich handelt.
  c) Berechnen Sie den Abstand des Koordinatenursprungs von der Ebene ε sowie den Lotfußpunkt auf ε.
  d) Berechnen Sie die Volumina der Teilkörper, in die ε den Würfel zerlegt.
  e) Berechnen Sie den eingezeichneten Winkel α.

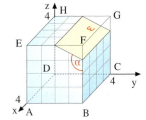

9. Gegeben sind in einem kartesischen Koordinatensystem die Punkte A(7; 5; 1), B(2; 5; 1) und D(7; 2; 5).
  a) Zeigen Sie, dass die Vektoren $\overrightarrow{AB}$ und $\overrightarrow{AD}$ orthogonal sind und gleiche Beträge haben.
  b) Bestimmen Sie die Koordinaten eines Punktes C so, dass ABCD ein Quadrat wird. Bestimmen Sie die Koordinaten des Quadratmittelpunktes M.
  c) Das Quadrat ABCD ist die Grundfläche einer Pyramide mit der Spitze S(4,5; 11,5; 9). Zeigen Sie, dass $\overline{MS}$ die Höhe der Pyramide ist.
  Berechnen Sie das Volumen der Pyramide.
  d) Es existiert eine weitere Pyramide mit derselben Grundfläche ABCD und demselben Volumen. Berechnen Sie die Koordinaten der Spitze S′ dieser weiteren Pyramide.
  e) Die Punkte A, B und T(7; 6; 3) bestimmen eine Ebene E. Diese Ebene E wird von der Pyramidenhöhe $\overline{MS}$ in einem Punkt P durchstoßen. Berechnen Sie die Koordinaten des Punktes P.

10. Die Bahnen zweier Flugzeuge werden als geradlinig angenommen, die Flugzeuge werden als Punkte angesehen. Das erste Flugzeug bewegt sich von A(0; −50; 20) nach B(0; 50; 20). Das zweite Flugzeug nimmt den Kurs von Punkt C(−14; 46; 32) auf Punkt D(50; −18; 0). Eine Ein-heit entspricht 1 km.

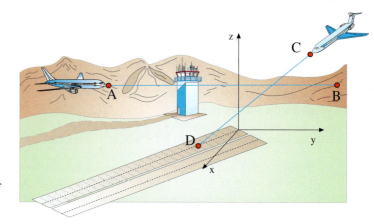

a) Untersuchen Sie, ob die beiden Flugzeuge bei gleichbleibenden Kursen zusammenstoßen könnten. (Die Geschwindigkeiten der Flugzeuge bleiben unberücksichtigt.)
b) Das 2. Flugzeug ändert nach der Hälfte der Strecke $\overline{CD}$, in dem Punkt M, seinen Kurs, da ein Nebel aufkommt. Das 2. Flugzeug fliegt nun von M aus über T(0; 25; 20) nach D. Berechnen Sie die Länge des durch den neuen Kurs entstandenen Umweges.
c) Untersuchen Sie, ob die beiden Flugzeuge auf dem neuen Kurs zusammenstoßen könnten (ohne Berücksichtigung der Geschwindigkeiten).
d) Untersuchen Sie, ob es dem 2. Flugzeug gelungen ist, rechtzeitig vor der schmalen Nebelfront, die sich durch die Ebene E: $2x − 2y − z = 20{,}8$ beschreiben lässt, seinen Kurs zu ändern.

11. Auf der schiefen Ebene einer Bergwiese steht ein Kirchturm mit einer regelmäßigen Pyramide der Höhe h = 10 als Dach.
Für die Koordinaten (s. Abbildung) gilt:
A(10; 0; 0), B(10; 10; 0), C(0; 10; 2), E(10; 0; 20)

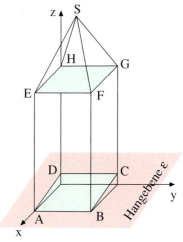

a) Bestimmen Sie eine Gleichung der Hangebene ε in Parameterform und in Normalenform.
b) Welchen Abstand hat die Turmspitze S zur Hangebene ε?
c) Zu einer gewissen Tageszeit fällt Sonnenlicht in Richtung $\vec{v} = \begin{pmatrix} -2 \\ 0{,}5 \\ -2{,}5 \end{pmatrix}$ auf den Turm.
Von der Turmspitze S fällt dann ein Schatten auf den Hang. Bestimmen Sie die Koordinaten des Schattenpunktes S* auf dem Hang.
d) Eine Dachfläche ist für den Betrieb von Solarzellen geeignet, wenn das einfallende Licht möglichst senkrecht einfällt. Prüfen Sie, ob eine der vier Dachflächen dieses Kriterium erfüllt.
e) Welcher Punkt P im Innern des Dachraumes hat von den 5 Ecken der Dachpyramide den gleichen Abstand? Bestimmen Sie diesen Abstand.

12. Einflugschneise

Ein Flugzeug befindet sich im Landeanflug. Es bewegt sich auf einer geraden Flugbahn g durch die Punkte A(25; 2; 5) und B(15; 7; 3). Die Einflugschneise wird durch zwei Geraden g_1 und g_2 begrenzt, welche durch die Punkte C(10; 4; 2) und D(0; 10; 0) bzw. E(10; 20; 2) und F(0; 14; 0) gehen (Angabe in km).

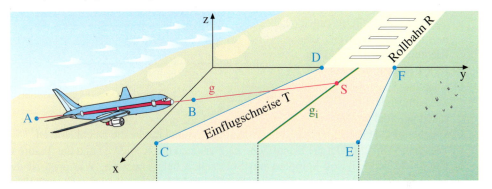

a) Bestimmen Sie die Gleichungen der beiden Begrenzungsgeraden g_1 und g_2. Zeigen Sie, dass diese eine Ebene T aufspannen. Wie lautet die Gleichung der Ebene T?
b) Welchen Winkel bildet die Ebene T (Einflugschneisenebene) mit der Rollbahnebene R, welche wie abgebildet in der x-y-Ebene liegt?
c) Wie lautet die Gleichung der Flugbahngeraden g des Flugzeugs?
d) Die in der Mitte der Einflugschneise verlaufende Gerade g_i ist die ideale Linie für den Landeanflug. Wie lautet die Gleichung der Geraden g_i? Zeigen Sie, dass die Bahn g des Flugzeugs die Ideallinie g_i schneidet. Wo liegt der Schnittpunkt S?
e) Berechnen Sie, um welchen Winkel der Pilot den Kurs in S korrigieren muss, um auf die Ideallinie g_i einzuschwenken.
f) Das Flugzeug hat eine Geschwindigkeit von 500 $\frac{km}{h}$. Wie lange dauert der Landeanflug von Punkt A bis zum Aufsetzen am Beginn der Rollbahn?

13. Hubschrauberkurs

Ein Hubschrauber fliegt einen geradlinigen horizontalen Kurs, der durch die Punkte A(7; 2; 0,1) und B(11; 3; 0,1) führt. Eine Einheit im Koordinatensystem sind 10 km.
a) Welchen Abstand hat der Hubschrauber im Punkt B von einer Gewitterfront, die durch die Ebene E: $x + 2y - 2z - 40,8 = 0$ im Koordinatensystem beschrieben wird?
b) In welchem Punkt P würde der Hubschrauber die Gewitterfront erreichen?
c) Weisen Sie nach, dass der Punkt Q(23; 6; 0,1) auf der Flugbahn des Hubschraubers liegt und von diesem vor Erreichen der Gewitterfront passiert wird.
d) Im Punkt Q ändert der Pilot den Kurs, indem er unter Beibehaltung seiner Horizontalrichtung in einen Steigflug übergeht, der ihn parallel zur Gewitterfront fliegen lässt. Geben Sie die Gerade an, welche die Bahn des Hubschraubers nach der Kurskorrektur beschreibt. Berechnen Sie den Winkel der Richtungsänderung.
e) Welchen Abstand zur Gewitterfront hat der Hubschrauber nach der Kursänderung?
f) Die Gewitterfront erstreckt sich bis in 4 km Höhe. In welchem Punkt kann der Hubschrauberpilot frühestens wieder in einen Horizontalflug übergehen, wenn er nicht in die Gewitterfront fliegen will?

14. Winkelhaus

Ein Winkelhaus hat die rechts dargestellten Maße.

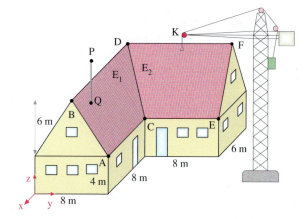

a) Bestimmen Sie die Koordinaten von A, B, C, E und F.
b) Bestimmen Sie die Gleichungen der Firstgeraden g_{BD} und g_{FD}. Hinweis: Die Richtungsvektoren sind einfach zu bestimmen.
c) Berechnen Sie den Punkt D als Schnittpunkt der Firstgeraden g_{BD} und g_{FD}.
d) Wie lautet die Gleichung der Kehlgeraden g_{DC}? Wie lang ist die Dachkehle $\overline{DC}$?
e) Welchen Winkel bildet die Dachfläche E_2 zwischen der Kehle $\overline{CD}$ und der Traufe $\overline{CE}$?
f) Die Dachfläche E_2 soll komplett mit Solarzellen belegt werden. Wie groß ist die zu belegende Fläche? (Hinweis: Zerlegen Sie die Dachfläche in zwei Dreiecke und verwenden Sie die vektorielle Formel für den Flächeninhalt des Dreiecks.)
g) Die Spitze der abgebildeten Antenne hat die Koordinaten P(−2; 5; 12,5). In welchem Punkt Q durchstößt die Antenne die Dachfläche E_1? (Hinweis: Stellen Sie zunächst die Gleichung der Ebene E_1 auf.)
h) Sonnenlicht in Richtung des Vektors $\vec{v} = \begin{pmatrix} -4 \\ 2 \\ -7 \end{pmatrix}$ erzeugt einen Schatten der Antenne auf der Dachfläche E_1. Berechnen Sie den Schattenpunkt P' der Antennenspitze P.
i) Die Auslegerspitze des Kranes hat die Koordinaten K(11; 12; 26). Von dort soll ein Seil zur Dachfläche E_2 gespannt werden. Wie lang muss das Seil mindestens sein?

15. Drachenflug

Ein von der Flugüberwachung kontrollierter Luftraum wird von einer Ebene E begrenzt. Sie enthält die Punkte A(0; 500; 0), B(100; 500; 0) und C(0; 600; 100) (alle Angaben in m). Die Erdoberfläche liegt in der x-y-Ebene.

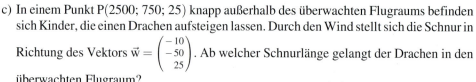

a) Bestimmen Sie eine Ebenengleichung von E in Normalenform.
b) Welchen Winkel schließt die Ebene E mit der Erdoberfläche ein?
c) In einem Punkt P(2500; 750; 25) knapp außerhalb des überwachten Flugraums befinden sich Kinder, die einen Drachen aufsteigen lassen. Durch den Wind stellt sich die Schnur in Richtung des Vektors $\vec{w} = \begin{pmatrix} -10 \\ -50 \\ 25 \end{pmatrix}$. Ab welcher Schnurlänge gelangt der Drachen in den überwachten Flugraum?
d) Der Wind dreht, so dass sich die Schnur in Richtung $\vec{u} = \begin{pmatrix} 10 \\ 50 \\ z \end{pmatrix}$ stellt und mit der Erde einen Winkel von 45° bildet. Berechnen Sie zunächst den Wert des Parameters z. Bestimmen Sie dann den Winkel zwischen der alten und der neuen Lage der Drachenschnur.

2. Analytische Geometrie/Matrizen

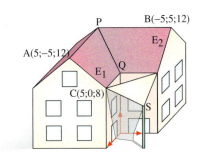

16. Dachflächen und Sonnensegel
   a) Stellen Sie die Gleichung der Dachebene E_1 des Doppelhauses in Parameter- und die Gleichung von E_2 in Koordinatenform dar.
   b) Bestimmen Sie die Gleichung der Schnittgeraden g von E_1 und E_2. Wie lang ist die durch P und Q begrenzte Dachkehle?
   c) Sonnenlicht fällt in Richtung $\begin{pmatrix} -1 \\ -1 \\ -2 \end{pmatrix}$ ein und trifft das Sonnensegel, das an dem senkrechten Mast mit der Spitze $S(5; 5; 6)$ befestigt ist. Welchen Inhalt hat das Sonnensegel?
   d) Konstruieren Sie rechnerisch den Schatten S' der Spitze S des Sonnensegels.

17. Flussbrücke
Die Oberfläche eines im betrachteten Bereich geradlinig fließenden Flusses befindet sich in der x-y-Ebene. Die x-Achse zeigt nach Süden, die y-Achse nach Osten. Der Punkt $A(10; 5; 0)$ liegt in Fließrichtung gesehen am rechten Flussufer, der Punkt $B(2; 13; 0)$ liegt genau gegenüber.

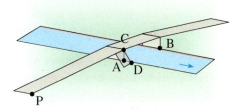

   a) Geben Sie die geographische Fließrichtung sowie die Breite des Flusses an.
   b) Eine Brücke soll den Fluss in 30 m Höhe waagerecht überqueren. Geben Sie eine Gleichung der Brückenebene an.
   c) Die Auffahrt zur Brücke beginnt im Punkt P, der 10 m über dem Wasserniveau liegt, und verläuft in Richtung $\vec{v} = \begin{pmatrix} -10 \\ 10 \\ 1 \end{pmatrix}$ bis zum Punkt C, der senkrecht über A liegt. Wie lang ist die Auffahrt? In welchem Winkel zum Erdboden steigt die Auffahrt an?
   d) Nahe dem Flussufer befindet sich im Punkt $D(9; 2; 2)$ der Fußpunkt einer Fußgängertreppe, die nach C führt. Wie steil und wie lang ist die Treppe?

18. Fußball
Die Punkte $A(0; 0; 0)$, $B(0; 740; 0)$, $C(0; 740; 250)$ und $D(0; 0; 250)$ sind Eckpunkte eines Fußballtores. Einer Einheit im Koordinatensystem entspricht 1 cm. Der Fußball wird als punktförmig angenommen und alle Flugbahnen als geradlinig.

   a) Spieler 1 köpft den Ball aus $P(850; -110; 135)$ in Richtung des Vektors $\vec{v} = \begin{pmatrix} -10 \\ 10 \\ -1 \end{pmatrix}$. Zeigen Sie, dass er den Pfosten trifft.
   b) Der Kopfball aus a) prallt am Pfosten ab, d.h., er wird sozusagen reflektiert. Unter welchem Winkel und in welchem Punkt berührt er den Boden?
   c) Spieler 2 köpft einen Ball aus der Position $R(475; 1070; 195)$ in Richtung der Position $S(150; 420; 0)$. Gelangt der Ball ins Tor, falls der Torwart nicht eingreift?

19. Hausdach

Ein Haus besitzt wie abgebildet drei Dachflächen E_1 (sichtbar), E_2 (nicht sichtbar) und E_3 (Gaube). Das Haus hat Wandmaße von 10 m (Länge) und 8 m (Breite). Es ist 9 m hoch. Die beiden unteren Dachtraufen liegen in 3 m Höhe. Ihr horizontaler Abstand zur Wand beträgt jeweils 1 m. An den beiden Giebelseiten hat das Dach ebenfalls 1 m Überstand.

a) Bestimmen Sie die Koordinaten der Punkte A, B, C, D, E, F und K.
b) Bestimmen Sie die Gleichungen der Dachflächenebenen E_1 und E_2 in Parameter- und Normalenform.
c) Unter welchem Winkel steigt die Dachfläche E_1 an?
d) Welchen Winkel bilden E_1 und E_2 miteinander?
e) Die Eckpunkte G und H des Gaubendaches besitzen die Koordinaten G(9; 0; 7) und H(1; 0; 7). Wie lauten die Koordinaten ihrer Lotfußpunkte G′ und H′ auf E_1?

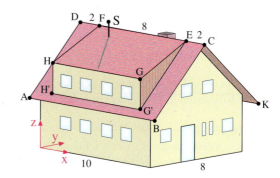

f) Die beiden dreieckigen Seitenwände der Gaube sind mit Holz verkleidet. Wie groß ist der Holzbedarf?
g) Die Satellitenantenne mit die Spitze S(3; 3; 10) wirft durch das Sonnenlicht in Richtung des Vektors $\vec{v} = \begin{pmatrix} 2 \\ -3 \\ -2 \end{pmatrix}$ einen Schatten. Liegt der Schatten vollständig auf dem Gaubendach?

20. Pyramide

Die Punkte A(0; −1; 0), B(1; −4; 0) und C(4; −3; 0) sind die erhaltenen Eckpunkte der Grundfläche einer quadratischen Pyramide, die teilweise eingestürzt ist und die rekonstruiert werden soll. Einer Einheit im Koordinatensystem entsprechen 100 m.

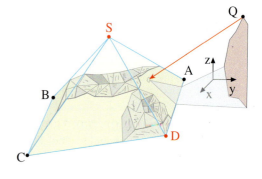

a) Weisen Sie nach, dass das Dreieck ABC gleichschenklig und rechtwinklig ist. Berechnen Sie die Grundseitenlänge der Pyramide.
b) Ergänzen Sie das Dreieck zu einem Quadrat ABCD. Bestimmen Sie den Mittelpunkt M des Quadrates sowie die Koordinaten der fehlenden Ecke D. Senkrecht über Punkt M lag ursprünglich die Spitze S der Pyramide ABCDS, die eine Höhe von 200 m hatte. Zeichnen Sie die Pyramide.
c) Bestimmen Sie die Gleichung der Ebene E, welche die Pyramidenseite DAS enthält, in Parameter- und in Normalenform. Bestimmen Sie den Flächeninhalt und die Winkelgrößen im Dreieck DAS.
d) Der Legende nach weist orthogonal auf die Dreiecksfläche DAS fallendes Sonnenlicht durch den Punkt $Q\left(\frac{1}{2}; \frac{5}{3}; \frac{7}{2}\right)$ auf einen geheimen Eingang der Pyramide hin. In welchem Punkt P lag dieser geheime Eingang ursprünglich?

21. Flugbahnen

Ein Flieger F_1 fliegt in einer Minute vom Punkt A(3; −2; 5) zum Punkt B(5; 0; 4).
Ein zweiter Flieger F_2 fliegt gleichzeitig vom Punkt C(6; 2; 6) zum Punkt D(8; 3; 5).
Alle Angaben in km.

a) Stellen Sie die Gleichungen der Fluggeraden f_1 und f_2 auf.
b) Welchen Abstand hat Punkt A zur Geraden f_2?
c) Zeigen Sie, dass die Flugbahnen windschief zueinander sind.
   Wie groß ist die kürzeste Entfernung zwischen den Flugbahnen?
d) Wo befindet sich Flieger F_2, wenn Flieger F_1 in P(9; 4; 2) angekommen ist?
e) Unter welchem Winkel nähert sich Flieger F_1 dem Erdboden (x-y-Ebene)?
f) Wie lange nach dem Durchfliegen von Punkt A hat Flieger F_1 die kritische Höhe von 100 m erreicht, wo befindet er sich dann?
g) Wie müsste Flieger F_1 im Punkt A seine Flugrichtung ändern, wenn er sich nach 5 Minuten an der gleichen Stelle über dem Erdboden wie ohne Änderung aber in einer Höhe zwischen einem und 2,5 km befinden will?
h) Die Flugbahnen aus g) liegen in einer Ebene E. Stellen Sie eine Ebenengleichung auf. In welchem Punkt durchfliegt Flieger F_2 diese Ebene?

22. Lärmschutzdamm

Ein Lärmschutzdamm hat die abgebildete Form.
Die bahnseitige Böschung kann durch die Ebenengleichung
$E_1: 3x + 4y − 5z = −13$, die ortsseitige Böschung wird durch
$E_2: 3x + 4y + 10z = 87$ beschrieben, während die Dammkrone in der Ebene
$E_3: z = 5$ liegt.

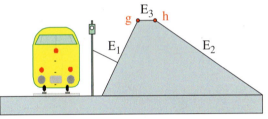

Zeichnung nicht maßstäblich

a) Bestimmen Sie die Gleichungen der Begrenzungsgeraden g und h der Wallkrone, d. h. die Schnittgeraden von E_3 mit E_1 und E_2.
b) Bestimmen Sie die Anstiegswinkel der beiden Böschungen, d. h. die Schnittwinkel von E_1 und E_2 mit der x-y-Ebene.
c) Wie breit ist die Dammkrone, d. h. der Abstand von g und h?
d) Wie breit ist der Dammbasis?
e) Wie abgebildet steht ein 5 m hoher Signalmast im Punkt P(0; −4,5; 0). Er ist in 3 m Höhe durch ein senkrecht zur Böschung gespanntes Seil gesichert.
   Wie lang ist das Befestigungsseil?
f) Wie viel Erdreich wird für den 1 km langen Damm benötigt?

23. Geraden

Gegeben sind die Geraden g: $\vec{x} = \begin{pmatrix} 0 \\ 2 \\ -5 \end{pmatrix} + r \begin{pmatrix} 1 \\ 2 \\ -2 \end{pmatrix}$ und h: $\vec{x} = \begin{pmatrix} 1 \\ 10 \\ -7 \end{pmatrix} + s \begin{pmatrix} -1 \\ 1 \\ 2 \end{pmatrix}$.

a) Bestimmen Sie den Schnittpunkt S von g und h.
   Bestimmen Sie den Schnittwinkel von g und h.
b) Durch g und h ist eine Ebene E festgelegt.
   Bestimmen Sie eine Parametergleichung von E.
   Stellen Sie E anschließend in Koordinatenform dar.
   Bestimmen Sie den Schnittpunkt sowie den Schnittwinkel von E mit der x-Achse.
c) Bestimmen Sie zwei zu h senkrechte Geraden u und v, die durch den Punkt S gehen.
d) Stellen Sie eine Gleichung der Ebene F auf, in der die Geraden u und v liegen.
   Welche Lage haben die Ebenen E und F zueinander?
e) Für jedes a ∈ ℝ ist durch g_a: $\vec{x} = \begin{pmatrix} 0 \\ 2 \\ -5 \end{pmatrix} + t \begin{pmatrix} a \\ 1+a \\ -2a \end{pmatrix}$ eine Gerade festgelegt.
   Gibt es einen Wert für a, für den g_a parallel zu h verläuft?
   Für welchen Wert für a verläuft g_a senkrecht zu h?
f) Untersuchen Sie, für welche Werte von a sich die Geraden g_a und h schneiden bzw. windschief zueinander sind.
   Bestimmen Sie ggf. auch den Schnittpunkt.

24. Geraden

Gegeben sind die Geraden g: $\vec{x} = \begin{pmatrix} 3 \\ 1 \\ -4 \end{pmatrix} + r \begin{pmatrix} -2 \\ 1 \\ 2 \end{pmatrix}$ und h: $\vec{x} = \begin{pmatrix} 7 \\ 8 \\ 1 \end{pmatrix} + s \begin{pmatrix} -1 \\ 2 \\ -2 \end{pmatrix}$.

a) Zeigen Sie, dass die Geraden g und h windschief zueinander verlaufen.
b) Bestimmen Sie eine Parametergleichung der Ebene E, die die Gerade g enthält und parallel zur Geraden h verläuft.
   Unter welchem Winkel schneidet E die x-y-Ebene?
c) Welchen Abstand hat die Gerade h zur Ebene E?
d) Für jedes a ∈ ℝ ist durch g_a: $\vec{x} = \begin{pmatrix} 3 \\ 1 \\ 4 \end{pmatrix} + t \begin{pmatrix} 2a \\ 1 \\ 1-a \end{pmatrix}$ eine Gerade festgelegt.
   Zeigen Sie: Jede der drei Koordinatenachsen wird von der Geraden g_a geschnitten.
   Bestimmen Sie die drei Schnittpunkte.
   Die Schnittpunkte bilden zusammen mit dem Ursprung eine Dreieckspyramide.
   Bestimmen Sie deren Volumen.
e) Welche Gerade g_a enthält den Punkt P(−1; 5; 10)?
   Welchen Abstand hat diese Gerade zur Geraden g?

2. Analytische Geometrie/Matrizen

25. Gegeben sind die Punkte $A(3; 2; -1)$, $B(-2; 2; -1)$, $C(0; -2; -1)$ und $P(1-2a; -3a; a+2)$ $a \in \mathbb{R}$, $a \neq 0$).
   a) Zeigen Sie, dass das Dreieck ABC gleichschenklig, aber nicht gleichseitig ist.
   b) Die Punkte A, B und C bestimmen eine Ebene E. Welche besondere Lage hat E im Koordinatensystem? Für welchen Wert für a liegt P in E?
   c) Begründen Sie, dass genau ein Punkt D existiert, der mit den Punkten A, B und C eine Raute bildet. (Raute: ebenes Viereck mit vier gleich langen Seiten) Bestimmen Sie die Koordinaten von D.
   d) Das Dreieck ABC bildet mit einer Spitze S eine Pyramide. Bestimmen Sie die Koordinaten einer Spitze S, für die das Volumen der Pyramide 100 beträgt.
   e) Das Dreieck A'B'C' entsteht durch senkrechte Projektion von ABC in die x-y-Ebene. Welchen Radius hat der Umkreis dieses Dreiecks? Wo liegt sein Mittelpunkt M'?

26. Gegeben sind die Punkte $A(-2; -1; -1)$, $B(2; -1; 3)$, $C(0; 3; 1)$ sowie die Geraden g_a mit der Gleichung $\vec{x} = \begin{pmatrix} 3 \\ 4 \\ a \end{pmatrix} + r \begin{pmatrix} 2 \\ -1 \\ 2 \end{pmatrix}$, $a \in \mathbb{R}$.
   a) Zeigen Sie, dass der Punkt C auf keiner der Geraden g_a liegt.
   b) Die Gerade h verläuft durch die Punkte A und C. Für welches a schneidet g_a die Gerade h in genau einem Punkt? Bestimmen Sie den Schnittpunkt S.
   c) Begründen Sie, dass die Geraden g_2 und h windschief sind. Bestimmen Sie ihren Abstand.
   d) Durch den Punkt $P(2; 3; 3)$ verläuft eine zu h parallele Gerade k. Zeigen Sie, dass k das Dreieck ABC in ein Dreieck mit dem Inhalt A_1 und in ein Trapez mit dem Inhalt A_2 zerlegt. In welchem Verhältnis $A_1 : A_2$ stehen ihre Flächeninhalte?

27. Gegeben sind die Punkte $A(2; 1; 3)$, $C(3; 8; 3)$ sowie die Geraden g_a mit der Gleichung $\vec{x} = \begin{pmatrix} 3-a \\ 3+3a \\ 3 \end{pmatrix} + r \begin{pmatrix} -3 \\ 4 \\ 0 \end{pmatrix}$, $a \in \mathbb{R}$.
   a) Zeigen Sie, dass der Punkt A auf der Geraden g_{-2} liegt. Für welchen Wert für a liegt der Punkt C auf g_a?
   b) Alle Geraden g_a liegen in einer Ebene E. Beschreiben Sie die besondere Lage von E und bestimmen Sie eine Koordinatengleichung von E.
   c) Zeigen Sie, dass keine der Geraden g_a durch den Ursprung verläuft.
   d) Eine der Geraden g_a hat den kürzesten Abstand zum Ursprung. Bestimmen Sie diesen Abstand sowie eine Gleichung der entsprechenden Geraden.
   e) Es existieren ein Punkt B auf der Geraden g_3 und ein Punkt D auf der Geraden g_{-2}, die mit den Punkten A und C ein Quadrat bilden. Bestimmen Sie die Koordinaten von B und D.

28. Gegeben sind die Punkte A(1; −2; 1), B(6; 3; 1), C(−3; 6; 1) sowie H(2; 1; 1).
  a) Zeigen Sie: Die Punkte A, B und C bilden ein Dreieck.
     Beschreiben Sie die Ebene E, in der das Dreieck liegt.
  b) Bestimmen Sie die Innenwinkel des Dreiecks.
  c) Zeigen Sie, dass das Dreieck den Inhalt 30 besitzt.
  d) Zeigen Sie, dass der Punkt H der Höhenschnittpunkt des Dreiecks ist.
  e) Die Punkte S seien Spitzen der Pyramiden ABCS mit dem Höhenfußpunkt H.
     Bestimmen Sie die Koordinaten eines Punktes S, so dass die Pyramide ABCS das Volumen 100 besitzt.
  f) Die Punkte P seien Spitzen der Pyramiden ABCP, so dass deren Kanten $\overline{AP}$, $\overline{BP}$, $\overline{CP}$ alle die gleiche Länge d besitzen. Bestimmen Sie die Koordinaten aller dieser Punkte P, für die die Pyramide das Volumen 100 besitzt. Bestimmen Sie auch die Länge d der Kanten.

29. Abgebildet ist das Schrägbild eines Spielturms zum Klettern und Rutschen. Es besteht aus einem Würfel mit aufgesetztem Quadergerüst, welches eine quadratische Pyramide trägt. In Würfelhöhe ist eine Rutschfläche angebracht (Maße: s. Zeichnung).
  a) Bestimmen Sie die Größe der Dachfläche.
  b) Unter welchem Winkel treffen zwei Dachflächen aufeinander?
  c) Vom Punkt S wird ein Seil im Punkt P(1; 7; 0) als Kletterhilfe fest verankert. Zeigen Sie, dass das Kletterseil parallel zur Rutsche verläuft. Welchen Abstand hat es zur Rutsche?
  d) Auf der Rutsche steht senkrecht zur Erdoberfläche ein Kind. In welcher Höhe greift es an das Kletterseil?
  e) Begründen Sie, dass das Kletterseil mit dem Dach nur den Punkt S gemeinsam hat.

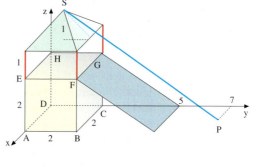

30. Das Dach eines Doppelhauses hat vier Ebenen: E_1 (Hauptdach, sichtbar), E_2 (Hauptdach, nicht sichtbar), E_3 (Gaubendach, sichtbar), E_4 (Gaubendach, nicht sichtbar).
  a) Ordnen Sie zunächst allen auf der Zeichnung erkennbaren Haus- und Dachecken Punkte zu und bestimmen Sie Parameter- und Normalengleichungen der Ebenen E_1 bis E_3.
  b) Welchen Winkel bildet die Dachfläche E_1 mit dem Dachboden?
  c) Welches Dach ist steiler, das Hauptdach oder das Gaubendach?
  d) Welchen Winkel bilden E_1 und E_2 am First? Welchen Winkel bilden E_1 und E_3 in der Dachkehle?
  e) Wie lautet die Gleichung der Kehlgeraden g von E_1 und E_3? Wie lang ist die Kehlstrecke? Unter welchem Winkel mündet die Kehlstrecke in die Regenrinne?
  f) Sonnenlicht in Richtung des Vektors $\vec{v} = \begin{pmatrix} -1 \\ 1 \\ -2 \end{pmatrix}$ erzeugt einen Schatten des 1 m hohen Lüftungsrohres mit der Spitze S(−2; 6; 8,8), dessen Abstand zum Dachfirst 1 m und zum Ortgang 2 m beträgt. Welchen Winkel bildet das Lüftungsrohr mit seinem Schatten?

31. Wildwasserfahren

Ein Produzent von Schlauchbooten stellt aus vier Rohstoffen R_i (Gummi, Kunststoff, Holz, Seil) die Zwischenprodukte Z_i (Bodenbrett, Paddel, Rumpfschläuche) und aus diesen drei Bootsmodelle E_i (Paddelboot, Badeinsel, Wildwasserboot) her.
Der Teilebedarfsgraph beschreibt den Prozeß. Die Zahlenangaben sind Mengeneinheiten.

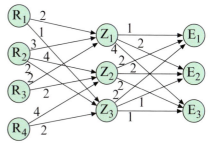

a) Stellen Sie die beiden Stufen des Produktionsprozesses durch die Matrizen A und B dar. Jede Spalte von A steht für ein Zwischenprodukt und gibt dessen Rohstoffe an. Jede Spalte von B steht für ein Endprodukt und gibt dessen Zwischenprodukte an.
b) Berechnen Sie die Matrix C, deren Spalten für die Endprodukte stehen und angeben, welche Rohstoffe dafür benötigt werden.
c) Welche Rohstoffe müssen wöchentlich bereitgestellt werden, wenn von jedem Endprodukt 50 Einheiten produziert werden sollen?
d) Welche Fertigproduktanzahlen sind mit folgender Reserve von Zwischenprodukten herstellbar? Z_1: 50, Z_2: 60, Z_3: 45
e) Die Nachfrage nach dem Endprodukt E_3 hat sich auf 60 Einheiten / Woche erhöht. Von E_2 werden nach wie vor 50 Einheiten nachgefragt. Die Produktion von E_1 kann beliebig gedrosselt werden, da Lagerbestände vorhanden sind. Reichen die folgenden wöchentlichen Rohstoffzuteilungen aus? Z_1: 900, Z_2: 2650, Z_3: 1300, Z_4: 1600

32. Tennisbälle

Eine Firma stellt Tennisbälle her, die aus zwei in Form einer Acht zugeschnittenen Netzteilen zusammengenäht werden. Es gibt einfarbige sowie bunte Bälle, die wie abgebildet als zu je vier Bällen in den Verkauf kommen.

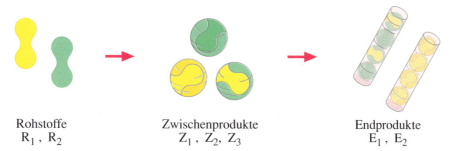

Rohstoffe R_1, R_2 Zwischenprodukte Z_1, Z_2, Z_3 Endprodukte E_1, E_2

a) Stellen Sie den Produktionsprozess zunächst als Pfeildiagramm dar.
b) Stellen Sie den Materialbedarf für beide Produktionsstufen in Form von zwei Matrizen A und B dar. Welche bedeutung hat die Matrix C = AB?
c) Berechnen Sie den Rohstoffbedarf für 50 Packungen E_1 und 100 Packungen E_2.

33. Bevölkerungswanderung

Der Osten Deutschlands wird langfristig mehr als die Hälfte seiner Einwohner verlieren. Diese Prognose ist das Ergebnis von Untersuchungen des Leibniz-Instituts für Länderkunde in Leipzig.

Die Einwohnerzahl der westlichen Bundesländer betrug 2005 ca. 70 Millionen, die der östlichen Bundesländer betrug ca. 13 Millionen. Im Jahresdurchschnitt zogen ca. 1,2 % der Ostdeutschen nach Westdeutschland, während in umgekehrer Richtung nur 0,1 % der Westdeutschen nach Ostdeutschland zogen.

a) Zeichnen Sie den Übergangsgraphen und stellen Sie die Übergangsmatrix M auf (Weitere Wanderungsbewegungen, Geburten etc. werden vernachlässigt).
b) Welche Bevölkerungszahlen ergaben sich für Osten und Westen für die Jahre 2006, 2007 und 2010?
c) Welche Bevölkerungsverteilung ergibt sich langfristig? Berechnen Sie hierzu den Fixvektor der Matrix M. Interpretieren Sie die Ergebnisse. Wie lautet die Grenzmatrix?
d) Wie stark müßte die Wanderung von Osten nach Westen forciert werden, um den Bevölkerungsverlust im Osten bei 10 Millionen Menschen zu stoppen?

34. Rotwild

Ein Forstbezirk ist in drei Jagdbezirke unterteilt. Der Förster registriert die Wanderbewegungen des Rotwildes zwischen den Jagden. Die Übergangstabelle beschreibt das jährliche Wanderverhalten.

Im Jahr 2011 zählt der Förster folgende Rotwildbestände in den einzelnen Jagden:
J_1: 400, J_2: 400, J_3: 200

a) Berechnen Sie, welche Bestände an Rotwild die vier Jagdpächter in den nächsten beiden Jahren erwarten können.
b) Welche langfristige Entwicklung ist bei unverändertem Verhalten zu erwarten?

von / nach	J_1	J_2	J_3
J_1	0,6	0,1	0,2
J_2	0,2	0,8	0,3
J_3	0,2	0,1	0,5

c) Abschüsse, Geburten, Zu- und Abgänge in andere Regionen beeinflussen den Tierbestand in den Jagden folgendermaßen: J_1: 50 % Verlust, J_2: 50 % Verlust, J_3: 100 % Zugewinn, bezogen auf den jeweiligen Tierbestand.
Untersuchen Sie, wie sich dies bei sonst unverändertem Übergangsverhalten in den nächsten zwei Jahren auf den Tierbestand der drei Jagden auswirkt.

3. Stochastik

In vielen praktischen Untersuchungen, aber auch in Übungs- und Abituraufgaben sind die einzelnen Fragestellungen so unterschiedlich, dass verschiedene Lösungsmethoden miteinander kombiniert werden müssen. Oft werden die elementaren Teile einer Aufgabe mit kombinatorischen Mitteln oder Baumdiagrammen gelöst, während weitergehende Fragestellungen mit Vierfeldertafeln oder der Binomialverteilung bearbeitet werden. Wir behandeln hierzu zwei Beispiele sowie einige ähnlich zusammengesetzte Übungsaufgaben.

▶ **Beispiel: Freizeitverhalten**

Die meisten Jugendlichen in Deutschland hören in ihrer Freizeit am liebsten Musik (40%). In der Beliebtheitsskala folgen Computerspiele (30%) und Fernsehen (20%).

a) Berechnen Sie die Wahrscheinlichkeiten der folgenden Ereignisse.
   Unter 20 zufällig ausgewählten Jugendlichen gibt es
   A: höchstens einen, dessen bevorzugte Freizeitbeschäftigung Fernsehen ist,
   B: mehr als 8, die am liebsten Musik hören.
b) Wie viele Jugendliche müssen mindestens befragt werden, um mit mindestens 99% Wahrscheinlichkeit mindestens einen zu finden, der Computerspiele bevorzugt?
c) In einem Mathematikkurs sind 12 Schüler, von denen 8 Computerspiele bevorzugen. Wie groß ist die Wahrscheinlichkeit für das folgende Ereignis D?
   D: Von zwei zufällig gewählten Schülern bevorzugt mindestens einer Computerspiele.

Lösung zu a:

X sei die Anzahl der Jugendlichen in der Stichprobe vom Umfang n = 20, die bevorzugt fernsehen.
Die Zufallsgröße X besitzt angenähert eine Binomialverteilung mit n = 20, p = 0,20.
Mit der Formel von Bernoulli erhalten wir:
P(A) = P(X = 0) + P(X = 1) = 6,92%
Es ist also unwahrscheinlich, daß nur maximal ein Jugendlicher Fernsehfan ist.

Y gebe die Anzahl der Musikliebhaber in der Stichprobe an. Y ist binomialverteilt mit n = 20 und p = 0,40.
Die Wahrscheinlichkeit von B wird mit den Tabellen zur kumulierten Binomialverteilung berechnet, da man sonst die Formel von Bernoulli vielfach anwenden müsste.
▼ Wir erhalten P(B) = 58,41%.

Wahrscheinlichkeit von A:

n = 20 ; p = 0,20; k = 0 und k = 1

$P(A) = P(X \leq 1) = P(X = 0) + p(X = 1)$
$= \binom{20}{0} \cdot 0{,}20^0 \cdot 0{,}80^{20} + \binom{20}{1} \cdot 0{,}20^1 \cdot 0{,}80^{19}$
$= 0{,}0692$

Wahrscheinlichkeit von B:

n = 20; p = 0,40; k = 8. ..., 20

$P(B) = P(Y \geq 8) = 1 - P(Y \leq 7)$
$= 1 - F(20; 0{,}4; 7)$
$= 1 - 0{,}4159$
$= 0{,}5841$

Lösung zu b:
Hier muss die Mindestgröße n der Stichprobe bestimmt werden. Z sei also die Anzahl der Jugendlichen in einer Bernoullikette der Länge n, die Computerspiele bevorzugen.
Es soll $P(Z \geq 1) \geq 0{,}99$ gelten.
Aus dieser Ansatzgleichung wird nach nebenstehender Rechnung die Mindestlänge n bestimmt.
Resultat: Man muss mindestens 13 Jugendliche befragen, damit mit einer Sicherheitswahrscheinlichkeit von ca. 99 % mindestens ein Spielefan in der Stichprobe ist.

Mindestanzahl n von Jugendlichen Mindestlänge n der Bernoullikette

$$P(Z \geq 1) \geq 0{,}99$$
$$1 - P(Z = 0) \geq 0{,}99$$
$$P(Z = 0) \leq 0{,}01$$

$$\binom{n}{0} \cdot 0{,}3^0 \cdot 0{,}7^n \leq 0{,}01$$
$$n \cdot \ln 0{,}7 \leq \ln 0{,}01$$
$$n \geq \frac{\ln 0{,}01}{\ln 0{,}7}$$
$$n \geq 12{,}9$$

Lösung zu c:
Hier besteht die untersuchte Gesamtheit nicht mehr aus allen Jugendlichen in Deutschland, sondern nur aus den 12 Kursschülern. Da aus dieser kleinen Gesamtheit eine Stichprobe von 2 Schülern ohne Zurücklegen gezogen wird, ändert sich die Trefferwahrscheinlichkeit nach dem ersten Zug, so dass kein Bernoulliexperiment vorliegt.

Wir können die Aufgabe kombinatorisch lösen wie rechts dargestellt, indem wir den Kurs in zwei Gruppen einteilen und die Anzahl der Möglichkeiten ausrechnen, bei der Auswahl von zwei Schülern genau einen aus der Computergruppe bzw. genau zwei aus der Computergruppe zu erhalten. Die so erhaltene Anzahl wird duch die Anzahl aller Möglichkeiten für die Auswahl von 2 Schülern aus den 12 Schülern dividiert. Resultat: $P(D) = 90{,}91\%$.

Wir können die Aufgabe aber auch mit einem zweistufigen Baumdiagramm lösen, bei welchem die beiden Schüler nacheinander ohne Zurücklegen aus der Zwölfergruppe gezogen werden. Es gibt drei günstige Pfade für das Ereignis D.
Die Summe ihrer Wahrscheinlichkeiten beträgt 90,91 %.

Wahrscheinlichkeit von D:
Lösung mittels Kombinatorik:
Einteilung in zwei Gruppen:
Gruppe 1: 8-köpfige Computergruppe
Gruppe 2: 4-köpfiger Rest

Anzahl der Möglichkeiten:
1 Schüler aus Gruppe 1
1 Schüler aus Gruppe 2

Anzahl der Möglichkeiten:
2 Schüler aus Gruppe 1
0 Schüler aus Gruppe 2

$$P(D) = \frac{\binom{8}{1} \cdot \binom{4}{1} + \binom{8}{2} \cdot \binom{4}{0}}{\binom{12}{2}} = \frac{60}{66} \approx 0{,}9091$$

Anzahl aller Möglichkeiten:
2 Schüler aus 12 Schülern

Lösung mittels Baumdiagramm:
C: Computergruppe, $\overline{C}$: Restgruppe

$$P(D) = \frac{56+32+32}{132} = \frac{120}{132} = \frac{10}{11} = 0{,}9091$$

Beispiel: Elektronische Bauteile

Ein Hörgerätehersteller bezieht Mikrophone von zwei Firmen. Firma A verlangt einen geringen Stückpreis, allerdings sind 6% der Teile fehlerhaft. Firma B verlangt einen höheren Stückpreis, dafür sind nur 2% der Teile fehlerhaft.

a) Erstellen Sie eine Vierfeldertafel auf der Grundlage einer Bestellung von 1000 Teilen, wenn Firma A 30% der Teile liefert und Firma B 70%.
   Lösen Sie damit die folgenden Fragestellungen.
   I: Welcher Prozentsatz der gelieferten Mikrophone ist insgesamt defekt?
   II: Mit welcher Wahrscheinlichkeit stammt ein zufällig ausgewähltes Mikrophon von Firma A und ist zugleich defekt?
   III: Ein Mikrofon wird als fehlerhaft erkannt. Mit welcher Wahrscheinlichkeit wurde es von Firma B geliefert?
b) Der Hersteller bezieht 100 Mikrophone von Firma B. Mit welcher Wahrscheinlichkeit sind mindestens 99 dieser Teile brauchbar?
c) Für einen eiligen Auftrag benötigt der Hersteller 200 brauchbare Mikrophone. Wie viele Teile sollte er bei einer Bestellung bei Firma A anfordern?

Lösung zu a:
Von 1000 Teilen kommen 300 von Firma A, wovon 6%, also 18 Teile, fehlerhaft sind. Unter den 700 Teile von Firma B sind 2%, also 14 Teile, fehlerhaft. Die weiteren Zahlenwerte der Vierfeldertafel lassen sich leicht als Differenzen/Summen berechnen.

Frage I: Der Prozentsatz lässt sich aus der ersten Zeile der Tafel direkt ablesen. Er beträgt 3,2% (32 von 1000 Mikrophonen).

Frage II: Auch diese Wahrscheinlichkeit steht in der Vierfeldertafel in der linken oberen Zelle direkt vermerkt: 1,8%

Frage III: Gesucht ist die Wahrscheinlichkeit dafür, dass ein Mikrofon von Firma B geliefert wurde unter der Bedingung, dass es fehlerhaft ist, also $P_F(B)$. Aus den Daten der Vierfeldertafel folgt:

$P_F(B) = \frac{|F \cap B|}{|F|} = \frac{14}{32} = 0{,}4375$

Aufstellen der Vierfeldertafel

A: Mikro stammt von Firma A
B: Mikro stammt von Firma B
F: Mikro ist fehlerhaft
$\bar{F}$: Mikro ist in Ordnung

	A	B	Σ
F	18	14	32
$\bar{F}$	282	686	968
Σ	300	700	1000

Bestimmung von Wahrscheinlichkeiten:

I: $P(F) = \frac{32}{1000} = 0{,}032 = 3{,}2\%$

II: $P(A \cap F) = \frac{18}{1000} = 0{,}018 = 1{,}8\%$

III: $P_F(B) = \frac{|F \cap B|}{|F|} = \frac{14}{32} = 0{,}4375 = 43{,}75\%$

Lösung zu b:
Hier liegt eine Bernoullikette der Länge n = 100 vor.
Die Trefferwahrscheinlichkeit (Treffer: Teil ist in Ordnung) liegt bei 0,98.
Die Anzahl der Treffer soll gleich 99 oder 100 sein.
Mit der Formel von Bernoulli errechnen wir daher P(E) = 40,33 %

Berechnung der Wahrscheinlichkeit:
E: Mindestens 99 von 100 Teilen sind in Ordnung

n = 100; p = 0,98, k = 99 und k = 100

$$P(E) = \binom{100}{99} \cdot 0{,}98^{99} \cdot 0{,}02^{1}$$
$$+ \binom{100}{100} \cdot 0{,}98^{100} \cdot 0{,}02^{0}$$
$$\approx 0{,}2707 + 0{,}1326 = 0{,}4033$$

Lösung zu c:
Von Firma A sind 94 % der Teile brauchbar. Bei einer Lieferung von n Teilen sind somit $\mu = n \cdot 0{,}94$ brauchbare Teile zu erwarten. Damit dieser Wert mindestens 200 beträgt, muss $n \geq 213$ sein.

Berechnung der Stückzahl
Erwartungswert:
$\mu = n \cdot p = n \cdot 0{,}94 \geq 200$
$n \geq \frac{200}{0{,}94} \approx 212{,}77$

1. **Abitur**
   Für das Abitur in Mathematik werden je 2 Aufgaben aus 3 Teilgebieten (Analysis, Analytische Geometrie, Stochastik) angeboten. Der Schüler muss aus jedem Themengebiet genau eine Aufgabe bearbeiten.

   a) Wie viele Möglichkeiten für die Zusammenstellung seiner Aufgaben hat jeder Schüler?

   b) In einem Kurs schreiben 8 Schüler die Abiturprüfung in Mathematik. Wie viele Möglichkeiten hat der Lehrer für die Reihenfolge der Korrektur der Schülerarbeiten?
   Der Erstgutachter hat 5 der 8 Arbeiten mit „Gut" und 3 Arbeiten mit „Ausreichend" bewertet. Der Prüfungsvorsitzende greift willkürlich 2 Arbeiten zur Überprüfung heraus. Mit welcher Wahrscheinlichkeit greift er eine gute und eine ausreichend bewertete Arbeit?

   c) Im Landesdurchschnitt bestehen 97 % der Schüler die Abiturprüfung. An einer typischen Schule legen 100 Schüler die Abiturprüfung ab.
   Mit welcher Wahrscheinlichkeit bestehen alle Schüler das Abitur?
   Wie groß ist die Wahrscheinlichkeit, dass genau drei Schüler die Prüfung nicht bestehen?
   Wie groß ist die Gefahr, dass mindestens fünf Schüler das Abitur nicht bestehen?
   Wie groß ist die Wahrscheinlichkeit, dass drei bis acht Schüler durchfallen?

   d) Ab welcher Anzahl von Prüflingen an einer Schule ist die Gefahr, dass mindestens einer das Abitur nicht besteht, höher als 99 %?

2. Glücksspiel

Der einarmige Bandit kann in jedem der vier Fenster eine der Ziffern 1, 2 und 3 ausgeben.

a) Wie viele verschiedene Ergebnisse gibt es insgesamt?
b) Bestimmen Sie die Wahrscheinlichkeit des Ereignisses:
   A: Es erscheint die Ziffernfolge 1 2 3 3.
   B: Es erscheint genau zweimal die Ziffer 1.
   C: Es erscheinen nur Einsen.
   D: Es erscheinen nur gleiche Ziffern.
c) Das Gerät wird 10-mal bedient. Mit welcher Wahrscheinlichkeit tritt das Ereignis B nicht einmal ein ? Mit welcher Wahrscheinlichkeit tritt es genau 2-mal ein ?
d) Wie oft muss man das Gerät mindestens in Gang setzen, damit mit einer Wahrscheinlichkeit von wenigstens 95 % mindestens einmal das Ereignis B eintritt ?
e) Bei einem Einsatz von 1 € pro Spiel gewinnt man 30 €, wenn die Ziffernfolge 3333 kommt und 5 €, wenn die Ziffernfolge 2xx2 kommt, wobei x eine beliebige aber feste Ziffer ist. Lohnt sich das Spiel für den Spieler? Wie viel Gewinn/Verlust ist für den Betreiber an einem Tag mit 8 Stunden zu erwarten, wenn pro Stunde ca. 20 Spiele stattfinden?
f) Johannes berichtet, dass er gerade fünfmal hintereinander gewonnen hat (Ziffernfolge 3333 oder 2xx2). Beurteilen Sie diese Aussage bezüglich ihrer Glaubwürdigkeit.
Jana sagt, dass sei bei 100 Spielen ca 20 bis 30-mal das Ereignis B beobachtet hat. Ist das glaubhaft? (Verwenden Sie bei der Lösung dieser Aufgabe für die Wahrscheinlichkeit des Ereignisses B den Näherungswert 0,3).

3. Lieblingsmusik

60 % aller Jugendlichen hören gerne Rockmusik. 30 % der Jugendlichen sind weiblich und hören nicht gerne Rockmusik, 40 % sind männlich und hören gerne Rockmusik.

a) Erstellen Sie ein Baumdiagramm und ermitteln Sie die Wahrscheinlichkeiten der folgenden Ereignisse.
   A: Ein zufällig befragter Jugendlicher ist weiblich.
   B: Eine zufälliges befragtes Mädchen hört gerne Rockmusik.
   C: Ein zufällig Befragter ist weiblich und hört gerne Rockmusik.
b) Erstellen Sie eine Vierfeldertafel auf der Grundlage von 100 Jugendlichen.
c) Berechnen Sie die folgenden Wahrscheinlichkeiten.
   Unter 10 befragten Jugendlichen hören mindestens 5 gerne Rockmusik.
   Unter 50 befragten Jugendlichen hören mindestens 28 und höchstens 31 gerne Rockmusik.
d) Wie viele Jugendliche muss man mindestens fragen, um mit mindestens 95 % Wahrscheinlichkeit mindestens einen zu finden, der keine Rockmusik mag?
e) Auf welchen Wert darf sich der Anteil p der Jugendlichen, die gerne Rockmusik hören, maximal erhöhen, wenn unter 10 Jugendlichen mit mindestens 99 % Wahrscheinlichkeit höchstens 9 sein sollen, die gerne Rockmusik hören?

4. Fußball

In Neustadt sind 25 % der Bevölkerung regelmäßige Fußballspieler.
a) Bestimmen Sie die Wahrscheinlichkeiten der folgenden Ereignisse:
   Unter 15 zufällig ausgesuchten Neustädter befinden sich
   A: genau 5 Personen, die regelmäßig Fußball spielen,
   B: mindestens 14 Personen, die nicht regelmäßig Fußball spielen.
b) Wie viele Neustädter müssten mindestens befragt werden, um mit einer Wahrscheinlichkeit von mindestens 94 % wenigstens eine Person zu entdecken, die regelmäßig Fußball spielt?
c) Wie groß müsste der Anteil p der regelmäßig Fußball spielenden Neustädter mindestens sein, damit sich mit einer Wahrscheinlichkeit von mindestens 99 % unter 10 zufällig ausgewählten Neustädter wenigstens eine Person befindet, die regelmäßig Fußball spielt?

In Neustadt gehört auch Tennis zu den beliebten Sportarten. An einem Tennisturnier nehmen sechs Neustädter und zwei Gäste teil, wobei jeder Spieler gegen jeden der anderen antritt, um eine der drei Medaillen zu gewinnen. Alle Spieler sind gleichstark.
d) Mit welcher Wahrscheinlichkeit sind unter den Medaillengewinnern höchsten zwei Neustädter?
e) Bei jedem Spiel des Turniers ist derjenige Spieler Sieger, der zuerst zwei Sätze gewonnen hat. Wie viele Sätze kann ein Spiel dauern?
   Mit wie vielen Sätzen muss man bei zwei gleich starken Spielern im Durchschnitt rechnen?

5. Urnen

Aus einer Urne mit drei blauen, fünf weißen und zwei gelben Kugeln werden n Kugeln mit Zurücklegen gezogen. X sei die Anzahl der blauen unter den gezogenen Kugeln.
a) Gezogen werden vier Kugeln mit Zurücklegen.
   Bestimmen Sie die Wahrscheinlichkeiten der Ereignisse:
   A: „Alle vier Kugeln sind blau",
   B: „Die dritte gezogene Kugel ist blau",
   C: „Mindestens zwei der Kugeln sind blau".

b) Nun werden 100 Kugeln mit Zurücklegen gezogen. Wie groß ist der Erwartungswert von X? Mit welcher Wahrscheinlichkeit werden dabei 28 bis 32 blaue Kugeln gezogen?
c) Ist es wahrscheinlicher, beim zehnmaligen Ziehen mit Zurücklegen genau drei blaue Kugeln zu ziehen oder beim zwanzigmaligen Ziehen genau sechs blaue Kugeln zu ziehen?
d) Ist es wahrscheinlicher, beim dreimaligen Ziehen ohne Zurücklegen drei blaue Kugeln oder beim fünfmaligen Ziehen ohne Zurücklegen fünf weiße Kugeln zu ziehen?
e) Wie oft muss man mindestens mit Zurücklegen ziehen, wenn die Wahrscheinlichkeit, dass mindestens eine gelbe Kugel gezogen wird, mindestens 99 % betragen soll?
f) Lars behauptet: Ich habe schon mehrfach beim fünfzigmaligen Ziehen mit Zurücklegen mindestens 20 gelbe Kugeln gezogen. Wie glaubhaft ist diese Aussage?

3. Stochastik

6. Binomialverteilung

Für eine Tombola wird eine große Anzahl von Losen vorbereitet. 50% der Lose sind Nieten, für 40% der Lose gibt es einen kleinen Gewinn und für die restlichen 10% der Lose gibt es einen Hauptgewinn.

a) Sven kauft 10 Lose. Wie groß ist die Wahrscheinlichkeit für das Ereignis
   A: mindestens ein Hauptgewinn,
   B: höchstens 3 kleine Gewinne,
   C: mehr Gewinne als Nieten?
   Gehen Sie hierbei davon aus, dass eine Binomialverteilung vorliegt. Begründen Sie dies.

b) Björn kauft ebenfalls 10 Lose. Die Wahrscheinlichkeiten für zwei Ereignisse D und E seien $P(D) = 10 \cdot \frac{1}{10} \cdot \left(\frac{9}{10}\right)^9$ und $P(E) = \left(\frac{4}{10}\right)^{10}$.
   Beschreiben Sie für jede Wahrscheinlichkeit jeweils ein mögliches Ereignis des Loskaufs, für das die angegebene Wahrscheinlichkeit zutrifft.

c) Wie viele Lose muss Sven mindesten kaufen, um mit mindestens 99% Sicherheit mindestens einen Hauptgewinn zu erzielen?

d) Annika und ihre vier Freundinnen kaufen jeweils 5 Lose. Wie groß ist die Wahrscheinlichkeit dafür, dass höchstens eines der fünf Mädchen mindestens einen Hauptgewinn erzielt?

7. Ereignisse, Binomialverteilung, Normalverteilung

Eine Pizzeria bietet Pizza- und Nudelgerichte an. Der Chef weiß aus Erfahrung, dass 60% aller Gäste eine Pizza wählen und 40% ein Nudelgericht.

a) Mit welcher Wahrscheinlichkeit treten folgende Ereignisse ein.
   A: „Von den folgenden zehn Gästen bestellen genau sechs eine Pizza"
   B: „Von den folgenden fünfzig Gästen bestellt mindestens die Hälfte eine Pizza"
   C: „Von den folgenden einhundert Gästen bestellt mindestens die Hälfte eine Pizza"
   D: „Von den folgenden fünfhundert Gästen bestellen entweder weniger als 280 oder mehr als 320 eine Pizza"

b) Begründen Sie argumentativ, weshalb Ereignis C wahrscheinlicher ist als Ereignis B.

c) Die Küche hat heute 40 Portionen Nudelgerichte und 50 Portionen Pizza vorbereitet. Es erscheinen 80 Gäste. Mit welcher Wahrscheinlichkeit können alle Nudelliebhaber versorgt werden, mit welcher Wahrscheinlichkeit alle Pizzafreunde?

8. Binomialverteilung, Baumdiagramm, Erwartungswert

In einer Urne sind eine rote, zwei weiße und drei blaue Kugeln.

a) Der Urne werden mit Zurücklegen zehn Kugeln entnommen. Mit welcher Wahrscheinlichkeit werden dabei mindestens zwei rote Kugeln gezogen?

b) Der Urne werden ohne Zurücklegen drei Kugeln entnommen. Mit welcher Wahrscheinlichkeit werden dabei mindestens zwei blaue Kugeln gezogen? Mit welcher Wahrscheinlichkeit sind danach noch alle Farben in der Urne vertreten?

c) Ein Spiel wird angeboten. Aus der Urne werden ohne Zurücklegen zwei Kugeln entnommen. Sind beide weiß, erhält der Spieler 16 €. Ist eine Kugel weiß und eine rot, erhält der Spieler 4 €. In allen anderen Fällen muss der Spieler 3 € zahlen. Zeigen Sie, dass das Spiel unfair ist. Wie muss die Zahlungsverpflichtung des Spielers geändert werden, um das Spiel fair zu gestalten?

9. **Binomialverteilung, Alternativtest**
Der Hersteller von Mikroschaltern produziert mit einem Ausschussanteil von 10 %. Die Schalter werden in Packungen zu 100 Stück verkauft.

a) Mit welcher Wahrscheinlichkeit enthält eine Packung maximal zehn defekte Schalter?
b) Mit welcher Wahrscheinlichkeit enthält eine Packung 11 bis 16 defekte Schalter?
c) Eine schlecht justierte Maschine produzierte mit einem Ausschussanteil von 20 %. Ein Großauftrag, der betroffen sein könnte, wird daher mit einem Alternativtest überprüft. Dazu werden insgesamt 100 Schalter entnommen. Sind darunter zwölf oder mehr defekte Schalter, so wird für H_1: $p = 0,20$ entschieden, andernfalls für H_0: $p = 0,10$. Wie groß sind der α-Fehler und der β-Fehler?
d) Ein α-Fehler verursacht Zusatzkosten von 10 €, ein β-Fehler von 50 € pro Packung. Wie groß ist der Erwartungswert der Zufallsgröße Y = „*Zusatzkosten pro Packung*"?
e) Wie muss die Entscheidungsregel aus c) geändert werden, wenn der β-Fehler maximal 5 % betragen soll? Wie groß ist der Erwartungswert der Zusatzkosten pro Packung nun?

10. **Signifikanztest**
Die Gemeindevertretung beschließt den Bau einer neuen Umgehungsstraße. Bei der Bekanntgabe der Pläne stellt sich heraus, dass 30 % der Bürger gegen das Projekt sind (Hypothese H_0: $p = 0,3$). Aufgrund der üblichen Planungsspannen kommt es zu Zeitverzögerungen bis zum Beginn des Genehmigungsverfahrens. Der Bürgermeister stellt die These auf, dass in der Zwischenzeit der Prozentsatz der Gegner des Projekts gesunken ist (Hypothese H_1).
a) Formulieren Sie die Gegenhypothese des Bürgermeisters mathematisch.
b) Durch einen Test in Form einer Umfrage unter 100 Bürgern sollen die Hypothesen verifiziert werden. Die Wahrscheinlichkeit für die irrtümliche Annahme von H_1 soll höchstens 10 % betragen. Wie muss die Entscheidungsregel lauten?
c) Der Fraktionsvorsitzende der Oppositionspartei stellt die These auf, dass der Anteil der Projektgegner sogar gestiegen sei. Wie lautet seine Gegenhypothese in mathematischer Formulierung? Er bietet im Auftrag seiner Fraktion folgendes Verfahren an: Wenn von 80 Befragten einer Stichprobe mehr als 33 gegen das Projekt sind, soll seine These gelten. Mit welchem α-Fehler (irrtümliche Annahme von H_1) arbeitet der Test?

11. **Binomialverteilung, Normalverteilung, Signifikanztest**
Ein Großmarkt handelt mit Kokosnüssen. Im Durchschnitt sind 10 % der Nüsse nur zweite Wahl, weil keine Kokosmilch enthalten ist.
a) Ein Kunde kauft 20 Nüsse. Mit welcher Wahrscheinlichkeit sind mehr als vier dieser Nüsse nur zweite Wahl?
b) Ein Großhändler kauft 500 Nüsse. Er fordert, dass der Anteil der Nüsse zweiter Wahl maximal 12 % betragen darf. Wie wahrscheinlich ist es, dass diese Forderung bei einer normalen Lieferung ohne Zusatzkontrollen eingehalten wird?
c) Der Großmarkt hat seinen Lieferanten gewechselt. Die Geschäftsleitung vermutet aufgrund von Beschwerden, dass der Anteil p von Nüssen zweiter Wahl gestiegen ist. Es wird ein Signifikanztest durchgeführt. Sind in einer Stichprobe vom Umfang n = 50 mehr als sieben Nüsse zweiter Wahl enthalten, so wird die Hypothese H_1: $p > 0,1$ angenommen, andernfalls die Hypothese H_0: $p = 0,1$. Wie groß ist die Wahrscheinlichkeit für die irrtümliche Annahme von H_1?

12. Binomialverteilung, Signifikanztest

Beim Bäcker werden, gelbe, grüne und rote Tüten mit Brausepulver angeboten. Die Verkaufsanteile betragen 20 %, 30 % und 50 %.

a) Acht Kinder kaufen jeweils eine Tüte. Berechnen Sie die Wahrscheinlichkeiten folgender Ergebnisse:
   A: „Genau drei Tüten sind rot"
   B: „Mindestens drei Tüten sind rot"
   C: „Zwei bis fünf Tüten sind gelb"
   D: „Die ersten drei Tüten sind grün.
b) Jemand kauft fünfzig Tüten, die alle rot und gelb sind. Die Wahrscheinlichkeit, bei einem Zug aus diesen fünfzig Tüten eine rote Tüte zu ziehen, beträgt 16 %. Wie viele gelbe Tüten wurden gekauft?
c) Der Bäcker vermutet, dass der Verkaufsanteil p der grünen Tüten zurückgegangen ist. Er möchte die Hypothesen H_0: p = 0,30 und H_1: p < 0,30 gegeneinander testen. Sind unter den folgenden zwanzig Verkäufen höchstens fünf grüne Tüten, so sieht er seinen Verdacht bestätigt. Wie groß ist der α-Fehler?
d) Wie muss die Entscheidungsregel aus c) abgeändert werden, damit der α-Fehler auf höchstens 5 % fällt?
e) Wie viele Tüten müssen mindestens verkauft werden, wenn die Wahrscheinlichkeit, mindestens eine grüne Tüte zu verkaufen, mindestens 99,99 % betragen soll?

13. Baumdiagramm, Binomialverteilung, Normalverteilung

In einer Urne U_1 befinden sich fünf weiße und eine rote Kugel. In einer Urne U_2 befinden sich acht weiße und zwei rote Kugeln. Ein Spieler löst einen Mechanismus aus, der eine Kugel aus Urne U_1 freigibt. Ist die Kugel rot, hat er sofort gewonnen. Ist die Kugel hingegen weiß, erhält er eine zweite Chance: Er darf eine weitere Kugel auslösen, diesmal aus Urne U_2. Wenn er jetzt eine rote Kugel erhält, hat er ebenfalls gewonnen.
a) Berechnen Sie, wie wahrscheinlich das Eintreten des Gewinnfalls bei diesem Spiel ist.
b) Zehn Personen nehmen an dem Spiel teil. Mit welcher Wahrscheinlichkeit gewinnen genau vier der 10 Personen?
c) Berechnen Sie die Wahrscheinlichkeit folgender Ereignisse:
   A: „Bei 100 Spielen treten mehr als 30 Gewinne auf"
   B: „Bei 300 Spielen treten mehr als 90, aber weniger als 110 Gewinne auf"
d) Im Gewinnfall werden 10 € ausgezahlt, der Spieleinsatz beträgt 3,5 €. Wie groß ist der Erwartungswert der Zufallsgröße Y = „Gewinn pro Spiel"?
e) Pro Tag werden durchschnittlich 300 Spiele durchgeführt. Der Einsatz pro Spiel beträgt 3,5 €. Wie groß ist das Risiko, dass der Betreiber am Abend ohne Gewinn dasteht?
f) Mit Sorge stellt der Betreiber fest, dass er Verluste macht. Bei 700 Spielen musste er 250 Gewinne auszahlen. Hatte er nur eine Pechsträhne, oder hat sich der Mechanismus zum Auslösen der Kugeln zu seinen Ungunsten verändert. Entwickeln Sie einen Signifikanztest, der mit einem Signifikanzniveau von 5 % arbeitet, um die Angelegenheit zu entscheiden.

14. Binomialverteilung, Baumdiagramme

Karl trifft beim Zielschießen auf die Torwand in 60 % der Fälle. X sei die Anzahl der Treffer bei einer Schussserie.

a) Karl schießt zehnmal auf die Torwand. Mit welchen Wahrscheinlichkeiten treten die folgenden Ereignisse ein?
   A: „Karl erzielt genau sechs Treffer"
   B: „Karl erzielt mindestens sieben Treffer"
   C: „Karl erzielt fünf bis sieben Treffer"

b) Karl schießt 100-mal auf die Torwand. Wie groß sind der Erwartungswert μ und die Standardabweichung σ der Zufallsgröße X = Trefferzahl? Mit welcher Wahrscheinlichkeit liegt die Trefferzahl von Karl zwischen $\mu - \sigma$ und $\mu + \sigma$?

c) Karl und Peter schießen abwechselnd auf die Torwand, wobei Karl beginnt. Die Trefferwahrscheinlichkeit von Peter beträgt 50 %. Das Spiel ist beendet, wenn jeder zwei Schüsse abgegeben hat. Gewonnen hat derjenige, der die meisten Treffer erzielt hat. Mit welcher Wahrscheinlichkeit gewinnt Karl? Verwenden Sie ein Baumdiagramm.

d) Bestimmen Sie für das Spiel aus c), wie viele Schüsse im Durchschnitt bis zur Erzielung des ersten Treffers abgegeben werden. Es sollen nur die Spiele betrachtet werden, in welchen mindestens ein Treffer fällt.

15. Binomialverteilung, Normalverteilung, Signifikanztest

Es ist bekannt, dass 40 % der Erwachsenen in Deutschland häufig Sachbücher lesen. Die Zufallsgröße X beschreibt die Anzahl der Deutschen in einer Stichprobe, die häufig Sachbücher lesen.

a) Berechnen Sie die Wahrscheinlichkeit dafür, dass in einer Stichprobe vom Umfang n = 20 folgende Ereignisse auftreten.
   A: X = 10
   B: $6 \leq X \leq 10$
   C: $X \geq 15$

b) Es wird vermutet, dass der Anteil der Sachbuchleser in Sachsen-Anhalt über dem Bundesdurchschnitt liegt. Um dies zu überprüfen, werden 100 Erwachsene einem Signifikanztest unterzogen. Sind darunter mindestens 45 Sachbuchleser, wird für H_1: p > 0,4 entschieden. Andernfalls wird für H_0: p = 0,4 entschieden. Berechnen Sie das Signifikanzniveau, d. h. den α-Fehler des Tests.

c) Der Test aus b) soll so verbessert werden, dass das Signifikanzniveau 5 % beträgt. Wie muss die Entscheidungsregel nun lauten?

d) Wie viele Personen müsste man mindestens befragen, damit mit einer Wahrscheinlichkeit von mindestens 99 % wenigstens eine Person darunter ist, die häufig Sachbücher liest?

e) Der Anteil der Berufstätigen unter den Erwachsenen beträgt 60 %. In dieser Gruppe liegt der Anteil der Sachbuchleser bei 50 %. Welcher Prozentsatz der Sachbuchleser ist berufstätig?

16. Binomialverteilung, Normalverteilung, bedingte Wahrscheinlichkeiten

Durchschnittlich 2 % der Bevölkerung eines Landes sind mit dem Erreger der Malaria infiziert. X sei die Anzahl der infizierten Personen in einer Stichprobe.

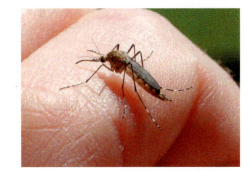

a) Gesucht ist die Wahrscheinlichkeit folgender Ereignisse:
   A: In einer Gruppe von 100 Personen sind höchstens drei Personen infiziert.
   B: Von 50 Personen ist keine infiziert.
b) Eine Gruppe von 500 Personen wird untersucht. Wie groß sind der Erwartungswert μ und die Standardabweichung σ der Zufallsgröße X? Mit welcher Wahrscheinlichkeit liegt die Zahl der Infizierten zwischen μ − 3σ und μ + 3σ?
c) Wie groß muss eine Personengruppe mindestens sein, damit man mit wenigstens 99 % Sicherheit mindestens einen Infizierten in der Gruppe findet?
d) Ein diagnostischer Test hat folgende Testsicherheitsdaten: Ist eine Person infiziert, so fällt der Test in 90 % der Fälle positiv aus. Ist eine Person nicht infiziert, so fällt der Test in 80 % der Fälle negativ aus. Eine Person unterzieht sich dem Test, der positiv ausfällt. Mit welcher Wahrscheinlichkeit ist die Person tatsächlich infiziert?

17. Binomialverteilung, Alternativtest

Ein Werbekugelschreiber enthält eine Klickmechanik und eine Großraummine. Innerhalb eines Gebrauchstages fällt die Klickmechanik in 20 % der Fälle aus. Die Großraummine wird unabhängig hiervon in 10 % der Fälle defekt. X sei die Anzahl der Großraumminen und Y sei die Anzahl der Klickmechaniken in einer Stichprobe, die am ersten Tag versagen.

a) Erläutern Sie, aus welchen Gründen die Zufallsgrößen X und Y als binomialverteilt angesehen werden können.
b) Mit welcher Wahrscheinlichkeit bleibt bei 100 verteilten Kugelschreibern die Miene in mindestens 90 Fällen intakt?
c) Mit welcher Wahrscheinlichkeit fällt die Klickmechanik bei 10 bis 15 von 50 Kugelschreibern aus?
d) Mit welcher Wahrscheinlichkeit bleibt ein zufällig ausgewählter Kugelschreiber funktionsfähig?
e) Ein Kugelschreiber fällt aus. Mit welcher Wahrscheinlichkeit ist der alleinige Grund hierfür der Ausfall der Mine?
f) Ein weiteres, äußerlich völlig identisches Kugelschreibermodell besitzt eine verbesserte Mechanik, deren Ausfallwahrscheinlichkeit nur noch 10 % beträgt. Ein Kunde erhält einige sehr große Lieferungen von Kugelschreibern. Da es jeweils unklar ist, ob es sich um das verbesserte Modell handelt oder nicht, wird in Stichproben von 100 Kugelschreibern die Klickmechanik geprüft.
Findet sich bei höchstens 15 Kugelschreibern eine anfällige Mechanik, wird angenommen, dass es sich um das verbesserte Modell handelt $(H_1: p = 0{,}10)$; andernfalls wird angenommen, dass das veraltete Modell geliefert wurde $(H_0: p = 0{,}20)$.
  1. Berechnen Sie den α-Fehler (Irrtumswahrscheinlichkeit 1. Art) und den β-Fehler.
  2. Wie muss die Entscheidungsregel verändert werden, um den α-Fehler auf höchstens 2 % zu drücken?

18. Baumdiagramm, Binomialverteilung, Normalverteilung

Ein Glücksrad enthält drei gleichgroße Sektoren, die mit den Zahlen 1, 2 und 3 beschriftet sind. Jeder Sektor besitzt die gleiche Wahrscheinlichkeit.

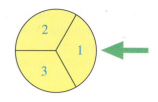

a) Das Rad wird zweimal gedreht. Die Zufallsgröße X sei die Augensumme der beiden dabei gefallenen Sektorzahlen. Geben Sie die Wahrscheinlichkeitsverteilung und den Erwartungswert von X an. Arbeiten Sie mit einem Baumdiagramm.

b) Ulf und Anja vereinbaren folgendes Spiel: Beide drehen das Glücksrad jeweils einmal. Ist die Ziffernsumme gerade, muss Anja einen Betrag in Höhe der Ziffernsumme an Ulf zahlen, andernfalls muss Ulf den entsprechenden Betrag an Anja zahlen.
Berechnen Sie den Erwartungswert für den Gewinn von Ulf pro Spiel.
Machen Sie einen Vorschlag zur Abänderung der Spielregel mit dem Ziel, das Spiel fair zu gestalten.

c) Ulf und Anja spielen fünfmal gegeneinander. Bestimmen Sie die Wahrscheinlichkeit folgender Ereignisse:
A: „Anja gewinnt genau eins der fünf Spiele"
B: „Ulf gewinnt mindestens drei der fünf Spiele"

d) Wie viele Spiele müssen mindestens gespielt werden, damit Anja mit mindestens 99 % Wahrscheinlichkeit mindestens ein Spiel gewinnt?

e) Ulf und Anja spielen 300-mal. Wie groß ist die Wahrscheinlichkeit, dass Ulf über die Hälfte der Spiele gewinnt?

f) Die Gewinnwahrscheinlichkeit von Ulf sei p_0 (vgl. Aufgabenteil c)). Ulf vermutet, dass das Glücksrad zwischenzeitlich zu seinen Ungunsten manipuliert wurde. Er möchte dies in einer Testserie von 100 Spielen anhand eines Signifikanztest mit einem Signifikanzniveau von 10 % überprüfen (H_0: $p = p_0$, H_1: $p < p_0$). Wie lautet die Entscheidungsregel?

19. Binomialverteilung, Normalverteilung, Signifikanztest

Ein Baustoffhändler handelt mit Keramikartikeln. Die Ausschussquote beträgt erfahrungsgemäß 5 %. X sei die Anzahl der ausschüssigen Artikel in einer Stichprobe.

a) Ein Kunde kauft 100 Teile. Mit welcher Wahrscheinlichkeit sind mindestens fünf ausschüssige Teile enthalten?

b) Der Händler erhält eine Lieferung von 500 Teilen. Berechnen Sie den Erwartungswert und die Standardabweichung der Zufallsgröße X. Prüfen Sie, ob die Normalverteilung angewendet werden darf. Mit welcher Wahrscheinlichkeit sind mindestens 7 % der Teile ausschüssig?

c) In einer Lieferung von 400 Teilen werden 35 ausschüssige Teile entdeckt. Deutet dies auf einen erhöhten Ausschussanteil hin oder handelt es sich lediglich um eine zufallsbedingte Abweichung?

d) Wie viele Teile müssen mindestens überprüft werden, damit die Wahrscheinlichkeit, gar kein ausschüssiges Teil in der Stichprobe zu finden, höchstens 2 % beträgt.

e) Aufgrund gesunkener Reklamationen wird vermutet, dass sich der Ausschussanteil erniedrigt hat. Entwickeln Sie einen Signifikanztest mit einem Stichprobenumfang von 400 Artikeln, mit welchem die Hypothesen H_0: $p = 0,05$ und H_1: $p < 0,05$ auf einem Signifikanzniveau von 5 % überprüft werden können.

Tabellen zur Stochastik

Tabelle 1: Binomialverteilung

$$B(n\,;\,p\,;\,k) = \binom{n}{k} p^k (1-p)^{n-k}$$

n	k	0,02	0,03	0,04	0,05	0,10	1/6	0,20	0,25	0,30	1/3	0,40	0,50	k	n
2	0	0,9604	9409	9216	9025	8100	6944	6400	5625	4900	4444	3600	2500	2	2
	1	0392	0582	0768	0950	1800	2778	3200	3750	4200	4444	4800	5000	1	
	2	0004	0009	0016	0025	0100	0278	0400	0625	0900	1111	1600	2500	0	
3	0	0,9412	9127	8847	8574	7290	5787	5120	4219	3430	2963	2160	1250	3	3
	1	0576	0847	1106	1354	2430	3472	3840	4219	4410	4444	4320	3750	2	
	2	0012	0026	0046	0071	0270	0694	0960	1406	1890	2222	2880	3750	1	
	3			0001	0001	0010	0046	0080	0156	0270	0370	0640	1250	0	
4	0	0,9224	8853	8493	8145	6561	4823	4096	3164	2401	1975	1296	0625	4	4
	1	0753	1095	1416	1715	2916	3858	4096	4219	4116	3951	3456	2500	3	
	2	0023	0051	0088	0135	0486	1157	1536	2109	2646	2963	3456	3750	2	
	3		0001	0002	0005	0036	0154	0256	0469	0756	0988	1536	2500	1	
	4					0001	0008	0016	0039	0081	0123	0256	0625	0	
5	0	0,9039	8587	8154	7738	5905	4019	3277	2373	1681	1317	0778	0313	5	5
	1	0922	1328	1699	2036	3281	4019	4096	3955	3602	3292	2592	1563	4	
	2	0038	0082	0142	0214	0729	1608	2048	2637	3087	3292	3456	3125	3	
	3	0001	0003	0006	0011	0081	0322	0512	0879	1323	1646	2304	3125	2	
	4					0005	0032	0064	0146	0284	0412	0768	1563	1	
	5						0001	0003	0010	0024	0041	0102	0313	0	
6	0	0,8858	8330	7828	7351	5314	3349	2621	1780	1176	0878	0467	0156	6	6
	1	1085	1546	1957	2321	3543	4019	3932	3560	3025	2634	1866	0938	5	
	2	0055	0120	0204	0305	0984	2009	2458	2966	3241	3292	3110	2344	4	
	3	0002	0005	0011	0021	0146	0536	0819	1318	1852	2195	2765	3125	3	
	4				0001	0012	0080	0154	0330	0595	0823	1382	2344	2	
	5					0001	0006	0015	0044	0102	0165	0369	0938	1	
	6							0001	0002	0007	0014	0041	0156	0	
7	0	0,8681	8080	7514	6983	4783	2791	2097	1335	0824	0585	0280	0078	7	7
	1	1240	1749	2192	2573	3720	3907	3670	3115	2471	2048	1306	0547	6	
	2	0076	0162	0274	0406	1240	2344	2753	3115	3177	3073	2613	1641	5	
	3	0003	0008	0019	0036	0230	0781	1147	1730	2269	2561	2903	2734	4	
	4			0001	0002	0026	0156	0287	0577	0972	1280	1935	2734	3	
	5					0002	0019	0043	0115	0250	0384	0774	1641	2	
	6						0001	0004	0013	0036	0064	0172	0547	1	
	7								0001	0002	0005	0016	0078	0	
8	0	0,8508	7837	7214	6634	4305	2326	1678	1001	0576	0390	0168	0039	8	8
	1	1389	1939	2405	2793	3826	3721	3355	2670	1977	1561	0896	0313	7	
	2	0099	0210	0351	0515	1488	2605	2936	3115	2965	2731	2090	1094	6	
	3	0004	0013	0029	0054	0331	1042	1468	2076	2541	2731	2787	2188	5	
	4		0001	0002	0004	0046	0260	0459	0865	1361	1707	2322	2734	4	
	5					0004	0042	0092	0231	0467	0683	1239	2188	3	
	6						0004	0011	0038	0100	0171	0413	1094	2	
	7							0001	0004	0012	0024	0079	0313	1	
	8									0001	0002	0007	0039	0	
9	0	0,8337	7602	6925	6302	3874	1938	1342	0751	0404	0260	0101	0020	9	9
	1	1531	2116	2597	2985	3874	3489	3020	2253	1556	1171	0605	0176	8	
	2	0125	0262	0433	0629	1722	2791	3020	3003	2668	2341	1612	0703	7	
	3	0006	0019	0042	0077	0446	1302	1762	2336	2668	2731	2508	1641	6	
	4		0001	0003	0006	0074	0391	0661	1168	1715	2048	2508	2461	5	
	5					0008	0078	0165	0389	0735	1024	1672	2461	4	
	6					0001	0010	0028	0087	0210	0341	0743	1641	3	
	7						0001	0003	0012	0039	0073	0212	0703	2	
	8								0001	0004	0009	0035	0176	1	
	9										0001	0003	0020	0	
n		0,98	0,97	0,96	0,95	0,90	5/6	0,80	0,75	0,70	2/3	0,60	0,50	k	n

Für p ≥ 0,5 verwendet man den blau unterlegten Eingang.

Tabellen zur Stochastik

Tabelle 1: Binomialverteilung

$$B(n\,;\,p\,;\,k) = \binom{n}{k} p^k (1-p)^{n-k}$$

p

n	k	0,02	0,03	0,04	0,05	0,10	1/6	0,20	0,25	0,30	1/3	0,40	0,50		n
	0	0,8171	7374	6648	5987	3487	1615	1074	0563	0282	0173	0060	0010	10	
	1	1667	2281	2770	3151	3874	3230	2684	1877	1211	0867	0403	0098	9	
	2	0153	0317	0519	0746	1937	2907	3020	2816	2335	1951	1209	0439	8	
	3	0008	0026	0058	0105	0574	1550	2013	2503	2668	2601	2150	1172	7	
	4		0001	0004	0010	0112	0543	0881	1460	2001	2276	2508	2051	6	
10	5				0001	0015	0130	0264	0584	1029	1366	2007	2461	5	10
	6					0001	0022	0055	0162	0368	0569	1115	2051	4	
	7						0002	0008	0031	0090	0163	0425	1172	3	
	8							0001	0004	0014	0030	0106	0439	2	
	9									0001	0003	0016	0098	1	
	10											0001	0010	0	
	0	0,7386	6333	5421	4633	2059	0649	0352	0134	0047	0023	0005	0000	15	
	1	2261	2938	3388	3658	3432	1947	1319	0668	0305	0171	0047	0005	14	
	2	0323	0636	0988	1348	2669	2726	2309	1559	0916	0599	0219	0032	13	
	3	0029	0085	0178	0307	1285	2363	2501	2252	1700	1299	0634	0139	12	
	4	0002	0008	0022	0049	0428	1418	1876	2252	2186	1948	1268	0417	11	
	5			0001	0002	0105	0624	1032	1651	2061	2143	1859	0916	10	
	6					0019	0208	0430	0917	1472	1786	2066	1527	9	
	7					0003	0053	0138	0393	0811	1148	1771	1964	8	
15	8						0011	0035	0131	0348	0574	1181	1964	7	15
	9						0002	0007	0034	0116	0223	0612	1527	6	
	10							0001	0007	0030	0067	0245	0916	5	
	11								0001	0006	0015	0074	0417	4	
	12									0001	0003	0016	0139	3	
	13											0003	0032	2	
	14												0005	1	
	15													0	
	0	0,6676	5438	4420	3585	1216	0261	0115	0032	0008	0003	0000	0000	20	
	1	2725	3364	3683	3774	2702	1043	0576	0211	0068	0030	0005	0000	19	
	2	0528	0988	1458	1887	2852	1982	1369	0669	0278	0143	0031	0002	18	
	3	0065	0183	0364	0596	1901	2379	2054	1339	0716	0429	0123	0011	17	
	4	0006	0024	0065	0133	0898	2022	2182	1897	1304	0911	0350	0046	16	
	5		0002	0009	0022	0319	1294	1746	2023	1789	1457	0746	0148	15	
	6				0001	0003	0089	0647	1091	1686	1916	1821	1244	0370	14
	7					0020	0259	0545	1124	1643	1821	1659	0739	13	
	8					0004	0084	0222	0609	1144	1480	1797	1201	12	
20	9					0001	0022	0074	0270	0654	0987	1597	1602	11	20
	10						0005	0020	0099	0308	0543	1171	1762	10	
	11						0001	0005	0030	0120	0247	0710	1602	9	
	12							0001	0008	0039	0092	0355	1201	8	
	13								0002	0010	0028	0146	0739	7	
	14									0002	0007	0049	0370	6	
	15										0001	0013	0148	5	
	16											0003	0046	4	
	17												0011	3	
	18												0002	2	
	19													1	
	20													0	
n		0,98	0,97	0,96	0,95	0,90	5/6	0,80	0,75	0,70	2/3	0,60	0,50	k	n

p

Für $p \geq 0{,}5$ verwendet man den blau unterlegten Eingang.

Tabelle 2: Kumulierte Binomialverteilung

$$F(n\,;\,p\,;\,k) = B(n\,;\,p\,;\,0) + \ldots + B(n\,;\,p\,;\,k) = \binom{n}{0}p^0(1-p)^{n-0} + \ldots + \binom{n}{k}p^k(1-p)^{n-k}$$

n	k	0,02	0,03	0,04	0,05	0,10	1/6	0,20	0,25	0,30	1/3	0,40	0,50		n
2	0	0,9604	9409	9216	9025	8100	6944	6400	5625	4900	4444	3600	2500	1	2
	1	9996	9991	9984	9975	9900	9722	9600	9375	9100	8889	8400	7500	0	
3	0	0,9412	9127	8847	8574	7290	5787	5120	4219	3430	2963	2160	1250	2	3
	1	9988	9974	9953	9928	9720	9259	8960	8438	7840	7407	6480	5000	1	
	2			9999	9999	9990	9954	9920	9844	9730	9630	9360	8750	0	
4	0	0,9224	8853	8493	8145	6561	4823	4096	3164	2401	1975	1296	0625	3	4
	1	9977	9948	9909	9860	9477	8681	8192	7383	6517	5926	4752	3125	2	
	2		9999	9999	9998	9995	9963	9728	9492	9163	8889	8208	6875	1	
	3					9999	9992	9984	9961	9919	9877	9744	9375	0	
5	0	0,9039	8587	8154	7738	5905	4019	3277	2373	1681	1317	0778	0313	4	5
	1	9962	9915	9852	9774	9185	8038	7373	6328	5282	4609	3370	1875	3	
	2	9999	9997	9994	9988	9914	9645	9421	8965	8369	7901	6826	5000	2	
	3				9995	9967	9933	9844	9692	9547	9130	8125	1		
	4					9999	9997	9990	9976	9959	9898	9688	0		
6	0	0,8858	8330	7828	7351	5314	3349	2621	1780	1176	0878	0467	0156	5	6
	1	9943	9875	9784	9672	8857	7368	6554	5339	4202	3512	2333	1094	4	
	2	9998	9995	9988	9978	9842	9377	9011	8306	7443	6804	5443	3438	3	
	3				9999	9987	9913	9830	9624	9295	8999	8208	6563	2	
	4					9999	9993	9984	9954	9891	9822	9590	8906	1	
	5							9999	9998	9993	9986	9959	9844	0	
7	0	0,8681	8080	7514	6983	4783	2791	2097	1335	0824	0585	0280	0078	6	7
	1	9921	9829	9706	9556	8503	6698	5767	4450	3294	2634	1586	0625	5	
	2	9997	9991	9980	9962	9743	9042	8520	7564	6471	5706	4199	2266	4	
	3			9999	9998	9973	9824	9667	9294	8740	8267	7102	5000	3	
	4					9998	9980	9953	9871	9712	9547	9037	7734	2	
	5						9999	9996	9987	9962	9931	9812	9375	1	
	6							9999	9998	9995	9984	9922	0		
8	0	0,8508	7837	7214	6634	4305	2326	1678	1001	0576	0390	0168	0039	7	8
	1	9897	9777	9619	9428	8131	6047	5033	3670	2553	1951	1064	0352	6	
	2	9996	9987	9969	9942	9619	8652	7969	6786	5518	4682	3154	1445	5	
	3			9999	9998	9996	9950	9693	9457	8862	8059	7414	5941	3633	4	8
	4					9996	9954	9896	9727	9420	9121	8263	6367	3	
	5						9996	9988	9958	9887	9803	9502	8555	2	
	6							9999	9996	9987	9974	9915	9648	1	
	7								9999	9998	9993	9961	0		
9	0	0,8337	7602	6925	6302	3874	1938	1342	0751	0404	0260	0101	0020	8	9
	1	9869	9718	9522	9288	7748	5427	4362	3003	1960	1431	0705	0195	7	
	2	9994	9980	9955	9916	9470	8217	7382	6007	4628	3772	2318	0898	6	
	3		9999	9997	9994	9917	9520	9144	8343	7297	6503	4826	2539	5	
	4					9991	9911	9804	9511	9012	8552	7334	5000	4	
	5					9999	9989	9969	9900	9747	9576	9006	7461	3	
	6						9999	9997	9987	9957	9917	9750	9102	2	
	7							9999	9996	9990	9962	9805	1		
	8	Nicht aufgeführte Werte sind (auf 4 Dez.) 1,0000.								9999	9997	9980	0	
n		0,98	0,97	0,96	0,95	0,90	5/6	0,80	0,75	0,70	2/3	0,60	0,50	k	n

Bei blau unterlegtem Eingang, d. h. $p \geq 0{,}5$ gilt: $F(n\,;\,p\,;\,k) = 1-$ abgelesener Wert.

Tabelle 2: Kumulierte Binomialverteilung

$$F(n\,;\,p\,;\,k) = B(n\,;\,p\,;\,0) + \ldots + B(n\,;\,p\,;\,k) = \binom{n}{0}p^0(1-p)^{n-0} + \ldots + \binom{n}{k}p^k(1-p)^{n-k}$$

n	k	0,02	0,03	0,04	0,05	0,10	1/6	0,20	0,25	0,30	1/3	0,40	0,50		n
10	0	0,8171	7374	6648	5987	3487	1615	1074	0563	0282	0173	0060	0010	9	10
	1	9838	9655	9418	9139	7361	4845	3758	2440	1493	1040	0464	0107	8	
	2	9991	9972	9938	9885	9298	7752	6778	5256	3828	2991	1673	0547	7	
	3			9999	9996	9990	9872	9303	8791	7759	6496	5593	3823	1719	6
	4					9999	9984	9845	9672	9219	8497	7869	6331	3770	5
	5						9999	9976	9936	9803	9527	9234	8338	6230	4
	6							9997	9991	9965	9894	9803	9452	8281	3
	7								9999	9996	9984	9966	9877	9453	2
	8										9999	9996	9983	9893	1
	9												9999	9990	0
11	0	0,8007	7153	6382	5688	3138	1346	0859	0422	0198	0116	0036	0005	10	11
	1	9805	9587	9308	8981	6974	4307	3221	1971	1130	0751	0302	0059	9	
	2	9988	9963	9917	9848	9104	7268	6174	4552	3127	2341	1189	0327	8	
	3		9998	9993	9984	9815	9044	8389	7133	5696	4726	2963	1133	7	
	4				9999	9972	9755	9496	8854	7897	7110	5328	2744	6	
	5					9997	9954	9883	9657	9218	8779	7535	5000	5	
	6						9994	9980	9925	9784	9614	9006	7256	4	
	7						9999	9998	9989	9957	9912	9707	8867	3	
	8									9994	9986	9941	9673	2	
	9										9999	9993	9941	1	
	10												9995	0	
12	0	0,7847	6938	6127	5404	2824	1122	0687	0317	0138	0077	0022	0002	11	12
	1	9769	9514	9191	8816	6590	3813	2749	1584	0850	0540	0196	0032	10	
	2	9985	9952	9893	9804	8891	6774	5583	3907	2528	1811	0834	0193	9	
	3	9999	9997	9990	9978	9744	8748	7946	6488	4925	3931	2253	0730	8	
	4			9999	9998	9957	9637	9274	8424	7237	6315	4382	1938	7	
	5					9995	9921	9806	9456	8822	8223	6652	3872	6	
	6						9987	9961	9857	9614	9336	8418	6128	5	
	7						9998	9994	9972	9905	9812	9427	8062	4	
	8							9999	9996	9983	9961	9847	9270	3	
	9									9998	9995	9972	9807	2	
	10											9997	9968	1	
	11												9998	0	
13	0	0,7690	6730	5882	5133	2542	0935	0550	0238	0097	0051	0013	0001	12	13
	1	9730	9436	9068	8646	6213	3365	2336	1267	0637	0385	0126	0017	11	
	2	9980	9938	9865	9755	8661	6281	5017	3326	2025	1387	0579	0112	10	
	3	9999	9995	9986	9969	9658	8419	7473	5843	4206	3224	1686	0461	9	
	4			9999	9997	9935	9488	9009	7940	6543	5520	3520	1334	8	
	5					9991	9873	9700	9198	8346	7587	5744	2905	7	
	6					9999	9976	9930	9757	9376	8965	7712	5000	6	
	7						9997	9988	9943	9818	9653	9023	7095	5	
	8							9998	9990	9960	9912	9679	8666	4	
	9								9999	9993	9984	9922	9539	3	
	10									9999	9998	9987	9888	2	
	11											9999	9983	1	
	12	Nicht aufgeführte Werte sind (auf 4 Dez.) 1,0000.											9999	0	
n		0,98	0,97	0,96	0,95	0,90	5/6	0,80	0,75	0,70	2/3	0,60	0,50	k	n

Bei blau unterlegtem Eingang, d.h. $p \geq 0{,}5$ gilt: $F(n\,;\,p\,;\,k) = 1 -$ abgelesener Wert.

Tabelle 2: Kumulierte Binomialverteilung

$$F(n\,;\,p\,;\,k) = B(n\,;\,p\,;\,0) + \ldots + B(n\,;\,p\,;\,k) = \binom{n}{0} p^0 (1-p)^{n-0} + \ldots + \binom{n}{k} p^k (1-p)^{n-k}$$

n	k	0,02	0,03	0,04	0,05	0,10	1/6	0,20	0,25	0,30	1/3	0,40	0,50		n
	0	0,7536	6528	5647	4877	2288	0779	0440	0178	0068	0034	0008	0001	13	
	1	9690	9355	8941	8470	5846	2960	1979	1010	0475	0274	0081	0009	12	
	2	9975	9923	9823	9699	8416	5795	4481	2812	1608	1053	0398	0065	11	
	3	9999	9994	9981	9958	9559	8063	6982	5214	3552	2612	1243	0287	10	
	4			9998	9996	9908	9310	8702	7416	5842	4755	2793	0898	9	
	5					9985	9809	9561	8884	7805	6898	4859	2120	8	
14	6					9998	9959	9884	9618	9067	8505	6925	3953	7	14
	7						9993	9976	9898	9685	9424	8499	6047	6	
	8						9999	9996	9980	9917	9826	9417	7880	5	
	9								9998	9983	9960	9825	9102	4	
	10									9998	9993	9961	9713	3	
	11										9999	9994	9935	2	
	12											9999	9991	1	
	13												9999	0	
	0	0,7386	6333	5421	4633	2059	0649	0352	0134	0047	0023	0005	0000	14	
	1	9647	9270	8809	8290	5490	2596	1671	0802	0353	0194	0052	0005	13	
	2	9970	9906	9797	9638	8159	5322	3980	2361	1268	0794	0271	0037	12	
	3	9998	9992	9976	9945	9444	7685	6482	4613	2969	2092	0905	0176	11	
	4		9999	9998	9994	9873	9102	8358	6865	5155	4041	2173	0592	10	
	5				9999	9978	9726	9389	8516	7216	6184	4032	1509	9	
	6					9997	9934	9819	9434	8689	7970	6098	3036	8	
15	7						9987	9958	9827	9500	9118	7869	5000	7	15
	8						9998	9992	9958	9848	9692	9050	6964	6	
	9							9999	9992	9963	9915	9662	8491	5	
	10								9999	9993	9982	9907	9408	4	
	11									9999	9997	9981	9824	3	
	12											9997	9963	2	
	13												9995	1	
	14													0	
	0	0,7238	6143	5204	4401	1853	0541	0281	0100	0033	0015	0003	0000	15	
	1	9601	9182	8673	8108	5147	2272	1407	0635	0261	0137	0033	0003	14	
	2	9963	9887	9758	9571	7892	4868	3518	1971	0994	0594	0183	0021	13	
	3	9998	9989	9968	9930	9316	7291	5981	4050	2459	1659	0651	0106	12	
	4		9999	9997	9991	9830	8866	7982	6302	4499	3391	1666	0384	11	
	5				9999	9967	9622	9183	8103	6598	5469	3288	1051	10	
	6					9995	9899	9733	9204	8247	7374	5272	2272	9	
16	7					9999	9979	9930	9729	9256	8735	7161	4018	8	16
	8						9996	9985	9925	9743	9500	8577	5982	7	
	9							9998	9984	9929	9841	9417	7728	6	
	10								9997	9984	9960	9809	8949	5	
	11									9997	9992	9951	9616	4	
	12										9999	9991	9894	3	
	13											9999	9979	2	
	14												9997	1	
	15	Nicht aufgeführte Werte sind (auf 4 Dez.) 1,0000.												0	
n		0,98	0,97	0,96	0,95	0,90	5/6	0,80	0,75	0,70	2/3	0,60	0,50	k	n

Bei blau unterlegtem Eingang, d.h. $p \geq 0{,}5$ gilt: $F(n\,;\,p\,;\,k) = 1-$ abgelesener Wert.

Tabelle 2: Kumulierte Binomialverteilung

$$F(n\,;\,p\,;\,k) = B(n\,;\,p\,;\,0) + \ldots + B(n\,;\,p\,;\,k) = \binom{n}{0}p^0(1-p)^{n-0} + \ldots + \binom{n}{k}p^k(1-p)^{n-k}$$

n	k	0,02	0,03	0,04	0,05	0,10	1/6	0,20	0,25	0,30	1/3	0,40	0,50		n
17	0	0,7093	5958	4996	4181	1668	0451	0225	0075	0023	0010	0002	0000	16	17
	1	9554	9091	8535	7922	4818	1983	1182	0501	0193	0096	0021	0001	15	
	2	9956	9866	9714	9497	7618	4435	3096	1637	0774	0442	0123	0012	14	
	3	9997	9986	9960	9912	9174	6887	5489	3530	2019	1304	0464	0064	13	
	4		9999	9996	9988	9779	8604	7582	5739	3887	2814	1260	0245	12	
	5				9999	9953	9496	8943	7653	5968	4777	2639	0717	11	
	6					9992	9853	9623	8929	7752	6739	4478	1662	10	
	7					9999	9965	9891	9598	8954	8281	6405	3145	9	
	8						9993	9974	9876	9597	9245	8011	5000	8	
	9						9999	9995	9969	9873	9727	9081	6855	7	
	10							9999	9994	9968	9920	9652	8338	6	
	11								9999	9993	9981	9894	9283	5	
	12									9999	9997	9975	9755	4	
	13											9995	9936	3	
	14											9999	9988	2	
	15												9999	1	
18	0	0,6951	5780	4796	3972	1501	0376	0180	0056	0016	0007	0001	0000	17	18
	1	9505	8997	8393	7735	4503	1728	0991	0395	0142	0068	0013	0001	16	
	2	9948	9843	9667	9419	7338	4027	2713	1353	0600	0326	0082	0007	15	
	3	9996	9982	9950	9891	9018	6479	5010	3057	1646	1017	0328	0038	14	
	4		9999	9994	9985	9718	8318	7164	5187	3327	2311	0942	0154	13	
	5				9998	9936	9347	8671	7175	5344	4122	2088	0481	12	
	6					9988	9794	9487	8610	7217	6085	3743	1189	11	
	7					9998	9947	9837	9431	8593	7767	5634	2403	10	
	8						9989	9957	9807	9404	8924	7368	4073	9	
	9						9998	9991	9946	9790	9567	8653	5927	8	
	10							9998	9988	9939	9856	9424	7597	7	
	11								9998	9986	9961	9797	8811	6	
	12									9997	9991	9943	9519	5	
	13										9999	9987	9846	4	
	14											9998	9962	3	
	15												9993	2	
	16												9999	1	
19	0	0,6812	5606	4604	3774	1351	0313	0144	0042	0011	0005	0001	0000	18	19
	1	9454	8900	8249	7547	4203	1502	0829	0310	0104	0047	0008	0000	17	
	2	9939	9817	9616	9335	7054	3643	2369	1113	0462	0240	0055	0004	16	
	3	9995	9978	9939	9868	8850	6070	4551	2631	1332	0787	0230	0022	15	
	4		9998	9993	9980	9648	8011	6733	4654	2822	1879	0696	0096	14	
	5			9999	9998	9914	9176	8369	6678	4739	3519	1629	0318	13	
	6					9983	9719	9324	8251	6655	5431	3081	0835	12	
	7					9997	9921	9767	9225	8180	7207	4878	1796	11	
	8						9982	9933	9713	9161	8538	6675	3238	10	
	9						9996	9984	9911	9674	9352	8139	5000	9	
	10						9999	9997	9977	9895	9759	9115	6762	8	
	11								9995	9972	9926	9648	8204	7	
	12								9999	9994	9981	9884	9165	6	
	13									9999	9996	9969	9682	5	
	14											9994	9904	4	
	15											9999	9978	3	
	16												9996	2	
	17													1	
n		0,98	0,97	0,96	0,95	0,90	5/6	0,80	0,75	0,70	2/3	0,60	0,50	k	n

Nicht aufgeführte Werte sind (auf 4 Dez.) 1,0000.

Bei blau unterlegtem Eingang, d. h. $p \geq 0{,}5$ gilt: $F(n\,;\,p\,;\,k) = 1-$ abgelesener Wert.

Tabelle 2: Kumulierte Binomialverteilung

$$F(n\,;\,p\,;\,k) = B(n\,;\,p\,;\,0) + \ldots + B(n\,;\,p\,;\,k) = \binom{n}{0}p^0(1-p)^{n-0} + \ldots + \binom{n}{k}p^k(1-p)^{n-k}$$

n	k	0,02	0,03	0,04	0,05	0,10	1/6	0,20	0,25	0,30	1/3	0,40	0,50		n
20	0	0,6676	5438	4420	3585	1216	0261	0115	0032	0008	0003	0000	0000	19	20
	1	9401	8802	8103	7358	3917	1304	0692	0243	0076	0033	0005	0000	18	
	2	9929	9790	9561	9245	6769	3287	2061	0913	0355	0176	0036	0002	17	
	3	9994	9973	9926	9841	8670	5665	4114	2252	1071	0604	0160	0013	16	
	4		9997	9990	9974	9568	7687	6296	4148	2375	1515	0510	0059	15	
	5			9999	9997	9887	8982	8042	6172	4164	2972	1256	0207	14	
	6					9976	9629	9133	7858	6080	4793	2500	0577	13	
	7					9996	9887	9679	8982	7723	6615	4159	1316	12	
	8					9999	9972	9900	9591	8867	8095	5956	2517	11	
	9						9994	9974	9861	9520	9081	7553	4119	10	
	10						9999	9994	9961	9829	9624	8725	5881	9	
	11							9999	9991	9949	9870	9435	7483	8	
	12								9998	9987	9963	9790	8684	7	
	13									9997	9991	9935	9423	6	
	14										9998	9984	9793	5	
	15											9997	9941	4	
	16												9987	3	
	17												9998	2	
50	0	0,3642	2181	1299	0769	0052	0001	0000	0000	0000	0000	0000	0000	49	50
	1	7358	5553	4005	2794	0338	0012	0002	0000	0000	0000	0000	0000	48	
	2	9216	8108	6767	5405	1117	0066	0013	0001	0000	0000	0000	0000	47	
	3	9822	9372	8609	7604	2503	0238	0057	0005	0000	0000	0000	0000	46	
	4	9968	9832	9510	8964	4312	0643	0185	0021	0002	0000	0000	0000	45	
	5	9995	9963	9856	9622	6161	1388	0480	0070	0007	0001	0000	0000	44	
	6	9999	9993	9964	9882	7702	2506	1034	0194	0025	0005	0000	0000	43	
	7		9999	9992	9968	8779	3911	1904	0453	0073	0017	0000	0000	42	
	8			9999	9992	9421	5421	3073	0916	0183	0050	0002	0000	41	
	9				9998	9755	6830	4437	1637	0402	0127	0008	0000	40	
	10					9906	7986	5836	2622	0789	0284	0022	0000	39	
	11					9968	8827	7107	3816	1390	0570	0057	0000	38	
	12					9990	9373	8139	5110	2229	1035	0133	0002	37	
	13					9997	9693	8894	6370	3279	1715	0280	0005	36	
	14					9999	9862	9393	7481	4468	2612	0540	0013	35	
	15						9943	9692	8369	5692	3690	0955	0033	34	
	16						9978	9856	9017	6839	4868	1561	0077	33	
	17						9992	9937	9449	7822	6046	2369	0164	32	
	18						9998	9975	9713	8594	7126	3356	0325	31	
	19						9999	9991	9861	9152	8036	4465	0595	30	
	20							9997	9937	9522	8741	5610	1013	29	
	21							9999	9974	9749	9244	6701	1611	28	
	22								9990	9877	9576	7660	2399	27	
	23								9997	9944	9778	8438	3359	26	
	24								9999	9976	9892	9022	4439	25	
	25									9991	9951	9427	5561	24	
	26									9997	9979	9686	6641	23	
	27									9999	9992	9840	7601	22	
	28										9997	9924	8389	21	
	29										9999	9966	8987	20	
	30											9986	9405	19	
	31											9995	9675	18	
	32											9998	9836	17	
	33											9999	9923	16	
	34												9967	15	
	35												9987	14	
	36												9995	13	
	37	Nicht aufgeführte Werte sind (auf 4 Dez.) 1,0000.											9998	12	
n		0,98	0,97	0,96	0,95	0,90	5/6	0,80	0,75	0,70	2/3	0,60	0,50	k	n

p

Bei blau unterlegtem Eingang, d.h. $p \geq 0{,}5$ gilt: $F(n\,;\,p\,;\,k) = 1 -$ abgelesener Wert.

Tabelle 2: Kumulierte Binomialverteilung

$$F(n\,;\,p\,;\,k) = B(n\,;\,p\,;\,0) + \ldots + B(n\,;\,p\,;\,k) = \binom{n}{0}p^0(1-p)^{n-0} + \ldots + \binom{n}{k}p^k(1-p)^{n-k}$$

n	k	0,02	0,03	0,04	0,05	0,10	1/6	0,20	0,25	0,30	1/3	0,40	0,50		n
	0	0,1986	0874	0382	0165	0002	0000	0000	0000	0000	0000	0000	0000	79	
	1	5230	3038	1654	0861	0022	0000	0000	0000	0000	0000	0000	0000	78	
	2	7844	5681	3748	2306	0107	0001	0000	0000	0000	0000	0000	0000	77	
	3	9231	7807	6016	4284	0353	0004	0000	0000	0000	0000	0000	0000	76	
	4	9776	9072	7836	6289	0880	0015	0001	0000	0000	0000	0000	0000	75	
	5	9946	9667	8988	7892	1769	0051	0005	0000	0000	0000	0000	0000	74	
	6	9989	9897	9588	8947	3005	0140	0018	0001	0000	0000	0000	0000	73	
	7	9998	9972	9853	9534	4456	0328	0053	0002	0000	0000	0000	0000	72	
	8		9993	9953	9816	5927	0672	0131	0006	0000	0000	0000	0000	71	
	9		9999	9987	9935	7234	1221	0287	0018	0001	0000	0000	0000	70	
	10			9997	9979	8266	2002	0565	0047	0002	0000	0000	0000	69	
	11			9999	9994	8996	2995	1006	0106	0006	0001	0000	0000	68	
	12				9998	9462	4137	1640	0221	0015	0002	0000	0000	67	
	13					9732	5333	2470	0421	0036	0005	0000	0000	66	
	14					9877	6476	3463	0740	0079	0012	0000	0000	65	
	15					9947	7483	4555	1208	0161	0029	0000	0000	64	
	16					9979	8301	5664	1841	0302	0063	0001	0000	63	
	17					9992	8917	6707	2636	0531	0126	0003	0000	62	
	18					9997	9348	7621	3563	0873	0237	0007	0000	61	
	19					9999	9629	8366	4572	1352	0418	0016	0000	60	
	20						9801	8934	5597	1978	0693	0035	0000	59	
	21						9899	9340	6574	2745	1087	0072	0000	58	
	22						9951	9612	7447	3627	1616	0136	0000	57	
	23						9978	9783	8180	4579	2282	0245	0001	56	
	24						9990	9885	8761	5549	3073	0417	0002	55	
	25						9996	9942	9195	6479	3959	0675	0005	54	
	26						9998	9972	9501	7323	4896	1037	0011	53	
80	27						9999	9987	9705	8046	5832	1521	0024	52	80
	28							9995	9834	8633	6719	2131	0048	51	
	29							9998	9911	9084	7514	2860	0091	50	
	30							9999	9954	9412	8190	3687	0165	49	
	31								9978	9640	8735	4576	0283	48	
	32								9990	9789	9152	5484	0464	47	
	33								9995	9881	9455	6363	0728	46	
	34								9998	9936	9665	7174	1092	45	
	35								9999	9967	9803	7885	1571	44	
	36									9984	9889	8477	2170	43	
	37									9993	9940	8947	2882	42	
	38									9997	9969	9301	3688	41	
	39									9999	9985	9555	4555	40	
	40									9999	9993	9729	5445	39	
	41										9997	9842	6312	38	
	42										9999	9912	7118	37	
	43										9999	9953	7830	36	
	44											9976	8428	35	
	45											9988	8907	34	
	46											9994	9272	33	
	47											9997	9535	32	
	48											9999	9717	31	
	49											9999	9835	30	
	50												9908	29	
	51												9951	28	
	52												9976	27	
	53												9988	26	
	54												9995	25	
	55												9998	24	
	56	Nicht aufgeführte Werte sind (auf 4 Dez.) 1,0000.											9999	23	
n		0,98	0,97	0,96	0,95	0,90	5/6	0,80	0,75	0,70	2/3	0,60	0,50	k	n

Bei blau unterlegtem Eingang, d.h. $p \geq 0{,}5$ gilt: $F(n\,;\,p\,;\,k) = 1 -$ abgelesener Wert.

Tabelle 2: Kumulierte Binomialverteilung

$$F(n\,;\,p\,;\,k) = B(n\,;\,p\,;\,0) + \ldots + B(n\,;\,p\,;\,k) = \binom{n}{0}p^0(1-p)^{n-0} + \ldots + \binom{n}{k}p^k(1-p)^{n-k}$$

n	k	0,02	0,03	0,04	0,05	0,10	1/6	0,20	0,25	0,30	1/3	0,40	0,50		n
100	0	0,1326	0476	0169	0059	0000	0000	0000	0000	0000	0000	0000	0000		99
	1	4033	1946	0872	0371	0003	0000	0000	0000	0000	0000	0000	0000		98
	2	6767	4198	2321	1183	0019	0000	0000	0000	0000	0000	0000	0000		97
	3	8590	6472	4295	2578	0078	0000	0000	0000	0000	0000	0000	0000		96
	4	9492	8179	6289	4360	0237	0001	0000	0000	0000	0000	0000	0000		95
	5	9845	9192	7884	6160	0576	0004	0000	0000	0000	0000	0000	0000		94
	6	9959	9688	8936	7660	1172	0013	0001	0000	0000	0000	0000	0000		93
	7	9991	9894	9525	8720	2061	0038	0003	0000	0000	0000	0000	0000		92
	8	9998	9968	9810	9369	3209	0095	0009	0000	0000	0000	0000	0000		91
	9		9991	9932	9718	4513	0213	0023	0000	0000	0000	0000	0000		90
	10		9998	9978	9885	5832	0427	0057	0001	0000	0000	0000	0000		89
	11			9993	9957	7030	0777	0126	0004	0000	0000	0000	0000		88
	12			9998	9985	8018	1297	0253	0010	0000	0000	0000	0000		87
	13				9995	8761	2000	0469	0025	0001	0000	0000	0000		86
	14				9999	9274	2874	0804	0054	0002	0000	0000	0000		85
	15					9601	3877	1285	0111	0004	0000	0000	0000		84
	16					9794	4942	1923	0211	0010	0001	0000	0000		83
	17					9900	5994	2712	0376	0022	0002	0000	0000		82
	18					9954	6965	3621	0630	0045	0005	0000	0000		81
	19					9980	7803	4602	0995	0089	0011	0000	0000		80
	20					9992	8481	5595	1488	0165	0024	0000	0000		79
	21					9997	8998	6540	2114	0288	0048	0000	0000		78
	22					9999	9370	7389	2864	0479	0091	0001	0000		77
	23						9621	8109	3711	0755	0164	0003	0000		76
	24						9783	8686	4617	1136	0281	0006	0000		75
	25						9881	9125	5535	1631	0458	0012	0000		74
	26						9938	9442	6417	2244	0715	0024	0000		73
	27						9969	9658	7224	2964	1066	0046	0000		72
	28						9985	9800	7925	3768	1524	0084	0000		71
	29						9993	9888	8505	4623	2093	0148	0000		70
	30						9997	9939	8962	5491	2766	0248	0000		69
	31						9999	9969	9307	6331	3525	0398	0001		68
	32							9985	9554	7107	4344	0615	0002		67
	33							9993	9724	7793	5188	0913	0004		66
	34							9997	9836	8371	6019	1303	0009		65	100
	35							9999	9906	8839	6803	1795	0018		64
	36								9948	9201	7511	2386	0033		63
	37								9973	9470	8123	3068	0060		62
	38								9986	9660	8630	3822	0105		61
	39								9993	9790	9034	4621	0176		60
	40								9997	9875	9341	5433	0284		59
	41								9999	9928	9566	6225	0443		58
	42									9960	9724	6967	0666		57
	43									9979	9831	7635	0967		56
	44									9989	9900	8211	1356		55
	45									9995	9943	8689	1841		54
	46									9997	9969	9070	2421		53
	47									9999	9983	9362	3087		52
	48										9991	9577	3822		51
	49										9996	9729	4602		50
	50										9998	9832	5398		49
	51										9999	9900	6178		48
	52											9942	6914		47
	53											9968	7579		46
	54											9983	8159		45
	55											9991	8644		44
	56											9996	9033		43
	57											9998	9334		42
	58											9999	9557		41
	59												9716		40
	60												9824		39
	61												9895		38
	62												9940		37
	63												9967		36
	64												9982		35
	65												9991		34
	66												9996		33
	67												9998		32
	68												9999		31
n		0,98	0,97	0,96	0,95	0,90	5/6	0,80	0,75	0,70	2/3	0,60	0,50	k	n

Nicht aufgeführte Werte sind (auf 4 Dez.) 1,0000.

Bei blau unterlegtem Eingang, d. h. $p \geq 0{,}5$ gilt: $F(n\,;\,p\,;\,k) = 1-$ abgelesener Wert.

Tabelle 3: Normalverteilung

$\Phi(z) = 0, \ldots$
$\Phi(-z) = 1 - \Phi(z)$

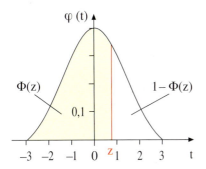
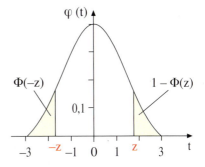

z	0	1	2	3	4	5	6	7	8	9
0,0	5000	5040	5080	5120	5160	5199	5239	5279	5319	5359
0,1	5398	5438	5478	5517	5557	5596	5636	5675	5714	5753
0,2	5793	5832	5871	5910	5948	5987	6026	6064	6103	6141
0,3	6179	6217	6255	6293	6331	6368	6406	6443	6480	6517
0,4	6554	6591	6628	6664	6700	6736	6772	6808	6844	6879
0,5	6915	6950	6985	7019	7054	7088	7123	7157	7190	7224
0,6	7257	7291	7324	7357	7389	7422	7454	7486	7517	7549
0,7	7580	7611	7642	7673	7703	7734	7764	7794	7823	7852
0,8	7881	7910	7939	7967	7995	8023	8051	8078	8106	8133
0,9	8159	8186	8212	8238	8264	8289	8315	8340	8365	8389
1,0	8413	8438	8461	8485	8508	8531	8554	8577	8599	8621
1,1	8643	8665	8686	8708	8729	8749	8770	8790	8810	8830
1,2	8849	8869	8888	8907	8925	8944	8962	8980	8997	9015
1,3	9032	9049	9066	9082	9099	9115	9131	9147	9162	9177
1,4	9192	9207	9222	9236	9251	9265	9279	9292	9306	9319
1,5	9332	9345	9357	9370	9382	9394	9406	9418	9429	9441
1,6	9452	9463	9474	9484	9495	9505	9515	9525	9535	9545
1,7	9554	9564	9573	9582	9591	9599	9608	9616	9625	9633
1,8	9641	9649	9656	9664	9671	9678	9686	9693	9699	9706
1,9	9713	9719	9726	9732	9738	9744	9750	9756	9761	9767
2,0	9772	9778	9783	9788	9793	9798	9803	9808	9812	9817
2,1	9821	9826	9830	9834	9838	9842	9846	9850	9854	9857
2,2	9861	9864	9868	9871	9875	9878	9881	9884	9887	9890
2,3	9893	9896	9898	9901	9904	9906	9909	9911	9913	9916
2,4	9918	9920	9922	9925	9927	9929	9931	9932	9934	9936
2,5	9938	9940	9941	9943	9945	9946	9948	9949	9951	9952
2,6	9953	9955	9956	9957	9959	9960	9961	9962	9963	9964
2,7	9965	9966	9967	9968	9969	9970	9971	9972	9973	9974
2,8	9974	9975	9976	9977	9977	9978	9979	9979	9980	9981
2,9	9981	9982	9982	9983	9984	9984	9985	9985	9986	9986
3,0	9987	9987	9987	9988	9988	9989	9989	9989	9990	9990
3,1	9990	9991	9991	9991	9992	9992	9992	9992	9993	9993
3,2	9993	9993	9994	9994	9994	9994	9994	9995	9995	9995
3,3	9995	9995	9996	9996	9996	9996	9996	9996	9996	9997
3,4	9997	9997	9997	9997	9997	9997	9997	9997	9997	9998

Beispiele für den Gebrauch der Tabelle:

$\Phi(2{,}37) = 0{,}9911;$ $\qquad \Phi(-2{,}37) = 1 - \Phi(2{,}37) = 1 - 0{,}9911 = 0{,}0089;$

$\Phi(z) = 0{,}7910 \Rightarrow z = 0{,}81;$ $\qquad \Phi(z) = 0{,}2090 = 1 - 0{,}7910 \Rightarrow z = -0{,}81$

Stichwortverzeichnis

Ableitung
- der natürlichen Exponentialfunktion 185
- von Sinus und Kosinus 249, 265

Ableitungsregeln für Exponentialfunktionen 208
Abstand
- Ebene-Ebene 409
- Gerade-Ebene 409
- paralleler Geraden 405
- Punkt-Ebene 402, 409
- Punkt-Gerade 403 f., 409
- windschiefer Geraden 406
- zweier Punkte 288 f., 313

Abzählverfahren 486 ff., 511
Achsenabschnittsgleichung einer Ebene 345, 371
Addition von Matrizen 413, 442
Additionssatz 472
allgemeine Exponentialregel 173
allgemeine Kettenregel 168
Änderungsrate 142
Anfangswertproblem 105
Anwendung der Normalverteilung 580 ff.
Anzahl der Lösungen eines LGS 270
Äquivalenzumformungen 269, 285
Arbelos 89
arithmetisches Mittel 446 ff., 461
Assoziativgesetz 299
asymptotisch 189
äußere Funktion 166

Baumdiagramme 477 ff.
BAYES, THOMAS 504
bedingte Wahrscheinlichkeit 494, 511
begrenzter Zerfall 202 f.
begrenztes Wachstum 202 f., 239
Berechnung von Umkehrwerten einer Exponentialfunktion 180
bereinigtes arithmetisches Mittel 449
BERNOULLI'sches Gesetz der großen Zahlen 562 f., 571
BERNOULLI-Kette 530, 551

BERNOULLI-Versuch/BERNOULLI-Experiment 530, 551
Berührgerade 37
Beschreibende Statistik 442 ff.
Beschreibung von Prozessen 233 ff.
Bestandsfunktion 142
bestimmtes Integral 107 ff., 138
- einer Funktion mit wechselndem Vorzeichen 113
- einer negativen Funktion 113
- einer positiven Funktion 113
Bestimmung von Funktionen aus gegebenen Eigenschaften 96 ff.
Betrag eines Vektors 294, 313, 378
Beurteilende Statistik 553 ff.
Bevölkerungswachstum 198 f.
Binomialkoeffizient 489, 530
Binomialverteilung 529 ff.
Binomialverteilung, kumulierte 541
Bisektionsverfahren 66

CAVALIERI, FRANCESCO BONOVENTURA 160
charakteristische Punkte einer Funktion 12
Chiffrieren 440 f.
Computer-Algebra-System (CAS) 268, 439, 457

Definitionslücke 242
Differential 107, 111
Differenz von Vektoren 298, 313
Differenzierbarkeit und Stetigkeit 68, 85
differenzieren 103
Direktbedarfsmatrix 424, 442
diskrete Zufallsgröße 584
Diskussion trigonometrischer Funktionen 255 ff.
Diskussion von Exponentialfunktionen 189 ff.
Dreieckssytem, Dreiecksform 273 f.
Dreipunktegleichung einer Ebene 341, 371
dritte Ableitung 16

Ebenen 340 ff.
Ebenenbüschel 364

Ebenengleichungen 340 ff.
Ebenenscharen 363 ff.
Eigenschaften von Binomialverteilungen 534 ff.
eindeutig lösbar 270, 273
Einheitsmatrix 418
einparametrige unendliche Lösung 276
Einschachtelung durch Rechteckstreifen 90
Elementarereignis 467, 510
elementargeometrische Beweise mit dem Skalarprodukt 386
empirische Standardabweichung 452, 461
empirisches Gesetz der großen Zahlen 470, 510, 562
Ereignis 467, 510
Ergebnis 467
Ergebnismenge 467, 510
Ergebnisraum 467
Erwartungswert 517 f., 527
- bei BERNOULLI-Ketten 536
EULER'sche Zahl e 186
Exponentialfunktionen 177 ff., 239, 599 ff.
Exponentialregel 173
exponentielles Wachstum 179
Extremalprobleme bei trigonometrischen Funktionen 259 ff.
Extrempunkte 19 ff., 193

Faktorregel
- der Differentialrechnung 104
- der Integralrechnung 104, 112 f.
fallend 13
Fixvektor 430, 442
Flächen
- unter Funktionsgraphen 115 ff., 139
- zwischen Funktionsgraphen 127 ff., 139
Flächenberechnungen 98 ff., 113 ff
- durch Intervallaufteilung 114
Flächenbilanz 108
Flächeninhalt eines Dreiecks 382, 393
Flächeninhaltsfunktion 94
Formel von BAYES 504, 511
Formel von BERNOULLI 531, 551
Funktionsuntersuchungen bei realen Prozessen 45 ff.

Stichwortverzeichnis

GALTON, SIR FRANCIS 546
GALTON-Brett 546 f.
ganzrationale Funktionen
  30 ff., 590 ff.
GAUSS'sche Glockenkurve
  226, 576, 587
GAUSS'sche Integralfunktion
  578, 587
GAUSS'scher Algorithmus
  274, 285
gebrochen-rationale Funktionen
  42 ff., 242 ff., 617 ff.
Gegenereignis 471, 510
Gegenvektor 300
Gegenwahrscheinlichkeit 471
Geraden 316 ff.
– im $\mathbb{R}^2$ 329
Geradenparameter 317
Geradenschar 324 f.
Gesamtbedarfsmatrix 425, 442
Geschwindigkeit und Weg 143
Geschwindigkeit 49
Gesetz der großen Zahlen
  470, 510, 562 f., 571
Gewinnfunktion 47
Gleichung der Regressions-
  geraden 457, 461
Gleichungssysteme 268 ff., 420
Gleichverteilung 474
globale Näherungsformel
  von LAPLACE und de MOIVRE
  579, 587
Glockenkurve 226 f.
Gozintograph 424
graphische Monotonie-
  untersuchung 13
graphisches Differenzieren 183
Grenzmatrix 430

Halbwertszeit 179, 239
Häufigkeit, relative 470 ff.
Hauptsatz der Differential-
  und Integralrechnung
  109, 138
Hauptsatz über Flächeninhaltsfunktionen 97
hinreichendes Kriterium
  für lokale Extrema 21 f., 84
hinreichendes Kriterium
  für Wendepunkte 24 f., 84
HIPPOKRATES 88
höhere Ableitungen 16
höhere Ableitungsregeln
  163 ff.

innere Funktion 166
instabile Prozesse 436 f.

Integral
– einer unbeschränkten Funktion
  152 f., 159
– über einem unbeschränkten
  Intervall 149 ff., 159
– von cos x 251
– von cos (a x + b) 251
– von sin x 251
– von sin (a x + b) 251
Integral, bestimmtes 107 ff.
Integral, unbestimmtes 102 ff.
Integralrechnung 90 ff.
Integrand 107
Integration von Exponential-
  funktionen 209 f.
Integration von Sinus und
  Kosinus 251, 265
Integrationsgrenzen 107
Integrationskonstante 102
integrieren 103
Intervallhalbierungsverfahren 66
Intervallstetigkeit 60
inverse Matrix 418, 442

kartesische Koordinaten 288
Kettenlinie 224 f.
Kettenregel der Differential-
  rechnung 104, 166 ff., 173
kollineare Vektoren 306, 313
kombinatorische
  Abzählverfahren 486 ff., 511
Kommutativgesetz 299
komplanare Vektoren 306, 313
komplexe Aufgaben
– zur Analysis 590 ff.
– zur Analytischen Geometrie
  633 ff.
– zur Stochastik 645 ff.
Konfidenzintervalle 565 ff., 571
Koordinaten 288
Koordinatengleichung einer
  Ebene 343, 391
Korrelationskoeffizient
  458 f., 461
Kosinusformel 378, 393
Kosinusregel 173, 249, 265
Kostenfunktion 47
Kriterien für lokale Extrema
  20 ff., 84
Kriterien für Wendepunkte
  24 f., 84
Krümmung und zweite
  Ableitung 17 ff.
Krümmungskriterium 18, 84
Krümmungsverhalten 17 ff.
kumulierte Binomialverteilung
  541

Kurvendiskussionen 29 ff.
Kurvenscharen 55 ff., 218 ff.
Kurvenuntersuchungen
  12 ff., 212 ff.
– von Exponentialfunktionen
  189 ff.

Lagebeziehungen
– Ebene-Ebene 356, 371
– Gerade-Ebene 350 f., 371
– Gerade-Gerade 320 ff., 337
– Punkt-Dreieck 349
– Punkt-Ebene 348, 371
LAPLACE, PIERRE SIMON 474
LAPLACE-Bedingung 576, 587
LAPLACE-Experiment 474, 510
LAPLACE-Regel 474, 510
LAPLACE-Wahrscheinlichkeit
  473 f.
Leistung und Arbeit 145
lineare Abhängigkeit
  und Unabhängigkeit 307
lineare Kettenregel 167, 173
lineare Regression 455 ff., 461
lineare Substitutionsregel
  der Integralrechnung 104
lineares Gleichungssystem
  (LGS) 268 ff., 420
Linearkombination
  von Vektoren 305, 313
Linkskrümmung 17 f.
logarithmus naturalis 187
Logarithmusregel 173
logistisches Wachstum 206, 239
lokale Extremalpunkte 20, 29,
  193
lokale Näherungsformel
  von LAPLACE und de MOIVRE
  576, 587
lösbar 270
Lösbarkeitsuntersuchungen
  276 f.
Lösen linearer Gleichungssysteme mit Matrizen
  420, 442
Lösung eines LGS 268, 285
Lösungsverfahren von GAUSS
  273 ff.
Lotfußpunktverfahren 402, 409
Lücke 60

Manipulation von Statistiken
  462 f.
Mathematische Streifzüge
  54, 88, 136, 160, 174, 246,
  282, 329, 370, 386, 440, 462
Matrizen 412 ff., 442

Median 449 ff., 461
mehrstufige Prozesse 422, 442
mehrstufige Zufallsversuche 477 ff., 510
Methode der kleinsten Quadrate 455
Mittelwerte 446 ff., 461
mittlere Geschwindigkeit 49
Modellierung mit Exponentialfunktionen 228 ff.
Modellierungsaufgaben 101, 123 ff., 133 ff.
Modellierungsprobleme 73 ff.
Modus 450 f., 461
Möndchen des HIPPOKRATES 88 f.
monoton steigend/fallend 13
Monotonie und erste Ableitung 13 ff.
Monotoniekriterium 14, 84
Multiplikation von Matrizen 414 f., 442
Multiplikationssatz der Wahrscheinlichkeitsrechnung 495, 511

Nachdifferenzieren 167
Näherungsformeln von LAPLACE und DE MOIVRE 576 ff.
Näherungsverfahren zur Nullstellenberechnung/zur Lösung von Gleichungen 66
natürliche Exponentialfunktion 183 ff., 239
natürliche Logarithmusfunktion 187, 239
NEWTON'sches Abkühlungsgesetz 204
nicht eindeutig lösbar 270
nicht ganzrationale Funktionen 40 ff
Normalenbedingung 34
Normalengleichung einer Ebene 388 ff.
Normalenvektor 381, 388, 393
Normalform 268
Normalparabel 95
normalverteilte stetige Zufallsgröße 584, 587
Normalverteilung 573 ff.
notwendiges Kriterium für lokale Extrema 20, 84
notwendiges Kriterium für Wendepunkte 24, 84
n-Tupel 268
Nullmatrix 413, 418
Nullstellen 29
Nullstellensatz 66

Nullvektor 299
Nullzeile 276
numerische Lösung von Gleichungen 66

Obersumme 90
optimale Gerade bei einer proportionalen Zuordnung 455 f., 461
orthogonale Geraden 385
orthogonale Vektoren 380, 393
Orthogonalitätskriterium 380
Ortskurve 57, 219
Ortsvektor 316

Parabelsegmentinhalt 92
Parallelogrammregel 299
Parameteraufgaben 120
Parametergleichung einer Ebene 340, 371
Parametergleichung einer Geraden 317, 337
Pfadregeln für Baumdiagramme 477, 510
Polstelle 60
Populationswachstum 435
Potenzierung einer Matrix 416
Potenzregel der Differentialrechnung 104
Potenzregel der Integralrechnung 104, 138
Praxis der Binomialverteilung 539 ff.
Prinzip von CAVALIERI 160
Produktionsprozesse 422 ff.
Produktionsvektor 425
Produktregel 164 f., 173, 486, 511
Prozesse 142
Prozesse, mehrstufige 422
Prozesse, zyklische 435
Punktprobe 348 ff., 371
Punktrichtungsgleichung 317, 340
Punktwolke 455

quadratische Matrix 416
Querschnittsformel 160 f.
Quotientenbildung 178
Quotientenregel 169, 173

radioaktiver Zerfall 179, 199
Radiokarbonmethode 200 f.
Raketengleichung 174 f.
Randfunktion 94
rationale Funktionen 42 ff.

Rechengesetze für Matrizen 416
Rechenregeln
– für bestimmte Integrale 112 f.
– für das Skalarprodukt 377, 393
– für unbestimmte Integrale 104, 138
– für Wahrscheinlichkeiten 471
Rechnen mit Matrizen 412 ff., 442
Rechnen mit Vektoren 298 ff., 309 ff.
Rechnereinsatz bei Matrizen (CAS/GTR) 439
rechnerisches Differenzieren 184
Rechteckstreifen 90
Rechtskrümmung 17 f.
Regressionsgerade 456 ff., 461
Regressionskoeffizient 457
Rekonstruktion von Beständen 142 ff., 159, 237
Rekonstruktionen bei trigonometrischen Funktionen 261
Rekonstruktionen von Funktionen 69 ff., 85, 196, 221
Rekonstruktionsaufgaben 121
relative Häufigkeit 470 ff.
Richtungsvektor 316, 340
Rotationsformel 154 f., 159
Rotationsvolumen 154 f., 159
Rotoationskörper 154 ff.
Rückeinsetzung 273

Satz vom Maximum und Minimum 67
Satz von BAYES 504, 511
Satz von der totalen Wahrscheinlichkeit 501, 511
Schar paralleler Ebenen 365
Scharparameter 55
Schattenwurf 332
Schnitt von Ereignissen 468 f., 471, 510
Schnittmenge 469
Schnittpunkte mit den Achsen 12
Schnittpunkte von Exponentialfunktionen 181
Schnittwinkel 393 ff., 409
Schrägbild 288
senkrechter Wurf 49
sicheres Ereignis 467, 510
Sicherheitswahrscheinlichkeit 556
$\frac{\sigma}{n}$-Umgebung der Trefferwahrscheinlichkeit 559 ff.
σ-Intervalle 537

σ-Umgebung des Erwartungswertes 554
Signifikanz von Abweichungen 557
Sinusregel 173, 249, 265
Skalar-Multiplikation 301, 313
Skalarprodukt 374 ff., 393
Spaltenvektor 292
Sprungstelle 60
Spurgeraden von Ebenen 360
Spurpunkt 330
Stabilisierungswert der relativen Häufigkeiten 470
Stammfunktion 102, 138
Standardabweichung 452, 461
Standardabweichung 521 f., 527
Standardisierung der Binomialverteilung 574
Startvektor 428
stationärer Gleichgewichtszustand 429
Statistik 442 ff., 466
Steckbriefaufgaben 96 ff.
steigend 13
stetige Zufallsgröße 584
Stetigkeit 60 ff., 85
– an einer Knickstelle 62
– an einer Stelle 60
– auf einem Intervall 60
– der ganzrationalen Funktionen 63
– und Differenzierbarkeit 68, 85
– von zusammengesetzten Funktionen 63
Stetigkeitsnachweis 61
Stichprobe 487
Stochastik 466 ff.
stochastisch unabhängig 498
stochastische Matrix 430
Streifenmethode des Archimedes 90
streng monoton steigend/ fallend 13
Streuung einer Zufallsgröße 521
Streuungsmaße 452 ff., 461
Stufenform 274, 277
Stützvektor 316, 340
Substitutionsregel der Integralrechnung 104
Summe von Vektoren 298, 313
Summenregel der Differentialrechnung 104
Summenregel der Integralrechnung 104, 112 f.
Symmetrie 29

Tabelle, Binomialverteilung 539, 658 f.
Tabelle, kumulierten Binomialverteilung 541, 660 ff.
Tabellenkalkulationsprogramm 457
Tangensregel 173
Tangentenbedingung 34
Teilebedarfsrechnung 422 ff., 442
Test 504 f.
totale Wahrscheinlichkeit 501, 511
Trassierung von Strecken 80 ff.
Trassierungskriterium 81, 85
Treppenkörper 154
trigonometrische Funktionen 249 ff., 625 ff.
TSCHEBYSCHEW'sche Ungleichung 564, 571

überbestimmte LGS 277, 285
Übergangsgraph 428
Übergangsmatrix 428, 442
Überlagerung von Potenzfunktionen 30
Umkehrwerte einer Exponentialfunktion 180
Umsatzfunktion 47
unabhängig 498, 511
unbegrenztes Wachstum 198 f., 239
unbestimmtes Integral 102 ff., 138
uneigentliche Integrale 149 ff., 159
unendlich viele Lösungen 270
Unendlichkeitsstelle 242
ungestörter Zerfall 198 f., 239
unlösbar 270, 276
unmögliches Ereignis 467,
Unstetigkeit 60
Unstetigkeitsnachweis, 285
unterbestimmte LGS
Untersuchung vo funktionen 1
Untersumme 487 ff.
Urnenmo
521 f., 527
Vari ERNOULLI-Ketten 536
– oren 291 ff.
ektorzug 303
Verdoppelungszeit 179, 239
Vereinigung von Ereignissen 468, 471, 510
Vereinigungsmenge 468

Verkettung stetiger Funktionen 63
Verkettung von Funktionen 166
Vervielfachung von Matrizen 413, 442
Vielfaches eines Vektors 301
Vierfeldertafel 500, 507 ff.
vierte Ableitung 16
Volumen von Rotationskörpern 154 ff., 159

Wachstum und Zerfall 178 ff., 198 ff., 239
Wahrscheinlichkeit 470, 510
Wahrscheinlichkeit, bedingte 494
Wahrscheinlichkeit, totale 501, 511
Wahrscheinlichkeiten von $\frac{\sigma}{n}$-Umgebungen 559, 571
Wahrscheinlichkeiten von σ-Umgebungen 555, 571
Wahrscheinlichkeitsrechnung 466 ff.
Wahrscheinlichkeitsverteilung 515, 527
Wendepunkt 12
Wendepunkte 17
Wendepunkte 19 ff., 1
Wendepunkte 29
Widerspruchsze
Winkel zwisch Vektoren 384, 393
Winkel z 378, ationen 609 ff.
Wur
l und Wachstum
78 ff., 198 ff., 239
Ziehen mit oder ohne Zurücklegen 487 ff.
Zufallsexperiment 466 ff.
Zufallsgrößen 514 ff.
Zufallsprozess 466 ff.
Zufallsvariable 514 f.
Zufallsversuch 466 ff., 510
Zustandsänderungen 428 ff.
Zustandsvektor 428
zweiparametrige unendliche Lösung 277
Zweipunktegleichung einer Geraden 318, 337
zweite Ableitung 16
Zwischenwertsatz 65
zyklische Prozesse 435, 442

Bildnachweis

Titelfoto Tourismus Marketing Niedersachsen/Markus Untergassmair; **11** Papenburg/Meyerwerft/Pressebild; **47** picture-alliance/ZB/dpa/Jens Wolf; **50** picture-alliance/dpa-Bildarchiv/NASA; **52** Fnoxx.de/Arnulf Hettrich; **53-1** F1 Online; **53-2** OKAPIA KG; **54** DeVIce; **76** www.lars-bambussen.com; **79** picture-alliance/OKAPIA KG/BH Kunz; **80** DB AG/BiB/Frank Kniestedt; **86** Pixelio/Bischitte; **87** Tourismus Marketing GmbH Niedersachsen (TMN)/Stadtmarketinggesellschaft mbH; **88** Cornelsen Verlagsarchiv; **90** bildarchiv preußischer kulturbesitz, Berlin; **101** Deutsche Bahn/Bahn im Bild; **126** Wikipedia/GNU/Liftarn; **134** Ruhrstadt Hostel & Hotel, Bottrop; **141** TMN/Markus Untergassmeir; **143-1** flickr/Spyderman360; **143-2** Wikipedia/GNU/Helmut Geisenberger; **145** Martin Langer, Hamburg; **146-1** Talsperrenbetriebe Sachsen-Anhalt; **146-2** Wikipedia/Andreas Steinhoff/GNU; **147** Wikipedia/GNU/Aconcagua; **163** TMN/Markus Untergassmeir; **174, 175** JPL.NASA.Gov.; **177** TMN/Pilsumer Leuchtturm; **185** Staatsbibliothek zu Berlin – Stiftung Preußischer Kulturbesitz, Abt. Historische Drucke; **201** Archäologie Land Sachsen/Weida; **203** Jörg Böthling/agenda; **204** akg-images; **205** picture-alliance/dpa-Bildarchiv/Barbara Sax; **223** Cornelsen Verlagsarchiv; **225** Avenue images/Nielsen/Index Stock; **233** Wikipedia/CC/Dave Pape; **234** Wikipedia/GNU/Jörg Hempel; **235** © BAYER AG/Pressebild; **238-1** Wikipedia/GNU/Dirk Ingo Franke; **238-2** © Walt Disney Deutschland; **238-3** Wikipedia/GNU/Dirk Beyer; **238-4** Pressefoto Paul Glaser, Berlin; **204** Avenue Images, Hamburg; **241** TMN/Markus Untergassmeir; **267** Fotolia.com/Flexmedia; **268** picture-alliance/Berlin Picture Gate/Uhlemann; **273, 282** akg-images; **283** picture-alliance/Bildagentur Huber/F. Damm; **287** TMN/ Heide Park Soltau; **291** M.C.Escher's „Symmetry Drawing E22" © 1999 Cordon Art B.V. – Baarn – Holland. All rights reserved; **312** Deutsches Museum, München; **315** Ostfriesisches Landesmuseum Emden; **336** picture-alliance/dpa/W. Thieme; **339** TMN/ Mittelweser-Touristik/Martin Fahrland; **373** TMN/Lüneburger Heide GmbH; **395** picture-alliance/dpa/Peter Steffen; **411** TMN/Ostfriesland Tourismus; **417, 426** Cornelsen Verlagsarchiv; **427** Schokologo e. K., Düsseldorf; **433** Fotolia.com/TAJ; **434-1** Fotolalia.com/amridesign; **434-2, 435** Cornelsen Verlagsarchiv; **436** Fotolalia.com/ Kufferather; **438-1** Fotolalia.com/Nancy Tubb; **438-2** Fotolalia.com/TSOMBOS ALEXIS; **440, 441** Cornelsen Verlagsarchiv; **445** TMN/Steinhuder Meer; **448-1** Carl Zeiss, Aalen; **448-2** Juniors Tierbild Archiv, Ruhpolding; **449** OKAPIA KG/Postl; **451** Pressedienst Paul Glaser, Berlin; ... Fotofinder/ images.de/Thielker; **454** picture-alliance/ASA/Norbert Schmidt; **460** picture-alliance/dpa/ZB/Nestor ...hmann; **463** Cornelsen Verlagsarchiv; **465** TMN/Leer; **466** picturealliance/dpaOliver Berg; **468** Spielbank Berlin; ...gentur LPM/Henrik Pohl, Berlin; **474** akgimages; **476, 484** Agentur LPM/Henrik Pohl, Berlin; **488** Look/Rainer ... Ag... **495** Jürgen Wolff, Wildau; **509** Fotolia/Natasche Owen; **513** TMN/Harz; **519** Corbis/Eddy Lemeistre; **533-**archiv/bild/JOKER/Albaum; **526-1** ullstein bild/CARO/Bastian; **526-2** ullstein bild/KPA; **529** TMN/Celle; **533-**...M/Henrik Pohl, Berlin; **533-2** ullstein bild/Bergmann; **544** Jürgen Wolff, Wildau; **546** Cornelsen Verlags-EAC Gm.../realliance/ZBSpecial/Sondermann; **553** TMN/Segelclub Alster e. V.; **573** TMN/Schloss Marienburg/ **586-2** GRE...; **576** akg-images; **583** f1online/Dieterich; **584** blickwinkel/S. Meyers; **586-1** karlheinz Oster; **589** TMN/Kle...N/LOOK GmbH; **586-3** f1online/Bahnmueller; **588** Avenue Images/Index Stock/Adams, Garry; ...lia/Claudiu; **643** ...meyer; **596** Agentur LPM/Henrick Pohl, Berlin; **603** Blickwinkel; **614** Fotolia/SL-66; **622** Fotolia.com/Friedrich Hart...lliance/dpa/Lou Avers; **644-1** picture-alliance/Stat. Bundesamt/infografik; **644-2** Fotolalia.Grabowsky; **649-1** Rad...lia/LanaK; **647** www.schwerhoerigkeit.pop.ch/Xaver Aerni; **648** photothek.net/Uta **654** Rainer F. Steussloff/J...es Ltd.; **649-2** Presse- und Bilderdienst Thomas Wieck; **650** Fotolia/Gino Santa Maria; ...5 Bildagentur-online/Begsteiger; **657** TMN/Museumsbahn Langeoog

In einigen Fällen war es uns nic... Selbstverständlich werden wir ber...ich, die Rechteinhaber zu ermitteln. ... Ansprüche im üblichen Rahmen vergüten.